装备科技译著出版基金

太空安全指南(上册)

Handbook of Space Security(Volume 1)

[德]卡伊-乌维·施罗格(Kai-Uwe Schrogl)

[美]彼得·L·海斯(Peter L. Hays)

[捷克]亚娜·罗宾逊(Jana Robinson)   编著

[法]丹尼斯·莫拉(Denis Moura)

[荷]克里斯蒂娜·吉安诺帕帕(Christina Giannopapa)

杨乐平   王国语   徐能武   译

国防工业出版社

·北京·

内容简介

本书深入探讨了当今世界面临的紧迫太空安全问题,是跨国、跨学科太空安全研究成果的结晶,也是第一本综合论述太空安全理论、政策、技术与应用的参考工具书。全书分上册、下册,内容包括对国际太空安全的基本认识、主要国家与国际组织的太空安全政策与战略、面向国家安全与防务的太空应用及服务、全球太空安全项目等四部分,全面系统地反映了当前国际太空面临的各方面问题与挑战。

本书提供了对国际太空安全问题全面、前沿、权威的研究指南,可供太空安全研究学者及太空政策、法律及科技等相关专业的研究生和高年级本科生参考,其阐述的事实和观点对关心太空安全的大众也有相应的启发。

Translation from English language edition:
Handbook of Space Security
by Kai-Uwe Schrogl, Peter L. Hays, Jana Robinson,
Denis Moura and Christina Giannopapa
Copyright © 2015 Springer New York
Springer New York is a part of Springer Science+Business Media
All Rights Reserved
本书简体中文翻译版由 Springer Reference 授权国防工业出版社独家出版发行。
版权所有,侵权必究。

著作权合同登记　图字:军-2015-207 号

图书在版编目(CIP)数据

太空安全指南:上、下/(法)卡伊-乌维·施罗格(Kai-Uwe Schrogl)等编著;杨乐平等译.—北京:国防工业出版社,2019.6
书名原文:Handbook of Space Security(Volume1,Volume2)
ISBN 978-7-118-11823-0

Ⅰ.①太… Ⅱ.①卡…②杨… Ⅲ.①星际站-安全管理-指南 Ⅳ.①V476.1-62

中国版本图书馆 CIP 数据核字(2019)第 084100 号

※

国防工业出版社 出版发行
(北京市海淀区紫竹院南路 23 号　邮政编码 100048)
天津嘉恒印务有限公司印刷
新华书店经售
*
开本 710×1000　1/16　印张 29　字数 485 千字
2019 年 8 月第 1 版第 1 次印刷　印数 1—2000 册　定价 198.00 元

(本书如有印装错误,我社负责调换)

国防书店:(010)88540777　　发行邮购:(010)88540776
发行传真:(010)88540755　　发行业务:(010)88540717

编委会人员

卡伊-乌维·施罗格
欧洲航天局
法国,巴黎

彼得·L·海斯
乔治·华盛顿大学
美国,华盛顿特区

亚娜·罗宾逊
欧盟对外事务部
比利时,布鲁塞尔

丹尼斯·莫拉
欧洲防务局
比利时,布鲁塞尔

克里斯蒂娜·吉安诺帕帕
欧洲航天局
法国,巴黎

译 者 序

1957 年 10 月 4 日,苏联将第一颗人造地球卫星送入太空,开启了人类太空活动进程。历史发展到今天,人类对太空的依赖与利用变得如此普遍,可以说地球上几乎所有人类活动都与太空密不可分。正是由于太空巨大的战略作用、价值与影响,引发国际上激烈的太空竞争与对抗,使得太空安全始终是国际社会关注的重大战略热点问题。进入 21 世纪,随着越来越多国家和非国家行为体进入太空领域、参与太空活动,并且伴随太空攻防技术与商业航天快速发展,导致全球太空安全形势日益复杂严峻。当前,太空安全已成为整个国际社会面临的重大而紧迫的挑战,直接关系到全球战略稳定和人类社会可持续发展,极大地推动了世界范围内太空安全研究。

太空安全包括太空自身安全及与太空相关的地球上的安全,深受太空科技和太空军事发展影响,又与国际政治、大国外交、地缘战略等因素紧密相关,并且不同国家对太空安全的立场与政策还存在显著差异,因此跨国、跨学科的太空安全研究十分重要,有利于澄清事实、发现问题、寻求共识。原书是太空安全国际合作研究的产物,得到了联合国和平利用外层空间委员会(简称外空委)的支持,由欧洲航天局太空政策负责人、曾担任联合国外空委法律小组主席的卡伊-乌维·施罗格领衔,组织全球 25 个国家的 60 多名专家撰文而成,时任联合国外空事务办公室主任玛兹兰·奥斯曼亲自撰写了序言。全书内容丰富,包括对国际太空安全的基本认识、主要国家与国际组织的太空安全政策及战略、面向国家安全国防的太空应用与服务和全球太空安全项目四部分,提供了对当代国际太空安全环境、形势、政策与资产的最全面、最前沿的综述和分析。

为推动国内太空安全研究,帮助国内读者全面了解国际太空安全发展,国防工业出版社从施普林格出版社购买了原版书中文简体字版权,由国防科技大学太空安全战略研究中心牵头,联合北京空间科技信息研究所和北京理工大学法学院共同完成了原版书翻译。原版书第一篇、第三篇共 26 章由国防科技大学太空安全战略研究中心负责翻译,第二篇共 14 章由北京理工大学法学院负责翻译,第四篇共 16 章由北京空间科技信息研究所负责翻译。国防科技大学太空安全战略研究中心的李健、黄涣、蔡伟伟，北京空间科技信息研究所王霄、付郁、张扬眉、肖武平、何惠东、宋博，北京理工大学法学院袁杰、弓楔、马冬雪、邵美祺以不同形式参与了译文或校对工作，在此一并表示感谢。

由于太空安全涉及面广、发展快，并且不同国家和学者在太空安全问题上的立场与观点也不尽相同，书中难免存在不准确或不一致之处，敬请读者谅解。

本书首次将太空安全技术、应用、政策及管理等方面内容用整体和系统的方式融为一体，提供了对国际太空安全问题研究全面、权威的指南，可供从事太空安全研究学者和太空法律、政策及科技等相关专业学生参考，其阐述的事实与观点对关心全球安全问题的大众也有启发。

杨乐平

2019 年 3 月 12 日

序言 I

太空安全对联合国来说是一个至关重要的课题。联合国大会第一委员会（裁军与国际安全委员会）及第四委员会（特殊政治与非殖民化委员会）多次提及太空安全问题。联合国和平利用外层空间委员会（简称外空委），尤其是其下属机构科技小组委员会和法律小组委员会也对太空安全展开了广泛讨论，在其议程中以各种方式强调了太空安全问题。外空委主要关注和平维护太空的方法和方式、太空与全球可持续发展以及太空与全球气候变化等问题。科技小组委员会专注太空碎片、降低灾难风险、利用核动力源、近地天体威胁、太空天气及太空活动长期可持续性等问题。法律小组委员会则专注太空的定义与定界、减少太空碎片的措施以及关于太空的国家立法问题。

本书全面涵盖太空安全问题，无疑会有助于联合国大会、外空委及其下属机构在太空领域的工作。

授权联合国外空事务办公室支持外空委及其下属机构的工作，并被反复要求提供实质性信息作为讨论与编制文件的基础，而这常常涉及太空安全。此外，外空事务办公室在致力于成员国能力建设的项目中也很关注太空安全的相关问题。在外空委政策与法律部门的指导下，外空事务办公室开展了与太空法律政策相关的能力建设活动，并且在外空委太空应用部门的指导下关注太空应用与技术的科学基础，以促使太空应用与服务并提供更好的数据及信息。

本书涵盖了太空安全主题的多学科内容，阐述了太空应用与服务何以成为支撑全球安全与防务的重要组成部分，这无疑将强化外空事务办公室的地位与作用。

因此，这本全方位论述太空安全的书的出版对我们来说可谓幸事。卡伊-乌维·施罗格和他的编辑团队在本书中收录了60多位作者的文章，分享了他们的研究经验与真知灼见，本书的每一章都是他们多年研究分析工作的结晶。一方面，本书内容对太空安全研究人员以及太空法律、政策及科技专业的学生具有极大吸引力；另一方面，本书阐释的思想观点也对关心全球安全问题的大众有所启迪。

　　相信从事太空安全研究的读者可从本书中找到大量有用信息,而对并未从事太空安全事务的大众,本书也有利于他们更全面地了解联合国内外太空安全方面的事情。

玛兹兰·奥斯曼
联合国维也纳办事处副主任
联合国外空事务办公室主任

序言 II

人类自有太空活动以来,太空就与安全密不可分。美国和苏联/俄罗斯至今已发射了近 2000 颗军事卫星。自冷战以后,这些天基资产被有效地应用于对地观测、早期预警、导航与通信等各个方面,对维护全球稳定与世界和平发挥着不可替代的作用。即便如此,当今的全球安全环境却远比我们想象得更为复杂,无论是民用与军事领域还是地区与全球范围,安全威胁与挑战都现实存在。就世界安全而言,天基资产对确保全球进入、监测和通信是必不可少的。目前在轨运行的 1000 多颗卫星中,20%～30%的卫星直接与安全功能相关,并且通常由军事部门操控。

简而言之,太空问题涉及外交政策、国家安全与全球经济利益。由于空间系统对人类生存与发展至关重要,太空安全迅速成为国家与国际太空政策中的关键要素。毋庸置疑,太空安全问题也对欧洲的发展日益重要。2007 年 5 月,欧盟和欧洲航天局第四次"航天理事会"会议通过决议,首次颁布欧洲太空政策。2008 年 9 月通过的欧洲"航天理事会"决议,确定"太空与安全"为四大新的优先领域之一。2009 年的《里斯本条约》强调了欧盟处理太空问题的法律准则,并作为欧盟各成员国共同遵守的规范。

由于空间系统具有军民两用属性,欧盟的"共同外交与安全政策"和"共同安全与防务政策"成为欧洲未来空间活动总体框架的基础。关于太空资产的战略性质及其太空对欧盟独立、安全、繁荣和全球影响力的作用影响,欧盟由负责外交与安全政策的机构及欧盟外交与安全政策高级代表具体负责。

目前太空已被公认为欧盟安全与防务活动的关键要素。2013 年 10 月,欧盟外交与安全政策高级代表阿什顿在为欧洲安全与防务理事会准备的政策报告中提出:网络(包括太空)在当今全球化世界中的地位"怎么强调都不过分",且"太空安全对现代社会至关重要"。与此同时,欧盟防务部门高级代表准备的政策报告也承认,欧洲对太空资产的依赖性日益增长,欧盟及其成员国有必要保护太空资产。

欧洲清楚地认识到,太空对欧洲人的安全与财富具有巨大的增值效应和利益,因此正致力于各种太空活动,包括对地观测、卫星导航、卫星通信和太空外交。为此,欧洲非常重视太空政策方面的国际合作,也包括太空安全领域的国际合作。例如,欧盟首先提出了"外空活动国际行为准则"的外交倡议,旨在通过强调现有太空国际条约、原则和指南,并且引入创新的太空互信与透明措施来增强太空安全及可持续发展。

　　总而言之,本书填补了太空安全这一主题的信息空白,在当今复杂多变的国际太空形势下,这无疑将有助于读者深化对太空安全主要问题及各国决策者所面临太空安全挑战的理解。

弗兰克·阿斯贝克
欧盟对外事务部太空与安全政策首席顾问

前　言

本书出版之际,人类对太空及太空资产与服务的利用和依赖变得如此普遍,以致国际社会和人类文明发展已完全离不开太空。这不仅突出体现在通信、导航、环境监测和资源管理等方面,也涵盖关系我们生命安全和全球安全的众多方面。与此同时,越来越多的国家正在独立运行甚至发射卫星。50年前的太空竞赛还仅限于美苏两个超级大国,如今却有近50个国家进入太空竞争的行列。上述两种趋势凸显了太空利用的吸引力和重要性,同时,关于太空的政策与治理问题也变得越来越紧迫。

本书系统探讨了上述背景下一个最基本、最紧迫的问题,即太空安全问题。就本书而言,我们理解太空安全包含两个维度:一是太空自身安全问题;二是受太空影响的安全问题。换言之,本书涵盖了如何让人类太空活动更加安全,以及如何利用太空(尤其是卫星)从而增强地球安全这两方面的内容。为了让读者更好地理解太空安全所涉及的众多方面,提出了关于太空安全的各种不同定义,这些定义有的来自政府部门,有的来自国际组织,还有些供学术争鸣。

本书并不追求准确定义太空安全,而是从技术、政治、法律和经济等多种视角,突出强调太空安全的两个维度,即太空自身安全及受太空影响的地球上的安全,这是指导和构建本书内容体系的画龙点睛之笔。本书重点探讨了太空民用、军用以及军民两用之间的联系,以便人们能更加清晰地理解太空合法军事应用与充满非议的太空军事化/武器化完全不同之处。基于此,本书特别关注太空本身以及作为安全与防务基础设施和手段的卫星的脆弱性。同理,本书也强调了与国际太空治理政策相关的问题。最后,本书特别强调需要倡导太空可持续发展,并预先采取措施以避免太空成为一个新的危机四伏的战场。

显而易见,太空安全涵盖大量不同学科的内容。由于太空安全涉及一系列至关重要的政策,并且深受科技进步的影响,所以本书尤其强调太空安全的多学科特性,同时也突出了太空安全作为一个国际关系理论问题的研究价值。尽管与太空安全相关的技术、应用、政策及管理等方面已经有不少学术成果出版,但本书是首次将这几个方面内容用整体和系统的方式融合在一起,包括:对国际太空安全的基本认识,主要国家与国际组织的太空安全政策及战略,面向国家安全和国防的太空应用与服务,全球太空安全项目等四部分内容。

本书可作为研究太空安全的参考书,提供了对当代国际太空安全环境与形势全面、权威的综述,并以一种读者易于获取的方式将这些信息与知识串联起来。本书提供了与太空安全政策和相关资产最全面、最前沿的研究素材,以帮助全球从事航天及相关学术研究的专业人员洞悉和把握国际太空政策当前发展及未来方向。就方法论而言,从广义的政策层面到狭义的能力建设,本书探讨了太空安全两个层面的问题。首先从基本的太空安全顶层框架入手,包括世界主要航天大国的太空安全政策目标;接着详细论述了当前或未来用于满足太空相关安全需求的具体能力;最后分析了这些能力需求如何带动相关太空安全计划与系统建设的发展。简而言之,本书探讨了太空政策与能力建设之间的相互作用与影响,从而让读者更好地理解理论与实践的互动及其局限。考虑到世界主要航天大国相互竞争的政策目标,本书也特别提出了不少更好地改进太空安全环境的建议。

本书编撰花了近 3 年时间,来自 25 个国家的 60 多名作者为本书第一版撰写了 56 篇文章。专家咨询委员会由 23 名资深专家组成,来自非洲、亚洲、欧洲、北美洲及南美洲 20 个国家的政府机构或学术界,专家们帮助编委进行学术把关,确保本书出版的高品质。主要编辑工作分别由彼得·L·海斯、亚娜·罗宾逊、丹尼斯·莫拉和克里斯蒂娜·吉安诺帕帕完成。他们不仅是各自负责领域的知名专家,而且运用他们广泛的能力、经验、奉献和团队合作,确保了本书的逻辑性、可读性和实用性。

本书以印刷版、电子版两种形式出版,旨在帮助和促进太空安全领域快速兴起的学术研究及专业活动,期望成为太空政策实践者与决策者、学者、学生、研究人员、专家及媒体人士案头的参考手册。本书编写出版得到了施普林格出版社的大力支持与帮助,在此衷心感谢施普林格出版社纽约分部的莫里·所罗门和梅根·恩斯特,海德堡分部的莉迪亚·穆勒、丹妮拉·格拉夫、尤塔·雅格及安德鲁·迈施的配合与帮助。在本书编撰早期,斯皮罗斯·佩格克拉蒂斯是我们编辑团队与出版商之间的主要联络人,感谢他为推动本书出版做出的贡献。通过本书出版激励人们积极参与塑造安全、可持续的人类太空活动未来,这是我们全体编辑人员共同的希望。

卡伊-乌维·施罗格

专家咨询委员会

阿迪贡·阿德·阿维奥东　非洲航天基金会创始人,尼日利亚。

赫伯特·阿尔盖尔　欧洲太空政策研究所专家咨询委员会主席、前任欧盟委员会总干事,德国。

希罗·阿雷瓦洛·耶佩斯大使　国际宇航联合会拉丁美洲与加勒比地区分会主席、前任联合国和平利用外层空间委员会主席,哥伦比亚。

弗兰克·阿斯贝克　欧盟对外事务部太空与安全政策首席顾问。

阿尔瓦·阿卡罗加　西班牙 SENER 公司航天部门主管,西班牙。

弗朗西丝·布朗　国际太空政策杂志编辑,英国。

阿伦·高伯特　法国 ASD 航天公司前任主席、欧洲航天联盟前任秘书长,法国。

利恩·霍迪科　欧盟委员会联合研究中心环境与可持续发展研究所前任所长、拉克森堡国际应用系统分析研究所前任所长,荷兰。

胡中民　国际宇航科学院中国研究中心总干事,中国。

彼得·扬科维奇大使　奥地利前任外交部部长、联合国和平利用外层空间委员会前任主席,奥地利。

阿纳托利·卡普斯京　俄罗斯人民友谊大学法学院教授兼院长、国际法研究所主任,俄罗斯。

乌尔丽克·兰德菲斯特　德国圣加伦大学副校长、圣加伦大学人文与社会科学系教授,德国。

安德烈·勒博　法国航天局国家太空研究中心前任主席、法国气象局前任主任,法国。

约翰·罗格斯顿　美国乔治·华盛顿大学太空政策研究所名誉教授,美国。

彼得·马丁内斯　南非天文台空间科学与技术部负责人,南非。

约瑟·蒙塞拉特·菲力欧　巴西航天局国际合作办公室负责人,巴西。

K·R·施瑞达尔·默西　印度公共信息基础设施与创新计划委员会、总理顾问办公室高级专家,印度。

玛兹兰·奥斯曼　联合国维也纳办事处副主任、联合国外空事务办公室主任,马来西亚。

斯科特·佩斯　美国乔治·华盛顿大学太空政策研究所主任,美国。

阿尔弗雷德·罗玛　意大利航空航天工业协会顾问,意大利。

托马索·斯高巴　意大利国际空间安全促进协会会长,意大利。

奥列格·文特斯科夫斯基　乌克兰南方设计局欧洲代表处主任,乌克兰。

山川藤原浩　日本内阁太空政策战略总部秘书长、京都大学可持续发展生态圈研究所教授,日本。

主 编 简 介

　　卡伊-乌维·施罗格,欧洲航天局(总部位于法国巴黎)政策部门负责人,
2007 年至 2011 年担任欧盟太空政策主要智库太空政策研究所(位于奥地利维
也纳)主任。之前,他任职于德国宇航中心(位于德国科隆),担任对外合作与发
展部门负责人。更早之前,他在位于波恩的德国电信部及德国航天局工作。
　　施罗格作为代表参加过多个关于太空的国际论坛,并且从 2014 年至 2016
年担任联合国外空委下属法律小组委员会主席。该法律小组委员会由 73 个成
员国代表组成,是制定国际空间法的最高级别业务机构。近年来,他还担任了
多个国际委员会的主席,包括欧洲航天局国际关系委员会、联合国外空委下属
法律小组委员会负责起草联合国大会决议的两个工作组等,分别出席了欧洲议
会和美国国会的太空安全听证会。施罗格在太空政策、法律及电信政策领域编
著或参与编著了 15 本书,发表了 130 篇以上的文章、报告和论文。他牵头欧盟
太空政策研究所并与施普林格出版社合作,至 2011 年开始编撰"太空政策年
鉴"和"太空政策研究"系列丛书。他担任太空政策与法律领域多家国际杂志的
编委,是国际空间法学会副会长,国际宇航科学院和俄罗斯宇航科学院会员,法
国航空航天科学院通信会员,拥有德国图宾根大学政治科学与国际关系博士学
位,并获聘名誉教授。

分篇编辑

　　彼得·L·海斯任职美国科学应用国际公司(SAIC),主要负责支持美国情报部门、国防部和艾森豪威尔研究中心的工作,受托牵头论证了太空安全政策方案。海斯拥有美国弗莱彻学院博士学位,并且曾获美国空军学院荣誉毕业生。海斯曾在白宫科学与技术政策办公室和国家空间委员会实习,并在美国空军学院、高级空中力量学院、国防大学以及乔治·华盛顿大学讲授太空与安全政策方面的课程,已编写出版了《太空力量理论》《太空与安全》《美国的军事航天》《新千年的太空力量》《防止大规模杀伤性武器使用与扩散》《美国国防政策》等代表性著作。

　　自 2013 年 7 月以来, 亚娜·罗宾逊被捷克外交部派往欧盟对外事务部担任太空政策官员。2009 年 12 月至 2013 年 6 月, 罗宾逊女士由欧洲航天局借调到欧盟太空政策研究所担任研究员, 牵头太空安全研究项目, 在多个杂志上发表了一系列关于太空安全与太空政策的文章。在加入欧盟太空政策研究所之前, 她于 2005 年至 2009 年在布拉格安全研究所(专注于安全政策的非盈利研究机构)担任研究主管, 同时为该机构华盛顿分部提供重要支持与协作, 此前, 主要从事与自己亚洲研究学术背景相关的工作。罗宾逊拥有美国乔治·华盛顿大学硕士学位, 专攻亚洲太平洋地区安全问题与太空政策, 同时拥有捷克帕拉斯基大学中国研究硕士学位。罗宾逊曾获国际宇航大学奖学金, 参加了国际宇航大学 2009 年度太空研究项目, 2008 年在台北参加了台湾师范大学暑期普通话培训课程, 1999 年和 2000 年还曾在上海大学学习。

　　丹尼斯·莫拉现任法国驻意大利大使馆科技顾问,之前担任法国航天局太空研究中心顾问,负责战略档案管理。2010年至2012年,他是位于布鲁塞尔的欧盟防务机构负责太空项目的官员。该机构负责支持成员国和理事会巩固和改进欧盟防务能力的需求,以形成共同的安全与防务政策。他曾经并且现在仍为其他欧盟机构提供有关太空问题的专家咨询,包括欧盟委员会、欧盟经济与社会委员会、欧盟理事会秘书处、欧盟对外事务部、欧盟卫星中心以及欧洲航天局等,还曾负责法国的太空科学与地球观测项目与计划。

　　莫拉博士是国际宇航联合会军民两用委员会主席,并在奥地利、比利时、法国和意大利多次组织关于太空、安全与防务问题的会议、论坛及课程。莫拉拥有巴黎中央理工学院航空航天工程硕士学位和法国国防学院的文凭。

克里斯蒂娜·吉安诺帕帕博士是欧洲航天局总部成员国关系部的高级顾问,主要负责议会事务和与各成员国之间的联络。2010 年到 2012 年,她被欧洲航天局派往维也纳的欧盟太空政策研究所担任研究员,负责协助欧洲各国议会联盟组织的外空会议,领衔创新和"伽利略"项目、"哥白尼"项目的研究。吉安诺帕帕博士曾在欧盟委员会政策研究机构做过短期研究。2007 年到 2010 年,她在位于荷兰的欧洲航天局技术与质量管理部下属的机械工程部门工作。加入欧洲航天局之前,她在研发部门担任高科技行业咨询专家,并在荷兰埃因霍温理工学院和英国伦敦大学拥有学术职位。她获得过 14 份奖学金或奖励,并且在同行评审期刊和会议上发表论文 40 篇,拥有工程与应用数学的博士学位、机械系统工程和机电一体化的工程硕士学位,以及英国伦敦大学国际管理系的MBA 学位。此外,吉安诺帕帕博士还担任荷兰埃因霍温理工学院从事多物理场仿真研究的助理教授、美国机械工程师学会流体结构一体化委员会主席、国际宇航联合会下属的国际组织与发展中国家联络委员会秘书。

缩 略 语

缩略语	英文全称	中文名称
ABM	Anti-Ballistic Missile	反弹道导弹
ACO	Allied Command Operations	盟军作战司令部
ACS	Alcantara Cyclone Space	阿尔坎塔拉飓风
ACT	Allied Command Transformation	盟军转型司令部
ADC	Analog to Digital Conversion	模/数转换
ADR	Active Debris Removal	主动碎片移除
AEB	Brazilian Space Agency	巴西航天局
AEHF	Advanced Extremely High Frequency	先进极高频
AI&T	Assembly, Integration, and Test	组装、集成与测试
AIS	Automatic Identification System	自动识别系统
ALOS	Advanced Land Observation Satellite	先进陆地观测卫星
APAS	Androgynous Peripheral Attach System	异体同构周边式对接系统
APEC	Asia-Pacific Economic Cooperation	亚太经济合作组织
APRSAF	Asia-Pacific Regional Space Agency Forum	亚太区域空间机构论坛
APSCO	Asia-Pacific Space Cooperation Organization	亚太空间合作组织
AR	Acceptance Review	验收评审
ARES	Affordable Responsive Spacelift	经济可承受的快速响应航天发射
ARF	ASEAN Regional Forum	东盟地区论坛
AS	Authorized Service	授权服务
ASAT	Anti-Satellite	反卫星
ASEAN	Association of Southeast Asian Nations	东南亚国家联盟
ASI	Agenzia Spaziale Italiana	意大利航天局
ASLV	Augmented Satellite Launch Vehicle	增强型卫星运载火箭
ASV	Astrium Services	阿斯特里姆服务公司
ATB	Agency Technology and Product Transfer Board	欧洲航天局技术与产品转让委员会
ATV	Automated Transfer Vehicle	自动转移飞行器

BAMS	Broad Area Maritime Surveillance	广域海洋监视
BLOS	Beyond Line Of Sight	超视距
BMD	Ballistic Missile Defense	弹道导弹防御
BMEWS	Ballistic Missile Early Warning System	弹道导弹早期预警系统
BPD	Boundary Protection Device	边界保护装置
BTI	Build-To-Inventory	面向库存生产
BWC	Biological Weapons Convention	禁止生物武器公约
C/A	Course Acquisition Code	粗定位码
C^3	Command,Control and Communications	指挥、控制与通信
C^4IS	Command,Control,Communications,Computers and Information Systems	指挥、控制、通信、计算机与信息系统
CAA	Contracting Administrative Authorities	合同管理局
CAIB	Columbia Accident Investigation Board	"哥伦比亚"号事故调查委员会
CAPP	Control Access Protection Profile	受控安全访问保护框架
CAS	Chinese Academy of Sciences	中国科学院
CASC	China Aerospace Science and Technology Corporation	中国航天科技集团公司
CASIC	China Aerospace Science and Industry Corporation	中国航天科工集团公司
CBERS	China-Brazil Earth Resources	中巴地球资源卫星
CC	Common Criteria	通用标准
CCDS	Consultative Committee for Space Data Systems	空间数据系统咨询委员会
CCL	Commerce Control List	商业管制清单
CCP	Commercial Crew Program	商业载人航天计划
CCRP	Command and Control Research Program	指挥与控制研究计划
CD	Conference on Disarmament	裁军谈判会议
CEOS	Committee on Earth Observation Satellites	国际卫星对地观测委员会
CF	Canadian Forces	加拿大军队
CFSP	Common Foreign and Security Policy	欧盟共同外交与安全政策
CGS	Control Ground System	地面控制系统
CGS	EU Council General Secretariat	欧盟理事会秘书处
CHIRP	Commercially Hosted Infrared Payload	商业搭载红外有效载荷
Cl	Critical infrastructure	关键基础设施
CIA	Confidentiality,integrity and availability	机密性、完整性与可用性

CIA	Central Intelligence Agency	中央情报局
CIL	Common Interoperability Layer	通用互操作性层
CIP	Critical infrastructure protection	关键基础设施保护
CIS	Community of Independent States	独联体
CLBI	Centro de Lançamento da Barreira do Inferno	巴西巴雷拉航天发射中心
CMA	China Meteorological Administration	中国气象局
CNAE	Comissão Nacional de Atividades Espaciais	巴西国家航天活动委员会
CNES	Centre National d'Etudes Spatiales	法国国家空间研究中心
CNPQ	Conselho Nacional de Desenvolvimento Científico e Tecnológico	巴西国家科学技术发展委员会
CNSA	China National Space Administration	中国国家航天局
COBAE	Brazilian Commission for Space Activities	巴西航天活动委员会
COBAE	Comissão Brasileira de Atividades Espaciais	巴西航天活动委员会
CoC	Code of Conduct for Outer Space Activities	外层空间活动行为守则
COIN	Counter-insurgency	反叛乱
COLA	Collision Avoidance Analysis	碰撞规避分析
COMINT	COMmunications INTelligence	通信情报
COMPUSEC	Computer Security	计算机安全
COMSEC	Communications Security	通信安全
C-ORS	Coalition Operationally Responsive Space	联盟快速响应太空
COSMO-SkyMed	Constellation of Small Satellites for Mediterranean basin Observation	地中海盆地对地观测小卫星星座
COSTIND	Commission for Science and Technology and Industryfor National Defense	国防科学技术工业委员会
COTS	Commercial off the shelf	商用货架产品
CRADA	Cooperative Research and Development Agreements	合作研发协议
CRPA	Controlled Reception Pattern Antennas	接收方向图可控天线
CRYPTOSEC	Cryptographic Security	密码安全
CSA	Canadian Space Agency	加拿大航天局
CSDP	Common Security and Defence Policy	欧盟共同安全与防务政策
CSG	COSMO Second Generation	第二代地中海盆地对地观测小卫星星座
CSIC	Cabinet Satellite Intelligence Center	内阁卫星情报中心
CSIP	Critical Space Infrastructure Protection	关键太空基础设施保护

CSLLA	Commercial Space Launch Amendments Act	商业航天发射法修正案
CSM	Conjunction Summary Message	轨道交会简讯
CTA	Centro Técnico Aeroespacial	巴西航空航天技术中心
CTA	Centro Tecnológico da Aeronáutica	巴西航空航天技术中心
CTBT	Comprehensive Nuclear-Test-Ban Treaty	全面禁止核试验条约
CWC	Chemical Weapons Convention	禁止化学武器公约
DAC	Discretionary Access Control	自主访问控制
DAGR	Defense Advanced GPS Receiver	国防部先进全球定位系统接收器
DARPA	Defense Advanced Research Projects Agency	美国国防部高级研究计划局
DCTA	Departamento de Ciência e Tecnologia Aero-espacial	巴西航空航天科技部
DEW	Directed Energy Weapons	定向能武器
DGA	Direction Générale de I'Armement	法国武器军备总局
DHS	Department of Homeland Security	美国国土安全部
DISA	Defense Information Systems Agency	美国国防信息系统局
DPJ	Democratic Party of Japan	日本民主党
DLR	German Aerospace Center	德国航空航天中心
DMC	Disaster Management Constellation	灾害监测星座
DMSP	Defense Meteorological Satellite Programme	国防气象卫星计划
DND	Department of National Defense	加拿大国防部
DoD	Department of Defense	美国国防部
DOS	Department of Space	印度航天部
DR	Debris Removal	碎片移除
DRC	Federal Special Program for the Development of Russia's Cosmodromes	俄罗斯联邦航天中心发展特别计划
DRDC	Defence Research & Development Canada	加拿大国防研究与发展机构
DSCS-III	Defense Satellite Communications System III	国防卫星通信系统-3
DSP	Defense Support Program	国防支援计划
DWSS	Defense Weather Satellite System	国防气象卫星系统
EAL	Evaluation Assurance Levels	评估保证级别
EAR	Export Administration Regulations	出口管理条例
EC	European Commission	欧盟委员会
ECSC	European Coal and Steel Community	欧洲煤炭与钢铁共同体
EDA	European Defence Agency	欧洲防务局

EDC	European Defence Community	欧洲防务共同体
EDRS	European Data Relay System	欧洲数据中继系统
EEAS	European External Action Service	欧盟对外事务部
EELV	Evolved Expendable Launch Vehicle Program	演进型一次性运载火箭计划
EFC	European Framework Cooperation for defence, civilian security and space-related research	欧洲防务、公民安全及太空相关研究的合作框架
EGNOS	European Geostationary Navigation Overlay Service	欧洲地球静止轨道卫星导航增强服务系统
EHF	Extremely High Frequency	极高频
ELINT	ELectronic INTelligence	电子侦察
ELINT	Electronic Intelligence satellites	电子侦察卫星
EM	Electromagnetic	电磁频谱
EMSA	European Maritime Safety Agency	欧洲海事安全局
ENMOD	Environmental Modification Techniques	改变环境的技术
EO	Earth Observation	对地观测
EPAA	European Phased Adaptive Approach	欧洲分阶段适应性方案
EPCIP	European Programme for CI Protection	欧洲关键基础设施保护计划
EPS	Enhanced Polar System	增强极区系统
ERS	European Remote Sensing Satellite	欧洲遥感卫星
ES	Kingdom of Spain	西班牙王国
ESA	European Space Agency	欧洲航天局
ESCPC	European Satellite Communication Procurement Cell	欧洲卫星通信系统采购单元
ESDA	European Security and Defence Assembly	欧洲安全与防务大会
ESDP	European Security and Defence Policy	欧洲安全与防务政策
ESP	European Space Policy	欧洲太空政策
ESPI	European Space Policy Institute	欧洲太空政策研究所
ESRAB	European Security Research Advisory Board	欧洲安全研究顾问委员会
ESRIF	European Security and Research Innovation Forum	欧洲安全与研究创新论坛
ESS	European Security Strategy	欧盟安全战略
EU	European Union	欧盟
EUISS	European Union Institute for Security Studies	欧盟安全研究所
EUISS	EU Institute for Security Studies	欧盟安全研究所

EUROPA	European Understandings for Research Organisation Programmes and Activities	欧洲研究组织计划与活动谅解备忘录
EUSC	European Union Satellite Centre	欧盟卫星中心
EUSC	EU Satellite Centre	欧盟卫星中心
EW	Electronic Warfare Weapons	电子战武器
EXAMETNET	Experimental InterAmercian Meteorological Rocket Network	泛美实验气象探测火箭网络
FAA	Federal Aviation Administration	美国联邦航空管理局
FAA-AST	Federal Aviation Administration's Commercial Space Transportation	美国联邦航空局商业空间运输办公室
FALCON	Force Application and Launch from CONUS	基于本土的兵力运用与发射计划
FAT	Frequency Allocation Tables	频率分配表
FCC	Federal Communications Commission	美国联邦通信委员会
FDA	Food and Drug Administration	美国食品药品管理局
FFRDC	Federally Funded Research and Development Centers	联邦政府资助研究发展中心
FIA	Fédération Internationale de l'Automobile	国际汽车联合会
FOC	Full Operational Capability	全面作战能力
FOCI	Foreign Ownership Control and Influence	外国所有、控制和影响
FP	Framework Programme for Research and Technological Development	研究与技术发展框架计划
FR	French Republic	法兰西共和国
FRD	Functional Requirements Document	功能要求文件
FRR	Flight Readiness Review	飞行就绪审查
FSP	Federal Space Program	美国联邦太空计划
GAGAN	GPS-Aided Geo Augmented Navigation	GPS 辅助地球静止轨道导航增强系统
GAO	Government Accountability Office	政府问责局
GBS	Global Broadcast Service	全球广播服务
GCHQ	General Communications Headquarters	英国政府通信总部
GCM	GMES Contributing Mission	全球环境与安全监测系统贡献任务
GEO	Geostationary Earth Orbit	地球静止轨道
GEO	Group on Earth Observation	地球观测组织
GETEPE	Grupo Executivo e de Trabalhos e Estudos de Projetos Especiais	巴西航天项目研究工作执行小组
GGE	Group of Governmental Experts	政府专家组

GIANUS	Global Integrated Architecture for iNnovative Utilization of space for Security	太空创新利用安全的全球综合体系架构
GIG	Global Information Grid	全球信息栅格
GIS	Geographic Information System	地理信息系统
GIST	Globalize and Internationalize ORS Standards and Technology	全球化和国际化快速响应空间系统标准与技术
GLONASS	Russian Federal Program on Global Navigation Systems	"格洛纳斯"俄罗斯联邦全球导航系统计划
GMES	Global Monitoring for Environment and Security	全球环境与安全监测系统
G-MOSAIC	GMES services for Management of Operations, Situation Awareness and Intelligence for regional Crises	用于区域性危机的作战管理与态势感知
GNSS	Global Navigation Satellite System	全球导航卫星系统
GoP	Group of Personalities	专家小组
GP	General Perturbations	一般慑动
GPS	Global Positioning Systems	全球定位系统
GSE	GMES Service Element	全球环境与安全监测系统服务要素
GSLV	Geosynchronous Satellite Launch Vehicle	地球同步卫星运载火箭
GSSC	Global (or Regional) Satcom Support Center	全球(或区域)卫星通信支持中心
HALE	High Altitude Long Endurance	高空长航时
HCOC	International Code of Conduct against Ballistic Missile Proliferation (Hague Code of Conduct)	防止弹道导弹扩散国际行为守则
HEMP	High Altitude Electromagnetic Pulse	高空电磁脉冲
HRO	Highly Elliptical Orbit	大椭圆轨道
HMI	Hazardously Misleading Information	危险误导信息
HQ	Headquarters	总部
HR	High Resolution	高分辨率
HTS	High Throughput Satellites	高吞吐量卫星
HTV	H-2 Transfer Vehicle	H-2 转移飞行器
HW	Hardware	硬件
I&A	Identification and Authentication Mechanisms	识别认证机制
IA	Information Assurance	信息安全保证
IADC	Inter-Agency Space Debris Coordination Committee	机构间太空碎片协调委员会
IAE	Instituto de Aeronáutica e Espaço	巴西航空航天工程研究所
IASE	Information Assurance Systems Engineering	信息安全保障系统工程

ICADS	Integrated Correlation and Display System	综合关联与显示系统
ICAO	International Civil Aviation Organization	国际民用航空组织
ICBM	Intercontinental Ballistic Missiles	洲际弹道导弹
ICD	Interface Control Documents	接口控制文件
ICG	International Committee on GNSS	全球导航卫星系统国际委员会
ICoC	International Code of Conduct for Outer Space Activities	外层空间活动国际行为守则
IDCSP	Initial Defense Communication Satellite Program	初级国防通信卫星计划
IDSA	Institute for Defense Studies and Analyses	印度国防研究与分析所
IDSS	International Docking System Standard	国际对接系统标准
IEM	Industrial Equipment Manufacturing	工业设备制造
IGS	Information Gathering Satellites	情报收集卫星
IGY	International Geophysical Year	国际地球物理年
1ISL	International Institute of Space Law	国际空间法学会
IISU	ISRO Inertial Systems Unit	印度空间研究组织惯性系统部门
IMSMA	Information Management System for Mine Action	排雷行动信息管理系统
IMU	Inertial Measurement Units	惯性测量单元
INCOSPAR	Indian National Committee on Space Research	印度国家太空研究委员会
INFOSEC	Information Security	信息安全
INFRAERO	Empresa Brasileira de Infra-Estrutura Aeroportuária	巴西机场基础设施公司
INPE	Instituto Nacional de Pesquisas Espaciais	巴西国家太空研究院
INSAT	Indian National Satellite	印度卫星
INTELSAT	International Telecommunications Satellite Organization	国际通信卫星组织
IOT	In-Orbit Test	在轨试验
IPS	Interim Polar System	过渡极区系统
IR	Infrared	红外线
IRNSS	Indian Regional Navigation Satellite System	印度区域导航卫星系统
ISA	Israel Space Agency	以色列航天局
ISAC	ISRO Satellite Centre	印度空间研究组织卫星中心
ISEG	International Space Exploration Group	国际太空探索协调组
ISLR	Integrated Side Lobe Ratio	积分旁瓣比

ISMERLO	International Submarine Escape and Rescue Liaison Office	国际援潜救生联络办公室
ISMS	Information Security Management System	信息安全管理系统
ISO	International Standardization Organization	国际标准化组织
ISO	International Organization for Standardization	国际标准化组织
ISON	International Scientific Optical Network	国际科学光学监测网
ISR	Intelligence Surveillance and Reconnaissance	情报、监视与侦察
ISRO	Indian Space Research Organisation	印度空间研究组织
ISS	International Space Station	国际空间站
ISTAR	Intelligence, Surveillance, Target Acquisition and Reconnaissance	情报、监视、目标捕获与侦察
ISTRAC	ISRO Telemetry, Tracking and Command Network	印度空间研究组织的遥测、跟踪与指令网
IT	Information Technology	信息技术
ITA	Aeronautics Technological Institute	巴西航空技术学院
Italian SEGREDIFESA/DNA	Segretariato generale della difesa/Direzione nazionale Degli armamenti	意大利国防部秘书处/意大利装备部
ITAR	International Traffic in Arms Regulations	国际武器贸易条例
ITSEC	Information Technology Security Evaluation Criteria	信息技术安全评估标准
ITU	International Telecommunication Union	国际电信联盟
J/N	Jamming-to-Noise Ratio	干扰噪声比
JAPCC	Joint Air Power Competence Center	北约联合空中力量能力中心
JAXA	Japan Aerospace Exploration Agency	日本宇宙航空研究开发机构
JDA	Japanese Defense Agency	日本防卫厅
JFC	Joint Force Commanders	联合部队指挥官
JFCC Space	Joint Functional Component Command for Space	太空联合职能司令部
JICA	Japan International Cooperation Agency	日本国际协力机构
JMOD	Japanese Ministry of Defense	日本防卫省
JRC	Joint Research Centre	欧盟联合研究中心
JSDF	Japanese Self-Defense Forces	日本自卫队
JSF	Japan Space Forum	日本宇宙论坛
JSpOC	Joint Space Operations Center	美国联合太空作战中心
JTRS	Joint Tactical Radio System	美国联合战术无线电系统
KE	Kinetic Energy	动能

KEW	Kinetic Energy Weapons	动能武器
KIAM	Keldysh Institute of Applied Mathematics	凯尔戴什应用数学研究所
KV	Kosmicheskie Voiska	俄罗斯航天部队
L2C	Second Civil Signal	第二民用信号
LCC	Life-Cycle Cost	全寿命成本
LCOLA	Launch collision avoidance	发射碰撞规避
LDEF	Long Duration Exposure Facility	长期辐照设施
LDP	Liberal Democratic Party	自民党
LEMV	Long-Endurance Multi-Intelligence Vehicle	长航时多用途情报飞行器
LEO	Low Earth Orbit	近地轨道
LEOP	Launch and Early Orbit Phase	发射与入轨段
LoI	Letter of Intent	意向书
LPSC	Liquid Propulsion System Centre	液体推进系统中心
LSC	Legal Subcommittee	法律小组委员会
LTBT	Limited Test Ban Treaty	部分禁止核试验条约
LTSSA	Long-Term Sustainability of Space Activities	外空活动的长期可持续性
MAC	Mandatory Access Control	强制访问控制
MAD	Mutual Assured Destruction	确保相互毁灭
MALE	Medium Altitude Long Endurance	中空长航时
MARISS	MARitime Security Service	海上安全服务
MBOC	Multiplexed Binary Offset Carrier	复用二进制偏移载波
MCF	Master Control Facility	主控设施
MCR	Mission Concept Review	任务概念评审
MCS	Mission Control Segment	任务控制阶段
MCTI	Ministério Ciência Tecnologia e Inovação	巴西科技创新部
MD	Ministério da Defesa	巴西国防部
MDR	Mission Definition Review	任务定义评审
MEO	Medium Earth Orbit	中地球轨道
METI	Ministry of Economy, Trade, and Industry	日本经济产业省
MEXT	Ministry of Education, Culture, Sports, Science, And Technology	日本文部科学省
MHV	Miniature Homing Vehicle	微型寻的飞行器
MIIT	Ministry of Industry and Information Technology	工业和信息化部
MMMB	Multi-Mission Microsatellite Bus	多任务微卫星总线

MNE	Multinational Experiment	多国实验
MOA	Ministry of Agriculture	农业部
MOD	Ministry of Defence	国防部
MOE	Ministry of Education	教育部
MoFA	Ministry of Foreign Affairs	外交部
MOLR	Ministry of Land and Resources	国土资源部
MOSA	Modular Open Systems Architecture	模块化开放式体系结构
MOST	Microvariability and Oscillations of Stars	恒星微变和振荡太空望远镜
MOST	Ministry of Science and Technology	科技部
MoU	Memorandum of Understanding	谅解备忘录
MSDF	Maritime Self-Defense Force	海上自卫队
MTCR	Missile Technology Control Regime	导弹技术控制制度
MUSIS	Multinational Space-Based Imagery System	多国天基成像系统
NAD	National Armaments Directors	北约成员国军备负责人
NASA	National Aeronautics and Space Administration	美国国家航空航天局
NASDA	National Space Development Agency	国家宇宙开发事业团
NATO	North Atlantic Treaty Organization	北大西洋公约组织
NAVWAR	Navigation Warfare	导航战
NCIA	NATO Communication and Information Agency	北约通信与信息局
NDRC	National Development and Reform Commission	国家发展和改革委员会
NDS	Nuclear Detonation Detection System	核爆炸探测系统
NEO	Near-Earth Object	近地天体
NEOSSat	Near Earth Object Surveillance Satellite	近地天体监视卫星
NFAT	National Frequency Allocation Tables	国家频率分配表
NGEO	Next Generation Electro-Optical reconnaissance satellite	下一代光电侦察卫星
NGO	Non-Governmental Organisation	非政府组织
NISPOM	National Industrial Security Program Operating Manual	国家工业安全项目操作手册
NOAA	National Oceanic and Atmospheric Administration	国家海洋和大气管理局
NOSS	Naval Ocean Surveillance Satellite	海军海洋监视卫星
NPOESS	National Polar-Orbiting Operational Environmental Satellite System	国家极轨环境业务卫星系统
NPT	Nuclear Non-Proliferation Treaty	核不扩散条约
NRO	National Reconnaissance Office	国家侦察局

NRSC	National Remote Sensing Centre	国家遥感中心
NSA	National Security Agency	国家安全局
NSAU	National Space Agency of Ukraine	乌克兰国家航天局
NSC	National Security Council	国家安全委员会
NSG	Nuclear Supplier's Group	核供应国集团
NSO	Netherlands Space Office	荷兰航天办公室
NSP	National Space Policy	国家太空政策
NSSS	National Security Space Strategy	国家安全太空战略
OCCAR	Organisation Conjointe de Coopération en Matière d'ARmement	欧洲武器装备合作联合机构
OFAC	Office of Foreign Asset Control Regulations	海外资产控制办公室
ONSP	Office of National Space Policy	国家太空政策办公室
OODA	Observe; Orient; Decide; Act	观察、调整、决策以及行动
OPIR	Overhead Persistent Infrared	过顶持续红外系统
OPSEC	Operational Security	作战安全
ORBAT	Order of Battle	战斗序列
ORD	Operational Requirements Document	作战需求文件
ORFEO	Optical and Radar Federated Earth Observation System	光学与雷达联合对地观测系统
ORR	Operational Readiness Review	战备评估
ORS	Operationally Responsive Space	快速响应空间
OS	Open Service	开放式服务
OST	Outer Space Treaty	外层空间条约
OTM	On-the-Move	动中通
OTV	Orbital Test Vehicle	轨道试验飞行器
OWG	Operational Working Group	作战工作组
P[Y]	Pseudorandom Code	伪随机码
PA	Project Agreements	项目协议
PAROS	Prevention of an Arms Race in Outer Space	防止外层空间军备竞赛
PCA	Permanent Court of Arbitration	常设仲裁法院
PDR	Preliminary Design Review	初步设计评审
PEC	Photoelectric Cell	光电池
PFI	Privately Financed Initiatives	私人融资计划
PHAROS	Portail d'Accès au Renseignement de l'Observation Spatiale	空间观测信息登录门户平台

PL	Republic of Poland	波兰共和国
PMF	Production Master Files	生产主文件
PMR	Professional Mobile Radio	专业移动无线电台
PNAE	Programa Nacional de Atividades Espaciais	巴西国家航天活动计划
PNT	Position, Navigation, and Timing	定位、导航与授时
PoC	Points of Contact	联系节点
PPS	Precise Positioning Service	精确定位服务
PSC	EU Political and Security Committee	欧盟政治与安全委员会
PSLR	Peak to Side Lobe Ratio	峰值旁瓣比
PSLV	Polar Satellite Launch Vehicle	极轨卫星运载火箭
PSSI	Prague Security Studies Institute	布拉格安全研究所
QR	Qualification Review	资格评审
QZSS	Quasi-Zenith Satellite System	准天顶卫星系统
R&D	Research and Development	研究与开发
RAP	Recognised Air Picture	空中目标识别图像
RASCAL	Responsive Access, Small Cargo, Affordable Launch	经济可承受快速响应小型运载火箭
RF	Radio Frequency	无线电频率
RFi	Radio Frequency Interference	无线电频率[射频]干扰
RFP	Request for Proposal	征求建议书
RMA	Revolution in Military Affairs	军事变革
RORSAT	Radar Ocean Reconnaissance Satellites	雷达海洋侦察卫星
ROSCOSMOS	Russian Federal Space Agency	俄罗斯联邦航天局
RS	Responsive Space	太空快速响应
RSC	Responsive Space Capabilities	太空快速响应能力
RSP	Recognized Space Picture	空间目标识别图像
RTD	Research and Technological Development	研究与技术开发
RTG	Radio-Thermal Generators	放射性同位素热电发生器
RTO	Research and Technology Organization	研究与技术组织
RV	Re-entry Vehicles	再入飞行器
RVSN	Raketnye Voiska Strategicheskogo Naznacheniia	俄罗斯战略火箭部队
SAC	Space Applications Centre	太空应用中心
SACT	Strategic Allied Command Transformation	战略盟国指挥转型
SALT	Strategic Arms Limitation Treaties	限制战略武器条约

SAMRO	SAtellite Militaire de Reconnaissance Optique	法国军事光学侦察卫星
SAR	System Acceptance Review	系统验收评审
SAR	Search and Rescue System	搜救系统
SAR	Synthetic Aperture Radar	合成孔径雷达
SARAL	Satellite for Argos and Altika	搭载 Argos 系统与 Altika 雷达高度计的卫星
SASAC	State-owned Assets Supervision and Administration Commission of the Stale Council	国务院国有资产监督管理委员会
SASTIND	State Administration of Science, Technology and Industry for National Defense	国家国防科技工业局
SatCom	Satellite Communications	卫星通信
SatNav	Satellite Navigation	卫星导航
SBAS	Satellite-Based Augmentation System	星载增强系统
SBIRS	Space-Based Infra-Red System	天基红外系统
SBSS	Space-Based Space Surveillance	天基太空监视
SBV	Space-Based Visible Sensor	天基可见光传感器
SCC	Security Consultative Committee	安全咨询委员会
SCC	Space Control Center	太空控制中心
SCSD	Special Committee on Space Development	太空发展特别委员会
SDA	Space Data Association	空间数据协会
SDC	Space Data Center	空间数据中心
SDF	Self-Defense Forces	自卫队
SDI	Strategic Defense Initiative	战略防御计划
SDR	System Definition Review	系统定义评审
SDS	Space Data Systems	空间数据系统
SDSC	Satish Dhawan Space Center	萨迪什·达万航天中心
SGB	Brazilian Geostationary Satellite	巴西地球静止轨道卫星
SGDC	Geostationary Defense and Strategic Communications Satellite	地球静止轨道国防与战略通信卫星
SHEFEX	Sharp Edge Flight Experiment	锐边飞行试验
SHF	Super High Frequency	超高频率
SHSP	Strategic Headquarters of Space Policy	太空政策战略总部
SIGINT	SIGnals INTelligence	信号情报
SLR	Satellite Laser Ranging	卫星激光测距
SLV-3	Satellite Launch Vehicle 3	卫星运载火箭-3

SMS	Security Management System	安全管理系统
SOA	State Oceania Administration	国家海洋局
SOF	Strength of Functionality	空间的功能性强度
SOI	Space Object Identification	空间目标识别
SOLAS	International Convention for the Safety of the Life at Sea	国际海上生命安全公约
SOPA	Space Object Proximity Awareness	空间物体接近感知
SF	Special Perturbations	特别扰动
SPA	Space Plug-and-Play Avionics	太空即插即用电子设备
SPADATS	Space Detection and Tracking System	空间探测与跟踪系统
SPASEC	Security Panel of Experts	安全专家小组
SPOT	Système Probatoire d'Observation de la Terre	"斯波特"卫星(全称为"对地观测卫星")
SPS	Standard Positioning Service	标准定位服务
SRB	Solid Rocket Boosters	固体火箭助推器
SRR	System Requirements Review	系统要求评审
SS	Space Segment	空间段
SSA	Space Situational Awareness	空间态势感知
SSC	Swedish Space Corporation	瑞典空间公司
SSCG	Space Security Coordination Group	太空安全协调小组
SSID	Service Set Identifier	服务集标识符
SSN	SafeSeaNet	海运监视系统
SSN	Space Surveillance Network	空间监视网
SSS	Space Surveillance System	空间监视系统
STA currently MEXT	Japan's Science and Technology Agency	日本科学技术振兴机构
STM	Space Traffic Management	太空交通管理
STSC	Scientific and Technical Subcommittee	科技小组委员会
SW	Software	软件
TA1	Technical Arrangement to the European Research Grouping Arrangement No 1	关于欧洲研究分组安排第 1 号协定的技术协定
TAA	Technical Assistance Agreements	技术援助协议
TAL	Transoceanic Abort Landing	跨洋中止着陆
TAMG	Technical Arrangement Management Group	技术协定管理小组
TAS-I	Thales Alenia Space Italia	泰雷兹-阿莱尼亚宇航公司意大利分公司

TC	Telecommand	遥控指令
TCBM	Transparency and Confidence Building Measure	透明度与建立信任措施
TDRSS	Tracking and Data Relay Satellite System	跟踪与数据中继卫星系统
TELEDIFE	Direzione Informatica, Telematica e Tecnologie Avanzate	意大利高级通信信息技术部
TEMPEST	Telecommunications Electronics Material Protected from Emanating Spurious Transmissions	防止信号欺骗的通信、电子与材料技术
TIES	Tactical Imagery Exploitation System	战术图像开发系统
TM	Telemetry	遥测
TOE	Target of Evaluation	评估目标
TRANSEC	Transmission Security	传输安全
TTRDP	Trilateral Technology Research and Development Projects	三方技术研发项目
TWG	Technical Working Group	技术工作小组
UAS	Unmanned Air Systems	无人机系统
UAV	Unmanned Aerial Vehicles	无人机
UFO	Ultra High Frequency Follow-On	特高频后续星
UGS	User Ground Segment	用户地面段
UHF	Ultra High Frequency	特高频
ULA	United Launch Alliance	美国航天发射联盟
UNCLOS	United Nations Convention on the Law of the Sea	联合国海洋法公约
UNCOPOUS	United Nations Committee on the Peaceful Uses of Outer Space	联合国和平利用外层空间委员会
UNGA	United Nations General Assembly	联合国大会
UNIDIR	United Nations Institute for Disarmament Research	联合国裁军研究所
UNOOSA	United Nations Office for Outer Space Affairs	联合国外层空间事务办公室
UN-SPEDER	UN Platform for Space-based Information for Disaster Management	联合国灾害管理与应急反应天基信息平台
USAF	United States Air Force	美国空军
USLM	United States Munitions List	美国军品管制清单
VHR	Very High Resolution	超高分辨率
VKS	Voenno-kosmicheskie Voiska	俄罗斯军事航天部队
VLM	Veículo Lançador de Microssatélite	微型卫星运载火箭
VLS	Veículo Lançador de Satélites	卫星运载火箭

VoIP	Voice Over Internet Protocol	语音互联网协议
VPK	Voenno-promychlennaia komissiia	军事工业委员会
VPN	Virtual Private Network	虚拟专用网络
VRKO	Voiska Raketno-kosmicheskoj Oborony	空间防御部队
VSSC	Vikram Sarabhai Space Centre	印度萨拉巴伊航天中心
VVKO	Voiska Vozdushno-kosmicheskoj Oborony	空天防御部队
W	Warfare	战争
WAAS	Wide-Area Augmentation System	广域增强系统
WAN	Wide Area Network	广域网
WCDMA	Wideband Code Division Multiple Access	宽带码分多址
WEP	Wired Equivalency Protocol	有线安全等级协议
WEU	Western European Union	西欧联盟
WGS	Wideband Global Satcom	宽带全球卫星通信
WMD	Weapons of Mass Destruction	大规模杀伤性武器
WMO	World Meteorological Organization	世界气象组织
WRC	World Radiocommunication Conference	世界无线电通信大会
XDR	Extended Data Rate	扩展数据率
XIPS	Xenon Ion Propulsion System	氙离子推进系统

目　　录

第一篇　对国际太空安全的基本认识

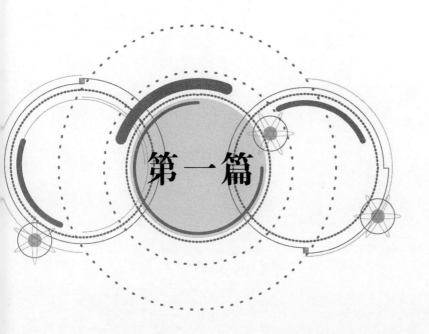

第一篇

对国际太空安全的基本认识

第1章 概述

彼得·L·海斯

乔治·华盛顿大学,美国华盛顿特区

本章概述了本篇内容。本篇包括14章,主要探讨了太空安全定义、太空安全治理、太空力量理论、相关法律及太空威慑等问题,并重点论及太空快速响应、太空与网络安全、太空与基础设施、太空安全性、太空可持续发展,以及太空相关的出口管制及透明度与建立信任措施等。这些议题及其主题为改善与推进国际太空安全对话提供了全面的理论背景。

1.1 基本主题

界定太空安全的定义与范围可能是任何太空安全对话最重要的一项议题。传统上太空安全主要被定义为关系美国与苏联两极战略平衡的术语,聚焦于进入和利用太空的军事与环境问题。迈克尔·希恩在第2章"如何定义太空安全"中论述了这一传统定义如何进一步拓宽视角,更加强调以安全与国防为目的的太空利用问题、自然和人为威胁下的太空资产安全问题以及来自太空威胁的安全防护问题。拓宽太空安全范畴,以包括越来越多的空间活动参与者并强调商业航天与日俱增的重要性是有益的,但也带来了一定风险,如增加了以全面而谨慎的方式解决这些问题的难度。

太空安全治理与理论构成太空安全的基本问题。人类需要有效的太空安全治理来获得更多的太空利益,太空安全治理也力图确保太空得到稳定与可持续的利用。伊莱贾·萨德哈认为,太空安全治理的进步存在两大关键障碍,即很难在太空公域方面保持集体行动以及在战略稳定性方面达成共识,从而为太空可持续性利用这一共同的战略目标提供更多的战略保证。马克思·穆奇勒的文章提到如何利用国际关系理论解释各种形式的太空安全合作,并阐述了到目前为止,在太空安全合作方面成效甚微的原因:新现实主义解释缺乏合作的原因是无法达成权力均衡,新自由制度主义则认为主要障碍是建立有效的规则与机制来确定各国行动是否符合制度规范的要求,而建构主义者/自由主义者认为主要问题在于单边太空政策所依赖的价值信条。本人试图从更宽广的视角探讨"制太空权"理论,这一理论可以对个人、组织和国家在太空活动的交往实践中如何获得最佳的效用、保持投资平衡并降低风险进行说明、解释和预测。上述这些理论成果应进一步发展,并为以下重要问题提供理论解答,包括:如何在太空更好地创造财富,如何在投资太空与其他重要目标之间进行权衡,在太空日益军事化与潜在武器化的背景下如何认识全球安全形势及其演变,如何抓住唯有太空才能提供的探索与生存发展机遇。

本篇基本理论部分的最后 2 章讨论了与太空相关的战争法以及太空的威慑作用问题。史蒂文·弗里兰教授论述了有关太空规则纳入国际法的过程和外层空间条约的主题。随着技术的发展,尽管外层空间条约(OST)规定太空和平利用,但太空在武装冲突中的应用却日益增多,法律概念与实际情况似乎并无一致,解释也非易事,需要人们理解战争法原则如何以及在何种程度上适用于这些活动。弗里兰认为:军民两用卫星数量的增加令情况进一步恶化;此外,由于武装冲突可能涉及太空能力的利用,建立一致的与太空相关的附加法律文书来规范武装冲突变得日趋重要。罗杰·哈里森大使提出,不管太空中是否已经部署了武器,无潜在威胁的卫星运行时代都已经结束。他提出,应鼓励采取行动降低太空成为战场或冲突催化剂的可能性。他总结说,增强太空威慑与其说依赖于国家行为,不如说可能将更多地依赖太空环境的本质以及商业航天的发展。

1.2　国际太空安全重点领域

太空快速响应是一个新的努力方向,旨在提高太空能力以运用灵活的方式支持各种任务领域降低成本、加速发展与应用。路易莎·瑞摩斯从安全视角探讨了太空快速响应问题,研究了美国国防部众所周知的计划如何影响欧洲走上提高太空快速响应能力的道路。达里奥·斯戈比等研究了太空与网络安全的紧密联系,认为尽管太空在很多方面(尤其是网络安全方面)必须得到更好的发展,但使用系统工程概念和方法是同时应对太空与网络安全挑战,并真正实现空间系统网络安全的关键。

尽管近 20 年来对事关国民安全与国家运作的关键基础设施的保护越来越重视,但马库斯·海塞和马库斯·霍农发现保护关键太空基础设施往往被忽视了。比如,全球定位系统提供的精确定时信号支持全球电信网络同步,但人们对其依赖关系缺乏了解,也尚未制定保护该关键太空基础设施的政策。随着太空基础设施重要性的提高,美国、欧盟和其他国家(国际组织)的当务之急是寻求更好的途径制定这些必要的政策。太空安全是太空可持续发展的必要条件,但是乔·佩尔顿等认为,增进太空安全的措施常常是事后弥补。如果不提高发射、在轨运行以及再入过程中的太空安全规程和标准,高价值太空资产、宇航员甚至地球上人的生命都将日益陷于危险之中。太空交通管理的概念是一个越来越受重视的话题,威廉·艾罗尔的文章在概述了近地太空环境演变的基础上,讨论了目前形势、预测了未来太空碎片数量增长以及主动清除碎片等发展对太空环境的影响。如同航空旅行人次的增长导致了空中交通管理的产生,要确保未来对太空系统运营的干扰控制在最低水平,就需要有一个向操作者警示潜在碰撞和其他危险的系统,这就是太空交通管理系统。

太空可持续性是另一个新的发展方向,包括安全且互不干扰地开展太空活动,以及确保人类从太空活动中持续获利等一系列问题。彼得·马丁内斯长期担任联合国国际太空政策专家,了解联合国相关组织在确保太空可持续性方面的作用,提供了对联合国外空委(UNCOPUOS)下属科技委员会外空活动长期可持续工作小组工作的详细评估。此外,他的文章也讨论了联合国外空委工作与裁军谈判会议之间的关系,以及联合国外空活动透明度与建立信任措施(TCBM)政府专家组(GGE)工作与欧盟外空活动国际准则倡议之间的关系。乌尔丽克·博尔曼解释了冷战对太空技术创新以及相关技术出口管制的推动作用。维护国家安全与商业利益的平衡一直以来都是一个难题,因为太空技术具有军民两用性和双重作用,即一方面能够带来科学与商业利益,另一方面被赋予战略性和军事目的。最后,在欧洲对外事务部任职的亚娜·罗宾对传统的外交工具透明度与建立信任措施以及适用于太空活动的国际关系进行了说明。她观察到当今世界对透明度与建立信任措施日益增长的需求,强调了透明度与建立信任措施的多边维度,并综述了目前针对太空领域透明度与建立信任措施所做的主要工作,包括联合国框架内以及欧盟最近着手实施的工作。

1.3 结 论

本篇作为本书的基础与理论支撑,较全面地介绍了开展太空安全对话所涉及的重要主题与问题。本篇 14 章内容主要探讨了太空安全定义、太空安全治理、太空力量理论、相关法律及太空威慑等问题,并重点论及太空快速响应、太空与网络安全、太空与基础设施、太空安全性、太空可持续发展,以及太空相关的出口管制及透明度与建立信任措施等。这些内容为本书其他篇中有关太空安全主题与议题的具体及重点讨论提供了理论依据。

第2章 如何定义太空安全

迈克尔·希恩

斯旺西大学,英国斯旺西

太空安全是指确保进入太空并能自由利用太空来实现各种目标。传统上,太空安全被定义为与美、苏两个超级大国战略平衡相关的军事术语。冷战结束后,人们开始从军事和环境两个维度探讨太空安全。最新发展是从三个维度定义太空安全,包括:太空用于安全和国防目的,防止太空资产受到各种自然或人为威胁,以及抵御来自太空的安全威胁。拓展太空安全定义带来好处,但也存在一定风险。

2.1 引　　言

　　"太空安全"是一大热议话题,但少有定义。人们习惯将其与国家军事安全联系在一起,并且至今仍是对这一术语的主流认知。无论如何,卫星在保障国家军事安全、维护国际稳定与战略平衡、减少自身受到的军事威胁以及维持国际安全的能力始终是"太空安全"关注的基本问题。近年来,人们对太空安全概念的认识有所发展,尽管军事因素仍为根本,但其他突出问题也被纳入了这一概念范畴。

　　对安全的追求现已成为国家行为的根本目的,而这意味着其也必然是人类太空活动的重要动机。在过去30年中,普遍认为"安全"一词的含义发生了重大变化。冷战期间,对"安全"的理解极为具体而有限。过去安全一般是指国家受到威胁,特别是指其他国家的武装力量或是叛乱行动造成的军事威胁。这种对安全的狭义解释不能反映真实世界人们生活的常态。尽管他国武装力量可能会对一国构成明确的安全威胁,但对其他国家并不构成威胁,而缺水、缺粮或传染性疾病等问题却对人类生存构成真正安全威胁。因此,对安全的定义需要在一个框架内涵盖诸如此类的各种问题。为此,军事安全仍作为安全的一个重要领域,但经济、社会和环境安全等新领域也应被纳入到安全概念中。

　　对太空安全理念认识上的变化,也意味着包含了对各国要求自由进入并利用太空,从而为本国人民带来社会经济效益这一诉求的全面理解。卫星在国际社会为促进全球安全方面所做的工作中发挥着至关重要作用,并且对许多国家而言,卫星也有助于促进人类安全。同时,将太空视为保障国家长期目标的重要战略领域的传统观念依然盛行,例如美国就将利用太空的能力视为重大的国家利益。

太空安全涉及许多方面,包括在轨卫星和航天器的安全、进入太空的安全,也包括各类卫星对地球上人们的安全做出的贡献。尽管这三个维度在本章中是分开讨论的,但实际上它们是相互关联的。例如,在轨卫星安全受到其地面组成部分发生变化的重要影响,卫星对维护人类安全的贡献则受到对卫星的军事和环境威胁的影响。

2.2 太空安全现有定义

自 20 世纪 50 年代太空时代开创以来,两个基本原则一直支配着人们对太空活动与国际法关系的思考,这就是各国拥有进入太空和在太空航行自由的权利。据此,各国政府一致认为:太空安全包括确保符合人类利益的太空长期可持续利用,并且为达到人类共同的安全目的,应不断推动对太空的自由进入与利用。

上述理念反映在加拿大等国采用的太空安全定义中,将太空安全简单地描述为"安全、可持续地进入和利用太空"。每年出版的《太空安全索引》报告采用了完全相同的术语,但增加了"并免受来自太空的威胁"(Estabrooks,2006,第93 页)。航天理事会采用的是相近但更加准确的定义,侧重政治维度,"依照国际法,安全、可持续地进入和利用太空,免于破坏威胁"。这些定义的核心理念就是"太空安全"意味着创造一个人类太空活动的长期可持续发展环境。值得注意的是,这些定义中的"威胁"一词并不局限于纯军事问题,而是隐含所有对人类有效利用太空构成潜在障碍的因素。

上述定义反映了这样一个观点,即将太空视为人类活动的一个专门领域,不同国家或非国家行为体将在此开展的各类合法活动彼此之间不会相互阻碍或构成威胁,也不会因技术或环境因素影响而受阻。因此,将太空视为特定环境并且为人类共同遗产的这一理念日渐流行。2011 年《太空安全索引》报告的作者认为:"这个宽泛定义包含了独一无二的太空环境的安全,包括太空人造物体及其地面系统的物理完整性与运行完整性,以及地球免受太空资产威胁的安全。"(Jaramillo,2011,第 7 页)。《太空安全索引》报告还提出主要从 8 个方面评估全球太空安全形势与变化,包括:太空环境,空间态势感知,法律、政策与国际关系,民用航天和全球公共设施,商业航天,太空对地面军事行动的支持,太空系统保护,太空系统拒止。

此定义虽然宽泛,但依然无法充分考虑卫星为维护地球安全所做贡献这一重要方面,太空安全并不能精简为某一单纯含义或是用一句话简要归纳。考虑了卫星对人类安全所做贡献,从三个维度提出了太空安全新的定义(Mayence, 2010,第35页):一是利用太空实现安全,将太空系统用于安全及国防目的;二是在太空的安全,保护太空资产免受自然和人为威胁,并确保人类太空活动可持续发展;三是受太空影响地球上的安全,保护人类生命和地球环境免受来自太空的威胁和风险。

在这个三个维度新的太空安全定义中,包括冷战后已经存在的两种对太空安全的理解,即太空被界定为一个与安全与国防联系紧密,同时又面临潜在军事和环境威胁的人类活动领域。增加的第三个维度,指通过对救援和灾害管理的通信支持、极端天气条件监测、农业增产等途径,利用太空推进人类共同安全。

2.3 太空军事安全

当论述太空军事安全时,定义问题尤为突出。在冷战期间的大部分时间,只有苏联和美国具备广泛的太空军事能力。因为这两个国家部署了军事专用卫星,且军用和民用卫星之间存在相当清晰的分界线,但如今这两种情况都不再存在。越来越多的国家依赖太空系统,而经济可承受性的考虑也促进了军民两用卫星倍增。很多国家还发展了其他技术,比如远程地对地导弹技术可用于地基反卫星,还有欧洲和日本拥有的为国际空间站提供服务的空间机器人补给技术,至少理论上也具有反卫星能力。此外,很多可用于太空军备控制核查的技术,转变应用也具备反卫星潜力,例如可机动检查其他卫星的卫星或可追踪卫星的激光器等。

就更一般的安全问题而言,冷战期间的太空安全主要面向国家军事安全,它包含卫星在军事侦察、通信、预警和导航定位等方面的作用,以及导弹防御反卫星武器发展威胁全球战略稳定等内容,用于军备控制核查的侦察卫星所做出的贡献也成为重要关注点。到冷战即将结束之时,侦察、导航等卫星的"力量倍增器"作用已发展到可直接影响作战行动,进而开始影响关于太空安全的讨论,尤其是在战时实施反卫星作战的可能性。

从军事视角看,太空安全涉及多个主题,包括:利用太空资产增强地面武装部队作战效能(力量倍增器),通过预警和军备控制核查降低太空军事发展的危害,地面和天基军事能力对卫星构成的威胁,军事活动对空间环境构成的威胁,等。长远来看,太空安全还可能包括实施天基反卫作战、天基导弹拦截甚至直接从太空对地面或空中目标实施打击的天基武器发展(表 2.1)。

表 2.1 对卫星系统的人为威胁

威 胁 类 型		易受攻击的卫星系统部件
地基	物理摧毁	地面站;通信网络;链路
	蓄意破坏	
天基(反卫星)	动能武器(天雷和天基拦截器)	卫星
	定向能武器(如激光、电磁脉冲等)	卫星和控制中心/数据链路
干扰和内容攻击	网络攻击(恶意软件、拒绝服务、电子欺骗、数据截取)	所有系统和通信网络
	干扰	所有系统

对于在军事能力上高度依赖太空资产和并非如此的两类国家,"太空安全"的含义有所不同。对后者而言,太空安全的关键在于使太空本身成为免受碎片及电子干扰的环境,同时,通过外交努力使太空非武器化成为关注重点,以保护卫星应用带来的商业与发展利益。但对于太空军事强国,尤其是美国而言,除上述要求外,更加强调和平与战争时期维护太空安全的军事政策与实力,并确保能将卫星用作力量倍增器来大幅提高地面作战能力,这就有可能与其他航天大国追求的目标相冲突。

对于依赖太空军事资源的国家而言,太空应当是一个能够确保卫星完成力量倍增器作用的安全环境,需要能够承载意外损坏或恶意攻击并能有效对抗敌方太空能力的太空系统,能够必要时压制和消除敌方太空军事能力,以免敌方获取太空军事优势并保护自身的太空军事优势。这反过来又具有多层含义。卫星系统通常由在轨卫星本身、控制卫星运行的地面站、使卫星能执行其相应功能的上行与下行通信链路四部分组成,卫星系统安全意味着保护这四个部分。尽管有关"太空战"和反卫星作战的讨论集中在攻击和摧毁在轨卫星,但事实上在轨卫星本体目前还是卫星系统中最难攻击的部分,并且摧毁在轨卫星还会带来太空碎片的附带后果,因此战时卫星系统地面段更有可能受到攻击。不过,尽管碎片带来的潜在危险鼓励采取非破坏性反卫技术,但万一非破坏性攻击未能实现目标,也不排除在战时使用破坏性动能武器或定向能武器摧毁卫星的可能性。

因此,为了有效地利用太空,空间系统地面设施至关重要,同时卫星与地面设施之间的信号传输也至关重要,无论是对军事航天还是对载人航天,地面设施与控制都是关键,而且天地往返飞行充满危险和安全风险。"太空安全"不只包含发生在地球大气层以外的太空活动。例如,可靠的航天发射和地面控制设施,以及万一在战时丧失而快速重构的太空能力都是太空军事安全的重要问题,与在轨卫星不间断的有效通信也是如此。这再次说明,太空安全环境必然包含空间系统在轨与地面组成部分之间的物理和信号连接。

为了使太空成为更加稳定和安全的军民两用环境,很多国家提出建立太空军备控制体系。在试图开发这样一套体系以降低对太空系统的威胁时,定义再次变得很重要,需要对什么构成"武器"和"在太空"有明确定义。忧思科学家联盟给出了试图解决这些问题的系列定义。"太空武器"被定义为"任何通过质量和/或能量效应对空间系统造成物理损害的系统装置或部件","天基武器"被定义为"放置在地球轨道上,沿完整或部分轨道运行的武器"。此外,"不完全部署在太空中的系统部件,如陆基激光武器的中继镜也被认为是天基武器"(United Nations Institute Disarmament Research,2004,第45,46页)。

这些定义非常有用,但对于参与太空安全活动的国家和其他行为体来说,达成一致的定义非常困难。比如,忧思科学家联盟的"太空武器"的定义是指攻击导致目标卫星的物理损害,但电子干扰不会带来物理损害,不在该定义范围内。然而,受到电子干扰攻击的卫星可能不再正常工作。

严格来说,任何干扰卫星的技术都是反卫星武器,因此应被禁止或管制。但若全面实施这样的政策,就意味着可能也会禁止一些正当的空间活动。由于物理破坏反卫手段会对太空环境带来持久破坏,目前在区分物理破坏和非物理破坏反卫技术和如何重点管控物理破坏太空武器上尚存争议。太空领域达成军备控制协议是平衡和妥协的问题,特别是对重要术语难以形成一致定义使得达成协议更加艰难,这是达成相关国际条约面临的主要障碍。实际上,也许永远不可能有共同接受的太空武器定义,如果要达成条约,国际社会可能不得不放弃明确定义太空武器的尝试。

这样的太空军备控制条约如果实现,事实上会成为和平时期的信任建立措施。需要区分平时的太空安全定义和战时的太空安全考量。与平时的航空安全类比,包括避免飞机碰撞的安全管控问题、防止恐怖劫机、确保技术标准保证乘客安全等。然而一旦某个或几个国家领空成为战场,情况就会发生变化,民用航空飞行战时将暂停、战后再恢复。同样,太空安全包括平时各种安全管理制度,但在战时,尤其是涉及两个对太空高度依赖的工业化大国之间的战争,很多活动都必须暂停。太空安全与航空安全不同的是,太空安全的一个特殊问题是太空军事行动可能产生碎片云,会使近地轨道环境遭到严重破坏,以至于战后数十年可能都无法正常应用。实际上,加拿大外交部的菲利普·贝恩斯已经宣称"武器被用于攻击其他卫星以实现自身太空安全的战争博弈总是产生相同的结果,即有可能使近地轨道千年难用。"(Baines,2010,第 16 页)

太空安全的定义需要不仅仅限于军事维度,否则它会变成"太空力量"等其他概念的代名词。戴维·勒普顿给出了太空力量的第一个定义,将其描述为"一个国家开发利用太空以实现国家目标和目的的能力,包括该国的全部太空能力"(Lupton,1988,第 7 页)。海特等后来给出的定义为"一个国家或非国家行为体在面对世界舞台上的其他行为体时,通过控制和开发利用太空实现其目标目的的能力"(Hyatt et al.,1995,第 6 页)。当有关太空力量的讨论开始分析国家、军用、民用与商业航天构成,及其天基系统、地面系统与发射系统以及环境影响特性等术语的使用时,相似之处似乎更加明显,所有这些要素在太空安全概念中都有对应说法。

上述定义与以下给出的太空安全定义有明显相似之处。但太空力量和太空安全并不完全是一回事。前者是一个国家安全概念,且与国家安全目标有关;后者是一个国际安全概念,与太空环境的有效国际治理有关,它包含关键的军事问题,但是比军事安全更宽泛的概念。

与定义太空安全有关的问题也不仅限于军事领域。安全管理轨道空间的困难导致了"太空交通管理"概念的出现与发展。国际宇航科学院(IAA)在 2006 年发表了概念研究报告,将太空交通管理定义为"确保安全地进入太空,在太空运行和从太空返回的技术与监管规定的集合,以避免物理和射频干扰"(Constant-Jorgensen et al.,2006),这其实也契合太空安全的定义。

冷战结束之后,军事航天部门与其他部门之间的传统界限被逐渐打破,军事航天和商业航天之间的分界线也不再绝对。在 1991 年海湾战争和 2003 年伊拉克战争期间,美国军事优势的突出特点之一就是大范围依赖民用卫星系统实现军事目标。例如在 1991 年,美军利用美国的"陆地遥感卫星"和法国的"斯波特"等民用卫星系统补充了其军事侦察卫星能力。另外,战争期间超过 80% 的美军通信是由民用通信卫星提供的。与此同时,设计作为军用卫星的全球定位系统(GPS)已面向民用用户开放,并已成为世界各国不可缺少的工具。越来越多的国家研制了可同时执行民用和军事任务的军民两用卫星。此外,很多增强太空安全民用方面的倡议,如"交通规则"协议或提高轨道碎片跟踪能力的协议仍会有军事含义,因为它们会让军事分析师更容易分辨敌意动作和环境因素引起的卫星故障。

所有这一切可能表明,现在应该摒弃军事和民用航天之间的区别。当然出于分析目的,区别军民航天仍很重要。关键在于了解军事航天与其他航天领域的重叠部分以及其中一些相互关联性所存在的政策含义。无论如何,某些重要问题还是具有明确属性，需要据此进行界定与分析。

2.4 太空环境安全

在当前对太空安全的研究中，描述军事与环境这两个不同分领域已变得越来越普遍。在传统军事领域，促使国家太空军事资产更加安全的努力与延迟或阻止在太空中部署武器有关。太空环境安全则涉及与地球轨道拥挤有关的问题，如轨道碎片问题、卫星通信频率干扰问题以及关于地球静止轨道轨位的争端。

对近地轨道空间大为增加的利用，不可避免地需要将太空本身视为濒危环境。人类在其中开展的活动以多余或受损航天器产生碎片的形式，对重要轨道区域的长期可持续性构成威胁。将轨道空间和行星际空间同时视为不安全因素，有助于理解遥远但可能关系重大的危险，如小行星碰撞、范·艾伦带对卫星运行的影响等太空安全问题。因此，有必要依照互不相同但彼此关联的多个维度来考虑"太空安全"。

作为一个地理区域，太空显然可概念化为"环境安全"的一个示例。美国已经通过强调"太空可持续性"的概念承认了这点，即太空环境可持续确保人类开展太空活动。值得注意的是，美国认为太空环境可持续性对其国家利益至关重要（National Space Policy of the United States，2010，第3页），美国向来使用"对美国国家利益至关重要"来表明美国认为非常重要的事情，以至于随时准备发动战争来捍卫它。虽然把空间可持续性概念与国家安全联系在一起在政治上未必有益，但这个概念丰富了人们对太空安全的理解。它很符合广义"人类安全"的定位，吸引了对太空的长期管理和利用等重要问题的注意力，还将太空安全的军事、科学和经济维度连接在一起。

尽管就地域来讲太空实际上是无限的，但当今人类已利用的太空范围还是相当有限的，绝大多数集中在地球轨道空间。随着更多国家和私人公司发射卫星，轨道空间变得越来越拥挤，尤其是在唯一的地球静止轨道更是如此。因此，由于特定轨道拥挤，就人类利用而言，太空实际上"资源有限"，而且考虑到碎片和频率干扰因素，太空资源有限状况还会恶化。实际上，热门轨道上的轨位和最佳频率供给十分有限，太空资源紧缺问题越来越现实。

2009年，联合国和平利用外层空间委员会同意把太空活动长期可持续性作为关注的一个新问题，并成立了四个工作组负责解决可持续性问题。

（1）支持地面可持续发展的太空可持续开发利用；

（2）空间碎片、在轨操作和支持协同空间态势感知的工具；

（3）空间天气；

（4）针对太空领域行为体的管理制度和指南（表2.2）。

表2.2　对卫星系统的非故意威胁

	威 胁 类 型	易受攻击的卫星系统部件
地面	自然现象（包括地震和洪水；不利温度环境）	地面站；控制中心和数据链路
	动力故障	
太空	太空环境（太阳、宇宙射线；温度变化）	卫星；控制中心和数据链路
	空间物体（包括碎片）	
干扰	太阳活动；大气和太阳扰动	卫星；控制中心和数据链路
	非故意人为干扰（环境因素造成）	

引人注目的太空环境问题关系到能否有效利用地球轨道的事实，特别是近地轨道（LEO）正经受空间碎片积聚的持续威胁。太阳耀斑等空间天气因素对卫星正常运行的影响也是一个问题。因为空间天气对卫星通信的干扰与太空军事安全叠加，难以判定是自然因素影响还是恶意所为。

目前在轨工作卫星约650颗，但美国国家航空航天局（NASA）跟踪到的10cm以上空间碎片有12000多个。此外，NASA估计有几十万个空间碎片因太小而难以编目，但仍能对在轨卫星和航天器造成损害。大部分碎片是废弃的火箭上面级或已经失效的卫星。NASA将空间碎片界定为"任何绕地球轨道运行的不再有实际用途的人造物体"。因为这些在轨物体高速运动，即使较小的碎片也有非常高的碰撞速度，与航天器相撞会产生灾难性后果。就像空间天气因素一样，它们会以各种方式使卫星失能或降级，具体取决于碎片的大小。一个微米级碎片可能损坏卫星灵敏的光学系统，而一个厘米级碎片就可严重甚至完全毁坏一颗卫星。空间碎片还会给在轨操作的宇航员带来严重威胁，尤其是当宇航员参与舱外活动时。除了这些威胁以外，一场太空中爆发的战争，可能通过在近地轨道形成出稠密碎片云反射太阳光，甚至在地球上白天形成长久不退的"昏暗状态"。

在包含环境问题的广义太空安全定义中，空间天气尤为重要。太阳喷射产生的带电粒子和磁场严重扰乱卫星运作，尤其对地球静止轨道卫星，后果从对星载系统的暂时干扰到彻底失效不等。太阳耀斑产生的X射线、紫外线和伽马射线，会扰乱雷达、电信并产生无线电干扰。太阳质子事件已被证明对人类安全有多种影响，包括"卫星失稳、航天器电子器件损坏、航天器太阳能电池板降级、对宇航员造成严重辐射危害、发射失败、高空航空器辐射、短波无线电衰减、臭氧层耗损、心搏停止、痴呆和癌症等"（Marusek，2007，第3页）。太空风暴还会使地球大气层升温,导致大气层膨胀,增加低轨卫星阻力,从而缩短其寿命。重大空间天气事件还会将范·艾伦带的正常辐射水平增大 10000 倍,严重损坏星载电子元件。2011 年,英国将空间天气纳入国家风险登记。

2.5　人类安全与太空

安全一直被界定为"确保人类继续享有对其生存和福祉最重要的事情"(Soroos,1997,第 236 页)。因此事情被认定为"安全"问题,那么一定意义上就对人类生存和福祉构成真正威胁。如果讨论"安全"问题要求有威胁的存在,那么太空环境问题可以被视为安全问题吗?对信号频率的干扰或碰撞带来的损害是存在的威胁吗?

就安全本意而言,上述问题事实上就是安全问题。卫星应用范围极其广泛,如果卫星能力丧失,很多情况下是有可能引起大规模的人员伤亡。英国皇家工程院一份 2011 年的报告指出,"全球导航系统"本身对英国用户实现以下功能是至关重要的——"交通运输、农业、渔业、执法、高速公路管理、服务弱势群体、能源生产和管理、土地测量、疏浚、医疗服务、金融服务、信息服务、地图制作、安全监测、科学和环境研究、搜索和救援、电信业、跟踪贵重或危险物品运输等"(Royal Academy of Engineering,2011,第 13 页)。对于在轨运行卫星的威胁,无论是来自军事还是自然环境都是非常重要的,因为卫星已经逐渐在为地球上的人类提供安全保障方面发挥着基础作用。过去几十年中安全的含义已经大大扩充了,卫星显然与这些安全含义有关。虽然太空安全的讨论历来都以有关"太空武器化"的争论为主,但现实是大多数国家和商业实体出于各种民用目的开发利用太空,因此,太空现在变得对地球上人类的繁荣和安全都至关重要。

卫星能力对人类安全的影响可以在很多领域见到,其中一个就是灾害管理,这已经反映在 1998 年签署的《关于为减灾和救灾行动提供电信资源的坦佩雷公约》和 2000 年签署的《在发生自然或技术灾害时实现空间设施协调利用的合作宪章》中。2010 年海地地震和 2011 年福岛核事故之后,卫星都被用于协调救灾行动。

但卫星对地球安全的贡献范围远不止于灾害应对,现在几乎包含了人类安全的各个方面。例如教育计划,包括中学和大学使用,还包括偏远农村人口关于作物管理和生育控制等问题的教育计划。气象也为大多数国家所使用,但在那些受热带风暴等极端天气影响的国家,卫星的关键用途是让航运业和海岸居民能够针对威胁生命的天气状况做好准备。卫星在发展中国家的绿色革命延续方面扮演着日益重要的角色,不断监测由自然因素和人为因素造成的环境破坏。土壤温度和土壤水分含量也在太空中进行着监测,得以选择最佳的种植时间,作物也被监测是否存在病害侵扰以及干旱、洪涝和蝗群等迁飞性害虫的威胁。监测喜马拉雅山脉等地区的雪线可以预警印度和孟加拉国的洪水。卫星可用于探测地下水源和矿产资源,追踪鱼群,规划灌溉系统。印度用卫星评估考虑用作建筑或道路开发的土地质量,以致农业产量高的地区土地不会流失,并利用卫星指导渔船队尽量减少海上航行期间。2012 年 1 月,联合国利用卫星图像监视了南苏丹为脱离苏丹独立而举行的独立公投。在更广泛的范围内,卫星图像对于探测臭氧层空洞扩大、监测全球气温上升及极地冰层减少等相关效应也至关重要。卫星在无数方面为人类安全做出了直接贡献。

以两种方式定义太空安全很重要。首先,这意味着从军事视角看,太空安全的重要性不仅在于对地面战争的影响或对空间环境本身的损害,还在于必须考虑卫星能力丧失对人类安全的巨大连锁反应。其次,这意味着地球上人类的安全需要作为太空安全的一部分独立考虑,从而突出了人类在太空持续安全开发利用中的巨大利害关系。

2.6 扩展太空安全定义的风险

太空安全概念的拓展有助于将某些问题提上政治议程,并且将集体甚至是个人面临的困难视为安全关切,而非只是保护国家。在此使用安全一词而非"威胁"或"问题"进行阐述,在政治上具有重大意义。就政府而言,"安全"一词具有名副其实的政治权力。若某一问题被视为安全问题,则会越过那些仅仅寻求资源与政治关注的项目而被直接提上政治议程。而且,安全一词比"威胁"一类的词更有优势,因为它可以和广义的人类安全联系起来。

与此同时,为了新兴领域的"安全"而将安全认知拓宽的举动历来备受争议,这一情况也适合太空安全。如果越来越多的问题被纳入"安全"范畴,则从逻辑上而言是包罗万象的,而在实际中却变得没有多少意义,而仅仅成为"危险"或"风险"的代名词,使得安全概念终将失去连贯一致的含义,从而失去在政策指导上的价值。

为避免出现这一问题,人们曾试图将"安全"一词的定义限定在具有"现实威胁"的问题上,并进一步限定在因人类决策而导致的威胁上面,而不考虑那些仅因自然环境活动(如火山喷发)而出现的问题,或者在太空环境下出现的太阳风效应或自然形成的空间碎片区带来的问题(Buzan et al.,1998,第 21 页)。但就太空实际而言,此方法并无吸引力。太空是一个特别恶劣的自然环境,没有反映自然环境真实危险和困难的太空安全定义既不现实也无益处;此外,还有太空人为和自然威胁相互交叉带来的问题。例如,要限制和应对反卫星系统威胁,关键之一是区分卫星失效是人为攻击、自然环境影响或单纯技术故障引起。因此,健全的太空安全定义需要涵盖各种影响因素。

当然,将"安全"一词扩展至军事层面以外也存在其他风险。将"安全"一词与一个问题结合会使这个问题在政治上更加重要,并赋予它在政府关注和资源分配方面一定的优先级,这可以被看作是有利的。但在传统上人们习惯将"安全"与军事威胁联系在一起,安全一直被视为与某国或某一群体的生存所遭受的威胁相关。因此,为应对威胁而采用的非同寻常的举措,包括动用武力,都被视为合法正当的。所以,将轨道碎片视为安全问题也意味在军事层面处理,这当然并不合适,而且会增加问题的难度。比如,碎片问题可能被视为因某些国家行为造成的问题,而不是需要进入太空的各国共同合作才能顺利解决的环境问题。使用"安全"一词始终强调可能产生暴力冲突而非人类不安全的风险,这样极易将问题视为军事争端而非外交政策问题,从而使问题难以解决。由此看来,最好是将某些太空问题排除在安全定义之外,这样更容易通过外交途径达成双方都能接受的解决方案。而且,在某些情况下谈论威胁或危险比谈论安全问题要更好一些。总之,在扩展太空安全定义时应注意上述问题。

2.7 结 论

太空安全的定义有难度,但并非不可能,而且确有必要。这个定义应当宽泛,从而涵盖人、环境以及军事层面,其不仅应包括太空中人造物体与人的安全,还应包括发射场、地面站与天地通信链路安全。此外,还应包括确保地面物体与人员免受来自太空的威胁,以及这类威胁对人类安全的影响。因此,应包括并扩展本章开始给出的定义,即根据国际法原则与条约的规定,确保安全、可持续地进入和利用太空,同时防止地球上的人类与国家面临来自太空的安全威胁。

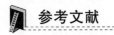 **参考文献**

(2010) National space policy of the United States. Washington,DC,p 3

Baines PJ(2010) In:UNIDIR Space security 2010:from foundations to negotiations. United Nations Institute for Disarmament Research,New York,p 16(the claim is repeated on p 17)

Buzan B,Waever O,de Wilde J(1998) Security:a new framework for analysis. Lynne Rienner,Boulder,p 21

Constant-Jorgenson C,Lala P,Schrogl K-U(eds)(2006) Cosmic study on space traffic management. IAA, Paris. http://iaaweb.org/Studies/spacetraffic.pdf

Cornell A, Space Generation Advisory Council

Estabrooks S(2006) Space security 2006. In: UNIDIR Building the architecture for sustainable space security, UNIDIR/2006/17. United Nations Institute for Disarmament Research, Geneva, p93

Hyatt JL et al. (1995) Space power 2010. Air Command and Staff College, Maxwell AFB, p 6

Jaramillo C(ed)(2011) Space security 2011. Ontario, Waterloo, p 7

Lupton DE(1988) On space warfare: a space power doctrine. Air University Press, Maxwell AFB, P7

Marusek JA (2007) Solar storm threat analysis. Impact, Bloomington, p 3. http://www. breadand - butter-science. com/SSTA. pdf

Mayence J-F(2010) Space security: transatlantic approach to space governance. In: Robinson J, Schaefer MP, Schrogl K-U, von der Dunk F(eds) Prospects for transparency and confidence- building measures in space. ESPI, Vienna, p 35

Royal Academy of Engineering(2011) Global navigation space systems: reliance and vulnerabilities. Royal Academy of Engineering, London, p 13

Soroos M(1997) The endangered atmosphere: preserving a global commons. University of South Carolina Press, Columbia, p 236

United Nations Institute for Disarmament Research (2004) Safeguarding space for all: security and peaceful uses. UNIDIR, Geneva, pp 45-46

第 3 章

国际太空治理的障碍

伊莱贾·萨德哈

国际航天咨询有限责任公司,美国科罗拉多州科罗拉多斯普林斯

摘要

国际太空治理对利用太空资产获得利益十分重要。太空治理的总目标是确保太空持续地用于安全、经济、民用与环境等领域。与此同时,太空治理面临一些障碍,只有克服这些障碍才能最大程度地实现这一目标。本章明确并讨论了两个主要障碍:第一个障碍涉及太空公域集体行动;第二个障碍涉及太空领域战略稳定性及怎样最大程度地增强战略保障,将可持续利用作为共同的战略目标。

3.1 引　言

本章研究了国际太空治理的发展障碍。各个国家、非政府行为体、商业主体对太空的依赖性越强,就越需要更多的相关法律、政策、章程、最佳实践标准,以及遵约机制来保障最大程度利用太空获益。以下治理行为可以帮助实现利益:保护太空领域以便对其进行和平、可持续的利用;防止太空碎片损害太空资产,防范不负责行为导致的太空风险、干扰与潜在袭击,减少太空气象的危害,以及从太空资产中获得安全、经济、民用、环保与增值服务等方面的利益(Sadeh,2013),并由此构建不同层次的太空治理模型。本章在讨论国际太空治理的发展障碍时,明确并讨论了两种模型,即全球公域模型和战略稳定性模型(Sadeh,2010)。

全球公域模型是针对以自愿、自制与自律为基础的太空治理,它也大致体现了当前的治理环境。该模型突出了太空治理的一个主要障碍,即通常存在不愿意为集体行动与国际利益而牺牲国家利益的动机(Gallagher,2013)。另外,航天大国之间存在竞争性安全关系,全世界太空行为体数量和种类呈增长之势(其中许多为商业和非国家行为体),在这种情况下很难维持集体行动的水平。所有这些因素不但使太空竞争更加激烈,而且使太空显得更加拥挤。

战略稳定性模型是针对以共同的战略目标(例如确保各自从太空获得安

全、商业、民用与环保等方面的利益)为基础的治理。同时,各太空主体要提高可靠战略保障也面临着重大障碍。这些战略保障包括通过太空威慑或国际太空治理来确保太空的可持续利用、自由进入与开发,以及太空资产免受威胁(Rendleman,2013)。如果缺乏这类保障,就会导致太空可持续利用和太空资产安全受损。

3.2 全球公域:集体行动的障碍

由于太空处于各国主权管辖范围外,因此太空被视为需要国际法加以治理的全球公域,以确保所有行为体均可进入与利用。这里,"太空"既包括太空的空间,也包括绕地球的轨道及天体。这些太空公域不为某个国家独占,可共同利用,这意味着这些公域的潜在可用性对所有国家而言是相同的。不可独占性表明各国不得将其管辖与主权扩大至这些公域。同时,剥夺各国共享公域带来的利益或免除各国因破坏公域所承担的责任也是不切实际的。太空可共同利用与不可独占性保障了各国在太空公域自由进入、自由利用以及自由行动的权利(Sadeh,2011)。

如果太空缺乏这种公域管理(缺乏治理),就可能会导致"公域悲剧"(Hardin,1968);而导致产生这种悲剧的根源则在于各国处理公域问题时表现出的自利行为。这种"公域悲剧"往往表现为因自由进入与利用太空而导致太空公共环境受损(如太空碎片扩散,太空系统的潜在干扰和攻击,以及太空和天体遭受人为有害的污染等)。国际社会要遏制这些悲剧的发生,需要采取集体行动。因此,太空公域面临着一个集体行动问题,即如何规划并实施一定程度上约束、控制自由进入与利用太空的有效治理。

例如,美国《2010年国家安全战略报告》提出了一个目标,即"建立公正、可持续的国际秩序以加强集体行动,应对共同挑战"。全球治理可以促进这种秩序的形成。同时,该战略报告也呼吁建立"一个以规则为基础、通过满足共同利益以实现本国利益的国际秩序"。这些规则体现在根据自愿性制度安排而制定的全球治理领域的正式条约与协定中。

3.2.1 外层空间条约制度

法律上将太空定义为一种以行动自由为基础,并强调集体行动问题的公域。外层空间条约(OST)机制支持出于和平目的(包括民用、商业和军用目的)自由进入和利用太空环境。该机制为太空全球公域治理提供了基本的法律框架,是克服集体行动和利益障碍的依据。

然而，就克服太空治理的集体行动障碍而言，OST机制在某些方面仍有不足。首先，该机制没有提出具体的规则或权威的机构，明确哪些太空行动不符合核心原则，太空利用何时会损害公共利益，太空活动利益应如何分享（Gallagher，2013）等问题。事实上，该机制有助于人们对公域悲剧进行反思，尤其是航天国家等自利的使用者，其在利用太空获得最大利益的同时，丝毫没有考虑这种行为对其他使用者和太空领域本身造成的负面影响。

为避免太空"公域悲剧"，应由具有中央权威性的管理机构制定规则、核查遵约性、处理违约行为，或采取非正式的自制和自律方式确保太空领域的可持续利用。就后者而言，鉴于不存在也不可能成立这样一个中央权威性管理机构，因此可通过习惯法、国际标准、太空活动行为准则、透明度与建立信任措施、外交手段等，克服太空治理的集体行动障碍。然而这些方式要求太空使用者高度重视集体利益，以及面对可能破坏太空治理的不负责行为时保持高度自制与自律。

尽管在OST机制下集体行动前景可观，且存在自制、自律意愿，但由于太空拥堵和不负责任的太空利用，太空使用者彼此干扰（无论故意与否）的风险提高了。以下两个重要示例说明了如何减少与缓解可破坏太空资产的太空碎片，以及如何协调地球观测任务与数据的使用。在这两个示例中，太空行为体倾向于采用自我治理与国际合作，来维持政治与军事利用的灵活性，确保太空行动自由。

3.2.2 太空碎片

截至2013年4月，太空内约产生16700个可追踪的大尺寸碎片和传感器不可感知或无法追踪但十分危险的小尺寸碎片，这些碎片包括绕地轨道上的解体碎片（卫星解体产生的碎片与异常事件产生的碎片）、宇宙飞船、任务碎片（作为预定任务的一部分分解、分离或释放的物体）及火箭箭体。由于级联效应（在产生碎片的轨道内碎片相互碰撞），某些轨道将变得更加危险，某些轨道将来可能无法使用。航天大国意识到这个问题后，大力提倡太空碎片自愿性减缓的准则。这些准则已经对集体行动产生了一定的积极影响。

如果相关国家不采取集体行动（不实施积极的减缓措施），解体碎片连同级联效应将导致碎片从线性增长转变为指数增长。更为复杂的是，不负责的太空行为和轨道交会（例如2009年2月，一颗在轨运行铱卫星与俄罗斯废弃的"宇宙"号通信卫星相撞）导致了成千上万的碎片的产生，这些碎片至今仍威胁着太空资产的安全。

虽然大部分在轨运行卫星和有源卫星容易受到太空碎片的攻击，但截止到目前,导致有形伤害的撞击并不常见。尽管如此,仍然发生了最著名的两个事件:一个是铱卫星与"宇宙"号通信卫星相撞事件;另一个是发生在 1996 年的一颗法国卫星与"阿丽亚娜"火箭上面级相撞事件。碎片威胁建模还表明碎片撞击大型航天器的风险低。此外,加强轨道交会监控与建模,有助于操作更大型的航天器。

但这并没有削弱"碎片问题是一个集体行动问题"这一论点的地位。如果不能阻止 LEO 碎片扩散,就将严重限制更多常用轨道和轨道倾角的使用。因此,LEO 需要采取碎片减缓措施。另外,地球静止轨道(GEO)的碎片问题是一个潜在的严重问题,并可能产生高昂代价,这是因为地球静止轨道的碎片持续存在(无法通过轨道衰减自然消除)。地球静止轨道资源有限,与地面服务区对应的地球静止轨道位分配对电信服务具有很高经济价值。

正是解决碎片问题的必要性和紧迫性推动了集体行动的发展。最好的证明莫过于机构间太空碎片协调委员会(IADC)的建立,该委员会包括美国、意大利、法国、中国、加拿大、德国、欧洲航天局(ESA)、印度、日本、乌克兰、俄国以及英国。IADC 采取的可替代措施包括宣传各国可采取碎片减缓自愿行动,以及制定管理运载火箭及其有效载荷的准则与标准。碎片减缓的技术方法包括钝化处理、停泊轨道及硬件设计。

就国家层面而言,航天国家在碎片减缓上也取得了进步。从 20 世纪 90 年代开始,美国、欧洲航天局及其他航天国家制定了国家准则,旨在降低发射过程与在轨运行中的碎片生成,并在地球静止轨道卫星使用寿命终结时将其推至坟墓轨道,以及将报废的 LEO 卫星移至衰减轨道。但是由于实行这些最佳方案将增加额外成本,使运行情况变得复杂,还会缩短卫星的使用寿命。因此,不同国家的管理要求、有效履约和执行程度各不相同。

为协调和加强各国在太空碎片减缓方面的实践,联合国和平利用外层空间委员会 UNCOPUOS 要求 IADC 制定国际太空碎片减缓准则。2007 年 UNCOPUOS 采纳通过了 IADC 制定的该准则,并于 2008 年由联合国(UN)大会表决发布。从此,太空碎片减缓准则成为太空治理的一个里程碑,其主要规范各国承诺不故意制造碎片。2009 年 UNCOPUOS 的一份报告对此总结道:"各国贯彻执行自愿性减缓准则,将增进彼此对太空可接受活动的理解,并进而提高太空稳定性,以及降低摩擦和冲突的可能性。"

值得注意的是,现有的最佳方案印证了这些太空碎片减缓准则是自愿性准则。虽然碎片减缓准则鼓励各国的相关机构贯彻执行,但由于该准则语义含糊,导致太空行为体为限制碎片生成、最大程度降低解体可能性、降低意外碰撞的可能性,以及避免会产生长期碎片的蓄意摧毁,可以决定设计变更和运行变更的合理次数。具体而言,联合国的《太空碎片减缓准则》旨在:控制正常运行过程中的碎片产生;最大程度地降低运行阶段飞行器解体的可能性;限制在轨道上意外碰撞的可能性;避免蓄意破坏和其他有害活动;最大程度地降低由于储能导致的任务后解体的可能性;限制航天器与运载火箭长期停留在 LEO。鉴于该准则为自愿性遵从准则,其影响力甚微。例如,2009 年使用寿命终结的 21 个地球静止轨道航天器中,仅 11 个进行了适当处理(Choc et al. ,2010)。

尽管如此,国际太空碎片减缓准则的制定迈出了重要一步,使得碎片问题的集体行动更为规范。这一准则之所以"重要",是因为 OST 机制针对的是已登记的太空物体,在责任问题上有明确的责任方。因此,如何确定碎片的法律定义、如何进行碎片登记及导致伤害的碎片的归属问题(尤其是当伤害发生在太空环境内,且根据《关于登记射入外层空间物体的公约》的规定符合过失责任时)仍有待解决。

虽然 IADC、各国的行动及联合国准则在碎片减缓的集体行动方面取得了进步,但以全球公域模型为基础进行长期可持续的太空管理还有很多不足。因为自愿行动、自制及自律相比于更加正式的、充分发展的、更具约束力的协议,各国决策选择往往更倾向前者,这样容易导致当利己主义与集体行动产生冲突时前者占上风。由于航天国家拒绝采取有助于太空这一全球公域长期可持续管理的行动,尤其当某些国家认为可以通过控制进入与利用外层空间,以获得相比潜在竞争者的更高利益时,集体行动的发展就会受阻(Gallagher,2013)。例如,美国提出"太空为全球公域",以此声称其具有利用太空并干扰他国的权利,却未承认其他使用者拥有相似权利,以及所有与太空权利对应的相应责任。

3.2.3　地球观测

地球观测也涉及集体行动问题及集体行动阻碍。集体行动环境是指在评估全球环境变化时,各国在地球卫星观测方面的相关国际合作。这一协作环境旨在提高各国对地球环境的科学认知,以便理解与预测人为或自然原因产生的全球环境变化现象。

在这一方面,国际合作能否实现的一大关键因素,是各国地球观测系统科学家们能否通过跨国网络实现通力合作,以及对全球环境变化数据进行分析,并将这些分析结果转化为与政策相关的行动。这涉及协调任务,以及解决与数据访问、数据定价、数据专用时间及数据存档有关的数据政策问题。各国地球观测系统科学家们合作旨在尽可能有效地满足科技与安全需求,以及各方数据访问与数据交换要求。

同时,与数据政策、国家主权以及国家安全问题有关的政治考虑,也会影响地球观测领域的集体行动(Sadeh,2011)。由于数据制造者保留数据,数据利用需要许可证,以及数据定价高于满足用户要求的边际成本,不同卫星类型与程序间数据访问政策的差异性与不兼容性被放大。因此,能否就上述问题达成政策统一,是集体行动需要克服的一个障碍(Sadeh,2005)。

国际卫星对地观测委员会(CEOS)为促进政策统一发挥了核心作用。CEOS 的主要目标是:各成员在规划任务、开发兼容的数据产品、格式、服务、应用以及制定政策方面通力合作,以实现地球观测利益的最大化;通过地球观测活动的国际协作为其成员和国际使用者团体提供帮助;交换技术信息以提高不同地球观测系统的兼容性(Committee on Earth Observations Satellites,1997)等。CEOS 数据交换原则是通过签订协议,使这些用户类别的成员均可平等地、不设专用期限地使用该数据。这一原则现已用于研究全球环境变化和提高公共利益的使用。CEOS 承诺以最低成本为研究者提供数据,统一并保存全球变化长期研究和监测所需的所有数据。

2003 年,八国集团(G8)为进一步促进国家地球观测系统之间的协作,召开会议讨论了进一步合作的建议。G8 的建议推动了地球观测组织的成立。地球观测组织现包括八国政府、欧洲委员会及附加的跨政府组织、跨国组织、区域组织。虽然地球观测组织的加入和资金提供是自愿性质的,但它依然促进了各方在系统架构和互操作性、数据管理及与地球观测系统有关的能力培养等领域的协作。

一方面,各国根据 CEOS 和地球观测组织的倡议采取集体行动,避免重复工作,协调覆盖范围,并采取其他措施使其运行同步进行。然而,受到观测的自然资源如空气质量和土地用途的国家主权属性,可能会与协作发生冲突。由于遥测数据会削弱国家控制知识产生与应用的能力,于是产生了国家主权和安全方面的顾虑。当天基地球观测利用某个国家的平台评估其他国家的自然资源,尤其是当这些自然资源具有巨大的经济价值时,相关问题便由此产生(Macauley,2013)。至于民用系统(不包括军用系统与商用系统),联合国空间法遥感原则允许其他国家在合作的前提下进行观测(United Nations,1986)。具体而言,该原则要求向被测国提供在空间采集的有关其主权资源的观察结果。

一旦生成与其管辖领土范围内有关的原始数据和已处理数据,被测国应支付合理的费用以获得这些数据。被测国和任何其他国家以相同的条件和基础参与遥感活动,所获得的被测国领土管辖范围内相关可用的分析数据,被测国也应获得,与此同时,还应特别注意其间发展中国家的需求和利益(United Nations,1986 原则 XII)。

主权问题也是使用商用遥感系统存在的一大问题。传播具有情报价值的高清图,可能会导致国家安全遭受威胁。有三个原因:第一,这可能提高竞争对手的能力,进而可能对威慑的基础造成不良影响;第二,可能存在误解和国际欺诈,导致权力失衡与冲突;第三,卫星图的不对称获取及处理能力为某些国家带来超越邻国的优势,特别集中表现为发达国家超越发展中国家这一类的优势,从而动摇国际体系的稳定性。

因此,为防止某些国家被迫做出"主权让步",在此特别需要强调"集体行动"中的合作。具体而言,美国军方有时或许除了接受某些主权让步外,可能别无选择,这也就意味着其行动自由受到了约束和限制。这一结论引出一个重要的问题,那就是什么样的约束条件是可接受的。例如,本章下面所述,国际空间法及限制太空军事利用的其他国际协议是一套充分的约束条件吗? 抑或主权让步会导致太空行为的自律准则等其他约束条件的产生吗?

3.3　战略稳定性:战略保障的障碍

战略稳定性模型针对的是以共同战略目标为基础的集体行动。利用这个模型,可以看出太空治理的关键在于战略保障是否可靠。太空战略保障取决于太空保护的法律途径、为保护太空资产进行的威慑,以及全球参与等要素。这几个要素必须视为共同的战略目标(Rendleman,2013)。

3.3.1　太空资产保护的法律途径

将太空资产保护视为一项共同的战略目标,首先要关注太空资产保护的法律途径。现有的条约、习惯法、武装冲突法及其他法律原则组成的法律体系可以限制冲突和减少对太空资产的威胁。根据条约和习惯法的规定,对太空系统遭受的袭击进行应对的权利,以及进行威慑或保护活动的权利是有限的。只有在自卫,或根据联合国安理会授权维护世界和平与安全时,方可使用武力(Blount,2008)。

太空战争活动也受武装冲突法的约束(Blount,2008)。武装冲突法是一套国际法,通过应用原则与规则确定武装冲突时使用武力的范围。这些原则与规则吸收了国际以及各国条约与习惯法的元素。由于涉及太空战争,这套法律对攻击目标时可能使用武力的时间与程度进行了限制。同时,根据《禁用改变环境技术公约》和 OST 机制的规定,蓄意破坏或实际破坏太空环境的自卫行为是违法的。法律不仅规定了尽可能避免或降低太空碎片生成的义务,还包括对任何摧毁或破坏太空系统的行动的法律约束。更具体地说,如果采取上述行动可能产生碎片,这就违反了"避免对太空造成有害污染"(Frey,2010)的义务,以及前面所述 UN 与 IADC 规定的碎片准则。

广义上说,国际法对战略稳定性的关键方面——太空的军事用途——进行了限制。这些法律在维持太空公域安全方面发挥着重要作用(Sadeh,2011)。相关法律和约束条件如下:

(1)《部分禁止核试验条约》和《全面禁止核试验条约》(补充代替《部分禁止核试验条约》),禁止在外层空间进行核武器试验。虽然美国和中国均未签署《全面禁止核试验条约》,但世界各国几乎普遍遵守该条约,由此为尚未签署该协议的国家确立了一条约定俗成的规范。国际法的大多数主体采用的多边条约和习惯法通常被视为全世界通用。

(2)《外层空间条约》,禁止在太空部署大规模杀伤性武器以及在太空或其他天体设置军事基地,并呼吁"和平利用"太空。"和平利用"是指不采取会破坏或干扰其他国家进入与利用太空的侵略方式来利用太空。OST 也禁止对太空环境造成有害污染。

(3)美国和俄国签订的《反弹道导弹(ABM)条约》,许多法律专家将其视为防止太空武器化的条约,因为该条约禁止部署天基 ABM 系统,包括大多数类型的可开发和部署的动能拦截与动能(KE)太空武器。即使 2002 年美国的退出使该条约无效,但该条约有效地推动了国际太空武器部署约束规范的建立。

(4)《关于登记射入外层空间物体公约》,要求各国向联合国登记射入外层空间的物体。该规定有助于实现空间态势感知(SSA),为实现该感知,各国应在不伤害国家安全的前提下尽可能共同分享并保持透明的观点。

(5)《禁用改变环境技术公约》,禁止在太空将改变环境技术用于军事目的。

(6)《月球协议》,旨在禁止将月球和其他天体用于军事目的,并声明月球是"人类的共同遗产"。《月球协议》声明月球是"人类的共同遗产",不同于OST 中声明的"全人类的共同利益",因为前者确定了月球的自然资源是全人类共同的资源。如得到公认,《月球协议》要求一旦开始探索,即应通过国际制度等国际协定的方式公平地分享月球资源。由于没有航天国家签署,因此《月球协议》法律效力极低。然而,联合国《海洋法》也明确了人类共同遗产原则,因为这适用于深海海底的探索及国际海底管理局相关治理制度。

3.3.2　为保护太空资产进行的威慑

防止太空资产受威胁的一种方式是说服潜在的侵略者,告诉其冲突带来的任何利益抵不上预期的代价。这是威慑的总基础。威慑的概念可用来思考如何克服太空资产保护的障碍,以实现这一共同的战略目标。就这方面而言,基于国际规范与关联性的威慑十分有用(Harrison 等,2009)。

国际规范包括条约法和习惯法、军备控制条约、禁止试验条约、正式和非正式武器试验暂停条约、建立信任措施以及"交通规则"。关于威慑的一个问题是:这些机制对那些遵守这些规范的国家是否具有共同的威慑效果。

OST 机制代表一套以条约和习惯法为基础的通用国际规范。就威慑而言,该机制禁止在轨道上部署核武器(但不禁止部署常规武器)以及在月球表面进行军事活动,规定月球和其他天体必须用于和平用途。到目前为止没有证据表明,有国家违反了 OST 的规定,或者更具体地说,核武器已经部署或可能部署在大气层外。这一切均体现了以自我约束为基础的威慑的概念。

军备控制协议也能减少太空的侵略性行为。例如,航天大国俄罗斯和美国容忍彼此用可靠的方式利用太空,如用于军备控制的天基监视。而且,两国相互约束影响太空可持续使用的活动(如袭击天基监视系统)。根据战略核武器与中程核武器限制协议的规定,禁止干扰由监视卫星进行的国家技术核查手段,俄罗斯和美国均将该干扰禁令延伸至对方的整体军用空间星座。这为太空战略平衡带来了一定的稳定性和可预见性。另外,航天国家既没有追求专用的 ASAT 作战武器,也没有在太空部署常规武器用于对太空资产发起先发制人的攻击。所有这些表明,即使两国出于防备目的在 ASAT 方面进行了一些探索性研究,但两国的自制水平都很高。即使其卫星遭受攻击,两国也均可采取其他的潜在报复性举动。

《部分禁止核试验条约》和《全面禁止核试验条约》表明,可核查的禁止核试验协定也是有效的。以核查的方式限制核试验的军备控制协定,可以通过降低竞争对手对成功的信心增强威慑力,提高对战略环境变化的警示,使 ASAT 军备竞赛的势头趋缓。此外,竞争对手不可能用从未在现实条件下试验过的武器发起先发制人的攻击。而这些太空试验,尤其是 ASAT 动能武器试验是可以被观测到的。此外,由于政策与作战原因,ASAT 动能武器因碎片问题对国家的意义不大。例如,美国目前宣布放弃部署与测试 ASAT 的权利。外交上这一举措是为了使潜在的太空攻击者改变主意。这种方法远胜过使用进攻性的反太空武器。

尽管 ASAT 武器的部署与使用受到规范、法律以及自制力的约束,美国和其他航天国家依然担心其太空资产被攻击。俄罗斯和中国还担心,美国会凭借其太空与导弹防御优势在影响俄罗斯和中国利益的区域危机中擅自行动(Arbatov,2010;Li Bin 与 Nie Hongzhen,2008)。为了让全世界关注到这些破坏稳定的潜在问题,俄罗斯和中国在裁军谈判会议(CD)上,口头赞成就"防止外层空间军备竞赛"(PAROS)进行磋商。在年度联合国大会决议中,这项议程几乎获得了一致支持,但美国始终反对,理由是规定天基武器的性质以及制定有效核查的天基武器或地基反卫星系统禁令都是不可能的(House,2008)。

2008 年,俄罗斯和中国提出了《防止在外层空间放置武器、对外层空间物体使用或威胁使用武力条约》(PPWT)草案,该条约扩展了 OST 有关禁令,进一步禁止在太空使用大规模杀伤性武器,以禁止任何类型的绕轨武器的部署,避免对太空资产使用任何形式的武力。然而,这一条约草案还宣布美国部署天基导弹防御拦截器是非法的,但未禁止碎片生成 ASAT 试验或 ASAT 能力扩散。考虑到美国因此拒绝签署 PAROS 与 PPWT,而同时全球对其他军备控制问题更加关注,CD 自身存在缺乏具有法律约束力的相关规定,以及潜在协定的执行和遵守的问题,这些都导致 CD 对 PPWT 的讨论陷入僵局。此外,各国需要在各项事宜达成一致,即使是程序事宜也不例外。且由于各国的优先级别各不相同,长期议程中核裁军、太空安全与常规裁军问题之间的相互关联又加剧了程序问题的严重性,这使得 CD 在推动 PPWT 的讨论方面的进展步履蹒跚(Hitchens,2010)。

利用关联性进行威慑这一概念是指借助相互依赖性威慑国家行为体,使其放弃对其他国家的攻击(Harrison 等,2009)。当今世界以相互依赖为特征,这种全球相互依赖的程度是前所未有的,而且在国际贸易与金融系统中航天国家紧密联系在一起。卫星便是这个贸易与金融系统中的一个重要通信节点。

贸易与金融系统遭受任何威胁或广义上的崩溃都是很难修复的。例如,破坏卫星通信将导致全球财富毁灭。在没有太空资产的条件下重建金融系统,恢复对可靠贸易和金融交易的信心将是一项艰巨且耗时的任务。即使只是攻击一小部分商用卫星基础设施,都会对全球化经济造成一定的影响。很难想象任何国家通过干扰或攻击这些太空资产获得的利益可以抵消潜在的经济损失。

除依赖卫星通信的贸易与金融交易之外,关联性还涉及定位、导航与授时(PNT)卫星数据的各种应用。例如,2000 年美国终止 PNT 数据编码,降低其原用于军事用途的 GPS 星座信号的质量。自此,精确的 GPS 信号成为一种公用事业,可为全世界所用。如今,在众多的其他系统与设备中,全世界的电网与交通网都使用到了 PNT 数据,导致技术依存性和关联性的产生。GPS 这个例子展示了利用关联性进行的威慑;当一种系统发展为全球民用与商用系统时,如果试图否认其军事功能,则会对全球造成影响。

通信卫星服务也强调关联性威慑。原来主要设计为民用、其次为商用的通信系统现在也承载着美国 80% 的通信带宽。为破坏商业卫星系统上的军事通信而采取的敌对行动,会令使用该卫星承载军用、民用与商用交通流量的其他众多政府陷入危机。由于商用星基转发器的使用是以市场为导向、不断变化的,特定商用卫星受到干扰时,无法知晓或有效预测哪些其他友好、中立或者潜在敌对国会在某指定时刻受到影响,因此侵略者的计划难以施展。而且,卫星服务的全球市场意味着,如果对商用卫星发动攻击,则会造成巨大的经济损失。太空资产遭受威胁时,这种相互依赖、共担后果的网络就是一种威慑(Harrison等,2009)。

另外,关联性涉及跨国军事行动的国际合作。这是全球参与有效战略的一个重要组成部分,可保证一个国家及其盟友与合作伙伴均具备进入太空的能力(Rendleman,2013)。作为国策,美国参与了很多类似活动。《国家太空政策(2010)》《国家安全太空战略(2011)》《国防战略》等美国国家安全战略文件越来越多地强调应进行国际合作,以实现重要的国家利益。

美国必须加强和扩大联盟与合作关系。美国联盟制度是历代和平与安全的基石,而且依然是我们成功的关键,对达成美国的所有目标具有重大意义。同盟国常常具备我们无法复制的能力、技能及知识。我们不应局限在过去的关系中,而必须海纳百川,发展更多的合作关系应对新的形势与局面,包括与动荡地区的温和派和未曾考虑过的对象合作。在某些情况下,我们可以制定仅限于特定目的或目标的协定,甚至制定有限时长的协定。虽然由于共同利益的不同,这些协议千差万别,但它们都应建立在尊重、互惠、透明的基础上。

"太空国际合作通过将更多的利益相关者有序使用太空环境尽量纳入,可以使潜在敌对者的计划与意图陷入更为复杂的困境。当敌对者不仅要对付美国的反应,还要对付国际社会的反应时,这种太空威慑的能力就会大大增强。"(Sheldon,2008)太空国际合作中的多国参与可以禁止敌人通过攻击获取利益,有助于提高威慑力。同时,通过多平台向系统注入冗余信息,以及共享联盟或友国太空系统的能力,类似这样的多国参与也分散了攻击卫星系统的风险。

3.3.3　全球参与

保护太空领域应以国际治理为基础,采取集体行动协调国家利益。外交手段与国际参与有助于实现该目标。具体而言,基于惯例与条约的国际法的有效约束,为全球太空领域的所有成员提供了充分的信心,确保其均能自由进入太空。不过,总体来看,如前面所提到的有关和平、非侵略性目的的框架内,对太空用于军事或其他用途限制相对较少。由于法律限制有效约束不足,所有航天国家与行为体均要求进一步推进太空治理,以维护太空领域安全。条约、公约及协议组成的法律体系有助于规范太空活动,同时有利于保护已经或即将部署在轨道上的系统。该法律体系的优点、缺点以及要克服的障碍先前已经讨论过,在此不再赘述。这重点从"全球参与"的视角关注完善现有太空法的途径,包括能力生成、建立信任措施及行为准则等。

UNCOPUOS 开展的许多工作(包括信息共享与教育)都是为了能力生成。值得注意的是联合国的太空应用计划工作,该计划旨在开展国际研讨会、训练课程以及卫星导航系统等试点项目。同时,UNCOPUOS 也监督联合国探索及和平利用外层空间会议(UNISPACE)上所提建议的执行情况,其目标是制定并采取行动以"通过对太空科技的使用及其应用,提供给人类最大的发展机遇"。同样,UNCOPUOS 还密切关注联合国灾害管理与应急反应天基信息平台(UN-SPIDER)项目的进展。该项目始于 2006 年,致力于"让所有国家和所有相关的国际与区域组织获得各类与灾害管理相关的天基信息及服务,以支持全程的灾难管理"。

虽然这些能力生成计划都存在融资问题,但各国应清楚:这些是确保太空资产安全必须采取的行动。该领域的新成员要求获得协助,不仅是为了通过利用太空最有效地获利,也是为了避免对其他成员造成有害影响(Hitchens,2010)。具体而言,涉及有效管理的任何概念,所有航天国家都要求采取最佳方案。这方面最新的成功事例便是上面所述关于制定太空碎片减缓自愿性准则。此外,在与其他国家共同承担成本和分享利益的同时,航天国家可以努力打造能力更强大的系统,从而有力地激励所有使用者保护系统、对抗威胁。

全球参与和国际太空治理必须制定具体的建立信任措施。建立信任措施提高了潜在对手间的透明度,加强了沟通以防止纠纷日后发展成武装冲突。这些措施可以促进全球、国家、地方级别的数据共享、商业投资及信息竞争(Rendleman,2013)。就美国而言,采取合作提高太空战略稳定性的建议,避免了具有法律约束力的限制,有利于开展对话和构建建立信任措施。其基本目标是帮助航天国家开展战略对话,建立太空领域的相互信任度。

美国和欧洲将提高透明度的措施作为建立信任的一种有效手段,以检验意图、消除误解,避免产生毫无根据的怀疑、武装集结和袭击担忧(Gallagher,2013)。其他航天国家,如俄罗斯和中国,对透明度的支持较少。虽然俄罗斯和中国已经同意,必要时根据符合其安全利益的、具有法律约束力的军备控制条约,全面确认信任度,但由于没有法律协议对敏感信息的提供与使用进行规范,两国经常拒绝提供敏感信息。这种勉为其难既是出于文化因素,也是出于战略原因;比美国弱小的国家有更充分的理由担心,信息共享可能泄露其薄弱点,当强国的能力或行为没有任何约束时尤其如此。尽管如此,俄罗斯多年来一直支持联合国大会的决议,号召各国提出太空透明与建立信任措施以防止外层空间军备竞赛。

通过行为准则制定太空利用标准,可为开展更有力的活动,以应对太空资产威胁及避免冲突奠定基础。行为准则应是包括一系列太空活动最佳方案、程序与行为的自愿性规则。欧盟（EU）提出了自愿性准则——《外层空间活动行为准则》——促进各国负责任地使用太空公域。该准则重申了航天国家在 OST 机制中赞同的，以及通过采取最佳方案认可的原则。同时，该准则未补充说明或提出如何应用这些原则的新制度。

该规范中有一项重要的行为准则是针对太空碎片减缓，以避免产生会损坏或摧毁太空资产的太空碎片的行为。这种集体行动规范限制了受国家利益驱动的行为。然而，许多国家尤其是相关航天国家能否接受该规范，仍然是一个需要解决的难题。尽管 2012 年美国决定与欧盟等组织联合制定关于外层空间活动的国际行为准则，但美国仍然决定不认可或签署欧洲提出的准则。该行为准则"将通过确立负责任地利用太空的准则，维持太空的长期可持续性、安全性、稳定性"。

3.4 结　　论

国际太空治理与航天国家共同的战略目标息息相关。就太空而言，这些目标就是确保太空领域用于和平用途，保护太空资产免遭所有威胁，利用太空获得最大利益。除其他因素以外，全球治理需要依靠条约、规范、政府间规则，建立国际机构，开展国际协调与监督，以及进行共同决策。国际太空治理就是通过多边合作，保障与优化太空这一全球公域，从而提高航天国家的安全、促进其繁荣，以及增加其经济价值（Gallagher，2013）。

国家利益通过国际太空治理规则来保障，以此保证：弱国不会利用航天强国的弱点，航天强国对其行为负责，正在崛起的航天国家愿意维持太空全球公域的现状。当以规则为基础的太空国际秩序得到越来越多的国家的支持与持续遵守时，各国在太空领域的共同利益将得以实现。这也意味着，美国必须做出可靠的保证，承诺本国将遵守国际太空治理规则，不会使用军事和技术优势伤害他国，并将支持太空国际治理协定与制度，以保障其他国家在影响全球安全与发展的决策制定中拥有重要的发言权。

如本章所述，OST 机制缺乏正式的体制机制监督各国履约，以实现促进太空国际治理，和平利用太空，以及对太空规则的应用进行集体决策等目的。此外，虽然成立了讨论、协商及执行太空治理各方面工作的国际机构，如关于太空碎片减缓的 IADC，而且这些机构有国际规范与威慑作用，但它们最终都是以自制与自律模型为基础。理想的情况是，如果能以更正式的法律以及更全面的方式来克服影响有效国际太空治理的两大关键障碍，即集体行动与战略互信问题,就可以实现更为有效的国际太空治理。

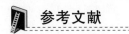 **参考文献**

Arbatov A(2010) Preventing an arms race in outer space. In:Kalliadine A,Arbatov A(eds) Russia:arms control, disarmament, and international security. Institute of World Economy and International Relations,http://www. imemo. ru/ru/publ/2010/10003. pdf. Accessed Dec 2012

Blount PJ(2008) Limits on space weapons:incorporating the law of war into the *Corpus Juris Spatialis*. In:International Institute of Space Law colloquium,international astronautics congress,Glasgow

Choc R, Jehn R (2010) European space agency, classification of geosynchronous objects. Space Debris Office. http://astrobrock. com/ESA/COGO-issuel2. pdf. Accessed May 2013

Committee on Earth Observations Satellites(1997) Committee on earth observation satellites toward an integrated global observing strategy,1997 yearbook. Smith System Engineering,Surrey

Frey AE(2010) Defense of U. S. space assets:a legal perspective. Air Space Power J. http://www. airpower. maxwell. af. mil/airchronicales/apj/apj08/win08/frey. html. Accessed June 2010

Gallagher N(2013) International cooperation and space governance strategy. In:Sadeh E(ed) Space strategy in the 21st century:theory and policy. Routledge,New York

Hardin G(1968) The tragedy of the commons. Science 162:1243-1248

Harrison RG,Jackson DR,Shackelford CG(2009) Space deterrence:the delicate balance of risk. Space Def 3(1)

Hitchens T(2010) Multilateralism in space:opportunities and challenges for achieving space security. Space Def 4(2)

House KE(2008) United States public delegate to the 63rd session of the United Nations General Assembly,Delivered in the debate on outer space(disarmament aspects) of the General Assembly's first committee,20 Oct 2008,arms control update, U. S. delegation to the conference on disarmament, Geneva, Department of State, United States

Li Bin,Nie Hongzhen(2008) An investigation of China-U. S. strategic stability. Gregory Kulacki's translation of article in Chinese in World Economics and Politics(2008). http://www. ucsusa. org/assets/documents/nwgs/Li-and-Nie-translation-final-5-22-09. pdf. Accessed Dec 2012

Macauley MK(2013) Earth observations and space strategy. In:Sadeh E(ed) Space strategy in the 21st century:theory and policy. Routledge,New York

Rendleman JD(2013) Strategy for space assurance. In:Sadeh E(ed) Space strategy in the 21st century:theory and policy. Routledge,New York

Sadeh E (2005) Harmonization of earth observation data:global change and collective action conflict. Astropolitics 3(2)

Sadeh E(2010) Special issue:towards a national space strategy. Astropolitics 8:2-3

Sadeh E(2011) Spacepower and the environment. In:Lutes CD,Hays PL(eds) Toward a theory of spacepower. National Defense University Press,Washington,DC

Sadeh E(ed)(2013) Space strategy in the 21st century:theory and policy. Routledge,New York Sheldon JB (2008) Space power and deterrence:are we serious? . Marshall Inst Policy Outlook

United Nations(1986) Principles relating to remote sensing of the Earth from space. http://www. un. org/documents/ga/res/41/a41r065. htm. Accessed Jan 2013

延伸阅读

Committee on the peaceful uses of outer space report on activities carried out in2009 in the framework of the United Nations platform on space-based information for disaster and emergency response. United Nations General Assembly A/AC. 105/955, 23 Dec 2009. http:// www. oosa. unvienna. org/pdf/reports/ac 105/AC 105 _ 955E. pdf. Accessed Dec 2012

Draft report of the committee on the peaceful uses of outer space on the implementation of the third United Nations conference on the exploration and peaceful uses of outer space(UNISPACE III). United Nations General Assembly, A/AC. 105/C. 1/L. 272, 21 Nov 2003. http://www. unoosa. org/pdf/limited/cl/AC105_Cl_L272E. pdf. Accessed Jan 2013

European Union(2010) Revised draft code of conduct for outer space activities

General Kehler, Commander of Air Force Space Command, Inside the Air Force, April 2008

Group on Earth Observations, http://www. earthobservations. org. Accessed Dec 2012

Inter-Agency Space Debris Coordination Committee, http://www. iadc-online. org. Accessed Jan 2013

International code of conduct for outer space activities, Press Statement, Hillary Rodham Clinton, Secretary of State, Washington, DC, 17 Jan 2012. http://www. state. gov/secretary/rm/2012/01/180969. htm. Accessed May 2013

NASA, Orbital Debris Program Office(2013) Orbital Debris Q News 17:2

National Defense Strategy, Department of Defense, United States, June 2008, 15

National Security Strategy, President of the United States, May 2010, 12

National Security Strategy, President of the United States, May 2010, 40

Report of the Commission to Assess United States National Security Space Management and Organization, http://space. au. af. mil/space_commission. Accessed Jan 2013

The International Seabed Authority, http://www. isa. org. jm/en/home. Accessed Jan 2013

Treaty on the prevention of the placement of weapons in outer space, the threat or use of force against space objects. Draft of 12 Feb 2008. http://www. mfa. gov. cn/eng/wjb/zzjg/jks/kjfywj/ t408357. htm. Accessed Dec 2012

United Nations Office of Outer Space Affairs(2010) Space debris mitigation guidelines of the committee on the peaceful uses of outer space. For General Assembly endorsement, United Nations General Assembly, Resolution A/Res/62/217, 10 Jan 2008. http://www. unoosa. org/pdf/bst/COPUOS_SPACE_DEBRIS_MITIGATION_GUIDELINES. pdf. Accessed Jan 2013

第4章 太空安全合作与国际关系原理

马克斯·M·穆奇勒
德国国际与安全事务研究所,德国柏林

摘要

本章借助国际关系理论来解释太空安全合作的不同模式。虽然人们反复尝试国际安全合作,但很少成功。新现实主义认为,由于很难达到利益平衡,所以才会导致缺乏安全合作;新自由制度主义认为,核心难题是确立验证各国是否遵守协定的有效规则与机制;建构主义/自由主义则认为,主要问题是单边太空政治价值的主流观念。综合这三种理论观点,可以全面地概括太空安全合作。

4.1 引　言

本章从国际关系理论的角度阐述了太空安全合作问题。安全合作是指"冲突方之间的协作"(Müller,2002,第370页)。这个概念相当宽泛,包括了一些不同的现象,例如战后和解框架内的前敌对国关系、军备控制及防扩散计划,又或者集体安全体系,该体系在《联合国(UN)宪章》中得以制度化,并在联合国安理会中得以体现。"安全合作意味着依靠其他国家的资源、意图和活动达到基本目标——民族生存,这很难与仅通过自救保证的安全概念保持一致。"(Müller,2002,第370页)理论上的难题通常是如何解释安全合作的存在。然而,找到安全领域缺乏合作的理由也很重要。特别是在太空安全政策领域,其合作与否依然取决于国家的决策方式选择,因此,更需要探讨缺乏合作的原因之所在。

大体而论,航天国家都力争开发与利用太空能力以增强国力。尽管如此,国际政治历史上仍然出现过几次实现太空安全合作的尝试。下节将介绍太空安全合作简史。从中可以看出,在大多数情况下,太空安全合作是比较难成功的。

如何解释太空安全合作的有限性,以及其进展缓慢的原因呢?在介绍完太空发展历史后,下节将讨论可以回答这个问题的三种国际关系理论。这三种理论——新现实主义、新自由制度主义以及建构主义/自由主义——犹如拼图的不同板块,它们相互补充,而不是相互排斥。

4.2 太空安全合作简史

4.2.1 冷战期间超级大国的太空安全合作

1957年,苏联发射"斯普特尼克"人造卫星,成为首个成功向轨道发射卫星的国家,与此同时,美国首次利用卫星进行侦查。美苏两个超级大国意识到,利用太空实现军事目的的巨大价值,由此试图在太空利用方面商定某些规章制度。联合国和平利用外层空间委员会的任务是解释全面的法律原则,以便和平使用太空。UNCOPUOS最重要的成果便是推动制定了《关于各国探索和利用包括月球与其他天体外层空间活动所应遵守原则的条约》(简称《外层空间条约》),1966年12月该条约由联合国大会一致通过,并于1967年1月27日颁布。

时至今日,OST仍然是支配外层空间利用的基本法律框架。它规定了"各国不得宣布主权,将太空占为己有"的基本原则(第Ⅱ条)。根据OST第Ⅰ条,外层空间的探索和使用是"全人类的共同利益"。OST序言中声明应"出于和平目的"使用太空。鉴于该条约未对"和平"进行定义,有些缔约方根据美国主张的观点,将"和平"定义为"非侵略性"便很容易理解。该条约第Ⅲ条规定各方应"根据国际法(包括《联合国宪章》)开展探索与利用包括月球和其他天体外层空间的活动。"也就是说,要了解"和平目的"的具体定义,应查阅《联合国宪章》。《联合国宪章》第2(4)条要求各国避免使用武力。但《联合国宪章》第51条明确规定国家具有自卫权。于是,"和平"再次被定义为"非侵略性",也含蓄地表达了利用太空实现侦查等军事目的的合法性。

《外层空间条约》没有禁止在太空部署常规武器,而且上面的措辞可解读成"在太空部署常规武器是合法的",只要出于自卫目的而非出于侵略性目的(Schrogl,2005,第69-70页、第73页)。沃尔特(2006,第1-23页)认为,这也并不代表美国和苏联想使太空武器部署合法化。相反,他认为正是因为两个超级大国坚决主张外层空间活动应符合全人类的利益,所以才会在裁军和避免太空军事竞赛的背景下提出OST,从而使得外层空间探索利用应符合全人类共同利益的法律定位从一开始就被确定下来。

在太空部署大规模杀伤性武器是明令禁止的。OST第Ⅳ条中,各方同意"不在地球附近的轨道上或在天体上部署任何搭载核武器或任何其他类型的大

规模杀伤性武器的物体,或用任何其他手段将其部署在外层空间"。该条款是
美苏两个超级大国对对方试图在轨道上部署核武器以威胁其太空对手的技术
可能性做出的反应。然而,随着导弹技术的不断提高以及洲际弹道导弹
(ICBM)的发明,此类武器的军事优势日后将仅限于心理优势。因此,OST 禁止
这些武器是毫无争议的。

总而言之,根据美国首次提出、继而得到苏联认可的原则,即"利用卫星实
现非侵略性军事目的是合法的",《外层空间条约》应运而生。但是,除大规模杀
伤性武器外,这两个超级大国并没有宣布太空是一个不存在军事活动的避难
所。这当然是因为两国早已开始着手研究反卫星武器。早在 20 世纪 60 年代,
美国就对其首批反卫星武器进行了测试。结果却不尽如人意,而后该项目于
1963 年终止(Webb,2009,第 28 页)。而苏联于 1968 年首次测试了共轨式反卫
星武器。这颗装有易爆物的卫星停在目标卫星附近的轨道上,然后驶入了这条
轨道。1971 年,第一批测试结束。测试证明苏联已具备将破坏其他卫星的"作
战"卫星送至太空的能力。

1978 年至 1979 年,美国和苏联围绕 ASAT 军备控制展开了三轮谈判。最
初,美国谈判专家试图全面禁止专用 ASAT,这意味着苏联需销毁其现有装备,
苏联不同意。相反,苏联谈判专家试图限制美国的"航天飞机计划",声称航天
飞机可能干扰苏联卫星,因而可以视作 ASAT 武器。美国也无法接受限制其航
天飞机计划,因此两国没有达成一致意见(Wertheimer,1987;Weber 与 Drell,
1988)。

里根提出的"战略防御计划"(SDI)——发展弹道导弹防御的综合能力,试
图利用激光和粒子束等"高端"技术将有源防御武器部署在太空中。因而该计
划又被称为"星球大战"计划。为此,美国研究了用于动能武器和定向能武器的
大量核心技术(Mowthorpe,2004,第 17~19 页)。另外,里根政府开始重新考虑
ASAT,并研发了可命中卫星的 F-15 高空战机热追踪导弹系统。1984 年美国成
功测试了该系统(Sheehan,2007,第 97、103 页)。鉴于里根政府这一举措,太空
武器军备控制前景没有得到改善就不足为奇。

1981 年 8 月,苏联向第 36 届联合国大会提交了《禁止在外层空间部署任何
武器条约》草案。该提案规定的核心义务如下:

缔约国承诺:"不在地球附近的轨道上或在天体上部署搭载任何类型的武
器的物体,或用任何其他手段将其部署在外层空间,包括在可重复利用的载人
宇宙飞船……"(第 1 条)缔约国承诺:如其他缔约方太空物体严格根据本条约
第 1 条第 1 款部署在轨道上,不得损坏、破坏或干扰正常运行,或改变其飞行轨
道。(第 3 条)

该提案仅表明了苏联在与卡特政府的双边对话中的立场——虽然航天飞机现在仅仅只是一个武器平台,问题已不如以往棘手。然而鉴于这,意味着该草案并不要求销毁苏联的 ASAT 系统,因此,美国并未接受苏联提的该草案。1983 年,苏联准备做出进一步妥协,宣布单方面中止在太空中部署武器。此外,苏联还提出了上述条约草案的修订版,其中包含意味着拆除苏联现有 ASAT 系统的规定。然而,美国再次拒绝了。这一次,里根政府拒绝提案的主要理由是提案中的核查问题,或者说是其局限性问题。

许多观察员将这一有关"严密性"核查的主张,理解为拒绝认真谈判的借口(Stares,1985 第 231-233 页;Weber 与 Drell,第 415-416 页),部分称其为"错失了恢复太空有限合作的良机"(1988,第 416 页)。

4.2.2 针对军备控制的多边努力

太空安全合作也是多边论坛讨论的一大问题。1981 年以来,联合国大会每年都呼吁应采取必要行动防止太空军备竞赛。最终,在 1985 年日内瓦召开的裁军谈判会议(CD)上探讨了这一问题,并成立了"防止外层空间军备竞赛"(PAROS)特别委员会。从一开始委员会内部就产生了很大的分歧:一方面,多数国家希望就禁止太空武器开始真正谈判;另一方面,美国拒绝接受这些提议。大多数国家认为到目前为止单靠通过制定太空法(尤其是 OST)确立的法律标准无法防止太空军备竞赛,因此应对这些标准进行修订。相反,美国坚持自身立场,主张外层空间没有军备竞赛的危险,所以无须制定关于太空利用的新条约规定。就这样,在成立之后的首个 10 年中,PAROS 委员会未能就谈判授权达成一致。更糟的是,由于 PAROS 问题与其他特别委员会的成立相关(如与《禁止生产裂变材料条约》谈判有关),并且 CD 的总工作计划也没有达成一致,因此,1995 年该委员会(应每年续订)的授权无法再延期。结果,1995 年后 CD 上没有再对 PAROS 问题展开过实质性会谈(Wolter,2006)。

老布什政府时期,尤其是苏联解体时,对整个 SDI 计划进行了重新评估,最终重新定位为防止受到更多有限弹道导弹的攻击。20 世纪 90 年代各国对太空安全合作关注甚少。2001 年以后这种情况发生了变化。莫尔茨(2011)将 2001年以后的时期形容为"从根本上挑战太空安全的时期"。他认为,其主要原因是,由于政权更迭与乔治·W·布什的上任,一批新保守主义派开始执掌政权,他们认为美国航天系统易受攻击,因而断定太空武器化是解决这一问题的良方。任命 Donald Rumsfeld 为国防部长就已经表明了他们支持太空武器化政策的立场。任命前,Rumsfeld 曾担任美国国家安全太空管理与组织评估委员会(简称"太空委员会")的主席。该委员会于 1999 年由国会成立,并于 2001 年 1

月发布了报告(美国国家安全太空管理与组织评估委员会，2001)。在这份报告中，美国的太空利益被视为国家安全政策的重中之重。报告还提出应警惕"太空珍珠港"事件，即美国太空系统遭袭事件。报告指出，为了避免这种袭击事件发生，美国将不得不"研发对太空中以及来自太空的敌对行为产生威慑与防御作用的工具"(美国国家安全太空管理与组织评估委员会，2001，第10页)。2006年10月，美国发布了《国家太空政策》，保留其拒绝敌国使用太空的权利。为此，美国为发明太空控制技术的研究项目提供了更多资金。

美国试图进行"太空控制"使其他航天国家忧心忡忡。尤其是俄罗斯与中国，它们不希望看到本国的太空探索以美国"大发慈悲"为条件。2003年9月在联合国，俄罗斯总统弗拉基米尔·普京承诺在攻击性太空武器方面，俄罗斯将遵守"绝不率先部署"的单边政策。但另一方面，俄罗斯扬言不会坐视不管听任其他国家部署太空武器。中国则进一步表明其不愿接受美国占领太空。

然而，中国与俄罗斯在裁军谈判会议的PAROS辩论中也特别踊跃。它们向CD提交了几份工作文件，并在2008年2月共同递交了《防止在外层空间放置武器、对外层空间物体使用或威胁使用武力条约》草案，改变了先前持有的观点(裁军谈判会议，2008a)。该提案第Ⅱ条所述的核心义务如下：

缔约国承诺：不在绕地球轨道上或在天体上部署搭载任何类型武器的物体，或用任何其他手段将其部署在外层空间，不对外层空间物体进行威胁或使用武力，不帮助或诱使其他国家、国家联盟或国际组织参与本条约禁止的活动。

中国与俄罗斯的提案遭到了美国的公开指责，尤其是该提案禁止在外空部署武器，但不包括地基ASAT武器。另一指责点是该提案缺乏对这类条约进行核查的有关具体规定(裁军谈判会议2008b)。2009年换届的美国政权也没有改变美国这一指责态度。考虑到PPWT提案将限制美国制定的天基导弹防御系统等高端太空武器的最终计划，但不限制陆基ASAT武器(如2007年中国测试的ASAT武器)的开发，就不难理解美国的指责了。

4.2.3 太空活动行为准则

裁军谈判会议关于太空正式军备控制谈判陷入僵局，促使各国寻求替代方案。有的提案不建议制定正式协定禁止某些武器技术，但旨在确立太空活动行为标准("交通规则")，因为这些标准已经在20世纪70年代末作为替代性军备控制方案被美苏两国讨论过。与其以正式条约的形式出现，这些适当行为标准可以采取行为准则的形式，这种形式"只在政治上具备约束力"。亨利·刘易斯·史汀生中心已经提出了这种行为准则模型(亨利·刘易斯·史汀生中心，2004、2007)。这种准则的一个重要元素将是禁止对卫星进行所谓的有害干扰。

"有害干扰"包括摧毁或破坏卫星及任何临时干扰航天器正常运行的行为。行为准则中禁止使用规定的有害干扰方法,其优点是各国将无须商定太空武器的定义以及太空武器不存在的验证方式(Black,2008)。

2008 年欧盟理事会批准了《外层空间活动行为准则草案》(联合国理事会,2008)(简称《行为准则》或 CoC),接受了行为准则这一概念(Rathgeber 等,2009;Dickow,2009)。欧盟与非欧洲国家对该草案进行了讨论,并在讨论反馈的基础上于 2010 年 9 月和 2012 年 6 月颁布了 CoC 修订版。根据欧盟提议,《行为准则》的中心是认定各国有责任避免太空内的有害干扰以及避免可能产生长期存在的太空碎片的活动。另外,CoC 还规定了针对外层空间活动通知、空间物体注册、太空活动信息共享及咨询等特定建立信任措施。准则规定签署国每两年召开一次会议,建立联络中心与外层空间活动数据库(有关 CoC 的批判性讨论,尤其是相对于军备控制的缺点,参见 Mutschler,2010 第 16-18 页;Mutschler 与 Venet,2012)。

虽然美国没有签署欧盟的 CoC 提案,但美国宣布其愿意与欧盟及其他国家进行《国际外层空间活动行为准则》磋商。其他几个国家则对 CoC 持更加批判的意见。俄罗斯与中国就其在 CD 上提交的提案而言,仍然更希望采取更接近军备控制正式协定的解决方案,其他国家批评它们没有及时加入讨论。

2009 年 6 月,加拿大向裁军会议提交了一份工作文件,比较早地提出了批评及替代性太空安全合作提案。该工作文件针对交通规则方法的核心问题:"……它为反卫星武器扩散留有余地……"(裁军会议,2009,第 3 页)相反,如果各国同意"……不测试武器或对任何卫星使用武器以破坏或摧毁该卫星"(裁军谈判会议,2009,第 3 页),太空安全将取得更多进展。加拿大还提出了另外两条规则——禁止在外层空间部署武器,禁止测试或使用任何本身是武器的卫星破坏或摧毁其他任何物体。这三条规则采取正式条约的形式还是以国家承诺的方式这一问题尚未解决。加拿大指出这些规则不需要给太空武器复杂定义,因为禁止的核心是武器的影响,例如破坏或摧毁卫星。此外,加拿大表示该试验禁令仅适用于可用国家或多国技术手段监督的测试活动。总而言之,加拿大提交的工作文件提出了基于"通用"标准的、全面而实际的太空武器试验禁令。

综上所述,太空安全合作史可以说就是一部制定航天国家正式或非正式协议的奋斗史。就《外层空间条约》中的几条一般原则和规范达成一致后,大部分尝试——无论是超级大国军备控制磋商还是多边论坛寻求解决方案——均以失败告终或正受到阻碍。欧盟倡议的《行为准则》至少为讨论创造了一个新的焦点;该倡议是否会取得成功我们拭目以待。下一节将回顾几大国际关系理论,为这种现状找到解释。

4.3 太空安全合作的解释

4.3.1 新现实主义者观点

新现实主义以肯尼斯·华尔兹(1959,1979)的开创性工作为基础,建立了系统的国际关系理论,该理论根据系统结构对系统单位即国家的行为进行了总结。国际体系结构最典型的特征就是无政府状态。国际社会的无政府状态下,因为缺乏一个可确保各国安全的类似国内中央政府的权威体系,导致每个国家只能依靠自己来保证自身安全这样一个自助体系。作为单元的国家的内部特征(如各国的政治体系)被视为与解释国际政治无关;国家被视为只在"能力"——常用军事与经济指标衡量的权力——方面不同的单一行为体。作为"相似的单元",所有国家都以生存作为国家交往的主要目的,在无政府状态下,这意味着所有国家都是尽可能地保护自身安全。在这个方面,一个国家的权力和权力地位非常重要。从新现实主义的角度而言,国家对权力极其敏感,会认真地评估其行动对其权力地位可能产生的后果。这一观点对现实主义者对国际合作所持的立场具有重要影响。

根据新现实主义者的观点,利益分割不均是国际合作的核心障碍。在以无政府状态为特征的国际体系中,各国不能忍受自己比对手获益少(Waltz,1979;Grieco,1988,1990)。在致力于限制或禁止各类武器的军备控制协定上尤其如此。如果武器技术获得了不同程度的进步,能力较弱的国家从军备控制协议获取的利益自然较具备技术优势的国家多。在太空武器技术方面也是如此。

在大多数文献中普遍认为美国毫无疑问是太空科技领域的领头羊。中国等其他航天国家具备发展和制造相对简单的 ASAT 武器的能力,但根本无法与美国的太空技术相匹敌。考虑到这一点,就不难理解,为什么俄罗斯和中国提出 PPWT 提案禁止部署高端的天基武器,但允许发展地基 ASAT 技术?同时,美国为什么反对这种协议也自然毋庸赘言(Hansel,2010,第 97 页)。在冷战中已目睹过类似的行为模式,当时苏联提出了军备控制措施,目的是在不影响 ASAT 能力的情况下,最终限制美国的航天飞机计划。

虽然新现实主义可以解释为什么太空会缺乏安全合作,但是其好像也无法解释为什么冷战时期美苏两个超级大国之间能够达成相当默契的太空安全合作。虽然那时美苏两国都进行了 ASAT 武器测试,但都没有对这种武器进行全面开发与部署。新现实主义可以认为这是因为美国和苏联国力大致相当。这也可以是对美国在冷战后国力不再受竞争对手牵制时,重新开始发展太空武器技术的一种解释。然而,这种解释不是毫无破绽的。早在 20 世纪 70 年代,美国就拥有了太空技术优势。为什么美国没有利用这一技术优势最大限度地增强国力呢？此外,新现实主义者的观点还有一个漏洞。例如,有人可能认为适用于相对简单的武器(如地基 ASAT 武器)和高端武器(如天基激光武器)的太空武器禁令可以平衡太空安全合作带来的利益。发达与欠发达的航天国家将面临武器类型受限的局面。这种成套的协议将提高所有航天国家的安全性而不歧视任何一个国家。由于美国严重依赖航天系统进行导航等军事活动,美国对保持太空安全应该特别感兴趣。但为什么事实并非如此呢？

4.3.2　新自由制度主义者观点

罗伯特·基欧汉(1984,1989)等新自由制度主义者在国际合作方面更为乐观。虽然他们承认国际体系的无政府结构,但认为国家之间的相互依赖性非常强,会产生强烈的合作动机,最大程度地增加各自利益。在相互依赖的世界中,国家与国家之间有着很多共同利益。零和博弈是例外,不能作为定律。然而这些共同利益不会自动促成国际合作。可能会有一些问题阻止集体行动。大多数新自由制度主义者认为,背弃协定的可能性不容忽视,而这也是影响集体行动的核心问题。各国如何确保对方恪守协定而不会背信弃义呢？在安全合作中,背弃协定的担心尤为明显。

国际合作文献指出,解决这个问题的一个办法就是建立国际制度,制定规则来界定背弃行为,帮助监督履约(Keohane,1984,1989)。鉴于国家不清楚是否能信任合作伙伴、是否能指望他们信守承诺,各种制度应运而生。这些制度首先明确了合作的含义,以此通过不同的机制降低了合作的风险。这样一来,国家一旦发现背弃行为就能识别。另外,这些制度可以包含监督协定。这些协定可以确保国与国共享关于合作伙伴的履约信息。这样提高了识别意图背弃协定者的可能性、降低了合作的风险,从而降低了背弃协定的预期效用。因此,制度中的监督协定可以帮助国家信任彼此的承诺。

就太空安全合作而言,新自由制度主义者认为高度的相互依赖性是太空合作的良好基础。卫星为现代社会提供重要的服务,尤其是在通信、地球观测及导航领域。这些服务对运输、金融或科技等民用部门至关重要;但对现代军事也发挥着关键作用。因此,航天国家应注重外太空的可持续利用。如果开展太空军备竞赛,随之而来的是更多的 ASAT 测试,这种竞赛有可能威胁太空的可持续发展。冷战期间,苏联和美国进行了 ASAT 测试,在太空留下了成百上千的可追踪碎片,有些碎片至今仍未清除。

国家之间之所以产生相互依赖性,是由于没有一个国家能够保证可以凭一己之力确保太空发展的可持续性。如果某国决定发展 ASAT 武器,其他国家可能会争相效仿。因此需要采取国际合作避免太空军备竞赛。由于各国有意可持续地利用太空以获得利益,太空合作有望实现。不过,在一点上,有些国家开始担心背弃协定的情况。没有哪个国家希望本国放弃了发展太空武器却发现其他声明放弃的国家已经发展了这些技术。建立国际军备控制机制禁止太空武器、制定履约核查规定是传统的解决办法。新自由制度主义者认为,这样一种制度至今仍未问世实在是令人费解。

或许有人会说,禁止太空武器时,履约核查尤为困难。为了核查履约情况,首先需要确定履约的定义。确定"太空武器"的定义这个问题尤其棘手。这个问题的核心是大多数太空技术固有的军民两用特性。我们之前已经讨论了苏联对航天飞机可能用作 ASAT 武器的控诉。事实上,任何机动航天器驶入太空后,都可用于某些 ASAT 目的。特殊情况下,可研发价格低、机动性高的微卫星用于民用目的,检查其他卫星。然而,即使一样不改变技术,这些飞行器也可以变为天基 ASAT 武器。从这个例子可以看出,在纯技术的基础上定义太空武器是不可能的(Baseley-Walker 与 Weeden,2010)。

将太空武器与其他太空技术的定义明确区分开来是不可能的。不过也有替代性方案,如目的定义法,根据这种定义方法,太空武器是特意设计用于破坏或摧毁轨道物体的任何装置(无论是陆基、海基、空基还是天基装置)或任何设计用于攻击地球上目标的天基装置(Moltz,2011,第 42-43 页;Grego 与 Wright,2010,第 7、20 页)。验证设计用途当然不容易,但对测试进行验证有利于实现这个目的。如果某国希望拥有太空武器,那么它将会产生测试相应技术的强烈需要,而这种活动是可以监测到的。太空是非常透明的媒介。所以,可以用光学、红外线、雷达、电子或电磁技术等多种手段开展远程追踪、监控及观测(Hagen 与 Scheffran,2003)。

太空军备控制的反对者可能指出任何航天国家都可能利用其民用航天计划掩盖这种测试。诚然,这种说法是正确的,但抗衡策略最关键的不是杜绝这种背弃行为,而是在出现这种背弃行为时各方可采取适当的应对措施。未来的太空军备控制协定应允许各方对背弃协定的行为表示怀疑,并与其他方进行讨论。如果不能消除怀疑,则各方可"针锋相对"("以牙还牙")。虽然国际制度并不能保证太空军备控制的成功,但至少其首要宗旨是为防止太空武器化提供契机。

尽管各国通过可持续利用太空获取利益,但至今并没有出现更多的太空安全合作,这一点让新自由制度主义者百思不解。

4.3.3 建构主义者/自由主义者观点

就国际关系而言,建构主义者批判理性主义者的新现实主义和新自由制度主义等从外部探讨获得国家地位与利益的方法,因此对实现这些地位与利益的过程进行"黑箱操作"。结果,理性主义者的方法被视作不完善,因为他们不能解释与物质因素无关的行为体利益为何会变化。建构主义者认为,对合作的需求——无论是在安全领域还是其他领域——都取决于行为体对当前问题的认知。反过来,这些认知是行为体因果逻辑和规范逻辑的产物(Goldstein 与 Keo-hane,1993;Hasenclever 等,2002,第 136-137 页)。用伊曼纽尔·艾德勒的话说(1997, 第 367 页):"从国际格局与人类意识的关系可见端倪。各方进行合作决定前,必须评估环境、确定利益。"决策者意识到自身对世界解读的局限性,以新知识为基础重新解读,结果改变决策的整个过程可以称为"学习"(Nye,1987)。

为了分析这些学习过程,建构主义者认为思考安全合作需打开国家黑箱,仔细观察这些关于安全合作的因果逻辑和规范逻辑的来源,及其产生、发展、影响政策的原因和方式。很多建构主义者承认"思想不会自由传播"(Risse-Kap-pen,1994)。思想和观念需要媒介才能传播,而这些媒介必须在权力机构内作用,且游说他人支持其思想,从而获得政治认同。这种国内权力机构和行为体联盟将知识和思想的作用与国际关系自由主义学派联系起来,根据这种联系,国际政治依赖于社会结构中各种利益群体和国家利益。这些自由主义者,包括可能最负盛名的安德鲁·莫劳夫奇克(1997,1998),认为国家代表着不同的利益群体,是社会主流思想的传送带。

学习过程的重要性归因于"认知共同体"(Haas,1997)———一群通过分享某些想法和指示获得政策建议的专家。他们是对现实重新解读的社会行为体,因而常成为"规范倡导者"(Finnemore 与 Sikkink,1998;Johnson,2006)。认知共同体常限于国内,但因不同国家专家的跨国交流,进而发展成为跨国性质的认知共同体。这种跨国认知共同体"传播范围更广",比纯国内共同体的影响更深远、更持续(Haas,1997,第 17 页)。

这种建构主义/自由主义通过重新回到关于太空单边行动可能比太空安全合作获益更多的主流观念,可以较好地解释为什么太空安全合作很少成功。只要美国追求太空优势且中国等国家坚信太空非对称战略的价值——基于这前者可行的,而后者又会促进国家安全这样的认知立场——就不应该对太空安全合作赋予太高的期望。然而,建构主义者和自由主义者同时让我们注意到这些观念不是一成不变的,如果各国重新考虑单边战略将带来的消极后果,观念就会改变:换而言之,各国都在"学习"。

前面已经说过太空碎片是太空军备竞赛的结果,对每个行为体对太空的利用均会产生消极影响。这一认知将成为这种学习过程的一个重要组成部分。莫尔茨(2011)谈到"环境学习"时指出,我们可以观察太空政治史上的这些学习过程。冷战期间,美国和苏联都不希望太空的军事利用受影响,也都意识到在太空环境中开展 ASAT 测试的问题所在。这个理由可以解释为什么涉及发展太空武器时,这两个超级大国要彼此约束。

但如果这种学习仅限于单独的一个国家,是远远不够的。主要航天国家必须共享有关合作原因和方式的必要知识。相应地,如果该领域出现强大的跨国认知共同体,增进太空安全合作将迈出重要一步(Mutschler,2013)。然而,根据自由主义对国际政治的设想,学习成功与否取决于作为学习推动者的行为体是否结成优势联盟。相应地,主张增强国际太空安全合作的认知共同体可能会需要其他行为体的支持。莫尔茨(2011,第297-304页)认为不断发展的商业太空产业是一个重要的因素,其影响力不断提高,并在可持续利用太空方面产生既得利益,它将施加政治压力遏制产生太空碎片的活动。

4.4 结 论

在国际太空政治发展简史中,我们看到各国不仅在民用太空探索领域,而且在太空安全问题上都进行了合作尝试,为构建超出《外层空间条约》规范的太空军备控制机制做出了努力。虽然没有达成正式的太空军备控制协定,但在太空武器发展问题上,各国展示了并正展示着一定的约束度;关于外层空间规范与规则的辩论仍在继续,例如最近关于国际太空活动行为准则的辩论。

然而,航天国家仍然视太空能力的利用为提高本国国力的一种手段,所以增强太空安全合作仍面临巨大的困难。

国际关系理论帮助我们厘清太空安全合作及其限制条件所处的复杂局面。上述三种解释各自就这个问题阐述了一定的观点,犹如拼图的不同板块相互补充。新现实主义强调权力的分配,它指出利益平衡是太空安全合作的前提。因为不同的航天国家技术发展水平不同,所以这种利益平衡有可能但不易实现。新自由制度主义引导我们关注国际太空政治的相互依赖性,认为这种相互依赖性是刺激合作的首要因素。然而,这种观点还提醒我们注意确立有效规则与机制的需要,尤其是验证国家是否遵守协定的规则。

新现实主义者与新自由制度主义者的解释对太空安全合作,尤其是其面临的问题,进行了详细阐述。然而,我们看到,这些将国家视为理性的单一行为体的主张,并不能为当前的局面提供完整的、令人满意的解释。因此,需要用建构主义者/自由主义者的解释来补充,这种解释打开国家黑箱,关注太空安全合作产生的国家考量。这种观点能帮助补充解释新现实主义者与新自由制度主义者指出的太空安全合作不足的问题。建构主义者认为,这主要在于有关各方认为太空单边行动可能比太空安全合作获益更多观念影响。在利益认知中关于太空单边行动和太空安全合作到底哪种做法获益更多的认知结果,并不是一成不变的。所以对于我们能观察到的少量但重要的太空合作学习过程,可以做出类似的解释,这让我们对未来出现更多的太空安全合作持有一丝希望。

 参考文献

Adler E(1997) Seizing the middle ground. Constructivism in World Politics. IN:European Journal of International Relations 3(3):319-63

Baseley-Walker B,Weeden B(2010) Verification in space. Theories,realities and possibilities. Disarm Forum 11:39-50

Black S(2008) No harmful interference with space objects. The key to confidence-building. Stimson Center Report 69. The Henry L. Stimson Center,Washington,DC

Commission to Assess United States National Security Space Management and Organization(2001) Report of the Commission to Assess United States National Security Space Management and Organization. Washington,DC

Conference on Disarmament(2008a) Treaty on prevention of the placement of weapons in outer space and of the threat or use of force against outer space objects. Issued to the Conference on Disarmament by the Russian Federation and the People's Republic of China. CD/1839,Geneva

Conference on Disarmament(2008b) Analysis of a draft "Treaty on prevention of the placement of weapons in outer space,or the threat or use of force against outer space objects". Paper issued by the United State of America to the Conference on Disarmament. CD/1847,Geneva

Conference on Disarmament (2009) On the merits of certain draft transparency and confidence-building measures and treaty proposals for space security. Working paper issued to the Conference on Disarmament by Canada. CD/1865,Geneva

Council of the European Union(2008) Draft code of conduct for outer space activities. 17175/08,Brussels

Dickow M(2009) The European Union proposal for a code of conduct for outer space activities. In:Schrogl K-U,Mathieu C,Peter N(eds) Yearbook on space policy 2007/2008. From policies to programmes. Springer,Vienna,pp 152-163

Finnemore M,Sikkink K(1998) International norm dynamics and political change. Int Organ 52:887-917

Goldstein J,Keohane RO(eds)(1993) Ideas and foreign policy. Beliefs,institutions,and political ;change. Cornell University Press,Ithaca

Grego L,Wright D(2010) Securing the skies. Ten steps the United States should take to improve the security and sustainability of space. Union of Concerned Scientists,Cambridge

Grieco JM(1988) Anarchy and the limits of cooperation. A realist critique of the newest liberal institutionalism. Int Organ 42:485-507

Grieco JM(1990) Cooperation among nations. Europe,America,and non-tariff barriers to trade. Cornell University Press, Ithaca

Haas PM(1997) Introduction: epistemic communities and international policy coordination. In: Haas PM(ed) Knowledge, power, and international policy coordination. University of South Carolina Press, Columbia, pp 1-35

Hagen R, Scheffran J(2003) Is a space weapon ban feasible? Thoughts on technology and verification of arms control in space. Disarm Forum 4:41-51

Hansel M(2010) The USA and arms control in space. An IR analysis. Space Policy 26:91-98

Hasenclever A, Mayer P, Rittberger V (2002) Theories of international regimes. Cambridge University Press, Cambridge

Johnson R(2006) Changing perceptions and practice in multilateral arms control negotiations. In: Borrie J, Radin VM(eds) Thinking outside the box in multilateral disarmament and arms control negotiations. United Nations Institute for Disarmament Research, Geneva, pp 55-87

Keohane RO(1984) After hegemony. Cooperation and discord in the world political economy. Princeton University Press, Princeton

Keohane RO(1989) Neoliberal institutionalism. A perspective on world politics. In: Keohane RO(ed) International institutions and state power. Essays in international relations theory. Westview Press, Boulder, pp 1-20

Moltz JC(2011) The politics of space security. Strategic restraint and the pursuit of national interests, 2nd edn. Stanford University Press, Stanford

Moravcsik A (1997) Taking preferences seriously. A liberal theory of international politics. Int Organ 51: 513-553

Moravcsik A(1998) The choice for Europe. Social purpose and state power from Messina to Maastricht. Cornell University Press, Ithaca

Mowthorpe M(2004) The militarization and weaponization of space. Lexington Books, Lanham

Muller H(2002) Security cooperation. In: Carlsnaes W, Risse T, Simmons BA(eds) Handbook of international relations. Sage, London, pp 369-391

Mutschler MM(2010) Keeping space safe. Towards a long-term strategy to arms control in space. PRIF-Report 98. Peace Research Institute Frankfurt(PRIF), Frankfurt

Mutschler MM(2013) Arms control in space. Exploring conditions for preventive arms control. Palgrave Macmillan, Basingstoke

Mutschler MM, Venet C(2012) The European Union as an emerging actor in space security? Space Policy 27: 118-124

Neuneck G(2008) 1st die Bewaffnung des Weltraums unvermeidbar? Moglichkeiten und Aussichten fiir eine preventive Riistungskontrolle im Weltraum. Die Friedens-Warte 83:127-153

Nye JS(1987) Nuclear learning and U. S. – Soviet security regimes. Int Organ 41:371-402

Rathgeber W, Remuss N-L, SchrogI K-U(2009) Space security and the European code of conduct for outer space activities. Disarm Forum 10:33-42

Risse-Kappen T(1994) Ideas do not float freely. Transnational coalitions, domestic structures, and the end of the cold war. Int Organ 48:185-214

SchrogI K-U(2005) Weltraumrecht und Sicherheitspolitik. In: Borchert H(ed) Europas Zukunft zwischen Himmel und Erde. Weltraumpolitik fur Sicherheit, Stabilitat und Prosperitat. Nomos, Baden-Baden, pp 68-82

Sheehan M(2007) The international politics of space. Routledge, London

Stares PB(1985) The militarization of space. U. S. policy, 1945—1984. Columbia University Press, Ithaca

The Henry L. Stimson Center(2004) Model code of conduct for the prevention of incidents and dangerous military practices in outer space, http://www. stimson. org/wos/pdf/codeofconduct. pdf. Accessed 11 Nov 2009

The Henry L. Stimson Center (2007) Model code of conduct for responsible space - faring nations. http://www. stimsoii. org/pub. cfm7ID-575. Accessed 23 April 2010

Waltz KN(1959) Man, the state and war. Columbia University Press, New York Waltz KN(1979) Theory of international politics. Random House, New York

Webb D(2009) Space weapons. Dream, nightmare or reality? In: Bormann N, Sheehan M(eds) Securing outer space. Routledge, London, pp 24-41

WeberS, Drell SD(1988) Attempts to regulate military activities in space. In: George AL, Farley PJ, Dallin A (eds) US-Soviet security cooperation. Achievements, failures, lessons. Oxford University Press, New York, pp 373-431

Wertheimer J(1987) The anti-satellite negotiations. In: Camesale A, Haass R (eds) Superpower arms control. Setting the record straight. Ballinger, Cambridge, pp 139-163

White House (2006) U. S. national space policy, http://www. fas. org/irp/offdocs/nspd/space. pdf. Accessed 26 Dec 2012

Wolter D(2006) Common security in outer space and international law. United Nations Institute for Disarmament Research, Geneva

第5章 太空力量理论

彼得·L·海斯

乔治·华盛顿大学,美国华盛顿特区

太空力量理论有助于描述、解释并预测个人、团体和国家如何以最佳方式在太空活动并获得成效、平衡投资并降低风险。太空力量理论应得到更充分的发展,并在人类应对最困难、最根本的太空挑战时提供关键的洞见,指导我们在太空中以更好的方式创造财富、在太空投资与其他重要目标之间进行权衡、在太空军事化和潜在武器化加剧背景下重新排序国土安全,并把握仅有太空可提供的探索和生存机遇。本章简要回顾了发展太空力量理论值得关注的努力,然后考虑如何帮助改进完善当前美国的太空政策,并解决围绕太空安全、商业太空、环境可持续性和生存能力面临的重大挑战与问题。

5.1 引　言

本章所述仅代表作者观点,不代表美国国家情报总监或其他任何美国政府机构的观点。

太空力量理论的目标是描述、解释和预测个人、团体及国家如何在征服太空的过程中获得最佳利益、平衡投资和降低风险。这些目标是长期的、广泛的、不确定和雄心勃勃的,因此,在迄今55年的人类太空发展历史中,尚未出现全面解决这些问题并得到公认的太空力量理论也不足为奇。不完整、不成熟的理论限制我们认知、追求和支撑实现主要太空目标的能力。更成熟的太空力量理论将为人类应对最困难、最根本的太空挑战提供关键见解。

对美国而言,目前无疑迫切需要更有力的太空力量理论支持。几十年来,美国的太空能力使其获得重要的不对称优势,为其在信息时代的强大实力奠定了基础。然而,美国太空优势正受到多方面侵蚀,包括中国崛起成为拥有强大太空和太空对抗能力的劲敌,越来越多竞争力不断增强的太空行为体,以及美国在发展和应用太空能力的战略制定与实施上出现的不确定性和失误。太空力量发展轨道正在接近甚至可能已经到达一个转折点,即传统做法无法提升其至无法维持美国太空优势的转折点,此时美国必须采取新方法来面对太空收益减少和太空领导权丧失的局面。美国尝试用克劳塞维茨的地面战争理论应对这一转折,无疑对美国思考其太空发展远景具有吸引力。更加成熟和强大的太空力量理论可为美国提供一个更广阔和稳定的基础,以制定更深思熟虑、全面、长期和一致的太空战略,集成各种国家力量要素、促进国家太空活动的整体性、提升美国太空产业基础,尤其是更好地影响全球商业航天发展与国际合作。

尽管太空力量理论很重要,但发展更好的理论可能受到一些因素的制约,包括缺乏对理论必要性的认可,研究工作投入大、周期长,需要大众和政府的持续支持,理论研究仅有潜在或无形利益等。这些因素在个人和政治层面都不利于对太空力量理论研究工作的支持,同时也指明需要一种渐进办法,在提供指导性、稳定性和预见性方面增强理论研究的长期效益。事实上,更强大的太空力量理论将为改进人类太空活动结构与可预测性提供必要基础。也许与任何其他方法相比,太空力量理论阐述的问题、分析的案例以及指明的前进道路可更好地指导太空力量未来发展。

5.2 太空力量理论研究成果

许多研究与太空力量理论相关,但是少有研究专注于该主题,全面论述该主题并受到广泛认可的理论研究更是少之又少。本节简要梳理了太空力量理论发展过程中出现的一些重要成果,以及任何有力的太空力量理论必须关注的主题与回答的问题。首次关于太空力量理论的研究工作始于 1997 年,当时美国太空司令部司令豪威尔·M·埃斯特斯三世上将委任布莱恩 R·沙利文博士就该主题著书,后来詹姆斯·奥伯格成为该项工作实际负责人,并于 1999 年出版了《太空力量理论》一书(Oberg,1999)。奥伯格利用其在轨道力学和计算机科学方面的学术背景以及在美国国家航空航天局航天飞机项目中 20 余年的工作经验,对太空力量的重要性给出了令人信服的分析,尤其阐述了太空力量技术基础的重要性,并强调了太空控制的必要性。该书为太空力量理论奠定了坚实基础、详细叙述了有助于太空力量发展的影响因素,回顾了主要航天国家是如何发展和利用太空力量的,并讨论了太空力量发展所面临的重大技术与政治障碍。遗憾的是,由于奥伯格的分析并未过多关注太空力量的战略属性,以及与其他领域能力发展与应用的关系,其太空力量理论在政治层面上并未得到很好的阐述。

与此相对,美国空军大学高级空天研究院的埃弗里特·多尔曼教授提供了一个几乎完全专注于政治而非技术的太空力量理论。其专著《太空政治:太空时代的经典地缘政治》(Dolman, 2001)阐述了太空的物理属性,分析了空间系统特征如何塑造太空力量应用。利用太空政治分析,多尔曼提出了一些激进和引发争议的观点,比如美国应拒绝《外空条约》制度安排,推动太空实施自由市场资本主义,将太空作为公共产品提供全球安全。该书知识上植根于传统地缘政治理论,但有一些真正的新说法,为阐述太空与国家安全间的关系做出了重要贡献。继 1985 年沃尔特·A·麦克杜格尔的著作《天与地:太空时代的政治史》获得普利策奖之后,该书是最重要的一本关于太空与安全的学术著作。该书是一项引人注目的智力成果,成为第一本全面阐述太空力量理论的专著。该书挑战了关于太空战略的传统思维,引发了大量争议,也激起了很多回响。可以肯定的是,多尔曼的许多主要观点值得辩论,比如太空是否会真正成为几乎无限的财富来源,美国可能会采取什么技术和战略来维护在近地轨道的主导地位,以及国内和国际政治力量可能如何及为何利用其太空地缘政治学说等。但是,一本书之所以伟大,其标志就在于为后续辩论提供了话题,从这个意义上说,多尔曼的著作无疑推动了太空力量理论研究。

另外有三本著作是太空力量理论研究的重要补充,包括史密斯的《太空力量十大命题》(Smith, 2001),约翰·J·克莱因的《太空战:战略、方针和政策》(Klein, 2006)及国防大学卢茨等人主编的《太空力量理论研究文集》(Lutes 等,2011)。《太空力量十大命题》是以一个空军军官的视角撰写的,作者花费数年将太空相关能力融入大量演习和实战中,试图研究解答"太空力量的本质是什么?"这一哲学命题。史密斯通过提出 10 项命题阐述了太空力量的本质,并对每项命题辅以历史证据支持。这 10 项命题包括:太空是一种独特的作战环境;太空力量的本质是全球进入和全球存在;太空力量由一个国家全部太空活动构成;太空力量必须由太空专业人员集中管控;太空力量是一种战略威慑力量;商业空间活动是太空力量的一部分;太空力量资产构成一国之重心;控制太空,别无选择;太空军事人员需要专业化和职业化;太空武器化不可避免。史密斯提出的命题源于并继承了奥伯格和多尔曼著作的主题,但是通过更全面透彻地阐述太空力量本质属性及其应用,促进了太空力量的发展。

约翰·J·克莱因是一名海军飞行员,他的太空力量理论研究受到朱利安·科贝特 1911 年出版的《海洋战略若干基本原则》这一经典理论的启发,科贝特的海洋战略理论是解释海上军事行动最发达、最全面的理论之一。克莱因比较分析了制空权、制海权和海洋战略理论,发现海洋战略最适合应用在太空。以马汉和科贝特有关控制海上交通线的思想为基础,探讨了控制太空交通线的重要性,并声称当前美国的太空力量观点过分强调了进攻性。克莱因的著作通过与科贝特先进海洋战略理论的严密联系推动了太空力量理论研究,并为进一步完善太空力量理论奠定了坚实基础。

国防大学的太空力量理论研究受美国国防部委托,并且作为准备《2005 年四年防务评估报告》的研讨素材。该研究通过团队工作将相关理论文章编辑成册,但并未试图提出独立的太空力量理论观点。《太空力量理论研究文集》包含 30 章由国际上外太空专家撰写的文集,按内容分为 6 个部分:太空力量理论简介;经济和商业太空视角;民用太空视角;国家安全太空视角;国际视角;太空力量未来演变。该书的可取之处在于以迄今为止最广泛的视角叙述了太空力量理论,然而由于研究视角不一,研究主题比较分散,不足之处也显而易见。该项研究的主要目标是促进对话,并进一步孵化形成太空力量理论。希望这项研究所提供的宽泛观点能够促进多方向的太空力量理论研究。

任何太空力量理论应探讨的主要与持续主题及类比包括:关于太空重要性与日益增加的利用;太空经济潜力的辩论;太空武器化需求及其发展必然性的辩论;把太空作为前沿和太空与人类目标和命运相联系的视角。另一组影响太空力量理论的因素就是太空力量与空中力量、海上力量之间的类比。历史上重要的海、空战略理论学者包括阿尔弗雷德·赛耶·马汉、朱利安·科贝特、朱利奥·杜黑、威廉·米切尔和约翰·沃登。上述理论学者提出了应用于空中与海上力量的一些关键概念,包括制海权、制空权、海上交通线、航线、要塞、港口通道、集中与分散、平行攻击等。这些概念已直接用于或经稍加修改后用于处于萌芽期的太空力量理论研究。例如,马汉和科贝特关于交通线、航线和交通要塞的概念就直接应用于太空战场,海权和空权的概念修改后也作为天权理论思考的起点,包括进入与控制太空。但是,至今为止,仍无综合性的太空力量理论可与历史上开创性的海权和空权理论相提并论。考虑太空战场的独特性,直接借鉴海权或空权理论来创建太空力量理论是否恰当尚有疑问。海权理论中少有概念可直接转化应用于空权理论,因此期望将海权或空权理论直接应用于太空这一完全不同的战场也是不现实的。

5.3 太空力量理论和当前美国政策

美国拥有最发达、开放和成熟的过程颁布国家太空政策,这些太空政策包含许多元素是稳健和全面的太空力量理论所需要的。这并非建议美国太空政策与太空力量理论相同或可替代太空力量理论,但其意味着试图发展太空力量理论需要了解美国太空政策这些元素,并与其相互结合。具备广泛接受和全面的太空力量理论可帮助美国改善其太空政策,并为其执行政策提供了一个更强大、更可持续和一致性的基础,以实现《国家太空政策》(NSP),特别是《国家太空安全战略》(NSSS)和《空间态势评估》(SPR)中提出的目标。

2010年5月奥巴马政府发布了《国家安全战略》(Obama, 2010),强调了太空和需重点关注并付出相当大努力追求的目标:利用和提升我们的太空能力。50余年来,我们的太空领域一直是科技革命的"催化剂",也是美国技术领先地位的标志。我们的太空能力支撑了国际商业和科学的进步,提升了我国及盟友、伙伴的安全能力。为促进太空领域的安全与稳定,我们将继续推进防御性的太空项目,深化与盟友的合作,并且愿意与任何致力于实现负责任且和平利用太空的国家合作。为了维护美国在太空领域的优势,我们必须采取行动,继续向研发尖端技术项目的个人和工业部分投资。为了保持未来在太空领域的可持续发展,我们将对研发下一代空间技术和能力进行投资,这些技术和能力可以使我们在商业、民用、科学研究和国家安全等多个领域受益。我们还将努力强化太空工业基础并与高校合作,鼓励更多的大学生从事与太空领域相关的工作。

这是自克林顿政府以来首个在如此顶级的政策声明中特别关注太空的《国家安全战略》。上述宏伟目标对太空力量理论的发展提出了挑战,并为追求和实现这些目标制定较低级别的政策和战略提供了指南。

2010年6月奥巴马政府发布了新的《国家太空政策》,强调其主要目标的广泛连贯性和最初由艾森豪威尔政府制定的美国太空政策重大主题,如鼓励负责任地利用太空和增强太空稳定性。其他目标引自先前的美国太空政策,包括扩大国际合作,培育美国太空产业,增加商用、民用、科学和国家安全太空系统及其基础设施的任务确保能力与弹性。特别是,《国家太空政策》明确指出美国将"以最经济有效的方式确保其太空能力",并"发展和实施对于保障太空任务实施至关重要的计划、程序、技术和能力",包括"太空资产的快速修复,以及利用盟国、外国和/或商业太空和非太空能力执行相关任务"。此外,也包括某些新提出的或变更的重点,例以更加积极的方式对待透明度及信任建立措施,包括"公平的、可有效核查的、并有助于增强美国及其盟国的国家安全的太空军备控制构想",其不同于2006年布什政府国家太空政策"反对制定谋求禁止或限制美国进入或利用太空的新法律制度或其他措施"的表述。

尽管取得了上述进步,但奥巴马政府的国家太空政策并未恰当和全面论述当前美国面临的重大太空挑战,也未客观涵盖任何全面太空力量理论应包含的一系列因素。尽管更加强调太空合作和负责任的太空行为是有益的,但是新政策不恰当地忽略了任何关于美国太空领导地位的讨论及其太空能力所带来的相对优势。通过仅强调太空合作而避谈太空领域本质上既存在合作也存在竞争这一事实(由于各国和其他行为体追求各自的经济和安全利益),该政策对

2006 年布什政府国家太空政策强调竞争的观点有些矫枉过正了,并且未明确提出负责任太空行为的具体指导或准则,甚至都未特别论述 2007 年 1 月中国进行的空间试验。该政策另一个令人不安的部分是将太空稳定性和可持续性作为至关重要的国家利益。美国确实对以稳定和可持续方式开展太空活动有浓厚兴趣,但将其视为至关重要的国家利益却有失偏颇。美国传统上将"至关重要的国家利益"保留作为一个明确信号,如果需要将动用武力保卫之。将太空稳定性和可持续性不适当地与运用武力相关联,暗示美国有能力维护太空的稳定性和可持续性,这在战略上并不明智。此外,尽管相对快地发布国家太空政策值得称道,但这种速度和共识似乎是以不论述或回避争议问题而取得的。当前有很多领域值得研究关注,但国家太空政策并未提供足够指导,比如国家太空运输政策议题。最后,也许是最重要的一点,尽管组织结构欠缺一直是几乎所有太空委员会研究提出的老大难问题,奥巴马作为总统候选人也曾承诺在白宫重新设立太空委员会,但国家太空政策仍未论述美国将如何提高顶层管理和组织结构,未提供清晰的职责权力体系,或确保其具有影响各种变化的持续效力。

由于太空战略环境变得越来越复杂和敌对,美国更需要考虑太空力量理论和应对这些变化的有效战略。2011 年 2 月 4 日,国防部部长和国家情报总监联合签署颁布了第一个全面的《国家安全太空战略》,证实了太空正变得越来越拥挤、竞争和对抗。国防部跟踪编目超过 22000 颗太空人造物体(包括 1100 颗在轨卫星)。此外,由于尺寸太小,无法通过现有传感器跟踪编目的碎片还有成千上万,也能对在轨卫星造成损害。由于超过 60 个国家与国际组织运营卫星,预计 2012 年在轨通信卫星转发器多达 9000 个(Secretary of Defeuse and Director of National Intelligeuce,2011),空间频谱轨位将更加紧缺。

此外,太空对抗扩展到所有轨道。如今太空系统及其相关支撑保障设施面临一系列人为威胁,可使其被拒止、降级、欺骗、中断或摧毁。潜在对手正在寻求利用已被察觉到的太空系统弱点。未来十年内,随着越来越多的国家与非国家行为体发展太空对抗能力,美国太空系统以及太空环境的稳定和安全所面临的威胁和挑战将越来越多。对太空系统采取的不负责任行为可能会造成超出太空领域以外的影响,损害民用和商业部门所依赖的全球性服务。

太空领域的竞争正日益激烈,虽然美国在太空能力方面仍保持着全面领先优势,但因为市场准入门槛降低,美国的竞争优势已经弱化,美国在数个领域的技术领先优势正在逐渐消失。美国的太空供应商,尤其是二级和三级供应商们由于采购、生产、公司并购、国外市场更有竞争力等问题正面临着风险,美国在全球卫星制造收入中所占份额从 20 世纪 90 年代平均 60% 减少至到 21 世纪初期的 40% 甚至更低。

为了应对这些挑战,《国家安全太空战略》提出三个战略目标:增强太空的安全与稳定;保持并增强由太空给美国带来的战略性国家安全优势;巩固太空工业基础、推动其发展、支持美国国家安全需要。为实现上述目标,文件提出了五大战略举措:一是推动负责任、和平和安全地利用太空;二是不断增强美国的太空能力;三是与负责任的国家、国际组织和商业公司开展合作;四是预防并慑止对支撑美国国家安全的太空基础设施的攻击;五是准备挫败攻击、准备在被降级的太空环境下作战。追求和实施上述战略目标将困难重重,但文件正确评估了太空战略环境中最重大的变化,并提出美国如何以负责任的方式应对这些变化,为发展太空力量理论指明了方向和路径。

5.4 太空力量理论、硬实力和寻求可持续性安全

在很大程度以硬实力为主的领域,太空力量理论可能对"外空条约"、太空活动透明与建立信任措施等太空安全领域的"软问题"提供洞解。太空态势感知、太空武器化和中国崛起已成为太空安全的重要因素,"外空条约"是迄今为止在塑造太空安全中最重要和最全面的机制。虽然实际上"外空条约"仅排除了超级大国兴趣不高的军事行动,没有为许多最重要的潜在太空活动提供清晰界定或方向,但是该条约仍然为太空力量理论提供了坚实和全面的出发点,是发展太空力量理论的重要基础。此外,主要航天大国对"外空条约"价值和意义达成了广泛共识,更感兴趣在这个基础上建立制度,而非推倒重来。

太空力量理论应为以最有效的方式执行"外空条约"提供指导。某些理论提倡摈弃该条约,而大多数理论则寻求改进该条约和相关工作,努力让所有太空行为体遵循该制度的基本规范来实现更广泛的制约,并将所有重要太空行为体纳入该条约,而非仅限于国家。开始将重要非国家太空行为体纳入条约是重要一步,这需要对该条约进行实质性扩充,可能需要以渐进方式完成。对太空安全的关注为条约扩充开启了机会之窗,联合国和平利用外层空间委员会和国际电信联盟世界无线电大会已有先例接纳非国家行为体作为观察员或准会员。外空条约某种形式的双层参与结构可能会持续一些年,将非国家行为体纳入正式条约可能并不现实,但应谨慎考虑扩大参与的措施,以涵盖不断增加的非国家行为体,并由此实现更普遍遵守的制度。也许最重要的是这些措施有助于在更多行为体中倡导一种太空管理意识,并增加对未加入该条约或未遵守这些规范的相关方的关注。对发展太空力量理论而言,应研究关注外空条约第 VI 条义务——签约国批准和持续监管太空活动和第 IX 条责任——签约国在进行任

何可能造成潜在有害干扰的活动或实验前寻求或请求恰当的国际磋商,这也许需要成立履行特定责任的常设机构。

对于美国和其他主要航天大国的安全和太空力量理论而言,另一个有助于更好地定义外空条约履行义务,展示太空安全国际合作领导力的关键领域是全球空间态势感知数据开发与共享。由于太空行为体和人造物体数量不断增加,尤其是近年来发生的有意或意外的空间碰撞事件,如今世界范围内对于太空安全的关注增加,并且对于以更及时、协调的方式推动更多用户共享空间态势感知数据有相当积极性。太空力量理论应为实现这些目标的最有效方法提供指导:一是延续和改进美国政府倡议,创建全球范围内空间态势感知共享数据中心,提供所有在轨卫星的星历数据与轨道机动预先通知;二是在国际支持下运行这样的数据中心,也许是建立一个国际太空交通管理机构,有点类似于国际民用航空组织;三是来自最近商业界创建空间数据协会的努力,鼓励商业空间部门而不是政府来扮演建立全球范围共享数据中心的领导角色。无论是哪种方法,均需为用户自愿将数据提供至该中心(也许通过星载 GPS 转发器),以及为实现太空飞行安全数据持续更新、自由获取以及随时可用来创建和改进流程,以便卫星运营商可将其用于任务规划并避免碰撞。

太空力量理论也应关注阻碍空间态势感知数据共享的法律、技术和政策问题,包括官僚主义、职责和所有权问题,不统一的数据格式标准,发布与编目工具不兼容,以及出于安全拒绝将特定卫星数据公开等。其中一些问题可通过对所登记物体更好进行终身追踪,从而帮助确定发射国和责任,并通过不透明过程尽可能避免专属信息进入公共数据库。同时,只要运营商有诚信、用心关注并遵守规定程序,即使其提供错误数据造成碰撞情况,也应对其进行保护。

其他领域的理论与历史经验表明,无论是在国际法规制度初创还是执行阶段,军事方面因素都是非常重要的。为太空发展任何外空活动透明与建立信任措施,比如交通规则或行为准则,应密切借鉴海、空等其他领域的举措。国际社会在建立这些措施时应考虑用最适当方式将军事活动与民用和商业活动分离,因为倡导所有太空活动使用单一标准调节或控制不切实际,也不太可能会有帮助。美国国防部负责军舰和军用飞机安全运营,但法律上并不需要遵守商业交通规则,有时会在特别受保护的区域内运行,并与其他交通分隔。此外,出于运营安全考虑,军队通常不提供关于自己位置和计划作战的公共信息。更稳健的太空力量理论和关于这些问题全面和公开的对话,将有助于我们制定太空规则,借鉴其他领域多年运作的经验,并制定最符合太空独特运行特征的规则。

其他问题涉及到组织架构和潜在太空军事活动的交战规则,太空力量理论应帮助我们解决关键性问题。比如,太空军事力量是否应在国家或仅在国际授权下运用,谁来判断和确定威胁与威胁程度,如何授权太空部队应对威胁,尤其是当交战行动可能对人类或太空系统造成其他威胁或潜在伤害时。显然,处理这些和其他一些问题非常困难,需要仔细考虑国际因素。此外,我们应考虑历史上英国和美国海军在对抗海盗行为、促进自由贸易、强制中止奴隶贸易上发挥的作用。美国和其他国家军队今天和将来将成为太空中类似的角色,美国和其他国家如何鼓励志同道合的行为体在此类举措上进行合作?试图制定却未明确涵盖和基于军事力量的法律制度或强制规范的做法可能脱离现实,并最终使行动受挫。

稳健和全面的太空力量理论也应解决太空活动透明与建立信任措施的可行性和各种自上而下、自下而上方法的有效性。外空条约制度通过自上而下方法建立,但成功后诸多因素使这种方法越来越难实行。出现的问题包括在谈判平台、范围和对象方面的分歧,关于什么是"太空武器"以及分类(攻击性或防御性)的基本定义问题,是否能找到恰当的核查机制来满足任何全面和正式的太空活动透明与建立信任措施的要求。这些问题涉及一些非常棘手和具体的问题,比如谈判应仅在主要航天国家还是更多国家之间进行,应涵盖哪些卫星和地面系统,目标是针对太空武器还是太空活动透明与建立信任措施,最有用的太空交通规则或禁飞区措施如何与现有太空法律制度共存,如何处理具有潜在太空武器能力的军民两用或军用空间系统,如何应对少数隐蔽型太空武器具有的显著军事潜力等。

太空新技术发展、商业太空持续发展与现有问题的相互影响,使得情况更为复杂。一些变化似乎有利于太空活动透明与建立信任措施,如通过更好的雷达和光学系统可提升空间态势感知、溯源和验证能力,更好的诊断技术,冗余和分布式空间架构增强了太空系统弹性,通过更多有效载荷搭载和更便宜的卫星平台允许分散部署。然而许多其他趋势似乎使太空军控变得更加困难。例如,微小卫星变得越来越先进,可能被用作主动反卫武器或被动太空地雷;太空技术扩散从根本上显著增多了太空参与者数量,包括一些非国家行为体已或正在开发先进军民两用太空技术,如自主交会对接技术;卫星通信技术很容易被用作干扰而非通信。商业太空部门快速增长也带来潜在问题,比如如何保护或拒止准军用太空系统,全球市场上双重用途太空能力和产品带来不确定的安全隐患。

对太空活动透明与建立信任措施和太空军备控制来说,最有效的方法是自上而下还是自下而上目前存在分歧。在外空条约制度建立后,美国和一些主要航天国家倾向于自下而上的方法,这点体现在 2008 年 2 月美国驻联合国大使唐纳德·马利的讲话中,"自 1970 年以来,连续五届美国政府均得出结论,不可能达成可有效核查、具有军事意义的太空军控协议"(马利大使,2008),但这一断言可能缺乏远见。战略家不仅需要考虑自上而下方法带来的众所周知困难，还要考虑不作为而失去的潜在机遇，并意识到必要时需要牺牲部分利益和灵活性来换取稳定性和对其他方的限制。我们可能已错失寻求太空活动透明与建立信任措施的机会，但这是复杂、多维且相互依赖的问题，受到多种因素的影响，例如无法区分弹道导弹防御和反卫技术，冷战结束后技术扩散加快，新出现和难以阻止的威胁，以及《反弹道导弹条约》的终止等。

为了应对自上而下方法带来的挑战，国际社会正在采取一些行动，试图通过渐进式、实用的、技术性和自下而上的措施取得成效。例如，2007 年 12 月联合国大会采纳了机构间太空碎片协调委员会提出的自愿性的减缓太空碎片指南，还包括致力于制定《国际外层空间活动行为准则》，COPUOS 关于长期可持续太空活动方面的工作，以及联合国太空活动透明与建立信任措施政府专家组工作等。

其他国家，尤其中国，显然并不同意仅仅寻求自下而上的方法，而是支持外太空防止军备竞赛倡议的自上而下的提案，并且中俄在 2008 年 2 月裁军谈判会议上联合提出了《防止在外层空间放置武器、对外层空间物体使用或威胁使用武力条约》草案。迄今为止，中国似乎对寻求太空活动透明与建立信任措施兴趣不大。对于 PPWT 而言，尽管该条约花了不少篇幅来定义太空、太空物体、太空武器、太空武器放置以及使用武力或威胁使用武力等术语，但在特定能力定义方面仍存在相当问题，更重要的是对可摧毁、损坏或干扰在轨卫星的地面能力并不涉及，例如直接上升式动能反卫武器。如果 PPWT 并未关注太空系统支持地面战争带来的重要安全影响，未涉及军民两用太空能力发展，仅关注一类并不存在或至少并未在太空部署的武器，避而不谈地面部署的太空武器，甚至不禁止太空武器研发和试验而仅禁止其使用，人们必将质疑该条约的有效性。考虑到 PPWT 上述明显不足，与其说 PPWT 议程推动可持续太空安全，不如说是可持续对美国施加政治压力，扰乱美国的导弹防御计划。

由于中美关系尤其中美在太空领域的关系可能在 21 世纪太空力量理论发展和可持续太空安全进程中发挥主导作用，因此需重点考虑中美太空领域合作或透明与建立信任措施。例如，美国可向中国发出特定和公开邀请，使其参与到国际空间站计划以及其他重大国际空间合作项目中。中美也可共同努力发展菲利普·贝恩斯提倡的非攻击性防御(Baines,2003)。凯文·波尔彼特说明了中美可如何进行合作以推动载人航天安全，在空间科学任务中开展合作，通过联合开发来整合两国资源、避免敏感技术转移，达到共同受益、费用分摊(Pollpeter,2008)。迈克尔·白邦瑞概述了中美两国专家可就太空武器问题展开对话交流的 6 个领域：减少中国对美国太空政策的误解；提高中国太空武的透明度;研究中国对可核查条约的兴趣;多边与双边方式的对比;使用太空武器的经济后果;重新考虑美国对中国的高科技出口限制(Pillsbury,2007)。最后,布鲁斯·麦克唐纳德向美国对外关系委员会所做报告《中国、太空武器与美国安全》中为中美两国提供了一系列值得关注的具体建议。对美国的建议包括:除军事演习外,还要通过加强分析和"危机推演"来评估美国与中国不同太空对抗战略与政策的影响;评估是否可承诺"不首先使用"具有不可逆效应的太空进攻武器;寻求发展符合有效性、可逆性、生存性等约束指标的太空攻击能力,在威慑需要时可使对方太空能力产生暂时和可逆的失效;与中国一起不再进行直接上升式动能反卫武器试验与演示验证,除非不受控的太空目标再入有危害人类安全与健康的实质性风险;开展禁止动能反卫星武器试验的谈判。对中国的建议包括:使太空军事项目更加透明;只要美国不进行更多直接上升式动能反卫武器试验与演示验证,中国也应保持克制;建立一个国家安全高级协调机构,相当于中国的国家安全委员会;针对高级官员候选人加强国际事务培训,增进对国家外交政策的理解,在中国人民解放军内建立一个国际安全事务办公室;参与同美国关于太空安全问题的对话,积极参与建立国际太空行为准则和制定信任建立措施的讨论。

5.5　太空力量理论和从太空获取能源、创造财富

从硬实力转向软实力考虑,太空力量理论可以在一些重要领域提供指导与帮助,包括进一步发展和完善外空条约机制,吸收海洋法和海底管理局机制中最有用的内容,摒弃阻碍创新、考虑威胁人类生存的问题不够、风险与回报不相称的条款。要寻求更好的方式从太空获取能源、创造财富,修订和进一步发展外空条约是关键的第一步。前面讨论的扩大外空条约参与者可能有帮助,但是其他步骤,如减少责任、增加对太空能源开发与财富创造的合法激励等措施,对太空的进一步商业开发可能更有效。当然,由于安全因素影响,在一系列备受争议的目标与价值之间保持适当均衡需要付出相当大的努力,太空力量理论在此可以发挥更大作用。地球很长一段历史受到殖民扩张的困扰,而迄今为止,外空条约在防止殖民扩张在太空重演这一主要目标方面是非常成功的。如今,国际社会应再思考,潜在太空资源争夺带来的威胁是否值得外空条约的限制,即使付出阻碍太空力量发展的代价。如果发现存在失衡,如何改变这些限制条件。主要航天国家应更加全面思考外空条约限制与商业航天发展之间的互动,以及如何以各种方式获得进一步改进与提升。这些方式包括重新解释外空条约制度,更加有意识地发展太空力量、发展天基太阳能电站、改进出口管制等。

到目前为止,外空条约在抑制太空主权宣示和殖民化灾难方面是立场明确且卓有成效的,但在实际的财产权和商业化方面并不清晰和有效。部分原因是外空条约未与全面的太空力量理论相联系,并且这一制度也被包含在适用性更广的国际法中,存在一定的模糊性和不同解读,相关制度要素不明且重要程度不一。采用月球协定处理公共财产权以及平等享有收益的方法具有一定效果,但是由于未获得主要航天国家签署,其作用仅限于国际惯例法。鉴于外空条约已有91个国家签署且已实施超过40年,月球协定的效力远不及外空条约。最根本的原因是制度仍然不发达和不成熟,缺乏保障财产权和商业利益的太空法律。由于制度不成熟,各行为体均不愿成为制定解决财产权和收益结构的法律流程的试验品,各行为体在发展和完善该制度的试验案例方面表现均不积极,现实中仍存在"第22条军规"的因素。克服这一重大阻碍最有效的方法是创建关于财产权规定与流程的明确机制,使得所有成员尤其是商业成员可获得与其承担的风险相称的收益。此外,应考虑通过评估各因素来重新评估责任标准,以及采用分级或降低责任标准是否可能更适合于促进更多商业太空活动。最后,任何对太空财产权和责任问题的全面重新评估还需考虑其他领域的类似制度,例如海洋法中海底管理局机制。然而遗憾的是,这些类似制度相对于实际商业运作仍不发达和成熟,因而限制了借鉴这些先例的实用性。

外空条约规定可能是塑造商业太空活动最重要的因素,但显然并不是在实际工作中唯一影响商业航天部门发展的法律和政策因素。冷战期间,商业太空活动并非那么重要,但这一情况已从根本上发生了变化。20世纪60年代,美国最早开始发展太空服务,如通信、遥感和航天发射,但仅在政府层面参与。这种做法在80年代开始改变,1984年11月,时任美国总统决定允许某些商业通信服务与国际通信卫星展开竞争,接着发布了旨在扶植商业太空部门发展的后续政策。到了90年代后期,全球商业太空活动超过了国家主导的太空活动,尽管政府太空投资仍相当重要,但与商业太空活动相比越来越相形见绌。与冷战时期相比,显著的商业和经济差异对未来太空力量发展有更重要的意义。苏联仅为军事超级大国,而作为美国第一大贸易伙伴的中国却是经济超级大国。最近中国超越德国和日本成为世界第二大经济体,而且如果保持目前的经济增长预测,中国的经济规模将在2020年前超越美国。由于其经济实力,中国可在军事领域投入更多资源,发展一系列不断增强的太空和太空对抗能力。

在发展太空力量理论、增强太空力量方面,美国与其他主要航天大国缺乏、无疑也需要有更开放和全面的视角。本研究试图促进更多关于太空安全的对话,但过程可持续、更正式,并得到非临时组织机构和对未来太空力量最重要的利益相关方的支持。太空力量理论上应该是建立和发展太空力量的基础,并为

"将太空向全部人类活动和商业企业开放,政府通过研发、基础设施建设、技术投资、激励机制、管理制度以及提供配套服务可采取的行动"提供指导。此外,应考虑在太空开发中使用其他创新机制和非传统路线,包括更大范围的联邦政府机构、越来越多与基础设施建设有关的组织。最后,美国应全面而仔细地评估开发天基太阳能电站的潜力,成为该领域的领头羊。以经济可行的方式开采这个无限能源需要配套政策支持,尤其是激励、保障和公私合营机制。

更好的太空力量理论还应以更好方式指导太空技术出口许可和管制。许多国家视太空技术为重要战略资源,非常关心其发展、保护和防止技术扩散,这是可以理解的。但是国际社会,尤其是美国,需要寻找更好的法律机制来平衡和推进这方面目标。目前很多与美国出口管制相关的问题始于休斯电子公司和劳拉空间系统公司与保险公司合作,对中国于 1995 年 1 月和 1996 年 2 月发生的两次发射失败进行分析。1998 年进行的国会审查(考克斯报告)认定这些分析由于将技术信息透露给中国而违反了《国际武器贸易条例》。1999 年的《国防授权法案》将所有卫星和相关项目的出口管制权限从商务部提升到国务院,并列入军品管制清单。严格的军品清单管制导致美国卫星出口严重下滑。为了避免这些限制,外国卫星制造商自 2002 年开始,与阿尔卡特航天公司(现在的泰雷兹公司)、紧随其后的欧洲国防航空航天公司、萨里卫星公司及其他公司一同替换其卫星上所有的美国制造元件,这使这些公司不受美国的出口管制。

美国国家科学院根据国会授权研究提出调整美国总体出口管制优先顺序的建议(国家研究委员会,2009),美国战略与国际研究中心对太空工业基础的研究,美国国务院与国防部根据国会授权对将卫星和相关部件从军品管制清单中移除所涉及的风险评估报告,奥巴马政府和国会都在以显著方式推进美国出口管制改革。2009 年 8 月提出了被称作"四个统一"的政府建议,即统一的军民两用与军品出口管制许可机构、统一的管制清单、统一的执行协调机构以及统一的信息系统来支持出口管制。美国应摒弃目前太空出口管制制度的优先顺序有两个关键原因:第一,覆盖面过于广泛且试图保护过多技术的方式分散了资源,导致实际上对于"顶级技术"保护不足;第二,更开放的方式更可能促进创新、推动具有竞争优势的领域发展且可提高效率和促进总体经济增长。

5.6 太空力量理论和环境可持续性与生存力

毋庸置疑,太空力量理论对提高环境可持续性与人类生存能力的贡献最大。由于这些领域发展面临着许多严峻的挑战,包括世人的不理解、需要从长计议以及潜在收益的不确定性和无形性,因此需要发展更成熟有力的太空力量理论。尽管面临困难,在这些领域的努力绝对至关重要,原因在于这可能关系人类生存,并且投入全力发展相关理论。支持环境与生存目标的太空力量理论重点关注空间碎片、环境监控和小行星防御三个领域。

人类太空活动产生了许多空间目标,当这些目标不再具备有用功能时,它们被归类为空间碎片。随着时间推移,人类太空活动产生越来越多数量的碎片,过去 20 年中编目碎片数从 8000 个增长至 22000 多个。如果按照目前趋势继续发展,太空碎片威胁会越来越大,特别是地球低轨道可能变得无法使用。幸运的是,国际社会对处理这一威胁的意识不断增强且越来越重视。主要航天国家在太空碎片问题上的总目标是减少碎片产生,同时减轻和修复其影响。太空力量理论在提高对空间碎片的意识和提供治理指导方面发挥重要作用。减少空间碎片产生和减缓其影响的关键方法是商业实践和不断发展的自愿性空间碎片减缓指南。主要航天国家需思考将这些自愿性指南转变为更有约束力的机制的办法,以及使故意或无意产生永久空间碎片的行为体付出特定代价(如制裁或罚款)的方法。罚款可用于碎片减缓制度建设和发展和改进碎片清除技术。空间碎片清除与减缓资金另一潜在来源是对国际电联控制的无线电频谱进行拍卖,类似于美国联邦通信委员会进行的国家层面的频谱拍卖。最后,必须强调利用激光或其他方法清除碎片的技术可能具有同反卫武器同样的潜在影响,因此应慎重考虑选择碎片清除系统操作方式和人员。

太空提供了用于监控和潜在修复地球气候的独特位置,也是能同时现场观测地球气象活动的唯一位置,而且这种观测对于长期理解生物圈的潜在变化是必不可少的。由于我们对全球气候变化的认识和应对承载了太多东西,太空力量理论可帮助我们采用非政治标准来了解和控制全球气候变化。如果对全球变暖担忧是正确的,国际社会希望采取积极应对措施,那么在太空采取行动具有潜在价值。

美国和所有航天大国的当务之急是利用太空力量理论指导,更积极主动、更创新思考,并超越传统方法来应对我们生存面临的新威胁。太空力量理论可以帮助照亮前进道路,并激励我们打造一个更加美好的未来。与陆、海、空相比,太空也许与人类未来和生存的内在联系更多。我们需要将这些理念结合起来,并为太空力量理论推动合作保护地球和太空环境制定出更好的方法,以免遭受某些灾难事件的影响,比如可能的小行星撞击地球或可能灭绝地球所有生命的伽马射线爆发等。目前,人类越来越了解已知近地天体的威胁,但是对此类知识的需要也更为迫切。预测小行星阿波菲斯将于 2029 年 4 月 13 日接近地球并可能发生撞击,我们应为此做好准备,研发有效精密跟踪和消除近地天体威胁的能力。短期内,首要任务是组织国内和国际组织深入研究近地天体威胁,并研发有效的防碰撞技术。最后,我们不可能了解或有效规划所有潜在威胁,但通过太空力量理论指导,应寻求多维方法来发展能力,提高人类的生存概率,甚至成为多星球物种。

5.7 结 论

本章简要回顾了已有太空力量理论研究成果,然后考虑如何帮助完善当前美国的太空政策,并解决围绕太空安全、太空商业化、环境可持续性和人类生存提出的重大挑战和问题。太空力量理论可描述、解释并预测个人、团体和国家如何以最佳方式征服太空、平衡投资并降低风险。太空力量理论能帮助引导我们在太空中以更好的方式创造财富、在太空投资与其他重要目标之间进行权衡、在太空军事化和潜在武器化加剧背景下重新排序国土安全,并把握仅有太空可提供的探索和生存机遇。

在此过程中不可避免会出现失策、挫折和非预期的后果,但不可抗拒的物理规律与人类历史经验表明,通过长期孜孜不倦的努力而非过后的应急计划,我们将为发展太空力量创造最佳机会,太空力量理论应为这一进程提供必要基础。

参考文献

Ambassador Mahley DA(2008) Remarks on the state of space security. In: The state of space security workshop. Space Policy Institute, George Washington University, Washington, DC

Baines PJ(2003) The prospects for non-offensive, defenses in space. In: Moltz JC(ed) New challenges in missile proliferation, missile defense, and space security. Center for Nonproliferation Studies Occasional paper no 12. Monterey Institute of International Studies, Monterey, pp 3148

Barrie D, Tavema MA(2006) Specious relationship. Aviat Week Space Technol 17:93-96 Center for Strategic and International Studies(2008) Briefing of the working group on the health of the U.S. space industrial base and the impact of export controls. Center for Strategic and International Studies, Washington, DC

Corbett JS(1988) In: Grove EJ(ed) Some principles of maritime strategy. Naval Institute Press, Annapolis(First published 1911)

Council of the European Union(2008) Council conclusions and draft Code of Conduct for outer space activity. Council of the European Union, Brussels

Cox LV(2007) Avoiding collisions in space: is it time for an international space integration center? U.S. Army War College, Carlisle Barracks, http://www.dtic.mil/cgi-bin/GetTRDoc? AD1/4ADA469676&Location1/4U2-&doclAGetTRDoc.pdf

de Selding PB(2005) European satellite component maker says it is dropping U.S. components because of ITAR. Space News Business report, 13 June 2005

Dolman EC(2001) Astropolitik:classical geopolitics in the space age. Routledge,New York

Douhet G(1983) In:Kohn RH,Harahan JP(eds) The command of the air. Office of Air Force History,Washington,DC(First published 1921)

Garretson P Elements of a 21st century space policy. The Space Review,3 Aug 2009. Downloaded from http://www. thespacereview. cOm/article/1433/1.

Joseph DeSutter R(2006) Space control,diplomacy,and strategic integration. Space Def 1(1):29-51

Klein JJ(2006) Space warfare:strategy,principles,and policy. Routledge,New York

Lutes CD,Hays PL,Manzo VA,Yambrick LM,Bunn ME(eds)(2011) Toward a theory of spacepower:selected essays. National Defense University Press,Washington,DC

MacDonald BW(2008) China,space weapons,and U. S. security. Council on Foreign Relations,New York,pp 34-38

Mahan AT(1980) The influence of sea power upon history,1660-1783. Little,Brown,Boston

McGlade D Commentary:preserving the orbital environment. Space News,19 Feb 2007,p 27

Meilinger PS(ed)(1997) The paths of heaven:the evolution of airpower theory. Air University Press,Maxwell

Mets DR(1999) The air campaign:John Warden and the classical airpower theorists. Air University Press,Maxwell

Mitchell W(1988) Winged defense:the development and possibilities of modem airpower—economic and military. Dover,New York(First published 1925)

National Research Council(2009) Beyond "Fortress America:" national security controls on science and technology in a globalized world. National Academies Press,Washington,DC

National Space Policy of the United States of America. The White House,Washington,DC,28 June 2010,p 13

Obama B(2010) National security strategy. The White House,Washington,DC,p 31

Oberg JE(1999) Space power theory. United States Space Command,Colorado Springs

Pillsbury MP(2007) An assessment of Chinas anti-satellite and space warfare programs,policies,and doctrines. Report prepared for the U. S. -China Economic and Security Review Commis,p 48

Pollpeter K(2008) Building for the future:Chinas progress in space technology during the tenth 5-year plan and the US response. Strategic Studies Institute,Carlisle Barracks,pp 48-50

Secretary of Defense and Director of National Intelligence(2011) National security space strategy:unclassified summary. Office of the Secretary of Defense and Office of the Director of NationalIntelligence,Washington,DC

Smith MV(2001) Ten propositions regarding spacepower. Air University Press,Maxwell

Sumida JT(1997) Inventing grand strategy and teaching command:the classic works of Alfred Thayer Mahan reconsidered. Woodrow Wilson Center Press,Washington,DC

U. S. National Space Policy. The White House,Office of Science and Technology Policy,Washington,DC,14 Oct 2006,p 2

United Nations General Assembly Resolution 62/217(2008) International cooperation in the peaceful uses of outer space. UNGA,New York

Warden JA III (1988) The air campaign:planning for combat. National Defense University Press, Washington,DC

Weeden B The numbers game. The Space Review,13 July 2009. Downloaded fromhttp://www. thespacereview. com/article/1417/1

第6章

太空与战争法

史蒂文·弗里兰德
西悉尼大学,澳大利亚

摘要

外层空间国际法律条例"植根于"国际法,它并非是一个只限于少数人的独立规范。事实上,联合国主要的太空条约,即《外层空间条约》明确表示国际法原则适用于外层空间的利用和探索。尽管该条约提供的条款是出于"和平目的",但由于技术的发展,特别是通过运用复杂卫星技术,外层空间更频繁地被用于武装冲突。这使人们不仅面临相关武力使用的国际法难题,而且需要理解战时法的国际法原则(国际人道主义法)在这些外层空间活动中的适用方法和程度。这一形势因商用/民用和军用的两用卫星数量增多而变得更为复杂。本章考查了战时法中与外层空间利用相关的很多具体内容,并旨在尝试进一步阐明应用原则的新举措。尽管国际人道主义法适用于外层空间活动,但现有的原则可能不够具体,无法为武装冲突中日趋多样化的外层空间利用方式提供适当的规范。因此各国越来越需要就直接适用于可能涉及太空技术使用的武装冲突行为的补充性法律条例达成一致。

6.1 引 言

人类开始外层空间"探险"已有 50 多年的历史。1957 年 10 月 4 日,苏联卫星"斯普特尼克"一号发射升空,并在随后的 3 个月内绕地球飞行 1400 次,这一里程碑事件预示着太空时代、太空竞赛(始于苏联和美国之间)的开始,外层空间利用和探索相关法律条例的黎明来临。此后,很多极大改善全人类生活水平的法律陆续出台,并催生了卫星通信、全球定位系统、天气预报和灾难管理的遥感技术和卫星电视广播等公共服务。未来外层空间的利用会为人类带来极大的机遇和挑战,而法律将会继续在此方面起到举足轻重的作用。

这一法律条例体系中的一个重要部分就是避免外层空间的武装冲突。太空竞赛出现在冷战高峰期,这并非巧合。当时美国和苏联都在绷紧各自的技术"肌肉",局势非常紧张,(航天)大国之间随时可能爆发具有潜在高度破坏性的大型武装冲突。就在"斯普特尼克"一号发射后不久,1962年10月的古巴导弹危机让全世界都屏住了呼吸。在这高度敏感的局势下,国际社会在规范外层空间这一新战争前线方面做了很大努力,为避免太空中的武器运用——更现代一点的说法是"防止外层空间军备竞赛"(PAROS)——发挥了重要的作用。

但是,最终在重大太空条约中达成协议并编成法典的规定义务和限制并不是十分清晰和全面,无法应对所有挑战。尽管大部分太空学者阐明了禁止外层空间军事活动的相关规定,但利用太空技术的人并未在实际操作中遵守这些规定。现在看来,几乎从太空活动初期开始,太空就已经用于军事活动目的。

自早期开始,这一局面就变得越来越复杂,甚至可能带来严重的毁灭性后果。正是因为主要航天国家自太空技术出现伊始,就一直在外层空间进行"被动"军事活动,如今外层空间便逐渐用作主动武装冲突行为的一部分(Ricks,2001)。主要航天国家不仅将通过远程卫星技术和通信卫星等手段从外层空间收集到的信息用于计划在地球上的军事行动,而且当前将太空资产作为大国军事装备中不可分割的一部分,直接用于军事活动。如今将外层空间作为新兴战场的幻想有可能会成为现实。

基于这样的事态发展,本章着重讨论现有战争法对外层空间利用的(可能)适用性。尽管已经明确外层空间一直用作军事目的,但不清楚国际上是如何对这些军事活动进行规范的。相反,对当前形势进行分析之后发现,从已有的战争法对太空相关活动的适用程度来看,显然存在其适用范围无法满足要求或并不合适的情况,对外层空间这一独特环境而言尤为如此。

因此本章将首先描述太空如何继续"武器化"和"军事化"并在政治上造成重大影响的具体实例;其次简单介绍指导外层空间国际法律规范制定的基本原则,具体关注与利用太空技术的军事和战争活动最密切相关的原则;然后讨论其与外层空间的相关性,并简单介绍战争法的一般原则;最后对法律条例的发展方向进行总体评论,从而概述旨在(可能)弥补当前法律制度内某些缺陷的举措。

尽管战争法(在理论上)可能确实适用于外层空间活动,但还缺乏足够具体的原则,无法为武装冲突过程中日趋多样化的外层空间利用方式提供合适的规范。因此,人们急切地需要达成共识,制定可直接适用于那些可能涉及太空技术使用的武装冲突行为的补充性法律条例。建立一个更明确、更有益的法律制度需要各航天大国之间有强烈的政治意愿,保持密切的合作并建立相互信任,还需要其他国家以及国际社会提供支持,如此才能减少涉及太空资产的冲突及其未知的负面影响。

6.2　案例：弹道导弹防御系统的发展

2001 年 12 月 14 日,为巩固其"太空控制"政策,美国总统乔治·布什援引《限制反弹道导弹系统条约》中的第 15 条内容,宣布美国退出该条约。布什总统表示退出该条约的主要原因是该条约为冷战的遗留物,已不合时宜(Diamond,2001)。但是还有一个更实际的目的,那就是《限制反弹道导弹系统条约》明令禁止研发、试验和部署海基、空基、天基和移动陆基 ABM 系统,因此,美国退出《限制反弹道导弹系统条约》后,就能摆脱条约限制,研发已明令禁止的武器系统,特别是天基设备,这些设备被美国视为确保其维持其军事优势的政策中不可分割的部分。

布什政府 2001 年做出这一决定的起因可追溯到第一次海湾战争。在海湾战争期间,以色列部署的"爱国者"导弹为战区导弹防御的出现提供了充分的理由。因此,美国渐渐感到压力,试图解除或摆脱《限制反弹道导弹系统条约》对其反弹道导弹技术的限制。1991 年 12 月 5 日,海湾战争结束后不久,美国国会通过了《1991 年导弹防御法案》(《1991 年导弹防御法案》)。这一法案的颁布说明国会正式批准并支持全国导弹防御计划,该法案中有这样一段话:

美国的目标是部署反弹道导弹系统(包括一个或其他足够数量的反弹道导弹发射场和天基传感器),这个系统能对抗有限的弹道导弹袭击,为美国提供高效防御。

四年后,国会推出《美国防御法案》(《1995 年美国防御法案》)。该法案第 4 章提出,在法案颁布一年内,应至少对 ABM 天基拦截器、能为 ABM 拦截器直接提供数据的太空传感器或已有的对空防御、战区导弹防御或预警系统进行一次试验,以显示美国应对战略性弹道导弹或拦截导弹飞行轨道的能力(《1995 年防御美国法案》)。

同年,《弹道导弹防御法案》添加了一条几乎一样的规定(《1996 财政年度国防授权法案》,1995)。美国争取在立法上允许部署大量陆基 ABM 发射场,以对抗有限的弹道导弹袭击,为美国提供高效防御;允许传感器在航空航天方面无限制使用;允许提高研发、试验和部署后续国家导弹防御系统的灵活性。随着这些举措的实施,《限制反弹道导弹系统条约》前景堪忧,抑制新兴军事和技术目标的目的难以实现。

自 2001 年决定退出《限制反弹道导弹系统条约》以来,美国一直积极追求创新性军事技术,认为这些技术是建立国家弹道导弹防御系统(BMD)和将系统重要部件部署在海外战略性位置的基础。这一政策引发一片抗议声,特别是来自美国主要军事(和太空)竞争对手俄罗斯和中国的抗议。在美国于 2006 年与波兰和捷克共和国经过双边会谈,决定在这两国部署部分系统之后,抗议声——尤其是来自俄罗斯的抗议声越来越强烈。

尽管奥巴马政府上台后首次停止了在东欧的防御计划,但这一计划最近又以新的形式出现,称为"欧洲分阶段适应性方案"(EPAA),涉及众多前社会主义阵营国家。尽管从 2010 年在里斯本举行的北大西洋公约组织(NATO)峰会来看,BMD 研发有望在同俄罗斯的"合作"下进行,但现在看来事实远非如此(Ischinger,2012)。

2012 年 5 月初,美国国防部长助理梅德林·克里登在莫斯科的一次会议上表示 EPAA 并不对俄罗斯构成威胁,导弹防御合作是"为了美国、NATO 和俄罗斯等各方的国家安全"(Greedon,2012)。但是俄罗斯总参谋长尼古拉·马卡罗夫将军几乎同时做出了回应,提醒 NATO 如果在东欧部署导弹防御雷达系统和拦截器,俄方会考虑在波兰和罗马尼亚进行先发制人的军事打击(Kramer,2012)。因此这些系统的部署导致局势尤为紧张,且引发了众多异议。

与此同时,中国迅速巩固自己的航天大国地位,加剧了相关太空武器技术方面的紧张局势。第一次海湾战争向中国军事领导人证明了高科技一体化战争平台的重要性和精密的天基命令、控制、通信和情报系统在联合陆、海、空三军方面的能力。尽管中国太空计划最大的直接动机之一似乎是政治威望,但中国在太空方面的努力很可能会促进军事太空系统的发展。

随着科技一步步向前发展,越来越多的航天大国开始意识到军事行动需要天基系统的支持,各国目前正致力于利用大量的资源发展持续有效的(且强大的)相关太空武器,从而将这种认知转化为现实。因此,有必要就国际法律框架在指导外层空间规范时如何适用于这些发展进行考虑。这就需要考虑国际太空法的一般原则,并分析针对外层空间军事用途规范的具体规定。

6.3　外层空间国际法

6.3.1　外层空间法一般原则

"斯普特尼克"一号的太空之旅迅速引发了富有争议的法律难题,包括之前未明确的概念。早期有的学者思考了适用于外层空间探索和利用的法律性质和范围,但都仅限于假设层面。然而 1957 年的某一天,这一历史就此改变。人类在外层空间方面的抱负和能力突然变得清晰起来。世界各国必须为从事广泛太空活动而进行探索的第一步,恰恰是要对一个未经规范的法律环境中前所未有的事件迅速做出反应。

另外,当时的地缘政治环境——主要是美国与苏联这两(航天)大国之间的冷战,很大程度上促进了这些萌芽期的太空活动和随后太空技术的迅速发展。很显然,军事方面的考虑不断推动技术能力的发展,以实现太空在其他(科学)领域的探索和利用,这些领域的重要性也毋庸置疑。正是在此背景下,国际社会必须积极应对:一方面,在这两个超级大国的意愿之间取得良好的平衡,另一方面,对军事驱动的成果最终会走向何处这一不确定性达成普遍的认知。

无独有偶的是,"斯普特尼克"一号发射后不久,联合国建立了联合国和平利用外层空间委员会。和平利用外层空间特别委员会主要负责制定和编纂与外层空间利用和探索相关的基本法律,有 18 个初始成员国,由联合国大会在1958 年设立,随后在 1959 年成为永久性机构。UNCOPUOS 现在是相关国际太空法制定的主要多边机构。

在法律原则方面,首先"斯普特尼克"的发射使依照国际法宗旨阐明对于外层空间的法律范畴成为必然。由于人们对外层空间的认识仍处于初期阶段,为能实现上述目的,人们自然希望能对外层空间的相关知识(如外层空间的划界)进行法律定义。事实上这就是联合国向 UNCOPUOS 抛出的第一个难题。尽管此后提出了很多理论,但很显然(至少对未涉及外交讨论的理论而言)大气空间"止于"何处,外层空间又"始于"何处的问题仍没有从国际法律的角度得到解决。

尽管苏联进行"斯普特尼克"任务时并未征求其他国家的许可,但这一人造卫星在绕着地球转动时,并未有人抗议它侵犯了某国的主权。当时的国际反应(无反应)证实了这一人类活动的新领域并未确定主权归属,不像地球上的陆、海、空都依据国际法原则确定了主权归属。据国际法院法官曼弗雷德·拉赫斯的观察(德意志联邦共和国与丹麦以及德意志联邦共和国与荷兰之间的北海大陆架案,1969):

由人类送入外层空间的首批设备穿过各国大气空间后在外层空间围绕各国上空转动,但发射国并未征求他国同意,而其他国家也未作出抗议。因此对于进入外层空间和在外层空间活动的自由,应在极短时间内确立并得到相关法律的广泛认可。

然而,虽然对外层空间缺乏明确的定义,但还是迅速出现了很多有关外层空间探索和利用的基本法律原则,只是人们需要更多的时间进行磋商,将这些原则变为协议形式,以应对独特环境、重要的政治和战略因素以及紧随"斯普特尼克"成功发射后相关太空技术的迅速发展。

因此在人类开始外层空间的探索和利用后不久,出现了很多外层空间国际法的基本原则,特别是"人类共同利益""自由进入"和"不得占为己有"原则。这些原则后来被引入联合国太空法条约的条款中,并构成约束性协定规则的内容,将当时已形成的国际习惯法原则编制成法律。事实上包括当时两大主要航天国在内的国家均已承认外层空间应视为类似于共有财产的东西(Cassese,2005)。

支撑外层空间国际法的这三个基本规则表明外层空间法与大气空间相关法规大不相同,后者规定大气空间是地球上各国"领土"的构成部分。大气空间属于各国领空的这一性质在主要的航空法条约中得以体现。例如,《1944年国际航空公约》重申了早在1919年就已正式承认的原则(《国际航空公约》,11 L. N. T. S. 173),该公约(15 U. N. T. S. 295a)规定"每一国家对其领土之上的大气空间享有完全、专属的主权"。

联合国国际法院确定大气空间的这一特性也能代表国际习惯法。因此民用和商用飞行器进入他国大气空间的权利是有限的(15 U. N. T. S. 295b,第5条和第6条),这与外层空间的自由原则相反。如上所述,尽管大气空间和外层空间之间的界限并未最终明确(至少迄今为止是这样),但实际上人们也并未因此对具体情况下可能适用"哪条法律"持有很大疑惑。

与大气空间的地位相反的是,《外层空间条约》第二条包含了"不得占为己有"原则,被视作规范外层空间探索和利用的最基本原则之一。该原则规定:

各国不得通过提出主权要求,使用、占领或以其他任何方式把外层空间(包括月球和其他天体)据为己有。

概括地说,第二条规定外层空间(包括月球和其他天体)不受所有权的约束,尤其严禁对外层空间提出主权或领土要求。因此外层空间不得视作"领土",事实上在该条约于1967年缔结时,这一原则已受到普遍认可。

在《外层空间条约》最终确立时,美国和苏联已开展了广泛的太空活动;尽管"阿波罗"11号的宇航员在月球上插上了美国国旗,但两国都没有对外层空间的任何区域(包括天体)提出主权要求。因此尽管使外层空间的不得占为己有原则正式化有重大意义,但它早已被这两大航天国认可为基本概念,所以直至《外层空间条约》第二条最终确立之前的编制过程并未有太大争议。

无独有偶,"不得占为己有"原则紧随《外层空间条约》第一条之后提出。后者详细说明了"共同利益"和"自由"原则,确定外层空间的探索和利用应"为所有国家谋福祉和利益""由所有国家一视同仁地、在平等的基础上,根据国际法"自由进行。概括地说,第二条原则的原始意图是确定领土主权原则不适用于外层空间,从而强调这两个重要原则。这不仅说明各国从太空时代开始时就坚持这样的做法,而且有助于保护外层空间,避免因领土或殖民野心而引发的冲突。

在这一方面,UNCOPUOS 美国代表赫伯特·赖斯在"阿波罗"11 号宇航员登月的数日后,即在 1969 年 7 月 31 日反复强调第二条的具体目标,内容如下(Valters,1970):

对该条约的协商过程表明该条规定(即第二条)的目的是防止重演 16、17、18 和 19 世纪时不断加剧的海外领土国家主权争夺。该条约明文规定任何太空利用者不得对外层空间提出国家主权的要求,不得设法建立外层空间的国家主权。

在这一方面,《外层空间条约》第二条反映出的观点是规范外层空间及其和平探索利用的基础。正因为如此,"不得占为己有"这一约束性原则是国际太空法的基本组成部分,所有在外层空间的活动均应遵守这一原则。

与处理公海问题的《联合国海洋法公约》(UNCLOS)相应规定不同的是,《外层空间条约》第二条并没有明确局限于各国的有意行为;这条规定使用的都是更具概括性的用语,因为它力图禁止构成"国家占用"的具体行为。除明令禁止"提出主权要求"之外,第二条没有仅针对各国行为做出明确限制。尽管第二条如此规定(或许也正因如此),多年来,评论家都对此争议很大,认为应明确规定禁止范围,尤其是应明确外层空间可能存在"私有财产权"(Harris,2004)的程度(如果有可能)。

在其他方面,国际法制约外层空间的程度同样还不太明确。《外层空间条约》规定太空活动应"根据国际法"进行(《关于各国探索和利用包括月球与其他天体外层空间活动所应遵守原则的条约》),但当时大部分既有国际法都是为了应对"地球"问题,所以无法轻易或直接适用于该人类活动新领域的各个方面。另外,外层空间无主权就意味着当时任何既有国家法律(当时完全没有具体确定太空相关问题)似乎都不适应这个领域,无法为建立制约人类在外层空间活动的初始法律框架提供合适的法律依据。因此很明显,在"太空法"形成初期,需要具体的国际约束性规则规定外层空间的特有性质和法律范畴。

外层空间法是植根于通用国际公法的法律。"斯普特尼克"一号发射以后,人们需要对在这一新"前沿"性活动的制约性规则达成共识,这一需求极大地推动了外层空间法的迅猛发展。目前已制定了处理外层空间利用和探索各领域的诸多法律,其主要通过条约、联合国大会决议、国家立法、国家法院判决、双边协议和政府间国际组织的决定形成法律或提供证据。

在 UNCOPUOS 支持下,拟定了五个重要的多边条约:

(1)1967 年《关于各国探索和利用包括月球与其他天体外层空间活动所应

遵守原则的条约》（610 U. N. T. S. 205a）；

（2）1968 年《营救宇航员、送回宇航员和归还发射到外层空间的物体的协定》（672 U. N. T. S. 119）；

（3）1972 年《外层空间物体所造成损害之国际责任公约》（961 U,N. T. S. 187）；

（4）1975 年《关于登记射入外层空间物体的公约》（1023 U. N. T. S. 15）；

（5）1979 年《关于各国在月球和其他天体上活动的协定》（1363 U. N. T. S. 3）。

除了其他重要原则之外，这些联合国太空条约规定外层空间的利用和探索应"以和平为目的"（610 U. N. T. S. 205b，第五条），但这一原则仍是饱受争议，争论焦点在于"以和平为目的"到底是指活动"非军事化"还是指"无侵犯性"（详见下文）。联合国太空条约制定时，只有少数国家有航天能力，因此外层空间国际法至少部分反映了当时航天大国所施加的政治压力。

联合国大会也正式通过了很多太空相关的原则，包括：

（1）1963 年《各国探索和利用外层空间活动的法律原则宣言》（联合国大会第 1962（XVIII）号决议《各国探索和利用外层空间活动的法律原则宣言》，1963）；

（2）1982 年《各国利用人造卫星进行国际直播电视广播所应遵守的原则》（联合国大会第 37/92 号决议《各国利用人造卫星进行国际直播电视广播所应遵守的原则》，1982）；

（3）1986 年《关于从外层空间遥感地球的原则》（联合国大会第 37/92 号决议《各国利用人造卫星进行国际直播电视广播所应遵守的原则》，1982）；

（4）1992 年《关于在外层空间使用核动力源的原则》（联合国大会第 47/68 号决议《关于在外层空间使用核动力源的原则》，1992）；

（5）1996 年《关于开展探索和利用外层空间的国际合作，促进所有国家的福利和利益，并特别要考虑到发展中国家需要的宣言》（联合国大会第 51/122 号决议《关于开展探索和利用外层空间的国际合作，促进所有国家的福利和利益，并特别要考虑到发展中国家需要的宣言》，1996）。

这一套原则对国际法如何应用于太空活动，促进太空活动国际合作和理解，通过直接跨国卫星电视广播以及对地球的远程卫星观察进行信息传播和交流做出规定，还确立了安全使用外层空间利用和探索所需核武器源的通用标准。最近还通过了更多与众多其他问题（包括太空碎片问题在内）相关的新"准则"。

人们普遍认为联合国大会的决议不具约束性，至少在对《国际法院规约》第38（1）规定的国际法"法源"所进行的传统分析中的确如此。因此在规范外层空间利用和探索时,尽管很多具体规定现在均可作为国际惯例法,但这五套原则在很大程度上仍被视为"软法"的一部分(Freeland,2012)。

尽管有了这些发展,既有法律和规章制度显然还是没有跟上自 1957 以来太空活动在技术和商业上的迅猛发展。这意味着有效法律原则的发展不断面临着巨大挑战,从外层空间在全球化时代的战略和军事潜力方面来看尤为如此。

6.3.2 外层空间"军事"用途限制原则

如上所述,《外层空间条约》规定了很多用于制约外层空间军事用途的一般原则,包括要求外层空间探索和利用活动应"根据包括《联合国宪章》在内的国际法"进行。引入这一规定的主要原因之一是很多国家担心外层空间会成为新的国际冲突滋生地。作为重要的评论家,程斌曾贴切地表示"外层空间带来了一场全新的球赛"(Cheng,1998)。

构成《外层空间条约》基础的基本原则中,很多都形成于全世界处于不确定和不信任状态的时期,这在很大程度上出于冷战时期的地理政治环境。几乎是在"斯普特尼克"一号发射的同时,国际社会开始担心外层空间将用于军事目的并最终可能会沦为战场。1958 年 12 月,联合国强调有必要"避免当今国际竞争向这一新领域扩展"(联合国大会第 1348(ⅩⅧ)号决议《外层空间和平利用问题》,1958)。

到 1961 年为止,联合国大会一直建议国际法和《联合国宪章》应适用于"外层空间和天体"(联合国大会第 1721(ⅩⅥ)号决议《外层空间和平利用的国际合作》,1961)。联合国大会第 1962 号决议重申了这一点,该决议陈述了多条原则,这些原则最终纳入《外层空间条约》(联合国大会第 1962(ⅩⅧ)号决议《各国探索和利用外层空间活动的法律原则宣言》,1963b)。维护国际和平与安全是贯彻《联合国宪章》所建体系的根本原则,因此具体参考《联合国宪章》具有重要意义。《联合国宪章》第 2 条(4)中禁止使用武装力量的规定是制约国际关系的关键因素,这一规定同样适用于外层空间利用。

《外层空间条约》第四条限制了核武器和大规模杀伤性武器,这进一步强化了《联合国宪章》的精神,但主要评论家们已经引证过,这一规定并没有完全限制在外层空间放置或使用常规武器。事实上时常有人提出修改第四条以加强这些限制的建议,但修改一直没有得以实施。

《外层空间条约》第四条有关"以和平为目的"的规定是很多分析性讨论的主题,讨论焦点为该规定的范围和意义。尽管太空法评论家们大体上一致认为(并非完全一致),这条规定针对的是"非军事化"活动,而不仅是"无侵犯性"活动,遗憾的是,事实并非如此。如前所述,外层空间除了很多商用、民用和科学用途外,一直并继续用于越来越多的军事活动,这是不可否认的事实。除非采取具体措施遏制这种趋势(这需要政治意愿,特别是主要大国的政治意愿的重大转变),否则太空可能会进一步被用于实现各国的军事和战略目标,在军事和太空技术继续演变和发展的时候尤为如此。

在这种背景下,尽管对于严格阐释国际太空法的原则具有重大意义,但如果从强硬的语用学角度看,有关和平目的要求的"非军事化或无侵犯性"之争是多此一举。从某种意义上来说,这假设了太空军事化是既有的事实,而承认这一点令国际法和太空法法学家倍感痛苦。

另外,《联合国宪章》第51条规定"如果发生武装袭击",自卫是种"固有权利",这也适用于外层空间的法律条例。按照国际公法原则,这种权利仍体现了法律上的限制,即对必要性和相称性的要求。尽管自卫权是根据法律规定实施,但实行自卫的国家仍应遵守战争法。这在理论上毫无争议,但问题是如何准确地确定这些基本原则是否(以及如何)适用于外层空间这一独特的法律与技术背景。

卫星技术利用已经成为军事策略和很多武装冲突不可分割的一部分,因此回答好上述问题具有重要意义。随着卫星技术继续发展,21世纪及其以后的武装冲突将越来越趋向外层空间的利用。在这个方面,联合国极力避免外层空间的"武器化"。但可惜的是,当前政治形势似乎趋向于在外层空间利用更多的卫星技术作为战争进程的一部分。

这种行为非常恶劣,公然违抗了《外层空间条约》的原则。忽略事实是幼稚的,相反,应理解包括战争法规则在内的既有法律原则中哪些适用于(以及如何适用于)与外层空间相关的军事活动,至少从规范的角度确定提供合适的规范性框架所需采取的措施,以保护人类的未来。

6.4 战争法:一般原则

国际社会逐渐同意应建立适用于武装冲突的法律制约,因此战争法原则(也称为国际人道主义法或战时法)应运而生。战争自古以来就存在,只是直到最近才出现少数国际规范对战争方式、手段和对象进行了规定,事实上既有规则的目的是"限制战争的可怕影响"(《使用或威胁使用核武器的合法性》,1996)。尽管"战争"这一概念在1928年《巴黎非战公约》中宣布为不合法,但武装冲突显然仍在继续,且变得越来越复杂,特别是非国家战争参与者的影响越来越大。此外,由于精密尖端武器(包括太空技术的使用)的发展,灾难性破坏和人员伤亡的范围越来越广泛。

"战争法法律和惯例"起源于军队在战场上的习惯做法,已发展成为国际法的重要分支(Henckaerts 和 Doswald-Beck,2005,第 25 页)。这些习惯做法的应用并不统一,因此显然需要更多的正式规范。1874 年布鲁塞尔会议专门限制了战争方法和手段并规定受保护人与物体的级别,促使战争规则向前迈进了一大步。此外,1899 年和 1907 年的海牙和平会议上产生的一些规范性条约至今仍在使用。1899 年的和平会议议定"交战国采取伤害敌人的手段的权利不可无限制。"

随后还有很多条约更详细地规定了武装冲突情况下对可接受(和不可接受)行为的具体限制。例如,1925 年的《日内瓦协议》进一步扩展了《海牙公约》中有关运用战争法限制毒药或涂毒武器与窒息性气体使用的规定。

第二次世界大战的惨痛经历体现了既有规则,特别是处理平民和非战斗人员问题相关规则的不充分性。为解决这些问题,1949 年缔结了四部《日内瓦公约》,而 1977 年的《附加议定书》巩固了对这些问题的规定。此外越来越多的其他重要条约也被引入国际人道主义法和武装冲突(特别是与限制特殊武器和战争手段相关的)制约规则中。其中有几个条约与外层空间有关,包括限制进行核武器和其他武器试验的条约,还有《1977 年禁止为军事或任何其他敌对目的使用改变环境的技术的公约》(ENMOD)(16 I. L. M. 88),后者是处理战争期间蓄意破坏环境问题的首部国际条约,它在和平时期也适用。

国际人道主义法现在是国际法中成熟的部分,涵盖地球战争的众多方面。联合国安全理事会重申了基本原则——特别是《海牙公约》和《日内瓦公约及其附加议定书》的基本原则所规定义务的重要性。此外,各个国家、地区和国际执法机构的设立(最后设立了国际刑事法院,为世界上首个该类常设法院)表明,国际社会决定起诉违反这些规范的高级军事、政治官员。

尽管在战争法的演变过程中出现了很多原则,但现在我们有必要简单提一下构成军事行动决策依据的三个具体关注点,即区分原则、军事目标原则和相称性原则。各原则均考虑了战争法在外层空间利用方面的应用性:

(1)区分原则:禁止有意攻击平民和非战斗人员。此外,武装冲突的参与者禁止使用无法区分战斗人员和非战斗人员的武器。这些是军事活动中的基本思想,阐明了国际人道主义法范围和个人人权相关正式法律原则发展之间的牢固联系。

(2)军事目标原则:禁止攻击非直接的军事目标。重要的是应区分平民或民用物体和军事物体,包括《附加议定书一》中第 52 条规定的"对军事行动有实际贡献"和"能提供明确军事利益"的物体。

(3) 相称性原则:即使在攻击合理军事目标时,所用武力攻击和对平民和民用物体造成的伤害和损失也应与预期军事利益成比例。这要求评估军事行动中的潜在"间接伤害"。然而,相称性原则通常很难用于实践中,因为不同的人对军事利益以及平民和民用物体的伤害和损失之间的相对"价值"持不同看法。我们只需参考《以核武器相威胁或使用核武器是否合法的咨询意见》中的建议。在这一文件中,考虑到以核武器相威胁或使用核武器应符合武装冲突相关国际法的要求(特别是国际人道主义法原则),国际法院明确表示以核武器相威胁或使用核武器在任何情况下都是违反国际法的。

6.5　战争法与太空的关联

如上所述,作为国际法中不可分割的部分,国际人道主义法原则在理论上适用于外层空间的军事用途。战争法律和习惯没有任何具体的"地域"限制,既适用于战争实际发生的地区,也适用于受战争影响的其他地区。例如,如果某个地区发生的直接军事行动影响了其他地区的平民,则应考虑这个军事行动是否符合相称性等原则。因此,外层空间发生的任何军事活动似乎均要符合与直接军事行动及其影响地区(包括地球)有关的战争法。

得出该结论后,需要确定这只是单纯的学术问题还是与外层空间活动"有关"的战争规则问题。遗憾的是,答案不言而喻。

如上所述,在1990年的海湾战争期间,太空资产对战争的军事价值首次得到大规模利用。事实上,"沙漠风暴行动"被称为"第一次太空战争"(Maogoto与Freeland,2007a)。有人认为利用太空技术会产生有助于军事策略实施的"一体化战争平台"。2001年"911"袭击事件之后,美国政府着手制定一项管辖太空领域军事作战的政策。这就要求美国有能力保护其在外层空间的关键基础设施和资产。尽管奥巴马政府最近发布了新的太空政策,政策中强调进一步合作,但这些观点仍然代表着美国的军事策略。

弹道导弹在复杂的国家安全结构中日趋重要,防御系统的发展是全球军备竞赛的"结果和又一大驱动因素"(Hagen与Scheffran,2005)。2001年,在"911"事件以前,以美国国防部长拉姆斯菲尔德为首的委员会提出"危机或冲突期间对美国太空系统部件的攻击不是没有可能"(Stoullig,2001)。该报告警告,美国太空资产可能发生"著名"的"太空珍珠港"事件,即对其进行突然袭击。

欧盟也视外层空间为"欧盟安全与国防政策的重要内容"(Hagen与Scheffran,2005),而且如前所述,中国和俄罗斯也将太空视为其军事基础设施的关键部分。即使对澳大利亚等稍小一点的国家来说,国家太空政策的政治形势也令其加强了对军事和国家安全的关注(Freeland ,2010a)。

因此有的评论家进一步认为太空战争其实是必然的和不可避免的。如果这种观点最终成为现实,就应运用战争法原则;但这些原则要如何运用于实践,会带来什么后果等问题还不明确。

分析中有一个很复杂的问题,即"两用"卫星越来越流行。"两用"设施或资源(一般指军方也可用于军事目的的商用设施或资源)这一概念已经成为当代科技社会的共同特征。这为武装冲突的参与者带来了难题,因为基于军事目标(详见下文)而可成为合理军事目标的资产也可能同时用于民用/商用目的。有时很难(其实是不可能)将设施的民用/商用部件与军用部件区别开来。

有一个发生在地球的事例可以说明对设施袭击进行明确合法分析的困难性。1999 年,在 NATO 为迫使塞尔维亚军队从科索沃撤离而进行的轰炸事件(称为"盟军行动")期间,其中一个计划目标是贝尔格莱德市的塞尔维亚广播电视台(RTS)。NATO 导弹于 1999 年 4 月 23 日摧毁了这个电视台,造成很大的人员伤亡,而伤亡人员均是平民。炸毁电视台是计划袭击的一部分,整个计划的目的是扰乱和弱化前南斯拉夫政府的 C^3(命令、控制与通信)网络。

在 1999 年 4 月 27 日的新闻发布会上,NATO 官员提出该通信系统通常是军民两用,证明了这次袭击的正当性,官员将该系统描述为(NATO 轰炸南斯拉夫联盟事件审查委员会 2000 年 6 月 13 日提交给检察官的最终报告,2000a):

命令、控制与通信系统是强化的冗余系统……,利用商用电话、……军用电缆、……光缆、……高频率无线电通信、……微波通信以及一切可互连的手段。全国的无线电中继站多达 100 多个,……一切都以两用为目的进行电线连接。商用系统大部分都用作军用,而军用系统又可以用于商用系统。

NATO 强调了这些通信系统的两用性,强调"军用交通……通过民用系统选择路线。"(NATO 轰炸南斯拉夫联盟事件审查委员会 2000 年 6 月 13 日提交给检察官的最终报告, 2000b)

如上所述,军民两用这个概念也是太空技术的共同特征。很多因素综合在一起,造成军事"用户"经常利用商用卫星进行军事活动,这些因素包括:(主要)大国的军事和战略力量越来越依赖对卫星技术的利用;政府因成本和专业技术知识缺乏等相关原因无法满足上述需求;以及可用并适用于这些需求的技术先进且反应灵敏的商用卫星基础设施和服务的出现。由于这些两用卫星成为日益重要的军用太空资产群,所以就出现了一个问题,即这样的卫星是否(和在何时)能被视为合理战争目标。

答案取决于众多国际法基本原则。很明显,对卫星的物理摧毁需要使用武力。除了考虑联合国太空条约中的原则以外,还须确定军事行动是否属于合法使用武力,其是否正当的唯一依据是《联合国宪章》第 51 条。

例如,假设某战争根据区分原则和军事利益原则将一个军民两用卫星(如 GPS 或遥感卫星)视为合理军事目标。即使这是正确的评估,也要遵循相称性原则。此外,可以说区分原则的内涵是采取"一切可行防范措施"保护平民不受袭击影响是战争双方的义务(Henckaerts 与 Doswald-Beck ,2005,第 70 页)。

可以肯定的是,故意摧毁这样的卫星即使没有造成直接的平民伤亡,也可能会对社区、国家甚至世界地区造成毁灭性的影响。无数人的生命及其生活可能会受到影响,经济可能会被摧毁,基本服务可能会瘫痪。显然这种袭击的后果的确是很难预见,但在任何情况下这都会被视为鲁莽袭击。然而,目前还不确定能否(如何)在这种情形下进行"鲁莽袭击"的试验。

总之,由于外层空间的独特性质,用于制约地球战争和武装冲突的战争法基本原则可能不够具体,无法完全适用于外层空间的军事行动。即使应当努力确保尽可能直接地运用既有原则,但由于这些情况存在史无前例的独特性质,仍需要更具体的规则以提供综合框架,合理保护人类不会因为外层空间成为又一(潜在)战场而遭受其他灾难性影响。

6.6　控制太空战争威胁的一些新举措

6.6.1　《防止在外层空间放置武器、对外层空间物体使用或威胁使用武力条约草案》

如上所述,自 20 世纪 80 年代以来,出现了一系列与防止外层空间军备竞赛的具体问题相关的联合国大会(UNGA)决议。例如 2007 年 12 月,UNGA 正式通过又一项决议(2007 年 12 月 22 日联合国大会第 62/20 号决议《防止外层空间军备竞赛》),在此之前它曾向成员国多次建议(2007 年 12 月 5 日联合国大会第 62/43 号决议《外层空间活动中的透明度与建立信任措施》):

为维护国际和平与安全,促进国际合作,防止外层空间军备竞赛,继续提交……有关国际外层空间透明度和信任建立措施的具体建议。

这些措施使得更广泛的国际社会进一步认为需要对主要航天大国在外层空间利用方面采取的军事举措做出反应。此外,UNGA 同时也强调了国际合作在和平利用外层空间的重要性,其中一个重要部分为(2007 年 12 月 22 日联合国大会第 62/217 号决议《和平利用外层空间的国际合作》):

所有国家,特别是拥有重要航天能力的国家……积极促进达成防止外层空间军备竞赛这一目标。

为回应这样的号召,2008 年 2 月,俄罗斯联邦外交部部长谢尔盖·拉夫罗夫向出席联合国日内瓦裁军谈判会议(CD)全体会议的 65 个成员国提交了一份草案,名为《防止在外层空间放置武器、对外层空间物体使用或者威胁使用武力条约》。PPWT 由俄罗斯和中国这两个世界主要航天大国制定。2007 年 6 月,早期的草案正式发布,引发了众多其他国家的评论。

为了制定与太空军备竞赛危险相关的具有法律约束力的条款,经过几年的外交磋商后,PPWT 被正式提交给 CD。提交 PPWT 时,拉夫罗夫部长强调该文件的条款得到了大部分 CD 成员国的支持。他提醒:

一个国家在太空部署武器,势必引起连锁反应,而这又预示着太空和地球军备竞赛的新漩涡。

中华人民共和国外交部长杨洁篪在其支持性意见中补充道(2008 年 2 月 12 日中华人民共和国外交部部长杨洁篪在裁军会议上的讲话):

为了所有国家的共同利益,和平宁静的外层空间不允许武器化与军备竞赛。因此国际社会需制定新的法律,巩固现有的外层空间法律制度。

概括地说,PPWT 着重于强调缔约国的三项主要义务,其第二条规定了各项义务:

(1) 不以任何方式在绕地球轨道上、天体上及外层空间放置或安置“携有任何武器的任何物体”。

(2) 不“对外层空间物体以武力相威胁或使用武力”。

(3) 不鼓励其他国家、国家集团或国际组织“参与 PPWT 所禁止的活动”。

除适用于更广泛的武器范围(详见下文)之外,第二条,特别是第二条(2)中的禁止事项修正了《外层空间条约》第四条的另一重要缺陷,因为其还涵盖了这些武器的使用和部署。

此外,PPWT 将“外层空间”定义为“地球海平面 100km 以上的空间”(第一条(1))。除“约”字用得模棱两可外(什么情况下不是 100km 呢?),这一定义代表了两大主要航天大国极具革命性的建议,而他们与美国出于主要的战略和政治原因,一直都试图阻止确立正式界定。

如前所述,PPWT 中最重要的定义之一是“在外空的武器”(第一条(3))。虽然定义为包括“任何装置”,其描述相对较宽泛,但仍存在质疑的地方,特别是可能刚开始用于“和平”目的但后来用于“破坏或干扰外层空间物体的功能”的资产,如使用各种电磁脉冲的装置。此外,若经允许有意使一个物体变成碎片,但其影响了其他国家的太空资产,应询问这是否符合“制造或改造”的要求。

从更广义的国际公法来看,“使用武力”和“以武力相威胁”的定义(第一条(d))意义重大。如上所述,“武力”的概念无疑是符合《联合国宪章》和习惯性规范的国际法的一项基本原则(在尼加拉瓜境内及针对该国的军事与准军事行动案(尼加拉瓜起诉美国),1986),是对国际关系的巩固。根据传统国际法原则,"武力"是种"暴力"行为。因此,尽管在磋商《联合国宪章》时发展中国家持有不同观点,但经济制裁等并不属于武力。

PPWT中对武力的定义似乎比这些传统观点要宽泛得多,起草时通过推测的方式将"干扰"等(非暴力)行为以及电磁干扰的使用包括在草案内,因为其构成"恶意"行为。这一新的武力定义方式若能得到普遍的认可,则也可能引出与"网络攻击"等行为的法律性质有关的问题。

为应对PPWT,美国政府一再重申美国反对一切企图"禁止或限制进入或使用太空"的条约,并认为这样的条约在任何情况下都无法实施(Cumming-Bruce,2008)。为验证PPWT缔约国是否履行义务而采取的相关措施,实施起来的确是既艰难又复杂(但也许并非不可能实现)。相反,美国表示更愿意"讨论旨在促进透明度与建立信任的措施(俗称TCBM)"(Cumming-Bruce,2008)。

整体而言,尽管PPWT存在缺陷,但它提出了有关外层空间未来探索和利用(事实上是有关太空活动真正性质)的关键问题。遗憾的是,该文件很快被美国拒之门外。事实上在2008年2月,大约在俄罗斯和中国向CD提交PPWT后的一个星期,美国从"伊利湖"号巡洋舰上发射SM-3导弹,摧毁了太平洋上空约150km处的失效卫星。尽管美国声称此为防止卫星油箱(含联胺)破裂后污染大气的必要之举,但其他国家认为这不过是美国在"测试"其反卫星能力。

当时中国共产党党报《人民日报》报道(Randerson与Tran,2008):

世界顶级航天大国美国经常指控军事航天技术蓬勃发展的其他国家……但面对中俄限制太空军备的提议,美国却违背其所谓的原则,不予接受。

尽管受到这些挫折,两个世界航天大国依旧正式提交了PPWT,并进一步推动了其他举措的提出,以应对可能的太空武器化导致的迫在眉睫的危机。这在某种程度上促进了现在称之为《国际外层空间活动行为准则》草案的制定,该守则最开始是由欧盟推动的。

6.6.2 国际外层空间活动行为准则草案(CoC)

尽管美国从未公开承认拒绝PPWT,但其行为促使人们寻找其他途径推进对太空武器化和太空战争问题的讨论。2008年年末,欧盟理事会发表了自愿性的《外层空间活动行为准则》草案。该草案由全球裁军与军备控制欧盟工作组在欧盟政治与安全委员会的许可下于2008年12月制定,然后提交给欧盟理事会。CoC修订草案于2010年9月由欧盟理事会正式通过。该文件旨在形成与第三国磋商的依据。

在通过 CoC 草案时,欧盟理事会表达了其希冀(欧盟理事会,2010a):

在有助于国家发展和安全的太空活动不断开展的情况下,加强外层空间活动的安全性。

CoC 草案试图寻求与外层空间活动相关的众多问题(有时为竞争性问题)之间的平衡,特别是在这些问题与国家的(实际和预期)安全利益相关时。草案提出有这三个根本原则(欧盟理事会,2010b):

(1) 以和平目的的自由进入太空;

(2) 维持轨道上太空物体的安全和完整;

(3) 合理考虑国家的合法防御利益。

它有以下考虑(欧盟理事会,2010c):

太空碎片对外层空间活动构成威胁,可能限制相关外层空间实力的有效部署和利用。

不论是为了坚持太空碎片控制和减缓的措施(具体参考 CoC 第 5 条),还是为了将一个国家"摧毁"他国卫星(此过程极有可能产生新的太空碎片)的可能性降至最低,维持太空资产完整性的问题自然都与太空碎片问题有关。这些问题当然也是与太空安全核心问题相关的棘手问题,需要密切合作和达成共识。在这一方面,CoC 提出缔约国(但遵循自愿原则)(欧盟理事会,2010d):

避免意图直接或间接伤害或摧毁外层空间物体的一切行为,除非这些行为是为了减少外层空间碎片的产生和/或因根据《联合国宪章》或出于必要的安全考虑,可通过固有的个人或集体自卫权证明其合法性

在美国对 CoC 的处理方法中,有一些让人疑惑的地方和很多混乱的迹象。从 CoC 本身来看,其原则上是不同于 PPWT 这个约束性条约的自愿性规范,并且更加简单明了的"一类"规定。但 CoC 被认为侵犯了美国的"主权",所以该文件也遭遇了很多激烈的异议。

2011 年 4 月联合国裁军研究所(UNIDIR)在日内瓦举行的会议上,美国国务院军备控制、核实和履约局的副助理国务卿弗兰克·罗斯表示(美国国务院,2011):

美国将继续与欧盟商议制定综合性整套多边 TCBM(也称为国际《外层空间活动行为准则》)的举措。我们希望在近期决定美国是否会签署该准则,并进行必要的修订(如有)。

2012 年 1 月上旬,负责军备控制及国际安全事务的次国务卿埃伦·陶谢尔表示 CoC "太具限制性",所以美国不会签字(Weisgerber,2012)。但仅仅几天之后,国务卿希拉里·克林顿表示(美国国务院,2012):

美国已决定与欧盟和其他国家一起制定一份《国际外层空间活动行为准

则》，准则将为负责任的太空利用确立指导方针，有助于维护太空长期的持续发展、安全和稳定……（但）如果行为准则以任何方式制约我国的安全相关太空活动或我们保护美国及其同盟国的能力，我们将不会签字。

这次合作是否能够达到效果或者取得怎样的效果仍不得而知，更不用说其最终的结果（假如有的话）。尽管美国政府反对 CoC 的"限制性"，但假设 CoC 草案已经存在，可成为开始进一步讨论的依据，这也并非不可能。然而在这方面明显还有很多未知数，最终文件中包含的具体条款都还无法确定，更遑论能否达成协议。

6.7　结论：未来展望

从以上简单的讨论中，得出了以下结论：

第一，当前形势表明外层空间激发武装冲突（如同当前情况一样），最终成为战场的可能性越来越大。尽管国际社会做出了很大努力，但主要大国越来越依赖太空技术的趋势可能加剧太空军备竞赛。美国目前可谓是太空霸主，即使大部分国家还没有达到同等水平，但其他航天国家（包括中国和俄罗斯）具备利用同样精密（且可能具有毁灭性）的太空武器技术的能力可能只是时间问题。

第二，太空技术的发展和外层空间军事利用范围的日益扩大加剧了爆发太空战争的危机。关键的军用太空资产不断扩散，意味着从军事和战略角度来看，如果他国所用卫星失效或被毁，可能会为自己国家带来很大优势。太空冲突过去未发生，并不代表未来不会发生。

第三，全世界所有国家都高度依赖太空技术维护其生存，提高其生活水平。太空非军事利用已成为一个国家生存的重要手段。但同时，在这些商用和民用服务的卫星中，很多都是两用卫星，也可用作军事和战略目的。这就引发了在战争规则制约下有关这些资产的"地位"难题，特别是这些资产是否可在一定条件下视为合法军事目标的问题。

第四，《外层空间条约》也反映了国际习惯法，规定国际法规则适用于外层空间利用和探索。这些规则不仅包括制约武力使用的诉诸战争权原则，还包括战争法原则。尊重这些规则对人类安全发展和保障后代利益都具有绝对的重要意义。然而，除旨在禁止使用和试验特定武器类型的条约外，人们想在太空冲突（目前处于假设阶段）中具体运用战争法时还存在很多的不确定因素。太空战争可能带来严重而未知的后果，无人能确定到底要如何运用这些既有规则。

第五，如果避免法律的"灰色地带"，就有必要制定具体明确的规则和标准，明令禁止外层空间武器化及在外层空间与对太空资产发动任何形式的冲突。《外层空间条约》和其他联合国太空条约目前还没有严格的规则和措施来防止外层空间军备竞赛以及涉及太空(可能在太空内)的冲突。因此,就需要另外制定具体的外层空间法规,以直接适用于涉及太空技术利用的武装冲突。自卫权的适用性无疑会让这一形势更为复杂,因为自卫权是一个国家绝不会放弃的权利。

作为这些新规则的一部分,"太空武器""和平目的"和"军事利用"等概念都必须有明确的定义。此外,"太空始于何处"这一基本问题应得到明确解决,如此才能对"出于国家安全的目的,外层空间其实是类似国家领土的一片区域"这样的观点进行反驳。

第六,同时必须认真地考虑战争法原则在这一新潜在冲突范式中的应用。当然,目前有已经发展成熟的制约地球战争的基本规则,但这些规则是否完全能够贴切地适用,是否足以保护人类免遭未来"太空战争"的危机和不良后果,都还不明确。理想的情况是,所有相关国家应商议并诚心诚意地遵守约束性条约的规范。

如前所述,附加的规章可能最终将(进一步)涉及与外层空间军事/武器相关的活动,在这个意义上,几乎可以确定短中期内不太可能采取约束性条约义务的形式对既有战争法进行补充(因为既有战争法可适用于这些活动),而是会依据自愿原则采取非约束性的形式。这证明了(进一步)制约(被认为)涉及国家安全利益问题——特别是主要航天大国的国家安全利益问题的外层空间活动具有一定的敏感性。

在 TCBM 的制定问题上,宜采用"轻柔再轻柔"的策略,但这样的策略将带来更多的不确定性,缺乏正规的执行力度和执行机制,主要利益相关者可能在实施方法上过度灵活。单靠此措施是否足以解决复杂问题,仍然是一个问号。

最后也是最重要的一点,未来进行讨论以(可能)制定新规则和规范时,我们必须始终坚持太空法和国际人道主义法中"人道主义"这一基本原则,从而避免发生难以想象的可怕局面。

📖 参考文献

1023 U. N. T. S. 15

1363 U. N. T. S. 3(Moon Agreement)

15 U. N. T. S. 295(Chicago Convention)

16 I. L. M. 88

610 U. N. T. S. 205(Outer Space Treaty)

672 U. N. T. S. 119

961 U. N. T. S. 187

Antonio Cassese(2005) International law,2nd edn. p 95

Article III(1967) Treaty on principles governing the activities of states in the exploration and use of outer space, including the Moon and other celestial bodies

Bogomolov V(1993) Prevention of an arms race in outer space:the deliberations in the conference on disarmament in 1993. J Space Law 21(2):141

Bolton JR,Yoo JC(2012) Hands off the heavens. The New York Times,8 Mar 2012. http://www. nytimes. com/ 2012/03/09/opinion/hands-off-the-heavens. html. Accessed 28 May 2012

Cassese A(2005) International law,2nd edn. p 156

Cheng B(1998) The 1967 outer space treaty:thirtieth anniversary. Air Space Law 23(4/5):157,158 Chicago Convention, Articles 5 and 6

Convention on the Regulation of Aerial Navigation11 L. N. T. S. 173(Paris Convention)

Council of the European Union(2010) Council conclusions concerning the revised draft Code of Conduct for Outer Space Activities,Doc. No. 14455/10. http://www. spacepolicyonline. com/ pages/images/stories/EU_revised_draft_code_of_conduct_Oct_2010. pdf. Last accessed 28 May 2012

Creedon M(2012) U. S. ballistic missile defense. Moscow,3 May 2012,p 16. http://photos. state. gov/libraries/russia/231771/PDFs/ASD_Creedon_MD_Conference_Remarks. pdf. Accessed 28 May 2012

Cumming-Bruce N(2008) U. N. Weighs a Ban on weapons in space,but U. S. Still Objects. The New York Times, 13 Feb 2008. http://www. nytimes. com/2008/02/13/world/europe/13arms. html. Last accessed 27 May 2012

De Angelis IM(2002) Legal and political implications of offensives actions from and against the space segment. Proc Colloq Law Outer Space 45:197

Defend America Act of 1995,H. R. 2483,104th Cong(1995)

Diamond J(2001) Missile pact on brink:U. S. says imminent testing may violate ABM treaty. Chicago Tribune, 13 July 2001,p 1

Dissenting Opinion of Judge Koroma in Legality of the Threat or Use of Nuclear Weapons[1996] 1 ICJ Rep. 245

Draft CoC,article 4. 2,first paragraph

Draft CoC,preambular paragraph 12

Draft CoC,preambular paragraph 7

Final report to the prosecutor by the committee established to review the NATO bombing campaign against the Federal Republic of Yugoslavia,13 June 2000,paragraph 72(2000) 39 I. L. M. 1257(NATO Report),also available athttp://www. icty. org/sid/10052. Last accessed 8 June 2012

Freeland S(2002) The bombing of Kosovo and the Milosevic trial:reflections on some legal issues. Aust Int Law J 150:165-168

Freeland S(2010a) Sensing a change? The re-launch of Australia's space policy and some possible legal implications. J Space Law 36(2):381

Freeland S(2010b) Fly me to the moon:how will international law cope with commercial space tourism? Melb J Int Law 11(1):90

Freeland S(2012) The role of 'Soft Law' in public international law and its relevance to the international legal regulation of outer space. In:Marboe I(ed) Soft law in outer space:the function of non-binding norms in international space law,p 9

Freeland S,Jakhu R(2009) Article II. In:Hobe S,Schmidt-Tedd B,Schrogl K-U(eds) Cologne commentary on space law. Outer space treaty,vol I,p 44

Gordon MR,Cloud DS(2007) U. S. knew of China's missile test,but kept silent. The New York Times,23 Apr 2007,p A1

Hagen R,Scheffran J(2005) International space law and space security - expectations and criteria for a sustainable and peaceful use of outer space. In:Benko ¨ M,Schrogl K-U(eds) Space law:current problems and perspectives for future regulation,pp 273,281-282

Harris DJ(2004) Cases and materials on international law,6th edn,p 252

Henckaerts J-M,Doswald-Beck L(2005) Customary international humanitarian law. Rules,vol 1

Ischinger W (2012) Yes to missile defense, with Russia. The New York Times, 17 May 2012. http:// www. nytimes. com/2012/05/18/opinion/yes-to-missile-defense-with-russia. html. Accessed 27 May 2012

Kramer A(2012) Russia warns NATO it will strike first if shield is built. The Sydney Morning Herald,5-6 May 2012,p 16

Listner M(2012) US rebuffs current draft of EU Code of Conduct:is there something waiting in the wings? The Space Review,16 Jan 2012. http://www. thespacereview. com/article/2006/1. Accessed 28 May 2012

Lyall F,Larsen PB(2009) Space law:a treatise,pp 3-9

Maogoto J,Freeland S (2007a) Space weaponization and the United Nations charter:a thick legal fog or a receding mist? Int Lawyer 41(4):1091-1107

Maogoto J,Freeland S(2007b) The final Frontier:the laws of armed conflict and space warfare. Connect J Int Law 23(1):165

Message from Foreign Minister Yang Jiechi of The People's Republic of China to the Conference of Disarmament, Geneva,12 Feb 2008,p 2

Military and Paramilitary Activities in and against Nicaragua(Nicaragua v. United States of America)(Merits) (Judgment)[1986] ICJ Rep 14

Missile Defense Act of 1991,(105 Stat 1290)(1991)

National Defense Authorization Act For Fiscal Year 1996,H. R. Rep. No. 104-406 to accompany H. R. 1530, 104th Cong. §235(1995),http://www. fas. org/spp/starwars/congress/1995_r/h104406. htm(last accessed 27 May 2012)

NATO Report,paragraph 72

North Sea Continental Shelf Cases(Federal Republic of Germany v. Denmark and Federal Republic of Germany v. The Netherlands)(Judgment),Dissenting Opinion of Judge Lachs[1969] ICJ Rep 3,230

Outer Space Treaty,article IV

Randerson J,Tran M(2008) China accuses US of double standards over satellite strike. The Guardian,21 Feb 2008. http://www. guardian. co. uk/science/2008/feb/21/spaceexploration. usa. Last accessed 27 May 2012

Ricks T(2001) Space is playing field for newest war game:air force exercise shows shift in focus. The Washington Post,29 Jan 2001,p A1

Schrogl K-U,Neumann J(2009) Article IV. In Hobe S,Schmidt-Tedd B,Schrogl K-U(eds) Cologne commentary on space law. Outer space treaty,vol I

Schwarzenberger G(1957) International law,3rd edn,vol 1,pp 21-22

Spiegel P(2007) U. S. gauges the threat to satellites. The Los Angeles Times,22 Apr 2007,p A1

Stoullig J – M (2001) Rumsfeld commission warns against 'Space Pearl Harbor'. SpaceDaily, 11 Jan 2001. http://www. spacedaily. com/news/bmdo-01b. html. Accessed 27 May 2012

UNCOPUOS(2007) Report of the Scientific and Technical Subcommittee on its forty-fourth session, A/AC. 105/ 890, Annex 4, 42. http://www. oosa. unvienna. org/pdf/reports/ac105/AC105 _ 890E. pdf. Last accessed 27 May 2012

United Nations General Assembly Resolution 1348 (XIII) on the Question of the peaceful use of outer space (1958), preambular paragraph 3

United Nations General Assembly Resolution 1721 (XVI) on International co-operation in the peaceful uses of outer space(1961), paragraph 1(a)

United Nations General Assembly Resolution 1962(XVIII) on the Declaration of Legal Principles Governing the Activities of States in the Exploration and Uses of Outer Space(1963a)

United Nations General Assembly Resolution 1962(XVIII) on the Declaration of Legal Principles Governing the Activities of States in the Exploration and Uses of Outer Space(1963b), paragraph 4

United Nations General Assembly Resolution 62/20, 22 December 2007 on the "Prevention of an arms race in outer space" (UNGA Resolution 62/20)

United Nations General Assembly Resolution 62/217, 22 December 2007 on "International cooperation in the peaceful uses of outer space," article 29

United Nations General Assembly Resolution 62/43, 5 December 2007 on "Transparency and confidence – building measures in outer space activities," article 2

United Nations General Assembly Resolution No 37/92 on the Principles Governing the Use by States of Artificial Earth Satellites for International Direct Television Broadcasting(1982)

United Nations General Assembly Resolution No 41/65 on the Principles relating to Remote Sensing of the Earth from Outer Space(1986)

United Nations General Assembly Resolution No 47/68 on the Principles relevant to the Use of Nuclear Power Sources in Outer Space(1992)

United Nations General Assembly Resolution No 51/122 on the Declaration on International Cooperation in the Exploration and Use of Outer Space for the Benefit and in the Interest of All States, Taking into Particular Account the Needs of Developing Countries(1996)

US Department of State, Remarks by Frank Rose, Deputy Assistant Secretary, Bureau of Arms Control, Verification and Compliance, at United Nations Institute for Disarmament Research (UNIDIR), Space Security Conference 2011: building on the past, stepping towards the future, Geneva, 4 Apr 2011. http://www. state. gov/t/avc/rls/ 159671. htm. Last accessed 28 May 2012

US Department of State, Press Statement, Hillary Rodham Clinton, Secretary of State, International Code of Conduct for Outer Space Activities, 17 Jan 2012. http://www. state. gov/secretary/rm/2012/01/180969. htm. Last accessed 28 May 2012

Valters EN(1970) Perspectives in the emerging law of satellite communications. 5 Stanf J Int Stud 53:66

Weisgerber M(2012) U. S. won't adopt EU conduct of code for space. Space News, 12 Jan 2012. http:// www. spacenews. com/policy/120112-wont-adopt-code-conduct-space. html. Accessed 28 May 2012

第7章　太空的威慑作用

罗杰·哈里森

美国空军学院艾森豪威尔空间和防卫中心,科罗拉多斯普林斯,美国哥伦比亚特区

摘要

　　无论太空中是否实际部署了武器,卫星可在无任何潜在威胁的情况下运行的时代已一去不复返。因此问题出现了:我们可采取哪些措施以及可推动哪些趋势,以降低太空成为战场或战争催化剂的可能性? 答案也许并不在于各国采取的行动,而在于太空环境的本质,以及商业太空运营商的领导力。

　　迄今为止,军队建设的首要目的一直是赢得战争。从今往后,其首要目的必须是避免战争。除此之外几乎没有任何其他有用的目的。(Bernard Brodie)

7.1　引　　言

　　太空的战略格局处于不断变化中。威慑理论也在不断变化,人们希望其朝着更具有自我参照性的方面发展,并减小与当前问题的相关性。我们可能正进入一个危险的太空时代,互相猜疑、民族主义主张和追求完全虚幻的"制高点"的行为使得人类无法解决明显可预测到的问题,这不仅包括碎片和轨道拥挤问题,也包括太空战争问题。这种情况下,太空扮演的可能是煽动而非制止国家间的武力冲突的角色。但是也有某些迹象表明太空将有希望建立秩序。这些迹象并非来源于政府部门,而是源于商业太空运营商认识到太空无疑为一"公域"(尽管这一概念已被滥用),在该领域任何一方的行为活动均会影响所有人的利益。国家制定政策时必将考虑军事威胁以及必要的合作这两大趋势。问题在于以哪一个为重点。我们是否应专注于战争,并辅以威慑(在一个"战争不可避免"的世界,将威慑视为暂时的权宜之计),或者应专注于避免战争并创建稳定和可预见的太空环境,并且认识到如果这一努力失败了,将需要实际的战斗能力。其中的差异会促成不同的政策以及影响建立基于相互制约的太空秩序的可能性,因此值得考虑。

7.2 背　　景

构建冷战威慑理论的战略分析框架为避免太空战争的研究奠定了基础，但太空独有的因素使得冷战时期得出的结论仅具有建议意义，而非决定意义。这些独特的因素中，其中某些使得威慑任务变得更加容易，而某些却使其更加困难。冷战时期的防御战略研究范围包括加固防御、机动防御和终极弹道导弹防御。太空领域也存在多种防御手段，但受到更多限制且可能需在性能方面做出让步。冷战威慑理论假定超级大国间的能力和风险大致相等，而如今这一假定不再成立。美国的太空能力独一无二，但在太空中也特别易受攻击。同时目前也存在一种冷战时期的战略策划家无法预想到的攻击媒介，即对控制卫星和处理卫星所供数据的计算机发动攻击。未来太空武器装备的主要危险很可能源于软件崩溃而非对手的硬件。对于这类攻击也有防御措施，但这些措施似乎是滞后的攻击武器。太空威慑的失败可能会是主要大国在大气层内冲突的催化剂，但其本身并不会成为人类存亡的威胁。在太空中不存在类似于核武器的相互确保摧毁情况，因此，相较于冷战时期的决策者而言，太空威慑领域的决策者在采用各种方法时有更大的自由。

7.3　太空与威慑

威慑是指让对手相信其为采取的攻击行动付出的代价将会大于收益的过程。这可通过对对手的有价值目标产生威胁（报复威胁），使对手相信无法实现其攻击目标（否定收益），和提高其不确定性——或综合使用这几种方式来实现。太空领域的威慑战略面临着某些特殊的问题和阻碍，可概括为以下三类：
(1) 太空中的脆弱性差距；
(2) 卫星防御的难度；
(3) 空间态势感知/攻击归因的不足。

7.4　脆弱性差距

毫无疑问，太空中存在脆弱性差距。美国建立了严重依赖于卫星的军事体系，却未相应地提高这些卫星在敌对环境中的生存性，结果为不对称的先发制人的攻击提供了最佳机会。由于脆弱性差距，对手可能会假定，即使美国发现了太空中的攻击来源并通过摧毁(甚至程度更严重)敌方的太空资产进行报复,但对手自身仍可从这一互损中获益,原因在于美国更依赖于其卫星,其总体军事能力将会受到更严重的损害。

某些人认为,随着潜在对手的军事能力实现现代化并更加依赖于卫星,该差距将自行缩小。但是其他航天国家可能会注意到依赖与过分依赖太空的差别,并不再那么确定太空可为其可能需要参加的战争类型提供帮助。这些国家可能利用新兴技术,以内在防御性更强的方式部署太空资产,而非致力于大型、单点失效卫星。美国对太空的依赖部分源于其渴望实现全球性覆盖。至少就目前而言,类似竞争对手在地理覆盖上却不那么野心勃勃,尽管对于中国而言,这一情况正在发生改变。尽管其他潜在对手仿照美国的军事太空战略,但其对太空的依赖却不可能达到美国的程度,因此脆弱性差距也不可能大幅缩小。

但是脆弱性差距对战略稳定性和威慑的影响可能不会如本书预示的那么大。经典核威慑理论要求对有价值目标产生威胁。然而对卫星的依赖程度不如美国的国家可能会将卫星视为潜在经济增长的催化剂、国家进步的象征、政治控制的工具或将其作为地位象征授予军方以鼓励其军事服从。这种情况尤其适用于中国,但对于其他新兴航天国家,也不可低估其价值。总之,尽管美国在太空中的军事脆弱程度很高,但价值差距可能并不那么大。即使当美国处于不对称的脆弱状况时,报复威胁可能同样具有一定的威慑意义。

7.5　太空防御的难点

至少40年以前,人们便对卫星的直接攻击威胁分类有了清楚的认识。一般而言,这些威胁分为撞击(动能拦截)或近距离爆炸等物理威胁,以及 EMP、激光、高功率微波和中子束等电磁威胁。理论上,两类攻击均可通过陆基或天基武器进行。人们也了解了可采取的卫星防御措施,即加固、机动和各种防卫或自卫卫星方案。考虑到质量限制,卫星设计师需权衡卫星的能力、使用寿命和防御性。一般而言,设计师们选择使能力最大化。即使设定更敌对的环境,设计师们也不一定会从根本上改变能力和防御间的取舍。某些太空能力,尤其是侦察和通信能力,需要在固定轨道上设置大型结构体,这些结构体本质上而言更容易成为攻击目标,因此更难以进行防御。可对这些结构体进行加固以抵御 EMP 并配置装置以应对激光干扰,也可采取机动操作躲避攻击。但是这种加固无法抵御 KE 攻击,同时机动操作受限于机载燃料供应(轨道控制和避开太空碎片时的紧急机动操作也需要燃料)。最后,现实中针对无线电干扰和激光攻击进行防御可能需要暂时停止运行,这正是潜在对手需要的时机。

技术进步可能会提供一种固有防御性更强的太空武器装备部署方式。许多人认为使潜在对手难以拦截的小卫星是部署模式的未来方向。这种小卫星群星座可实现目前卫星星座的某些甚至大多数功能。这类小卫星可设计成渐进式降级模式,基本上可进行重新组合以弥补敌对行动对某些元件造成的损失。最后(同样在理论上而言),小卫星的研发费用比现有的大型多功能卫星要少,因此现有预算可能会有更多剩余。小卫星群星座的所有这些特征将会增强威慑效果。实际上,如果所有主要航天国家均采用这种技术,可能将在太空形成防御主导的氛围,这不仅有利于威慑效应,而且有利于建立稳定和可预测的太空环境。

但是人们也有理由持怀疑态度,尤其是迄今尚无成功部署和使用小卫星群星座的先例,而且如果最终部署成功,根据"智能卵石"ABM 概念模型,小卫星也可能被用作作战卫星。这一技术的优势在于攻击还是防御、在于作战还是威慑,仍有待观察。

7.6　攻　击　归　因

太空威慑理论的一个不变的议题便是在攻击归因,区别蓄意干扰与电磁活跃、物理条件恶劣的环境后果的不同,这具有一定困难。如果某一卫星停止运行,或无法有效运行,则这一情况会立即显现,但其原因可能无法得知。归因问题并非仅存在于太空领域,同样也存在于军事行动场景,尤其是反恐战争和网络战争。冷战时期的竞争对手通常使用替代者和"电子欺骗"的方式伪装常规攻击的真实来源。但是,太空归因提出了某些特定问题。

通常,运营商仅可根据攻击的影响来察觉太空攻击,而直升式 KE 武器却不符合这一规则,该类武器的攻击来源可被侦测到。但是由于各种来自天基拦截机的其他攻击,或更可能发生的地基激光干扰或无线电干扰,其来源可能很难确定,并且更难确定攻击者。例如,某敌对的行为体可能从第三方国家发动激光干扰或无线电干扰,如同 2003 年伊朗明显从古巴发动的攻击。上述例子中发动攻击的元凶虽然最终得以确定,但这花费了几个月时间。可想而知(尽管不大可能发生),类似的行动可能在政府未知晓的情况下从中立国或美国的盟国发起。我们也有可能将危机时刻出现的空间系统故障归因为对手的攻击行为,而实际上是由于太空环境的自然效应导致的,例如恶劣的太空天气。

关键卫星单纯的停止运行可能是最难判断的情境,这种情况下,我们可能并不了解或无法得知出现故障的原因。

然而这些困难可能言过其实。大气层内发生与战略或策略目的无关的任意攻击的可能性比较小。在大气层内威慑失败的情况下,地面战争或为其做准备而发动攻击的可能性更大。在具体情境中,对手将很难伪装攻击来源。此外,获得军事优势须协同攻击一系列卫星,因此对手几乎不可能指望被攻击方将这一攻击误认为其他原因,或将攻击来源长时间保密。既有动机又有能力发动这类攻击的国家很少,而且其数量在本研究发布的 20 年内不太可能大幅增加。冷战和反恐战争的经验表明,通常人们发现攻击来源的方式并不是通过当时发现攻击者,也不是通过攻击现场获得的直接证据,而是通过获得直接来自攻击国的信息或第三方(不仅来自电子情报,也来自间谍活动)的情报来源。这类侦察甚至可能在发生攻击事件前。

最后,从威慑理论的角度来看,存在以下问题:潜在对手会认为其攻击来源可被伪装吗? 会基于这一假设制定关键决策吗? 如果会,则威慑的效应被削弱了。但是,考虑到以上所列原因,一个谨慎的决策者将必须假设攻击来源无法被伪装,尤其如果该攻击行动与地面的敌对状态有关。决策者不仅需为初始攻击行动制定计划,还需为攻击来源暴露的情况制定策略。而且如果该计划不可靠,则威慑效应将得到强化。简而言之,该决策者须根据"攻击将会暴露"这一假设采取行动。总之,无法事先假设"攻击具有保密性"这一有利条件,威慑效应由此产生。

7.7　太空威慑的简史

对于太空战略利益的讨论经历了四个阶段,现在正进入第五个阶段(Moltz, 2001;Hays, 2002)。直到最后一个阶段,威慑才成为政策重点。

第一个阶段,两大超级大国争相确立各自在轨道上的地位。第二个阶段,各国开始出于军事和情报目的开发利用太空,并部署(接着又放弃)反卫星武器。第三个阶段,苏联解体,美国占据太空主导地位,并宣布太空控制、自由行动和拒绝进入的强硬政策(图 7.1)。

从第四个阶段至今,总体上太空环境比较良好,尽管人们构想、有时甚至研发轨道武器,但仍未进

图 7.1　从太空上看到的地球

行部署。并且，艾森豪威尔、约翰逊和肯尼迪政府均强调"非侵略性太空军事化"（Kalic，2012），且这些总统均强烈反对在轨道上放置武器。这一阶段以1967年的《外层空间条约》为代表，该条约禁止在轨道或重型载体上部署核（和其他大规模杀伤性）武器，并强制要求就任何可能干扰其他签署国卫星的太空活动发布通知。在此阶段，在苏联和美国短暂服役的传统ASAT系统被视为潜在战争的手段，而非威慑方式，并且未制定出更有效的可挑战核威慑的系统（如空间轨道核武器平台）。苏联进行了部分轨道轰炸系统（FOBS）试验，这一系统可使核武器弹头实现暂时绕轨运行，从南半球接近美国，以绕开美国在北方的军事防御。FOBS促使美国进行各种ASAT计划，但是这些计划均基于地面发射，而非天基发射，并在20世纪80年代逐渐停止。

总之，当时并没有需要被制止的来自太空的威胁，而且没有基于太空的方式以制止地面可能面临的现实挑战。当时有很多使用首字母缩写词的天基ASAT计划，例如SAINT、BAMBI和SPAD。但是由于技术阻碍、费用攀升和民间对在轨道放置武器影响的担忧，所有这些计划均未实施。尽管在冷战高峰期，实际上太空也是一个受保护的圣地，随着当时两大超级大国间关系的紧张情况而变化，其氛围从互相猜疑发展为勉强合作，最后到积极合作。从一开始美国尽量避免干涉苏联，并且苏联也报以同样的做法，这一做法后来编入核武器管制条约中，规定不干扰国家核查技术手段。根据克莱·莫尔茨（Clay Moltz）的贴切描述，各超级大国均决定将"稳定性置于优势之上"（Moltz，2011）。部分由于这种文化氛围，并且太空仍然属于超级大国之间总体军事平衡的外围，因此太空领域可作为尼克松总统对苏联缓和政策的起点。因为如果缓和政策失败了，对国家实力造成的损害也是有限的，因此这可作为两国关系缓和的标志。

1990年至2000年，美国在太空领域的支配地位无可匹敌，美国战略太空政策显示了其必胜信念。这一时期美国发布了太空控制、自由行动和拒绝对手访问的政策声明。讽刺的是，由于客观情况的变化使得其声明变得问题重重，这些声明也越发武断。美国军事能力对卫星服务的依赖性不断增加，以及对这些复杂的系统易受相对原始的攻击方式的损坏的认识，似乎为不对称（也许是先发制人）的攻击创造了绝佳机会。这使得整个威慑系统受到质疑。这一情况与冷战时期类似，当时弹头精确度的提升使得极其强大的地基核武器投射系统具有潜在脆弱性，导致了利用"先发制人"的核攻击解除武装、破坏核平衡和削弱威慑效应的后果（至少是决策者认识到的结果）。同样，如果对手决定以武力破坏整体现状，那么其最有可能攻击至关重要且脆弱的目标。随着美国在20世纪90年代对卫星的利用和依赖增加，其脆弱性同样增加了。

这些变化的政策影响可从2001年拉姆斯菲尔德委员会的报告及其提出的

潜在"太空珍珠港"(对卫星实施先发制人的打击,从而解除其武装的方式摧毁美国依赖卫星的军事力量)警告中看出(Andrews 等,2001)。新崛起的行为体开始挑战美国在太空的主导地位,尤其是中国和复兴的俄罗斯。人们也开始意识到美国的战略卫星星座群(为美国陆、海、空军确立了关键优势)依赖于少数大型"单点失效"卫星,这些卫星很难防御那些技术实力雄厚的对手的攻击。

值得一提的是,该报告中的两个方面对未来太空威慑的发展具有一定影响。一个方面是由来已久的还原论者的"战争不可避免"理论。正如该报告所述,"根据历史经验可知,天空、陆地和海洋等各个媒介中均有冲突。事实表明太空也不例外。考虑到这一事实必然结果,美国必须制定方法防止和防御在太空和从太空发起的敌对行动。"从"事实必然结果"和"事实表明"等措辞可看出,报告起草人极力通过措辞,以实现两党委员会内的少数主和派与多数主战派的和解。

另一个类似主题是强调我们对太空威胁和因此可能发生在轨道上的不利"奇袭"认识不足。仅由于实施的武器限于想象而非实际存在,一直以来太空领域均免于成为这类战略计划的目标。但是,正如该报告指出的那样,美国对太空的依赖性不断增加,而在敌对环境中的卫星防御能力并未相应的增强。该报告无疑夸大了当时存在的威胁程度,但由于作为行动号召,并且太空计划的酝酿期已持续数十年,这种夸张也许是可解释的。无论如何,这一趋势已足够明显。

该委员会的结论是提倡在所有太空活动中保持领先地位,这可使美国"通过太空和从太空中部署军事力量以应对世界任何位置发生的事件"并为美国提供"更强大的威慑效应和应对冲突的卓越的军事优势"。但是因其两党制特征,该委员会也强调了与盟国建立联盟和建立国际认可的"交通规则"的需要,以制定和平的行为规范,并给可能的外围国家施加政治压力。但问题还是存在:如何以最有效的方式应对呢?

拉姆斯菲尔德报告的大多数内容最终被纳入美国国家政策中,但这一过程因政治争论而拖延不定,直到 2006 年布什发布太空政策时方才确定。实际上,2006 年布什太空政策仅与由拉姆斯菲尔德报告提出的太空控制和拒绝进入争论存在细微差别,是其世纪末版。由于过于被动,作为避免冲突的战略威慑不再受欢迎。拉姆斯菲尔德委员会既支持与盟国合作,也支持建立太空活动的规范,而布什太空政策否定了任何限制美国在太空行动自由的国际条约,包括美国已加入的《外层空间条约》。某些武器计划表明了政策的新方向,尽管硬件计划的失败并未在政策声明中立即反映出来,而事实证明这些计划很大程度上过于野心勃勃或费用异常高或两者皆有。

这将我们带入了战略太空历史的第五个阶段,这一阶段已发展了近十年。

这一时代美国太空司令部将太空形容为拥挤、充满竞争和对抗的。可能还需在这三个词后加上第四个词:预算限制。

2010年奥巴马太空政策反映了客观环境的变化,与四年前发布的布什太空政策相比有明显不同。其愿景从对太空的霸权控制突然转变为合作(该词仅引言中便出现了13次)。原政策中威慑的作用为支配与积极的权利主张,而在新政策中则被描述更具传统意义的"一系列措施"之一,以帮助确保"各责任方"对太空的使用并发挥固有的自卫权作用。拒绝对手进入的权利主张已被摈弃,同样不顾国际条约的自由行动主张也已成为过去。太空控制被归为国防部部长职责的一部分。其中某些变化无疑得益于新保守派的衰落,然而很多评论员注意到随着布什进入第二个任期,布什太空政策其实早已发生改变,即使措辞表达上未体现出来,实际上却已发生了变化。更准确地说,2006年布什政策是使美国成为威严仁慈的太空霸主国家这一愿景的最后一呼,而后来这一愿景却已变得不现实。

这一期间,美国越是宣称其太空霸权,其欧洲盟国越是脱离于美国的领导,并提出对太空冲突问题的解决方案。欧盟推行(受到美国强烈的反对)独立的GPS星座(伽利略)以及采用《欧盟外层空间活动行为准则》等行为表明了这一趋势。《欧盟外层空间活动行为准则》为针对太空运营商的自愿性条约,内容充满了沉闷的告诫性陈词滥调,受到了无视或强烈反对。仅当主要行为体基本认同已达到平衡点,即实现可接受的权利平衡时,行为准则和/或国际条约才有可能实行(图7.2)。

这在太空领域并不成立,部分原因在于太空领域受大气层内不断变化的权力平衡的影响,另一部分原因在于对获取武器系统突破这一幻想的坚持,如轨道武器平台、更强大的新型地基激光器,或自动作战卫星云图,通过这些系统可获得长期的优势。历史表明,通过技术突破获得的优势并不能保持长久,而且形成的平

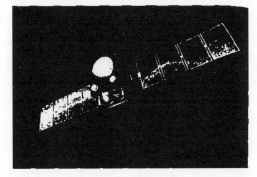

图 7.2　典型卫星

衡状态与之前的状态相比更不稳定。对于 SLBM 核武器与热核武器、终端导航、MIRV 弹头、卫星监视和近期的网络情况而言,事实确实如此。如果国家领导人鲁莽、目光短浅到在太空试验这一想法,也将获得相同的答案。

未来无论将出现何种形式的威慑和核查手段应对对抗、拥挤和充满竞争的

太空,在此也应提及这一新时代的另一方面均将在其中发挥关键作用。我这里所指的是本质上不属于任何国家的商业卫星公司成为民用以及战略太空领域的重要力量。例如总部均在卢森堡的国际通信卫星和 SES 等公司运营着对美国军事能力有关键作用同时对其他国家也很重要的卫星。基本上美国遥控飞行器的所有活动均依赖于商业卫星,而且这种依赖程度还将增强。此外,在全球化的今天,太空技术从政府部门普及至私营部门意味着现在地理测量公司可使用不逊于国家安全网络的分辨率扫描地球。由于这一做法费用更低,因此可能更为常用。在短期内,对技术转让的管制会延缓美国潜在对手对这些技术的研发,但是在中期内,很可能实现轨道使用的民主化发展,本质上而言,将由出价最高者获得使用权。

目前威慑的问题,尤其对于延伸威慑,在于其双重性:一方面,商业卫星对国家安全越发重要,但未如国家安全卫星一样针对攻击进行加固;另一方面,随着轨道越来越拥挤以及对频谱的争夺加剧,国家可能作为观察者旁观轨道上的商业敌对行动,并承担由此带来的国家安全后果(由于商业卫星在军事上的应用不断增加)。

7.8　近期文献概览

太空威慑是威慑这一主题下相对新的分支,而且美国和中国几乎占据着这一领域。对这一主题进行广泛研究的有哈里森、杰克逊和沙克尔福德所著《太空威慑》(Harrison 等,2009),其中提出了"多层威慑"系统,包括国际规范、增加透明度、报复威胁和否定收益等威慑。本书其他作者和本人一致认为,其中最有效的威慑方式是否定收益,即通过确保美国军力训练有素、装置齐全且准备好在不依赖太空的情况下作战以降低美国的脆弱程度。

鉴于美中开展战略合作背景下的整体威慑问题,龚培德和桑德斯认为可能需要"严厉报复"以削弱中国的经济和网络实力,才可制止中国的网络或太空攻击,但是中国可能也具有类似能力致使美国与中国周边的盟国"分离"(Gompert 和 Saunders,2011)。两人指出,美国具有的优势更大,原因在于美国可通过攻击中国大陆以应对中国的网络或太空攻击,即对中国发射器发射的直升式动能 ASAT 攻击进行报复。其认为,如果中国变得越来越依赖太空和网络,美国在网络和 ASAT 方面的决定性优势可能创造一种"互相制约"的氛围,这种氛围(考虑到美国的依赖性和脆弱性更大)将会是"美国的巨大成功"(Gompert 和 Saunders,2011)。该方法的问题是地理上的:一方面如果中美之间发生任何冲突,中国可能在更靠近其本土的位置采取行动,而这正好处于 ISR 和指挥、控制等传统手段的范围内;另一方面,美国将严重依赖于基于卫星方式的投射能力。即使中国变得更依赖于卫星,也很难调整依赖性/脆弱性之间的深层不平衡。龚培德和桑德斯认为,美国可能会联合太空和网络力量,威胁通过跨域网络攻击以摧毁中国的经济,从而形成一种互相制约的总体氛围。但是跨域威慑的威胁取决于在实施报复的领域是否具有明显优势。美国在网络领域总体上可能领先,但这也无法确定。美国的硬件和软件可能更先进,但仍有可能因信赖的特工利用拇指驱动器而挫败(如沙蒙病毒所演示的那样)。而且相较于中国而言,美国可能更易在网络和太空领域遭受破坏,使得实现太空跨域威胁的网络系统不那么令人信服。

兰德公司的研究报告《太空威慑和先发制人稳定性》论证了太空威慑失效的不同临界点。根据这一报告,对 ISR 卫星发动影响可逆的攻击的阈值相当低,尤其是对于海洋监视侦察用卫星的攻击;但是对于搭载军事通信的商业卫星而言,阈值则高出很多,且对于 GPS 和预警卫星而言,该阈值更高。该报告描述了美国安全星座是强大的,并鼓励发布政策并推动规范太空中的攻击性行为(Morgan,2010)。这与早期的一份兰德报告一致,该报告提出美国国防部的声明可能"不经意中造成了一种安全困境,即美国保护其系统所做的努力可能驱使其他国家研发相关系统以抵抗美国的努力"(Gompert 和 Saunders,2011)。

中国在太空威慑方面的文献涌现了各种观点。某些观点回应了美国在某些问题上的军事思想,例如"太空控制"(Mulvenon 和 Finkelsteia,2005)、拉姆斯菲尔德委员会关于网络攻击作为卫星失效方式的报告,以及美国空军认为太空控制是取得天空、海洋和电磁领域主导权的关键,从而也是战争获胜的关键(Mulvenon 和 Finkelsteia,2005)。尽管中国的军事著作很多提到了在太空建设攻击以及防守装备是明智的,但其也认识到这类系统的技术难度和巨额费用。另外,还应假设中国、美国以及可能还有其他国家正投入大量资源研发地基 EW ASAT 能力以及利用网络方式摧毁卫星指挥和控制。Gompert 和 Saunders 认为,由于商业卫星是民用经济以及军事力量不可或缺的一部分,因此军事和民用攻击间无便捷的"防火线"。其意思似乎是指缺乏清楚的临界点或触发点以确定恰当报复下的安全军事攻击。商业卫星公司与政府的关系模糊不清,一方面,由于公司希望继续经营,很多公司已移至国外,以避开政府的管制并弱化其与可能的太空对手间的联系;另一方面,这些公司的业务依赖于主要的国家太空运营商,并依赖于美国获得关键定位和避免卫星交会信息。Gompert 和 Saunders 推断,想要打破太空现状的国家可能会通过干扰商业卫星从而利用这一模糊的关系。但是另一相反的观点也可能是正确的,即商业公司的地位越来越重要,以致其对各个可能的太空对手的政策产生了影响,使其更加重视稳定性。毫无疑问,商业公司一直在推动更规范、透明的太空环境的发展,包括美国在内的各国政府发现这符合其利益并相互合作。随着秩序的逐渐建立,扰乱秩序的代价增加,威慑效应也相应地增强。

但是除此之外,太空中还存在自进入太空时代以来公认的另一至关重要的"防火线"。肖恩·N·卡里克提供了与杜鲁门、艾森豪威尔、肯尼迪和约翰逊政府时期美国太空军事化,以及为美国太空政策奠定了基础的各种目标、政治斗争和冷战的紧张局势相关的有价值的历史记录(Kalic 2012)。其主题围绕贯穿这三届政府的基于"非侵略性太空军事应用"的太空政策展开,这一政策有效地抑制了轨道武器的使用。当然军事和科学领域有很多人对太空武器化持不同观点。早在 1948 年,"土星"号火箭未来之父沃纳·冯·布劳恩便表示支持空间轨道核武器平台,以确保"主导世界",后来又根据其朋友的建议得出结论,相较于他及其团队于 1945 年服务的雇主而言,这一计划也许更适合其上任雇主。因而他明智地转向月球领域,但从那以后,太空政策一直在利他与利己的两个方面间游移不定。卡里克确信,早些年间投入大量资源致力于和平发展太空而非发展太空武器化(发展"阿波罗"号宇宙飞船而非部分轨道轰炸飞行器)得益于其所述三届政府的决策,得益于其深谋远虑、渴望获得世界赞赏的愿望,以及战胜一切的科学求知欲。

7.9 充满竞争、拥挤和对抗的太空时代的威慑

既然谈到威慑,当然应假定潜在对手具备某些攻击性能力。对于太空领域而言,这是一个可靠的假设。举例来说,中国毫不掩饰其防止周围发生与卫星相关的军事行动的决心及维持太空"均衡"的目标(可能包括军事均衡)。冷战时期超级大国间的威慑效应基于大致均衡的实力和风险,这一形势显示出稳定作用并提供了军备控制的可能性。然而太空领域并不存在这一形势。美国的太空能力独一无二,但在太空中也特别易受攻击,假定其他国家不会寻求利用这一脆弱性是不严谨的。相关手段也在不断增加,包括费用相对较少的小卫星和网络攻击。简而言之,由于目前太空环境具有内在不稳定性,使得防止战争这一任务更加艰巨。问题在于可采取何种措施以减轻威胁。

令人欣慰的是,如同以往,目前太空中并不存在需制止的威胁,且无攻击轨道上其他物体的手段。对于任何威慑体系而言,维持这一底线是首要且必要的步骤。即使考虑到"战争不可避免"这一预言,这也并不如过去一般无法实现。无须进入太空即可摧毁卫星的手段不断涌现,相较于轨道作战卫星云图而言,这些手段费用更低且更有效。这些手段同样也提供了通过操控对手所见数据

实现电子欺骗的可能性。简而言之,相较于硬件而言,软件费用更低且渗透性更强。对于那些希望太空成为永恒圣地的人们而言,这可能是无用的安慰,但是一方面这可能无法避免,另一方面对于轨道武器化而言,这可能是一个更可靠的替代选择。

7.10 威慑的透明度和管制作用

其中一个步骤为提高透明度。秩序和可预测性的自发趋势与寻求军事优势的利己驱动力之间的关系越来越剑拔弩张,这是我们未来将面临的局势。期望建立负责任的行为体支持并强制外围国家遵循相关规定的霸权统治已显得不现实。在这种情况下,"威慑"将依赖决策者的自我约束和良好判断。

秩序方面出现了具有广泛国际共识的全面的太空管制网。确实除了国际舆论和现实中有效并安全的太空活动需求的支持外,负责分配轨道位置和通信频谱的 ITU、制定通信标准和为运营商设定其他纯技术要求的 ISO 和美国支持的碎片减缓指南均未得到有效执行权的支持,但是上述因素本身并非最重要的原因。目前还有一项所有主要太空行为体均已加入的国际条约,即 1967 年《外层空间条约》,该条约禁止在轨道放置核武器,并要求对可能干扰其他运营商的卫星运作的活动提前发布通知。这些管制行动已实施了几十年。另一个新的管制机制是空间数据协会,这是一个主要商业卫星运营商间的契约性机制,有助于公司间交换态势感知数据,并包括可开具高达 2000 万美元罚款的执行机制。这一机制使过去十年间"威慑"效应增强趋势的第三次发展速度加快,而该阶段太空环境的透明度获得了极大提高。透明度的另一关键因素为因特网。因特网使得更小型的太空观察望远镜实现网络化,从而可观测到近地轨道上不大于 10cm 的物体。这也极大地提高了私人观察者的潜能,这些专家利用秒表和双筒望远镜在夜晚观察天空,并且目前可将发现的物体即刻上传至国际网站,其他观察者可对其中某些进行确认。这一过程曾是成功的,显著例子如中国 2011 年观察近距离卫星机动。最后,信息共享增加,尤其是美国,其收集轨道态势信息的能力是目前为止最强的,并且与其他太空运营商共享信息的意愿不断增强。实际上,问题不在于这类信息是否应共享,而在于信息共享与其他安全考虑的符合性程度。但是,发展趋势为更多信息实现共享,而非更少。

当然,透明度并不会直接对太空中的任何事物产生威慑作用,这同样适用于无执行权支持的规程。但我们看到的是太空环境独自趋向更规范和透明,以致暗中活动越来越难以隐藏,且潜在的政治代价更大。随着进入太空的方式更容易且费用更低,导致争夺轨道空间和频谱、"非法"运营商和太空碎片等问题愈演愈烈,这一由私营部门引导的趋势来得正是时候。但是上述事件趋向于更有秩序和更透明的太空,从而趋向我们广义上使用的"威慑"一词。考虑到太空体系的长时间发展,透明度可增加预警时间,并减少"突如其来"的先发制人解除武装的攻击发生的可能性。这类似于拉姆斯菲尔德委员会多次使用的"太空珍珠港"事件的有效避免。

7.11 结 论

太空的未来确实是一个有待探索的领域,但是在数以千计的关于太空未来的预想中,有两种方案引人注目。一种方案是基于太空过去50年历史的粗略外推法。这意味着加强对轨道进行通信、军事情报、地理测量以及可能的人类旅游方面的商业开发。尽管太空将持续用于 ISR 和指挥和控制等军事用途,但重点将在稳定性和可预测性上。目前费用较低的发射似乎已成为现实,这意味着"黄金"轨道和通信频谱出现过度拥挤的可能性更大,这可能会成为冲突增加的源头。然而很难预测这些冲突将如何由不可抗力解决,并且由于困难将主要在于商业公司之间,而非政府间,民族主义的利己驱动力可能会产生利益动机,从而推动行为体寻求某些分配体系,这些体系也许由 ITU 或 ITU 联合某些涵盖广的商业组织根据空间数据协会的规定执行。旅游和科学研究也有可能使人类持续留在太空中,也许如同本杰罗宇航公司预想的那样,通过一系列充气式栖息地的方式。人类在太空中持续停留也将进一步推动碎片减缓等管制措施的发展。

另一方案的情境态势更严重。无论太空中是否部署了武器,卫星可在无任何潜在威胁的情况下运行的时代一去不复返了。除了其他方面以外,只要卫星对 ISR 和目标锁定具有关键作用,军事指挥官将坚持寻求某些方法干扰卫星(尽管只是暂时的)。关于通过直接动能攻击、地基 EW 攻击或对对手的指挥和控制进行网络渗透的方式,暂时(可逆影响)或永久使卫星失效的方法的研究将继续。也许这类武器早已存在。美国国家安全星座的建设已考虑到 EW 并针对其采取了加固措施。防御或"伪装"的有效性无法在系统外进行评估,但国家安全星座的关键组件不久前已更新,因此根据兰德研究宣称的那样,其防御也更加"坚强有力"。网络攻击是另一个问题。可以肯定地假设战略卫星指挥和控制是通过"闭合回路"进行的,即未连接至因特网。但这并不适用于很多商业运营商。实际上,政府和商业运营商间进一步信息共享导致的问题之一,是相对更开放的商业系统将被利用,作为对政府卫星控制网络进行网络攻击的媒介。尽管这一问题可解决,最近伊朗对沙特阿美石油公司发起的沙蒙攻击揭示了另一脆弱点。据说沙蒙漏洞是被一个"单独作案人"(一个可访问阿美公司系统的内部人士)引入阿美公司系统的。这种特工在美国国家安全系统最敏感的领域很难不被察觉。毋庸赘言,承担着大量军事通信任务的商业卫星易受内外攻击的损坏,因此在危机中可能被禁用或被挟持。考虑到"关联性"这一事实,即世界主要经济体相互依赖于正常良好的卫星群星座,这一威胁得到了一定程度的缓解。当然如果发生全面战争,这不会起到决定性的抑制作用,但是在很可能发生的小冲突、小规模军事作战或代理战争中,这将具有重大的威慑效应。

很明显可能需要做出一些努力,但这取决于主导行为体的自我约束程度。最重要的步骤是在互惠的基础上抑制部署在轨武器。通常,这些武器具有体积庞大、寿命较短、费用极高、运行时无法预测以及破坏战略稳定且无法防御的特点(尤其是天基对地武器)。目前关于武器的构成存在着无法避免且冗长的争论,但在旁观者看来,这种争论必将一如既往地持续。就威慑理论而言,被视为威胁且引发效仿和/或对抗部署行为的装置为"武器"。该武器不会终止关于以地基方式干扰卫星的研发和部署,尽管可能观测到对这类装置进行的试验,但这一过程绝不会透明。第二点是抑制通过物理或电子方式干扰其他国家或商业运营商的卫星,即传播并推广"不干扰国家核查技术手段"这一对避免冷战时期太空武器化起到关键作用的原理。当中国同意与美国共同致力于解决太空安全的实际问题时,不干涉应作为讨论的首要主题。

只要事实上未部署太空对抗武器,太空的进一步军事开发就不一定会与宇宙的经济开发相冲突。如果发生上述情况,将出现参战国利用其攻击性系统单独开发易获取的收益的趋势,因此也许出现涉及作战卫星(以"智能卵石"的模式)、共轨太空地雷,或根据 X37B 原型研发的可发射进入轨道充当武器平台并返回大气层的航天飞机等方面的太空攻击性军备竞赛。也可能存在轨道 EW平台。其潜在优势是无需摧毁卫星而使在轨卫星失效,从而控制对攻击者以及被攻击者均有危害影响的碎片。但是这种轨道武器在费用、复杂性、机载能源供应限制以及防御更原始,但也可能更有效的 KE 拦截机(因其尺寸)方面存在内在的不利条件。在这一情况下,(如同冷战期间)预算限制或单纯的疲惫造成的一种事实现状前,威慑将始终无法实现。同样,在这一情况下,不考虑碎片问题而使用低费用、直接碰撞的动能拦截器的竞争者将具备攻击性优势。

最后,也是最大胆的推测,随着现代战争中太空的相对重要性逐渐降低,预防太空战争的总体目标可能因此受益。这一态势可能正在发展中。太空变得越来越透明,很多过去仅可由国家安全专用卫星提供的 ISR 功能如今可通过大量信息源实现,这些信息源不仅来自各种吸气式高空长航时的轻型飞行器,而且来自于远程遥控小型爬行器。商业运营的卫星可提供分辨率达 1/3m 的照相侦察等服务。目前谷歌街景可为地球上的任何人提供世界上大量事物的图像，其图像的详尽程度比一个世纪前权力最大的领导人所获得的更高。几乎每个拥有手机的人均成为情报源。如今欲在战场上干扰美国军队的对手必须利用各种系统进行评估，例如与海军 MQ-4C 无人机等效的"全球鹰"RPA 操作的广域海洋监视(BAMS)传感器，或陆军的长航时多用途情报飞行器(LEMV)以及波音"鬼眼"无人机等高空长航时飞行器。上述系统比卫星更灵活、造价更低，且可适应不断变化的技术，从而快速地变得更便宜、更小以及更有效。鉴于上述优点，以及卫星费用不断增加，早期卫星具备的比较优势可能会逐渐消失，从而降低对卫星的依赖并致使逐渐放弃考虑太空攻击。

同样，在未来，问题不在于从更多卫星获取更多信息，而在于处理从几乎无限的信息源获得的信息。军队将必须呈现出透明性，唯一可靠的防御方式将为机动或伪装方式，而且各国可能再次认识到(如同冷战时期各参战国那样)，维持一定程度的太空秩序比维持宇宙中的任何军事优势都更重要。如果真是那样，只有威慑从此刻起真正发挥其作用，才有可能遏制未来的太空战争。

参考文献

Andrews DP, Davis RY, Estes HM, Fogleman RR, Garner JM, Graham WR, Homer CA, Jeremiah DE, Moorman TS, Necessary DH, Otis GK, Rumsfeld DH, Wallop M(2001) Commission to assess United States National Security Space Management and Organization. Commission report, US Congress, http://www. dod. mil/pubs/space20010111. pdf. Accessed 12 Dec 2012

Gompert DC, Saunders PC(2011) The paradox of power Sino-American strategic restraint in the age of vulnerability. National Defense University, Washington, DC, pp 155-351

Harrison RG, Shackelford CG, Jackson DR (2009) Space deterrence: the delicate balance of risk. Sch J US-AFA. Eisenhower Center for Space and Defense Studies. http://www. usafa. edu/df/dfe/dfer/centers/ecsds/docs/Space_and_Defense_3_l. pdf. Accessed 12 Dec 2012

Hays PL(2002) United States Military Space: into the twenty-first century. INSS Occasional Paper 42, USAF Institute for National Security Studies. http://www. dtic. mil/cgi-bin/GetTRDoc? AD=ADA435077. Accessed 12 Dec 2012

Kalic SN(2012) US presidents and the militarization of space, 1946-1967. Texas A&M University, College Station

Moltz J(2011) The politics of space security. Stanford University Press, Stanford

Morgan FE (2010) Deterrence and first-strike stability in space. Rand Corp study, Rand Corporation. http://www. rand. org/content/dam/rand/pubs/monographs/2010/RAND_MG916. pdf. Accessed 12 Dec 2012

Mulvenon J, Finkelstein DM(eds)(2005) China's revolution in doctrinal affairs: emerging trends in the operational art of the Chinese People's Liberation Army. Resource Document, Center for Naval Analysis, pp 334-338. http://www. defensegroupinc. com/cira/pdf/doctrinebook. pdf. Accessed 12 Dec 2012

第8章 太空快速响应

妮娜-路易莎·瑞摩斯

德国航空航天中心,德国柏林

欧洲太空政策目前多出于民事考虑,然而,随着欧洲安保与安全任务的相关安全需求的日益增长,多个欧盟智库项目对太空资产如何支持内外安保任务进行了考察。对现有武器装备的分析表明,我们需要更灵活经济的太空应用以支持参与各项欧洲安保与安全任务的装备。"太空快速响应"(RS)这一概念是基于时间和成本考虑而提出的。美国国防部对此方面的探索最为著名,而加拿大等国家也已开始RS的开发。基于以上情况,本章将探讨欧洲对RS的探索。

8.1 引言:欧洲太空快速响应探索背景

欧洲已达成共识,认为安全概念包含内部安全威胁(如恐怖主义与有组织犯罪)、环境威胁(如森林砍伐与气候变化)、自然灾害(如山体滑坡、地震与海啸)及外部安全威胁(如来自近邻国家的军事威胁)。欧洲的安全对策主要包含两个方面:一是2003年欧洲安全战略(ESS),以2008年欧盟理事会提出的实施报告为补充;二是2010年欧洲内部安全战略。2003年欧盟理事会提出的ESS中指出:恐怖主义、大规模杀伤性武器扩散、地区冲突、国家失灵以及有组织犯罪是欧洲面临的主要威胁。而欧洲内部安全战略将网络犯罪、跨境犯罪、暴力、自然灾害以及人为灾害加入了威胁名单中(2010年欧盟理事会,第5~6页)。考虑到面临的潜在威胁范围广大,欧洲须满足用户对威胁防范及应对的各种需求。为此,欧洲需要可操作、响应迅速且应用灵活的手段来满足需求。

多个欧盟研究项目已对如何利用太空作为支持内外安全政策及任务的手段进行了探究,这些项目包括欧盟研究与技术开发框架计划(FP)、安全专家小组(SPASEC)及后续SPASEC报告、安全研究专家小组(GoP)、欧洲安全研究顾问委员会(ESRAB)以及欧洲安全与研究创新论坛(ESRIF)。这些项目对现有武器装备进行了分析,并指出了需改进之处。此外,数家智库也探究了欧洲的安全对策。这些智库包括提出了 21 世纪欧洲安全概念的比利时皇家国际关系研究所(参见 2004 年比利时皇家国际关系研究所)以及提出 2020 年欧洲防务展望建议的欧盟安全研究所(EUISS)(de Vasconcelos,2009)。这些研究并未直接涉及太空在确保安全中的应用,而是旨在回答关于太空快速响应涉及的问题,比如欧盟与北大西洋公约组织的关系以及议会对欧盟共同安全与防务政策监管不当的问题。此外,欧洲太空政策研究所(ESPI)已研究了太空在应对内部安全威胁中的应用(Remuss,2009)以及太空应用在打击海盗方面的作用(Remuss,2010b)。

在此背景下,欧洲航天局(ESA)探讨了太空与安全领域的潜在新概念,这些新概念与欧洲公约、欧洲太空政策(ESP)及欧洲太空委员会与部长级 ESA 委员会通过的最新决议相一致。其中一个概念名为太空创新利用安全的全球综合体系架构(GIANUS),此概念旨在满足用户需求,重点关注欧盟对太空资产日益增长的依赖性、对战场工具的需求,以及 FP 7 项目带来的更多机会。GIANUS 设计包含快速响应元素,被设想为一种统一的、整体性的综合方法。此概念自 2011 年 3 月以来已被一种分片处理方法所取代。原因在于:作为一个技术开发机构,ESA 直属于欧盟成员国,而成员国不支持 GIANUS 概念。由于未获得成员国的一致同意,ESA 目前未授权开发或实施安全相关技术。

本章共有三个目标:第一,定义太空快速响应的概念,从而明确此概念的动机与目标;第二,意图说明欧洲发展太空快速响应应用的原因;第三,介绍主要航天大国对于太空快速响应的方法以及参与程度,从而明确这些国家参与太空快速响应的动机、目标及它们对太空快速响应的定义。最后,本章进行总结,提出欧洲太空快速响应路线图的几个元素。

8.2 欧洲太空快速响应

分析目前在欧洲太空政策背景下所讨论的议题,如研讨会和会议议题以及研究、论文以及陈述需求,可以发现经常提及以下议题:

(1)新兴技术要求。

(2)对作战武器装备的需求,即如何实现从演习到作战的转变。

(3)协同军事与民事应用的需求。

(4)使用户参与研发过程的需求。

(5)与数据政策相关的议题:

① 标准化及规范,即通过使数据标准化增加数据共享来消解欧盟数据岛;

② 保护敏感数据,同时不妨碍诸如紧急响应下的跨境与用户社区的数据

共享。

（6）对更综合方法的需求,综合以下因素：

① 欧洲与国家资产、武器装备及公共设施；

② 卫星通信(SatCom)、卫星导航(SatNav)与地球观测(EO)；

③ 太空应用与其他陆地应用。

太空快速响应概念可全面解决所有这些问题(图8.1)。其主要目标是及时向用户提供更灵活经济的太空应用。RS可纳入FP项目中制定并验证能否满足用户的需求,并将其投入实践中。以此实现从演习到作战的转变,并提高用户在研发过程中的参与度。考虑到用户需求各异,RS利用综合方法并结合卫星通信、卫星导航及对地观测资产与应用,同时将太空应用并入地面应用的综合概念中。由于RS依赖所有现有资产,故还需制定数据政策,从而解决数据标准化与敏感数据保护的问题,同时改进数据共享及避免增设贸易壁垒。

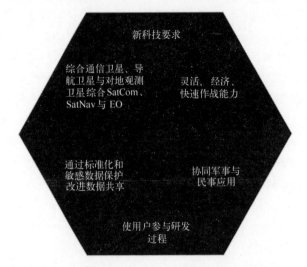

图8.1　太空快速响应——解决当前紧要问题的整体性方法

8.3　概念探讨:定义"响应能力"

太空快速响应既非简单的军备手段,也非未来主义的技术驱动模型。应从恰当的政策角度对此概念进行更多详细研究。其对欧洲公民及安全相关问题领域的利益是巨大的,应进行详细、全面的研究。

以往的太空应用主要基于又大又贵的卫星,这些卫星往往使用寿命长且可靠性高,但无法在解体后快速重组(Dal Bello,2006)。注重使用寿命及可靠性的部分原因是太空发射成本高且可用性有限（Brown，2004）。由于军事及民用应用对太空资产的依赖性日益增加，太空应用也逐渐被视为关键的基础设施。不同的威胁情境要求我们仔细考虑快速更换的可能性，要求提供满足需求的武器装备及快速发射器。

由于其复杂的专业设计以及生产工艺，当前的太空系统尚需数年发展（Brown，2004）。此外，太空系统并未很好适应变化（Doggrell，2006）。

客户需求是动态变化的，因为需求"应时产生且由于不断展现的环境（政治、经济或技术）不确定性及网络外部性的推动而随机变化"（Saleh 与 Dubos，2009），由此造成了"用户需求产生和变化时间与产业交付需求解决方案的响应时间"（Saleh 与 Dubos，2009）之间的差异，这加剧了人们对太空资产过于僵化而无法实现现代化的批判。对于不同的军事或商业用户，这些需求可由全新武器装备组成，但也可诠释为对现有在轨资产的改装或重置。一般而言，从确认需求到资产的作战利用之间往往需要数年。这些时间延误带来的劣势体现在商业竞争（错失机遇或者失去先动优势）、军事（失去生命或拯救生命失败）等各方面。就客户需求的变化速率与产业及时交付解决方案的能力之间的差异而言，其他产业分支也遇到了类似问题。这些问题称为"适时"概念。太空产业的"响应能力"可类比其他产业的"适时"概念（Saleh 与 Dubos，2009，第 377 页）。

除了交付时间问题，当前的太空任务规划也耗费巨大。因此，利用耗资较少的运载火箭发送小型航天器、降低各任务成本或使用其他更经济的替代方案日益受到关注。在寻求太空任务耗资巨大的解决方案的过程中存在一个负效应，即对之前缺少足够资金的机构和国家的太空进入能力造成冲击（Rao 等，2006）。

尽管对太空响应能力的需求已然明确，但太空响应能力仍缺乏明确统一的定义。近年来，"响应能力"一词越来越受到关注。2003 年，美国组织了年度太空快速响应会议，旨在联合各利益相关方解决太空产业响应能力缺乏问题。三年后，会议主席 James Wertz 却仍不得不承认"响应能力的定义似乎比与会者人数还多"（Saleh 与 Dubos，2009，第 377 页）。类似地，该词往往被描述成"语义模糊的"，在不同商业人群（如系统开发商、运营商或客户）眼中具有不同的涵义。

"响应能力"可理解为"产业以符合成本效益的方式及时解决不断变化的客户需求的能力"（Saleh 与 Dubos，2009，第 376 页）。反之，如果一个系统能"对刺激和外源输入或事件做出快速响应"（Saleh 与 Dubos，2009，第 178 页），或者说如果一个系统"确实能有效应对其环境中的变化和不确定性"（Saleh 与 Dubos，2009），则该系统一般称为"响应快速的"。基于以上分析，可将及时开发、灵活性（现代化的能力）、低成本、快速发射以及快速轨道部署确认为当前"响应能力"概念的几大要素。

"时间"是"响应能力"的要素之一。系统响应时间可定义为"从开始输入或模拟到系统响应'接近稳态'所经过的时间"(Saleh 与 Dubos,2009,第 377 页)。应用到太空领域,这意味着当确定并正式发布一个新在轨武器装备需求时(当发布需求建议书(REP)时),时间维度便开始了。为了响应需求,产业在开发太空资产及做好解决新确认需求的准备之前,将开展一系列活动和设计行动及审查(Saleh 与 Dubos,2009)。时间要素也指要素被开发(发射与部署)后的时间。

因此,为了提高新太空资产开发或在轨武器装备改装的响应能力,需了解太空产业内的各种活动(如设计、生产、审查、整合及测试)以及各活动耗时占总时间的比例。然而,这需要全面了解各活动的耗时明细,包括并行任务的时间重叠。应认识到,这些活动不仅是技术层面的,同时也是法律、组织或程序上的活动,称为太空项目的"时间进度结构"。只有了解此时间进度结构,才能确认瓶颈及低效的症结所在(Saleh 与 Dubos,2009)。

考虑到并非所有与时间进度结构相关的活动在本质上都是技术性的,有必要确认响应能力的法律、组织与管理方面及其相关障碍。这种考虑表明卫星制造商并非是影响时间进度结构的唯一因素。政府机构(军事及民事机构)、卫星运营商、终端用户、银行、投资商、保险公司以及监管机构均在某种程度上促进和影响响应能力(Saleh 与 Dubos,2009,第 381 页)。

通过对上述考虑事项进行总结得出,在确定太空快速响应方法之前,务必识别和理解几点,如表 8.1 所列。对于不同的卫星应用(如地球观测、卫星通信及卫星导航),问题的答案可能不同。对于新在轨武器装备与现有在轨武器装备改装而言,答案也不同。

表 8.1　时间相关考虑事项:出发点汇总

序号	时间相关考虑事项:出发点汇总
1	活动都有哪些(在发布新在轨武器装备或现有在轨武器装备改装 REP 后的技术、法律、组织或者管理活动)
2	各活动占总时间的比例
3	这些活动对系统的总体发展与准备有何作用
4	决定每个活动持续时间的因素是什么
5	这些活动的重叠程度如何
6	瓶颈在哪里
7	造成瓶颈的原因是什么? 如何消除瓶颈
8	时间进度结构中的主要利益相关者是谁
9	各利益相关者对响应能力的促进或妨碍程度
10	如何消除与特定相关方相关的瓶颈

　　另一种分析响应能力的方式是从成本角度进行成本分析,如采用此方法,必须分析总生命周期成本,包括采购成本、运营及维护特定系统的成本以及在系统使用寿命内产生的其他隐性成本和间接成本。因此,"成本"是"响应能力"的第二大要素。

　　需开发能在发射后几分钟内即可执行任务的经济型有效载荷。如前所述,所面临挑战不仅在于迅速投入工作,还在于经济性(Worden 与 Correll,2004)。研发微卫星(制造更快捷、更廉价、可与其他卫星一起发射的小型卫星)是朝此方向迈出的第一步。表 8.2 中总结了对快速响应方法至关重要的成本相关考虑事项。

表 8.2　 成本相关考虑事项:出发点汇总(基于 Saleh 与 Dubos,2009)

序号	成本相关考虑事项:出发点汇总
1	总生命周期成本(LCC)要素有哪些
2	各要素对 LCC 的影响有多大
3	决定各要素成本的因素是什么
4	导致成本增加的问题是什么? 怎么解决这些问题
5	谁是主要利益相关者

　　也可从不同利益相关者层面以及响应能力等级来分析响应能力,可分为三个层面:①全球产业的响应能力(从终端用户视角分析响应能力);②本地利益相关者的响应能力(从本地客户而非终端客户视角分析响应能力);③利益相关者之间互动视角分析客户与其供应商互动与合作的效率(Saleh 与 Dubos,2009)。表 8.3 中总结了响应能力的层次及确认行动措施。

表 8.3　 从不同利益相关者视角分析响应能力层次(基于 Saleh 与 Dubos,2009)

响应能力层次	确认行动措施
全球产业的响应能力: 终端用户视角响应能力	消除价值链中的瓶颈
	尽量减少等待时间
	尽量扩大各级供应商不同活动流之间的重叠程度
	压缩各供应商的"响应时间"
本地利益相关者的响应能力: 本地客户视角的响应能力	缩短或压缩单个行动措施的时间
利益相关者之间互动视角: 响应能力基于客户与供应商的互动	必要时提高客户与供应商的互动效率
	降低导致较少利益相关者参与的系统复杂性,从而简化管理任务

此外,响应能力也取决于不同作用杠杆:

(1) **系统的设计与架构选项,**由该系统的复杂性、相同单元与反复作业("学习曲线")应用程度、模块性、即插即用以及接口的标准化程度决定。

(2) **运载火箭与射程**。

(3) **软杠杆**,如选择流程、设计审查及采购政策。

降低系统复杂性可减少需开发的子系统、有效载荷仪器以及其接头与接口数量,从而缩短航天器各段位的设计与开发时间。降低系统复杂性也可缩短装配和测试时间。此外,复杂性的降低可减少利益相关者和供应商参与人数。由于需管理和考虑的供应商和利益相关者人数减少,互动响应能力得以提高。另一种可能性是通过反复作业与生产多个相同单元来缩短系统设计和架构时间,这导致了时间压缩。在设计和架构阶段,提高响应能力的另一方法是依赖模块化设计和接口标准化的"即插即用型"方法,应基于"商用现货原则"跳出固有思维模式。

时间进度结构中的另一解决步骤是发射级。发射级可分为运载火箭与发射场,两者构成响应能力的发射杠杆。有关快速响应发射的文献提倡从"拉式生产系统"转向面向库存生产(BTI)或者"推式生产系统"。近来,可看出依赖BTI概念的发展趋势。在BTI概念中,产品生产响应并非基于确认订单,而是基于通过把生产的产品"推向"市场来促进最终购买这一假设。除了研究运载火箭快速响应方法外,还有必要改进当前发射场。目前,大多数发射场为政府所有,其运行受到某些限制,往往导致订购流程延误。

工程师和科学家也应探索如何快速部署小型有效载荷以取得有用效果,以及这些做法如何改进及重构现有武器装备或促成新武器装备(Worden 与 Correll,2004)。目前,其基于按计划发射概念。为使发射得到快速响应,必须制定按需发射方法(Doggrell,2006)。

如前所述,响应能力不仅基于技术与运行特点,也基于法律、组织与管理方面,即"响应能力的软杠杆"。最显著的软杠杆为选择流程、设计审查与采购政策。

选择流程从确定和正式发布需求开始,到项目启动结束。至今为止,尚无相关研究对军事采购背景下、政府民用背景下和商业背景下的在轨武器装备选择流程进行基准测试。缩短选择流程时间将构成太空响应能力的重大改进。

多项设计审查也增加了在开发过程中消耗的总时间。考虑到这些审查能够使利益相关者明确项目进程、在早期识别设计错误和其他问题以及对质量水平和项目成熟度进行跨学科评估,这些审查可以说是合理的。然而,一些研究表明开发阶段客户高度参与会使开发进程超时 50%;但另一些研究也表明,对供应商采取"合作与信任"政策是切实可行的(Saleh 与 Dubos 进行的研究,第 393-394 页)。但这要求保持太空产业客户与供应商的相互信任以及高管层与技术主管人员的相互信任的微妙平衡。

太空系统的采购政策也可能构成响应能力的发展障碍。经验表明:在项目开始时,往往未充分定义太空系统要求,或这些要求在项目开始后发生重大变化,从而造成进程严重延误,应小心平衡项目开始后更改系统要求的冲突需求与响应能力需求。此外,考虑到众多官员与组织参与到要求的定义及系统的采购,项目管理人员应有权对各要求进行必要权衡、更改要求/要求增长以及确保项目按计划实施和在预算范围内。因此,有效的项目管理技能与团队授权也可视为响应能力的一个杠杆。

8.4 美　　国

美国是当前 RS 能力最强大的航天大国。美国快速响应空间作战(ORS)的概念起源于军队。早在 2001 年 1 月,拉姆斯菲尔德委员会已认识到新太空能力开发中面临的问题(Worden 与 Correll,2004,第 7 页),而美国国防部(DoD)开始将卫星视为易遭到破坏的关键基础设施(Doggrell,2006)。2005 年 1 月 6 日,布什政府发布的《太空运输政策指令》指示美国政府应展示从作战响应角度进入和使用太空的初始能力——包括能够对某些特定作战能力蒙受损失或降低的情况做出响应,以及/或者能够及时提供定制的或新的作战武器装备——藉以支持国家安全需要(Doggrell,2008)。

ORS 的初始定义的说法不一,故需重新被定义并取得相关各方的共识。初始定义从新商业模型、低成本运载火箭、近太空平台开发项目、小型卫星项目、全球打击武器到"对战场进行持续监控的不闪眼"(Berube,2007)不等。尽管 ORS 的精确定义尚未明确,其起源和意图却比较清晰:"ORS 认识到太空系统与技术对美军作战员意义重大,负责提供美军及其盟军当前依赖的'信息优势'"(Dal Bello,2006)。2007 年,国会委托 DoD 制定建立 ORS 的方案,并授权其成立 ORS 办公室,ORS 在当时被定义为"确保太空力量集中用于及时满足联合部队指挥官(JFC)需求"(Berube,2007)。特别地,ORS 将"以能够承受的成本提供在太空和近太空迅速、精确部署和运行国家及军事资产的能力"(Doggrell 2006)。

冷战后,不断变化的太空环境以及不同的用户需求促进了美国 ORS 的发展。对太空应用依赖度的不断增强以及新出现的全球挑战对设计于冷战时期、用于应对冷战安全威胁的美国太空武器装备提出了新的要求。随着越来越多国家开始发展太空项目,太空环境日益变得拥挤和不透明。尽管 JFC 仍是美国太空武器装备的主要用户之一,与冷战时期相比,军队不再是太空应用的唯一用户。随着威胁环境的变化,JFC 面临新要求。此外,商业卫星也逐渐开始提供安全、应急管理与气候变化领域的关键太空应用。因此,军队用户也开始使用商业卫星。

美国 ORS 理念的主要目标是满足 JFC 的需求,以及开发能使太空资产快速开发、部署及运行的使能器,从而满足 JFC 需求。美国 ORS 遵循三级战略:①快速发展现有武器装备;②利用现有技术与武器装备进行补充、扩大与重组;③开发新技术与武器装备进行补充、扩大与重组。此 ORS 旨在解决几分钟、几小时甚至几月内出现的所有问题(Wegner,2008),为此,其试图联合作战人员、采购人员、产业合作伙伴及科技团体来快速发展新兴武器装备,以填补作战空缺(Wegner,2008)。同时,其试图积极联合国际太空领域(国防、民用、产业、学术)的所有相关人员来定义和发布航天器模块化的公开标准。

DoD 于 2007 年启动了 ORS 办公室,该办公室的任务是协调参与机构的硬件开发与概念开发工作。此能力应于 2015 年得到实现。

ORS 办公室正使用一个模块化开放式体系结构(MOSA)运行快速创新程序,以便将太空资产的快速组装、集成与测试(AI&T)、部署以及作战融合进当前太空结构中。因此,应重点关注物质(航天器、发射器、发射场有效载荷)与非物质解决方案(商业模式、采购、政策、工业基地、培训、指令与控制、任务分配、开发利用、处理、宣传及作战理念),以及(与)国家与国际机构合作利用现有投资并发展长期关系(太空快速响应作战办公室,2012)。

根据 ORS 执行计划("I 计划"),ORS 办公室将以"爬、走、跑"的方式达成其目标(美国政府问责局,2008,第 11 页)。在爬行阶段,作战员开始了解概念,此阶段的重点在于展示后续行动的组成构件、进行实验以及确定使用现有资产可以达成的目标。美国政府问责局将"走"定义为"ORS 概念进化为作战员驱动的概念,同时将选定作战能力与空缺相关联并整合到现有结构内"(美国政府问责局,2008,第 11 页)。"跑"代表着提供端对端 ORS 结构的能力,即随时随地发挥全部太空作用的能力。此计划预测了到 2015 年时的情况。尽管根据"I 计划","走"阶段预计 2010 年才启动,但 2009 年前展示的端对端展示的单个元素的展示可以说已经"将 ORS 理念推动到走和跑阶段之间的某点"(美国政府问责局战略指挥部前副指挥官,2008,第 11 页)。

除了 ORS 活动以外,美国还进行着多个快速响应发射开发项目,如经济可承受快速响应小型运载火箭(RASCAL)、基于本土的兵力运用与发射计划(FALCON)、改进型一次性运载火箭计划(EELV)、经济可承受的快速响应航天发射(ARES),同时还对可能发射场的选择进行了调查研究。作为 TacSat 项目的一部分,美国正在研究快速响应有效载荷和总线,该项目由空军发起,使用了被称为 TacSats 的小型航天器。

有趣的是,空军也在合作研究太空快速响应方法,此项目被称为联盟快速响应太空(C-ORS)(Doyne,2007a)。项目建议以 NATO 太空遗址为研究案例,倡导全世界范围内参与安全作战的志同道合的国家组成国际星座(Doyne,2007b)。考虑到所有国家面临类似问题,比如预算紧缩、设备老化及军队转型需求,应加强协同合作,以应对共同的挑战与制约(Doyne,2007b)。C-ORS 的理念也基于灾难管理星座(DMC),参与其中的合作伙伴同意购买和运行卫星,同时与星座合作伙伴共享数据。相应地,如果各 NATO 成员皆同意购买和运行一颗小型卫星,则将会有 26 颗小型卫星可供用于 NATO 作战。通过灾难管理星座,各 NATO 成员只需花费一颗卫星的成本就能享受整个星座的利益(Doyne,2007b)。除了 NATO 外,欧洲太空政策框架内的合作也在考虑之内(Doyne,2007a)。

ORS 办公室与 AFRL 一直期待与美国盟友合作。在"全球化和国际化太空快速响应作战标准与技术"(GIST)的指引下,其寻求制定所需程序来授权 DoD 和非国防机构(如产业)与联盟国家合作制定和编纂太空即插即用电子设备(SPA)法案以及其他 ORS 标准(国际化)、出版可公开的或"开放"标准(全球化)、建立评估和传播太空快速响应标准理念的全球共同体(Pugh 等,2009,第 1 页)。在 DoD 编写的《谅解备忘录》(MoU)中规定了与外国伙伴的合作。该 MoU 正处于协商中,预计将于 2013 年夏签署。MoU 条款中规定了合作活动本质以及项目成果共享能力。个别合作项目需签署符合 MoU 的项目协议(PA)。项目协议将定义更严格的项目活动范围及其目标、职责与预期成果(Pugh 等,2009,第 5 页)。基本来说,MoU 将成为政府专门协议与政府特定合作项目协议的保护伞。

2012 年,美国 ORS 项目的未来在很大程度上尚不明朗。尽管 ORS 项目一开始通过美国国防部规划—计划—预算周期的直接资助,通过美国空军直接拨款到 ORS 办公室,但白宫的 2013 财年预算申请未包含任何对 ORS 办公室的拨款,这意味着在 2013 年 ORS 项目中止(Clark,2012)。美国众议院军事委员会战略力量小组委员会则建议继续资助 ORS(Ledbetter,2012a)。在此申请中,而空军提议关闭 ORS 办公室,并拨款 1000 万美元将 ORS 理念及其成果整合进其他军事太空项目中(Ledbetter,2012a)。此提议的支持者宣称此行动是必要的,因为根据 2011 年预算控制法案,在未来十年美国计划减少 4870 亿美元的国防支出,而空军的这一行动将有助于此目标的达成(Ledbetter,2012c)。相应地,取消太空交通管理(STM)所带来的风险是可接受的,因为 AFRL 仍将在太空相关研究上投入 3 亿 7000 万美元,而且 ORS 办公室开发的概念也将融入其他项目中(Ledbetter,2012c)。然而,现在尚不清楚取消此项预算将节省多少开支(如有)(太空新闻编辑,2012)。中止此项目的提议与国会在 2012 财年对 ORS 办公室的 1 亿 1000 万美元拨款形成了鲜明对比(Clark,2012)。在提出否决空军提议的同时,国会议员提议为 ORS 活动拨款 2500 万美元,不再为任何整合活动拨款。

当前,ORS 拨款分布在空军预算要求的五个太空预算账户中。委员会不相信空军计划"将完全按需解决联合军队对太空支持与重组的作战要求"。批评家也说"为减少成本而取消一个试图减少开支的项目并无意义"(Martin Heinrich 代表,Ledbetter,2012c)。要求空军应在 2012 年 11 月前向委员会提交 ORS 未来计划(Ledbetter,2012a)。国会此后在 2013 财年为 ORS 办公室拨款 10500 万美元。尽管形势不明朗,ORS 办公室仍计划在 2013 年和 2015 年进行两次演习任务(Ledbetter,2012b)。

8.5 加 拿 大

尽管过去加拿大一直推行民用太空政策,但太空领域的军方合作自 1998 年起就开始了,当时加拿大国防部与英国和美国就三边技术研发项目(TTRDP MoU)签署了谅解备忘录。据此,加拿大、英国与美国自 1998 年合作开展小型卫星军事应用项目。MoU 及随后的小型卫星军事应用项目都是根据 GIST 项目协议合作的例子(Pugh 等,2009,第 5 页)。

加拿大国防部(DND)受越来越多微卫星出现的启发,提出建立一个太空快速响应项目(Bedard 与 Spaans,2007,第 1 页)。其背后的动机是为了研究成本低、开发进度快的微卫星。自 2001 年以来,加拿大国防研究与发展机构(DRDC)与联合作战指挥部(此前称为太空发展指挥部)已开展了太空快速响应的研发工作,该研发工作旨在评估微卫星的军事应用,以及制定将微卫星加速引入加拿大军队(CF)规划人员可用武器装备范围中的新方法(Bedard 与 Spaans,2007,第 2 页)。

加拿大 RS 项目的支持者最初不确定如何定义"快速响应"一词。一方面,由于加拿大太空防御战略未被正式批准,该定义的框架有所缺乏;另一方面,应避免将此概念与美国 ORS 概念混淆(Bedard 与 Spaans,2007,第 2 页)。DRDC 从四个方面对其进行了定义:多任务微型/小型总线、成本、进度表以及范围(Bedard 与 Spaans,2007,第 2 页)。第一,太空快速响应严重依赖多任务微卫星总线(MMMB)项目,该项目由加拿大航天局(CSA)提出,旨在创建一种通用微卫星为科技演习任务提供低成本进入方式;第二,如果太空资产可以支持 CF 作战,则提供端对端系统的成本会显著下降;第三,从概念识别到进入作战状态所经历的时间会缩短 2~5 年;第四,人们认为太空快速响应任务应重点关注特定用户群体的要求,而非满足大批用户的需求(Bedard 与 Spaans,2007,第 2-3页)。其目标并非开发卫星,而是借助更有意义的小平台提供太空作战能力(Bedard 与 Spaans,2007,第 7 页)。

加拿大最初确定了对太空信息(轨道数据与太空碎片)及海事监控的可靠访问需求。在两次合作中,DRDC 与 CSA 开展了两次与这些作战要求相关的任务。2003 年 6 月,CSA 开展了恒星微变和振荡太空望远镜(MOST)自主任务,该任务证实微卫星可对国防起很大作用。随后,DRDC-CSA 还联合开展了微卫星任务 NEOSSat(近地天体监视卫星)。DRDC-CSA 进行的第二次联合任务是一次海事监测任务(M3MSat),该任务收集并报告了整合到 RMP 的 AIS 信号(Bedard 与 Spaans,2007,第 4-7 页)。

加拿大太空商业协会近期向加拿大 2012 年联邦航空航天审查会提交了一份报告,在报告中,该协会建议联邦政府采取特定行动开发本国的小型卫星发射能力(加拿大太空商业协会,2012)。此外,加拿大于 2012 年举办了第一届超小型卫星研讨会,该研讨会总结道:"超小型卫星与微卫星展现了以低成本及快速响应方式满足作战需求的能力"(2012 年第一届加拿大超小型卫星研讨会报告,第 iii 页)。

自 1979 年 1 月 1 日以来,加拿大已成为 ESA 的合作国之一。由于加拿大参与 ESA 机构的决策制定以及项目活动,加拿大企业可以对感兴趣的项目进行竞标并获得相应的合同。由于新协议是在 2000 年签署的,ESA 也可参与加拿大项目。所以,从 ESA 的快速响应科技研究的角度来思考加拿大参与太空快速响应也是很有趣的。

8.6　中　　国

中国正在集中精力开发三种新发射器,总体工作将在 2016 年前结束。这些发射器将依赖效率更高的发动机和全新的上级单元,包括"长征"5 号(LEO运载能力为 14t)、"长征"6 号(LEO 运载能力为 1t)以及"长征"7 号(LEO 运载能力为 5.5t)。就 RS 而言,尤其值得注意的是"长征"6 号,其被描述为一个"高速响应运载火箭"。"长征"6 号非常轻,据说可为中国提供国防及商业应用方面的快速响应发射能力(Al-Ekabi,2012,第 82-83 页)。早在 2011 年,中国已展示了对 RS 的兴趣,当时中国致力开发移动式快速响应运载火箭和卫星,并将这些运载火箭和卫星投入最先几条轨道的运行中(Cooper,2003,第 3 页;Cosyn,2001)。

8.7 日   本

在过去几年,日本对小型卫星的开发兴趣日益增长(Matsuda 等,2008,第 1 页)。在此环境下,日本也开始开发经济可承受的微卫星发射器,并于 2006 年中止了 MV 小型/中型运载火箭项目。自 2009 年开始,日本经济产业省(METI)一直从事名为太空发射系统推动技术(ALSET)的研发项目。该项目由 USEF、IHI 航空航天股份有限公司、日本 CSP、川崎重工业株式会社及日本富士通公司共同实施,旨在开发灵活度更高、响应能力更强的太空发射器,以满足新兴小型卫星市场对发射器的需求以及验证新发射系统的关键技术,从而证明其未来商业化的可行性(Arime 等,2012,第 2 页)。

8.8 俄 罗 斯

关于俄罗斯的快速响应能力的开发并没有具体信息。然而,从军事和民事角度出发,俄罗斯作为一个航天大国,不太可能没有进行微卫星、微卫星发射以及快速发射的研发工作。

8.9 欧 洲 国 家

美国近期开放了 ORS 项目,并邀请了几个国家合作制定太空快速响应能力(RSC)研究的通用标准。美国与以下国家了签署了合作谅解备忘录:除了加拿大、澳大利亚和新西兰以外,参与的欧洲国家(通过各自的国防部)有法国、德国、意大利、荷兰、挪威、西班牙、瑞典及英国。其目标是通过制定通用标准和技术达成互操作性。

8.10 北   约

自 2009 年以来,NATO 通过其研究与技术组织(RTO)的"新兴太空系统理念"项目对 RS 展开了研究。RTO 的使命是开展和促进 NATO 内部及与其合作伙伴的合作研究以及信息交换(Sembenini,2009)。在新兴太空系统理念的环境下,该项目旨在评估新兴太空系统理念的军事应用与开发,是否有助于实现NATO 的太空系统理念,以及探索 NATO 太空系统的互操作性(Sembenini,2009)。然而,对项目成果进行了分类。在此情况下,应认识到 NATO 既没有自己的太空资产,也没有太空政策。但这与其他领域并无不同。NATO 在其运行中一般依赖其成员国的资产。NATO 没有集中太空协调或指挥与控制结构(Meacci,2011)。因此,NATO 参与太空快速响应的问题实际上是一个关于NATO 与太空的普遍问题。自从 2005 年 1 月北约联合空中力量能力中心(JAPCC)成立以来,已开展了大量工作来强调太空的作用及其在当代世界与空军实力的联系(Meacci,2011)。JAPCC(可视为 NATO 空军实力相关问题的智库)近期提出了一个名为"填补真空"的 NATO 太空政策框架(JAPCC ,2012)。其首先提出了表 8.4 中所列的 NATO 太空政策的五条推荐指导原则;随后确定了数条基本定义;最后制定了 NATO 太空发展的七条宗旨。

表 8.4　NATO 太空政策的五条推荐指导原则(JAPCC,2012,第 14 页)

序号	推荐指导原则
1	联合防卫与安全适用于支持 NATO 作战的太空武器装备
2	国际标准与规范总体上有利于太空武器装备的维护
3	协调国家拥有和控制的太空武器装备将提高盟国和本国的作战效率
4	太空武器装备及总体技术正在快速提升,平衡了此前突兀的差异之处
5	代表 NATO 采用的太空武器装备协调及联合防卫是一个积极并不断进化的过程

在 2012 年的施里弗军事演习中(世界最大的太空与网络空间军事演习,由美国空军太空司令部实施,由美国空军作战中心主办),NATO 进一步探索了NATO 框架内的联合太空作战。演习证明在联合军队作战层面协调 NATO 内部军队太空作战可提高任务效率(Verroco,2012b)。

8.11　结　论

任何政府的首要职责均是保护其公民免受伤害以及为他们提供一个对未来充满信心的环境。欧盟作为一个更紧密的联盟,与其成员国共同分担此职责(比利时皇家国际关系研究所,2004,第 5 页)。

为此,欧盟必须采取必要手段并拥有必要设备。在此背景下,EUISS 确定了未来十年的十个重点(de Vasconcelos,2009),这十个重点可用作与欧盟太空快速响应理念要求和变化环境相关的指导主题与背景信息。这十个重点如

表 8.5 所列。

尽管这十个重点没有一个明确提到或指出了太空应用、公共设施或卫星，但它们提供了有关欧盟在安全政策以及太空政策方面的价值及观念的重要见解。

EUISS 强调了(重点2)欧盟对人权的尊重以及国际系统中的法治。相应地，欧盟的人类安全观需在所有的军事活动中都得以落实。RS 会支持两者。一方面，灵活、有能力的及经济可承受的太空武器装备将提供阐明人权与国际公正问题的客观工具；另一方面，它们会成为所有军事行动中不可取代的支持工具。

表 8.5 　EUISS 未来十年的十项重点

(1) 今日危机管理——2020 年之后的共同防务： 欧盟应继续开展此前工作，并力争做到更好；管理各种冲突，主要包括非欧洲国家内战，以及打击土匪、海盗，以及包括恐怖主义和网络恐怖主义在内的跨国犯罪
(2) 人类安全观可能要求使用武力： 在各级军事行动中尊重人权和国际正义是其合法性与有效性的基本要素。人类安全概念以及进行各类军事行动之间并不存在冲突
(3) 必须达成民事和军事"军队生成"目标： 应尽量公开国家的军事与民事承诺以提高透明度，并恰当设立完善的固定基准监视系统以便进行监督。欧盟正在寻求开发足够的武器装备以便同时开展数个民事—军事任务，这些工作中的部分需要军队的大力支持。欧盟武器装备的开发应建立在使现有国家武器装备"欧洲化"的基础上。应制定公共预算资助公共结构及大部分 ESDP 军事任务。必须提高民事危机管理的作战准备能力，其目标为开发一个适当的欧盟危机管理包，以解决各类及各阶段民事和军事任务
(4) 单一欧盟防务市场与联合采购的情况： 欧盟单一市场的成功尚未延伸到防务方面
(5) 优先执行欧盟军事和民事指令： 需要成立一些由欧盟"外交部部长"主持的永久机构，如此前的国防部部长理事会
(6) 确立欧盟对 NATO 角色的看法： NATO 的独特身份——军事联盟及欧盟防务、安全和危机管理机构使各国在国际安全中的角色问题变得十分简单。这应作为定义欧盟对 NATO 看法的出发点
(7) 创建欧盟安全和防务议会理事会： ESDP 的民主控制正引发问题，因为欧洲民意要求欧盟决策应更清楚透明。这要求国家议会与 EP 的参与。关于 ESDP 的更广泛议会辩论将使民众提高对 ESDP 任务的监管和认识，从而提高这些任务在欧盟和国家层面的合法性
(8) 制定"公开的"ESDP： 欧盟应向其战略伙伴公开 ESDP，并与他们共同开展公共培训并提高互操作性，以提升任务效率
(9) 克服政治赤字：将连贯性放在首位： 首要工作当然是进行必要改革，以确保欧盟国际行动的连贯性与一致性
(10) 包容性是合法性的一个先决条件： 欧盟 2020 年展望不应是一个由军事力量最强大的成员国牵头的欧盟迷你防务项目，而应是一个强大的外交、安全和防务政策，此政策可将所有成员国及所有欧盟机构的话语权连贯一致地融合在一起

与美国的 ORS 方法相反,ESP 当前大多出于民事考虑。如前所述,考虑到欧盟对安全概念达成了共识,落实安全则需要支持欧盟各项安保与安全任务的装备。欧盟的 RS 概念将提供这些装备。因此,与仅处理国家军事安全要求的美国 ORS 相反,欧盟需要开发一个既考虑民用要求也考虑军事要求的 RS 理念。考虑到美国与欧盟的太空政策目标、威胁认知以及对安全概念的理解差异,美国 ORS 只能作为一个范例,欧盟不能将其作为"原型"而直接全部接收。因此,欧洲的 RS 支持机构架构需与美国选择的机构架构不同。类似地,与美国 GPS 相反的欧洲伽利略卫星导航系统也是民用的,但可作为军事用途,而 GPS 是一个空军/军事项目。作为一个政策领域,安全总是难以整合。体现此困难的最显著范例是 20 世纪 50 年代成立欧洲防务共同体(EDC)的尝试,此尝试在 1954 年未被法国议会通过。EDC 的崩溃促进了西欧联盟(WEU)的成立,西欧联盟是欧洲煤炭钢铁共同体以外的一个防卫组织。为使机构正常运行,RS 似乎是必要的,以确保监管得到全面落实、避免重复工作以及保证所有利益相关方对 RS 达成共识。

欧盟 RS 方法的发展也需要欧盟以 NATO 角色制定目标(EUISS 重点 6)。EU 与 NATO 的角色以及它们的分工问题在多种情况下(如处理跨大西洋关系与打击海盗)重复出现。欧盟的主要目标应为避免重复工作,并找到双方共赢的解决方案。欧盟应告知 NATO 其发展 RS 的所有尝试,以确保作为安全利益方的 NATO 熟悉欧盟对 RS 的理解且从始至终正确考虑 NATO 所关注的问题。同样,欧盟也应告知美国其意图——特别注意美国通过 GIST 和 C-ORS 项目开放 ORS 项目。

欧盟 RS 方法的引入进一步促进对现有欧盟机构角色的评估。EUISS 号召成立欧盟安全和防卫议会理事会(EUISS 重点 7)。存在于西欧联盟框架内的欧洲安全与防务大会(ESDA)/西欧联盟大会于 2011 年 6 月解散;随后,成立西欧联盟的 1954 年修订版布鲁塞尔条约也被终止。欧盟卫星中心(EUSC)及 EUISS 均被转向此前的共同体框架。根据里斯本条约——有关欧盟中国家议会角色的协议 1 第 10 条,欧盟议会联盟和欧洲事务委员会大会(COSAC)"也可组织有关特定议题的议会间会议,特别是有关共同外交和安全政策的事务讨论,包括共同安全与防卫政策"。ESDA 因此失效。ESDA 正在讨论太空与安全相关议题。在欧盟制定 RS 方法的过程中,议会监管的需求可能会增加。新近成立的欧盟共同外交与安全政策(CFSP)议会间会议及欧盟共同安全与防务政策(CS-DP)议会间会议是否能够应对此任务尚待观察。

可见,RS 完美融合欧盟研究以及智库项目。因此,RS 不应视为一个孤立的概念,而应该是解决许多问题的综合方法的一部分。因此,尽管考虑伽利略与 GMES 等现有武器装备对于 RS 很重要,也必须在欧盟政策的大环境下研究 RS,如应考虑到诸如数据协调、标准化、欧洲与国家武器装备的整合问题。

现在很难评估欧洲产业参与 RS 项目的意愿程度。作为 FP 项目的一部分,欧洲产业参与了众多演习。它们的反馈显示愿意满足大量所需的技术要求,有时甚至远远超出欧盟研究项目成果预期。现在缺乏的是鼓舞产业未来采取必要步骤发展更完整、灵活、经济的欧盟太空应用的政治意愿。更明确地说,缺乏的是欧盟的政治方向,而不是国家解决方案。

基于上面的概念探讨与美国的 ORS 经验,可确认欧盟 RS 的发展路线图要素。制定欧盟 RS 方法前,需解决与回答以下基本问题:①机构和结构问题;②法律、组织与管理挑战;③时间;④成本;⑤安全数据政策与管理;⑥建立欧洲 RS 的时间框架。

(1) 可从全面评估当前欧盟与国家层面的太空资产来开始建立 RS。此状态报告应列举现有武器装备,并包含完整的差距分析。欧盟联合研究中心(JRC)已对用于海事安全的太空应用进行了初步研究。作为 FP 5 DECLIMS 项目的一部分,其开展了对标活动。为了响应委员会制定综合海事政策的号召,其评估了国家层面现有的海事监管系统,并编写了一份名为"欧盟综合海事政策:工作文件Ⅲ——关于海事监控系统"的报告。差距分析应回答下列问题:用户是谁?他们需要什么?我们拥有什么?特别要回答的是战术图像开发系统(TIES)、多国天基成像系统(MUSIS)、伽利略以及全球环境与安全监测系统(GMES)如何服务 RS?缺乏的是什么?差距分析可借鉴 FP 和国家研究。产生的需求矩阵应细分为与三级发展方法(技术上为最好的选择)相一致的短期、中期和长期要求。或者,也可从确认欧盟目标与要求出发,随后与现有能力相比较,最后进行差距分析。采取这种方式可避免成员国能力遭到质疑(政治上最可行的选项)。

(2) 除了现有太空武器装备状态报告外,可将所吸取的教训及欧洲层面和国家层面的研发项目演示成果作为第二层和第三层发展要素。

(3) 通过编写前两者,可确认参与的利益相关方。从一开始就应将其纳入欧盟太空快速响应的制定过程中,以就 RS 定义达成一致。

(4) 一旦确认了用户,就应建立要求矩阵。该矩阵可用于确认输入不同用户对 RS 架构及发展程序要求的方法。

(5) 需建立政治意愿以使用可用武器装备。向用户展示可能性并尽可能在相关论坛开展宣传活动,这将有助于促成必要的政治意愿。

(6) 未来,欧洲防务局(EDA)可制定军事要求,而理事会支持下的欧盟委员会(EC)可制定民事要求。

（7）应提升参与度，增加与用户的对话。建立用户交流机制是一种方法。

（8）在危机情况下能进入系统是极其重要的。在此情况下，拥有权至关重要。然而，也可通过使用多国任务或者签订相关问题的条约和协议而确保系统位于欧洲。

（9）美国的经验已显示与所有利益相关方就太空快速响应达成共识是极为重要的。在美国，ORS 办公室负责解决此问题。由于欧洲的太空竞争力散布于欧盟、ESA 及成员国之中，似乎难以将此任务委派给一个现有利益相关方。

（10）太空快速响应预期能够在太空领域构建一个全新的范例。这从开发者的角度而言，需要特殊技术与新的开发与实施方法。由于需要研究众多新科技，需建立一个可预测未来需求的长期研发系统。学术机构和智库都可参与此项目。产业和卫星运营商也应积极参与。RS 将要求调整实地行动、决策程序以及激活或配置程序。这将与产业价值链的调整同时进行。

上述建议可被理解为制定综合欧盟 RS 方法的要素。评估现有欧盟武器装备、进行差距分析以及建立支持性机构架构应被视为这种方法的要素。这些要素的秩序不一定是强制性的，应随时进行调整，以便留出政治转圜的余地。

参考文献

Aerospace Industries Association（2008）Robust operationally responsive space：a necessary component of affordable and assured space power. AIA position paper. http：//www. aia-aero-space. org/assets/wp_ors_paper_ 2009. pdf. Accessed 28 Aug 2009

Al-Ekabi C（2012）Space policies, issues and trends in 2011/2012. ESPI report 42. http：//www. espi. or. at/im-ages/stories/dokumente/studies/ESPI Report 42. pdf Accessed 31 Oct 2012

Arime T, Matsuda S, Sugimine M, Yokote J, Fuji T, Sasaki K, DePscquale D, Kanyama H, Kaneoka M（2012）AL-SET — air launch system enabling technology R&D program. Presentation at 25th annual AIAA/USU conference on small satellites. 08-11 Aug 2011. Logan, Utah USA SSCII-II-5. http：//www. sei. aero/eng/papers/uploads/ archive/SSC1I-II-5_present. pdf. Accessed 31 Oct 2012

Bedard D, Spaans A（2007）Responsive space for the Canadian forces. Paper submitted at the 5th responsive space conference. http：//www. responsivespace. com/Papers/RSS/SESSION% 20PAPERS/SESSION% 203/3004 BE-DARD/3004P. pdf. Accessed10 Oct 2012

Belgian Royal Institute for International Relations（IRRI-KIIB）（2004）A European security concept for the 21st century. Egmont paper. http：//www. egmontinstitute. be/paperegm/epl. U560. pdf. Accessed 9 Oct 2012

Berube M（2007）Operationally responsive space. Presentation of the national security space office to the commer-cial space transportation advisory committee. Federal aviation administration. http：//www. faa. gov/about/office_ org/headquarters_offices/ast/industry/advisory_committee/meeting_news/media/Berube. pdf. Accessed 8 Aug 2009

Brown K（2004）A concept of operations and technology implications for operationally responsive space. Air Space Pow J. http：//www. airpower. maxwell. af. mil/airchronicles/cc/brown2. html. Accessed 20 Nov 2009

Canada's Space Agency(CSA) (2011) NEOSSat: Canada's Sentinel in the skies. http://www. asc-csa. gc. ca/eng/satellites/neossat/. Accessed 16 Oct 2012

Canadian Space Commerce Association(2012) Creating an indigenous, Canadian small-satellite launch capability. Submission to the aerospace review Part 3 of 3. http://aerospacereview. ca/eic/site/060. nsf/vwapj/CanadianSpaceCommerceAssociation-Part3-ArnySokoloff. pdf/$ file/CanadianSpaceCommerceAssociation-Part3-Arny-Sokoloff. pdf. Accessed 1 Nov 2012

Clark S(2012) White house budget would cut military space research. Space Flight Now. http://spaceflight-now. com/news/n1202/13atbudget/. Accessed 4 Sept 2012

Cooper L(2003) The strategy of responsive space: Assured access to space revisited. AIAA-LA Section/SSTC 2003-1003. http://www. responsivespace. com/Papers/RSI/SESSIONI/COO-PER/1003P. PDF. Accessed 31 Oct 2012

Cosyn P(2001) China plans rapid-response, mobile rocket, nanosatellite next year. Space Daily. www. spacedai-ly. com/news/china-01zc. html. Accessed 25 Oct 2012

Council of the European Union. A Secure Europe in a Better World. European security strategy of 12 Dec 2003. http://www. consilium. europa. eu/uedocs/cmsUpload/78367. pdf. Accessed 9 Oct 2012

Council of the European Union. Draft internal security strategy for the European union: "Towards a European security model". Internal security strategy for the European of 23 Feb 2010. http://register. consilium. europa. eu/pdf/en/10/st05/st05842-re02. en10. pdf. Accessed 29 Oct 2012

Council of the European Union. Report on the implementation of the European security strategy-a secure Europe in a better world. Report on the implementation of 11 Dec 2008. http://www. consilium. europa. eu/ueDocs/cms_Data/docs/pressdata/EN/reports/104630. pdf. Accessed 29 Oct 2012

Dal Bello R(2006) OpEd: putting the "Operational" in operational responsive space. Space News. www. space. com/spacenews/archive06/DalBelloOpEd_041007. html. Accessed 28 Aug 2009

De Vasconcelos A (ed) (2009) What ambitions for European defence in 2020? EU Institute for Security Studies, Paris

Department of Defense(2007) Plan for operationally responsive space. A report to congressional defense committees. http://www. acq. osd. mil/nsso/ors/Plan%20for%20Operationally%20Responsive%20Space%20%20A%20Report%20to%20Congressional%20Defense%20Commit-tees%20-%20April%2017%202007. pdf. Accessed 20 Nov 2009

Dinan D(1999) Ever closer union-an introduction to European integration. Palgrave, Houndsmills

Doggrell L(2006) Operationally responsive space-a vision for the future of military space. PIREP(Pilot report). Air Space Pow J. www. airpower. maxwell. af. mil/airchronicles/apj/apj06/sum06/doggrell. html. Accessed 28 Aug 2009

Doggrell L (2008) The reconstitution imperative. Air Space Pow J. http://www. airpower. maxwell. af. mil/airchronicIes/apj/apj08/win08/doggreU. html. Accessed 9 Oct 2012

Doyne T(2007a) Coalition operationally responsive space(C-ORS): A "100 satellite solution". presentation, http://csis. org/images/stories/tech/071026_doyne. pdf. Accessed 9 Oct 2012

Doyne T (2007b) OpEd: coalition ORS: a 100 satellite solution. Space News. http://www. spacenews. com/archive/archive07/doyneoped_0129. html. Accessed 9 Oct 2012

Hardenbol P (2010) Multi-national cooperation for operationally responsive space (ORS) capabilities. Presentation. http://www. google. de/url? sa = t&rct = j&q = &esrc = s&frm = 1 &source = web&cd = 2&cad =

rja&ved = 0CCMQFjAB&url = http% 3A% 2F% 2Fwww. spaceoffice. nl% 2Fblobs% 2FPnP% 2FHardenboLNSO%
2520final%2520CLSK% 2520（2）l. pdf&ei = _ lR9UIazIe _ 44QTyzYH QDg&usg = AFQjCNHLId09odDXkU
wwJSHBTNyrEo81Gg. Accessed 16 Oct 2012

JAPCC（2012）Filling the vacuum — a framework for a NATO space policy, http://www. japcc. de/fileadmin/
user_upload/Reports/NATO_Space_framework/Filling_the_Vacuum−A_Frame work_for_a_NATO_Space_Poli-
cy. pdf. Accessed 30 Oct 2012

Ledbetter T（2012a）House proposal would keep ORS office alive next year. Space News, http://www. space-
news. com/policy/120426−house−keep−ors−alive. html. Accessed 4 Sept 2012

Ledbetter T（2012b）ORS office presses ahead with plans despite looming closure. Space News. http://www.
spacenews. com/military/120507−ors−plans−despite−closure. html. Accessed 11 Oct 2012

Ledbetter T（2012c）Lawmakers question proposed cancellation of space test program, ORS. Space News, http://
www. spacenews. com/military/120309−lawmakers−cancellation−stp−ors. html. Accessed 12 Oct 2012

Matsuda S, Kanai H, Hinada M, Kaneoka M（2008）An affordable micro satellite launch concept in Japan. 6th re-
sponsive space conference paper. http://www. responsivespace. com/Papers/RS6/SESSIONS/SESSION% 20V/
5004__MATSUDA/5004P. pdf. Accessed 31 Oct 2012

McLaughlin K（2007）Operationally responsive space office. Presentation. http://www. responsivespace. com/ors/
reference/McLaughlin. pdf. Accessed 28 Aug 2009

Meacci E（2011）Enhancing NATO's space capabilities . . . and"Educational blueprint". JAPCC Flyer Ed 3

Operationally Responsive Space Office（2012）. About ORS. Website of the ORS. http://ors. csd. disa. mil/about
−ors/index. html. Accessed 11 Oct 2012

Pugh RD, Lanza DL, Lyke JC, Harris DA（2009）GIST: our strategy for globalizing and internationalizing ORS
standards and technology. Paper presented at the 7th responsive space conference http://www. responsivespace.
com/Papers/RS7/SESSIONS/Session%20IV/4001_Pugh/4001P. pdf. Accessed 12 Nov 2012

Rao AV, Scherich AW, Cox S' Mosher T（2006）A concept for operationally responsive space mission planning u-
sing aeroassisted orbital transfer. AIAA−RS6−2008−1001. 6th responsive space conference 2006

Remuss NL（2009）Space and internal security — developing a concept for the use of space assets to assure a se-
cure Europe. ESPI report 20. European Space Policy Institute, http://www. espi. or. at/images/stories/
dokumente/studies/espi%20report%2020_final. pdf

Remuss NL（2010a）Responsive space for Europe−elements for a roadmap based on a comparative analysis with
the U. S. operational responsive space concept. ESPI report 22. European Space Policy Institute, http://
www. espi. or. at/images/stories/dokumente/studies/espi %20report%2022_final. pdf. Accessed 9 Oct 2012

Remuss NL（2010b）Space applications as a supporting tool for countering piracy−outline for a european ap-
proach. ESPI report 22. European Space Policy Institute, http://www. espi. or. at/images/stories/ESPIJReport_
29_online. pdf. Accessed 9 Oct 2012

Report from the 1st Canadian Nanosatellite Workshop（2012）Small is beautiful, http://aerospacereview. ca/eic/
site/060. nsf/vwapj/CanadianNanosatelliteWorkshopReport. pdf/$file/CanadianNanosatelliteWorkshopReport. pdf.
Accessed 1 Nov 2012

Saleh JH, Dubos G（2009）Responsive space: concept analysis and theoretical framework. Acta Astronaut 65:376−
398

Sembenini G（2009）Current trends in NATO RTO space activities. Presentation at the ISU annual international
symposium. http://www2. isunet. edu/index2. php? option = com_docman&task = doc_view&gid = 764&Itemid =

26. Accessed 11 Oct 2009

Space News Editor(2012) Editorial: Pentagon space budget has hidden weaknesses. Space News. Spacenews. com/commentaries/120305-pentagon-budget-weaknesses. html. Accessed 30 Oct 2012

United States' Government Accountability Office (2008) DoD needs to further clarify operationally responsive space concept and plan to integrate and support future satellites. GAO. http://www. gao. gov/assets/280/ 278183. pdf. Accessed 11 Oct 2009

Verroco P(2012a) Well worth doing: NATO's space integrated project team. JAPCC Flyer Ed 6

Verroco P (2012b) Schriever Wargame 2012 international: seizing an unprecedented opportunity. JAPCC Flyer Ed 5

Wegner PM(2008) Operationally responsive space-meeting the joint force commanders' needs. Presentation. http://www. responsivespace. com/ors/reference/ORS%200ffice% 20 Overview _PA _Cleared% 20notes. pdf. Accessed 28 Aug 2009

Worden, SP, Correll RR(2004) Responsive space and strategic information. Def Horiz 40:1-8

Annual Responsive Space Conference taking place in the U. S. with paper submissions highlighting the current state of affairs, http://www. responsivespace. com/searchform. asp DG Enterprise Overview of the security -related research and development documents by DG Enterprise. http://ec. europa. eu/enterprise/policies/ security/documents/index_en. htm. Accessed 9 Oct 2012

European Security Research and Innovation Forum(ESRIF) (2008) European security research and innovation in support of European security policies. Intermediate report, http://www. esnf. eu/documents/intermediate_report. pdf. Accessed 9 Oct 2012

European Security Research and Innovation Forum(ESRIF) (2009) European security research and innovation in support of European security policies. Final report, http://ec. europa. eu/enterprise/newsroom/cf/newsbytheme. cfm? displayType=library&tpa_id =168&lang=en. Accessed 9 Oct 2012

Group of Personalities in the field of Security Research(GoP) (2004) Research for a secure Europe: report of the group of personalities in the field of security research. http://ec. europa. eu/enterprise/policies/security/files/ doc/gop_en. pdf. Accessed 9 Oct 2012

Panel of Experts on Space and Security(SPASEC) (2005) Report of panel of experts on space and security of Mar 2005. http://ec. europa. eu/enterprise/newsroom/cf/document. cfm? action=display&doc_id =2408&userservice_ id =1. Accessed 9 Oct 2012 Website of the US Operational Responsive Space Office, http://ors. csd. disa. mil/

第9章　太空与网络空间安全

达里奥·斯戈比[1],米开朗基罗·艾尔阿巴特[2],丹尼尔·弗兰斯卡[2]
维多利亚·佩因特莉[2],乔治·夏夏[2]
1. 意大利国防采购局,意大利罗马
2. 泰雷兹阿莱尼亚宇航公司,意大利罗马

摘要

本章将介绍太空与网络空间安全是如何密切相关和相互作用的。对于网络空间安全,目前虽未就任何正式定义达成广泛共识,但为避免争论,将采用民用和军事背景下的概念对其进行介绍与定义。

系统工程概念和方法为应对太空系统与网络空间安全的挑战铺平了道路,帮助实现网络空间系统和太空系统的安全。专业技术问题将在必要时提及,但不会进行详细讨论;另外,关于太空系统概念、发展、详细设计、制作、部署、操作与维护管理以及开发的特定信息将从正确的网络空间安全的角度提供。

9.1　引　言

本章将对太空进行介绍,审视其与网络空间安全的跨学科关系。首先,必须确定我们在太空与网络空间安全方面的目标是什么。

太空安全涵盖太空系统的所有阶段,包括概念、详细设计、生产、部署、操作与维护管理、利用以及处置。换句话说,我们关注的是太空系统的整个生命周期。众所周知,正如 Wertz 和 Larson 所著(1999)、Gerosa 和 Somma 所著(2011)、Spagnulo 所著(2011)、NASA 所著(2007)文章和 ECSS 标准所描述的,该领域为先进系统工程领域,绝对需要成熟的项目管理技术,Gerosa 和 Somma 所著(2011)以及 Spagnulo 所著(2011)文章对此进行了详细介绍。换句话说,其理由不久就会明晰:我们将应对的是高水平的技术和管理以及概念问题,旨在满足用户与利益相关者的要求这一最终目标,同时实现性能、计划与财政资源之间的最佳均衡。

有趣的是,我们将引用系统工程的以下定义:"系统工程"是工程的跨学科

领域,关注如何对复杂的工程项目在其生命周期内进行设计和管理。当处理大型、复杂的项目时,后勤保障、不同团队之间的协调以及机械自动控制等问题变得更加困难。系统工程利用工作流程和工具来管理这些项目的风险,并且其与技术和人本学科如控制工程、工业工程、组织行为学以及项目管理重叠交叉。此定义足以说明系统工程过程,并且与参考文献(Wertz 和 Larson 所著 1999;Gerosa 和 Somma 所著 2011;Spagnulo 所著 2011;NASA2007;国防采购 2001;系统工程)一致。

关于网络空间安全,需要注意的是目前并无任何普遍认可的网络空间安全定义与相关的概念。然而,网络空间安全及其相关问题源自信息技术(IT)这一点是无可争议的,因此,IT 系统的复杂性以及它们的全球普遍性、可靠性、战略重要性和作用与信息安全和信息保障建立起密不可分的联系。此外,随着对现代 IT 系统复杂性的进一步强调,通过系统工程方法实现 IT 系统的执行与生命周期管理日益普遍,由此创建了一种结合信息安全保障与系统工程的适用于安全的混合体,这种混合体称为信息安全保障工程。这种方法已由 Ross Anderson、Stuart Jacobs 分别在 2008 年和 2011 年提出。

引用一些网络空间安全、安全工程、信息安全以及信息安全保障的定义非常有用:

(1)网络空间安全是技术、过程与实践的主体,用于保护网络、计算机、程序与数据避免遭攻击、损坏或非法访问。按照网络空间安全的定义,在计算机环境中,安全是指"网络空间安全"。

(2)安全工程是工程的一个专门领域,关注系统设计的安全方面,需要能够积极应对可能的破坏源,如自然灾害和恶意行为。它与其他系统工程活动类似,其主要动机就是支持工程解决方案的交付,使工程解决方案满足预定义的功能和用户需求,但其增加了防止误用与恶意行为这两个范围。正如"安全工程"中所介绍,这些约束与限制通常称之为安全政策。

(3)按照信息安全的定义,信息安全指避免信息与信息系统被非法访问、使用、披露、中断、修改、阅读、检查、记录或破坏。

(4)信息保障(IA)是指与信息或数据的使用、处理、存储与传输相关,以及与用于以上目的的系统和流程相关的信息保障以及风险管理实践。虽然 IA 主要关注数字形式的信息,但是全面的信息安全保障不仅包括数字形式,同时也包括模拟或实体形式。正如信息保障的定义所述,信息保障领域起源于信息安全实践。

我们很容易发现定义(1)中网络空间安全是定义(3)与定义(4)的子集。定义(4)源于定义(3),经修改加入了风险管理;从历史的角度来看确实是这样,信息保障取代信息安全成为更加有效的方法。换句话说,基于这些广泛的定义,同时考虑定义(2)中涉及的系统工程和用户需求,通过信息保障与系统工程来解决网络空间安全问题似乎顺理成章。

以上定义在非机密的环境下形成,比如私营部门与不涉及机密信息的政府部门。但是,必须强调的是,由于隐私、安全、与/或商业原因,机密信息不仅仅需要受到保护,而且需要高级别的保护。

当我们应对安全与机密信息时,常见于军队与特殊政府部门,一般的定义相似,但是会有一些细微的差别和特点,概括如下:

(a) 网络空间安全通常指的是一种战略背景,在这种背景下国家的与联盟(如 NATO)的网络空间——可以进行在线通信的计算机网络电子媒介——以及利益通过网络防御进行保护。此项定义非常抽象,具有很高水平,但也肯定涵盖了定义(1);此外,尤为值得一提的是,有时(特别是技术背景下)网络空间安全用于指实施的特殊安全措施。

(b) 网络防御的表述广泛使用,就以上的定义(1)而言,通常定义为网络空间安全,即为上述定义(a)中网络空间安全的子集。然而,不能由此推断网络防御即为上述定义(1)中的军事与安全敏感型政府部门的网络空间安全。事实上,网络防御采用信息保障概念与多学科 DOTMLFPI 方法。缩写 DOTMLFPI 代表条令(Doctrine)、组织(Organization)、培训(Training)、材料(Material)、领导力培养(Leadership Development)、人员(Personnel)、设施(Facility)以及互操作性(Interoperability)。我们随即了解此方法极其复杂,因此有必要采用系统工程方法。

(c) 政府与军事方法高度结构化与复杂化,受许多技术与程序方面的法规约束,其中一些法规通常为机密信息,可能异常苛刻。换句话来说,通常政府和军事的要求更严格,更难以达到。

(d) 需要提及的是,在军事及机密政府部门,信息保障方法已经取代信息安全。然而,由于历史原因,以下的术语仍然非常普遍,应用于许多安全领域:

INFOSEC 为信息安全,通常指 IA 且不与上述定义(3)混淆;事实上,正如下文所示,INFOSEC 和 IA 差别很大。

OPSEC 为作战安全,其涉及物理、组织以及程序安全问题。

COMPUSEC 为计算机安全、技术计算机相关的安全问题。

COMSEC 为通信安全、技术通信相关的安全问题。它包括:CRYPTOSEC 为密码安全;EMSEC 或 TEMPEST 为与无意发出的信息相关的电磁波安全,包括所有可能的物理现象,因此,其不限于电磁波;TRANSEC 为传输安全,与信息传输时不被拦截的能力相关。

INFOSEC 术语通用意义明确。然而,它们可能涉及高度复杂与困难的技术问题和挑战。相关技术标准、出版物以及法规通常为机密信息(INFOSEC 分类如图9.1 所示)。

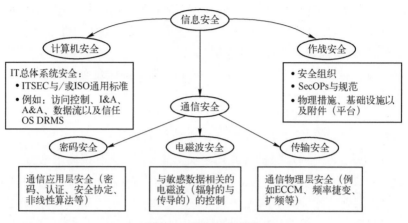

图 9.1　信息安全分类

从上述关于网络空间安全信息的介绍,可以推论出此类问题能从各个方面,不管是从军方、私营企业还是政府的角度都能以相同的方式理解。涉及机密信息的利益相关者不得不面临更严格的要求与程序以管理机密信息,但是,一般方法将保持不变。如果比较复杂,则必须通过信息安全保障与系统工程的方法以实现网络空间安全。

下面可以试着了解网络空间安全与空间系统的关系。

首先,显然类属空间系统可能由多种信息技术系统或子系统组成,这些信息系统相互作用,生成、处理及交换信息。之后,部分交换的信息通过进一步与不属于空间系统的外部系统交换信息从而进行传播及/或开发利用。

上述提及的空间 IT 子系统分别为控制地面系统(CGS)、用户地面系统、空间段(SS)或者它们的星座构型。外部系统为任何利用空间系统所发送信息的信息技术系统。

对空间系统的概念进行分解可能用于:

(1) 通信卫星;CGS 控制与管理卫星,而 UGS 内部由卫星通信终端组成;创建连接与交换信息。用一个合适的网关可将 UGS 与其他外部通信系统连接。

(2) 地球观测卫星与科学任务;CGS 控制与管理 SS 卫星/航天器,而 UGS (通常由专门的接收器组成)利用卫星有效载荷采集和传输信息;用一个合适的网关可将 UGS 与其他能够利用图像与科学数据的外部系统连接。

(3) 导航系统;CGS 控制与管理卫星,而 UGS 由能够利用导航波形与情报的专门接收器组成;在此情况下,用一个合适的网关可将 UGS 与其他外部系统相连,从而利用由导航系统发送的精确时间与基准频率。

因此,我们几乎收录了每一种可能的空间系统,表明它们是且不仅仅是信息技术系统。此外,这些空间系统需要与其他系统连接,以便能够进行最大限度的利用。

观测、通信与导航空间系统的典型数据资产示例如图 9.2 所示。

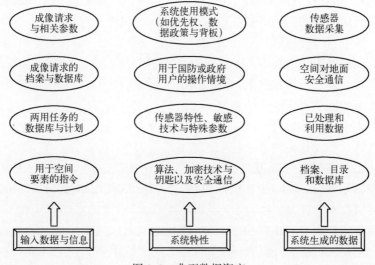

图 9.2　典型数据资产

有人可能认为空间系统必须包括能够处理网络空间安全问题的工具。换句话说,空间系统需要结合信息安全保障与系统工程的方法。对两者进行整合后才可称之为信息保障系统工程。

在接下来将介绍信息保障系统工程最重要的方面,以及其与航天工业的整合,如与太空相关的系统工程方法与项目管理技术。

9.2　信息安全保障系统工程(IASE)基本特征

太空信息保障系统工程本质已确定为 IA 与系统工程的集成。为理解其意思,我们需要更好地对 IA 与系统工程进行定义(从 IA 的角度)。

根据之前给出的定义,IA 可视为对信息资产(如系统、软件、硬件、网络以及数据)的持续保护。此保护要求完全遵循相关的法律法规、管理相关风险以及实现以下安全服务。安全服务也称为安全/保护属性或目标:机密性、完整性、可用性、真实性与不可否认性。

此外,IA 必须在私人与政府的多个环境与组织下,在国家与国际层面上实现;方法与期望值的高低直接取决于组织的安全政策与安全要求。

以下为安全服务的介绍:

(1) 机密性包括避免将信息资产泄露给非授权的个人或系统。

(2) 完整性指信息资产,尤其是数据,不能随意修改。

(3) 可用性要求信息资产必须在需要时可用,确保业务连续性。这就意味着用于储存与处理信息的计算系统、用于信息保护的安全控制系统,以及用于对信息进行访问的通信信道必须运转正常。高可用性系统旨在保持随时可用,防止由于断电、硬件失效以及系统升级造成的服务中断。确保可用性同时也涉及避免受到拒绝服务的攻击。

(4) 真实性用于确保数据、交易、通信、电子或物理文档真实可靠。真实性也必须用于验证双方所声称的身份。

(5) 不可否认性意指事务处理的一方不能否认其已接收一项事务,另一方也不能否认其已发送一项事务。

从历史角度观察,首先确定安全服务的机密性(confidentiality)、完整性(integrity)与可用性(availability),因此也将其称为 CIA(Stamp,2011)。由于 IT 系统的发展以及不断普及,从而提出了新的要求,即后来增加的真实性与不可否认性这两项安全服务。INFOSEC 仍然指 CIA,但不包括真实性与不可否认性。然而,许多有关信息保障与信息安全的著作及书籍主要关注 CIA 属性;这就是IA 与 INFOSEC 之间经常混淆以及那些术语经常被误解的原因。

安全服务通过技术、物理以及组织/程序安全措施,以及良好的工程实践来执行(参见图 9.3)。

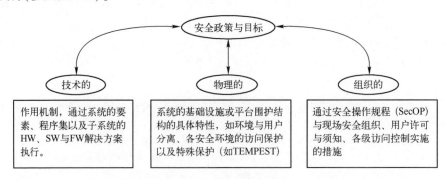

图 9.3　安全措施分类

从根本上说,技术措施是计算机、网络与通信工程的产物。它们包括功能机制,以及功能机制通过硬件、软件以及固件实施解决方案。应用密码对于实现可用性以外的所有安全目标至关重要,因为从根本上来说,可用性与稳健性和可靠性相关。

物理措施与存储及实体保护的信息资产的基础设施相关。物理措施虽然涉及技术方面,但是它们与信息技术无关,而与架构、建筑以及设备工程的要求与挑战有关。典型问题有环境分离、安全环境访问以及与 EMI/EMC、TEMPEST、NBC 等相关的特殊保护措施。

组织/过程措施通过安全操作规程(简称为"SecOP"与现场安全组织实施)。

我们很容易识别出 OPSEC、COMPUSEC、COMSEC、CRYPTOSEC、EMSEC/TEMPEST 以及 TRANSEC 等概念之间的类比。

与 IT 相关的更多技术细节超出了本书研究范围,可参考 Jacobs 所著(2011)、Stamp 所著(2011)、Schneier 所著(1996)、Anderson 所著(2008)以及 Menezes 等所著(1996)文章。物理与程序技术的系统针对性太强,因而不予探讨。

IA 可视为一个连续不断的过程,这个过程涉及有待保护的信息资产,以及对其负责的组织,并通过上述安全目标管理相关风险。而安全目标通过实施符合批准的安全政策与要求的合适安全措施得以实现。

这样一个极其复杂的过程,符合统一的系统工程方法,需要一个全面的管理系统,这个管理系统一般称为信息安全管理系统(ISMS)。

下面回顾信息安全管理系统最重要的组成要素。

一个合适的安全管理系统的组成要素包括多个标准与指南,如 OECD 九大原则、ISO 27000 标准家族(具体参考 ISO/IEC 27001 与 27002)、信息安全论坛的"良好实践标准"等。它们都具备一些共同的特征,可概括如下:

(1)意识:整个公司上至高层管理人员下至整个机构所有不同的角色都必须意识到需要保护他们的资源。要达到此目标,需要适当水平的培训。

(2)规则与组织:必须通过承担任务与职责对以安全为目的的组织模式进行定义。安全规则只有维持在高水平时才有效,任务中的规则包括寻求最佳策略、特殊社会目标以及它们的性能评估系统。

(3)风险分析与管理:很明显这就如前面所介绍概念的描述的情况相似,风险分析与管理的关键是掌握系统存在的问题与面临的威胁,以及了解那些虽然因定义限制,但实际上最需要努力投以资源加以保护的最脆弱的部分。

(4)政策与程序:一旦完成相应的风险分析后,确定政策与其程序就显得非常重要。政策与程序有三个层面:通常为组织描述、政府系统及其目标与原则;用户方面,如与技术有关的日常用户行为;技术方面,则是 ICT 工作人员通过技术政策与程序学习如何管理技术实施与维护阶段。

(5) 对保护系统进行持续监控与调整；为确保操作与技术方面的最佳监控，必须设计安全管理系统，以便组织及时对风险域的变化做出反应并加以调整。

由于风险分析与管理至关重要，因此，将对其进行全面分析。

关于 ISMS、IT 产品/系统与涉及的专业人员，还需要考虑安全认证与安全认可两个方面。这两项内容通常被误解。安全认证的概念在不同的语境下其语意存在差异。

认证通常是指由某些外部评审或评估对信息资产、人员或组织的某些特征所进行的确认。影响 IA 最主要的认证形式为产品认证与工艺认证，其提出的流程与机制用于确定产品、服务或操作是否符合最低标准。从综合的角度来看，安全认证是评估信息系统中的安全措施/控制的过程，以便确定它们是否得以正确实施、按预期操作，以及是否符合系统安全要求。认证过程本身符合特定标准。通常，认证在私人与公共部门均同样得到了广泛的接受；如所选的认证标准不同，则可能会有所差异。

认可是指对签发证书的或由标准/政府机构认可的、证明其他企业遵守官方标准的组织(因此也称为认可认证机构)，检查其能力、权限或公信力的行为或过程。认可过程主要为验证这些认可认证机构有能力对第三方进行测试与证明，行为符合道德标准以及采用合适的质量保障处理措施。比如可对测试实验室与认证专业人员进行认可，后者经允许能够对符合公认标准的对象颁发正式证书。以上介绍适用于私人与政府部门。

需要指出的是，认证可能由多个不同的机构实施，但是认可必须集中且受控。认可机构可定义为国家与国际级别；前者为政府或政府控制的实体，后者为"特别"委员会或机构，通常由相关国家的代表组成。

需要注意的是，由于背景与法律法规不同，认可机构可能保留认证机构；在此情况下，仍然由多个机构实施认证活动，但是不能颁发任何正式证书。

军事与军事工业部门常见的情况是，当机密信息资产必须受到保护时，不需要对其管理机构颁发证书或对第三方证明的能力进行认可。此时，认可程序稍微不同，是指根据其信息保障要求对信息资产保护方式的一种正式评估，其包括认证要求以及在商业与运营要求情况下对剩余风险的相应承受。此类认可在此可简称为政府认可。

根据对认可的定义，可对 IT 系统的安全认证定义进行如下描述：安全认证是指对过程/技术流程的 IT 系统安全特征(作为一部分，以作支持)进行的审批/认可评估，以便使特殊 IT 系统的设计与执行符合一套特定的安全要求。

另外，关于政府认可，可将认证与认可视为一种全面独特的标准流程以便确保系统符合其规定的安全要求,并且在它们的系统生命周期内维持安全认可的结构。我们仍必须区分认证与认可。认证是出于认可目的对安全组件与其符合性进行技术评估:认证机构(通常为独立的第三方机构)检查系统是否符合已建立的安全要求。而认可是管理方对系统整体安全的充分性的正式验收。

安全机构根据适用的国际与/或国家方案与标准对系统/产品进行认可是该流程的最终目标。一个可能的政府认可 IT 措施流程示例如图 9.4 所示。

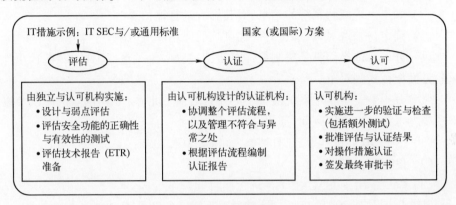

图 9.4   政府认可

笔者认为,IASE 对空间系统最重要的影响在于风险分析与管理、认证以及认可。我们尝试对它们的本质进行介绍。

接下来,将对风险分析与管理以及认证进行详细介绍,而认可由于受国家法律法规的影响,将不予详细介绍。但下面将对认可问题的影响进行概括性地说明。

9.3   IASE:风险分析与管理

下面要确定风险分析与管理一般模式的所有组成要素,目标是清晰地描述类属模式的所有组成要素,以便更好地了解目前可用的各种模式的方案与相关流程。

9.3.1   风险分析

目前,相应的信息资源与通信网络不能将经济和社会生活分离开来。与实体世界不同,信息与网络易遭遇各种各样的风险,而这些风险通常非常隐蔽,并且不断地演变。

此外,可以观察到:

（1）IT系统越来越复杂，且其变化又将引起新的风险。

（2）完整的保护导致网络与计算机资源的使用受限与放缓。

（3）保护技术完全取决于所考虑的风险。

（4）远远超过需要或延伸至低影响要素的高度安全系统的造价通常过高。

因此，对风险进行分析非常重要，以便：

（1）确定威胁系统的信息。

（2）如果出现威胁系统的信息，对其影响进行评估。

（3）确定与采取对策，通过对潜在影响的作用降低风险。

风险分析在选择而不是猜测最佳对策的过程中至关重要，其能够在费用与风险方面权衡这些对策。

风险分析是安全管理系统最重要的要素之一。此外EU与国家法律以及以下主要参考标准也直接或间接对其提出了要求：

（1）ISO 27000标准家族，具体参考ISO/IEC 27005；

（2）ISF良好实践标准；

（3）CobIT，用于ISACA"IT治理控制目标"。

风险分析在企业风险分析与管理这一更广泛的背景下更加重要。

与企业风险管理相关的信息风险分析之所以日益重要，是因为信息技术为业务以及相应的企业流程提供了源源不断的支持。

因此，信息风险，即与缺乏信息系统保护相关的风险，对诸如财务、市场以及操作风险等其他风险类型的影响与调节程度也日益增长。

风险分析必须事先、定期以及持续/动态地进行，以便将保护系统升级到有效和真实确定的需要的级别，同时有利于对可用资源进行最佳利用。

9.3.2 不同风险分析方法的一般说明

有多种风险分析方法，这些分析方法有不同的目标与特征。但是它们大部分都具备某些相同的概念、要素与程序。

没有最好的方法：考虑到待实施的分析类型与待使用的风险度量系统，了解哪一种方法最适合非常重要。

另外，这些可用的方法有许多共同的要素。

分析类型可能属于概念性的，即与管理相关，且针对组织及其流程；并且/或者属于操作性的，即与负责信息系统的人员相关，针对技术与操作背景。

概念性的高级别风险分析与评估可以：

（1）在策略与组织水平上确定风险层面。

（2）确定组织威胁与关键宏观区域或最终待处理的风险背景。

（3）确定企业快速干预计划。

（4）确定一般安全政策。

此评估使企业高层管理人员意识到安全管理计划确定与实施的重要性。

此评估也实现了对安全计划的承诺，并且最重要的是有利于将努力方向转移到最关键的区域。

操作性风险分析旨在对单一技术、系统与特殊网络环境进行详细与深入的安全评估，以达到以下宏观目标：

（1）了解弱点、威胁以及单一技术（如应用平台与网络）与已处理信息所暴露的风险。

（2）确定安全架构与技术标准。

（3）检查政策与系统管理程序。

（4）为识别的漏洞提供与必要的安全控制相应的操作措施。

（5）达到安全技术最佳实践标准。

9.3.3　风险度量系统

为选择最佳方法，必须考虑方法本身所使用的公制系统，涉及定义目标，其用于不同的模式要素。

基于统计数据与货币要素，定量度量系统能够更加方便地确定投资预算。但是它过于复杂，不能进行详细描述，并且不能完全避免主观评价。为便于使用该方法，如果资产与资源回收成本以及声誉与材料损失等要素与组织相关，必须量化所有风险因素。为实现该目标，必须能够访问不易获得的高质量信息。此方法有真相与表观两种可确定的变量。第一个包括代表真实数量的数字的使用，这是直接以货币单位估算的损失。第二种情况（已定义为明显定量，如"半定量"），旨在处理与计算机使用相关的需要，将定性度量转换为数值。例如，起初用定性术语如高、中、低与无表述的临界值可用一套相应的数值表述，如 3、2、1 与 0，以便与另外一种度量如暴露风险级别进行运算。纯定量方法当然比定性方法更加精确，但是其难以应用，主要有两方面的原因：一是所需值通常不可获得（例如，对声誉受损的影响进行定量估计极其困难）；二是由于缺乏信息，容易做出错误估计，导致数值只能进行定性评估。

定性方法不需要统计数据，用低、中、高、重要以及关键术语来表述值。此类方法可能看似粗糙，不够精确。但实际上，它们比错误应用或应用不当的定量方法更好，且误导性更小。

就偏差而言，设计者需要处理的一个主要方面是所用不同概念以及不同公制系统的可能值的公制平衡，不管系统是基于定性还是定量。

事实上,很明显由于选择不同等级的度量概念,可能导致不一致的结果。

针对不同公制系统一致性评估的验证系统的识别仍然是一个悬而未决的问题。

由此可以得出结论:定量系统更加适用于概念化的商业背景分析,而定性系统针对操作性分析,因为在这种分析下对策的效率超过成本的恰当性。

主要方法间的共同要素。所有方法都具备许多相同的风险分析要素与阶段。事实上,独立于所使用方法的风险评估必须能够:

(1) 确定分析背景,特别是必须防范哪些风险。

(2) 定位及评估敌对媒介、威胁、攻击与弱点。

(3) 确定面临的威胁。

(4) 计算最终风险,评估可接受的水平;确定对策,将风险控制在可接受水平。

目前大部分分析方法涵盖了以上列出的所有要素。但它们有不同的概念与术语,这些概念与术语定义并不明确,远远未达到参考标准中的现行意义,这是关于保护、危险、威胁、攻击、损害,以及风险的术语和概念的情况。

准确描述以下概念与其定义的现行意义非常重要:

(1) 干预范围与信息资源,例如普查与分类。

(2) 保护属性或安全服务。

(3) 威胁普查。

(4) 弱点普查。

(5) 发生概率,如威胁暴露。

(6) 影响评估。

(7) 对策的定义,即措施或控制。

(8) 对策实施后风险降低。

9.3.4 干预范围与信息资源

首先必须确定干预范围以及感兴趣的组织与管理信息;然后对包括在干预范围内的信息进行分析普查,普查的详情取决于待实施的风险分析的目标与类型(概念性的或操作性的)。

为建立概念性分析,对处理数据、开票、付款与员工及/或应用软件进行普查,以达成目标。而操作性的分析甚至需要考虑流程使用的参考技术,如通信网络与硬件/软件。

不管怎样,必须将组成数据、软件、技术等信息的单一要素与信息访问定位正确方法的所有流程进行对比。所有这些要素必须归为同一类别以便评估威胁与弱点。信息网络以所有信息的通信与处理系统(输入、输出与更新)为特征,因此,它们与它们所处理的信息都应当受到保护。在某些情况下即是如此,例如通信协会的骨干网。不管如何,必须意识到,信息资产的哪些部分需要受到保护,以及根据其所有要素的临界标准,分析需要多少资源对所有要素进行保护。

9.3.5　目标与保护属性

确定保护系统的目标非常重要。它影响所有的活动,因为不能将盈利性社会企业的目标与非盈利性企业或政府机构进行类比,保护目标也如此。

根据这些目标,需要对其他一些特征进行逐个确定与评估。这将影响风险评估流程以及相应的保护技术选择。

正如之前所强调的,目前的最佳实践有机密性、可用性、完整性、真实性以及不可否认性五个安全属性特征。这五个特征呈现出不同的风险状况,建议对它们逐个进行评估。

9.3.6　威胁普查

风险完全取决于威胁的概念。威胁构成等效概念,但不包含概率与间接损害这两个特点。此外,风险可视为对人或物造成损害的负面事件。威胁事实上就是此类事件。

威胁由此可定义为造成安全属性/服务损失的任何事情。威胁通常为意外事件,可以经推理进行可能的识别。它可以分为内部或外部事件。威胁可以由不同行动的攻击实现。由于外部威胁容易暴露,因此相对于内部威胁,人们主要倾向于保护干预那些免受外部威胁的事件。现实情况是,内部风险最为普遍,因此不能低估它们。

内部威胁与相应的对策完全取决于组织与信息过程的本质,而外部威胁除了受人员或进程的影响外,它还受所使用技术的影响。内部威胁的确定必须考虑特殊组织环境,而外部威胁可用更加标准化的解决方案进行处理,这些标准化的解决方案取决于主要采用的技术。

9.3.7　弱点普查

弱点是指某种可能致使威胁产生的组织或技术状况。威胁无处不在,但是如果没有弱点,理论上威胁就会消失。相反,当存在大量或者重大弱点时,威胁更容易发生作用。

弱点可为组织上的或程序上的,如缺乏重要的机制功能(如监控);或技术上的,如 BIOS、操作系统以及数据库的技术弱点。

技术弱点可以用特殊的扫描仪进行定位,如技术缺陷连续自动扫描仪,或者通过攻击或渗透活动进行定位。表 9.1 总结了最常见的弱点类型,这些弱点类型由普华永道与 CIO 杂志于 2003 年通过安全调查后进行分类。

表 9.1 最常见的弱点类型

弱　点	发生概率/%
开发的已知操作系统弱点	39
滥用的有效用户账户/许可	30
开发的已知应用程序弱点	30
配置错误/人为错误	28
开发的未知操作系统弱点	22
外部拒绝服务	22
开发的低访问控制	22
猜测的密码	19
开发的未知应用程序弱点	18
社交工程	11
内部拒绝服务	7

注:摘自《信息安全:商业战略指南》© 普华永道 2003

导致弱点扩散的主要因素有:

(1) 错误的组件;

(2) 地理分布;

(3) 尺寸与复杂性;

(4) 技术革新;

(5) 安全问题的专业知识有限。

通过采取恰当的安全对策可以降低弱点水平,Jacobs 所著(2011)与 Anderson 所著(2008)中有详细研究与描述。

弱点不能完全消除,因为即使是对策也存在缺陷。

9.3.8 发生概率

正如本书其他地方所述,风险可确定为对特殊威胁的影响、造成的损坏以及发生的概率进行的逻辑或算术乘积。对该概率的确定可通过一个判定或者思考进行表述,或者条件允许时,可以用事故与攻击的统计数据或者结合两项数据进行表述。

造成风险以及由此而来的威胁、攻击与弱点的所有要素必须在此阶段进行分析。有关威胁与相应的攻击及弱点的示例,见表 9.2。

表 9.2　威胁、攻击与弱点的关系

威　胁	攻　击	弱　点
外来者访问组织专用网络	外来者使用无线局域网(WLAN)通过后门程序访问系统	网络服务集标识符(SSID)未恰当地掩码。未授权的接入点被内部员工安装。有线安全等级协议(WEP)不强,相应密码会话被中断
	外来者通过密码暴力破解进行访问	密码长度不够
	外来者窃取授权密码	密码太弱容易遭受字典式攻击
		非密码识别顺序导致入侵
		监控水平低
		"特洛伊木马"程序已安装在网络上
	行为不轨的离职员工访问系统以获得保密信息	离职后未删除账户与密码。离职后,拨号服务器或WLAN接入点密码未删除
由于欺诈性的操作造成经济损失	攻击者模拟真实网络操作	通信应用渠道密码及识别不当
	侵入者获取客户信用卡记录	访问控制对关键数据库妥协
丢失关键数据	恐怖分子攻击损毁数据库	备份与冗余程序不足
	"特洛伊木马"程序删除硬盘	员工对从未知来源下载软件的风险不敏感
		未更新杀毒软件
互联网不可用,网络停止导致收入损失	通过"ping"技术的"拒绝服务"攻击使服务器超载,使其瘫痪	配置不佳的路由器不能删除严重格式化的数据包
		服务器操作系统未升级到最新的安全标准
		病毒防护不足
	入侵者重新配置路由器以阻止合法流量	不能重新设置系统的默认管理密码
	应用程序的连续需求使服务器资源饱和	应用程序开发不足识别控制不足使人们对欺骗性调用视为真实

注:摘自《信息安全:商业战略指南》© 普华永道 2003

9.3.9　影响评估

风险分析过程中最重要的一个方面是当威胁真实地产生作用时,确定威胁对被保护资源以及整个企业造成的影响或造成的损害。

如下面所示,影响是仅次于威胁产生概率的第二个风险分量。用于度量的公制系统(如构想测量)能够应用于某个概念的条件是该概念能够进行度量。

这使得我们回到了对之前已介绍的定量与定性方法的讨论。

正式地说,风险(R)定义为事件发生概率(Pa)与损坏(D)之间的逻辑或数学乘积,其公式为$R=Pa×D$。如果乘积的两项中至少一项为零,则风险很低。

对于定性测量来说,必须确定一个合适的测量系统。

实际上,对风险的两个方面进行考虑非常有用。第一个方面定义为绝对或内在风险,第二个定义为剩余风险。与前者相反,后者的概念考虑了已识别的对策的影响。

9.3.10 对策定义

风险评估过程中,需要确认风险的可接受水平,然后与可用预算进行对比。对策也称为措施或控制,指能够应对风险,将风险降到一个事先确定的可接受水平的组织与技术措施。

在风险分析过程范围内,可对对策进行一般化的定义,这需要深入的调查与进一步的分析以及从更加有效的视角进行定义。在合适的实施作业计划中确定行动模式、时间以及职责非常重要。

9.3.11 风险管理

前面介绍的风险分析使我们能够确定需实施的最恰当对策。对策的实施与管理以及对实际安全状态的长期监控都属于风险管理环境。

必须采取可控与有效的安全措施,有效地抵御风险识别,并且与数据管理、处理与交换的基础设施使用相联合。因此,信息安全必须视为全局特征,能够达到信息与服务所期望的机密性、完整性与可用性水平,从而符合需求与技术的不断变化。

完整风险管理过程所涉及的活动如图9.5所示。

图9.5清晰地显示风险管理过程必须连续与可复制。为了通过仔细的风险管理从而明确地保障信息安全,有必要在负责创建、升级、删除与维持信息的组织中加入一个充足的安全管理系统(SMS),并根据问题的过程、组织和技术三个维度对其进行组织。

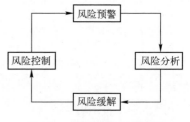

图9.5　风险管理生命周期

就目前信息安全的状况而言,如果不能对以上三个维度的任一维度进行分析,或者在没有一个统一完整的评估框架的前提下,采用不连续和有限的方法进行分析,则采取的任何纠正行为都可能因对识别问题的评估受到限制或不完整而无效。

一般来说,需要处理的问题如下:

(1) 识别与确定企业流程与相关的风险环境;

(2) 遵守国家与国际安全标准与规定;

(3) 确定安全管理策略;

(4) 确定就安全管理方面组织需要采取的指导方针;

(5) 保持在 IT 系统安全方面已经或即将做出的投资。

风险管理从根本上取决于:

(1) 企业使命;

(2) 与法律和标准的符合性;

(3) 经济可用性。

安全管理系统的根本目的之一是在安全成本与非安全成本之间实现(一个)合理的平衡,主要目标是确保处于长期、稳定与最佳的保护水平。根据目前为止所做出的考虑,风险分析不能视为全面风险管理的唯一相关要素,但是务必要做到:

(1) 有效地采取适当对策,建立一个有效率的交互式监控周期;

(2) 通过定期重复流程或实施动态风险管理系统不断地更新风险评估;

(3) 考虑整个安全管理背景。

对该问题的全面理解使得目前趋向于将风险分析模型与风险管理系统结合起来,实质上所采用的是现代分析方法与动态评估。该方法也考虑到改变会影响信息资源与事件/攻击监控的结果,而该结果将影响风险评估标准的更新。

9.4　IASE:安全认证

IT 系统安全评估与认证过程应具有以下特征:

(1) 可重复性:假如最初实施的安全目标与要求一致,则由同一家评估机构再次进行评估后,评估流程所得的最终结果相同。

(2) 再现性:假如最初实施的安全目标与要求一致,则由另一家评估机构再次进行评估后,评估流程所得的最终结果相同。

(3) 公正性:审计与认证过程应不受外部因素影响。

(4) 客观性:安全审计的结果应基于事实,尽可能避免主观意见或经验。

能够使安全评估与认证过程有效的基本因素是:参考标准经证明有效,以及针对最终用户、系统开发人员、过程或产品以及认证程序融资方的认证机构的第三方性质。

目前在用的两个最重要与著名的 IA 相关认证方法由 ISO/IEC 制定。

更准确地说,ISO/IEC 于 1999 年采用一系列完整的标准,称为"通用标准",从而对 ICT 产品与系统安全进行评估与认证。ISO/IEC IS 15408 与 18045 标准颁布后,该通用标准得以正式采用。

至于第二种类型的认证,ISO 于 2000 年仅采用英国 BS7799 标准的第一部分。此后,ISO 开始于 2005 年颁布 ISO/IEC 27001 与 ISO/IEC 27002。

ISO/IEC IS 15408 与 18045(《通用标准与应用方法》)标准以及 ISO/IEC IS 17799-1 与 BS7799-2 两组标准的认证对象截然不同:就《通用标准》(CC)而言,认证的对象为 ITC 系统或产品;就 ISO/IEC 27001 标准而言,需要认证的是组织(私营公司或公共机构)为了对 IA 问题进行内部管理所使用的程序。在该标准中,程序用缩写 ISMS 表示,代表"信息安全管理系统"。ISO/IEC 27001 认证可视为企业认证,如著名的 ISO 9000 认证,但是该认证专门针对 IA 领域。

然而,对于 ISO/DEC 27001 认证目的,只要证明上述功能需求是根据正确的风险分析与管理进行选择,并且通过样本的使用,证明相应的安全功能必要时都呈现在 ICT 系统中即可。

对于一个 IT 系统/产品的通用标准认证,则必须证明上述提及的功能不存在执行错误,且在一定的严重性阈值以下能够抵抗在明确的环境中特定的一组威胁。

9.4.1 通用标准

《信息技术安全通用评估标准》(CC)的理论基础源自之前的《欧洲信息技术安全评估标准》(ITSEC)。在此背景下,由于 ITSEC 标准已过时而 CC 获得广泛的认可,因此不建议对 ITSEC 标准细节进行探究,而是对《信息技术安全通用评估标准》进行详细介绍。

根据此理论,如果下列信息未确定,则验证一个系统/产品(称为评估目标(TOE))是否安全毫无意义:

(1) 做什么是"安全的",代表安全目标。

(2) 在何种环境下是"安全的",代表安全环境。

(3) 根据何种评估视为"安全的",代表保障需求。

根据 CC,安全目标定义为:对抗威胁或遵循现有安全法律、法规或政策的意向。通过采取技术性的安全措施(如安全功能)与非技术性的安全措施(如物理与程序的以及与员工相关的措施)实现目标。

安全环境从以下方面进行描述:

(1) 假定的系统/产品使用,即应用程序、用户、已处理信息以及其他资产,对相关值进行明确要求。

（2）环境，即非技术安全措施以及与其他 ICT 系统的联系。

（3）面临的危险，明确攻击者的特征，如知识、可用资源以及动机；攻击方法，如提及（除其他事项外）对可能已知的 IT 系统/产品缺陷的利用，以及涉及的资产。

（4）组织安全政策。

评估过程旨在确定 TOE、其开发者与评估者符合适当的保障要求，保障要求随着评估水平提高而愈加严格。CC 确定了从 EAL1~EAL7 的七种评估保障级别，并且为每个级别确定了一套专门的保障要求。

根据所选 EAL 实施的检查旨在确保以下信息：

（1）合适的安全功能，以实现系统/产品的安全目标。

（2）在最初安全规范（如环境与安全目标）过程中无错误，有利于实际安全功能的实施，即技术规范解读与无程序设计错误。

（3）用于交付安装系统/产品的合适安全程序，以避免交付给最终用户的系统/产品可能与提交用于审计/认证的不同（尽管差异甚微）；明确的用户及管理手册，也就是说，尽管功能/产品配置的安全功能完全合适且实施时未出现错误，但实际上管理可能使用户的行为在该产品/系统的使用过程中暴露其弱点；开发人员给那些使用系统或产品的人们提供支持，以弥补审计后可能出现的弱点。

在安全功能实施过程中未出现错误的证据，不仅可通过分析申请者提交的文件以直接寻找自身的错误，以及提交系统/产品用于功能测试与攻击的方式获得，也可通过验证实施过程中确实采用了旨在降低错误概率的工具、方法以及程序的方式获得。

随着评估水平的提高，需要更加详细的操作规范。例如在非正式、半正式以及正式描述中，高级别设计、低级别设计、源代码以及规范描述变得越来越严格。

评估严格性不仅通过审计级别确定，还要通过其他参数——空间的功能性强度（SOF）来确定。事实上，从 EAL2 开始，CC 要求 TOE 安全功能应当能够表述使其安全机制无效所设定的最小努力。此机制的 SOF 通常具备密码、散列函数等概率或数学性质，必须具体化为基本、中以及高三个等级。

TOE 安全功能根据其需要达到的要求进行描述，这些要求称为功能要求。如上述提到的保障要求一样，其必须使用包括在 CC 中的要素目录进行描述。可能出现一些例外，但是这些例外应该完全合理。

更准确地说，功能要素目录为 CC 的第 2 部分，而保障要素目录代表第 3 部分。目录以不同的层次级别进行编制，以便纳入同类要素。例如，对于功能要素而言，最高层次级别规定一组由审计、通信、密码支持、用户数据保护、身份认证、安全管理、隐私、TOE 安全功能保护、资源利用、TOE 访问以及可信通路/信道 11 类组成。在一些功能类名称中可以找到 TOE 的缩写,其代表访问的 ICT 系统/产品。

在申请者必须/可以提交给检查员的各种文件以及访问的 TOE 中,有两个文件值得一提:第一个文件称为《安全目标》,是必须具备的,并且是主要的审计文件。《安全目标》应说明安全环境、安全目的、功能与保证要求,以及相应产生的审计水平——最低安全功能稳健性,并包括安全功能的初始高级别描述。相反,最后一节未包括在第二个文件——《保护框架》中,其结构与安全目标文件类似。可针对某类产品而非本例中的特定 TOE 选择性制定《保护框架》,就此类产品而言,只要其满足功能性要求,就可免费运行安全功能。《保护框架》可以注册,也可以进行评估,从而对内部一致性进行验证。

根据 CC 而进行的评估与认证的主要优势如下:

(1) 由具备专业知识的第三方机构实施的认证,其 TOE 的安全功能与要求的非技术对策足以达到安全目标。

(2) 实现 IT 安全事故预防措施。

(3) 获得关于可采用的 ICT 安全功能与保障要求的丰富目录。

(4) 对 ICT 系统与产品的安全要求以标准方式进行说明。

9.4.2　ISO/IEC 27001 与 27002 标准

ISO/IEC 27001 与 27002 标准的主要目的在于建立一个普遍认可与接受的标准,以证明组织保护其自身信息资产的能力,以及不断维持该能力的能力。它们也代表信息安全领域中一系列的最佳实践,为管理企业信息资产安全提供参考方法。

更具体地说,ISO/IEC 27001 为认证标准,规定建立、实施、操作、监控、评审、维持以及改进文件化 ISMS 的要求;这些要求以结构化、正式的形式进行确定,适合符合性认证。另外,ISO/IEC 27002 是 ISMS 最佳实践的准则;该标准涵盖 ISMS 应涉及的关键主题,但是没有提出评估组织的 ISMS 时需满足的具体要求。

每个组织应通过正确地识别与管理 ISMS 保护组织处理的信息,ISMS 包括逻辑、物理与组织要素。由 ISO/IEC 27001 建议,处理问题的方法有四个实施步骤:

(1) 计划(Plan):确定并管理与最小化风险及改善信息安全相关的安全政策、目标、流程及程序,以实现与整个组织的政策与目标相符的结果。

(2) 实施(Do):实施与执行安全政策、对策、流程及程序。

(3) 检查(Check):评估以及在可能的情况下衡量安全政策、目标以及实践经验方面的过程性能,将评估结果报告给管理人员以便修改。

(4) 行动(Act):根据管理评审结果,采取预防与纠正措施以便不断完善ISMS。

如图 9.6 所示摘自 ISO/IEC 27001,总结了 PDCA 方法的基本步骤。

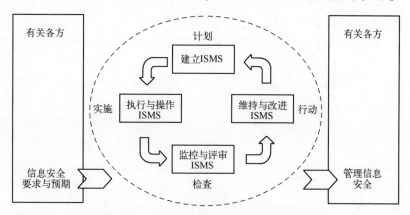

图 9.6 ISMS 过程使用的 PDCA 模型
注:摘自 ISO/IEC 27001,总结了 PDCA 方法的基本步骤。

正确应用 ISO/IEC 27001 标准最基本的一个方面是开展正确的风险分析活动。ISO/IEC 27005 标准介绍了活动的基本依据(“信息技术—安全技术—信息安全风险管理”)。

最后,ISO/IEC 27002 为 ISMS 提供指南与方向,但是因为其内容的建构不充分,因此有多种解读。该标准包括:

(1) 安全政策:对安全政策持续正确地识别与管理。

(2) 信息安全组织:ICT 安全领域内的企业组织,职责为规范第三方对企业信息系统与外包合同的访问。

(3) 资产管理:明确主体被委托的企业资产的分类。

(4) 人员安全:企业资产用户的安全行为,同时包括针对在发生 IT 事故时如何正确使用与操作的培训。

(5) 环境与物理安全:工作环境以及硬件与软件工具的物理安全。

(6) 通信与操作管理:企业间的通信管理、网络有关方面的管理、对恶意软件的防护以及失效管理。

(7) 访问控制:信息访问、网络访问、用户识别以及认证授权。

(8) 信息系统采集、开发以及维护:加密术的使用、信息完整性保护相关方面以及对硬件与软件系统进行升级与管理的规则。

(9) “业务连续性”管理:改善与确保关键功能的连续性。

(10) 符合现行规定:确保组织与用户均符合现行规定与企业安全政策。

9.5 关于 IA 系统工程对航天工业影响的一般考虑

到目前为止,已表明每个可能的太空系统同时也是一个 IT 系统,而且是一个复杂的 IT 系统。从网络空间安全的角度,试图为太空系统引入信息保障系统工程;另外,对该方法最重要的方面进行了介绍,如风险分析与管理、认证与认可。此外,也强调了法律法规以及机密信息特殊规定的重要性。事实上,法律法规强制规定了关于安全要求、认证与认可方面的目标要求。

本书所提供的信息为一般性信息,且涉及了许多可能的背景;我们提到了公共与私人部门,使用了企业与组织等通用术语。在航天部门中,行为主体有政府、太空系统制造商、服务商以及最终用户。政府部门由军事与安全分支机构以及民用机构组成;一般国家的航天局通常属于后者。太空系统制造商为高科技公司,通常具备国家战略重要性,并且经常处理高度机密信息。服务商可能仍是可获得高度机密信息的战略公司。最终用户为涉及太空系统利用的组织,它们可能接触到机密信息。

就上述提到的主题而言,网络空间安全与 IASF 将影响:

(1) 私营公司与政府机构的日常业务与组织,特别是风险分析与管理以及流程认证与规则符合性。

(2) 太空系统寿命周期以及相关的项目管理,如之前所述,是政府与私人部门航天事业的一个本质方面。

对第一点的分析非常重要,它本身属于网络空间安全与 IASE 领域,但与航天部门没有具体关联。因此,对第二点进行处理更有效,也更具意义。

项目管理最终目的在于满足用户与利益相关者的需求,同时在性能、计划以及资金来源之间实现最佳平衡;就太空系统而言,最佳平衡需要通过阶段性方法实现,由各航天局采用,确保它们实施该方法时仅产生极微小的差异。表 9.3 为上述提到的各阶段,每个阶段有一个简短的定义以及 ESA 与 NASA 方法与技术的对比。

表 9.3　ESA 与 NASA 项目阶段对比

阶段	ESA	阶段	NASA
0	**任务分析/需求识别:** 以任务定义评估(MDR)结束	前 A	**提前学习** 以任务概念评估(MCR)结束
A	**可行性:** 以初步要求评估结束	A	**初步分析** 以任务定义评估(MDR)结束

（续）

阶段	ESA	阶段	NASA
B	**初步定义：** 系统要求评审 以初步设计评审（FDR）结束	B	**定义** 系统要求评审（SRR） 系统定义评估（SDR） 以初步设计评审（PDR）结束
C	**详细定义：** 以关键设计评审结束	C	**设计** 以关键设计评审结束
D	**产品/地面资格测试：** 资格评审（QR） 以验收评审（AR）结束	D	**开发** 系统验收评审（SAR） 飞行准备就绪检查（FRR） 作战准备就绪检查（ORR） 以发射结束
E	**利用：** 备战审查（ORR） 飞行就绪审查（FRR） 以系统使用限期结束	E	**操作与支持**
F	处理	F	**收尾**

对太空系统的项目分阶段方案进行正确分析非常困难（参见扩展研究：Wertz 与 Larson 1999；Gerosa 与 Somma 2011；Spagnulo 2011；NASA 2007 与 ECSS 标准）；我们完全可以认为，对于 ESA 与 NASA，以下观点言之有理：

（1）前三个阶段是关于任务概念、操作要求、初步定义以及架构；它们以初步设计评审结束。而初步设计评审为即将进行的开发（开发配置基线）、技术规范、设计依据文件以及初步界面控制文件（ICD）创建配置基线。

（2）C 阶段为详细设计阶段；在此阶段，制造商交付 ICD 最终版本与生产主文件（PMF）；此阶段与所有设计活动以关键设计评审结束。

（3）后三个阶段为生产、资格、利用以及处理

从根本上来说，D 阶段涉及生产；根据 ESA 方法，D 阶段以 AR 结束，而根据 NASA 方法，D 阶段以发射结束。除了 ESA 的 E 阶段包括发射以及相关的活动外，E 与 F 阶段类似。需要注意的是前五个阶段大部分以交付产品即太空系统为主，而 E 与 F 阶段本质上与系统利用相关，因此与流程相关；这些阶段的唯一产品为太空系统可获得的信息。

从根本上来说，IASE 技术细节属于 IT；太空系统独特性已经由空间数据系统咨询委员会（CCSDS）确定，CCSDS 颁布了数个标准，处理太空系统的 IASE 应用。这些标准中，值得一提的是空间数据系统咨询委员会—CCSDS 350.0-G-2（2006a）、空间数据系统咨询委员会—CCSDS 350.1-G-1（2006b）、空间数据系统咨询委员会—CCSDS 350.4-G-1（2007）以及空间数据系统咨询委员会—

CCSDS 730.0-G-1(2003)。与安全和太空系统有关的应用程序与例案可参考
Angino 等所著(2010)。

因为技术细节超出本文范围,在此介绍一些映射在上面所总结的阶段性方
案中的 IASE 活动。描述如下:

(1) 安全要求与风险分析从根本上来说属于前三个阶段。

(2) D 阶段期间,验收评审前需完成安全认证;基本原理在于必须实施认
证活动,且任何产品的最新版本正在进行认证。

(3) D 阶段期间,由于执行了认证流程,可能会修改安全要求;另外,理论
上如果出现弱点,也可能会修改风险分析弱点。

(4) 系统能够完全运作时,即轨道嵌入以及有效载荷调试后,必要时可以
开展安全认可活动;类似考虑也适用于风险管理问题。

鉴于上面介绍的映射,项目经理必须关注安全问题。例如,如果航天器在
发射前并没有获得要求的认证,但仍被发射,则可能产生严重的后果;事实上,
如果认证流程未通过,并且需要修改,则不可能或难以实施认证与修改。类似
考虑也适用于认可。

目前为止我们所讨论的是,当通用型太空系统被视为特殊产品时,IASE 问
题的影响;然而,在使用期间,观点随之改变。如上述定义由可能的太空行为体
之一操作的太空系统可能视为一个通用型组织;在这种情况下,考虑到由系统
管理与开发的信息类型,应用 IASE 本身就足以。

因此,就使用阶段而言,必须完全根据现行法律法规的要求实施。

9.6 结　　论

本章探讨了太空与网络空间安全之间的关系;已经证明太空系统为复杂的
IT 系统,IASE 概念可应用于该 IT 系统。该方法可扩展至其他复杂系统,这些
系统可能包含 IT 方面的重要内容。对太空系统寿命周期的影响进行调查后,
获得了太空系统一些特有的有用原则。

IASE 概念必须应用于太空行为体,如政府机构(特别是军事/安全部门与
航天局)、太空系统制造商、太空服务商以及最终用户。这一点与太空并不存在
特定固有的联系,它是现行法律法规的产物。

参考文献

Anderson R(2008)Security engineering:a guide to building dependable distributed systems,2nd edn. Wiley, Indianapolis

Angino G, Caltagirone F, D'aiessandro G, Somma R (2010) Space security. Space Academy Foundation, L'Aquila, Italy

Consultative Committee for Space Data Systems-CCSDS 350. 0-G-2(2006a) The application of CCSDS protocols to secure systems. Green Book. Issue 2. Available at www.ccsds.org

Consultative Committee for Space Data Systems — CCSDS 350. 1-G-1(2006b) Security threats against space missions. Green Book. Issue ! . Available at www.ccsds.org Consultative Committee for Space Data Systems-CCSDS 350. 4-G-1(2007) CCSDS guide for secure system interconnection. Green Book. Issue 1. Available at www.ccsds.org Consultative Committee for Space Data Systems — CCSDS 730. 0-G-1(2003) Next generation space internet. Green Book. Issue 1. Available at www.ccsds.org

Cyber Security. Definition available at www.whatis.techtarget.com/definition/cybersecurity Defence Acquisition University (DAU) (2001) Systems engineering fundamentals. DAU Press. Fort Belvoir, VA, USA. Available at www.dau.mil

ECSS Standards, www.ecss.nl

Gerosa S, Somma R(2011) Tecniche e metodologie di project management; la gestione di programmi complessi con particolare riferimento al settore spaziale, 1st edn. Aracne, Roma Information Assurance. Definition available at www.en.wikipedia.org/wiki/Information_assurance

Information Security. Definition available at www.en.wikipedia.org/wiki/Information_security ISO/IEC 27001 Information technology — security techniques-information security management systems — Requirements

ISO/IEC 27002 Information technology — Security techniques — code of practice for information security management

ISO/IEC 15408 Common criteria for information technology security evaluation. Part 1 to 3, Version 3.1, Revision 4

ISO/IEC 18045 Common criteria for information technology security evaluation. Eval Methodol, Version 3.1, Revision 4

Jacobs S(2011) Engineering information security-the application of systems engineering concepts to achieve information assurance, Wiley, Hoboken, NJ, USA

Menezes A, Van Oorschot P, Yanstone S(1996) Handbook of applied cryptography, I st edn. CRC Press, Boca Raton

NASA(2007) Systems engineering handbook NASA/SP-2007-6105 Revl. Available at www.nas.gov

OECD principles available at www.oecd.org

Schneier B(1996) Applied cryptography-protocols, algorithms, and source code in C, 2nd edn, Wiley, New York

Security Engineering. Definition available at www.en.wikipedia.org/wiki/Security_engineering

Spagnulo M(ed) (2011) Elementi di Management dei programmi spaziali. Springer, Milan, Italy

Stamp M(2011) Information security-principles and practice, 2nd edn, Wiley, Hoboken, NJ, USA

System Engineering. Definition available at www.en.wikipedia.org/wiki/Systems_engineering

Wertz JR, Larson WG(1999) Space mission analysis and design, 3rd edn. Microcosm Press, Kluwe

第10章 太空:关键基础设施

马库斯·海塞[1],马库斯·霍农[2]
1. 德国埃森,墨·卡托基金会
2. 德国开姆尼茨,开姆尼茨工业大学,欧洲学术研究所

摘要

在过去20年中,关键基础设施保护成为确保公民安全和国家正常运作的重要议题。本章分析了美国与欧盟对其太空科技的关键基础设施制定的保护方法。在讲解一般的关键基础设施和论述太空的专用设施之后,集中讨论在制定关键基础设施保护政策过程中的各个重大事件。不过,该分析表明,美国的太空政策相比于欧盟,还是略强一筹。

10.1 引 言

保障公民的安全一直是现代政府的核心职能之一。在过去20年中,由于工业化国家和社会高度依赖于其关键基础设施,关键基础设施保护(CIP)成为美国和欧洲安全政策制定过程中的一个重要议题。在此方面,"关键"是指就一组特定标准而言,可接受条件和不可接受条件之间的界限。在大多数定义中,本章所指的"关键"是指为经济和社会发展、公共安全与政府关键职能的运作提供必要支持的基础设施,包括信息与通信技术、能源生产、水与食品供应、运输、核工业与化学工业等部门。术语"CI"自20世纪末起才开始使用。在此之前,通常采用比较切合实际的概念,如"应急供应""国家材料与技术基础"或"应急功能"(Lima等,2012)。

不管是指何种定义或哪个学派,无论如何CI都是国家正常运作和保障其公民安全必不可少的。因此,即使出现严重的自然灾害或恐怖袭击,最重要的还是要确保CI继续运作。无论CI是公共部门还是私营部门,确认和保障脆弱的CI都将是一项困难且具有挑战性的任务。特别是随着CI的相互依赖性与日俱增,可能会导致出现大量影响更大的供应网络的问题。由于本章主要讲太空,所以对CI的相互依赖性和其他依赖性进行分析会离题太远(Eusgeld等,2011)。

CI 包括太空技术，也包括提供 CI 的技术系统、机构和组织，都是工业化国家的核心力量（Schulman 与 Roe，2007）。在大多数情况下，CI 是网络化的系统，具有多种功能且为其他次级系统所必需。如果这些基础设施所提供的服务对国家安全至关重要，就可称其为"关键"（Auerswald 等，2005）。因此，CI 主要与对社会和政治生活的运转必不可少和至关重要的物理对象或以网络为基础的有关系统。在 21 世纪的今天，太空技术的重要性得到了科学家们的广泛公认。对于美国（US）和欧盟（EU）的成员国这样的高度发达国家的运作，各种太空设施也是至关重要的。导航、通信、观测、定位、广播与许多其他应用领域的卫星系统触及全球并且与以上列出的其他 CI 相互依赖。如今创新型的太空设施几乎可以用于各个方面，如气象研究、气候变化的研究、远程医疗、灾害管理、城市规划、交通管理与精细农作等领域。通过设想和讨论"没有太空的一天"（过去几年中，乔治·马歇尔研究所与太空企业委员会举办了一系列活动，"没有太空的一天"就是这些活动的名称）会发现太空系统对政府关键职责与安全以及商业的重要性变得更加明显。

太空系统常面临着太阳辐射、小行星等自然现象与航天器和太空碎片带来损害的危险（COM（2011）152）。特别是由于太空碎片造成的危害已日益成为国际太空政策关注的一个重要问题（参见第 14 章"空间技术出口管制"与第 39 章"太空碎片问题"）。由于太空垃圾日益增多，开发空间态势感知系统（参见第 40 章）已成为提高太空系统安全性最重要的方法之一。该系统的主要任务是监测与监视关键太空基础设施以及太空碎片。关键太空基础设施的内在复杂性不仅使其变得更加脆弱，而且增加了借此进行犯罪活动的机会。尽管在公开演说和国家计划中，关键太空基础设施保护（CSIP）的重要性得到了部分认可，但是如果没有约束性的国际协议，当前实施的举措的成效就会在一定程度上受到限制（参见第 12 章"太空交通管理"与第 7 章"太空的威慑作用"）。美国和欧盟的政治领导人非常认可这一普遍性问题并且启动了 CI 保护的整体计划，但只稍微涉及一些太空设施与系统。

本章旨在总体介绍当代 CIP，主要着重于太空设施与科技。由于在新兴政策领域，美国和欧盟能够更大规模地开展最尖端的研究计划，因此，本章介绍了美国及欧盟的 CIP 及其项目的最新进展。由于制定和实施 CIP 与太空政策主要是政府的任务，所以本章的范围仅限于美国国家级别与欧盟级别。

10.2 美国与关键太空基础设施保护

关键基础设施保护已列在美国的国家日程上超过 15 年了。显然，从那之后 CIP 对于美国所有的政府机构都是至关重要的，但仅有美国 CIP 里程碑文件曾通过简短分析对太空作为国家关键基础设施（CI）的作用做出过评估（图 10.1）。

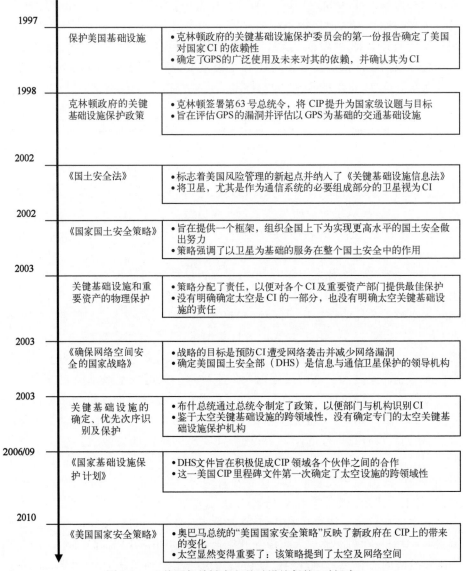

1997	保护美国基础设施	• 克林顿政府的关键基础设施保护委员会的第一份报告确定了美国对国家 CI 的依赖性 • 确定了 GPS 的广泛使用及未来对其的依赖，并确认其为 CI
1998	克林顿政府的关键基础设施保护政策	• 克林顿签署第 63 号总统令，将 CIP 提升为国家级议题与目标 • 旨在评估 GPS 的漏洞并评估以 GPS 为基础的交通基础设施
2002	《国土安全法》	• 标志着美国风险管理的新起点并纳入了《关键基础设施信息法》 • 将卫星，尤其是作为通信系统的必要组成部分的卫星视为 CI
2002	《国家国土安全策略》	• 旨在提供一个框架，组织全国上下为实现更高水平的国土安全做出努力 • 策略强调了以卫星为基础的服务在整个国土安全中的作用
2003	关键基础设施和重要资产的物理保护	• 策略分配了责任，以便对各个 CI 及重要资产部门提供最佳保护 • 没有明确确定太空是 CI 的一部分，也没有明确太空关键基础设施的责任
2003	《确保网络空间安全的国家战略》	• 战略的目标是预防 CI 遭受网络袭击并减少网络漏洞 • 确定美国国土安全部（DHS）是信息与通信卫星保护的领导机构
2003	关键基础设施的确定、优先次序识别及保护	• 布什总统通过总统令制定了政策，以便部门与机构识别 CI • 鉴于太空关键基础设施的跨领域性，没有确定专门的太空关键基础设施保护机构
2006/09	《国家基础设施保护计划》	• DHS 文件旨在积极促成 CIP 领域各个伙伴之间的合作 • 这一美国 CIP 里程碑文件第一次确定了太空设施的跨领域性
2010	《美国国家安全策略》	• 奥巴马总统的"美国国家安全策略"反映了新政府在 CIP 上的带来的变化 • 太空显然变得重要了：该策略提到了太空及网络空间

图 10.1 "美国与关键太空基础设施保护"时间表

早在 1996 年 7 月，前总统克林顿就成立了其关键基础设施保护委员会。1997 年 10 月，该委员会发布了第一份报告，名为"关键基础：保护美国的基础设施"（Moteff，2011；PCCIP，1997）。克林顿总统的这一委员会用了 15 个月的时间评估了 CI 的概念及其弱点。其报告总结了三大研究结论：第一是将 CIP 视为国家安全问题重新进行考虑，"我们的基本结论是需要从其他方面考虑现在及未来的基础设施保护。我们发现国家对于基础设施非常依赖,因此我们必须从国家安全的角度看待这些基础设施"(PCIIP,1997);第二,委员会确定了对信息与通信基础设施的强烈依赖,网络漏洞及威胁也第一次被列入考虑范围之内;第三,报告认为私营及公共部门的 CI 运营者都应加入到国家 CIP 保护项目之中。在得出这些研究结论后,委员会提出了一项 CIP 政策,包括八个步骤:这一政策包括首先通过共享基本信息,在 CI 运营者与政府之间建立一个有组织的伙伴关系。在此基础上,制定一个国家级的全面认识计划。委员会认识到实现这些目标需要通过新的立法及研究工作。报告将 CI 分为"信息及通信""物资调运""能源""银行与金融""关键公共设施"五个部门并分析了其面临的威胁及存在的弱点。因为需要跨领域性认识太空基础设施,所以太空没有成为一个独立的 CI 部门也不足为奇。不过,该委员会认识到了 GPS 的广泛应用及未来对其的依赖:由于物资调运这一基础设施部门的重大发展趋势,GPS 被明确定义为 CI。拟定政策的同时,委员会建议交通部部长"充分评估 GPS 实际与潜在的干扰源及漏洞"并且"向现在起至 2010 年间进行的 GPS 基础上的民用系统的风险评估项目提供支持"(PCCIP,1997)。

1998 年 5 月,克林顿总统发布了第 63 号总统令,以响应委员会要求加强 CI 保护的建议。这一指令名为"克林顿政府对关键基础设施保护的政策"(克林顿政府,1998;Moteff,2011)并以白皮书的形式向公众发布。它指出美国代表着强大的军事力量和经济力量,因此非常依赖一个良好的以 CI 及网络为基础的系统。"克林顿总统意指美国将会采取所有必要措施,迅速地消除可能使关键基础设施遭受物理及网络攻击的重大漏洞……"(克林顿政府,1998)。克林顿总统将 CIP 不仅提升为国家级议题,而且将其提升至国家级目标。此外,报告还认识到对 CI 的攻击将会威胁政府及私营经济。总统令发布后的 180 天内,有关部门应提交一份有具体时间表的《国家基础设施保护计划》。应为每个 CI 部门制定一份漏洞评估及补救计划。将太空设施视为 CI 的同时,白皮书也重申了对 GPS 的依赖性及 1997 年委员会报道中的结论:"交通部应在与国防部协商后,对依赖于 GPS 的全国交通基础设施的漏洞进行全面评估。这份评估应包括对以 GPS 为基础的民用系统用户的风险评估……"(克林顿政府,1998)。

"911"恐怖袭击事件惨痛地证明了 CI 的脆弱性。美国对此做出了合理的反应,从根本上加强了对这些危险的工作的控制。2002 年 11 月,布什总统签署《国土安全法》(布什政府,2002;Svedin,2009),设立了美国国土安全部与国土安全部部长等部门与职务,这标志着美国风险管理进入了一个新起点。其主要目标是"预防美国境内发生袭击事件,减少恐怖主义对于美国的破坏性,使损害最小化,并协助进行遭受恐怖袭击后的恢复工作……"(布什政府,2002)。与此相对应,《国土安全法》分为了 17 章,明确阐述了追求的目标及工作机制。其中一章为"信息分析与基础设施保护",其中《关键基础设施信息法》被视为是必不可少的一部分。在此项法律发布后的 90 天内,应制定明确的访问、保护及储存程序。例如,针对不同 CI 领域制定预警机制。此项法律可以被理解是美国强化降低风险举措的起点。在后"911"时期的传言中,太空作为 CI 仅起很小的作用。然而,太空却已被列入了政府的日程——该项法律特别考虑到卫星对于作为 CI 的通信系统来说是必不可少的。

在发布《国土安全法》后,布什总统通过行政命令建立了国土安全办公室。2002 年 7 月,办公室发布了《国家国土安全战略》(Moteff, 2011; OHS, 2002; HSC, 2007),并在 2007 年更新。这一国家战略旨在提供一个框架,动员并组织全国上下为实现更高水平的国土安全做出努力。为了落实这一目标,该战略"提供了一个方向""提出了步骤建议"并"提出了具体做法建议"(OHS, 2002)。该战略的目标与《国土安全法》的目标一致。这份文件重点强调了根据战略目标而划分的六个关键任务领域,如预防恐怖袭击、减少漏洞及使损害最小化。其中 CIP 被确认为一项重要的任务领域,并被认为应该通过八项举措来增强其保护。此外,该文件建议在国土安全部开展各种保护基础设施行动,对敏感 CI 及重要资产进行准确评估。为有效落实保护战略,需要制定《国家基础设施保护计划》。2007 年,新版的《国家国土安全战略》发布时,《国家基础设施保护计划》也得以公布。2002 年,该战略确定 CI 为关键任务领域,但没有明确指出太空设施是 CI。当然,该战略强调了卫星服务在整个国土安全中发挥的作用。但是,2007 年新版的《国土安全战略》明确规定太空属于 CI 领域,甚至将太空恐怖主义纳入考虑之中。

因为 CIP 已经被确认是《国家国土安全战略》中的一个核心任务领域,《关键基础设施和重要资产的物理保护国家战略》(Moteff, 2011; 白宫, 2003a)就是其之后发展进程中的第一个里程碑。该文件于 2003 年 2 月由白宫发布。这一战略以《国家国土安全战略》为基础,介绍了 CI 及其他重要资产保护的下一个步骤。该战略的各章节分配了提供最佳保护及确认指导原则的任务,使该战略具体化。为了保护重要资产和 CI,该战略遵照以下三个目标:一是确保对特殊关键资产、系统及功能的保护;二是关注近来可能成为威胁目标的 CI;三是关注对在不久的将来将会受到威胁的资产的保护。"保护关键基础设施"这一部分对每一关键部门分别进行了分析。太空再一次没有出现在这些 CI 部门及重要资产之中。只能在有关通信的部分发现唯一涉及太空的内容,因为通信卫星对于通信非常重要。但是许多其他 CI,如上述的 GPS,并没有在这一阶段得到重视。

2003 年 2 月,《确保网络空间安全的国家战略》(白宫, 2003b)与《关键基础设施和重要资产的物理保护国家战略》同时发布。它代表布什总统 2002 年《国家国土安全战略》的第二部分的实施。这一战略的目标是"授权美国人民参与到网络空间中,保护其拥有、使用、控制及参与互动的权利"(白宫,2003b)。与前面分析过的文件相似,《确保网络空间安全的国家战略》旨在建立一个框架,组织并安排 CI 保护活动的优先次序。这一战略的主要目标是预防 CI 受到网络袭击,减少易受网络袭击的漏洞,并使损害最小化。起初,这一战略仅强调保护网络空间本身这一事宜。然而,由于网络基础设施与 CI 的运行息息相关,网络空间安全显示出其与整体 CI 保护的紧密关系。太空设施通常由在轨和非在轨部分及其之间的数据连接部分组成。所有这些部分都可能受到网络袭击的威胁。此战略提出了关键太空基础设施的漏洞,特别提出了其相互依赖性:"减少网络基础设施的漏洞包括减少在关键物理链路遭到破坏时可能会产生的针对网络空间的破坏性袭击。这类袭击的影响会通过由相互依赖的且关乎经济及公民的健康与幸福的基础设施产生的连锁影响而扩大……一颗离地球数百英里之外的卫星失去控制,受此影响的银行客户将不能使用其自动取款机。"(白宫,2003b)该战略确定了国土安全部是保护信息与通信卫星的领导机构。其他领导机构的权限分设还在商议中。

至 2003 年年末,仍未出现一个整合上述 CI 保护举措的统一框架。2003 年 12 月,为整合现行的做法,布什总统针对"关键基础设施的识别、优先次序识别及保护"发布了第 7 号国土安全总统令(布什政府,2003;Moteff,2011)。这一文件意在明确有关 CIP 的责任分工:文件"制定了一项国家级政策,以便联邦各部门与机构确定并安排(美国)关键基础设施及重要资源的优先次序,并保护其免受恐怖主义袭击"(布什政府,2003)。该指令发布一年之后,又发布了一份名为《国家关键基础设施与核心资源保护计划》的文件。为了保护 CI,这一计划包括了一个优先实施这一保护的战略、一个如何减少漏洞的行动概述、一个如何共享信息的行动概述及一个如何与其他 CI 相关联邦行动相协调的策略。此外,规定部长应当制定指示及预警机制,对应于各 CI 部门的机构应当对其为符合要求而进行的工作做年度报告。该指令重申,每一个基础设施部门都有其特征,因此,指令指定了对应于各 CI 部门的专门机构来负责协调 CIP 工作。然而太空作为一个跨领域性问题并没有被明确提出,所以共有的职能和责任还有待商议,其后的《国家基础设施保护计划》中对此做出了具体说明。

随后几年,国土安全部为响应第 7 号国土安全总统令的全部要求,发布了第一份《国家基础设施保护计划》(DHS,2006)。2006 年 6 月发布的这一计划的目标是促成 CI 保护相关伙伴之间的积极协同与合作。该计划为当前及未来的保护措施提供了一个统一的框架,制定了一个保护计划战略,其中包括促进

CIP 发展的风险管理框架。为了解风险降低及当前风险管理形势的进度,所有行动的效力都经过了评估。此外,该计划提供了确保其具有长期有效性的机制。第 7 号国土安全总统令中的一个要求是保留一份全面的清单,列出用于识别组成国家 CI 的资产、系统、网络及功能的信息。《国家基础设施保护计划》满足了这一要求,关键太空基础设施的作用也证实了这一要求的合理性。这一计划第一次确定了太空设施的多领域性特征,并将其区别于其他,以单独个案处理:"天基与陆基定位、导航与授时服务是多个 CI 与关键资源(KR)部门的组成部分。这些服务几乎是每一交通形式的各个方面的基础。此外,银行与金融、通信、能源及水务部门都以 GPS 为授时源。适用时,应当识别支持或执行 CI/KR 中关键功能的系统,无论是以基础设施的一部分或是独立的形式"(DHS,2006)。这一计划也明确了一些能够负责关键太空基础设施的保护的其他机构(情报共同体和美国国防部)。

2009 年 1 月由国土安全部发布了最新版的《国家基础设施保护计划》(DHS,2009)。这是 2006 年计划的更新版,仍然是当前美国 CIP 保护行动的协作基础。2006 年《国家基础设施保护计划》的基本思想得以延续。除既有机制外,新版计划关注建立全面危害环境及"集成恢复与保护概念"(DHS,2009)的计划及活动。在天基定位、导航与授时方面,相较于 2006 年计划,2009 年的这一计划宣布了一些直接进展:"DHS 制定了一项《定位导航授时(PNT)干扰检测与减缓计划》。这一计划为联邦政府的各个部门与机构分配了任务,使其更好地规划、管理、保护定位导航授时服务,并指定 DHS 承担有关保护 CI 及关键资源中 PNT 的明确责任。该计划具体说明了 DHS 对政策实施行动的首次响应,并为完成任务所必要的进一步计划与行动奠定基础。"

2009 年 1 月的政权移交给国土安全领域带来了一些变化。但是就 CI 保护而言,新一届政府保留了许多布什总统的政策。奥巴马总统 2010 年 5 月发布的第一份《美国国家安全战略》(Moteff,2011;白宫,2010)就反映了这一点。新的战略强调"通过借助国内力量,制定国际秩序来迎接我们这个时代的挑战"(白宫,2010),以重新建立美国的领导地位。除了这些长期目标之外,该文件确定了需要立即执行的优先项目,如确保美国人民安全和国土安全。朝更加安全发展的一个重要步骤就是重新建设更加安全更加可靠的基础设施。该文件对整体 CIP 只进行了较小的调整,但它显示出了太空作为 CI 对于当前政府机构的重要性:该文件不断提及太空以及网络空间,并提出了它们面临的威胁。

对美国而言,CIP 在上述里程碑文件的框架下顺利发展。在该发展过程中,太空已经被明确定义为 CI。然而,太空在美国一系列 CIP 文件中所占份额依然是相当有限的。

10.3　欧盟与关键太空基础设施保护

欧洲有几个国家在关键基础设施的定义方面存在细微的区别,但是所有欧洲国家都倾向描述其条款而不是限定其范围。根据欧洲委员会的定义,"关键基础设施包括那些如受到干扰或损坏,将会严重影响成员国公民的健康、安全、安保及经济福祉或影响成员国政府有效运作的实体与信息技术设备、网络、服务及资产"(COM(2004)702 最终定案)。

在过去十年中,欧盟越来越多地投入到了国土安全合作、反恐政策制定及关键基础设施保护之中。特别是 2004 年发生在马德里及 2005 年发生在伦敦的恐怖袭击更加促使欧盟成员国采取行动制定新的政策。可以说,这一领域是一片全新的政策空间,是解决特殊社会议题及问题的政治参与者、法律及法规的领域。在此情况下,这一新的政策空间与欧盟保护其公民免受跨境(跨越国界及跨越传统的欧盟政策边界)威胁的行动相关(图 10.2)(Boin 等,2008)。

进入 21 世纪,欧盟越来越多的政策着眼于保护欧盟公民免受各种威胁。制定这些政策时,主要针对超出国家能力、各成员国不能或不会单独处理的各种威胁。而根据《欧盟打击恐怖主义框架决议》(COM(2001)521 最终定案)中的反恐政策,其目标转向了更加广义的针对 CIP 的欧盟行动方法。随之而来的是一些政治及管理政策的制定,首先是 2005 年欧洲委员会发布的《欧洲关键基础设施保护计划》(EPCIP)绿皮书(COM(2005)576 最终定案)。在这一绿皮书中,委员会不仅提出了关于从利益相关者及科学界获取信息的问题,也表达了自身的意见。该绿皮书的发布被认为是在制定综合性立法及政治政策(包含具有法律约束性的欧盟条例)方面迈出的第一步(Boin 等,2008)。

委员会为许多有关 CIP 的研究项目提供资金,如《安全研究预备行动》(2004—2006)中的相关项目,其在通过《关于第七个研究框架计划的欧盟理事会及欧盟议会决议》(COM(2005)119 最终定案)以及通过实施"第七个研究框架计划"的《关于具体计划"合作方案"的欧盟理事会决议》(COM(2005)440 最终定案)的提案中提出的安保研究领域的计划行动。对于"第七个研究与技术开发(RTD)框架计划"中的安保及太空相关研究活动,该委员会的预算经费总计为 5 亿 7000 万欧元(COM(2005)119 最终定案)。就中长期而言,保护欧盟委员会 CI 的首要任务是开展为消除危险而提供实用策略或工具的针对性研究。

2006 年 12 月以来委员会关于欧盟关键基础设施保护计划的通信(COM(2006)786 最终定案)是 CIP 发展在欧盟层面上的又一里程碑式文件。这一通信旨在拟定一系列落实 EPCIP 的原则、程序及工具。除了对欧盟 CI 的定义之外,该文件还包括《EPCIP 行动计划》及一些更加详细的工作流程。EPCIP 的一个重要效益就是各利益相关者之间的信息共享程序,这一共享程序包括了关于 CI 保护中的相互依赖性、威胁、漏洞、安全事故、对策及最佳做法的更深入且更准确的信息及认识(COM(2006)786 最终定案)。

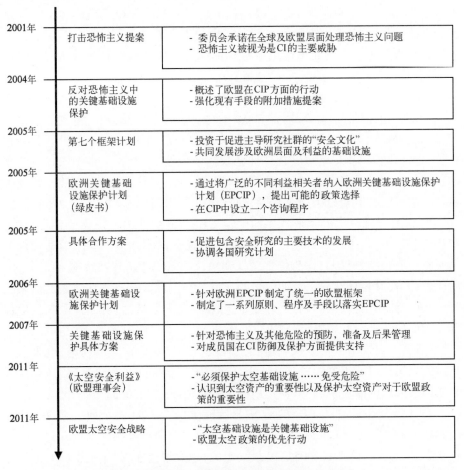

2001年	打击恐怖主义提案	- 委员会承诺在全球及欧盟层面处理恐怖主义问题 - 恐怖主义被视为是CI的主要威胁
2004年	反对恐怖主义中的关键基础设施保护	- 概述了欧盟在CIP方面的行动 - 强化现有手段的附加措施提案
2005年	第七个框架计划	- 投资于促进主导研究社群的"安全文化" - 共同发展涉及欧洲层面及利益的基础设施
2005年	欧洲关键基础设施保护计划(绿皮书)	- 通过将广泛的不同利益相关者纳入欧洲关键基础设施保护计划(EPCIP),提出可能的政策选择 - 在CIP中设立一个咨询程序
2005年	具体合作方案	- 促进包含安全研究的主要技术的发展 - 协调各国研究计划
2006年	欧洲关键基础设施保护计划	- 针对欧洲EPCIP制定了统一的欧盟框架 - 制定了一系列原则、程序及手段以落实EPCIP
2007年	关键基础设施保护具体方案	- 针对恐怖主义及其他危险的预防,准备及后果管理 - 对成员国在CI防御及保护方面提供支持
2011年	《太空安全利益》(欧盟理事会)	- "必须保护太空基础设施……免受危险" - 认识到太空资产的重要性以及保护太空资产对于欧盟政策的重要性
2011年	欧盟太空安全战略	- "太空基础设施是关键基础设施" - 欧盟太空政策的优先行动

图 10.2 "欧盟与关键太空基础设施保护"时间表

2007 年 2 月 12 日的欧盟理事会决议制定了"对恐怖主义及其他安全相关危险的预防、预备与后果管理具体方案"并纳入《安全与自由防卫总体计划》。这一计划的跨度为 2007 年 1 月 1 日至 2013 年 12 月 31 日,该计划用于支持成员国预防、预备及保护关键基础设施不受恐怖主义及其他安全相关事故(如自然灾害)危害的工作。这一计划有助于危机管理、运输、研究与技术开发等领域的保护,因此也包含太空政策。这一计划实现了在自由、安全、公正的范围内组织对抗有关恐怖主义及其他安全相关危险。

在上述总体目标范围内,该计划在欧盟各成员国的监督下,考虑相关政策范围内的现有共同体权限,促进并推动保护、预备及后果管理的行动。它提供了在年度工作计划中提出的情况下的若干类行动。其提出的措施中包含若干欧盟层面的项目,这些项目由委员会发起并管理,特别是包含至少两个成员国的跨国项目。例如,向业务合作与协调行动,为技术、方法的开发和转让进行的分析、监测、评估及审计活动(特别是与信息共享与合作、人员与专家培训和交流有关时)提供资金支持。

在此阶段,EPCIP 似乎是超越国家政治层面的一项宏大计划。欧洲委员会与欧盟理事会制定了一系列雄心勃勃的计划和项目,首先是识别 CI,然后安排保护措施,最后分析如何应对“最坏情况”。但是在欧洲层面上的进一步合作计划遭到了一些国家的反对,因此欧盟发挥的作用依旧不明确。EPCIP 缺乏进一步跟进的立法工作,在太空政策与设施方面也是如此。

就太空作为关键基础设施而言,欧洲委员会似乎意在首先推进一个在欧洲层面的议题:“太空活动及设施对我们社会的增长与发展至关重要”(COM(2011)152)。太空设施是服务于欧盟内外政策并响应社会、经济和战略需求的手段。特别是伽利略卫星导航系统及全球环境与安全监测系统(GMES)这些领航项目可对欧盟与欧洲航天局最重要目标的实现做出贡献。

欧洲委员会也提到“太空与研究”是 CI 的一部分。因此委员会明确指出:“太空基础设施是关键基础设施,是对社会与经济平稳运行以及公民安全至关重要的各项服务的基础。太空基础设施必须受到保护,对太空基础设施的保护是欧盟的一项主要议题,其意义远超过卫星所有者的个人利益”(COM(2011)152)。

欧盟在 CIP 方面采取的措施通常向成员国强调“最坏情况”。这一领域的风险专家通常宣扬这样的激进观点。欧盟政要与科学家们时常提出要预想不可预知的情况并据此提出前瞻性的 CIP 措施。事实证明,这是让该问题在政治日程上保持重要地位并促使政治领导人采取行动的有效工具。参照实际经验,问题在于:至今为止发生了多少“最坏情况”? CI 本身的相互依赖性会使问题变得越来越严重而影响国家与人民。但是实际经验明显说明大多数现代化的CI 是非常可靠且具备恢复能力的(Fritzon 等,2007)。

关于太空这一 CI,欧盟政策内的一个重要问题是国家与超国家层面的政策权限上的划分。尽管共同体权限(指欧盟机构与成员国合作执行政策)正应用于一些政治领域,但其他领域完全由各成员国控制。辅助性原则在欧盟仍然强势,使得尽可能多的立法能够尽可能地得以实际执行(Svedin,2009)。然而,大多数政策领域处于两个极端之间。太空政策与 CIP 就是后者的两个例子。谁应该负责 CIP 的哪一部分？应该制定更多法律还是仅需要欧洲层面的协调？欧盟应该是权威立法机构还是协调者？参与当前的 EPCIP 是强制的还是自愿的？在提出其他技术问题且提交至欧洲委员会处理之前,这些问题及后续问题应该事先得到解决。

在当前阶段,EPCIP 仍在进行中,特别是关于太空这一关键基础设施的部分。欧盟的相关政策只建立了一些框架与总体方向,具体细节的制定取决于各成员国(欧盟理事会(2011/C 377/01))。关于欧盟是否应在保护 CI 中发挥更重要作用的争论是可以理解的:在几乎所有情况中,太空技术故障都会造成跨越国界的影响。尽管委员会似乎更加倾向于建立一个超越国家的约束性框架,但考虑到技术、制度及政治上的困难,欧盟在保护关键太空基础设施中发挥更重要作用几乎是不太可能的(Svedin,2009)。因此大多数威胁及风险管理权限停留在国家层面,关键基础设施保护的根本责任在于成员国及基础设施经营者(Lima 等,2012)。

对于关键太空基础设施的弱点与危险程度的认识还不足,而在国家或跨国家层面,公共与私营部门的作用还不明确。对于欧洲层面上的所有政治及跨机构问题而言,这一领域的任务和挑战就更加繁琐复杂。为了在这一特殊领域取得进展,可为太空技术的 CIP 制定一些专门措施及手段。推进有关 CIP 的具体太空政策原则的制定,可能更有利于欧盟成员国间约束性法律的制定。这至少会为一些使用太空设施的欧洲国家铺平道路,从而紧跟美国未来 CIP 步伐。

10.4　结　　论

本章的出发点是太空设施应该视为关键基础设施。在讨论了一般关键基础设施保护并重点关注了太空关键基础设施保护之后,本章集中讨论了美国和欧盟在制定关键基础设施保护政策过程中的里程碑事件。关键基础设施保护缘起于反恐政策这一相对狭隘的角度,而现在关键基础设施保护的重点更加广泛,且包含更多危害公民与国家的危险与威胁。

分析表明,关键基础设施保护很少涉及太空,但美国的太空政策还是要略多于欧盟。当美国和欧盟以太空设施的运营者与所有者的身份开展行动时(如在 GPS 与伽利略计划中),应以批判性眼光评价其结果。但根据过去十年的数据可以推断,太空在总体 CIP 政策中的份额将在这十年内进一步增加。

然而,随着私营及公私合营的利益相关者变得越来越重要,美国和欧盟发挥的作用已经不仅局限于各自的太空项目中。这一现象将会使美国和欧盟在 CSIP 中肩负新的责任,除了保护自身系统,各独立机构及公司的太空关键基础设施保护方法间的协调与协同也将会成为美国与欧盟未来关键基础设施保护政策的重要挑战。

参考文献

Auerswald P, Branscomb L, La Porte T, Michel-Kerjan E (2005) The challenge of protecting critical infrastructure. Issues Sci Technol 3:77-83

Boin A, McConnell A, Hart P (2008) Governing after crisis: the politics of investigation, accountability and learning. Cambridge University Press, Cambridge/New York

Bush Administration (2002) Public Law 107-296. 107th congress. Homeland Security Act of 2002. http://www. dhs. gov/xlibrary/assets/hr_5005_enr. pdf. Accessed 25 Nov 2012

Bush Administration (2003) Homeland Security Presidential Directive 7: identification, prioritization, and protection. http://www. dhs. gOv/homeland-security-presidential-directive-7#l. Accessed 25 Nov 2012

Clinton Administration(1998) White paper. The Clinton administration's policy on critical infrastructure protection: Presidential Decision Directive 63. http://csrc. nist. gov/drivers/documents/paper598. pdf. Accessed 25 Nov 2012

Commission of the European Communities(COM(2001)521 final) Proposal for a council framework decision on combating terrorism. http://eur-lex. europa. eu/LexUriServ/LexUriServ. do? uri=COM:2001:0521 :FIN:EN:PDF. Accessed 28 Nov 2012

Commission of the European Communities (COM (2004) 702 final) Communication from the commission to the council and the European parliament. Critical infrastructure protection in the fight against terrorism. http://eur-lex. europa. eu/LexUriServ/LexUriServ. do? uri=COM:2004:0702:FIN:EN:PDF. Accessed 25 Nov 2012

Commission of the European Communities(COM(2005)119 final) Proposal for a decision of the European parliament and of the council concerning the seventh framework programme of the European community for research, technological development and demonstration activities (2007 to 2013). ftp://ftp. cordis. europa. eu/pub/fp7/docs/fp7_proposals_en. pdf. Accessed 25 Nov 2012

Commission of the European Communities(COM(2005)440 final) Proposal for a council decision concerning the specific programme "Cooperation" implementing the seventh framework programme(2007-2013) of the European community for research, technological development and demonstration activities. http://eur-lex. europa. eu/LexUriServ/LexUriServ. do? uri=COM:2005:0440:FIN:EN:PDF. Accessed 25 Nov 2012

Commission of the European Communities (COM (2005) 576 final) Green paper on a European programme for critical infrastructure protection. http://eur-lex. europa. eu/LexUriServ/site/en/com/2005/com2005_0576en01. pdf. Accessed 28 Nov 2012

Commission of the European Communities(COM(2006)786 final) Communication from the commission on a European programme for protection. http://eur-lex. europa. eu/LexUriServ/LexUriServ. do? uri=COM:2006:0786:FIN:EN:PDF. Accessed 25 Nov 2012

Commission of the European Union(COM(2011)152) Towards a space strategy for the European Union that benefits its citizens. http://ec. europa. eu/enterprise/policies/space/files/policy/comm_pdf_com_2011_0152_f_communicat-ion_en. pdf. Accessed 01 Nov 2012

Council of the EU (2011/C 377/01) Council resolution "Orientations concerning added value and benefits of space for the security of European citizens". http://eur-lex. europa. eu/LexUriServ/LexUriServ. do? uri=OJ:

C:2011:377:0001:0004:EN:PDF. Accessed 01 Nov 2012

Department of Homeland Security (DHS) (2006) National infrastructure protection plan, http://www. rpcfirst. org/documents/files/NIPP_Plan. pdf. Accessed 25 Nov 2012

Department of Homeland Security (DHS) (2009) National infrastructure protection plan. Partnering to enhance protection and resiliency. http://www. dhs. gov/xlibrary/assets/NIPP_Plan. pdf. Accessed 25 Nov 2012

Eusgeld I, Nan C, DietzS (2011) "System-of-systems" approach for independent critical infrastructures. Reliab Eng Syst Saf 96:679-686

Fritzon A, Ljungkvist K, Boin A, Rhinard M (2007) Protecting: problems and prospects. J Conting Crisis Manag 15:30-41

Homeland Security Council (HSC) (2007) National strategy for homeland security. http://www. hsdl. org/? view&did=479633. Accessed 25 Nov 2012

Lima AL, Prochazkova D, Vazquez DF, Campos E, Kraus F, Ahokas J, Hintsa J, Urciuoli L, Munné R, Mohanty S, Khan T, Tagarev T, Männistö T, Nerlich U, Georgiev V (2012) Foresight security scenarios-mapping research to a comprehensive approach to exogenous EU roles(FOCUS): problem space report: critical infrastructure & supply chain protection. http://www. focusproject. eu/documents/14976/014b8126-d528-4b01-a73a-e56ecce70f74. Accessed 01 Nov 2012

Moteff JD (2011) Background, policy, and implementation. CRS report for congress. http://www. fas. org/sgp/ crs/homesec/RL30153. pdf. Accessed 25 Nov 2012

Office of Homeland Security (OHS) (2002) National strategy for homeland security. http://www. ncs. gov/ library/policy_docs/nat_strat_hls. pdf. Accessed 25 Nov 2012

President's Commission on Critical Infrastructure Protection (PCCIP) (1997) Critical foundations. Protecting America's infrastructures. http://www. cyber. st. dhs. gov/docs/PCCIP% 20Report% 201997. pdf. Accessed 25 Nov 2012

Schulman P, Roe E(2007) Designing infrastructures: dilemmas of design and the reliability of critical infrastructures. J Conting Crisis Manag 15(1):42-49

Svedin LM(2009) Diverging and converging policy paths: critical infrastructure protection in the United States and the European Union. Paper presented at the annual meeting of the ISA's 50th annual convention "exploring the past, anticipating the future", New York Marriott Marquis, New York City. http://citation. allacademic. com/ meta/p__mla_apa_research_citation/3/1/1/5/9/p311598_index. html. Accessed 27 Nov 2012

White House(2003a) The national strategy for the physical protection of and key assets. http://www. dhs. gov/ xlibrary/assets/Physical_Strategy. pdf. Accessed 25 Nov 2012

White House(2003b) The national strategy to secure cyberspace. http://www. us-cert. gov/reading_room/cyberspace_strategy. pdf. Accessed 25 Nov 2012

White House(2010) The national security strategy. http://www. whitehouse. gov/sites/default/files/rss_viewer/ national_security_strategy. pdf. Accessed 25 Nov 2012

Auerswald P, Branscomb L, La Porte T, Michel-Kerjan E (2005) The challenge of protecting critical infrastructure. Issues Sci Technol 3:77-83

Boin A, McConnell A, Hart P (2008) Governing after crisis: the politics of investigation, accountability and learning. Cambridge University Press, Cambridge/New York

Bush Administration (2002) Public Law 107-296. 107th congress. Homeland Security Act of 2002. http:// www. dhs. gov/xlibrary/assets/hr_5005_enr. pdf. Accessed 25 Nov 2012

Bush Administration (2003) Homeland Security Presidential Directive 7: identification, prioritization, and protection. http://www. dhs. gOv/homeland-security-presidential-directive-7#l. Accessed 25 Nov 2012

Clinton Administration(1998) White paper. The Clinton administration's policy on critical infrastructure protection: Presidential Decision Directive 63. http://csrc. nist. gov/drivers/documents/paper598. pdf. Accessed 25 Nov 2012

Commission of the European Communities(COM(2001)521 final) Proposal for a council framework decision on combating terrorism. http://eur-lex. europa. eu/LexUriServ/LexUriServ. do? uri=COM:2001:0521 :FIN:EN: PDF. Accessed 28 Nov 2012

Commission of the European Communities (COM(2004)702 final) Communication from the commission to the council and the European parliament. Critical infrastructure protection in the fight against terrorism. http://eur-lex. europa. eu/LexUriServ/LexUriServ. do? uri=COM:2004:0702:FIN:EN:PDF. Accessed 25 Nov 2012

Commission of the European Communities(COM(2005)119 final) Proposal for a decision of the European parliament and of the council concerning the seventh framework programme of the European community for research, technological development and demonstration activities(2007 to 2013). ftp://ftp. cordis. europa. eu/pub/fp7/docs/fp7_proposals_en. pdf. Accessed 25 Nov 2012

Commission of the European Communities(COM(2005)440 final) Proposal for a council decision concerning the specific programme"Cooperation"implementing the seventh framework programme(2007-2013) of the European community for research, technological development and demonstration activities. http://eur-lex. europa. eu/LexUriServ/LexUriServ. do? uri=COM:2005:0440:FIN:EN:PDF. Accessed 25 Nov 2012

Commission of the European Communities(COM(2005)576 final) Green paper on a European programme for critical infrastructure protection. http://eur-lex. europa. eu/LexUriServ/site/en/com/2005/com2005_0576en01. pdf. Accessed 28 Nov 2012

Commission of the European Communities(COM(2006)786 final) Communication from the commission on a European programme for protection. http://eur-lex. europa. eu/LexUriServ/LexUriServ. do? uri=COM:2006:0786: FIN:EN:PDF. Accessed 25 Nov 2012

Commission of the European Union(COM(2011)152) Towards a space strategy for the European Union that benefits its citizens. http://ec. europa. eu/enterprise/policies/space/files/policy/comm_pdf_com_2011_0152_f_communicat-ion_en. pdf. Accessed 01 Nov 2012

Council of the EU(2011/C 377/01) Council resolution"Orientations concerning added value and benefits of space for the security of European citizens". http://eur-lex. europa. eu/LexUriServ/LexUriServ. do? uri=OJ: C:2011:377:0001:0004:EN:PDF. Accessed 01 Nov 2012

Department of Homeland Security(DHS)(2006) National infrastructure protection plan, http://www. rpcfirst. org/documents/files/NIPP_Plan. pdf. Accessed 25 Nov 2012

Department of Homeland Security(DHS)(2009) National infrastructure protection plan. Partnering to enhance protection and resiliency. http://www. dhs. gov/xlibrary/assets/NIPP_Plan. pdf. Accessed 25 Nov 2012

Eusgeld I, Nan C, Dietz S(2011) "System-of-systems" approach for independent critical infrastructures. Reliab Eng Syst Saf 96:679-686

Fritzon A, Ljungkvist K, Boin A, Rhinard M(2007) Protecting: problems and prospects. J Conting Crisis Manag 15:30-41

Homeland Security Council (HSC)(2007) National strategy for homeland security. http://www. hsdl. org/? view&did=479633. Accessed 25 Nov 2012

Lima AL, Prochazkova D, Vazquez DF, Campos E, Kraus F, Ahokas J, Hintsa J, Urciuoli L, Munné R, Mohanty S, Khan T, Tagarev T, Männistö T, Nerlich U, Georgiev V(2012) Foresight security scenarios-mapping research to a comprehensive approach to exogenous EU roles(FOCUS): problem space report: critical infrastructure & supply chain protection. http://www. focusproject. eu/documents/14976/014b8126-d528-4b01-a73a-e56ecce70f74.

Accessed 01 Nov 2012

Moteff JD (2011) Background, policy, and implementation. CRS report for congress. http://www. fas. org/sgp/crs/homesec/RL30153. pdf. Accessed 25 Nov 2012

Office of Homeland Security (OHS) (2002) National strategy for homeland security. http://www. ncs. gov/library/poIicy_docs/nat_strat_hls. pdf. Accessed 25 Nov 2012

President's Commission on Critical Infrastructure Protection(PCCIP) (1997) Critical foundations. Protecting America's infrastructures. http://www. cyber. st. dhs. gov/docs/PCCIP% 20Report% 201997. pdf. Accessed 25 Nov 2012

Schulman P, Roe E(2007) Designing infrastructures: dilemmas of design and the reliability of critical infrastructures. J Conting Crisis Manag 15(1) :42-49

Svedin LM(2009) Diverging and converging policy paths: critical infrastructure protection in the United States and the European Union. Paper presented at the annual meeting of the ISA's 50th annual convention" exploring the past, anticipating the future", New York Marriott Marquis, New York City. http://citation. aIIacademic. com/meta/p__mla_apa_research_citation/3/1/1/5/9/p311598_index. html. Accessed 27 Nov 2012

White House(2003a) The national strategy for the physical protection of and key assets. http://www. dhs. gov/xlibrary/assets/Physical_Strategy. pdf. Accessed 25 Nov 2012

White House(2003b) The national strategy to secure cyberspace. http://www. us-cert. gov/reading_room/cyberspace_strategy. pdf. Accessed 25 Nov 2012

White House(2010) The national security strategy. http://www. whitehouse. gov/sites/default/files/rss_viewer/national_security_strategy. pdf. Accessed 25 Nov 2012

延伸阅读

Contant-Jorgenson C, Lála P, Schrogl K-U (2006) The IAA cosmic study on space traffic management. Space Policy 22:283-288

Dickow M(2009) The European Union proposal for a code of conduct for outer space activities. In: Schrogl K-U, Mathieu C, Peter N(eds) Yearbook on space policy 2007/2008: from policies to programmes. Springer, Vienna, pp 152-163

European Parliament(2011) Space and Security: The use of Space in the context of CSDP. http://www. europarl. europa. eu/committees/en/studiesdownload. html? IanguageDocument = EN&file = 66551. Accessed 01 Nov 2012

European Commission(2012) Report space activities. Flash eurobarometer 355. http://ec. europa. eu/enteiprise/policies/space/files/eurobarometer/report-fl355-space-activities_en. pdf. Accessed 01 Nov 2012

Lukaszczyk A, Nardon L, Williamson R(2009) Towards greater security in outer space. Some recommendations. http://www. ifri. org/files/Espace/Note_Espace_Security. pdf. Accessed 01 Nov 2012

Pagkratis S (2010) International cooperation in the newU. S. space policy: opportunities for Europe. European Space Policy Institute. http://www. espi. or. at/images/stories/dokumente/Perspectives/ESPI_Perspectives_42_rev. pdf. Accessed 01 Nov 2012

Space Council (2010) 7th space council resolution: global challenges: taking full benefit of European space systems. http://register. consilium. europa. eu/pdf/en/10/st16/st16864. en10. pdf. Accessed01 Nov 2012

第11章　太空安全性

乔·佩尔顿[1],托马索·斯高巴[2],马耳他·特鲁希略[3]
1. 国际太空安全促进学会,美国弗吉尼亚州阿灵顿
2. 国际太空安全促进学会,荷兰诺德韦克
3. 欧洲航天局,荷兰诺德韦克

摘要

太空安全性对于太空的可持续发展来说十分必要。如今,从诸多方面来看,太空安全性对于太空商业、太空应用、空间科学和太空探索都非常重要。在降低载人航天的危险方面,太空安全性扮演着重要的角色。随着我们正逐步从最大限度地减少太空碎片转变到采取主动的缓解措施,这更加保护了太空基础设施免受太空碎片的危害。目前,对太空安全性的主要关注点在于保护地球上的人类免受返回大气层的物体的威胁以及保护太空资产。

本章主要围绕这些方面进行论述,并且做了延伸。本章介绍了世界上进行太空活动的国家所关注太空安全的诸多方面。如果不提高太空安全标准和采取措施,那么数十亿美元的太空资产、宇航员的生命甚至是地球上的人类都会处于危险之中。

因此,本章评估了一系列的太空安全风险。这些风险存在于不同的飞行阶段,从发射到在轨运行到返回,以及重要的太空交通管理理念之中。对于载人航天安全的诸多考虑在本章也有描述。因此,本章是对太空安全领域以及其发展历程的综述。

11.1　引　　言

这里所指的太空安全是主要涉及太空任务危险以及相关风险的规避和缓解措施。太空任务危险包括对人类生命的威胁、空间系统的损失以及对地球环境的污染。从广义上来说,太空安全包括保护至关重要的和(或)具有高价值的空间系统和太空基础设施,以及保护轨道和行星环境。

无论是在最大限度地减少载人航天的危险方面,或者是保护对地球上人类的商业和安全至关重要的太空资产方面,太空安全对于空间活动的可持续性来说意义重大。太空安全就是致力于保护太空基础设施免受日益增加的人为太空碎片的危害,甚至是保护地球上的人类免受太空返回物体的威胁。

本章首先介绍太空安全的诸多方面,以及讨论可接受安全等级;然后论述了每一个飞行阶段(从发射、在轨到返回)固有的安全风险;最后叙述关于载人航天的一些考虑。

11.2　太空安全多面性

自载人航天开展以来,共有 22 名宇航员献出了自己的生命。第一例伤亡人员是苏联在训宇航员凡立丁·庞达伦可,他于 1961 年 3 月训练时死于压力舱失火。几年后,3 名美国宇航员训练时,因为"阿波罗"登月舱内起火而丧失了生命。在返回阶段,总共发生了 3 起事故,分别是 1967 年 4 月的"联盟"1 号事故、1971 年 6 月的"联盟"11 号事故和 2003 年 2 月的"哥伦比亚"号航天飞机事故。在后一例的"哥伦比亚号"航天飞机事故中,除了航天飞机上宇航员的损失之外,地上的公众以及乘坐飞机的乘客也感受到了前所未有的安全风险,这是由于碎片下落的路径覆盖了美国本土,碎片与飞机相撞造成致命的碰撞发生的概率预测达到了 1%(Helton-Ingram 等,2005)。

尽管太空事故发生的概率很低,公众并不认为它的发生是随机的或者是由于不好的环境所引起的,而认为这是载人航天项目或者其背后的整个组织没有履行好其核心职责的最明显的表现。对于每 100 次载人航天飞行,发生死亡事故的概率可能小于 1 次,但是如果考虑当今商业航空事故的概率是大概每 200 万次飞行可能出现 1 次,那么这个概率就显得十分大了。尽管发生事故的概率很大,但是由于每年发射的次数不多,所以载人航天的死亡事故是很少的。然而,每一次事故之后,整个载人航天项目就会饱受质疑,原因在于该项目的最终目的是实现人类安全(且常规)地进入太空。每一次事故就会让公众以及政治代表们清楚地认识到,虽然花费了大量的资金在这上面,实现这样的目标依然遥遥无期。因此,提高太空安全就等于是维持并扩大公众对于载人航天的支持。

太空安全并不仅是关于宇航员的安全。无人太空探索对于世界上绝大多数国家来说已经变得越来越重要。但是,在成为太空国家后,也就要承担一个关键责任,即采取科技和制定程序来保护(本国的和外国的)人身和财产免受故障火箭和太空返回系统(如卫星和火箭的前几级)的危害。空间任务的安全风险也包括在地上、空中和海上的普通大众的安全,以及发射场的人员的安全。从广义上来说,太空安全还包括保护战略性的和昂贵的在轨系统(如卫星、国际空间站以及国际公共设施)、地面上的贵重设施(如发射台)以及保护太空和地面的环境。

11.2.1　太空条约规范

系统的安全等级可以被客观地定义,但是可接受的等级的制定就困难得多。可接受安全等级的定义不仅是基于技术现状的考虑,也取决于一系列非技术的因素,如文化评估、经济评估、市场评估或者政治评估。系统或者行为的可接受安全等级经常在不同的国家各有差异,并且随着时间和公众期望的变化而变化。正是这些原因,任何领域的可接受安全等级,从饮用水到玩具或者核电站,通常都是由国家政府的规范和标准确立起来的。当涉及国际商业的时候,这些标准就需要在国际层面上受到政府间的认可。一个例子就是对于民航的国际规范和标准(国际民用航空组织 ICAO),它是在国际安全合作领域最明确的成功案例的一个代表。

由于不存在"绝对安全"的事实,以及基于"可接受风险",通常由政府的标准和规范确定的情况,新兴产业(如亚轨道商业运输)则常倾向于行走在法律边缘。也就是说,在没有政府规定的安全标准情况下,驾驶员将会很难在发生事故之后去辨别飞行器的风险等级。的确,发生了重大事故后,驾驶员在从事故中清醒过来后,很有可能会降落,并在新颁布的(可能更加严格的)标准下哑口无言。可以说,获得遵守安全规范证明,既有利于消费者的利益,也通过在当前情况下隐含地或者明确地定义可接受风险等级,保护相关产业免负过错责任。

例如,在 2008 年,美国最高法院的裁决就有利于一家气囊导管的生产商,该厂商生产的气囊导管在一位病人的血管成形手术中发生了爆裂,并对该病人造成了严重的伤害。最高法院的裁决写明,美国食品药品管理局(FDA)平均花费了 1200h 来评估每一个设备申请,且只有其认为该设备在"安全和效果"上,有"合理保证"后才会予以批准。该生产商辩称设备是按照美国食品药品管理局的规范来设计和生产的,在前沿医疗设备上有权利提出要求的机构,是美国食品和药品管理局而不是最高法院,并且辩称"没有什么是绝对安全的"。这说明,政府的规范和标准既要保护消费者,也需要考虑保护相关产业。

11.2.2　安全标准

安全标准一般在共识形成过程中制定,它们通常被认为是代表了社会可以接受和忍受的最低风险等级。正如后面将提到的那样,与太空活动相关的风险经常具有国际性;但是,目前并没有关于太空安全的国际规范而只有一些标准。如果仅存在国家层面的规范,那么它们通常都分散在不同的政府机构和组织,或者不会被关键的太空参与者统一地执行。为了探索太空安全的诸多不同方面,下面几节将会讨论与不同的飞行阶段相关的安全风险,从发射安全到在轨安全(如与太空碎片相关的危险),再到返回阶段的安全。然后,将介绍包括轨道和亚轨道的载人航天固有的风险。

11.3 发射安全性

11.3.1 发射场的地面安全风险

2003 年 8 月 22 日,当地时间 13∶30,在巴西北部的阿尔坎塔拉发射中心发生了巨大的爆炸,摧毁了正矗立于发射台上的巴西航天局的 VLS-1 号火箭。火箭第一级中的四个发动机之一因意外点火,夺走了发射台附近 21 名技术人员的生命。调查报告显示,在火箭进行最后发射准备的时候,一个电气方面的缺陷触发了火箭四个固态燃料发动机中的一个。报告指出,其实远在事故发生之前,管理者做出的某些决定导致了安全程序、日常维护和训练的混乱。调查委员会特别发现,尤其在进行发射准备工作的时候,竟然缺乏正式、详细的风险管理程序。截至今日,在地面上由于火箭在制造、发射准备和发射中发生爆炸,而丧失了接近 200 人的生命。在过去的 10 年中,至少有 6 次发射由于发射场安全官员命令执行自毁爆炸以防止对公众产生危险而中止。此外,也曾发生过多次运载火箭没有进入轨道然后失控落回地球的事故。

火箭发射时主要的地面危险包括爆炸危险、有毒物质危险和辐射危险。爆炸危险(爆炸释放出超压和碎片)是发射区域最主要的一种危险。火箭排出的有毒物质以及气象条件在确定所谓的警戒区时都需要额外的考虑。整个发射综合体设施的其他部分也会有严格的限制,从而保护其免受废弃碎片(如耗尽的火箭前几级)的动能,或者雷达以及其他配套仪器辐射的威胁。在发射准备阶段,一个最普遍的问题就是负责地面安全工作的团队,缺乏这样一种意识,即需要详细的地面安全相关文件和严格的技术安全检查。许多硬件和任务的设计者认为,只要硬件对于飞行来说是安全的,那么在地面处理阶段也是安全的。一些人还认为在设计和制造阶段的工业安全步骤,对于保障发射和降落场地的安全来说已经足够了。

当警戒区确立之后,每个国家都有自己的程序来告知大众其警戒区的边界。在陆地上,通常是通过张贴标识和守卫警戒。对于轮船船员和飞机的驾驶员,会通过频繁的正式公告来告知他们。此外,服从程度也会根据地点和时间的不同而有所不同。如果警戒区靠近发射综合体设施,通常就会采取不同形式的监视措施来监视是否有船只闯入了此危险区域。

当识别了闯入者之后,可能会要求它们离开,或者被动地等待它们离开,或者基于考虑到风险对于船只来说非常小而继续进行发射。

当今国际上的商业航天中心正在增加，人们越来越感觉到需要在全球平等地和统一地保护参与到发射活动的当地人员和外国团队。2002 年 10 月俄罗斯"联盟"号发射时发生了爆炸，造成一名在一幢建筑物一楼观看发射的俄军士兵死亡，而在更近的位置现场观看发射的一个大型国际支援团队没有一人受伤那就是纯属运气了。

11.3.2　发射飞行安全风险

关于发射安全和风险管理的最佳实践和技术知识并没有得到广泛的传播，并且每个国家之间差别都很大。此外，目前，当一个国家在发射时，可能会做出单边决定而不经过协商，可能会使别国国民遭受风险，甚至这种风险程度可能与其本国国民遭受的相同。外层空间条约确定了责任，但是它们既没有确定也没有要求统一的风险评估和管理的方法与标准。

保护公众免受发射活动的危险的办法，就是把处于危险之中的群体与有危险的地区隔离开来。当这行不通的时候，就会监控运载火箭的性能和状况，以便进行自动或者手动的飞行终止。飞行终止策略就是要防止火箭偏离其预定的轨道，并根据因为飞行终止产生的碎片而可能处于风险之中的人口去评估剩余风险。

确定高危险区域的方法可能从简单的拇指准则到复杂的分析。当应用简单准则的时候，它们通常指明了由一些简单的走廊连接起来的，以发射点和火箭分级预定坠落点为中心的危险半径。更加复杂的分析试图去确定火箭发生故障概率，建立最终的轨道模型，并且判定会导致碎片产生的情况，例如由超过火箭结构的能力，或者发射场安全官员下令进行终止飞行行动引起的碎片。通常，这些分析包括失败分析，其分析运载火箭在不同的故障情况下将会导致什么样的后果。还包括故障应对分析，这主要是分析运载火箭发生故障情况下的飞行路径。分析错误轨道的同时，通过评估火箭的载荷来分析有没有超过结构的极限。通过把火箭的位置、速率和终止标准进行比较，来决定火箭是应该继续飞行、终止飞行还是进行摧毁。然后产生碎片的事件就会成为分析穿过大气层的碎片的数量和碰撞概率的基础。并通过尺寸大小、动能冲击或其他标准来对相关碎片进行筛选，以评估哪些碎片会对没有防护的人群、在各种建筑物中的人群，以及在船上或者飞机上的人群所造成的威胁。然后，最终的碎片冲击区域通常就会被用来作为划定警戒区范围的核心区域。

尽管认为划定危险隔离区是首选保护政策，但是也有不可行的情况。确定了警戒区之后的下一条方针，就是火箭的实时追踪和控制。靶场安全系统应运而生,其能够追踪运载火箭位置和速度(追踪系统),并终止故障飞行器的飞行(飞行终止系统)。

飞行终止的标准通常是根据靶场安全系统的能力来设计的,从而达到减少故障飞行器带来的风险。通常靶场认为只要获得高质量的追踪数据,它们就能够可靠地探测出故障运载火箭,并终止它的飞行。这个假设是基于通常用于靶场安全系统的高可靠性设计。但是,当前并没有关于靶场安全系统的国际化设计标准;并且,实际上为确保这些设计标准取得预期的可靠性水平而做出的努力还很少。

最后一级的安保措施就是风险分析和风险管理。对发射引起的剩余风险进行量化和评估,从而确定其是否可以接受。这个步骤包括扩展上述评估危险区域的模型。通常是以重复的方式来实施这些保护步骤,利用每一步的结果来调整其他步骤方法,直到计划发射的影响可以接受,并取得理想的安全水平。当前的做法是评估每一次发射的风险,并且只有风险等级可以接受时才会批准发射。与其他活动不同的是,还会讨论年度风险等级。

一份恰当的风险分析会论述所有与发射相关危险的风险,这些包括废弃的碎片、火苗、爆炸产生的超压、由正常燃烧产生的有毒物质,以及发生故障而释放的有毒物质。评估发射风险时,由于风险也会发生在返回阶段,因而必须把地上、船上以及飞机中的人群等所有受影响人群都考虑在内。也必须恰当考虑危险中的遮蔽体(如房屋和建筑的结构和所用材料类型)的效果。通常认为忽略遮蔽体将夸大这种风险。当遮蔽体能够保护人们免受碎片的危害时,该假设成立。如果碎片击穿了建筑,那么来自建筑物的碎片将会对建筑内的居住者更具威胁。随着运载火箭沿着发射航向飞行,它们就会离开发射国领土并飞越公海和他国领土。

发射的可容许风险通常是由集体或者社会风险等级,以及对受到最大程度影响的个人所造成的风险(个人风险)来表述的。集体风险通常是指预计将遭受规定的伤害等级的个人的统计总数。个人风险通常是指受到最大程度影响的个人可能遭受规定伤害等级的概率。最常用的两个伤害等级是死亡和重伤。当直接量化风险有困难时,则特定类别碎片的碰撞可能性通常用来作为间接测定方法。因此,通常会根据碰撞概率来划定警戒区从而来保护船上或飞机上的人员。

在直接发射区域之外,监视就非常困难且花费昂贵。因此,大多数靶场在直接发射区域之外,都会非常有选择性的进行监视,通常只会监视预定的脱离火箭分级碰撞区域和其他预定的下落区域。结果就是,在这么远的距离上,公布警戒区不那么起作用了。更高效的用于监视这些遥远的地点以及联系闯入者的工具,将会提高保护这些区域船只和飞机的效果。

11.3.3 发射对海洋和空中运输的风险

如果船员被告知危险区域,并且负责任的发射机构探测了潜在的受影响区域发现了闯入者,并警告他们离开警戒区,在太空发射活动对海上航行船只的风险控制方面就能取得最大成功。此外,一旦发生发射事故之后,应通知船只以最高速度按指定方向航行,从而把碰撞的概率降到最小,这对于控制不应该的风险是十分必要的。目前,由于成本及技术的限制,监视和通信仅限于靠近陆地的地点。

对于发射准备阶段来说,空间管理也应考虑航空交通管制。当前,解决这个问题的能力依然有限。美国联邦航空局(FAA)已开始主动地为美国的运营者们解决这些担忧。应该指出的是,当前的做法是每个发射靶场在执行每次发射任务时,均通过《发射碰撞防护程序》来管理风险。人们很少关注由靶场的发射操作所产生的年度风险,并没有专门的国家机构或者国际机构来监测或者控制航天器飞越地区的人口所面临的风险。如果没有发射国家一起合作来进行评估,以确保风险的等级是可以接受的,那么城市可能就暴露在来自诸多发射场地的发射风险之中。

各个国家的公民在面对来自飞越的运载火箭,以及返回的航天器所造成的风险时,都应平等地受到保护。最常见的做法是不考虑之前的、计划的或者将来的发射活动,而是在每次发射时测定这些风险。如果这样做,那么一个国家是否受到飞越的航天器的影响,将取决于来自三个方面的重要年度风险:①单个发射设施;②单个国家的发射活动;③所有国家的发射活动。这些结果往往是不可控的。

11.4 在轨安全性

11.4.1 太空碎片

太空并不是一个真空的空间,而是既存在自然碎片(如微流星体和行星际尘埃),也存在人造的太空碎片。自然碎片与人类无关,因此,在这里专门关注人造的碎片。太空碎片通常是指任何人造的、在轨道上的且已失去其原有功能的物体。太空碎片的来源多种多样。一个源头就是废弃的硬件,例如运载火箭的上面级或者运行寿命已经终结而被遗弃的卫星。另一个源头就是在航天器执行任务期间从其上所脱离的部件。这些部件通常包括运载火箭的整流罩、分离的螺钉、夹圈、转接器护套和镜头盖。硬件由于原子氧、日照加热、太阳辐射以及固体火箭发动机的燃烧会慢慢退化,从而产生各种形状和尺寸的碎片。这样产生的碎片有脱落的油漆、氧化铝废气颗粒,以及固体火箭发动机衬层的残余。

人类 50 多年的太空探索史,给地球周围的近地空间留下了数量巨大的人造碎片。科学家估计在地球周围的轨道中,尺寸超过 1cm 的物体大约有 50 万个。当前,大约有 21000 个这样的物体(直径大于或等于 10cm 的物体)正处于美国太空监测网络的跟踪之中,其中还包括 800 颗正常运行的卫星。在轨道中,只有尺寸较大的碎片才能进行定期的追踪,主要的方式是通过光学传感器来进行。在地球静止轨道上,能被追踪的物体的最小尺寸为 30cm,而在近地轨道上大约为 10cm。在被追踪的碎片之中,大约有 200 个处于地球静止轨道的废弃卫星,它们占据着或飘游在宝贵的轨道位置上,并且对正在运行的航天器产生碰撞风险。碎片可以存在相当长的时间,在高 1000km 的轨道上的物体能够存在数百年,在高 1500km 的轨道上可以达到数千年,而在对地同步轨道上的物体预计可以存在长达 100 万年。

未来太空碎片数量的多少将取决于是制造碎片的速度占上风,还是清除碎片的速度占上风。当前,清除碎片的唯一方法是通过大气引力实现轨道衰减,使其最终重返大气层。这个方法只在近地轨道一个限定的范围内才有效。处在更高轨道上的物体要重返地球的大气层,要花费数百到数千年的时间。因此,并没有有效的清除方法。从历史上看,制造碎片的速度已经超过了清除的速度,导致了在近地轨道上碎片的数量以大约每年平均 5% 的速度净增长。当前的碎片主要是由爆炸而产生的。由于碎片减缓的钝化措施(如剩余燃料的消耗)的应用越来越普遍,可以预见的是发生爆炸的频率将会减少。要广泛地实行这种办法达到减小爆炸概率的目的,可能要花费数十年,而当前每年的爆炸概率大约为 4%。

近年来进行的几项环境工程研究显示,根据多种未来发射速率预测,处在近地轨道上某一高度的碎片数量将会变得不稳定。碰撞将会成为最主要的碎片产生途径,并且产生的碎片将会进入到太空环境中然后诱发更多的碰撞。最活跃的轨道区域处于 900~1000km 的高度,在这片区域,甚至不需要任何新的发射,它就会变得高度不稳定(Liou 及 Johnson,2006)。据预测,在这片“红色区域”的碎片(尺寸大于或等于 10cm 的物体)的数量在接下来的 200 年中将会大约翻三番,从而导致这片区域的物体发生碰撞的概率将会增长 10 倍。实际上,随着卫星不断地被发射进入太空,未来的碎片情况很有可能变得比预计的更加糟糕。

11.4.2 与太空碎片碰撞的风险

相对于运行着的卫星来说,通常太空碎片的移动速度非常快。在近地轨道,即高度小于2000km的轨道,平均的相对碰撞速度为10km/s(36000km/h)。在地球静止轨道,由于大多数物体在轨道上的运动方向都是向东,因此其相对速度较低,大约为2km/s。拥有如此高速度的碎片具有巨大的动能,一个1kg的物体以10km/s的速度运行,它所具有的动能与一辆满载的重达35000kg的卡车以190km/h的速度行驶时所具有的的动能相当。一个尺寸1cm的铝球,以轨道速度运动时所具有的能量相当于一颗手榴弹爆炸时所释放的能量。处于地球同步轨道的尺寸为10cm的碎片所具有的破坏潜能,与处于近地轨道尺寸为1cm的碎片所具有的大致相当。

尺寸小于1mm的碎片或微粒通常对于航天器的运行不具有危险。尺寸为1mm~1cm的碎片,可能会击穿航天器,这要取决于构成碎片的材料以及航天器是否采取了防护措施。如果碎片击穿了重要的部件,如飞行计算机或推进剂储箱,就会导致航天器报废。NASA认为尺寸为3mm或大于3mm的碎片对于退役的航天飞机以及国际空间站来说,具有潜在的致命威胁。尺寸为1~10cm的碎片能够击穿并破坏大部分的航天器。如果航天器受到了碰撞,那么卫星就会失去其功能,同时还会产生大量的小碎片。如果一个尺寸为10cm、质量为1kg的碎片与典型的质量为1200kg的航天器相撞,就将会产生超过100多万个尺寸为1mm或更大的碎片。这样的碰撞将会产生碎片云,这对于处于轨道附近的任何其他航天器(如星座卫星系统的其他卫星)来说,有着巨大的碰撞风险。

碎片云的某些区域在一个或两个方向上会收缩,这些收缩的区域并不会随着碎片云绕其轨道运动时而运动,它们固定在一个惯性空间中,而碎片云就反复地在其中循环运动。在许多卫星星座中,在每一轨道上面都有着诸多卫星。如果其中一颗卫星解体,在此轨道上的其他卫星仍将会反复地飞过此收缩区域。如果因为解体而产生了许多的碎片,那么同轨道的其他卫星受到破坏的可能性就会变得很大。如果属于两个不同轨道的卫星发生碰撞,那么在这两颗卫星各自的轨道上都会形成碎片云,则每块碎片云的收缩区域都会对各自轨道上的其他卫星产生威胁。

2009年2月,俄罗斯一颗已报废的"宇宙"-2251卫星与美国的一颗商业通信卫星铱星33在西伯利亚上空790km的轨道相撞,这是首次发生此类型的相撞。在碰撞中损毁的铱星,属于一个由66颗近地轨道卫星组成的卫星系统,该系统的功能是提供全球的手机语音及数据交流服务。正如预计的那样,根据每日公布的碰撞概率(交会),在同一平面上的其他铱星卫星与铱星33的碎片发生碰撞的风险大大增加了。图11.1显示了人造碎片物体数量随着时间而变化的情况,这凸显了该问题已经日益成为影响太空环境可持续性的问题。

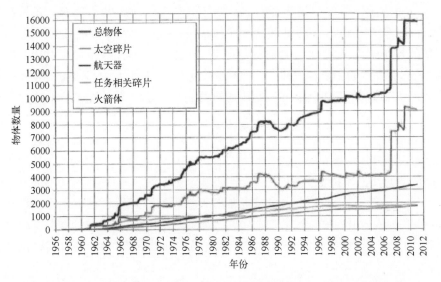

图 11.1　地球轨道上已登记入册的人造空间物体(NASA 版权所有)

　　总的来说,在载人航天所面临的风险中,与太空碎片发生碰撞是最大的风险。2003 年"哥伦比亚"号航天飞机事件之后进行的航天飞机风险评估,第一次指出了太空碎片所具有的威胁,它指出太空碎片导致航天飞机毁坏的可能性要比我们曾普遍担忧的,如主要的发动机、固体火箭助推器,以及热保护措施的失灵的可能性要大。太空碎片与襟翼的不同部位发生碰撞最有可能导致灾难性的后果。损坏将会导致襟翼(升降舵补助翼)在返回阶段不能够控制从而难以让航天飞机减速。

　　太空碎片碰撞是国际空间站(ISS)所面临风险的主要来源。为了让宇航员面临的此类风险最小化,国际空间站采取了防护措施。国际空间站的确是所有运行的航天器中防护得最好的,共有 100 多种不同的防护罩保护着它。重要的部件如居住舱以及高压储罐能够经受住直径 1cm 的碎片的碰撞。

　　按物体类型统计的地球轨道年度已登记物体数量:图 11.1 展示了由美国太空监视网络官方登记在册、位于地球轨道的所有物体的总数。"破碎碎片"包括卫星解体的碎片以及异常事故引起的碎片,而"发射相关碎片"包括所有计划任务中散布的、分离的或释放的所有物体。

11.4.3　太空碎片风险管控

　　可以通过一系列的设计和操作方法来限制太空碎片的产生,从而对其所具有的风险进行最佳管控,这些设计和操作方法主要有"钝化"、避碰机动以及报废处理。

"钝化"是指在卫星和火箭上面级的使用寿命即将终结时,在受控条件下移除其储存的燃料,从而避免它们发生爆炸。例如火箭上面级及卫星的推进剂,就能够通过排放或者燃烧消耗来清除。这种处理方法主要应用在近地轨道卫星上。对于电池,同样也能够通过设计来减少其爆炸的危险。

如果可能,航天器机动飞行也能够减小与太空碎片相撞的风险。国际空间站已经有几次为了避免与太空碎片相撞而采取了机动。同样,就卫星星座来说,由于潜在的碰撞将会导致碎片云的产生,可能给星座系统的其他卫星带来危害,因此避碰机动就十分必要。另一种减小碰撞风险的方法是把卫星以及火箭上面级在其运行寿命结束时,从任务轨道即受保护轨道上移开。当前,联合国指南以及其他国际一致同意的标准(如 ISO 24113)都建议,一个空间系统不应在其任务轨道上停留超过 25 年。这样的目标可以通过两种方式来实现:一是降低轨道,这样冗余大气引力就大到足够能使其衰减和返回;二是把航天器移动到受保护区域之外的"坟墓轨道"。在高于 2000km 的轨道上,在 25 年之内要进行强制返回在经济上是不可行的。在地球同步轨道上运行的航天器,在其执行完任务之后通常是被推进到更高的处理轨道,除非发生了故障。为了实现处理机动,应保留一定的推进剂。与空间系统处理相关的形式主要有降低性能及(或)工作寿命。地球同步轨道上卫星预计"失去"的寿命有很大不同,介于 6 个月到 2 年之间。例如,根据计算,一个有着 24Ku 波段和 24C 波段、频带宽度为 36MHz 的转发器的典型商业通信卫星,如果在其工作寿命结束时被推进到更高的处理轨道,这样的机动就会导致卫星运营者平均损失大概一年的利润(根据卫星能够继续进行商业运营的时间长短而有不同)。这个问题可以通过采取倾斜轨道方法来减缓,因为南北位置保持需要的燃料是东西位置保持所需燃料的 10 倍以上,从而可以保存燃料。

11.4.4 太空碎片治理:主动式太空碎片移除

考虑地球轨道上已经存在着数量巨大的碎片,专家更加一致认为在太空中主动地清除存在的碎片是必要的,因为减缓的方法已经再也不能充分确保太空活动的长期可持续性了。主动碎片移除(ADR),特别是针对报废的航天器以及耗尽的火箭上面级的清除,需要先进的技术与概念的发展(图 11.2)。其实施也提出了大量的在开始就应解决的技术上、经济上、战略上、制度上、法律上和管理上的艰巨挑战。要应用这样的在轨服务,应当具备下列要素:成本最低的服务、进行太空活动的国家承诺逐渐清除它们自己活动所产生的碎片,以及新的国家许可条例责令在任务结束时（自发或是强制地）清除碎片。

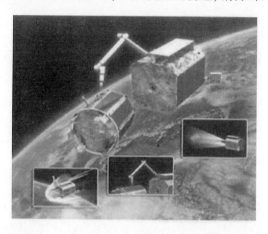

图 11.2　主动式碎片移除概念（DRL 版权所有）

为了实现最低的服务费用，至少在运行的起始阶段，需要国际技术合作、每年较高的任务频率，以及每个任务的多重服务目标。国际技术合作可以实现利用所有现有的技术，以及分担新技术发展成本的目标。用一个单一的灵活的系统来服务多个（国际）顾客，以及在同个任务中执行多个清除工作，也能够实质性地便于减少运行成本。在某种程度上，随着一个基于早期国际通信卫星组织（其将来会发展成一个全面的商业服务组织）模式的政府间组织的建立，曾用于发展卫星通信产业的方法可能会重演。另一个供选择的方法是设立一个清理碎片的国际基金。这样的基金可以从国家的或者地区的合作开始，然后发展成一个由所有进行太空活动的国家所支持的国际基金。所有的这些计划或者概念所面临的问题是，当前与这种清理方式相关的一些条款，如 1967 年《外层空间条约》的条款Ⅶ以及 1972 年的《责任公约》的机制"责任"，都很少激励各国来积极地从轨道上清理碎片。

11.5　再入安全风险

正如前面提到过的那样，报废的卫星、耗尽的运载火箭上面级以及其他太空碎片并不会无限期地留存在近地轨道上，而是会由于冗余大气引力的作用逐渐地返回地球。在近地轨道，根据高度的不同，自然的轨道衰减发生的时间可能在几个月之内，也可能需要几百年或者数千年。

随着报废的卫星、耗尽的运载火箭上面级以及其他碎片进入大气较密集的区域，由于较高的气动力，以及高速下与空气摩擦生热而导致材料强度的丧失的相互作用,它们就会解体并且有时会发生爆炸。随后高温引起硬件的熔化和汽化,从而使硬件的主要部分消失。但是,大概仍会残留原体积的 10%~40%,最后到达地球表面。总的来说,由铝及类似材料制成的部件或组件,由于熔点较低,在返回阶段就会燃烧殆尽;而由高熔点材料,如不锈钢和钛制成的部件,则会在返回阶段中留存。同样,质量较轻而表面积较大的部件,由于会受到较大的空气阻力,速度会降低,摩擦产生的温度也较低,因此也会在返回阶段中留存。残余的部件给地上的人群以及财产造成了危险,也给空中和海上的交通带来了潜在的危险。

由于地球周围的大气层变化无常,很难预测一颗随机返回的卫星或者火箭上面级的准确返回时间,因此,很难预测碎片将会掉落到地球的哪一个地方。在过去的 50 年中,据认为有超过 1400t 的物质经过了返回阶段而到达地球。返回的最大物体是俄罗斯的"和平"号空间站,重达 120000kg。再入经常会发生,尤其是火箭上面级的返回。在 2011 年,运载火箭上面级返回的频率达到了一周一次,其总质量是同时期返回的不受控航天器总质量的 5 倍(图 11.3 及图 11.4)。许多在地面回收的返回部件,包括重达 250kg 的推进剂箱,都属于火箭。

图 11.3 "德尔塔"2 型返回式运载火箭第二级不锈钢燃料推进剂箱
(美国 1997)(NASA 供图)

当前许多国家规定,由单个再入事件导致的任何人员伤亡风险必须小于10000 次返回 1 人次。法国的要求更加谨慎,为小于 100000 次返回 2 人次。正如 11.5.2 节描述的那样,一个导致诸多伤亡的事故,尽管看起来十分遥远,但如果发生,人们就会特别关注航天所具有的风险,以及其带给普通大众的情感上和心理上的冲击。

图 11.4 "德尔塔"2 型火箭第三级脱落的钛合金发动机
（沙特阿拉伯，2001）（NASA 供图）

11.5.1 环境风险

发射升空失败及返回的空间系统（如火箭箭体和报废的卫星）都存在着很大的风险。在正常发射时，火箭的各分级会逐级分离并落回到地球上。许多发射轨迹和宇航中心的地点都会经过精心挑选，以确保碰撞区域处于人口稠密区之外并主要与海域相邻。但是，由于有些宇航中心位于内陆，以及一些飞行轨迹越过陆地，这就会导致分离的分级掉落到人口稀疏的地区，并会污染土壤。当火箭推进级掉落时，其燃料箱里面大约仍会剩余 9% 的推进剂。土壤的类型和特性决定了污染物能否渗透，若发生渗透，将会导致地下水和地表水的污染。例如，偏二甲肼（UDMH）经常作为二元推进剂和氧化剂四氧化二氮结合而用于自燃燃料火箭，而不是经常和红烟硝酸（IRFNA）以及液态氧结合。偏二甲肼是一种有毒的致癌物质，在有氧化剂存在的情况下会发生爆炸，也能被皮肤吸收。把一大汤匙量的偏二甲肼加入到一个游泳池的水中，任何喝了这个水的人都会被毒死。在一项由 Vector，即位于新西伯利亚的俄罗斯国家病毒和生物技术研究中心进行的研究中，记录了 1998 年至 2000 年两个位于西伯利亚南部地区的 1000 名儿童的健康数据，这两个地区由于位于哈萨克斯坦的拜科努尔太空中心的发射活动而受到了污染，将这些数据与附近的未受污染区域的 330 例记录数据进行比较。把所有的疾病案例归类综合起来，研究团队得出了这样的结论，即来自受污染最严重地区的儿童在这 3 年的研究期中内分泌和血液紊乱的概率，以及需要治疗的时间都是未受污染地区的 2 倍。如果发生发射失败，污染的情况就会变得更糟更严重。在 2007 年 9 月，俄罗斯"质子"M 号运载火箭发生了爆炸，其携带的 200t 有毒燃料污染了哈萨克斯坦一大片的农业用地。

返回物也可能会引起人们的担忧,因为它上面的材料可能具有毒性或者放射性。在 2008 年 2 月 21 日,出于公共安全的考虑,一颗失控了的返回卫星被击落。这颗卫星在 247km 的高度被一枚海基导弹击落。该故障航天器是美国的间谍卫星(USA193),在它的钛合金燃料箱内,携带有 450kg 剧毒的固态偏二甲肼燃料。另外,据估计这颗重达 2270kg 的卫星经过返回阶段仍然有大约 50% 的残余,因此给地面上的公众造成了危险。

当前,在地球的周围存在着 32 个报废了的核燃料反应堆、13 个反应堆堆芯和至少 8 个放射性同位素热电发生器(RTG)。截至 1972 年,在低轨道的空间任务中放射性同位素热电发生器已经被使用了 6 次。而截至 1976 年,在地球同步轨道上放射性同位素热电发生器的使用次数已经增加了 2 倍。从 1969 年开始,另外 14 个反应堆又用于月球和星际间的任务中。如今,在地球轨道上存在的放射性同位素热电发生器核燃料的总质量大约为 150kg。在太空活动中,核能的另一种来源是核反应堆。这些反应堆大多由苏联于 1965 年至 1988 年部署于其雷达侦察卫星上。

在所有的太空核事故中(如意外的放射性物质泄漏),有两起与太空碎片相关,另一起则幸免于难。在 1978 年"宇宙"954 号雷达海洋侦察卫星的核反应堆堆芯原计划推送到处理轨道上,但后来核反应堆堆芯与卫星没有成功地按计划分离。结果是这个核反应堆依然留存在卫星之上,随着卫星处于衰减轨道并最终返回了地球大气层。这颗卫星在加拿大西北部靠近大奴湖的地区坠毁,而其所携带的放射性燃料扩散到了超过 124000km^{2}的地区。清理小队花费了数月步行来清理这片区域。最终,清理小队仅仅能够清理 12 块大的碎片,而这些碎片的放射性物质仅仅只占据卫星上估计的放射性物质总量的 1%。这些物质的放射性达到了 1.1Sv/h(值得指出的是,通常只要辐射值达到了 500μSv/h,就会被认定为核紧急情况)。几年之后,在 1982 年,另一颗雷达海洋侦察卫星宇宙 1402,没有成功地将其核反应堆堆芯推送到坟墓轨道上。地面控制人员设法让堆芯自身与反应堆分离,从而让其更有可能在到达地面之前在大气层中燃烧殆尽。在 1983 年 2 月,最终这个卫星返回地球的只有反应堆,而其堆芯则坠入了南大西洋。

1988 年 4 月,另一颗俄罗斯卫星"宇宙"1900 号再次在分离堆芯和推送其进入坟墓轨道时失败。但是不久之后,备用系统成功地分离并把核堆芯推送进入了坟墓轨道,尽管轨道比原定计划轨道要低。

11.5.2 对航空的风险

许多适用于发射阶段的做法也适用于返回阶段,但是后者提出了特殊的问题,因为其主要是随机的或者与可再利用航天器在返回阶段的独特行为相关。

2003年2月1日,"哥伦比亚"号航天飞机在返回阶段的解体事故,是航天器发射和返回阶段安全分析历史上的一个分水岭。它突出了选择航天器返回轨道从而最大程度降低其对地面大众的风险的必要性,以及如果发生返回阶段事故而采取措施使空中交通远离坠落碎片的必要性。

"哥伦比亚"号航天飞机事故引发的一系列事件表明,在发射和返回阶段操作中的公众安全问题上,要采取审慎的、综合的甚至最终是国际化的方式。对于航空及航天操作的管理尤其如此。

在"哥伦比亚"号航天飞机在德克萨斯州人口相对稀少的地区上空发生解体之后不久,在全球范围内都可以看到解体之后坠落碎片的"壮观"景象:坠落到学校停车场的完整的球形水箱、毁坏的办公室房顶、散落在路边的损坏的金属件、田野上烧焦了的大块材料。NASA的管理人员在美国参议院作证时说到"没有发生其他的附带伤害是非常令人吃惊的"(没有公众受伤)。

"哥伦比亚"号事故调查委员会(CAIB)提出并回答了许多与发射尤其是返回阶段相关的公共安全问题。考虑到回收的碎片和附近人口分布特征的可用数据,CAIB的一项研究发现,实际上没有发生地面伤亡事故是统计预期的结果。特别是,基于调查数据和符合其他美国机构设立的标准和要求(如美国空军制定的《美国空军太空司令部手册》和美国联邦航空局制定的《联邦公报》)的建模方法,这项研究发现"没有伤亡发生的情况是预期的,但是伤亡事故发生也有着其合理的可能性(大于0.05但小于0.5)"。但是,如果类似的事件发生在诸如休斯顿这样人口密集地区的上空,那么几乎就将确定其会给地面上的公众造成大量伤亡事故。

在"哥伦比亚"号航天飞机发生事故的时候,NASA并没有关于航天飞机返回阶段公众安全的正式政策。在CAIB的报告发布之后,NASA制定了一项新的安全政策(NPR8715.5)。NASA的公共安全政策包含诸多其他美国的机构已在使用的风险措施和风险阈值,例如与伤亡相关的个体和集体风险限额。但是,NASA的公共安全政策对于管理飞行各个不同阶段的风险预算也提出了革新性的标准,这已得到了广泛的认可。因此,"哥伦比亚"号航天飞机事故也促进了发射和返回操作对于地面人员风险的管理更广泛的共识和创新。

"哥伦比亚"号航天飞机事故也促进了发射和返回阶段关于航天器安全的方法和标准的发展。紧随着CAIB最终报告的发布,美国联邦航空局资助进行了一项更加详细的航空器风险分析,其使用了在发生事故时航天器行为的真实记录数据。这项研究发现,"哥伦比亚"号航天飞机的碎片和其附近的商业飞机发生碰撞的可能性至少是1/1000,而和普通航空飞机发生碰撞的可能性至少是

1/100。这项分析使用了一种通用的模型,即假定一个质量超过 300g 的碎片与商业飞机任何地方发生碰撞都会导致灾难性的事故:所有机上人员都会死亡。当前,RCC 321-07"全国范围普通风险标准"提供了最佳的做法,它为商业等级的运输提供了一个易受损害模型。在 2008 年,美国联邦航空局和美国空军资助研发了基于同样方法的适用于跨洋商业飞机的易受损害模型。

在 CAIB 的报告发布之后,美国联邦航空局研究了对于新的决策支持工具的需要,从而来更好地管理太空和空中的交通。然后制定了相关的程序,并且当前在灾难性的事件中它被用作实时战术工具,例如在"哥伦比亚"号航天飞机事故中,用它来确定如何使太空航天器碎片危害区域附近的航天器更改方向。

11.6　现有的规范和标准

以上概述了与发射、在轨运行和返回相关的风险。正如所阐述的那样,上面所提出的议题包含的风险本质上属于国家层面或(和)国际层面。对于发射和返回活动,在某些太空活动上国家存在着国家层面上的规范;但是,在全球范围内并没有适用的一致同意的国际规范。当前,轨道环境的污染(如太空碎片)给运行着的航天器和国际空间站造成了不断增加的安全担忧。经过多年的争论之后,机构间太空碎片协调委员会(IADC)出台了国际太空碎片减缓指南,在联合国和平利用外层空间委员会(UN COPUOS)的推动下,这些指南被同意作为自愿性标准。另外,国际标准化组织(ISO)也发布了太空碎片减缓标准(ISO24113),旨在推进未来太空系统实施的设计和运行方法,从而最大程度减少太空碎片的产生。

但是,国际上还没有一致认可的整治活动,因此,在这个领域既没有标准也没有规范。另外,尽管各国都有观测设施来进行空间位置感知服务,但是当前并没有一致认可的太空交通管理规范。很明显这两个议题,即太空碎片减缓和太空交通管理,在接下来的几年里依然将会是两个最重要的国际太空安全标准和规范议题。

11.7　载人航天安全性

下面将介绍与载人航天相关的风险。首先,介绍载人系统的系统安全概念;其次将用不同领域的例子阐述规范和安全标准的价值,并且审查一个基于新兴的商业亚轨道运输产业的案例研究;然后介绍载人航天的安全评级空间系统的历史和最新发展;最后介绍选出的诸多与载人航天相关的风险。

11.7.1 系统安全

20世纪40年代之前,飞行安全基本上是由试验和错误构成。"飞行—维修—飞行"术语就与这样一种方法相关,即建造原型飞机,飞行、损坏之后维修或修改,然后飞行。对于复杂和重要的系统,这样的方法显然是不可行的。1952年至1966年,美国空军在非战斗行动中损失了7715架飞机,造成了8547名人员的死亡。正如奥尔森2010年的报告所说"大多数的事故都归咎于飞行员,但是许多工程师认为正如与性能相关的其他功能和物理特征一样,在设计飞机时安全也应体现在设计中"。飞行安全基金会组织了相关的研讨会,由杰罗姆·莱德尔领头,包含工程师、操作人员和管理人员。在1954年的一个研讨会中,航空安全先驱C·O·米勒第一次在文件中使用了"系统安全"这个术语。

20世纪50年代,当开始制定阿特拉斯和泰坦ICBM时,还没有任何安全项目。在71枚"阿特拉斯"F导弹可以使用之后的18个月之内,4枚在运行测试时其储藏舱发生了爆炸。最严重的事故发生在1965年8月9号,位于美国阿肯色州瑟西,"泰坦"2号储藏仓的大火烧死了53人。之后美国空军提出了系统安全评估和管理概念。这样的努力最终促使建立了主要的标准来作为规范,即MIL-STD-882D和《系统安全工程》(Leveson,2003)。

11.7.2 商业亚轨道安全管理框架:案例研究

在太空安全规范中,有一个领域近年来最受关注,即与商业太空飞行尤其是亚轨道飞行相关的监督审查。

亚轨道飞行是指飞行的高度高于海平面100km,但是航空器并没有进入轨道(没有获得超过11.2km/s的轨道速度)。在美国法律中,亚轨道航线定义为"发射的航天器、返回的航天器或者其任一部分的计划飞行轨迹,其瞬时真空碰撞点并没有离开地球的表面"。从太空时代开始以来,无人亚轨道飞行就已十分普遍。探空火箭所覆盖的一系列极点的高度甚至超过了航天飞机和国际空间站的常规发射所达到的轨道高度。当前,亚轨道载人航天由于人们对于太空旅游的兴趣日益增长而变得越来越受欢迎。太空旅游依然处于初期阶段,太空旅游产业所拥有的一些新的商业航空器的构造和运行模式都和一些早期的政府项目非常相似,即太空舱(如"水星"号)或有翼火箭系统(如X-15飞行器)。应当指出的是,这两种构造的安全要求差异很大。发射器或者太空舱构造的安全要求已经使用了超过40年,并且已被证明是非常成功的,主要是看其在轨飞行的表现(更具挑战性)。飞行器类型构造的安全要求在航空工程领域已经较好地建立了技术基础,尽管它们目前并没有反映在任何民用航空类型的规范中。在 1968 年项目取消之前,实验性飞行器 X-15 共飞行了 199 次,共发生了四次大的事故(图 11.5)。

图 11.5 X-15 坠毁(NASA 供图)

2004 年和 2011 年,美国两次通过了《商业发射修正法案》(CSLAA),并且在 2012 年 1 月《商业太空发射活动法案》法案被签署而成为法律。这项法案让美国联邦航空管理局的《商业太空运输法案》(FAA-AST)在基于仔细审查申请的基础上,继续为运营者的这类飞行发放实验性的许可证。商业飞行的宇航中心将很有可能在 5 年期满后通过审查并获得新的许可证。正如之前在太空安全规范一节中提到的那样,美国在 2004 年颁布的 CLAA 和最近出台的《商业太空发射活动法案》之下,对于商业载人航天的监管依然是基于案例的"实验性许可"的基础,其目的是寻求为太空飞机飞行定义一个全行业标准,但是直到 2012年 12 月 23 日或者直到发生事故(设计或者操作实践导致了严重或致命的伤害),才将公众安全方面纳入考虑。简而言之,在收集到更多的数据和进一步的实验之前,目前这个刚萌芽的商业亚轨道产业还不够成熟,因此不足以建立总体的安全标准。

11.7.2.1 自我管理:作为商业案例的安全等级

政府规范的一个替代性选择就是自我管理。它们本质上的意图是促进形成一个可作为商业案例的更高的安全等级。以一级方程式赛车为例,在 1950年 F1 方程式赛车世界锦标赛开始之后的头 30 年内,一个赛车手的生命预期经常低于可以赛完两个赛季。大家都普遍接受的是随着赛事的升级,总的风险也随着增大。正是 1994 年在伊莫拉大奖赛中罗兰德·拉岑伯格和埃尔顿·塞纳的死亡(出现在了电视直播中)逼迫了汽车赛车行业严肃地对待安全和应当永远地消除风险。在发生伊莫拉事故之后,国际汽车联合会(FIA)设立了安全顾问专家组来鉴定创新科技,从而提高汽车和电路的安全性以及授权它们的实施和认证测试。如今,1 级方程式赛车已经是一个赞助和全球电视转播收入达到数十亿美元的十分安全的赛事,是一个全家人可以一起观看娱乐,而不是看到令人震惊的画面的比赛。

另一个例子来自于石油产业。负责调查 2010 年 4 月发生在墨西哥湾的漏油事件(该事件导致了 11 名工人的死亡和原油泄漏,造成了环境灾难)的总统委员会建议在内政部设立一个独立的安全机构,并且"天然气和石油产业应当向前发展形成一种集体责任制的安全理念。石油产业应当设立一个'安全机构',这将会是一个行业自己建立的、自我管理的实体,旨在制定、采用和强制执行优秀的标准,从而确保近海安全和作业完整性的可持续发展"。

当今,尖端的技术已经能够排除和控制新系统中的危险,例如在新系统投入使用之前,将安全风险最小化。这样的技术通常都属于"安全案例"。

11. 7. 2. 2　规范要求与安全案例比较

皇家游轮"泰坦尼克"号在从英国南安普顿驶向纽约的处女航时撞上了冰山,并于 1912 年 4 月 15 日凌晨沉没。由于没有足够可用的救生艇,在这场灾难中总共有 1517 人丧生。在"泰坦尼克"号建造的过程中,造船厂的总经理之一的亚历山大·卡莱尔,建议使用新型的更大的吊艇架,这样就能够装载更多的救生艇,让"泰坦尼克"号具有装载 48 艘救生艇的能力,从而让船上的每一位人员都有座位。但是,为了压缩成本,"泰坦尼克"号的客户(白星航运公司)决定只装配 20 艘救生艇,因此其仅仅只够 50% 的乘客使用("泰坦尼克"1912)。这看起来是对船上的乘客和乘员不负责任,但实际上根据商务部的规范,所有质量超过 10000t 的英国船只仅需要装配 16 艘救生艇。很明显,在船的规模达到了像"泰坦尼克"号这样 46000t 的时代,这样的规范已经过时了。

上面所叙述的事故同时也阐明了什么是规范要求(针对不明确的安全目标需要明确的设计解决办法),以及在某些时候哪些相关规范是显著的不符合安全要求的。系统的研发人员应当履行提出最佳的技术要求、设计解决办法和检验方法的责任,而不是让管理部门依照要获得的广泛的安全标准和目标而设立的准则,来建构安全状况的制度。换句话说,安全状况的制度认为管理部门的角色和责任是在"安全"和"不安全"的设计之间定义一个界限(技术意义上的安全政策),而研发者或者运营者在系统的设计和运行方面有着最深刻的理解和相关知识。

《安全案例报告》中的安全案例通常包括:①系统和相关环境以及运行的概要描述;②已识别的风险和危险、它们的严重等级,以及适用的管理标准或要求;③已查明的风险和危险的原因;④对于如何管控风险或者危险发生原因的描述;⑤对于相关的检验计划、程序和方法的描述。

整个国际空间站项目的安全是基于由安全案例报告委员会对系统研发者或运营者根据(一般)安全要求(NASA SSP 30599 2009)准备的安全案例(或称为安全数据包)进行的递增性安全审查过程。在运行的过程中,需要为配置变化、之前未预见的运行状况和在轨异常情况矫正行动提交其他文件。

11.7.3 载人航天的安全评级:历史回顾

自从太空项目第一次实现人类进入太空之后,对于载人空间系统要求的识别就是一项复杂的工作。在 20 世纪 50 年代,工程领域通过无人航天器以及载有黑猩猩的实验性平台来获得关于太空环境的经验数据,从而使安全最大化,这为有计划的载人航天任务收集了数据。载人航天的安全评级的概念(之前称为载人指数)曾用来特指为载人进入太空而设计的系统。但是不同于目前,当时并不存在为确保载人航天的安全评级鉴定而规定的正式通用程序。以前,载人航天的安全评级的实施方法根据项目各有不同,横跨系统以及次级系统,有时候还横跨了一个项目不同的任务阶段。

1995 年,即航天飞机投入运行之后的第 14 年,一个覆盖各种相关机构范围的委员会负责在传统方法的基础上制定一个运载火箭的载人航天的安全评级要求定义。在回顾了过去所有的项目(既有发射器也有宇宙飞船,如"双子座""阿波罗"和航天飞机)之后,委员会提出了下列关于载人航天的安全评级程序的定义:"一个既满足成本、计划、性能、风险和效益而又同时强调人类安全、人类表现以及人类健康管理和关怀的程序",这个定义写于一份回顾了美国太空飞船载人航天的安全评级历史上的观点的文件之中(Zupp,1995)。从历史上看,"水星""双子座"和"阿波罗"项目的载人航天的安全评级程序都聚焦于人类安全。太空实验室和航天飞机项目额外强调了人类表现和健康管理。关于这些项目历史的详细信息可以从 Logsdon 和 Launius(2008)获得。

从那之后对于双子座以及其他航天器,确保乘员安全的一个重要部分就是研发乘员逃生系统,以应对中止情况。逃生系统测试项目也十分广泛,导致了对于改善设计的鉴定贯穿整个测试阶段,并且时间跨度达到 3 年,这也促成了一种乘员逃生系统的研发,这种系统有着弹出座位,可以让飞行员在 45000ft (1ft = 30.48cm)的高度在紧急中断发射的情况下弹出逃生(Ray 和 Burns,1976)。对于"阿波罗"项目,发射运载火箭("土星"IB 和"土星"5 号)就是为载人宇宙飞船而设计的(考虑到没有任何其他的发射器能够达到要求的性能)。这些运载工具相对于适用于"水星"和"双子座"项目的前代产品来说,有着额外的冗余和安全改进。另外,也有着广阔的场地和无人飞行计划,来验证新的设计和验证单独为"阿波罗"项目设计的发射逃生系统。

对于航天飞机,其对于乘员安全的考虑相对于之前的项目来说就是一个巨大的挑战,这主要是因为它的构造(相对于用于"水星""双子座"和"阿波罗"发射系统的同轴串联燃烧构造的结构,在航天飞机上,人造卫星的运载工具和乘员距可以产生火灾和超压的爆炸源更近)。最大的挑战是解决在第一阶段如何逃离的问题。为了能够实现乘员逃离、乘员弹出、发射台弹出或者人造卫星分离和飞离,就必须要研发固体火箭助推器(SRB)推进终止的方法。这曾是一项没有经过验证的技术。人们验证了各种推进终止的概念(用烟火装置爆裂推进器的头部尾端以终止推进;另一种概念是作用于喷嘴来实现同样的目的),但是都引起了广泛的担忧或者具有重大的设计挑战。因此,相关方面认为由推进终止带来的额外安全风险和设计复杂度对于实现固体发动机较低的失败率来说,仍然是一个令人担忧的情况。对于"高"风险的领域,需要更严格的设计要求,从而使航天飞机火箭推进器拥有更高的可靠性(有关安全的结构设计方面、箱体隔离和分段密封)。航天飞机项目在没有第一阶段逃离能力的运载工具的情况下,通过使用历史性能表现数据库,来提高安全设计和鉴别载人航天的安全评级。其核心是系统级的综合方法论。

载人航天的安全评级程序是基于其发展、制造和运行的过程中所获得的数据和知识而确立的。从这些数据的评估和分析中所获得的信息仅有助于加强对于失败机制的理解,以及寻求减缓策略来防止意外失败。把以前项目所获得经验和现在技术发展要求考虑在内,可提高一个空间系统的载人航天安全评级,从而做到满足提高具体乘员安全要求的需要。在 2003 年 NASA 发布 NPR 8705.2A"航天飞行系统载人航天的安全评级要求与指南"中,具体地体现了我们 40 多年相应太空活动所获得的知识。在强调载人航天的安全评级检定的第一标准中,NASA 提出了以下定义:"载人航天的安全评级系统是适应人类需要,有效利用人类的能力来管控风险,以及管理与载人航天相关的安全风险,并最大程度上提供在危险情况下保护乘员安全的实际能力。"

在 2008 年 NASA 相对于最初版本做了轻微的改动,再次发布并更新了这些要求(NPR 8705.2B),在之后的 2011 年又对文件进行了更新。这个文件包含一系列纲领性和技术性的要求,它为载人航天系统安全评级所要求的安全能力确立了标准。它主要是从人为误差分析、乘员工作量评估、人在回路中的可用性评估、利用综合人类系统性能测试结果验证系统设计,以及建立人类系统集成小组等方面来指导评估这些活动(Hobbs 等,2008)。NASA 的"星座计划"(阿瑞斯发射器和猎户星座太空舱)是第一个体现这些新的载人航天的安全评级系统要求的项目。同时,其他机构(如欧洲航天局和日本宇宙航空研究开发机构)也在进行相关活动来改善空间系统在载人航天的安全评级方面的安全技术指标(Trujillo 和 Sgobba,2011)。在 2011 年,商业载人航天计划(CCP)发布了 CCT-1100 系列标准,旨在为潜在的商业供应商规范角色和责任、支持验证的技术管理步骤,以及告知载人运输系统和 ISS 相关要求。

11.7.4 载人航天安全风险

与轨道载人航天相关的主要安全问题包括在危险环境中(无论是太空环境如电离辐射或者太空碎片中)提供保护、提供避难以及安全港的能力,以及对碰撞风险的预防。碰撞风险可以分为对接操作时发生碰撞的风险(交会和对接)以及与其他航天器发生碰撞的风险。

11.7.4.1 环境风险:电离辐射

地球磁场圈在地球上空很高的两个带区通过电磁使辐射离子带电。带区最高处达到 40000km,而最低点大约离地球表面 600km。在这些带区的辐射强度比地球上要高 100 多万倍。在接下来的几十年内,商业轨道载人航天将最可能限制在近地轨道飞行,在近地轨道辐射的强度非常小甚至可以忽略。基于数十年来人类近地轨道载人航天的经验(Vetter 等,2002),安全的辐射照射水平被定义为根据年龄和性别的不同,会增加 3% 的患癌概率,也就相当于总共 100~400rem(1rem = 10^{-2} Sv)(Cucinotta 等,2011)。相较而言,对于工作涉及辐射的工人来说,年度的最大剂量是 10rem。由于健康风险会随着总剂量的增加而增加,因此检测辐射的剂量以及建立达到此水平的(商业)宇航员退休机制就十分重要(NRC 2012)。

11.7.4.2 太空安全与营救:过去、现在与将来

1912 年的"泰坦尼克"号灾难,由于用莫尔斯代码把这条不幸的消息发送了出去,它成了在全球范围内开始进行组织搜索和营救的关键性时刻。这次灾难的冲击导致建立了对于陆上和船上不幸事故的持续监督方法。在 1914 年,第一版《国际海上人命安全公约》就做出规定,为处于事故之中的船只提供帮助是其他船只的责任和义务。在接下来的几十年中,这个系统逐渐发展并变得成熟,在 20 世纪 50 年代早期它扩展到了航空领域,但是直到 1985 年,才在《1979年国际海上搜寻救助公约》之下,建立一个组织良好的国际搜索与营救系统并开始实施。当前的国际搜索与营救系统是基于国际航海和航空组织之间的紧密合作,并且依赖于由地球同步轨道和近地轨道上航天器所组成的这样一个全球覆盖、全球可用的统一的天基监测与跟踪资源系统(COSPAS - SARSAT项目)。

正如任何其他类似系统一样,未来亚轨道和轨道商业航空器上的乘员和旅客的安全将不仅取决于设计恰当性、结构稳健性、故障容错能力和环境风险,还要取决于在紧急情况下允许逃生、搜索和及时营救的特殊装置。对于亚轨道的商业载人航天,突发事件可能会导致搜救行动的范围包含海上和陆地,因此其与航空事故的搜救并不相同。在轨突发事件的情况也不相同,因此,需要制定出特殊的协作、规定和可互操作的方法。在这里,与之最相近的就是潜艇突发事故。现在,许多国家通过国际援潜救生联络办公室(ISMERLO)来定期进行多边营救演习和协调他们的救生手段和能力。

11.7.4.3　上升阶段的突发事件

在上升阶段,需要考虑一个终止方案,以便保护商业航天器上乘员和旅客的人身安全。这样的方案要适用于任何类型航天器,并且也要求与其他国家一起计划和合作。

以航天飞机项目的经验作为例子,根据可能发生功能失效的时间的不同,在全球范围内都有着航天飞机的发射终止点,如哈利法克斯市、斯蒂芬维尔、圣约翰、甘德和古斯湾(都位于加拿大)。航天飞机也有着越洋中辍降落(TAL),如摩洛哥的本格里空军基地、冈比亚首都班珠尔的云杜姆国际机场、西班牙的莫龙空军基地和萨拉戈萨空军基地、法国的伊斯特尔。最后,在德国、瑞典、土耳其、澳大利亚和波利尼西亚(其中几个是十分繁忙的国际航空港)都有 18 个指定的航天飞机紧急情况降落地点。为了在全球范围内的这些国外着陆点能给航天飞机提供必需的帮助、使用权和专用装置,美国政府不得不就大量详细的双边协定进行磋商。在将来当亚轨道和轨道的商业载人航天变得普遍的时候,只有当商业公司与类似国际民航组织的一些国际太空管理机构制定了必需的国际民用太空协定和规范(Jakhu 等,2011),才能获得这种同样水平的陆地或海上帮助以及国外设施的使用权。

11.7.4.4　耐撞性能

此外,基于"哥伦比亚"号航天飞机事故本身的教训,以及"哥伦比亚"号事故调查委员会的发现,NASA 让"哥伦比亚"号事故调查委员会对导致"哥伦比亚"号航天飞机事故的技术和组织方面原因展开全面的回顾性调查。由此,"哥伦比亚"号事故调查委员会建议以后的运载器应当包含下列要素:①一个关于解体的设计分析来帮助指导设计,使综合航天器系统的解体最温和,以及其构造能使乘员的生存概率最大化;②耐撞性,可再现飞行事故的可定位数据记录仪;③对座位约束系统的改进,采用尖端的技术来使对乘员的伤害最小化和在非常态加速环境下使乘员的生还率最大化;④先进的乘员救生套装(包括有类似于职业赛车所用类型的保护头颈装置的头盔),不使用对化学物质热抵抗性低,以及与其他物质在一起易引发燃烧的材料。

11.7.4.5 轨道救援

1990 年,在 NASA 的约翰逊太空中心召开了国际航天器交会对接会议。目的是为探索建立一系列通用的太空系统设计和运行标准达成一定的国际共识,要求这些设计和标准能在紧急情况下允许交会对接和在轨协作。这些国际标准的特征可以归纳如下:①任何一方都能够利用他们自己的系统和资源来实施它们;②在这种标准下合作并不要求一种从属关系(一方并不需要向另一方购买系统部件);③一个工程或者工程部分的成功并不要确保其他工程的成功;④任何标准之间的关系都不属于从属关系;⑤标准的功能要求能够通过若干的替代技术来实施。标准的定义并不要求技术转让。

2008 年,在当年的《NASA 授权法案》中,美国国会重申了发展轨道营救能力的目标(H. R. 6063)。实际上,《探索人员救援法》第 406 部分就陈述到:"为使营救那些故障航天器中的航天员的可能性最大化,管理者应当与进行太空活动的国家的相应代表进行讨论,这些国家应赞成共同的交会对接系统标准,实际拥有或者计划拥有能够进行轨道飞行或者近地轨道外飞行的载人运输系统。"

在 2010 年,国际对接系统标准(IDSS)(其是基于作为"阿波罗"-"联盟"号工程的一部分而在 20 世纪 70 年代研发的最初的异体同构周边式对接系统(APAS))最终通过那些发起并参与了国际空间站项目的国家而变成了现实。尽管中国并没有参与制定这些标准,但是中国已经为自身的"神舟"飞船和"天宫"一号空间站选择了 APAS-89 的交会对接系统变体,其与用于 ISS 采用的系统相同,并且符合新的国际交会对接标准。中国的交会对接系统成功地在 2011 年的一个在轨自动任务中得到了展现。在 2012 年,另外两艘"神舟"飞船("神舟"9 号和"神舟"10 号)将会继续进行交会对接,两艘宇宙飞船上都至少会有一名宇航员。接下来便是"天宫"一号,一个更加先进的太空实验室,在 2013 年将会发射"天宫"二号,而在 2015 年又将会发射"天宫"三号。

未来几年内,在地球轨道上将会存在两个空间站——国际空间站和中国的"天宫",因此这第一次使轨道营救系统成为可能。在 2004 年,在国际援潜救生联络办公室模式的基础上进行一个合作项目来实施这种能力,以"制定通过授权的程序,通过潜艇国家之间的磋商和达成共识,使之成为潜艇逃生和营救的国际标准"。这适用于潜艇,也适用于太空,发生事故和营救之间的时间必须缩短。此外,这种合作轨道营救系统所有的有组织的联系和不断增加的透明度,将会符合提高开放度的趋势,也有助于为实现太空安全和可持续利用方面更广泛的合作而建立一个重要的信任构建机制。

11.8 结 论

本章的回顾展现了太空安全的诸多方面,探究了太空组织和新的太空活动国家正面临的安全风险。我们要全面理解未来的安全挑战的范围,就需要对这些风险有着更深刻的理解;否则,就难以高效地减少这些风险。不论是无人的轨道空间系统还是载人的航天器,都会受到数量不断增加的太空碎片的不利影响。太空物体所能产生的级联效应是一个令人担忧的巨大问题。我们必须试图尽量降低那些失控的,对地上、空中和海上安全造成危险的返回物体的影响。另外,新的商业航天公司的崛起及增加也表明我们需要提高轨道和亚轨道旅游领域的空间安全,同时也提出了将来怎样解决太空交通管理的问题。太空安全问题的复杂性和范围,以及未来安全挑战的本质,都需要通过一个扩展的国际规范框架来解决,该扩展框架应足以解决本章所描述的太空安全风险。

参考文献

Ailor W,Wilde P (2008) Requirements for warning aircraft of re-entering debris. In:Proceedings of IAASS Conference on Space Safety (2010) Huntsville,Alabama

Air Force Safety Agency (2000) United States Air Force (publisher)

Cucinotta F,Kim M-HY,Chappell LJ (2011) Space radiation cancer risk projections and uncertainties - 2010, National Aeronautical and Space Administration,Washington,D. C. (publisher)/TP-2011-216155

Graham B,Reilly,WK,Boesch DF,Garcia TD,Murray CA,Ulmer F (2011) Deep water:the Gulfoil disaster and the future of offshore drilling. Resource document. http://www. gpo. gov/fdsys/pkg/GPO-OILCOMMISSION/pdf/GPO-OILCOMMISSION. pdf. Accessed 1 June 2012

Hammer W (1980) Product safety management and engineering. Prentice Hall,Englewood Cliffs,p 19

Helton-Ingram S et al. (2005) Federal Aviation Administration report to the space and air traffic executive board on the plan to mitigate air traffic hazards posed by the space shuttle return to flight re-entry. Washington,D. C. (publisher)

Hobbs A,Adelstein B,O'hara J,Null C (2008) Three principles of human-system integration. In:Proceedings of the 8th Australian aviation psychology symposium. Melbourne,Australia ISO 14620 (1-2002,2-2011) Space systems - safety requirements

Jakhu R,Sgobba T,Trujillo M (2010) An international civil aviation and space organization. In:Proceedings of IAASS Conference,2010,Huntsville,Alabama

Leveson N (2003) White paper on approaches to safety engineering. MIT

Liou LC,Johnson NL (2006) Instability of the present LEO satellite populations. COSPAR

Logsdon M,Launius R (2008) Human spaceflight:projects Mercury,Gemini,and Apollo. NASA Smithsonian Press,Washington,DC,pp 2008-4407

MIL-STD-882D (2000) Standard practice for system safety,Department of Defense. Resource document. http://www.

atd. dae. mi. th/download/mil-std-882d%5B1%5D. pdf. Accessed 1 June 2012

NASA NPR 8705. 2B (2011) Human-rating requirements for space systems

NRC - Committee for Evaluation of Space Radiation Cancer Risk Model (2012) Technical evaluation of the NASA model for cancer risk to astronauts due to space radiation. National Academies Press, Washington, DC

Olsen JA (Ed.), A History of Air Warfare. Washington: Potomac Books

Ray HA, Burns FT (1976) Development and qualification of Gemini Escape System. NASA TN D-4031

Safety Review Process (2009) International space station program, NASA SSP 30599, Rev. E. Resource document. http://kscsma. ksc. nasa. gov/GSRP/Document/ssp%2030599%20reve. pdf. Accessed 1 June 2012

"Titanic" Inquiry project. Resource Document (1912) http://www. titanicinquiry. org/BOTInq/BOTReport/ BOTRep01. php. Accessed 1 June 2012

Tremayne D (2009) The science of formula 1 design - expert analysis of the anatomy of the modern grand prix car. Haynes Publishing, Sparkford, Great Britain

Trujillo M, Sgobba T (2011) ESA human rating requirements: status. In: Proceedings of the IAASS Conference on Space Safety, Versailles, France

United States Supreme Court RIEGEL v. MEDTRONIC, Inc. Argued December 4, 2007 - Decided February 20, No. 06-179. 2008. Resource document. www. supremecourt. gov/opinions/07pdf/06-179. pdf. Accessed 1 June 2012

Vetter R, Baker ES, Bartlett DT, Borak TB, Langhorst SM, McKeever SWS, Miller J (2002) Operational radiation safety program for astronauts in low-earth orbit: a basic framework, Report No. 142

Zupp G (1995) A perspective on the human-rating process of U. S. spacecraft: both past and present. National Aeronautics and Space Administration. Washington, D. C. (Publisher)

第12章 太空交通管理

威廉·艾罗尔
美国航空航天公司,美国埃尔塞贡多

本章概述了自人类进入太空时代以来近地空间环境发展演变状况,讨论了当前形势,并预测了空间碎片数量不断增长及主动移除空间碎片发展对环境的影响。正如航空旅行发展催生空中交通管理一样,为确保未来对太空系统运行的干扰降到最低,需要一个在面临潜在碰撞风险和其他危害时能为运营商提供预警的系统。本章讨论了太空交通管理系统的构成及相应的法律和政策框架。

12.1 引 言

太空交通管理定义为确保长期利用太空和太空资产,避免有害干扰而进行的一个有组织的过程,包括政策、法律、服务和信息。具体内容如下:

(1) 最大限度地减少在轨运行物体(包括卫星与碎片)之间发生长期和短期碰撞、无线电频率干扰或其他干扰的可能性。

(2) 确保卫星发射方和运营方遵循政府颁布的法律法规,并采取最佳实践。

(3) 最大限度地减少地面望远镜和定向能系统对卫星运行的干扰。

(4) 通过空间天气和其他事件的预警,最大限度地降低对卫星运行的有害影响。

本章介绍太空交通管理基本原理,讨论其组成和需求,描述当前现状和未来可能发展方向。

12.2 问题演变

1957 年,苏联发射了人类第一颗人造卫星,当时并没有太空人造物体发生在轨碰撞的问题。无疑早期卫星可靠性不高,可能会发生在轨失效,当时通行做法是把失效卫星留在原轨道上,很少意识到这些失效卫星可能持续遗留在轨道上数百上千年,未来有朝一日会对宝贵的空间资产造成损害。

时常一些卫星和运载火箭末级可能发生爆炸,爆炸产生的碎片与失效卫星一同构成了在轨"空间碎片"。随着太空技术发展,产生空间碎片的情况不断增加,如使用对接环释放卫星、解锁卫星的火工品、光学系统镜头盖释放等,但在早期太空时代,人们认为空间碎片与在轨卫星相撞的概率微乎其微。

在轨人造空间物体数量随着太空利用的发展日益增长,尺寸大于 10cm 的已编目空间目标数量如图 12.1 所示,其中正常运行卫星数约 1230 颗,包括约有 850 颗低轨卫星,轨道高度在 2000km 以下,320 颗地球静止轨道卫星,轨道高度 35786km,还有约 60 颗其他轨道卫星。

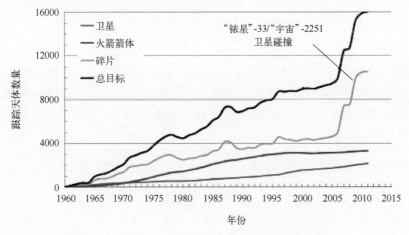

图 12.1　尺寸大于 10cm 的空间目标数量随时间变化

幸运的是,地球大气层提供了一种清除空间碎片的机制。低轨空间碎片受大气阻力影响逐渐降轨,大部分最后在大气层"燃烧殆尽"。注意图 12.1 中存在空间碎片数量周期性减少的时间段,原因就是在太阳活动高峰期,高层大气密度增加而导致的大气阻力效应增大,使得空间碎片提前再入。当然,有些碎片再入后并没有完全"烧毁",但还没导致过人员伤亡。虽然空间碎片再入理论上存在产生伤害的可能,但概率极低,此点稍后详述。

图 12.2 表示了大气阻力效应如何影响空间物体寿命。图 12.2 假设大气层均匀分布,空间目标面质比与"国际空间站"相当。图 12.2 中是指圆轨道卫星寿命,对于椭圆轨道卫星,在通过近地点时的大气阻力效应会使远地点逐渐降低,最终导致提早再入。正如预期一样,轨道高度越高、空间碎片寿命越长、将长时间对在轨卫星构成威胁。

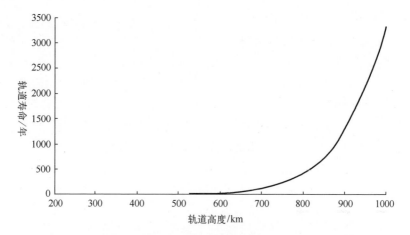

图 12.2　卫星寿命随高度变化(假设圆形轨道、大气分布均匀、
卫星弹道系数为 150kg/m²)

现在看来,人类首个 55 年的太空活动在地球周围留下了数以百万计的空间碎片,其尺寸从微小的油漆斑点到长达数米的失效卫星或火箭残骸不等。特别是在低地轨道上,模型预测出现碰撞的概率越来越高,证实这些预测的碰撞事件也已发生。

12.2.1　空间目标碰撞

首次证实的太空意外碰撞事件发生在 1991 年,失效的俄罗斯"宇宙"导航星与同样是"宇宙"卫星产生的碎片发生碰撞。首例涉及正常运行卫星的碰撞发生在 1996 年 7 月,来自"阿丽亚娜"运载火箭末级的碎片切断了法国科学卫星"塞利斯"的一根重力梯度杆。碰撞发生后,"塞利斯"卫星仅恢复了有限的

服务。运用当时最好的空间目标跟踪数据,分析认为"塞利斯"卫星出现碰撞的概率极低,仅为百万分之二(Alby 等,1997)。

卫星碰撞后果严重,原因主要有两点:首先,对于速度 7~8km/s 的近地轨道目标,从不同方向接近的两个目标的相对速度可达 10~14km/s。在如此大的相对速度下,即使像油漆斑点大的碎片可以造成卫星表面坑陷(图 12.3)、关键传感器或太阳能帆板受损。当尺寸达 1cm

图 12.3　航天飞机挡风玻璃上直径 4mm 的坑洞,由直径 0.2mm 空间碎片撞击产生

的碎片击中卫星关键区域,则可终止卫星运行。其次,发生空间碰撞会产生更多碎片,进而导致更多的碎片数量与碰撞可能性。许多碎片会长期滞留轨道空间,对其他卫星构成多年威胁。

在 20 世纪 70 年代后期,人们开始担心空间碎片数量持续增长将至临界点,到达临界点后,即使没有发射新卫星,现有空间目标间的碰撞也会导致碎片数量持续增长(Kessler 与 Cour-Palais,1978),因此在到达临界点前必须减缓空间碎片。

12.2.2　启动碎片减缓

上述各种问题促成 1993 年成立了机构间空间碎片协调委员会(IADC),目的是协调对碎片难题的国际研究,并为相关系统设计及运行提供指南,以减缓空间碎片数量增长。通过 IADC 的努力,国际上已经确定了如图 12.4 所示的轨道区域为"受保护区域":一是低轨区域,即低于高度 2000km 的球型区域;二是地球静止轨道区域,即高度为 35786km 的一部分球壳状区域。

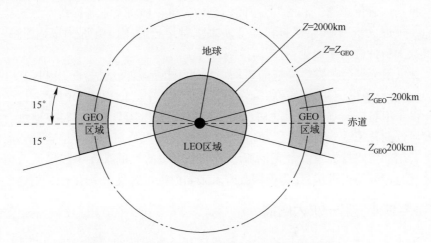

图 12.4　受保护区域(地球静止轨道高度 35786km)

此外,IADC 还制定了空间碎片减缓指南,内容包括:

(1)防止正常运行卫星在展开和操作过程中因光学系统镜头盖和其他部件脱离而产生碎片。

(2)最大程度减少在轨解体,无论是计划的还是偶然的,因为在轨解体将产生长期碎片。具体包括防止正常运行期和达到使用寿命期的卫星意外爆炸和破裂,防止有意攻击导致卫星爆炸和破裂,卫星和入轨的火箭末级寿命到达前应钝化(耗尽所有能源)。

(3)任务寿命结束后的处置。通常,在 LEO 保护区内或经过 LEO 保护区的失效卫星或火箭末级应受控再入安全海域;或者,如果轨道自然衰减再入的伤亡预期未超出规定限度,应将其移至自然衰减轨道,确保规定期限内(如25年)完成非受控再入。一些国家规定伤亡预期概率超过$1×10^{-4}$就需受控再入安全区域。运行在地球静止轨道保护区域内的卫星在寿命到期后需通过机动将轨道抬高到坟墓轨道,并至少在此停留100年。

(4)防止在轨碰撞。卫星与火箭末级的设计者需估算其在寿命期间内发生碰撞的概率,如果有可靠数据,卫星运营商必须进行卫星机动来避免发生碰撞。此外,航天器设计人员要采取措施来限制未编目碎片带来的失控。

上述准则已被纳入政府法规、最佳实践及国际标准之中(例如 ISO 24113:空间系统—空间碎片减缓)。

12.2.3 碰撞规避

随着人类开始频繁造访低轨道 LEO,引发了一系列安全方面的担忧,使得预测载人飞行器发生可能碰撞的工具得以发展。基于碰撞预测,美国航天飞机多次机动以避免碰撞,"和平"号空间站全体人员在即将发生碰撞前紧急转移逃生舱。最近,国际空间站通过机动变轨来规避接近的碰撞威胁,国际空间站乘员曾数次奉命进入返回舱,直到碰撞威胁解除。

载人航天器险些发生碰撞的事例得到了卫星运营商的关注,20世纪90年代中后期到21世纪初,两家联邦政府资助的研发中心向商用和国际卫星运营商提供了卫星碰撞规避方面的初步服务。麻省理工学院林肯实验室通过合作研发协议向几家运营商提供了高精度服务,航空航天公司提供了整合运营商数据与公用的空间目标跟踪数据的服务。两个组织的目的都在于收集运营商对碰撞规避服务的需求信息,为美国政府未来如何提供这种服务给出建议。

12.2.4 第一次大碰撞

2009年发生的碰撞事件改变了游戏规则。俄罗斯的一颗失效的"宇宙"-2251卫星与美国"铱星"-33卫星以超过11km/s的相对速度发生碰撞,碰撞使得"铱星"-33卫星寿命终止,并且增加了超过2000个可跟踪编目的碎片,这一事件还可能导致更小的碎片大量增多。当时,碰撞预测跟踪数据注意到了接近威胁,但是基于最好的跟踪数据,估算两个目标发生碰撞概率在1/100000量级,该风险等级被认为无需避撞机动。

这次碰撞在国际上产生了震动。除了产生碎片云外,碰撞还带来了经济后果,使卫星运营商对可付诸实践的碰撞预测需求增加,并且要求预测足够准确以使受威胁卫星可提前采取规避机动措施。

12.2.5 空间碎片对运营成本影响

最近一项研究(Ailor,2010;Ailor 等,2010)描述了未来 50 年内,不断变化的碎片环境将如何影响太空运营成本。研究假设卫星星座位于高度 850km 的圆形轨道,所在区域空间目标的密度最高(因此出现碰撞的概率也最大),如图 12.5 和图 12.6 所示。每个星座自 2010 年、2020 年、2030 年投入使用后的寿命均为 20 年。研究关注碰撞损坏卫星带来的损耗成本,包括小碎片使卫星太阳能电池板"喷砂化"并降低其输出功率,大碎片可能撞击卫星关键部件或摧毁整颗卫星。研究利用了空间碎片模型来预测未来可能出现的碎片环境,并基于该预测分析了发生碰撞的概率。

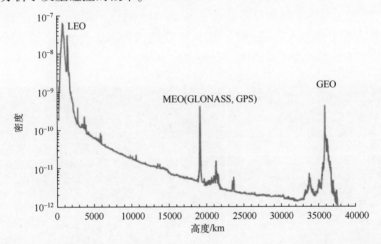

图 12.5 空间目标密度与轨道高度关系(峰值为 LEO、MEO、地球静止轨道区域)

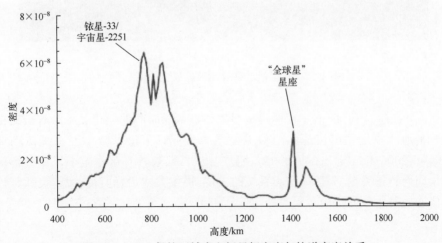

图 12.6 LEO 保护区域内空间目标密度与轨道高度关系

正如可预期的那样,小碎片频繁撞击会导致需要更换星座中的大多数卫星,而与大碎片碰撞要少很多。预测结果表明:2030年发射卫星的运行成本增加最多,与工作在无碎片环境下相比增长了18%,主要源于更换受损的太阳能电池板。如果增加太阳能电池板抗小碎片冲击的能力,可使成本增长减少至10%或更低。研究发现,提供碰撞规避服务能使空间碎片导致的成本增长降低约10%(碰撞规避服务只适用于大尺寸碎片引起的碰撞)。

上述研究结果表明,限制微小尺寸空间碎片的增多对降低成本增长非常重要。假定卫星发射频率保持稳定,并且卫星寿命末期处置成为惯例,预计在下一个50年,空间碎片环境下的卫星运营是可管理的。但是一些新的发展也许会恶化当前状况。例如,由大学和其他研究人员研制的微小卫星,如图12.7所示,包括质量1~10kg的纳卫星和质量0.1~1kg的皮卫星,可通过搭载批量发射。虽然这些卫星并非碎片,但通常无法变轨且大多在地面跟踪监视能力之外,因此对其他在轨卫星可能构成重要碰撞威胁。

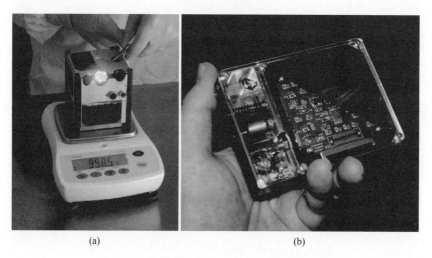

(a)   (b)

图12.7   皮卫星示意图(来源:航空航天公司)

图12.8(a)和(b)表示了微小卫星发射数量随时间的变化关系。有研究提出未来地球静止轨道雷达和通信卫星系统由成百上千颗微小卫星编队构成(Bekey,2006;Iida与Pelton,2003)。显然,从长期来看对这些微小卫星进行寿命末期处置是关键,为适应这类系统的出现,提供太空目标监视、太空交通管理和碰撞规避服务的机构必须改进其工具和能力。

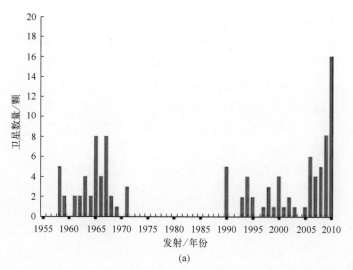

(a)

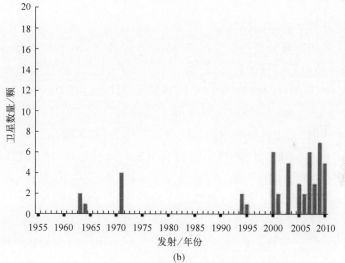

(b)

图 12.8 纳卫星(a)与皮卫星(b)发射数量与时间的关系

12.2.6 对卫星正常运行的其他威胁

碰撞并非在轨卫星面临的唯一威胁,其他可能的威胁还包括:

(1)卫星之间的接近可能引起卫星姿态变化,导致与地面站失去通信联络。由于卫星要通过天地通信发送重要载荷数据和平台状态参数,通信失联可能是一个严重的问题,此问题可通过提供足够信息来避免。

(2)与通信失联类似,射频干扰会严重影响正常卫星运营。国际通信卫星公司失控银河-15"僵尸"卫星的射频干扰曾导致卫星运营商采取规避措施。

（3）激光照射可能会损坏星载传感器。

（4）卫星星座规划没有考虑相近位置存在其他卫星的频率冲突。

最后，自然太空灾害事件也会影响空间系统正常运行，如果能够向运营商提供足够、及时的太空自然灾害预报，就可以减轻灾害影响。1999 年发生的彗星流星雨事件是一个案例，70km/s 高速运动的彗星"尘埃"会影响卫星运行。一些运营商采取了预防措施，包括将电池板方向调整至与迎面而来的流星雨方向一致，并禁用姿态控制，以防止被高速粒子冲击导致的电脉冲激活。这也是吸取了 1993 年发生事件的教训，当时发生的流星雨事件造成了欧洲"奥林巴斯"卫星受损，怀疑是卫星太阳能电池板受彗星流星雨冲击，其引发的电流峰值激活了卫星姿态控制推力器（Caswell 等，1995），由此消耗了姿控系统推进剂，最终导致卫星失控。

12.2.7　未来

12.2.7.1　主动移除碎片

最近一项研究预测低地球轨道碎片环境已到临界点，即使暂停所有发射任务，空间碎片数也将持续增长（Liou 等，2010）。此研究还表明，如果每年至少对五个目标开展 ADR，并对新发射的空间系统实施 IADC 推荐的太空碎片减缓措施，可望维持 LEO 碎片环境稳定 200 年。

研究还建议，基于目标质量和碰撞概率判断，可制定有效的碎片清理策略。ADR 可能会重点关注 LEO 区域中的废弃卫星与火箭末级，因为它们是大量碎片增加的最大隐患。研究指出，碎片增长最快的区域位于轨道高度 800 ~ 1000km 之间。基于目标质量与碰撞概率的碎片清理策略能有效减少此区域碎片数量增长。

提出的碎片主动移除技术有多种，一种是利用地球磁场与长系绳导线过流产生的相互作用力来缓慢降低附着碎片的轨道高度，另一种是通过激光照射来逐步降低碎片轨道高度直至其再入大气层。在地球静止轨道区域，提议发展太空拖船将失效卫星移到坟墓轨道。显然，主动移除碎片需要制定配套政策法规，以防止在移除过程中产生额外碎片，避免移除过程对在轨卫星产生干扰。

碎片主动移除技术大部分还处于早期研发阶段，实际工程应用还面临众多技术挑战。例如，要避免与系留上千米导线的绳系卫星发生碰撞，碰撞规避服务商需要专门的工具和能力。如果受到空间碎片撞击，长系绳导线也可能发生断裂，因此需要为系绳卫星运营商提供及时和准确的碰撞预警。

12.2.7.2　灾害处理

碎片主动移除手段首先将大尺寸空间目标降轨，增大的大气阻力效应将加大轨道衰减,并最终再入大气层燃烧殆尽。不幸的是,再入过程中,占目标干重10%~40%的部件可能散落到地面。图 12.9 展示了一个再入后残留硬件的例子。一个质量 250kg 的不锈钢推进剂罐坠落在距一个德克萨斯农户家 45m 的位置,没人在这一事件中受伤。

图 12.9　再入后的碎片(来源:NASA)

　　事实上自太空时代以来,还没有关于碎片再入导致人员受伤或死亡的报道。根据责任条约,如果类似事件造成地面伤亡,发射国要承担赔偿责任。如果应用了碎片主动移除,法律界肯定将质疑碎片主动移除是否合法,是否对造成的损害担责,更多讨论详见 12.4 节。

　　显而易见的是,为推动主动移除碎片概念向前发展,与所有权和责任相关的大量非技术问题还有待解决。

12.2.7.3　拓展服务

未来可能出现并对太空交通管理构成挑战的活动还包括:

　　(1) 在轨服务,如太空旅游和太空旅馆、碎片打捞和清理服务、小行星采矿及可能的"轨道工厂"。利用独特失重环境,轨道工厂可生产新材料、新药品及借助小型自主飞行器往返地球的其他太空产品。

　　(2) 太空电梯,使用线缆从地面延伸至地球静止轨道甚至更远。

　　(3) 工作在 LEO 和地球静止轨道区域的系绳卫星系统。

　　(4) 用于通信或其他任务的小卫星星座。

　　(5) 历史原因保留轨道物体作为太空博物馆。

12.3　太空交通管理内涵

显而易见,人类利用太空正在以类似人类利用地球资源的方式演变:发现新资源,研发新技术,产生未曾预料的后果,然后着手加强管理和控制,以确保下一代能继续安全利用这些资源。

通常,精细的资源管理要求更加关注用户与公众的安全、加强用户之间合作,开展灾害减缓服务、制定相关规章制度以最大程度减少危害。近地空间就是这种资源,过去 50 多年的能力提升为太空交通管理服务打下了基础,接下来讨论一些基本要求。

12.3.1 轨道环境知识

与提供帮助飞行员避开不利天气的信息类似,太空交通管理系统的重要组成部分是向卫星运营商提供信息,帮助其最大限度地减小太空天气(如微流星雨、太阳风暴)可能造成的影响,包括卫星损失或卫星任务失败。太空交通管理系统会提醒卫星运营商可能危及正常运行的自然事件。正如已经讨论过的,太空人造物体已成为轨道环境的一个重要部分。最大限度减少干扰和碰撞需要的知识包括任何时间每个空间目标的位置以及目标特性(比如目标是一颗正常卫星还是空间碎片)。幸运的是,这样的信息已经存在。美国利用空间监视网,拥有最为完整的空间目标编目数据库,由位于范登堡空军基地的联合太空作战中心日常维护,包含了空间目标的轨道参数和基本特征信息,涵盖了 LEO 轨道大于 10cm 的目标(计划进行系统升级,允许编目更小尺寸目标)和地球静止轨道大于 1m 的目标。太空跟踪网站(http://www.space-track.org)向公众开放该编目数据库的公开版本。

虽然该编目数据库是世界上最完整的,但是在太空交通管理的某些方面仍存在限制。具体来说,编目提供的轨道信息是基于雷达和光学传感器定期收集的数据,但并不包含卫星运营商提供的卫星位置和机动信息(运营商拥有运营卫星最准确、最及时的信息)。因此,最后一次目标跟踪数据以后的机动变轨信息并未收录编目数据库,而此信息在预测目标之间可能接近路径时至关重要。其次,向公众提供的编目数据不是最精确的,不能满足碰撞预测所需的精度要求。最后,公开提供的编目数量仅占编目总数的 60%,其中不包括与某些特定所有者或事件相关的目标,所缺目标达数千个(美国目前编目数量超过 20000个,但公开的编目数量仅接近 16000 个)。此外,即使碰撞和爆炸的碎片被发现和跟踪,但可能在碎片事件发生数周或数月后都无法在编目数据库中出现。毋庸置疑,任何使用公开编目数据提供的碰撞规避或其他干扰警告的能力都有限,特别是在碰撞风险最高的 LEO 区域。

除美国外,其他国家、个人和合作伙伴也在开发空间目标编目,其重点在于特定轨道区域。最值得一提的是"国际科学光学监测网",由俄罗斯科学院凯尔戴什应用数学研究所(KIAM)维护,已经与 11 个国家的 23 个天文台建立了合作伙伴关系,目前入网的光学望远镜超过 30 台(Molotov,2011)。自 2004 年以来,"国际科学光学监测网"已经具备搜索和跟踪更高地球轨道空间碎片的能力,目的是改进我们对近地空间独特区域(首先是地球静止轨道)碎片情况的认识。"国际科学光学监测网"主要监视低轨、中轨和地球静止轨道明亮目标,维护着一个空间目标数据库。

12.3.2 数据交换标准格式

空间目标编目的一个主要考虑是能够进行数据比对,即不同数据库中相同目标数据具有可比性,这也就意味着卫星运营商与碰撞规避服务供应商共享数据应使用统一的标准格式。目前,运营商与服务供应商相互交换数据且已制定了信息交换的国际标准(例如 ISO 26900:2012,CCSDS 轨道数据信息)。需要的标准还包括避免干扰的轨道机动、轨道外推、接近路径预测以及太空交通管理其他功能的规则。

12.3.3 最佳实践

虽然前面定义的服务会向卫星运营商提供有关可能碰撞或干扰的信息,但在涉及两颗卫星相互干扰处置时,为了帮助卫星运营商决定哪一颗卫星机动、何时机动和怎样机动,还需要提供实践指南与交通规则。此外,一些卫星操作可能会周期性接近或干扰其他卫星(比如在地球静止轨道轨位重叠的情况下),此时,运营商可能希望制定合作战略来最大程度减少推进剂消耗,这种情况已经存在并且有效发挥作用。

12.3.4 航天器所有权和操作特性

无论是空间目标监视与编目服务、空间碰撞预测服务还是政府需要确认运营商是否遵守卫星运行与处置要求,都需要知道在轨卫星、入轨火箭末级及其他任务相关硬件的运营方及拥有方。此外,空间目标大小与运行特性(比如位置保持要求、轨道机动与运行特性、功能状态等)对选择接近路径至关重要。只有掌握卫星运营商与拥有者的准确和最新信息,才能在发现问题时及时联系沟通。

上述要求表明,建立国际统一的空间目标编目数据库必不可少,数据应包括空间目标的运营商、拥有者及特定任务信息,并尽可能由太空交通控制服务商负责维护。随着人们越来越担心航天发射有可能干扰或撞击碎片、在轨卫星和载人航天器,因此需事先知道何时发射(具体发射日期与时间窗口)和最新的发射流程。与航班起飞及飞行计划信息相似,上述信息可提供给太空交通控制服务机构,以确保尽量减少对在轨空间目标干扰的可能。目前,航天发射的碰撞规避已应用于某些重要发射任务。

值得注意的是,国际电信联盟(分配全球无线电频谱资源及卫星轨道的联合国机构)已就地球静止轨道卫星轨位进行了分配,卫星运营商需登记注册轨道并详细说明通信频率及卫星用途。虽然这些因素限制了地球静止轨道可用轨位数量,但国际电信联盟更关注防止射频干扰。即使这样,物理干扰仍可能存在。正如"太空交通管理研究"一义指出的那样,通常轨道选择并非由任何国家或国际机构规定,而是由卫星任务提出方和运营商决定。同样地,任何卫星系统中所含卫星数量也是由卫星任务提出方和运营商基于技术、经济与政治因素而非法律问题优先决定,全世界任何机构都没有权利限制卫星发射数量或轨道使用数量。长期而言,对卫星和卫星星座位置预先分析有助于设计最大程度减少干扰的在轨系统。

再次强调,太空交通管理需要国际协议来确定什么信息合适,并规定如何、何时,向谁提供何种形式的信息。目前国家之间的航班计划共享模式可作为参考。

12.3.5 太空交通控制服务

12.3.5.1 服务需求

需要一种能整合多个数据源的精确预测服务,即预测特定空间目标未来时刻的位置,向运营商提供包括物理接近在内的干扰事件预警,并且通过包括运营商提供的更多数据来优化预测。目前有两家提供相关服务,但是两者都不完善、不能满足运营商全部需求。

第一家是美国联合太空作战中心,基于美国空间监视网提供目前最完整、精度最高的空间目标编目数据。联合太空作战中心利用编目数据和轨道外推软件来预测未来时刻目标位置、提供目标接近信息,并通过空间监视网更新数据来优化接近预测。如前所述,此过程并不包含卫星运营商提供的位置与轨道机动信息。出于避免碰撞的目的,联合太空作战中心为签约用户提供一项免费服务,为签约用户校对规避机动策略。当预测到可能出现碰撞时,联合太空作战中心会向所有卫星运营商提供免费预警,而非仅对签约用户提供(Bird 2010)。

联合太空作战中心以轨道交会简讯(CSM)形式提供预警信息,包含即将发生目标接近的详细信息,卫星运营商可据此估算发生碰撞的概率。部分运营商还设定了概率阈值,超出此阈值将需要更多数据或开始做变轨机动规划。一旦制定了机动规划,将发往联合太空作战中心进行有效性评估,以降低碰撞概率,并确保该机动不会显著增加与其他目标碰撞的概率。

虽然联合太空作战中心提供服务在目前是最完整的,但实际上,该服务并不包括运营商提供的最新位置与轨道机动数据,影响了碰撞预测精度,并可能出现虚警。这是促使几个地球静止轨道卫星商业运营商创建空间数据协会的一大因素。该协会是一家非营利机构,其总部设在马恩岛,由商业卫星运营商国际通信卫星公司、国际移动卫星公司和欧洲卫星公司创建。空间数据协会的空间数据中心利用卫星运营商提供的卫星位置和机动信息和联合太空作战中心公开的数据来进行碰撞预警。目前该中心没有自己的传感器网络,主要为十多个运营商的 237 颗地球静止轨道卫星、100 颗 LEO 和其他轨道卫星提供服务。NASA 已经就使用空间数据中心服务与空间数据协会签署了协议。

如上所述,因能力有限,当前对 LEO 目标监视的尺寸在 10cm 左右,对地球静止轨道目标监视的尺寸在 1m 左右,用于碰撞预测的目录包含 20000 个左右目标。一旦获得监视和编目尺寸小于 10cm 碎片的能力,编目数量将达到 100000 甚至更多。若要对这一数量的空间目标进行持续、及时、全面的接近评估与预警,则需要大幅升级更新计算机、软件甚至传感器系统。此外,更多空间碎片接近运行卫星事件被预测,意味着联合太空作战中心及其他碰撞预警服务机构的工作量增加,同时也表明,初步预测需要更加准确,以避免不必要的卫星机动变轨和避免服务机构负担过重。

由于碰撞预警需要与卫星运营商频繁接触,也需要相关机构协调来提供其他事件的预警,包括:

(1)可能出现的无线电频率干扰。

(2)附近轨道区域现有或计划的其他卫星可能对运营商寿命期内的卫星或星座正常操作带来的威胁。

(3)需要运营商采取措施应对的异常空间天气。

(4)对周期性接近的卫星,需要运营商之间合作来尽量减少干扰。

服务也需要与其他运营商保持信息互通,发展合作式的机动策略,使得长期干扰概率最小化。

12.3.5.2 政府信息需求

虽然卫星运营商确需太空交通管理服务,而政府作为太空活动的主要参与方,也需要获取相关信息,原因包括:

(1)政府运营着大量卫星,其中一些基于国家安全考虑,不包含在可公开获取的编目中,也不可能通过太空交通管理服务供应商获取。因此,保护这些卫星和所有卫星避免干扰,要求政府获得尽可能多的其他卫星信息,包括来自卫星运营商的卫星位置和机动计划信息,这是太空交通管理服务发展的一个重要考虑。

(2)政府机构(如美国联邦航空管理局和联邦通信委员会)和国际电信联盟等组织规定卫星运行位置、操作及限制太空碎片产生的处置措施,并需要信息来确保在轨卫星操作符合这些规则与协议。

最后,未来人类将更多造访太空,包括搭乘太空运输系统往返天地之间的旅客或可能的太空旅馆客人,要求在发射、再入和驻留太空的过程中保护人类免受威胁,这会增大太空交通管理的压力,需要与现有航空交通管理系统密切协调。

当定义和发展全面的太空交通管理系统时,需要考虑所有这些因素。

12.3.6 关注安全

12.3.6.1 再入事件

太空交通控制服务有助于确保人在太空免受碎片接近的威胁,但再入碎片却能对地面上、船及飞机上的人造成伤害。如前所述,现行指南规定随机再入碎片对地面上的人造成伤亡的预期概率必须低于某一规定值(美国规定为 1×10^{-4}),遵守该指南有助于最小化风险。但对飞机上的人风险有多大?一架商业航班全年在世界范围内受到一片再入空间碎片撞击的概率为 3×10^{-4} 量级(Patera,2008)。尽管此风险很低,但随机再入碎片对飞机的风险还是超出了在此风险环境下飞行的长期可接受风险,但低于美国联邦航空管理局相关标准确定的短期可接受风险(Ailor 与 Wilde,2008),世界范围内发生事故的平均时间约3300年,截至目前,尚未证实有再入空间碎片撞击过任何一架飞机。为了便于比较,一颗流星撞击一架飞机的概率介于 $1.3\times10^{-5}\sim1.7\times10^{-5}$ 之间(Patera,2008)。

在再入过程中残留并可能威胁人安全的碎片应受控落入安全海域。当预期会出现危险时,应对经过预定落区的船舶和飞机发出警告并引导远离。一些碎片主动移除手段也许可能无法控制碎片再入位置,每年都会出现较大空间碎片目标再入情况。理想状况是,在大型碎片空间目标再入失控的情况下,太空交通管理服务能够警告飞机远离碎片坠落区域。

12.3.6.2 空天边界

之前讨论主要集中于太空环境问题,随着新出现的太空运输系统使用可重复使用飞行器,这些载人的飞行器跨越空天边界,并利用航天港起飞和着落。这些新系统将与飞机共享领空,其飞行规则需要考虑不同飞行特性予以改进。

第二次世界大战临近结束时,国际民用航空组织制定了航空交通规则,并确立了每个国家管控自身领空的基本原则。但这并不适合太空飞行，因为航天器在一次轨道飞行中会经过很多国家，而在下一次轨道飞行或再入过程中又会经过很多不同的国家。此外，一次飞机事故可能主要对某一国家的区域产生影响，但太空发生的碰撞或爆炸却会对处于同一轨道区域的所有运行卫星都产生影响。因此，很显然"安全的"太空运行是一个全球问题。

轨道运行的航天器将经过其轨道纬度范围内的所有地面区域，这意味着就像各国负责在其国界内发射航天器送入太空，也应负责从太空中返回并在其国界内着陆。复杂的是，与美国航天飞机相似，航天器轨道再入轨迹覆盖数千千米，很大一部分可能位于其他国家领空，在此期间，"哥伦比亚"号航天飞机事故可能会再次发生，其他国家可能会落入大量碎片并造成飞机受损和地面伤害。

显然，随着能力的不断提高，为保证这些新系统和飞机的安全飞行，新的规章制度及工具必不可少。空中交通管制系统可能需要根据太空交通管理服务提供的航天发射或再入的时间与地点进行相应更新，研发用于预测危险区域的新工具，并对可能穿越航天器再入区域的飞机发出警告。

12.4　法律和政策框架

本章主要讨论了是当前太空态势下技术问题，但显然也需要一些重要的非技术措施来建立有效的太空交通管理，主要包括：

（1）通告系统和数据交换标准。与航空交通管制协议类似，航天发射计划，卫星轨道与机动、再入及可能造成干扰的其他操作，无论是在计划阶段还是实施阶段，都应该通告负责空间目标监视和规避干扰的组织机构。应利用可用的国际标准或开发新的国际标准来规范数据交换格式及协议。

（2）建立处理和保护空间目标数据的框架。综上所述，包括卫星目前和未来时刻精确位置的数据，加上计划发射与离轨的数据是构建有效太空交通管理的基本要素。政府、卫星运营商和发射服务提供商拥有最好的数据，它们都要确保数据受到保护，并仅按规定方式使用。这些机构还要保护其不愿分享数据的空间目标。这表明需要建立一个国际认可的"数据清算中心"，接收来自卫星运营商、政府和私人机构的数据。参与各方需要在监督数据保护、共享和利用上达成一致。在数据供应商同意的前提下，数据清算中心可授权向获批用户提供跟踪目标的完整编目数据或数据子集。一项鼓励运营商和政府共享恰当数据的法律和政策框架对发展空间态势感知服务至关重要。

（3）应对追责。"我们不想告诉卫星运营商采取行动"，这句在讨论空间目标接近服务的一句话，反映出一种担忧，即如果卫星运营商在接到服务提供商信息后采取或不采取行动,一旦发生碰撞,无论是什么原因,服务提供商将至少应承担部分责任。考虑到使用数据的不确定性,问题将更严重。碰撞预测本质上是概率性的,几乎不可能完全肯定地说一次接近是否会导致一次碰撞。在某些情况下,卫星机动可将碰撞概率降到可接受的水平,但或许不会是零,小概率碰撞依然存在。最理想情况是,建立由政府认可并提供免责保护的服务商,该服务供应商能够与卫星运营商和发射供应商签订合约协议以保护数据,并以各方均满意的方式运作。

碎片主动移除服务也存在责任问题。1967 年签署的外空条约规定空间物体属于对其进行注册登记的发射国,发射国应对其空间物体造成的损害承担责任。因此,在主动移除空间碎片之前,应由发射国授权(转让所有权)和转移责任。应签订处理相关问题的正式协议并鼓励测试和运行碎片主动移除系统。一个可能的途径是指定一组有代表性的空间碎片(如火箭末级或没有展开太阳能帆板的失效卫星),制定法律制度来支持主动移除这些目标,以此鼓励私营企业开发和测试相关系统。

(4) 国际承认的太空交通管制服务提供商。发展目标是利用最佳和可靠的数据,向所有卫星运营商提供及时碰撞预警服务、避免危险发生,并且能够响应运营商需求,保护敏感数据。1999 年,美国航空航天协会(AIAA)的一次研讨会提出需要"一个国际承认的组织"提供上述服务。

像之前讨论的联合太空作战中心这种政府机构可以担负这个责任,但在国际运营商看来,这可能并不是最佳选择。例如,考虑到有效的太空交通管制是一个全球性问题,一种方案是所有卫星运营商(包括政府和非政府的)向一家美国或其他国家的政府机构提供卫星机动计划及其他敏感或专有信息,且不论政治形势如何,都必须确保服务水平和数据受保护。如果运营商与他国政府对此项服务没有直接控制权,目前尚不确定是否还愿意参与其中。

第二种方案是由营利性公司提供此类服务。营利性公司通过经营业务获得利润,对董事会和股东履行义务,可被其他公司收购。这些特征可能使其无法吸引卫星运营商提供进行此类服务所需的敏感和专有数据,也无法吸引卫星运营商依赖于以营利为目的的单一公司。如果发生了意外碰撞或其他事件,还有招致法律诉讼的风险,因此营利性公司通常不愿涉足此领域。

第三种方案是一个非营利性组织提供服务。根据维基百科的定义,"非营利组织(NPO)为依法成立、以支持或从事公众或个人利益而非获取商业或金钱利润为目标的组织。"NPO 收入的数量、方式或两者都受到限制,且利润的使用不仅受用途限制,也需考虑自我维持与发挥用途所用利润的比例。NPO 经费通常源于私营部门、公共部门或两者的捐赠及项目服务费。"由于政府和卫星运营商是关键的利益相关方,NPO 可由政府和私有卫星运营商派代表进入董事会进行运作。董事会将确保提供的服务、数据、服务价格、数据保密性与安全性等满足卫星运营商及政府的需求。来自政府的董事会成员也可努力向 NPO 提供恰当的空间目标编目数据,并确保数据受到保护。NPO 也可通过合同与卫星运营商确定关系,定制运营商所需服务,并保证服务水平。合作双方职责可通过合同或其他方式来约束。

如前所述,非营利性组织-空间数据协会已经由三家商业卫星运营商(国际通信卫星公司、欧洲卫星公司和国际移动卫星公司)创建,并在马恩岛注册成为一家非营利性组织。目前,空间数据协会不受政府直接监管。虽然空间数据协会的数据中心从其提供服务的卫星运营商接收卫星位置和机动信息,但没有获得其他目标(包括空间碎片)的最佳跟踪监视数据,目前最完整的空间目标数据还是由政府组织提供和维护。

必须解决的政策问题包括:单一政府机构提供的服务是否会被国际卫星运营商视为首选服务并长期接受?是否有信心将这项服务向所有国家(无论友国/敌国)开放并确保不管世界政局如何变化均可提供服务?能否将非政府的非营利性组织(如空间数据协会)作为长期服务的提供商?外部服务可否访问传感器网络或请求政府使用传感器来改进对特定事件的预测?是否还有其他可能性?长期而言,需要在国际层面就建立相关组织机构做出决定、达成协议。

12.5 结 论

长期稳定的太空活动需要一个有效的太空交通管理系统,以确保在太空、飞机和地面上人的安全。这样的系统应具备以下能力:

(1)收集和利用卫星、卫星轨道和卫星机动最精确可用的数据。

(2)面向所有太空用户、国际承认的太空交通管制服务,可向卫星运营商和发射服务提供商提供碰撞和其他可影响他们操作的威胁预警。

(3)向政府和监管机构提供太空交通管理服务,确保卫星运营和处置符合批准的计划。

(4)将经过领空之上或再入领空的空间系统相关信息纳入航空交通管制系统。

(5)提供关于卫星所有者和运营商、未来发射活动、新卫星系统和星座及时准确的信息维护服务。

(6)保护太空、地面和空中人的安全的政策与制度规范。

（7）发展在轨操作的最佳实践和国际标准,以降低威胁和减缓新碎片的产生。

（8）发展一个法律政策框架和支撑基础设施,以鼓励必要的数据交换、解决与空间碎片相关的所有权与责任问题、鼓励发展碎片主动移除技术。

参考文献

Ailor W (2002) Space traffic control:a view of the future. Space Policy 18(2):99-105

Ailor W (2008) Space traffic control:the nonprofit option. In:IAC-08-E3. 2. 2,59th international astronautical congress,Glasgow

Ailor W (2010) Effects of space debris on the cost of space operations. In:1AC - 10. A6. 2 - 10, 61st international astronautical congress,Prague

Ailor W,Wilde P (2008) Requirements for warning aircraft of reentering debris. In:3rd international association for the advancement of space safety conference,Rome

Ailor W,Womack J,Peterson G,Murrell E (2010) Space debris and the cost of space operations. In:4th international association for the advancement of space safety conference,Huntsville

Alby F,Lansard E,Michal T (1997) Collision of cerise with space debris. Second European conference on space debris,ESA-SP 393,p 589

BekeyI (2006) Formation flying Picosat swarms for forming extremely large apertures. In: ESA/ ESTEC workshop on innovative system concepts

Bird D (Major,USAF) (2010) Sharing space situational awareness data. In:2010 advanced Maui optical and space surveillance technologies conference,Maui

Caswell RD,McBride N,Taylor A (1995) Olympus end of life:a Perseid meteoroid impact event? Int J Impact Eng 17:139-150

Iida T,Pelton JN (2003) Satellite communications in the 21st century:trends and technologies,vol 202,AIAA progress in astronautics and astronautics series. American Institute of Aeronautics and Astronautics,Reston,pp 184-190

Janson SW (2011) 25 years of small satellites. In:25th annual AIAA/USU conference on small satellites,August 2011,Utah State University,Logan,Utah,USA

Kessler DJ,Cour-Palais BG (1978) Collision frequency of artificial satellites:the creation of a debris belt. J Geophys Res 83:2637-2646

Liou J-C et al (2010) Controlling the growth of future leo debris populations with active debris removal. Acta Astronaut 66:648-653

Molotov I (2011) Optical tracking of space debris:overview ofISON's capabilities and future plans. In:2011 Beijing space sustainability conference,Beijing

Patera RP (2008) Risk to commercial aircraft from reentering space debris. In:AIAA 2008-6891,AIAA atmospheric flight mechanics conference and exhibit,Honolulu

扩展阅读

Baiocchi D,Welser IV W (2010) Confronting space debris - strategies and warnings from comparable examples including deepwater horizon. RAND National Defense Research Institute,Santa Monica,CA,USA

International Academy of Astronautics（IAA）（2006）Cosmic study on space traffic management. http：//iaaweb. org/iaa/Studies/spacetraffic. pdf

IADC space debris mitigation guidelines，IADC-02-01,5 July 2007. http：//www. iadc-online. org/index. cgi?item＝docs_pub

Klinkrad H（2006）Space debris models and risk analysis，Springer-Praxis Books in Astronautical Engineering

Space-Track. org，the source for space surveillance data，http：//www. space-track. org

Treaty on principles governing the activities of states in the exploration and use of outer space，including the Moon and other celestial bodies（Outer Space Treaty，OST）of 1967

第13章 太空可持续性

彼得·马丁内斯
南非天文台

太空可持续性概念提出已经过去了10年,它是指对太空的一系列关注,包括安全地、不受干扰地开展太空活动,确保太空活动为地球带来持续的收益。本章回顾了联合国各有关机构在确保太空长期可持续性中的角色,并详细介绍了联合国和平利用外层空间委员会下属科技小组委员会的外空活动长期可持续性工作小组。最后讨论了COPUOS与正在从事相关工作的机构间的关系,包括日内瓦裁军谈判会议、联合国研究外空活动透明与建立信任措施的政府专家组、由欧盟倡议的国际外空活动行为准则草案等。

13.1 引　言

"太空安全"和"太空可持续性"术语有时可以互换使用,两者包括一组基本重叠的问题,但分别从两个不同的角度来解释。这两种观点的根本是承认太空系统支撑现代信息社会,并构成目前大多数国家的关键基础设施。无论这些国家是否从事太空活动,这些基础设施暴露出一系列自然和人为的风险。无论从何种视角看待问题,其重点都是通过协调全球活动来解决这些问题。共同促进太空安全或太空可持续性多边行动面临认识与行动上的挑战,本章关于太空可持续性的内容具有指导性。

13.1.1 太空安全

一般而言,"安全"是指免受威胁或危险。就实际而言,安全意味着免受怀疑、忧虑或恐惧,拥有确保安全的机制和流程。

由于"安全"概念目前没有被普遍接受的单一定义,因此很难准确确定"安全"一词的涵盖内容。在一些国家,对"安全"一词的理解包括人类安全、环境安全、食品安全等,更狭义来说,安全主要是指军事和国防相关问题。

在太空行为体之间,"太空安全"一词是指维护太空环境安全,这样它们能够根据自身目的继续利用太空。许多以此为背景的对话涉及维持秩序、太空的可预测性和安全性,并避免最终会破坏太空行动自由的行为。这些对话的另一个重点是,由于现代生活的每个方面越来越依赖太空系统,地球上的安全(无论如何界定)受太空安全的影响也越来越大。因此,太空安全的主要目标是在确保免受威胁(无论是地基或天基)的前提下,高效地访问和利用太空。对于一些行为体来说,太空安全与他们对外空武器化的担忧紧密相关,但由于关于太空武器构成的定义存在争议,因此很难越过对潜在问题的普遍认知,来采取实际措施阻止此类行为。

对此问题的不同观点主要有两种:一种认为太空安全是先进太空行为体的首要任务,与不拥有航天能力的国家关系不大;另一种认为(特别是新兴的或有抱负的航天国家)主要太空行为体试图推动和维护本国的太空利益,并以太空环境已经"饱和"为幌子,对有抱负的新兴行为体进入太空架设壁垒,希望进行促进太空安全的多边讨论。以上两种观点都无法帮助所有太空行为体建立关于行为规范规则的多边共识。

13.1.2 太空可持续性

"可持续性"一词来源于拉丁语"sustienere"(tenere 是"保持"的含义,sus 是"一直"的含义),通常指以一定速率或水平维持一种活动。自 20 世纪 80 年代起,可持续性概念就已经应用于人类的居住和地球及资源的利用。这一概念后来被升华为广泛使用的"长期可持续发展"。1987 年,该词来自布伦特兰委员会发表的《我们共同的未来》,文中给出的"可持续发展"的定义引用如下:

"在不损害后代满足自身需求的能力的前提下,为满足当代人需求而进行的发展。"

注意此定义中强调的"需求",布伦特兰委员会的报告中特别强调的是世界贫困人口的基本需求。

可持续性与太空之间的联系源自于"空间系统是主要的全球性设施,能满足各种社会需求"的视角。由此来看,太空可持续性是通过这样一种方式来利用太空,即人类能够在未来出于和平目的继续利用太空,从而获取社会效益。"地球轨道环境和电磁频谱都是有限的自然资源"这一认知推动了对可持续性的关注。该认知也自然引发一种关注,即如何确保后代和所有国家可持续从太空获益,并提出要公平、负责任地获取和利用太空资源。

换句话说,从这个角度来看,太空可持续性应放在范围更广的可持续性范畴中,并应受到所有太空活动受益人的关注。因此,太空可持续性成为一个内在的多边问题。这与解决一系列类似问题所推动的太空安全论述有显著和根本不同。

13.2 联合国与太空可持续性

与最初几十年的太空时代相比,如今的太空舞台由一个更大和更多样化的太空行为体群体构成。这包括"传统"的太空行为体,如国家航天机构、其他与太空相关的民用机构和军队,以及数量不断增多的非国家行为体,如私营公司、学术和研究机构、民间社会组织等。由于单一行为体的活动可以影响其他所有行为体,因此没有哪个单一国家(或甚至多个国家)能够通过其行为和力量单独控制太空环境,而是需要集体多边行动。

在国际太空法方面,各国承担所有太空活动(包括非国家实体的活动)的国际责任。因此,尽管非国家行为体的数量不断增多,联合国仍是各国商讨上述相关问题的一个主要平台。

13.2.1 联合国系统中的太空

目前联合国系统中有五个主要平台来讨论多边太空问题,包括位于维也纳的联合国和平利用外层空间委员会、位于日内瓦的裁军谈判会议、位于纽约的联合国大会(裁军和国际安全委员会(第四委员会)及特别政治和非殖民化委员会(第一委员会))、位于巴黎的联合国教科文组织以及位于日内瓦的国际电信联盟。此外,位于日内瓦的世界气象组织利用太空系统监测和预测地球天气,也支持太空气象活动的国际协调,该领域由于太空天气影响所有太空系统而变得越来越重要。

与太空相关的活动广泛用于联合国系统及其实体,每年约有 25 家联合国实体和专门机构举办关于太空活动的联合国会议。会议讨论应用空间技术解决人类需求等共同关注的问题。会议关注的问题包括联合国空间会议各项建议的落实情况,各国为实现"千年发展目标"在太空方面的贡献,以及各国首脑会议各项建议的执行情况。会议发布的报告由 COPUOS 进行审议。

13.2.2 联合国和平利用外层空间委员会

COPUOS 是制定和编写外空活动法律和治理原则的主要国际论坛,是联合国的一个常设委员会,1959 年由 24 个成员国建立,由联合国大会第 1472 号决议授权通过。目前 COPUOS 有 71 个成员国,并且有大量常驻观察员来丰富其工作内容。COPUOS 的技术工作由两个分委员会执行,即法律小组委员会和科技小组委员会。联合国和平利用外层空间委员会及其分委员会通过协商一致达成决议,COPUOS 秘书处是联合国外空事务办公室,位于维也纳的联合国办事处。

13.2.2.1　COPUOS 为太空可持续性做出的贡献

COPUOS 已经成立 53 年,为推动和平利用外空的国际合作起到了非常积极的作用。全面讨论 COPUOS 所有活动和成果超出了本书范围,但相关内容可在海德曼和巴洛格的论文中获得(2009)。本章仅阐述 COPUOS 特别涉及的外空活动的长期可持续性方面。

13.2.2.2　太空活动的国际法律框架

COPUOS 是制定和修改国际空间法的唯一国际性论坛。自成立以来,COPUOS 已经议定了 5 项国际条约和 5 套管理航天相关活动的法律原则。5 项国际条约如下:

(1)《各国探索和利用外层空间活动的法律原则宣言条约》(《外空条约》),由联合国大会第 2222 号(XXI)决议通过,1967 年 1 月 27 日开放签署,1967 年 10 月 10 日生效。

(2)《营救航天员、送回航天员和归还发射到外层空间的物体的协定》(《营救协定》),由联合国大会第 2345 号(XXII)决议通过,1968 年 4 月 22 日开放签署,1968 年 12 月 3 日生效。

(3)《空间物体所造成损害的国际责任公约》(《责任公约》),由联合国大会第 2777 号(XXVI)决议通过,1972 年 3 月 29 日开放签署,1972 年 9 月 1 日生效。

(4)《关于登记射入外层空间物体的公约》(《登记公约》),由联合国大会第 3235 号(XXIX)决议通过,1975 年 1 月 14 日开放签署,1976 年 9 月 15 日生效。

(5)《关于各国在月球和其他天体上活动的协定》(《月球协定》),由联合国大会第 34/68 号决议通过,1979 年 12 月 18 日开放签署,1984 年 7 月 11 日生效。

1967 年的《外空条约》为和平利用太空奠定了一般性的法律基础,为制定空间法提供了一个框架。其他 4 个条约涉及外空条约中某些更具体的概念。

回顾这些条约中的一些原则富有启发性,为太空可持续性和太空安全提供了法律遵循。这些原则包括:外层空间不得由任何一个国家据为己有;在外层空间进行探索、科学考察和开采自然资源的自由;空间物体造成损害的国家责任;太空活动和环境有害干扰预防;太空活动的信息共享;空间目标登记等。

条约声明,各国家一致认同,即外层空间是一个全球公域,在其中开展的活动,并由此产生的效益应该用于增进所有国家和全人类的福祉。《外空条约》中

第一条与太空可持续性讨论尤其相关。

探索和利用包括月球和其他天体在内的外层空间,应以所有国家利益为目的进行,不论其经济或科学发展程度如何,都应成为全人类的事业。

包括月球和其他天体在内的外层空间,应由所有国家自由探索和利用,不能有任何形式的歧视。各国在平等基础上,根据国际法可自由进入天体的所有区域。

各国应有在包括月球和其他天体在内的外层空间进行科学探索的自由,且应促进并鼓励科学探索的国际合作。

这些条款为 COPUOS 的许多代表判断空间可持续性论述和结果的相关性及合法性提供了参考。

COPUOS 除制定这些条约外,也在其他问题的共识方面取得了进展。总而言之,1958—2012 年,通过了 114 个与太空相关的联合国大会决议或建议。例如,2007 年通过了一系列自愿性的《空间碎片减缓指南》。COPUOS 科技小组委员会和国际原子能机构正在联合制定《外空核动力源应用安全框架》。联合国也对空间目标登记册进行维护,包括《登记公约》成员国和政府间组织提供的信息。截至 2011 年 1 月 1 日,有 56 个国家已加入或批准《登记公约》,另有 4 个国家已经签署公约。

13.3　COPUOS 和太空可持续性

13.3.1　COPUOS 议程中太空活动的可持续性

尽管 COPUOS 工作的几个方面与太空可持续性直接相关,但在 2010 年前这些议题都是孤立解决的。对这些问题的更全面的观点可以追溯到 2005 年,那时 COPUOS 已经成立近 50 年。2005 年,卡尔·多伊奇(2001—2003 年任科技小组委员会主席)向委员会提交了一份关于 COPUOS 在未来 50 年所扮演角色的讨论文件。多伊奇将地球生命的可持续性与空间系统的全面合作与国际利用之间建立起联系,而 COPUOS 就是为解决这一问题而成立的。

2006—2007 年,杰拉德·布拉谢担任联合国外空委主席。他在任期间强调了太空可持续性问题。在 2007 年 COPUOS 的第五十届会议上,布拉谢以主席之名提交了一份工作文件,确定了外空活动的长期可持续性是未来和平利用外空将面临的关键挑战之一。工作文件进一步建议可在科技小组委员会内设立一个工作组来进行形势的技术评估,并建议使其成为未来的一种新方式。

2008 年,科技小组委员会和 COPUOS 讨论引入一个关于外空活动的长期可持续性的议题,以及这个议题可能涵盖的内容。随后在 2009 年科技小组委员会第四十六届会议上,由法国代表团提出了一份新议程,即关于在科技小组委员会的议程上增设外空活动长期可持续议程。

在 2009 年第五十二届会议上,COPUOS 认为科技小组委员会应从 2010 年第四十七届会议开始增设一个题为"外空活动的长期可持续性"的新议程,并提出了一项多年的工作计划,该计划在一份关于外空活动的长期可持续性的报告中到达巅峰,并向 COPUOS 提交了一套最佳实践指导方针,并接受其审查。

2010 年科技小组委员会成立了外空活动的长期可持续性工作组,工作组的主席是南非的彼得·马丁内斯。工作组首先要解决的问题是在职权范围、适用范围和工作方法等方面达成一致。在 2011 年 6 月 COPUOS 第五十四届会议上得出审议结论。

以上是 COPUOS 关于太空长期可持性工作高度浓缩的回顾。感兴趣的读者可在布拉谢的论文中获取更详细的信息(2012)。

13.3.2　COPUOS 关于外空活动长期可持续性的工作组

工作组的职权范围是在地球长期可持续发展这一宽泛背景下,授权审查外空活动的长期可持续性,包括在考虑所有国家关切和利益的前提下,探讨太空活动对实现千年发展目标的贡献。

工作组的任务是考虑与一个任务周期内的各个阶段的外空活动长期可持续性相关的当前做法、运作程序、技术标准和政策。工作组采用联合国现有条约和准则管辖各国探索和利用外空活动,不考虑制定新的法律文书。

工作组的主要成果是发布关于外空活动的长期可持续性的报告,以及一套统一的、非官方的最佳实践指导方针,供各国、国际组织、国家非政府组织和私营部门实体应用,提高所有太空行为体和太空活动受益者的太空活动长期可持续性。

该成果具有指导意义,提出的指导原则包括:

(1)建立加强国家和国际实践的可能的发展框架,涉及增强外空活动的长期可持续性,其中特别包括提高在轨操作的安全性和保护太空环境,兼顾考虑合理可接受的财政状况和其他内涵,并考虑发展中国家的需求和利益。

(2)与现行的外空活动国际法律框架保持一致,应具有自愿性,不具有法律约束力。

(3)与委员会及其小组委员会的有关活动和建议保持一致,也包括与其他工作组、联合国政府间组织和机构、机构间空间碎片协调委员会和其他相关国际组织保持一致,并且考虑不同组织之间的状态与互补性。

在制定其职权范围过程中,工作组确定了广泛范围内的有关太空可持续性的议题,从发展问题到运行问题,再到空间碎片、太空天气及监管问题等。

为更高效地考虑这些议题的相关事宜,成立了 4 个专家组来讨论相关议题。专家组名单由各国政府推荐。然而,在专家组的审议工作中,专家仅提出自己的意见,并不代表该国政府的立场。专家组的任务是为长期可持续性工作组的报告提出意见,并提供候选准则供工作组审议。工作组将审议专家组提供的意见,并采取任何必要的决定。通过这种方式明确分工,即专家组主要进行讨论,而工作组主要进行协商。这两种结构是相辅相成的,在某种意义上来说,一组的输出可以影响另一组的输出。

各国可通过指定的国家联络点关注进程并进行交流。截至 2012 年 10 月,已经有 33 个国家参与了工作组/或一个或多个专家组。

13.3.2.1 审议专题

专家组及其领域分工如下:

专家组 A:太空可持续利用对地球可持续发展的支撑作用。由菲利普·杜阿尔特·桑托斯(葡萄牙)和恩里克·帕切科·卡布雷拉(墨西哥)联合担任主席。

专家组 A 关注太空活动的社会效益,以及其对地球可持续发展做出的贡献。太空作为共享的自然资源,引发了公平进入太空、获取资源和利益等问题,也包括以人类发展为目的进入太空的利益。这一主题也考虑国际合作的作用,确保继续出于和平目的利用太空,为所有国家谋利益。

专家组 B:空间碎片、在轨操作及支持空间态势感知合作的工具。由理查德·布伦内克(美国)和克劳迪·奥波泰利(意大利)联合担任主席。

专家组 B 正在为太空行为体考虑太空环境变化莫测和不安全问题,包括空间碎片风险分析、减少空间碎片产生和扩散的措施等。实施这些措施需要增强空间态势感知能力合作,这又要求收集、共享和传播空间目标数据,如轨道数据、发射前和机动前通报。专家组也考虑支持空间态势感知合作研究工具,如运营商和联系信息登记、共享太空行为体相关操作信息的程序,为此这又需要通用的标准、规范和指导方针的协议。

专家组 C:太空天气。由小原孝弘(日本)和伊恩·曼(加拿大)联合担任主席。

专家组 C 专注于降低太空天气因素对在轨系统不利影响的风险。这些风险可通过共享和传播太空天气相关的关键数据来降低,包括实时数据或近实时数据,以及共享模型和天气预报等。

专家组 D:太空行为体的监管制度和指导方针。由安东尼·维希特(澳大

利亚)和塞尔吉奥·马尔基西奥(意大利)联合担任主席。

专家组 D 正在考虑为国际和国家法律文书和监管实践做出贡献,来促进外空活动的长期可持续性。包括考虑如下几点:在现有条约和法律下,如何定义太空活动的国际法律框架,通过法律和监管制度在国家层面实施?怎样制定或进一步加强太空活动国家监管框架,来支持太空活动长期可持续性?

这些考虑中的不同议题的紧迫性不尽相同。专家组可依照采取行动的次序决定主题的优先级,包括短期(3 年内)、中期(3~5 年)、长期(5 年以上)。一种考虑方式是通过确定每个议题为外空活动可持续性带来的风险因素,然后为上述风险因素进行一次风险评估。

专家组工作并没有"各自为政",正在考虑的几个问题本质上是多学科问题,因此属于多个专家组的职责范围。为此,专家小组举行联席会议来讨论重叠和空白部分。如果在审查工作组范围内议题期间,出现一些之前未涉及的新问题,则工作组可决定将上述问题提交科技小组委员会进行进一步审议。

13.3.2.2 输入流程和协商机制

虽然工作组的讨论是在 COPUOS 的政府间进行,但需要各国承认非国家行为体在太空领域扮演着重要角色,并能基于其最佳实践的很多知识和经验帮助制定制导方针。国家非政府组织和私营公司的输入正在被委员会相关国家认可。

太空数据系统咨询委员会、机构间空间碎片协调委员会、国际太空环境服务、国际标准化组织、国际宇航科学院、国际宇航联合会和太空研究委员会等一些国际组织机构也向工作组及其专家组提供输入。

工作组还负责与最近成立的研究外空活动中透明与建立信任措施的联合国政府专家组、裁军谈判会议、可持续发展委、国际民用航空组织、国际电信联盟、世界气象组织和相关政府间组织(如欧洲航天局、欧洲气象卫星应用组织、亚太空间合作组织和对地观测组织)保持联络。

最重要的原则是,工作组要避免与这些机构正在开展的工作重复,并鉴别出这些机构没有覆盖的与外空活动长期可持续性相关的问题领域。

13.3.2.3 非国家行为体的贡献

民间社会团体在太空领域问题的识别和衔接中正发挥越来越重要的作用。民间社会组织包括国际宇航科学院、空间研究委员会和国际空间法研究所等专业机构,这些机构都有国际专家成员。此外,商业运营商在运行其航天器编队、处理太空天气及其他在轨运行问题方面有着丰富经验。一个典型例子是 2010 年处理银河-15"僵尸卫星"的各方合作(Weeden 2010),国际宇航联合会等专业组织向相关航天公司与机构提供了专业知识与经验。最后,还有一些研究机构,如欧洲空间政策研究所和世界安全基金会等对某些专题进行深入分析,并准备立场文件。上述这些机构对太空可持续性对话均做出了非常有价值的贡献。

非国家行为体的作用有时是 COPUOS 需要面对的一个具有争议性问题。一些成员国(通常具有完善的航天产业)很自然会关注私营部门参与 COPUOS 议程的问题,而其他成员国(通常没有航天产业)则关注 COPUOS 议程不应该由商业机构利益来决定。这些成员国的观点是,COPUOS 是国家间的论坛,应由国家指导 COPUOS 议程并进行讨论。

由于未能就工作组内非国家实体直接参与的问题达成共识,目前已达成一致的解决办法是继续依照惯例,即各国可以选择其代表团中的非国家实体作为代表。通过这种方式,非国家实体的专家才可有机会做出贡献。

13.3.2.4 进展和计划

工作组的职权范围授权延长至 2014 年。2011 年和 2012 年的初步工作专注于应用职权范围和建立专家小组,并且在专家组层面推动对主题和候选指南的审议。2012 年的工作重点是使国家和政府间国际组织参与。2013 年的工作重点将是邀请商业部门和其他非国家航天行为体参与,同年开始制定报告草案和指导方针。2014 年将在第五十一届会议上向科技小组委员会递交报告和指导方针。即便指导方针本身不具有法律约束力,但指导方针仍具有法律方面的影响。为此,COPUOS 可能会决定请求法律小组委员会在大会认可前审查报告草案和指导方针。

13.4 其他倡议及与 COPUOS 工作的融合

COPUOS 关于长期可持续性的工作是目前涉及太空安全和太空可持续发展的几个倡议之一。一定程度上说,这些不同倡议从不同视角关注主题有些是重复的,由此自然出现的问题是:如何使其他正在实施的倡议与 COPUOS 的长期可持续性工作关联?下面将逐一讨论这些倡议。

13.4.1 裁军谈判会议

鉴于现代战争中军用和民用航天系统意义重大,从技术层面讲,这些系统在发生冲突情况下有可能成为攻击靶子。发展天基武器并在太空部署的可能性已受到关注,这会导致一场太空军备竞赛。考虑到 COPUOS 仅关注和平利用太空,因此由联合国裁军谈判会议处理太空武器化及相关安全隐患问题,该机构也是目前唯一进行军控问题谈判的多边机构。

裁军谈判会议中一些代表团,特别是中国和俄罗斯,已经提出了"防止太空军备竞赛"的议题。但是由于成员国未能就年度工作计划达成一致,裁军谈判会议实际上自 1988 年以来就已停滞。成员国不仅在优先事项上存在分歧,还有一致性规则问题,该规则过去能很好发挥作用,现在则用于维持僵局。正是在这种背景下,2008 年中国和俄罗斯提出了《防止在外空放置武器、对外层空间物体使用或威胁使用武力条约》草案。然而,并非所有国家同意这一新法律文书,其不认为阻止太空武器化是必要或者是有益的。所以就目前而言,裁军谈判会议讨论的"防止外空军备竞赛"正因一些根本问题的意见分歧陷入僵局。因此,需要在有共识的领域尽快取得进展已达成协议,即使这种进展需要在裁军谈判会议以外进行。

如何打破裁军谈判会议的僵局?对于在裁军谈判会议中支持 PPWT 倡议的国家,重点在于不应将 COPUOS 的长期可持续性工作当作讨论防止在外空进行军备竞赛必要性和为防止在外空部署武器制定具有法律约束力框架的借口。为此,工作组的职权范围要求与裁军谈判会议建立"适当联系"。COPUOS 的任务授权仅覆盖和平利用太空,但一些新提出的指南事实上具有透明性,可通过建立信任措施来增强集体太空安全。用这种方式推进 COPUOS 工作有望增进相互理解,同时还可减少误解和不信任,最终为裁军谈判会议的军备控制和防扩散讨论创造出一个更有利的氛围。

13.4.2 联合国政府专家组研究在外空活动中透明与建立信任措施

2010 年,联合国大会通过了第 A/Res/65/68 号决议,呼吁建立研究"太空活动中透明与建立信任措施"的一个政府专家组。该决议在 183 个国家投票支持下通过,但是美国弃权。

政府专家组要进行在太空活动中透明与建立信任措施的研究,利用联合国秘书长的有关报告,并不妨碍裁军谈判会议关于"防止外空军备竞赛"框架的实质性讨论,在联合国大会第六十八届会议提交报告中附有一份政府专家组研究的附件。

政府专家组由 15 名专家构成,专家是根据专业知识和代表地域选出的,2012 年 7 月在纽约举行了第一次会议,商定了工作方案、议事规则和基于共识的决策方案。政府专家组还同意整合投入,并与广泛的国家与相关组织开展互动。

在政府专家组与 COPUOS 长期可持续性工作组互动合作方面,两个组的主席已经建立了良好的合作关系,保证相互知悉对方的工作进展情况。COPUOS

在其新的指导方针中补充了政府专家组的各项目标,为政府专家组所提出的一些"太空活动中透明与建立信任措施"的实施奠定了技术基础。

13.4.3 欧盟对太空活动国际行为准则的建议

几乎与 COPUOS 开始进行长期可持续性的多边讨论的同时,欧盟开始制定一项"太空活动行为准则"的政策倡议。这一倡议在现有的多边论坛外推行,至少部分动机是为绕开裁军谈判会议"防止外空军备竞赛"僵局的一种方式。欧盟表示打算在一个专门召开的国际会议上开放准则签署。在 2012 年 1 月前,除欧洲以外没有其他航天大国公开认可该倡议,直到美国时任国务卿希拉里·克林顿宣布"美国已决定与欧盟及其他国家共同制定一项太空活动的国际行为准则"。澳大利亚外交部部长陆克文紧随其后发表了类似声明。不过,该倡议一直没有得到大多数具有太空能力的非欧盟国家的拥护,主要原因是担忧欧盟一直在多边论坛外维持倡议的进程和意图。这意味着,目前该行为准则倡议不同于政府专家组和 COPUOS 的进程,没有得到正式的多边授权。

在 COPUOS 内部,一些代表团质疑长期可持续性工作如何与欧盟的努力相结合来促进行为准则,以及该行为准则能否以某种方式成为 COPUOS 长期可持续性讨论的"王牌"。但是该行为准则和 COPUOS 的长期可持续性工作有重要区别。COPUOS 工作基于有经验太空行为体的最佳实践,在技术上采取一种自下而上制定准则的方法。而欧盟的这一行为准则倡议更具有政治性,是一种自上而下的方法。事实上,这两种方法可以相辅相成,但其前提是当前"多边主义"行为准则倡议的努力取得成功。

13.5 结 论

无论是 COPUOS 议程、政府专家组和行为准则倡议,基本思路都旨在提出自愿性的文件。然而,虽然这些文件可能并无法律约束力,但其在某种意义上具有政治约束力。另一点值得赞赏的是,不具有法律约束力并非意味着无法律效力,从某种意义上说,各国可依照自愿性框架来本土化具有政治约束力的协议,并在本国内进行监管实践。

一些国家对这些自愿性文件的内在不足表示担忧,此类文件也不能在防止太空武器化和军备竞赛方面证明其有效性。然而,似乎没有必要对用法律约束文件在禁止太空部署和使用武器这点上达成共识抱有期望,而促进太空可持续性的自愿性框架则可以取得一些进展。自愿性框架并非会延缓具有约束力的规范的发展,事实上,反而可能为通过具有约束力的规范铺平了道路。从历史上看,许多法律规则源自协商一致的惯例。

由于有些国家已经意识到解决太空可持续性和太空安全问题的紧迫性,选择这些国家参与进程在某种意义上来说是一种进步。本身这种意识足以说服太空行为体自行采取纠正和预防措施。COPUOS 长期可持续性的指导方针虽然不具有约束力,但具有产生多边协商一致结果的优势,这也为太空行为体考虑自身利益提供了好机会。

参考文献

Brachet G (2012) The origins of the long-term sustainability of outer space activities initiative at UN COPUOS. Space Pol 28:161-165

Hedman N,Balogh W (2009) The United Nations and outer space:celebrating 50 years of space achievements. In:Schrogl K-U,Mathieu C,Peter N (eds) Yearbook on space policy 2007/2008:from policies to programmes. Springer Wien,New York,pp 237-250. ISBN 978-3-211-99090-2

Outer Space Treaty (1967) The full text of the Treaty, Article VI. Available at http://www.unoosa.org/oosa/en/SpaceLaw/index.html

Report of the World Commission on Environment and Development,Annex Our Common Future,UN document A/42/427. Accessed at http://www.un-documents.net/wced-ocf.htm

Weeden B (2010) Dealing with Galaxy 15:Zombiesats and on-orbit servicing. In:The space review,Edition of 24 May 2010. Accessed at http://thespacereview.com/article/1634/1

第14章 空间技术出口管制

乌尔丽克·M·博尔曼

欧洲航天局,法国巴黎

摘要

冷战时期的激烈斗争是空间技术革新背后的推动力之一。空间技术具有两面性,一方面为科学利益服务,另一方面作为一个战略性的国防相关物项,这类技术的出口自然受到严格管制。本章不仅从国际、地区和国家方面深入论述相关法律文件和作用机制,研究其对航天工业的各自影响,而且进一步阐述该发展动态的潜在原因。

14.1 引　　言

出口管制制度与国际合作、对外政策领域、国家安全密切相关。从技术方面,又与空间技术及其基本技术知识息息相关。要了解出口管制制度背后的逻辑,就必须考虑这四个领域及其各自的相互联系。尽管空间技术决定出口管制的对象及其实际可行范围,国家安全和国际合作通过其各自政治影响确定法规的性质。与此同时,正是空间技术及其特性影响着国家的出口管制策略和国际合作的意愿。虽然这些相互关系显而易见、被人认可,但对揭示其结构和内在运作的分析还是会莫衷一是。而四个领域的复杂互动有助于非常复杂的出口管制规则体系的发展和崛起。

14.2 术　　语

出口管制定义为出口商所属国对商品或服务的出口实行控制(Aubin 和 Idiart,2007,第 1-18 页;http://www.bis.doc.gov/)。实际上,由于关于出口管制的法律法规是国际商业贸易中自由贸易原则的特例,因此涉及管制商品和服务的贸易实体应遵循国家和国际制度适用法规中明确规定的条例。

根据许多相关法律法规,出口被定义为一个物项由一个国家(出口国)出口到外国(进口国)的事实,其与转让方式无关。物项包括硬件、软件和技术。一个物项只是暂时离开出口国或该物项不予出售同样被视为出口。此外,本身仍然在出口国国内的物项,其管制技术面向国外实体的信息发布也视同出口。

出口管制条例是指出于安全和技术保护,必须对离开本国的硬件、软件或技术以及服务等物项实行管制的对策。

出口管制制度通常以许可证管理机制的形式执行。为了评估是否可以授予许可证,相关管理机构将考虑这几个因素。首先要对呈交办理许可证程序的商品和技术的性质进行审查,此外还必须确认最终用户、预期最终用户以及目的地。

太空物项的技术特征是这整个程序中的关键因素。如果预计出口的物项被列入具体的出口管制法律法规文件中,就必须采取必要措施获得许可证。

此类清单中的商品分类及其位置由空间技术的特征决定。尽管空间技术并没有一个统一的定义,但是可以认为是工程学和科学在外层空间探索与利用上的系统性应用(《麦克格旁-花尔科技词典》)。

在出口管制法律法规中,相关法律法规文件中使用的物项通常具有非常特定的含义。一般说来,出口管制制度不仅涉及具体物项,还包括该物项在发展、生产和使用中所需的特定信息,通常被列为技术数据或技术援助。也就是说,空间技术不仅指具体物项,还包括该物项依赖的技术知识。

空间技术的分类取决于其功能、尺寸、用途或位置等多种因素。通常情况下,根据该技术所支持的空间系统的功能将太空物项分为运载火箭、航天器或地面支持设备。

通常对核、化学、生物、军用或两用商品、技术或服务的出口实行出口管制。事实上,大多数出口管制物项为军用和两用商品与服务。

两用商品是指能用于军事用途和非军事用途的商品。两用技术是指一个可能具有用于民用和军事目的潜力的物项在发展、生产、使用中所需的特定信息。

根据这个定义,必须指出的是运载火箭和人造卫星作为一种特殊类型的航天器,其技术本身具备两用潜力。导致这个事实的原因有该技术的历史发展;技术应用和使用;空间技术应用在现代民用、商用和军事活动中发挥的作用,以及国家有关此类商品的部署和使用的整体政策。

尽管一些早期运载火箭基本上是由具备同等技术的弹道导弹经过进一步技术开发改造而成,但大多数具有独立开发系统的当代运载火箭仍与它们共享许多独特特征和技术基础,这也是不争的事实。因此将此类火箭与弹道导弹一同归入大规模杀伤性武器的运载工具。

人造卫星及其部件可以根据其预期用途进行改造,这就意味着它同样能够适应于军事目的所提出的要求。因此,人造卫星及其卫星部件通常被归入军民两用,并且可能视为军事敏感。

能够在军事与情报作战中提供支持和战略优势被认为是空间技术最重要的出口管制特征之一。空间技术已经成为军事和情报作战的基本要素,在未来规划和构建中发挥着重要作用。这些特征并非基于空间技术的技术特质,而是这些技术所带来的潜在用途与好处的结果。

事实上由于外层空间本身具有军事战略性,因此太空物项和技术自然也往往是军民两用。冷战结束后,航天产业技术首先在从军用转为民用,而近期更多的技术又回归到军用,这种转变表明两个领域在相互交流中互惠互利。也就是说,严格是为民用或商业目的开发的物项仍可能用于军事目的;反之亦然。因此,不在于如何防止这种固有的两用性,其解决方法显然超出了现有的管理甚至是技术水平范畴,而是这些物项的相关出口管制条例该如何制定。

14.3 国际法律制度

尽管并没有专门用于空间技术出口管制的约束性多边协议,但必须指出的是仍然可以找到一些有关武器投射系统的多边协议、禁止部署和运作的文件,或作为从许可证程序中豁免各自国家一些基础性的双边协议(Mineiro,2008)。在评估传统国际空间法律之前,本节首先详细考查普遍的空间技术相关国际出口管制制度及其适用性,也是本节狭义上所指的主题。

14.3.1 出口管制相关国际法律法规文件的冲突

在20世纪上半叶的一些大事件之后,国际社会已加强合作以达到维护和平与国际安全的目的。国家之间的对话使得一些用于保护和平与国际安全的国际法律原则得以建立,以维护合法自卫、发展和经济自由的权利(Acillas,2007,第20页)。四个单独且几乎完全独立的功能性制度构成了目前的出口管制体系,是对其他主要侧重于发展和持有武器技术的约束性多边协议的补充,如1968年《核不扩散条约》(NPT)(《不扩散核武器条约》)、1972年《生物武器公约》(BWC)(《禁止发展生物武器公约》)和1993年《化学武器公约》(CWC)(《禁止发展化学武器公约》,Joyner,2004)。

供应国的四个功能性制度如下:
(1)核供应国集团体系,负责管理核武器及材料领域;
(2)《瓦森纳协定》,确立常规武器相关章程;

（3）澳大利亚集团,处理生化武器的扩散；

（4）导弹技术控制制度（MTCR）,控制导弹及其相关投射系统技术的出口。

此外,这些制度得到了下面一些条例的补充:有关核材料和试验的《核不扩散条约》《IAEA 全面保障监督协定及其附加协定书》（1997）、《桑戈清单》（1974）、《部分禁止核试验条约》（PTBT）（1963 年《禁止进行核试验条约》）和《全面禁止核试验条约》（CTBT）（1996）；有关生化武器扩散的《日内瓦议定书》（1925）、《生物和有毒武器公约》（1972 年《禁止发展生物和有毒武器公约》）；有关弹道导弹扩散的《海牙行为准则》（2002 年《国际行为准则》）；常规武器领域相关的《联合国常规武器登记册》（UNROCA）（1992）。

各国试图通过缔结双边或多边协议协调其国内的规则,但通常不能设立特定机构来强制执行这些义务。必须指出,各个政府只是对空间技术单方面实行出口管制。

国际法律中有关只有在几个特殊情况下,可以直接提出空间技术出口管制,其中一例便是于 2004 年 4 月 28 日全体一致通过的第 1540 号联合国安理会决议。根据《联合国宪章》第 39 条,联合国安理会必须对任何威胁和平、破坏和平的行为或侵略行为提出建议或决定应采取的措施。因此,联合国安理会可通过一份决议限制太空技术出口,避免造成上述影响。根据联合国宪章第 7 章,第 1540 号联合国安理会决议,明确规定联合国成员国在发展和加强有关反对化学、生物、放射性武器及其运载工具的扩散,特别是防止大规模杀伤性武器蔓延至非国家行为体的适当法律和管理措施。这个明确的国际义务同样影响国家出口可以作为大规模杀伤性武器投射方式的空间技术的权利（Mineiro,2011,第 21 页）。

在软法协议领域,《关于常规武器和两用物品及技术出口管制的瓦森纳协定》（1996 年《常规武器出口管制的瓦森纳协定》）发挥着主要作用。它是一个不具备约束力的出口管制协议,其目的在于"通过提升常规武器和两用商品和技术转让的透明度及承担更大的责任,为地区和国际安全做贡献"（《瓦森纳协定》第 1 段）。某些太空和人造卫星技术被列入附录中的两用商品和技术清单中敏感或非常敏感的两用商品范畴,因此这些技术的转让或否决,必须根据协定中的章程进行通知（Mineiro,2012；Achilleas,2007, 第 53 页）。

此外,运载工具空间技术在其他两个不具约束力的文件中提到:《导弹技术控制制度》（MTCR 1987）和《防止弹道导弹扩散国际行为准则》（HCOC 2002）。MTCR 适用于火箭系统,其包括太空运载火箭和探空火箭,这些火箭的转让可能有利于除了载人航天器以外的大规模杀伤性武器的投射系统。按照 HCOC 规定,出口运载技术的国家必须承诺不扩散能够投射大规模杀伤性武器的弹道导弹,并谨慎考虑对其他任何国家的太空运载火箭项目进行援助。MTCR 和 HCOC 仅通过其清单上枚举的物项,间接控制人造卫星技术出口。当一种人造卫星技术被这些物项同时采用,则必须同时考虑和遵循这两个文件。

以上列举的国际法律制度均与空间技术的出口有关,这里主要考虑的是太空技术本身固有的军民两用特征,以及用于导弹或其他非和平目的的武器系统的潜力。此外,太空技术贸易的减少同样也受适用于外层空间的特定制度的限制。

14.3.2 外层空间制度的特异性

外层空间作为一个国际区域,受以和平利用和非军备为原则的国际公法中特定条例的制约(Achilleas 2007,第 60 页)。《关于各国探索和利用包括月球与其他天体外层空间活动所应遵守原则的条约》第 1 段第 4 条规定不得在绕地球的轨道上放置任何核武器或其他大规模杀伤性武器的物体,同时禁止将此类武器放置在天体上或以其他方式部署于外层空间。《外层空间条约》第 4 条被认为是最早的军备控制条约之一(Schrogl 和 Neumann 2009)。正如我们所见,《外层空间条约》并未明令排除在太空部署除核武器和大规模杀伤性武器以外的武器,也未明令禁止武器转让。考虑到地球轨道具有巨大战略性和军事用途这一事实,这个漏洞有利于各国谋取未来利益。

根据第 2 段第 4 条,月球和其他天体应该"专用于和平目的"。由于《外层空间条约》并没有对"和平"一词进行定义,多年来其解释引发了诸多争论,这些争论集中在是否将其理解为"军事性"或"非攻击性"意义,而人们普遍倾向于认同后者。也就是说,禁止在天体上建立军事基地、修建防御工事、进行武器类型试验和军事演习,只能进行科学研究与和平探索,而这些同样可以由军事人员承担。

《外层空间条约》第 1 条规定探索和利用外层空间的自由,应遵循包括联合国宪章在内的国际法。根据《外层空间条约》第 3 条,其行为必须符合维护国际和平与安全和促进国际合作与理解的共同利益。由此可以得出,所有隶属于国际法的裁军和防扩散条约均适用于外层空间。根据国际法院规约的第 38(1)条,公认的国际法不仅来源于国际公约,还来源于国际惯例,是作为文明国家公认的法律和法律基本原则的普遍做法的依据。

14.4 国家和地区法律制度

为了简明阐述有关空间技术出口管制制度的复杂性,建议了解国家和地区法律制度的两个案例：一个是美国的制度；另一个是欧盟的制度。要了解相关情况,可以简单了解 ESA 解决出口管制问题的具体细节,这是一个专门促进成员国之间在太空研究与技术及其太空应用领域合作的国际组织。

14.4.1　美国的出口管制制度

美国出口管制制度的一个基本特征是其对美国商品与技术享有域外管辖权,当这些商品或技术源于美国或含有大量的美国成分时,其也可行使该权利。尽管在域外行使管辖权多年来一直备受批判和争议,但其已成为法律事实,并且对美国企业甚至是全世界的出口企业产生了极大影响:不论出口国是否为美国,任何寻求对源自美国或具有一定比例美国技术的产品进行再出口的外国公司,必须遵守现行的美国条例。违反该条例将面临起诉、列入黑名单或其他形式的处罚。值得注意的是,在此背景下,"再出口"也包括将人造卫星图像配准或运行控制技术从一国转让至另一国。

从美国的角度来看,商品出口不享有普遍意义上的自由或权利。更确切地说,出口许可证被视为一项特权,违反适用条例时可被撤销。

尽管这些对国家安全和整体经济的重要性不言而喻,美国出口条例制度并没有形成一个统一的文件;相反,不同部门根据相关独立物项及出口目的国实行不同条例。

(1) 军民两用商品是指受《出口管理条例》(EAR) 管控的既能用于非军事又能用于军事用途的商品。

(2) 军用物资受《国际武器贸易条例》(ITAR) 管理。

(3) 海外资产控制办公室(OFAC)出于保护国家安全利益的需要,针对特定国家、组织和人员进行制裁。

必须注意的是,OFAC 不同于 EAR 和 ITAR,其主要侧重点不是特定物项,而是目标国和最终用户:根据美国的对外政策和国家安全目标,OFAC 针对目标国家、组织和个体实施、赞成并执行经济贸易制裁。OFAC 的权力来源于美国一系列有关经济制裁的联邦法律,然而由于目标国并不是美国在空间技术领域的重要贸易伙伴,这些条例对美国航天产业的影响微乎其微。

14.4.1.1　军民两用商品:《出口管理条例》

1979 年《出口管理法》授权美国商务部管理和执行军民两用物项出口的相关条例。确切地说,由其下属的工业和安全局负责 EAR 中军民两用物项的相关出口管制政策的制定、实施和解释。

EAR 针对其范围内的特定出口、再出口和其他行为制定了若干一般性禁令,这些行为必须获得工业和安全局的许可证或许可证豁免资格。影响一般性禁令的适用性的因素有：

（1）《商业管制清单》中的物项分类；

（2）出口或再出口的最终目的地所在的国家；

（3）最终用户；

（4）最终用途；

（5）支持衍生项目的行为,如缔约、融资和货运等。

相关细节见随附的清单和附件。有趣的是对于一些物项,无法获得许可证豁免,其中包含特殊"空间适用物项"。

一旦确定设想中的出口活动不属于一般性禁令范围,出口方需要根据情况查询具体的许可证要求。其应查询《商业管制清单》和《国家分类表》,以及物项的管制原因(Gerhard 和 Creydt2011,第 198 页)。

刑事制裁作为行政和民事处罚的补充,可在违反 EAR 时实施(http://www.bis.doc.gov/policiesandregulations/ear/764.pdf,第 764.3 部分)。

14.4.1.2　军用物资:《国际武器贸易条例》

《国际武器贸易条例》管理国防物资和服务的进出口。根据 1976 年《武器出口管制法》,美国国务院有权控制、执行和管理该条例。这些国防物资和服务在《美国军品管制清单》(USML) 中列出。本章重点讨论第 4 类,包括运载火箭制导导弹、弹道导弹和火箭等。自 1999 财年斯特罗姆·瑟蒙德《国防授权法案》颁布后,出于对敏感人造卫星技术扩散的担忧,商业卫星的出口管制权限从商务部移交至国务院。任何国防物资或技术数据的永久或临时出口,对应不同的许可证要求。提供国防性服务要求获得国务院国防贸易管制指导机构的事先批准,要求此类服务的执行者与对应的国际伙伴之间必须达成特定协议。著名的《技术援助协议》(TAA) 便是其中之一。

ITAR 备受批评的是其过于繁琐、复杂和费时,有人认为这反过来已导致美国航天产业处于竞争劣势和出口下滑,而与此同时,全球竞争者已经开始独立投资某些技术领域。

为了应对这些问题,美国目前正对出口条例实施改革方案。美国管理机构正致力于调整这些条例,以在支持商业活动和在国防物资和服务方面对国家安全利益进行必要保护之间达到合理平衡。2012 年 4 月 18 日,美国国防部和国务院根据 2010 财政年《国防授权法案》第 1248 部分向国会发布其最终报告,其中概述了两者对美国太空出口管制政策共同做出的风险评估,得出可以将大多数通信和低性能遥感卫星及相关组件从《美国军品管制清单》移至《商业管制清单》(CCL),而不会损害国家安全的结论。该报告同时建议国会将人造卫星及相关组件出口管制的裁决权交还给总统。

14.4.2 欧盟的出口条例

多年来,欧盟在地区性和国际武器出口管制中起领导作用。通过统一的管理制度,欧盟内部的军民两用商品与国防设备出口管制条例已协调统一。与美国的策略类似,欧盟将产品分为军民两用商品和军用物资。然而与美国不同的是,任何条例或国家法律在欧盟以外的第三方国家不享有域外管辖权。

2009 年 5 月的理事会条例 428/2009 (http://trade. ec. europa. eu/doclib/ 2009/tradoc_143390. pdf)用于管理从欧盟成员国出口军民两用商品至第三方国家的出口行为。此外,军用物资和国防相关产品的出口由欧盟指令 2009/43、《欧盟武器出口行为准则》和《欧盟一般军用货品清单》进行管理。2009 年之前,管理国防设备转让的国家条例并没有明显区分出口至第三方国家的转让和欧盟成员国之间的转让。根据欧盟指令 2009/43 制定的制度,如果再出口至非欧盟国家的风险处于可控状态,那么成员国可对欧盟范围内的上述出口活动颁发通用许可证。同时,国家政府对决定产品对不同许可证类型的适用性和确定其条款及条件保留自由裁决权。此外,欧盟理事会于 2008 年签订了第 2008/ 944/CFSP 号共同立场,定义了有关对第三方国家采取军事技术与设备出口管制的一般条例。然而值得注意的是,由于大多数与太空密切相关的物项被视为军民两用物项而非军用物项,这些理事会条例对欧盟航天产业并没有产生重大的影响。此外,有些理事会条例限制出口至特定国家,如缅甸(理事会决定 2010/232/CFSP),其目的是为了加强欧洲与国际安全,并为欧盟共同市场内的所有经济主体提供相同的条件。尽管制定了这些条例,但是欧盟成员国之间在出口管制许可证制度方面仍存在差异(Gerhard 和 Creydt,2011,第 210 页)。

14.4.2.1 军民两用物项

理事会条例(428/2009 http://trade. ec. europa. cu/doclib/docs/2009/june/ tradoc _143390. pdf)确定了统一的欧盟出口许可证制度,统一的管制清单以及统一的出口授权。需要许可证的欧盟出口军民两用物项在附录 1 中列出。在研究了多种国际武器管制协议后,理事会条例(388/2012(http://eur-lex euro-pa. eu/LexUriServ/LexUriSery. do?uri1/4OJ:L:2012:129:0012:0280:EN:PDF)于 2012 年 6 月 15 日正式生效,并采用新版附录替代旧版附录。附录1:第 9 类"航空航天与推进"列出了受管制的不同系统、设备、部件、材料、软件以及技术,而大多数太空资产被认为属于其中的军民两用物项。其授权由出口商所在成员国的主管部门授予,并在全欧盟范围内有效(428/2009 号理事会条例)。根据条例 428/2009 第 22.1 条,条例附录 4 中规定的军民两用商品物项被视为特别敏感,即便在欧洲市场进行交易时也需要许可证。此外,该程序中涉及大量太空相关物项也不适用资本自由流通原则(Wetter,2009,第54页)。值得注意的是,附录4中规定了一些明确的豁免项(OJL134,第264页)。

附录4并不对MTCR技术中的以下物项实行管制:

(1)依据合同关系,在ESA订单的基础上转让的物项或ESA为完成其官方任务而转让的物项;

(2)依据合同关系,在成员国国家航天机构订单的基础上转让的物项或其为完成其官方任务而转让的物项;

(3)依据合同关系,在由两个或以上成员国政府签署的欧盟航天发射开发和生产计划相关订单的基础上转让的物项;

(4)转让至成员国领土内由国家控制的太空发射场的物项,除非成员国对该条例范围内的此类转让实行管制。

14.5 欧洲航天局的出口管制条例

欧洲航天局是指欧洲制宪会议为了建立欧洲航天局而创建的一个国际性组织,其于1975年5月30日在巴黎开始签署,1980年10月30日正式生效。ESA受其成员国委托行使特定职能,即出于和平目的,在太空研究和技术及其(用于科学目的和如ESA公约第2条所述的运行中的太空应用系统的)航天应用方面促进欧洲国家之间的合作。起草公约的过程中,ESA成员国已经注意到已有技术潜在的高敏感特性,并在出口管制问题方面引用ESA公约第XL5(j)条作为ESA自身条例与程序的出发点。其规定:经由三分之二的成员国同意,ESA理事会应通过条例,规定成员国在对由ESA活动或其协助下开发的技术与产品至其领土之外的转让进行授权时应考虑到ESA的和平目的。

这些条例是对常规国家出口管制程序的补充。考虑到其对外政策及安全影响,出口实质上仍由国家法律和条例管控,甚至是在ESA活动或帮助下开发的技术或产品的出口也是如此。

ESA公约第XLS(j)条中的基本规定由ESA理事会于2001年12月19日采用的有关信息、数据和知识产权的ESA规则,即ESACCLV/Res.4(终稿)中的第4章实施。这些规则旨在保持欧洲航天局与成员国的国家出口管制机构的密切联系。该规则符合ESA的一般政策,有利于通过明确区分ESA持有的技术和产品与由欧洲航天局承包商持有的技术和产品,促进所有权利用的最大化:ESA持有的技术和产品的转让必须由欧洲航天局技术与产品转让委员会(ATB)授权,而承包商拥有的技术和产品的转让,仅需遵循ATB的建议。

ATB的授权或建议同样不是国家授权程序的代替品,而是一个附加程序,其对于根据 ESA 和目的国政府机构的合作协议达成的技术或产品转让来说,并不是必要的。在这种情况下,假设在批准合作协议时 ESA 理事会已根据协议的相关条款,对数据与商品的转让予以全部授权。

在第 1 种情况下,ATB 根据书面程序履行职能:当技术或产品为 ESA 所有,且三分之一或更多成员国表示反对时,转让提案被否决。当技术或产品为承包商所有,且三分之一或更多成员国表示反对时,并不建议进行转让。然而,在一个给定的时间内,一个或多个 ATB 代表团要求召开会议讨论这个问题时,ATB 主席负责召开此类会议。当所有 ATB 代表团中的三分之二出席该会议时,必须在此次会议上做出决议。

对于授权和建议,ATB 考虑的因素如下:

(1)本机构的目的在于提供和促进欧洲国家在专门用于和平目的的太空研究和技术及其太空应用领域的合作;

(2)成员国的整体工业的竞争力,及其在技术与产品方面的竞争优势和技术领先性;

(3)成员国出口管制法律法规的相关规定;

(4)执行欧洲航天局项目与活动的及时性要求;

(5)再出口和/或任何相关技术转让协议签订的限制要求。

ESA 规则承认出口管制属于国家权限,并受成员国的国家法律和条例管控,并且在一些情况下还受到成员国所签订的国际协议的管控。这就意味着对于某一成员国发起的 ESA 项目开发出的技术或产品,如果另一成员国计划将其用于另一 ESA 项目时,那么仍然需要遵守一般性国家出口管制程序。

14.6　结　　论

以上对航天工业现状的描述涉及出口管制条例、程序及机制,并举例说明了监管太空物资贸易的管理体系。由于该领域发展迅速,不仅要考虑最新的技术进展,更要考虑多样化的政策目标,以及全球不断趋于多样化的政策考量。

国际技术贸易受商业利益、对外政策目标,以及敏感技术扩散的国家安全考虑及其相互作用的影响。因此,这些国家管理太空物资贸易的不同策略与方案,为其他国家在如何平衡这些差异与利益冲突方面树立了典范,这就是要考虑其在本国政策的价值观体系中的重要程度。

参考文献

Abbey G, Lane N（2009）United States space policy: challenges and opportunities gone astray, American

Academy of Arts and Sciences. http://carnegie. org/fileadmin/Media/Publications/PDF/spaceUS. pdf

Achille'as P (2007) International regimes. In: Aubin Y, Idiart A (eds) Export control law and regulations hand-book - a practical guide to military and dual-use goods trade restrictions and compliance. Kluwer Law International BV, p 20

Art 9 (2) Council Regulation No. 428/200914 Space Technology Export Controls 287

Aubin Y, Idiart A (eds) (2007) Export control law and regulations handbook - a practical guide to military and dual-use goods trade restrictions and compliance. Kluwer Law International BV, pp 1-18 and BIS internet site http://www. bis. doc. gov/

Clement I (1988) American export controls and extraterritoriality. School of law LLM Theses and Essays, Paper 121, University of Georgia

Comprehensive Nuclear-Test-Ban Treaty, adopted by the United Nations General Assembly on 10 Sept 1996, but it has not entered into force as of Aug 2012, published in A/50/1027

Convention on the Prohibition of the Development, Production and Stockpiling of Bacteriological (Biological) and Toxin Weapons and on their Destruction, signed on 10 April 1972, entered into force on 26 March 1975, online at http://www. opbw. org/convention/conv. html. Accessed 20 Aug 2012

Convention on the Prohibition of the Development, Production and Stockpiling of Bacteriological (Biological) and Toxin Weapons and on their Destruction, signed on 10 April 1972, entered into force on 26 March 1975. Available at http://www. unog. ch/80256EDD006B8954/(httpAssets)/C4048678A93B6934C1257188004848D0/ $file/BWC-text-English. pdf. Accessed 24 Aug 2012

Convention on the Prohibition of the Development, Production, Stockpiling and Use of Chemical Weapons and on their Destruction, opened for signature on 13 Jan 1993, entered into force on 29 Apr 1997, A/RES/47/3

Council Decision 2010/232/CFSP (OJ L 105, 27 Apr 2010, p 22). Available at http://eur-lex. europa. eu/ LexUriServ/LexUriServ. do?uri¼OJ:L:2010:105:0022:0108:EN:PDF

Council Regulation No. 428/2009 of 5 May 2009 setting up a community regime for the control of exports, trans-fer, brokering, and transit of dual-use items, OJ L 134. Available at http://trade. ec. europa. eu/doclib/docs/ 2009/june/tradoc_143390. pdf

Directive 2009/44/EC of the European Parliament and of the Council of 6 May 2009 simplifying terms and condi-tions of transfers of defense-related products within the community, OJ L 146/1. Available at http://eur-lex. europa. eu/LexUriServ/LexUriServ. do?uri¼OJ:L:2009:146:FULL:EN:PDF

Freeland S (2012) The role of 'soft law' in public international law and its relevance to the international legal regulation of outer space. In: Marboe I (ed) Soft law in outer space, the function of non-binding norms in inter-national space law. Bo¨hlau, Wien, p 9

Gerhard M, Creydt M (2011) Safeguarding national security and Foreign policy interests - aspects of export con-trol of space material and technology and remote sensing activities in outer space. In: von der Dunk FG (ed) Na-tional space legislation in Europe, issues of authorisation of private space activities in the light of developments in European Space Cooperation. Brill, Leiden, pp 189-224

Guidelines for Sensitive Missile-Relevant Transfers, adopted 16 Apr 1987, 26 ILM 599

Heupel M (2007) Implementing UN Security Council Resolution 1540: A division of labour strategy, Carnegie Papers, Nonproliferation Program, Number 87

Hobe S, Schmidt-Tedd B, Schrogl K-U (eds) (2009) Cologne commentary on space law, vol 1. Heymanns, Köln IAEA Comprehensive Safeguards Agreement and Model Additional Protocol, entered into force on 12 Sept

1997, published in INFCIRC/540

International Code of Conduct against ballistic missile proliferation established on 25 Nov 2002. Available at http://www. unhcr. org/refworld/docid/3de488204. html. Accessed 19 Aug 2012

Joyner DH (2004) Restructuring the multilateral export control regime system. J Confl Secur Law 9:181

Joyner DH (2004) Restructuring the multilateral export control regime system. J Confl Secur Law 9:181

Landry KL (2010) Exploring the effects of international traffic in arms regulations restrictions on innovations in the U. S. Space Industrial Base, Air Force Institute of Technology, WrightPatterson Air Force Base, Ohio, pp 63. http://www. dtic. mil/cgi-bin/GetTRDoc?AD¼ADA535245

Little KC, Reifman SD, Dietrick AJ U. S. export controls apply extraterritorially – circumstances in which foreign persons are subject to U. S. export laws and regulations. http://www. velaw. com/uploadedFiles/VEsite/Overview/IntlGovernmentContractorArticle. pdf

Marboe I (ed) (2012) Soft law in outer space, the function of non-binding norms in international space law. Böhlau, Vienna

Markoff MG (2005) Disarmament and "Peaceful Purposes" provisions in the 1967 outer space treaty. J Space Law 1967, p 3. Institute of Air and Space Law, McGill University, "Peaceful" and Military Uses of Outer Space: Law and Policy, Feb 2005. Available at http://www. e-parl. net/pages/space_hearing_images/BackgroundPaper%20McGill%20Outer%20Space%20Uses. pdf

McGraw-Hill Science & Technology Dictionary, accessible at http://www. answers. com/library/Sci%252DTech+Encyclopedia-cid-3566557

Mineiro MC (2008) The United States and the legality of outer space weaponization: a proposal for greater transparency and a dispute resolution mechanism. Ann Air Space Law 33:441

Mineiro MC (2011) Space technology export controls and international cooperation in outer space. Springer, pp 3-12

Mineiro MC (2012) Space technology export controls and international cooperation in outer space. Springer, Dordrecht, pp 24

OJL 134, p 264. Available at http://trade. ec. europa. eu/doclib/docs/2009/june/tradoc_143390. pdf

Part 734. 4 of the EAR. http://www. bis. doc. gov/policiesandregulations/ear/734. pdf

Part 736. 2 of the EAR. http://www. bis. doc. gov/policiesandregulations/ear/736. pdf

Part 740. 2(a) 7 of the EAR

Part 764. 3 of the EAR. Available at http://www. bis. doc. gov/policiesandregulations/ear/764. pdf

Part 772 EAR. Available at http://www. bis. doc. gov/policiesandregulations/ear/772. pdf

Protocol for the Prohibition of the Use in War of Asphyxiating, Poisonous or Other Gases, and of Bacteriological Methods of Warfare, signed at Geneva on 17 June 1925, entered into force on 8 Feb 1928. Available at http://www. unhcr. org/refworld/docid/4a54bc07d. html. Accessed 23 Aug 2012

Public Law 105-261-17 Oct 1998. Available at http://www. opbw. org/nat_imp/leg_reg/US/nat_def_auth_act. pdf

Regulation (EU) No. 388/2012 of the European Parliament and of the Council of 19 Apr 2012 amending Council Regulation (EC) No. 428/2009 setting up a community regime for the control of exports, transfer brokering, and transit of dual-use items; OJ L 129, 16 May 2012. Available at http://eur-lex. europa. eu/LexUriServ/LexUriServ. do?uri¼OJ:L:2012:129:0012:0280:EN:PDF

Ress H-K (2000) Das Handelsembargo, vo¨lker-, europa- und auBenwirtschaftsrechtliche Rahmenbedingungen.

Praxis und Entsch€adigung Springer, Berlin

Schrogl K-U, Neumann J (2009) Article IV. In: Hobe S, Schmidt-Tedd B, Schrogl K-U (eds) Cologne commentary on space law, Carl-Heymanns-Verlag, Cologne, vol 1, p 71

The current version is available at http://pmddtc. state. gov/regulations_laws/itar_official. html

The Hague Code of Conduct against ballistic missile proliferation, adopted 25 Nov 2002

The International Traffic in Arms Regulations (ITAR), § 121. Available at http://pmddtc. state. gov/regulations_laws/documents/official_itar/ITAR_Part_121. pdf

The International Traffic in Arms Regulations (ITAR), § § 123 and 125, respectively. Available at http://www. pmddtc. state. gov/regulations_laws/itar_consolidated. html

The International Traffic in Arms Regulations (ITAR), § § 124. 1

The MTCR Guidelines. Available online at http://www. mtcr. info. Accessed 20 Aug 2012

The report is available at http://www. defense. gov/home/features/2011/0111_nsss/docs/1248_Report_Space_Export_Control. pdf

The Wassenaar Arrangement on Export Controls for Conventional Arms and Dual-Use Goods and Technologies, opened for signature on 12 July 1996 and entered into force on 1 Nov 1996, guidelines and procedures available online at http://www. wassenaar. org/guidelines/docs/5%20-%20Initial%20Elements. pdf. Accessed 20 Aug 2012

The Zangger Trigger List and the Understandings, published on 3 Sept 1974 as IAEA document INFCIRC/209, as amended

Treaty banning nuclear weapon tests in the atmosphere, in outer space, and underwater, signed 5 Aug 1963 and entered into force on 10 Oct 1963. Available online at http://www. un. org/disarmament/WMD/Nuclear/pdf/Partial_Ban_Treaty. pdf. Accessed 20 Aug 2012

Treaty on Principles Governing the Activities of States in the Exploration and Use of Outer Space, including the Moon and other celestial bodies (signed 27 Jan 1967, entered into force on 10 Oct 1967) 610 UNTS 205

Treaty on the Non-Proliferation of Nuclear Weapons, signed on 12 June 1968, entered into force on 22 Apr 1970, reproduced in IAEA INFCIRC/140

UN Doc. S/Res/1540 (2004) Text available at http://www. un. org/News/Press/docs/2004/sc8076. doc. htm

United Nations Register of Conventional Arms (UNROCA). Established on 1 Jan 1992 under General Assembly Resolution 46/36L of 9 Dec 1991

van Fenema PH (1999) The international trade in launch services: the effects of u. s. laws, policies and practices on its development, Leiden

von der Dunk FG (2011) National space legislation in Europe, issues of authorisation of private space activities in the light of developments in European space cooperation. Brill, Leiden

Wassenaar Arrangement, Initial Elements: Statement of Purposes, paragraph 1

Wetter A (2009) Enforcing European Union law on exports of dual-use goods. Oxford University Press, Oxford

第15章　太空透明与信任建立措施

亚娜·罗宾逊

欧洲对外事务部,比利时布鲁塞尔

摘要

　　本章主要关注作为与外层空间活动相关的外交和国际关系中传统工具的太空透明与信任建立措施。侧重说明了太空透明与信任建立措施的多边层面情况。本章首次回顾了人们对于太空透明与信任建立措施不断增长的需求,然后概述了到目前为止与太空透明与信任建立措施相关的主要工作,包括在联合国框架内及由欧盟实施的近期工作。本章结论中展望了太空透明与信任建立措施的未来。

15.1 引　言

　　当今,太空技术在重要的民用、商用以及军事相关领域为广大的用户提供了诸多应用、服务和利益。人们在享受太空技术带来好处的同时,对太空资产安全以及太空环境稳定性和可持续性的担忧也在与日俱增。数量庞大且在不断增多的运营者们自始至终都面临着太空碎片、潜在的毁灭性的撞击、无线电频率干扰(无意及有意的)等挑战。与此同时,越来越多的国家和非国家行为体发展更加尖端的军民两用技术能力,必然带来太空新技术扩散的问题。

　　在这种现实情况下,目前各个国家都在重新审视各项太空透明与信任建立措施的模式,其中一些太空透明与信任建立措施草案号召各个行为体要在基于自身最大利益的基础上采取自愿的方式负责任地利用太空,从而保护太空环境的完整和安全。透明的特点不仅仅是在发布与太空活动相关的信息上保持公开,也在于更好地理解其他太空行为体的意图。除了信息分享,其他建立信任措施也是必要的,包括磋商与通告,以及约束机制。尽管太空透明与信任建立措施在逻辑上令人信服,但是太空行为体各自对待太空透明与信任建立措施仍怀着一种选择性的和谨慎的心态。

　　从历史上看,采纳和实施太空透明与信任建立措施的最大阻碍在于其可信度。国际上,在核武器控制、弹道导弹不扩散以及其他领域,透明度与信任建立措施已经实行了几十年,但经常未取得令人满意的结果。同时,与太空透明与信任建立措施相关的早期重要措施都是在冷战时期建立起来的。例如,在美国和苏联都完成了测试和部署 ASAT 之后,两个国家之间并没有形成一个正式的太空武器控制协定(Hays,2010)。

专家们通常认为,包括那些与信任建立措施相关的谈判,大都涉及实质性的让步以换得提高稳定性的承诺。信任程度相对于已经许下的承诺和确认程序来说并不是那么的重要。相应的,任何涉及无约束力太空透明与信任建立措施的安全相关合作机制都应经过仔细权衡并且为各方所遵守。确保履约行为是一个相互作用的行为,其中各方都需发挥作用,而不是仅仅某一方受到完全控制。通过太空透明与信任建立措施及其实施机制,政治和军事领导人就能营造一种共同压力的约束环境,从而能够帮助他们预测其他太空行为体的行为。

20 世纪后半叶,国际社会曾一度制定了大量管理太空活动的原则和规则,包括外太空和空间物体特殊国际地位的界定。毫不意外的是,当前,不断增加的太空行为体、空间物体和太空碎片已经加剧了对太空活动安全的威胁。因此,虽然由 1967 年《外层空间条约》建立起来的规范在今天比以前显得更有意义,但是这些原则及规则的实施却由于一些原因而没有真正执行到位。这些原因包括:太空利益的"不对称性";对于太空事务多边管理缺乏跟踪记录;在此领域和其他方面缺乏模拟和桌面演习以及其他因素。目前,很多人认为在现存的太空条约之外,国际环境已经不能容纳任何与太空相关的正式新机制。

的确,一些人指出当前更重要的是让各方都遵守《外层空间条约》。为此,各方努力的重点或方法将包括签约国的授权责任、对非政府实体太空活动的持续监管,以及在进行可能导致潜在危害干扰的活动或实验之前,有义务开展或者要求开展合适的国际咨询等(Hays,2010)。

在此,回顾目前正在开展的太空透明与信任建立措施相关工作,有利于我们着眼建立保护太空安全与稳定的预防机制,也能为全球太空安全提供更加全面的管理要素。

15.2 太空透明与信任建立措施相关工作概述

美国和苏联之间的竞争塑造了太空相关行为,同时两者之间的竞争也受太空相关行为的影响,这种竞争关系的实质是两者对对方意图和政策的合理理解,从而防止了两者之间的冲突。自 20 世纪 60 年代起,"谈判方式"就支配着政策环境,并且产出了多个关键的太空条约。另外,1963 年的《部分禁止核试验条约》(PTBT)禁止了在太空的核试验或者任何类型的核爆,由此太空安全迈出了重大一步(Moltz,2008)。美苏两个太空大国都承认了核试验和太空技术其他用途之间固有的不相容性。通过利用国家技术手段(NTM)的监视卫星,太空技术也促进了对核武器的核查。NTM 的确是《部分禁止核试验条约》和限制战略武器条约(SALT)的关键促成因素。

现有的外层空间条约包含了许多太空透明与信任建立措施（如《外层空间条约》《责任公约》《营救协定》《登记公约》。《外层空间条约》中包含许多重要的太空透明与信任建立措施,例如行为责任、国际咨询、太空活动对公众的告知、为宇航员提供潜在危险的预警以及观测时机等(Hart,2010)。其他的太空透明与信任建立措施还包括与联合分析相关的数据和信息分享、发射的提前通告以及建立国际合作伙伴关系。

冷战后,在政府及非政府的太空行为体数量不断增多的情况下,人们对于新太空透明与信任建立措施的需求就变得更加的急切,从而导致了各种形式的太空透明与信任建立措施的出台。在 1990 年 12 月的第 45 届联合国大会上,联合国大会通过了两项与太空相关的决议:联合国大会关于"防止外层空间军备竞赛"的第 45/55A 号决议与关于"外层空间信任建立措施"的第 45/55B 号决议。后一个决议要求联合国秘书长在政府专家小组的协助下进行一项题为"外层空间信任建立措施的应用"的研究。这项于 1991 年和 1993 年之间开展的研究回顾了不同太空信任建立措施各个方面的应用情况。

自 2005 年起,俄罗斯就一直是联合国大会关于"外层空间活动透明与信任建立措施"一系列决议的主要发起者。俄罗斯和中国在裁军谈判会议(CD)中进行讨论时,都提议根据 PAROS 建立一项关于禁止太空武器的有法律约束力的条约。1981 年,联合国大会关于 PAROS 的第 36/97C 号决议声明:裁军会议作为唯一的多边裁军谈判论坛,在关于 PAROS 的多边协定谈判中扮演着主要的角色。在 2008 年,俄罗斯和中国提交了一份关于 PAROS 的法律文书,即 PP-WT 草案。但是,由于裁军会议无力执行工作计划的问题加剧,在裁军会议上对于 PAROS 的讨论就被拖延了。此外,在 PPWT 草案中还有许多根本性的缺陷。尽管这个草案防止了在轨道中部署任何武器,但它却基本上允许了对于轨道武器的研发、测试和储藏。更为重要的是,没有预先制定核查制度来监管各方是否遵守提案条约里面的条款。

在促进太空安全方面,有许多没有约束力的草案,种类既有自上而下的也有自下而上的。正如引言中提到的那样,由于国际上对如何管理关键太空活动达成"绝大多数"共识的迫切需要,导致目前的解决方式主要倾向于自下而上的方式。主要的争论来自于以下假设,即至少在初始阶段先建立一系列自愿的多边协定,这些协定久而久之能够给总体的太空安全带来积极影响。在已经实施到位或者目前正在执行的诸多自下而上的草案中，太空透明与信任建立措施发挥着支撑性的作用。在 2008 年 2 月联合国大会对《空间碎片减缓指南》的采纳，就是一个自下而上方式的成功示例，该准则被视为是自 OST 签订以来对保护外层空间环境最重要的贡献之一（Flynn，2011）。

在"最佳实践指南""负责任行为""行为准则"或者"交通规则"的指导之下，促进了太空效用和稳定性最大化，以及不当行为和误解行为最小化。近来涉及自愿性太空透明与信任建立措施的最重要提议有：联合国和平利用外层空间委员会倡导的外层空间活动的长期可持续性（LTS）、联合国政府专家组（UNGGE）提出的外层空间活动透明与信任建立措施以及《外层空间活动国际行为守则》（ICoC）草案。

在 UNCOPUOS 科技小组委员会（STSC），关于太空碎片、太空气候、近地物体、太空核动力源以及其他与太空可持续性密切相关的话题实际上很多年前就已列入议程。在 STSC 议程上的一个新项目名为"太空活动的长期可持续性"，此项目最初由法国发起并于 2010 年 2 月正式引入。该项目力图采取一个全面的方法为我们的后代保护太空。为了促进实用措施以及自愿性指南的制定，一个工作组（分为四个专家组）应运而生，并且在 2010 年 6 月举行了首次会议，以提高太空的可持续性（Prunariu，2011）。按计划 2014 年将发布一份报告以及相应的建议。其总目标是为提高太空作战的安全性制定"最佳实践指南"。

许多人了解联合国的工作以达成共识为基础，他们认为太空安全合作相关现状实际上已部分超越联合国权力结构不均衡的现实。但是，也有人曾指出由于其他计划尤其是非国家行为体计划的提出，人们将对 UNCOPUOS 持观望态度。其中一个计划就是空间数据协会（SDA）的建立，它由私人电信运营商建立，旨在成员间实现太空态势感知相关数据的分享。非国家行为体对太空活动研究的意义可谓与日俱增。尽管如此，UNCOPUOS 依然使建立全球范围的鼓励性太空透明与信任建立措施和开展其他可持续性相关太空活动（包括建立提高 SSA 分享的机制）的基本平台（Schrogl，2011）。

2011 年 1 月的 UNGA 第 65/68 号决议在第一次委员会上首次提交，授命 GGE 就外层空间活动透明与信任建立措施开展工作。GGE 由 15 名来自不同国家的专家组成，共举行了三次会议（2012 年一次，2013 年两次），于 2013 年 7 月发布了一份具有共识的报告。报告提出需要实施一系列透明措施并增强国际合作、商议、拓展工作以及多边合同，以此提高太空安全。GGE 也支持欧盟倡议的《国际外层空间活动行为准则》。下面将详细介绍该守则。

2008 年 12 月欧盟出台了《国际外层空间活动行为准则》的初步草案，2013 年 9 月又正式出台了《行为准则》的最新草案。通过出台《行为准则》的草案，欧盟支持了这样一种理念,即以太空行为体最佳实践为基础的自愿性交通规则能够提供一种实用的方法来实现和加强对太空活动行为准则的遵守。为了建立全球太空行为体之间的信任,《行为准则》强调太空活动行为应当涉及高度的谨慎、严格的评估和透明度实现,以此提高太空的安全性和可持续性。

欧盟对外事务部在这个计划中发挥着领头羊的作用,并通过双边交流和开放性的商议来与其他的国家进行互动。第一轮商议会于 2013 年 5 月在乌克兰的基辅举行,另一轮商议会于 2013 年 11 月在曼谷举行,其最终目的是在 2014 年最终敲定《行为准则》的内容。该计划的实施不影响其他现有的太空相关条约,尽管目前它并不属于联合国任何与太空相关的传统论坛。

简而言之,太空透明与信任建立措施的主要目的是减少对太空探索行为体的刺激并加强对其的抑制,阻止其在太空中进行有危害的、可能破坏稳定的行为。这些行为可能是属于技术上的(如不遵守《空间碎片减缓指南》、卫星故障、无意的干扰、不精确的轨道预测)或者是对卫星服务的故意破坏,甚至是对太空资产的攻击。

15.3　结　　论

尽管必须承认太空透明与信任建立措施有其局限性,包括对其遵守的问题,但它在外交以及其他领域现在仍发挥着重要作用。出现这种情况的部分原因在于当前的法律领域之外建立太空管理机制的工作依然面临着重大的挑战。这些挑战包括:对范围与目的所持的不同观点;有关防御性与攻击性太空系统的定义问题;检查与执行。新的空间系统和具有双重性质的技术的出现,以及在太空活动中不断增多的商业部门也让挑战变得日趋严峻(Hays 2010)。

与太空相关的合作正成为国外政策制定和决策的一个重要组成部分。鉴于大多数与太空相关的工作需要较长的周期,加强太空相关国际合作的理由比任何时候都更令人信服。另外,这种合作有利于重申和平利用外层空间的原则。但是,要进行有意义的合作,各个国家必须共同了解确保太空安全的集体价值观,反对单边行动计划。随着越来越多的国家已经意识到太空衍生的产品和服务对其军事能力的作用,要实现前述的共识变得越来越微妙。这也就是说,致力于太空安全的各种自上而下的和自下而上的工作可能继续齐头并进,因为某一个行为体不负责任的行为会损害所有人的利益,这个事实将促使各方联合起来共同实现外层空间活动的安全性与可持续性。

本章没有完整地呈现与太空透明与信任建立措施相关的活动,只是介绍太空透明与信任建立措施的理念如何有助于外层空间活动行为框架的规范化。

政府有责任找到一种创造性的方法,来实现加强合作带来的利益增殖与安全性之间的平衡。从各个方面来看,太空对日常生活已经变得相当重要,因此政府组织、非政府组织和私人部门必将持续不断地对其赋予最高级别的重视。

参考文献

Hart BL (2010) Transparency and confidence-building measures:treaties,national legislation,national policies, and proposals for non-binding measures. In:Prospects for transparency and confidence-building measures in space. ESPI Report 27.

Hays PL (2010) Developing agile and adaptive space transparency and confidence-building measures. In:Prospects for transparency and confidence-building measures. ESPI Report 27.

Moltz JC (2008) The politics of space security:strategic restraint and the pursuit of national interests. Stanford University Press,Stanford,p 12.

Prunariu D-D (2011) Space sustainability:setting a technical baseline for new regimes. UNIDIR space security conference 2011:building on the past,stepping toward the future.

Robinson J (2010) The role of transparency and confidence-building measures in advancing space security. ESPI Report 28. http://www. espi. or. at/images/stories/dokumente/studies/ESPI_Report_28_online. pdf:30

Schrogl K-U (2011) Is UNCOPUOS fit for the future? Reflections at the occasion of the 50th session of its legal subcommittee 2011. Ger J Air Space Law (ZLW) 60(1):93-102

William JF (2011) Remarks on space policy. High Front 40

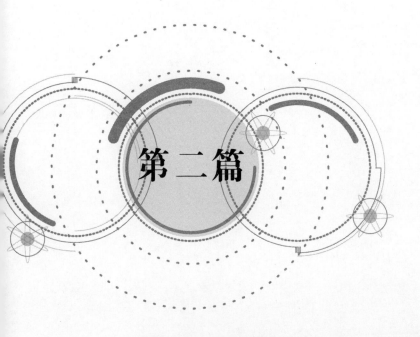

第二篇

主要国家与国际组织的太空安全政策及战略

第16章 概述

亚娜·罗宾逊
欧洲对外事务部,比利时布鲁塞尔

本章介绍《太空安全指南》第二部分中有关"各国与国际组织的太空安全政策及战略"的内容。文章收录了不同专家对美国、俄罗斯、中国、日本以及欧洲等航天发达国家的太空安全政策所持的观点。同时研究了三个新兴航天力量——印度、巴西与以色列的安全政策,展示了各国形成战略组合的不同途径,例如巴西严格强调对外层空间的和平利用,以色列将太空视为国家安全的关键领域等。还探讨了"美日太空安全合作"以及诸如联合国、国际电信联盟、国际标准化组织等与太空安全相关的多边组织的发展史。

16.1 引　言

与冷战时期相比,当今的太空环境涉及约60个国家与政府联盟,其战略目标、经济技术发展水平各不相同(Schulte,2012)。目前还存在不少商业卫星运营商。最初主要用以支持军事活动的地球观测、通信与卫星导航,现在成为民众生活与商业市场不可或缺的一部分。因此,如何以最佳方式长期维持太空活动的安全、稳定及可持续性等问题越来越受到关注。

一些航天发达国家,如美国、俄罗斯以及一些欧洲国家等,制定了旨在解决太空安全问题的国家政策与战略。其他航天大国,如中国,也将制定这样的政策与战略提上了日程。包括日本在内的一些国家正力图将太空安全纳入其更广泛的国家安全与对外政策议程中。在多边层面上,20世纪下半叶,一套制约太空活动的原则与规则得以制定,提出了外层空间与天体的特殊国际地位。然而,这些原则与规则的实施由于"不对称"的太空利益、地球上的紧张局势与太空安全之间日益紧密的联系、太空事件的多边管理缺乏跟踪记录以及其他方面的原因而滞后。

幸运的是,大量多边倡议应运而生,旨在促进负责任、可预见太空行为的基础上提高太空的安全性。大部分倡议的首要目标是保护太空环境以及太空相关资产免遭自然及人为风险与威胁的伤害。除了太空操作的自然风险外(如太空碎片、太空天气与近地天体),例如故意干扰卫星、ASAT 攻击或网络战争等对太空的故意威胁正获得日益增长的关注。

本篇介绍了航天国家如美国、俄罗斯、中国、巴西、日本、印度、以色列与欧洲)管理太空安全的不同路径。从各章内容可明显看出,对于太空安全领域包含哪些问题至今仍莫衷一是。各个国家太空计划主要的关注点也存在极大地差异。但各国一致认为,有必要就主要太空安全问题(如太空碎片、射频干扰、太空态势感知、太空反措施)进一步加强对话,并为确保太空活动的长期可持续性进一步加强国际合作。

16.2　各国的太空安全政策与战略

在强调和平利用外层空间的同时,太空一直担任着维持国家安全与国际威望的重要角色。对太空资产和活动的自然或人为威胁正在成倍增长。2009 年"铱星"与"宇宙"号相撞事件至去年大量不受控制的卫星再入轨道,足以印证这一点。2013 年 2 月,俄罗斯境内的一颗陨石在车里雅宾斯克市上空爆炸,2012 DA14 小行星在地球附近经过。这两起事件是一个有力的警醒:小行星或其他近地天体(NEO)可能造成毁灭性的后果,即撞击地球。

人为威胁包括故意破坏卫星的服务,甚至是攻击太空资产。故意干扰可能导致一系列破坏性的军事、政治、商业连锁反应。欧洲通信卫星组织不断受到伊朗境内某干扰源干扰就是一个突出的例子。其他威胁包括直接或动能 ASAT 攻击或者网络攻击。各国越来越担心卫星和地面站可能遭受网络攻击以及其日益彰显的漏洞。网络攻击应当添加至政治与预算挑战的清单上,以增强太空以及网络领域的安全性。

尽管迄今为止,意外事件未导致严重的后果(至少据报道如此),这些事件使各国认识到,有必要通过国内程序以及外交进程促进该类型事件在国际层面上得到顺利及有效的管理。尽管源于自然灾害或技术问题的太空威胁需要得到真正的关注,但对太空资产与系统的有意破坏或损害一般会较大程度地(有时极大程度地)触动地缘政治上的利害关系。

美国 2010 年的"国家太空政策"重申了各国和平利用太空的权利以及固有的自卫权,也确定了建立"太空环境稳定性"的要求,并声称美国将致力于"双边及多边透明度与信任建立措施,以鼓励太空中的负责任行为"。总之,美国作为世界上领先的航天强国,鼓励以协作的方式应对太空作战的国际合作。另一方面,俄罗斯正力图重回其冷战期间的太空威望。欧盟正在制定其太空安全战略,同时制定可覆盖整个欧洲的太空计划(如伽利略导航计划)。中国和印度已经发展了多层面的太空能力,将其应用于两用领域(民用与军用),包括卫星通信、地球观测和导航。

其他航天国家则设法增强太空战略地位以及行动经验。在日本,太空政策受国家整体外交与安全政策的极大影响。自启动太空活动以来,日本一直不愿意参加与安全相关的太空利用行动,这在很大程度上受制于其宪法。这种情况在过去几年内得到了改观。2008 年日本通过了新《宇宙基本法》,2009 年制定了《国家太空计划》,由此获得新的机遇,参与国际合作,共同迎接 21 世纪太空安全方面的紧迫挑战。去年,日本的太空政策制定程序以及太空活动管理发生了重大的组织变革。2012 年 6 月底,日本国会上议院通过立法,在内阁成立了新的国家太空政策办公室(ONSP),其宗旨是集中控制国家太空计划的规划与预算。日本也打造了世界上最重要的地区合作平台——亚太区域空间机构论坛(APRSAF)。

尽管 2012 年太空的全球投资形势萎靡不振,但仍然有不少国家大幅度增加了预算,印度与巴西分别增加了 51% 和 30%。同中国一样,印度制定了计划,在未来几年内增加太空投资,用于新运载火箭、卫星系统与探测任务。例如,印度海军计划今年发射第一颗专用军用通信卫星。印度拥有一个 GPS 增强系统,称为 GPS 辅助地理增强导航(GAGAN),并计划发射一颗七星印度区域导航卫星系统(IRNSS),主要用于覆盖整个南亚。印度于 2012 年 4 月发射了其自主研发的双用雷达成像卫星 RISAT-1。

总之,印度的太空计划从为大众提供服务的太空应用计划,转变为高调宣传月球与行星科学任务以及相对积极的军事太空计划。中国强大的太空军事姿态、载人太空飞行计划、2007—2010 年"嫦娥"1 号与"嫦娥"2 号绕月轨道飞行任务以及月球车的研发,在很大程度上推动了印度太空计划的转变。印度国防部建立了由陆军、海军和空军军官共同组成的印度空间综合部,与印度空间研究组织(ISRO)一起确定近期的太空优先级。印度也表明,必要时将利用其反弹道导弹系统开展 ASAT 试验(Covault,2012)(2019 年 3 月 27 日,印度成功测试了反卫星导弹)。

与其他国家一样,以色列有意利用太空的两用性发展经济、商业、安全、国内与对外政策。地区安全一直是该国关注的重点,纵观历史,可发现军事太空计划一直是其太空活动的主要驱动。其两大首要应用领域为通信与侦察。由以色列国防军运营的沙维特运载火箭研发后,使以色列具备了发射本国军事侦察卫星即"地平线"(Ofeq)系列卫星的能力。以色列通过商业出售其航空航天、电子、光学技术与系统,为国家的安全需求提供支持。该国集中精力发展轻型低成本的太空系统,掌握了卫星任务所需的轻型光学成像系统专业技术(Correll,2011)。例如,印度的 RISAT-2 雷达侦察卫星就是从以色列购得(作为交换,印度发射一颗相同的以色列空军 TecSar 卫星)。最近,以色列还为其民用太空计划投入了更多资金,该计划由成立于 1983 年的以色列航天局(ISA)提出。国防安全计划则由国防部国防研究与发展局与以色列空军共同管理。

巴西地处赤道附近,拥有辽阔的国土,边境地区人烟稀少,海岸线漫长。因此,该国具有开发太空技术的巨大潜力。事实上,巴西的太空计划堪为拉丁美洲之最。阿尔坎塔拉的巴西航天发射中心位于赤道 3° 以内,是进行地球静止轨道发射的理想位置。经历了三次发射失败之后,巴西于 2010 年成功发射了一枚中型火箭。计划由巴西与乌克兰联合发射的 Cyclone-4 将在运载火箭研发领域实现新的突破(Cyclone-4 卫星运载火箭计划于 2014 年正式"登场")。与其他国家一样,巴西对先进技术的探索极大地推动了其太空和弹道导弹计划的实施。

《2012—2020 年巴西国家空间活动计划》(PNAE)中详细说明了巴西的太空目标。2012—2014 年,巴西将开始自主研发对地静止轨道通信卫星,继续支持中巴地球资源卫星(CBERS)联合项目,研发两枚巴西本土航天运载火箭,并制定一项科学技术研究卫星项目。2015—2020 年,将研发其他的通信卫星、一颗地球观测雷达卫星以及一颗对地静止轨道气象卫星。巴西也计划扩大其航天发射能力(《2013 年太空报告》)。

巴西对太空安全的关注初露端倪。2012 年 4 月,巴西与美国就此问题开展了第一次对话,为巴西迈入该领域奠定了重要的基石。巴西首次就这一复杂、敏感的话题与其他国家正式交换了意见。巴西是和平利用外层空间的坚定支持者。例如,2011 年根据联合国大会第 65/68 号决议而成立的透明度与信任建立措施(TCBM)联合国政府专家组 15 位成员中,有一位专家就来自巴西。同时,欧盟也向巴西许诺好处,劝说其签署欧盟提出的自愿性《外层空间活动国际行为守则》。

随着各国对太空不断燃起熊熊野心,人们开始担心如何才能保护提供关键全球信息流的太空系统。所有的太空行为体,不管其能力水平如何,都能影响太空环境的安全、稳定、安保和长期可持续性。因此,提高太空安全不完全依赖于对威胁环境的共同评估。尽管大多数与太空相关的合作将进一步与双边、地区关系联系起来,在"太空资产(包括地基资产)的保护措施不可或缺"这个认知上人们达成了普遍的共识,这为政策制定者以及安全专家们提供了有利的切入点。

16.3 太空安全的国际合作

目前尚未有独立、正式的国际机构对太空利用进行管理。但已经制定了一些与太空活动实施相关的制度与规则。其法律精髓体现在太空系列条约,尤其是 1967 年的《外层空间条约》(OST)以及联合国大会的五大法律原则中。后者针对卫星电视广播、远程卫星地球观测以及在太空中安全使用核动力源的一般标准提出了相应的原则。与外层空间相关的决议为数众多,例如关于外层空间物体登记的决议(1961 年 12 月 UNGA 通过的第 1721 B(XVI)号决议以及 2007 年 12 月 UNGA 通过的第 62/101 号决议)、关于"发射国"概念的决议(2004 年 12 月 UNGA 通过的第 59/115 号决议)等。还有许多与空间态势感知(SSA)相关的双边及多边实践与协议、一套太空行为准则以及其他倡议与机制(Robinson,2011)联合国和平利用外层空间委员会。

根据国际制度框架,UNCOPUOS 占据重要地位。UNCOPUOS 在太空安全组合内的很多地区持续不断地推进协调与合作。射频由国际电信联盟及其世界无线电通信大会来管理。大会帮助 ITU 审核并在必要时修订《无线电规则》。该国际条约对地静止卫星轨道与非对地静止卫星轨道所发送的射频频谱的使用情况进行管理。此外,另一个组织——国际卫星对地观测委员会(CEOS)是参与遥感卫星协作的一个最著名的多边机构,该机构以自愿性和无约束力为基础。世界气象组织(WMO)帮助我们管理气象卫星的使用情况。CEOS 与 WMO 均促进了地球观测组织(地球静止轨道)内部成员之间的政治交流。

国际全球导航卫星系统委员会(ICG)的成员在全球和区域卫星导航系统衍生的民用服务体系方面加强了协作。ICG 成员包括国家系统供应商、其他相关的联合国成员国以及代表主要用户群的国际组织(不仅限于服务提供者)。这些组织旨在提供兼容、互操作和透明的民用服务以及提高 GNSS 技术供发展中国家使用。与 CEOS 或 ICG 不同的是,国际卫星辅助搜救组织的卫星(Cospas-Sarsat)救援协调需要少数相关方签订具有约束力的协议。就连 CEOS 与 ICG 都设有下属组织,以便在必要时确保系统供应商的一致性。此外,还有国际太空探索协调组(ISEG),可就以上活动进行协调(Robinson,2011)。

为了改善全球对太空活动的治理,一些多边倡议应运而生,其中包括 UN-COPUOS 科技小组委员会提出的"外空活动的长期可持续性"(LTSSA)倡议,联合国提出的"外层空间活动中的透明与建立信任措施问题"政府专家组(GGE 的太空 TCBM)以及欧盟提出的《外层空间活动国际行为守则》草案。GGE 的太空 TCBM 致力于在自愿基础上成共识报告。ICoC 草案力图针对从事太空活动的新国家建立一套太空准入要求。虽然《行为守则》草案与 GGE 的太空 TCBM 均属于政治倡议,而 UNCOPUOS LTSSA 专注于从技术与操作方面确保负责任的太空利用行为。LTSSA 的"最佳实践准则"将于 2013 年 6 月的 COPUOS 主要会议期间以草案的形式呈现。其最终报告预计在 2014 年公布。

这些倡议强调了太空行为体以及所有太空活动受益人都应当关注太空可持续性。许多人将这些倡议视为可在近期内维持太空活动有序性的中间步骤。《太空行为守则》草案、GGE 的太空 TCBM 以及 LTSSA 准则涵盖了政治与技术各种措施,因此可互为补充、相辅相成。LTSSA 技术准则能够在操作层面上支持后续的倡议,如更加具有政治意义的《太空国际行为守则》。简而言之,以上三大倡议并非各自为政。TCBM 政府专家组的五位成员国均为 UNCOPUOS 的常任代表(LTSSA 的主席国也是 GGE 的成员之一)。

16.4 结　　论

确保航天发达国家的共同利益以及世界范围内太空活动大部分受益者的共同利益,需要通过一种合理的太空管理方式来实现,即以和平为目的,推动太空的持续探索与开发。由于日益增多的轨道碎片和太空行为体以及日新月异的太空技术,各国呼吁建立一套精心设计的全球太空安全体系架构,以应对太空环境中不断出现的挑战。尽管不同国家强调不同的太空能力,加强太空安全仍应是重中之重。

参考文献

Correll RR (2011) Chapter 26:emerging actors. In:Randall R. Correll (ed) Toward a theory of space power. National Defense University Press,Washington,DC. http://www. ndu. edu/press/ space-Ch26. html

Covault C (2012) India races China in space for Asian prestige,military security. SpaceRef Asia (13 Dec 2012). http://spaceref. com/asia/india-races-china-in-space-for-asian-prestige-mili- tary-security. html

Robinson J (2011) Space security through the transatlantic partnership:conference report and analysis,ESPI Report 38,European Space Policy Institute (Nov 2011):15. http://www. espi. or. at/images/stories/dokumente/ studies/ESPI-Report-38. pdf

Schulte GL (2012). Protecting global security in space. Presentation at the S. Rajaratnam School of International Studies Nanyang Technological University,Singapore,9 May 2012. http://www. defense. gov/home/features/ 2011/0111 _ nsss/docs/Rajaratnam%20School%20of%20International%20Studies%20on%20Protecting% 20Global% 20Security%20in%20Space,%20May%209,%202012. pdf

The Space Report (2013) The authoritative guide to global space activity. Space Foundation,Colorado Springs

<table>
<tr><td>第17章</td><td># 美国太空安全重点:战争、政策及
太空力量</td></tr>
</table>

埃弗雷特·C·多尔曼
麦克斯韦尔空军基地高级航空航天研究学校,蒙哥马利阿拉巴马州

太空实力能够稳固美国的军事前景,而美国太空安全政策指导着研发与采购。由于未来永远都不会如规划者预期的那样明朗,因此,各项政策都必然具有一定的广度,并且就某些政策而言,应当是相当空泛或者具有争议性的。本章回顾美国战争方式的发展历程,并探讨今后十年将会出现的几个更具争议性的太空政策问题,包括外层空间日益拥挤、对抗与竞争日趋激烈,并对交通规则方法、合作伙伴关系、太空态势感知、威慑及行星防御进行了评估。

17.1 引　言

美国在减少其全球驻军的同时还在持续进行革命性军事转型,从而相应地拓展其行动能力。太空实力是此次转型的关键所在,能够提供一定程度的打击精度、秘密行动、指挥与控制、情报收集、速度、机动性、灵活性以及此前未知的杀伤力。这种21世纪的战争方式使美国得以利用武力及时、有效而持续地影响着全球各大事件的发展态势。

罗素·威格利对美国长期以来的战争方式进行了描述,这种方式源自一种让问题在美国境外自行解决的孤立主义倾向(Weigley,1973)。只有当事态发展到无法控制的局面并且直接威胁到美国利益时,美国才会被迫介入。也只有在那时,美国才会备战。但在20世纪上半叶,这种方式得到了充分改进。其着眼于避开美国本土而资战于敌军阵营,但前提是其他影响手段已不奏效而唯有通过军事行动才有望获得成功。而当美国最终决定动用武力时,其兵力将势如破竹无坚不摧。因为,其已蓄势待发。美国领导人让民众对其战争的正义性深信不疑,并尽可能将误伤降至最低,并且尽最大程度地打击敌人。这种战略适用于美国本土免遭袭击的时期,当时美国工业生产确保储备了重要的补给物资

与大量武器，并能在妥善使用的情况下为友军与盟国提供额外资源备战。在上述条件下，美国可以坐等问题逐步成形并充分发展，然后以惊人开支和极端兵力予以反击。在极大程度上，这种战争方式是有效的。

但随后在越南崩盘，美国军队赢得了每场战斗，却输掉了整个战争，不仅是在越南，而且在国内和整个东南亚都是如此。在越南、国内及东南亚地区输掉了整场战争。电视媒体争相报道，使美国千家万户目睹了这场肆虐的大屠杀。狂轰乱炸尤为恐怖，而后，激进的美国领导人不再考虑使用此项策略，除非到了国家存亡危若累卵而走投无路的地步。对于战事不太紧迫的战争，即被国际理论界称为不涉及重大国家利益的战争，美国有责任不仅要赢得国内的民心，而且要赢得盟友、潜在盟友以及昔日敌人的民心。首先将排除使用大范围的压倒性兵力。通过采用高科技手段和武器取得成功，如计算机、卫星以及全新类别的卓越技术。美国未来战争的破坏性将降低，友军与敌军的伤亡将大幅减少，而战争时间也会缩短。

1991年，军事转型的势头更加明显，当时美国军队仅用了10天的地面战就打败了全球第四大军队。海湾战争中，极其复杂的战争设备、造型优美并且采用隐身技术的飞机以及极具前景的新型导弹拦截器首次亮相并使用。亚瑟·C·克拉克当时甚至将沙漠风暴行动称为全球首次太空战，因为美国新军事所取得的成就无一不有赖于太空支持（Burgess，1991）。12年后的伊拉克自由行动证明，太空力量的核心作用既成事实。美国军队已从太空支持型转变为完全由空间驱动的部队，并取得了骄人成绩。实际上，军队充分发挥了美国当前拥有的大部分太空管制功能，包括太空运输、指挥与控制、作战损害快速评估、气象保障以及蓝军跟踪等定时与导航技术，使战友误杀事件发生率大幅降低。

原始数据显示，从沙漠风暴行动到伊拉克自由行动，各国对太空的依赖大幅增长。尽管作战卫星通信被用于支持小型军队（不到20万人的军队），但其使用量已翻了4倍。回取（美国情报分析师将信息直接发往前线部队）与前取（后方指挥官能够实时指挥作战）等新型作战理念改变了战争的战术思想。作战完全依靠卫星通信与导航的"捕食者"与"全球鹰"无人机（UAV）的价值得到肯定。借助卫星支持，特种部队得以在极具破坏性的独立作战中横跨伊拉克与阿富汗，毫无约束地执行无声行动。

但是空间驱动型战争的重要影响局限在作战效能的范围内。空间资产使全天候昼夜运行的精密弹药得以为美国提供巨大的打击力。远距离支持平台发起的攻击，包括越战时期的B-52，能够最大限度地摧毁目标且伤亡率与附带损伤极低。在沙漠风暴行动中，仅有8%的弹药为精确制导武器，而且均未启用GPS。伊拉克自由行动使近70%的武器用上了精确制导，且50%以上来自GPS

卫星(国防部副部长保罗·沃尔福威茨声明,2003)。在沙漠风暴行动中,不到5%的飞机装有 GPS。伊拉克自由行动使所有飞机装上了 GPS。在沙漠风暴行动中,GPS 对军队的价值体现在,当部队攻入了一个拥有 4500 多台商用接收机的战区,从而对库存配置的 800 台这少得可怜而且仅有军事波段的接收机进行了增补,使得平均一个连(约 200 人)一台。伊拉克自由行动以后,部队每个班(6-10 名战士)至少拥有一台军事 GPS 接收机。

但空间驱动型部队无法为继续攻占外国领土提供巨大支持。尽管越来越多的地面部队拥有高科技优势,但决意作战的低科技敌军能让常规部队陷入困境,而反叛乱(COIN)战争被一再拖延。就监视与跟踪能力有助于限制突袭并能够实现广域监视这一方面而言,美国伤亡人数可能远低于其本来可能的数量,但美国军队无法迅速击败非正规部队并在政治上稳固这些区域的这一事实则存在着极为不利的影响。10 多年的战争致使美国 7000 多名青年男女丧生,数以万计的民众落下永久残疾,成千上万的非美国人殒命,并且欠下了上万亿美元的国债,进而在国内造成了严重的经济困难,使美国军事人员及其家属承受着前所未有的压力,而痛失占领区民众之心则可能会招致几代人的仇恨与不信任。

随着美国的撤军,人们提出了一个又一个问题:战争给我们带来了什么?美国现状比 10 年前更好吗? 众多生命与财富的牺牲值得吗? 历史会做出评判,但当前公众与官方态度似乎并不支持大规模部署美国驻海外部队,而是倾向于空海一体作战与离岸制衡等理念。由于美国经济映射了世界经济,因此,未来 10 年,美国将减少军事投资,但美国不会放弃其在全球事务中的主导地位,美国不太可能会以其在伊拉克与阿富汗的驻军方式来干预国外事务,反而会回归到轻型、快速、高机动性与科技先进性的突击力量上来,而这种军事力量需要太空力量的支持。

鉴于空间军事资产的功用以及对该资产的依赖性,毋庸置疑,要想在未来战争中取胜,美国必须保证获得太空准入权。其军队已成功进入新型作战方式阶段,根本不可能再回到以进入太空前干预为典型特征的极端间歇性作战模式。美国须在估测暴力事件时具备良好的判断力并尽量降低其预期的破坏幅度,并且必须利用较低的预算完成此项工作。太空是此次转型的关键。

17.2　美国太空安全政策

17.2.1　美国现行太空安全政策

国家安全太空战略(NSSS)从属于国家太空政策(NSP),其概括并规定了美国太空计划的总体方向与重点。2010年6月公布的最新NSP旨在大胆描绘一条全新的发展道路，从一句简单的陈述讲起："太空时代始于两个超级大国为赢得安全与和声望而发起的竞赛"（美利坚合众国国家太空政策，2010，第1页）。其含义很明确。过去的已不复存在，而空间发展的未来动力也有所不同。人类为建立一个相互联系日益紧密的金融、贸易、生产与安全的全球网络而对太空产生的依赖性已经改变了我们的生活方式，"而且地球上的生活更加美好"（美利坚合众国国家太空政策，2010）。

源自冲突而受冷战挑战推动的国家太空发展的以往重点必须服从于全新的合作时代。我们已经耗费大量笔墨讨论对国际合作的重新承诺、各国追求和平开发与利用太空的权利以及美国在这些工作中继续扮演的领导角色。但在各国应采纳并遵循的五大指导原则中，这种"合作精神"承认，在其倡导的各项和平意念中，美国利用太空实施"国家与国土的安全活动，根据其应有的自卫权阻止他人干涉与攻击，保卫我们的空间系统并帮助防护联合空间系统，并且在这种威慑失效后，击败对方的袭击行动"的权利受到保护（美利坚合众国国家太空政策，2010，第3页）。因此，国防部长应负责SSA武器装备的开发、采购、运行、维护以及现代化改造，增强研发能力、制定计划与方案以吓阻、抵御并在必要时挫败扰乱或袭击美国或其盟国空间系统的行动；维护武器装备以执行太空支援、兵力增强、太空控制以及武力动用任务；同时，作为国防部与情报部的发射代理人，为实现国家安全目的提供可靠、经济和及时的太空准入（美利坚合众国国家太空政策，2010，第14页）。

17.2.2 国家安全太空战略

根据2010年NSP，美国国防部公布了2011年的国家太空安全战略（国家安全太空战略，2011）。此文件"描绘了今后十年的发展道路以应对当前与预测的太空战略环境"（国家安全太空战略，2011，第 i 页）。作者指出，太空战略环境受三大趋势影响；"太空环境日益呈现出拥挤、对抗和竞争的态势。"此处拥挤是指太空环境日益混乱，主要发生在因航天发射、卫星部署和动能武器试验而影响到的近地轨道。美国国防部对轨道中的22000多个物体进行了追踪，包括1100多个有源卫星，以帮助识别有效载荷并避免碰撞。由于在太空中使用电流传感器跟踪物体存在局限性，因此，在经过地球大气层的过滤后，这些物体比拳头还要大。或许轨道中还存在着成千上万的更小物体，而针尖大小的金属片或瓷片的冲击动能足以摧毁一颗卫星或刺穿太空服。近年来发生的两大事件致使碎片分布场明显增大；2009年，俄罗斯"宇宙"卫星与美国"铱"卫星相撞，增加了1500块可观测碎片（国家安全太空战略，2011，第2页）。这不仅造成了

LEO 指数性膨胀的显著物理性污染,而且使可用射频谱资源日趋紧张,造成了卫星之间的无意干扰并且降低了带宽承载能力。

太空对抗也日趋激烈。"当今的空间系统及其配套基础设施面临着广泛的人为威胁,而这种威胁可能会拒止、削弱、误导、破坏或摧毁资产。潜在敌人正试图利用所感知到的空间漏洞"(国家安全太空战略,2011,第 3 页)。此处的重点是对美国太空资产进行直接的军事干预,这些干预破坏了太空环境稳定与安全,尽管这种干预包括非故意的、"不负责任行为"。

竞争是指美国拥有的太空实力的相对竞争优势下降。NSSS 称,美国在太空准入与市场占有率方面的竞争优势正在衰退,而其在空间技术上的领先地位正随着进入战略环境的国家增多而遭到削弱。可靠的太空探索对确保美国获取关键技术、避免过度依赖、激发创新以及保持领导优势等各项能力提出了不小的考验。"而在组建、发展与维系一支科研技术队伍中所面临的挑战使所有这些问题变得雪上加霜"(国家安全太空战略,2011)。

因此,NSSS 明确提出了三大目标(国家安全太空战略,2011,第 4 页):
(1)增强太空安全、稳定与保障。
(2)维持并增强美国利用太空实现的国家安全战略优势。
(3)为保障美国国家安全的太空工业基础提供动力。
与这三大目标相符的是五大战略方针(国家太空安全战略,2011,第 5 页):
(1)促进太空的可靠、安全与和平利用。
(2)提供经改良的美国太空武器装备。
(3)与负责任的、可靠的国家、国际组织以及贸易公司合作。
(4)预防并制止对保障美国国家安全的太空基础设施所实施的侵略行动。
(5)随时准备抵抗袭击和应对日趋恶劣的环境。

上述目标与方针符合国家政策导向,尽管其范围广泛到足以提供最详尽的解释,但如果采用军事组织的传统方式方法来予以满足,则存在一定问题。NSSS 认为,最高领导人的指示将是未来规划、设计、采购、运营与分析的基础,而其个人政策、战略以及学说也是如此,但同时 NSSS 认为,在受财政制约的政治环境中,上述因素都将服从"可行性与可承受性评估以及成本、效益、风险分析"(国家安全太空战略,2011,第 12 页)。而难点在于"我们能否实现太空长期目标取决于我们的财政责任以及在作战能力与生存能力等因素之间做出艰难选择"(国家安全太空战略,2011)。

17.3 问题与挑战

美国对太空的依赖与日俱增,其他国家无一企及。太空能力的严重丧失将给美国军事安全与百姓福祉带来灾难性后果。美国经济将面临崩溃,致使世界其他地区经济随之衰落。而军事上也将被迫采取防御姿态并准备撤离大量难以维持的国外驻军。为防止发生上述灾难,美国军队,特别是美国空军,有责任保护太空能力免受损害并确保在可预见的未来实现可靠的太空运作。作为军事组织,美国空军会寻求通过军事手段实现上述预期目标。为完成这项任务,制定了拥挤、对抗与竞争三大核心领域的指导方针。以下将分三大部分分别阐述,第四部分重点探讨尚未确立的政策导向以及在不具备上述方针的情况下较为突出的问题与挑战。

总体任务非常广泛,或许对于通常受严密政治监督限制的兵役制度而言其太过广泛。尽管如此,NSSS 在结尾部分概括地写到:"美国在太空领域发挥的积极领导作用需要整个政府的参与,以便将从科技实力与工业能力到结盟与外交接触等各领域国力的所有要素融为一体。领导作用不能只建立在所宣传的政策上,而须建立在保持战略优势并与国际社会通力合作制定统一规范、共享信息、合作发展武器装备的意愿上。"

17.3.1 拥挤

试图通过制定规范、增强空间态势感知以及提高透明度与信息共享的方式来应对太空拥挤这一问题。我们应当通过自身的一言一行,向盟友及全世界保证,将竭尽全力地以和平友好且负责任的方式实施太空活动并鼓励他方同样如此(国家安全太空战略,2011,第 13 页)。

由于近地空间日趋拥挤,因此为了维护所有航天国家的利益,应协调各国行动以减少碰撞与射频重叠并裁定争端。最佳方案是采用国际交通管理体系,此体系能够公平分配位置、优先级与运行参数,并能够推动规则的实施或对违约行为予以制裁;但这一体系的实现还存在诸多障碍。同时,美国目前支持通过外交活动达成类似于国际海空作战协调措施的共识或交通规则方针。这些公认准则使各个国家与企业能够预知他方行为,从而最大限度地确保各项行动的可靠、和平与安全。然而,细节决定成败,整个概念是令人满意的,NSSS 鼓励各国进行外交接触并就应当包含哪些自愿性数据标准、最佳实践、透明度与信任建立措施以及行为规范达成共识。此项共识可包括军备限制与控制措施,但前提是这些措施"公平公正并能有效核查,还能增强美国及其盟国的国家安全"(国家安全太空战略,2011,第 6 页)。

目前所提供的交通规则方针较多,其中最重要的是欧盟的《外空活动行为准则》与美国史汀生中心方案。两者都寻求通过关注空间碎片减缓、空间交通管理与防撞的方式规制太空行动。对上述规则的遵守纯属自愿行为,但如果主要航天大国认可上述规范并遵守其原则,则其他国家也应遵守并增强空间合作。尽管上述协调措施在本质上积极主动并且其目的得到了普遍认可,但明显遭到了美国国内的强烈反对。批评者中最为突出的当属马歇尔中心,其认为这些规则未必具有约束力并且降低了美国的总体安全(DeSutter 等,2011;Kueter,2011)。

对于为减少日益拥挤的太空环境所面临的问题所做的任何努力,关键问题在于国际社会的空间态势感知能力。目前,美国是所有近地空间物体位置与运动的主要提供者,而美国国防部是跟踪太空活动的大部分资产的所有者。尽管所有发射国都需要对放置在轨道中的卫星的初始预期运行参数进行登记,但只有美国能够监控实际的全球卫星参数,而且如前所述,这些参数都允许公众公开免费地共享。但这些参数相当有限,因为所有监控与观测资产均设置在地球表面,包括光学观测与射频观测,而精密的超视距雷达由于存在大气折射与其他限制而仅能提供部分图像。为了提高国际规范与惯例的透明度、突出违法或违规行为,制定防撞程序(考虑行星周围无数致命小碎片),应当提供健全的天基 SSA。如果没有这一系统,各国就仍将在轨道中盲目飞行。

但这一能力存在两大问题,且均与提高透明度的整体目标有关:第一,此体系极为昂贵;第二,其透明度永远都无法确定。

我们需要能够收集在轨障碍物及其活动的相关数据的监视卫星网络,并具备可见光多光谱实时成像功能。迄今为止,只有肩负着确保能在和平时期自由进入太空并在战争期间禁止敌方进入太空这一使命的美国国防部建立了从地面实现上述操作的有限机制并且其在轨道上实施这一操作的空间需求方面捉襟见肘。我们必须将研发输出与国家安全优先项相权衡,使数据用户有理由认为,由于军事机密的保留与重要来源及情报收集方法的永久保护而无法实现完整的数据公开。若某一国际财团以某种方式成功资助并部署天基 SSA,则可能只有集团成员享有完全访问权。但试想一下,联合国或其他由财团资助的大型组织向所有请求人提供完全访问权,那么具备重要太空能力的各个国家可能会制定对策来掩盖敏感活动。但进一步试想,如果可能实现空间活动的完全透明,那么还需要天基 SSA 吗?

将透明度视为建立信任的措施纯属西方国家的想法。在东方战略家看来,充分认识一方的实力与野心无疑会助长冲突,因为这种认识有助于狡猾的另一方精心策划如何打败对手。中国兵法家孙子认为,一个人必须始终保持神秘而绝不让他人掌握自身优势或软肋。实际上,犯罪活动成功与否取决于能否出其不意、攻其不备或对对方行动、实力、优点及喜好的充分掌握。

通过对未来举动的预期以及对环境的准确认知能够实现同步与协调，从而最大限度地提高作战效率。但同时也会存在投机分子和实力薄弱的参与者为现状筹划并实施毁灭性的进攻。采取绝对控制的政策并无灵丹妙药可言。尽管行为规范、提供合规与违规行为的相关透明度以及信息共享无疑能够减少太空环境的拥挤问题，但其未必能够减少太空对抗与竞争，并且可能会无意中加剧两者的严重性。

17.3.2　对抗

我们力求通过多层威慑法来应对对抗日益激烈的太空形势。鼓励制定国际规范和空间透明度与信任建立措施，主要是为了促进航天安全，同时阻止侵犯行为，使侵犯行为付出应有的国际代价。将在利用互操作性、相容性与一体化的同时完善并保护美国重要的太空能力以建立负责任的航天国家联盟。将提高自身确定攻击属性的能力并尽力抵制此类攻击带来的有意义的作战利益。将保留在威慑失效时自卫反击的权利与能力（国家安全太空战略，2011，第13页）。

就威慑而言，说得容易，却无法衡量。只有在其失效的情况下才能可靠断定；威慑成效往往无法明确体现。威慑的优点在于其比防卫更加经济合算。如果以产生意外行动而扬言报复，那么威慑成功的关键之处在于公信力。公信力包括两个重要方面：一是出现违法行为时，国家是否能够履行义务，即国家是否有能力采取其声称的报复行动；二是出现违法行为时，国家是否愿意履行义务？其是否具有政治权力与道德权威来履行义务？

NSSS提供了多种树立公信力的措施，这些措施包括：制定规则与规范，使违规行为明确而无可辩驳；通过与其他国家的战略合作形成相互依赖的关系，即通过对一个航天国家发动攻击等同于对多个国家的攻击；开发增强型SSA以确保可甄别违规者，并使违规者对其行为承担责任；确立防御和/或作战响应能力，以增加对手攻击空间资产的成本并抵消由此攻击带来的作战优势；保护并维持用武力实施威慑性威胁的能力。如果某一潜在侵略者了解所有这些内容，就能提高威慑的公信力。

遗憾的是，空间威慑存在诸多问题。从最近的一份兰德计划的研究结果来看，"很难阻止敌方攻击美国的某些空间系统，因为这些系统存在固有的脆弱性而且美国在极大程度上依赖其提供的服务"（Morgan，2010，第 ix 页）。由于空间支持的丧失对于任何一个可能与美国交战的国家而言是一种不对称优势，所以，威慑性威胁本身会被违规行为削弱。上述增加威慑公信力的方式基本上符合兰德研究的建议，但都充满了不确定性。

如让多个国家与企业参与建立特定空间系统的战略伙伴关系，那么共用资产将至少不太会沦为财团成员有利可图的下手目标，并且当这些系统遭受外来势力否定时，国际响应的可能性将有所增大。但易于结成伙伴关系的系统类型并非是那些通常能够增强实力的系统。用于情报收集、精确实时的锁定目标与评估、指示与预警及其他军事辅助活动的国家资产并非公用资产。这一点在短时间内可能不会改变。当军事通信设备搭载于民用或军用有效载荷上时，其被视为专用转发器或独家采购设备并且仅限于溢流或过剩装置。目前唯一合理的威慑是对抗大面积攻击或反轨道攻击，例如高空核爆炸或近地轨道污染（通过增加大量破坏性碎片的方式使行星带中的所有卫星遭受损害）。此类攻击不可能由目前在商业或安全基础设施方面严重依赖太空的国家发起，但对于基本上脱离国际社会的国家则极为有利可图。这些流氓国家已经超出了国际规范的底线并且通常被视为非典型威慑问题。

我们已经探讨了为确定对国际规范的侵犯及其他违规行为而需要使用增强型 SSA，而且这也是增强威慑能力所必不可少的手段。但同时我们还讨论了目前缺少增强型 SSA 以及未来扩展 SSA 功能的难点。美国国防部尚不具备充足资金，而众所周知，与伙伴国家的合作协定也收效甚微。公共增强型 SSA 虽说是一项崇高目标，但与现实相差甚远。

通过加固型外部结构抵御动能冲击、加强型防护套抵御电磁脉冲（EMP）与其他定向能攻击，以及高速快门控制或其他反激光防御手段来增强卫星的防御能力可谓费用高、重量大，并且大大增加了发射费用（目前每千克有效载荷重量需要 25000 美元）。确保空间资产遭受袭击而不会造成削弱效应的更有效方式是增加在轨卫星数量（冗余功能），减少对配备昂贵脆弱部件且预期寿命可延长 20~30 年的大型多功能单节点失效卫星的依赖（换成采用最新技术定期更换的小型单功能卫星）并致力于打造一种能够快速更换受损卫星并在危机中激增卫星数量的感应式太空运输装备。所有这些使得通过对航天器进行有限攻击为攻击者带来有意义的积极成果的可能性减小，并且对将美国丧失太空能力视为不对称优势的国家起到明确的威慑作用。此处列举的所有防御方案对增强威慑公信力大有帮助，但相对于维持现状及寄托于外交承诺和威慑性威胁永不必付诸实施这一希望而言，费用高出许多。

如果上述方案失败，则捍卫实施威慑性威胁的能力将成为提供的公信力增强因素中最关键也是最少探讨的方面。美国已明确表示，美国将在国际法、其合作条约的范围内根据美国应有的自卫权对其任何空间系统遭受的袭击予以反击(国家安全太空战略,2011,第 10 页)。尽管美国未透露任何细节,但由于美国尚无计划部署或动用天基武器,而且其地基反空间武器装备极为有限,因此任何响应都必须以陆、海、空或网络为基础,即跨域响应。实际上,反太空军事武器的拥护者认为空间威慑并不必要,因为其他陆域已经具备充足的报复型武器装备。布鲁斯·德布罗伊等人声称:"即使没有太空武器,美国也能以其无可比拟的军事实力应对其卫星遭受的攻击。敌方期望通过对美国卫星发动攻击而使其遭受重创;但仅靠期望当然无法实施此类攻击"(Deblois 等,2005)。与此相呼应的是,约瑟夫·巴特在《原子科学家公报》中写道"阻止对美国卫星发起攻击的更好办法是,华盛顿政府明确表示,其空间资产遭受的任何攻击将被视为对美国本土的攻击并将招致猛烈的常规报复性攻击"(Butt,2008)。问题的关键在于公信力。显然,美国有能力通过常规手段制造严重破坏,但美国会这样做吗?在太空中对某一装备发起无形攻击无疑会给美国产生严重影响。但这些影响并非是直接的;不会有人因此而丧生。美国是否会冒着在地球上发生战争的危险对太空某一装备遭受的攻击实施报复行动?美国是否会炸毁地球上的某一发射场或控制装置,或者其他国家的某一卫星部件制造厂或其他地面目标来实施威慑性威胁?会吗?

在增强公信力的四种方法中(增加合作、增强 SSA、防御对策与确保军事报复),目前唯有后者可供使用,但其可靠性已被过分夸大。

17.3.3　竞争

我们力求通过增强自身实力、改进自身的采购流程、构建美国完善的工业基础并增强协同与合作的方式来应对竞争。我们的目标是:提高太空的安全性、稳定性与保障性;保持并增强美国在太空方面的国家战略安全优势;为保障美国国家安全的太空工业基础提供动力。上述目标的实现不仅意味着我们的军事与情报共同体能继续利用太空实现国家安全目的,同时也意味着国际社会正致力于建立可持续发展的和平环境以求在未来造福世人(国家安全太空战略,2011,第 13-14 页)。

为太空投入巨额支出的全盛时期已一去不返。尽管空间研究能够带来巨大优势与技术附加效益,但美国纳税人并不想在那些无法产生当下利益的太空能力上扩大支出。这对于太空探索而言尤为如此——NASA 预算已从 20 世纪 80 年代的鼎盛值降至原水平的 1/8(de Grasse-Tysen,2012)——而太空军事开支也不例外。今后 10 年的预算约束预测使我们几乎不可能进入全新的科技发展或定义科技发展,例如 NSSS 关于应对竞争的部分主张建议被高度怀疑(美国空军首席科学家办公室,2010)。

目前的流行做法是将政府对基本空间研究与军事转型发展的支出转向私营部门。这里存在两个基本问题：

首先,最迫切的国家安全需求几乎都无利可图并且得不到政府的大力支持。美国尚不具备向对地静止轨道实施连续性重型商业发射的能力。没有政府的大量补贴保证,则无望实现此类系统的私人研制。中俄两国已提供对地静止轨道的低廉服务,而欧洲航天局的"阿丽亚娜"火箭在今后 5 年中已全部订完。国家安全举措产生巨大积极商业影响的典范当属 USAF 的 GPS 卫星。20世纪 70 年代,无一经济预测表明 GPS 系统具有盈利能力。当时美国军队需要更好的远距离目标搜索与全球定位支持,GPS 便正中美国空军下怀。在意识到低级别能力即可有利于全球商业发展后,GPS 最初配置的是分层可用性并向所有用户免费提供低分辨率输出,并且在出现危机时发出可拒警告。GPS 用 10年时间实现了全球经济转变。仅凭即时供应与安全的网络金融交易就为全球商业带来了数十亿美元的效益,而精确地理定位的全新应用程序研发每天都在上演。如今,商业与安全对 GPS 是如此依赖,以致其在未来任何预想情境下都能带来益处已成为 USAF 不可否认的事实;GPS 是向世人免费提供但完全由USAF/DOD 预算承担的公共品。如果市场力量是决定天基地理定位盈利性与可行性的主要手段,那么我们可能永远都不会研发 GPS。

其次,尽管自由市场以尽可能最低的价格提供最丰富、最优质的产品——这是一场总体上无可否认的竞争——但市场并不会对所有商品与参与者一视同仁。实际上,正是市场制造失衡的能力激发了市场潜力。劣质商品与实力薄弱的主体被市场淘汰,而成功者则因资本积累而获得回报。在积累了足够的资本后,则可开展大规模(高价新创)投资。当然,问题在于参与者何时才能获得足以实施垄断的优势。垄断是市场失灵的表现,因为不具备内部机制来排除垄断。唯有政府这一外部力量方能使市场回归到良性竞争。因此,亚当·史密斯等自由市场的拥护者坚持认为,当国家安全岌岌可危时,国家应拒绝依靠市场挽救经济。打个简单的比方,依靠市场来满足国家的核威慑需求显然不符合美国或者任何其他国家的利益。

当然,这里有一个合理的反驳。通过精心监测与控制,管制下的市场比自由市场能够更好地满足安全需求。亚历山大·汉米尔顿有关对进口自欧洲的枪支收取高额关税的建议旨在鼓励国内产业的发展而避免其不参与竞争。当时售价仅为英制燧石枪零头的劣质美制武器非常畅销。20 世纪,这些管制下的市场经济尽管在战争期间或是战争一触即发的形势下表现不佳,但在和平时期基本上都优于计划经济。就连美国都在 1941—1945 年间回归到战争物资的全面管制经济,而今其影响尚存。这个受管控较少的市场体系有可能成为今后转向更受商业推崇的创新的典范。据估计,太空战不会即将到来,而管制下的市场经济比受政府推动的经济更有可能采用具有发展前景的新技术。但如果战争中可能存在太空行动,则美国会发现其将落后于那些利用必将出现的短暂失衡的其他国家。

17.4 挑战与未涉及的问题

以下问题,既没有在上述政策中得到充分说明,也没有在大部分有关太空力量谨慎运用的论坛上得到广泛讨论。

以下列举并非详尽无遗,只是我们需要充分考虑这些问题或子问题。

交通规则:若主要问题是碎片污染,则通过订立某项条约来要求签署国不采取动能袭击或明知会增加太空碎片总量的任何其他形式的卫星行动则可能更容易被所有航天国家接受。但遗憾的是,这些提议中对签署国所提出的合规性要求无法得到一致同意。对太空内所有武器的限制、要求宣布放弃首先动用武力、平等获取国家情报等都以立法机关制定的所谓的毒丸条款都被打包写入了条约提案。交通规则方针并不强制要求在任何规则生效前必须就所有规则进行充分讨论并达成共识,而是从容易实现的目标开始。因为对公认规则的符合性是不断发展的,并且应该展开更广泛的合作。

例如,要求所有航天器搭载转发器被公认为一项合理的举措,并且在航空法与海洋法中都有过先例。目前采用光学装置或军事雷达跟踪卫星,而这对于安全防撞以及搜寻不慎放入错误轨道的卫星或者发射国根本不希望被发现的卫星而言是不起作用的。正如要求所有飞行器搭载转发器一样,对所有航天器采取相同做法似乎是合理的。这一问题无需与其他问题有所牵连,并且能够逐渐被一致视为建立一个导向更加稳定的、自我实施型的国际空间法主体的综合交通规则进路的开端。

碎片减缓:尽管我们已耗费大量精力来限制轨道内的新增碎片,但对已有碎片的消除问题不够重视。国际社会普遍认为,如若对碎片置之不理,其必将衰减并再入大气或以其他形式自然消除,但这一过程需要几千年乃至数十万年的时间。限制新增碎片只是一个开始,但绝大多数的危险污染都源于常规的火箭发射与卫星运行。除非开展某种形式的清理工作或停止人类的空间活动,否则碎片分布场将继续增大。

遗憾的是，轨道碎片是一个全球性问题，因此，某一国家或集团不可能大公无私地承担这项工作，除非这样做能够带来额外好处或利益。而美国军方却有合理介入理由。在陆地上，美国海军清除危险并将进入公海视为一项例行职能。这通常是在明显存在人为风险（包括故意沉船、破坏矿山或其他反进入碎片）或者是在海盗或国际罪犯（贩卖人口、毒品等）限制安全通行的情况下。美国空军可能收到上述行动的放行信号，但能够清除轨道碎片就相当于是一种武器能力并且可能会遭到国际社会的反对。激光或定向能射束能够消除微小颗粒并将大颗粒推入大气。这种武器装备还能在发生冲突时瞄准敌方的空间资产。用拖船拖曳碎片清扫器，类似于扫雷作业，应当发挥巨大威力并且具有超高的机动性从而实现高效作业。这些系统应当持久耐用并且比现有武器装备更加强劲，同时所能承受的应力比现有太空舰队更大，从而就会具备许多国家可能无法接受的固有防御能力。同时，这些武器装备还应大幅提高 SSA 并大大增强重型发射能力。这些武器装备费用高昂，并且这种技术转化以及太空军事实力升级本身就很可能不被美国公众所接受。

但是，对于主张建立一个全球空间体系架构以保卫地球免受流星、彗星及其他非地面威胁的人而言，为美国建立强大而迅敏的空间体系架构所需的各项能力是能够得到认同的。

行星防御：现在越来越多的科学家、学者及当红作家不约而同地都在努力寻求国际化的太空防御能力，担心地球与某一宇宙天地终有一日发生毁灭性撞击（也许不可避免），尽管此后半个世纪内，空间战比星球毁灭或城市毁灭事件似乎更有可能发生，但如果确立了避开宇宙碰撞的能力，则发动上述事件的任何实体将能够以非凡力量攻击地球。地球主导型太空武力的所有要素对于行星防御而言都是一样的：部署极为全面而详尽的 SSA 以提供指示与警告、研发大功率动能武器（性能强劲到足以避开公里范围内的小行星或彗星）或高输出定向能辐射卫星（或是月上装置或其他定点装置），以及支持必要的巨大太空能力网络的按需发射能力或常规地对空重型发射能力。美国必须主导完成上述各项工作或至少确保在国际社会明显持支持意见时，其他国家无法掌控此项能力。无论对行星防御有效性持何种观点，太空政策都应对其做出解释。

太空武器：尽管自 1958 年艾森豪威尔政府时期发布的第一项国家太空政策以来，每一项政策都对美国自卫权予以重申并保留了在国家利益需要时在外空部署武器的权利，但并未详细说明如何或者为何能够或应当在外空部署武器。美国与世界都需要就在太空、向太空或来自太空的军事行动的价值展开公开辩论。

17.5 结　　论

　　世界经济与太空支持的内在联系如此紧密,以致当发生重大卫星运行中断事件时,金融与贸易市场都将崩溃。接踵而至的便是全球范围的经济衰退。日益混乱的国际环境将在美国兵力严重瘫痪后进一步受挫。在失去天基监视、通信与导航支持的保障后,美国及其联军也将被迫采取防御姿态并准备撤离大量难以维持的国外驻军。

　　这种情况不但可能发生,而且将在太空投资与太空依赖不断增加这一国力因素的助推下变得更具有必然性。适合在太空中引爆的中程弹道导弹对近地轨道发起的攻击将对发达与发展中国家的国家利益造成无法估量的损害。或许威慑能够预先阻止这一攻击的发生,但如果没有天基防御,敌方破坏轨道上太空武器装备的野心就有可能得逞。

参考文献

Burgess J (1991) Satellites' gaze provides new look at war. Washington Post 19 February, p A13

Butt Y (2008) Can space weapons protect U. S. Satellites? Bull Atomic Sci. http://thebulletin. org/web-edition/features/can-space-weapons-protect-us-satellites. Accessed 28 May 2013

Council of the European Union (2010) Council conclusions concerning the draft code of conduct for outer space activities. http://www. consilium. europa. eu/uedocs/cmsUpload/st14455. en10. pdf. Accessed 28 May 2013

Deblois B,Garwin R,Kemp R,Marwell J (2005) Star crossed. IEEE Spectrum. http://spectrum. ieee. org/energy/nuclear/starcrossed/0. Accessed 28 May 2013

de Grasse-Tysen N (2012) The case for space:why we should keep reaching for the stars. Foreign Aff 91:22–33

DeSutter P,Pace S,Marquez P (2011) Codes of conduct in space:considering the impact of the EU code of conduct on U. S. security in space. Discussion. George C. Marshall Institute. http://www. marshall. org/pdf/materials/927. pdf. Accessed 28 May 2013

Krepon M,Hitchens T,Katz-Hyman M (2007) Preserving freedom of action in space:realizing the potential and limits of U. S. spacepower. In:Lutes C,Hays P,Manzo V,Yambrick L,Bunn E (eds) Towards a theory of spacepower:selected essays. National Defense University Press,Washington,DC,pp 119–136

Kueter J (2011) Rules of the road in space:does a code-of conduct improve U. S. security. George C. Marshall Institute. http://www. marshall. org/pdf/materials/939. pdf. Accessed 28 May 2013

Manzo V (2012) Deterrence and escalation in cross-domain operations:where do space and cyberspace fit? Jt Forces Q 66 (3):8–14

Morgan F (2010) Deterrence and first strike capability in space:a preliminary assessment. RAND,Santa Monica

National Security Space Strategy (2011) Unclassified summary. http://www. defense. gov/home/features/2011/0111_nsss/docs/NationalSecuritySpaceStrategyUnclassifiedSummary_Jan2011. pdf. Accessed 28 May 2013

National Space Policy of the United States of America (2010) http://www. whitehouse. gov/sites/default/files/

national_space_policy_6-28-10. pdf. Accessed 28 May 2013

Office of the U. S. Air Force Chief Scientist (2010) Technology horizons：a vision for air force science and technology 2010-2030. Air University Press，Maxwell AFB

Testimony of Deputy Secretary of Defense Paul Wolfowitz (2003) U. S. military presence in Iraq：implications for global defense posture，as prepared for delivery for the House Armed Services Committee. http：//www. defense. gov/speeches/speech. aspx?speechid=483. Accessed 28 May 2013

Weigley R (1973) The American way of war：a history of United States military strategy and policy. Macmillan，New York

第18章 美国的太空安全国际同盟

亚娜·罗宾逊

欧洲对外事务部,比利时布鲁塞尔

作为早期太空领域的两大开拓者之一,美国清醒地意识到太空环境的性质正在不断变化并且强调客观上的需要迫不及待。贯彻应对新现实的太空安全政策。本章回顾美国太空政策中的主要太空安全要素,包括在此领域的国际合作。重点介绍美国对欧洲与日本之惠及,并选取美国为促进其太空安全目标的国际层面所做的工作进行案例研究。根本原理为,太空安全直接关系到美国能否与上述重要盟国展开更为广泛的防务与战略对话。这一对比分析旨在突出美国在与欧洲及日本进行双边对话中的各项要务。本章期望由此确定上述盟国在美国估测、预防及预先制止各种太空安全威胁情境的能力方面发挥的重要作用。

18.1 引 言

美国国务院将太空安全定义为"太空的可持续性、稳定性、安全性以及自由进入并利用太空以维护各国的重要国家利益"(Rose,2012)。大部分太空安全举措的主要目标是保护太空环境,并确保太空相关资产免受自然及人为风险与威胁。美国空军太空司令部负责确保提供下列能力以完成各项军事任务:受保护的生存性通信能力与导弹预警能力;定位、导航与定时;空间态势感知与战场感知;防御性与进攻性太空控制;可靠的太空探索/太空运输以及空间快速响应运输;卫星运行(遥测、跟踪与指挥、机动、运行状态监控以及航天器与有效载荷的维护与子功能);战术通信,天对地情报、监视与侦察(ISR);陆地环境监控;以及核爆炸探测(太空新闻编辑,2012)。

作为早期太空领域的两大开拓者之一,美国清醒地意识到了太空环境的性质正在不断变化,现已容纳大约60个具有不同战略目标与经济技术发展水平的国家与政府联盟以及诸多商用卫星运营商。2011年的国家安全太空战略指出"不断变化的战略环境使美国太空优势面临着日趋激烈的挑战"而且"太空环境日益拥挤、太空对抗与竞争日益激烈"。我们认为,太空日益拥挤是基于太空碎片、作战与非作战航天器的数量以及对射频频谱的高度需求。随着越来越多的国家与非国家行为体研发与部署反太空系统,太空争夺日趋激烈。最后,市场准入门槛降低,导致太空竞争越发激烈(NSSS,2011)。

因此,美国积极参与各种双边、多边及国际性太空安全交流,以确保其空间资产免受轨道碎片与可能发生的"灾难、误解与怀疑以及不负责任的参与者及其行为的影响"(Rose,2012)。交流议题包括太空碎片减缓与整治、避碰、射频干扰、反太空活动、SSA 共享、外空透明度与信任建立措施以及太空危机的全面管理。

美国力图让所有航天国家(包括太空新成员)参与探讨某些政治敏感度较低的太空安全挑战问题,例如轨道碎片减缓与整治、空间行为规范及太空的可持续性。大部分讨论由美国国务院领导。同时,美国正设法安排与亲密盟国的对话,以应对某些更为敏感的太空安全挑战,包括与防务有关的挑战。此类对话由美国国防部带头,由美国国务院协调开展。尽管在太空碎片等威胁问题的共识上取得了一定进展,但就人为威胁(如反太空)等敏感话题的讨论仍旧存在巨大挑战且进展颇为缓慢。此外,公众外交层面与秘密资料的保护也是令人头疼的问题。

对现有空间资产的脆弱性缺乏充分认识,而且美国及盟国的上级决策者没有优先考虑应当保护上述资产。这其中包括欧洲与日本,在普遍认为天基资产与地面冲突局面具有相关性,并且上述资产极易在战时遭到攻击的有关对话中,美国常常会遭遇一定程度的政治与文化反感。因此,在力图将本国的太空安全优先事项与其盟国的太空安全优先事项相结合时,美国采取了稳妥的政治路线。

本章简要回顾美国太空政策中的主要太空安全要素,包括这一重要领域的国际合作。重点介绍美国对欧洲与日本的惠及,并选取美国为促进其太空安全目标的国际层面所做的工作进行案例研究。选择欧洲是基于与其以完善的安全渠道建立了长期的跨大西洋安全伙伴关系。选择日本,不仅因为日本是美国在亚太地区最亲密的盟友,而且考虑到日趋紧张的中日关系、中国对精密反太空能力的巨额投入,因而日本可能面临最紧迫的太空安全威胁。

关键在于,太空安全直接关系到美国能否与其盟国展开更为广泛的防务与战略对话。这一对比分析旨在突出美国力求通过与欧洲及日本的双边对话实现的太空安全要务。本章期望由此确定上述盟国在美国估测、预防及预先制止各种太空安全威胁情境的能力方面发挥的重要作用。未雨绸缪,防患于未然,既能够增强国际安全环境,也可被纳入上述盟国更为广泛的外事与安全政策协商中。

18.2　美国太空安全姿态

奥巴马政府与美国国会正在力图破解多个发展难题,包括未来载人航天、私营部门在民用航天事业中的作用以及利用适当财政投资实施各项太空相关议程等。尽管诸多问题悬而未决,但奥巴马总统提出了多项与 2010 年 6 月美国国家太空政策相关的目标。明确规定了将空间资产作为美国总体国防计划的构成要素,包括防范上述资产遭受潜在敌方反太空武器装备袭击的要求。此项政策文件指出:"美国将采取各种措施确保所有负责任的主体的太空使用权,并根据其应有的自卫权,阻止他人干涉与攻击,保卫我们的空间系统并帮助防护盟国空间系统,并且在威慑失效后,击败对方的袭击行动。"(NSP,2010)

本文件还要求美国国防部部长与国家情报总监和其他机构及部门协商,完成下列任务以突出美国对反太空任务的高度关注,包括增强盟国在这一领域的合作。除其他任务外,还包括:

(1)"发展和执行必要的计划、程序、技术和能力以确保完成重要的外空国家安全任务。任务保障方案可包括快速修复空间资产、整合盟国、国外和/或商用空间与非空间能力以帮助执行任务。"

(2)"与相关部门、机构、商业与境外实体共同提高、发展并示范迅速发现、预警、定性和对关乎美国利益的空间系统遭受的自然及人为干扰进行归责的能力。"

(3)国防部部长应:"发展相关能力、制定计划与方案以阻止、抵御并在必要时挫败扰乱或袭击美国或盟国空间系统的行动。"

就国际合作而言,国务卿应:

(1)"发挥美国在太空相关论坛及活动中的领导作用,以便向盟国保证,美国将恪守集体自卫的承诺;确定互惠互利领域;提倡美国商业空间法规并鼓励与此类法规互通。"

(2)"在提高太空安全、稳定及责任行为方面起带头作用。"

(3)"在具有国际合作伙伴关系的各参与国之间推行成本与风险共担机制。"

(4)"通过整合盟国及太空合作伙伴的现有及计划的太空实力来增强美国实力。"

美国国防部的 NSSS 还强调了太空环境的可持续性、国际合作以及政府对商业空间实力的依赖性。美国国防部于 2012 年 10 月 18 日发布的一项指令力图实现 NSP 与 NSSS 的体系化以达到防御目的。例如,NSP 坚称美国拥有太空自卫权并规定对空间系统或基础设施的蓄意干扰违反了国家权利,该指令宣称:"蓄意干扰美国空间系统,包括其配套基础设施,将视为对美国权利的侵犯。此类干扰或对美国所依赖的其他空间系统的干扰是和平时期的一种不负责任的行为并且在危机时代可能会愈演愈烈。美国将保留随时随地予以回击的能力。"(美国国防部指令 3100. 10, 2012)。

美国国防部指出了恶意利用美国空间资产的脆弱性以及利用威慑概念(包括集体威慑)可能造成的一系列严重后果。这一点在文件注重提倡航天国家之间的负责任行为方面(包括通过透明度与信任建立措施也能得到证明。同时,美国国防部还强调通过整合境外与商业资源提供的数据来提高美国空间态势感知能力的重要性(太空新闻, 2012)。

18.3 美国与欧洲及日本的太空安全合作

美国、欧洲及日本的太空政策议程正不断发展成全新格局。但非常明显的是,不仅是华盛顿,就连布鲁塞尔和东京也变得更加重视太空安全。对于有望实现盟国合作以便在考虑共同威胁时确保新政策、新战略以及投资能够互相补充而不相互重复而言,这应当算是好消息了。美国、欧洲(主要是法国与德国)及日本仍处于增强空间态势感知能力的初期阶段,但这也证明了在太空安全防御相关方面的同盟合作进展缓慢。部分原因在于欧洲与日本首先力图确保其内部架构的健全发展,然后才会进行正式的双边或多边外扩,而国内政治障碍也是其中一部分原因。幸好这些盟国愿意审慎支持互补太空安全能力。

总体而言,目前各国就此话题的探讨还处在初期阶段,因此,未来几年在消除当前合作瓶颈这一方面就显得尤为重要。需要解决的问题包括:太空事件或冲突的构成要素是什么?需要做出哪些适当响应?非政府实体的积极参与的意义何在以及其在增强太空安全事务方面的主要作用是什么?我们能够共同推进哪些透明度与建立信任措施?如何构建有效的太空危机规划与响应机制(Robinson, 2011)?如果上述三大盟国能够确定哪些领域的互相增强合作价值大于竞争利益,就能够更为有效地促进各自的太空安全目标。简而言之,联合太空安全架构应至少保持在地面防御计划与资产分配的层面上。

能否成功摆脱各种约束,例如太空相关技术的竞争致使优先考虑本土发展而非合作,或者对讨论"和平利用外层空间"的防御现实问题所遭遇的政治反感,将取决于头脑冷静的政治领导,注重利益共享、切合实际拐点和敏感资料与信息处理方式的改进。归根结底,意外因素带来了多项太空安全挑战,例如空间天气与轨道碎片,这需要政府即使在对蓄意威胁没有充分认识或应对挑战的政治意愿不足时也要重视太空安全。太空安全的发展并非完全依赖于对威胁环境的等同评估。所有航天国家普遍认为有必要采取空间资产(包括地基资产)保护措施,而这也为同盟国政府的决策者与安全专家提供了有效切入点。

对于国家安全相关资产(包括民用与商用)以及阻止并抵御破坏上述资产完整性行为的最佳方法的界定仍存在明显的概念模糊现象。美国、欧洲以及日本都是如此。虽然欧洲与日本缺乏保护各自空间资产或有效应对攻击的独立能力,但它们将会依靠自身与美国的伙伴关系来阻止潜在敌方扰乱甚至是攻击其资产。同时,美国应积极参与以提倡太空行为规范。

18.4 美欧太空安全合作

2010 年 NSP 的其中一项目标指出,美国将力图"通过增进太空安全与负责任行动的国内与国际措施来增强太空的稳定性;……"(NSP,2010)。根据战略方针,美国 NSSS 提出"与负责任国家、国际组织与贸易公司建立伙伴关系"以稳固"美国在诸多任务地区的国家安全太空形势"。同时,NSSS 还确认了美国在"与志同道合的航天国家建立联盟"方面的领导地位(NSSS,2011)。奥巴马总统表示,欧洲盟国是美国维护全球安全所需工作的"基石"并且是维护安全太空环境的天然伙伴。

欧盟非常清楚不断变化的战略环境对欧洲安全有何影响,包括周边国际不稳定实体(如中东)与世界较远地区(如阿富汗),以及世界全球化程度提高所带来的影响。欧盟力图成为能够调动经济、商业、人道主义、外交及军事资源来塑造国际环境的全球性实体。与美国的太空安全合作是其整体太空战略的重要组成部分。

这就是说,欧盟正通过与成员国及 ESA 的密切合作对管理欧洲危机而实施的空间资产开发及利用进行监督。欧洲对外事务部(EEAS)对利用太空实施地面危机管理与"外部行动"相关的协调和采购机制进行了界定,但尚未系统地将太空安全纳入其运营范畴。因此,对于确保太空安全而言,美国在欧洲地区的盟友能够更好地以各成员国标准提供有关军事敏感性应急计划的实际服务与增值服务。

学术界对欧洲是否应当通过北大西洋公约组织(NATO)与美国进行太空安全合作存在不同意见。由于大部分空间资产归属于个别仍然不愿将此类资产"上缴"NATO 的成员国,因此,某些人认为,对于潜在太空危机的管理进行协同计划所需的资源而言,至少在这个节骨眼上,该组织的能力不足。

位于弗吉尼亚州诺福克的 NATO 盟军转型司令部(ACT)于 2011 年 4 月出台了名为"确保进入全球公域"(Maj. Gen. ,Barrett 等,2011)的报告。此项报告旨在促使 NATO 关注维护公域(在本报告中,包括海域、国际空域、网络空间及外层空间)的自由进入权的必要性。维护进入上述公域的权利能够保障广泛的经济与安全利益。实际上,此报告的精神始终贯彻于 2011 年与 2012 年评估上述四大公域的跨国实验 7(MNE-7)。(跨国实验(MNE)系列从 2001 年开始实施。每两年一次,旨在调查国防与安全的时事话题,MNE-7(最新系列)关注全球公域进入问题。实验涉及 17 个参与国与 NATO,于 2012 年 12 月结束)。

名为"太空:依赖性、脆弱性与威胁"的太空手册是 MNE-7 的组成部分,其中案例研究 5 讲述了如何在持续不断的威胁与危害以及存在军事机密与商业敏感性的环境中实施并管理太空作业(如何成功管理太空作业中的空间与地面部分)。将太空操作分为四项独立活动,包括太空监控、分析、操作规划及操作实施。

NATO ACT 的全球公域报告与 MNE-7 实验将有助于界定各成员国在确保进入上述公域以实现经济与国际安全目的方面可能发挥的作用和应承担的职责,同时确定了 NATO 在促进各项问题(包括太空安全)的同盟协作上所扮演的更为明确的角色。

最近取得的一项鼓舞人心的进展是首次将 NATO 的七个成员即丹麦、法国、德国、希腊、意大利、荷兰及土耳其纳入"施里弗演习 2012 国际"(NATO ACT,2012)。代表美国空军太空司令部的空间创新与开发中心促成了这场军事演习。澳大利亚、加拿大与英国也参加了此次演习。NATO 的一位官员指出:"这是一项重要进展,因为这件事原来主要在美国备受瞩目,并且反映了为发展使 NATO 共同受益的未来能力而进行合作与信息共享的需求。"(Hale,2012)。实际上,NATO 在 2012 年 5 月召开的芝加哥峰会上发布的旨在优化与整合国防开支的"灵巧国防"计划就可能包括与反太空相关的设备采购。

显然,这一重要举措姗姗来迟,但期望是即将展开更多此类合作的预兆。NATO 的一名官员指出:"美国已经鼓励其欧洲盟国增加对上述武器装备的投资,而允许其参与施里弗演习则提供了共同开发天基系统(对未来观测日益重要)的机会。"(Hale,2012)。美国空军太空司令部似乎已经跨过了既要保持较小的国家圈以保护绝密信息,又要在应对反太空挑战方面扩大联盟合作与责任共担的利弊权衡的门槛。军事演习的目标还包括:

(1)"审查各项方案以便对参加演习的盟国与澳大利亚做出的空间探索工作进行优化,以支持 NATO 概念性的远征行动;

(2)通过扩大国际层面及私企的合作与协调,确定在争夺环境中增强太空武器装备复原力的方法;

(3)确定为配合太空作业而使用的太空武器装备防护相关的运营挑战;

(4)审查网络与空间域防护的运营整合;

(5)增进对联合空间作业更广泛的国际参与所带来的运营效益的理解。"

总体而言,当前有关太空安全的欧洲国际议程的主要内容是针对欧盟最初于 2007 年引入并分别于 2010 年、2012 年及 2013 年修订的拟用《外层空间活动国际行为守则》展开的讨论与外交活动。数年来,该守则已经在国际上引起了重点关注。尽管欧盟在全球层面上属于相对较新的太空行为体,但其力求制定能够保护欧洲空间资产的政策与程序。这在欧盟当前政策极为重视发展欧洲独立探索与利用太空的能力(包括欧洲下一代发射能力、地球观测、导航、地面危机响应天基基础设施以及 SSA)的阶段显得尤为重要。

有关上述守则的激烈争论从未停止,有反对者突出强调其谈判程序的不足、有关其核查问题、合规与实施的条款,以及该守则赋予签署国为维护各自的国家利益而采取行动的灵活性与例外情况。人们担心该守则会束缚责任政府的手脚,并且允许不负责任的政体以"欺骗"或对协定进行自由、利己解释的方式来抢占制高点。该守则并未以足够明确的条款,对违背公认交通规则后各成员国应有的表现进行充分探讨或提供解决方案。这就是说,迄今为止,更好的方法迟迟不见出台。

但是,另一种更为鲜明的观点是增强跨大西洋伙伴关系对 SSA 的重视,这种观点对于欧洲总体太空政策的民用/商用和军事/国防层面都具有重要意义。同时,这种观点还提出了扩大与国防相关的太空合作的可能"突破点"。在这一领域,法国与德国是国家太空监视能力的欧洲领导者。尽管目前欧洲在极大程度上依赖于美国联合太空作战中心(JSpOC),并且后者划定了美国空间监测网收集的数据范围并向美国战略司令部汇报,但欧洲仍一直致力于发展本土的 SSA 能力。

尽管偶然或自然导致的太空安全问题勿庸置疑十分重要,但欧盟面临的现实挑战是应对安全的太空环境遭受的人为威胁。欧洲仍有必要对不负责任行为体掌控的精密反太空系统的影响进行探讨。同时,对于太空安全环境遭受的国际威胁的跨大西洋处理中存在的这种差异,欧盟将逐步提高其敏感度,因此,布鲁塞尔将力图在太空安全这一要素方面迎头赶上。同样,NATO 力争在太空领域发挥更为强大的作用,但由于其缺乏制度资源、空间资产,并且成员国缺少适度贡献敏感技术的意愿,从而能力受到限制。

18.5 美日太空安全合作

美日之间的特殊安全关系由来已久,包括其为安全相关对话提供的既有框架。太空政策一直受到国家整体外交与安全政策的显著影响。日本从开始实施外空活动以来就不愿被卷入与国家安全相关的太空利用,这主要是因其宪法所致。过去几年,日本宪法一直不断发展。日本于 2008 年通过了新《宇宙基本法》,并在 2009 年制定了国家空间规划,这为日本参与国际行动以应对 21 世纪面临的最紧迫的太空安全挑战提供了新的契机。2008 年 8 月,日本内阁成立空间政策战略本部,旨在改组日本空间管理结构并协调与其他部门(如文部科学省、经济产业省、外务省、防卫省)的空间相关活动。

2012 年,日本空间政策制定流程与空间活动管理发生多项重大组织变革。2012 年 6 月,日本参议院通过了一项立法,允许在内阁府内部成立国家空间政策办公室,旨在对日本太空计划的规划和预算工作进行集中管控。

尽管在美国,空军在太空领域上占据着优势地位,但在日本,海上自卫队(MSDF)可能才是最有资格发挥这一职能的武装力量。主要原因在于其拥有良好的资源基础、专业技术以及整合空间资产以实现航路保护的野外经验,并能通过其"宙斯盾"护卫舰与 SM-3 导弹联合防御计划对其与美国的导弹防御合作进行管理。而且,MSDF 往往在最有可能形成威胁(包括对空间资产的威胁)的战区(如中国东海)发挥主导作用。

自 2005 年起,安全咨询委员会(SCC)就一直是美日就双边安全问题展开互动的主要制度框架,其通常称为美国国防部长 & 国务卿与日本外务大臣 & 防卫大臣的"2+2 部长级制度"。近来,这一结构下实现的在较短时间内将太空作为热门议题这项工作所取得的进展令政府官员们备受鼓舞。在 2012 年 4 月日本原首相野田佳彦访问白宫期间发表的美日联合声明呼吁达成双边举措以"加深两国在太空与网络空间安全等领域的合作"(Weitz,2012)。目前两国正就具体联合项目展开讨论,包括 SSA 领域的项目。

日本决策者将对 SSA 领域的涉足视为太空安全以及扩大安全相关合作的重要方面。因此,日本力求逐步扩大其在 SSA 相关的国际讨论与合作(尤其是与美国)中的参与度,并试图建立一个增强本国 SSA 能力的框架。为此,在文部科学省(MEXT)的支持下,日本宇宙论坛(JSF)组织了一场太空可持续发展与人类利用的国际研讨会。JSF 于 2013 年春召开了第二届 SSA 研讨会。

尽管取得了一定进展,但太空安全仍未纳入双边战略议程的重要事项名单,目前的重要事项包括军队部署面临的日益严峻的挑战、基地选址与迁址、伊朗核问题、阿富汗资助、军事入侵、导弹防御及其他重要课题。简而言之,太空安全对话尚未在谈判中赢得一席之地。今后一段时间的发展要务是提高太空安全在双边安全关系中的重要性。当然,只有在上述立法变更后才得以扩大此类讨论的可能范围。

将太空安全纳入"2+2 部长级制度"这一事实表明,现在足以对安全给予适当考虑。有趣的是,奥巴马政府的 NSP 中有一部分内容是要求美国政府的各个部门和机构明确国际合作领域,并且给出了"利用太空进行海域感知的一个可能示例"(NSP,2010)。这对于日本而言是维护自身权利的合理领域。为此,日本可与美国甚至欧洲建立更为密切的太空安全关系,从而通过导弹防御、空间资产的使用以及海域感知来利用日本 MSDF 的现有经验并且充分利用总统政策文件为这一领域提供的机会。

18.6 通过与欧洲、日本合作实现的美国太空安全发展前景

美国完全能够将欧洲与日本的太空安全共同体团结在一起,并且领导组建一项由美欧双边合作与美日双边关系构成的联合太空安全架构。为了有效地实现这一目标,美国应寻求能够促进其发挥协调作用的方法,包括:

(1)完善跨部门(如 NASA、美国国防部、美国国务院)汇报结构以适当协调太空安全政策外扩。

美国国防部有时会不当的与外国合作伙伴(通常列入此类会议)进行更适合由国务院主导的外交对话。类似的,NASA 有时也会被要求回答本应由国防部回答的问题。美国国家安全委员会(NSC)能够对相关机构进行行政监督,并且监督与合作伙伴(常常不知与谁开展空间危机计划相关问题的具体协作讨论)的对话。目前的问题似乎是 NSC 尚未获得充分授权来承担这一职能。

(2)系统性地实施与盟国或国际合作相关的国家太空政策指令(美国国务院目前的侧重点是有关国际空间行为规范的外交磋商以及力求制定其他多边项目,例如联合国和平利用外层空间委员会的"外层空间活动长期可持续性"议题或者联合国第一委员会倡导的联合国政府专家组就"外层空间透明度与建立信任措施"达成共识)。

尽管 NSP 中多处提到将盟国纳入美国太空安全态势,但当前与欧洲、日本等亲密盟国的对话似乎尚未达到上述目标。如上所述,NSP 提倡制定整合联合太空能力的各项方案以增强系统弹性,并在国际合作伙伴之间推行成本与风险共担机制,通过整合盟国的现有与未来实力来增强美国实力。这一合作框架的实施需要美国在未来一段时间内增强信心与决心。

18.7 结　　论

美国渐渐发现,随着太空行为体的日趋增多,与其他国家,尤其是与其盟国合作是确保太空可持续发展和长期保护其空间资产的最妥善方法。对话以及某项具体行动主要针对的是安全而有保障的太空作业所面临的非军事威胁(如

太空碎片、空间态势感知、空间透明度与建立信任措施等）。

可以理解，如何应对潜在敌方试图扰乱或攻击美国及其盟国空间资产这一问题还有待探索。美国未来的挑战是如何在扩大合作的同时不让高度机密信息面临危险。欧洲已逐渐意识到欧盟与 NATO 迫切需要应对争夺日益激烈的太空环境。而日本正以这种方式调整其太空政策管理体制以适应和简化其太空政策要务，上述举措都应证明其在这一问题上的有益性。这可能为美国提出现实的太空防御要求提供了一个良好契机。

但是否将太空安全有效地纳入本国更为广泛的外交与安全政策，以及是否会就双方重要性问题（例如对空间相关服务的蓄意破坏，对空间资产的动能袭击）与美国展开更实质性的合作，将由欧洲与日本决定。如果发生意外，那么将很难或者根本无暇进行计划/政策辩论。若美国及其盟国不直面这些情境，无异于压上巨额赌注，一旦至于危险境地，必将捉襟见肘，狼狈不堪。

参考文献

Department of Defense Directive Number 3100. 10 (2012) http://www. dtic. mil/whs/directives/corres/pdf/310010p. pdf

Hale J (18 April 2012) 7 NATO countries to join Schriever Wargame. Defense News

Maj. Gen. Barrett M, Bedford D, Skinner E, Vergles E (2011) Assured access to the global commons. NATO Allied Command Transformation. http://www. act. nato. int/mainpages/globalcommons. Accessed 10 Dec 2012

MNE7 (2012) Space:dependencies,vulnerabilities and threats. http://www. mod. uk/NR/rdonlyres/79DFAC54-D002-4B10-AEB4-73305103120C/0/20120313mne7_space_vulner-abilites. pdf. Accessed 10 Dec 2012

National Security Space Strategy:Unclassified Summary (2011) U. S. Department of Defense and U. S. Ofiice of the Director of National Intelligence

National Space Policy of the United States of America (2010) President of the United States of America

Robinson J (2011) Space security through the transatlantic partnership:conference report and analysis. ESPI report 38. European Space Policy Institute. http://www. espi. or. at/images/stories/dokumente/studies/ESPI_Report_38. pdf

Rose FA (2012) Space security-an American perspective. http://www. state. govt/avc/rls/182703. htm

Schriever Wargames 2012 International. NATO ACT. http://www. act. nato. int/mainpages/schriever-wargame-2012-international

Space News Editor (23 July 2012) Space and cyber priorities. http://www. spacenews. com/article/space-and-cyberspace-priorities

Space News (21 Nov 2012) Pentagon draws the line on deliberate satellite interference. http://www. spacenews. com/article/pentagon-draws-the-line-on-deliberate-satellite-interference

Weitz R (2012) Second line of defense. http://www. sldinfo. com/re-shaping-the-us-japanese-rela-tionship-for-the-dynamic-defense-of-japan/

第19章 美日太空安全合作

斯科特·佩斯

乔治·华盛顿大学,美国华盛顿哥伦比亚特区

摘要

日本和美国有一段漫长的民用太空合作史。然而,太空安全合作一直受日本政府的太空军事利用约束条件的限制。近年来,为应对国内政治变化和亚太地区乃至全球安全环境的变化,这些约束条件一直在改变。本章讨论了日本近年来的发展、美日太空安全合作的现状及未来可能开展的合作。

19.1 引　言

太空时代前期最大的特征是美国和苏联之间展开的超级大国竞争。日本自认并非全球性大国,因而致力发展本国太空能力以培养独立性。虽然1970年中国和日本分别发射了本国第一颗卫星,亚洲国家之间并未产生竞赛感,反而产生了跻身拥有太空能力国家的需求。日本的"和平宪法"、与美国结盟是限制其发展本国军用太空能力的重要因素(Suzuki,2011)。

20世纪70年代太空发射系统的发展与80年代加入空间站的决定使美国成为日本几十年来国际太空合作的中心。作为第一个发展成发达工业经济体的非西方国家,日本拥有强烈的民族自豪感。80年代,由于战后经济迅猛发展,太空能力的发展被视为必要的能够实现赶超美国的一部分。然而,日本的出口导向型增长方式使其与美国产生了严重的贸易摩擦,导致了一系列的纠纷和谈判。1990年签订的超级301条款《卫星采购贸易协议》是影响力最大的太空贸易协议之一,该协议的订立旨在防止日本政府为使其商业卫星采购免受外来竞争影响而采取的一系列保护政策。为美国卫星制造商打开了日本市场,削弱了日本制造业获得国际市场份额的能力。

20世纪90年代,APRSAF的成立以及日本做出研发本国"情报收集卫星"的决定,意味着日本意识到了区域空间发展对本国利益的重要性。在日本国际

协力机构(JICA)的支持下,日本宇宙航空研究开发机构(JAXA)发挥了主要的组织作用。从某种程度上来说,APRSAF 是一个非正式的咨询机构,负责组织召开有关空间实际应用的会议和研讨会。与会者来自包括中国在内的亚太区各国,朝鲜除外。与 APRSAF 追求民用空间合作的区域利益相反,日本的"情报收集卫星"(IGS)和弹道导弹防御计划是朝鲜和(不言而喻地)中国带来的安全问题的直接产物。

美国与日本进行的太空合作是其与亚洲国家进行的空间合作中最为深入且广泛的。截至 2009 年,共有 7 位日本宇航员执行了 12 次航天飞机任务。日本是国际空间站计划的创始成员国,也是其中唯一的亚洲国家。日本贡献了主要的实验室模块("希望"号),用 H-2 转移飞行器(HTV)进行无人货物补给。无人科学任务覆盖地球、太空及行星科学的各个领域。最近的例子有"隼鸟"号小行星采样返回任务、"月亮女神"号绕月卫星及将由日本发射的一颗美国卫星执行的全球降水观测(GPM)任务。

现在,日本已经成为主要的太空强国,且在绝大多数方面已经赶超欧洲、俄罗斯和美国。然而,超级大国太空竞争的结束并不意味着区域竞争的结束。中国、印度和朝鲜在经济和军事上的崛起与其太空能力的发展一致。太空技术是典型的两用技术,载人航天和太空科学的深入探索也有军事和政治意义(Moltz,2011)。展望未来,日本太空活动将面临新的问题和抉择。随着 2008 年新《宇宙基本法》的通过,日本自卫队出于军事目的的开发、拥有和操作卫星方面获得了更大的灵活性。同时,新型的自主性支出的预算约束比以往更为严苛。在这种环境下,就产生了一个核心问题,那就是美国和日本如何开展太空安全合作及其合作程度如何。

19.2　日本政策限制

战后日本宪法,尤其是其第九条宣布放弃战争这一国家主权,导致了诸多对日本军事能力的限制。限制了两用太空设施的发展。1969 年设立日本国家宇宙开发事业团(JAXA 的前身)时,国会通过了要求日本空间活动"非军事利用"的决议。这一举措是为了强调日本在 1967 年《外层空间条约》中许下的其空间活动将仅限于"和平目的"的承诺(Aoki,2009)。在认为"非侵略性"空间活动即符合"和平目的"的《外层空间条约》其他签署国看来,这种说法颇为独特。

日本同美国签署了一系列照会(Aoki,2009),这些照会规定美国公司许可日本开发更大、更强的太空运载火箭的技术(如基于美国"德尔塔"运载火箭开发的 N 系列)。与之而来的是对技术使用方式的诸多限制和对制造工艺的有限了解。20世纪70年代,日本拒绝了美国提出的参与发展航天飞机计划的邀请,试图在没有美国许可限制的情况下开发更强大的新一代太空运载火箭。他们成功地开发了后来被称作H-2系列的运载火箭。但由于缺乏国内军品市场,其飞行率较美国或俄罗斯低。该H-2系列已用于向国际空间站发送货物和执行科学任务,但事实证明其过于昂贵,因而缺乏商业竞争力。

许多国家,尤其是欧洲和俄罗斯,为了弥补国内有限的航空航天市场努力寻求出口机会。不幸的是,就日本产业而言,日本政策严格限制武器出口,包括大部分航空航天物资和服务的出口。自1967年日本国会宣布"三大原则"以来,其就一直是日本"武器"出口的基本国策,限制向共产主义集团国家、根据联合国安理会决议武器出口受管制的国家以及卷入或可能卷入国际冲突的国家出口武器(日本外交部,2012)。但因为两国独特的联盟关系,美国例外。武器系统开发变得越来越昂贵、复杂,跨国合作计划也变得更复杂,但日本限制了参与这些计划的能力,因为其担心技术转让至海外时违反"三大原则"。结果,日本自力更生或仅依靠美国这一唯一盟国获得顶尖军用武器装备一事变得越来越困难。

已开展的国际空间合作中,与美日空间合作直接相关的只有少量的跨政府协议。其中最著名也是最复杂的是《国际空间站政府间协议》(IGA)(NASA 2012)。其他协议有上文提到过的1969年签订的允许日本修改德尔塔运载火箭技术的《换文》、因超级301条款贸易协议谈判签订的《1990卫星采购协议》以及便于避免因GPS这一最常见的两用太空技术发生贸易摩擦的《关于全球定位系统使用合作的联合声明》。美国和日本开展GPS合作,就区域卫星导航增强系统(日本准天顶卫星系统(QZSS))的设计展开了密切磋商以确保其与GPS的互操作性。第一颗QZSS卫星发射于2010年9月11日。

虽然日本依然回避发展太空军事应用,20世纪80年代中期起日本自卫队(JSDF)已经开始利用太空。例如,1985年,日本海上自卫队购买了接收设备,用于接收美国海军舰队通信卫星提供的信息。日本政府利用了"普遍说"理论,即JSDF可以使用通用卫星或具有同等商业功能的卫星。对大部分国家而言,军队可以发展民用部门不能发展的太空能力。而在日本,只要民用部门发展同等能力,军队就可以发展该太空能力。为了开发"情报收集卫星",日本利用了类似的"普遍说"(Sawako,2009),理由是IGS图像数据的空间分辨率与美国商用遥感卫星(如IKONOS)相似。

19.3 压力下求变

随着冷战的结束,按理说日本会继续维持对军用空间活动的限制。然而,可以直击日本的弹道导弹的扩散和中国不断加强的军事能力刺激日本重新审视其太空安全立场。尤其是日本日益关注弹道导弹防御,其大事年表如下:

- 1995—1996 年——第三次台湾海峡危机中大陆"东风"–15 导弹"夹击"台湾。
- 1995 年 4 月——日本防卫厅(JDA)开始研究弹道导弹防御(BMD)的可能架构和成本。
- 1998 年 8 月 31 日——朝鲜"大浦洞"–1 型导弹飞越日本北部上空。
- 2003 年 12 月——日本政府决定采用 BMD 系统进行本国防御。
- 2007 年 3 月——入间空军基地部署"爱国者"PAC–3 末端导弹防御系统。这是日本首个弹道导弹拦截系统。
- 2007 年 12 月——"金刚"号成功进行了首次 SM–3 型导弹飞行试验。这是日本首个弹道导弹中段拦截装备。
- 2008 年 9 月——完全由日本员工进行的首次 PAC–3 飞行测试成功。
- 2010 年 9 月——"雾岛"号成功测试了"宙斯盾"BMD 升级。
- 2012 年 4 月——因为预期朝鲜将会发射"银河"–3,日本在冲绳和东京周围部署了"爱国者"PAC–3 导弹并部署了"宙斯盾"BMD 驱逐舰。

1998 年,"大浦洞"–1 型导弹发射并飞越日本上空,极大地震惊了日本民众和政府,促使日本研发属于自己的侦察卫星和弹道导弹防御系统。日本首颗 IGS 发射于 2003 年,至今日本仍使用光电雷达成像系统。不同于弹道导弹防御,内阁卫星情报中心(CSIC)——非日本防卫省(JMOD)——负责操作 IGS 系统(Kallender-Umezu,2011)。实际上,IGS 系统直接向首相办公室汇报。

19.3.1 《宇宙基本法》

近年来,日本太空政策最显著的改变即 2008 年《宇宙基本法》的通过,最重要的是变更了 1969 年国会关于按照 1967 年《外层空间条约》等国际法律"基于和平目的"利用太空的决议。现在,日本允许符合日本宪法第 9 条的两用和军用空间活动,前提为这些活动是"非侵略性的"——与美国和其他航天国家的解释一致。

该立法的推动者为河村建夫——战后大部分时期主导日本政治的自民党的领袖。该法案不仅是自民党的项目,更获得了反对派日本民主党(DPJ)和较小的新公明党的支持。各党对利用太空发展本国产业和加强本国安全都非常关注(Yamakawa,2011)。该最终法案寻求:

(1)确保富裕、安全的生活。

(2)加强安全。

（3）加强太空利用以有利于外交方面。

（4）完善前沿领域研发,开创充满活力的未来。

（5）发展21世纪的战略产业。

（6）保护环境。

基于以上宗旨,该法案共有五章:空间开发的基本原则;空间开发中政府的首要责任;制定《宇宙基本计划》;成立空间开发战略总部;及空间活动相关法律的修改。就空间安全而言,第2条规定空间开发应遵守包括《外层空间条约》在内的国际承诺。第14条允许政府采取加强国家和国际安全的措施。

太空政策战略总部由日本所有大臣组成,主要由太空政策大臣、内阁官房长官及首相组成。设内阁官房支持战略总部,由秘书长领导。除了进行流程改革,新法案还要求制定"宇宙基本计划"以执行新的优先项目。2009年6月,《宇宙基本计划》颁布,该计划重点提出了9个计划领域,分成系统和计划(Yamakawa,2011)。

系统:用于亚洲和其他区域的陆海观测卫星系统;全球环境变化和气候观测卫星系统;先进的通信卫星系统;定位卫星系统;国家安全卫星系统。

计划:太空科学计划;载人空间活动计划;太空太阳能计划;小型演示卫星计划。

某些领域,如太空科学和载人航天,是JAXA探索多年的传统领域。还有些领域,如遥感和通信,代表寻求出口市场的日本产业特别感兴趣的领域。其他领域,如定位卫星和"国家安全卫星系统",已经具备了现在日本法律允许的两用功能。

19.3.2　执行面临的挑战

日本政府现在面临着许多棘手的问题,而这些问题已经影响宇宙基本计划规定的首要政策的贯彻实施。本国经济增长缓慢、政府赤字数额巨大、老龄化严重,中国经济和军事发展迅速,朝鲜存在潜在的不稳定因素,本国"3·11"地震持续的社会影响,这些对任何一届日本政府而言都是巨大的挑战。然而,自2009年大选中DPJ取代长期执政的LDP成为执政党后,日本的处境由于政府高层领导人的频繁更迭而变得更加困难。

在接下来的两年中,共有4位大臣负责过太空政策:

- 前原诚司(S. Maehara)大臣——2010年7月—2010年9月;
- 海江田万里(B. Kaieda)大臣——2010年9月—2011年1月;
- 玄叶光一郎(K. Gemba)大臣——2011年1月—2011年8月;
- 古川元久(M. Furukawa)大臣——2011年9月—2012年9月;

● 前原诚司(S. Maehara)大臣——2012 年 10 月—2012 年 12 月(第二次)。

丰田正和(Masakazu Toyoda)曾经担任太空政策战略总部首任秘书长,在麻生太郎首相领导的 LDP 执政时上任。山川宏(Hiroshi Yamakawa)是第二任秘书长,在上述四位 DPJ 大臣任职期间连任。一方面,这种混乱似乎会使新太空政策的执行变得更加艰难;另一方面,担任太空政策大臣一职的大臣都被认为是才华横溢、精明能干之人,并继续在 DPJ 和现任政府中发挥重要作用。这可能会使更多日本政界最高层领导人广泛关注太空问题。

执行日本太空政策面临的最迫切挑战是政府可自由支配开支的总限额。与美国和欧洲相比,日本太空开支较为适中,如图 19.1 所示。应注意,图中没有 2008 年和 2009 年的欧洲数据,但这两年欧洲并未中止空间活动。

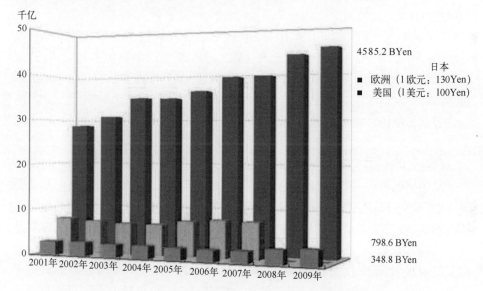

图 19.1   日本、美国和欧洲太空预算(Yamakawa,2011)

与美国一样,预计日本未来 10 年太空预算将保持平稳。因此,若要为新的大型行动筹措资金,就不得不减少现有计划。DPJ 表现出对相比 JAXA 传统纯科学或探索利益而言更直接有利于日本安全与经济利益的空间活动的兴趣。2012 年 1 月,太空政策大臣古川元久发表了演讲(Furukawa,2012),概括了他眼中日本经济和外交政策利益之间的密切关系:

例如,在农业、洪水及海岸侵蚀方面,我们可以帮助东南亚那些正在考虑引进地球观测卫星的国家。我们国家正提出"东盟灾害管理网络",以期利用卫星加强亚洲地区的灾害管理。今后,希望分开出口设备和技术,也希望出口整体系统,包括从商业计划设计到运行的一揽子计划。

JAXA 代表日本绝大多数相关太空支出,从国际空间站和科学计划等传统渠道转移资金也很困难。国际空间站合作不仅是一项科学计划,还对与 NASA 的关系起着核心作用,何况日本宇航员在本国非常受欢迎。同样,2010 年"隼鸟"号小行星采样返回任务成功,菅直人首相对 JAXA 和三部商业纪录片表示了祝贺。国内民众对可见的太空成就的热情突出了太空科学和探索巨大的象征价值和政治价值。

意识到重新分配太空资源的困难,2012 年日本政府进一步改革以加强政界高层对太空政策和计划的控制。太空政策战略总部内阁官房移至内阁办公室,获得了更多的直接预算权。撤销了日本文部科学省下属的前空间活动委员会,设立了由外部专家组成的太空政策顾问小组为内阁办公室和内阁大臣提供顾问服务(Okuno,2012)。

《宇宙基本法》改变了日本国策,但适用于行政机构 JAXA 的法律没有改变。2012 年 2 月,日本政府决定允许 JAXA 参与军民两用和防御相关活动,国会颁布了法律批准这些变革,并将在法律颁布后 1 个月内生效(Kyodo,2012)。JAXA 继续由 MEXT 直接监督,但预期外交部(MoFA)、日本经济产业省、日本防卫省等其他机构在太空问题上将服从内阁办公室。

19.3.3 与美国的关系

总体情况下,一般美国视最近日本太空政策的改变为积极的改变。尤其是对 2011 年 9 月日本做出的继续部署旨在增强亚太地区 GPS 服务的准天顶卫星系统的决定,美国表示非常赞赏。QZSS 将在内阁办公室而非 JAXA 的领导下开发、部署和运行。正如情报收集卫星,日本选择将可见的两用太空计划定位为国家政府级别,而非在现有部门或机构内执行计划。太空计划可能或应该有多少 IGS 和 QZSS 这样的"特例"是未知的。需要设立一个单独的太空机构负责民用和防御相关工作,但这种组织机构如何发挥作用尚不清楚。

近年来,关于将安全合作延伸到太空问题的讨论越来越多。美国和日本两国的国防部长和外交部部长定期会晤开展"2+2"磋商会。2011 年最后一次会晤时发布了联合声明(Clinton 等,2011),强调了四个具体的太空合作主题:

"与会部长确认通过美日空间安全对话在近期加深我们在双边安全合作方面的进展,以及未来在空间态势感知、卫星导航系统、基于空间的海上领域感知以及使用两用传感器等方面的可能展开的合作。"

参与 SSA 合作将为日本更好地融入美国最亲密的盟友,如澳大利亚、加拿大等创造机会。基于空间的增强系统的合作至海上领域感知合作将为与从印度洋到日本本土之间的国家(由于印度和中国的海军武器装备的增强,成为特别重要的区域)建立友好关系创造机会。天基预警不但有助于监测来自朝鲜的明显威胁,还将提供抵御俄罗斯和中国导弹发射的重要附加综合能力。

作为具体的近期目标,政府职员阶层就在日本卫星上部署两用有效载荷的概念进行了讨论。例如,过顶持续红外系统(OPIR)可"托管"在 QZSS 卫星上,以增强导弹报警信息质量。这将与 QZSS 的两用功能保持一致,并提供可像 QZSS 与 GPS 高度兼容一样可与美国报警系统兼容的装备。还有其他更昂贵而且技术先进的系统,如天基红外系统(SBIRS),及更便宜的系统,如将设在通信卫星上的美国空军商业搭载红外有效载荷(CHIRP)。由于可能缺少高层的配合,以及互相矛盾的官僚政治、财政和政治议题使得工作层面的讨论变得复杂,留下需要更深层次思考的问题,例如与美国武装力量、命令和控制的互操作性,以及未解决的战略方针目标。

鉴于日本防卫省和自卫队太空装备相对不发达的现状,JAXA 可能会成为初始专业技术的来源。考虑到美国和 JAXA 漫长的亲密合作史,如果首先要在现有关系的基础上签订政治协议,那么将美日合作扩展到空间安全新领域将会更容易。虽然 NASA 是民用机构,但其与美国国防部有例行交流和合作。JAXA 可以借鉴 NASA 的经验,将来与 JMOD 合作时或许能派上用场。

19.3.4 产业关系

航天航空产业的现状是日本面临的一大挑战。日本的技术能力是世界一流的,但由于国内市场相对狭小、萧条且对出口销售受到政策限制,导致产量少、成本高。预算约束限制了日本政府投资能帮助日本企业提高高端系统制造技术的新的大型开发计划。由于 H-2 运载火箭和 HTV 货物运载飞船缺乏后续产品,液体火箭推进业现在正面临着尤为困难的抉择。关于下一代火箭发动机,尽管对与美国产业合作的热议不断,但未来美国太空探索计划的不确定性阻碍了大型融资。

日本越来越认识到参与跨国武器系统开发(如战斗机、弹道导弹防御)的必要性,因为纯靠本国开发现代系统是无法负担的。日本产业加入这种计划有时还会受到日本武装出口政策的限制。而美国本身面临国际合作难题,这种难题之所以产生,是由于美国为了进行出口管控将太空技术当作"军需品"对待。如果要就改善空间态势感知和导弹预警等功能的导弹两用空间系统开展亲密合作,日本和美国都需要讨论如何解决向第三方或对方进行技术转让的问题。

由于超级 301 卫星协议要求开放市场引入国际竞争,日本商用卫星制造商无法从受保护的国内市场中获得利益。日本购买卫星和相关服务的企业从中获利,日本卫星制造商的产量和竞争力却受到了抑制,导致日本航空航天公司期望在技术性能的重要性高于成本的遥感等太空应用方面打入发展中国家市场,如土耳其、泰国、越南。

对"公私合作"进行遥感兴趣日浓可能是摩擦的潜在源头。美国和日本已经就关于日本先进陆地观测卫星(ALOS)系列等新系统的数据政策进行了多次讨论。美国主要关注的是确保数据自由、开放使用。然而,遥感卫星也应遵守《1990 美日卫星采购协议》。根据该协议,采购为国际商业市场提供服务的卫星时应引入国际竞争,而不是为日本企业保留。《1990 美日卫星采购协议》在日本不得人心,且常被认为仅适用于通信卫星。但是,美国贸易代表办公室很可能认为这份协议适用于所有类型的非研发、非防御卫星。

可以预计,日本希望把贸易和竞争力问题纳入美日太空合作的任何广泛讨论中。美国是日本重要的贸易伙伴,可以成为日本产业的支持来源。同时,美日政策可以而且确实会限制日本太空产业按日本经济其他领域的运行方式运行的能力。

19.3.5　日本与美国之外的其他国家开展的太空合作

日本已经与亚太地区乃至世界各地各国开展了广泛的民用太空合作。除开发协助和能力建设外,日本还寻求扩大卫星和太空服务出口市场,以补偿本国有限的公私需求。除了正常的贸易管理和敏感技术控制,很难想象美国会对这些活动持反对意见。事实上,美国很可能会支持日本与"非传统"太空合作伙伴(如印度尼西亚、越南、马来西亚等正在发展空间能力的国家)建立更好的关系。

美国可能将鼓励日本与美国其他盟友(如澳大利亚和韩国)——只要他们在导弹扩散和敏感技术转让等安全问题存在共识——增进发展两用太空领域的合作关系。韩国是美国的牢固盟友,其太空项目虽小,但在逐步发展。然而,日本与韩国的合作一直局限于小型项目,未来有可能在天基导航和定位方面进行合作。作为卫星计划的一部分,韩国提出打造区域卫星定位和导航系统以增强伽利略和/或 GPS 功能。这种系统似乎与 QZSS 有重复之嫌,而且会使这些服务本已有限的国际频谱更加拥挤。这可能是个界定能与 GPS 互操作的通用系统的机会。

亚太区域内空间活动最成问题的两个国家,毋庸置疑是中国和朝鲜。就中国而言,美国很可能仍将止步于太空领域的双边合作。然而,美国能而且应能与中国合作协调多边太空探索活动。切实可行的国际探月任务架构比当前定义不明的月球或小行星登陆任务更有助于合作。这些任务几乎超出了每个国家(美国除外,俄罗斯可能也除外)的能力范围,因而不能成为当前合作的实用基础。

作为可行的短期措施,美国可考虑默许(如果不公开支持)日本和欧洲与中国开展科学太空合作,前提是不转让敏感技术。例如,ESA 的"星簇"计划联合中国的"双星"号宇宙飞船研究了地球的磁层。期间进行了设备交换、任务协调及数据分析交换,但没有转让敏感技术。根据美国和日本政治环境的不同,可以想象,如果能获得现有 ISS 合作伙伴之一的支持,中国就能在国际空间站进行科学实验。

同样,假设在适当的政治环境下,中国宇航员乘坐"联盟"号宇宙飞船拜访 ISS 在技术上也是可能的。鉴于在各方面均需要技术准备和透明度,"神舟"飞船与 ISS 对接是不实际的。我们只需看看为俄罗斯进入国际空间站奠定基础的"航天飞机-'和平'号空间站对接计划"就可以充分认识可能遇到的技术和管理难题——尽管该计划获得了俄罗斯和美国的大力支持。同样,考虑重新开放 ISS 合作以纳入新的国家(如中国或印度)也是不实际的。所有合作成员,包括日本,在这点上可能会达成一致意见。因此,如果要与中国和印度等新兴航天国家开展载人航天合作,月球项目则比 ISS 更为直接。

最后,虽然受到了联合国制裁,但朝鲜发表的其将在 2012 年 4 月尝试发射卫星的声明说明朝鲜半岛局势一触即发。虽然未能成功将卫星送入轨道,这次发射还是表明了朝鲜民主主义共和国发展远程弹道导弹技术的决心。就目前看来,同朝鲜开展太空合作并不可行。日本和美国可能仍将通过六方会谈应对朝鲜的核威胁和导弹威胁。

19.4　日本太空安全的当前进展

过去一年中,日本空间活动的太空政策制定程序、组织及管理经历了很多重要的结构性变革。太空政策战略总部履行的大多数员工职能被安排给内阁办公室。表面上,这对直接为首相和内阁其他高层人员效劳的人看似是降级,但实际上内阁职位有更大的权力协调整个日本政府的预算和政策。内阁办公室于其他部门(如 MEXT、METI、MOFA、JMOD)属于同一层级,且现在新设了太空战略办公室。

众所周知,日本政府内部跨部协调十分艰难,而太空问题本质上常超出很多部门的职责范围,结果就产生了将预算和监管职能向政府高层调整的趋势。2011 年 9 月日本政府花费巨大力气以期实现在 21 世纪 10 年代末左右完成 QZSS 星座的承诺。(关于 QZSS 进度计划的措辞模棱两可,是对内阁决策直接翻译的结果。经亲自与日本官员进行沟通,确认这种模棱两可是有意为之)。由于以上原因,出现了另一个类似 IGS 的"专门"机构。

日本许多国会议员希望建立一个单独的、负责任的航天局,但很少有国会议员意识到混淆民用和国家安全太空职能将存在的问题。或许更重要的是,对建立单独的航天局统筹所有航天活动的渴求被视为避免跨部门磋商的一种方式。不幸的是,单独的航天局会使"太空"远离各部门中的使用者,使军民两用方面的国际合作变得尤其困难。此外,由于跨部门流程薄弱,且似乎有反对成立航天局的情绪,因此内阁总务级对统一预算、加强对两用太空活动的监管持强烈的立场,尽管 JAXA 持不同意见。

JAXA 属于行政实体,其成员严格意义上讲都不是政府雇员。因此,必须有部级担保机构提供政府监督。日本法律规定只能允许有一个担保机构,今后MEXT 是否会继续充当担保机构或是否会由 JAXA 向内阁总务级的太空战略办公室各位部长进行实际汇报仍未可知。2012 年年初日本国会颁布了法律,授权JAXA 支持两用空间活动并明确其汇报关系。JAXA 创立前原先协调空间活动的空间活动委员会也将废除。

2012 年 4 月,日本国会批准了政府 1 月提交的国家太空预算。总体而言,日本太空预算比前年下降了 2.3%。假设日元对美元的汇率为 100∶1,5 年多来国家预算首次下降至 30 亿美元以下。国家太空预算中,JAXA 仍占 59%,发展情报收集卫星的内阁官房占 21%,剩下的为各部门的小型空间活动。首相扩充QZSS 这一头等大事的资金主要来源于 METI 和内阁办公室,而不是 JAXA。内阁官房和内阁办公室共占 2012 年日本财政年度国家太空预算的 25%。

除了新预算,外务省还设立了太空政策办公室专门解决两用问题,如国际太空行为准则、空间态势认知、国际太空合作及与美国的太空安全关系。JAXA高官 Yasushi Horikawa 是联合国和平利用外层空间委员会新任主席。确保太空环境长期可持续性、缓解太空碎片威胁的指南将会成为 COPUOS 的主要焦点,也会成为日本外交主要的关注点。

内阁办公室能够协调最高层的太空政策决策,但真正的难题会出现在执行过程中。这和美国具有项目管理职能的白宫办公室类似。部门负责执行工作,这是普遍认可的,但对于内阁办公室实际的跨部门预算协调权力依然存在不确定性。

19.5 太空战略框架

2008 年日本通过《宇宙基本法》,开启了美日寻求共同战略利益合作的潜在新时代。尤其是来自中国和朝鲜的新的战略威胁,不仅仅是军事意义上的,还来自经济和区域政治领域。在日本,国家太空安全仍然是一个政治敏感词,但该词被认为包含对国内基础设施的保护以及应对和控制自然和人为灾害的能力(如"311"事件)。

美国和日本均采取了措施为拓宽和加深天基系统合作奠定基础,作为扩充其武器装备以获得区域和国家战略利益努力的一部分。这样,国家安全太空决策就成为增进了的美日战略关系的一部分。《宇宙基本法》为日本打开了在新部门机构领导下向前迈进、开启国家安全新局面的那一扇门。

扩展国家安全和太空战略活动合作需要做出相同的努力,至少理论上是这样。目前的主要目标是做到行胜于言,创造有形的项目和利益。由于现有的传统太空协作渠道并不充分,所以会遇到很多挑战。它们趋于近利,而缺乏对国家与区域性战略利益的宏观考量。美国和日本当局底层官员倾向于视"合作"为务实发展所需,而非一致性战略的组成元素。两国政府均被更紧急的政治危机分散了注意力,结果导致各办公室不时进行其他议程或干脆不作为。

就改变全球环境而言,较理想的方式是建立更全面的美日太空合作框架,将民用和安全空间活动纳入其中。这种观点并不新鲜,可以在 10 年前的智囊团报告(Campbell 等,2003)中找到:

应该用新框架代替《换文》(1969 年)和《卫星采购协议》(1990 年),且应包含近期所有双边活动,如《关于全球定位系统使用合作的联合声明》(1998 年)。近期双边活动是零散的而不是全方位的,应该用新的协议填补空白……

已确认的空白有加强太空安全、制定 QZSS 等两用技术计划通用标准、出口管控改革及贸易促进方面的制度联系和加强政府最高层太空(如美国国家安全委员会和科技政策办公室与日本太空政策战略总部和内阁办公室)联系的需要。2003 CSIS 报告中的部分建议已经在《宇宙基本法》通过时得到执行,但其他针对加强区域安全联系的变更尚未实施。

日本外交政策制定者认为太空问题对其外交议程十分重要。在某次涉及面颇广的国际事务讲话中,日本外相玄叶光一郎强调了太空是国际合作的一个领域(Gemba,2012):

国际合作的第二个新领域是外层空间。最近,外层空间变得拥堵不堪,你可能经常听到"太空碎片"或者卫星损毁的新闻。最近几年外层空间的外交和安全重要性在不断提高。日本的外空外交有三大支柱。

第一大支柱:推进建立国际标准的活动。前面我提到过,日本将积极参与美国、欧盟及澳大利亚就制定国际行为准则进行的讨论……过去我曾担任过太空政策大臣。日本将积极参与制定确保外层空间活动长期可持续性的指南。

第二大支柱:推进深入的外层空间国际合作。在这个领域,从发展的观点来看,我非常支持新兴国家,尤其是通过官方发展援助(ODA)项目,应对灾难管理、气候变化等全球挑战。日本和美国就《美日外层空间框架协议》开展的磋商才刚刚开始,该协议旨在帮助两国民用和商用合作。该程序始于去年9月我与国务卿希拉里克林顿的讨论并以此为基础,那次讨论我们都同意发起磋商。

第三大支柱:将外层空间政策作为国家安全措施实施。日本将与美国就太空安全合作,如空间态势感知、卫星导航系统、基于空间的海上领域感知以及使用两用传感器展开进一步讨论。由于日本政府计划审查负责太空政策的政府机构的现有组织,外交部将在这个进程中发挥积极作用。

讽刺的是,载人航天可能是一个潜在的摩擦领域,因为两国可能会有国民认为应将有限的资源用在能带来更多近期商业或安全利益的项目上。这可能是短视的,因为不断扩展的民用太空合作(包括最具象征性的和有形的太空探索形式)将成为与亚太地区乃至全球其他航天国家增进关系的重要因素。日本是美国在亚洲最重要也是最主要的太空合作伙伴,如果载人航天合作中断,即使无人机太空合作不受影响,也会被视为关系变淡的标志。

不同于欧洲,基于和平目的的太空合作在亚洲鲜有已建立的框架。实际上,这个区域被视为包含几种"敌对二元体",如印度—中国、朝鲜—韩国、中国—中国南海周围的邻国。同时,这为载人太空探索计划形成新型长期的地缘政治理论提供了机会。亚洲各航天局对将探月任务作为近地轨道的下一步表现出了共同的兴趣。相较于火星以及更遥远的目的地,此种任务目标宏大但能够实现,因此也更加实际。和平的多边探月计划是建立同太空相关透明度与信任建立措施两用讨论相呼应的和平太空合作框架的一种具有象征性而且实际的方法。

扩展民用和两用太空领域合作可以提高日本对区域乃至全球安全合作伙伴关系的贡献和对多国维和、人道主义援助及赈灾行动的支持的程度和效力。鉴于与美国的关系及其自身的能力,日本应该是亚太地区太空合作的首选合作伙伴。尽管如此,日本的政治和政策变革经常十分迟缓,如果无法与日本达成一致,美国也需就与区域国家开展太空合作做出自己的决定,尤其是澳大利亚、印度、韩国和中国。

19.6 结　论

在2011年9月出版的《外交政策》中,美国国务卿希拉里·克林顿讨论了亚太地区对美国的重要性。无数关于美国在阿富汗和伊拉克经历10年冲突后向亚洲转移的新闻报道均以这篇文章为基础。但是,或许最有用也最不言而喻的一句是"亚太地区已经成为全球政治的关键驱动力"(Clinton,2011)。说亚洲对美国重要与说美国对亚洲地区有着愿景是不同的。这种"愿景"面临的挑战类似于亚太太空合作的挑战,即如何在将中国融入更大的政治框架时确保与现有友军和盟军的稳定性。美国声明的一位观察员(Green,2012)写道:"没有这种包罗万象的愿景,中国人就会认为这种转移的主要目的是牵制他们。"太空合作的愿景也存在同样的风险,即无法发挥中国在政治、军事以及科学和商业空间活动领域的作用。

美国和日本开展了全面的"战略对话",与只聚焦太空的对话截然不同,这种战略对话中太空是一个重要领域。其他可能的主题可能也应该包括导弹扩散、核扩散及网络安全。将"太空"当作几个重要主题之一是为了确保全面看待所有太空合作领域,包括民用、商用、军事和情报领域。根据日本政府现有的组织结构,用"整体政府"理论解释太空等问题领域极其困难。从开始就将太空作为"两用"对话的一部分,可能会使得根据日本《宇宙基本法》的变革意图,以整体方法处理太空领域问题变得更加容易。民用太空合作可以与区域安全问题一起讨论,这样,采用太空技术的区域经济发展就能帮助提高共同的安全和稳定利益了。

日本可能仍将视美国为太空合作最核心、最重要的合作伙伴。这尤其意味着要继续发挥其在国际太空站的作用。然而,日本的经济和安全利益将要求其更多地参与采用亚太地区太空科技的两用应用。这可能包括向发展中国家推广 GPS 和 QZSS 应用,以及提供成套遥感和通信卫星系统。后面这几种经济活动可能使日本未来在经济和政治上与同样力图通过太空合作提高自身外交政策利益的中国展开竞争。因此,对日本而言,在一系列太空问题上(包括民用、商用和安全问题)与美国达成共识非常重要。

形成共同的太空战略愿景后,要求制定美日两用太空领域合作通用路线图。路线图应考虑已经在执行的决策,如国会正在讨论的立法和现有的合作项目,并强调促成以"整体政府"方式进行太空讨论的细节,这些讨论 包括传统上分开的 NASA−JAXA 和"2+2"会议。短期成果应与《宇宙基本法》催生《宇宙基本计划》一样,是共同合作计划。合作可以是外交合作或项目合作,范围可从就国际太空行为准则展开协作并延伸至发展中国家到分享空间态势感知数据,鼓励更广泛地参与载人和无人机太空探索。

亚太地区将会成为未来美国政府(无论是民主党,还是共和党领导的政府)眼中重要的关切领域。在全球环境下制定和执行区域战略时,资源限制仍将是美国、日本及其他盟友的主要关注问题。可以预见,可自由支配的资源面临的压力将增加,因此需要采取跨国行动协调和分担成本。这些压力又将对区域合作预计带来的经济、安全和政治利益前景提出更高的要求。

　　同理,资源压力和对经济与安全竞争的关注将存在于亚太太空合作的任何一次讨论中。如果美国和日本要找到区域太空合作的通用方法,则需要应对太空各方面的问题——无论是民用、商用,还是安全相关方面。他们的通用方法要想成功,美国、日本及其友军和盟军需要对亚太地区和平和稳定发展有共同的愿景,而太空合作有助于这一愿景的实现。

参考文献

Aoki S (2009) Current status and recent developments in Japan's national space law and its relevance to pacific rim space law and activities. J Space Law 35(2):380-385

Campbell K,Beckner C,Tatsumi Y (2003) U. S. -Japan space policy:a framework for 21st century cooperation. Center for Strategic and International Studies,Washington,DC

Clinton H (2011) America's pacific century. Foreign policy. http://www. foreignpolicy. com/arti-cles/2011/10/11/americas_pacific_century. Accessed 1 Mar 2012

Clinton H,Gates R,Matsumoto T,Kitazawa T (2011) Joint Statement of the Security Consultative Committee to-ward a deeper and broader U. S. -Japan alliance:building on 50 years of partnership. http://www. state. gov/r/pa/prs/ps/2011/06/166597. htm. Accessed 26 Feb 2012

Furukawa M (2012) Speech by the Minister for Space Policy. Shibuya Cultural Center Owada,Tokyo

Gemba K (2012) Japan's efforts in the Global Agenda. Speech by the Foreign Minister of Japan. National Graduate Institute for Policy Studies,Tokyo. http://www. mofa. go. jp/announce/fm/gemba/speech_120228. html. Accessed 15 Apr 2012

Green M (2012) Is the US 'pivot' to the Pacific genuine? World Today 68:1. http://www. chathamhouse. org/publications/twt/archive/view/181851. Accessed 1 Mar 2012

Kallender-Umezu P (2011) Japan launches IGS Radar Reconnaissance Satellite. Space News 13 Dec 2011

Kyodo News Service (2012) Japan to set up new space policy panel. Tokyo 14 Feb 2012

Ministry of Foreign Affairs of Japan (2012) Japan's policies on the control of arms exports. http://www. mofa. go. jp/policy/un/disarmament/policy/index. html. Accessed 15 Apr 2012

Moltz J (2011) Asia's space race:national motivations,regional rivalries,and international risks. Columbia University Press,New York

NASA (2012) International space station bilateral agreements. http://www. nasa. gov/mission _pages/station/structure/elements/partners_agreement. html. Accessed 15 Apr 2012

Okuno S (2012) The space policy of Japan-update [Powerpoint file]. JAXA Office,Washington,DC

Sawako M (2009) Transformation of Japanese space policy:from the 'Peaceful Use of space' to 'the Basic Law on Space'. The Asia-Pacific J 44. http://www. japanfocus. org/-Maeda-Sawako/ 3243. Accessed 15 Apr 2012

Suzuki K (2011) Asia in space:a history [Powerpoint file]. Secure World Foundation-China academy of sciences international workshop on space policies and laws,Beijing,18-19 May 2011

Yamakawa H (2011) Current status of Japanese space policy [Powerpoint file]. Strategic Headquarters for space policy,Cabinet Secretariat,Tokyo 12 Dec 2011

第20章　俄罗斯太空安全

克里斯多夫・维纳特
法国国际关系研究所,法国巴黎

摘要

继苏联之后的俄罗斯已不再是一个太空军事强国,但它仍力图使其军事太空政策适应新的地缘政治环境。在20世纪90年代"失落的十年"中,俄罗斯未能维持其多数太空军事能力,因此它一直在寻求恢复其太空军事力量。出于政治考虑(如恢复其受人尊敬的世界大国地位的需要)以及现实原因(集中体现在现代战争越来越依赖于太空资产),俄罗斯于21世纪初期开始了宏伟的太空军事计划,通过重组其航天工业以及航天军事机构体系和地面基础设施巩固了其基础。

20.1　引　言

苏联是太空领域的先驱,并与美国共同主导了持续几十年的太空博弈。其遗产既是俄罗斯当前太空政策的资产,也是其负担。一方面,俄罗斯仍获益于苏联时期获得的能力,尤其是运载火箭这一关键领域;另一方面,苏联解体后,过度膨胀且效率低下的航天复合工业受到严重损害。在20世纪90年代,俄罗斯在太空领域的活动大幅减少。21世纪初期以来重新确定连贯且可靠的太空政策的后续努力也因遗留的缺陷而受到影响。

概括而言,俄罗斯正面临着一个结构困境:要么选择安全的方案,即利用苏联时代经常研发的现存计划,或者从头开始启动新项目,后者风险更大,但也更有希望。这一困境揭示了俄罗斯当前太空安全政策的指导原则。一方面,一种坚定的政治意愿希望实施激进的变革以摈弃苏联的遗产,另一方面,苏联和俄罗斯的太空安全政策之间显然存在某些具有连续性的要素。

尽管苏联在太空领域曾是一个超级军事大国,但是俄罗斯目前在太空军事等级体系中的定位似乎更有野心。由于经历了20世纪90年代"失落的十年",俄罗斯的太空装备武器在数量和质量上明显落后于美国(Facon、Sourbes-Verger,2007,第37-38页),并且短期内俄罗斯似乎并无能力也无意愿缩小这一差距。但是同时,俄罗斯在某些领域仍拥有独特的武器装备(如预警卫星),并且正在重建格洛纳斯全球卫星导航系统(GLONASS)。

为理解俄罗斯当前的太空安全政策,有必要从更广泛的政治视角来研究这一问题。这不仅涉及苏联的遗产,而且与1991年后俄罗斯国内外形势的兴衰起伏有莫大的关系。俄罗斯的航天部门因20世纪90年代的政治动乱而受到重创(Arbatov,2011),但是21世纪初期,太空被提升为俄罗斯重返国际舞台的标志性领域,而且随后作为俄罗斯经济和工业现代化的重要手段((Facon、Sourbes-Verger,2007b)。但是,正如俄罗斯某专家所言,"实质上,俄罗斯的未来仍充满矛盾,复兴俄罗斯在国际社会的地位这一不断增强的雄心壮志,与必然削弱其相关能力的结构缺陷这一现实之间的矛盾尖锐。"(Roi,2010)这一论述恰当地描述了俄罗斯军事航天部门的情况。

20世纪初期,俄罗斯逐渐开始复兴其太空军事力量。本章研究了这一变革的各个方面,首先概括俄罗斯太空安全政策的总体政治环境,指出近些年来俄罗斯已恢复其在军事航天领域的战略地位。接着集中讨论俄罗斯太空军事力量的基础,这对于支持俄罗斯的太空安全政策必不可少。实际上,俄罗斯对其军事航天机构体系进行了改组,对其航天工业进行了重组,并对其地面基础设施进行了现代化建设。最后分析俄罗斯在太空安全各个领域的政策。本章应用的是太空军事化与太空武器化之间经典的区分方式:前者指利用太空确保安全,即利用太空资产支持地面的军事行动,这一情况早已发生;后者指太空安全,即在太空中使用太空武器的潜在冲突,而这一情况仍为假设。虽然本章将分别分析上述两个方面,由于太空军事行动应被视为单一威胁统一体,因此牢记太空军事化和太空武器化在用途上相互联系这一点至关重要。对于前者,俄罗斯采取的是与苏联政策明显不同的相当务实的方式,而对于后者,俄罗斯的立场仍在很大程度上受美国战略态势的影响,表明在一定程度上延续了苏联时代的政策。

20.2 政治背景

俄罗斯的航天部门,特别是其军事部门的状态,在过去20年一直与俄罗斯的政治命运紧密相连。在20世纪90年代几近崩溃后,21世纪初,太空能力在俄罗斯重现辉煌的雄心中起着核心作用。

1991年苏联解体后,俄罗斯国内以及在国际社会上均经历了动乱时期。国内,俄罗斯深受政局不稳、北高加索地区民族冲突以及从中央计划迅速转变为市场经济所带来的后果的困扰。1991年至1996年,俄罗斯的GDP大幅下跌,

并且 1998 年的金融危机对其影响极大(国际货币基金组织)。在国际层面,20
世纪 90 年代俄罗斯从一个超级大国沦落为一个"软弱和内向型的国家"(Tsyg-
ankov,2011)。这 10 年间俄罗斯的外交政策的主要支柱之一就是"融入,然后
支持西方"(Trenin,2009)。

20 世纪 90 年代,俄罗斯的太空政策和武器装备情况反映了上述趋势,并从
叶利钦执政期间在政治上丧失了对航天活动的兴趣这一情况得到体现(Facon、
Sourbes-Verger,2007b)。总而言之,这 10 年间俄罗斯的太空资产明显减少,而
且 2004 年,美国的太空预算为俄罗斯的 20 倍(Arbatov,2011)。在军事方面,随
着国防和太空预算大幅减少、科学中心解体以及所有类型的行业合作均被停
止,俄罗斯几乎丧失了其在太空领域的所有优势能力。在 21 世纪的前 10 年
里,俄罗斯仅有少数老化的军用航天器仍在轨运行,而其预警、导航和通信星座
均不完整(Arbatov,2011,第 441-442 页)。俄罗斯太空力量的生存仅靠其运载
火箭的商业化运作,而这主要通过与西方国家合资的方式进行(Facon、Sourbes-
Verger,2007a,第 8 页)。对西方国家的依赖也延伸到了纯军事领域,例如俄罗
斯的战斗机必须依靠美国的卫星导航系统,且俄罗斯北方舰队从加拿大雷达卫
星 1 号获得数据(Arbatov,2011,第 442 页)。更重要的是,苏联解体后,俄罗斯
丧失了在军事航天领域进行长期研发活动的能力(Podvig,2004)。

但是 21 世纪初期,俄罗斯的总体经济形势大幅提升,自 2003 年起,年均增
长率约 7%。尽管受经济危机的严重影响,2009 年俄罗斯经济出现了 8.7% 的
负增长,但是 2010 年和 2011 年,俄罗斯的经济迅速回升(de Montluc,2010)。
在国际层面,俄罗斯进入了权利主张的阶段,其外交政策的态度明显强硬起来
(de Montluc,2010,第 16 页)。普京志在使俄罗斯表现得像一个独立的大国
(Trenin,2009;Tsygankov,2011)。在国内层面,国家复兴成为政治与经济领域的
主要目标。尤其是 2005 年发布的新产业战略确定了国家应重点干预的关键行
业,其中包括航天航空产业(de Montluc,2010)。

上述经济和政治趋势也影响了航天部门。自 2001 年起,俄罗斯的政府部
门再次着重将航天部门视为战略部门(de Montluc,2010,第 19 页)。航天产业
在普京总统使俄罗斯复兴成为强国的政治规划中将做出主要贡献(Facon、
Sourbes-Verger,2007a,第 11 页)。就苏联传统理解而言,太空不仅视为建立威
望的手段,而且是促进俄罗斯在后现代时期发展的手段。作为高度创新技术来
源之一的航天工业,将成为俄罗斯经济现代化进程的驱动力之一(de Montluc,
2010,第 15-24 页)。上述态度表明了俄罗斯太空政策的实际转变:太空资产的
开发是权利的象征,但应站在合理且功利的视角,考虑现有资源来开发太空资
产(Facon、Sourbes-Verger,2007a,第 8 页)。为了实现这些宏伟的目标,俄罗斯

在 21 世纪初期发布了三大重要的太空政策文件:《2002—2011 年俄罗斯联邦全球卫星导航星座计划》、《2006—2015 年俄罗斯联邦航天中心发展特别计划》和更具概括性的《俄罗斯联邦太空计划》。后一文件于 2005 年批准,2015 年结束,它确定了俄罗斯在太空领域的宏伟目标,包括安全领域(俄罗斯联邦政府,2005)。随着上述目标的提出,俄罗斯的太空预算稳定大幅增加(de Montluc,2010)。即使是在 2008—2009 年经济危机的最严重的时期,太空预算仍大幅增加(Venet,2011)。

根据上述观点,在普京任期期间,军事航天领域再次成为优先考虑项(Facon、Sourbes-Verger,2007a,第 25 页)。其主要目标是重建多年来持续减少的太空武器装备(Facon、Sourbes-Verger,2007b,第 54 页)。借此,俄罗斯开始寻求战略自主权,尤其是在技术以及获取军事相关数据方面减少对西方国家的依赖。重新关注军事航天领域也符合俄罗斯在世界舞台上的政治野心。根据传统的象征意义视角,太空武器装备被俄罗斯领导人视为强国总资产不可或缺的要素。然而,俄罗斯进行军事航天活动不仅是基于话语权争夺的力量建设,而且方式务实。太空军事资产不仅应用于支持现代战争,而且应通过充分整合太空的两用性质为技术和商业发展提供前景。同样,应通过外交活动保障俄罗斯的太空安全,而非军备竞赛。

总而言之,20 世纪 90 时代,至少在官方文件中,俄罗斯的军事航天产业恢复了苏联时期具有的战略和象征意义。同时,如 FSP 显示的那样,太空政策中的功利化趋潮越发明显。尽管有上述目标,但是考虑到“俄罗斯的经济潜力相对有限,对原材料的依赖及其技术落后状态”,俄罗斯军事航天产业的未来仍存在一定的不确定性(Trenin,2009)。

20.3　俄罗斯太空安全的基础

由于军事航天产业的战略调整及其与政治的相关性,俄罗斯着重强调重新建立坚实的基础以支持其太空安全政策。具体而言,俄罗斯对其航天工业进行了广泛的重组,对其军事航天机构体系进行了简化调整并对其地面基础设施进行了合理调整和现代化建设。

20.3.1　工业体系

对于经济战略部门,俄罗斯政府会高度干预,根据这一总政策,21 世纪初期,俄罗斯的航天工业进行了改组。考虑到航天和国防工业复合体之间的紧密联系,这一过程将对军事航天部门产生重大意义。

该过程的主要目标是通过缓解产能过剩及使管理程序合理化,以提高军事航天工业在国际市场的竞争力。《联邦军事工业复合体改革与发展计划》于2001 年 10 月正式通过,俄罗斯政府于 2006 年 7 月通过了《航天工业发展战略》(Nardon、Kastoueva-Jean,2007)。该过程的目标是通过成立十几个综合国有公司来减少工业实体的数量。根本原因在于这将优化供应链并降低每类产品的竞争(Makarov、Payson,2009)。国家干预的加强对军事航天产业也有影响。10年来,俄罗斯的航天和国防工业关注的一直是出口市场,如今政府却要求其重新定位其产品,以适应国家武装力量的发展。两部门均为 2006 年新成立的军事工业委员会(VPK)的下属部门(Facon 和 Sourbes-Verger,2007b)。总而言之,上述措施的结果好坏皆有,而最近一系列引人关注的失败,包括损失两颗军用卫星(2011 年 2 月的大地测量卫星 Geo-IK 和 2011 年 12 月的两用通信卫星子午线),致使梅德韦杰夫总统需对航天部门进行另一轮激进的改革(Quenelle,2012)。

20.3.2　机构体系

过去 20 年来,俄罗斯军事航天部门的机构体系同样受到了其政治演变过程的影响。20 世纪 90 年代,俄罗斯太空军经历了一系列改革与反改革,这反映了俄罗斯武装部队内部在新国际环境方面的相互对立的观点。21 世纪初期,俄罗斯对机构设置进行简化与集中管理,这标志着俄罗斯政府重新关注军事航天事务。

俄罗斯军事航天部队(VKS)于 1992 年成立,以苏联的军事航天体系为基础。1997 年,VKS 与战略火箭部队(RVSN)和空间防御部队(VRKO)合并,这反映了俄罗斯国内寻求与美国实现战略平等和关注对传统部队进行改革这两派别间的紧张局势。这三大部队的融合旨在增强俄罗斯核威慑的确实有效性,因而体现了前者的观点。但是,由于上述三个分支间缺乏共同的组织文化,以及太空资产对俄罗斯武装部队的支持越来越重要,2001 年,俄罗斯重新建立了俄罗斯航天部队(KV)。KV 负责管控军事航天站(普列谢茨克与斯沃博德内)、地面控制中心、地面雷达站、防卫莫斯科的 A-135 反弹道导弹系统(Facon、Sourbes-Verger,2007a,第 27-30 页)。2011 年 12 月,KV 被新成立的空天防御部队(VVKO)取代,如今该部队具有广泛的职能。VVKO 的职责为侦察弹道导弹发射、拦截弹道导弹弹头、监测空间物体、确认在太空以及来自太空的威胁、执行航天器发射、保持军用卫星及其发射基础设施完好(俄罗斯联邦国防部)。VVKO 由俄罗斯航天司令部、俄罗斯空天防御司令部、普列谢茨克航天中心和军械库(俄罗斯联邦国防部)四部分组成。其他额外的重组受下述条件的影响:

"统一的指挥中心和军队、空天作战试验能力的必要性,原因在于如今获得太空竞赛的战略优势成为确保国家安全以及军事、经济或社会利益的前提条件"(俄罗斯联邦国防部)。这表明俄罗斯的军事航天产业明显恢复了其战略地位。

20.3.3　地面基础设施

有效的地面基础设施是太空军事实力至关重要的条件之一。这涉及航天中心、卫星控制和空间监视网络系统。由于需要确保其太空军的战略自主权,俄罗斯正寻求对这些资产进行现代化和合理化改造。实际上,苏联解体后,很多地基资产位于俄罗斯境外,那些前苏联加盟共和国的境内,因此,过去20年俄罗斯太空军事政策的主要动力之一便是减少和减轻这种战略依赖性。

20.3.3.1　发射基础设施

20世纪90年代初期,俄罗斯主要的航天中心是位于哈萨克斯坦的贝康诺航天中心,该发射中心由俄罗斯太空军管理,该场地既用于发射军用航天器,也用于试验弹道导弹。2004年,俄罗斯与哈萨克斯坦达成协议,决定将俄罗斯对该场地的租赁期延长至2050年,包括军事用途(Podvig、Zhang,2008,第16页)。但是近年来,随着俄罗斯与哈萨克斯坦之间出现一系列关系紧张的事件,俄罗斯对于战略上依赖的资产位于他国领土内这一情况的担忧进一步加深,特别是围绕哈萨克斯坦领土上的火箭阶段坠落地带的争端导致了几次发射延误(de Selding,2012)。

因此,俄罗斯开始将其所有的军事航天活动转移至俄罗斯境内进行。第一步,俄罗斯太空军逐渐将贝康诺航天中心的所有设施和活动转交至民用联邦航天局负责(Oberg,2011)。此外,俄罗斯增强了另一个境内航天中心的军事作用。位于俄罗斯北部的普列谢茨克航天中心正进行重要的基础设施强化建设,以成为俄罗斯主要的军事航天站。就可进入轨道和最大有效载荷重量而言,位于北纬63°、东经41°的该航天中心场地比贝康诺航天中心的限制条件更严苛(Podvig、Zhang,2008,第18页)。为弥补这一缺陷,俄罗斯现在正在普列谢茨克修建一个新的发射台,用于未来安加拉号运载火箭的发射。这一结合将使发射军用有效载荷进入所有运行轨道成为可能(Oberg,2011)。除了对普列谢茨克航天中心进行现代化建设外,俄罗斯太空军于1992年请求在俄罗斯境内建设新的航天发射场。这一请求的原因依然未变:考虑到贝康诺航天中心政治和经济未来的不确定性,俄罗斯应确保可独立进入太空。位于西伯利亚的斯沃博德内因其前身为战略导弹基地而成为首选地。但是,由于缺乏资金,建设斯沃博德内航天中心的计划于2006—2007年被迫放弃。但是,尽管做出了这一决定,在俄罗斯境内建立一个与贝康诺航天中心具有类似发射性能的航天站的战略必要性仍存在。因此,2007 年俄罗斯政府决定在阿穆尔州建立一个新的发射基地,命名为东方。该新航天中心也将支持军用目的的发射活动,并将于 2020 年投入运营(俄罗斯太空网,2012a)。

必须注意到,战略自主的问题也适用于运载火箭。俄罗斯军队使用的将火箭的有效载荷送入轨道的运载火箭中,至少有两枚造于乌克兰("旋风"号和"天顶"号运载火箭),另外存在对"宇宙"-3M 号和"呼啸"号运载火箭使用有毒推进剂的环境担忧(俄罗斯太空网,2012b),这种潜在的依赖性推动了新的运载火箭的研发,即于俄罗斯研发并制造的"安加拉"号运载火箭。新的运载火箭将以模块化设计为特征,可将各种不同的有效载荷(近地轨道或 LEO 上为 2 ~ 23t)送入轨道,包括军用航天器(俄罗斯太空网,2012c)。

20.3.3.2　卫星控制与空间监视

苏联创建了广泛的包括地面控制设施、接收站和卫星跟踪设备的网络系统。苏联解体后,由于其中三个设施位于乌克兰、一个设施位于哈萨克斯坦以及一个设施位于乌兹别克斯坦,俄罗斯失去了对这些控制和测量复合体(OKIK)的控制。后者包括激光测量系统,是最新添加入该网络系统的。但仍然有 10 个运行中的站点分散在俄罗斯境内。大多数 OKIK 由 VVKO 的中央控制装置和位于接近莫斯科的克拉斯诺兹纳缅斯克州的主空间系统中心控制。这些站点用于控制和接收民用和军用航天器的数据。除了这些两用设施外,某些军用系统完全单独运行管理,例如控制中心位于卡瓦列罗沃的预警卫星和俄罗斯海军直接控制的 US-PU 海军情报航天器(Podvig、Zhang,2008,第 21 页)。

俄罗斯空间监视与跟踪系统是俄罗斯太空军事政策的关键部分,是俄罗斯预警系统的组成成分,并使俄罗斯具备了仅次于美国的空间监视能力。但是,由于该网络系统组成部分的雷达站如今很多位于俄罗斯境外,因此受苏联解体的影响。对于两个分别建于阿塞拜疆(达里亚尔雷达)和白俄罗斯的最现代化的雷达站,情况也如此。因此,自 20 世纪 90 年代开始,俄罗斯不得不依赖较旧的雷达,其中某些建于 70 年代,并与雷达所在国(阿塞拜疆、白俄罗斯、哈萨克斯坦、乌克兰)协商俄罗斯境外雷达的使用权。目前,除了上述国外资产外,俄罗斯主要依赖 7 个境内雷达来跟踪空间物体,此外,俄罗斯也在创建另外三个雷达站并筹划创建一个额外的雷达站。除了上述专用系统外,俄罗斯也利用莫斯科的导弹防御系统 Don-2M 雷达站和近莫斯科的 Dunay-3U 雷达站提供预警和空间监视数据(俄罗斯军力,2012)。

由于俄罗斯最先进的光学监控系统(Okno)位于塔吉克斯坦境内,因此其空间监视系统同样面临着战略自主权的问题。而且,空间监视网络依赖于预警雷达和由专用 X 波段监视雷达组成的科罗纳系统。目前俄罗斯部署了两个这类系统,一个位于北高加索的泽连丘克斯卡亚,另一个位于远东的纳霍德卡(俄罗斯军力,2012)。总而言之,尽管仍然具有某些不足,但是俄罗斯拥有了大量空间监视与跟踪武器装备,这对于军事作战目的和太空安全政策的制定均是基本的资产。

20.4　俄罗斯的军事航天政策

经历苏联解体和20世纪90年代的艰难10年后,俄罗斯有意复兴其太空军事力量。最高层领导人表达了这一清晰的政治意愿。此外,航天部门进行了机构和行业重组,以及对航天业的基础进行了强化和现代化建设。使其军事太空政策适应21世纪新的地缘政治格局,这对俄罗斯而言是一个主要挑战。在"利用太空确保安全"领域,俄罗斯采取了务实的方式,试图使其战略重点与其军用航天器星座相符合,关注俄罗斯境内和"近邻国家"。这标志着与苏联政策的明显背离,而后者的全球范围更广。然而在"太空安全"领域,俄罗斯似乎仍在沿用苏联的惯常做法。通过以自我约束和野心勃勃的外交计划为基础的高超外交手段,俄罗斯继续寻求与美国实现全球战略平等。

20.4.1　利用太空确保安全

就太空军事武器装备而言,俄罗斯仍然是仅次于美国的第二大强国。但是,俄罗斯却无法再维持其军事航天全球玩家的地位。原因有两个:一是其资源水平不足以用于进行大量的军事发射行动以及维持覆盖面广泛的军用航天器星座在轨运行以服务军事目的(即通信、导航、监视、海洋监视、预警、信号情报、测地);二是1991年后地缘政治环境发生了变化,俄罗斯的外交政策目标与苏联的不同,俄罗斯采取的是务实的方式,仅根据特定需求和现有资源来研发军事武器装备。尽管俄罗斯为重建有实效的太空军事武器装备付出了不少努力,实际上仍存在某些重大的缺陷,例如2008年在格鲁吉亚战争中所暴露的缺陷。

俄罗斯决定根据其新外交政策目标发展太空军事能力。除了期望重获其全球战略力量的地位外,俄罗斯的主要目标在于巩固其地区强国的地位(Tsygankov,2011)。具体而言,这意味着俄罗斯在国际层面上的活动专注于独联体(CIS)和"近邻国家"(Trenin,2009)。因此,在军事航天领域,俄罗斯的目标并不是通过专注于兵力投送而成为全球大国的方式效仿美国,而是专注于其境内和邻国(Facon、Sourbes-Verger,2007c,第6页)。太空军事资产即鉴于此而创建。尽管 GLONASS 卫星导航星座研发时被定位为全球系统,其主要目标却是覆盖俄罗斯境内。在卫星通信领域,俄罗斯具备几个地球静止轨道通信和数据

中继航天器,却专注于 HEO(大椭圆轨道或闪电轨道)的航天器。闪电轨道可
更好地覆盖俄罗斯的北部领土。同样,与苏联时代不同,俄罗斯的海军投送能
力有限(Arbatov,2011),最后一颗海洋监视卫星于 2006 年发射(Lardier,2011)。

　　除了专注于其"近邻国家"外,最近俄罗斯在战略上对北极地区的兴趣不断
增加。这是出于经济考虑(发现大量油气储量、北方航线在航运方面不断增长
的潜力、专属经济区的延伸)、生态关注以及安全考虑(Baev,2012;Roi,2010)。
俄罗斯的航天体系也进行了调整以支持这一国家外交政策议程上的新项目。
2008 年,普京总统批准了北极卫星星座,预算为 12.3 亿美元,需创建 5 颗卫星
(2 颗带光学监控系统的"北极"-M 卫星、1 颗用于极夜时期的"北极"-R 雷达
卫星和 2 颗"北极"-MS 通信卫星),这是俄罗斯近些年来最大的对地观测(EO)
项目(Robinson、Venet,2010)。

　　关于太空能力,俄罗斯仅专注于少数战略领域。此外,相较于苏联盛行的
严格区分民用与军事航天活动的方式而言,俄罗斯军事航天规划的两用方式更
具整体性。

　　关于具体的太空能力,俄罗斯将最主要的精力专注于维护综合的预警系
统。该系统对俄罗斯核威慑的确实有效性至关重要(Arbatov,2011),同时仍然
是俄罗斯国家安全政策的主要支柱(Baev,2012,第 10 页)。由于资金问题导致
长达 8 个月的能力缺口,预警卫星星座在 20 世纪 90 年代的危机中受到重创。
由于这可能导致误解和误报,因而对于全球核稳定性而言尤其令人担忧(Moltz,
2009)。从那以后,俄罗斯预警系统的空间组分进行了重构,直至 2012 年 9 月,
俄罗斯在 HEO 和地球静止轨道上分别拥有 4 个和 1 个航天器。但是由于该系
统仅设计用于观察从美国而非从其他地区或从海上发射的弹道导弹,其仍然缺
乏全球探测能力(俄罗斯军力,2012)。

　　第二个重要的领域是卫星导航,这是一个具有两用性质的应用。除用于海
事目的的"旋风"/"帕瑞斯"导航系统,该领域的主要计划是 GLONASS。GLO-
NASS 于 1982 年启动,仅用于军事目的以应对美国的 GPS,并于 1989 年实现初
始运行能力。20 世纪 90 年代,由于无法维持足够数量的在轨卫星,俄罗斯几乎
丧失了卫星导航能力,但是 21 世纪初期,GLONASS 获得了新的发展动力。2004
年,俄罗斯重新开始发射经改进的 GLONASS-M 卫星,如今该系统可完全运行
(Podvig、Zhang,2008,第 13 页)。GLONASS 是俄罗斯新的航天方式的典型示
例,即技术发展和社会经济利益考虑优先于纯粹的军事考虑(Facon、Sourbes-
Verger,2007b)。

　　军事对地观测为军队提供了关键的支持作用,但是俄罗斯在该领域正面临
着困难。苏联专注于大量发射活动,致使 EO 卫星的在轨寿命极其短暂。尽管

俄罗斯曾宣称摈弃这一耗资巨大的方式,但目前仍依赖于运行寿命极其短暂(60～130天)的卫星(Lardier,2011)。此外,俄罗斯在光学 EO 领域缺少高分辨率能力,且完全没有雷达能力。俄罗斯也计划依靠民用航天器以满足军事需求,再次显示了其两用方式。但是,尽管俄罗斯在该领域制定了宏大的计划,至今仅发射了少数 EO 和气象卫星(Robinson、Venet,2010)。

除了以上三个领域,俄罗斯通过 3 颗地球静止轨道"彩虹"/"地球仪"号卫星、4 颗 HEO 子午线号卫星、9 颗"天箭"/"泉水"号军用转储通信卫星和 1 颗"鱼叉"号中继航天器维持着军用卫星通信领域的基本能力(Lardier,2011)。俄罗斯也正试图通过将来发射新航天器以维持电子情报和测地领域的能力。

尽管在复兴太空军事能力方面付出了上述努力,俄罗斯仍然面临着重重困难。在 2008 年与格鲁吉亚的战争中凸显了潜在的能力缺口(缺少高分辨率的光学和雷达卫星、预警无全球覆盖、航天器运行寿命有限),如上所述。当时 GLONASS 还未运行,冲突期间,俄罗斯无法从格鲁尼亚获得 GPS 信号。因此,俄罗斯的指挥链缺少态势感知,且无法利用卫星锁定大炮或精确制导武器。此外,天基情报不足,卫星通信也不可用。总而言之,该战争凸显了指挥和控制系统的一般故障,而这些能力本应依赖于太空资产(McDermott,2009;Cohen、Hamilton,2011)。战后,俄罗斯的军事和政治决策者们推动了太空军的现代化,尤其加快发展 GLONASS 防御。最后,俄罗斯太空军深受结构问题的困扰,这一问题普遍存在于俄罗斯的航天部门;资金不确定以及宏伟的计划和残酷的现实之间充满矛盾。总而言之,俄罗斯对太空的军事性利用仍处于过渡阶段,旨在重新聚焦于核心活动并使现有资产实现现代化。

20.4.2 太空安全

在"太空安全"领域,俄罗斯的政策明显沿袭自苏联。俄罗斯目前仍受美国对其核威慑威胁的烦扰,并基于针对太空武器问题的自我约束以及防止外层空间军备竞赛的外交倡议做出了响应。

俄罗斯在国际关系方面的视角仍受 19 世纪权力影响力大角逐的影响。具体而言,俄罗斯的精英将(潜在或实际的)美国全球霸权视为对其安全的主要威胁,并不断呼吁建立多极世界机制以消除所受到的威胁(Trenin,2009)。由于目前美国更多地关注亚太地区,而不再将俄罗斯视为同等战略对手,这一从冷战思维延续而来的观念并不是相互的(Trenin,2011)。俄罗斯的态度在 2010 年发布的《俄罗斯联邦军事学说》中有所体现,该学说将美国与 NATO 视为潜在对手。由于美国被认为拥有(或正研发)可致使俄罗斯的战略核力量无效的武器装备,俄罗斯的威胁评估尤其关注其核威慑的确实有效性(Smigielski,2010)。

俄罗斯的太空安全政策源于上述担忧。根据俄罗斯的观点,太空安全的主要威胁为美国利用天基武器对其核力量采取先发制人的攻击(Mizin,2007)。因此,俄罗斯强烈反对美国的弹道导弹防御计划。该计划并未直接威胁俄罗斯的战略导弹,但将为将天基武器与 BMD 体系结合提供机会,反过来,这可对俄罗斯的战略导弹力量构成致命威胁。此外,BMD 导弹可轻易用作 ASAT 武器,因而威胁俄罗斯在 LEO 上的军用航天器(Dvorkin,2007)。

为应对这一威胁,俄罗斯开始实施 ASAT 武器研发的自我约束战略。部分原因是出于预算考虑,以及冷战时期沿袭的学习曲线。当时,苏联和美国迅速掌握了维持太空现状稳定的战略平衡的益处,经过 20 世纪 60 至 70 年代的动能和激光 ASAT 研发和试验后(Stares,1985),苏联于 1983 年宣布单方面暂停 ASAT 试验。根据这一决定,20 世纪 80 年代苏联克制发射军事空间站,叶利钦总统于 1993 年下令撤销 IS-M ASAT 武器的运行服务(Dvorkin,2009)。俄罗斯继续执行这一自我约束战略(Mizin,2007;RiaNovosti,2010),但发出警告,任一国家采取的使外层空间武器化的行为将致使俄罗斯采取类似应对措施(美联社,2007)。由于对称能力的研发超出了其财务承受范围,俄罗斯可能将专注于以非对称方式应对美国任何使外层空间武器化的行为(Dvorkin,2009)。这意味着俄罗斯将不会犯下和苏联一样的错误,与美国在天基武器研发方面展开竞争,而是暂停天基技术能力建设,以研发和运行地面 ASAT 武器。

俄罗斯太空安全战略的第二大支柱包括旨在防止外层空间军备竞赛的外交倡议。苏联支持建立稳定和开放的太空环境,其支持态度始于共同提出 1963 年《部分禁止核试验条约》和 1967 年《外层空间条约》。在裁军谈判会议上,苏联代表也积极推动关于防止外层空间军备竞赛的讨论。20 世纪 80 年代,苏联就该问题提出了多份条约草案,并于 1986 年创建了监控"和平"空间技术交换的世界组织(Mizin,2007)。

俄罗斯以上述外交遗产为基础,于 2008 年与中国共同提出了《防止在外层空间放置武器、对外层空间物体使用或威胁使用武力条约》的草案。提出该提案前,两国于 2002 年提交了一份草案大纲,并于 2004 年提交了两份非正式文件。俄罗斯与中国在该事件上的合作是以两航天大国需要与美国在太空领域抗衡这一共识为基础的(Perfilyev,2010)。根据俄罗斯的观点,制定 PPWT 的根本原因在于填补国际空间法的现存缺口。俄罗斯将太空武器等同于大规模杀伤性武器,并辩称其部署可能对全球战略平衡具有类似破坏效果(Vasiliev,2008)。但是 PPWT 目前的形式由于存在三大固有缺陷,受到包括美国在内的其他国家的强烈指责:第一,它未涵盖地基 ASAT 武器;第二,关于"对外层空间物体使用或威胁使用武力"的解释是模棱两可且具有多种不同的解释;第三,未给出"太空武器"的定义，且未提出核查机制(Hitchens，2008)。面对这一僵局，俄罗斯在太空安全领域似乎采取了一种灵活且实用的外交手段，同时也支持另一计划，即外层空间活动中的透明度与信任建立措施问题的联合国政府专家小组。俄罗斯代表 V. 瓦西里耶夫毫无异议地被任命为 GGE 主席，GGE 每两年换届一次，提供有关太空 TCBM 的建议(俄罗斯联邦外交部，2012)。尽管 TCBM 可能不具有法律约束力，与条约不同，但 TCBM 可作为迈向治理外层空间活动国际法律框架的第一步，因此有助于建立更稳定和可持续的环境。通过支持上述方式，俄罗斯表达了与其他主要航天国家就太空安全问题展开合作的意愿，而且相较于中国等国而言，采取了一种更实用、更有成效的方式。

20.5　结　　论

苏联曾是一个太空军事强国，但是如今俄罗斯力图使其军事太空政策适应新的地缘政治环境。在 20 世纪 90 年代"失落的十年"中，俄罗斯失去了大多数太空军事能力，因此它一直寻求恢复其太空军事力量。出于政治考虑(如恢复其受人尊敬的世界大国地位的需要)以及现实原因(如现代战争越来越依赖于太空资产)，俄罗斯于 21 世纪初期开始了宏伟的太空军事计划，通过重组其航天工业以及航天军事机构体系和地面基础设施巩固了基础。

尽管俄罗斯的高层决策者们表现了强烈的政治意愿，但其所进行的行动仍受苏联遗产的影响。在"利用太空确保安全"领域，俄罗斯仍在很大程度上依赖于苏联时代创建的资产，并在很多空间操作能力方面有诸多不足(如 2008 年与格鲁尼亚战争中所暴露的)。在"太空安全"领域，俄罗斯运用的仍然是冷战时期的思维，专注于美国代表的已感知到的威胁并寻求与美国的霸权相抗衡。尽管这一方式有助于塑造一个令人赞叹的冷战时期稳定的太空环境，却不适用于21 世纪的太空环境，其特点是越来越多在太空领域拥有军事野心的行为体以及可能导致局部太空竞赛(如亚洲)的竞争性。

总而言之，俄罗斯仍然是第二大太空军事行为体，但其未来前景仍不明朗：俄罗斯证明了其有能力采取实用且有效的方式处理太空安全问题，但是过去的20 年以来，却因资金问题、项目延迟和技术失误等原因而步履维艰。

参考文献

Arbatov A (2011) Russian perspectives on spacepower. In: Lutes C, Hays PL (eds) Towards a theory of space-power. Selected essays. National Defense University Press, Washington, DC, pp 441-449

Associated Press (2007) Russia promises retaliation if weapons deployed in space http://www. foxnews. com/ story/0,2933,298274,00. html. Accessed 2 Oct 2012

Baev P (2012) Russia's arctic policy and the northern fleet modernization. Russie. Nei. Vision n°65 Ifri,Paris

Cohen A,Hamilton RE (2011) The Russian military and the Georgian war: lessons and implications. Strategic Studies Institute,Carlisle Barrack

de Montluc B (2010) Russia's resurgence: prospects for space policy and international cooperation. Space Policy 26(1):15-24

de Selding PB (2012) Overflight dispute delays launch of Metop - B satellite. Space News. http:// www. spacenews. com/article/overflight-dispute-delays-launch-metop-b-satellite. Accessed 27 Apr 2012

DeBlois BM,Garwin RL,Kemp RS,Marwell JC (2004) Space weapons. Crossing the U. S. Rubicon. Int Secur 29(2):50-84

Dvorkin V (2007) Threats posed by the U. S. missile shield. Russ Global Aff 2. globalaffairs. ru/number/n _8539

Dvorkin V (2009) Programi kosmitcheskikh vooruzhenii. In: Arbatov A,Dvorkin V (eds) Kosmos. Oruzhie, Diplomatia,Bezopasnost. Carnegie Endowment,Moscow,pp 59-84

Facon I,Sourbes-Verger I (2007a) Le spatial russe: implications nationales et internationales d'une apparente remontee en puissance. Fondation pour la Recherche Strategique,Paris,pp 37-38

Facon I,Sourbes-Verger I (2007b) Le secteur spatial russe. Entre ouverture a l'international et souverainete nationale. Le Courr des pays de l'Est 1061:47-58

Facon I,Sourbes-Verger I (2007c) La place du spatial dans le projet de restauration de la puissance russe. Fondation pour la Recherche Strategique,Paris

Government of the Russian Federation (2005) Federalnai'a kosmicheskaia programma Rossii na 2006-2015 godi

Hitchens T (2008) Russian-Chinese space weapons ban proposal: a critique. In: UNIDIR (ed) Security in space: the next generation-conference report. UNIDIR,Security in space: the next generation-conference report. UNIDIR,Geneva

International Monetary Fund. www. imf. org. Accessed 15 Sep 2012

Lardier C (2011) Panorama des moyens spatiaux militaires actuels. In: Pascallon P,Dosse S (eds) Espace et Defense. L'Harmattan,Paris,pp 37-65

Makarov Y,Payson D (2009) Russian space programmes and industry: defining the new institutions for new conditions. Space Policy 25:90-98

McDermott R (2009) Russia's conventional armed forces and the Georgian war. Parameters 39(1):65-80

Ministry of Defense of the Russian Federation. Aerospace Defense Forces. http://www. eng. mil. ru/en/ structure/forces/cosmic. htm. Accessed 19 Sep 2012

Ministry of Foreign Affairs of the Russian Federation (2012) Press release on the first session of the UN group of government experts on transparency and confidence-building measures in outer space activities. Accessed 1 Aug 2012

Mizin V (2007) Russian Perspective on Space Security. In: Logsdon JM,Moltz JC,Hinds ES (eds) Collective security in space. European perspectives. Space Policy Institute,The George Washington University,Washington, DC,pp 75-108

Moltz JC (2009) Russia and China: strategic choices in space. In: Coletta D,Pilch FT (eds) Space and defense policy. Routledge,London/New York,pp 269-289

Moltz JC (2012) Asia's space race. National motivations, regional rivalries and international risks. Columbia U-niversity Press, New York

Mueller K (2002) Totem and Taboo: depolarizing the space weaponization debate. RAND Corporation, Santa Monica

Nardon L, Kastoueva-Jean T (2007) La restructuration de l'industrie spatiale russe. Ifri, Paris

Oberg JE (2011) International perspectives: Russia. In: Lutes C, Hays PL (eds) Towards a theory of spacepow-er. Selected essays. National Defense University Press, Washington, DC, pp 421–440

Perfilyev N (2010) The Sino-Russian space entente. Astropolitics 8:19–34

Podvig P (2004) Russia and military uses of space. Working Paper. The American Academy of Arts and Sci-ences, Cambridge

Podvig P, Zhang H (2008) Russia and Chinese responses to U. S. military plans in space. The American Acade-my of Arts and Sciences, Cambridge, MA

Quenelle B (2012) Echecs et remontrances en serie dans le secteur spatial russe. Les Echos 27:15

RiaNovosti (2010) Russia has no plans to deploy weapons in space-top brass. Accessed 9 Apr 2010

Robinson J, Venet C (2010) Russia's earth observation activities: overview and prospects for expanded coopera-tion with Europe. ESPI perspectives, vol 41. ESPI, Vienna, p 4

Roi ML (2010) Russia: the greatest arctic power? J Slav Mil Stud 23:551–573

Russian Space Web. Svobodny. http://www. russianspaceweb. com/svobodny. html. Accessed 28 Sep 2012a

Russian Space Web. Launchers: Cosmos – 1, – 3 family. http://www. russianspaceweb. com/cos – mos3. html. Accessed 28 Sep 2012b

Russian Space Web. Angara family. http://www. russianspaceweb. com/angara. html. Accessed 28 Sep 2012c

Russianforces (2012) Early warning. http://russianforces. org/sprn/. Accessed 28 Sep 2012

Smigielski R (2010) The Russian federation's military doctrine. Pol Inst Int Aff Bull 28(104):205–206

Stares PB (1985) The militarization of space. U. S. policy, 1945–1984. Cornell University Press, Ithaca, pp 135 –156

Trenin D (2009) Russia reborn. Reimagining Moscow's foreign policy. Foreign Aff 88(6):64–78

Trenin D (2011) The U. S. –Russian reset in recess. International Herald Tribune. Accessed 29 Nov 2011

Tsygankov AP (2011) Preserving influence in a changing world. Russia's grand strategy. Probl Post-Commu-nism 58(1):28–44

Vasiliev V (2008) The draft treaty on the prevention of the placement of weapons in outer space, the threat or use of force against outer space objects. In: UNIDIR (ed) Security in space: the next generation-conference report. UNIDIR, Geneva

Venet C (2011) Space in the financial and economic crisis. In: Schrogl K–U, Baranes B, Pagkratis S (eds) Yearbook on space policy 2009/2010. Springer, Wien/New York, p 191

第21章 欧洲的太空与安全

杰拉尔丁·娜迦,夏洛特·马蒂厄

欧洲航天局,法国巴黎

　　欧洲太空与安全的关系一直迥异于其他航天国家。过去10年来,随着欧洲安全与国防政策的演变、欧盟在安全与太空事务中权责的增加以及欧洲经济与社会在众多重要服务与政策上对太空的依赖性不断增强,这一形势有所改变。

　　本章综述了欧洲"太空与安全"的最新发展,重点关注政治与制度发展,描述欧洲在安全与"以安全为目的的太空利用"方面采取的具体措施,介绍欧洲出于安全进行的主要太空活动。最后,回顾欧洲目前为维护太空可持续性并保护其太空资产免受人为与自然灾害所做出的努力。

21.1 引　　言

　　欧洲太空与安全的关系一直迥异于其他航天国家。与大多数国家相反的是,欧洲太空活动的发展主要由"民用"驱动,这也就意味着太空尽管能提供独特能力,但较少用于安全与国防目的。过去10年来,随着《欧洲安全与防务政策》(ESDP)的推行以及欧盟在安全与太空事务中的权责增加,这一形势有所改变。

　　越来越多的欧洲安全行为体利用太空应对其面临的安全挑战。此外,如今太空已充分融于经济之中,社会的很多重要服务与政策也依赖太空,因此欧洲人民变得依赖太空基础设施与服务,从而需要保护这些设施与服务并确保太空环境的可持续性,以维护并进一步发展太空带来的一切利益。欧洲率先采取了应对这一日益严峻的问题的政治倡议和技术活动。

　　本章综述欧洲"太空与安全"的最新发展,重点关注政治与制度发展,描述欧洲在安全与"太空安全"方面采取的具体措施,介绍欧洲出于安全进行的主要太空活动。最后,回顾欧洲目前为维护太空可持续性并保护其太空资产免受人为与自然灾害所做出的努力。

21.2　面向国家安全与国防的欧洲太空活动

天基系统可提供独特能力以满足安全与国防行为体的需要,尤其是在数据收集、数据的安全、无限与即时传输以及全球定位、导航与授时等方面体现了独特优势。天基资产与服务有助于安全行为体应对其面临的一切挑战,包括边境监视、海事监视、重要基础设施保护、危机管理、安全行动、气候变化及其影响的监控、国际条约的实施与监控以及反对大规模杀伤性武器扩散、非法活动、有组织犯罪与恐怖主义的斗争。特别是收集世界各地的信息并即时传输到其他任何地方的这一独特能力,为人道主义活动和军事行动提供支持。太空资产提供独特的情报收集、监视、侦察、预警及通信能力,已成为军事能力的重要驱动力及大大增强武装战斗力的倍增器。

太空在安全与国防方面的重要贡献刺激了大部分航天大国在该领域进行大量投资,航天在这些国家受到高度的政治关注。

因此,安全与国防一直且将继续作为大部分航天国家航天事业的主要驱动力。对大多数国家而言,太空能力一直且将继续是国际威望与国力的衡量指标。冷战期间,美国与苏联都极力想证明各自的科技优势,因此太空成为它们的竞技场。这一特征至今仍如是,如中国太空活动的最新发展就证明了这一点。太空能力的发展也与军事能力的发展密切相关,因为太空与国家国防使用的是同一产业提供的相同技术,如发射器与导弹。

相比之下,欧洲太空活动的主要是由科学与民用以及自主进入太空的意愿推动。因此,与其他航天大国相比,欧洲出于安全与国防目的对太空进行的投资与在这一背景下对太空的应用仍然有限。这一点除对安全与国防行为体的能力造成直接影响外,还影响欧洲太空产业。

事实上,欧洲航天产业并不能像其竞争对手那样受益于大型垄断市场,必须依靠其在商业市场上的表现才能维持核心竞争力。

此外,欧洲出于安全与国防目的进行的太空计划在很大程度上仍停留在国家层面,大多数都是由成员国以国家或多边形式开展的,未能利用欧洲一体化的优势。这仍是少数欧洲成员国所进行的军事太空计划的典型情况。

21.2.1　面向国家安全与国防的欧洲航天发展

过去 10 年来,这一形势在欧洲各成员国及欧洲层面上均有所改变。太空越来越多地应用于安全与国防,欧洲越来越重视太空与安全。从欧洲层面上看,这一新变化得益于欧洲安全与国防政策及活动的演变以及欧盟在太空与安全事务中的权责日渐增加。

首先,自 20 世纪 90 年代开始,欧洲的安全与国防领域日渐发展。2009 年《里斯本条约》生效后,最初的 ESDP 发展为 CSDP,还形成了新的组织结构。《里斯本条约》废除了欧盟的"支柱结构",设立欧盟外交与安全政策高级代表一职,兼任欧盟 EC 副主席,主管外交事务委员会与 EDA 指导委员会。该条约还设立欧洲理事会常任主席一职,在外交与安全政策上代表欧盟。另外还设立欧盟对外事务部 EEAS 以辅助高级代表,确保外交政策的一致性及欧盟在安全事务上的增援性参与。欧盟未来要完成的任务(彼德斯堡任务)范围进一步扩展。

此外,2003 年制定的《欧洲安全战略》(欧盟理事会,2003)明确了要应对的全球挑战及主要威胁并呼吁欧洲更团结、更积极、更有力地做出正确的政策响应,实现能塑造未来的发展。正如 5 年后的《欧洲安全战略实施报告》(欧盟理事会,2008a)所述,威胁正在不断变化,需要扩大安全的定义。这些发展促使欧洲采取了"综合"安全措施。对这一新抱负的追求与这些新目标的实现要求欧洲在整合民用与军用资产的基础之上有足够的武器装备,包括天基武器。

2007 年,欧盟与欧洲航天局的 29 个成员国部长确定将满足欧洲安全与国防需求作为《欧洲太空政策》的战略目标之一(航天理事会,2007)。太空将进一步用于欧洲安全与国防。2008 年的《欧洲议会决议》进一步强调了太空对于确保安全的重要性(欧洲议会,2008),各位部长在后续航天理事会会议的决议中也反复强调了这一点,这就要求进一步运用和整合太空资产以支持安全行为体的任务,还要求开发新的适用武器装备。

2009 年《里斯本条约》生效后,随着安全领域的发展,欧盟在太空事务上也获得了新的权能,其成员国的自身权能也得到发展。如今太空是欧洲政治议程中的重中之重,这些要素都会在很大程度上有助于欧洲取得进一步的以安全为目的的太空发展。

21.2.2　太空与安全领域的各种机构及协调

这些新的发展也极大促进了欧洲太空与安全行为体的增加。这些利益相关者性质、角色与责任各异,且拥护者与决策程序也各不相同。这显然使得形势更为复杂,但从另一方面来说,应确保出于安全目的充分利用太空潜力同时尽量符合采取"用户导向"的欧洲国家空间政策。

这些行为体包括欧洲委员会、欧盟理事会秘书处(CGS)、EEAS、ESA、EDA及 EUSC。行为体的多重性与多样性、行为体间互动的复杂性及相关挑战的重要性与广泛性都要求进行适当协调。因此,2007 年 5 月的第四次航天理事会会议(航天理事会,2007)呼吁开展"有关太空与安全的结构性对话",如今上述全部组织均已加入该结构性对话。这一论坛确保行为体间的协调并促进有关各种太空与安全问题的政治对话，从而确定随后通过各行为体的正式决策程序或共同程序（如航天理事会会议）执行的行动方向。太空与国防领域之间的这种对话日渐增多，有助于进一步制定欧洲太空安全政策，更好地支持欧洲的安全与国防需求。

同时，还要求现有相关组织与机构不断发展。这些现有组织巩固了专业知识，获得了新知识，并建立了适当结构与工具，以成功开展工作。例如，ESA 正在进行安全方面的计划。ESA 一直以来主要进行科研与民事计划，资金来源于民事预算，《欧洲航天局公约》并未将该机构仅限于民事活动，仅是提到了"和平目的"。

2004 年 3 月，ESA 理事会实际提及了《对 ESA 与国防领域的意见书》（ESA，2004）。在该意见书中，ESA 宣布自己能为 ESDP 的太空部分助一臂之力，承认国防领域正成为欧洲太空政策的关键性问题（"太空涉及安全领域，而安全也涉及太空领域"），提出《欧洲航天局公约》第二篇中提及的"和平应用"不能解读为限制 ESA 进行军民两用活动的权限，只要这些活动不具侵略性。其实 ESA 正逐渐向国防领域开放，并正在进行具有国防及/或安全性质的计划，如"伽利略"、GMES 计划及 SSA 准备计划。这些计划也将拥有军事用户，ESA 现已收到了国防部的有限注资。因此 ESA 已调整了运作程序与方式，如由 ESA 太空安全办公室（负责 ESA 中心与资产的物理安全及相关 ESA 人员的认证）建立、由 ESA 在 ESTEC 处实施用于管理"伽利略"发展计划的安全程序。

最后，为协同增效、实现最大程度的互补，这些组织也制定了具体研究活动和计划的适用合作框架。于 2009 年制定的《欧洲国防、公民安全及太空相关研究的框架合作》（EFC）就是其中一种机制，EC、EDA 及 ESA 通过此类机制协调其研究活动，确保协同性的发挥与资源的最优利用。这些组织还制定了双边框架协议以及相关安全协议，以促进纲领性合作，如 ESA 与 EDA 于 2011 年 6 月签署的《行政安排》及于 2012 年 11 月制定的相关《安全安排》。基于其互补角色及活动，ESA 与 EDA 在很多方面建立了合作关系，包括情报收集、监视与侦察，地球观测中的军民协同性，用于 UAS 任务的卫星服务及移动卫星通信。合作内容包括在不同领域采用不同方案增加活动、增强双方的互补性以及发挥军民需求间的协同性。

第一个例子涉及用于 UAS 命令与控制的天基服务，为此曾经启动了一项联合演习任务。该联合任务进行了两项平行的可行性研究，研究对象为卫星对欧洲领空 UAS 一体化的支持作用。该任务由各机构分别进行，是由双机构共同投资与管理的首个项目。在地球观测方面，对安全服务系统地面段系统的平行研究正在进行中。正如军民协同性专责小组所建议的,这些研究调查了如何以综合方式通过将现有地面段联网创建安全与国防服务;ESA 研究着重于民事安全服务,而 EDA 研究着重于军用服务。ESA 最近还利用其并行设计实验室帮助一项关于支持 CSDP 的 ISR 能力的 EDA 研究。这一创新性合作是综合 ISR 方法的具体案例。在不久的未来,这些领域的合作会得到加强,在通信(特别是移动/战略性通信)领域得以进一步发展。最后,EDA 和 ESA 与欧盟委员会在关键太空技术方面已开展了 3 年多的合作,以实现欧洲在这一方面的独立能力。

21.2.3 拓展安全概念,聚焦军民融合

就欧洲能力发展而言,始终特别强调利用军民协同性造福所有安全与国防行为体。在太空领域,2007 年的《欧洲太空政策》要求"提升军用与民用太空计划之间的协调性,特别是寻求安全领域的协同性"(航天理事会,2007)。鉴于军民太空应用在技术、基础设施与产业基础方面具有共性,而欧洲对太空与安全的投资有限,所以提升协调性及确保所有相关活动的一致性看来的确至关重要。为避免工作重复,最大限度地利用可用资源(特别是在当前经济与金融危机的情况下),有必要制定一个通用方法,利用所有可能的各级军民协同性。

大部分太空技术基本具有两用性。尽管这些技术的应用范围与应用背景可能各异,但技术、专业知识、多数工具及地面与太空基础设施在军民领域都是共用的。安全与国防服务确实有一定的限制,但仅部分技术领域是针对这些应用的。欧洲已开始出于安全与国防目的利用太空且将持续基于从民事应用与民用系统获得的大量经验利用太空。最后一点同样重要,协调的欧洲行动的实施效力将取决于欧洲政府间、公共行为体及仍是这一领域主要参与者的国家行为体通过一致努力实现最大协同性的能力。

在欧洲为民用途成功开发的各种太空计划的基础上,欧洲的一些活动正在解决安全和国防需求。

第一步是使出于民用目的开发的太空系统越来越多地用于安全与国防用户。很多民用基础设施在发射器、气象学、通信、影像、海洋学、导航、环境监控及万有引力场研究等领域都投入军用。尽管这些基础设施现在被安全与国防行为体使用,但这一用途并不限制或决定其最初的发展规范。

《空间与重大灾害国际宪章》即是其中一例。各航天局之间的这一独特国际性合作最初由 ESA、CNES 与加拿大航天局于 1999 年开始,利用天基数据与信息在发生重大灾害紧急事件时支持救灾工作。这一合作旨在向自然或人为灾害的受灾者提供统一的太空数据采集与传输系统,并自 2012 年 9 月以来向各国灾害管理部门开放。影像传输不向用户收费,但仅限即时响应阶段。世界

各国航天局与航天卫星运营商均可在自愿基础上使用该宪章,无需任何资金交易。目前该宪章拥有致力于民用(与最新的两用)资源的 14 位成员。

迄今为止,提出的请求涵盖自然灾害(如洪灾、飓风或森林火灾、地震以及火山爆发或山体滑坡)与技术灾害(如石油泄漏和工业事故)。自 2000 年该宪章生效以来,共有 120 多个国家在 360 多次灾害(截至 2012 年末)中启用该宪章。

随后,整合安全与国防要求的新太空计划启动。为从民用与军用需求的整合中取得最大利益,最近部署的许多主要应用计划从开始就设计为军民两用。已研制出国家层面的军民两用系统,如意大利雷达 COSMO-SkyMed 与法国昂宿星(Pleiades)光学系统。这一趋势从欧洲层面上看更为明显:"伽利略"计划与 GMES 计划是欧盟在民用框架内制定的两个民用旗舰计划,但也将为安全与国防用户服务,这一点在计划制定与实施时就已纳入考虑。

GMES 紧急事件管理服务目前为民防与人道主义行为体提供全球性服务及全天候应急响应,提供的产品包括参考地图、洪灾风险分析与绘图、森林火灾监控、山体滑坡监控、地震破坏力预测评估以及面临人道主义危机时的援助支持。这一服务不应仅限于紧急响应阶段,而应涵盖整个危机周期。GMES 安全服务将能为 EEAS、边境与海事监视行为体及成员国提供情报与预警信息。对抗自然灾害、人口压力、土地退化及非法活动时,一系列危机指标应能衡量后果并触发警报。其他产品应能监控和分析人口流动情况(包括跨境活动与走私)、监控核设施与其他条约相关的基础设施,并能检测关键资产的相关变化。这一服务也可在危机期间与危机过后的重建期间为欧盟的介入工作和公民遣送工作计划提供支持。GMES 的发展将在很大程度上帮助欧洲在国际政治、气候变化适应、环境保护与人道主义援助等领域发挥全球性参与者的作用。

欧洲针对安全采取的独特措施也体现在 ESA 出于危机管理目的采取的 GI-ANUS 举措。在 2010 年 11 月举行的第七次航天理事会会议期间,欧盟与 ESA 的部长们承认"欧盟加强参与安全与国防事务的原因是《里斯本条约》有相关规定、EEAS 成立以及危机管理作为 EU 及其成员国在欧洲与全球进行活动的关键要素具有重要意义""因此邀请欧洲委员会与欧盟理事会在 EDA 的协助下与成员国及 ESA 合作探索通过经济地利用稳健、安全且有效的太空资产与服务(整合全球卫星通信,以及地球观测、定位与授时)及适当充分利用军民两用协同性为满足当前和未来危机管理能力需求提供支持"(航天理事会,2010)。

为顺应这一号召以巩固欧洲的响应能力,ESA 启动了多项研究,这些研究强调太空系统为危机响应提供的独特能力,也指出这些系统的局限性,从而提出要将其与非太空系统进行整合的要求。这些研究表明,须确保现有系统的可持续性,以确保对危机管理行为体至关重要的现有服务的连续性,确保服务从准备阶段向完全投入应用阶段过渡。研究还表明,正在进行的发展项目(包括"伽利略"计划)完成后,会对很多新计划服务有重大意义,且基于现有系统的附加服务可能会在短期内提供令人满意的成效,这就要求进一步地服务开发以及应对政治与制度问题的行动。研究最后得出结论,增强欧洲的未来响应能力需要新的系统,从而也就需要开发新基础设施。但由于能力和成本原因,这些新系统须与其他应用/用户共享。如果部分系统可在 2025 年前投入使用,则须在短期内开发新技术。

在结构性对话框架内开展的新活动也增强了所有欧洲太空与安全组织之间的合作。例如,"伽利略"PRS 或 GMES 安全服务的发展要求所有这些组织进行协调。ESA 与 EDA 在过去数年间显著加强了合作,旨在探讨太空资产对欧洲危机管理及共同安全与国防政策领域的能力发展的附加价值与贡献。基于其互补角色与活动,ESA 与 EDA 在很多方面进行了合作,包括情报收集、监视与侦察,地球观测中的军民协同性,用于 UAS 任务的卫星服务及移动卫星通信。ESA 与 EDA 也与欧盟 CGS 和 EC 就空间动态感知开展了合作。

欧洲出于安全目的的太空发展源于人们越来越关注太空资产的安全,更广泛地说,是越来越关注太空环境的可持续性,这一点对整个欧洲社会来说越来越重要。

21.3 欧洲对其太空资产与太空可持续性的保护

欧洲人越来越依赖于太空系统提供的服务,这一趋势在未来仍会继续。天基服务已成为他们日常生活中不可缺少的部分,这种依赖比他们实际意识到的还要深刻得多。出于安全与国防目的的太空应用越来越多,从而使人们更为依赖太空。于是太空系统成为关键基础设施;这些系统对欧洲社会与经济的运作具有不可或缺的作用,因此也就成了软肋之源。欧洲须确保能保护这些关键资产,并能维护其所提供的服务。这就要求保证太空环境的可持续性,保护其太空系统及相关地面基础设施免遭人为与自然灾害。欧洲运行的在轨运行卫星约占总在轨运行卫星数量的 20%,是太空碎片的第四大制造者。从太空的战略层面而言,也要求欧洲在很多领域能有自主权,以确保延续其太空活动带来的利益。

首先,当前越来越多的太空行为体影响太空环境的可持续性:目前有 10 个国家能发射卫星,55 个公共实体在运行卫星,还有无数私人实体在运行商用卫星。太空可持续性还受到越来越拥挤的轨道、稀缺资源(如轨道位置或轨道频率)运用(目前有 1300 颗在轨运行卫星,其中 400 多颗在对地静止轨道)以及太空碎片的迅速增生威胁。自 1975 年以来,约发射 5000 次,卫星在轨爆炸共 240

起,目前美国太空监视网监控的人造物体有22000个,其中60%为碎片。事实上,仅5%的碎片进行了登记,而1~10cm尚未进行登记,尽管其速度能造成卫星失效或对ISS造成致命事故。2009年"铱"卫星与"宇宙"卫星的碰撞产生了1500个碎片。

太空可持续性已成为全球共同关注的话题,这就要求制定国际性解决方案。这一挑战引发了数个政治举措及相关技术提案。欧洲及其成员国正处于这些问题的最前线,在政治与计划层面均发挥主要作用。欧洲主要通过《国际外层空间活动行为准则》这一提案处理太空可持续性问题。欧盟这一提案的目的是以透明度与信任建立措施的开展为基础、通过将一个实用且能增值的程序作为增强外层空间安全和限制太空碎片产生的手段来提高太空中的安全。

2008年12月,欧盟理事会正式通过《国际外层空间活动行为准则》草案初稿(欧盟理事会,2008b),在与主要航天国家进行首轮磋商后,于2010年9月正式通过修订草案(欧盟理事会,2010)。根据新的修订草案,欧盟理事会授权欧盟高级代表进行更深入、更广泛的磋商。EEAS正在主导这一流程,在2011年与很多国家讨论了这份提案。欧盟政治与安全委员会(PSC)于2011年9月同意在2012年6月召开的多边专家会议上对欧盟提案进行多边磋商。欧盟提出了一份更新提案,要求进一步的多边磋商。下一次会议计划在2013年初进行。这一流程仍在进行中,最终会形成定案,届时所有国家可在特设的高层外交会议上根据自愿原则签署这份准则。联合国大会也会对该准则进行商议或以投票方式进行决议。

欧洲还通过其成员国积极参与另外两大正在进行的处理太空可持续问题的国际举措:联合国COPUOS科技小组委员会的外层空间活动的长期可持续性工作组与联合国外层空间TCBM问题政府专家组。

联合国外空委工作组的成立是为了起草相关建议,为2014年联合国大会上的具体决议提供基础。这些建议采取自下而上的制定模式,首先专家根据四大议题进行分组:促进地球可持续发展的可持续太空利用,促进太空碎片、太空操作,促进联合空间动态感知的工具、太空天气以及针对太空领域行为体的监管制度与指导。其中三个专家组由欧洲专家担任主席或联合主席。

联合国外层空间TCBM问题政府专家组是联合国大会负责安全与裁军问题的第一委员会的另一倡议。该专家组成立于2011年,任务是制定可确保至2013年中期太空领域的战略稳定性的TCBM建议书。该专家组由15位国际专家组成,其中4位是欧洲专家。

自20世纪90年代以来,欧洲及其成员国一直作为IADC积极参与解决太空碎片问题,制定了《空间碎片减缓指南》(IADC,2007)。准则由ASI、CNES、

DLR、BNSC/UKSA 与 ESA 的专家共同制定,旨在限制正常太空活动期间释放的碎片,最大限度地减少在轨解体与碰撞的可能性,并移除密集区域中不再运行的空间物体。基于以上情况,联合国 COPUOS 于 2007 年通过了这份《空间碎片减缓指南》(COPUOS,2010)。

这些举措得益于技术与系统的发展,特别是处理太空碎片相关挑战的技术与系统。其中太空监视与追踪能力的发展为首要条件。欧盟成员国拥有可能成为欧洲 SSA 系统一部分的宝贵资产,包括雷达传感器、望远镜、太空气象传感器、安全数据通信网络、存储与计算以及人类专业知识。目前成员国之间已在共享部分资源与数据,如法德两国合作利用从法国 GRAVES 监视雷达与德国 TIRA 追踪雷达获取的数据以及合作对位于特内里费岛天文台的 ESA 光学太空碎片望远镜、La Sagra 天文台的西班牙望远镜与齐美尔瓦尔德天文台的瑞士 ZIMLAT 望远镜进行投运前验证。

然而,这些系统具有很大的缺陷:很多传感器需要升级才能使用,而其他的虽然技术性能高,但可用性非常受限;因此,欧洲依赖美国获得在轨物体信息与碰撞的潜在风险,缺乏及时准确获取在轨物体信息的自主能力。这种缺陷促使 ESA 在 2008 年启动空间动态感知准备计划,该计划旨在为欧洲提供自主探测、预测及评估因空间物体、在轨爆炸以及空间物体再入所产生的风险。这一准备计划包括研发两台用于测试太空碎片探测方法的监视样机。2012 年 10 月在西班牙的桑托尔卡斯附近部署了一个单基地雷达,在法国的杜勒克斯与帕莱索也将会部署一个双基地雷达。作为广义空间动态感知活动的参与者,欧洲也不断发展其太空威胁监控能力,包括太空气象与 NEO。2012 年 11 月的欧洲航天局部长级理事会上,这一计划的后续阶段启动,将更加注重太空气象与 NEO 活动。与此同时,欧洲委员会目前也在努力就欧洲层面的太空监视与追踪服务的部署与活动达成决议。

欧洲还采取了其他补充性举措来处理太空碎片减缓与整治问题。太空环境保护是 ESA 新"清理太空行动"的首要任务之一,该行动的部分内容旨在限制未来欧洲太空任务产生的碎片数量,并研究空间碎片主动清除技术。

为保护太空系统,不仅应保护太空环境,还应保护这些系统运行所需的地面基础设施,因为这些设施可能会是(事实上一直都是)物理攻击与网络虚拟攻击的目标。对太空系统进行网络虚拟攻击的方式多种多样,如进入运行卫星的控制系统、在卫星研发期间植入恶意软件等。太空系统收集或传输的数据与信息也需要予以保护。在欧洲,地面基础设施的保护越来越受到卫星运营商及所有者的关注。所有欧洲利益相关者都面临着共同威胁,因此正在合作解决这些问题,如 EC、EDA 与 ESA 最近在协调各自对网络安全方面的研究活动。特别是 ESA 正在研究如何通过技术开发来保护其作为公共机构与研发机构的安全、保护其数据与信息、保护其自身任务、确保其为第三方研发的卫星的安全以及满足商业 SATCOM 运营商的安全需求。

欧洲越来越依赖太空系统，因此也需要确保欧洲有一定的自主能力并减少其对欧洲以外国家和地区的技术依赖。为维持自主决定和行动，欧洲需要能自主进入太空的能力和其自己的太空系统。还应降低其对关键太空技术与部件的非欧洲供应商的依赖，这就意味着欧洲须以符合成本效益的方式掌握最具战略性的技术并维持欧洲供应源。这要求具有由充分行业政策支持且能明确这些技术与针对性措施的机制。自 2008 年以来，EC、ESA 与 EDA 已合作为欧洲明确并研发了关键太空技术，以确保欧洲能具备进入太空的技术与产业能力，特别是卫星及其发射器的制造能力。

21.4　结　　论

过去 10 年来，"出于安全目的的太空利用""太空中的安全"与"太空安全"一直是欧洲的三大重要议题。安全已成为欧洲太空活动的关键因素，其重要性仅次于这些活动的社会经济考量因素，而且这一趋势还可能继续发展；因此，欧洲层面上有关安全与国防的太空活动也有望得到发展，最终使其重要性与欧洲在太空方面的能力、抱负及太空资产整体相称。

参考文献

4th Space Council (2007) Resolution on the European Space Policy, 10037/07

7th Space Council (2010) Global challenges: taking full benefit of European space systems, 16864/10

EU Council (2003) A secure Europe in a better world-European Security Strategy, ISBN 978-92-824-2421-6

EU Council (2008) Report on the implementation of the European Security Strategy-providing security in a changing world, S407/08

EU Council (2008) Council conclusions and draft Code of Conduct for outer space activities, 17175/08

EU Council (2010) Council Conclusions concerning the revised draft Code of Conduct for outer space activities, 14455/10

European Space Agency (2004) Position Paper on ESA and the defence sector

European Parliament (2008) Resolution on space and security 2008/2030(INI)

Inter-Agency Debris Coordination Committee (2007) IADC space debris mitigation guidelines, IADC-02-01, Revision 1

United Nations (2010) Space Debris Mitigation Guidelines of the COPUOS

阿格涅什卡·卢卡申吉克
美国安全世界基金会,比利时布鲁塞尔

国际社会一直以来都有一个共识,越来越多的行为体涉足太空且发射的物体越来越多,太空变得越来越拥挤,然而太空环境却是非常脆弱和需要保护的。外层空间的长期可持续性将会保证太空基础设施得以长期利用,从而造福人类。所有的太空活动都应该负责任,关切所有行为体的利益,因为任何行为体的资产都可能会受到太空碎片、太空气象及人类威胁的影响。欧洲作为一个航天行为体,受到各种与太空安全相关的威胁与困境的影响。本章将对欧洲在太空安全事务上的参与度及相关措施进行评价。

22.1　引　　言

国际社会上发生了很多在近地轨道上由太空碎片造成的事故,因此太空安全问题越来越受到重视。但外层空间的长期可持续性也面临着各种风险。确保太空环境的安全稳定对全球社会都有非常重要的意义,欧洲也不例外。由于涉足太空活动的行为体不断增加,太空物体也不断增加,所以需要制定一些太空规则来保护太空资产,使其持续不断地造福人类。太空环境很脆弱,因此问题不在于是否应该保护它,而是应如何保护它。

曾经一度认为只有美国、苏联(后来的俄罗斯)、欧洲(某种程度上)等富强的发达国家才能进入太空,并从中获益。但近年来,拥有太空资产的政府与私人航天运营商越来越多,太空活动也随之剧增。如今参与太空活动的不再只有发达国家。目前有9个国家具有卫星发射能力,50多个国家与国际组织拥有或运行各种规模的卫星。此外,还有私人公司、高校以及研究机构拥有并发射微卫星/立方体卫星/纳卫星。因此,某种意义上来说,它们也是太空行为体。如今,太空计划与其他相关技术逐渐成为很多新兴的航天国家的国家战略和政策中的一部分,这些新兴的航天国家力图巩固其国际地位、安全与经济利益。据估计,目前有 1000 颗在轨运行卫星,22000 个大于 10cm 的太空物体(40%为停运卫星,55%为其他物体的碎片)。此外,还有约 45000 个 1~10cm 的太空物体以及数百万(估算值)小于 1cm 的碎片。

因为太空不属于任何人,所以理论上人人都可自由进入太空,而太空也应该用来造福全人类。太空时代之初,这一观点仅是理论,因为在那时只有两个国家有能力进入太空并从中获益。而到了现在,形势发生了巨大的变化。现在人们不仅尝试将太空用于军事、商业及科学,而且试着将其用于休闲娱乐。太空旅游已经过了数年的探讨,且正逐渐变成现实。

一方面,令人激动的是,越来越多的个人、公司和国家终于能较容易地进入太空;然而,关注利益的同时,也不可忽视所付出的代价,因为会带来很多潜在的威胁。所以确保太空活动的可持续性刻不容缓。涉足太空的行为体越多,就意味着重要的轨道上越拥挤,太空碎片越多。因此需提高人们对太空活动利益的认识。不仅应鼓励新的公共或私人行为体参与太空活动,还应教导他们如何成为负责任的行为体。在此背景下,能力建设至关重要,因为一个行为体的失误会影响所有的行为体,就这一点而言,太空环境具有独特性。一个 10cm 或以上的太空碎片可对卫星造成严重的损害甚至损毁,后果会很危险,付出的代价会很大,因此,新太空参与者应能正确地认识太空环境并制定适当的政策。

自 2008 年末以来,太空安全形势发生了很大变化。2009 年 2 月,"宇宙"2251 卫星与"铱"33 卫星碰撞,引起了人们恐慌,因此人们采取了很多令人鼓舞的措施,从而出现了很多太空安全方面的单边的与国际性的举措。如今,全球航天界拥有对太空稳定方面前所未有的大有所为的机会。

22.1.1 对条约与协定的推动

欧盟于 2008 年 12 月通过了《外层空间活动国际行为准则》草案,并于 2010 年和 2012 年分别对其进行了修订。UNCOPUS 同意成立工作组,为将于 2010 年初完成的太空活动制定最佳实施准则。2009 年 5 月,裁军谈判会议通过了一项工作计划,计划对"防止外层空间军备竞赛"相关问题进行实质性商议,并成立负责解决此问题的工作组。然而,巴基斯坦政府对该工作计划中与太空问题无关的议题持反对意见,后来这造成裁军谈判会议暂停了对太空问题的正式商议。

国际太空界目前正在考虑其他几个提案,包括 2008 年 2 月的中俄《防止在外层空间放置武器、对外层空间物体使用或威胁使用武力条约》草案、加拿大政府 2009 年工作文件《透明度与信任建立措施草案以及空间安全条约提案的优缺点》,及亨利·史汀生中心提出的《禁止对空间物体使用毁灭性打击方式及试验条约》。

22.1.2　美国政府工作重心的转移

奥巴马政府致力于改变其针对太空安全的措施。回顾自 2009 年夏初以来的美国国家太空政策,奥巴马政府比布什政府更注重国际合作机制。美国国防部负责政策的副部长米歇尔·弗卢努瓦写道:"首先,美国战略须基于普通意义上的实用主义,而非思想意识。美国国家安全战略须基于对新的安全环境带来的挑战与机遇的清晰评估及我们国家利益衍生出的现实目标。"例如,当前的美国政府公开支持透明与信任建立措施的举措,以及他们积极参与联合国成立的解决太空问题的政府专家小组。这也就再次确认了美国对机构间空间碎片协调委员会编制最佳实施准则的支持。

对国际太空政策越来越感兴趣的另一个原因与美国对贸易自由的兴趣有关。美国支持"自由公平享有全球公地"的观点。美国政府计划将目前跨大西洋的技术标准探讨扩大到国际探讨。因此美国声称会致力于为太空活动制定统一的全球标准,这体现了太空活动越来越相互依存的现状。

22.1.3　虽有武器试验但未发现太空武器

尽管最近进行了武器试验,但并没有运行的太空武器系统。"传统"军备控制谈判处理的是已经部署(大部分现有条约中均有所述)的武器,但与之相反的是,太空界持续进行讨论的是"预防性"的军备控制(应对尚未部署的武器)和技术尚未成熟时的情况。

22.2　欧洲在太空安全中的角色

自冷战结束以来,太空活动的形势已发生了变化,出现了很多新的太空行为体,这将欧洲推向了一个备受关注的地位,即欧洲可作为太空国际合作的典范,又可作为反对将太空视为扩大实力的唯一手段、为造福公民而从事太空活动的典范。

欧洲的复杂状况既有利也有弊。有利条件显而易见。欧洲在国际合作方面的大量经验是世界其他地区无法比拟的。区域内的国家通过其所在的联盟(主要为欧盟)进行多边合作。欧盟在很多领域对其为实现共同目标与利益而开展合作的成员国有超国家的权力。此外,世界上现有的唯一的一个国际航天局在欧洲,即欧洲航天局,该局为其所有的成员造福。

可能有人认为,正因为有这么多成功的国际性/区域性合作案例,欧洲才成为国际舞台上国际合作方面的领导者,但基于欧洲内部合作框架内取得成效的工作,在国际上与非欧洲的合作伙伴进行合作时相当难完成,特别是在太空安全问题方面。因为在这一点上,欧洲并没有达成一致。欧洲航天局具有太空管辖权,各成员国也如此,很多成员国都设有航天局/航天办公室。而且,自2009年12月起,根据《里斯本条约》第189条,欧盟与其成员国共享太空管辖权(《里斯本条约》,2009)。这一切都使得欧洲形势复杂化,欧洲被认为是国际性太空行为体。我们谈及太空时,欧洲代表什么?是欧洲航天局、欧盟还是欧洲各国?这都视情况而定,而这正是问题复杂的原因。

由于欧洲缺乏统一的太空治理,第三国经常选择与个别的欧洲国家、欧洲航天局或欧盟进行双边合作。与某个欧洲实体的合作可能进展得不顺利,但与另一个实体的合作可能会成功,这样的情况并非不可能。与中国的合作就是如此。例如,在20年前,欧洲航天局通过为中国用户创造数据接收的条件,使中国参与其欧洲遥感卫星(ERS)计划,这一合作最终是非常成功的。另一个与之相反的事例是,欧洲的GNSS项目“伽利略”计划的合作曾出现问题。当时该项目是仍处于初级阶段的公私联合项目,因此欢迎国外行业参与。2005年,中国同意投资该项目,但到2007年,应其成员国的要求,欧洲委员会重新调整了“伽利略”计划的预算及组织运营,在项目实施中发挥了更重要的作用,使该项目成为高度政治化的议题,并对欧盟具有战略性利益。因此,中国便不再适合参与。但针对这一失败案例的探讨仍在继续。目前,中国“北斗”卫星导航系统与“伽利略”卫星导航系统的安全信号频率存在重叠的情况,这引发了些问题(欧洲亚洲研究所与美国世界基金会,2012)。

为评价欧洲在太空安全中的作用,我们必须关注涉足太空安全的所有不同参与者。与大部分其他航天行为体一样,欧洲也意识到了天基信息系统在应对各类安全挑战中的重要性。欧洲自主研发全球卫星导航系统(“伽利略”)的理由之一就是不想再依赖由外国军队控制的系统。虽然“伽利略”最初的配置为了民用系统,但运行时将能满足欧洲军队的安全需求,这证明欧洲转而开始对太空有更多的依赖了。当然,与美国在太空资产上的投资相比,欧洲的投资可能仍被认为少得多,最可能的原因是其在经济危机期间资源有限,且需优先考虑其他的政治问题。另外,欧洲在太空安全方面缺乏明确的目标、优先级的设定或远见,这也使欧洲成为难以合作的伙伴。

尽管如此,这并不代表欧洲没有两用卫星的技术经验。经证明,很多计划、举措与研究对欧洲太空安全很有帮助或有望解决问题。除“伽利略”计划(尚未完全投入使用)外,还有一个应对太空安全问题的欧盟太空计划(与欧洲航天局合作)。GMES计划现更名为“哥白尼”计划,是一个综合性的对地观测计划,除其他功能外,还以确保安全为目的(如灾难与危机管理、海事安全及欧盟边境监控)提供对地观测数据。该计划尚未完全投入使用,目前其未来预算仍在审核中。但"哥白尼"计划一旦启用,将会真正成为欧洲及其合作伙伴的资产。某些欧洲国家已在雷达(德国与意大利)与光学卫星(法国)方面形成了竞争力,这也提升了欧洲对地观测举措的效力。

2001 年,欧洲航天局发射了世界上最大的对地观测卫星——"环境"卫星(Envisat),该卫星如校车大小,被视为近 10 年来欧洲在太空拍摄高分辨率地球图像的太空技术上最重大的发展之一。但在 2012 年 5 月,欧洲航天局宣布该卫星"报废"。然而,环境卫星仍在绕地球运行,有可能造成重大太空碎片风险,进而从维护安全的太空资产转变为对安全的威胁。

22.3 太空可持续性与欧洲角色

如本章引言中所述,太空环境非常脆弱,由于社会经济、安全及商业利益等各种原因利用太空的行为体的增多,因此太空环境变得更加的拥挤。很多太空活动都利用同一个地球轨道区域,引发了很多潜在问题,如信号干扰或潜在的碰撞风险。某一行为体不安全或不负责任的行为都可能会对所有行为体造成长期的损害。

为维护太空环境的安全与可持续性,国际社会制定某种太空规则的需求变得越来越突出。但这并非是要阻止对太空的有利利用,而是要确保能保持地球轨道的长期可利用性。促进国际合作,巩固稳定性,提倡负责任的太空活动以帮助预防事故、误解与不信任的产生是太空可持续性的关键要素。

建立某种太空活动的最佳实施变得越来越重要,但公众对当今社会中太空的重要性缺乏足够的认识。"斯普特尼克"卫星、国际空间站、登月计划及各种人类与机器人太空任务启动后,较少有人会意识到当今太空技术的益处。冷战期间,随着首颗卫星的发射升空、人类首次进入太空、成功登月、阻止星球大战等伟大成就的实现,太空在某种程度上成为"热门话题"。如今,航天产业的关注点有所变化,更重视科技,这极大地改善了人类生活,但一直未受到广泛的关注。尽管太空带来的利益已在极大程度上融入了我们的日常生活,但大部分人都没有进行过深思。

此外,现在的威胁与成就的性质与冷战时不同。尽管迄今为止没有部署在外层空间的武器的记录。2008 年,印度成功将自主研发的探测器送入月球。此外,在全球范围内,越来越多的发展中国家开始投资太空技术,就各种太空项目开展合作,并自主研发卫星。

近年来,国际社会开始承认建立某种太空规范或规则以保护太空环境,使其可长久造福人类的重要性。欧洲在很多行动上发挥了重大的作用,表明其对这一问题的理解及致力于解决这一问题的决心。如在 2007 年,联合国和平利用外层空间委员会主席热拉尔·布拉谢向委员会提交了一份关于外层空间长期可持续性的白皮书。第二年,法国代表团宣布其计划向 UNCOPUOS 提交一份正式的提案,新增一项有关可持续性问题的议程。这促成了 2010 年外空活动长期可持续性工作组的成立(Chow,2012)。目前,该工作组有四个专家组正积极提交建议,这些建议最终会在联合国大会上进行投票表决。

欧洲在另一项有关太空的可持续性倡议发挥了主导的作用,即制定《外层空间活动国际行为守则》草案,该守则在法国轮值欧盟主席国时首次提出,随后在 2010 年及 2012 年进行了修订。该守则呼吁各国"制定并执行政策与程序,最大限度地减少太空事故……或防止以任何形式对他国和平探索与利用外层空间进行有害干扰"(欧盟,2012)。该守则基于以下三原则:

(1) 以和平为目的自由进入太空;

(2) 维持轨道上空间物体的安全与完整;

(3) 合理考虑各国合法的国防利益。

该守则不具法律约束力,而是各国间的一份自愿协定,没有正式的实施机制。其为所有签署国提出了太空活动、碎片控制与减缓、合作机制及组织方面的措施。目标是最大限度减少太空事故、避免除自卫或减缓碎片目的以外的航天器故意摧毁、提倡太空安全与可持续性、实现战略稳定并实施 UNCOPUOS 的《空间碎片减缓指南》。此外,该准则提出了合作机制,包括发布发射与危险再入的通知、向相关方发布军事演习或碰撞的通知、适当时共享政策以及建立磋商与调查研究的渠道。最后,该准则提议组织双年会、采用共识决策法、成立中心联络点并建立数据库以方便信息的管理(Chow,2012)。

国际社会对《外层空间活动国际行为守则》草案的反应不一。如 2011 年 2 月,37 位美国共和党人表示,他们"非常担忧"该守则,因为奥巴马政府的简报并不够充分,导致人们误以为该准则会限制导弹防御或反卫星武器。但 2012 年初,美国国务卿希拉里·克林顿代表美国表示赞同该准则的内容。此外,加拿大、澳大利亚、日本及其他少数国家也表示赞同该准则。

但很多国家认为欧盟未同它们进行恰当的商议,且没有认真对待它们的意见;因此,受到严重质疑的并非是该准则本身,而是其外交程序运行的并顺畅,且在制定的过程中发生了很多的失误,这导致许多国家并不支持该准则。例如,中国一直都对该准则缺乏兴趣而是极力地在推进它们的 PPWT 提案。尽管俄罗斯一直都愿意与欧盟合作,但其与中国一样表现出对该准则商议程序的不满,如果俄罗斯的反馈意见能被接纳,它们会考虑该准则,因为它们将其视为

PPWT 达成的垫脚石(Lukaszczyk,2012)。国际社会的所有反应表明了欧盟需要加强外交手段,才能成功地促成这一举措。这是欧洲在太空可持续性/太空安全有关的国际性举措中发挥领导作用的机会,如果因管理程序不当而导致失败,将会颜面尽失。

需谨记的是,太空安全可能是非常敏感的政治问题。因此,无论相关举措多么有益,像美国、中国或俄罗斯等航天大国都难以领导国际太空安全倡议,因为背后存在复杂的政治因素和影响。但欧洲例外,因为欧洲是传统东西方强国间的中间人。欧洲往往已代表了一种国际观点,因其保持中立且由多国组成。与上述的国家相比,欧洲的观点会更中立。迄今为止,欧洲在太空方面并没有成功地发挥此作用,但如果认真处理,仍还有机会。

22.4　欧洲针对太空安全的措施

为理解欧洲在太空安全问题上的立场或者有时立场缺失的表现,需要认识的是欧洲从事这些事务的时间尚短。欧洲太空计划一直以来都是以民用与科研为目的而设计,欧洲航天局的工作重心一直是民用与和平计划,直到最近几年欧洲才开始重视以战略军事或危机管理(这对欧洲的安全大有裨益)为目的的太空技术的优势。上文所述的"伽利略"计划与"哥白尼"计划均是两用计划。这意味着计划是为了军民两用的,尽管欧盟极力将其"卖点"定为纯粹的民用。两用技术在欧洲仍保留着高度政治化的特点,这主要是因为其对 CFSP 与 ESDP 的范围缺乏共识(Pasco,2010)。

由于人们已经认识到太空碎片具有严重威胁性,且了解太空状况对欧洲大有裨益,所以欧洲一直在商议另一个项目,即泛欧洲空间态势感知系统。遗憾的是,因资金缺乏和欧洲内部协调不足,该项目还不能与"伽利略"计划或"哥白尼"计划同日而语。主管该计划的人选也尚未明确,EDA 与欧洲航天局均为候选人,但尚未确定。同时,德国与法国一直在紧密合作,两国交换太空的监视数据的同时,致力于研发更好的 SSA 系统,该系统未来可能会成为全欧洲共用系统,但由德法两国而非单个欧洲实体管理。

2008 年的欧洲航天局部长级理事会表达了对欧洲 SSA 系统的支持,并拨出一笔很大的预算(3 年 5000 万欧元)。该计划将注重于对空间物体的、太空气象及近地天体的监视、跟踪与成像。一年后,其重心稍微偏于"涵盖太空治理、数据政策、数据安全、体系架构与太空监视的一个核心要素和三个附加备选要素":太空气象研究、NEO 监视及飞行数据中心(明确太空在欧洲制定全球目标时所扮演角色的部长级会议,2008)。欧洲航天局在继续进行该计划,因此,包括多国实体在内的主要欧洲行为体似乎明白研发一个适用 SSA 系统的重要性及紧迫性。但迄今为止这都缺乏有力的协调与合作，可能会令那些渴望分享数据并想努力实现国际 SSA 系统的其他国际性合作伙伴失望。

22.5 结　　论

由于欧洲并非统一的行为体，而是多个行为体联合起来力图达成协定与合作，所以欧洲总是面临着挑战。各实体间也经常相互竞争，因为欧洲的天基事务的治理并不明确，包括权限分配与合作架构。《里斯本条约》呼吁欧盟制定欧洲太空政策，政策应明确与欧洲航天局的关系并协调欧洲范围内与太空相关法律法规。这是实现恰当欧洲太空治理的第一步。应该规定各行为体间的责任与权限，以实现欧洲实体间的有效合作，使它们在应对国际合作伙伴时能达成共识。这会使太空安全方面的国际合作简单和有效得多。当前，总是有人提出："如果想讨论太空问题，如何联系欧洲？"该问题没有明确答案，导致了很多重复的工作且增加了很多与不代表欧洲整体的个别实体的双边磋商。

即便如此，我们也须谨记欧洲仍在努力为其太空活动建立总体的结构，尽管还有很多需要改善的地方，且欧洲还需要时间与耐心来制定正确的内部太空政策与治理计划，以改善欧洲在太空安全和其他太空方面的合作。期望欧洲像一个国家一样行动是不现实的，毕竟欧盟不是一个国家，而是代表多国的观点与利益的区域性组织。就这一点而言，与个体国家相比，欧洲需要花更多的时间才能承担特定的职责。

如果欧洲能做好内部组织工作，就能在太空安全问题上成为真正的国际性领导者。其地理位置与政治地位都有助于欧洲成为各太空安全倡议的理想中间人。欧洲有望基于现有的国际视野和对达成特定目标所必需的妥协的理解，成为强大的太空行为体。因为欧洲的多国与多组织性质，一旦欧洲达成协议，这份协议会比个体国家（特别是美国、中国及俄罗斯等对太空具有很大兴趣的国家）的协议更为公平。《外层空间活动国际行为准则》草案即为有力的证明。世界上大多国家对欧盟的提案没有太大的异议，但它们并不满意该规则相关的外交程序。这更突出了欧洲在太空安全问题上有能力成为无可比拟的领导者，但需要良好组织，以便顺利开展事务。

需注意的是，尽管进展看似缓慢，但欧洲在太空安全方面取得了很大发展。欧洲已经认识到军用太空技术及危机和自然灾害管理的重要性。目前几个计划正在进行中，如"伽利略"计划、"哥白尼"计划及会在很多方面提升欧洲安全的泛欧洲的 SSA 系统（发展程度较小）。

　　遗憾的是,欧洲目前正面临着金融危机,太空问题在决策者的优先考虑事项清单中并不靠前,相应地,对部分太空项目与计划资金的缩减会超出预期。因此,航天部门应提高决策者们对太空如何促进很多其他行业的发展及太空对欧洲的发展与安全的关键作用的认识。后续几年将对欧洲的太空发展很关键。"伽利略"与"哥白尼"计划应完全投入使用。泛欧洲 SSA 系统也应最终启动。《外层空间活动国际行为准则》草案或予以采用或国际磋商失败。最后,欧盟将起草欧洲太空政策。这些都是可喜的发展,将会使欧洲在太空及其他方面得以强化。

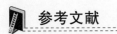 **参考文献**

Article 189. The Lisbon Treaty (2009) http://www.lisbon-treaty.org/wcm/the-lisbon-treaty/treaty-onthe-functioning-of-the-european-union-and-comments/part-3-union-policies-and-internal-actions/title-xix-research-and-technological-development-and-space/477-article-189.html. Accessed 14 Jan 2013

Chow T (2012) Long-term sustainability of Space Activities Working Group fact sheet. Secure World Foundation. Updated 21 June 2012

European Union (2012) Revised draft code of conduct for outer space activities

European Institute for Asian Studies and Secure World Foundation (2012) The Brussels space policy round table:the ups and downs of the Euro-China cooperation

Flournoy M,Campbell K (2007) The inheritance and the way forward. Center for a New American Security, Washington,DC

Lukaszczyk A (2012) International code of conduct for outer space activities Vis-a'-vis other space security initiatives. International Astronautical Congress 2012,Naples,Italy,October 2012

Ministers Meet to Define the Role of Space in Delivering Europe's Global Objectives (2008) http://www.esa.int/For_Media/Press_Releases/Ministers_meet_to_define_the_role_of_Space_in_delivering_global_objectives. Accessed 21 May 2013

Pasco X (2009) A European approach to space security. The American Academy of Arts and Science

UCS Satellite Database. Union of Concerned Scientists. Available at:http://www.ucsusa.org/nuclear_weapons_and_global_security/space_weapons/technical_issues/ucs-satellite-database.htmlLast Accessed on 28 Feb 2013

第23章 日本太空安全

铃木一人

北海道大学,日本札幌

　　日本对太空安全的观点始于一个非常独特的背景。1969年的国会决议在很大程度上约束了日本的太空活动,对"非军事"的解读也限制了日本从事与安全相关的活动。然而,1998年"大浦洞"导弹的发射以及后来的太空政策改革最终导致了2008年《宇宙基本法》的问世。虽然组织文化与历史仍然影响着决策过程,但是,不断变化的安全环境与日本在亚太地区的角色使日本更加积极地致力于保证临近太空和太空中的安全。

23.1 引　　言

　　日本历史上,太空与安全的概念从未紧密联系在一起。任何太空活动都视为出于和平目的,即不能与军事目的相关。这种对"仅限于和平目的"的极端解释受到了诸多关乎日本周边环境安全事件的挑战,最终导致日本通过了2008年讨论的对《宇宙基本法》的重新解释。但是,日本仍然保留历史上对"非军事目的之宇宙利用"的解释(Aoki,2008)。

　　本章将介绍为什么在日本太空与安全不相容和分析太空安全问题的最新进展。本章中"太空安全"的定义不仅仅是指"太空环境安全",同时包括"利用太空系统确保地球的安全"。

23.2 国会1969年"仅限于和平目的"的决议

　　日本限制了其自身出于安全目的而使用太空。作为最先进的工业国家之一,日本具备将太空用于国防目的的技术产业能力。因此,许多非日本太空专家可能质疑为什么日本没有在出于非侵略目的的前提下将太空用于国防目的。

日本保持克制的最主要原因在于《和平宪法》。《和平宪法》严禁日本出于安全目的利用太空。1969 年,日本国会通过了一项"关于太空开发与利用原则"的决议,即广为人知的"仅限于和平目的决议"。该决议规定日本的太空计划可由民用部门而非防御部门实施,并且仅限于用于和平目的的新技术研发(Suzuki,2005)。

"仅限于和平目的"的原则并非最新提出,其在《外层空间条约》以及《ESA公约》中都有提及。然而,日本对这一原则的适用是独一无二的。1969 年,国会在对这一决议进行讨论时,国会议员们认为"仅限于和平目的"原则应该应用于太空与核技术的开发和利用上作为军民两用技术,它们可以被发展用于民用与军事目的。此外,由于日本科学技术振兴机构(STA,目前为 MEXT)负责核技术与太空技术,国会认为太空开发应与核技术开发一样受到严格限制。日本民众自从遭受到广岛与长崎被核毁灭带来的恐惧后,一直对核技术的使用持怀疑态度,即使用于和平目的也被质疑,因此,国会规定核技术的开发仅用于民用目的,在其开发与操作中,不论是管理上、财政上还是政策上军方都不能参与。于是,"仅限于和平目的"这一表述也适用在太空领域。

根据国会决议的解释,日本所有的太空活动都用于科技目的。日本的太空政策战略目标一直是都为了"追赶"其他发达国家如美国及欧洲国家的技术。因此,日本大多数的太空计划甚至是通信、广播以及气象项目一直都是追求卓越的技术。对许多政客而言,太空是"发达国家的面子"(Matsuura,2004),日本太空政策应致力于提高国家的威望。

然而,"非军事"利用太空原则即将根据 2008 年 6 月国会通过的《宇宙基本法》做出修改。该法案的目的在于重新确定日本对太空进行投资的目的和原理,并且,安全这一条款也首次出现在与太空有关的正式文件中。为什么安全这一表述突然出现在草案中呢? 它将如何改变日本的太空政策?

23.3 冷战模式的结束

多年来,特别是冷战时期,日本严格的"非军事"利用太空理念并未受到挑战。原因在于日美同盟已经提供了必要的通信与情报收集太空基础设施。此外,根据日本《和平宪法》的解释,严禁自卫队(SDF)在其领土范围外进行军事部署。然而,冷战结束后,日本不得不开始考虑改变其太空政策(Suzuki,2007a)。

随着冷战的结束,共产主义威胁不复存在了,美国军队驻扎日本的原因也变得不那么令人信服了。虽然美国仍然需要在日本部署基地,却不再是以同盟关系为唯一的条件。单边集体防御政策——根据该政策,美国有义务保护日本领土及军队,但日本军队没有义务保护美国领土及军队——已经变成一个沉重的负担,因此,美国政府想要日本政府在维护全球安全方面承担更多的责任。日本已扩大其在反恐战争中的参与度,例如,通过在阿富汗部署海军支持跨国反恐行动,以及在伊拉克部署地面部队。

正是通过这些行动,日本自卫队已经意识到其技术方面的不足之处。由于自卫队严禁开发与运营其自身的太空设施,不得不依赖于商业卫星通信与商业影像服务。但直至目前,自卫队不能在日本境外进行部署,否则就不需要与除邻国以外的其他国家进行长距离通信或影像。然而,SDF 已经意识到了日本军事技术上的差距,尤其是近年来在美国军事转型与"军事变革"(RMA)方面。鉴于日本负担自身安全的重担以及与美国部队联合行动的不断增加的可能性,SDF 与日本防卫厅(现在为日本防卫省)承认了发展其自身的太空能力的重要性。

此外,由于受到 1998 年朝鲜发射的"大浦洞"导弹经过日本领空的影响,日本民众对于安全的理解发生了巨大的改变。恐慌的日本大众因此要求政府采取措施保护他们,政府立即决定实施 IGS 项目。

23.4 卫星情报收集项目:在法律丛林的夹缝中艰难前行

起初,IGS 项目受到日本太空政策严格的法律约束。IGS 项目的目的显然是监控其邻国(包括朝鲜)的军事活动,但是,该目的被隐藏在"多用途"的卫星项目的表象下。这样就突出了该项目的民用性质,以便符合 1969 年的日本国会决议。

但是这种安排遇到了麻烦。20 世纪 80 年代,美日贸易的摩擦不断升级,美国政府强迫日本开放其公共采购市场,以减少美国贸易赤字。所针对的产业就是能与日本国家太空开发事业集团(NASDA,现在为日本宇宙航空研究开发机构)签订独占合同的卫星产业。美国政府认为将卫星产业排除在竞价招标之外非常不公平,因此,威胁启动"超级 301"条款,通过该条款,美国政府可以对日本出口美国的产品实施惩罚性关税。作为回应,日本政府颁布了《1990 非科研用卫星采购协议》。该协议要求日本政府将民用卫星采购市场进行国际公开招标。结果,大多数民用非科研用轨道卫星与美国的公司签订合同,仅有少部分与日本的公司签订合同(Sato 等,1999)。

由于 1990 年协议,IGS 项目下的民用多用途非科研用卫星成为公开采购程序的一部分,这使得日本政府处于尴尬境地。如果想避免采用 1990 年协议,日本政府就不得不承认 IGS 项目下的"多用途"卫星实际上带有军事任务,这将违反 1969 年国会决议。

但通过仔细解读法律,上述问题可得到解决。政府将卫星的控制权置于 JDA 而非内阁官房——具备国家情报收集任务与危机管理功能的小型行政机关——之下。IGS 因此正式命名为"危机管理卫星",兼有民用与军事用途(Sunohara,2005)。

这一事件使政客们意识到"仅限于和平目的"决议的法律约束没有回旋余地,在后冷战时期不断变化的安全环境下,遵守严格的和平宪法似乎适得其反。

2003 年,小泉纯一郎政府决定参与导弹防御项目,该决定引起了日本太空与安全界的另外一个问题。如果 JDA 完全依赖美国情报来开展反导弹部署,其可能会误击飞向美国领土的敌方导弹。因为击落针对美国领土的敌方导弹是日本行使集体自卫权的行为,而这种行为是违反宪法的,所以日本需要其自身的早期预警卫星以确认美国卫星情报。因此,许多自民党(LDP)成员,尤其是对防御问题感兴趣的人,要求重新考虑 1969 年国会决议中"仅限于和平目的"这一条款。

23.5 河村建夫建议修改 1969 年决议

尽管修改决议的呼声以及降低太空预算的压力不断增加,直到 2004 年底,政府与政客们才采取了行动。2005 年初,日本自民党政客、文部科学省前大臣河村建夫提出对决议进行了修改。河村建夫时任文部科学省大臣时,曾经目睹搭载两枚 IGS 的 H-IIA6 号火箭发射的失败过程。虽然他不负责 IGS 项目,只是负责 H-IIA 的实际发射,但是公众与政府都指责其未对有重要战略意义的卫星项目如 IGS 进行正确监督。从河村建夫的角度来看,那些指责他的人将责任与能力混为一谈。也就是说,即使 JAXA 发射卫星失败,河村建夫认为其仍然处于发展阶段,一次失败是可以接受的。IGS 的首要用户——JDA 慑于国会决议案而不能参与该项目。此外,IGS 的名义上的领导机构——内阁官房由于人手短缺而无法专注于该项目的开发和发射。所以,JDA、内阁官房以及 MEXT(或 JAXA)都未直接负责该项目。在分析这一事实后,河村建夫认为,这次事故是日本国家战略上的重大失误,国家进行必要的改进是势在必行了(Suzuki,2007b)。

2004 年 9 月,河村建夫从 MEXT 卸任后,他组织了一个非正式的研究团体——国家太空战略咨询小组,即河村建夫咨询小组,其成员均来自 LDP,包括 MEXT、经济产业省、JDA 以及外务省(MoFA)的次官。该咨询小组随后对日本的太空政策问题进行了深入的研究,包括对 1969 年决议的修改,以及其他公私合作项目如准天顶卫星系统以及 H-IIA 的私有化工作(Suzuki,2006)。

经过 10 次会议,河村建夫咨询小组于 2005 年 10 月提交了一份超过 100 页的报告。该报告认为日本太空政策缺少清楚明白的战略安排与清晰的机构安排(国家太空战略咨询团,2005)。原因在于日本的太空政策都是由科学技术厅与 MEXT 来主导,没有利用太空来追求国家战略目标的计划,因而导致了日本太空产业的低迷以及其难以在国际舞台上发挥更大的作用。

因此,该报告建议制定一个新的太空政策,并建立起促进制定更加清晰的太空政策的机构结构。具体来说,首先,政府在内阁办公室中设置一个新的太空部门,该部门在日本太空策略中将处于中心地位;其次,报告指出日本太空政策只专注于新技术的研发,缺少对用户需求的关注。因此,报告建议新的太空部门应将相关部门纳入政策的制定过程中,并将他们的需求与研发项目进行整合;同时,新太空部门的负责人有权在当前宪法的框架下,使用日本的太空资产,以推行外交与安全政策。

同时,河村建夫咨询小组的报告也建议修改 1969 年决议。报告建议对该决议的任何修改都应来自于国会,因为该决议是由国会一致同意通过的,因此,国会通过新的决议或法律是使得修改合法化的唯一途径。结果,LDP 成员以及政府对该报告非常满意,因为该报告为日本改变其太空政策铺平了道路。

23.6 太空政策战略目标的合法化

与此同时,河村建夫向 LDP 政调会提交了该报告,并在中川秀直——政调会会长、LDP 三把手的帮助下,河村建夫成立了太空发展特别委员会(SCSD),他自己作为委员会的负责人。2006 年 7 月,朝鲜进行了第二次导弹试验,公众舆论迅速从捍卫和平原则转而要求对 1969 年决议进行更加灵活的解释,SCSD 再次获得了支持。在此背景下,SCSD 于 2007 年 6 月将《宇宙基本法》的草案提交给日本国会审议。该草案不仅获得了 LDP 的支持,同时也获得了自民党联盟伙伴公明党以及最大反对党——日本民主党的支持。DPJ 之所以支持该草案,很大程度上是因为他们认可了河村建夫关于太空是国家的战略问题,不应成为党派政治的筹码之观点。河村建夫主动邀请野田佳彦——DPJ 科技政策团负责人,后为日本首相——加入 LDP 咨询小组,野田佳彦同意加入。DPJ(大多数由自由与和平主义政客组成)的加入至关重要,因为其将确保该草案保持太空政策的和平性质。同时,两党合作能保证 2009 年政府更迭后太空政策的稳定性与一致性。该草案于 2008 年 6 月被国会通过。

《宇宙基本法》最重要的特点在于其制度创新,这一点是根据河村建夫咨询小组的报告做出的。该法建议设置新的太空部门以及太空政策战略总部(SHSP),作为内阁级跨部门的协调与政策制定机构。之所以设置高级别政治机构,是为了确保研发活动与太空系统的利用能够协调进行。多年来,日本太空计划都是根据技术利润与"追赶"其他航天国家而进行制定。然而,在沉重的预算限制下,政府不能负担仅用于技术开发的巨额开销。为保障与维持太空的预算,政府不得不证明太空投资对于政策以及民众服务做出了巨大贡献。太空部门协调不同部门间与太空相关的政策。其中一个部门就是外务省(MoFA),外务省对日本太空技术的利用进行研究,并将该研究作为外交政策的一部分。

该法案的第二个特点与安全有关。《宇宙基本法》的第二条:"我们的太空开发应遵守《外层空间条约》以及其他国际条约,并且遵守《宪法》中的和平主义理念。"换言之,将"仅限于和平目的"视为"非军事"目的的传统解释应不再被适用,反之,政策应符合《宪法》,并且对"和平利用"太空应采取国际标准解释——太空的"和平利用"即为太空的"非侵略"或"非攻击性"利用。新的法律将相应地使日本防卫部门参与太空系统的开发、采购与运行。

另外,《宇宙基本法》的第三条:"政府应采取必要措施,促进太空开发,为国际和平与安全,同时也为我国的安全保障做出贡献。"此项表述过于笼统,第三条可解释为允许政府以进攻为目的利用太空系统。但是由于第二条规定用于国内与国际安全的太空系统应遵守国际条约框架以及日本宪法中的和平主义精神,这意味着日本可利用其太空资产在亚洲进行危机管理与灾害监测以及在其领土外执行维和任务,但是不能用于对外进行侵略行动。第二条也建议日本可利用早期预警卫星进行导弹防御,因为这属于自卫范畴(Aoki,2009)。

因此,这项法律的目的在于增强日本以和平方式解决争端和处理危机的能力,希望仅改变国会决议的解读方式,阻止日本军方利用外空。

23.7　地区与全球安全

随着《宇宙基本法》的出台,政府利用太空来加强国家安全、扩展外交活动至少应该具备法律依据。两个原因表明了安全与外交的结合是非常重要的:

一是,日本为安全而利用太空的主要目的之一是获得保卫自己国家的能力,尤其是通过导弹防御系统来获得。考虑到日本国土面积小,太空并非一个非常有用的工具。它不需要持续的监视与通信能力。然而,在日本不断增强其在国际安全与日美同盟中的作用的背景下,远离国土作战的 SDF 将需要长距离通信与卫星情报。例如,派遣海上自卫队舰队至印度洋以支持美国,或保护商业船只免受到亚丁湾海盗袭击,在阿富汗的联合作战,以及派遣地面与 SDF 空军部队至伊拉克都证实了这一需要。

首支部署在日本境外的 SDF 部队是 1992 年派往柬埔寨执行联合国维和任

务的部队。自那以后,日本部队被派遣至诸多地区,如戈兰高地、莫桑比克、扎伊尔、东帝汶以及南苏丹。现在,大多数日本人不再怀疑他们的国家通过联合国行动为国际安全与和平做出贡献的意图,由此,1969年决议已经变得尴尬与可有可无。虽然1969年决议规定太空开发应"仅限于和平目的",但是在联合国的维和行动中,SDF并不允许使用日本太空资产来维持"和平"。新的法案不仅将提升了日本在支持全球安全方面的行动范围与能力,而且有利于增强其参与国际间行动的效率与效果。

二是,新法案中安全与外交结合之所以重要,是因为日本将能够改变亚洲地区的安全环境。目前,许多问题正在持续地造成该地区的不稳定,威胁地区的安全,特别是朝鲜的核试验与导弹试验、台湾与大陆的紧张关系、中国不透明的安全策略与国防预算、以及各种领土与资源争端,包括与钓鱼岛及其附属岛屿的领土争端。虽然这些冲突在诸多国际条约与美国部队的干涉下已经得到了控制,但是仍需要对其进行密切监控,以便采取建立信任的措施,从而保障该地区的稳定与寻找和平解决途径。当然,日本在其中一些冲突中也是当事一方,需要参与该地区的论坛如东盟地区论坛(ARF)、亚太经济合作组织(APEC)以及东亚峰会。虽然日本承诺在思想和资源方面为这些论坛的发展提供支持,但是日本首先需要考虑的是提升区域的利益和其国家利益。日本也利用其技术优势在该区域充当领导角色。到目前为止,日本一直都在通过亚太区域空间机构论坛来发挥其技术专长。日本在APRSAF中一直都发挥着中心作用,但是该作用的发挥通常是由MEXT与JAXA实施,并未与外务省进行协调。因此,日本起初仅仅是关注技术合作,并未完全融入日本外交战略(Suzuki,2012a)。然而,《宇宙基本法》的制定改变了这种缺乏协调的状态。日本外务省在其外交政策局下设立了太空事务办公室,指派数位外交官致力于利用太空系统与活动为外交事务服务。事实上,MoFA支持了越南会安市开设首个ARF太空安全研讨会,并于2012年在吉隆坡召开的第19届APRSAF上发起了一个关于太空安全的对话。

23.8　防卫省角色的转变

由于《宇宙基本法》的制定,日本防卫省(MoD)的角色发生了巨大变化。2008年以前,防卫省被排除在任何太空活动之外,除了使用卫星通信、广播以及天气影像。虽然1969年决议严禁JDA和后来的MoD开发、拥有、运行以及利用太空系统,但是政府在1985年对该决议做出了如下解释:

国会决议中"仅限于和平目的"这一条款指的是:SDF不能将卫星用于致命

或干扰目的。在此背景下,日本自卫队可使用通常可获得与利用,或控制与市售卫星同等功能的卫星(Kato,1985)。

在此解释下,SDF 能够"使用"卫星系统,但是仍然不能"开发、拥有以及运行"它们。然而,《宇宙基本法》认为政府应利用太空系统"以保障国际和平与安全,以及为我国安全做出贡献"(第三条)。该法案建议 MoD 可出于国际和平与安全目的(如联合国维和行动或国家安全),开发、拥有、运行以及使用太空系统。然而,MoD 并被授予完全的太空能力。第二条规定:"我们的太空开发应遵守《外层空间条约》以及其他国际条约,并且遵循宪法的和平主义理念。"换句话说,MoD 的太空活动应在日本宪法约束的框架内,该框架将日本的军事能力仅限于自卫。这也就意味着针对出于安全目的使用太空系统的新解释仍然是被动地使用太空,如通信、监视以及导航等,并且即使是在监视与侦查的情况下,也不允许将卫星情报用于侵略目的。

2008 年,MoD 设立了太空与海洋政策办公室作为太空与海洋安全的专门管理机构。然而,由于人员有限,该办公室的能力有限。MoD 的执行委员们并不热衷于投资太空,原因是:首先,在沉重的预算负担下,国防预算成为削减开支的对象。为保证现有的项目,没有必要为不熟悉的太空领域增加支出。换句话来说,太空并非 MoD 的优先考虑事项。其次,由于长期限制对太空的投资,MoD 几乎没有任何太空技术方面的工作人员与技术,最终使得 MoD 不得不依赖于 JAXA。鉴于 MoD 的秘密性,其不可能接受由民用机构开发军事敏感型技术。因此,MoD 没有与 JAXA 合作,而是选择减少对太空的投资。再次,2009 年政府更迭后,防卫大臣与防卫省之间的关系并不融洽。由于 DPJ 政府成员包括了前社会党成员在内的自由和平主义政客,因此 DPJ 政府的国防与安全政策非常混乱。DPJ 政府期间的防卫大臣并非政策领域的专家,也没有足够的权力来推动统一的国防与安全政策。即使后来 LDP 重新获得执政机会,以及安倍政府强烈偏好于军事投资,太空也并未成为第一要务。出于上述原因,即使制定了《宇宙基本法》,MoD 的作用还是受到了限制。

然而,出于某些迫切需要,MoD 需要在太空领域采取措施。当务之急就是开发通信卫星。自 1985 年政府决定允许 SDF 使用一般的卫星服务后,MoD 一直都在使用商业卫星通信服务。商业卫星运营商 Sky Perfect JSAT 公司有专门供 SDF 使用的 X 波段转发器,但是这种卫星的使用寿命将在 2015 年终结。因此,MoD 需要更换其他一些新的服务。由于预算限制以及技术的缺乏,MoD 决定采用英国 Skynet 军事通信卫星采购模式。Skynet 系统由英国国防部采购,私人融资计划(PFI),这也就意味着商业卫星运营商开发、制造、发射以及操作卫星系统,然后 MoD 仅购买其服务(Suzuki,2006)。通过这种方式,MoD 不需要投入人力与专业技术来开发和运营卫星。2012 年,Sky Perfect JSAT 公司财团获得了该合同。

第二个优先项目是空间态势感知。对于 MoD 来说,关注 SSA 似乎非常奇怪,因为它并不能拥有或运营太空资产。即使是民用项目,大多数 JAXA 资产是为工程测试而开发的卫星,因此,它们本身并不是可操作的卫星。在通信、广播以及气象方面有商业与操作卫星,但是这些卫星都位于对地静止轨道上面,MoD 并未视它们为资产而予以保护。然而,在日美同盟的背景下,对 MoD 而言,SSA 成为一个需要面对的重要议题。2008 年,日本国会通过《宇宙基本法》,自那时起,美国政府欢迎日本在太空领域投资与安全相关的项目的新方案,并且要求日本参与 SSA 国际网络建设。日本的战略地位正好可以监控西太平洋/东亚的空域,并且来自日本的 SSA 数据将对美国的 SSA 站进行补充(Suzuki,2012b)。

在此背景下,MoD 不得不开始着手处理 SSA 问题。一方面,MoD 承认 SSA 能力对加强美日同盟非常重要;另一方面,这将花费一部分预算用于某些对保护日本资产不是非常重要的事务上。因此,MoD 建议导弹防御系统采用 FPS-5 以及 X 波段雷达来对太空目标进行监控,而不是建立新的雷达或光学监控站。但 FPS-5 是否能够与太空监测雷达具备同样的功能还不清楚,不过,这是 MoD 试图平衡其预算限制与美国要求所做的努力。

第三个优先项目是早期预警卫星系统。当 1998 年"大浦洞"导弹飞越日本领土时,日本政府决定与美国合作建立导弹防御系统。该事件使日本安全政策界以及整个国家认识到日本面临着严重的威胁,必须在宪法范围内采取一些对策。因此,日本开始实施导弹防御系统以及开发 IGS。虽然日本战区导弹防御系统已经建了 4 艘"宙斯盾"护卫舰与 PAC-3 地空导弹,但它还是缺乏用于探测导弹发射的早期预警卫星系统。目前,日本导弹防御系统依赖于美国的早期预警信号情报,但是它存在着某些问题。

2009 年,朝鲜政权准备测试其发射器,如果该发射器落入日本领土,日本 SDF 已准备好对其进行拦截。结果该发射没有成功,并未对日本造成损害。但是,SDF 地面雷达误解了来自朝鲜半岛的信号,发送了错误预警。与之相反的是,2012 年 4 月,当时朝鲜发射再次失败,而日本政府并未对居住在飞行路径范围内的居民发出警告,因为政府想要再次确认早期预警信号是不是错误预警。日本政府因这两起事件受到了严厉的指责。因此,拥有早期预警卫星将提升自身的探测能力,并且能够验证美国的早期预警信号。虽然 MoD 意识到拥有早期预警卫星的重要性,但是开发这些卫星造价昂贵,MoD 不愿意向前推进。因此,即使该政策的战略重要性很高,但其优先性不及其他的提议项目。第四个优先项目为海上监控系统。对于日本与美国来说,地区安全最关注的焦点是中国作为海上强国的崛起。对中国海上活动,以及马六甲海峡与亚丁湾的海盗活动的监控,成为美日开展合作的最重要的活动。由于日本有开发遥感卫星的经验,其不需要在技术开发上投入大量资金,因此,开发海上监控卫星星座将是最有效的投资。

23.9　JAXA 对太空安全的观点

长期以来,JAXA(前身为 NASDA 与 ISAS)被禁止为提高军事能力而开发卫星或发射器。然而,通常来说太空技术是两用技术,并不区分军用还是民用。尽管有 1969 年国会决议存在,人们还是一直怀疑 JAXA 在秘密推进出于军事目的太空技术的开发。为消除该怀疑,JAXA 不得不强调它们仅出于和平目的对项目进行设计、开发、操作以及使用。结果是,JAXA 不得不与任何与安全问题相关的事项划清界限。

JAXA 意图将太空安全问题纳入太空碎片问题,无论这些碎片是有意制造的还是无意产生的。

然而,由于碎片数量的快速增加,特别是在近地轨道,JAXA 开始关注碎片碰撞的潜在风险。JAXA 的安全分析程序已经包含碎片碰撞概率风险评估。然而,JAXA 作为研发机构,其兴趣不在于制定国际规范或交通规则,而在于开发新技术以清除碎片。JAXA 正在增加用于研究碎片清除技术的预算配额。

现在的问题是,任何碎片清除技术都可能视为太空武器开发,并且即使 JAXA 成功地开发出碎片清理技术,但该技术的实施也会涉及许多政治、经济以及法律上的问题。JAXA 法律部门一直致力于对《外层空间条约》与其他太空相关的国际条约进行可能的解释,但是还未积极主动地为碎片清除活动提供法律框架。

23.10　日本对行为守则的回应

航天界希望通过制定规则,防止太空活动造成大量碎片,以防止类似造成大量碎片的活动。2007 年 4 月,UNCOPUOS 根据《机构间空间碎片协调委员会空间碎片减缓指南》,采用了 2002 年发布的《空间碎片减缓指南》。虽然这些守则并没有法律约束力,但是它们建立了一套保障太空环境安全的道德守则与社会守则。此外,在日内瓦裁军谈判会议上欧盟代表提交了《外层空间活动行为守则》(欧盟行为守则)。该文件进一步为航天国家的行为建立规范,以保护太空环境以及防止有意和无意的太空碎片形成。

由于大多数日本航天器是研发为导向(不是操作为导向)的航天器,因此不太关注轨道环境。与太空碎片碰撞或成为敌对方的目标的潜在风险非常小,因为日本的航天器并未用于军事、民用或商业操作。换句话说,这些丢失卫星所造成的损害并不严重,因为开发这些航天器的目的在于测试与展示日本工程能力。

当欧盟提出《行为守则》时,日本并未采取明确的行动。不仅是因为日本还没有准备好与 EU 进行谈判,而且因为日本重要的盟友——美国就该守则并未表达其立场。日本政府清楚地认识到 2006 年美国小布什政府发布的国家太空政策,是明确拒绝任何约束美国太空活动自由的国际条约。虽然该守则指明是自愿加入的,但是,加入该守则将使美国太空政策受到更多的约束。

日本认为该守则似乎非常适合世界各国。其自愿性质对于邀请尽可能多的国家加入是至关重要的。起初,为了将航天国家(特别是小布什政府下的美国)纳入该守则,EU 意欲使该守则成为自愿守则,但是,由于奥巴马政府下的美国更倾向于根据《欧盟行为准则》来建立国际谈判平台,由此,西方国家(EU、US、日本以及澳大利亚)与中国和俄罗斯之间产生了分歧。为避免航天国家之间的分歧,并使该守则成为国际规范,该守则的自愿性质就极其重要。当然,如果该守则具备法律约束力,就将更加有效,但是,总得有一定的权衡。为了将中国与俄罗斯纳入该守则,应该以自愿参与为原则,至少在开始时是自愿原则(Suzuki,2012c)。

长期以来,日本一直都是负责任地开发太空环境利用的技术,如控制日本高级火箭与整流罩的再入。因此,日本欢迎这种明确的陈述"国家的责任……是采取适当措施防止外层空间成为冲突领域",并且遵守《空间碎片减缓指南》。

从日本的角度来看,最重要的条款是第 4.3 条,该条款指出:"当在外层空间进行空间物体机动时,例如,补给空间站、修复空间物体、缓解碎片或者重新定位空间物体,守则签署国确保它们会采取所有合理措施减少碰撞的潜在风险。"这有利于日本投资开发清除太空碎片的技术。JAXA 对开发碎片减缓与清除技术特别感兴趣,但是也非常清楚此种清除技术能够用作空间武器。因此,该守则明确允许出于良好的意愿对碎片进行清除的观点是极其重要的。

当奥巴马政府决定根据 EU 建议启动关于《国际行为守则》的谈判时,日本政府立即响应了美国的这一号召,与澳大利亚一起加入了该国际框架。对日本来说,它们很欢迎美国的倡议,因为美国的拒绝是日本加入该守则的唯一障碍。

这些解释表明,日本对该守则的态度是基于其外交与技术的考虑,而不是基于其军事与安全需要。因为 MoD 并未参与该守则的决策程序,因此,很难确定日本是否是出于安全目的而遵守该守则。虽然日本表达了参与《国际行为守则》起草谈判的兴趣，但是其目的并不是纯粹地出于确保太空安全的环境的需要，更重要的是出于 JAXA 与 MoFA 的利益的驱动。

23.11 结 论

日本对太空安全的观点始于一个非常独特的背景。1969 年的国会决议严重在很大程度上约束了其日本的太空活动，对"非军事"的解读也限制了日本从事任何与安全相关的活动。然而，1998 年"大浦洞"导弹的发射以及后来的太空政策改革最终导致了 2008 年《宇宙基本法》的问世。虽然新的法律框架给日本在太空安全领域发挥了更大作用提供了机会，但日本似乎一直都是谨慎地在采取步骤，这主要是日本太空活动的历史与文化因素所造成。对太空活动"仅限于和平目的"即为"非军事"性质的理解长期以来不仅根植于太空界中，而且也根植于从事安全领域的人中。日本防卫省与自卫队并未将其自身视为太空政策制定的主导者，并且也不能对太空进行投资，因为他们所建立的日本防御系统不需要依赖于太空资产。同样，JAXA 不愿意将安全项目作为其中心任务。在严重的预算制约下，JAXA 不得不为了安全项目而放弃一些花里胡哨的无用计划。因此，JAXA 拒绝改变其作为民用研发机构的身份。

然而，安全环境与日本的角色正在发生变化。一方面，中国作为军事强国的崛起以及钓鱼岛及其附属岛屿的领土争端促使日本提高其监视能力，和改进其天基基础设施以便 SDF 可在西太平洋与中国东海地区作战。另外，朝鲜于 2012 年成功发射"大浦洞"发射器/导弹更进一步促使日本意识到建立强有力的导弹防御系统的重要性。日本不能再奢望其对出于安全目的太空活动的讨论置身事外。

另一方面，亚太地区越来越多的国家开始利用太空系统作为它们的国家基础设施，从而为这些国家的社会经济活动提供了不可或缺的服务。日本作为该地区最重要的航天国家之一正带头制定地区的太空合作框架，该框架包括一个探讨太空安全的论坛。日本外务省与澳大利亚合作，在东盟地区论坛与 APRSAF 内举办了一项研讨会。如果日本在保障太空环境方面不能发挥积极作用，那么这些举措将无法发挥其作用。

日本针对太空安全（包括通过太空保障国家和国际安全及太空环境安全）的太空政策随着不断变化的国际环境将面临长期挑战。改变日本和与太空相关的机构的历史与文化，尤其是 JAXA 与 MoD，这需要政治领导人来决定，只有这样才能确保日本在新的环境下发挥适当的作用。新设立的国家太空政策办公室隶属于内阁府,直接对首相负责,该办公室将协助政治领导人并协调日本的太空政策,一方面利用太空提高国家安全,另一方面提高太空领域的安全。

参考文献

Aoki S (2008) Japanese perspective on space security. In: Logsdon J, Moltz JC (eds) Collective security in space: Asian perspective. The Elliot School of International Affairs, The George Washington University, Washington, DC, pp 47-66

Aoki S (2009) Current status and recent developments in Japan's national space law and its relevance to pacific rim space law and activities. J Space Law 36(2):335-364

Consultation Group for National Strategy for Space (2005) Toward a construction of new institutions for space development and utilization. Liberal Democratic Party, Tokyo

Hagt E (2007) China's ASAT test: strategic response. China Secur 3(1):31-51

Kato K (1985) Government official statement, budget committee, house of representatives, 6 Feb 1985

Matsuura S (2004) Kokusan rokketo wa naze ochirunoka (Why do Japanese launchers fail?). Nikkei BP, Tokyo

Sato M, Kosuge T, van Fenema P (1999) Legal implications of satellite procurement and trade issues between Japan and the United States. Paper presented at the Institute of International Space Law conference (IISL-99-USL. 3. 13), 11-19

Sunohara T (2005) Tanjo kokusan supai eisei (The birth of national spy satellites). Nikkei BP, Tokyo

Suzuki K (2005) Administrative reforms and policy logics of Japanese space policy. Space Policy 22(1):11 -19

Suzuki K (2006) Adopting the European model: Japanese experience in implementing a public- private partnership in the space program. Paper presented to the Council for European Studies fifteenth Biennial international conference, Chicago, March 2006

Suzuki K (2007a) Transforming Japan's space policy-making. Space Policy 23(2):73—80

Suzuki K (2007b) Space: Japan's new security agenda. RIPS policy perspectives No 5; research institute for peace and security

Suzuki K (2012a) The leadership competition between Japan and China in the East Asian context. In: Morris L, Cox KJ (eds) International cooperation for the development of space. Aerospace Technology Working Group, Charleston, pp 243-259

Suzuki K (2012b) Japan, space security and code of conduct. In: Lele A (ed) Decoding the international code of conduct for outer space activities. Institute for Defence Studies and Analyses, New Delhi, pp 94-96

Suzuki K (2012c) Space code of conduct: a Japanese perspective. Analysis, Observer Research Foundation, 25 July 2012

第24章 中国太空政策综述

穆荣平、樊永刚

中国科学院科技政策与管理科学研究所,中国北京

近年来,中国的太空发展取得了显著进步,在国际社会受到了广泛的关注。与此同时,中国的太空政策也日益引起海外关注。本章试图全面回顾和分析中国当前的太空政策。第一,从国家太空政策、航天科技战略与商业太空政策三个方面回顾中国的太空政策研究;第二,综述中国航天事业的治理结构并详述与政策制定、学术、产业及用户相关的四个体系;第三,介绍并分析中国当前的太空政策体系,着重于航天白皮书、商业太空政策、航天科技政策及太空安全与可持续发展政策;第四,论述中国未来太空政策议程中的五项关键议题,即制度环境、能力建设、人力资源开发、国际合作与产业发展;第五,总结对未来太空发展的相关建议。

24.1 引　言

自 20 世纪 60 年代以来,中国在太空发展上取得了一系列突破,包括 1964 年首次太空发射、1970 年首次卫星入轨、2003 年首位中国宇航员搭载"神舟"五号宇宙飞船进入轨道及 2012 年"神舟"九号宇宙飞船与"天宫"一号空间实验室模块成功实现载人对接。随着载人航天任务、探月工程及天宫空间实验室工程的成功实施,中国已逐渐加入了航天大国的行列(Sun,2006)。

就太空探索实践中取得的重大成就而言,中国已在航天科技发展上取得了显著进步。据 ISI 知识网数据库的发布的统计数据显示,2012 年中国在国际顶级航天科技期刊上出版了 1329 篇论文,1993—2012 年以 45.3% 的年平均增长率增长,如图 24.1 所示。

2012 年,中国在国际航天科技期刊上发表的论文数量名列世界第五(前四名为美国、德国、英国与法国)。然而,与其他航天大国相比,在总发表量上仍有很大的差距。在过去的 20 年,顶级航天科技期刊上约有 9000 份出版物源自中国,相比之下,美国为 135000 份,德国、英国与法国分别都超过 20000 份。

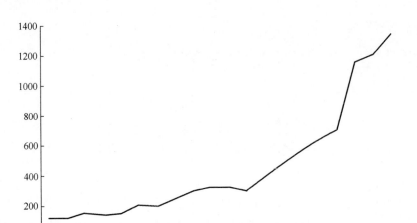

图 24.1　中国学者关于航天科技的国际出版物(来源:基于 ISI 知识网的数据统计)

2003—2012 年,中国出版物所占的比例远超其他国家,这表明在过去的 10 年间,中国的航天科技发展持续显著增长,如图 24.2 所示。

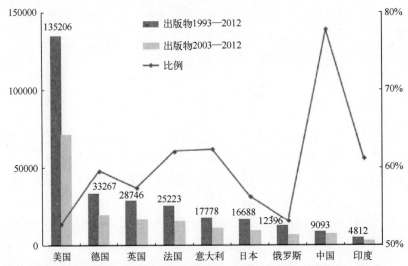

图 24.2　国际航天科技出版物。图中比例显示 2003—2013 年间各国出版物在全部
出版物(1993—2012)中所占份额(来源:基于 ISI 知识网的数据统计)

　　尽管有些方面仍有待提高,但中国已逐渐建立了一个完整有效的太空政策体系。一方面,有批评声称中国是少数没有太空立法的航天大国之一(Zhao,2007),且由于缺乏立法基础,其太空政策体系并不稳定、充分,针对性也不强(Wen 等,2009);另一方面,急需对太空政策体系进行调整,以满足航天科技与

产业的迅速发展以及国际关系转变带来的新挑战。因此,本章认为确有必要介绍中国航天事业的治理、回顾太空政策体系并确定未来太空政策议程的关键议题,以完善中国太空政策体系并加强相关的理解。

24.2 中国太空政策研究

中国的太空政策研究始于 20 世纪 80 年代。直到 80 年代末才能在国内期刊上发现有关太空政策问题的少量公开的出版物,且只有少数中国学者能在顶级国际期刊上发表论文。随着太空探索的快速发展,中国太空政策问题引起了越来越多国内外学者的广泛关注。中国太空政策研究课题的范围包括探月计划和载人航天计划等国家专项太空计划(He,2003;Dellios,2005;Zheng,2007)、中国航天史(Harvey,2004;Handberg 与 Li,2007)以及从不同视角(如合作与竞争)对中国航天活动的进行审视(Rathgeber 等,2007)。

大多数积极参与太空政策研究的科研人员来自欧盟和美国。以 1996—2009 年间在《太空政策》期刊上出版的全部 613 篇文章(编者按与书评除外)为例,其中 303 篇源自欧盟成员国,227 篇源自美国,而仅有 8 篇源自中国,所占比例分别为 49.4%、36.9% 与 1.3%,如图 24.3 所示。

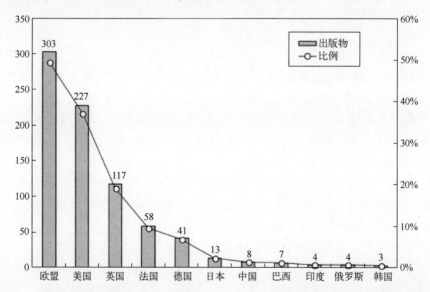

图 24.3 各国在《太空政策》期刊上的出版物(1996—2009)(来源:基于 ISI 知识网的数据统计)

据文献综述研究,目前太空政策研究领域的研究课题主要集中于四个方面:①太空探索基本原理等基础理论;②与太空安全、可持续发展及航天活动导致的道德问题相关的全球政策议题;③地缘政治、国际条约及航天活动的国际合作等跨国政策议题;④与国家商业、民事及安全问题相关的国家太空政策。与上述国际研究课题相比,中国的太空政策研究主要集中于三个方面:①国家太空政策;②航天科技战略;③商业太空政策。

24.2.1　国家太空政策研究

早期多数太空政策着重于研究国外太空政策问题的进展与趋势。例如Wang(1989)、Xie(1989)与Xie(1990a,b)介绍了20世纪80年代末美国、日本、澳大利亚与印度的太空政策的发展进程。当时有关其他航天大国政策发展的文章在相关期刊中占主导地位。到90年代初,国家太空政策研究已从介绍国外太空政策演变为通过综合国外的航天经验来提供政策建议。例如Dong(1991)、Sun与Jiang(1991)论述了中国的空间技术政策,Li(1995)研究了太空产业的立法问题。

自2000年中国政府首次发布太空白皮书以后,对太空战略及政策问题的系统研究开始在公开的文献中涌现。Luan(2000)回顾了中国航天事业的发展,分析了白皮书的要领并确定了21世纪的优先发展项目。Sun(2006)分析了中国航天活动的原则、目标、政策措施以及优先发展领域,并指出为实现这些目标,中国应系统部署太空任务、加强总体规划并促进航天事业的商业化。

24.2.2　航天科技战略研究

为支持决议与政策制定,中国科学院(CAS)开展了一系列航天科技战略研究。2009年,CAS出版了战略综合报告《创新2050:科学技术与中国的未来》及有关中国至2050年特定科技领域发展路线图的16篇报告。报告《中国至2050年空间科技发展路线图》分析了国家航天科技的战略需求及中国至2050年的航天科技的发展前景,指出了至2020年、2030年与2050年的空间科学与探索能力、空间技术能力、地球观测与多空间信息应用能力的特征及目标,最后展示了中国至2050年的空间科技发展路线图,其中从空间科学、相关空间技术与空间应用三个方面介绍了至2020年的具体步骤。

空间科学发展主要包括三步:①建立一个综合空间科学研究体系并发射科研卫星;②建立行星科学实验室并进行火星登陆探测;③保证人类可在太空长期居留。相关空间技术发展也包括三步:①部分用于太空与地球观测的光学有效载荷或其他有效载荷达到世界领先水平;②空间通信数据速率与关键平台技术达到世界领先水平;③在深空飞行、自主导航与定位方面取得系统性突破。空间应用则着重于两步:①利用国内应用卫星数据、国外卫星数据和地球科研卫星数据的快速增长;②在数字地球科学平台基础上建立地球系统模拟网络平台(CAS,2009)。

自 2003 年以来,中国未来 20 年技术预见研究组利用一系列德尔菲调查法开展了"中国未来 2020 年的技术预见"研究。这项研究涉及八个技术领域,其中之一就是航天科技。而航天科技领域又分为八个子领域,即天文观测、对太阳系中地球以及其他行星空间的探索、载人航天及其应用、空间通信技术及其应用、全球导航与定位及其应用、航天运输、航天器平台以及遥感及其应用。利用德尔菲调查法确定了 78 项关键的技术课题及三项标准(经济发展的重要性、公共生活质量的改善与国家安全)衡量下的十大顶尖技术。此外,德尔菲调查法也估算了完成全部技术课题可能花费的时间,评估了与其他航天大国相比中国的技术现状,并分析了发展这些技术面临的主要障碍(CAS,2008)。

24.2.3　商业太空政策研究

与国家太空政策研究状况相似,早期的商业太空政策文献着重于介绍国外经验与发展历程,包括了市场规模分析、主要行为体、竞争战略与发展趋势等。例如,Lin(2001)介绍了欧洲与美国通信卫星企业的发展史与现状,并分析了其竞争战略与发展趋势。Lin 与 He(2002)系统介绍了航天大国产业结构及并购浪潮,并指出在经济全球化趋势下,合作已成为太空产业的常见发展模式。

与太空产业相关的最新著作扩展到了发展战略、产业竞争力分析与产业组织等方面。Jin(2003)根据波特的钻石模型提出了太空产业竞争的六个关键因素(生产要素、市场需求、相关产业、企业组织、管理模式与竞争状况),接着基于六个因素框架论述了中国航天事业的优势与缺陷,并提出了企业及国家层面上的政策建议。Mu(2003)提出了有关中国航空航天产业国家竞争力的一套指标,并从实际竞争力、潜在竞争力与竞争环境三个方面对竞争力进行了评估。Zhang(2005)以国有航天企业中国航天科技集团公司为例,介绍了其发展战略与管理经验,分析了中欧空间合作的发展史与现状,并提出了可进一步合作的一些潜在领域,如卫星及其组件的共同研发与商业化、相关太空信息的综合应用。

24.3　中国航天事业管理

航天事业管理是指政府通过制度结构与流程影响航天事业的运行与发展。中国航天事业的治理结构是一个复杂的体系,可大致分为政策制定、学术、产业及用户四个部分,如图 24.4 所示。

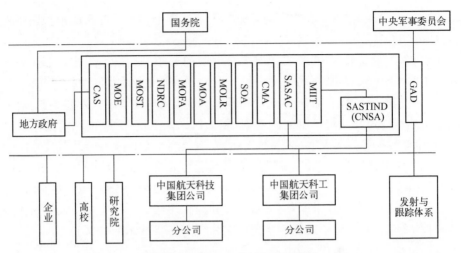

图 24.4　中国航天事业的治理结构

CAS——中国科学院；MOE——教育部；MOST——科学技术部；NDRC——国家发展和改革委员会；
MOFA——外交部；MOA——农业部；MOLR——国土资源部；SOA——国家海洋局；CMA——中国气象局；
SASAC——国务院国有资产监督管理委员会；MIIT——工业和信息化部；SASTIND——国家国防科技工业局

24.3.1　太空政策制定体系

　　政策制定体系是指负责太空战略与政策制定、实施、评估及优先设置并管理相关商业活动的航天管理机构。在体系内,国务院是最高决策机构,各部门与机构均受其支配。参与太空政策制定的主要部门与机构包括国家国防科技工业局(SASTIND,其前身为国防科学技术工业委员会(COSTIND))、国家发展和改革委员会(NDRC)及科技部(MOST)。SASTIND 负责制定太空产业政策、发展计划、规程及标准,并负责组织和协调主要的太空计划。NDRC 负责宏观经济规划、运行与调整,同时也参与太空产业政策的制定与空间技术的商业化工作。MOST 负责科技政策的制定与项目管理,包括航天科技开发。其他政府部门与机构如教育部(MOE)、外交部与国务院国有资产监督管理委员会(SASAC)也根据其职责参与太空政策的制定。

24.3.2　学术体系

　　学术体系包括开展相关科学研究、技术开发与人才培训的高校及研究院。例如,中国科学院的国家空间科学中心与国家天文台都是空间科学研究的重要参与者。高校也日益成为航天科技研究与相关人力资源开发的重要参与者。多数航天大学与研究机构的资金主要源于公共财政。此外,随着太空产业的发展,商业主体的采购也日益成为资金的重要来源。

24.3.3 产业体系

产业体系是中国太空体系的主体。两大国有企业中国航天科技集团公司（CASC）与中国航天科工集团公司（CASIC）是航天活动的主要开展者，其业务范围几乎涵盖中国所有卫星的研发制造和发射运行。尽管这两家都是国有独资企业，但也自主负责各自的管理决策与盈亏状况。SASAC 负责监督与管理国有资产，SASTIND 负责根据相关法律法规对其进行审查。但 SASAC 与 SASTIND 均不干预其业务运营。此外，还有很多民营企业在卫星应用行业中崛起。例如，据估计，中国导航与定位服务的市场规模将从 2012 年的约 1000 亿元（约 160 亿美元）增加至 2015 年的 2500 亿元（约 400 亿美元）（人民日报，2013）。

24.3.4 用户体系

用户体系包括公共用户与私人用户。农业部、国土资源部、中国气象局与国家海洋局是空间基础设施的主要政府客户。例如，作为重要政策制定基础的遥感卫星服务广泛应用于农业资源调查、农作物产量估算、生态环境监测及自然灾害监测与评估。尽管政府部门与机构是空间基础设施的主要用户，但近年来私人主体的作用也有所提升。随着区域北斗导航卫星系统的建立，50 多家企业参与了北斗终端设备的研发与商业化（人民日报，2013）。

24.4 中国太空政策体系

太空政策是政府机构在一定时期内实现航天发展目标的行为守则与行动计划。政府机构包括所有立法、行政、司法及其他权威性主管部门，而行为准则与行动计划包括法律法规及政策文件，如计划、方案、意见与决定等。太空政策可根据政策目标与活动类型进行分类，并由政策主体确定其等级秩序。由国务院发布的政策比各部发布的政策更为重要。

24.4.1 中国航天白皮书

自 2000 年以来，中国政府每隔 5 年左右发布一份中国航天白皮书，这已经成为外界了解中国太空政策与航天进程的重要窗口。2000 年发布的《中国的航天》白皮书是系统介绍中国航天成就、战略与政策的首份官方文件，包括宗旨原则；航天科技、空间应用与空间科学的发展现状；未来发展计划；以及中国航天的国际合作事项。中国航天事业的发展宗旨：①探索外层空间，扩展对宇宙和地球的认识;②和平利用外层空间,促进人类文明和社会发展;③满足经济建设、国家安全、科技发展和社会进步等方面日益增长的需要,维护国家利益,增强综合国力。中国航天事业的发展原则:①坚持长期、稳定、持续的发展方针,使航天事业的发展服从和服务于国家整体发展战略;②坚持独立自主、自力更生、自主创新,积极推进国际交流与合作;③根据国情国力,选择有限的目标,重点突破;④通过推动技术进步,提高航天活动的社会效益和经济效益;⑤坚持统筹规划、远近结合、天地结合以及协调发展(国务院,2000)。

2006年发布的白皮书基本上遵循了首份白皮书的结构,包括中国航天事业的宗旨、原则、进展及主要任务;国际合作;以及政策措施(国务院,2006a)。2011年发布的白皮书提出了九个方面的任务:①航天运输系统;②人造地球卫星;③载人航天;④深空探测;⑤航天发射场;⑥空间遥测、跟踪与控制(TT&C);⑦空间应用;⑧空间科学;⑨空间碎片(国务院,2011)。

为确保完成既定的目标任务,中国政府制定了发展航天事业的政策与措施,包括:①统筹规划、合理部署各种航天活动,优先安排应用卫星和卫星应用,适度发展载人航天和深空探测,积极支持空间科学探索;②加强航天科技创新能力建设,实施重大航天科技工程,构建航天技术创新体系;③大力推动卫星应用产业发展,统筹规划与建设空间基础设施,培育卫星应用企业集群、产业链和卫星应用市场;④加强航天科技工业基础能力建设,加强航天器、运载火箭研制、生产、试验的基础设施建设;⑤加强政策法规建设;⑥保障持续稳定的航天活动经费投入,逐步建立多元化、多渠道的航天投资体系;⑦鼓励社会各界参与航天活动;⑧加强航天人才队伍建设(国务院,2011)。

24.4.2　商业太空政策

商业太空政策是指关于太空产业发展的法律、计划、规则与条例。在过去的10年间,相关部门与机构已发布了多条政策以促进空间技术的商业化及提高太空产业的竞争力。

2002年,国防科学技术工业委员会发布了《民用航天发射项目许可证管理暂行办法》,旨在调整民用航天发射项目的管理,促进民用航天产业的健康发展,维护国家安全与公共利益以及履行中国作为国际空间条约缔约国的义务。它要求参与民用航天发射项目的任何自然人、法人或其他组织根据现行措施申请审查与批准,并规定了许可证申请、审查与批准流程以及许可证监督与管理(COSTIND,2002)。

2007年,COSTIND发布了《航天发展"十一五"规划》,提出了太空产业发展的整体战略与政策措施以及促进太空产业发展的六项关键措施:①进一步完善卫星制造、发射服务、地面设备制造、卫星应用及运营服务的航天产业链;②进一步推动对地观测卫星在农业、林业、水利、国土资源、区域和城乡规划、环保、减灾等领域的业务应用;③发展通信卫星在远程教育、远程医疗等中的作用;④实施"北斗"卫星导航系统应用产业化专项并开拓导航服务市场;⑤促进航天先进技术的市场转化,培育形成若干国际品牌;⑥推广国际卫星发射服务与卫星出口(COSTIND,2007)。

2007 年,NDRC 与 COSTIND 发布了《关于促进卫星应用产业发展的若干意见》,进一步定义了卫星应用产业的政策措施,提出到 2020 年将中国的卫星应用产业从"试验应用型"转变为"业务服务型",制定了建立覆盖卫星运营服务、地面设备与用户终端制造、系统整合及综合信息服务的卫星应用产业链的目标并提出了一系列政策措施,包括:加强整体规划与宏观监管;促进卫星产品与服务的知识产权保护、卫星应用标准体系与基础设施建设;以及促进国际合作(NDRC 与 COSTIND,2007)。

24.4.3　航天科技政策

COSTIND 于 2007 年发布的《航天发展"十一五"规划》是中国首个国家空间科学专项政策。这项计划提出了未来 15 年中国空间科学的发展目标,包括建立涵盖空间天文观测、太空环境、微重力科学与空间生命科学的空间科学系统,其竞争力应能在主要的空间科学领域达到世界领先水平并能满足国家战略需求。此外,航天科技也引起了中国许多其他国家级综合政策文件的广泛关注。

《国家中长期科学和技术发展规划纲要(2006—2020)》(国务院,2006b)涵盖了全方面的科技发展范围。该纲要设立了 16 个重大科技专项,旨在通过在对社会与经济发展有重要意义的有限领域取得重大突破来增强国家竞争力。其中 3 个专项为航天项目,包括高分辨率对地观测系统、载人航天与探月工程。此外,空间技术也位于 8 个前沿技术领域之列,旨在提高高新技术研发能力与高新技术产业的国际竞争力。

《国家"十二五"科学和技术发展规划》(MOST,2011)将对地观测与导航技术视为前沿技术的一个优先领域,并重点支持对先进遥感、地理信息系统、导航与定位、深空探测等的研究。《国家重大科技基础设施建设中长期规划(2012—2030)》(国务院,2013)将空间科学与天文学确立为未来 20 年的七大领域之一,并从三个方面提出了基础科学设施的建设计划:①在宇宙和天体物理学领域,着重于大口径射电望远镜、南极天文台等;②在太阳与日地空间观测领域,着重于太空环境、大型太阳观测基础设施等的地基观测网络;③在太空环境与材料领域,着重于太空环境与材料、太空微重力试验基础设施等的模拟设施。

24.4.4　太空安全与可持续发展政策

中国政府将太空安全与可持续发展视为国家太空政策的重中之重。2011年白皮书重申中国将与国际社会一起致力于维护外层空间的和平与清洁。在国际舞台上,为维护外层空间安全与可持续发展,中国积极参与了机构间空间碎片协调委员会与联合国和平利用外层空间委员会,并在 2007 年与俄罗斯共同发起了《防止在外空放置武器、对外空物体使用或威胁使用武力条约》这一提案。在亚太空间合作组织(APSCO)框架下,成立了空间数据共享平台与地基光学空间目标观测网络。

为调节国内航天活动,SASTIND 于 2010 年发布了《空间碎片减缓与防护暂行管理办法》,这标志着中国空间碎片问题管理合法化(SASTIND,2010)。实际上,为解决空间碎片问题,中国建立了三个工程系统,即空间碎片监测与预警系统、航天器保护系统及太空环境保护系统。中国政府于 2000 年启动了以碎片预警、保护及减缓为重点的空间碎片行动计划,并于 2005 年根据 IADC 准则发布了《空间碎片减缓要求》。中国建立了空间碎片监测网络并形成了空间碎片预警的常规机制。至于航天器保护,自 20 世纪 90 年代,中国就开始着手 CZ-4运载火箭的钝化处理。为减缓对地球静止轨道中的碎片,中国将那些寿命即将终结的卫星运离了轨道。

24.5　未来太空政策议程中的关键议题

中国提出了 2020 年成为创新驱动型国家的宏伟目标(国务院,2006b)。预计航天科技与产业发展将在满足新兴国家需求上发挥着日益重要的作用。为促进航天科技与产业发展,应当解决未来太空政策议程中的几个问题。

24.5.1　可持续太空发展的制度环境

太空发展的制度环境包括与航天活动相关的法律法规与政策,是持续空间探索的有效保证。自 20 世纪 70 年代,中国在太空发展方面就取得了显著成就。其间,中国太空政策体系建立并得到了不断完善。然而,针对国内外环境日新月异的变化与需求,目前的太空制度环境仍有待改革和完善,以推动太空科技发展与商业化。因此,太空立法与国家太空政策成为航天事业持续发展的两大关键议题。一方面,与航天活动多方利益有关的议题应该在全国人民代表大会(NPC)的立法议程被优先考虑;另一方面,有必要建立更加有效的国家太空政策体系来确定空间技术、空间科学、空间应用及相关政策措施的优先级,并进一步明确利益相关者的责任与义务。

24.5.2　太空发展能力建设

太空发展能力建设在很大程度上取决于航天科技与产业发展的效率、效能与效力。因此,能力建设已成为太空政策制定议程中的一大关键议题。太空发展能力建设措施包括三个方面:①太空发展管理能力建设,着重于太空立法、太空战略与政策制定、政府部门与机构间的协调、多通道空间输入系统以及对其他行业航天活动的监督;②空间研发能力建设,着重于空间研究机构、高校以及航天科技领域的相关基础设施;③太空产业能力建设,着重于产业创新基础设施、拥有生产与服务竞争力的研究型航天公司以及拥有很多中小型企业与航天产业链的航天产业集群。

24.5.3　太空人力资源开发

人力资源是航天科技与产业可持续发展的关键和基础。随着社会与经济的快速发展,行业间与国家间的人才流动也日益开放和频繁。如何吸引大量专业航天人员成为政府机构与航天企业面临的一项巨大挑战。而维持大规模高素质航天人员则更加困难,尤其是致力于航天工作的顶级科学家、技术人员与管理专家。为吸引航天人才并维持其数量,应特别关注三个关键问题:①将公共空间计划的实施与航天人才(尤其是领军人才)的培训完美结合;②建立有效的选择、培训、激励、评估、监管规则与机制;③高校与研究机构设立有关空间科技与政策问题的课程以吸引众多青年才俊投入航天事业。

24.5.4　太空发展的国际合作

40 多年来,中国秉承平等互利、优势互补、共同发展的原则,积极参与了多种形式和不同层次的双边、区域、多边的国际空间合作。随着国际经济与政治格局的巨大转变,商业航天事业的崛起以及技术的迅速提升,国际空间合作的形势发生了根本性改变。因此,有必要采取更多积极措施来帮助中国更好地融入国际空间社会:①通过各种方式(如外交、经济合作及信心建立措施)促进国际空间合作项目;②在应对全球性挑战(如太空安全与可持续发展、碎片清除及外层空间军备竞赛防范)时发挥更加积极的建设性作用;③鼓励与支持航天企业、高校、研究机构以及个体间的国际空间交流与合作。

24.5.5　太空产业竞争力

中国已步入了航天大国的行列,然而中国太空产业的规模与竞争力仍无法与其他航天大国相抗衡,因此竞争力成为中国太空产业发展的关键。中国太空产业是知识密集型产业,其发展已成为国家决策议程的一项关键议题。例如,卫星应用(包括卫星通信、导航与定位、遥感)已被确定为国家战略性新兴产业的第十二个五年计划的优先发展领域(国务院,2010)。太空产业应将庞大的国内市场与产业重组升级政策的优势相结合,以促进经济发展方式的转变,并提升航天科技与产业发展的竞争力。

24.6 结 论

近年来,中国在空间科技与空间产业方面取得了非凡成就。由于其在太空探索上的成功,中国太空政策问题引起了学术界、各行业与政府的广泛关注。然而参与中国太空政策研究的学者仍数量有限,他们主要着重于国家太空政策、航天科技战略与商业太空政策三个方面。

中国航天事业的治理结构是一个复杂体系,包括政策制定体系、学术体系、产业体系与用户体系四个部分。中国已基于航天事业的治理结构形成了一个独特高效的太空政策体系,包括法律法规及政策文件,如计划、方案、意见与决定。这些政策可根据政策目标与活动类型分为四类:①国务院发布的《中国的航天》白皮书;②商业太空政策;③科技;④太空安全与可持续发展政策。

为促进航天科技与产业发展,未来的太空政策议程中有很多问题都有待探讨。本章确定并讨论了与制度环境、太空能力建设、人力资源、国际合作及产业发展相关的五项议题,进而提出了以下六项建议:

(1) 构建有利于太空发展的制度环境,包括加速太空立法进程,完善太空政策体系并进一步明确利益相关者的责任与义务。

(2) 加强太空发展能力建设,包括太空发展管理、空间研发与太空产业能力建设。

(3) 建立太空人力资源开发的有效机制,包括将太空计划与人才培训计划相结合以培养航天人才,建立人才选择、激励与评估的有效机制并设立空间科技与政策问题相关课程。

(4) 促进多样化与多层面国际空间合作,包括 COPUOS 框架下的合作、双边/多边合作以及航天企业、高校和研究机构,特别是私企间的合作。

(5) 增强太空产业的竞争力,包括增加在产业技术开发上的投资,优先考虑卫星应用产业,并发展有私企深度参与的太空产业集群。

(6) 扩大并深化太空政策研究,包括太空立法、战略与政策、与航天科技商业化及国际合作相关的特殊政策和全球太空立法与政策框架。

参考文献

CAS (2008) Delphi survey on space science and technology. In: Technology foresight towards2020 in China. Science Press, Beijing (in Chinese)

CAS (2009) Science & technology in China: a roadmap to 2050. Science Press/Springer, Beijing

COSTIND (2002) The interim measures on the administration of permits for civil space launch projects. http://www.gov.cn/gongbao/content/2003/content_62252.htm (in Chinese)

COSTIND (2006) The eleventh five-year plan for space development. http://news.xinhuanet.com/newscenter/2007-10/18/content_6902526.htm (in Chinese)

COSTIND (2007) The 11th five-year plan for space science development. http://www.cnsa.gov.cn/n1081/n7559/n32971.files/n32973.doc (in Chinese)

Dellios R (2005) China's space program: a strategic and political analysis. Culture Mandala 7(1). http://eprints.brighton.ac.uk/7340/1/Ormrod_globalization_of_space.pdf

Dong JL (1991) Discussion of China's space technological policy based on the American civil space policy. Int S&T Commun 11:4-7 (in Chinese)

Handberg R, Li Z (2007) Chinese space policy: a study in domestic and international politics. Routledge, New York

Harvey B (2004) China's space program-from conception to manned spaceflight. Springer, Berlin

He S (2003) China's moon project change: stratagem and prospects. Adv Space Res 31(11):2353-2358

Jin (2003) Study on the competitiveness of China's space industry. Doctoral dissertation of Fudan University (in Chinese)

Li CJ (1995) Strengthen the legislation on space industry. Spacecr Eng 3:63-63 (in Chinese)

Lin F (2001) Brief history and status of market competition of the communication satellite industry in Europe and the US. Aerospace China 7:15-18; 8:18-21; 9:27-29 (in Chinese)

Lin WR, He JW (2002) Analysis on the structure and capacity adjustment of foreign aerospace industry. Aerosp Ind Manag 5:29-36 (in Chinese)

Luan EJ (2000) China's space toward the 21st century. Aerosp China 11:6-7 (in Chinese)

MOST (2011) The twelfth five-year plan for national science and technology development. http://www.most.gov.cn/kjgh/sewkjfzgh/ (in Chinese)

Mu RP (2003) Evaluation on the international competitiveness of Chinese aerospace & aviation industry. Sci Res Manag 24(6):60-65 (in Chinese)

NDRC, COSTIND (2007) Several opinions relevant to promoting the development of the satellite application industry. http://www.sdpc.gov.cn/zcfb/zcfbtz/2007tongzhi/t20071123_174233.htm (in Chinese)

People's Daily (2013) The commercial roadmap of satellite navigation and positioning industry in China. http://theory.people.com.cn/n/2013/0216/c49155-20495340.html (in Chinese)

Rathgeber et al (2007) China's posture in space: implications for Europe. European Space Policy Institute, Vienna. ESPI Report 3

SASTIND (2010) The interim measures for the space debris mitigation and protection. http://www.gov.cn/jrzg/2010-11/30/content_1756576.htm (in Chinese)

Sun LY Speech on the press conference of 2006 Chinese Space White Paper. http://cpc. people. com. cn/GB/67481/86039/87199/5979559. html. Accessed 25 Jan 2010

Sun GY,Jiang ZH (1991) The objection choice of space technology policy and implications. Foreign S&T Policy Manag 2:14-17

The State Council (2000) China's space activities in 2000. http://www. cnsa. gov. cn/n615708/n620168/n750545/52025. html (in Chinese)

The State Council (2006a) China's space activities in 2006. http://news. xinhuanet. com/politics/2006-10/12/content_5193220. htm (in Chinese)

The State Council(2006b) The national medium- and long-term program for science and technology development (2006-2020). http://www. gov. cn/jrzg/2006-02/09/content_183787. htm (in Chinese)

The State Council (2010) Several opinions relevant to promoting the development of strategic emerging industries. http://www. gov. cn/zwgk/2010-10/18/content_1724848. htm (in Chinese)

The State Council (2011) China's space activities in 2011. http://www. gov. cn/gzdt/2011-12/29/content_2033030. htm (in Chinese)

The State Council (2013) The national medium- and long-term program for major science and technology infrastructure (2012-2030). http://www. gov. cn/zwgk/2013-03/04/content_2344891. htm (in Chinese)

Wang JQ (1989) Space transportation policy of the America. Dyn Foreign Space Act 5:21-22 (in Chinese)

Wen YC,Zhu CH,He QZ (2009) Summarization and research on Shanghai space industry policies. China Eng Consult 4:30-32 (in Chinese)

Xie L (1989) Space policy of India. Missiles Space Veh 2:4-7 (in Chinese)

Xie P (1990a) Space policy of Japan. Missiles Space Veh 3:26-29 (in Chinese)

Xie P (1990b) Space policy of Australia. Missiles Space Veh 4:17-19 (in Chinese)

Zhang QW (2005) R&D of China's space industry:strategy,policy and Sino-EU cooperation. Aerosp China 6:3-5 (in Chinese)

Zhao HF (2007) Some considerations on Chinese space legislation. Soc Sci Heilongjiang 5:148-151 (in Chinese)

Zheng Z (2007) The origins and development of China's manned space flight program. Space Policy 23(3):167-171 (in Chinese)

第25章　中国对太空安全的认识

成　斌

传统基金会，美国华盛顿特区

中国认为，太空发展有助于提升其综合国力的诸多方面，包括军事能力、经济发展与外交往来，且太空能力会影响军事战略、战役以及战术。

25.1　引　言

2012 年 11 月，中国共产党第十八次全国代表大会召开，会议产生了由习近平和李克强为核心的新一代领导人。虽然无法预测他们在未来 10 年将会采取哪些具体政策，但他们仍可能如上一任领导人一样保持对发展太空能力的兴趣。

自其制定太空计划的 60 年以来，中国始终支持发展太空科技，使其成为一个名副其实的航天国家。其发射了大批运载火箭、控制了多个卫星星座，也成为拥有载人航天技术的国家之一。仍隶属中国国有企业系统的强大航天工业复合体提供了重要支持。

毫无疑问，随着中国太空能力的发展，中国与其他航天国家的接触与互动也会不断地增多。中国的太空活动对其他国家的影响不仅体现在物理层面的碎片生成与轨道冲突消除，还体现在政策领域。中国在太空中为确保其国家安全而想要扮演的角色，将影响其他国家的在太空和地面的安全举措。

中国太空安全概念根植于中国国家安全概念这一大背景之下。反之，中国对国家安全的论述通常围绕"综合国力"这一概念展开。太空能力对综合国力的诸多方面具有影响，因此，中国非常关注太空与经济、外交以及军事安全。

25.2　综　合　国　力

中国根据大量衡量标准定义国家利益，而并非只考虑军事或经济因素。正如中国人民解放军(PLA)教科书《军事战略学教程》所述:"在社会主义现代化建设时期,国家利益与党的总路线和原则是集中提高社会生产力、恢复国民经济及增强综合国力"(彭光谦、姚有志,2005,第167页)。中国认为"综合国力"是能够影响国家生存与发展的全部国家实力,包括军事能力、经济发展、民众支持、外交、意识形态激励及凝聚力。据中国国家安全部的智库——中国现代国际关系研究院(CICIR)称,综合国力指"一个国家在经济、军事、科技、教育、资源及影响力方面的全部力量或实力"(中国现代国际关系研究院,2000)。由于太空能力几乎涉及综合国力的各个方面,因此其贡献重大。

25.2.1 经济发展

长期以来,中国领导人始终认为太空可直接和间接促进国家的经济发展。当中国首次审视发展太空能力这一观点时,钱学森博士著述了《建立中国国防航空工业的意见书》,提议创建一个自主研制火箭与导弹的航空航天工业部门(出于保密考虑,简称"航空工业")(中国国家航天局,2011),并获得了毛泽东主席、周恩来总理及聂荣臻元帅的肯定。1956年,国防部第五研究院成立——通常视为中国太空计划的起源——当时建立的导弹工业基地被纳入了《1956—1967年科学技术发展远景规划》之中(Chen,1999;Deng,1993,第32页)。

尽管中国太空在发展之初,尤其是毛泽东领导的时代,并非总将经济因素纳入考量范围,但在邓小平继任成为"伟大舵手"后发生了改变。在毛泽东领导下,中国于1970年4月发射了第一颗人造卫星,而之后发射的科研卫星却屈指可数。1976年毛泽东逝世后,邓小平于1978年执政,太空发展仍然缓慢,因为邓小平要求中国的太空探索工作需"致力于研发急需且实用的应用卫星"(Li,1999)。这符合他"改革开放"的总方案,即经济发展为当务之急。

1986年,四位中国顶级科学家向邓小平提议中国需要发展科技,为未来经济与技术进步打下基础,从此局势发生了转变。这四位科学家分别是设计出中国首台地面成像相机的光学专家王大珩、中国首席原子弹研制科学家王淦昌、设计出卫星控制系统的无线电电子学家陈芳允以及致力于中国卫星自动化的杨嘉墀(Deng,1993,第152页;Feigenbaum,2003,第141页)。他们据理力争,说服邓小平同意实施"863"计划,该计划被正式命名为"国家高技术研究发展计划",其下的七个关键领域(包括航空航天领域在内)享受专门的研发资金和人力资源。

中国的太空计划从以下几个方面促进了中国经济发展。首先,太空系统的生产,包括卫星、发射器及相关设备与子系统,直接促进了中国经济的增长。两大中国航天集团,中国航天科技集团公司与中国航天科工集团公司均雇用了

90000~100000 名工人。

中国不断开放更多的商业领域在最大限度内提高中国的生产力。例如,精细农业利用卫星导航信息将农药与化肥更好地用在农作物上,并将农作物种植于适宜生长的特定土壤与地形条件中。远程教学与远程医疗有助于弥补智力资本稀缺的不足带来的影响,并能覆盖全国的每一个角落。同时,"北斗"/罗盘导航系统的引进有助于进一步扩大中国的卫星导航市场。1998—2006 年,该市场以 50% 的年增长率快速发展(Lin、Shi,2006)。

航天技术也为许多"衍生产品"的技术进步提供了基础,最终使整个经济受益。一定程度上,开发更佳的微芯片、先进的材料及新金属的最初动力均源于太空计划。可衍生的也并非仅仅是物质产品。考虑到在恶劣的太空环境中的运行要求,太空系统的生产需要一定程度的精密制造、质量控制及先进设计。反之,这些高品质也使非太空产业和产品受益。

同样,中国领导人对太空发展的持续关注,也希望继续吸引更多的有志青年投入航空航天相关领域的工作之中。1992 年,当中国人在辩论是否进行载人太空计划时,时任中华人民共和国国家主席兼中央军事委员会副主席的杨尚昆对该计划表示了支持,因其认为该计划将有助于培养新一代设计师和工程师。他认识到,若不制定新的任务,在取得"两弹一星"(指支持中国原子弹、氢弹及首颗卫星的自主研发工作)成就的老一辈退出航天工作之后,中国航天将后继无人(Zuo,2009)。

参与国际太空市场也能够为中国提供额外的商机。20 世纪 90 年代,中国为许多客户提供了发射服务,在与美国、欧洲航天局及俄罗斯的竞争中胜出。仅仅罗拉-休斯事件就导致美国加强对含有美国零件的卫星的出口的控制,以限制中国商业卫星的太空发射工作。但近年来,中国已通过提供全方位的卫星销售方案、为外国客户设计及制造卫星以及在将系统交付客户前进行卫星发射与在轨检查来尝试解决这一问题。首次出售给尼日利亚的通信卫星,包括卫星制造、发射及保险,估价约 25000 万美元(deSelding,2005)。2010 年,出售给玻利维亚的同类卫星,包括对玻利维亚科学家及操作员进行培训,估价约 30000 万美元,其大部分资金由中国国家开发银行资助(Garcia,2010)。

25.2.2 外交

中国的卫星销售也用于外交目的。其卫星客户主要是对其有战略意义的国家,并从其中部分国家采购关键的原材料,例如从尼日利亚和委内瑞拉采购石油,从玻利维亚采购锂(Piette,2009)。其余国家或为其重要战略合作伙伴,如巴基斯坦,或处于战略位置,如斯里兰卡(deSelding,2012)。据《中国航天》关于巴基斯坦通信卫星"巴星"1R 发射的报道描述，在中巴友好建交的 60 周年之际，"巴星"1R 成功发射（Huang，2011）。

的确，长久以来，在某种程度上，中国对国际声望与国际地位的关注激励着其太空的发展。毛泽东致力于发展中国的战略能力（核武器与远程火箭），因为"核武器是一项重大工程，没有它，人们会认为中国只不过徒有其表"（人民日报，1999）。太空的发展也被同等看待，正如 1958 年 5 月毛泽东所述，"我们也应该制造卫星"（Deng，1993，第 356 页）。

对国际声望的关注也影响了中国早期的卫星设计。毛泽东要求中国的首颗卫星要比美国、苏联的首颗卫星更好。它不能"像美国发射的鸡蛋大的卫星（第一颗美国卫星"探险者"1 号，重 14kg），应该更大"（Chen，1999，第 164 页）。即使在今天，力争优于其他国家的首发卫星似乎是一个心照不宣的目标，与其他国家相比，中国的大部分首发卫星航时更长、绕轨圈数更多或性能更优越。

中国的太空系统获得世界的认可是一件令全中国人民都无比自豪的事情。例如，中国在对"风云"系列卫星的描述中强调了中国的"风云"气象卫星被纳入了世界气象组织的气象卫星网络中。

但中国也将太空当成扩大其影响力的途径。2003 年，中国建立了"风云"卫星数据广播系统 FENGYUNCast。此系统由中国气象局负责管理，能够将从中国"风云"气象卫星采集的数据发送至接收站。正如一名中国官员所述，"此系统的日常卫星广播带宽可达 23GB"不仅能提供气象信息，还能提供用于环境监测、自然灾害监测及农业支持的对地观测数据（Zhang，2012）。此外，接收站也可下载外国的系统信息，也就是说，接收器也可收到来自美国与日本卫星的数据（Lin，2007）。

2006—2007 年，中国向多个国家捐赠了接收站。首批接受国包括孟加拉国、伊朗、蒙古国、巴基斯坦、泰国、秘鲁及印尼（2006 年）。2007 年中国又将另外的 11 个接收站捐赠给了马来西亚、尼泊尔、斯里兰卡、塔吉克斯坦及越南。

首批接受 FENGYUNCast 接收站赠与的国家，都表示表示愿意加入亚太空间合作组织，这当然不是巧合。1992 年，中国、巴基斯坦与泰国官员提议建立商讨太空事宜的亚洲组织。2005 年 11 月，上述三国以及孟加拉国、印尼、伊朗、蒙古国与秘鲁的代表签署了《亚太空间合作组织公约》。2008 年 12 月，在土耳其加入后，该组织正式启动（中国国家航天局，2005）。作为该组织的东道国，中国显然处于主导地位，中国不仅是经济上最强大的国家，也是所有成员国中太空能力最为先进的国家。此外，值得注意的是，印度、日本及其他亚洲航空大国都并非该组织的正式成员。

APSCO 提议过许多合作项目，包括计划将各成员国的大型光学望远镜接入一个综合太空观测网络的亚太地基光学空间物体观测系统(APOSOS),旨在以低成本和低投入的方式为所有成员国提供在近地轨道跟踪天体的工具(Guo,2011),同时使各参与国适应与其他参加国的合作包括与中国的合作。

中国还将建立首批永久海外测控站作为其太空计划的一部分。为支持"神舟"载人太空计划,中国首先在纳米比亚和基里巴斯建立了卫星跟踪站,尽管基里巴斯跟踪站在后来关闭了(Shie,2006)。但之后中国又在肯尼亚和巴基斯坦建立了跟踪站。

25.3 中国军事安全

综合国力需要考量多种多样的因素,而国家军事安全是其中最重要的因素。中国太空安全概念同样根植于中国军事安全概念这一大背景下。尤其是随着太空角色的转变,中国已经认识到现代战争形式的变化,并转而将其眼光投向未来战争形式。

在毛泽东领导时期,时代主旋律为"战争与革命"。毛泽东强调"要做好充分准备,准备他们大打、准备他们早打、准备他们打核战争"。未来的冲突将是涉及核武器的大规模全球事务。随着此类冲突的到来,中国必须时刻准备可能与美国或苏联的占领军进行一场长期的游击战。

邓小平继任后,中国改变了对全球战略态势的看法。1978年,中国正式转变了其世界观,认为世界大战再次发生的可能性微乎其微,且中国不再面临直接、重大的军事威胁,转而关注在范围与持续时间上更为有限的冲突(Joffe,1987)。同时,现代武器正改变着战争的形式,其攻击范围不断扩大,杀伤力也显著提高了。

到20世纪90年代,中国进一步细化了对未来战争的评估。持续的信息技术改革对武器、战术甚至战略的目标都产生了影响。从第一次海湾战争可以看出,现代武器已将其重点从消灭对手转移到使对手无力抗衡。高科技武器意味着未来冲突将是全方位的,不仅涉及海、陆、空,还将波及外层空间与网络空间。

为应对此类战争,正如美国、苏联与德国军队过去所做的那样,PLA日益关注战斗行动和指导战争的战役层面(交战发生于战争的战术层面。作战发生于战争的战役层面。战斗发生于战争的战略层面)。1993年,PLA新制定了一套"新时期国家军事战略方针",引入了"现代高技术条件下的局部战争"这一概念。这些方针构成了中国武装部队的"最高国家导向"(Finkelstein,2007)。

随后,在1995年12月对CMC的演讲中,总书记江泽民强调了这些新方针的重要性,并指示PLA进行"两个转变",即由数量规模型向质量效能型转变,以及由应付"现代条件下的局部战争"向"打赢现代技术特别是科技条件下的局部战争"转变(Zhang、Li,1997)。

这种新型战争的核心在于进行联合作战,要认识到未来战役将是联合作战,不再由单一服务机构进行,而是由多个服务机构共同应对。的确,1999年6月,PLA发布了"新世纪作战条例",使得联合作战成为焦点(Finkelstein,2005)。实质上,正如PLA所述,单独服务作战应从属于联合作战,并将以此为目标进行训练和装备(Gao,2001,第12-25页)。

太空的利用是联合作战中不可或缺的一部分。PLA在对第一次海湾战争的评价中说道,为支持联军,美国调配了大量的太空资产,这是战争成败的一个主要因素(Chang,2005,第249页)。PLA的文献总结道,美国数据传输能力的70%及战略情报的90%均是由其使用的近70个卫星所提供的(Gao,2001,第54页)。

基于上述观察,PLA在文献中指出,为应对未来"现代高技术条件下的局部战争",PLA指挥官需具备:

(1)侦察/监视能力。指挥官需能更好地确定敌军处境、地理位置以及其他相关战斗信息。

(2)转移火力。即从全部现有兵力中抽调骨干,对处于战场深处的敌军进行快速而猛烈攻击的能力。

(3)电子战争。运用电子系统的能力保护自身并破坏敌军的能力。

(4)战斗中持续的指挥控制能力。有助于指挥官将从各兵种中抽调的各种兵力联合,成为相互支持的一体。

(5)威慑能力。限制敌军反应。

(6)将不同兵力与部队相结合的能力。协调来自不同兵种与不同地点的兵力,使其能以协调且相互支持的方式快速协作(Wang、Zhang,2000,第44-48页)。

2004年,PLA对未来战争的看法又经历了一次演变。在仔细观察了美军及其盟军在巴尔干半岛、阿富汗及巴格达行军中的作战表现后,中国军事思想家总结道,并非所有的高科技都具有同等地位。最重要的是与信息化相关的技术。的确,根据《中国人民解放军国防白皮书(2004)》的说法,未来战争很可能成为"信息化条件下的局部战争"。

"战役指导思想"是制定战役层面行动计划的基础,为"整体作战,精打制敌"。"整体作战"不仅指整体兵力,即联合作战,也包括在海/陆/空、太空与网络空间战争中将进攻作战与防御作战、硬杀伤与软杀伤技术相结合。"精打"包括使用精确武器打击重要的目标,旨在破坏关键点、准确控制冲突进程与强度(Zhang,2006,第81页),并扰乱敌军的系统使其无力抗衡,削弱其战斗力,而并不是仅仅破坏个别武器或兵力(Wang、Zhang,2009,第 202-203 页)。

信息领域占优势或占主导地位是发动上述攻击的关键。掌握制信息权是至关重要的(Zhang,2006,第 81 页)。反之,太空军事作战是获得制信息权的重要手段。"在冲突中掌握制太空权、制信息权及制空权将起到重大的作用"(Zhang,2006,第 83 页)。

某种程度上,对掌握制太空权的日益重视是植根于制信息权取决于制太空权这一结论。在某些 PLA 的分析家看来,如果不掌握制太空权,则任何试图掌握制信息权或在电磁波谱中进行作战演习的计划即使不是完全不可能实现,也会困难重重(Hong、Liang,2002)。

基于海湾战争与科索沃战争,PLA 得出结论:太空代表着新的战略制高点。现代信息技术与军事太空系统的结合创造了协调海陆空军兵力的方法;制太空权(及制信息权)对联合作战的协调至关重要(Gao,2001,第 33 页)。掌握制太空权将能够影响甚至控制其他战场,并很可能可以掌握主动权。因此,美国在早期的海湾战争中部署了大量太空兵力,确保了美国掌握"其在战争中的主动权。这一主动权对夺取战争胜利起到了关键的作用"(Zhao,1998)。

相比之下,丧失制太空权及制信息权可能会导致立场被动或消极。例如,伊拉克与塞尔维亚的战士长期受到操控,并且完全不能有效地应对战争(Li,2002)。

25.4　太空作为战略因素

如前所述,冲突发生于战略、战役和战术层面。而太空能力对此三者均有益处。

在战略层面上,中国本身所拥有的太空能力构成了影响其战略形势的基本因素。自冷战结束后,大多数国家(如伊拉克、塞尔维亚与利比亚)都受到了美国或其他西方国家的干涉,与它们不同,中国拥有一整套处于主权控制之下的太空系统,其并不需要依赖于外部供应商提供技术、支持、维护或进入太空的能力。因此,与其他多数国家不同的是,中国可使用太空系统支持其自身的目的。

如果中国选择支持其他参与战争的国家,这不仅有可能直接改变有中国参与的战争的战略考量,也可能对战局产生影响。如前所述,中国已通过其FENGYUNCast 网络向各国提供气象与灾害信息,其也可以选择提供源自其太空系统的更为精确的信息(未必通过 FENGYUNCast)。

此外,中国分析家所提出的"政治战"也会影响战略安全。这就要求致力于塑造与影响对手及敌军领导阶层的普遍认知与情感,包括使用"信息条件下的政治性作战样式"(涉及各种资源的使用,而不仅限于军事资源)以保证获得超越对手的政治主动权与心理优势(军事科学院作战理论和条令研究部信息化作战理论研究室,2005,第403页)。正如《中国人民解放军政治工作条例》中所规定的,"政治斗争方式"包括"三战",即心理战、舆论战与法律战。

(1)舆论/媒体战就是要掌控实施心理战和法律战的渠道。舆论/媒体战的焦点不仅仅局限于新闻媒体,还包括所有通知和影响舆论的工具,如电影、电视节目、图书等。

(2)心理战力图通过制造疑虑、煽动反领导情绪和打击敌人的意志来削弱对手的决策能力,包括针对政治、军事、经济权威或普通群体的相关措施。

(3)法律战力图将本国的行动合法化,同时将对手的行动描述为非法的,以此在对手和中立的军事和民事权威机构以及大众中制造疑虑,质疑对手行动的明智性和合法性。

中国的拥有包括卫星系统在内的全球通信的能力,能够在全球范围内发动各种形式的政治战。的确,中国在帮助新华社创立24h英语新闻服务使其能够与CNN及福克斯新闻相抗衡,并扩张其国有中国中央电视台(CCTV)时,若没有一个强大的卫星通信基础设施支持,是无法争取到全球观众的(新华社,2010;Branigan,2011)。

25.4.1 太空威慑作战

太空部队另一关键的战略任务是产生太空威慑。PLA认为威慑可基于原子能、常规武器、太空或信息优势,也可基于天基优势。各种情况下,其目的都在于"迫使对手屈服于威慑者的意志"(Peng与Yao,2005,第215页)。值得注意的是,中国对威慑的解释,这一基本概念并不一定要与"劝阻"和"强制"相区分。威慑,无论采取何种方式,包括太空威慑,都提供了实现了其战胜对手不必诉诸武力的战略目标的机会。

太空能力可通过增强核武力和常规武力来令其威慑力量的效果倍增。例如,可在结合核武力在潜在地中和对手核能力的同时增强自身的核能力(Hong、Liang,2002)。同样地,太空系统可通过增强其威慑能力而显著提高常规武力的杀伤力与范围。

太空系统自身也可威胁对手。考虑到其价值昂贵,威胁对手的太空系统就足以抗敌,正如核威慑可威胁造成惨重的损失一样。无疑,卫星威胁与核毁灭城市的威胁不同;然而,由于国家太空基础设施的重要部分可能被摧毁或破坏,国家必须进行成本效益分析。人类伤亡的减少也使得太空威慑更为可信——若太空系统而非城市被攻击,战略升级的可能将降低。

此外,考虑到费用及备件的缺乏,摧毁或破坏对手的太空系统可能会对其产生好几个月甚至好多年的影响,进而影响一个国家的长期的经济、政治与外交利益。由于太空影响着综合国力的诸多方面,对太空系统造成的任何损坏都将进而影响综合国力的诸多方面。

在思考如何产生太空威慑时,中国学者似乎提出了类似于行动"升级阶梯"的概念,每升一级就意味着劝阻或强制对手改变其行动方针的措施更为妥善。措施越妥善表示其拥有越高的作战能力;因此,如果威慑失败,中国军队将处于发动军事作战的优势地位。太空威慑 "升级阶梯" 的梯级包括测试太空武器、进行太空演习、转变太空武力部署及实际太空武器作战。

测试太空武器。中国太空威慑阶梯的第一梯级似乎是在和平时期对太空武器进行测试。成功的测试能够展示武器的能力,所以潜在对手必须将这种威胁纳入未来相互对抗的成本效益的考量之中。然而,即使测试失败,也能对潜在对手造成影响,因为对手并不知晓新危机到来之时失败原因是否已被解决。此外,通过进行此类测试,无论结果如何,都证明了一定程度的科技能力。这不仅能提高政治与外交地位,也向潜在对手展示了其综合国力水平的提升(Li、Dan,2002)。

进行太空演习。威慑阶梯的第二梯级与太空武力演习有关。特别是在联合作战环境中,演习不仅包括进攻型与防御型太空作战和大气层外反导弹演习,还包括使用太空武力支持传统武力和/或核武力。这种演习不仅提供了对能力直观的展示,也提供了将自身武力投入实战训练的机会。

这种演习不同于在特定时间进行的太空武器测试。PLA 的文献中建议身处危机是进行这种演习的最佳时机,以达到最佳的威慑效果,并展示其决心与责任心。相比之下,太空武器测试最好于和平时期进行,尽可能地增加塑造他人感知的机会。为进一步增强其效果,这种演习可在太空区域,尤其是太空敏感区域或战略区域进行,如地球同步轨道。这不仅使任何潜在的对手变得更为敏感,也进一步展示了其意志(Chang,2005,第 303 页)。

转变太空武力部署。如果为威慑对手有必要进行进一步的升级,下一梯级将包括增强当前的太空武力与改变它们的位置(必要时)。两种行动均表示情况正愈加危险,从而有必要展示国家的决心。

此外,增加卫星部署可提高自身作战能力,这不仅可增强威慑,还能使对手更难确定目标。增加或转变侦察系统部署也可能增加检测到对手武力部署与行动的机会,且有助于通过减小意外发生概率来增强威慑。如果对手仍坚持其行动方针,可通过增强部署来提供确保制空权和制信息权所需的其他能力(Chang,2005,第 303-304 页)。最后这一方面未必会产生威慑效果,但可能有助于提高作战能力。

实际太空武力作战。 太空武力有两种实际的使用方式,分别产生不同的威慑效果。其中一种是利用太空能力对抗其他冲突。鉴于此,之前展示的实际能力足以对未来的冲突产生威慑。

然而,其他分析显示实际攻击中涉及的威慑并不基于先前经验,而是基于在**持续**危机之中实际攻击的有效执行。有学者将这种作战称为惩戒打击。按照这种观点,实际利用的太空武力构成了最高强度的威慑,目的在于"以小战而屈人之兵"(Chang,2005,第302–304页)。

太空武器的使用并不一定带有毁灭性。例如,可以通过计算机网络攻击来干扰通信与数据链路或破坏指挥系统,从而干扰、抑制或破坏敌军太空系统(Chang,2005,第304页)。由于其太空系统产生混乱并遭到破坏,对手可能会决定停止敌对行动。而且这种行动未必会产生碎片(甚至可公然否定这一可能性),从而限制了对第三方的外交影响。

但 PLA 并不全然致力于利用纯软杀伤武器进行威慑。PLA 学者也建议这一梯级可能涉及向敌军太空信息系统、指挥控制中心、通信节点以及其他关键设施等太空系统发动突然的短时的攻击。

与选择干扰和妨碍对手系统相比,这种攻击将造成更大的心理打击,原因在于其可能会对难以被替代的设施与设备造成实际的物理性破坏。此外,通过摧毁目标,对手的太空基础设施的其他构成部分也可能受到影响,无论是否被设定为摧毁目标。想在轨道运行卫星被转移或新系统被发射前及时执行控制设备的攻击,可能需要进行大量的工作和时间调整。从逻辑上看来,具备对太空系统施加惩罚的能力即构成最高强度的威慑;"必须以实战准备作为太空威慑的基础"(Chang,2005,第302页)。

25.5　太空作为战役因素

尽管太空武力能够造成战略性的影响,但其对中国军事作战的最大贡献可能在于解决冲突的战役层面。中国不断增长的太空资产为 PLA 提供了更广泛的能力,有助于联合作战的开展。中国的太空系统有可能为联合作战的规划、开展与持续提供大力的支持。

如前所述,PLA 将联合作战视为未来"信息化条件下的局部战争"的标志。其核心元素为"整体作战",要求将兵力、领域与行动合为一体。

(1) 兵力整合是指协调所有参与兵种的行动并动员相关民用资源。

(2) 领域整合是指联合所有相关战场(包括海陆空、外层空间与网络空间)

内的行动。

（3）行动整合是指联合所有兵力的进攻与防御作战并协调阵地战、运动战、空中与海上作战及拥有战斗支援与战斗勤务支援功能的作战。

为整合各种兵力、各种领域与各种行动，PLA 指挥官必须在统一指挥系统内进行指挥，并在所有参与的兵力中建立共同的态势感知。这就需要一个能够将各种兵力联合起来的统一指挥、控制、通信、计算机与情报（C⁴I）结构。这一指挥系统拥有多个主要任务且每个任务都可能依赖于太空系统。

25.5.1　掌握情况

掌握情况是首要的，也是最基本的任务，所有后续工作与行动都以此为基础。掌握情况要求收集、处理和发布与敌军和友军相关的信息，并收集背景材料和提供长期的评估，以了解即时情况和战略背景。因此，必须具备充分利用各种系统的侦察与监视能力以及整理、分析和利用所收集的信息的能力。

目前，PRC 利用各种太空系统为其指挥官提供信息支持。这些太空系统包括：

（1）气象卫星。军事作战的开展经常受到天气影响。例如，诺曼底登陆的成功在某种程度上取决于盟军成功地预测了英吉利海峡的天气。中国发射了包含太阳同步卫星（"风云"一号与"风云"三号系列卫星）与地球同步卫星（"风云"二号系列卫星）的风云星座。

（2）对地观测卫星。资源与天绘系列对地观测卫星能将其数据传输至地球，以提供更广的响应范围。首颗资源卫星，也称为中巴地球资源卫星，除了装配有各种传感器外，还拥有一台分辨率为 20m 的电荷耦合器件（CCD）摄影机。装有高分辨率传感器的"资源"二号与"资源"三号系列卫星被认为是军事侦察卫星，也称作"尖兵"系列卫星（Cliff 等，2011，第 98、100-101 页）。装有 CCD 摄影机（分辨率为 5m）的天绘对地观测卫星也被当作军事卫星，并与"资源"三号卫星密切相关（中国测绘科学研究院，2011）。

（3）其他情报搜集卫星。中国也发射了大量的可向指挥官提供广泛信息的其他卫星系统。目前，"海洋"系列小型卫星可提供包括波高与水温在内的海洋资料（Clark，2011a）。到 2020 年，中国至少还会增加两颗海上雷达监视卫星（中国日报，2012）。

中国已有 17 颗遥感卫星被送入轨道，其中部分卫星载有光学传感器，其他卫星也装有合成孔径雷达（SAR），以实现穿透云层成像及夜间成像。这些卫星通常成对发射，以全面覆盖所有的特定目标（Clark，2012；Cliff 等，2011，第 101 页）。此外，中国还部署了大量具有侦察作用的实践卫星，并将装有可见光与多谱段摄影机或合成孔径雷达的环境系列灾害监测卫星送入轨道。尽管所有这些卫星的分辨率都很低,但仍能提供额外的信息。

25.5.2 计划组织与控制协调

熟悉情况后,指挥官必须开展计划组织,包括进行评估及发布广泛的指令,并以其参谋制定的准则作为补充。这些准则将告知下级指挥人员如何制定更具体的计划,包括作战行动、各种保障行动以及指挥行动的管理(Yuan,2008,第14页)。由于任何联合作战都涉及多种兵种,因此联合作战的司令部的一个关键任务是协调各兵种的计划,将其合为一体。

一旦开始作战,指挥官及其参谋必须进行控制协调,以便参战部队能迅速对战况做出响应。考虑到信息化条件下的冲突更为复杂,涉及更多的参战兵种、更大的实战规模及更多样化的作战模式,协调与控制参战部队的任务将更加艰难。作战指挥官及其参谋需要随时获取敌军与友军相关信息,并依赖可靠的通信调整兵力部署与行动。

为支持上述任务,中国发射了通信与数据中继卫星,以便指挥官接收最新的信息和发布新指令。

(1) 通信卫星。中国拥有大量商业通信卫星的使用权,其中包括香港亚洲卫星有限公司旗下的部分卫星。但他们仅将数量有限的商业卫星送入轨道。此外,中国还发射了两颗军事通信卫星。"烽火"卫星提供了 C 波段与超高频通信,而据报道,"神通"卫星是中国首颗军事 Ku 波段通信卫星(Cliff 等,2011,第94 页)。这两颗卫星可服务于不同的团体;"烽火"卫星可用于战术通信,而"神通"卫星可支持更高等级的通信。

2008 年四川地震后,中国官员依靠其通信卫星协调赈灾工作。在后续审查中,中国官员将北斗导航卫星系统的角色视为"烽火"卫星与"神通"卫星的补充(Lu,2008)。然而地球同步北斗卫星主要用作定位、导航与授时系统,它也能传输约 120 字符的文本信息(中国卫星导航系统管理办公室,2011)。显然,这种能力被大量用于地震的善后工作中。

(2) 数据中继卫星。大多数中国追踪、遥测与控制(TT&C)网络都位于其境内。因此,中国地面站只能与一个轨道上约 12% 的指定卫星保持通信。2008年起,中国开始部署另外的天链数据中继卫星以改善这一状况。到 2012 年,被送入轨道的 3 颗天链卫星使中国与各轨道的通信率提升到了 50%(Clark,2011b)。尽管表面看来,将这些卫星送入轨道是为支持"神舟"与"天宫"载人航天任务,但显然也能为其他的太空系统与任务提供支持。

25.6　太空作为战术因素

在发动"信息化条件下的局部战争"的过程中,PLA 将力图通过精密作战克敌。而此类任务要求确保某些领域的精确性,如精确选择打击目标、精确重点用兵以及精确运用战术等(Zhang,2006,第 89~92 页)。

精确选择打击目标包括确定最重要的敌对目标,以达到最佳的攻击效果。与其摧毁敌人军事力量,倒不如摧毁其关键的军事、政治或经济目标。时间与顺序的安排也同样至关重要。

同样地,作战指挥官及其参谋需要精确重点用兵,必须根据目标谨慎地配置武器以确保使用正确武器打击预定的目标。最好对轨道运行卫星应用"软杀伤"武器装备以尽量减少附带的损害,尤其是对第三方的附带损害。在其他情况下,如发射与控制设施的任务,目标可能在于重点使用"硬杀伤"的武器装备以尽量造成长期的损害。

精确运用各种作战方法和手段要求作战指挥官熟悉自身与敌军兵力,有能力抵抗近距离及远距离战斗,灵活地和创造性地调整自身行动,并在应对出现的意外事故时进行同步与有秩序的作战。

精密作战的关键目标包括:

(1) 指挥控制设施与相关构成部分,使对手无力抵抗;

(2) 后勤与增援中心、电力基础设施及其他有助于维持敌军兵力的目标;

(3) 关键导弹、空军与海军基地及战斗信息设施,以削弱敌军发动进攻作战的能力或打消敌军掌握制信息权、制空权或制海权的企图;

(4) 交通要塞点,包括铁路、公路、重要桥梁和港口,以阻止敌军移动并孤立其兵力(Chang,2005,第 314 页;Dong 等,2003)。

太空武器装备在支持精密作战方面起着不可或缺的作用。各类侦察与监视系统有助于指挥官详细了解固定目标的性质,且对确定敌军与友军位置极为重要。通信卫星网络能够协调从各兵种抽调的参战兵力。

此外,中国建立了自己的 PNT 卫星网络。最初的北斗星座于 2000 年首次成形,由处于地球同步轨道的数颗卫星组成,为区域地理定位提供了主动便携式机组和固定场地。这一 PNT 网络的罗盘部分增加了一组中地球轨道(MEO)卫星,沿着与美国全球定位系统、俄罗斯全球导航卫星系统或欧洲"伽利略"系统同样的路线运行,并向被动接收者提供规则信号。PLA 可通过运行自己的卫星导航系统以确保在发生冲突时获取 PNT 数据。

除了来自太空的信息支持外,中国军队很可能特别针对对手的太空部队进行进攻与防御作战。需要注意的一点是,PLA 的目标不仅包括对手处于轨道中的系统,也包括发射场、任务控制中心、TT&C 设施以及将它们统一为一个系统性整体的数据链路等地面装置,旨在使对手的整个太空体系失效,而不单是个别卫星或任务。就像攻击对手的指挥控制系统将造成大范围的中断一样,攻击对手的任务控制设施将产生波及整个系统的强有力影响(Hong、Liang,2002)。对发射场的攻击同时也会影响对手加固或更换受损或被摧毁的轨道运行系统的能力。一项分析表明,对太空与地面目标都发动攻击对建立局部太空优势是必不可少的(Dong 等,2003)。

从特种作战部队到导弹攻击或远程轰炸机等大批系统都可用于对地面目标发动攻击,具体取决于目标的位置。然而,这种攻击需要与其他作战配合进行,且很可能会造成战略升级(Chang,2005,第 294 页)。

因此,除了针对地面设施与轨道运行系统的实际攻击外,PLA 可能对敌军发动"软杀伤"攻击,并以将太空系统各构成部分整合为一体的数据链路作为攻击重点。例如,值得注意的是,对卫星上行链路的攻击可影响卫星的轨道定向或打开/关闭卫星传感器。因此,电子干扰可导致卫星失效(Chang,2005,第 292 与 296 页)。另一种可能是针对卫星仪器与传感器使用激光、微波或粒子束流。这种攻击未必会造成卫星解体,但即使攻击力较低,也可能会损坏仪器(Chang,2005,第 292-293 页)。

同时,指挥官必须做好防御工作,以防敌军对关键的太空资产发动类似的地面与轨道攻击。尤其是当敌军发现己方已组织并准备好太空攻击行动时,很可能会试图抢占先机。因此,所有太空防御工作取得成功的一个关键部分就是攻击敌军的太空系统。一项 PLA 的分析表明:

只有适时使用各兵种和军种的太空攻击力量与远程攻击武器(如远程轰炸机),并采取主动防御行动对敌军的航天发射基地、弹道导弹发射基地、太空指挥控制中心以及航天生产基地进行集中攻击来摧毁或削弱敌军的进攻能力,才能有效地阻止和中断敌军对我方发动的太空攻击(Chang,2005,第 321 页)。

同时,除了通过在关键的太空设施与系统周围部署空中与地面防御以加强主动防御外,也有必要进行被动防御。中国军方文献建议采用伪装及其他秘密措施在帮助卫星生存,如隐藏卫星功能和性质(Chang,2005,第 316 页)。此外,应进行加固或保护以免受敌军的伪装与电子干扰。

另一种选择是通过发射小型卫星和微型卫星群而非依赖个别平台来分散卫星的功能。这将有助于增加弹性,尽管个别卫星遭到摧毁或损坏,任务仍能继续执行。当必须依赖于某一卫星时,这颗卫星应能够变轨以躲避敌军攻击并能够自主运行;如此,即使其地面链路被切断,仍然能够继续运行(Chang,2005,

第 320 页）。

25.7 结　　论

中国认为,太空发展对其军事、经济以及外交等国家安全的诸多方面均有益处。在某种程度上而言,这是由于中国将太空视为一个完整实体,其不仅包括轨道中的系统,还包括地面设施及连接系统的数据链路。

军事领域中,太空在冲突的各个层面(战略、战役以及战术层面)起作用。中国太空计划中的各种系统为各个层面的军事提供支持;这些系统的能力增强时,太空计划的贡献将会更大。由于太空是信息采集、传输及利用的关键渠道,是未来战争取得胜利的基石,其重要性也会不断地增强。

参考文献

Academy of Military Sciences Operations Theory and Regulations Research Department and Informationalized Operations Theory Research Office (2005) Informationalized operations theory study guide. Military Science Publishing House/AMS Press,Beijing

Branigan T (2011) Chinese state TV unveils global expansion plan. The Guardian (UK),8 Dec 2011. http://www. guardian. co. uk/world/2011/dec/08/china-state-television-global-expansion. Accessed 11 Dec 2012

Chang X (2005) Military astronautics,2nd edn. National Defense Industries Press,Beijing

Chen,Yanping (1999) China's space activities,policy,and organization,1956-1986. Unpublished dissertation

China Daily (2012) China to upgrade maritime satellite network by 2020 news report. China Daily,6 Sept 2012. http://www. china. org. cn/china/2012-09/06/content_26445180. htm. Accessed 11 Dec 2012

China Institute of Contemporary International Relations (2000) Global strategic pattern – international environment of China in the new century. Shishi Press,Beijing;cited in Angang H,Honghua M. The rising of modem China comprehensive national power and grand strategy

China National Space Administration (2005) APSCO Convention signed in Beijing. Resource document. CNSA. http://www. cnsa. gov. cn/n615709/n620682/n639462/54363. html. Accessed 11 Dec 2012; Asia Pacific Space Cooperation Organization Starts Operation, Xinhua 16 Dec 2008. http://news. xinhuanet. com/english/2008-12/16/content_10514901. htm

China National Space Administration (2011) Casting a splendid new Chinese aerospace. Resource document. CNSA. http://www. cnsa. gov. cn/nl081/n7529/n7935/426848. html. Accessed 11 Dec 2012

China Satellite Navigation Office (2011) Report on the development of the Beidou (Compass) navigation satellite system (V1. 0). Resource document. China Satellite Navigation Office. http://www. china. com. cn/zhibo/zhuanti/ch-xinwen/2011-10/21/content_24259168. htm. Accessed 11 Dec 2012

Chinese Academy of Surveying and Mapping (2011) Our academy issues Tianhui-1 satellite data management report. Resource document. CASM,5 July 2011. http://www. casm. ac. cn/news. php? col=93&file=2796. Accessed 2 June 2013

Clark S (2011a) China launches new ocean watching satellite. Space News, 16 Aug 2011. http://www. space. com/12648-china-Iaunches-ocean-watching-satellite. html. Accessed 11 Dec 2012

Clark S (2011b) Chinese satellite launched to track docking attempt. Space News, 16 July 2011 http://www. space. com/12313-china-launches-data-relay-satellite-space-docking. html. Accessed 11 Dec 2012

Clark S (2012) China successfully launches new spy satellite into orbit. Space News, 11 May 2012. http://www. space. com/15649-china-military-reconnaissance-satellite-launch. html. Accessed 11 Dec 2012

Cliff R, Ohlandt C, Yang D (2011) Ready for takeoff: China's advancing aerospace industry. RAND Corporation, Santa Monica

Deng L (ed) (1993) China today: defense science and technology, vol I. National Defense Industry Press, Beijing

deSelding P (2005) China's satellite industry enters world stage. Space News, 5 July 2005. http://www. spacenews. eom/article/chinas- satellite - industry - enters - world - stage #. UaucGJyXRNQ Accessed 2 June 2013

deSelding P (2012) China to help Sri Lanka launch telecom satellite. Space News, 25 May 2012. http://spacenews. com/contracts/120525-china-sri-lanka-launch-sat. html Accessed 11 Dec 2012

Dong L, Xinguo Z, Chenglin H (2003) Research on concepts of space operations and its command. J Acad Equip Command Technol 5:42-45; XIV:5

Feigenbaum E (2003) China's techno-warriors. Stanford University Press, Stanford

Fengyun Satellite Data Center (2012) An introduction to the Fengyun satellite. Resource document. Fengyun Satellite Data Center. http://fy3. satellite. cma. gov. cn/PortalSite/StaticContent/ SatelliteIntroDefault. aspx. Accessed 11 Dec 2012

Finkelstein D (2005) Thinking about the PLA's "Revolution in Doctrinal Affairs". In: Mulvenon J, Finkelstein D (eds) China's revolution in doctrinal affairs. CNA Corporation, Alexandria, pp 1-28

Finkelstein D (2007) China's national military strategy: an overview of the "Military Strategic Guidelines". In: Kamphausen R, Scobell A (eds) Right-sizing the people's liberation army: exploring the contours of China's military. Strategic Studies Institute, Carlisle, pp 69-140

Gao Y (Chief Editor) (2001) Joint campaign teaching materials. Military Science Publishing House, Beijing

Garcia E (2010) Bolivia, China team up on communications satellite. Reuters. http://www. reuters. com/article/2010/04/01/us- bolivia - china - satellite - idUSTRE63035220100401. Accessed 11 Dec 2012; Bolivian satellite operators to be trained in China, Xinhua, 24 July 2012. http:// www. globaltimes. cn/NEWS/tabid/99/ID/722966/Bolivian-satellite-operators-to-be-trained- in-China. aspx

Guo X (2011) Asia Pacific ground base optical space observation system. Presentation at the Beijing space sustainability conference, Beijing, 13-14 Oct 2011

Hong B, Liang X (2002) The basics of space strategic theory. China Mil Sci 1:23-31

Huang, Xi (2011) Long March 3-B successfully launches PakSat-1R satellite. China Aerosp 3-5

Joffe E (1987) The Chinese army after Mao. Harvard University Press, Cambridge, MA, pp. 79-81

Kan S (2007) China's anti-satellite weapon test. CRS report to congress RS22652. Government Printing Office,

Li D (1999) A survey of the development of space technology in China. China Aerosp. 16-19, in FBIS-CHI (21 Sept 1999)

Li D (2002) The characteristics and rules of law of space strategy. China Mil Sci 1:32-39

Li J, Dan Y (2002) The strategy of space deterrence. China Mil Sci 1:18-22

Lin, Buqi, Shi, Weiping (2006) Analysis of China's aerospace industry development. China Aerosp 8:18-24

Lin TC (2007) Malaysia gets China satellite data receiving system news report. Bernama, 10 Oct 2007. http://web6. bernama. eom/bernama/v3/printable. php?id=289474. Accessed 11 Dec 2012

Lu, Jing (2008) Satellite communications - the information bridge that responded to earthquakes and rescued from disaster. Presentation at the "2008 Disaster crisis and satellite applications seminar", Beijing, 26 Sept 2008

Peng G, Yao Y (eds) (2005) The science of military strategy. Military Science Publishing House, Beijing

People's Daily (1999) The birth of the first atomic bomb news report. People's Daily, http://politics. people. com. cn/GB/8198/70654/4808649. html. Accessed 11 Dec 2012

Piette C (2009) Bolivians learn Chinese to boost their trade options news report. BBC News, 24 Dec 2009. http://news. bbc. co. uk/2/hi/8390614. stm. Accessed 11 Dec 2012

Shie TRS (2006) China woos the South Pacific, Pacific Forum Pacnet #10A, 17 Mar 2006. http://csis. org/files/media/csis/pubs/pac0610a. pdf. Accessed 11 Dec 2012

Wang H, Zhang X (2000) The science of campaigns. National Defense University Publishing House, Beijing

Wang W, Zhang Q (2009) Discussing military theory innovation with Chinese characteristics. National Defense University Publishing House, Beijing

Xinhua News Agency (2008) Asia pacific space cooperation organization starts operation news report. Xinhua. http://news. xinhuanet. com/english/2008-12/16/content_10514901. htm. Accessed 11 Dec 2012

Xinhua News Agency (2010) Xinhua launches CNC World English Channel news report. Xinhua, 1 July 2010. http://news. xinhuanet. com/english2010/china/2010-07/01/c_13378575. htm. Accessed 11 Dec 2012

Xinhua News Agency (2012) Bolivian satellite operators to be trained in China news report. Xinhua. http://www. globaltimes. cn/NEWS/tabid/99/ID/722966/Bolivian - satellite - operators - to - be - trained - in - China. aspx. Accessed 11 Dec 2012

Yuan W (Chief Editor) (2008) Joint operations command organ work teaching materials. National Defense University Publishing House, Beijing

Zhang J (2012) Fengyun cast systems donated to 11 countries, News report. Beijing Today, 10 July 2012. http://bjtoday. ynet. com/article. jsp?oid=24617531 &pageno= 1. Accessed 11 Dec 2012

Zhang Q, Li B (1997) Complete new historical transformations - understanding gained from studying CMC strategic thinking on "two transformations" news report. People's Liberation Army Daily, 14 Jan 1997, in FBIS-CHI

Zhang Y (Chief Editor) (2006) The science of campaigns. National Defense University Publishing House, Beijing

Zhao S (1998) The initial battle is the decisive battle, and preparations for military struggle in the new period. People's Liberation Army Daily, 18 Aug 1998, p. 6

Zuo S (2009) Behind the curtain: manned aerospace engineering effort has undergone 40 years of policy fights, http://news. sinaxom. en/c/sd/2009-09-18/154818679967_6. shtml. Accessed 11 Dec 2012

第26章 印度太空安全

拉贾拉姆·那伽帕

印度国家高级研究所国际战略与安全研究计划部,印度班加罗尔

2013 年 11 月,印度庆祝其太空计划实施 50 周年。从 1963 年 11 月 21 日发射"尼克-阿帕契"探空火箭开始,该太空计划始终处于稳步发展中,目前已发展成为一个将应用卫星和运载火箭送入所需轨道的自主系统。印度目前正进行有限太空产品与服务的商业开发,并追求从纯应用卫星到科研任务乃至深空任务的多元化,更多任务也正在筹划中。印度已制定有关载人飞行任务与可重复使用运载火箭开发的长期计划。作为两用技术,这些应用也可用于国防安全部队。印度不考虑太空武器化。为支持太空任务,印度已建立了制造与工艺设施、发射中心、跟踪、遥测与指挥网络、地面站与工业支持方面的地面基础设施。印度太空探索耗资巨大,连同可操作太空服务以及商业输出一起高达数百亿美元。对印度来说,这些太空资产与太空服务的安全至关重要。印度希望太空本质上是一个保障其公民社会经济福利与安全的可持续且持久的系统。

26.1 引　言

印度太空计划可追溯到 1962 年,当时印度原子能部成立了印度国家太空研究委员会(INCOSPAR)。该委员会由维克拉姆·萨拉巴伊领导,负责开展太空研究活动及开发配套设施。最初的计划主要集中在赤道地区的太空科学研究。萨拉巴伊认识到利用太空在广大印度农村地区开展有关农业措施、健康、卫生、营养和计划生育等课题的非正式成人教育的作用。另外一个需要关注的问题是制定最佳利用和管理国家资源的措施。为此,萨拉巴伊和他的继任者们非常重视通信与遥感应用卫星、将卫星送入轨道的运载火箭以及必要配套基础设施的开发。印度在很大程度上已满足了应用卫星需求,其太空计划采取包括深空任务与科研任务的温和举措。印度显然具有太空应用产品与服务的市场,这方面由太空计划商业部门 ANTRIX 处理。

26.2 发 展 现 状

印度太空计划始于 20 世纪 60 年代为进行大气科学研究而开展的探空火箭与有效载荷开发。从 70 年代开始开发其卫星运载火箭与卫星,其第一颗自行研制的卫星名为"阿里亚巴塔"(Aryabhata),重达 360kg,于 1975 年 4 月 19 日从卡普斯京亚尔搭乘俄罗斯运载火箭发射升空。1979 年 6 月进入轨道的"布哈什卡拉"1(Bhaskara 1)号卫星和 1981 年进入轨道的"苹果"(APPLE)号卫星都是第一代实验遥感与通信卫星。这些卫星为后来的一系列应用卫星提供了开发经验和借鉴。于 1980 年 7 月 18 日成功完成飞行测试的卫星运载火箭 3 号(SLV-3)也为运载火箭的设计和开发提供了类似经验。随着 1987—1994 年增强型卫星运载火箭(ASLV)的开发与飞行测试,出现了进一步的运载火箭技术整合。极轨卫星运载火箭(PSLV)已成为一个非常成功且可靠的运载火箭,其主要用于将重达 1600kg 的印度 IRS 系列遥感卫星送入 620km 的太阳同步极地轨道上。PSLV 能够将重达 1000kg 的卫星送入地球同步移动轨道(GTO),也可用于商业卫星发射服务。地球同步卫星运载火箭(GSLV)设计用于将重达 2~2.5t 的通信卫星送入地球同步转移轨道,该运载火箭尚未投入运行。另外,印度正在开发名为"马克"III(Mk III)号的新型地球同步卫星运载火箭,用于将重达 4.5~5.0t 的重型卫星送入 GTO。印度已制定有关可重复使用运载火箭开发的长期计划。

截至 2012 年 4 月,印度已有 11 颗运行的遥感卫星,这些卫星构成了此类卫星在民用领域内的最大卫星星座(2012 年度报告)。雷达成像卫星 1 号(RISAT-1)是此系列中最新的一颗卫星,于 2012 年 4 月 26 日发射升空。该卫星搭载了在 C 波段工作的合成孔径雷达有效载荷。微波遥感允许全天候、全天时成像。于 2011 年 10 月 12 日发射升空的热带云卫星(Megha-Tropiques)为印法联合项目,用于研究热带地区的水循环与能量交换。对于轨道通信卫星,印度采用外购发射器与自主研制发射器。总计有 20 颗通信卫星被成功送入轨道,其中有 8 颗卫星正在运行中。约有 200 个主要在 C 波段、扩展 C 波段以及 Ku 波段运行的转发器用于通信服务。虽然印度国家卫星(INSAT)系统 INSAT-1 系列的头 4 颗卫星都是由一家美国公司按照印度规格定制,但其余的 INSAT 2、3、4 系列以及静地卫星(GSAT)系列均由印度设计和开发。少数通信卫星以及在对地静止轨道上运行的专用气象卫星"卡尔帕纳"1(Kalpana 1)号搭载气象有效载荷。另外,印度还发射了几颗科研卫星,ISRO 以及印度/国外大学也制造了微型/纳米卫星。当前正在筹划的卫星应用任务如表 26.1 所列。

表 26.1　计划卫星应用任务

卫　星	任　务
SARAL	搭载 Argos 系统与 Altika 高度计的 SARAL 卫星由印度空间研究组织与法国国家太空研究中心(CNES)联合研制。CNES 提供 Ka 波段雷达高度计(Altika)。该任务提供精确的定轨系统
INSAT-3D	气象卫星;有效载荷包括一台 6 通道成像仪、一台带数据中级转发器的 19 通道探测器;另外还包括搜救有效载荷
GSAT-10	载有 12 路 Ku 波段、12 路 C 波段以及 12 路扩展 C 波段转发器的通信卫星;同时还搭载 GPS 辅助地理增强导航(GAGAN)有效载荷
GSAT-14	该卫星配有 6 路 Ku 波段和 6 路扩展 C 波段转发器,是于 2004 年 9 月发射升空、使用寿命即将结束的 Edusat 卫星的替代品
IRNSS-1	该卫星是印度区域导航卫星系统 7 颗卫星星座中的第一颗卫星,搭载导航有效载荷和 C 波段测距转发器

为了实现地球观测的连续性和改进以促进资源管理应用,印度计划了新的技术开发举措,这些举措包括:

(1)超光谱技术实验卫星(TES),顾名思义,关于超光谱成像技术实验卫星的开发;

(2)升降轨融合影像卫星(DMSAR-1),用于灾害管理的雷达成像卫星;

(3)Cartosat-3,用于高级制图用途;

(4)GISAT,计划用于对地静止轨道成像的多光谱、多分辨率卫星。

除了应用卫星,印度还开展了科研任务,其中一些任务与其他国家合作进行。2007 年 1 月,印度在太空舱回收"实验"1(SRE-1)号卫星上进行了微重力实验,并计划在太空舱回收"实验"2(SRE-2)号卫星上进行进一步的微重力实验。2008 年 10 月,印度成功完成了探月任务。航天器 Chandrayaan-1 被送入了距离月球表面 100km 高的月球极地轨道上,通过遥感采集有关化学、矿产和地质方面的信息,并搭载 11 项来自印度、美国、英国、德国、瑞典、保加利亚的实验有效载荷。此任务的主要成果就是在月球表面两极到纬度 60° 的范围内发现了水分子的存在。第二次探月任务(Chandrayaan-2)计划在月球土壤上进行月球车着陆实验,并制定了关于更好地了解月球起源与进化的实验计划。

纳入计划的其他科研任务有作为天文观测台的 Astrosat 卫星和进行太阳日冕研究的"阿迪亚"1(Aditya 1)号卫星。印度还计划建一个导航卫星星座,并制定了有关载人航天活动的长远计划。

社会应用为太空任务的重要组成部分。一些应用卫星用于国内商业用途,但大部分应用卫星用于政府部门,还有一些应用卫星被市场化。

26.3　太空活动管理

印度太空活动由印度空间部(DOS)管理,该部门是总理办公室管理下的联合政府中的一个独立部门。印度太空计划是民用性质的,其政策由太空委员会制定。太空委员会主席同时兼任印度政府秘书。印度空间部通过一些下属部门来执行任务,其中 ISRO 的任务是开发运载火箭、卫星、相关子系统以及服务。太空委员会主席还兼任印度 ISRO 主席。ISRO 包含一些专门技术中心和单位,负责有关运载火箭、卫星、卫星产品以及设计、计划并实现完整端到端任务的服务的技术开发。ISRO 的主要专门技术中心和单位分布于印度各地区,如下所示:

(1) 印度萨拉巴伊航天中心(VSSC),位于特里凡得琅,是研制运载火箭的主要中心。

(2) 液态推进系统中心(LPSC),位于特里凡得琅,专注于运载火箭与航天器推进系统液态推进剂火箭级的开发。LPSC 集成与测试设施位于马亨德拉吉里,而航天器推进开发则在班加罗尔实现。

(3) 印度太空研究组织卫星中心(ISAC)位于班加罗尔,是研制卫星及卫星系统的主要中心。

(4) 太空应用中心(SAC),位于艾哈迈达巴德,负责开发 ISRO 卫星有效载荷。

(5) 萨迪什·达万航天中心(SDSC),位于斯里赫里戈达岛,提供发射服务。固体推进剂生产与固体推进剂发动机测试以及质量鉴定设施也位于此处。

(6) 印度太空研究组织的遥测、跟踪与指挥网络(ISTRAC),位于班加罗尔,为近地轨道卫星和深空任务提供太空操作服务,如遥测、跟踪、航天器控制。

(7) 主控设施(MCF),位于哈桑和博帕尔,用于解决对地静止轨道卫星遥测、跟踪、指挥与控制的功能。

(8) 建设修改为 INRSC 印度国家遥感中心(NRSC),位于海得拉巴,负责遥感数据采集和传播,并提供灾害管理决策支持。

(9) ISRO 惯性系统研究部和光电系统实验室(LEOS)等单位,负责运载火箭和卫星所需专用组件及子系统的开发。

安得利公司是一家于 1992 年 9 月成立的印度政府私营有限公司,作为商业部门,负责推广和开拓太空计划中产生的商机,并提供发射服务、太空产品、技术咨询服务以及将 ISRO 开发的技术转让给国内和国际客户。

包含建设费用、实验室基础设施维护与额外基础设施建造、运载火箭与卫

星的开发以及发射与运行服务在内的资金由印度政府根据太空委员会与计划
委员会的建议分配。开发活动计划以 5 年为基础,以配合印度五年计划规划。
2012—2013 年度(印度会计年度从 4 月 1 日开始,到下一年的 3 月 31 日结束)
是第十一个五年计划的最后一年。印度太空活动始于 1963 年,但 DOS 在 1972
年才创建。作为印度太空计划进程一部分的正规拨款从第五个五年计划,即
1974—1979 年才启动。DOS 五年计划的资金投入状况如图 26.1 所示。

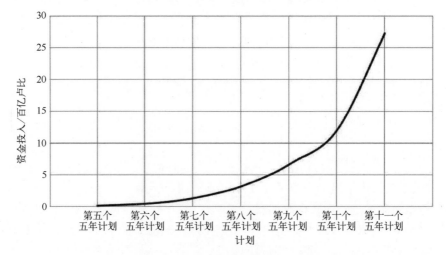

图 26.1　DOS 太空计划资金投入状况

　　太空活动拨款在第十个和第十一个五年计划期间得到了大幅提升,第十一
个五年计划的经费是 27305 千万卢比(约合 54.6 亿美元)。照此趋势,第十二
个五年计划的经费预计在 70 亿美元范围内。从第一个五年计划到第十一个五
年计划,累计支出总计 73506 千万卢比,如果以 50 卢比兑 1 美元的汇率计算,约
合 147 亿美元。尚卡尔已经对每年的太空经费支出进行了分析,发现 2000 年
前每年太空经费支出不到中央财政支出的 0.5%,2000—2005 年的年平均太空
经费支出占中央财政支出的 0.54%。相应占 GDP 的比例为 0.092(Sankar,
2007)。因为 DOS 提供的大量服务都为政府所用,所以很难衡量此投资的回
报。政府在公共商品、私人商品以及社会商品的使用量上有所减少。DOS 的行
业推广政策加强了自力更生的能力,提高了质量意识,并开发了能力与产能以
及就业机会(印度科技部,2008),同时产生了大量衍生产品。2009 年印度太空
资产价值预计约 250 亿美元,加上计划附加发射与服务,该价值预计将会在未
来几年增加。

26.4　太空安全问题

印度是联合国《外层空间条约》的缔约国,其作为航天界责任成员开展其太空事务。印度有关联合国和平使用外层空间条约或公约的立场总结如表 26.2 所列。

表 26.2　印度有关联合国条约的立场

	条约/公约	状态
1	《关于各国探索和利用包括月球与其他天体在内外层空间活动的原则条约》	批准
2	《营救宇航员、送回宇航员和归还发射到外层空间的物体的协定》	加入
3	《外层空间物体所造成损害之国际责任公约》	加入
4	《关于登记射入外层空间物体的公约》	加入
5	《关于各国在月球及其他天体上活动的协定》	签字

印度还批准了有关禁止在大气层内、外层空间和水下进行核武器试验的条约,以及禁止使用用于军事或任何其他敌对目的的环境改造技术公约。印度是 IADC 的积极成员,遵循联合国碎片减缓准则。尽管有这些积极方面,但同其他航天国家一样,印度也存在普遍的太空安全问题。其中一些问题如下:

太空碎片:一些专家已对各种尺寸的在轨空间碎片的总量发表了充分意见。已追踪到的空间物体有 16457 个,其中 78% 为碎片,只有 6.7% 为有源卫星。其余的为退役卫星和使用过的轨道级(Kelso,2012)。碎片的破坏潜力已得到了充分的证明。这些问题对印度航天器造成了影响,LEO 上的 IRS 遥感卫星最易受损。印度对其卫星与太空物体发生碰撞的概率实施定期评估并采取必要的防撞措施。

印度已采取了积极主动的碎片减缓措施(Hegde,2010),这些措施如下:

印度已开发出用于估测空间物体与其卫星距离的软件,并每日利用从美国空间监视网(SSN)获取的航天器数据和在轨空间物体数据基于空间物体接近感知(SOPA)程序进行分析。在碰撞概率大于 1/1000 或最小紧急接近距离小于 100m 时,就会进行防撞机动。2009 年的一次碰撞威胁就使得一个在 LEO 上的印度航天器进行了机动规避以及后续的重回轨道操作。

PSLV 的第一级由高压气体挤压地球可储存自燃推进剂提供动力,该级与卫星分开后便会钝化。钝化作用通过排出高压气体和剩余的推进剂蒸气实现。目前,印度不使用固体推进剂发动机发射轨道卫星,也就不会产生由固体推进剂中的铝颗粒凝结物导致的碎片。

完成使命后,在对地静止轨道上的印度卫星将会被推动到死亡轨道上,以最大限度地降低碰撞事故的威胁以及碎片的产生。将卫星转移至死亡轨道符合国际电信联盟(ITU)的建议,并且是在推进剂耗尽前进行。死亡轨道近地点维持在对地静止轨道上方至少200km。INSAT 2E号卫星曾进行了此操作,该卫星于2012年4月结束其任务。

太空碎片还会影响火箭发射。为了降低此风险,印度采用了自主研发的碰撞规避分析(COLA)软件。如果上升阶段与入轨后第一次经过远地点之前的最坏情况下预估碰撞概率分别大于$1/10^6$和$1/10^5$,将对可能碰撞概率进行预估并重置发射时间。为了避免这种可能性,PSLV C11号卫星的发射时间就曾延迟了1min。

太空物体再入也是非常重要的,因为再入体会对其再入路径上的其他轨道卫星造成碰撞威胁。再入体由使用过的火箭第一级、碎片以及低轨上即将结束其使用寿命的卫星组成。ISRO的太空物体再入分析计划就是用于评估此类情况的。印度当前主要依靠美国的空间监视网络(US SSN)来获取有关空间碎片及其他太空物体的信息。

有限的轨道位置: 印度使用的轨道位置有48°E、55°E、74°E、83°E以及93.5°E。自1981年6月起,印度已发射了23颗GSO卫星,但不得不将就采用有限的轨道位置。目前已通过将多颗卫星发射于同一经度上克服了可用轨道位置限制的问题。同位卫星见表26.3。

表26.3 同位卫星

经度	同位卫星
55°E	INSAT 3E、GSAT 8
74°E	INSAT3C、Kalpana、INSAT 4CR
85°E	INSAT2E[a]、INSAT 4A、GSAT 12
93.5°E	INSAT3A、INSAT 4B

在地面站,同位卫星呈现为一颗单一大型卫星,具备各卫星的双重能力。同位卫星还减轻了地面站的工作量,同时使可用轨道位置以及有限频谱得到最佳利用;然而,因为必须使同位卫星维持在0.1°(10km)的纵向间隔频带内,所以运行费用增加。为了解卫星的精确位置、提高定位跟踪频率以及为维持间隔距离而实施控制机动,这些运费是必需的。

频率相关问题: 印度遵循ITU关于其所有卫星的备案频率申请的规定程序。印度频带申请大多已获得ITU的批准。

然而,印度仍面临无线电频谱拥塞的问题,特别是对频谱资源需求量巨大的 GSO 轨道上的拥塞问题。在其同位卫星中,印度已通过传输被极化且相互正交的信号避免了干扰问题。对于其 IRNSS 卫星星座,为了满足频谱需求,印度不得不将就采用 1 路 L 波段与 1 路 S 波段进行频谱分配。印度希望在 L 波段获得更多的频谱分配位置。

印度卫星鲜少遭受无线电频率干扰,且干扰已得到解决。屈指可数的干扰事件似乎都是偶然发生,而非蓄意而为。因为资源有限而需求量不断增加,可以预见无线电频率分配冲突与干扰将会增加。依据 ITU 章程第 48 条,该问题会日益严重,因为国防服务装置不在 ITU 法规和规章适用范围内。

为完成印度太空计划,需要在未来几年发射通信、遥感、导航与科研卫星。同时,还需发射执行特殊军用任务的卫星。而这些卫星将与预计未来 10 年内发射的 900 多颗卫星争抢发射位置和频率。

干扰、电子欺骗与窃听:一些卫星运营商已报告了 GPS 信号干扰事件。虽然印度航天器从未经历过这些问题,但也不能排除这种可能性。从一般意义上来说,构建对抗这些措施的适当屏蔽是不可行的,并且还会增加成本。这些做法充其量只会在有特殊需求时予以采用。对于关键的应用,印度采用加密信号。例如,对特殊卫星的成像数字数据进行加密,用于特殊用户的 IRNSS 信号很显然也会被加密。

太空武器化:印度希望保持太空无武器化,并作为一个负责任的国家以长期可持续的方式来利用太空或太空应用设施。这表明,如果有其他国家试图将太空武器化,印度就不能保持被动,并且需要规划适当的保障、核查及威慑措施。活跃在该区域的非国家行为体也对印度构成了安全威胁,特别是对其地面段资产。

针对敌对行为的部分解决方案是,选择性无视非破坏性攻击并提供空间段与地面段冗余选择。另一种可能性是使卫星具备分布式功能与按需发射能力。从资源和成本考虑,该方案很难实现。

26.5　太空军事化

太空应用本质上具有军民两用性,因此,在民用与军用需求的太空利用上具有明显的重叠。在两用性方面,印度也不例外,并且 ISRO 的民用通信、遥感以及气象卫星的输出为印度国防安全机构所用。须记住,ISRO 卫星的主要功能是用于社会发展任务,而非监视与情报收集。因此,ISRO 卫星输出很难达到国防需求。可能需要具有附加功能的专用卫星来满足国防服务需求。其中一些功能可轻易通过对民用计划所需技术进行调整和修改获得,而其他功能可能需满足特殊军用要求。

关于军民两用卫星应用以及军用所需特殊功能备注列表见表 26.4。

表 26.4　军民两用卫星应用

卫星用途	民　用	军　用	军用特殊功能
通信	两用		抗干扰、加密及跳频
遥感/侦察	两用		红外热成像、超光谱成像、雷达成像、制图、选择下行链路加密
导航	两用		军事用途要求使用单独波段,并且信号必须加密。导航系统用于精确定位、救援、精确瞄准
气象	两用		军队作战和任务计划需求
监控导弹发射	不适用	早期预警	通过镶嵌式传感器、红外线传感增强 INSAT/GSAT 卫星的能力
电子情报(ELINT)	不适用	必需	需设计卫星及有效载荷。要求有宽波段接收能力。可能需要一组(3颗)同位卫星,同时还需要一整套光学和雷达成像卫星
微卫星	两用		编队飞行、分布式任务、小型化、按需发射
火箭	卫星运载火箭	导弹拦截器、卫星发射	从不同平台发射;多样化的存储与服务环境;高程及导航要求;电子对抗(ECM);再入热管理;太空舱撤离程序(CEP)、分导式多弹头(MIRV)以及机动反雷达导弹(MaRV)低度调整;公路与铁路机动
可重复使用的运载火箭	两用		高超声速巡航导弹。这是一个长远的愿景,许多技术尚待开发
空间平台	两用		交会、对接、机器人飞行、人类居住

必须指出,表 26.4 中所列仅为参考,并不完整;更重要的是,这并不意味着印度正致力于所有技术开发或者已制定相关计划。还必须指出的是,国防安全部队对用于军事用途及军用的太空服务需求日益增加。已逐渐意识到,对出于安全目的的太空军事利用需求,不能与民用需求相分离。注意到这些要求的重要性后,如何在印度太空计划民用性质框架内满足这些要求的问题就随之而来。印度国防部长安东尼认识到了这一需求以及对印度太空资产的威胁,其在 2008 年 6 月 10 日举行的联合作战指挥官会议开幕式上宣布了成立一个在印度综合国防服务总部支持下的印度综合空间部,以应对"印度太空资产遭受的日益增长的威胁"。其还补充道:"虽然我们希望和平利用太空,并且坚定不移地推行太空无武器化政策,但反卫星武器、新型重型运载火箭及其小型助推器以

及改良军用太空系统阵列等进攻性太空反制系统已出现在我们周边。"安东尼说："新成立的印度综合空间部将充当整合武装部队、空间部以及 ISRO 的单一窗口"(国防部,2008)。

印度海军将会是陆、海、空三军中第一个拥有专用通信卫星来联网其陆上与海上资产的军种。空军和陆军的需求也将由印度综合空间部解决。随着时间的推移,用于侦察、通信、导航、气象监测以及情报收集的太空资产的使用量势必会增加。国防服务将会集中于建设天基 C^4ISR 能力。

26.6 确保印度太空安全

印度当前及未来用于民用与军用需求的太空资产是巨大的,并且会持续增长。印度反对太空武器化,这是被总理办公室负责议会事务、人事、民怨、养老金的国务大臣反复重申的官方政策。在回复 2011 年 2 月 23 日的一个提问时,该国务大臣说:"印度强烈反对任何企图将武器置于太空或在太空进行任何非常规武器试验,因为这将对所有太空系统,无论用于民用还是军用,构成长期威胁。"印度虽然坚持太空无武器化的原则,但也需解决使其当前和未来太空资产免受任何潜在敌对行动威胁的安全问题、确定任何阻却进入太空的意图,以及履行其将太空用于合理开发与安全要求的承诺(Kasturirangan,2008)。

为保障太空资产安全,一方面需要具备跟踪与监视威胁情况的能力,另一方面需要遏制与防范任何敌对行动的手段。在极端情况下,如果遏制与防范都不起作用,还应具备反击手段。即使所有国家都遵循国际公认的规范和准则,也必须具备核查和遏制的能力。

印度卫星与碎片碰撞的风险已突显出来。印度依靠 US SSN 提供跟踪太空物体的紧急有效援助和轨道跟踪的两行数据。即使空间态势感知能力有限,印度也必须对地基光学与雷达传感器以及一些天基传感器投入巨资。为将费用保持在可控范围内,最好采取国际合作,因为这同时也是其他航天国家所面临的问题。印度一直不懈地采取国际合作与协作,并且将此视作一种双赢的局面。

印度非常清楚太空碎片的问题,作为一个负责任的航天国家,其会调整对太空威胁情况的响应。为遏制太空威胁,印度退而求其次地采取开发确保太空安全的要素的策略来替代反卫星试验。这意味着需要开发必要的技术,但只有当印度资产受到攻击或陷入瘫痪时才会使用这些技术。印度已进行过弹道导弹拦截试验,并且目前已具备卫星拦截能力,印度国防部长的科学顾问在 Agni 5 弹道导弹发射成功之后如是说。据称,一个基于 Agni 5 的成熟 ASAT 系统可在 2014 年准备就绪,但将不会针对此用途进行实际测试(Unnithan,2012)。

26.7　印度太空政策

印度太空政策正在发展之中。太空功能与服务管理的相关政策法律、法规都已到位(Nagappa,2011)。印度太空计划由政府制定的印度空间部业务规则分配以及下列政策方针指导:

(1) 印度政府于 1997 年批准的印度卫星通信政策框架。

(2) 印度政府于 2000 年批准的印度卫星通信政策框架实施标准、方针及程序(INSAT 协调委员会成员从使用部门抽调,负责协调通信卫星能力需求、配送、租赁以及利用)。

(3) 印度政府于 2011 年批准的遥感数据政策。该数据政策规定了在一视同仁的基础上分发分辨率高达 1m 的所有数据。然而,从国家安全的角度考虑,对于分别率高于 1m 的数据,需要由适当机构进行筛选和清理。

可以看出,规则与方针都是由用户驱动的,只对分辨率高于 1m 的图像的分布进行控制。为满足迄今为止基本始终关注民用发展用途背景下的安全需求,必须更改太空政策框架。由印度国防研究与分析所(IDSA)新德里研究所的一个工作小组进行的太空安全研究认识到,除了 ISRO 与国防服务,国防研究发展组织、外交部、内政部以及印度工业等其他机构都是利益相关者,他们所扮演的角色及相关要求被整合到政策框架内(Gupta 等,2012)。

还需强调的是,包括公共部门与私营部门在内的印度工业是太空事务的积极参与者。印度工业在生产特种部件与子系统、测试以及服务方面起到了举足轻重的作用。印度工业同时在电视广播、卫星直播电视(DTH)服务等下游应用服务方面也起到了积极的作用。印度工业具有做出更多贡献与从事系统集成活动的潜力。印度空间部预测在第十二个五年计划期间(即 2012—2017 年)会有更大的工业参与。

因此,需要一个建立在坚实的民用太空基础之上以满足安全需求的国家战略计划。用于制定太空政策的民用要素已基本准备就绪,安全要素正在发展之中,必须对两者之间的适当互动进行定义。国家战略计划如图 26.2 所示。

为了推进此方法的发展,印度政府已于 2010 年组建了太空安全协调小组(SSCG)。根据《今日印度》2012 年 4 月 28 日的一份报道,该小组由印度国家安全顾问领导,其小组成员都是从空军、国防研发组织以及国家技术研究组织抽调的。

欧盟于 2012 年 6 月出版了其修订后的自愿性的外空活动行为守则,并正

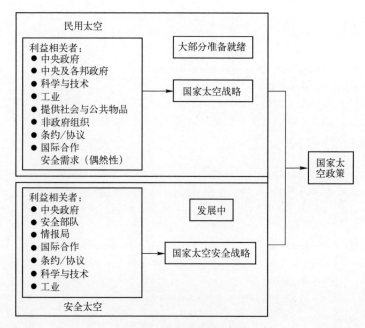

图 26.2 国家战略计划

在与其他航天国家对守则草案进行讨论。美国已表明,其将与其他国家一起合作制定外空活动的国际行为守则。而印度作为一个负责任的航天国家,始终奉行"守则"中提出的方针,相应的政府机构将负责协调印度对于太空活动的国际行为守则的正式响应和举措。

26.8 结 论

印度是少数几个具有非导弹计划分支的民用太空计划的国家之一,因此,其太空计划和用于社会与发展任务的应用卫星一起进行。随着印度提供商业卫星发射及在全球范围内销售其遥感图像,其太空计划已进行到卫星与运载火箭的更大系统。导弹计划是在几年后另外启动的,但也取得了重要的里程碑式成就。地缘政治事件激发了对太空安全以及相关问题的思考。在坚持负责任的太空行为原则的同时,印度已着手解决这些安全问题。

参考文献

Annual Report 2011–2012, Department of Space, Government of India

Eleventh Five Year Plan 2007–2012 (2008) Inclusive growth, vol 1. Oxford University Press, New Delhi

Gupta A,Mallik A,Lele A (2012) Space security - need for global convergence. Pentagon Press,New Delhi

Hegde VS (2010) Space debris activities in India,presentation made at the 47th session of the scientific and technical subcommittee of UNCOPUOS,9-12 March 2010,Vienna

India Science & Technology:2008 (2008) CSIR - National Institute of Science Technology and Development Studies. www. nistads. res. in,New Delhi

Kasturirangan K (2008) The emerging world space order:and Indian perspective. In:Singh G,Lele A (eds) Space security and global cooperation,1st edn. Academic Foundation,New Delhi

Kelso TS (2012) SATCAT boxscore. Resource document. http://celestrak. com/satcat/boxscore. aspa Accessed 26 May 2012

Nagappa R (2011) Space policy and law of India. Resource document. Secure World Foundation. http://swfound. org/media/41406/6. %20pres%20swf - cas%20space%20laws%20and%20policies%20workshop%20 -%20rajaram%20nagappa%20 -%20space%20policy%20and%20law%20of%20india. pdf. Accessed 26 May 2012

Sankar U (2007) The economics of India's space program-an exploratory analysis. Oxford University Press, New Delhi

Special cell set up to counter growing threat to space assets (2008) Resource document. Ministry of Defense, Government of India. http://pib. nic. in/newsite/erelease. aspx? relid=39503. Accessed 19 May 2012

Unnithan S (2012) India takes on China. Resource document. India Today. http://indiatoday. intoday. in/story/agni-v-launch-india-takes-on-china-drdo-vijay-saraswat/1/186367. html. Accessed 19 May 2012

第27章 巴西对太空安全的认识

约瑟·蒙塞拉特·菲力欧
巴西航天局,巴西圣若泽杜斯坎普斯

本章旨在强调和评论巴西政府当局和代表以及巴西和外国研究者关于外层太空安全、太空活动的可持续性与稳定性以及外层空间的和平利用的相关问题的看法及直接或间接立场。本章探讨了外层太空安全的定义、外层空间武器化、欧盟提出的外层空间活动行为守则草案、外层空间中的自卫权以及太空活动的透明与信任建立措施。

27.1 引　言

巴西是一个高度和平的国家,原因在于巴西与其邻邦已保持了近一个半世纪的和平关系。和平的历史为巴西的发展打下了良好的基础。巴西现为所有国际裁军条约(如不扩散核武器条约(NPT 1968)(www. un. org/en/conf/npt/2005/npttreaty. html)的一员。巴西同时作为地区条约(如特拉特洛尔科条约(1967)(www. opanal. org/opanal/tlatelolco/tlatelolco-i. htm)以及非正式组织(如伦敦核供应国集团)的一员,前者禁止了拉丁美洲以及哥伦比亚地区境内的核武器),后者一直在致力于维系地区和平。

颁布于1988年10月5日的巴西宪法(www. v-brazil. com/government/laws/constitution. html)陈述道:"巴西在国际关系中秉承捍卫和平、和平解决冲突、合作以促进人类进步的原则。"在此背景下,巴西太空计划本质上是和平的(巴西国家报,1999)。这个国家太空活动的情况并不奇怪,从根本上讲和核活动相似。根据宪法第21条8项a,"所有本国境内的核活动应只基于和平目的,且应得到国会批准。"换言之,通过宪法规定,巴西否决了将核能源用于非和平目的的行为。对于太空活动,巴西遵循同样的精神。

作为一家民用实体,巴西航天局(AEB)(1994年2月10日巴西联邦公报第8854条规例)成立于1994年2月10日。其前身为成立于1971年、由武装部队

377

总参谋长担任主席的巴西航天活动委员会（COBAE）。1995 年 8 月，时任总统费尔南多·恩里克·卡多佐宣布："巴西不再拥有或生产或有意生产、进口或出口能携带大规模杀伤性武器的远程军事导弹"（Cardoso 1995）巴西参议院于 1995 年 10 月 5 日颁布了总统卡多佐的出口管制法案。出口管制法第 9112 条款对违反出口管制规定转让两用材料包括与导弹相关的产品和服务，以及纯粹用于军事的尖端武器和产品的公司进行处罚（巴西日报）。10 月 11 日，在德国波恩举行的导弹技术控制制度（MTCR）第十届全会一致同意批准巴西作为正式成员，巴西享有作为 MTCR 的正式成员的自由。

值得注意的是，由于出口管制法的原因，使得很多人认为巴西能够从国外获取太空敏感技术。事实却并非如此，航天大国并未像巴西预期的那样向他们开放零部件以及设备市场。此外，1998 年，美国政府通过对意大利政府的外交施压，禁止意大利菲亚特航天公司参与使用巴西境内的阿尔坎塔拉航天基地，促成由乌克兰制造的"旋风"-4 型运载火箭的巴西乌克兰商业航天发射合作项目。巴西和乌克兰被迫独自进行该项目，因为他们失去了一个强大的投资伙伴。奇怪的是，在火箭发射方面，巴西被认为是一个不可靠的国家。这种偏见在一些国家仍旧存在。

根据 2005—2014 年巴西国家航天活动计划（Programa Nacional de Atividades Espaciais 2005）（PNAE）第三修订版，上述情况已经有了很大改变。针对 PNAE 出现过广泛的公开讨论，这些讨论在 2004 年 12 月国会的巴西太空计划的回顾研讨会上达到了顶峰。该次研讨会的参与者有政府代表、科学和学术团体代表以及不同企业的代表。作为战略基本原理，"PNAE 旨在开发和利用太空技术以解决国家问题，为巴西社会提供福利，通过制造财富和工作机会改善人民生活质量，推进科学活动，提升人们对国家领土以及环境状况的意识。" PNAE 的目的是纯粹和平而有建设性的。

在一份历史文件的前言中，时任巴西科技部长爱德华多·坎波斯强调："PNAE 对于巴西的主权发展具有战略意义。太空技术（广义上说，包括发射中心、发射器、卫星和有效载荷）能力构建的重要性在于其与国家的未来息息相关。第三方不会向我们提供战略性的技术。我们只能利用国内资源广泛整合地发展这些技术，以便应对卫星远程通信和成像时代的挑战。只有掌握太空技术的国家才能在全球化的发展中掌握主动，这些演进既考虑了人类行动的影响，也考虑了自然现象的影响。这些国家将在外交谈判中占据主导地位。"

为寻求给国家带来切实利益的技术优势同时响应社会的需求，巴西选择了太空应用的四个领域：地球观测、科技任务、远程通信以及气象学。

2012 年颁布的 2012—2021 PNAE 第四版确认了此决定。考虑到联邦政府创造的新机会,预计于 2014 年进行审查的 PNAE 被视为关键技术发展计划、技术吸收计划、对地静止轨道国防与战略通信卫星(SGDC)开发背景下的技术转让计划、新部门基金分配计划、国防战略(END)计划、与"强大巴西"计划相关的部门技术议程(ATS)计划的发展而制定的计划,以及是对"科学无国界"计划等巴西航天局的太空能力构建计划的特别支持。

新的 PNAE 计划寻求的是实际并高效的成果,以工业公司的创造力和实力为基础,采用公共政策动员社会,并得到大学和科研中心专家的支持。

正如现任科技创新部长马克·安东尼·劳普在介绍新的 PNAE 计划时强调的那样:"现今,在这个太空领域的新阶段,该部门的国家企业发挥关键作用,该计划确定的结构化和动员项目将成为能够组织全国供应链的技术和研究动力,扩大太空产品和服务市场。"

继而,巴西航天局局长约瑟·雷蒙多·布拉加·科埃略在其引言中指出:"事实上,在太空领域,我们应该进行'跳跃式'发展,这种发展应该是极其快速且革命性的。"他进一步补充道:"我们正试图进行创新,构建和巩固一种我们的历史和经济中一贯缺失的文化。我们仍需构建一个欣欣向荣的、积极的、开创性的太空产业。我们也特别需要能够引领大型项目及取得重大成就的大型企业,即全球规模的企业。这类企业将服务我们的国家、人民、国家经济以及我们的伙伴。"

新的 PNAE 提出了一个问题:"为什么我们需要掌握尖端技术?"并给出了明确的答案:"因为我们需要克服一些国家设置的障碍,这些国家希望阻止我们获取有关重要太空技术的知识,并阻止我们将其商业化。这些限制使我们无法发展发射器和卫星项目,即使这些项目都是用于和平目的的。"

27.2 国防与和平太空

需要强调的是,根据巴西国内的主流观点,2008 年 12 月 18 日的第 6703 号法令批准的"巴西国家防卫——和平与安全战略(WWW. defesa. gov. br)"符合和平国际行为的定义,其对太空的使用完全是出于和平目的的。

该文件陈述道:"巴西从传统及信念上说是一个和平国家。巴西与邻邦和睦相处。巴西处理国际事务的宪法原则是不干涉、维护和平以及和平解决冲突。巴西人民一贯遵循和平主义信念。这种和平主义特质是国家特性的一部分,也是巴西人应该保留的一种价值。巴西作为一个发展中国家,不会通过采取霸权主义或强权政治发展自身。巴西人民不愿凌驾于别国之上。巴西人民期望的是和平发展。"

该文件同时陈述了国家防卫战略与国家发展战略之间的显著联系,认为发展是防卫的驱动力。在明确和支持这些结论时,该文件使用了以下论据:

(1)国家防卫战略与国家发展战略是不可分割的。发展驱动了防卫,而防卫为发展提供了保障。两者互为砥砺。民族和国家的诞生离不开任何一方。由于能够为本国提供防卫,巴西能在一定要说"不"的情况下说"不",并且可以遵循自己的发展模式。

(2)一个极少应对战争的国家很难但必须说服自身发展防卫以建设国家。尽管说明技术和防卫知识对于国家发展的作用的论据丰富且不可或缺,这些论据仍是不足够的。

防卫要求我们进行意识的转变,所以巴西制定了防卫战略。

(3)作为一个和平国家,巴西的武装部队难以却必须时刻做好战斗准备。准备改变是巴西对其海员、士兵以及飞行员的要求。这不仅涉及对武装部队拨款及提供装备,也关乎转变武装部队,使其更好地履行保卫巴西的职责。

(4)一个强大的发展项目需要一个强大的防卫项目支撑。一个强大的发展项目由以下原则指导:

① 通过动员物质、经济和人力资源投资国家的生产潜力而实现国家独立。利用他国的储蓄,但不要依赖它们。

② 通过自主技术能力建设(如太空,控制及核战略领域的技术)而实现国家独立。一个没有掌握关键技术的国家既无法独立实施防卫,也无法独立进行发展。

③ 通过教育与经济机遇的民主化以及提供机遇提高民众在国家政治与经济生活决策中的参与度而确保国家独立。直到所有民众都具备学习、工作及生产的条件后,巴西才会彻底实现独立。

由此可以推断:巴西认为控制军事航天技术不再是一个国家获取国际太空问题政治对话中话语权的必要条件。这种观点似乎与我们普遍观察到的趋势相一致,在这种趋势下,国家倾向于和平解决太空领域的问题,特别是确保所有国家的外层空间安全以及太空活动长期可持续性的重大挑战问题。对此,经济等因素可能是主要原因。

事实上,在国际合作的背景下,太空活动迅速扩展。国际合作既有利于高成本的项目和任务的发展,也有利于国家之间合作应对所有国家面临的全球问题。在这种背景下,国家也倾向于通过协定与承诺和平地解决由太空使用而导致的问题。但这种良好趋势应该得到一些超级大国的更有效支持。

27.3 巴西的首次国际太空安全对话

在过去数十年间,巴西增设了众多国际问题研究中心、国际关系的研究生及本科课程并加大了科学出版物以及全球政治、经济、法律、社会及文化问题相关的书籍的出版力度。然而巴西严重缺少对太空战略问题,比如外层空间的军事利用、地球轨道的武器布置、太空碎片增多、外层空间安全以及太空活动的可持续性的研究。即使在官方,也很少有对于这些问题的研究。然而很多巴西外交家及专家认为这种状况应得到尽快改变。

巴西在该方向上已经走出了重要一步。巴西与美国于 2012 年 4 月 5 日在巴西利亚就外层空间安全问题进行了首次对话。这是巴西首次在会议上与他国就该问题进行正式的信息与观点交流。此次巴西和美国对话是于 2011 年 3 月 19 日决定的,当天两国总统迪尔玛·罗塞芙及贝拉克·奥巴马在巴西举行了历史性会面(www. itamaraty. gov. br/sala – de – imprensa/notas – a – imprensa/co-municado – conjunto – da – presidenta – dilma – rousseff – e – do – presidente – barack – obama – brasilia – 19 – de – marco – de – 2011)。在会面中,两国认为对话是坦率而积极的,因为双方交换了意见,并在观点不同的情况下理解了对方的立场。当时双方决定将在未来的会面中继续对话。当然,巴西重申了其和平利用外层空间的承诺以及继续开展提升太空活动安全性与可持续性对话的意愿。

关于此方面,可以回顾 2011 年 9 月 21 日第 66 届联合国大会开幕式上巴西总统迪尔玛·罗塞芙的讲话(http://gadebate. un. org/sites/default/files/gastate-ments/66/BR_en_0. pdf)。作为联大 66 年来第一位作发言的女性国家领导人,她说:我们认为发展、和平与安全是相互联系的,安理会的持久和平战略应与发展政策相联系。"她也指出:"我们与邻邦已和平相处逾 140 年,巴西是本地区以及地区外的和平,稳定与繁荣的力量。"她进一步陈述道:"国际上寻求的和平与安全不能只局限于对极端状况的介入。我们支持秘书长通过进行外交以及促进发展的实践,使联合国积极参与到冲突预防中。"此外,"我们经常谈到应该承担的保护责任,却鲜少谈到保护中的责任。这两个概念应得到共同发展。基于此,安理会的角色是至关重要的——其决策越合理,越能更好地履行职责。"

这些总统发言反映了巴西应对主要国际安全问题,包括外层空间安全问题的一贯理念。在此战略背景下,巴西占据了自主位置。前任巴西外交部部长塞尔索·阿莫林清晰指出:" 我们不能因为害怕被孤立而放弃自主判断的能力,或者委托强国帮我们做决定(Amorim,2011,第 275 页)。"

27. 4　巴西与联合国

自联合国建立起,巴西一直支持联合国的工作,因为联合国的建立宗旨是多边主义,所有成员国主权平等,集体安全,通过和平手段解决国际争端,不得使用武力威胁或武力侵害任何国家的领土完整或政治独立,通过国际合作解决国际经济、社会、文化或者人道主义问题。巴西领导层意识到尽管现今我们面临的和平与安全威胁已不同,联合国仍是处理和平与安全威胁的领导者。正如托马斯·施恩鲍姆强调的那样,"只有联合国拥有广泛的成员国,统一的规则体系,集体安全制度,并承担 21 世纪广泛的和平与安全使命——包括解决和平面临的传统威胁以及社会、经济和环境问题的人道主义关切(Schoenbaum,2006,第 104 页)。"

巴西也坚定支持"法治"的理念,并将其视为联合国使命的核心。"法治"要求我们"采取措施确保法律至上、法律面前人人平等、对法律负责、适用法律一律平等、三权分立、参与决策、法律确定性、避免任意性及程序和法律的透明性等原则的实施(联合国,安理会,S/2004/616)"。国际法现今扮演着更重要的角色,即"构建国际事务中参与国之间的关系,从而减少由权力、财富以及能力的不平等而造成的影响"。国际法倾向于"更依赖第三方程序解决争端以及冲突。专业国际法庭,比如贸易法庭、海洋法庭以及人权法庭的增加是该方向上的一个趋势,这种趋势部分反映了规范性的提升(Falk,2004,第 33-34 页)"。

从这种意义上来说,值得注意的是,常设仲裁法院(PCA)的行政理事会于 2011 年 12 月 6 日通过了《有关外层空间活动争端的可选仲裁规则》(www. pca-cpa. org/showpage. asp?pag_id¼1188)。巴西积极参与到了此行动中。本文作者荣幸地成为起草这些规则的特别委员会成员之一,当时这些规则得到了包括巴西在内的国际仲裁法庭成员国的一致同意。1899 年第 1 次海牙会议通过的《和平解决国际争端公约》宣告了该法庭的成立。值得注意的是,该会议的召开目的是"寻求保障全人类享有真正持久和平以及削减武器军备的方法"。现今,国际仲裁法庭作为一个拥有逾 100 成员国的现代政府间多边组织,致力于通过国际公法和国际私法解决国家、国家性实体、政府间组织以及私人之间的争端。

在巴西看来,法治在包括太空活动在内的生活的各个方面都是必需的,特别是考虑到太空活动带来的安全问题。巴西驻奥地利大使朱里奥·赛泽·泽尔那·贡卡尔福斯于 2012 年 3 月 20 日在 UNCOPUOS 法律小组委员会第 51 次会议上致辞:太空安全、太空活动的长期可持续发展、确保外层空间活动和平进行以及减少太空碎片是太空法需要着重讨论的几个法律问题。他强调:"巴西极度关注外层空间可能进行的军备竞赛。巴西代表团认为应采取任何所需的透明度与信任建立措施避免外层空间中可能出现的战争。遵循并改善空间法是确保外层空间活动的和平、透明及可预测性的唯一方法。巴西认为将外层空间的活动局限于和平目的是极其重要的。"

一直以来,巴西都支持处理国际外层空间问题的主要多边机构,比如 UN-

COPUOS 及裁军谈判会议,并将两者视为审查太空以及国际社会需求的最具合法性和代表性的机构。

与一些国家一样,巴西也提倡协商建立一个具有法律约束力的机制以确保外层空间无武器及武力威胁。但该机制不应影响国家发展合法和平的太空项目的权利。所以巴西于 2008 年对俄罗斯和中国关于《防止在外层空间放置武器、对外层空间物体使用或威胁使用武力条约》的倡议提供了支持,该倡议于 2008 年 2 月 12 日正式提交给了裁军谈判会议。该项目符合联合国大多数国家防止外层空间军备竞赛的期望和实践。在巴西看来,关于此条约的协商将释放一条支持外层空间多边体系的重大政治信号。尽管这些机制还未成熟且富有效力,但由于国际上出现了新型的高科技破坏性武器以及新的对抗领域(主要在外层空间领域),这些机制正变得越来越重要。

27.5 定义太空安全的重要性

"告诉我如何定义安全,然后我会告诉你如何解决这一关键问题"表达了分析和评估现有太空安全背景是非常重要的。鉴于此,将在下面讨论一些已经为人们所知的定义。

詹姆斯·克莱·莫尔茨评论道:"总体上,我们将'太空安全'定义为在地球大气层外没有外界干扰、损害和破坏地部署和运行资产的能力。"他也强调道:"不幸的是,由于太空变得更拥挤,太空安全面临的挑战正逐渐增多。可以说,至少有三个政策选项可供我们选择:太空行为体可以假想最坏的情况,并准备最终的战争;他们可以通过武器研究规避风险,并投入精力进行更好的协调以及冲突避免;或者他们可以共同避免军事方面的应用,并构建新的共同开发太空的合作机制(Moltz,2011,第 11 页)。"

"定义 21 世纪的太空安全"座谈会是欧洲太空政策研究所及布拉格安全研究所(PSSI)于 2011 年 6 月 13 日在捷克布拉格举办的"通过跨大西洋伙伴关系构建太空安全"会议的重大事件之一(www.state.gov/t/avc/rls/165995.htm)。美国国务院主管军控、核实和履约事务局的副助理国务卿弗兰克·罗斯在座谈会上发表了讲话,他强调:"太空正变得越来越充满竞争,这意味着太空系统及其配套基础设施会面临一系列自然和人为的威胁,这些威胁可能带来的影响包括使其失效、降级、欺骗、中断甚至毁坏。在未来十年,随着越来越多的国家和非国家行为体开始开发太空反制武器,美国及其他国家的太空系统所面临的威胁会逐渐增多。由于太空武器相互联系,且全世界对于太空武器的依赖日益加深,在太空中的不负责行为会对美国及其他所有国家带来破坏。"

罗斯先生也重申:"根据美国国家太空政策、其他总统指示以及 1967 年外层空间条约及其他国际法规定的义务,我们认为太空'安全'是出于一国核心利益的对可持续发展、稳定及自由进入和使用外层空间的追求。"他还说:"新的美国国家太空政策中有一些相关原则可以帮助我们巩固太空安全:①避免灾难、误解及怀疑是所有国家的共同利益;②根据国际法,所有国家均有权利探索和使用太空资产,前提是这些活动出于和平目的且为全人类造福。根据这一原则,'和平目的'允许各国在国家和国土安全活动中使用太空;③美国认为所有国家的太空系统在穿过太空或者进行太空行动时都应是无干扰的。在美国看来,任何对太空系统,包括对配套基础设施的有目的干扰都是对一国权利的侵犯。"

以上莫尔茨提出的太空安全的定义,即"在地球大气层外没有外界干扰、损害和破坏地部署和运行资产的能力"强调了每个国家创造太空安全的必要条件的能力。(强调了每个国家的能力,特别是为太空安全创造条件)在这种情况下,即使根据外层空间条约(www. unoosa. org/oosa/SpaceLaw/outerspt. html)第一条,外层空间是"全人类共同的事情",太空安全既不是义务,也不是国家之间的联合工作。这种定义低估了所有利益相关国结成强大联盟确保外层太空安全的必要性。此外,此定义没有为全球化时代的全球需求提供充分有效的答案。莫尔茨承认,在政策选择方面,太空行为体"可以假想最坏的情况,并准备最终的战争"以及"可以通过武器研究规避风险",但对所有国家而言,最好的选择显然是第三个——太空行为体"可以共同避免军事方面的应用,并构建新的共同开发太空的合作机制"。这个选项也是巴西的选择。

而对于弗兰克·罗斯认为的"在外层空间中的不负责行为会对美国及其余所有国家带来损害"几乎所有国家都会认同。事实上,更恰当的说法是"在外层空间中的不负责行为会对包括美国在内的所有国家带来损害",因为根据联合国宪章的精神,没有国家可以凌驾于他国之上,在安全问题上尤为如此。所有国家的国家安全权利在法律上都是平等的。另一个相关需求是界定术语"在外层空间中的不负责行为",对该术语的定义可以避免建立在国际社会未认可的主观定义上的单边和武断行动。

然而,弗兰克·罗斯也认为太空安全是"出于一国核心利益的对可持续发展、稳定及自由进入和使用外层空间的追求"。在这里,太空安全被定义为一国为支持自身利益而采取的一系列行动。这种定义从单个国家的角度出发,但似乎忽略了一个事实:外层空间是所有国家的公域,所有国家在自由进入太空、通过使用太空谋福利以及进行可持续和稳定的太空活动方面拥有平等的合法权利。

在讲话的另一部分中,弗兰克·罗斯指出在太空活动中"避免灾难、误解及怀疑"符合所有国家的共同利益"。然而,他补充道:"在美国看来,任何对太空系统,包括配套基础设施的有目的干扰都是对一国权利的侵犯。"任何国家都有权利谴责其他任何国家对太空系统的有目的干扰。然而,应明确的是任何国家都无权单边审判和惩罚受指控的国家。

应该指出的是,这种有目的的干扰在这种情况下可能是一个非常严重的罪行,不仅是针对一个国家的太空系统,而且更为严重的是针对所有国家的正常太空活动。确保太空活动的可持续和稳定发展对于支持我们星球上的一切形式的生活至关重要,但有目的的干扰可能与整个国际社会的合法利益背道而驰。这是一个真实的集体安全案例。经验显示在此情况下最好的办法就是履行在联合国宪章的框架内构建的集体安全机制。正如林恩·米勒所述,"在我们的时代,第一条加强全球安全的国际共识是一国只有在国际社会授权的情况下才能实施威胁或者运用武力,这意味着武力的运用应该考虑整个国际社会的利益(Miller,1994,第 232 页)。"

在本·贝思雷-沃克看来,"所有太空行为体必须参与和投资太空安全行动。这是构建一个使人类最大化利用太空提供的长久福利的公平、负责和可持续机制的基本前提(Baseley-Walker,2010)。"总的来说,根据所有国家、国际社会和全人类的利益,而不是单个或者几个国家的利益来定义太空安全更可取、有用及具有前瞻性。21 世纪中出现了很多对人类生存及我们共同生活的地球的巨大挑战,而这似乎是最有效、公平和负责任的保障太空安全的方法。这也是在巴西占主导地位的思想。

27.6　外层空间武器化

必须一再强调的是,外层空间武器化及战争会给人类社会带来如同核冲突一样的不可估量的严重影响。从 20 世纪 50 年代开始,人们就已了解到这一点。自太空时代开始,国际社会就一直在联合国框架下进行防御,即各国出于和平目的地探索和使用外层空间资产,并为全人类谋福利。1957—1965 年,苏联和美国作为太空活动的领头人支持此理念(Wolter,2005,第 9 页)。在那些年,世界舆论的巨大压力——世界害怕发生一场比此前世界大战更具毁灭性的第三次世界大战——迫使超级大国将和平利用原则作为建立符合联合国宪章框架、限制外层空间军事利用的太空法律秩序的倡议的基本组成部分(Monserrat Filho,2007,第 23 页)。

应及时注意到的是,第一批太空活动发生在 1957—1958 年的国际地球物理年,由国际科学联合会理事会组织,宗旨是进行和平的国际外层空间探索及利用(国际地球物理年编年史,1957—1958)。这使我们联想到艾琳·葛洛威(1906—2009)(www. nasa. gov/topics/history/features/galloway_obit. html),她是一名伟大的美国太空法专家,也是国际空间法学会的创始人。她协助编写了美国国家航空暨太空法案,该法案由美国总统艾森豪威尔在1958年7月29日签署,宣告了美国国家航空航天局的成立。她还因为致力于国际合作以及和平探索和利用外层空间的工作而闻名于世。正如德特勒夫·沃特所述,"只要外层空间军备竞赛还未开始,艾琳·葛洛威对外层空间条约的积极评价就是正确的。她曾经为了全人类的利益将美国的太空政策与和平利用外层空间联系起来,结果是:'……我们在实现主要目标方面取得了成功:保护外层空间用于和平太空探索和利用,并防止外空这一新领域成为轨道武器和国际冲突的场所,(Wolter,1998,第9页;Galloway,1998)。"

如上面所述,弗兰克·罗斯支持"允许各国出于和平目的在国家和国土安全活动中进行太空活动"的理念。实际上,现今国际上已达成关于将外层空间用于军事活动,比如监视和数据收集、侦查、监测、航行、通信及精密定位中的广泛共识(Doyle,1993,第4页)。同时,一些超级大国已建造了可部署在地球轨道的特殊武器,并在试图开发新武器。因此关于外层空间武器化的优势和劣势的讨论正变得越来越急迫。

外层空间武器化意味着部署反卫星武器以及可打击地球目标的天基武器,在外层空间领域已不再区分进攻性武器和防御性武器。如果武器化真的得到了实施,外层空间将变成一个新的战场。这种情况从太空时代开始至今都未出现。然而我们可以想象,一旦外层空间爆发冲突,几乎无法预测事情的进展以及最后结果。诺韦尔托·博维奥在20世纪90年代的一次演说中警示了这一点,他说:"当战争爆发后,一切都会变得不确定。甚至连是否会有胜者也是不确定的(Bobbio,2003,第23页)。"科学家及其他国际安全专家警示,这样一场战争是极其昂贵且达不到预期目标的。且如前任加拿大驻联合国军控事务中心代表佩吉·马森所述,一旦战争发生,所有太空资产,包括商业通信以及广播电视卫星将会变得更易受攻击(Mason,2006)。

在核军备竞赛开始时,各国加大了核武器试验(一些试验是在大气层高空进行的)的力度。随后,由于健康原因,超级大国决定限制这些试验。1963年8月5日,他们签订了部分禁止核试验条约(禁止在大气层进行核武器试验条约),该条约禁止了外层空间的核武器试验。巴西于1966年8月8日签署了该条约。如今,一旦爆炸引发电离带的损毁,人们也会面临健康威胁(Hinde与Rotblat,2003,第154-155页)。这是国际社会采取一切必要措施防范任何类型的外层空间武器化的另一原因。巴西政府认为这种行动是我们的时代所急迫需要的。

巴西易斯·菲利普·德玛西多·索瑞斯对召开于 2011 年 3 月 31 日的 2011 年裁军谈判会议期间的议题 3——防止外层空间军备竞赛的非正式会议做了报告,报告对会议中的主要观点进行了回顾。其中俄罗斯、中国、巴西、白俄罗斯、印度、阿尔及利亚、美国、伊朗、澳大利亚、叙利亚、智利、爱尔兰、埃及、韩国、德国、法国及巴基斯坦代表均做了发言:

(1)"许多代表强调了全球对太空技术日益增长的需求以及保证外层太空安全的重要性。他们提到威胁外层太空安全的因素有太空碎片的增多、卫星碰撞的可能性增大以及天基武器技术的发展。代表们提出外层空间应仅用于和平目的,应为所有国家提供福利,而不应成为竞争性战略政策的舞台。一些代表认为外层空间是全人类的共同财产。大多数成员国相信在外层空间部署武器将加剧全球的不安全状况,并影响所有国家。"

(2)"代表们有一个共识,即现有国际机制不足以防止外层空间的军备竞赛。很多代表相信我们需要建立一个国际法律机制来巩固或者补充现有机制。一些代表倡议采取预防措施避免外层空间的军备竞赛。"

(3)大多数成员国支持在 CD 内建立一个 PAROS 工作组。然而代表们并未就工作组的性质或使命达成一致。一些成员国认为工作组应展开 PAROS 议题的大量实质性讨论;而其他成员国支持工作组应开展关于 PAROS 的具有法律约束力的机制的协商。"

(4)很多代表提出"防止在外层空间放置武器、对外层空间物体使用或威胁使用武力条约"草案的提出为协商打下了良好根基,工作组应进一步分析该条约草案。有人提到,PPWT 提供了初步框架为制定具有法律约束力的文件的定义、范围和验证手段。然而,一些成员国质疑核查遵守这一条约的手段,这些成员国不认为该草案是谈判的良好基础。"

(5)"该辩论反映了对于该议题的各种看法,所有代表都关注 PAROS。对于该问题的解决措施,代表们有不同意见。很多代表希望非正式辩论将有助于制定包括 PAROS 讨论在内的工作计划,最好再构建一个附属机构……"

通过上面可以发现当今世界的主流仍是防止外层空间武器化。在巴西,我们将此趋势视为珍贵的共识表现。

27.7 欧盟提出的外层空间活动行为守则草案

一些国家试图通过采纳联合国框架外的非正式机制、文书和制度损害生效中的国际法和多边体系,巴西政府对此保持关注。自 20 世纪 60 年代以来,巴西一直致力于强化 UNCOPUOS 及其下设的法律小组委员会和科学技术小组委员会的角色和功能。UNCOPUOS 是制定国际太空法的合法机构。

UNCOPUOS 的法律小组委员会负责讨论和起草关于外层空间问题的条约、协定及决议,这些条约、协定及决议随后会提交给联合国大会(UNGA)。我们应通过多边形式制定更有效的新文件规范外层空间的和平探索与利用。最基本的是要确保所有太空活动的透明度、安全性以及可预测性。出于以上原因,巴西强烈质疑由欧盟在 2008 年提出,2010 年和 2012 年修订的外层空间活动行为守则草案(www. cfr. org/eu/eu – code – conduct – outer – space – activities/p26677)。巴西对此行为守则草案的保留意见如下:

(1) 该守则不是联合国文件的一部分,而如上面所述,联合国是联系所有现有国家的主要政府间机构,其首要目标为:"维持国际和平及安全;并为此目的采取有效集体办法,以防止且消除对于和平之威胁,制止侵略行为或其他和平之破坏;并以和平方法且依正义及国际法之原则,调整或解决足以破坏和平之国际争端或情势。"

(2) 该守则未经联合国检查和探讨外层空间问题的中央机构——裁军谈判会议或 COPUOS 的广泛公开探讨。而根据太空时代过去数十年的惯例,任何文件都应通过 COPUOS 法律小组委员会的讨论并提交 UNGA。

(3) 该守则原本是一个由欧洲向国际社会提交的"自上而下"的倡议,而欧洲的逻辑观是"接受或者放弃",来自其他大洲的国家没有机会对此进行探讨或者提出更改和修订意见。

(4) 根据守则最新版本的第四条,签署该守则的各国承诺根据其内部程序采取和执行恰当的政策、程序或其他有效措施,以执行 UNGA 第 62/217(2007)号决议通过的 COPUOS 的《空间碎片减缓指南》。巴西一直支持就该话题在 COPUOS 法律小组委员会上开展讨论。但一些国家阻挠关于该话题的司法辩论,尽管从常理看来,此辩论是急需的。

例如,巴西强烈支持由捷克在 2011 年和 2012 年 COPUOS 法律小组委员会会议上提交的工作文件,该工作文件提出应审查《空间碎片减缓指南》的法律方面,并将该指南转变为一系列联大采纳的原则。不幸的是,这两次会议未就捷克的倡议达成一致。巴西也关注该指南对太空碎片的规定,因为该规定可能会为开展太空项目的发展中国家带来额外支出。在巴西看来,太空碎片减缓是一个须由所有国家共同解决的全球性挑战。考虑到在更常使用的地球轨道中制造的碎片,解决该问题时相关国家应承担相应责任。但该准则未提及这一历史现实。

（5）乔治·华盛顿大学空间政策研究所主任斯科特·佩斯认为该守则是"不具有法律约束力的 TCBM 的集合（Pace 2012）"。但是如果其不是强制性文件，则欧盟不应该要求支持国在其上面签字。如果欧盟的守则需要的只是建立几个航天大国之间的规范，则有理由质疑该守则是否为一个民主公平的解决办法。

（6）斯科特·佩斯还说："TCBM 和行为准则有助于减少意外冲突的可能性，并提供异常活动的线索。"但同时指出："它们并不是威慑潜在对手所必需的军事能力的替代品（Lyall 和 Larsen，2009，第 504 页）。"这意味着，尽管 TCBM 以及行为守则能够起到促进合作的作用，在这种环境下，这种和平作用可能会被单边武断的军事武器的使用抵消，这在过去经常发生。值得我们注意的是，关于"潜在敌手"的概念还没有任何国际法律定义，任何国家都不得以"潜在敌手"的名义对抗他国。"抵抗潜在敌手"可解释为自卫权的预防性使用。

就这一话题，巴西专家费尔南多·西尔瓦·索雷斯强调："根据现有的生效国际法中的规则，合法的防卫性战争是不存在的。现今的'战争'指的是在国际关系中，一国或国家集团有效使用或威胁使用武力。如果'防卫性战争'未满足国际法中的条件——如联合国宪章第 51 条的规定（单独或集体自卫中使用武力），或第 39 条和 42 条的规定（当安理会正式认定存在对国际和平与安全的威胁时，联合国可采取军事行动），则其符合 1974 年联合国大会第 3314（XXIX）号决议对侵略的定义（Soares，2003）。"

（7）该守则的目的为"提升所有外层空间活动的安全性和可持续性"以及"避免外层空间成为冲突之地"。然而，守则的第 2 条认可"《联合国宪章》赋予各国的单独或集体自卫的固有权利"，该准则声称其认可的原因是"为了世界各国对其武装部队的维护（Pace 2012，第 59 页）"及"军事—工业复合体"的成长，同时也考虑了到过去 60 年间很多使用武力和发生大型战争的情况。在巴西看来，自卫权可能使外层空间的武力使用合法化。此外，该准则非但不能平息冲突，反而会使外层空间的军备竞争合法化，甚至推动军备竞争的发展。

在外层空间，防卫和攻击会造成同样的灾难性后果。它们不仅会影响交战双方，也很可能会影响很多其他国家。出于这些原因，为防止外层空间变为战争、冲突、毁灭场所而制定的理想行为守则或其他任何机制不应为战争提供法律基础，甚至为开展战争提供必需手段。

对于该挑战的最全面、明智的后续解决方案似乎是协商和签署一份多边外层空间共同安全条约。如德特勒夫·沃特所述，"除了禁止在外层空间进行杀伤性军事行动之外，外层空间的共同安全概念可包括一系列的全面信任建立措施,包括多边卫星监测、验证体系以及建立在卫星豁免规则之上的,对和平的太空物体的保护机制……"对于沃特而言,一个经过恰当协商的多边外层空间共同安全条约将会是"实施外层空间条约的恰当机制(Wolter,2005)"。

27.8 透明与信任建立措施

巴西决定积极参与2010年第65届联合国大会上第65/68号决议中宣布成立的外层空间活动中的透明与信任建立措施问题联合国政府专家组。该政府专家组在2012年7月召开了第一次会议。巴西相信TCBM可以多边形式更快地推动太空安全威胁的解决,比如解决进入轨道位置的竞争、太空碎片的扩散以及太空战争的可能性。我们知道,这些事件的解决一直以来都是"极其缓慢的"(Hitchens,2011)。

通过合作对TCBM提供建议可使所有国家前所未有地紧密联系起来,可使他们增进对本国位置的了解,减少分歧、消除质疑及阐明外层空间计划、项目及事务的现有状态及未来状态。合作可以构建、加深及加强所有参与国之间的信任。

对于太空军事活动,TCBM可以:

(1) 提升可预测性和可靠性,避免误解和怀疑态度,避免出现可能导致国际紧张局势和非预期威胁的情况。

(2) 构建一个良好的政治环境,推动解决如何构建禁止在外层空间部署武器和使用武力的验证系统这一复杂问题。

(3) 协助区分和平目的的(防护性的)军事利用以及威胁性的军事利用。

(4) 平衡军事、商业及民用用户的利益。

(5) 减少对于可能对国家安全造成威胁的情况的早期军事准备需要。

由于太空装备本质上是两用的,加拉赫提议:"如果想维持太空安全,我们应为太空的军事利用建立更好的规则,这些规则会通过保证和限制增强领土安全(Gallagher,2005)"。幸运的是,如同特丽莎·海申斯所写道:"2010—2011年,国际社会达成了一个共识,即我们需要采取多边合作/行动以避免有害竞争、灾难以及外层空间中发生冲突的可能性。"根据海申斯所述,"这一无需质疑的评价引发了很多方面的活动,以推动建立一个更明确的国际太空活动管理机制基础。为此,我们需要达成广泛共识,即在建立新的管理规程和/或机制前,我们需要提升太空领域中国与国之间的透明以及信任(Hitchens,2011)。"

在2011年3月31日举行的防止外层空间军备竞赛会议中,巴西表达了对 TCBM 最新进展的支持。当时,巴西代表提出欧洲的外层空间活动行为守则草案作为透明度和信任建立措施,不能代替具有法律约束力的文件。大多数代表都支持这一观点。值得强调的是以下会议报告中的发言:"大多数人认为信任建立措施和具有法律约束力的文件不是互斥的。其他人指出虽然 TCBM 不能代替验证,但它可成为防止外层空间武器化的第一步措施(Vasiliev,2010)。"

27.9 结 论

是时候重提曼弗里德·拉赫斯(1914—1993)了,拉赫斯是波兰著名的教育家、法学家和外交家,是国际法院前任法官和主席以及国际空间法学会(IISL)前任名誉主席。在当今时代一项著名的教育与文化领域的国际法学盛会——"曼弗里德·拉赫斯"空间法模拟法庭竞赛即是以拉赫斯命名的。拉赫斯于 1957 年当选联合国国际法委员会委员,随后于 1962—1966 年担任 UNCOPUOS 法律小组委员会第一任主席。在担任主席期间,他对包括 1967 年外层空间条约在内的国际空间法的基本文件进行了讨论、起草和批准工作。

拉赫斯留给我们的经验在现在乃至未来相当长一段时间内仍然适用。1972 年,他在书中写道:"如果所有与外层空间相关的活动都是为了给所有人提供福利,国际社会必须开展合作。如果我们希望以负责任的方式使用所有的武器装备,外层空间中国家的行为应遵循法治原则(Lachs,2010,第 5 页)。"

如果从现实的角度考虑这些思想,可以毫不犹豫地说在安全领域,特别是外层太空安全领域可造福所有人的国际合作是在国际关系中坚决采取透明和信任建立措施。如果所有国家间不存在真正的信任,则真正的国际合作不会存在,坚固长久的和平状况也不会出现。只有当所有国家间存在真正的信任时,我们的文明,包括外层空间文明才会有更好的未来。如果没有信任的存在,人类难以过上好的生活,也无法前进。此外,只有通过法治(所有相关国家的法律规范所确保的高度确定性、可靠性、稳定性及可预测性),才能负责任地建立真正的信任。在谈到国际、国家以及安全基本问题时尤为如此。从本质上来说,联合国大会绝大多数国家通过的决议和声明也价值重大,因为它们表达了大多数国家的意愿。这使得它们变成了习惯性规范或者未来具有法律约束力的协议的基础。

莫尔茨高度评价国际合作,认为其是透明和信任建立的有力模式,他强调道:"建立在武器上的安全观比建立在国际合作上的安全观更难扭转。"他还提到:"我们从过去汲取的主要教训是太空会继续成为一个高度交互的环境。我们需要投入大量精力进行环境安全、技术发展以及人类冲突预防方面的尝试(Moltz,2011,第351–353页)。"

简而言之,国际社会需要解决的关键问题包括:

(1)以联合国宪章为基础,以决心和诚意来决定如何实施、发展和加强现有的国际法。

(2)构建前所未有的理解、信任及合作氛围。

(3)防止将任何类型的武器部署在地球轨道上。

(4)避免在太空中使用自卫权,因为使用自卫权的后果对许多国家可能是灾难性的,对太空活动的生存性可能有决定性影响。

(5)避免任何在外层空间中使用军事力量及发动战争的可能性和假设。

(6)构建一个公平、平等和有效的系统以清除外层空间中的太空碎片。

(7)充分确保太空安全以及太空活动的长期可持续性。

(8)为解决以上问题,应该尊重和强化人类历史上最好的多边体系,即联合国。

尽管这些紧迫问题尚未得到解决,但它们似乎给我们指明了实现外层空间和平使用的正确道路。这一探索可能是21世纪最具决定意义的政治和司法辩论。探索的结果应为各方、各国及全人类的胜利。简要来说,结果应该是所有人的胜利,否则不会存在赢家。

参考文献

Amorim C (2011) Conversas com jovens diplomatas (Talks to young diplomats). Benvira′,Sa~o Paulo (in Portuguese)

Annals of the International Geophysical Year,1957–1958,Collected works. Issued by the International Council of Scientific Unions. Pergamon,London;QC801. 3. S6

Arbatov A,Dvorkin V (eds) (2010) Outer space – weapons,diplomacy,and security. Carnegie Endowment, Washington,DC

Aron R (2002) Paz e guerra entre as nac,o~es [Peace and war between nations]. Universidade de Bras'lia,Sao Paulo (in Portuguese)

Baseley–Walker B (2010) Current international space security initiatives. In:Rathgeber W,Schrogl KU,Williamson RA (eds) The fair and responsible use of space. Springer,Wien,p 120

Bobbio N (2003) O problema da guerra e as vias da paz (Il problema dell guerra e le vie della pace,1997 – the problem of war and the paths of peace). Editora Unesp,Sao Paulo (in Portuguese)

Brazil Relishes Freedom as MCTR Member. Space News,30 Oct 1995,pp 1,20. Information quoted by Bowen WQ,in his report on Brazil′s Accession to the MTCR,The Nonproliferation Review/Spring–Summer 1996.

Cardoso FH (1995) Space for peace not war,defense news,p 32. Information quoted by Bowen WQ,in his report on Brazil′s Accession to the MTCR,The Nonproliferation Review/Spring– Summer 1996.

Casella PB (2008) Fundamentos do Direito Internacional Po's-Moderno [Fundaments of postmodern international law]. Quartier Latin do Brasil, Sao Paulo (in Portuguese)

Doyle SE (1993) Civil space systems - implications for international security, UN Institute for Disarmament Research (UNIDIR). Cambridge University Press, Cambridge

Falk RA (2004) The declining world order - America's imperial geopolitics. Routledge, New York

Gallagher N (2005) Towards a reconsideration of the rules for space security. In: Logsdon JM, Schaffer AM (eds) Perspectives on space security. Space Policy Institute, Security Policy Studies Program, Elliott School of International Affairs, The George Washington University, Washington, DC

Galloway E (1998) The United States and the 1967 Outer Space Treaty, proceedings from the 40th colloquium on the law of outer space, p 18.

http://gadebate. un. org/sites/default/files/gastatements/66/BR_en_0. pdf

Harding RC (2013) Space policy in developing countries - the search for security and development on the final frontier. Routledge, New York

Hinde R, Rotblat J (2003) War no more - eliminating conflict in the nuclear age; Foreword by McNamara RS, Pluto Press, London

Hitchens T (2011) Transparency and confidence-building in outer space - inching toward action, published by the Federation of American Scientists.

Hobe S, Schmitd-Tedd B, Schrogl KU, Goh GM (Assistant ed) (eds) (2009) Cologne commentary on space law, vol 1, outer space treaty. Carl Heymanns Verlag, Ko"ln

Jornal do Brasil, newspaper published in Rio de Janeiro, 6 Oct 1995, p 4. Information quoted by Bowen WQ, in his report on Brazil's Accession to the MTCR, The Nonproliferation Review/ Spring-Summer 1996.

Kelson H (1944) Peace through law. The University of North Caroline Press, Chapel Hill

Kennedy D (2006) Of war and law. Princeton University Press, Princeton

La humanidad amenazada: governar los riesgos globales (Humanity endangered: governing global risks), editado por Daniel Innerarity y Javier Solana, Espan~a (Spain) Paido's, 2011

Lachs M (1989) Le monde de la penseè em droit international - Theories et pratique. Economica, Paris

Lachs M (2010) Masson-Zwaan T, Hobe S (eds) The law of outer space - an experience in contemporary law-making; Reissued on the occasion of the 50th anniversary of the international institute of space law. Martinus Nijhoff, Amsterdam

Law No. 8,854 of 10 Feb 1994, Brazilian Federal Register

Logsdon JM, Schaffer AM (eds) (2005) Perspectives on space security. Space Policy Institute, Security Policy Studies Program, Elliott School of International Affairs, The George Washington University, Washington, DC

Lyall F, Larsen PB (2009) Space law - a treatise. Ashgate, Surrey/Burlington

Malone DM, Yuen Foong Khong (eds) (2003) Unilateralism & U. S. foreign policy - international perspectives. Lyne Rienner, Boulder

Mason P (2006) Foreword to the Detlev Woter's book Common Security in Outer Space and International Law, published by United Nations Institute Research (UNIDIR), p XVI.

Miller LH (1994) Global order - values and power in international politics. Westview Press, Boulder

Moltz JC (2011) The politics of space security - strategic restraint and the pursuit of national interest, 2nd edn. Stanford University Press, Stanford

Monserrat Filho J (2007) Direito e Pol1'tica na Era Espacial - Podemos ser mais justos noespac, o do que na

Terra (Law and policy in space age - can we be fairer in outer space than on earth?). Vieira & Lent, Rio de Janeiro (in Portuguese)

More RF (2006) Direito Internacional do Desarmamento - O Estado, a ONU e a Paz [International law of disarmament - state, United Nations and peace]. Lex Editora, Sa~o Paulo (in Portuguese)

Morgenthau HJ (1985) Politics among nations - the struggle for power and peace, 6th edn, Revised by Thompson KW. Alfred A. Knopf, New York

National Paper of Brazil, Third United Nations Conference on the Exploration and Peaceful Uses of Outer Space (UNISPACE III), 1 July 1999, Document A/CONF 184/NP/14

National Space Policy of the United States of America, 28 June 2010. See its integral text: www. nasa. gov/offices/olia/policydocs/index. html

Pace S (2012) Strengthening space security - advancing US interests in outer space. HarvInt Rev 58

Programa Nacional de Atividades Espaciais- PNAE2005 - 2014; edition in Portuguese; Ministe'rio da Cie^ncia e Tecnologia, Age^ncia Espacial Brasileira, 2005, p 114.

Rathgeber W, Schrogl KU, Williamson RA (eds) (2010) The fair and responsible use of space. Springer, Wien

Rodin D (2002) War & self-defense. Oxford University Press, New York

Schoenbaum TJ (2006) International relations - the path not taken; using international law to promote world peace and security. Cambridge University Press, New York

Soares GFS (2003) Legitimidade de uma guerra preventiva em pleno 2003? (Legitimacy of a preventive war in 2003?). J Pol Externa (Foreign Policy) 12(1):27 (in Portuguese).

Stiglitz J, Bilmes L (2009) The three trillion dollar war - the true cost of the Iraq conflict. Penguin, New York

The rule of law and transitional justice in conflict and post-conflict societies - report of the Secretary-General, United Nations, Security Council, S/2004/616, 23 Aug 2004.

Treaty Banning Nuclear Weapon Tests in the Atmosphere, in Outer Space and Under Water. See its integral text in http://www. state. gov/www/global/arms/treaties/ltbt1. html#2

Trindade AAC (2006) A humanizac,a~o do direito Internacional [The humanization of international law]. Ed. Del Rey, Belo Horizonte (in Portuguese)

Uri R, Pfaltzgraff RL Jr (eds) (1984) International security dimensions of space. Archon Books, New York

Vasiliev VL (2010) Deputy Permanent Representative of the Russian Federation, speaking on The value of transparency and confidence-building measures- next steps, at the UNIDIR Conference on Space Security 2010, Geneva, 29 March 2010. Document: pdf-conf681-1.

Weinberger C, Schweizer P (1996) The next war, Foreword by Lady Margareth Thatcher. Regnery, Washington, DC

Wolter D (1998) Common security in outer space and international law. United Nations Institute for Disarmament Research (UNIDIR), UNIDIR/2005/29. Geneva

Wolter D (2005) Common security in outer space and international law, UN Institute for Disarmament Research (UNIDIR), UNIDIR/2005/29, Geneva

网络链接

www. cfr. org/eu/eu-code-conduct-outer-space-activities/p26677

www. defesa. gov. br

www. itamaraty. gov. br/sala- de - imprensa/notas - a - imprensa/comunicado - conjunto - dapresidenta - dilma -

rousseff-e-do-presidente-barack-obama-brasilia-19-de-marco-de-2011

www. nasa. gov/topics/history/features/galloway_obit. html

www. opanal. org/opanal/tlatelolco/tlatelolco-i. htm

www. pca-cpa. org/showpage. asp? pag_id=1188

www. state. gov/t/avc/rls/165995. htm

www. un. org/en/conf/npt/2005/npttreaty. html

www. unoosa. org/oosa/SpaceLaw/outerspt. html

www. v-brazil. com/government/laws/constitution. html

第28章　以色列对太空安全的认识

德加尼特·佩柯斯基,艾萨克·本–伊斯雷尔,塔勒·阿祖莱
特拉维夫市大学尤瓦拉尼曼科学、技术和安全研讨会,以色列于特拉维夫

摘要

　　以色列拥有30年太空卫星开发、运营和发射的太空活动传统。作为一个弹丸之国,以色列只能依靠太空增强国力。伴随机遇而来的是重大的挑战,尤其是在维持质量差距、维护以色列技术前沿地位及保障太空环境方面面临的挑战。太空在以色列战略方针中的重要性塑造了以色列的太空安全观点。本章将简述以色列的太空计划,概括以色列以太空计划作用为重点的战略方针,分析以色列在太空安全方面采用的方法,略述当前以色列面临的太空挑战和机遇。

　　在太空的一席之地对我们至关重要……我坚信我们必须把这当成我们必须达成的目标。(时任国防部长沙乌勒·莫法兹少将在2003年特拉维夫大学举行的尤瓦拉尼曼科学、技术和安全研讨会上的演讲)

28.1　引　　言

　　20世纪80年代,为了满足迫切的安全需求,以色列决心大展宏图,发展太空计划。凭借该计划,以色列成功跻身能够自行生产、维护、控制卫星和发射器的国家行列。本国拥有航天能力是以色列国家安全战略的一部分。作为传统航天国家、太空技术和设施的成熟制造商兼用户,以色列非常重视为所有国家和平利用太空以保障太空环境。

　　回首过去的30年,以色列整体太空活动的范围远超过国家安全活动的范围。20世纪90年代,以色列开始了太空活动商业化。除了强大的科技部门,以色列还拥有健全的太空产业。但是,本章将分析以色列的安全需求及其对太空安全的总体态度。以色列的太空安全方针可以从三个方面描述:①实现并维持对以色列战略需求重要的利基技术和设施的自给自足;②保护本国系统和武器装备;③为所有用户保障太空环境。

　　本章共有5小节。28.1节将描述以色列的总体太空方针。28.2节将简要

介绍以色列的太空计划。28.3 节将概括以色列以太空计划作用为重点的战略方针。28.4 节分析以色列的太空安全方针。28.5 节将概述以色列面临的太空挑战和机遇。

28.2 以色列务实的太空态度

以色列的太空及太空安全方针主要源于其在地区和全球体系中的地位。作为一个备受威胁的小国,以色列力争确保并稳固自身国家安全,并试图确立崇高地位(特别是其所在地区的崇高地位)。

以色列与众多周边国家(除邻国外)建立联系的需要及以色列的国家和安全利益要求其向太空发展。另外,以色列只是一个蕞尔小国,资源匮乏。基于这些原因,以色列对航天力量持务实的态度,以满足国家安全需要为宗旨,这主要是指针对远程威胁能发展情报收集和作战能力,这就需要发展预警、情报、威慑能力,并在关键技术上实现自我研发。

以色列力求在太空获得一席之地,并在以下利基领域取得太空的区域主宰地位:地球观测(轻量级卫星、高分辨率光电及 SAR 观测)、近地轨道发射能力及通信。以色列没有试图完全凭借一己之力建立所有的系统。例如,以色列既没有导航系统或天气系统,也没有实施载人航天任务。不过,对于这种性质的项目和科学项目,以色列力图争取与国际伙伴进行合作。

28.3 以色列太空计划概述

过去 30 年,以色列在两个主要的地基领域发展了极为先进的太空产业和本土的太空技术基础设施:地球观测领域和通信领域,包括通信卫星的地面站。

1979 年《埃以和平条约》签订,以色列意识到了自我保护的需要以及验证埃及是否遵守该条约的需要,这促使了以色列决定开始发展独立的太空计划。1979 年签订的这份协议并没有消除以色列对埃及的野心的顾虑。很明显,以色列需要在不侵犯埃及主权的前提下获得有关埃及现状的情报。以色列认为独立运行的侦察卫星是解决这个问题的最佳方案。1981 年,以色列以务实的态度制定了太空计划,旨在满足依靠本国先进的技术进行预警和威慑、自立的国家安全需要。

1988 年,以色列成功发射了第一颗卫星"地平线"1 号。两年后,以色列发射了"地平线"2 号。1995 年,以色列将"地平线"3 号送入轨道。在之后的几年,以色列成功将更多的"地平线"系列卫星(5、7、9 号)送入了轨道。2008 年,以色列发射了 TECSAR——先进的轻量级合成孔径雷达卫星。

20 世纪 90 年代,除了国家太空技术,以色列还开发了商用卫星("阿莫斯"系列通信卫星、EROS 系列光电遥感卫星)和子系统等设备。今后几年,预计以色列还将发射几颗具有不同有效载荷(包括高光谱成像仪)的卫星和纳米卫星,以展示其最新的科技能力。

28.4　以色列国家安全战略及太空计划的作用

根据国家和安全需要的优先顺序,以色列已经增强了自身在太空领域的实力。要理解以色列对太空和太空安全的看法,需要分析以色列的战略方针,尤其是关于太空的部分。

28.4.1　以色列的战略方针

以色列没有发行过任何表明其安全准则和宏观战略的出版物。官方采用的唯一文件是以色列前总理戴维·本·古里安于 1953 年的一份报告中的综述部分(Ben-Gurion,1981;Ben Israel,2001)。1953 年 10 月 18 日,本·古里安向政府提交了报告(原文共 46 页)。在这份综述中,本·古里安评价并分析了年轻的、仅建国 5 年的以色列的地缘政治现状及其面临的挑战和威胁。另外,他还陈述了应对这些威胁和挑战的原则。

以色列安全准则的一个基本部分是"国家独立没有得到邻国的承认,本国可能经历多'轮'战争但无法承受任何一次战败"的思想。这种准则一直是建立在三项原则上的:威慑、预警、决定性胜利。

以色列安全准则的第一项也是最重要的一项原则是阻止战争,若阻止失败,就摧毁敌人领土内的进攻力量、速战速决。鉴于上述原因以及以色列在人口和地理位置处于绝对劣势,确保早期预警情报对以色列国家安全极其重要。取得决定性胜利对于缩短战争时间、在多"轮"战争的战程中形成总体威慑力十分必要。为了阻止战争或低强度冲突,以色列塑造了一支将使对手付出更大代价的无坚不摧的军队形象。这种战略姿态经常遭到误解,以色列军队的反应也经常被指控为"过度"使用武力。

虽然已经过去了 60 年,本·古里安描述和分析的许多威胁和挑战,包括一些缓解方法,在今天依然有重要意义。尽管如此,这些年中以色列曾几次尝试修改和规范国家安全政策。最近一次发生在 2004 年和 2006 年之间,由后来的总理阿里尔·沙龙和国防部长沙乌勒·莫法兹任命的达恩·梅里多尔领导的委员会发起。鉴于过去 20 年火箭和恐怖主义威胁不断增加,梅里多尔委员会建议增加第四项原则——"民防"。

在这些条件和原则下,国家太空武器装备和军用、民用的基础设施被认为能够成倍增强以色列的技术优势,有助于加强以色列的军用武器装备。这些武器装备又有利于许多非军事领域的发展。反过来,这又将促使以色列的国家安全等级得以提升,区域地位得以巩固。因此,最先进的、强有力的太空计划对以色列的国家安全极其重要。然而,如上面所述,以色列资源有限,必须集中精力发展关键领域。

前空军司令大卫·伊夫里少将的如下观点对以色列的太空计划在以色列威慑战略中发挥的作用提出了有价值的见解:

对武器装备的看法和使用这些武器装备的意愿是威慑的重要因素。对太空武器装备的看法是以色列未来威慑问题的主要因素之一。因此,"地平线"1、2、3 号做出的贡献超乎了所有人的预期。成像分辨率并不是战略衡量标准。相反,衡量标准是以色列表现出的对武器装备的看法。不是我们拥有什么,而是敌人估计我们拥有什么。武器装备和信息、战术领域、小型化领域等的差距对我们的战略威慑力来说是不可估量的重要因素。

下一节将深入探讨以色列国家安全方针的几个原则,并分析太空的作用。

28.4.2　质量高于数量

以色列国家安全方针的基本原则是以色列必须以创造和维持质量优势平衡其数量上的劣势,以色列在下列的民用和军用领域都应当运用这一原则:为公民提供的教育、科学家的专业知识、研发水平、武器系统的质量及军队干部强烈的上进心。其中,科技投资是以色列与邻国之间力量平衡的核心因素。多年来,"质量高于数量"方针一直非常有效,且在以色列安全准则的各个方面均有应用。到目前为止,已经证明了这种方针在应对传统战争、恐怖主义及低强度冲突方面是成功的。这种方针也对以色列太空武器装备的发展发挥了作用。

28.4.3　太空自立的需求

以色列是一个被孤立的国家,早在 1948 年建国前漫长的战争、恐怖行为、暴行历史更是加剧了本已严峻的安全问题。在分析了本国的问题、利益及目标后,以色列的决策者得出的结论是为了获得优于对手的质量优势,自立尤其科技自立是必需的。出于同样的理由,以色列开始着手发展太空计划。以色列的决策者迫切希望在不依赖其他国家或考虑潜在压力的前提下获得太空力量。另外,国际上对拥有国家太空武器装备的承认标准是一种手段和权力的象征,也促使了(至少发挥了部分作用)以色列决定利用本国发射器和卫星探索和利用太空(Paikowsky,2009b)。

以色列国防军上校伊利·波拉克的以下言论表明了以色列发展本土卫星的重要性:"卫星"产品能帮助我们更好地理解情报图片,提供战斗支持,帮助政界高层决策。在今天,不用蓝白(即百分百以色列的)卫星情报是无法描绘战争场景的(Blizovsky,2009)。

28.4.4 战略纵深

以色列边境狭窄而缺乏战略纵深,对本国的生存构成了威胁,因此,需要寻求解决办法,避免战略突袭。为此,以色列的安全准则要求发展预警所需的先进的情报收集能力和迅速将战争从以色列人口密集地转移至敌国领土的作战能力。发展太空技术有助于以色列应对因缺乏战略纵深而面临的挑战。

从太空观察敌国领土是以色列对面临的军事问题的科技解决方案。从太空观察,以色列可以应对来自接壤的阿拉伯国家及地理位置较远的国家的威胁。在2010年召开的伊兰·拉蒙国际空间会议上,当时的国防军空军司令伊多·内舒坦少将指出了以色列太空计划在战略纵深方面带来的好处,并表示太空是为以色列提供对其国家安全非常关键的战略纵深力量倍增器(Nechushtan,2010)。

28.4.5 提高远近领域的情报收集能力

卫星收集的情报信息提高了国家之间的透明度,降低了不确定感,从而减少了突袭的风险,因而被认为是战略关系的有效平衡器。因此,利用卫星能够降低对突袭的恐惧,提高安全等级,也有利于在信任的基础上建立和维护关系(Shafir,2004)。

在这种背景下,近年来以色列一直目睹伊朗扩大军事活动,并对此表示担忧。伊朗积极推进弹道导弹开发、太空武器装备,尤其是"核武器计划"。另外,伊朗积极参与地基卫星破坏。借助卫星图像和分析,国际社会察觉伊朗的上述计划并做出了回应。尽管国际谴责与日俱增,但这些活动依然在继续,以此保护伊朗太空资产免受威胁,以及利用太空资产探测和阻止袭击。

在以色列的战略思维中,以色列太空计划被认为是其获得独立收集情报能力的关键因素。以色列的自给自足问题是一个复杂的问题。以色列依然依赖于美国在国际论坛上给予的政治支持和经济援助,距完全的自立还很远。尽管如此,在情报收集领域,以色列自主性很强,没有依赖外援提供情报技术。

对以色列而言,拥有独立的情报收集能力在情报以外的领域有很多含义。从情报收集能力和决策自主的角度来说,这种能力能增强了以色列的国力,提升其在敌国及盟友眼中的形象,增加它的灵活度。凭借独立的能力,以色列还能隐藏其感兴趣的领域和在没有妨碍的情况下收集信息。为了获得这种独立,以色列一直在构建太空计划,尤其是开发和发射卫星的能力。斯坦尼兹委员会的成员建议加强开发以色列侦察卫星系统,作为远程观测情报的基础设施:"应该建立一个有能力回应威胁以色列的远近多级威胁,并追踪、确定和监测其技术、工业和军事基础设施系统。"(以色列议会外交政策和安全小组委员会2004)

28.4.6　太空、军事守则和军队建设

在太空赢得一席之地是以色列在过去 20 年间奉行的军事守则基础要素的一部分。这种守则源于 20 世纪 90 年代初的美国军事守则,即军事革命。RMA包括太空管制、制敌机动、信息战和精确打击四个方面。太空在以下各领域均发挥了重要的作用(Ben Israel,2004;Paikowsky,2005):情报、威慑、导航和指挥、通信(缩短军队间的传感器—射击环节)、命令和控制、气象学及媒体。无论是在实践中还是概念上,以色列的太空计划在军事守则中都发挥了重要的作用。

28.5　太空:机遇与挑战并存

上面讲述了以色列开展太空活动的基本原因,表明以色列(用适度的预算成功制定了太空计划)视太空为重要的发展机遇,尤其视其为表现军队质量高于数量的力量倍增器。在信息革命和太空扩张(信息革命过程的一个组成部分)时代,战斗序列(ORBAT)的数量和质量的重要性已不复当年。以色列作为一个弹丸之国,只能充分利用了本国的特点、机遇和能力,依靠太空增强国力。

伴随机遇而来的是重大的挑战,尤其是在维持质量差距、维护以色列的技术前沿地位所面临的挑战。太空对以色列的战略方针的重要性促成了以色列的太空安全观点。

以色列视太空为全球公域,渴望能为维护安全可持续的太空环境贡献一己之力。以色列承认全世界利用太空,以支持地球上的军事活动和保护太空系统免遭有害行为的影响。尽管如此,为了全人类的利益,以色列寻求更广泛的国际协作和合作,尤其是在民主的航天国家之间开展有关维护太空和平环境的合作。

28.5.1　对太空的日渐依赖和对太空可持续性的重视

地球上日常活动对天基系统的日渐依赖和越来越多地将太空用于军事活

动的全球趋势使太空领域更加容易受到有害活动的影响。太空正变得愈加拥挤、太空竞争也变得更加激烈。不断增加的太空安全事件迫使各国想办法确保太空探索、行动自由及太空资产的正常运行。例如,现在越来越多的国家寻求开发空间态势感知系统和碎片清理(DR)系统。完善国际 SSA 系统和 DR 系统可以增加透明度,因此可能会对外层空间产生积极影响。这些系统能更好地预测和防止对太空资产的有害干扰,如果共享这些系统,则还能提升国际社会的信心。不过,这些新兴的概念也能用于禁止卫星的使用。这对太空环境意味着潜在的危险。许多航天国家对这些趋势都十分关切,包括以色列。与利用和重视太空的其他国家相似,以色列的日常生活也越来越依赖太空活动。但依赖太空带来的是对其可持续性和安全的敏感度的增加。

以色列关键的国家基础设施对太空系统的依赖性与日俱增,因此,以色列对全球日益盛行的太空军事化趋势感到十分担忧。这些威胁(如果意识到)可能会导致以色列失去其在太空领域现有的相对优势。所以,以色列正在寻找保护本国卫星、营造可持续太空环境的方法。

由于以色列缺乏有关这个主题的官方声明和政策文件,各种会议和学术事件成为以色列太空政策的重要信息来源。以色列空间界高官的演讲为我们洞悉以色列太空政策的当前趋势提供了有价值的线索。以下为以色列空军司令埃里埃泽尔·施克迪在 2007 年召开的伊兰·拉蒙国际空间会议上的发言:"太空的军事意义与日俱增。为什么这个领域这么重要? 有的国家担忧其他意识到其重要性的国家将试图攻击太空资产。我们必须考虑采取防御措施或其他技术抵抗物理性伤害、干扰、妨碍、致盲。在现代世界,拥有太空资产的发达国家可能发生的最惊奇的事之一,就是某国惊讶地发现本国太空资产被损坏。这种损害可能是敌国或恐怖组织的'杰作'。我建议我们都应睁大双眼明白这就是现实,直面当前的形势。这对已经被拥有先进的技术武器装备的国家甩在身后的那些国家来说就是梦里的场景(Shekedy,2007)。"

施克迪的发言很好地说明了以色列越来越意识到可持续太空环境的重要性,也说明了保护太空系统的必要性。在 2008 年召开的伊兰·拉蒙国际空间会议上,施克迪发表了年度演讲,重点提出了中国的 ASAT 试验,他说:"我们不能忽视这个问题。应对不断扩充的太空武器装备,增加现代军队对太空的日益依赖性……在我看来,无论我们乐意与否,这个问题已经摆在了我们面前。忽视这个问题是极不明智的。作为关注军事情况的国家,我们也必须对此十分关注,我们必须懂得如何发展并保护太空资产使其在必要时能发挥作用。我特别指出'必要时',是因为很明显,规模有限的战争对太空武器装备不会造成太大的威胁。不过,我坚信,随着战争升级,或当敌人感觉备受威胁时,他所面临的问题中将有一个是是否使用或尝试使用能够对抗陆、海、空资产的方法以及发展能对抗太空资产的武器装备。很可能接下来一年中太空战争不是紧要问题。但往后看五年，或者十年，那时它将会是一个重大问题（Shekedy，2008）。"

28.5.2　支持保护太空环境的国际努力

除了过去几年发生的 ASAT 事件，还发生过几次卫星干扰事件。确定太空武器化是否不可避免、国际上是否会认可 ASAT 合法还为时尚早。将 ASAT 技术作为一个国家太空安全武器装备的一部分可以达到三个目标：第一，使军队拥有对敌人采取侵略行动的能力；第二，为防御敌对活动提供了武器装备；第三，可用于对潜在侵略行动进行威慑。然而我们将面临以威慑和防御目的为借口，发展用于侵略行动的 ASAT 的风险。

目前，太空的军事利用越来越多，不过只要背后是负责任、行事谨慎的行为体，就无需过分担忧。但如果这些技术扩散并落入不负责任的行为体和危险政权手中，太空可能会变成一个无法预测之地。这个过程对包括以色列在内的"太空俱乐部"所有成员的国家安全都有重大意义。为此，太空非武器化的提倡者常提到发展 ASAT 武器装备的声明和行动都会增加太空军备竞赛的可能性（Milowicki 和 Johnson-Freese，2008）。

民主和平论主张民主国家很少与他国交战。以色列有一种不同于上面的态度以该理论为基础，认为进行太空安全行动和发展 ASAT 武器装备的民主国家不会对他国发起行动。所以，其他负责任的民主国家不应将其抱负和行动视为具有威胁性的行为。其他发展这种武器装备的民主国家不应对以色列等民主国家过于关注。在这种背景下，以色列支持其他负责任的民主同盟国发展太空安全武器装备的行为。

民主和平论是建立在伊曼努尔·康德在他的《永久和平》（1795）一书中阐述的哲学理念上的。在国际关系领域，自从 20 世纪 60 年代以来这一理念就一直在接受检验，甚至在 90 年代还接受了几位学者的实证检验。

作为防御领域每天都使用太空资产，以及在民用和商用领域甚至更频繁使用太空资产的航天国家，以色列志在营造安全的太空环境，希望其他国家采取负责任的太空行为，并愿意与他国合作以实现该目标。

近年来，关注太空可持续性的国家提出了很多国际倡议和协议。欧盟提出了《外层空间行为守则》。俄罗斯和中国提出了《防止在外层空间放置武器、对外层空间物体使用或威胁使用武力条约》草案。2008 年，联合国通过了一系列碎片减缓守则（《联合国碎片减缓守则》）。这些提案发表前的若干年，联合国裁军会议内部就讨论了一项要求防止外层空间军备竞赛的决议。美国和以色列对 PAROS 是持反对意见的。

美国担心这些提案的约束性,尤其担心透明度和执行力的缺乏会使不负责的国家和行为体利用遵守条约的国家。这可能会导致负责任的行为体失去其相对优势、太空行动自由及保护太空资产的能力。因此,美国支持提案可作为信任建立措施的不具约束力的协议。

对有助于维护太空可持续性的不具法律约束力的行为,以色列是持赞同意见的。以色列理解并相信需要采取国际合作来确保未来太空的可持续利用性。

28.5.3　新的威胁:太空和网络空间安全

全球经济对太空系统的日渐依赖导致了对威胁太空系统安全的碎片等太空环境威胁的普遍担忧。在这个过程中,越来越多的国家意识到如果太空环境威胁对卫星造成物理性损坏是不值得的,更是应该避免的,因为其可能会不加区别地损坏卫星。另外,太空系统运行过程中受到通过干涉或网络攻击实施的软干扰的可能性正在增加。这一点也得到了以色列很多认为网络威胁(Levi 和 Dekel,2011;Levi 和 Dekel,2012)和确保太空系统安全(Ben-Israel,2012)之间有直接联系的人的认可。

28.6　结　　论

以色列太空计划的发起是为了满足国家安全需求。近年来,随着以色列国家的发展和演变,其需求和能力也发生了演变。今天,以色列拥有商用、科学和民用的太空资产,而且以色列正不断地扩大其国际太空合作。这些发展,加上日常活动对太空的日渐依赖以及持续的国家安全问题,导致了以色列对太空安全问题的担忧。

参考文献

Ben Israel I (2001) Security, technology and the future battlefield. In:Golan H (ed) Israel's security net—core issues of Israel's national security in its sixth decade. Maarachot Ministry of Defence Press,Tel Aviv,pp 269-327 (Hebrew)

Ben Israel I (2004) Revolution in military affairs in the war in Iraq. In:Feldman S,Grundman M (eds) After the war in Iraq. Jaffee Cente,Tel Aviv,p 77

Ben-Gurion D (1981) Army and state. Maarachot,Tel Aviv,280(2-9):2-11 (Hebrew). For a detailed overview of Ben-Gurion's report

Ben-Israel I (2012) A presentation at the Space and CyberSpace Conference, Yuval Neeman Workshop for Science, Technology and Security, Tel Aviv University

Blizovsky A (2009) First disclosure of the satellite unit within IDF Intelligence Branch. Article published on the website of "HaYadan". http://www. hayadan. org. il/aman-satellites-unit-0902091. Accessed 28 Aug 2012

European initiative of the Outer Space Code of Conduct (2012) please see: http://www. consilium. europa. eu/media/1696642A2 — 06 _ 05 _ coc _ space _ eu — revised — draft — working—document. pdf. Accessed 28 Aug 2012

Levi R, Dekel T (2011) Space security national capabilities and programs, presentation at the space security conference 2011: building on the past, stepping towards the future, UNIDIR. http://www. unidir. ch/pdf/conferences/pdf-conf1033. pdf. Accessed 29 Aug 2012

Levi R, Dekel T (2012) Approximately one thousand military and civilian satellites orbit the planet, all of which are likely targets for a concerted cyber - attack. Israel Defense, Available in English at http://www. israeldefense. com/? CategoryID=512&ArticleID=1165. Accessed 26 Aug 2012

Milowicki G, Johnson-Freese J (2008) Strategic choices: examining the United States military response to the Chinese anti-satellite test. Astropolitics 6(1): 5

Mofaz S (2003) Lecture at the conference, "A new security paradigm". Yuval Neeman Workshop for Science, Technology and Security, Tel Aviv University

Nechushtan I, Major General (2010) Address at the 2010

Ilan Ramon annual space conference. Fisher-Institute for Strategic Air and Space Studies, Herzliya. http://www. fisher. org. il//Video/Space% 20Conference% 202010/Nehushtan. htmaccessed. Accessed 28 Aug 2010

Paikowsky D (2005) The effect of space technology on warfare and force buildup. MA thesis, Tel Aviv University

Paikowsky D (2009a) The Israeli space effort: logic and motivations. Article presented at the International Astronautical Congress, Korea

Paikowsky D (2009b) Clubs of power: why do nation-states join the 'space club?'. PhD dissertation submitted to the Senate of Tel Aviv University (English)

Paikowsky D (2009c) The space club: space politics and policies. Article presented at the International Astronautical Congress, Korea

Paikowsky D, Ben-Israel I (2011) India's space program - an Israeli perspective on regional security. India Rev 10(4): 394-405

PPWT see http://www. fmprc. gov. cn/eng/wjb/zzjg/jks/jkxw/t408634. htmAccessed. Accessed 28 Aug 2012

Report, Vol A (unclassified) The committee to investigate the intelligence network in the wake of the war in Iraq (Knesset foreign policy and security subcommittee, March 2004)

Shafir Y (2004) Satellites in the middle east. Strat Update 7(1): 20

Shekedy E, General (2007) Address at the 2007 Ilan Ramon annual space conference. Fisher- Institute for Strategic Air and Space Studies, Herzliya

Shekedy E, General (2008) Address at the 2008 Ilan Ramon annual space conference. Fisher- Institute for Strategic Air and Space Studies, Herzliya

Theodoulou M (2010) Tehran told to end satellitejamming. The National. http://www. thenational. ae/apps/pbcs. dll/article? AID=/20100322/FOREIGN/703219849/1002/FOREIGN

UN Debris Mitigation Guidelines. http://www. unoosa. org/pdf/bst/COPUOS_SPACE_DEBRIS_MITIGATION_GUIDELINES. pdf. Accessed 20 Feb 2013

第29章

太空安全相关国际组织:联合国、国际电信联盟及国际标准化组织

特丽莎·海申斯
联合国裁军研究所,瑞士日内瓦

摘要

太空利用的迅速发展为确保太空资产的安全与安保带来了越来越多的挑战。随着对这些挑战的认识越来越广泛,各国越来越倾向于采用多边方法。与此同时,没有任何一个国际组织获得了完全的授权来解决太空资产面临的危险与威胁——不论其为商业、民用、军事还是综合性资产。相反,过多有着各自职权、官僚体制和政治历史的机构使得制定外层空间多边治理机制的工作变得复杂。因此,虽然太空安全多边措施的制定有着前进的势头,但是其实际进展不仅面临着各国的利益竞争,还有与官僚政治利益的潜在竞争,并且要克服这些是存在困难的。

29.1 引 言

在过去的 50 年中,全球太空活动不仅在数量上有所增加,其对于经济发展与人类安全的重要性也有所上升。现在有 1100 架运行中的在轨航天器及超过 60 个国家及(或)商业实体拥有并(或)运营卫星。

然而,对太空日益增加的利用为确保太空资产的安全与安保带来了越来越多的挑战。例如,非受控的太空碎片(造成与有源卫星相撞的危险)的数量激增。此外,对于频谱这一有限资源的竞争也变得更加激烈,特别是对于处在地球同步轨道(位于 36000km 高空,卫星旋转时其实际相对于地球的位置保持不变)上的卫星而言。过去 20 年间,太空技术越来越多的使用在军事设施中,例如武器瞄准和实时成像,因此这也引起了卫星将成为战争中打击目标的担忧。

随着对各种挑战的认识越来越广泛,各国越来越倾向于以采用多边方法来确保太空安全。

与此同时,没有任何一个国际组织获得了完全的授权来解决太空资产面临的危险与威胁——不论其为商业、民用、军事还是综合性资产。相反,过多有着

各自职权、官僚体制和政治历史的过多机构使得制定外层空间多边治理机制的工作变得复杂。

这其中包括三个联合国相关机构——裁军谈判会议(日内瓦)、和平利用外层空间委员会(维也纳)及国际电信联盟(日内瓦),以及国际标准化组织(日内瓦)。此外,联合国大会第一委员会近期也通过了成立于 2010 年的透明度与信任建立措施政府专家小组积极参与这一问题,该小组在 2012 年 7 月于纽约开始工作。本章将会关注这些组织的运作及作用,并关注这些组织在制定国际太空安全机制中的局限性。

29.2　裁军谈判会议

裁军谈判会议是对传统太空安全有着潜在最直接影响的联合国相关机构。CD 由联合国大会成立于 1979 年,是唯一从事军备管制与裁军条约及协议谈判的多国论坛。CD 有 65 个成员国及 40 多个观察员国;每年举办三次会议,其决议需要一致同意。在正式的"防止外层空间军备竞赛"特别委员会下,CD 自 1985 年开始审议工作。经过数年循环讨论,委员会于 1994 年解散;因此从那时起,CD 有关于 PAROS 的讨论都是非正式的。

自 20 世纪 80 年代起,中国与俄罗斯是 PAROS 议题的主要拥护者。长期以来两国都因美国对天基导弹防御系统的摇摆不定的态度而担忧,俄中两国政府认为这是对他们核震慑能力的威胁。尽管 CD 的 PAROS 任务授权不那么明确,但两国政府都将其阐释为主要关注天基武器禁令制定的机构。

2002 年 6 月,俄罗斯与中国向 CD 提出了一份联合工作报告《关于未来防止在外层空间部署武器、对外太空物体使用或威胁使用武力国际法律文书要点》。这一文件表示:"只有一个以条约为基础的禁止在外层空间部署武器及预防对外空物体使用或威胁使用武力的禁令才能消除外层空间军备竞赛这一新型威胁,并确保各国外层空间资产的安全,这是维护世界和平至关重要的条件。"

2008 年 2 月,俄罗斯外交部部长谢尔盖·拉夫罗夫代表俄中两国正式发表了一份条约草案《防止在外层空间放置武器、对外层空间物体使用或者威胁使用武力条约》。

PPWT 旨在保持外层空间是不可部署任何种类武器的领域,并且定义"在外层空间的武器"是"基于任何物理原理而制造或改造的、用来消除、损害或干扰在外层空间、地球表面或其大气中物体的正常功能,以及用来消灭人口和对人类生存至关重要的生物圈组成部分或对其造成损害的置放在外层空间的设备"。PPWT 缔约国将"不在地球附近轨道部署任何携带任何种类武器的物体，不在天体上部署武器，不以其他任何形式在外层空间部署武器；不对外层空间物体使用武力或以武力相威胁；不协助、不鼓励其他国家、国家集团、国际组织参加本条约禁止的活动"。

俄罗斯与中国政府呼吁立即开展这项拟议的商议工作，并要求 CD 成员国提交初步意见及问题。

尽管 CD 内部对于 PAROS 持普遍赞同，对部署在轨道上的武器这一概念有着广泛的关注，这项问题在 CD 日程中仅对于少数国家而言是首要重要事项，比如除俄罗斯与中国之外的美国（大多数 CD 成员国关注与核裁军相关的事宜）。尽管在 1985 年，美国政府支持成立 PAROS 特别委员会，但在乔治·W·布什总统任职期间却极度反对有关该问题的讨论（意在追求天基导弹防御及反卫星武器装备来保持美国在太空的"主导地位"）。奥巴马政府采取了更为柔和的做法，并悄然避开了对于天基导弹防御的支持。2010 年美国国家太空政策较 2006 年布什政府政策有彻底的转变，强调了多边合作的需求——包括透明度与信任建立措施的制定——并保证美国"将会考虑武器控制措施的建议与观念"，前提是这些建议与观念是公平的，可有效检验的，并且是促进美国及其同盟国家安全的。此外，美国政府也表达了其通过在 CD 内的讨论处理 PAROS 问题的意愿。

即便如此，奥巴马政府仍然反对 PPWT 条约作为 CD 正式谈判的基础。美国政府特别提出该文件中缺乏对地基反卫星武器的发展、试验及使用的具体描述，比如过去美国、俄罗斯及中国试验过的武器。此外，美国国家安全团体以大多数（如果不是全部）太空技术的固有军民两用功能为由，质疑一切有关太空"武器"的定义。且事实上，现在美国政府的一致意见是太空武器的禁令在本质上是无法验证的。因此，奥巴马政府不愿直接任用参议院及众议院中将有关太空的多边协议视为美国国家安全的威胁，以及声称反对任何新太空安全条约的少数右翼共和党阵营人员。

尽管在 CD 内正式的 PAROS 讨论或关于 PPWT 的谈判会直接影响与军事相关的太空资产以及太空硬安全，但遗憾的是 15 年来，该会议甚至没能够发布一份工作计划。这是因为 CD 职权之内的若干问题之间相互联系（包括核裁军与核不扩散），这些问题对于不同政府有着不同重要性。目前僵局的根源在于巴基斯坦拒绝讨论一项旨在限制或削减用于核武器制造的裂变材料储备的条约问题。一方面，这一问题可追溯到一致同意原则的使用（通常是滥用），这一原则实际上容许一个成员国否决会议内其他成员国的要求；另一方面，可以追溯到拥有核武器的国家（无论其属于或不属于《核不扩散条约》体系）和无核武器国家以及可能希望秘密或公开建立核武库的国家之间的政治分歧。另一因素就是许多国家不能将国际安全视为是有利于本国自身安全的事项；反而认为建立国际规则随之而来的是国家主权的损失。无论如何，在目前情况下，CD 的困境在可预见的未来并不会结束，这会削弱其在当前探索太空安全的多边道路发展中的作用。

29.3　和平利用外层空间委员会

和平利用外层空间委员会是由联合国大会于 1959 年成立，其目的是促进太空的和平利用、探索、信息共享与国际合作（包括联合国项目的发展）；并且解决有关和平利用外层空间的法律问题。该委员会是唯一被授权开展国际空间法谈判的多边组织。委员会中有 74 个成员国和许多非政府与政府间组织观察员。COPUOS 的活动由两个小组委员会，即科技小组委员会与法律小组委员会承担。小组委员会每年召开一次会议，并向全体委员会做出年度会议报告。最近一次全体委员会会议于 2013 年 6 月 12 日至 21 日召开。COPUOS 的决议由成员国投票通过，但是会议通常会寻求一致同意。之后这些决议会交由联合国大会审议并批准。

COPUOS 重点关注发展中国家的信息共享、教育及能力建设——力图使所有国家都受益于对太空的利用。尽管太空安全的益处并非是直接的，但让更多国家参与到太空环境保护中来是很有价值的，因为他们在太空利用中获益了。所有航天国家都必须认识到在轨活动最佳实践的重要性，因为天体的运动特性决定了某一行为体在太空的行为会对所有其他行为体产生潜在的或积极或消极的影响。

过去数十年，COPUOS 在解决太空环境里面临的科技挑战进展缓慢。或许近年来最为深远的成就是 2007 年制定的一套由 COPUOS 提出的自愿性太空碎片减缓指南，并于 2008 年 1 月提交联合国大会批准。该指南意味着太空安全进步有重大意义的一小步。其中最重要的是第四条，要求各国不要有意地制造长期存在的碎片——这可以被解读为要求不进行破坏性的反卫星武器试验。科技小组委员会在 2009 年的报告中认同"在国际范围内实施自愿性的太空碎片减缓指南将会促进对太空中可接受活动的相互理解，从而促进太空稳定并减少摩擦与冲突发生的可能"。

COPUOS 在碎片问题上的工作对许多其他问题有借鉴意义，这些问题或是有关外层空间安全与安保，或是将太空专家与太空参与者长期关心的为太空活动制定更好的国际治理与管制体系工作提升至政治层面。2010 年 2 月，

COPUOS 为"外层空间长期可持续性"成立了一个新的科技小组委员会工作组,关注于识别问题并寻求解决方法。该工作组被授权拟定一套太空活动的自愿性《最佳实践守则》,包括卫星的发射,在轨运行及处理。实际上,这一任务被授权解决日益拥挤的太空环境中的交通管理问题。

根据联合国大会 2011 年 2 月 21 日发布的第 A/AC. 105/C. 1/L. /307/Rev. 1 号决议中规定的职权范围,工作组的目标是制定"一套能够在自愿性的基础上供国际组织、非政府机构、独立国家及联合行动的国家应用的守则,为所有太空行为体的太空活动减少集体危险,并确保所有国家都能够平等地探索外层空间有限的自然资源"。

工作组的工作由四个专家小组承担:①有助于地球可持续发展的可持续太空利用;②空间态势感知与碎片减缓;③太空天气;④太空领域中的管理制度及对行为体的指导。这四个专家小组自 2012 年 2 月的科技小组委员会会议起开始工作。

工作组目前的任务授权期是到 2014 年,并向 2014 年 2 月科技小组委员会第 51 次会议呈交一份报告草案,然后由小组委员会于 2014 年 6 月向 COPUOS 全体成员做出报告。

严格说来 COPUOS 并无职权解决军事或安全问题,但工作组的工作范围包括处理被实际确定为 TCBM 的活动,并一定会处理在一定程度上影响军民两用、军事与情报太空资产和太空活动的活动(如果其必然奏效)。其中包括轨道数据收集、分享与传播;卫星(或大型碎片)再入大气层的通知;发射前与移动前的通知;并与现行和平利用外层空间的条约和原则保持一致。其实,这些活动同样出现在由俄罗斯联邦于 2009 年向裁军谈判会议呈交的一份有关 TCBM 的文件中,这也突出了区分讨论"和平"利用外层空间与太空安全/军事用途的难度。

但是,在 COPUOS 内还有许多代表团反对其工作被安全问题所干扰,如他们甚至反对 CD 主席访问维也纳。这已经对欧洲拟定的涉及民用与军事或安全相关措施的外层空间活动行为准则制造了问题——即使 COPUOS 在太空长期可持续性的工作与拟定的守则方面有重叠之处,双方都不愿意在 COPUOS 内就准则的拟定展开对话。坚持 COPUOS 活动应"政治立场正确"的人为主张如果不加以缓和,将会限制该机构影响太空安全发展的能力,并且同时否定 COPUOS 内有关安全议题的技术与法律经验。

29.4 联合国大会第一委员会

自 1990 年起,出自第一委员会(其处理安全问题并于每年 10 月在纽约召开会议)的联合国大会年度决议强调了 TCBM 对于减少危险和促进外层空间安全的重要性。在 1991 年 7 月至 1993 年 7 月间,由联合国秘书长任命的政府专家小组从事了一项"关于外层空间信任建立措施运用的研究"。最终报告详述了潜在的 TCBM,比如有关太空系统的信息交换,但也体现了关于行动必要性的不同观点。该报告由秘书长于 1993 年 10 月联合国大会第 48 次会议向大会进行传达。然而,之后的许多年都没有开展后续的工作了。

2005 年,俄罗斯重新参与 TCBM 事宜,并从那时起成为在联合国大会决议中呼吁各国支持制定 TCBM 理念的主要倡议者。俄罗斯的举措得到了广泛的支持——除了美国在 2005—2008 年间对这些年度的决议投了反对票。2009 年,俄罗斯决议要求各国政府提交 TCBM 的具体提案,并要求联合国秘书长在 2010 年 10 月第一委员会会议上针对提案提交一份报告。而在奥巴马新政府执政期间,华盛顿从投反对票转为弃权票。

2010 年,联合国大会第 65 次会议通过了第 A/Res/65/68 号决议,并指示联合国秘书长成立一个新的"外层空间活动透明与信任建立措施"的政府专家小组。183 个国家投了赞成票,美国再一次弃权。但是在第一委员会讨论的期间,美国官员声明弃权并非表示不支持 TCBM 的制定,而是考虑到该项决议关系到 TCBM 与 PPWT 的联系。实际上,2010 年的美国国家太空政策明确要求美国支持与太空相关的 TCBM。其中写道:"美国将寻求建立双边和多边的透明度与信任措施,以鼓励太空中负责任的行动以及对太空的和平利用。"

GGE 包括 15 个联合国成员国代表,在地域平衡的基础上选出。这些国家是巴西、智利、中国、法国、意大利、哈萨克斯坦、尼日利亚、罗马尼亚、俄罗斯、南非、韩国、斯里兰卡、乌克兰、英国及美国。俄罗斯主持会议,联合国裁军研究所(UNIDIR,位于日内瓦)提供专家顾问来协助主席国。GGE 于 2012 年 7 月 23 日至 27 日在纽约召开了第一次会议,接下来两次会议在 2013 年 4 月 1 日至 5 日(于日内瓦)及 2013 年 7 月 8 日至 12 日(于纽约)召开。该小组通过一致同意制定了一份报告,要求秘书长提出如何制定太空 TCBM 机制的建议。秘书长应于 2013 年 10 月向第一委员会呈递最终报告。

俄罗斯已于 2009 年向 CD 呈交了一份可能被接受的太空 TCBM 提案。该提案陈述了三种可能被运用在太空领域的 TCBM:旨在促进太空计划透明化的措施;旨在增加外层空间在轨物体相关信息的措施;及与外层空间活动行为规则相关的措施。更多具体提出的措施包括:

(1) 信息交换:包括各国外层空间政策的主要方向、主要的外层空间研究与使用计划、外层空间物体轨道参数等。

(2) 展示:包括以自愿性为基础,允许专家访问航天发射场、飞行指挥与控制中心及其他外层空间基础设施场所;以自愿性为基础,邀请观察员观看航天器发射;展示火箭与太空科技等。

(3) 通知: 包括计划的航天器发射、·计划的航天器移动(若该移动接近其他国家飞行器,则可能会引起危险)、不受控的外层空间物体从轨道开始降落及预计中地球受影响的区域、受控的航天器从轨道返回大气层、携带核能源的航天器的返回,以防发生故障及发生放射性物质进入地球的危险等。

(4) 磋商: 包括澄清已提供的有关外层空间研究与使用计划的信息、针对不明确情况以及其他关注的问题、讨论外层空间活动中 TCBM 的实施等。

(5) 专题研讨会: 包括在双边与多边基础上展开针对各种外层空间研究及使用问题的会议,由科学、外交、军事及技术专家参与。

此外,欧盟"外层空间活动行为守则"提案(2012 年 6 月发布的最新草案)中的一些部分与俄罗斯提案中的十分相似,比如:提供发射及移动通知;共享太空政策、战略与"外层空间活动中安全与防御相关的基础物体"的信息,以及制定磋商程序。美国在经历数月的跨部门间的讨论后,于 2012 年 1 月宣布打算与欧盟合作,改进并使守则提案国际化。实际上,守则提案中的很多条款,比如轨道数据共享与碎片减缓,都出现在了美国国家太空政策中。

透明度与信任建立措施是许多领域的传统安全工具,目的是增进国家间的理解并减少紧张局面及冲突的危险。许多 TCBM 机制明确针对硬安全参数(如武器系统数量的信息交换),但与太空有关的领域都需要跨越商业/民用与军事活动之间的人为界限。这又一次证明了参与到太空安全工作中的各种论坛需要合作而不是分歧。

29.5 国际电信联盟

国际电信联盟的前身是国际电报联盟,这一机构从 1865 年开始协调跨国的电报使用。这是以条约为基础的组织,由各国政府以成员国身份加入,行业团体以"行业成员"或"准成员"身份加入,还有许多参与 ITU 活动但没有投票权的机构。其成员包括 191 个成员国(几乎都是联合国成员)与 700 多个行业成员及准成员。

无线电频谱及卫星在轨运行位置(通常称为"位置")在法律上被认作是有限的自然资源,所有国家有平等使用的权利。每个国家在本国境内管理无线电频谱的使用,但是当信号跨越国界时则需要国际协调,所有卫星都属于这种情况。ITU 自 1963 年起开始协调太空无线电通信。

1992 年,国际电信联盟公约签署,ITU 的法律框架得以建立,并于 1994 年生效,是以有效及平等使用频谱与轨道为主要的基础原则的法律约束性条约。此外,公约还授权 ITU:①有效分配无线电频谱波段,分配无线电频率并登记无线电频率分配,并且针对太空服务,登记所有位于对地静止轨道的卫星的轨道位置或位于其他轨道的卫星的相关特征,以避免各国无线电站之间的有害干扰;②协调减少各国无线电站之间的有害干扰,并促进针对无线电通信服务的无线电频谱的使用及对地静止卫星与其他卫星轨道的使用。

ITU 成员国也必须遵守控制频谱的使用、管理无线电通信设施操作及协调避免与其他运营者相互有害干扰的"管理条例"。管理频谱及轨道频段的使用以避免有害干扰的具体规定包含在无线电管理条例中,由无线电通信部门和无线电通信局监管。

成员国必须在发射新的卫星或卫星星座前向 ITU 申请获得频带和轨道位置的使用权以及建立新的陆地卫星指挥、控制与通信站的权利。所有商业及民用卫星都受 ITU 条例与程序的管理。军事设备不受 ITU 条例的约束。但是鼓励各国都遵守这些条例,特别是出于避免有害干扰的需求。大多数国家实际上是按照 ITU 条例管理军事卫星及运行设施的。

ITU 的政策,包括对章程的修改,都由 4 年一次的国际电信联盟全权代表大会决定。下一次会议将于 2014 年 10 月 20 日至 11 月 7 日在韩国釜山召开。世界无线电通信大会(WRC)每 3~4 年在日内瓦召开,审议并修改无线电管理条例及频率分配表,后者确定可以被具体通信系统(不论是在陆地、海上、空中或是太空)使用的频率部分。最近一次 WRC 于 2012 年 1 月 23 日至 2 月 17 日召开。这些会议作为论坛,解决了有关频谱/轨道位置分配、法规条例、技术标准的落实及干扰事故的争端。尽管寻求一致通过,每个国家在国际电信联盟全权代表大会与世界无线电通信大会都有一投票权。

ITU 系统成功地管理了频谱及轨道位置等有限资源的使用以避免使用者之间的冲突,并成功地解决了干扰问题。这一方面是因为卫星所有者与运营者通常都意识到避免干扰符合他们自身的利益,也是因为 ITU 将自身定义为技术而非政治机构。然而,必须指出的是尽管 ITU 条约具有法律约束力,ITU 的行政部门没有强制执行权——争议与干扰事件通常由各成员间以仲裁的方式解决。

大多数干扰都由技术问题与操作错误造成。但是,过去几年中 ITU 观察到卫星干预与干扰激增,包括国家与非国家行为体出于政治原因的有意干扰。这显然是影响卫星安全、各国国内与国际安全的问题。

其中一个突出问题就是伊朗干扰波斯语和阿拉伯语的欧洲卫星电视广播,该广播主要由欧洲卫星和阿拉伯卫星运载。这一干扰从 2009 年 12 月开始,并从那之后间歇出现。2010 年 1 月,法国官方要求 ITU 协助解决这一问题;欧盟外交部长于 2010 年 3 月采取手段要求伊朗终止该行为。2010 年 3 月 26 日，ITU 无线电管理条例委员会做出非常举动，宣布伊朗因违反 ITU 职责而被逐出该组织："证据表明其有意阻碍信号传输……此举违反了管理条例。"但是 ITU 部门无法强制解决这一问题，尽管有技术证据表示干扰信号从伊朗境内发出，但伊朗并不承认这一干扰。

由于越来越多的关注的产生，这一干扰问题在 2012 年的 WRC 上得以处理。但是，由于政治敏感性，ITU 条例只做出了细微的修改，对被德黑兰阻断的卫星运营者帮助甚小。WRC 重申有意干扰是违反 ITU 章程的，而条例也修改为："如果某一部门发现该部门职权下的某站点违反章程、公约或无线电管理条例，该部门应当查明事实并采取必要行动。"

显然，如果起初许多国家因为政治原因而忽视了 ITU 的法规，建立在各成员国良好信任基础上的这一整个体系将会面临危险。这会危及所有卫星的运行和太空安全，并且由于地球（如银行与通信）对日常卫星服务的依赖，其也会对地面的人类安全造成巨大威胁。

29.6　国际标准化组织

ISO 这一非政府机构由 163 个来自政府及私营部门的国家标准组织组成，总部位于日内瓦。ISO 制定技术与行业实践标准；目前 ISO 标准目录有超过 19000 条的标准。ISO 制定标准的工作由各种从事不同种类技术的技术委员会展开，委员会由来自工业、技术、商业部门的专家组成，有时也有来自政府、实验室、非政府组织（NGO）及学术领域的专家。现 ISO 有 269 个技术委员会，包括信息技术和航空与航天器。

整体的 ISO 政策以一个战略计划为基础，该计划由成员国批准，每 5 年表决一次。成员分为成员团体（正式成员）、通信成员及联络成员，只有第一种成员可以投票。ISO 全体大会每年召开一次，由制定政策的官员（由投票选出）及成员团体派出的代表参加。全体大会涉及年度报告、战略计划及财政状况。但是，日常管理由理事会处理，该理事会一年召开两次会议，以轮值成员为基础。ISO 的运行由理事会向秘书长授权。科技管理委员会则监督各委员会的技术工作。

各技术委员会依据各自工作日程在世界各个城市召开会议，其工作以内部制定的业务计划为基础，但均由技术管理委员会监管。技术管理委员会发布了标准制定的指令，以确保标准符合质量、道德及法律要求。新标准由各工业部门拟订，交由已有的相应的技术委员会，若无，将成立一个新的委员会。

ISO 没有强制执行已制定的标准的法律地位;但是许多成员国通常在他们的管理框架中采纳这些标准。

ISO 中有关太空的标准大多被归入涉及航空与航天器的第二十技术委员会。其中有两个小组委员会:空间数据与信息传输第十三分技术委员会(SC 13)以及航天系统及其操作第十四分技术委员会(SC 14)。还有一个有关碎片减缓的工作小组。通常,这些标准都非常具有技术性且具体,但也有一些宏观标准涉及计划管理与质量控制等问题。在太空操作领域,有强调安全问题的标准。例如关于对地静止轨道上运行卫星的安全处理标准 ISO 26872:2010。

ISO 标准从几个方面对太空安全做出贡献:

第一,航天国家的科学与技术合作是透明度与信任建立措施的基线——通过保障知识公平竞争领域并鼓励集体努力。例如,SC13 与 14 正在为最佳操作实践与数据交换制定标准(ISO CD-16158,避免轨道运行物体的碰撞,与国际空间数据系统咨询委员会(CCSDS)的 508.xx 轨道数据文电),最佳操作实践与数据交换能够提高避免碰撞的能力,并且增强探测太空中不当活动的能力。

第二,制定支撑最佳实践的标准将提高太空操作安全,从而减少可能被误认为有意行动的事故,以提高太空安全。例如,ISO 24113 空间碎片管理实际上是在执行 COPUOS 指南,而 ISO 在碎片减缓问题方面的工作涵盖碎片产生到消亡的全过程。因此,这些标准为碎片减缓规范建立了可信度,并且加强了太空运营者的自律,从而降低卫星面临的危险。

第三,ISO 标准仅仅根据运营者的倡议而制定,与政治考虑及认识到的安全威胁并没有必然联系。因此,这些标准不能单独界定太空中可接受行为与不可接受行为的界限,因为要在太空运营者之中维持稳定,认知管理与政治考虑也是十分重要的。

29.7 结 论

目前国际社会面临的许多关于太空安全的倡议,证明了许多国家日益感到迫切需要在前所未有的拥挤和紧张的太空环境中减少风险。尽管进展缓慢,特别是联合国相关机构,但是出于共同利益的合作观点不断涌现。

但是,多样化的提案也反映了各国在关于"什么是必须要做的"上的分歧,包括采取自愿性还是法律约束性路径上的分歧。许多在太空领域不太活跃国家(甚至是对目前国际太空管理的脆弱结构)的"大批补进"也存在问题。在最好的情况下,这会导致无意义的政治交易,在最坏的情况下,这将会完全破坏仅有的现有规范与最佳实践。

最后,消除安全危险的进展会受到各相关论坛间政治摩擦的阻碍,以及在冷战时期形成的、根植于 COPUOS-CD 结构中商业/民用部门与军事/安保部门间人为界限的束缚。如果要在任何领域取得进展,则特别需要解决这一问题。如果允许"非我所创"思想与/或官僚政治阻碍当前的发展势头,这将会是一件遗憾事。各国家行为体理应认识到国家太空安全依赖于国际太空安全;也就是说,若不采取集体行动,任何国家的太空资产都不会获得安全。

参考文献

Conference on Disarmament, website of the United Nations Office at Geneva, http://www. unog. ch/80256EE600585943/(httpPages)/2D415EE45C5FAE07C12571800055232B? Open-Document

Constitution of the ITU, Chapter I,

Basic Provisions. http://www. itu. int/net/about/basic-texts/constitution/chapteri. aspx

Decision of the Council of the European Union on the Code of Conduct for Outer Space Activities, 11 Oct 2010. http://www. consilium. europa. eu/uedocs/cmsUpload/st14455. en10. pdf

"EU slams Iran's jamming of satellite signals as 'unacceptable'," DW-World, DE Deutsche Welle, 23 March 2010. http://www. dw-world. de/dw/article/0"5377813,00. html; Luke Baker, "EU ready to act on Iran satellite jamming - draft," 19 March 2010. Reuters. http://www. alertnet. org/thenews/newsdesk/LDE62I13N. htm

"Glossaire," RR1. 166, ITU. http://www. itu. int/ITU-R/terrestrial/seminars/glossary/index. html#Q0524

Group of Governmental Experts on "Transparency and confidence building in outer space activities," website of the United Nations. http://daccess-dds-ny. un. org/doc/UNDOC/GEN/Nl0/516/62/PDF/N1051662. pdf? OpenElement

International Standards Organization. http://www. iso. org/iso/home/about. htm

International Telecommunication Union. http://www. itu. int/en/about/Pages/default. aspx

James N. Miller, Testimony to the House Armed Services Committee Strategic Forces subcommittee, 16 March 2010. http://armedservices. house. gov/pdfs/StratForces031610/Miller__Testimony031610. pdf

Peter B. de Selding (2010) France seeks ITU help to halt satellite signal jamming By Iran. Space News, http://www. spacenews. com/satellite_telecom/100108-france-seeks-itu-signal-jamming- iran. html

Proposal of the Russian Federation on TCBMs for outer space activities, transmitted to the Conference on Disarmament on 14 Aug 2009 by Ambassador Valery Loschinin. http://www. geneva. mid. ru/disarm/d-01. html

"Report of the Scientific and Technical Subcommittee on its forty-sixth session, held in Vienna from 9 to 20 February 2009," Committee on the Peaceful Uses of Outer Space, United Nations General Assembly, 6 March 2009, p. 13. http://www. oosa. unvienna. org/pdf/reports/ac105/AC105_933E. pdf

Resolution Adopted by the General Assembly 1472 (XIV), International co-operation in the peaceful uses of outer space. http://www. oosa. unvienna. org/oosa/cn/SpaccLaw/gares/html/gares_14_1472. html

Stephanie Nebehay, "UN tells Iran to end satellite jamming," Reuters, 26 March 2010. www. reuters. com/article/idUSTRE62P21G20100326

The National Space Policy of the United States of America, June 28, 2010, White House web site：http://www. whitehouse. gov/sites/default/files/national_space_policy_6-28-10. pdf

Treaty on the Prevention of the Placement of Weapons in Outer Space, the Threat or Use of Force Against Outer Space Objects, http://www. fmprc. gov. cn/eng/wjb/zzjg/jks/jkxw/P020080220634677505482. doc

United Nations Committee on the Peaceful Uses of Outer Space, website of the United Nations Office for Outer Space Affairs. http://www. oosa. unvienna. org/oosa/COPUOS/copuos. html

United Nations General Assembly, Resolution A/Res/62/217, 10 Jan 2008.

http://www. oosa. unvienna. org/pdf/rares/ARES_62_217E. pdf. Accessed April 2010

太空安全指南(下册)

Handbook of Space Security (Volume 2)

[德]卡伊-乌维·施罗格(Kai-Uwe Schrogl)

[美]彼得·L·海斯(Peter L. Hays)

[捷克]亚娜·罗宾逊(Jana Robinson)　　　　　编著

[法]丹尼斯·莫拉(Denis Moura)

[荷]克里斯蒂娜·吉安诺帕帕(Christina Giannopapa)

杨乐平　彭望琼　梁巍　译

国防工业出版社

·北京·

内 容 简 介

本书深入探讨了当今世界面临的紧迫太空安全问题,是跨国、跨学科太空安全研究成果的结晶,也是第一本综合论述太空安全理论、政策、技术与应用的参考工具书。全书分上册、下册,内容包括对国际太空安全的基本认识、主要国家与国际组织的太空安全政策与战略、面向国家安全与防务的太空应用及服务、全球太空安全项目等四部分,全面系统地反映了当前国际太空面临的各方面问题与挑战。

本书提供了对国际太空安全问题全面、前沿、权威的研究指南,可供太空安全研究学者及太空政策、法律及科技等相关专业的研究生和高年级本科生参考,其阐述的事实和观点对关心太空安全的大众也有相应的启发。

Translation from English language edition:
Handbook of Space Security
by Kai-Uwe Schrogl, Peter L. Hays, Jana Robinson,
Denis Moura and Christina Giannopapa
Copyright © 2015 Springer New York
Springer New York is a part of Springer Science+Business Media
All Rights Reserved

本书简体中文翻译版由 Springer Reference 授权国防工业出版社独家出版发行。
版权所有,侵权必究。

著作权合同登记　图字:军-2015-207 号

图书在版编目(CIP)数据

太空安全指南:上、下/(法)卡伊-乌维·施罗格(Kai-Uwe Schrogl)等编著;杨乐平等译.—北京:国防工业出版社,2019.6
书名原文:Handbook of Space Security(Volume1,Volume2)
ISBN 978-7-118-11823-0

Ⅰ.①太… Ⅱ.①卡…②杨… Ⅲ.①星际站-安全管理-指南 Ⅳ.①V476.1-62

中国版本图书馆 CIP 数据核字(2019)第 084100 号

※

国防工业出版社 出版发行
(北京市海淀区紫竹院南路 23 号　邮政编码 100048)
天津嘉恒印务有限公司印刷
新华书店经售

*

开本 710×1000　1/16　印张 29　字数 485 千字
2019 年 8 月第 1 版第 1 次印刷　印数 1—2000 册　定价 198.00 元

(本书如有印装错误,我社负责调换)

国防书店:(010)88540777　　　发行邮购:(010)88540776
发行传真:(010)88540755　　　发行业务:(010)88540717

编委会人员

译 者 序

1957年10月4日,苏联将第一颗人造地球卫星送入太空,开启了人类太空活动进程。历史发展到今天,人类对太空的依赖与利用变得如此普遍,可以说地球上几乎所有人类活动都与太空密不可分。正是由于太空巨大的战略作用、价值与影响,引发国际上激烈的太空竞争与对抗,使得太空安全始终是国际社会关注的重大战略热点问题。进入21世纪,随着越来越多国家和非国家行为体进入太空领域、参与太空活动,并且伴随太空攻防技术与商业航天快速发展,导致全球太空安全形势日益复杂严峻。当前,太空安全已成为整个国际社会面临的重大而紧迫的挑战,直接关系到全球战略稳定和人类社会可持续发展,极大地推动了世界范围内太空安全研究。

太空安全包括太空自身安全及与太空相关的地球上的安全,深受太空科技和太空军事发展影响,又与国际政治、大国外交、地缘战略等因素紧密相关,并且不同国家对太空安全的立场与政策还存在显著差异,因此跨国、跨学科的太空安全研究十分重要,有利于澄清事实、发现问题、寻求共识。原书是太空安全国际合作研究的产物,得到了联合国和平利用外层空间委员会(简称外空委)的支持,由欧洲航天局太空政策负责人、曾担任联合国外空委法律小组主席的卡伊-乌维·施罗格领衔,组织全球25个国家的60多名专家撰文而成,时任联合国外空事务办公室主任玛兹兰·奥斯曼亲自撰写了序言。全书内容丰富,包括对国际太空安全的基本认识、主要国家与国际组织的太空安全政策及战略、面向国家安全国防的太空应用与服务和全球太空安全项目四部分,提供了对当代国际太空安全环境、形势、政策与资产的最全面、最前沿的综述和分析。

为推动国内太空安全研究,帮助国内读者全面了解国际太空安全发展,国防工业出版社从施普林格出版社购买了原版书中文简体字版权,由国防科技大学太空安全战略研究中心牵头,联合北京空间科技信息研究所和北京理工大学法学院共同完成了原版书翻译。原版书第一篇、第三篇共26章由国防科技大学太空安全战略研究中心负责翻译,第二篇共14章由北京理工大学法学院负责翻译,第四篇共16章由北京空间科技信息研究所负责翻译。国防科技大学太空安全战略研究中心的李健、黄涣、蔡伟伟,北京空间科技信息研究所王霄、付郁、张扬眉、肖武平、何惠东、宋博,北京理工大学法学院袁杰、弓楗、马冬雪、邵美祺以不同形式参与了译文或校对工作,在此一并表示感谢。

由于太空安全涉及面广、发展快,并且不同国家和学者在太空安全问题上的立场与观点也不尽相同,书中难免存在不准确或不一致之处,敬请读者谅解。

本书首次将太空安全技术、应用、政策及管理等方面内容用整体和系统的方式融为一体,提供了对国际太空安全问题研究全面、权威的指南,可供从事太空安全研究学者和太空法律、政策及科技等相关专业学生参考,其阐述的事实与观点对关心全球安全问题的大众也有启发。

杨乐平

2019 年 3 月 12 日

序言 I

　　太空安全对联合国来说是一个至关重要的课题。联合国大会第一委员会（裁军与国际安全委员会）及第四委员会（特殊政治与非殖民化委员会）多次提及太空安全问题。联合国和平利用外层空间委员会（简称外空委），尤其是其下属机构科技小组委员会和法律小组委员会也对太空安全展开了广泛讨论，在其议程中以各种方式强调了太空安全问题。外空委主要关注和平维护太空的方法和方式、太空与全球可持续发展以及太空与全球气候变化等问题。科技小组委员会专注太空碎片、降低灾难风险、利用核动力源、近地天体威胁、太空天气及太空活动长期可持续性等问题。法律小组委员会则专注太空的定义与定界、减少太空碎片的措施以及关于太空的国家立法问题。

　　本书全面涵盖太空安全问题，无疑会有助于联合国大会、外空委及其下属机构在太空领域的工作。

　　授权联合国外空事务办公室支持外空委及其下属机构的工作，并被反复要求提供实质性信息作为讨论与编制文件的基础，而这常常涉及太空安全。此外，外空事务办公室在致力于成员国能力建设的项目中也很关注太空安全的相关问题。在外空委政策与法律部门的指导下，外空事务办公室开展了与太空法律政策相关的能力建设活动，并且在外空委太空应用部门的指导下关注太空应用与技术的科学基础，以促使太空应用与服务并提供更好的数据及信息。

　　本书涵盖了太空安全主题的多学科内容，阐述了太空应用与服务何以成为支撑全球安全与防务的重要组成部分，这无疑将强化外空事务办公室的地位与作用。

　　因此，这本全方位论述太空安全的书的出版对我们来说可谓幸事。卡伊-乌维·施罗格和他的编辑团队在本书中收录了60多位作者的文章，分享了他们的研究经验与真知灼见，本书的每一章都是他们多年研究分析工作的结晶。一方面，本书内容对太空安全研究人员以及太空法律、政策及科技专业的学生具有极大吸引力；另一方面，本书阐释的思想观点也对关心全球安全问题的大众有所启迪。

相信从事太空安全研究的读者可从本书中找到大量有用信息,而对并未从事太空安全事务的大众,本书也有利于他们更全面地了解联合国内外太空安全方面的事情。

玛兹兰·奥斯曼
联合国维也纳办事处副主任
联合国外空事务办公室主任

序言 II

人类自有太空活动以来,太空就与安全密不可分。美国和苏联/俄罗斯至今已发射了近 2000 颗军事卫星。自冷战以后,这些天基资产被有效地应用于对地观测、早期预警、导航与通信等各个方面,对维护全球稳定与世界和平发挥着不可替代的作用。即便如此,当今的全球安全环境却远比我们想象得更为复杂,无论是民用与军事领域还是地区与全球范围,安全威胁与挑战都现实存在。就世界安全而言,天基资产对确保全球进入、监测和通信是必不可少的。目前在轨运行的 1000 多颗卫星中,20%~30% 的卫星直接与安全功能相关,并且通常由军事部门操控。

简而言之,太空问题涉及外交政策、国家安全与全球经济利益。由于空间系统对人类生存与发展至关重要,太空安全迅速成为国家与国际太空政策中的关键要素。毋庸置疑,太空安全问题也对欧洲的发展日益重要。2007 年 5 月,欧盟和欧洲航天局第四次"航天理事会"会议通过决议,首次颁布欧洲太空政策。2008 年 9 月通过的欧洲"航天理事会"决议,确定"太空与安全"为四大新的优先领域之一。2009 年的《里斯本条约》强调了欧盟处理太空问题的法律准则,并作为欧盟各成员国共同遵守的规范。

由于空间系统具有军民两用属性,欧盟的"共同外交与安全政策"和"共同安全与防务政策"成为欧洲未来空间活动总体框架的基础。关于太空资产的战略性质及其太空对欧盟独立、安全、繁荣和全球影响力的作用影响,欧盟由负责外交与安全政策的机构及欧盟外交与安全政策高级代表具体负责。

目前太空已被公认为欧盟安全与防务活动的关键要素。2013 年 10 月,欧盟外交与安全政策高级代表阿什顿在为欧洲安全与防务理事会准备的政策报告中提出:网络(包括太空)在当今全球化世界中的地位"怎么强调都不过分",且"太空安全对现代社会至关重要"。与此同时,欧盟防务部门高级代表准备的政策报告也承认,欧洲对太空资产的依赖性日益增长,欧盟及其成员国有必要保护太空资产。

欧洲清楚地认识到,太空对欧洲人的安全与财富具有巨大的增值效应和利益,因此正致力于各种太空活动,包括对地观测、卫星导航、卫星通信和太空外交。为此,欧洲非常重视太空政策方面的国际合作,也包括太空安全领域的国际合作。例如,欧盟首先提出了"外空活动国际行为准则"的外交倡议,旨在通过强调现有太空国际条约、原则和指南,并且引入创新的太空互信与透明措施来增强太空安全及可持续发展。

总而言之,本书填补了太空安全这一主题的信息空白,在当今复杂多变的国际太空形势下,这无疑将有助于读者深化对太空安全主要问题及各国决策者所面临太空安全挑战的理解。

弗兰克·阿斯贝克
欧盟对外事务部太空与安全政策首席顾问

前　言

本书出版之际,人类对太空及太空资产与服务的利用和依赖变得如此普遍,以致国际社会和人类文明发展已完全离不开太空。这不仅突出体现在通信、导航、环境监测和资源管理等方面,也涵盖关系我们生命安全和全球安全的众多方面。与此同时,越来越多的国家正在独立运行甚至发射卫星。50年前的太空竞赛还仅限于美苏两个超级大国,如今却有近50个国家进入太空竞争的行列。上述两种趋势凸显了太空利用的吸引力和重要性,同时,关于太空的政策与治理问题也变得越来越紧迫。

本书系统探讨了上述背景下一个最基本、最紧迫的问题,即太空安全问题。就本书而言,我们理解太空安全包含两个维度:一是太空自身安全问题;二是受太空影响的安全问题。换言之,本书涵盖了如何让人类太空活动更加安全,以及如何利用太空(尤其是卫星)从而增强地球安全这两方面的内容。为了让读者更好地理解太空安全所涉及的众多方面,提出了关于太空安全的各种不同定义,这些定义有的来自政府部门,有的来自国际组织,还有些供学术争鸣。

本书并不追求准确定义太空安全,而是从技术、政治、法律和经济等多种视角,突出强调太空安全的两个维度,即太空自身安全及受太空影响的地球上的安全,这是指导和构建本书内容体系的画龙点睛之笔。本书重点探讨了太空民用、军用以及军民两用之间的联系,以便人们能更加清晰地理解太空合法军事应用与充满非议的太空军事化/武器化完全不同之处。基于此,本书特别关注太空本身以及作为安全与防务基础设施和手段的卫星的脆弱性。同理,本书也强调了与国际太空治理政策相关的问题。最后,本书特别强调需要倡导太空可持续发展,并预先采取措施以避免太空成为一个新的危机四伏的战场。

显而易见,太空安全涵盖大量不同学科的内容。由于太空安全涉及一系列至关重要的政策,并且深受科技进步的影响,所以本书尤其强调太空安全的多学科特性,同时也突出了太空安全作为一个国际关系理论问题的研究价值。尽管与太空安全相关的技术、应用、政策及管理等方面已经有不少学术成果出版,但本书是首次将这几个方面内容用整体和系统的方式融合在一起,包括:对国际太空安全的基本认识,主要国家与国际组织的太空安全政策及战略,面向国家安全和国防的太空应用与服务,全球太空安全项目等四部分内容。

本书可作为研究太空安全的参考书,提供了对当代国际太空安全环境与形势全面、权威的综述,并以一种读者易于获取的方式将这些信息与知识串联起来。本书提供了与太空安全政策和相关资产最全面、最前沿的研究素材,以帮助全球从事航天及相关学术研究的专业人员洞悉和把握国际太空政策当前发展及未来方向。就方法论而言,从广义的政策层面到狭义的能力建设,本书探讨了太空安全两个层面的问题。首先从基本的太空安全顶层框架入手,包括世界主要航天大国的太空安全政策目标;接着详细论述了当前或未来用于满足太空相关安全需求的具体能力;最后分析了这些能力需求如何带动相关太空安全计划与系统建设的发展。简而言之,本书探讨了太空政策与能力建设之间的相互作用与影响,从而让读者更好地理解理论与实践的互动及其局限。考虑到世界主要航天大国相互竞争的政策目标,本书也特别提出了不少更好地改进太空安全环境的建议。

本书编撰花了近 3 年时间,来自 25 个国家的 60 多名作者为本书第一版撰写了 56 篇文章。专家咨询委员会由 23 名资深专家组成,来自非洲、亚洲、欧洲、北美洲及南美洲 20 个国家的政府机构或学术界,专家们帮助编委进行学术把关,确保本书出版的高品质。主要编辑工作分别由彼得·L·海斯、亚娜·罗宾逊、丹尼斯·莫拉和克里斯蒂娜·吉安诺帕帕完成。他们不仅是各自负责领域的知名专家,而且运用他们广泛的能力、经验、奉献和团队合作,确保了本书的逻辑性、可读性和实用性。

本书以印刷版、电子版两种形式出版,旨在帮助和促进太空安全领域快速兴起的学术研究及专业活动,期望成为太空政策实践者与决策者、学者、学生、研究人员、专家及媒体人士案头的参考手册。本书编写出版得到了施普林格出版社的大力支持与帮助,在此衷心感谢施普林格出版社纽约分部的莫里·所罗门和梅根·恩斯特,海德堡分部的莉迪亚·穆勒、丹妮拉·格拉夫、尤塔·雅格及安德鲁·迈施的配合与帮助。在本书编撰早期,斯皮罗斯·佩格克拉蒂斯是我们编辑团队与出版商之间的主要联络人,感谢他为推动本书出版做出的贡献。通过本书出版激励人们积极参与塑造安全、可持续的人类太空活动未来,这是我们全体编辑人员共同的希望。

卡伊-乌维·施罗格

专家咨询委员会

阿迪贡·阿德·阿维奥东　非洲航天基金会创始人,尼日利亚。

赫伯特·阿尔盖尔　欧洲太空政策研究所专家咨询委员会主席、前任欧盟委员会总干事,德国。

希罗·阿雷瓦洛·耶佩斯大使　国际宇航联合会拉丁美洲与加勒比地区分会主席、前任联合国和平利用外层空间委员会主席,哥伦比亚。

弗兰克·阿斯贝克　欧盟对外事务部太空与安全政策首席顾问。

阿尔瓦·阿卡罗加　西班牙 SENER 公司航天部门主管,西班牙。

弗朗西丝·布朗　国际太空政策杂志编辑,英国。

阿伦·高伯特　法国 ASD 航天公司前任主席、欧洲航天联盟前任秘书长,法国。

利恩·霍迪科　欧盟委员会联合研究中心环境与可持续发展研究所前任所长、拉克森堡国际应用系统分析研究所前任所长,荷兰。

胡中民　国际宇航科学院中国研究中心总干事,中国。

彼得·扬科维奇大使　奥地利前任外交部部长、联合国和平利用外层空间委员会前任主席,奥地利。

阿纳托利·卡普斯京　俄罗斯人民友谊大学法学院教授兼院长、国际法研究所主任,俄罗斯。

乌尔丽克·兰德菲斯特　德国圣加伦大学副校长、圣加伦大学人文与社会科学系教授,德国。

安德烈·勒博　法国航天局国家太空研究中心前任主席、法国气象局前任主任,法国。

约翰·罗格斯顿　美国乔治·华盛顿大学太空政策研究所名誉教授,美国。

彼得·马丁内斯　南非天文台空间科学与技术部负责人,南非。

约瑟·蒙塞拉特·菲力欧　巴西航天局国际合作办公室负责人,巴西。

K·R·施瑞达尔·默西 印度公共信息基础设施与创新计划委员会、总理顾问办公室高级专家,印度。

玛兹兰·奥斯曼 联合国维也纳办事处副主任、联合国外空事务办公室主任,马来西亚。

斯科特·佩斯 美国乔治·华盛顿大学太空政策研究所主任,美国。

阿尔弗雷德·罗玛 意大利航空航天工业协会顾问,意大利。

托马索·斯高巴 意大利国际空间安全促进协会会长,意大利。

奥列格·文特斯科夫斯基 乌克兰南方设计局欧洲代表处主任,乌克兰。

山川藤原浩 日本内阁太空政策战略总部秘书长、京都大学可持续发展生态圈研究所教授,日本。

主 编 简 介

    卡伊-乌维·施罗格,欧洲航天局(总部位于法国巴黎)政策部门负责人,2007 年至 2011 年担任欧盟太空政策主要智库太空政策研究所(位于奥地利维也纳)主任。之前,他任职于德国宇航中心(位于德国科隆),担任对外合作与发展部门负责人。更早之前,他在位于波恩的德国电信部及德国航天局工作。

    施罗格作为代表参加过多个关于太空的国际论坛,并且从 2014 年至 2016 年担任联合国外空委下属法律小组委员会主席。该法律小组委员会由 73 个成员国代表组成,是制定国际空间法的最高级别业务机构。近年来,他还担任了多个国际委员会的主席,包括欧洲航天局国际关系委员会、联合国外空委下属法律小组委员会负责起草联合国大会决议的两个工作组等,分别出席了欧洲议会和美国国会的太空安全听证会。施罗格在太空政策、法律及电信政策领域编著或参与编著了 15 本书,发表了 130 篇以上的文章、报告和论文。他牵头欧盟太空政策研究所并与施普林格出版社合作,至 2011 年开始编撰“太空政策年鉴”和“太空政策研究”系列丛书。他担任太空政策与法律领域多家国际杂志的编委,是国际空间法学会副会长,国际宇航科学院和俄罗斯宇航科学院会员,法国航空航天科学院通信会员,拥有德国图宾根大学政治科学与国际关系博士学位,并获聘名誉教授。

分 篇 编 辑

　　彼得·L·海斯任职美国科学应用国际公司(SAIC),主要负责支持美国情报部门、国防部和艾森豪威尔研究中心的工作,受托牵头论证了太空安全政策方案。海斯拥有美国弗莱彻学院博士学位,并且曾获美国空军学院荣誉毕业生。海斯曾在白宫科学与技术政策办公室和国家空间委员会实习,并在美国空军学院、高级空中力量学院、国防大学以及乔治·华盛顿大学讲授太空与安全政策方面的课程,已编写出版了《太空力量理论》《太空与安全》《美国的军事航天》《新千年的太空力量》《防止大规模杀伤性武器使用与扩散》《美国国防政策》等代表性著作。

　　自 2013 年 7 月以来,亚娜·罗宾逊被捷克外交部派往欧盟对外事务部担任太空政策官员。2009 年 12 月至 2013 年 6 月,罗宾逊女士由欧洲航天局借调到欧盟太空政策研究所担任研究员,牵头太空安全研究项目,在多个杂志上发表了一系列关于太空安全与太空政策的文章。在加入欧盟太空政策研究所之前,她于 2005 年至 2009 年在布拉格安全研究所(专注于安全政策的非盈利研究机构)担任研究主管,同时为该机构华盛顿分部提供重要支持与协作,此前,主要从事与自己亚洲研究学术背景相关的工作。罗宾逊拥有美国乔治·华盛顿大学硕士学位,专攻亚洲太平洋地区安全问题与太空政策,同时拥有捷克帕拉斯基大学中国研究硕士学位。罗宾逊曾获国际宇航大学奖学金,参加了国际宇航大学 2009 年度太空研究项目,2008 年在台北参加了台湾师范大学暑期普通话培训课程,1999 年和 2000 年还曾在上海大学学习。

　　丹尼斯·莫拉现任法国驻意大利大使馆科技顾问,之前担任法国航天局太空研究中心顾问,负责战略档案管理。2010年至2012年,他是位于布鲁塞尔的欧盟防务机构负责太空项目的官员。该机构负责支持成员国和理事会巩固和改进欧盟防务能力的需求,以形成共同的安全与防务政策。他曾经并且现在仍为其他欧盟机构提供有关太空问题的专家咨询,包括欧盟委员会、欧盟经济与社会委员会、欧盟理事会秘书处、欧盟对外事务部、欧盟卫星中心以及欧洲航天局等,还曾负责法国的太空科学与地球观测项目与计划。

　　莫拉博士是国际宇航联合会军民两用委员会主席,并在奥地利、比利时、法国和意大利多次组织关于太空、安全与防务问题的会议、论坛及课程。莫拉拥有巴黎中央理工学院航空航天工程硕士学位和法国国防学院的文凭。

　　克里斯蒂娜·吉安诺帕帕博士是欧洲航天局总部成员国关系部的高级顾问，主要负责议会事务和与各成员国之间的联络。2010 年到 2012 年，她被欧洲航天局派往维也纳的欧盟太空政策研究所担任研究员，负责协助欧洲各国议会联盟组织的外空会议，领衔创新和"伽利略"项目、"哥白尼"项目的研究。吉安诺帕帕博士曾在欧盟委员会政策研究机构做过短期研究。2007 年到 2010 年，她在位于荷兰的欧洲航天局技术与质量管理部下属的机械工程部门工作。加入欧洲航天局之前，她在研发部门担任高科技行业咨询专家，并在荷兰埃因霍温理工学院和英国伦敦大学拥有学术职位。她获得过 14 份奖学金或奖励，并且在同行评审期刊和会议上发表论文 40 篇，拥有工程与应用数学的博士学位、机械系统工程和机电一体化的工程硕士学位，以及英国伦敦大学国际管理系的 MBA 学位。此外，吉安诺帕帕博士还担任荷兰埃因霍温理工学院从事多物理场仿真研究的助理教授、美国机械工程师学会流体结构一体化委员会主席、国际宇航联合会下属的国际组织与发展中国家联络委员会秘书。

缩　略　语

缩略语	英文全称	中文名称
ABM	Anti-Ballistic Missile	反弹道导弹
ACO	Allied Command Operations	盟军作战司令部
ACS	Alcantara Cyclone Space	阿尔坎塔拉飓风
ACT	Allied Command Transformation	盟军转型司令部
ADC	Analog to Digital Conversion	模/数转换
ADR	Active Debris Removal	主动碎片移除
AEB	Brazilian Space Agency	巴西航天局
AEHF	Advanced Extremely High Frequency	先进极高频
AI&T	Assembly, Integration, and Test	组装、集成与测试
AIS	Automatic Identification System	自动识别系统
ALOS	Advanced Land Observation Satellite	先进陆地观测卫星
APAS	Androgynous Peripheral Attach System	异体同构周边式对接系统
APEC	Asia-Pacific Economic Cooperation	亚太经济合作组织
APRSAF	Asia-Pacific Regional Space Agency Forum	亚太区域空间机构论坛
APSCO	Asia-Pacific Space Cooperation Organization	亚太空间合作组织
AR	Acceptance Review	验收评审
ARES	Affordable Responsive Spacelift	经济可承受的快速响应航天发射
ARF	ASEAN Regional Forum	东盟地区论坛
AS	Authorized Service	授权服务
ASAT	Anti-Satellite	反卫星
ASEAN	Association of Southeast Asian Nations	东南亚国家联盟
ASI	Agenzia Spaziale Italiana	意大利航天局
ASLV	Augmented Satellite Launch Vehicle	增强型卫星运载火箭
ASV	Astrium Services	阿斯特里姆服务公司
ATB	Agency Technology and Product Transfer Board	欧洲航天局技术与产品转让委员会
ATV	Automated Transfer Vehicle	自动转移飞行器

BAMS	Broad Area Maritime Surveillance	广域海洋监视
BLOS	Beyond Line Of Sight	超视距
BMD	Ballistic Missile Defense	弹道导弹防御
BMEWS	Ballistic Missile Early Warning System	弹道导弹早期预警系统
BPD	Boundary Protection Device	边界保护装置
BTI	Build-To-Inventory	面向库存生产
BWC	Biological Weapons Convention	禁止生物武器公约
C/A	Course Acquisition Code	粗定位码
C^3	Command, Control and Communications	指挥、控制与通信
C^4IS	Command, Control, Communications, Computers and Information Systems	指挥、控制、通信、计算机与信息系统
CAA	Contracting Administrative Authorities	合同管理局
CAIB	Columbia Accident Investigation Board	"哥伦比亚"号事故调查委员会
CAPP	Control Access Protection Profile	受控安全访问保护框架
CAS	Chinese Academy of Sciences	中国科学院
CASC	China Aerospace Science and Technology Corporation	中国航天科技集团公司
CASIC	China Aerospace Science and Industry Corporation	中国航天科工集团公司
CBERS	China-Brazil Earth Resources	中巴地球资源卫星
CC	Common Criteria	通用标准
CCDS	Consultative Committee for Space Data Systems	空间数据系统咨询委员会
CCL	Commerce Control List	商业管制清单
CCP	Commercial Crew Program	商业载人航天计划
CCRP	Command and Control Research Program	指挥与控制研究计划
CD	Conference on Disarmament	裁军谈判会议
CEOS	Committee on Earth Observation Satellites	国际卫星对地观测委员会
CF	Canadian Forces	加拿大军队
CFSP	Common Foreign and Security Policy	欧盟共同外交与安全政策
CGS	Control Ground System	地面控制系统
CGS	EU Council General Secretariat	欧盟理事会秘书处
CHIRP	Commercially Hosted Infrared Payload	商业搭载红外有效载荷
Cl	Critical infrastructure	关键基础设施
CIA	Confidentiality, integrity and availability	机密性、完整性与可用性

CIA	Central Intelligence Agency	中央情报局
CIL	Common Interoperability Layer	通用互操作性层
CIP	Critical infrastructure protection	关键基础设施保护
CIS	Community of Independent States	独联体
CLBI	Centro de Lançamento da Barreira do Inferno	巴西巴雷拉航天发射中心
CMA	China Meteorological Administration	中国气象局
CNAE	Comissão Nacional de Atividades Espaciais	巴西国家航天活动委员会
CNES	Centre National d'Etudes Spatiales	法国国家空间研究中心
CNPQ	Conselho Nacional de Desenvolvimento Científico e Tecnológico	巴西国家科学技术发展委员会
CNSA	China National Space Administration	中国国家航天局
COBAE	Brazilian Commission for Space Activities	巴西航天活动委员会
COBAE	Comissão Brasileira de Atividades Espaciais	巴西航天活动委员会
CoC	Code of Conduct for Outer Space Activities	外层空间活动行为守则
COIN	Counter-insurgency	反叛乱
COLA	Collision Avoidance Analysis	碰撞规避分析
COMINT	COMmunications INTelligence	通信情报
COMPUSEC	Computer Security	计算机安全
COMSEC	Communications Security	通信安全
C-ORS	Coalition Operationally Responsive Space	联盟快速响应太空
COSMO-SkyMed	Constellation of Small Satellites for Mediterranean basin Observation	地中海盆地对地观测小卫星星座
COSTIND	Commission for Science and Technology and Industryfor National Defense	国防科学技术工业委员会
COTS	Commercial off the shelf	商用货架产品
CRADA	Cooperative Research and Development Agreements	合作研发协议
CRPA	Controlled Reception Pattern Antennas	接收方向图可控天线
CRYPTOSEC	Cryptographic Security	密码安全
CSA	Canadian Space Agency	加拿大航天局
CSDP	Common Security and Defence Policy	欧盟共同安全与防务政策
CSG	COSMO Second Generation	第二代地中海盆地对地观测小卫星星座
CSIC	Cabinet Satellite Intelligence Center	内阁卫星情报中心
CSIP	Critical Space Infrastructure Protection	关键太空基础设施保护

CSLLA	Commercial Space Launch Amendments Act	商业航天发射法修正案
CSM	Conjunction Summary Message	轨道交会简讯
CTA	Centro Técnico Aeroespacial	巴西航空航天技术中心
CTA	Centro Tecnológico da Aeronáutica	巴西航空航天技术中心
CTBT	Comprehensive Nuclear-Test-Ban Treaty	全面禁止核试验条约
CWC	Chemical Weapons Convention	禁止化学武器公约
DAC	Discretionary Access Control	自主访问控制
DAGR	Defense Advanced GPS Receiver	国防部先进全球定位系统接收器
DARPA	Defense Advanced Research Projects Agency	美国国防部高级研究计划局
DCTA	Departamento de Ciência e Tecnologia Aero-espacial	巴西航空航天科技部
DEW	Directed Energy Weapons	定向能武器
DGA	Direction Générale de I'Armement	法国武器军备总局
DHS	Department of Homeland Security	美国国土安全部
DISA	Defense Information Systems Agency	美国国防信息系统局
DPJ	Democratic Party of Japan	日本民主党
DLR	German Aerospace Center	德国航空航天中心
DMC	Disaster Management Constellation	灾害监测星座
DMSP	Defense Meteorological Satellite Programme	国防气象卫星计划
DND	Department of National Defense	加拿大国防部
DoD	Department of Defense	美国国防部
DOS	Department of Space	印度航天部
DR	Debris Removal	碎片移除
DRC	Federal Special Program for the Development of Russia's Cosmodromes	俄罗斯联邦航天中心发展特别计划
DRDC	Defence Research & Development Canada	加拿大国防研究与发展机构
DSCS-Ⅲ	Defense Satellite Communications System Ⅲ	国防卫星通信系统-3
DSP	Defense Support Program	国防支援计划
DWSS	Defense Weather Satellite System	国防气象卫星系统
EAL	Evaluation Assurance Levels	评估保证级别
EAR	Export Administration Regulations	出口管理条例
EC	European Commission	欧盟委员会
ECSC	European Coal and Steel Community	欧洲煤炭与钢铁共同体
EDA	European Defence Agency	欧洲防务局

EDC	European Defence Community	欧洲防务共同体
EDRS	European Data Relay System	欧洲数据中继系统
EEAS	European External Action Service	欧盟对外事务部
EELV	Evolved Expendable Launch Vehicle Program	演进型一次性运载火箭计划
EFC	European Framework Cooperation for defence, civilian security and space-related research	欧洲防务、公民安全及太空相关研究的合作框架
EGNOS	European Geostationary Navigation Overlay Service	欧洲地球静止轨道卫星导航增强服务系统
EHF	Extremely High Frequency	极高频
ELINT	ELectronic INTelligence	电子侦察
ELINT	Electronic Intelligence satellites	电子侦察卫星
EM	Electromagnetic	电磁频谱
EMSA	European Maritime Safety Agency	欧洲海事安全局
ENMOD	Environmental Modification Techniques	改变环境的技术
EO	Earth Observation	对地观测
EPAA	European Phased Adaptive Approach	欧洲分阶段适应性方案
EPCIP	European Programme for Cl Protection	欧洲关键基础设施保护计划
EPS	Enhanced Polar System	增强极区系统
ERS	European Remote Sensing Satellite	欧洲遥感卫星
ES	Kingdom of Spain	西班牙王国
ESA	European Space Agency	欧洲航天局
ESCPC	European Satellite Communication Procurement Cell	欧洲卫星通信系统采购单元
ESDA	European Security and Defence Assembly	欧洲安全与防务大会
ESDP	European Security and Defence Policy	欧洲安全与防务政策
ESP	European Space Policy	欧洲太空政策
ESPI	European Space Policy Institute	欧洲太空政策研究所
ESRAB	European Security Research Advisory Board	欧洲安全研究顾问委员会
ESRIF	European Security and Research Innovation Forum	欧洲安全与研究创新论坛
ESS	European Security Strategy	欧盟安全战略
EU	European Union	欧盟
EUISS	European Union Institute for Security Studies	欧盟安全研究所
EUISS	EU Institute for Security Studies	欧盟安全研究所

EUROPA	European Understandings for Research Organisation Programmes and Activities	欧洲研究组织计划与活动谅解备忘录
EUSC	European Union Satellite Centre	欧盟卫星中心
EUSC	EU Satellite Centre	欧盟卫星中心
EW	Electronic Warfare Weapons	电子战武器
EXAMETNET	Experimental InterAmercian Meteorological Rocket Network	泛美实验气象探测火箭网络
FAA	Federal Aviation Administration	美国联邦航空管理局
FAA-AST	Federal Aviation Administration's Commercial Space Transportation	美国联邦航空局商业空间运输办公室
FALCON	Force Application and Launch from CONUS	基于本土的兵力运用与发射计划
FAT	Frequency Allocation Tables	频率分配表
FCC	Federal Communications Commission	美国联邦通信委员会
FDA	Food and Drug Administration	美国食品药品管理局
FFRDC	Federally Funded Research and Development Centers	联邦政府资助研究发展中心
FIA	Fédération Internationale de l'Automobile	国际汽车联合会
FOC	Full Operational Capability	全面作战能力
FOCI	Foreign Ownership Control and Influence	外国所有、控制和影响
FP	Framework Programme for Research and Technological Development	研究与技术发展框架计划
FR	French Republic	法兰西共和国
FRD	Functional Requirements Document	功能要求文件
FRR	Flight Readiness Review	飞行就绪审查
FSP	Federal Space Program	美国联邦太空计划
GAGAN	GPS-Aided Geo Augmented Navigation	GPS辅助地球静止轨道导航增强系统
GAO	Government Accountability Office	政府问责局
GBS	Global Broadcast Service	全球广播服务
GCHQ	General Communications Headquarters	英国政府通信总部
GCM	GMES Contributing Mission	全球环境与安全监测系统贡献任务
GEO	Geostationary Earth Orbit	地球静止轨道
GEO	Group on Earth Observation	地球观测组织
GETEPE	Grupo Executivo e de Trabalhos e Estudos de Projetos Especiais	巴西航天项目研究工作执行小组
GGE	Group of Governmental Experts	政府专家组

GIANUS	Global Integrated Architecture for iNnovative Utilization of space for Security	太空创新利用安全的全球综合体系架构
GIG	Global Information Grid	全球信息栅格
GIS	Geographic Information System	地理信息系统
GIST	Globalize and Internationalize ORS Standards and Technology	全球化和国际化快速响应空间系统标准与技术
GLONASS	Russian Federal Program on Global Navigation Systems	"格洛纳斯"俄罗斯联邦全球导航系统计划
GMES	Global Monitoring for Environment and Security	全球环境与安全监测系统
G-MOSAIC	GMES services for Management of Operations, Situation Awareness and Intelligence for regional Crises	用于区域性危机的作战管理与态势感知
GNSS	Global Navigation Satellite System	全球导航卫星系统
GoP	Group of Personalities	专家小组
GP	General Perturbations	一般慑动
GPS	Global Positioning Systems	全球定位系统
GSE	GMES Service Element	全球环境与安全监测系统服务要素
GSLV	Geosynchronous Satellite Launch Vehicle	地球同步卫星运载火箭
GSSC	Global (or Regional) Satcom Support Center	全球(或区域)卫星通信支持中心
HALE	High Altitude Long Endurance	高空长航时
HCOC	International Code of Conduct against Ballistic Missile Proliferation (Hague Code of Conduct)	防止弹道导弹扩散国际行为守则
HEMP	High Altitude Electromagnetic Pulse	高空电磁脉冲
HRO	Highly Elliptical Orbit	大椭圆轨道
HMI	Hazardously Misleading Information	危险误导信息
HQ	Headquarters	总部
HR	High Resolution	高分辨率
HTS	High Throughput Satellites	高吞吐量卫星
HTV	H-2 Transfer Vehicle	H-2 转移飞行器
HW	Hardware	硬件
I&A	Identification and Authentication Mechanisms	识别认证机制
IA	Information Assurance	信息安全保证
IADC	Inter-Agency Space Debris Coordination Committee	机构间太空碎片协调委员会
IAE	Instituto de Aeronáutica e Espaço	巴西航空航天工程研究所
IASE	Information Assurance Systems Engineering	信息安全保障系统工程

ICADS	Integrated Correlation and Display System	综合关联与显示系统
ICAO	International Civil Aviation Organization	国际民用航空组织
ICBM	Intercontinental Ballistic Missiles	洲际弹道导弹
ICD	Interface Control Documents	接口控制文件
ICG	International Committee on GNSS	全球导航卫星系统国际委员会
ICoC	International Code of Conduct for Outer Space Activities	外层空间活动国际行为守则
IDCSP	Initial Defense Communication Satellite Program	初级国防通信卫星计划
IDSA	Institute for Defense Studies and Analyses	印度国防研究与分析所
IDSS	International Docking System Standard	国际对接系统标准
IEM	Industrial Equipment Manufacturing	工业设备制造
IGS	Information Gathering Satellites	情报收集卫星
IGY	International Geophysical Year	国际地球物理年
1ISL	International Institute of Space Law	国际空间法学会
IISU	ISRO Inertial Systems Unit	印度空间研究组织惯性系统部门
IMSMA	Information Management System for Mine Action	排雷行动信息管理系统
IMU	Inertial Measurement Units	惯性测量单元
INCOSPAR	Indian National Committee on Space Research	印度国家太空研究委员会
INFOSEC	Information Security	信息安全
INFRAERO	Empresa Brasileira de Infra-Estrutura Aeroportuária	巴西机场基础设施公司
INPE	Instituto Nacional de Pesquisas Espaciais	巴西国家太空研究院
INSAT	Indian National Satellite	印度卫星
INTELSAT	International Telecommunications Satellite Organization	国际通信卫星组织
IOT	In-Orbit Test	在轨试验
IPS	Interim Polar System	过渡极区系统
IR	Infrared	红外线
IRNSS	Indian Regional Navigation Satellite System	印度区域导航卫星系统
ISA	Israel Space Agency	以色列航天局
ISAC	ISRO Satellite Centre	印度空间研究组织卫星中心
ISEG	International Space Exploration Group	国际太空探索协调组
ISLR	Integrated Side Lobe Ratio	积分旁瓣比

ISMERLO	International Submarine Escape and Rescue Liaison Office	国际援潜救生联络办公室
ISMS	Information Security Management System	信息安全管理系统
ISO	International Standardization Organization	国际标准化组织
ISO	International Organization for Standardization	国际标准化组织
ISON	International Scientific Optical Network	国际科学光学监测网
ISR	Intelligence Surveillance and Reconnaissance	情报、监视与侦察
ISRO	Indian Space Research Organisation	印度空间研究组织
ISS	International Space Station	国际空间站
ISTAR	Intelligence, Surveillance, Target Acquisition and Reconnaissance	情报、监视、目标捕获与侦察
ISTRAC	ISRO Telemetry, Tracking and Command Network	印度空间研究组织的遥测、跟踪与指令网
IT	Information Technology	信息技术
ITA	Aeronautics Technological Institute	巴西航空技术学院
Italian SEGREDIFESA/ DNA	Segretariato generale della difesa/Direzione nazionale Degli armamenti	意大利国防部秘书处/意大利装备部
ITAR	International Traffic in Arms Regulations	国际武器贸易条例
ITSEC	Information Technology Security Evaluation Criteria	信息技术安全评估标准
ITU	International Telecommunication Union	国际电信联盟
J/N	Jamming-to-Noise Ratio	干扰噪声比
JAPCC	Joint Air Power Competence Center	北约联合空中力量能力中心
JAXA	Japan Aerospace Exploration Agency	日本宇宙航空研究开发机构
JDA	Japanese Defense Agency	日本防卫厅
JFC	Joint Force Commanders	联合部队指挥官
JFCC Space	Joint Functional Component Command for Space	太空联合职能司令部
JICA	Japan International Cooperation Agency	日本国际协力机构
JMOD	Japanese Ministry of Defense	日本防卫省
JRC	Joint Research Centre	欧盟联合研究中心
JSDF	Japanese Self-Defense Forces	日本自卫队
JSF	Japan Space Forum	日本宇宙论坛
JSpOC	Joint Space Operations Center	美国联合太空作战中心
JTRS	Joint Tactical Radio System	美国联合战术无线电系统
KE	Kinetic Energy	动能

KEW	Kinetic Energy Weapons	动能武器
KIAM	Keldysh Institute of Applied Mathematics	凯尔戴什应用数学研究所
KV	Kosmicheskie Voiska	俄罗斯航天部队
L2C	Second Civil Signal	第二民用信号
LCC	Life-Cycle Cost	全寿命成本
LCOLA	Launch collision avoidance	发射碰撞规避
LDEF	Long Duration Exposure Facility	长期辐照设施
LDP	Liberal Democratic Party	自民党
LEMV	Long-Endurance Multi-Intelligence Vehicle	长航时多用途情报飞行器
LEO	Low Earth Orbit	近地轨道
LEOP	Launch and Early Orbit Phase	发射与入轨段
LoI	Letter of Intent	意向书
LPSC	Liquid Propulsion System Centre	液体推进系统中心
LSC	Legal Subcommittee	法律小组委员会
LTBT	Limited Test Ban Treaty	部分禁止核试验条约
LTSSA	Long-Term Sustainability of Space Activities	外空活动的长期可持续性
MAC	Mandatory Access Control	强制访问控制
MAD	Mutual Assured Destruction	确保相互毁灭
MALE	Medium Altitude Long Endurance	中空长航时
MARISS	MARitime Security Service	海上安全服务
MBOC	Multiplexed Binary Offset Carrier	复用二进制偏移载波
MCF	Master Control Facility	主控设施
MCR	Mission Concept Review	任务概念评审
MCS	Mission Control Segment	任务控制阶段
MCTI	Ministério Ciência Tecnologia e Inovação	巴西科技创新部
MD	Ministério da Defesa	巴西国防部
MDR	Mission Definition Review	任务定义评审
MEO	Medium Earth Orbit	中地球轨道
METI	Ministry of Economy, Trade, and Industry	日本经济产业省
MEXT	Ministry of Education, Culture, Sports, Science, And Technology	日本文部科学省
MHV	Miniature Homing Vehicle	微型寻的飞行器
MIIT	Ministry of Industry and Information Technology	工业和信息化部
MMMB	Multi-Mission Microsatellite Bus	多任务微卫星总线

MNE	Multinational Experiment	多国实验
MOA	Ministry of Agriculture	农业部
MOD	Ministry of Defence	国防部
MOE	Ministry of Education	教育部
MoFA	Ministry of Foreign Affairs	外交部
MOLR	Ministry of Land and Resources	国土资源部
MOSA	Modular Open Systems Architecture	模块化开放式体系结构
MOST	Microvariability and Oscillations of Stars	恒星微变和振荡太空望远镜
MOST	Ministry of Science and Technology	科技部
MoU	Memorandum of Understanding	谅解备忘录
MSDF	Maritime Self-Defense Force	海上自卫队
MTCR	Missile Technology Control Regime	导弹技术控制制度
MUSIS	Multinational Space-Based Imagery System	多国天基成像系统
NAD	National Armaments Directors	北约成员国军备负责人
NASA	National Aeronautics and Space Administration	美国国家航空航天局
NASDA	National Space Development Agency	国家宇宙开发事业团
NATO	North Atlantic Treaty Organization	北大西洋公约组织
NAVWAR	Navigation Warfare	导航战
NCIA	NATO Communication and Information Agency	北约通信与信息局
NDRC	National Development and Reform Commission	国家发展和改革委员会
NDS	Nuclear Detonation Detection System	核爆炸探测系统
NEO	Near-Earth Object	近地天体
NEOSSat	Near Earth Object Surveillance Satellite	近地天体监视卫星
NFAT	National Frequency Allocation Tables	国家频率分配表
NGEO	Next Generation Electro-Optical reconnaissance satellite	下一代光电侦察卫星
NGO	Non-Governmental Organisation	非政府组织
NISPOM	National Industrial Security Program Operating Manual	国家工业安全项目操作手册
NOAA	National Oceanic and Atmospheric Administration	国家海洋和大气管理局
NOSS	Naval Ocean Surveillance Satellite	海军海洋监视卫星
NPOESS	National Polar-Orbiting Operational Environmental Satellite System	国家极轨环境业务卫星系统
NPT	Nuclear Non-Proliferation Treaty	核不扩散条约
NRO	National Reconnaissance Office	国家侦察局

NRSC	National Remote Sensing Centre	国家遥感中心
NSA	National Security Agency	国家安全局
NSAU	National Space Agency of Ukraine	乌克兰国家航天局
NSC	National Security Council	国家安全委员会
NSG	Nuclear Supplier's Group	核供应国集团
NSO	Netherlands Space Office	荷兰航天办公室
NSP	National Space Policy	国家太空政策
NSSS	National Security Space Strategy	国家安全太空战略
OCCAR	Organisation Conjointe de Coopération en Matière d'ARmement	欧洲武器装备合作联合机构
OFAC	Office of Foreign Asset Control Regulations	海外资产控制办公室
ONSP	Office of National Space Policy	国家太空政策办公室
OODA	Observe;Orient;Decide;Act	观察、调整、决策以及行动
OPIR	Overhead Persistent Infrared	过顶持续红外系统
OPSEC	Operational Security	作战安全
ORBAT	Order of Battle	战斗序列
ORD	Operational Requirements Document	作战需求文件
ORFEO	Optical and Radar Federated Earth Observation System	光学与雷达联合对地观测系统
ORR	Operational Readiness Review	战备评估
ORS	Operationally Responsive Space	快速响应空间
OS	Open Service	开放式服务
OST	Outer Space Treaty	外层空间条约
OTM	On-the-Move	动中通
OTV	Orbital Test Vehicle	轨道试验飞行器
OWG	Operational Working Group	作战工作组
P[Y]	Pseudorandom Code	伪随机码
PA	Project Agreements	项目协议
PAROS	Prevention of an Arms Race in Outer Space	防止外层空间军备竞赛
PCA	Permanent Court of Arbitration	常设仲裁法院
PDR	Preliminary Design Review	初步设计评审
PEC	Photoelectric Cell	光电池
PFI	Privately Financed Initiatives	私人融资计划
PHAROS	Portail d'Accès au Renseignement de l'Observation Spatiale	空间观测信息登录门户平台

PL	Republic of Poland	波兰共和国
PMF	Production Master Files	生产主文件
PMR	Professional Mobile Radio	专业移动无线电台
PNAE	Programa Nacional de Atividades Espaciais	巴西国家航天活动计划
PNT	Position, Navigation, and Timing	定位、导航与授时
PoC	Points of Contact	联系节点
PPS	Precise Positioning Service	精确定位服务
PSC	EU Political and Security Committee	欧盟政治与安全委员会
PSLR	Peak to Side Lobe Ratio	峰值旁瓣比
PSLV	Polar Satellite Launch Vehicle	极轨卫星运载火箭
PSSI	Prague Security Studies Institute	布拉格安全研究所
QR	Qualification Review	资格评审
QZSS	Quasi-Zenith Satellite System	准天顶卫星系统
R&D	Research and Development	研究与开发
RAP	Recognised Air Picture	空中目标识别图像
RASCAL	Responsive Access, Small Cargo, Affordable Launch	经济可承受快速响应小型运载火箭
RF	Radio Frequency	无线电频率
RFi	Radio Frequency Interference	无线电频率[射频]干扰
RFP	Request for Proposal	征求建议书
RMA	Revolution in Military Affairs	军事变革
RORSAT	Radar Ocean Reconnaissance Satellites	雷达海洋侦察卫星
ROSCOSMOS	Russian Federal Space Agency	俄罗斯联邦航天局
RS	Responsive Space	太空快速响应
RSC	Responsive Space Capabilities	太空快速响应能力
RSP	Recognized Space Picture	空间目标识别图像
RTD	Research and Technological Development	研究与技术开发
RTG	Radio-Thermal Generators	放射性同位素热电发生器
RTO	Research and Technology Organization	研究与技术组织
RV	Re-entry Vehicles	再入飞行器
RVSN	Raketnye Voiska Strategicheskogo Naznacheniia	俄罗斯战略火箭部队
SAC	Space Applications Centre	太空应用中心
SACT	Strategic Allied Command Transformation	战略盟国指挥转型
SALT	Strategic Arms Limitation Treaties	限制战略武器条约

SAMRO	SAtellite Militaire de Reconnaissance Optique	法国军事光学侦察卫星
SAR	System Acceptance Review	系统验收评审
SAR	Search and Rescue System	搜救系统
SAR	Synthetic Aperture Radar	合成孔径雷达
SARAL	Satellite for Argos and Altika	搭载 Argos 系统与 Altika 雷达高度计的卫星
SASAC	State-owned Assets Supervision and Administration Commission of the Stale Council	国务院国有资产监督管理委员会
SASTIND	State Administration of Science, Technology and Industry for National Defense	国家国防科技工业局
SatCom	Satellite Communications	卫星通信
SatNav	Satellite Navigation	卫星导航
SBAS	Satellite-Based Augmentation System	星载增强系统
SBIRS	Space-Based Infra-Red System	天基红外系统
SBSS	Space-Based Space Surveillance	天基太空监视
SBV	Space-Based Visible Sensor	天基可见光传感器
SCC	Security Consultative Committee	安全咨询委员会
SCC	Space Control Center	太空控制中心
SCSD	Special Committee on Space Development	太空发展特别委员会
SDA	Space Data Association	空间数据协会
SDC	Space Data Center	空间数据中心
SDF	Self-Defense Forces	自卫队
SDI	Strategic Defense Initiative	战略防御计划
SDR	System Definition Review	系统定义评审
SDS	Space Data Systems	空间数据系统
SDSC	Satish Dhawan Space Center	萨迪什·达万航天中心
SGB	Brazilian Geostationary Satellite	巴西地球静止轨道卫星
SGDC	Geostationary Defense and Strategic Communications Satellite	地球静止轨道国防与战略通信卫星
SHEFEX	Sharp Edge Flight Experiment	锐边飞行试验
SHF	Super High Frequency	超高频率
SHSP	Strategic Headquarters of Space Policy	太空政策战略总部
SIGINT	SIGnals INTelligence	信号情报
SLR	Satellite Laser Ranging	卫星激光测距
SLV-3	Satellite Launch Vehicle 3	卫星运载火箭-3

SMS	Security Management System	安全管理系统
SOA	State Oceania Administration	国家海洋局
SOF	Strength of Functionality	空间的功能性强度
SOI	Space Object Identification	空间目标识别
SOLAS	International Convention for the Safety of the Life at Sea	国际海上生命安全公约
SOPA	Space Object Proximity Awareness	空间物体接近感知
SF	Special Perturbations	特别扰动
SPA	Space Plug-and-Play Avionics	太空即插即用电子设备
SPADATS	Space Detection and Tracking System	空间探测与跟踪系统
SPASEC	Security Panel of Experts	安全专家小组
SPOT	Système Probatoire d'Observation de la Terre	"斯波特"卫星(全称为"对地观测卫星")
SPS	Standard Positioning Service	标准定位服务
SRB	Solid Rocket Boosters	固体火箭助推器
SRR	System Requirements Review	系统要求评审
SS	Space Segment	空间段
SSA	Space Situational Awareness	空间态势感知
SSC	Swedish Space Corporation	瑞典空间公司
SSCG	Space Security Coordination Group	太空安全协调小组
SSID	Service Set Identifier	服务集标识符
SSN	SafeSeaNet	海运监视系统
SSN	Space Surveillance Network	空间监视网
SSS	Space Surveillance System	空间监视系统
STA currently MEXT	Japan's Science and Technology Agency	日本科学技术振兴机构
STM	Space Traffic Management	太空交通管理
STSC	Scientific and Technical Subcommittee	科技小组委员会
SW	Software	软件
TA1	Technical Arrangement to the European Research Grouping Arrangement No 1	关于欧洲研究分组安排第 1 号协定的技术协定
TAA	Technical Assistance Agreements	技术援助协议
TAL	Transoceanic Abort Landing	跨洋中止着陆
TAMG	Technical Arrangement Management Group	技术协定管理小组
TAS-I	Thales Alenia Space Italia	泰雷兹-阿莱尼亚宇航公司意大利分公司

TC	Telecommand	遥控指令
TCBM	Transparency and Confidence Building Measure	透明度与建立信任措施
TDRSS	Tracking and Data Relay Satellite System	跟踪与数据中继卫星系统
TELEDIFE	Direzione Informatica,Telematica e Tecnologie Avanzate	意大利高级通信信息技术部
TEMPEST	Telecommunications Electronics Material Protected from Emanating Spurious Transmissions	防止信号欺骗的通信、电子与材料技术
TIES	Tactical Imagery Exploitation System	战术图像开发系统
TM	Telemetry	遥测
TOE	Target of Evaluation	评估目标
TRANSEC	Transmission Security	传输安全
TTRDP	Trilateral Technology Research and Development Projects	三方技术研发项目
TWG	Technical Working Group	技术工作小组
UAS	Unmanned Air Systems	无人机系统
UAV	Unmanned Aerial Vehicles	无人机
UFO	Ultra High Frequency Follow-On	特高频后续星
UGS	User Ground Segment	用户地面段
UHF	Ultra High Frequency	特高频
ULA	United Launch Alliance	美国航天发射联盟
UNCLOS	United Nations Convention on the Law of the Sea	联合国海洋法公约
UNCOPOUS	United Nations Committee on the Peaceful Uses of Outer Space	联合国和平利用外层空间委员会
UNGA	United Nations General Assembly	联合国大会
UNIDIR	United Nations Institute for Disarmament Research	联合国裁军研究所
UNOOSA	United Nations Office for Outer Space Affairs	联合国外层空间事务办公室
UN-SPEDER	UN Platform for Space-based Information for Disaster Management	联合国灾害管理与应急反应天基信息平台
USAF	United States Air Force	美国空军
USLM	United States Munitions List	美国军品管制清单
VHR	Very High Resolution	超高分辨率
VKS	Voenno-kosmicheskie Voiska	俄罗斯军事航天部队
VLM	Veículo Lançador de Microssatélite	微型卫星运载火箭
VLS	Veículo Lançador de Satélites	卫星运载火箭

VoIP	Voice Over Internet Protocol	语音互联网协议
VPK	Voenno-promychlennaia komissiia	军事工业委员会
VPN	Virtual Private Network	虚拟专用网络
VRKO	Voiska Raketno-kosmicheskoj Oborony	空间防御部队
VSSC	Vikram Sarabhai Space Centre	印度萨拉巴伊航天中心
VVKO	Voiska Vozdushno-kosmicheskoj Oborony	空天防御部队
W	Warfare	战争
WAAS	Wide-Area Augmentation System	广域增强系统
WAN	Wide Area Network	广域网
WCDMA	Wideband Code Division Multiple Access	宽带码分多址
WEP	Wired Equivalency Protocol	有线安全等级协议
WEU	Western European Union	西欧联盟
WGS	Wideband Global Satcom	宽带全球卫星通信
WMD	Weapons of Mass Destruction	大规模杀伤性武器
WMO	World Meteorological Organization	世界气象组织
WRC	World Radiocommunication Conference	世界无线电通信大会
XDR	Extended Data Rate	扩展数据率
XIPS	Xenon Ion Propulsion System	氙离子推进系统

目　　录

第三篇　面向国家安全和国防的太空应用与服务

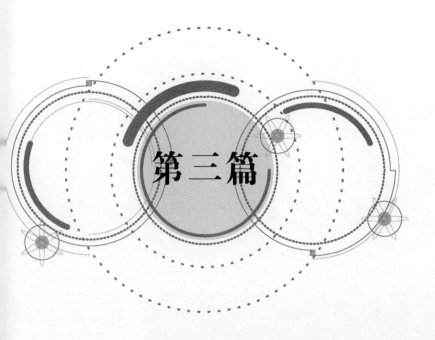

第三篇

面向国家安全和国防的
太空应用与服务

第30章 概述

丹尼斯·J·P·穆拉[1]，雅克·布拉蒙[2]
1. 欧洲防务局，比利时布鲁塞尔
2. 法国国家空间研究中心，法国巴黎

利用太空始于冷战时期，时至今日，太空技术与军事应用仍然密不可分，但同时也促进了和平的发展。随着时间的推移，太空活动越来越多地应用于民用领域，而应用于军事领域的太空活动则得以进一步加强。本篇中，来自各个领域的专家分析了与国家安全和国防有关的太空应用。

30.1　过去的背景及当前的状况

从20世纪中期开始，为了展示弹道导弹能力并加强核威慑的可信度，各国对太空的兴趣大增。然而，此后不久，太空开始用于作战行动，以弥补地基和空基作战系统的不足。按照此方向，太空逐渐应用于提供对地观测、通信和导航定位等服务。

今天的太空作战运用主要面向国家安全和国防需求，常态化提供不可或缺的快速、可靠服务，所有服务均与信息相关，如观测、地理数据信息和通信等。此外，一些国家开发了其他的应用领域，如导弹发射探测预警或卫星信号侦察等。太空服务的最终目的始终是使非太空资源的效应倍增或更容易实现。

在全球约50个已经拥有太空资产的国家中，仅少数国家（约10个）拥有纯军用系统，这主要是由于成本高，此外，发展军用太空系统往往与主权有关，这就限制了国际间的合作。因此，民用太空服务的贡献就很重要，民用太空系统主要是用于支持地球经济增长，多数情况下也用于安全和国防目的，而一些军民两用系统则既可为商业服务也可为政府服务。

从太空的应用领域和提供服务来看，太空在采集、传递与分发信息方面确实发挥着重要作用，因此在通信时代，太空已经成为国家安全和国防系统的主要组成部分。

30.2　面向国家安全与国防的太空：提供服务与面临威胁

为遥感目的利用太空收集信息主要提供两类情报、监视与侦察应用（参见第 1 章"概述"以及第 2 章"如何定义太空安全"）：一类是战略应用，卫星可在外交磋商中提供支持，提供核武器相关设施的数据以及对军备限制协议进行验证。在民用领域，它们有利于提前识别潜在的紧急情况，降低风险；另一类是作战或战术应用，许多用户拥有的成像卫星达到亚米级分辨率，因此可以不断提供即时状态，提供部队或救援人员在前线部署的情况，或者用于自然资源的管理等。

通信卫星是传输信息必不可少的工具，用以支持有限数量的用户之间的指挥与控制（参见第 3 章"国际太空治理的障碍"以及第 4 章"太空安全合作与国际关系原理"），因此，通信卫星大量应用于军事行动，对受保护的通信提出了更高要求。对需要可靠通信服务但安全等级低于受保护通信的作战行动主要依赖于商业服务。然而，由于在移动系统之间建立连接需要大带宽，如无人机和网络地面部队等，加上宽带网络服务与视频分发需求渐长，商业市场在不断增长，军用与民用太空通信服务相互渗透的程度也越来越高。毋庸置疑，五角大楼是目前最大的商业卫星通信用户，同时，欧盟防务局也已启动了一项利用商业服务满足国家需求的计划。

在众多用户中，通过太空通信广泛分发信息也属于一项基本服务，典型的例子就是电视直播。但是，近年来卫星用于一种新的与用户本身相关的信息分发方式，即用户自身的定位（参见第 5 章"太空力量理论"）。这要归功于 GPS，最初仅供军事用户使用的保密系统，如今惠及了 8 亿多普罗大众，掌握定位信息的分发也被视为与国家主权相关。因此，欧洲、俄罗斯和中国在与 GPS 合作不易的背景下，各自研发了不同的太空定位系统。

当前的挑战是如何从作战的角度对之前的基本服务实现融合，给用户提供更灵活、完整的服务（参见第 7 章"太空的威慑作用"）。这需要一种基于系统体系概念的新途径，其中太空系统与地面系统的整合是关键。2008 年恐怖分子袭击孟买时，公共门户网站提供的图像、定位数据以及电视直播信号被极少数恐怖分子利用，该事件说明，应当注意，这些功能强大的集成服务可能会用于非法目的。

不幸的是，天基服务正面临两大威胁（参见第 9 章"太空与网络空间安全"）。首当其冲的就是针对天基资产发动的攻击，这对军事应用尤为关键。为了清除多余的在轨航天器，目前可使用的方法多种多样。事实上，早在 2000 年各国就已经充分意识到了这种能力,当时唐纳德·拉姆斯菲尔德警告说在太空领域也可能会发生珍珠港事件,因此反卫战争的问题必须重视。有些国家已经制定了战略与方法,确保其太空资产的安全,并防止、限制或否定潜在对手使用天基服务(参见第 8 章"太空快速响应")。第二大威胁来自日益增多的碎片、发射器解体部件以及长期滞留于轨道上的卫星(参见第 10 章" 太空:关键基础设施")。自 1957 年起,约有 20000t 材料被放置在轨道上,至今仍有 4500t 残留在太空。这些物体之间的碰撞将造成"雪球效应",导致碎片呈爆炸性增长。此外,随着大量小卫星和微纳卫星发射入轨,在轨航天器的数量仍将不断增加。这些数以万计的碎片日后可能会令人们完全无法进入太空。

从很长一段时期来看,不管届时政治背景如何,只要碎片问题得到控制,太空仍会继续发挥重要作用。毋庸置疑,在国际关系紧张的情况下,夺取信息优势至关重要,而在世界和平的情况下,国际条约履约验证需要大量的信息流,且对保护稀缺自然资源和解决全球变暖问题都有重要影响。

30.3 结 论

可以据此预测,在中短期以内,更多的国家将大范围地开展太空军事应用,地球上的紧张局势将可能蔓延至太空。与此同时,为了获得频轨等有限资源而进行的竞争也将愈演愈烈,进一步加剧紧张的局势。不过值得庆幸的是,出于对太空碎片不断增加的担忧,国际上制定了许多相关的非约束性准则,使当前太空碎片问题稍微得到控制。在该框架内,希望不会造成太空的真正武器化或太空的不可持续利用的极端情况,事实上这两点均会限制太空的利用并对所有人类造成直接影响。

第31章　军用对地观测

达里奥·斯戈比[1],米开朗基罗·艾尔阿巴特[2],丹尼尔·弗兰斯卡[2],
维多利亚·皮安泰利[2],乔治·夏夏[2],伊尼亚齐奥·拉娜[2]
1. 意大利国防部秘书处,意大利罗马[1]
2. 泰雷兹阿莱尼亚宇航公司,意大利罗马

摘要

军用天基对地观测系统,无论其具体的军事用途为何,最重要的特性之一即高度灵活性,以确保应对随时随地可能发生的军事险情。进一步说,在军事对抗的情况下,确保需要时数据可用非常重要,要保证需要时几乎百分之百可用。最后,考虑到军事应用的敏感性,确保信息的机密性和完整性也很重要,事实上,至关重要的是必须确保只有数据请求人可使用相关数据,外部机构和人员不可更改数据。

为确保应对军事需求,必须考虑上述所有与系统设计特点相关的方面。以下为本章所涉及的可用缩略语简表。

缩略语	
ASI	意大利航天局
AIS	自动识别系统
BPD	边界保护装置
CAPP	受控安全访问保护框架
CC	通用标准
COMPUSEC	计算机安全
COMSEC	通信安全
COSMO-SkyMed	地中海盆地对地观测小卫星星座
DAC	自主访问控制
EO	对地观测
GIS	地理信息系统
HW	硬件
I&A	识别认证机制
IEM	工业设备制造
ISLR	积分旁瓣比
IT	信息技术
ITSEC	信息技术安全评估标准
LEO	近地轨道
MAC	强制访问控制

缩略语	
MOD	国防部
NSA	美国国家安全局
PSLR	峰值旁瓣比
SAR	合成孔径雷达
SW	软件
TASI	泰雷兹阿莱尼亚宇航公司意大利分公司
TC	遥控指令
TEMPEST	防止信号欺骗的通信、电子与材料技术
TRANSEC	传输安全
TM	遥测
VPN	虚拟专用网络
WAN	广域网

31.1 引　　言

卫星在对地观测,包括国际长途、卫星电视、移动电话、互联网在内的通信应用,研究地球大气层与自然现象对天气和气候影响的气象领域,以及提供船舶、飞机等运动体导航的导航定位领域应用广泛。如果是出于其他军事目的,卫星则可用于间谍卫星、反卫星系统等任务和其他重要应用。

用户的需求,尤其是国防需求,涉及复杂的卫星系统,这些系统可通过交换成千上万的实时数据实现相互通信,可通过有效的记录和分析手段获得关于周边环境的信息,并传输至地面站点,甚至可将从地面接收的信号不时地传播至卫星覆盖的区域。

对地观测卫星技术,核心在于卫星短时间内覆盖地球的广大区域,甚至完全覆盖某个大陆,这样就不需要在地面安装数条电缆或数个中继器来实现可靠、高速的通信。而且,卫星在极短的时间内处理大量信息和数据,为我们提供了一个完全不同的视角来观察地球。此外,对地观测卫星通常运行寿命较长,在轨维护工作量小,且大多数情况下利用太阳能(太阳能电池)。

对地观测技术最早可以追溯到用于军事目的的摄影飞机,后来才用于卫星并得以发展,主要是因为对地观测卫星系统涉及大量行星表面各种信息的采集和处理技术,而这些技术以其他方式通常无法实现。

如今,对地观测是一个持续发展的领域,应用范围随技术研究的进步而不断扩展。观测的分辨率已达到非常高的水平,电磁频谱使用的传感器可根据地面区域不同调整分辨率进行采样,增加了地面区域的可测性。传感器的高分辨率频谱采样可对相关地点进行精确测量,更好地监测重大现象的发生。

针对军事应用,或一些需要某个特定区域的高分辨率图像的特定卫星任务,例如冰川湖监测或被地震、战争毁坏的建筑绘图,高分辨率的传感器是必需的。这类传感器的扫描宽度通常都被缩减了,并部署在近地轨道卫星上。在近地轨道上,由于卫星与地球之间的相对运动,卫星只有飞越某一特定区域上空时才能获得该区域的图像,无法持续监测同一区域。

本章将从技术角度出发,介绍对地观测卫星系统及应用,描述工程特征和系统设计,介绍一些主要的对地观测卫星军事任务应用。对于环境监测和提高公民安全等基本服务需求,利用对地观测进行防御是非常必要的。

这些卫星系统的类型相当复杂,由部署于地面和太空的子系统组成(地面段和太空段),属于国防战略资产,用于观测全球的地面区域。

在监测全球环境和提高公民安全方面,国家和国际组织可以利用仿真或训练、持续管理和危机后评估等技术,提高态势感知或危机预防水平,比如监测大范围(地区或全球范围)的环境参数,为情报、监视和侦察服务。

对地观测系统的传感器观测、通信网络和服务、导航系统和服务,推动技术的发展和能力的增强,可以处理和/或生成敏感或机密信息和数据,这无论是在国内还是国外形势下,都能为国防、民用、商用等领域提供重要的多边应用。

31.2 对地观测系统特征

31.2.1 对地观测系统的结构

对地观测系统是一个用于采集、处理和传播地球光学或雷达图像的相当复杂的系统。技术上而言,任何这类太空系统均可划分为以下两大主要部分:

(1)太空段,由一个或多个近地轨道卫星组成。

(2)地面段,由以下子系统组成:

① 卫星控制中心:控制卫星星座的轨道位置。

② 任务控制中心:针对用户需求进行任务规划。

③ 数据采集站:从卫星下载图像,由数据处理站和远程接收数据站组成。

图31.1为对地观测系统的结构。军用、民用或两用系统在结构和特征上的区别将在之后各章节着重介绍。

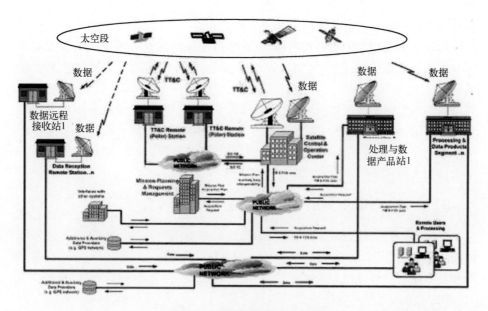

图 31.1　对地观测系统的结构

31.2.2　对地观测系统的类型与资产

就用户类型而言,对地观测系统主要可分为国防系统、民用系统和两用系统三大类,这种分类主要是基于用户需求的,如图 31.2 所示。

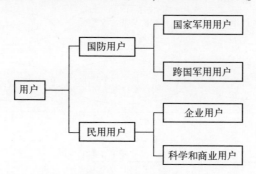

图 31.2　用户类型

国防系统满足某个国家("国家用户")或多个国家("跨国军用用户")的国防用户需求;民用系统满足企业界、科学界或商界的民用用户的需求;两用系统结合了民用和国防系统的特征,可同时处理这两类用户的险情。

针对上述不同类型,天基对地观测系统的设计必须考虑并使用不同的结构。这些结构的不同反映的是用户保护敏感数据的需求以及用户对系统性能和运行功能的要求。这些敏感数据通常有机密性、完整性和可用性的区别。

对于一个端对端的对地观测系统,其军用或民用用途一般都非常重视安全性方面的要求和特征,尤其是基础设施的安全、信号传输的安全和防止非法使用服务。

太空系统对发展现代技术、提供和改善安全性战略基础设施和应用方面具有重要作用,因此对地观测太空系统与安全是相辅相成、集成统一的。为了正确满足用户需求,端对端系统(不管是两用系统还是多用途系统)的部署必须以安全性为大前提。

31.2.3 对地观测系统的安全性

实际上,对地观测系统是相当复杂的信息技术系统。这类系统通常分为地面和太空部分,并且是战略资产(Stuart,2011;Giuseppe 等,2010)。比如,地面段和基础设施就可以视为关键资产,对太空系统的安全及应用极其关键。

图 31.3 为观测系统中典型的数据资产。

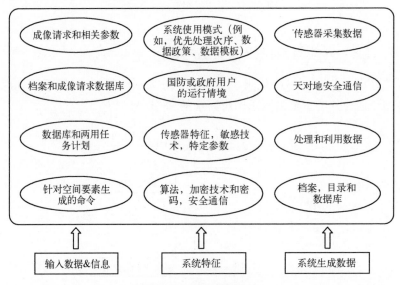

图 31.3   系统数据资产

太空系统中对安全方面有要求的主要有两种驱动程序:系统使用,尤其是公共用途相关方面;数据政策,对保护数据生成与处理有主要影响。

安全措施可有效抵御威胁,保护系统资产。对地观测太空系统具有高分辨率、精确定位能力、全球可及性、整体性、服务可用性以及敏感技术,系统中也可能有关键信息资产。

31.2.4　对地观测系统敏感项及其保护

如上所述,对地观测系统的主要安全问题在于保护(CCSDS,2006a、2006b、2007)。

不论用户是谁,天基观测系统的敏感数据一般是卫星遥控指令(从地面发送至航天器的指令)、卫星星务遥测数据(航天器发送至地面的航天器状况信息)和原始图像(传感器采集并下载至地面站的数据)。

太空遥控指令和遥测数据均为敏感数据,有可能给对手以可乘之机有意或无意损坏卫星、控制卫星且破坏卫星服务的整体性和可用性、掌握观测区域的情况或监测卫星状况破坏卫星服务的机密性,这些数据的敏感性特征与用户类型无关。

原始图像是否为敏感数据与管理该信息的用户类型相关:若为民用用户,原始图像的敏感性源于该图像未来可能的商业用途;若为国防用户,信息敏感性可能源于原始图像中包括的特定信息,也可能源于原始图像体现的战术信息。

事实上,对于国防用户来说,除了原始数据之外,与请求相关的所有战术信息均可能成为敏感信息,也就是说请求原始图像的机构、图像请求的时间以及与图像获取地点相关的信息都可能是敏感信息。甚至有可能图像本身并不涉密(如森林或沙漠的图像),但是当涉及何人在何时请求获取该图像时,便成为涉密信息。

保护对地观测系统的敏感数据取决于观测系统的类型和用户。尤其当敏感数据与观测系统的类型无关时,就得根据军用、民用或两用系统用户来对其进行保护。

具体来说,对于国防系统而言,若涉及跨国合作伙伴,敏感数据的保护可能也涉及多个机构,因此,在这种情况下,如果数据只限于国内使用而不能外流,那么除了确定数据密级之外,还需针对特定数据确定警告红线。因此,系统须采用滤波技术和防火墙技术。

如果是国防系统,那么敏感数据的分级保护只有一个机构负责。这种情况下,敏感数据仅由单个机构保护、管理和使用,不涉及警告红线。

值得注意的是,不管是地面段、太空段还是链路接口,敏感数据的保护都遵照上述措施执行。

在地面段,有意或无意的威胁主要来自访问系统的用户,因此数据保护主要依靠个人或程序的对抗措施。

在太空段,主要的保护手段是星上软件测试和电磁辐射控制。

星地无线电链路也涉及数据保护,因为链路主要用于在卫星和地面站间交换太空遥控指令、遥测信息和原始图像数据等。链路的数据保护通过加密系统实现。

31.2.5 对地观测系统相关的威胁、脆弱性和对策

安全设计应作为端对端系统流程进行管理,尤其对于为军用用户提供服务而言。系统的安全措施应能抵御威胁,确保形成安全可信的系统,能从机密性、整体性和可用性方面确保资产安全的系统设计必须考虑周全,权衡风险、进度、成本的关系。上述的可用性、整体性和机密性指无论何时提出需求,均可获得相关资源和数据(可用性),对资源和数据进行修改或删除只有其所有人可以操作(整体性),以及只有授权用户可访问相关资源和数据(机密性)。

任何系统均存在某些脆弱性。脆弱性即系统或产品中的安全漏洞,可能被攻击者利用以形成威胁或危及资产或使对策无效(Stuart,2011;CCSDS,2006a)。

对地观测系统等其他复杂系统主要存在两大脆弱性:架构脆弱性,即系统在架构期间的一些漏洞可能会被利用,如未清理缓冲器;运行脆弱性,即通过非技术手段利用系统的漏洞,如密码泄露。

此外,为了确保安全设计的正确性,通过分析可以确定一些潜在的脆弱性。脆弱性评估是确定脆弱性是否容易被人利用的关键步骤。风险分析之后仍然存在的脆弱性,通常认为是可能被人利用,并形成威胁的。

风险分析模型旨在预测复杂系统中安全对策的有效性以及剩余风险因素。在该模型中,威胁等级是攻击能力、系统资产暴露程度、资产(物理和数据资产)相关性(等级)、资产数据和基础设施的机密性、完整性和可用性暴露于威胁下的程度的函数。

定量风险分析模型分为两种形式:技术风险分析,即对安全系统提供的所有安全措施(技术、物理、组织)进行风险评估;基于资产地理分布的风险分析,即根据安全系统的地理分布和政治风险因素确定威胁情境。这种方法论源于信息安全标准和专业知识,如有必要可进行扩展或定制,以评估复杂系统的地理分布、面临威胁和安全措施。

安全措施对降低系统的脆弱性和所受影响是很必要的,可分为技术措施和非技术措施。技术措施是通过硬件或软件加强安全的措施和机制,非技术措施是指物理、人员和/或程序措施。

卫星观测系统主要依赖于近地轨道卫星星座,数据管理方面需要特殊的对策来应对结构特征上的问题。具体而言,由于星上原始数据的存储需要大容量存储器,因此需要利用遍布各地的远程地面接收站,以下载图像并转发至数据

处理站。这些地面采集站点并不一定位于某一国境内,而且通常来说不由同一组织或机构控制,必须采取特定措施确保外国组织或机构控制下的数据安全性。

从采集站将数据转发至中央管理系统时,也需要采取一些对策确保通信和数据交换渠道的畅通和安全,如利用加密系统传输数据。有时候,在更高轨道利用数据中继卫星可避免部署数个接收站。

针对初始阶段无安全性要求的端对端系统,如果用户是政府和军用用户,那么在系统设计时应确保在安全的环境、设备、链路、服务通信和 IT 系统中应用敏感项。

安全的星载和地面软/硬件设备应由访问控制政策、操作系统和数据库管理系统进行管理,而安全的环境应由系统级、多级安全 IT、DAC 或 MAC 确保。

星地链路应获得美国国家安全局的批准,采用专有加密方法和有效认证机制。

互连链路应由边界保护装置(BPD)进行保护,该装置提供域名和环境隔离、加固的 VPN、防火墙和安全网关等,也可在广域网中使用,通过双层 BPD 结构、DMZ、网络切换或物理隔离等措施保护网络数据交换。在观测系统中,将原始图像从远程数据接收站传输至数据处理站时,这些措施尤其有效。

通信服务结构建立在以下层级的基础上(ISO/OSI 模型):

(1)应用层和传输层:包括管理、政策、防火墙和日志采集/存储。

(2)网络层:利用不同的安全措施将网络中的 IP 地址隔离(如域名)。

(3)数据链路安全层:加密和认证机制。

(4)物理链路安全层:传输安全和防止信号欺骗的通信、电子与材料技术。

为确保网络安全,仅仅有加密措施是不够的,必须加上防火墙和安全网关才能保护整个网络。

将太空系统各个组件连接至网络的安全装置,通常应采取以下措施以提供符合要求的安全等级:

(1)访问控制:仅授予允许用户执行某一行动的权限。

(2)识别与认证:确定一方所声称身份的真实性。

(3)会计与审计:访问日志记录并允许数据流控制。

(4)不可否认性:例如信息完整性与身份的数字签名。

(5)典型的用于信息系统保护的安全体系。

(6)可信操作系统。

(7)可信数据库管理系统。

(8)识别认证机制(I&A)。

31.2.6　卫星系统安全体系结构设计

本节主要论述星上系统和地面系统中敏感组件的结构和特征。

与一般的对地观测系统结构(图 31.1)相比,这种敏感组件的体系结构具有的安全特征是:每个外部互连(系统的不同组件之间的互连)均具有路由器/交换机防火墙;在安全网域内执行 VPN;星上/地面无线链路通信中应用了加密系统。

此外,太空段内还采取了特定安全措施,如图 31.1 所示的一般的对地观测系统和图 31.4 所示的安全体系结构(Angino,2010; CCSDS,2007)。

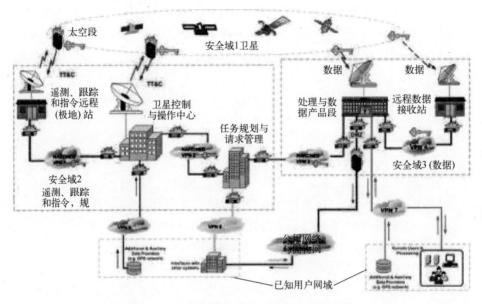

图 31.4　对地观测系统地面段安全体系结构

图 31.5 为在军民两用环境中涉敏感数据的卫星安全体系结构。从图中可看出,卫星体系结构中采用了民用或军用数据专用的加密技术。此外,涉敏感数据的卫星组件应受防止信号欺骗的通信、电子与材料技术(TEMPEST)保护以防敏感数据被无意转发至地面。

上述星上安全组件一般安装在标准的可重组多任务卫星平台上,该卫星平台包括热机械结构、电力系统、集成控制系统和推进器,提供卫星灵活性、鲁棒性和必要的资源,使卫星保持极高的性能,如成像数量和系统侧面图数量等。

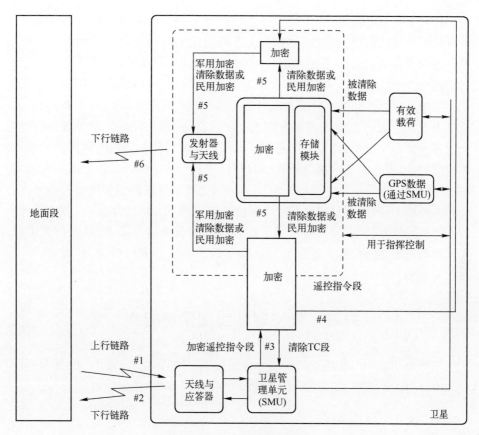

图 31.5　卫星安全体系结构

31.2.7　对地观测系统运行的安全模式

太空观测系统的安全模式可以采用两用模式,即将高安全级别和低安全级别的网域互相隔开,这样就能保证满足政府、国防、两用系统的高安全要求。

更确切地说,多域概念适合更大用户群的应用,可同时满足民用和军用需求。通常来说,多域的方式将开放域和安全域分开。在安全域内,系统高安全性操作模式在最高密级上应用了用户安全许可,而且在了解各用户需求的基础上,可自行决定对特定资产和资源的访问控制。这一模式可通过各网域内的ITSEC 自主访问控制(DAC)或通用标准受控安全访问保护框架(CAPP)访问控制执行,这些网域的互连应由经通用标准认可的方案确保。

当使用自主访问控制手段涉及联盟且面临谁创建相关角色、谁确定访问权限、谁为用户分配角色及用户承担角色是否受到限制问题时,可实施强制访问控制(MAC)等其他手段。

针对国际系统应用(如跨国国防系统),当不同国家有不同的安全要求时,可以采用强制访问控制手段。但是,由于联盟成员时有变化,需要对不同安全对象使用不同的安全标记,这就使不同敏感级别间的翻译成为问题。

多域系统概念将作为系统安全概念用于两用、军用以及国际合作。

采用多域技术的太空观测系统可确保高级别的安全性。

用于太空观测系统的另一个模式是多级操作模式,包括一个单域、资产的安全分级和各级资源,具有免于复制可能无法确保其高安全性的系统要素和资源的优势,对于需要在多用户环境(非政府)中进行认证的情况优势尤其突出。

可采取多级安全原则通过适应(基于规则)机制评估数据和信息,并提供适合相关类型的用户、信息内容和操作环境的访问级别。该操作模式可在不同等级进行清除操作,而在分类等级与了解各用户的需求的基础上,可自行决定对资产和资源的访问控制。通常可在这些设计的系统中采用特定应用以满足多种用户类别。

31.3 太空对地观测系统应用

本节介绍地中海盆地对地观测小卫星星座(COSMO-SkyMed),因其两用性质和设计有力地支持了军用与民用需求。

31.3.1 双重用途

该系统的应用领域可分为两大主要类别,即与军用需求相关的应用和与民用需求相关的应用。

目前太空市场的发展趋势(同时也为了节省费用)是实现同时管理两种险情的天基系统,即两用系统,例如:领土风险管理的土地监测;情报与国土安全的领土战略监视;特定军用目的;环境资源的管理;海洋和海岸线控制和执法;地形测量;公共机构和学术机构的科学应用;商业组织应用(如管道监测)。

民用需求的通用类别主要包括:科学界的险情;与城市规划和技术制图相关的险情;风险监测与预防;突发事件管理。

目前对地观测数据对于科学界是相当重要的,例如:监测污染和冰川融化的海洋和冰川观测;观测森林采伐及生物量趋势的森林和农业资源监测与管理;评估海岸线侵蚀情况的海岸线和内陆水域的监测与管理。

至于技术制图和城市规划险情,对地观测数据主要作为附加信息层用于地理信息系统(GIS)以及市区发展管理(变化检测,如确定非法建筑物)。

对地观测数据对于风险监测和预防以及各种类型的险情管理也有重要

作用：

利用干涉仪监测火山或山体滑坡运动或监测城市永久散射体(如建筑物的屋顶)获得的合成孔径雷达数据可确定危险情况(建筑物坍塌的先兆),从而极其有效地预防灾害。

对地观测数据用于危机后的急救管理也是有益的,例如,可确定被地震毁坏最严重的区域或确定最佳救援方式。

由于石油具有特定反应变化,合成孔径雷达数据对海洋环境保护也是至关重要的,实际上,这些数据可检测石油泄漏并有助于危机后管理。

在海洋领域,对地观测数据的另一应用是作为辅助信息用于海洋监视目的。对地观测数据加上自动识别系统(AIS)数据可检测非协作船舶。

在安全和国防领域,考虑到当前的对地观测系统可满足中长期险情的需求,因此必须被视为战略资产。

事实上,上述资产可用于边界监视等,检测异常军事行动或监测关键地点(军事重地、港口、机场或一般的利益相关目标地点),以获得关于其日常行动和军力部署的信息。

31.3.2 地中海盆地对地观测小卫星星座两用系统

COSMO-SkyMed 是第一个满足国内外民用和军用需求的对地观测系统,该系统由意大利航天局(ASI,作为法国国防管理部的采办局)和意大利国防部资助并于 2003 年委任泰雷兹阿莱尼亚宇航公司意大利分公司(TASI)为总承包商。

该系统的设计和开发由 TASI 领导,并与多家隶属于意大利芬梅卡尼卡集团(如负责用户地面段和控制中心建设的空间电信公司)的中小型意大利公司合作进行。

该系统的两用性质可体现在其任务目标中,即主要为军用和民用领域的大量活动和应用提供信息和服务,例如:风险管理、制图与规划、农业、林业、水文地理、地质情况、海洋领域、考古、国防与情报应用。

COSMO-SkyMed 系统包括一个太空段(图 31.6),由 4 颗中型近地轨道卫星构成的星座组成(每颗卫星分别搭载一部在 X 波段频率范围运行的多模式高分辨率的合成孔径雷达),以及一个功能全面、覆盖全球的地面段,可有效利用太空能力。

该系统的地面段和太空段均设计为支持两用的模式,太空段主要依靠具备高分辨率和宽测绘带的天线,而地面段则主要靠对民用用户地面段(CUGS)和军用用户地面段(DUGS)等关键要素的复制,以及一系列规则和程序,确保数据

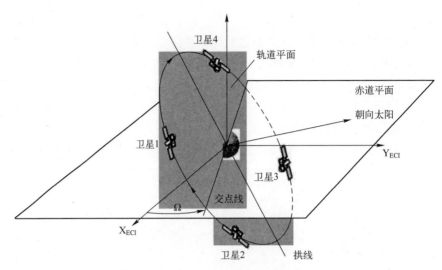

图 31.6　COSMO-SkyMed 的太空段

的安全传输(详见图 31.7)。

　　该系统激起了其他国家的兴趣,也证明了其成功之处,并推动了 ASI 于 2005 年 12 月将另一份合同授予 TASI,即关于在法国境内建一个集成军用用户地面段(法国用户地面段(F-DUGS))的合同,这样法国军方就可以接收和生成 COSMO-SkyMed 系统产品。

　　如今 COSMO-SkyMed 法国军用用户地面段已经全面投入运行,根据意大利和法国政府的合作关系,双方已签订双边图像交易协议。双方就 COSMO-SkyMed 合成孔径雷达图像与"太阳神"2 号的光学图像产品进行交换,以支持公共防御用途。

　　得益于 COSMO-SkyMed 设计和开发所利用的外部接口的灵活性,将一个新的用户地面段集成到 COSMO-SkyMed 系统进行升级是可能实现的。其他移动采集站和处理中心也能集成到该系统,证明了 COSMO-SkyMed 的可升级性。

　　此外,COSMO-SkyMed 同时具有互通性、可扩展性和多重传感性。

　　(1) 互通性:不论协同部件的内部设计为何,根据商定的模式和标准与外部异构系统互换数据和信息的能力。

　　(2) 可扩展性:系统体系结构对从合作伙伴对地观测系统"引入的"特定系统部件进行集成的能力。

　　(3) 多重传感性:请求、加工和管理不同观测传感器获得数据的能力。该特征在建构和程序上以上述互通性和可扩展性为基础。

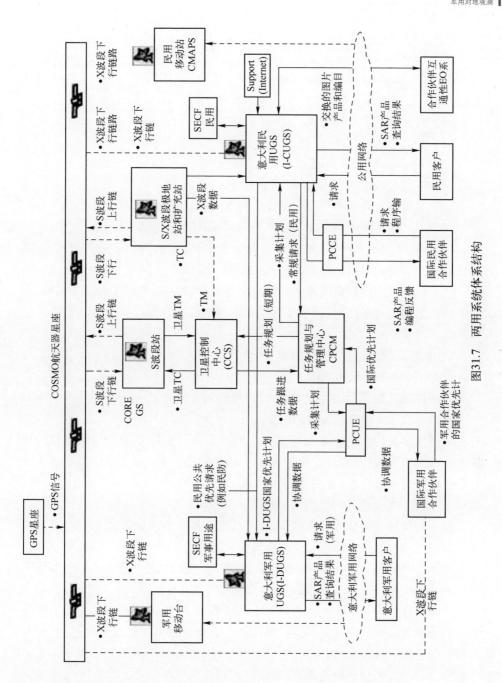

图31.7 两用系统体系结构

31.3.3 COSMO-SkyMed 系统的两用性能

COSMO-SkyMed 系统的设计和开发是为了支持两用系统,这始于对两用系统提出的高层次需求,并因此引出了以下所需性能:

(1) 大量日常采集的图像。

(2) 卫星全球可及性。

(3) 全天候和全天时采集能力。

(4) 信息更新频率高(重访时间短)。

(5) 卫星采集数据和产品交付使用的间隔时间短(信息前置期短)。

(6) 用户提交请求与生成遥感产品的间隔时间短(系统响应时间短)。

(7) 高清图像(如空间和辐射测量分辨率、受控的峰值旁瓣比和积分旁瓣比)。

(8) 最大程度地权衡图像空间分辨率与尺寸的关系,包括亚米级分辨率。

(9) 定位能力强(合成孔径雷达图像所测定目标位置与其实际位置的误差小)。

(10) 生成数字高程模型(DEM)的能力。

(11) 三维(3D)物体应用。

下面详细说明了上述性能和能力,着重强调了用户的应用范围。

31.3.3.1 大量日常采集的图像

上述所要求的性能使得 COSMO-SkyMed 成为目前欧洲设计和制造的最复杂的天基成像合成孔径雷达(SAR)系统,该系统配置的 4 颗卫星使其具备了极强的运行能力和灵活性,可实现每天生成 1800 张图像(每颗卫星 450 张图像,其中 375 张为宽视场,75 张为窄视场)。

强大的运行能力能保证有效产出,不易发生资源饱和现象。

31.3.3.2 卫星全球可及性与全天候采集能力

由于 COSMO-SkyMed 系统部署于太阳同步极地轨道,因此可在全球范围内以及所有天气情况下每天采集 1800 个图像(使用 X 波段)。

全球采集能力可评估和监测世界上的任何国家,为系统所有者提供了情报和监测方面的巨大战略优势,而且,对比光学成像容易被云层遮蔽的问题,全天候采集能力则有极大优势。

31.3.3.3 信息更新频率高(重访时间短)

卫星连续两次过顶同一点的间隔时间称为重访时间。这就使地面上任何给定位置都可通过 SAR 和/或光学仪器监测到,而不受访问该地点的星座卫星情况和几何参数(如不同入射角、卫星运行轨道面是升交还是降交等)的影响。

卫星在不断地绕轨运行期间,对某一地点的访问不止一次,因此重访时间是一个统计概念,要具体分析这一性能必须看平均值或最大值。

由于 COSMO-SkyMed 系统具有 4 颗卫星,访问面积大(入射角 20° ~ 59.5°),其重访时间约为几小时,远超其他之前和同期的由 1 颗或 2 颗卫星组成的系统。

即使在最坏的情况下,COSMO-SkyMed 系统也可确保平均重访时间约为 6h(图 31.8),这意味着平均每 6h 可监测一次敏感地点,为更频繁地对其进行采样以寻找可疑行为提供了可能。

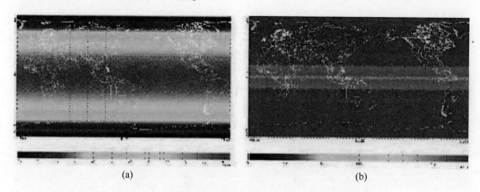

(a)   (b)

图 31.8   COSMO-SkyMed 平均与最大重访时间

图 31.8 也显示了 COSMO-SkyMed 系统的最大重访时间性能,在整个轨道周期内最坏的情况下周期约为 12h。

31.3.3.4   卫星采集数据和产品交付使用的间隔时间短(信息前置期短)

信息前置期是指从感应所观测数据并将其存储于星上到传输至处理中心等待产品交付使用所用的时间。它主要取决于地面站以及下载至地面后数据处理所需的时间,向用户显示当其看到图像时图像经历的前置时间。

在充分简化的情况下,用户将可以针对图像上随机检测到的特定威胁策划实施响应行动,并在与信息前置期相当的时间尺度内进行。

对于当前 COSMO-SkyMed 系统的信息前置期范围,最坏情况下为 7.6h,在地面站直接可视情况下为 1h(例如地中海地区对马泰拉地面站直接可见的情况)。

31.3.3.5   用户提交请求与生成遥感产品的间隔时间短(系统响应时间短)

系统响应时间是指用户提交请求到在处理中心生成相关数据产品的时间。它既取决于系统的几何特性(轨道、访问面积、地面站分布),也取决于系统的时间表(第一时间处理请求和地面数据处理所需所有操作的时间表),为用户预测在其提交请求后多久可获取图像产品。

响应时间短,意味着可以迅速处理危机态势,并立即获得更清晰的态势感知(如地震或轰炸后)。这主要得益于卫星合成孔径雷达成像。

系统时间表的优化可使 COSMO-SkyMed 系统根据监测态势的严重性以三种不同的方式操作,减少响应时间:

(1) 常规情况下,采取以 24h 为时间跨度的同步系统操作方式,每天提交一次请求。这是正常情况下的默认操作方式。

(2) 极其紧急情况下,采取根据需求启动的非同步系统操作方式,一旦发生险情,即提交请求。

(3) 危机情况下,采取以 12h 为时间跨度的同步系统操作方式,用于监测险情发展,可每天提交两次请求。

图 31.9 为 COSMO-SkyMed 系统平均和最大响应时间性能的色度图。

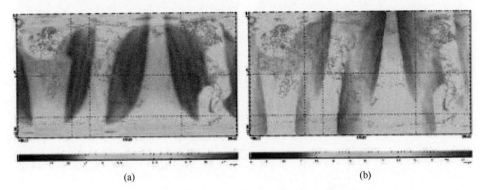

(a)　　　　　　　　　　　　　　(b)

图 31.9　COSMO-SkyMed 系统平均和最大响应时间性能的色图(虚拟)

31.3.3.6　高清图像(如空间和辐射测量分辨率、受控的峰值旁瓣比 (PSLR) 和积分旁瓣比(ISLR)

图像质量主要取决于对一组简单属性的控制,因其使用的传感器不同而不同。当使用合成孔径雷达传感器时,这些属性如下:

(1) 分辨率(方位和范围):为地面两物体的间距,在此间距上物体图像能清晰地分别显示出来。

(2) 峰值旁瓣比:点目标主瓣与第一旁瓣回波信号的比值。

(3) 积分旁瓣比:主瓣反馈能量与两侧所有旁瓣集成能量的比值。

(4) 定位精度为合成孔径雷达图像中目标所测位置与其实际位置间的差异。

上述属性只要根据用户要求得到充分控制,可获得高质量图像、简化并推动图像解译工作,最终确定其民用或军用目的。

31.3.3.7 最大程度地权衡图像空间分辨率与尺寸的关系,包括亚米级分辨率

COSMO-SkyMed 系统两用性质主要依靠合成孔径雷达仪器的多功能性实现,这是该系统可靠强大的核心,可以生成从窄域/高分辨率到极宽域和/中低分辨率的不同分辨率和尺寸的图像(意大利航天局),分别满足军用和民用需求(图 31.10,表 31.1)。

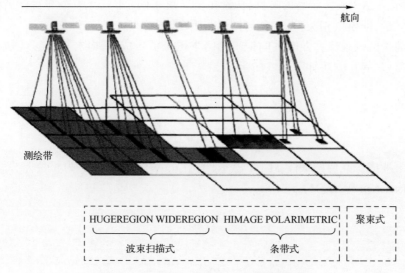

图 31.10 Cosmo-SkyMed SAR 采集模式

表 31.1 COSMO-SkyMed SAR 操作模式的测绘带和分辨率

	Himage	Ping Pong	WideRegion	HugeRegion	Spotlight-2
测绘带($R{\times}A$)	40km×40km	30km×30km	100km×100km	200km×200km	10km×10km
L1A 地面分辨率($R{\times}A$)单视	3m×3m	15m×15m	6m×21m	22m×30m	1m×1m
L1B 地面分辨率($R{\times}A$)多视	5m×5m	20m×20m	30m×30m	100m×100m	1m×1m

军事上进行目标识别通常需要分辨率极高的产品。测绘带尺寸的缩减(参见聚束式)是由于当前技术发展水平的限制。民用用户通常需要以中低分辨率监测大面积领域,进行环境分析。

31.3.3.8 定位能力强(SAR 图像所测目标的位置与其实际位置间的误差小)

定位能力对军事应用极其重要,可避免目标探测和识别错误(如在复杂的情境时)。

民用定位要求精确度为 15m,但系统性能比该要求要高出许多。

系统定位能力已由第三方(美国国家地理空间情报局)进行评估,可以 4~5m 或更低的标准进行定位操作。

31.3.3.9 生成数字高程模型的能力

数字高程模型(DEM)可用性对于军事应用是至关重要的。显而易见,在战略规划中,精确掌握地形信息的军用用户可获得巨大优势。

数字高程模型可通过处理两次干涉成像获得。

由于 SAR 成像产品的特性,像素主要取决于两个因素(一个与目标后向散射的能量,即模量相关;另一个与目标间距,即相位相关)。

同一区域采集并及时共同记录的两张图像可生成干涉图,据此可生成数字高程模型,简化方法如下公式所示:

$$h=H-\frac{\left(\dfrac{\lambda \varPhi}{4\pi}\right)^2-B^2}{2B\sin(\theta-\alpha)-\dfrac{\lambda \varPhi}{2\pi}}\cos\theta$$

干涉成像几何图如图 31.11 所示,图中 B 为卫星基线,$\varPhi$ 为相位差,λ 为波长(Dongchen 等,2004)。

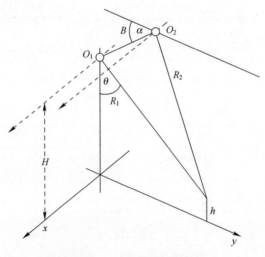

图 31.11 干涉成像几何图

这两个图像应采用相同的几何结构进行采集,该采集既可同时进行又可根据两个主要运行构型错开时间进行:

(1)"串联"构型:两颗卫星在时间和空间上短暂和短距离错开,且两次采集在时间上高度关联。

(2)"类似串联"结构:两颗卫星以长时间跨度(大约几天)复制采集相同

的几何结构,这种情况下两次采集在时间上关联较少。

COSMO-SkyMed 系统可支持两种构型,但目前以一天串联(或类似串联)的构型部署(图 31.12)。该构型允许卫星 FM#2 与 FM#3(真近点角 67.5°)在一天内按照相同采集几何结构过顶同一区域。

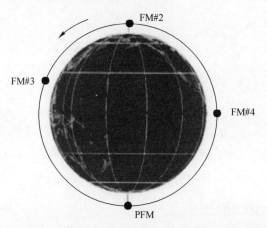

图 31.12 目前 COSMO-SkyMed 一天干涉测量的"类似串联"构型

其他的 CSK 卫星由于特殊的轨道设计,可以更长的时间跨度按照相同采集几何结构过顶同一区域。在 16 天的轨道周期,过顶顺序:FM#2,第 0 天;FM#3,第 1 天;FM#4,第 4 天;PFM,第 8 天。

图 31.13 以埃特纳火山为例展示了从两次干涉成像到生成数字高程模型的过程。

图 31.13 埃特纳火山的 DEM 生成

图 31.14 为 Spotlight 2 于 2007 年 10 月对开罗的金字塔进行的干涉成像,这也证明了 COSMO-SkyMed 干涉成像能力。

图 31.14   Spotlight 2 在开罗进行的干涉成像

31.3.3.10   3D 物体应用

光学、SAR 数据和数字高程模型的融合可实现另一应用，即三维可视化以及高分辨率数据的解译(图 31.15)。

图 31.15   DEM/SAR/光学数据融合

COSMO-SkyMed 系统一类的现代天基 SAR 传感器系统可实现约为 1m 的几何分辨率。

然而，由于 SAR 传感器的侧视成像原理，波状起伏地区或城市地区不可避免将出现中断和遮挡现象。这种情况下，即使高级数据解译人员也很难解译SAR 数据。

显然，基于一组这种图像的 SAR 干涉法可获得相同网格间距的数字高程模型。

光学、SAR 数据与 DEM 的融合简化了解译工作,也使很多城市物体的特征变得可见。

31.4 结 论

本章分析了空间对地观测系统的主要技术特征,对系统的能力(尤其针对军用和两用系统)与安全工程问题进行概述,正是这两个要素的相互作用和补充才保证用户目标的实现和构建一个可信、可用的系统。

本章首先论述了实现安全稳定的卫星系统所必需的安全方法,接着着重论述了某些对地观测应用尤其是针对军事方面的应用。

如本章所述,整个系统体系结构、敏感数据的管理和系统的操作模式在很大程度上受用户影响,这就需具备稳定安全的设计特性才能保证系统在实际环境中的可操作性。这一点对于军事用途来说要求更严格,如需在危险环境下操作或需保护重要战略资产的情况。

目前的对地观测系统同样可满足民用与商用需求,因此,企业和公共机构正研究在军用和民用用户间展开合作的可能性。事实上,当前太空市场的发展趋势为军民两用系统。两用对地观测系统是一个令人关注的新兴系统类型,可使各类用户最大程度地利用同一系统获得对地观测产品,从而为用户节省费用。

参考文献

Angino G,Caltagirone F,D'Alessandro G,Somma R (2010) Space security. Space Academy Foundation

Consultative Committee for Space Data Systems (CCSDS) (2006a) 350. 0-G-2 -The application of CCSDS protocols to secure systems. Green Book. Issue 2. January 2006. www.ccsds.org

Consultative Committee for Space Data Systems (CCSDS) (2006b) 350. 1-G-1 - Security threats against space missions. Green Book. Issue 1. October 2006. www.ccsds.org

Consultative Committee for Space Data Systems - CCSDS (2007) 350. 4-G-1 - CCSDS Guide for secure system interconnection' Green Book. Issue 1. November 2007. www.ccsds.org

Dongchen E,Zhou Chunxia,Liao Mingsheng (2004) Application of SAR interferometry on DEM,generation of the grove mountains. Photogramm Eng Remote Sensing

Italian Space Agency,Cosmo-SkyMed Mission,Cosmo-SkyMed system description & user guide

Jacobs S (2011) Engineering information security-the application of systems engineering concepts to achieve information assurance. Wiley,Hoboken

第32章　军民两用对地观测

皮埃尔-阿兰·博斯克

欧洲宇航防务集团,法国图卢兹

本章回顾从太空进行地球观测的起源,讨论与空间遥感成像军民两用性有关的问题,尝试定义军民两用性,列举一些军民两用系统的实例,通过一些案例研究和分析,讨论军民两用卫星发展的目标、益处和存在的阻碍。

32.1　引　　言

就安全而言,为监控某一限定地区或国家的情况进行的国家防御和管理一直是极其重要的。18 世纪末,气球的使用开启了监控方式新革命:以鸟一般的视野监控事物成为可能。20 世纪初,随着飞机的出现,拥有鸟瞰视野是军事任务中一项重要的资产这一事实变得更加明显。20 世纪中叶,为了在不飞越苏联上空的前提下对其进行侦察,成像卫星成为解决方案。

20 世纪 90 年代以来,世界变得更加稳定,成像卫星技术迅速发展,使美国陆地卫星和法国斯波特卫星日常使用成像卫星执行民用任务成为可能。21 世纪初,民用技术(高分辨率成像)已经非常成熟,可以用于一些安全领域,如危机管理、公民和基础设施保护、海上监视及边境监控。

冷战结束后,以及 2012 年世界性经济危机爆发时,军事预算"缩水",推动了军民双方在使用造价高昂的工具上达成合作,以节约开支。高分辨率成像卫星使用或研发过程中的两用性正逐渐成为标准。为了实现这种两用性,各国尝试了各种资助方案:

(1) 国防部与负责安全的部门合作资助。

(2) 以军队资助为主,安全和其他方面则以商业资助为主,以获得新用户,降低总成本。

尽管如此,无论出于何种财政和军事原因,很明显,某些国家的态度甚至宪法均不支持在保障平民安全方面使用军事手段。针对高分辨率卫星成像技术的发展，是继续保持军民分开，还是最终融为一体，让我们拭目以待。

32.2 利用卫星对地观测的起源

纵观历史，无论是王国、帝国、独裁国家还是民主国家，了解国境以外的形势一直是所有政府的主要目标之一。为此，利用大使、国家商人、记者和间谍进行人工情报收集便成为核心手段之一。

1783 年，法国 Giroud de Villette 工业公司游说皇家军队，推广将气球用于军事/情报收集目的，主要是为了侦察敌军。

1794 年 6 月，法国大革命北部军队在沙勒罗瓦战役和弗勒吕斯战役军事作战中成功地使用气球侦察敌军，这是成立"航空队"军事公司后首次有组织地将立体侦察运用于军事用途(图 32.1)。

图 32.1 1794 年 6 月 26 日弗勒吕斯战役中使用"创业"号
(版权所有法国巴黎综合理工学院)

第一次世界大战期间，气球在下列领域得到了推广：

(1) 更新军事地图。

(2) 支持火炮在视线外开火。

(3) 用电报向总部提供不间断侦察敌人战线的即时信息(当时军队都集中在战壕中)。

当时,军方也对飞行器的使用表现出了兴趣。而在那之前,飞行器不过是供富人消遣之物。飞行器的使用有助于提供远离战线的地区所发生事件的信息/情报。另外,使用带照相机的空中目标识别飞行器可以拍摄纵向图像,"航空队"公司的气球就可以用这些图像提供火炮目标的坐标(图 32.2)。

图 32.2　1916 年 4 月 26 日 Vaude′tre′(法国,51)航拍图 SHAA 集
(版权所有 numerisationterrain. fr)

从空中观测地球对于实现军事目的至关重要,这主要通过气球(永久侦察)和飞行器(战线外)等设备实现。

然而,第二次世界大战期间作战方式发生了改变:尽管法国建造了"马奇诺防线",但军队已不再是静止不动的了。因此,当军队司令部接受了这一事实的时候,便对侦察气球失去了兴趣。

当时是空中目标识别的鼎盛时期,空中目标识别对以下活动极其重要:

(1) 确定所有轰炸的目标。

(2) 评估损伤程度。

(3) 调查沿线的军队活动。

(4) 侦测特定区域的目标。

(5) 绘制战术和战略决策所需地图。

第二次世界大战后,苏联以惊人的速度尝试发展核弹和导弹。美国中央情报局开发了可在高海拔飞行的 U2 飞行器并于 1956 年用于军事作战。这种空中侦察系统降低了侦察中国和苏联领土的风险。值得注意的是,当时军方普遍认为没有导弹或飞行器能拦截这种在 21000m 高空飞行的飞行器。

与此同时,兰德研究所开始设想并宣传机器人飞出地球周围的大气层,不用侵入敌国即可拍摄敌国照片这一概念——因为太空中物体飞行是无需获得授权的。

1957 年,第一颗人造卫星 Sputnik 发射成功,表明苏联明显已经具备了开发洲际弹道导弹的能力。美国中情局和空军着手开展利用航天器——飞行在太空中的机器人——侦察苏联领土的项目(分别是"珂罗娜"项目和"萨莫斯"项目)。

1960 年 5 月 1 日,Gary Powers 驾驶的 U2 飞行器被苏联击落,飞行员被俘。1960 年 7 月,虽然苏联似乎正在增加洲际弹道导弹的数量,拉大与美国的差距,但美国总统艾森豪威尔仍叫停了苏联领土上空 U2 的所有飞行活动。这样一来,由于照相侦察卫星项目尚未成功,因此美国失去了侦察手段。

美国采取了财政和组织措施,如成立国家侦察办公室,其成员来自空军、中情局、各行业及其他与太空侦察相关的政府组织。1961 年,"珂罗娜"首次任务成功,国家侦察办公室可以用"锁眼"系列卫星侦察全世界任何一处地方,包括苏联。

"锁眼"系列卫星需执行如下任务:

(1) 收集国家情报/信息计划。

(2) 侦测核设施。

(3) 为战略空军绘制敌军领土地图。

(4) 监视空中防御系统部署。

很快,这些侦察卫星就被视为可以在不入侵领土的前提下进行核查的工具。美国两党都将其视为促进稳定和建立信任的大功臣。20 世纪 70 年代签订的《反弹道导弹条约》和《美苏限制战略核武器条约》并没有对侦察/观测卫星造成影响。

1978 年 6 月,为了消除军用和民用图像之间的差距,美国卡特总统颁布了PD/NSC-37 号令,允许销售陆地卫星等拍摄的分辨率为 10m 的商用图像(Florinini,第 100 页)。

20 世纪 70 年代末,为了保持战略独立性,法国决定利用发展"萨姆罗"(军事光学侦察卫星)计划遂行战略观测任务。虽然已耗资 2.5 亿欧元,这个项目还是在 1982 年被终止,理由如下:

(1) 法国政治变化。

(2) "萨姆罗"的技术性能(分辨率为 10m)没有达到军队期待的水平(至少 6m),且与核战略联系太过紧密(使城市变成了核目标)。

(3) 当时,由于德国拒绝参与资助,且法国更倾向要保证"锡拉库斯"卫星通信计划的预算,因此"萨姆罗"计划对法国国防部预算而言是巨额投资。

尽管如此,法国决定利用已经完成的研究工作发射"斯波特"1号民用卫星(地球观测试验系统)。其开发和发射是由法国国家太空研究中心的科学家负责的。另外,为了传播信息和创收,专门成立了"斯波特"图像公司推广和销售"斯波特"图像。这是世界上首家将分辨率为10m的卫星图像商业化的私人公司(即使主要的股东是法国国家太空研究中心)。1986年,卫星图像不仅成为军用产品,还成为商用和民用产品。

与此同时,随着"斯波特"1号的成功开发,法国决定与意大利和西班牙合作发射一颗性能更高(分辨率达1m)的军事观测卫星——"太阳神"卫星系统——将于1995年发射,耗资20亿~30亿欧元。1986年,法国国家太空研究中心和国防部决定第四代"斯波特"卫星和"太阳神"卫星共享平台。

必须强调,最初斯波特图像的商业化主要是出于经济原因。

20世纪90年代初,苏联解体,对美国卫星公司而言,这意味着仅依靠美国国防部预算开发系统和应用显然已经不再可能。"斯波特"的例子还表明卫星图像可以为民用市场创造收入,成为重要的经济增长来源。在美国相关行业的极力游说下,1994年克林顿总统签发了PD-23号总统令,解除了商用成像卫星系统分辨率的限制,允许运营公司开发、发射高分辨率卫星和销售卫星图像。为了节约开支和帮助确保国内行业健康发展,美国政府一直坚持使用商用成像卫星。然而,这一指令迫使美国公司在研发卫星前事先申请授权,在发生冲突时不得获取高分辨率图像(快门控制)。

即使在今天,卫星运营公司也必须取得美国国家海洋与大气管理局(NOAA)颁发的商用成像卫星运营许可证。美国国家海洋与大气管理局负责协调几个政府机构的卫星成像应用,确保颁发的所有许可证均符合美国国家安全和外交利益及美国所有国际义务。为获得运营许可证,这些公司必须遵守的部分规则和约束条件如下:

(1)必须始终在美国境内对指定卫星系统进行积极的运营控制。

(2)禁止在采集后的24h内向除美国政府外的任何人传播分辨率高于0.5m的全色图像或分辨率高于2.0m的多谱图像。

(3)在执行与其他国家、实体或财团(外国人士)签订的"重大意义"协议前取得商务部批准,以保护美国政府的国家安全和外交政策利益及国际义务。转让"重大意义"协议也要求取得商务部批准,如高分辨率图像采集和分销客户协议、运营协议及与对公司所有已发行股票至少20%以上的份额进行产权投资的有关协议,还需指定一名外国人士担任本公司董事会的一个职位。与美国卫星运营商签订"重大意义"协议的外国人士必须遵守商务部许可图像采集和销售限制条件,服从美国政府的"快门控制"——这会对向外国客户销售图像产品造成不利影响。

（4）美国政府保留进行"快门控制"的权利——对图像采集和/或销售进行必要限制,中断服务,以符合美国政府国家安全和外交政策重大利益或国际义务。

（5）禁止传播分辨率高于 2.0m 的以色列图像。1997 年美国国会通过修正案,1998 年允许销售超高分辨率图像,遭到了以色列的强烈抗议,因此该条限制现在仍然适用。

另外,针对与美国政府有涉密业务往来的卫星运营公司,必须具有一定的设备和人员安全许可。这些公司所接触到的涉密情报受到《国家工业安全计划操作手册》(NISPOM)保护。该手册还对为美国政府进行涉密工作的美国公民的非美(外资)所有权、控制或影响或 FOCI 进行了限制,以此限制非美实体或个人在美国相关部门审查前进行投资。

此外,乔治·W·布什总统在 2003 年 4 月发布的新政——"美国商业遥感政策"中强调了商用卫星供应商的作用——鉴于新政要求美国政府机构"尽可能最大程度地依靠商用遥感武器装备满足图像和地理空间需求"。这一举措是为了"通过维持国家在遥感空间活动领域的领导权、稳定并发展美国遥感产业来提高和保护美国国家安全和外交政策利益"。因此,要求美国所有政府机构"尽可能最大程度"地依靠本国商用遥感武器装备,"满足军事、情报、外交政策、国土安全和平民的图像和地理空间需求。"

为此,空间成像公司、轨道成像公司、轨道科学公司、地球观测公司、全球视界成像公司相继成立。这些公司的股东主要来自卫星行业(波音公司、洛克希德·马丁公司、波尔航太公司等)。

这一决定使卫星图像的获取权限发生了重大变革。另外,围绕商用图像与军用图像最低价格孰高孰低的争论,美国国防部相继启动了三项重大计划以保障美国国家地理空间情报局(NGA)向美国商用图像供应商采购高分辨率图像,这三项计划分别是"清晰视野""下一代视野""增强视野"。有了这些预算,这些美国公司可以建造新一代高分辨率卫星。2011 年,美国只剩下数字全球和地球之眼两家卫星公司,这两家公司也是世界上主要的卫星成像公司,其营业额80%源于与国家地理空间情报局签订的合同。2012 年,由于奥巴马政府制定的国防预算限制,这两家公司决定合并。

在这种趋势下,军用和民用光学成像卫星之间的性能差距正在缩小:如就分辨率而言,已经从 1972 年的 1/80、1986 年的 1/20、1999 年的 1/3 降到了 2014 年的 1/2,如表 32.1 所列。

表 32.1　1960 年以来光学卫星图像分辨率发展示例

卫星名称	用途	发射时间	最高分辨率/m
"珂罗娜"	军用	1960	6
锁眼 9	军用	1971	1
"陆地"卫星 1-3	民用	1972	80
锁眼 11	民用	1976	0.6 ?
"陆地"卫星 4	民用	1982	30
"斯波特" 1-4	民用	1986	10
锁眼 12	军用	1992	0.3 ?
"太阳神" 1	军用	1995	1 ?
"伊科诺斯"	民用	1999	0.82
"陆地"卫星 7	民用	1999	15
"快鸟"	民用	2001	0.6
"斯波特" 5	民用	2002	2.5
灾害监测星座 1	民用	2002	32
地平线 5	军用	2002	0.8 ?
水晶块 IV	军用	2005	0.15 ?
"太阳神" 2	军用	2005	0.35 ?
"制图"卫星	民用	2005	2.5
"先进陆地观测"卫星	民用	2006	2.5
"世界视景" 1-2	民用	2007	0.5
"地球之眼" 1	民用	2008	0.41
"迅眼"	民用	2008	6.5
灾害监测星座 2	民用	2009	22
地平线 9	军用	2010	0.15 ?
"昴宿星"1&2	军民两用	2011	0.5
"斯波特"6	民用	2012	2.2
"地球之眼"2	民用	2017	0.33
"世界视景"3	民用	2014	0.3
"光学太空器件"卫星	军用	2016	0.15 ?

　　此外,参联会前副主席詹姆斯·卡特莱特认为:"当前卫星架构技术已经几乎发展到了极限,商用卫星只是以更低的成本生产相同的产品而已。"(Risen, 2012)

今天,"大多数研究表明约90%的军需可以用商用(图像)解决。"

商用卫星,如"斯波特"6(法国)、"地球之眼"(美国)、"世界视景"(美国)、"陆地合成孔径雷达卫星"–X(德国)和"雷达"卫星(加拿大)等提供的图像用于各种用途,如用于谷歌地球、制图、环境监测、污染、突发事件、农业、沉陷监测及军事用途等的参考图像(图32.3)。

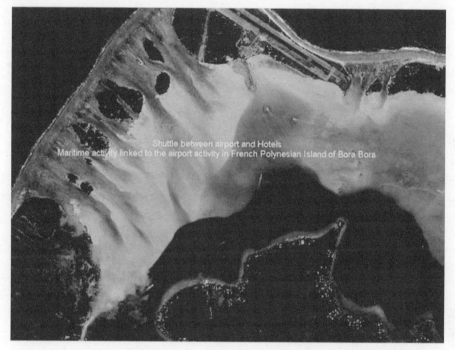

图 32.3 "斯波特"6于2012年9月拍摄的"波拉波拉岛"上空图像(该商用图像分辨率足以用于分析机场和酒店之间的海上活动,版权所有阿斯特里厄姆服务公司)

简而言之,历史表明利用地球观测卫星拍摄的图像虽然最初设计用于战略军事用途,但是对民用市场和用户的多种重要应用都非常有用。1986年,法国设立了第一家商用图像公司,将这些图像销往新市场。21世纪初,商用图像市场年增长率达9%,应该可以满足90%的军事需求。

32.3 两用性或双重用途的含义

毋庸置疑,"两用性"和"双重用途"这两个词含义丰富,尤其是在卫星图像领域,这也是今天很难对其作出定义的原因。接下来讨论两用性的几种定义。

32.3.1 欧盟委员会的定义

根据 2000 年 6 月 22 日签署的欧盟委员会 1334/2000 号理事会条例制定的两用物品和技术出口管制清单,任何可以用于民用和军用目的的产品、软件或技术都视为两用物品。无独有偶,美国颁布的《国际武器贸易条例》(ITAR)也表明了相同的意见。

毫无疑问,地球观测卫星被视为两用物品,其商业化或部分技术需取得政府同意。

例如,每家计划发射和运营卫星进行数据销售的公司需申请获得本国政府(美国、德国、法国、西班牙⋯⋯)授权。获得同意后,公司销售图像还需遵守国家条例。我们应该了解,到目前为止甚至是在欧洲,也有一些国家制定了自己的条例管制流程。

就美国系统而言,一般分辨率 0.5m 以上的图像的商业化是授权批准的,但拍摄的以色列上空图像例外。拍摄以色列上空图像时,所有图像必须重新取样至分辨率为 2m。传播分辨率在 0.25~0.5m 之间的图像时,必须获得专门授权。

在德国,卫星图像分辨率只要超过 2.5m 就实施条例管制。《卫星数据安全法》对限制图像商业化有强有力的措施。

法国目前的条例规定了各种限制条件,特别对分辨率高于 2m 的光学图像的销售进行管制。针对一些敏感区域的成像,交付前应事先获得授权。

32.3.2 维基百科的定义

根据维基百科,两用技术是指可以在任何特定时间满足一种以上目的的任何技术。这样一来,原本只用于军事目的的昂贵技术,如全球定位系统,如果不另作他用,则还可用于获取民用和商用利益。

很明显,卫星图像非常符合这个定义:今天商业化的卫星图像就是两用的。

物品"用途"的定义似乎太过宽泛。一条道路可供民用或军用卡车行驶,因而由民用预算资助修建的道路是两用的。"斯波特"5 由民用预算资助,但由军队使用,它也是两用的。为了在商用市场销售图像,"斯波特"图像公司使用了由军事研发预算资助的"昂宿星"卫星。而按现在的分类方法,只有"昂宿星"卫星才能视为"两用卫星"。

32.3.3 亲身经历和专业经验

根据笔者的亲身经历,两用性反映了军民实体的同时存在,这里主要指对地观测卫星项目、发展对地观测技术、使用或拥有对地观测卫星系统。

军事实体通常包括与国防部来往的实体,这个概念在实践中很容易区分(参见第 44 章"俄罗斯的航天发射项目")。

但民用实体则较难定义,民用范围通常覆盖了公共机构需求和商业市场需求,这两大领域其实差异非常大,价格和数据政策可能也不尽相同,并且考虑到私人资助的存在,问题变得更加复杂。

安全需求在防御和公共机构用户是很常见的。然而,商业卫星供应商也能满足防御和安全市场的需求,这使得用具体词汇定义两用性这个概念变得更为复杂。

因此,似乎不能从图像的用途来考虑太空图像的两用性概念,更多的应该从系统资金来源和所有权的角度来考虑:

(1)公共机构资助:"哥白尼"项目来源于欧盟委员会(EC)预算,该项目中欧洲航天局(ESA)承担"哨兵"号系列卫星的经费。用于展示军事或安全行动环境的"哨兵"2 号和"哨兵"3 号卫星由欧洲委员会出资,欧洲航天局建造,运营则由私人企业负责,且根据"哥白尼"数据政策,其拍摄的图像将免费销售。无论欧洲航天局和欧盟委员会的政策如何,这些图像将用于环境、安全及防御用途(如目前的气象情报)。

(2)私人公司资助:"斯波特"6 号和"斯波特"7 号卫星由阿斯特里姆服务公司(空中客车防御和空间公司)资助,不仅用于商业市场,而且用于满足防御制图需求。这些卫星对海上监视等安全目的非常有用。

(3)军队融资:SAR-Lupe 合成孔径雷达卫星监视系统由德国国防部单独资助,仅用于军事情报。"太阳神"军用卫星可用于安全用途,由法国国防部与其他国家国防部(西班牙、意大利、比利时、希腊)共同资助。即使这些卫星用于安全,但由于其在军事环境中运行,且不了解太空图像用于安全服务,仅限于部分实验(森林火灾、探测非法掘金区域等)。

(4)(军队/私人公司)合资:意大利国防部和空间通信公司(芬梅卡尼卡集团旗下公司)共同资助了带雷达的地中海盆地对地观测小卫星星座。分辨率最高的图像供意大利国防部使用,其他图像由空间通信公司旗下子公司之一 e-Geos 公司进行商业化运营。显然,由于这些卫星的两种用途,私人公司更容易推广将这种图像用于突发事件或海上监视安全服务。

显然,根据资助情况,情况(4)就是两用系统的典型例子。

尽管如此,还有一些更复杂的例子,两用性很典型,但不属于情况(4):

(1)法国"昴宿星"卫星由拨给法国国家太空研究中心的军用和民用研发预算资助。该卫星被视为完全的两用卫星系统。在公共服务授权范围内,"斯波特"图像公司资助了该系统的地面段,取得了将"昴宿星"卫星拍摄的部分图像商业化的权利。卫星的部分图像采集能力为军事实体保留(卫星通过军事渠道接受任务),另一部分由阿斯特里姆公司进行商业化运营。

(2)美国"地球之眼"和"世界视景"卫星由数字全球公司通过与美国国家地理空间情报局签订的专门合同——即"增强视野"合同——建造而成。合同中,国家地理空间情报局要求该公司在特定的时间段提供用于军事用途的图像。为了使数字全球公司有足够资金打造和发射"地球之眼2"和"世界视景3"卫星,款项在图像交付前予以支付。国家地理空间情报局使用这些卫星提供的资源中有限的一部分,剩余部分由数字全球公司销售。由于精确度和分辨率都很高,这些图像也被商业化,用于美国以外的安全服务。例如,卫星图像在海地和意大利地震时发挥了重要作用。在这种突发事件中,其作用已经在欧洲研发预算资助的"用于区域性危机的作战管理、态势感知及情报工作的全球环境与安全监测系统服务"和"欧洲地震预警"项目中得到了证明。

因此,"昴宿星""地球之眼"及"世界视景"卫星系统也可视为两用系统。

定义两用性主要是看卫星的融资和运营:如果"太阳神"等卫星仅由国防部资助和运营,那么当然是军用卫星。即使"太阳神"合作伙伴之间签订的谅解备忘录意味着该卫星可能用于安全用途,但鉴于其军事性质,也不能视为两用卫星。其他卫星,即使由军事预算资助,但由民事/商业实体运营(如"昴宿星"或"地球之眼"卫星),仍然属于两用卫星。这就说明了了解对地观测卫星系统资金来源和运营方式的重要性。

32.4　成像卫星属于谁

太空时代之初,也就是50年前,太空系统是由国家在军事控制下使用公共资金研发的(有时国家间竞争非常激烈,如在月球竞赛时)或源于军事资产(第二次世界大战期间德国的V2火箭推动了发射器的研发)。要回答卫星属于谁这个基本问题,可以通过图32.4所示三个坐标轴来看看太空系统的发展问题。

系统所有者和出资机构位于**军用-民用**坐标轴上的某一点。这里采用的衡量标准是所有权和出资而不是用途。例如:道路可以供民用或军用卡车行驶,因此道路是两用的,但军事实体没有出资,这条道路

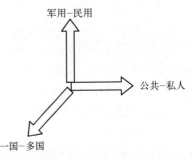

图32.4　太空系统所有权的三个坐标轴

也不属于军事实体。同理,也能发现许多完全由民用预算出资但用于军事用途的系统("伽利略""斯波特"5……)。除民用需求外,也可以发现许多特殊的军用需求,如密码编制和破译与安全任务分配,这些应由军队出资。因此,出资和所有权等级比用途的两用性更有说服力。

出资可以是**公私合资**。很明显,一旦有机会营利,私人投资便会涌入(欧洲航天政策:常见问题)。这与商业标识的存在是相联系的:终端用户可以是民用或军用用户,可以是私人或机构。因此,这一标准与终端用户的性质完全无关。

资产可以是**一国或多国资产**。这是由政府意愿(如参联会)或财政约束(如共同承担临时费用)引起的。当然,预算不足以支付整体系统的款项时,跨国合作可以帮助减轻负担。

可以通过采购部门(欧洲武器装备合作联合机构、欧洲防务局、欧洲航天局)或获得授权的单个国家("太阳神"卫星)开发跨国资产。

两用性是坐标轴之一,但这些坐标轴并不是完全独立的。因此,进行两用性分析不能忽略其他元素。

图 32.5 为各太空系统和项目的位置(相对位置仅用于描述说明,无比例尺缩放),私人-公共标准为横轴,民用-军用标准为纵轴,气泡大小表示参加计划的国家的数量。

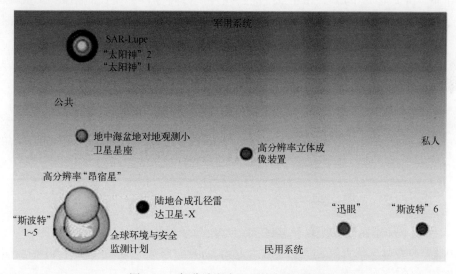

图 32.5　部分欧洲太空系统所有权情况

考虑到上述所有定义,很明显,当前不完全由军队资助和运营的高分辨率卫星一般都具有双重用途、接受政府双重管制、主要由公共资金资助。

32.5 "两用"系统实例

32.5.1 地中海盆地对地观测小卫星星座

意大利的 COSMO 项目始于 1996 年,研究光学和雷达成像太空系统(参见第 44 章"俄罗斯的航天发射项目")。1997 年该项目的 A、B 阶段开始,这两个阶段结束时,得出了一个重要结论:与国家可提供的财政支持相比,同时发展光学和雷达技术的成本太高。在这种背景下,意大利和法国政府在 2001 年签订了国际合作协议,同时造福了意大利和法国的两用用户;但这使意大利支持与法国光学计划合作的光学技术公司发展受阻,导致其共同活动受限。几个月后,法国国家太空研究中心和意大利航天局签订了谅解备忘录。2003 年 3 月,泰雷兹阿莱尼亚宇航公司获得了基于 4 颗 SAR 卫星的 COSMO-SkyMed 系统的研发、发射和运营合同。

COSMO-SkyMed 系统可以利用在约 600km 轨道上的 4 个航天器以 12h 为重访间隔拍摄地球表面任何一处的图像。以"昂宿星"为例,其测绘带宽达 20km。每天 COSMO-SkyMed 系统的每颗卫星以高分辨率模式能拍摄 75 张、以低分辨率模式能拍摄 350 张以上图像,因此,完整系统设计可以拍摄 1800 张图片(Lopinto、ASI,2006)。

该系统每颗卫星重约 1700kg,可储存多达 300GB 数据,数据传输速率为 300Mb/s。

意大利航天局预计 COSMO-SkyMed 系统约耗资 10 亿欧元,包括卫星建造、发射和地面段费用。最初,意大利国防部已经为 COSMO-SkyMed 系统投入了约 1.5 亿欧元,得到了 20% 的卫星观测时间。因此,COSMO-SkyMed 系统的所有权比例中约 25% 是用于国防目的。

32.5.2 "昂宿星"

法国"昂宿星"计划始于 2000 年,当时召开了多次研讨会讨论用户需求。2001 年,法国与意大利、意大利航天局和法国国家太空研究中心签订了两国协议。

2002 年 4 月,B 阶段研究开始,并进行了卫星的初步设计审查。2003 年 10 月,C/D 合约最终授予了欧洲宇航防务集团阿斯特里姆公司。

"昂宿星"每个航天器测绘带宽为 20km,基本地面分辨率为 70cm,其机载记忆系统能储存 600GB 数据以 450Mb/s 的速率向地球传送图像。其有效负荷可用功率为 1kW,重约 1100kg。

第一颗"昴宿星"卫星发射于 2011 年 12 月,次年发射了第二颗。西班牙国防部同意在该计划中占小部分股份,加上奥地利、比利时、瑞典的民用航天机构,"昴宿星"的"非法国股份"占整个计划的 10%~15%。

"昴宿星"计划用于为国防和民用/商用客户提供光学图像,预期耗资约 6 亿欧元——包括地面段和发射,费用全部由法国国家太空研究中心使用公用(民用和防御)研发预算承担。

"昴宿星"由军用和民用卫星运营商(来自"斯波特"图像公司前身——阿斯特里姆地理信息服务公司)运营,共有两个独立的地面段。军用要求拥有最高优先权,占有约 10% 的总需求(图 32.6)。

图 32.6 "昴宿星"拍摄的希腊雅典比雷埃夫斯港口上空图像截图
(版权所有法国国家太空研究中心 2012 年——阿斯特里姆服务公司/"斯波特"图像公司销售)

32.5.3 高分辨率立体成像装置

2002 年 4 月发射的法国"斯波特 5"卫星上搭载了开发成功的高分辨率立体成像装置(立体照相机)。开发这种装置的首要目标是实现数字高程模型(对防御十分重要),5 年("斯波特"5 的寿命期)内覆盖了约 1/5 的陆地($3 \times 10^7 km^2$)。

该装置成本约 2000 万欧元,由法国国家太空研究中心(46%)和工业部门(54%)共同承担。运营/销售成本(5 年约 3000 万欧元)由国防部(46%)和工业部(54%)共同承担。由于出口市场繁荣,5 年内达到了收支平衡。

由于数字高程模型性能很高(2002 年达到 2 级),法国当局制定了一系列数据政策规则以维持出口管制。

编程只由商用卫星运营商负责,全盘考虑军用要求、通用要求和纯民用要求,不过实际上似乎大多数要求都是通用的。

事实上,国防部和阿斯特里姆公司每三个月会召开一次会议,确定重要区域数字高程模型生成的优先次序和进度表。

32.6 卫星图像的用途

32.6.1 成像卫星:在安全领域有何用途

在过去的 10 年中,在欧盟委员会全球环境与安全监测系统(GMES)的服务范围内,若干研究和项目陆续启动,目的是确定和验证从太空观测地球对安全领域有何帮助。这些研究和项目由欧洲航天局和欧盟委员会使用 FP6 和 FP7 研发框架计划以及国家机构和政府(如法国内政部)资助。

安全领域通常(至少)包括:

(1) 保护公民。

(2) 保护基础设施和网络,食物和能源供应,交通安全。

(3) 边境安全,海上监视,移民控制。

(4) 危机管理,救援行动,自然灾害预警和监控。

(5) 国外安全行动,人道主义行动。

(6) 裁军控制,现场监控。

(7) 非法文化监测(阻止恐怖主义融资)。

上述任务都是极其艰巨的,无法靠单个系统完成。在全球环境与安全监测系统项目范围内,目前普遍认为与安全有关的任务包括:

(1) 支持边境监视。

(2) 支持海上监视。

(3) 支持在欧盟共同安全与防务政策(CSDP)范围内的欧盟对外行动(图 32.7)。

目前,国内安全任务主要由海关和警察进行,有些性能是对地观测卫星无法达到的,例如:

(1) 侦测、识别、辨认人物的分辨率。

(2) 持久性(随时且频率超过一天一次勘测某一点的能力)。

(3) 云间和夜间拍摄独立性。

即使现在只有无人机和飞行器具备这些性能,但针对一些很难或无法向荒

图 32.7 使用"昴宿星"卫星拍摄的图像

（追踪 2012 年 1 月被海盗袭击的 Enrico Tivoli 号）

芜区域上空发射监视飞行器的军事行动,卫星图像也可以提供有效支持,尤其是毒品走私和非法掘金或钻石开采、恐怖主义威胁等。

此外,发生突发事件时(如洪灾、地震、森林火灾等),超高分辨率卫星有利于进行形势评估和第一时间救援部署,这些任务也可以视为安全任务。

那么,在这些情况下,我们还能谈军民两用性吗?

当然能,因为防御领域有很强的特殊性,可以分辨出一个系统是否为两用系统。对每项任务而言,看是否有军人和/或军事手段参与是比较容易的。如果答案为"是",那么这个系统就是两用系统。

如图 32.8 所示,"安全"的界限可以画在"彼得堡"任务和非法文化检测的正中间。

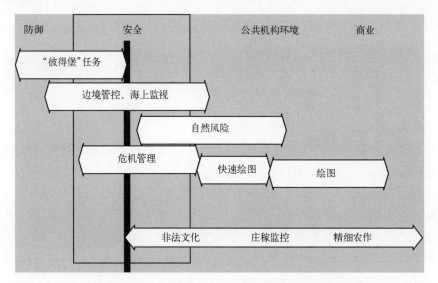

图 32.8 安全领域中部分与太空相关的任务的定位

32.6.2 成像卫星:在防御领域有何用途

从战略情报收集到作战,太空图像在军事领域的应用十分广泛。军用图像的用途如下:

(1) 战略情报收集(核活动监视,不可预见的军事活动的侦测,军备控制等)。

(2) 军事活动情报收集(军队定位、敌军活动侦察)。

(3) 环境制图(绘图,数字高程模型,城市地图,3D 模型等)。

(4) 巡航导弹导航。

(5) 目标定位(坐标、3D 模型)。

(6) 战损评估。

(7) 区域监视(海上、宽阔或不合作区域)。

(8) 活动侦察(海上、宽阔区域)。

这些军事用途对成像卫星提出了一些具体要求:

(1) 性能:一般而言,两用系统的最高性能是为军事用途保留的(最高分辨率、最佳定位、灵敏度等),这也就需要特定的数据政策和系统架构。

(2) 针对冲击、失效、干扰、拦截的鲁棒性:为确保安全和保密性,通常要求使用特定的链接、特定的加密算法,甚至特定的硬件。

(3) 应具备极高的可用性和响应性,因而要求多重冗余和特定的操作程序。即使太空图像在作战中经常使用,也会在某些情况下视为战略图像,因此需具备极高的可靠性。这也是军人不愿意只依靠商用卫星和供应商的原因。

32.7 两用性:作用何在

答案简单明了:寻求两用性是为了通过共享技术和/或共同开发和/或共同运营降低用户成本。

对与民用领域的协作必须尽可能深谋远虑,以优化共同利益领域的融资效率(French Finance Bill,2007)

如果军事预算足以开发满足军事需求的所有武器装备,那么这些武器装备将以纯军事模式开发,不具有两用性。如果民用预算足以开发满足民用需求的所有技术,那么这些技术将以民用或商用资金开发。不过,面对现实,为了减轻财政负担,为太空系统寻求多种资金来源确实是必要的。这是提高国家财政效率的一种正常趋势。

超高分辨率成像太空系统转变为两用系统的原因有两个:一是军事资源缩

水;二是超高分辨率成像卫星的高性能对执行安全任务非常重要。

32.8 如何实现两用性

两用技术: 就太空领域面临的问题而言,几乎所有必要的技术基本上都具备双重用途。当然也会发现几种罕见的专用于军事用途的技术。另外,所有民用技术本质上都是两用的。这是众所周知的,有时军队也会称太空技术缺乏直接投资,需使用民用技术。对航天发射和发射器技术而言尤其是如此。

共同开发/采购: 例如"锁眼"/"哈勃"或者更具代表性的,法国的"锡拉库斯"-2/"通信""斯波特"4/"太阳神"1、"斯波特"5/"太阳神"Ⅱ等。军用系统和民用系统的联合开发可分阶段进行,因为这样可以发现很多共同点。削减成本非常重要,许多设备、软件、程序和地面支持设备都是可以共享的。

两个项目的客户和行业组织和谐共处,降低未来可能无数的权衡和仲裁的难度。在"斯波特""太阳神"项目中,欧洲宇航防务集团阿斯特里姆公司负责为这两个项目做准备,而两个项目的一级客户都是法国国家太空研究中心。

资金来源没有冲突,不会因某个项目缺乏资金而妨碍另一个项目,否则将会导致致命的项目中断。

两用用途: 任何技术的终端用户都可以是民用或军事用户,因此这是最广泛也是最复杂的领域。"伽利略"和"昴宿星"就是两个典型的例子:这两个项目都是严格用民用资金开展的,而且众所周知它们是两用的,但不能称之为两用项目。

双任务系统: 指自始至终由联合团队研发、来源于军民共同资助、拥有共同的行业组织、最终由两个独立机构运营的系统。最好的例子是 COSMO-SkyMed系统。

有了上述这些定义,我们就能换一些说法:

(1)"斯波特"4 或"斯波特"5 是与军用项目相关的、两用用途的民用项目。

(2)"斯波特"4/"太阳神"1 和"斯波特"5/"太阳神"2 是双任务项目。

(3)"昴宿星"是一个两用系统也是一项两用计划。

(4)COSMO-SkyMed 是双任务系统(两用系统和两用项目)。

(5)"地球之眼"是一个特殊的两用项目(由军队资助、私人公司研发、后续针对安全/防御任务将图像商业化)。

32.9 防御和安全方面的两用性：有何阻碍

32.9.1 军民领域不同的理念对比

欧洲不同国家的市民与军事行为体的关系是不同的。

在法国，军事行为体不但执行军事任务，还执行安全和突发事件任务。法国海军负责一部分海上安全任务。特别是帮助海关或警察执行安全任务。"国家宪兵队"虽然是一个军事组织，但隶属于负责市民和警察安全的内政部。所以，在法国，军事资产对民用、安全、警察任务的用途确实是得到了充分理解和认可的。

在德国，宪法规定得十分明确：德国军人不得参与任何警察任务。毫无疑问，这是德国人很难想象军用卫星（如"SAR-Lupe 合成孔径雷达卫星监视系统）还可用于民用安全任务的原因。

目前，法国和德国是欧洲参与空间活动最大的两个国家，对军用设备两用性的态度不尽相同。

国家公民与本国军队之间的关系对于两用性，尤其是高分辨率地球观测系统而言特别重要。

32.9.2 资源共享

卫星资源共享面临的主要困难一般只发生在危机时刻和一定的领域。假设危机爆发，需要卫星的部分能力。在剩余的时间，如果图像既不是国防机密也不是秘密，防御和安全领域资源共享就不存在大的困难。

主要有如下三类危机。

32.9.2.1 战争和军事作战等

发生战争（2003 年伊拉克战争）或真正的军事作战（2011 年利比亚战争）时，每个人都很清楚，卫星拍摄的作战领域上空的图像是用于军事目的，为防御行为体所用。即使非防御应用（如农业）是优先任务，在危机发生前就已经规划好，一旦危机爆发，这些任务都是可以"重新计划"的，即使在最后关头任务计划也可以修改。

卫星运营商（无论是商用、两用还是军用）由军事行为体分配任务，并主要向其输送信息。这里存在明显的责任链：军队负责作战，拥有最高优先权。

32.9.2.2 突发事件、地震、人道主义危机等

发生安全危机时（火灾、地震等），图像先传送至安全行为体，不能共享的军

用卫星拍摄的图像除外,这也是目前的惯例。这样做通常是出于数据的机密性,但这种共享没有常态化。很多国家的军事行为体也会面临这种危机,他们经常向军用或双用系统运营商提出需求,要求拍摄作战区域上空的图像。在这种情况下,视卫星为两用系统时,其用途会发生某种冲突。然而,这种冲突的解决结果可以是双赢的。卫星运营商很容易针对需求进行公共化,而对军队而言,他们需要的图像也是安全行为体(军队对安全行为体负责)需要的。同样,对安全行为体而言,很明显,派来支持自己的军队需要获得信息。这里存在明显的责任链:"安全"(通常是民事的)行为体负责作战。

32.9.2.3 可以触发战争或军事作战的危机的发展

发生国际危机时,如 2012 年叙利亚战争,谁需要获得卫星图像的优先权尚不明确。直到决定发起战争或军事作战前,许多负责突发事件和安全的民事行为体有权要求获得这些图片。但军人必须准备作战,完全有权要求卫星任务的优先权。此外,不同的情报行为体之间(既可以是军事的,也可以是民事的)明显会展开权力博弈,希望能率先向各自的政权提供优质图像或情报。当然,在这种危机发展的时候,防御和安全行为体之间就会产生冲突。这时候通常会用到卫星归属者这一标准。解决冲突需要最高层逐个情况进行。成像卫星再次成为战略资产,用作政治工具。防御和安全行为体将根据政治人物及卫星图像终端用户和运营商(军用、民用、商用卫星运营商)的意愿和了解程度共同使用图像。但危机尚未发生,责任在于谁接受了防御和民事行为体的输入并将其用于安全用途,行为体各司其职。在卫星寿命期间,95%的情况下防御和安全行为体之间产生的资源冲突可以采用双赢的方式解决,但它们之间仍然会产生一些较大的资源冲突。剩余 5%没有解决的冲突是将卫星图像用作战略资产的政治意愿的结果。实际上,这是 20 世纪中叶人类发明卫星图像的原因。

32.10 结　论

综上所述,显然高分辨率卫星图像不仅对情报具有战略价值,而且对军事用途(如任务准备、目标锁定、战损评估及环境制图和绘图)具有战略价值。因此,国防预算将继续投资这些工具和服务。

同样,很明显的是:用于边境监控、外部行动支持、自然灾害(如洪灾、地震等)安全用途时,也需要高分辨率卫星图像。我们还能预测,如果未来这种卫星图像的分辨率能达到航空图像的分辨率(10~20cm),那么这些图像对国内安全应用也会十分有用。

确实,高分辨率成像卫星的安全和防御需求只有细微差别。

在此之前,军队承担其军用卫星费用,安全行为体只使用性能有限的商用卫星。现在,很明显相关的国防预算可能不足以再继续支持高性能军用成像卫星。与此同时,已经证明民事安全行为体使用高性能成像卫星可以获得作战利益,但它们没有单独建造这种卫星的预算。所以,可以通过不再建造军用卫星而是建造两用卫星来实现协同工作。

这开启了资助这种系统的两种可能:

(1)国防部与负责安全的部门合作资助。

(2)双重模式资助:以军队资助为主,安全和其他方面则以商业资助为主,以获得新用户,降低总成本。

这样,无论资助方式如何,在笔者预计的不超过5%的少数情况下,防御和民事安全行为体之间会产生冲突,冲突的原因主要是政治和战略。发生这种情况时,希望获得优先权的一方需要支付费用。如果是商用卫星(如"斯波特"6),则可以通过提高优先权任务分配的价格实现。也可以在建造系统时将优先权赋予用户之一(例如法国国防部对"昂宿星"采取的行动)。如果是国防部资助的商用卫星,则可以通过使用主要客户权来实现。

无论出于何种财政和军事原因,很明显,某些国家的态度甚至宪法均不支持在保障平民安全方面使用军事手段。

在笔者看来,未来数年欧洲有很大的选择余地。法国光学太空器件卫星(下一代"太阳神"产品)和SARah卫星(下一代"SAR-Lupe合成孔径雷达-卫星监视系统"产品),我们拭目以待。笔者猜测法国"光学太空器件"之后的卫星都将是两用卫星。

参考文献

2007 French Finance Bill. Defense, environnement et prospective de la politique de defense. n3367 tome II,12. 10. 06.

European Space Policy. Frequently asked questions. http://ec. europa. eu/comm/space/faqs_en. html#5

Florinini AM. The opening skies

Lopinto E, ASI (2006) Overview of COSMO system. In: ASI-JAXA symposium on space technology. http:// dmss. tksc. jaxa. jp/dmweb/themes/original/images/06_lopinto. pdf

Risen J (2012) A military and intelligence clash over spy satellites. New York Times,19 April 2012

第33章 军用卫星通信

路易斯·蒂莉

国防部联合太空司令部,法国巴黎

33.1 引　言

电信通信的发展一直影响着战场态势,且近期发展速度加快。1853—1856年克里米亚战争期间,军队利用电报协调各项行动和报告政治实力。1905年,日本海军上将东乡平八郎获得了有关俄罗斯舰队各项行动的详细情报,从而赢得日俄对马海战的决定性胜利。1940年,坦克与飞机精诚合作,为德国部队及装甲师创造有利条件。以上三个案例表明,如果战争一方能够比另一方更好或者更早地利用电信通信,那么总能获得从战术到战略层面的有利条件。

第二次世界大战研究计划开启了航天通信成为现实的大门。微波与火箭这两大领域获得了长足发展。如果将两者巧妙结合,人类将向前迈出重大一步,从而有望利用航天通信实现太空防御(Maral 等,2009)。

通信卫星常具有军民两用特征,因此早期的通信卫星被视为传送一些关乎公共利益信息的民用卫星。第一颗人造卫星"斯普特尼克"(1957)、第一颗通信卫星"斯科尔"(1958)及第一颗电信通信卫星"TELSTAR"(1962)均能传送信息、转播电视节目、提供电话通信服务等,如"斯科尔"卫星就向全世界转发了美国总统艾森豪威尔的圣诞问候。进一步讲,美国 DARPA 的前身先进研究计划局(ARPA)就是"斯科尔"项目的一部分。该卫星由美国空军弹道导弹局发射,从而加速了作战专用军事通信卫星的发射,例如,1962 年开展的"初期国防通信卫星计划"(IDCSP)在 1966—1968 年完成了 26 颗卫星的发射。此后,许多国家发射了军用通信卫星:1965 年苏联发射"闪电"卫星,1969 年英国发射"天网"卫星等。法国发射的"交响乐"卫星,甚至连驻扎在耶路撒冷伊斯梅尔与联合国总部日内瓦地区之间的联合国维和部队在执行联合国第二紧急部队使命期间(1973—1979)也使用了这颗卫星。1985 年,法国发射了 TELECOM 1 卫星,向"锡拉库斯"(SYRACUSE)系列迈出了第一步。

目前,约有 60 个国家与政府联盟使用卫星来实现防御、安保与民事目的。

通过美国 1960—1980 年的卫星计划,可以很好地了解卫星的不同用途:

（1）通过国防卫星通信系统（DSCS）实现持久通信（美国国防部）。

（2）通过空军卫星通信系统（AFSATCOM）实现高生存性战略用途（美国空军）。

（3）通过舰队卫星通信系统（FLEETSATCOM）实现战术用途（美国海军）。

上述计划体现了对防御的主要需求。第一要务是将战略用户与前线用户（如作战指挥部与海军舰队）相结合。而在结合战术用户方面，主要受到技术发展水平的制约。第一批搭载卫星设备的战术装备为海军舰队，也是唯一能够安装大型天线的装备。目前，卫星天线与卫星板能够安装在飞机、无人机、车辆甚至便携式装备上，在作战运用上有了大的变革。

33. 2 传统无线电通信的局限

部队面临的首要问题是如何在战场上克服距离问题。传统的无线电通信始终依赖于地球的球状特性与大气。

特高频（30~300 MHz）和超高频（0.3~3GHz）通信受视线约束。直接无线电波能够在一段可预测距离（按如下公式计算）上传播：

$$D = 2.2\sqrt{(h+H)}$$

式中：D 的单位为 n mile，h、H 分别为发射天线与接收天线的高度（m）。例如，法国老式"克莱蒙梭"航空母舰的天线海拔均在 25m 以上，能够在 14n mile 范围内与其护卫舰、驱逐舰（天线高 15m）保持联系，每日航行 600n mile。

另一种方案是采用高频至超低频范围内的较低频率，因而依靠的是电离层折射。但此方案存在三大局限：

（1）从理论上来说，通过折射能够让任何地面站接收任何其他地面站的信号。但实际上传播条件是不断变化的，这取决于影响电离层折射能力的不同周期（日周期、季节周期及太阳黑子的 11 年周期），因而难以设定在某一稳定频道上。

（2）在低频（尤其是 30~300kHz 低频及 3~30kHz 超低频）传输信号的设备大小妨碍了与战术及移动设备的双向通信。例如，潜艇通常能够接收超低频信号，但难以在上述波长范围内传回信号。

（3）由于可利用的带宽较小，因此可传递的信息极为不足。10kHz 频道在 1s 内可传输几十千比特，这对于频谱效率而言是相当不错的，却无法满足情报、监视与侦察（ISR）系统和网络中心战（NCW）日益增长的需求。

正是因为传统无线电通信有上述局限性，各国军方将卫星通信作为备选方案。

33.3　特定防御需求

33.3.1　频率:备受觊觎的稀缺资源

自 1865 年在纽约成立国际电信联盟以来,各国政府争先恐后地利用无线电频谱满足防御需求。防御、安全或政府专用波段一直是各国所面临的重要问题。目前,卫星通信频率分为军用和民用两种。某些波段(C 波段、L 波段)由商业企业专用,某些(X 波段)属军事专用,还有一些分为军用和民用波段(北约国家的 Ka 波段)。

频率分配表可在国家层面上转换成国家频率分配表,因此,某些国家就有可能对部分频率的使用加以限制,用于满足自身的防御需求。例如,北约国家保留了部分超高频和 Ka 频率以满足防御需求,但并非所有国家都采取这一做法。

表 33.1 简要概述了法国卫星通信的可用频率,可以看出一个欧洲国家和北约成员国是如何使用无线电频谱的。

表 33.1　民用、军用与共用总带宽(MHz)

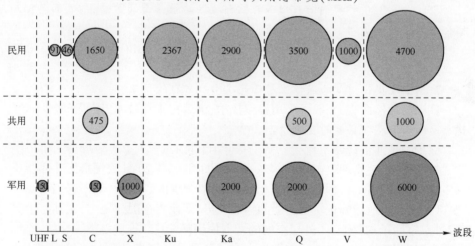

目前,军用系统主要采用 X 波段,某些特定用途以及在极少情况下使用 Q 波段(也称为极高波段)。为应对不断增长的传输速率需求,应该提高目前在用波段的频谱效率,或采用新波段(Ka 波段和 Q 波段)。

33.3.2　加固卫星通信

即使在恶劣的环境条件下,卫星也要提供服务,这就使相关要求更为严苛,

通常来说军事要求包括:

(1) 核加固卫星;

(2) 抗干扰能力;

(3) 受保护遥控/遥测和测距;

(4) 抵御网络攻击;

(5) 保护通信秘密。

这些要求覆盖范围广泛,并非所有国家都会满足。

例如,核侵略既影响卫星本身,又影响通信服务。1962 年,苏联在哈萨克斯坦上空实施了三次核爆炸,爆炸产生了高空电磁脉冲(HEMP),在几分钟内对波段产生电离作用,从而影响了卫星(太阳能板)及所有无线电通信。通常而言,国家期望能抵御并反击核攻击,并进而拥有核威慑力,就会寻求发展核加固卫星。但对于非核国家来说,这样就意味着能够更容易地拥有核武器或拥有能够产生电磁脉冲(EMP)的武器,它们也许会寻求发展核加固卫星。

其他要求应当是基本要求,因为这是任何国家甚至是恐怖组织可能面临的非对称威胁的应对方案。近几年的新闻一直报道某些针对专用卫星运营商所实施的干扰,主要发生在伊朗或叙利亚等国家。

法新社新闻:2012 年 10 月 18 日

伦敦——BBC 称其周四在中东与欧洲地区的服务遭到蓄意干扰,而其他广播公司的服务也受到了来自叙利亚的干扰……

英国广播公司称,欧洲通信卫星受到的干扰影响了 BBC 英语及阿拉伯语的电视广播服务。

法国卫星提供商欧洲通信卫星称此次干扰来自叙利亚。

就国防通信而言,一般可采用移频技术、机载抗干扰技术、密码算法以及干扰器定位等方法在必要时实施反击。

保护卫星通信链路不仅包括针对频谱(干扰)或软件(网络攻击)的攻击。除了核爆炸之外,物理攻击也不容忽视。2008 年 2 月 20 日美国摧毁了本国一颗卫星,这就证明了物理攻击是可行并且成本合理的。因此,如不进行详细研究,则无法消除地球静止轨道遭受的物理攻击,即使当今国际规则,尤其是 1967 年《外层空间条约》限定了外层空间的武器使用。

由于存在影响任务、客户与解决方案的各种具体要求,因此,发展军事卫星需要付出一定代价。从卫星设计到运营的过程是最受保护而且持久的,且随着军事行动对卫星通信的依赖日益加深而愈发明显,这也是在发展任何军事卫星时进行的威胁分析的一部分。

33.3.3　通信的随时可用性

从正常状态到危机状态的转变速度与设计和构建卫星的速度毫无可比性。

商用卫星编队不断应用最新的成熟技术，而军事通信卫星则不一样，一般每隔10~15 年更新一次。采办应能预测接下来的技术突破，甚至预测其将要达到的下一级性能水平，这是漫长而复杂的过程。一个国家的战略愿景与政治雄心受军事使命与能力(如海陆空系统、通信系统)的制约。对于运行期为2020—2035年的通信卫星而言，采办应能预见中期(2027 年)的需求，以及可能出现的技术风险。卫星能够灵活地适应不断变化的世界，因为军事行动存在一定程度的不确定性。这种灵活性是每个国家要求的主权的一部分，能够确保随时随地在急需通信的突发情况下进行干预。

在极短的时间内做出干预决策。"911"事件发生四周后，美国海军首次攻打阿富汗。在马里，法国总统朗索瓦·奥朗德一声令下后的几小时，首批部队就登上了飞机。以上两个实例体现了对卫星通信需求的迅速增长。之所以能够如此，是因为提前 15 年就对系统能力进行了界定，并且通过作战反馈不断进行优化与调整。最终，在不论何时何地做出政治决策后，这些系统便能不受任何时间约束地投入使用。

33.3.4 采办方案

反复出现的问题是上述系统是否应为国家所有或是否能以服务形式出租？若出租，如何确保可用性？这是目前陆军参谋部与采办机构面临的主要问题。

卫星通信系统的采办遵循两大主要方案：一是沿袭采购，这是主要采购方案；二是私人主动融资(PFI)，即私营企业进行系统的建设和运营，向政府收取费用回收成本。此外，基于航天通信的整体需求，通常除了军事卫星外，还通过商业合同来进行补充。过去 10 年，随着无人机与成像技术的广泛使用，美国允许商用卫星运营商大量使用商用带宽。2010 财年，美国国防部分别为军用卫星通信与商用卫星通信耗资 9.6 亿美元和 6.4 亿美元，支出比例为 60/40。

因此，按照通信卫星的这种互补特性，可以将通信卫星分为三类：

(1) 国家武装部队专用的核心加固卫星通信系统，随时可用并能对抗干扰、高空核爆、网络攻击及物理攻击等，又称为军事卫星通信系统。

(2) 根据民用标准建造但属于政府专用的受保障卫星通信系统，根据作战需求投入使用，又称为军事卫星通信系统或政府卫星通信系统。

(3) 国家机构向民用卫星运营商采购的商用卫星通信系统，只使用民用波段(无人机使用 Ku 波段、BGAN 等小型终端设备使用 L 波段)，又称为商用卫星通信系统。

上述三种系统提供的服务通常表示为三个同心圆，如图 33.1 所示。

在加固卫星通信系统与纯商购卫星通信系统之间寻求最佳平衡一直以来

都是一个难题,需要进行公开与私下的游说活动。目前尚无适用于所有国家的统一模式,不同模式适用于不同方案。因此,各国政府与采办机构在不同策略的取舍之间备受压力。商用卫星通信系统依靠的是商用带宽与预期的成本效益,无法确保可用性与鲁棒性,不利于施加政治意愿进行干预(如1991年,伊拉克上空面临带宽饱和,中东地区的防御需求与媒体需求形成竞争)。加固卫星通信系统依靠的是军用装备,能够确保使用加固带宽,尽管其预期成本将会较高。

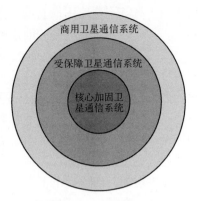

图33.1　通信卫星分类

目前的各种经济模式都试图通过多方参与的方式优化投资,比如直接参与其他国家的计划(如澳大利亚、荷兰或丹麦参加宽带全球卫星通信系统计划以换取服务使用权)或直接向其他行为体出售部分过剩能力(如 Paradigm 或 Hisdesat)。

现在回顾美国的例子:

(1) 通过6颗总价值69亿美元的先进极高频(AEHF)卫星提供核心通信能力。

(2) 通过宽带全球卫星通信系统(WGS)提供受保障通信能力,其中价值60亿美元的8颗卫星由美国出资,2颗卫星由部分盟国(澳大利亚、加拿大、丹麦、卢森堡、荷兰及新西兰)出资。

(3) 移动用户目标系统(MUOS)满足了对战术通信能力的需求。

(4) 商用卫星通信系统由运营商购买。

上述支出未考虑用户终端计划、系统及网络,目前主要由海军部队专用的海军多波段终端(Q、Ka 及 X 波段)和陆军部队专用的陆军多波段终端(X、C、Ku 及 Ka 波段)计划提供资助。

33.4　卫星通信为网络中心战提供保障

33.4.1　网罗所有装备

如果自20世纪60年代以来,军队一直对卫星通信有着迫切需求,那么在网络中心战理念孕育而生的近20年,这种需求更为明显。有关网络中心战的《指挥与控制研究计划》(CCRP)一书中就谈到了其中一种基础理论,此书详细介绍了信息优势概念及其所需的先决条件。梅特卡夫定律指出,网络的价值与其连接的系统用户数量的平方成正比(n^2)(图33.2)。

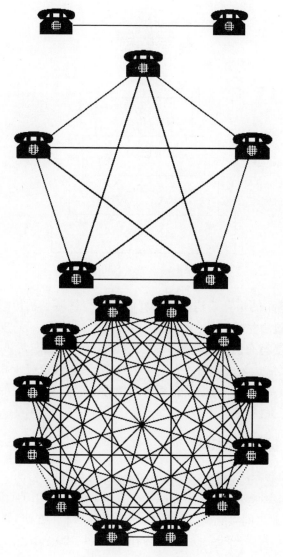

图 33.2　梅特卡夫定律

　　如将上述节点联系起来,就需要在它们之间建立通信,并且考虑装备各不相同的外形、自主性及运行速度。其目的是建立并共享相关、准确而又及时的信息,从而获得"信息优势"。信息优势分为两个方面:为友方获取信息;防止敌方获取信息。后者阐释了对加固通信系统的需求,前者需要的是一种信息架构,可将其视为相互通信的门槛。卫星通信系统是超视距(BLOS)信息架构的关键资产,也是唯一能够提供远程高数据速率链路的系统。

　　如图 33.3 所示方案介绍了信息的处理方式。

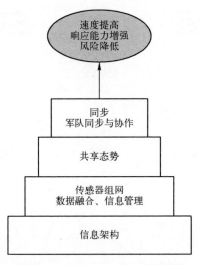

图 33.3　以网络为中心的信息架构

支持通信链路的信息架构能够网罗海、陆、空领域各种传感器并且生成通用图像,图像通过力量倍增器(无人机、太空资产、特种部队等)实现增值并在用户之间共享,最终将有助于增强盟军的实时合作与协同,提高部队速度、响应能力与效率。这个信息架构如何建立是一个主要问题,其依赖于相辅相成的传统无线电通信与卫星通信。当今信息领域的两大发展趋势数据速率与机动性,现代卫星通信均能提供。

33.4.2　提高数据速率

在新技术和新应用(表 33.2)的推动下,人们对数据速率的需求不断增加,据估计每年增加 10%~20%。较之欧洲—北美(2000—2010 期间,年增长率约为 40%)或欧—亚之间海底电缆所用数据速率的增长(近期每年上涨 1 倍)而言,该数据还是非常合理的。图 33.4 为在 2013 年 100 参照值的基础上分别增加 10%、15% 与 20% 的需求。

表 33.2　新技术与新应用

资　　产	过　　去	现在及未来
海军舰队	无线电话音通信系统、战术数据链路(数据图)及电报	通过 IP 网络交换数据(作战与后勤信息系统)
		传感器组网与原始数据交换
陆地武装	单人可携带无线电通信装备(话音)	士兵与装甲车的数字化
	高处使用无线电中继站	卫星通信系统无线电扩展,提供动态通信(如美国的士兵网络扩展、法国的 VENUS)

（续）

资　　产	过　　去	现在及未来
空中武装	机载无线电通信系统（话音、数据链路、战略部队与运输部队电报）	嵌入式传感器组网
		传输全动态视频（无人机）
太空资产	无	图像需求随着图像分辨率的提高而增加

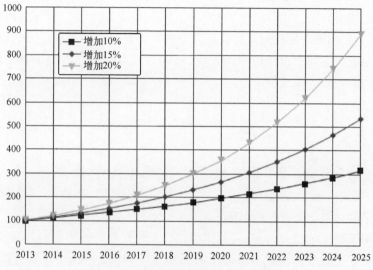

图 33.4　数据速率的需求增长示意图

正常斜率约为 15%，有重大突破的节点一般是通过四项主要发展的推动，分别为无人机装备、成像设备（卫星）、资产的数字化（士兵、海军、空军）和网络与作战信息系统互连。

2011 年美国拥有的无人机情况是 165 架"捕食者"和 73 架"死神"，它们所需的大带宽只能通过较高频率（如 Ku、Ka 波段）提供，因为低频带已趋于饱和。例如，第一颗 WGS 卫星（形象地称为宽带填隙系统）为美军提供了比整个国防卫星通信系统星座更大的通信量。每颗 WGS 卫星的通信量为 2.4Gb/s，转发器带宽为 125MHz。当前已有 10 颗 WGS 卫星纳入发射计划并将有望降低美国对商购带宽的依赖性。

同时，法国和意大利也期望通过 Ka 波段的 ATHENA-FIDUS 卫星合作来获得接入更高频的额外带宽。

33.4.3　提高机动性与作战速度

提供动态通信也是一大发展趋势，其直接影响着作战速度。主要影响是通过传感器(视、听)与效应器(武器)组网来提高作战速度。根据美国空军上校约翰·博伊德的理论,加快观察—调整—决策—行动(OODA)流程,可以获得信息优势,提高响应能力。

这一发展的主要影响是将卫星通信资产从战略层(指挥部之间)延伸至基层,进而直达山谷中的每一名士兵,以便与其他士兵(徒步或机动行进)进行数据交换或者寻求空中支援。自1990年耗时三天完成空中作战规划与支援的第一次海湾战争以来,人类在作战时间差上已向前迈出重大一步,而后在阿富汗战场上,士兵们冒着枪林弹雨后仅用几分钟就能获得空中支援。士兵能够通过卫星通信设备立即上报任何艰难处境,借助长期盘踞的无人机探查危情,随后获得任何形式的部队支援。

33.5 结 论

卫星通信系统是提供某些指挥、控制、通信、计算机、情报、监视与侦察(C^4ISR)能力和整合传统作战效应器(坦克、飞机、军舰)效能的主要装备,也是所有军事通信与信息系统的基础。

卫星通信系统受三大主要特点的影响:①需要抵御各种袭击并在任何情况下提供受保护通信。军事卫星通信需要强有力的保护框架。②需要应对剧烈变化的作战部署条件(地理、环境以及大多数情况下的作战条件)。与需要空中支援的地面作战(如2013年年初的马里之战)相比,海上与空中作战(如2012年年初的利比亚之战)无需相同的体系结构与特性。通信卫星需要具备较强的灵活性以适应战争与作战行动的不确定性。③若无法为政治意愿保驾护航从而维护国家主权,那么军事装备将一无是处最终消亡。唯有军事卫星能够满足上述三大要求。

因此,通信能力具有极大的战略意义和较高的技术性。同时,通信能力涉及政治意愿、战略愿景、强大的工业能力以及全面的作战反馈,最终建立稳固的指挥结构,实现联盟。此外,它还能将最准确的信息下传至正确的战术层,上传至政治决策层,为信息所有者创造有利条件。正是通信能力实现了一致性并成为利用其他能力的基础,是意在发展通信的国家的不二之选。

参考文献

Maral G,Bousquet M,Sun Z(2009) Satellite communications systems,5th edn. Wiley,Chichester

UN:http://www.un.org/en/peacekeeping/missions/past/unefii.htm

SYMPHONIE：https：//en. wikipedia. org/wiki/Symphonie

US Space Strategy

http：//www. losangeles. af. mil/shared/media/document/AFD-060912-025. pdf

http：//en. wikipedia. org/wiki/Line-of-sight propagation

these sur la HF http：//ethesis. inp-toulouse. fr/archive/00000180/01/florens. pdf

http：//ntrs. nasa. gov/archive/nasa/casi. ntrs. nasa. gov/19640018807 1964018807. pdf

http：//www. fas. org/sgp/othergov/doe/lanl/docs1/00322994. pdf

http：//en. wikipedia. org/wiki/High-altitudenuclear explosion

Sources：

http：//ntrs. nasa. gov/archive/nasa/casi. ntrs. nasa. gov/19640018807 1964018807. pdf

http：//www. fas. org/sgp/othergov/doe/lanl/docs1/00322994. pdf

http：//en. wikipedia. org/wiki/High-altitude nuclear explosion

Metcalfe figure（source：Wikipedia）

Source：Network Centric Warfare by David S. Alberts，John J. Garstka，and Frederick P. Stein ｜ 1999

第34章 军民两用卫星通信

让·弗朗索瓦·比罗

欧洲通信卫星公司,法国巴黎

随着卫星通信带宽与服务需求的不断增加,军事机构正在制定应对计划。近期军事行动的经验表明,商用卫星运营商能够有效地提供所需通信容量与服务。军用与商用卫星的产量即将达到新的平衡,这一点是所有高层决策者必须考虑的,不仅仅是美国和欧洲国家,国防与安全组织(如北约与欧盟共同安全与防务政策机构)的决策者也必须认识到这一点。

34.1 引 言

在 2011 年迪拜国际空军首脑会议上,法国空军参谋长帕洛梅罗斯将军表示:"规划人员估计,在无人机执行多重任务时,往往需要远程同时操作多个飞行器,因此,对高带宽的需求极为迫切。每秒大约需要 20Gbit 来应对无人机不断增加的情况,这一速率远远超过了当前卫星通信链路上的 Ku 波段可用带宽。在我看来,Ka 波段是一个不错的选择……行业内应该配备 Ku-Ka 双波段天线,既能受益于 Ku 波段的完善性,又有望获得 Ka 波段带来的潜在效益。"

帕洛梅罗斯将军的这番话让人感受到,军事规划人员与决策者日益重视和关注卫星通信技术领域的最新进展,以及他们将如何构建行业的新型关系模式并与卫星运营商脱离。

由于北约打算暂停其在阿富汗及其他地区(伊拉克)的军事活动,因此通信卫星(SATCOMS)运营商在预测公司军事需求相关活动的发展前景时会表现得非常谨慎,但他们还是十分清楚地认识到了上述变化。因此,在参加迪拜会议后,欧洲通信卫星组织(Eutelsat)、欧洲卫星公司(SES)、国际通信卫星组织(Intelsat)、国际海事卫星组织(Inmarsat)以及阿斯特里姆服务公司大多认为,2015年之前,减少使用商业服务来满足军事卫星通信需求是一种"零风险"或者"低风险"的做法(Euroconsult Conference,2011)。这种极为一致的看法表明,所有运营商都已明白了此处传达的关键信息:西方国家的军事力量与国防机构将比以往任何时候更加依赖于通信卫星的商业设施与资源,并且商业服务与通信容量是满足军事上对"带宽迫切需求"的必要因素。

但是,在市场服务及通信容量与更传统的所有权观念之间达到新的平衡将是一个漫长的过程。在市场拉动力与军事推动需求之间建立新型联盟关系是一项极具挑战性的工作,但西方国家的军事力量与安全机构(如海岸警卫队、"宪兵队"、边防部队等)完全理解,科技的领先只有在其提供更高效、更恰当的服务与能力时才有意义。由于商用卫星具有在同一数字化信息流中合并数据、文本、图像、地图、视频等内容的能力并且商用卫星运营商满足最严苛要求(便捷性、可用性、灵活性、受保护)的能力不断增强,因此,军事与安全通信需求范围明显扩大。这两大发展趋势将大大改变常规工作流程,并且更凸显利用商用卫星运营商满足军事安全需求的重要性。当然,也意味着,这些运营商将不断调整自身的组织机构与工作流程,以确保能够持续可靠地为军事与安全机构提供通信能力与服务。

随之而来的挑战是,在市场规律与军事安全需求及军事机构之间建立新型联盟关系,以最具效费比通信卫星资源,支持长期、远程、高要求的作战要求。毫无疑问,在预算吃紧时,维持上述形势的前提是,证明其能够合理地将投资额(资本支出)中的有限资源重新分配到运营成本(运营支出)。但这种转变不包括所有军事需求,且上述新型联盟关系的建立需要建立在"刚性核心"军事需求与其他需求之间的平衡上,前者主要由专用军事通信卫星满足,后者主要由商用通信卫星满足。

34.2 对带宽的迫切需求

军事专家提及对卫星通信的未来需求时,都会谈到"对带宽的迫切需求",这主要是两大关键的持续变化造成的:

(1) 支持高强度和大规模作战行动所需的信息流。这种作战行动通常涉及数十台甚至数百台各种各样的武器装备(例如地面移动设备、炮台、战斗机、水面舰艇与潜水艇、无人机、指挥控制中心;甚至在不久的将来出现的地面单架战斗机),根据观察—调整—决策—行动流程在极具挑战性的作战环中实时共享准确信息的需求正在呈指数扩展。

(2) 能够管理此类复杂流程的网络需要以卫星为核心的体系架构,因为:①只有这样才能提供足够的覆盖范围,为长期远距离作战提供保障;多数情况下,应辅以机载预警和控制系统(AWACS)。②这种网络结构在安全条件下向固定与移动装备传输大量信息的能力不断增强。

近期军事行动(伊拉克、阿富汗、利比亚战争)的经验表明,带宽已明显不足。美国与北约的武装部队在前期军事行动中就遭受通信容量限制,纷纷"抱怨"当前通信容量的局限性(图34.1)。某些情况下,需要利用商业卫星通信容量支持高度敏感作战,这也证明了,尽管其性质特殊,但这些商用卫星的通信容量是承受需求高峰所必不可少的条件。

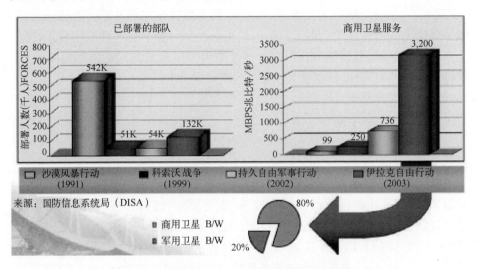

图 34.1 近期军事行动对商用卫星服务的需求

因此,各部队正在寻求频谱的替代品以满足其快速增长的需求:

(1) Ku 波段与 C 波段的商用卫星通信容量趋于饱和。

(2) 军事卫星通信容量,尤其是 X 波段的通信容量优先用于核心固定通信,在高机动终端与高数据速率方面表现不佳。

因此,军队期望利用 Ka 波段来满足其不断增加的带宽需求。新的 Ka 波段的军事卫星通信容量和商用卫星通信容量将共同发展。

毋庸置疑,在未来几年里,向 Ka 波段转变的发展趋势源自无人机(UAV)、甚小孔径终端(VSAT)与动中通信(COTM)产生的不断增加的需求。就无人机而言,只能在 Ka 波段而无法在 Ku 波段上达到 100Mb/s 以上的数据速率。Ka 波段终端同时具有更小而扁平的优点,更适合于军事应用,尤其是 VSAT 与 COTM。

UAV、COTM 与 VSAT 装备对通信容量的需求估算如下:

(1) "全球鹰"或"捕食者"等无人机需要 0.5~1.5m 的天线接收 50~150Mb/s 的数据。

（2）战术 VSAT 需要 1~2.5m 的天线接收 2~20Mb/s 的数据。

（3）COTM 需要直径小于 0.5m 的天线接收 0.5Mb/s 的数据。

将 Ka 波段用于政府、军事与安全领域似乎是满足"对带宽迫切需求"的最佳方案。卫星结构方面的科技发展，例如根据可动点波束（如阿斯特里姆服务公司制造的传输流量可达 90Gb/s 的 Eutelsat Ka 波段卫星）研发高通量卫星以及性能更为强劲的通用终端，能够确保基于当前 Ka 波段的发展成果提供更多带宽与更高数据速率。

34.2.1　欧洲、中东、非洲与南亚（EMEA&SA）地区因无人机产生的通信需求

目前的估计数据表明，2010 年有 300 架无人机在役，2020 年，利用各种频段的无人机将约有 800 架（其中美国无人机占 80%）。2010 年使用 Ka 波段的无人机数量为零，但 2020 年，这一数据将升至 550 架。

2010 年与 2012 年无人机的平均通信量速率分别为 5Mb/s 和 10Mb/s；2020 年，该速率将升至 100Mb/s 以上。根据以上数据，2015 年，EMEA&SA 地区因无人机产生的军用 Ka 波段带宽需求将达到 1Gb/s，2020 年，将超过 7Gb/s。

就美国而言，如果退出伊拉克与阿富汗，将意味着美国在轨装备数量减少，但带宽需求并不会减少：轨道数量（1 条轨道＝4 架无人机）从 2010 年的 44 条增至 2012 年的 58 条。据估计，2013—2015 年，将上升至 65 条，自 2015 年后因撤军而开始下降，2016 年为 61 条，2020 年为 44 条。但每架无人机的带宽将从 2010 年的 15Mb/s 增至 2016 年的 60Mb/s，2020 年将达到 80Mb/s。

无人机的研发和运营由美国国防部负责且所有。美国官方估计，2013 年和 2022 年，高空长航时（HALE）与中空长航时（MALE）无人机数量分别为 445 架和 645 架（美国年度军机保有量）。每架无人机的通信量速率将从 2010 年的 5Mb/s 升至 2020 年的 105Mb/s，并且 2015 年后的增长速度加快（2015 年，每架无人机的通信量需求可能达到 25Mb/s）。因此，美国国防部空军无人机系统飞行计划（2009—2047）指出：

（1）对于"捕食者"与"死神"无人机而言，应在 2011 年第二季度前开始部署宽带全球卫星通信系统（WGS）的 Ka 波段终端；

（2）到 2013 年第四季度，应有 30% 的"捕食者"与"死神"无人机机载终端能够使用 WGS；

（3）到 2016 年第四季度，应有 40% 的"捕食者"与"死神"无人机群能够使用 Ka 波段的兼容终端。

若 2020 年美国无人机应用到军事卫星通信系统的传输速率达到 14Gb/s，

应用 Ka 波段的有可能达到 9GHz,其中 6GHz 将用于 EMEA&SA 地区。

持续多用途情报、监视与侦察的需求将推动无人机的发展:"捕食者""死神"和"全球鹰"等战略无人机将不断发展并具备升级传感器与捕获性能。而边防活动、打击海盗及反恐行动(萨赫勒、索马里、也门)等也是维持这一需求的因素。

在伊拉克与阿富汗战争后,前线驻军有望消除,至少暂时如此。在此情况下,特种部队与机构将要求获得高级别保护与天基信息,即卫星提供的信息支援。对持续监视的需求(如 30 帧/s 的全动态视频)将促使带宽需求增加。

依托于军事卫星通信系统与商业卫星通信系统的美国战略无人机的总带宽需求将从 2010 年的 3Gb/s 增至 2012 年的 9Gb/s,2014 年达到 14Gb/s,2016 年为 18Gb/s,2018 年为 19Gb/s。但由于无人机机载处理能力与数据压缩技术的发展可能会降低每架无人机所需带宽,因此,2020 年总带宽需求可能降至 18Gb/s。到 2020 年,美国无人机商业卫星通信量将达到 4Gb/s。

34.2.2 EMEA&SA 地区因动中通信与甚小孔径终端产生的通信需求

如果无人机占 EMAA&SA 地区商业卫星通信需求的 25%,COTM 则占 15%。COTM 应用将最先出现。COTM 与 VSAT 起初将占军用 Ka 波段的 60%,到 2020 年将变为 45%。对上述两者的军用 Ka 波段带宽需求将从 2014 年的 0.5GHz 增至 2015 年的 1GHz,2018 年和 2020 年分别达到 4.5GHz 和 6GHz。

如果 EMEA&SA 地区占美国政府与军事总体需求的 80%,则 2020 年该比例将降至 65%。此外:若不从其他波段(Ku、C)转向 Ka 波段,则 EMEA&SA 地区 UAV 和 COTM/VSAT 对军用 Ka 波段的总需求将从 2015 年的 2GHz 增至 2017 年的 7GHz,2020 年达到 13GHz;若从其他波段转出,则 EMEA&SA 地区 UAV + COTM/VSAT 对军用 Ka 波段的总需求发展趋势将是 2015 年 3GHz,2017 年 8GHz,2020 年 15GHz。

这一预测证实了将会有部分需求从现有 X 波段和 EHF 波段向军用 Ka 波段转变,之所以只有部分需求,是因为核心军事卫星通信应用需要极强的适应力,只能依靠 X 波段。

预计 2005 年和 2010 年,EMEA&SA 地区对商业卫星通信的需求量将分别达到 5Gb/s 和 10Gb/s,而如果 2010—2020 年的年增长率为 4%,则到 2020 年将升至 14Gb/s。若年增长率为 6%,则到 2020 年将升至 17Gb/s。

除发展趋势外,更有待证实的是发展速度。可能用于作战的新 Ka 波段不仅取决于太空资源的可用性(即在轨卫星),而且取决于终端的可用性以及采办流程与太空新增带宽如何协调。地球上面临的挑战与太空挑战同样严峻。

34.3 思维模式是否正在转变

通信卫星用于满足军事与安全需求的形势正在发生重大变化,对此我们已做好充分准备进行应对或者至少已经预料到这一情况,制定了新的采办方案与理念,确保军事卫星通信系统与商业卫星通信系统能够精诚合作,互为补充,提供需要的服务。

如果目前美国或欧洲开展大规模军事计划,那么商用卫星运营商将会更加积极地参与其中,并能通过商用产品满足军事需求。

因此,政府层与管理层正在同时发生变化。

34.3.1 军事机构的卫星通信系统政策:超越专用系统,依靠商用产品

34.3.1.1 美国政策

不出所料,这种变化首先从美国国防部开始,并且吸取了近期军事行动中的部分教训,为从商用设备租赁向商业管理服务转变铺平了道路,甚至最近还从管理服务转为提供端到端服务的商业增值服务。

美国国防部是到目前为止的主要客户,一直在积极探索未来如何利用商用设备与服务。

《美国国家安全太空政策》指出:

与贸易公司的战略伙伴关系将继续确保我们使用更多样、更稳健和更分散的太空系统,并提供便于公布的数据。与贸易公司的战略伙伴关系也可以控制稳定的发展成本,增强我们所依赖的太空体系的弹性。我们不断探索创新方法,以低耗高效和及时的方式满足政府需求。我们将依赖经过验证的商业能力来使实践效能最大化,还将调整商业能力满足政府需求,同时这样做对政府来说,低耗高效和及时性都更好。只有当没有合适的低耗高效商业备选方案时,只有当国家安全需要不容使用商业方案时,才另行研制系统(US national security space strategy,2011)。

从下列四个主要因素可以看出美国政策的演变:

(1)美国国防部对卫星通信服务相关的许可政策进行了改革,以扩大商用设备的涵盖范围。改革重点包括信息保障与安全、外国所有权控制与影响(FOCI)。信息保障包括网络安全层面,其重要性与日俱增,并且要求达到"有保证""稳固安全"与"核心保护"三个安全层次中的其中一个。无人机卫星通信系统

需要达到前两个层次。

（2）总体上向效能解决方案与服务水平协议发生转变。为此,美国国防部的需求将从纯粹的带宽出租转变为更加注重服务与综合解决方案。这一广阔视角将改变某些产业关系,因为纯设备供应商将更加依赖于方案集成商。

（3）更加认可"商用现货"(COTS)方案。美军将对非核心保护的 Ku 波段与 Ka 波段大力采用市场化解决方案,而不制定具体方案,因此,商业终端的使用将不断增加。当然,这一趋势将激励运营商之间开展纵向集成合作。

（4）新政策将寻求具备大型综合方案供应商的大规模采购平台,而不是将许多供应商聚集起来,以获得更完善的服务和更高的价值。从这个角度看,管理服务与端到端服务是成为美国国防部主要供应商的关键所在。

2011 年,美国国防部还编制了一份《信息征询书》(RFI),针对项目是美国国防部向某一商用卫星运营商租赁适用于同一卫星的一揽子军用 Ka 波段与 Ku 波段容量(自 2014 年开始,租期 15 年)。

34.3.1.2　不断变化的北约政策

2010 年 11 月 19 日通过的"北约战略概念"中对太空政策略有提及:"一系列与科技相关的重大趋势——包括激光武器、电子战以及制约太空探索的技术的发展——将可能产生重大的全球效应,影响北约的军事规划与行动。"

目前,北约国家中只有少数国家制定了太空政策,而且许多北约国家直到最近才从近期军事行动中认识到太空能力的重要性,因此此太空政策是一项重要的国家利益。从这一角度来看,此前北约盟军转型司令部(ACT)召集 ACT 盟军作战司令部(ACO)代表,成立北约 Bi-SC 空间工作组(SWG),并由 ACT 担当领导并提供行政支持,是具有重大意义的。

SWG 的任务包括:

（1）为"北约军事行动提供太空支援"的发展方向与指导思想提供意见和建议;

（2）为条令、组织、培训、领导能力、教育、人员、设施及其互操作性提出适当要求,以完善北约军事行动所需的太空支援;

（3）协调支持北约防御计划进程,为北约军事行动提供太空支援;

（4）经 SWG 主席批准,与国家及国际太空组织建立联络关系;

（5）经 SWG 主席批准,与工业界和学术界建立联络关系。

上述对太空活动的态度转变出现在 2010 年 11 月里斯本北约峰会之后,北约机构改革期间。于是就有了这样的决定:原 NATO 协商、指挥和控制局(NC3A)与原 NATO 通信与信息系统服务局(NCSA)合并成立一个新的机构——北约通信与信息局(NCIA)(2012 年 7 月 1 日成立)。该机构将负责组织商用卫星设备的采办工作,作为各成员国根据本国能力采办商用卫星的补充。

为充分理解这一重大变革的意义,应考虑北约为满足卫星通信需求所遵循的发展道路这一背景。冷战期间,北约希望拥有属于自己的装备能力,如 C^3I 机载预警和控制系统。1970 年,北约发射首颗卫星,最近两颗发射时间分别为 1991 年和 1993 年。其使用年限为 10 年,专为满足北约需求而设计,与英国"天网"4 卫星相同。2000 年年初,北约不再自己采办卫星,而决定使用成员国卫星,这样能利用更多资产,获得更好的覆盖率与可用性。因此,北约从 2005 年开始使用成员国的装备能力,但仅用于处理核心战略通信,并开始利用私营企业提供的服务。为了补充这一资源和满足增加的通信量需求,由英国、法国与意大利共同签订的《谅解备忘录》提出的 NSP2K 计划指出,这些国家可以出售本国卫星未使用的通信量。因此,法国向北约出售其"锡拉库萨"卫星未使用的通信量。自 2010 年起,在吸取了阿富汗战争的教训之后,人们明显发现,如果再次发生长期远程作战,那么这一机制显然无法满足北约的日后需求。若由北约成员国满足核心需求,现在北约似乎已准备在其目前使用的波段(X、UHF 波段)以及新波段(Ku 和 Ka 波段)下广泛使用商用能力。这一过程不一定会很"温和",因为北约将对供应商施加合理但严格的约束:总供应量,意味着备用与恢复能力(包括传送技术)、卫星星座覆盖范围的灵活性甚至是"虚拟能力",对此,北约只会为其实际使用的部分支付费用;也就是说通信量获得满足的前提下,但只有使用部分需要付费。

34.3.1.3 一种新的欧洲视角?欧洲防务局(EDA)欧洲卫星通信系统采办单元(ESCPC)

2012 年 7 月 4 日,五大成员国(英国、法国、意大利、波兰与罗马尼亚)成立 ESCPC,这是"资源汇集与共享"的试点个案,旨在帮助有贡献的成员国从欧洲共同的采办方案中获利。正是在与欧洲防务局与欧洲航天局协商后,欧洲理事会于 2011 年 6 月 1 日邀请欧盟委员会"对目前可用的太空基础设施的改善需求进行评估,以便在整合全球卫星通信、地球观测与定位的基础上发展安全服务"的这一举措获得了重大进展,而且"航天理事会指南"(2011 年 12 月 6 日)指出:"卫星通信是危机应对与危机管理工作中的一种关键能力,也是一种非常重要而稀缺的资源,特别是在地面基础设施损坏或毁坏时更是如此,同时,它还建议……设法让危机应对与危机管理行为体能够安全而有保障地使用商用与政府用卫星通信"。欧洲防务局指导委员会将卫星通信视为应当实施"资源汇集与共享"机制的关键领域,这也是欧盟各国外长赞同的观点。ESCPC 的主要目标是阻止欧盟内部出现商业卫星通信系统的分散采办,并且将所有订单集中起来以大量节省成本并提高军费开支的有效性。欧洲卫星通信系统采办单元的各项活动每年至少能够实现 1000 万欧元的业务量。2012 年 9 月 28 日,其与阿斯特里姆服务公司签订合同,预计初始作业容量将于 2012 年到期。

34.3.2 卫星通信系统(包括更多商用资产)的动态现代化

随着更多带宽需求的出现以及在更大层面上将卫星通信系统运营商提供的商业服务归为常规资源来满足军事与政府需求的这一制度动向,我们发现两大发展趋势:一是政府仍在大规模投资开发不同频率的专用系统,尤其倾向于 Ka 波段的专用系统;二是卫星通信系统运营商也在扩展自身系列以提供更多满足军事与政府要求的服务与通信容量。

不出所料,美国政府采取了激进措施,推出了利用 Ka 波段的宽带全球卫星通信系统(WGS)。该计划旨在研发美国政府自有的全球军事卫星通信星座,目前已有 4 颗 WGS 卫星在轨运行(区块 1:WGS 1 自 2008 年 4 月开始在太平洋上空运行;WGS 2 自 2009 年 8 月开始在中东地区上空运行;WGS 3 自 2010 年 6 月开始在欧洲与非洲地区上空运行。区块 2:2012 年 1 月 19 日发射 WGS 4,于 2012 年中期开始在中东地区上空运行);外加已经订购的 5 颗 WGS,混合使用军用 Ka 波段和 X 波段。

每颗 WGS 卫星的载荷可能是 X 波段,也可能是军用 Ka 波段;双向 Ka 波段服务;10 条 Ka 波段可动点波束;能够提供 2.7GHz 的 Ka 波段带宽。3 颗卫星能够覆盖 EMEA&SA 地区,提供相当于 8GHz 的累积军用 Ka 带宽。

有了 WGS 星座,就能在地球的任何地方为美军陆、海、空战斗机、C^3I 飞机以及无人机提供军用 Ka 波段。军用 Ka 波段将是美军下一个参考频率。届时,各终端设备将采用军用 Ka 波段;民用 Ka 波段将无法与 WGS 兼容;无人机可配备仅针对军用 Ka 频率的雷达天线罩。

同样,其他政府也会对军用 Ka 波段进行投资。许多国家已决定共同投资 WGS 卫星,使用 Ka 波段和 X 波段。澳大利亚将使用 WGS 6;加拿大、丹麦、卢森堡、荷兰、新西兰将共享 WGS 9。上述这些国家(美国、澳大利亚、新西兰、丹麦、荷兰、卢森堡、加拿大)分布于大西洋东西两岸,延伸至亚洲—大洋洲地区,要想提高互操作性,就必须提高 WGS 系统的通信量,这也是构建 WGS 的标准。

法国与意大利将共有 Ka 波段与 EHF 的 Athena-Fidus 卫星(2014 年发射),可以推断法国的新军事卫星通信系统"下一代通信卫星",即两颗 Syracuse III 卫星的下一代产品将采用类似规格。

Hisdesat 公司(西班牙商用卫星运营商/供应商,Hispasat 公司旗下专门用于满足军事需求的子公司)与挪威军队已投资买进 HisNorSat 卫星,以便在 2014 年底发射军用 Ka 波段与 X 波段卫星;预计提供 1.5GHz 的军用 Ka 波段。

目前,由市场上的卫星运营商为军事与安全机构提供商业服务也成为趋势,并将不断发展,因此许多商用卫星运营商也已加入了投资行列。例如:Inmarsat 将从 2013 年开始发射由 3 颗卫星组成的 Global Xpress 星座,以提供商用与军用 Ka 波段容量;EMEA & SA 地区的军用 Ka 带宽最高可达 4.5GHz。2011年,Yahsat 公司发射 Yahsat-1A 卫星,2012 年发射 Yahsat-1B 卫星,两颗卫星均能在中东与非洲地区提供部分军用 Ka 波段容量(法国正在为其阿布扎比永久性军事基地租用这一通信量)。Yahsat-1A 卫星采用 C、Ku 和 Ka 波段,而 Yahsat-1B 卫星采用 Ka 波段;每颗卫星的通信容量为 1GHz 的军用 Ka 波段。Avanti 公司计划于 2012 年在东经 31°发射"许拉斯"2 号卫星,提供 24 条采用 Ka 波段政府频谱的定点波束和 1 条可动点波束(点波束能获取 400 MHz 以上的军用 Ka 波段)。

而上述趋势不能忽视的是,众多卫星运营商正以纯外包/商业模式为政府提供通信容量与服务。

从这个角度看,阿斯特里姆服务(ASV)公司是迄今为止以市场化模式开发最广泛安全与军事卫星通信系统的服务供应商。阿斯特里姆服务公司的 Paradigm 子公司根据与英国国防部签订的长期私人主动融资(PFI)合同开始为其提供直至 2022 年的军事卫星通信服务。Paradigm 从 2003 年开始运营 5 颗英国"天网"卫星。但阿斯特里姆服务公司对德国的 SatcomBw 卫星的运营方式却有些不同,统管卫星、地面部分与维护等工作。自 2010 年发射第二颗 SatcomBw 卫星后,阿斯特里姆服务公司根据为期 10 年的合同对两颗卫星进行运营,为德国部队提供独立而安全的网络。

但由于军事与安全需求日益增长,我们也应该寻求足以和传统模式媲美的更完善的新经济模式。其中一种模式是旨在提供从能力到增值服务的全方位服务,覆盖所有关键领域并能随时提供服务,满足有关便捷性、灵活性、可持续性、成本效益以及冗余性的所有要求。就此而论,只有具备自身完善的系统群和大范围的地理覆盖、管理所有关键频率的能力和经验丰富的服务能力以及拥有空中与地面基础设施的少数卫星运营商,才能够与政府建立新的关系。与提供纯技术资源相反,这些机构将借助长期可持续发展的投标关系提供一整套端到端的复杂服务,以充分利用庞大而具有竞争力的系统产品与覆盖范围。到那时,卫星运营商将不再视为供应商,而将成为主要的军事与安全机构的合作伙伴。

这一时刻离我们并不遥远,全球各大公司,如全球排名前三的卫星公司(Intelsat、SES 和 Eutelsat)正在风险承担、最佳产品管理、拓展服务领域、提高通信能力、制定经济实用性方案之间寻求最佳平衡,并且在私人客户与公众客户之间达到适当平衡。

如果公众客户获得的服务与私人客户获得的服务同样高效而得力(目前卫星运营商对待公众需求与商业需求是有区别的),那么商用卫星运营商与公共需求之间将开始形成一种迥然不同的"联盟关系"。

34.4 结 论

2008—2010年,市场上的卫星运营商为满足政府与军事需求而提供固定卫星服务所创造的收益从7亿美元升至10亿美元,三年涨幅达20%。2010年,全球排名前三的运营商所获得的收益占总收益的93%:Intelsat第一,占48%,SES第二,占30%,Eutelsat第三,占15%。这三大主要公司正在准备迎接全新的"联盟"时期,届时具有私人性质的卫星通信系统运营商将加大力度满足政府与军事需求。

金融危机的影响,加上卫星运营商主导着制造商获得的总体投资流向的这一事实,将加快这一重大变革的发展速度。

利用公共款项来满足公众与政府需求,由私人出资来满足私人客户的市场需求的时代已不复存在。在不久的将来,将借助私有资源来满足公共需求,并且在相当长的一段时间内与私人运营商合作,让投资变得更有价值。这一变化远远超出了过去几年发展起来的公私合作机制。政府似乎已经注意到这样一种情况,在卫星通信方面,私营部门能够得力而高效地履行承诺。20世纪90年代初,人们渐渐才明白私人运营商对地面通信的管理能力丝毫不逊色于以前的国营公司。或许未来几年,卫星通信领域也将经历类似变化。尽管军事通信需求可能比普通民用的私人移动电话通信要求更高,但专业、得力而经验丰富的卫星通信系统运营商完全能够应对这一挑战。

政府专用的卫星通信系统不断变化;这10年里,供应商必定会更加关注私人卫星通信系统运营商的能力与服务,但前提是运营商们更为重视军队与安全部队这些客户。关键之处在于新型伙伴关系与新型联盟关系。

参考文献

Dubai Air Chiefs Conference,12 Nov 2011

Euroconsult Conference,Paris,14 Sept 2012

US national security space strategy,Jan 2011,p 9 (unclassified summary)

第 35 章　卫星导航、定位与授时

约翰-克利斯朵夫·马丁，弗雷德里克·巴斯蒂德

欧盟委员会，比利时布鲁塞尔

摘要

　　全球导航卫星系统(GNSS)使用户可以在任何地点、任何时间精确地计算它们的位置、速度及时间。最著名以及最风行的 GNSS 为美国的全球定位系统(GPS)，但俄罗斯的 GLONASS 也开始崭露头角。此外，世界上其他强国，包括欧盟、中国、日本及印度也在开发它们自身的系统。

　　这些 GNSS 主要提供针对所有人的开放服务以及针对特许用户的授权服务两种类型的服务，其中后者提供的服务质量更高。授权服务已为美国和俄罗斯的防御军事行动提供了支持，而开放服务为所有国家的警察和民防部门的公共安全行动提供辅助。

　　当前和未来的 GNSS 开放服务可以结合起来向用户提供更好的服务，这就是"互操作性"概念。反之，授权服务只有在签订了安全和特定合作协议时才能结合。在这种情况下，授权服务的结合使用也可提高防御设施的性能。

　　本章主要分析军用的 GNSS 应用。

35.1　引　言

　　全球导航卫星系统是通过传输信号提供定位、导航与授时(PNT)服务的天基系统的通称。最著名及最风行的 GNSS 为美国的 GPS 系统，俄罗斯的 GLONASS 系统虽同样著名，但其使用人数比 GPS 少。此外，还有其他系统正在开发中，最著名的有欧盟的伽利略卫星导航系统、中国的北斗卫星导航系统、印度的印度区域导航卫星系统以及日本的准天顶卫星系统。GNSS 领域正在迅速扩张。预计到 2020 年，全球将拥有 100 颗 GNSS 卫星。

　　当前世界联系越来越紧密，社会对高度完整及准确的 PNT 数据越来越依赖。由于 GPS 及其他 GNSS 系统操作便利、价格低廉，越来越多需要位置和时间信息的产品和服务开始将这些系统作为数据的首要来源，包括高精度测量、

车内导航、网络同步及气候研究等。

安全概念和领域不断扩展,太空应用和太空技术在安全领域十分重要。一方面,军事用户仍是传统客户;另一方面,更多的安全和民间团体可以从太空服务中获利,包括重要运输、国内安全(如民防、消防)、执法、应急服务、战略性经济及商业活动、海关、重要电子通信以及重要能源等。

35.2　现有和未来 GNSS 系统综述

全球导航卫星系统正在跨入新纪元。美国的 GPS 系统如今正为众多领域的超过 5 亿用户服务。而随着俄罗斯经济复苏,俄罗斯的 GLONASS 系统也正在复兴(但目前 GLONASS 全球用户少于 100 万)。

此外,欧盟正在开发伽利略卫星导航系统,并承诺将在中地球轨道(MEO)部署超过 27 颗卫星,同时欧盟还计划在 2018 年至 2020 年再部署 3 颗备用卫星(图 35.1)。同样,欧洲的 3 颗地球同步卫星及一系列地面站构成了欧洲对地静止轨道卫星导航增强服务系统(EGNOS),以增强 GPS 卫星星座,更为完整,精度更高。自 2011 年末以来,EGNOS 一直在为航空业服务。美国有一个名为"广域增强系统"(WAAS)的相似系统。此外,中国也在开发其北斗卫星导航系统,并计划将大量卫星部署到 MEO 及地球静止轨道(GEO)上。印度与日本正在开发它们的区域系统——印度区域导航卫星系统(IRNSS)及日本准天顶卫星系统(QZSS),提供定位和增强服务。

图 35.1　头两颗伽利略卫星导航系统卫星投射的效果图

35.2.1 GNSS 系统简介

关于 GNSS 系统的详细说明可见 2010 年全球卫星导航系统联合国国际委员会（UN ICG）的一份报告（www.oosa.unvienna.org/pdf/publications/icg_ebook.pdf），介绍了现有的与计划中的全球和区域卫星导航系统以及星基增强系统。

UN ICG 是联合国外层空间事务办公室（UNOOSA）的一个非正式机构，其目的是促进民用星基定位、导航、授时和增值服务方面及各 GNSS 的兼容性和互操作性方面的合作，同时扩大 GNSS 的应用范围，支持可持续发展（特别是在发展中国家）。UN ICG 的成员为 GNSS 的提供者（如提供 GPS 的美国以及提供伽利略定位系统的欧盟）以及各类用户群体。

35.2.1.1 美国全球定位系统

美国全球定位系统最初是由美国国防部开发的用于满足军事需求的系统，但在系统正式运行前，民用部门也采纳了该系统。现代 GPS 的起源要追溯到 20 世纪 60 年代早期，当时美国海军、空军及陆军分别提出了各自的设想。1973 年，综合考虑各方需求后设计出来的"导航星"得到了美国政府的批准。新的"导航星"全球定位系统的第一颗卫星是在 1974 年发射的，并在 1978 年至 1985 年间发射了另外 11 颗用于试验目的的卫星。1993 年，美国完成了整个 GPS 星座（包括 24 颗卫星）的部署，因此现在的导航系统使用的 GPS 可以覆盖全世界。当前的 GPS 卫星星座包含了超过 30 颗作业卫星。

最初 GPS 仅用于军事目的，甚至只用于战略目的，即提高美国洲际弹道导弹的性能。但随后在"民间"发生了一起悲剧。1983 年 9 月 1 日，由美阿拉斯加州安吉雷奇市飞往首尔的大韩航空 KAL007 班机偏离航线，误入了苏联领空，随后遭苏联 Su-15 战斗机击落，机上搭载的 269 名乘客以及机组成员全部遇难。两周后，时任美国总统里根提议向民用领域开放 GPS，以避免由导航错误而造成的重大灾难。由此，大韩航空的此次空难成为 GPS 民用的主要助推剂。

在投入了 120 亿美元构建全世界使用最广的导航系统后，为防止敌对方或恐怖组织利用 GPS 制造精密武器，美国政府引入了一项"选择可用性"（SA）技术，在卫星的数据广播中人为地加入误差，大幅降低民用 GPS 的定位精度。军事用户可以通过加密信号使用完整精度的系统。这些加密信号是同时传播的，但不对非授权用户开放。

海湾战争期间，GPS 成为美军的一项战略性技术。当时美军拥有的 GPS 接收机的数量远远达不到要求，所以美军决定使用民用 GPS 接收机。但为了提高这些设备的定位精度，美国暂时关闭了 SA 功能。2000 年，时任美国总统克林顿宣布彻底取消 SA 技术,因为美国政府的"威胁评估"显示取消 SA 技术对国家安全造成的影响可以忽略不计。但是在同一演讲中,他也说道美国会在国家安全受到威胁时根据区域"选择性关闭"GPS 信号。

这意味着,人们可以通过其他方法,如对某一地区实施局部干扰,进行"局部关闭"。此概念称为"导航战"(NAVWAR)。2007 年 9 月,美国政府宣布采购不附带 SA 功能的第三代 GPS 卫星(GPS III)。然而,截至目前,美国仍未发射第三代 GPS 卫星,美国仍有重新启动 SA 的理论可能性(www. gps. gov/systems/gps/modernization/sa/)。

2000 年 5 月 2 日,随着 SA 被取消,民间用户的 GPS 定位精度提升了 5~10 倍(图 35.2)。

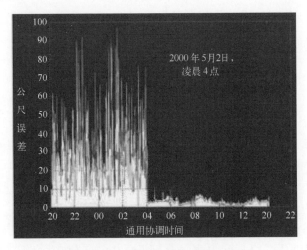

图 35.2　SA 关闭后测量质量的提升

35.2.1.2　GPS 现代化

GPS 现代化计划拟投入数十亿美元升级 GPS 的空间段和地面控制段,以提升 GPS 性能。这些升级特征包括新的民用和军用信号。GPS 现代化计划在GPS 的空间段和地面控制段中特别引入了现代技术,以提升 GPS 的整体性能。例如,用网络中心体系结构取代传统的计算机与通信系统,使人们可以更频繁地获取更精确的卫星指令。GPS 现代化计划的一个重点是在卫星星座中添加新的导航信号,大多数新信号在由 18~24 颗卫星传播前都会处于限制使用状态。军队正使用精确定位服务(PPS),PPS 是一种加密信号,只供军方或军方授权的用户使用。美国还计划开发一种新的 PPS 信号,名为 M 码。M 码也是加密的,仅供军方用户使用。此外,GPS 现代化计划将更换星座(30 颗卫星)以及接收机。由于大多数设备不能立即进行更换,GPS 现代化将持续大约 10 年,预计完成时间为 2020—2025 年。

美国的政府问责局(GAO)于 2010 年发布审计报告称,由于预算紧张,而且美国空军在开发和按时交付新的 GPS 卫星及配套地面和用户设施时遇到了困难,美国可能难以维持 GPS 星座的可用性。如果星座的可用性低于承诺的性能水平或者当前水平,用户可能会受到影响。

依托地球同步卫星,美国已在本土开发了一个名为广域增强系统(WAAS)的星基增强系统(SBAS),该系统可以提升 GPS 星座的性能。地球同步卫星可以将大气和完整性监测中的信号演化偏差向用户指出并修正。此系统为飞越美国领空的民航飞机提供了极大便利,尤其是在 200ft 以下的精确接近操作。

35.2.1.3 俄罗斯 GLONASS

1982 年 10 月,俄罗斯发射了一颗名为 Kosmos-1413 的卫星,启动了高海拔卫星导航系统——GLONASS 的飞行试验。俄罗斯于 1993 年开始对 GLONASS 进行运行试验。1995 年,GLONASS 实现了整个星座(包含 24 颗卫星)的部署。当时,针对对导航有不同质量要求的用户,该系统能够提供持续全球导航。然而,20 世纪 90 年代,俄罗斯对太空产业的拨款减少,这使得 GLONASS 星座发展停滞不前甚至后退。最近,俄罗斯总统和政府批准了一系列政策文件,包括向 GLONASS 项目提供足够资金的 "全球导航系统" 联邦计划。俄罗斯计划在 2012—2020 年向其卫星导航系统投入 3645 亿卢布(大约 120 亿美元)(www.gpsworld.com/gnss-system/glonass/news/russia-expected-spend-12b-glonass-development-12619)。

GLONASS 与 GPS 及伽利略卫星导航系统之间的一个主要区别是频段的选择以及频率的分配。GLONASS 为每对卫星分配一个唯一频率。当同时使用 30 颗卫星时,会出现 15 个不同频率(频分多址技术)。其造成的影响是作为稀有资源的频谱的大量使用。GPS 与伽利略卫星导航系统为所有卫星分配同一个频率(码分多址技术);而 GLONASS 为其卫星(以及接收机)分配不同的频率。所以,从用户角度来看,GLONASS 接收机相对更复杂和昂贵。其造成的后果就是 GLONASS 接收机的大致数量小于 100 万个,而 GPS 接收机的年均生产量即达到了 5 亿个。这种差别也导致了互操作性的问题。这意味着,到目前为止,GPS/GLONASS 联合接收机是既昂贵又复杂的。但由于半导体技术在过去几年的发展,接收机制造商得以以合理的成本生产这类接收机(Apple Iphone 4S 及 5)。

GLONASS 也在经历一个现代化历程。在该历程中,GLONASS 可能会采用与 GPS 及伽利略卫星导航系统相似的机制(CDMA),以提升其与其他 GNSS 的互操作性。但是这一演变也许要到下一代 GLONASS,即 2020 年 12 月 25 日前后才会发生。GLONASS 现代化的主要问题是卫星的使用年限。第一代 GLONASS 卫星的设计使用年限为 3 年,而其真实运行年限为 4.5 年。GLONASS 总共发射了 81 颗卫星。第二代被称为 GLONASS-M,设计使用年限为 7 年。2012 年 8 月,发射了 28 颗 GLONASS 卫星。最近两代 GLONASS 卫星——GLONASS-K1 及 GLONASS-K2 的设计使用年限为 10 年(图 35.3)。

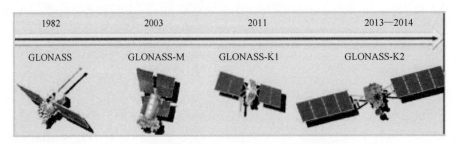

图 35.3 过去数年 GLONASS 卫星的演变

35.2.1.4 中国的北斗卫星导航系统

北斗卫星导航系统计划到 2020 年构建一个拥有 35 颗卫星的星座,包括 5 颗静止轨道卫星、27 颗中地球轨道卫星、3 颗倾斜同步轨道卫星。2007 年 4 月 14 日,中国发射了首颗名为"北斗"-M1 的中地球轨道卫星。2009 年 4 月 15 日,中国发射了首颗名为"北斗"-G2 的地球同步卫星。2013 年 11 月,北斗卫星导航系统共有 14 颗在轨作业卫星,包括 5 颗静止轨道卫星、5 颗倾斜同步轨道卫星以及 4 颗中地球轨道卫星。

按计划,北斗卫星导航系统将在 2012 年左右覆盖中国及其附近地区。该系统的完整部署预计将在 2015 年至 2020 年期间完成,届时该系统将提供全球服务。该系统星座的部署采用的是中国的发射器(图 35.4)。

北斗卫星导航系统将在全球范围提供两种类型的服务:开放服务及授权服务。开放服务将提供免费定位、测速和授时服务。而授权服务将向特许用户提供更安全的定位、测速、授时服务以及系统完整性信息。特别应提出的是,北斗卫星导航系统的授权服务也分为两种类型,包括广域差分服务(定位精度为 1m)及信息收发服务(仅限于中国及其周边地区)。

35.2.1.5 欧洲的伽利略卫星导航系统及 EGNOS

伽利略计划是欧洲的一个先进的全球卫星导航系统计划,提供高精度的、有保障的全球定位服务。该计划始于 1998 年的 GNSS2 系统计划。一旦实现完全部署,该系统将包括 30 颗卫星以及相关的地面基础设施。伽利略计划与

图 35.4 "长征"三号乙运载火箭

GPS 具有互操作性。但与 GPS 不同的是,伽利略卫星导航系统是民用系统。不过,该系统也可用于安全维护和防御,因为每一个欧盟成员国都可自主决定其用途。

伽利略卫星导航系统使得欧盟可以不依赖美国自主提供卫星导航,而卫星导航技术的应用领域是对欧盟经济和人民生活相当重要的(这些领域占欧盟 2009年 GDP 的大约 7%) (http://ec. europa. eu/enterprise/policies/satnav/galileo/)。EGNOS 自 2011 年后已投入运营,伽利略卫星导航系统却仍在发展中。2011 年10 月 21 日,欧洲发射了 2 颗卫星(图 35.5),2012 年 10 月 12 日,欧洲又发射了另外 2 颗卫星。欧洲在 2010 至 2012 年期间签订了一系列产业合同,推动伽利略卫星导航系统在 2015 年提供早期服务,并在 2017 年拥有 22 颗卫星,实现定位服务和授时服务。预计到 2020 年,将最终组成一个包含 27 颗工作星及 3 颗备用卫星的名为全面运行能力(FOC)的星座。

有研究显示,伽利略卫星导航系统在投入运行后 20 年将给欧洲经济带来大约 900 亿欧元的收入,其中包括太空、接收机以及应用行业的直接收入以及为社会带来的间接收益(更有效率的运输系统、救援行动等)。

图 35.5 2011 年 10 月 21 日伽利略卫星导航系统首批 2 颗卫星升空

伽利略系统用途多样:引导盲人在未知的城市行走;以 3m 的定位精度寻找在海上失踪人员;用卫星指导拖拉机的工作,提高粮食产量并减少肥料施用;通过更好的交通管理,提高飞行与着陆的安全性,减少陆地及空中的燃料与时间消耗。由于精度的提升,因此可以通过使用 GPS 与伽利略卫星导航系统的一系列创新性功能为人们的日常生活提供便利,并提高日常生活的安全性。

在伽利略系统之前,欧洲的首次卫星导航系统的开发尝试是 EGNOS 的开发,EGNOS 是欧洲的 SBAS,相当于美国的 WAAS。正如 WAAS 之于美国领土,EGNOS 也提升了欧洲境内 GPS 的性能。自 2011 年以来,EGNOS 使得欧洲的GPS 可以用于关键性安全用途,如引导飞机或船舶通过狭窄的海峡。值得注意的是,EGNOS 的设计可以在未来增强 GPS 以及其他 GNSS 星座如 GLONASS 或伽利略卫星导航系统。图 35.6 给出了伽利略系统的基础设施构成。

作为一个卫星导航增强系统,EGNOS 在欧洲拥有一系列监测站,而且一直在监测 GPS 信号。通过监测功能,EGNOS 可以修正 GPS 的轨道计算和时钟估计误差以及信号穿过电离层(距地表 20~2000km 的地球大气中的一个带电层)

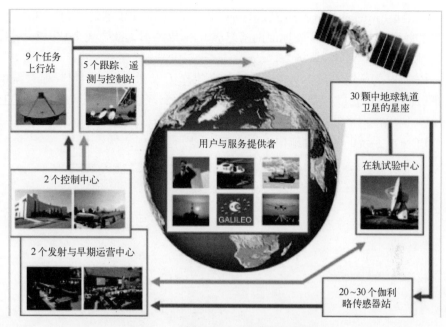

图 35.6　伽利略系统的基础设施构成

的延迟。大多数情况下,EGNOS 可以向用户提供 1~2m 的定位精度,这相对于
GPS 是一个很大的提升(GPS 的定位精度通常为 5 米或 5 米以上,大多数时候
视电离层状况而定)。精度的提升不仅能造福民用航空,也能造福一些地面的
"开放天空"应用,如精细农作(欧盟许多地区的精细农作广泛采用的是 GPS 与
EGNOS)。

　　EGNOS 也可以验证系统完整性,在发现 GPS 系统或其数据不可用于导
航时及时发出警告,还能对 GPS 提供信息的正确性进行验证。在铁路、航空
及海事等行业内,完整性是一个满足关键性安全应用需求的特性。对于这些
行业而言,如果通过信号计算得出的位置不准确,人们的生命安全就会受到
威胁。

　　EGNOS 的基础设施包括 3 颗欧洲上空的地球同步卫星以及 1 个地面站点
网络。由于 EGNOS 基于 GPS,EGNOS 的接收机与 GPS 的接收机并无显著差
别。目前市场上很多 GPS 接收机也可用于接收 EGNOS。

　　2014 年 3 月 22 日 23 点 04 分,一枚"阿丽亚娜"5 型火箭从法属圭亚那库
鲁航天中心发射,将其携带的卫星送入太空,其中 ASTRA 5B GEO-2 上携带有
EGNOS 有效载荷。这次成功的发射可以替换一颗老化的 EGNOS 卫星,从而将
增强导航服务延续了 15 年。ASTRA 5B 的发射质量为 5724kg;一旦部署入轨,
其太阳能帆板翼展为 40m;功率为 13kW;设计寿命为 15 年。EGNOS 由 3 颗地

球静止卫星(Artemis、Inmarsat 3F2、Inmarsat 4F2)上的转发器以及包含 40 个定位站和 4 个控制中心的互联地面网络组成。EGNOS 覆盖欧盟大多数国家,可提供高性能的导航及定位服务。

　　EGNOS 为欧盟委员会所有,是于 2009 年作为伽利略全球卫星导航系统的一部分而构建的。欧盟委员会委托欧洲航天局设计了 EGNOS。从 2014 年 1 月 1 日起,位于布拉格的欧洲全球卫星导航系统监管局(GSA)开始运营 EGNOS。

　　EGNOS 系统的基础设施构成如图 35.7 所示。

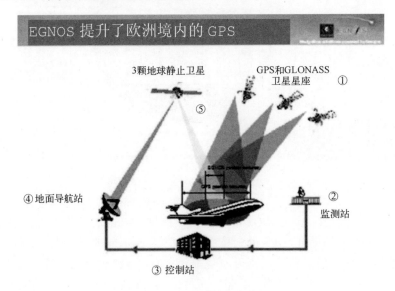

图 35.7　EGNOS 基础设施构成

35.2.2　GNSS 服务

　　GPS 提供两类服务:标准定位服务(SPS)以及精密定位服务(PPS)。PPS 的授权用户为美国武装部队(USAF)、联邦机构、选定的同盟武装部队和政府。SPS 持续为全世界用户提供服务,且不收取直接费用。GPS 开放服务提供的具体能力是完全向民众开放的,这些能力公布在 GPS 标准定位服务性能标准中(www. gps. gov/technical/ps/2008-SPS-performance-standard. pdf)。

　　如同 GPS,大多数天基 PNT 系统将提供开放服务(OS)以及授权服务(AS)。对此,UN ICG 定义如下:

　　授权服务:为支持政府职能,满足特许用户需求而提供的特定服务(如为军队 GPS 提供的 PPS 以及为伽利略卫星导航系统的政府特许用户提供的公共规范服务(PRS))。

开放服务：向用户提供的免收直接费用的服务（使用一个或更多信号）。

除了这两种服务外，GNSS 还提供其他类型的服务，例如伽利略全球卫星导航系统的商业服务。在此服务中，伽利略全球卫星导航系统将向付费用户提供增值数据。此服务的一个特别功能是对信号的鉴定，这在法律应用上将很有吸引力，因为通过该功能，能够给出位置或时间的证明。PRS 同样有此功能，但只对特许用户开放。

35.2.3　GNSS 互操作性的概念

UN ICG 将 GNSS 互操作性定义为：从用户层面来说，综合利用多个全球导航卫星系统、区域卫星导航系统、增强卫星导航系统及相应服务所提供的能力比使用单一系统的开放信号所提供的能力更好。从实践上来说，这意味着：

（1）互操作性使我们可以使用不同卫星导航系统的信号进行导航，而不需要显著增加接收机的成本或复杂性。

（2）多卫星星座播发开放互操作信号将使被观测物体的几何轮廓更清晰，提高终端用户的定位精度，在卫星可见度受限的一些地方（如森林以及城市峡谷）提高服务可用性。

（3）大地测量参考系的实现以及系统时间管理标准应最大限度地参照现有国际标准。

对于一个 GNSS 用户，其使用的装置应能够处理一些 GNSS 星座，而不仅仅是 GPS 星座。相对现有的只接收 GPS 的接收机，这种可接收多个系统信号的接收机的性能会更好。

2004 年，美国与欧盟签署了 GPS-伽利略合作协议，该协议为美国和欧盟在卫星导航方面的合作提供了规范。在这次合作下，产生了一种名为复用二进制偏移载波（MBOC）信号的、兼容 GPS-伽利略系统的互操作信号。多个 GNSS 的提供者已在 UN ICG 框架内对此信号的使用展开了双边及多边讨论。

在一份 2004 年美国-欧盟的联合报告（美国-欧盟卫星导航合作，工作组 C）中，展示了未来联合使用 GPS 和伽利略系统开放服务可带来的优势，从而使人们了解了 GNSS 互操作的益处。报告展示并量化了在不同环境条件下联合使用 GPS 和伽利略系统开放服务可带来的性能提升。此外，在部分信号被遮蔽的环境中（如建筑、树林等）联合使用 GPS 和伽利略系统可以帮助我们确定位置，而这是使用单一系统无法做到的。此外，授权用户广泛认为安全使用 2 个各自包含 30 颗卫星的星座，即 60 颗卫星可以带来极大的作战优势。

35.2.4　GNSS 服务的缺陷

随着社会对 GNSS 的依赖日益加深，人们进行了一系列研究（Vulnerability

assessment of the transportation infrastructure relying on the GPS,2011)评估这些系统可能的失效模式和缺陷,并试图找出解决技术。

GNSS 的缺陷可大致分为系统缺陷(包括信号与接收机)、传播缺陷(大气及多路径的)、无意干扰和蓄意干扰四类。

卫星可见度的降低导致观测物体的几何轮廓模糊,降低成功定位的概率。此外,GNSS 接收机还可能错误地处理有效信号,从而向用户提供不正确的结果。

GNSS 信号的功率很弱:距离为 23000km 时的传输功率小于 50W。当信号在地表被接收时,其频率可能低至 10^{-16} W,且其频谱低于接收机的本底噪声。对信号的无意或蓄意干扰很容易导致信号无法恢复或者接收机电路过载。

信号在通过大气介质时容易受到干扰,且接收机可能会无意接收到经多个路径到达的信号(多径效应),造成无法预测的大错误。这些信号很容易受太阳爆发的干扰。

这些因素会对用户造成不同的影响,比如定位和授时部分或完全失败,精度较低,位置、速度或时间变动较大或者"危险的误导信息"(HMI),即可对民航等关键性安全应用造成危险的错误数据。SBAS(EGNOS 及 WAAS)可检测到与 GNSS 相关的 HMI 以及电离层传播,但可能无法检测到干扰或者局部反射之类的其他威胁。

35.2.5 对 GNSS 服务的蓄意威胁

除了系统相关的缺陷(可由系统提供者控制)、传播渠道错误(在一定程度上可对造成这类错误的自然原因建模,但本质上难以避免)以及无意干扰(难以预测),还存在三类对 GNSS 信号的蓄意人为干扰,即阻塞干扰、欺骗干扰及信号模拟干扰。上述威胁可能对安全造成影响,GNSS 的研发者和用户都深表担忧。

阻塞干扰是最有可能影响 GPS 广泛使用的。阻塞设备为蓄意阻挡、阻塞或者干扰 GNSS 接收机的射频发射器。一些罪犯如偷车贼或者逃避道路收费的人为了躲避 GNSS 追踪,可以制造阻塞。在大多数国家,比如欧洲国家和美国,使用 GNSS 干扰器是违法的。然而,近年来,提供"手机信号干扰器"或者其他类似设备的网站大量增多。这些设备旨在干扰通信,并在车辆、学校、剧院、餐馆以及其他地点中制造一个"空白区域"。美国联邦通信委员会执行处已开展了 20 次执法行动,处理了分布在 12 个州的网络零售商,他们涉嫌非法销售 200 多种手机信号干扰器、GPS 干扰器、Wi-Fi 干扰器以及类似信号干扰设备(http://hraunfoss.fcc.gov/edocs_public/attachmatch/DOC-310226A1.pdf)。

信号模拟干扰(延迟以及重新广播 GNSS 信号)以及欺骗干扰(传播虚假 GNSS 信号)是一种更复杂的蓄意干扰,暂时还不常见。然而,虽然数年前欺骗设备非常笨重且昂贵,但现在已转变为可随身携带的、小盒大小的设备(http://www. insidegnss. com/node/2978)。阻塞是以中断 GNSS 服务为手段,而信号模拟干扰以及欺骗干扰则能够在维持 GNSS 服务的同时提供错误的位置信息。

干扰器一般将一个噪声信号发射入一个或多个 GNSS 频率,提高噪声水平,造成接收机电路过载和失锁。GPS 干扰器的电路和装配说明在因特网上随处可见,商业干扰器的价格可以低于 20 欧元。商业干扰器精密却又便宜:一些干扰器只有口袋大小,一些为汽车点烟器插座大小;大多数干扰器是用于干扰 GPS、GLONASS 以及伽利略系统的。传输功率为 100W 以上的强大干扰器在市面上也可见。

图 35.8 为市场上的商业 GNSS 干扰器。

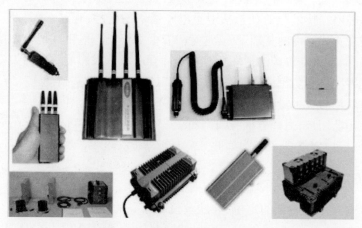

图 35.8   市场上的商业 GNSS 干扰器

一些更复杂的干扰器可用于导航战的防御中。军队可在特定冲突区域使用干扰器或欺骗设备拦截向非盟军提供的 GNSS 服务。在这种情况下,只有特许用户(同盟)可使用 GNSS 服务,这些用户从而可以享有战场上的作战优势。

针对上面所述的潜在干扰威胁,可以在接收机的不同阶段采取如下应对措施:

(1)通过设计精良的接收机中的受控辐射天线(CRPA)以及噪声过滤装置在一定程度上实现对噪声阻塞的抑制。

(2)通过比较差分测量结果,可以使用两副天线抵御干扰欺骗的威胁。

(3)接收机的前端可融合阻塞干扰和欺骗干扰的检测装置。例如,一些接收机中有干扰噪声比(J/N)指示器。

(4) 可以同时使用惯性测量装置(IMU)与 GNSS 接收机。因为惯性传感器(如加速计、陀螺仪及陀螺测试仪)不受外部射频发射的影响,所以能在阻塞和欺骗干扰的情况下提供有效位置。这也许是针对上述威胁的最有效的应对措施。当 GNSS 接收机被阻塞时,IMU"带头"传递位置或速度信息,以维持接收机的持续性。

35.3 军用 GNSS 应用

太空具有强大的战略价值。太空可使国家获得独立和科技优势,并能在全球范围内行动。实际上,太空技术的发展通常与全球战略态势相关。从 20 世纪 50 年代开始,在美国、俄罗斯及法国等国,当时发射器和太空资产被视为核威慑的关键因素。但即使避开核威慑不谈,太空也是战略技术与活动的重要领域。这些战略性技术与活动包括卫星电子通信的构建、观测、气象及导航。太空资产被视为战略性的基础设施,这意味着太空资产不能由其他类型的地面网络所代替,而且太空资产的损坏会对整个社会造成重大影响。因为太空资产的损坏会危害民事和防御活动,所以太空资产应视为"关键基础设施"。

太空应用与技术最适合用来处理外延不断扩展的安全问题。一方面,传统客户仍为军队用户;另一方面,更广泛的安全与民间团体可受益于已开发的太空服务。这对 GNSS 来说尤为如此。

35.3.1 用于国防的天基 PNT

GPS 是美国国防部的定位、导航及授时服务的基石,融入了美国军事行动的几乎各个方面。GPS 信号用于确保精确制导武器的精度,指导军队行动,同步通信网络,提升作战空间态势感知以及开展搜救任务。

国防部高级全球定位系统接收器(DAGR)是一款由美国国防部使用的,选择外国军事服务的手持式 GPS 接收机。它是一款军用的双频接收机,并配备可解码 P(Y)码 GPS 信号的安全硬件。这款接收机由洛克威尔·柯林斯公司制造,于 2004 年 3 月问世。空间与导弹系统中心的全球定位系统联队宣布,到 2010 年底,洛克威尔·柯林斯公司计划生产 40 万台 DAGR(图 35.9)。

目前,美国 GPS 已用于欧洲武装部队和安全部队的多种装备中,包括军械系统、飞机以及车辆。伽利略 PRS 服务的发展使得欧洲防御用户有了第二种选择,其可以提供更高质量、更可信赖、更具持续性及完整性的服务。中国、俄罗斯以及印度的用户如果使用本国系统的授权服务,也能获得更好的性能。这些特许的授权服务能在战时提供更好的性能。联合使用不同系统的授权服务也

图 35.9　国防部高级全球定位系统接收器

可以提高性能。但是与联合使用开放服务不同,授权服务的联合只能通过特定安全协议达成。

　　伽利略 PRS 可用于维护欧盟成员国的国家安全。而且出于伽利略系统的民用性质,伽利略 PRS 可同时为民间用户和军队用户提供服务。PRS 可用于执行欧盟共同安全与防务政策的行动以及高安全性行动(防御、治安、海关等)。伽利略的搜救服务也可用于执行特定搜寻与救援服务。

　　此外,一项任务成功与否极大地取决于情报的准确度,另一种使用 GNSS 定位与授时数据的重要军事应用类型是精确、安全的便携式军用地理标签图片(Geo Tactical Solutions, Inc.),支持地理空间照片/视频捕捉、绘图、分析以及军事指挥与控制报告。其与"选择可用性反欺骗模块"(SAASM)兼容,仅提供给军事用户,而且装有一个电子罗盘,支持使用地理信息系统(GIS)。

35.3.2　用于维护民间安全(非国防)的天基 PNT

　　任何成功的救援行动都离不开精确位置信息的帮助。获知地标、街道、建筑、急救服务资源以及救灾站点的正确位置,可帮助人们在发生灾难时或者在其他危机状况下减少反应时间,拯救更多生命,位置信息对于救灾队伍以及公安人员来说至关重要。GNSS 数据可以在灾难管理循环(图 35.10)的每一阶段发挥作用。灾难管理循环通常分为准备/预防、应急响应、重建三个阶段(图 35.10)。

　　在准备/预防阶段,GNSS 可以精确监测地形剖面(如山崩和地震)、海平面水平(如海啸)

图 35.10　灾难管理循环路线图

以及基础设施(如核工厂及桥梁),帮助人们执行危机评估任务。GNSS也可通过卫星下行链路广播早期预警信息,并告知人们在危机/灾难来临前采取特定措施。

在应急响应阶段,GNSS可用于评估伤害(如支持通过地理空间信息绘制参考毁伤图)。GNSS还能提高旷野中救援队的管理效率(比如提高施救者的安全性,为救援行动提供协调与物流支持,在困难的环境中为飞机/汽车提供导航)。实际上,GNSS数据可用于实时监测和追踪救援人员和救援材料,所以可以帮助人们提升态势感知能力。

在重建阶段,由于GNSS数据可以提高地面上人员和材料的管理效率,可用于支持基础设施的重建。

此外,对此前积累的以及灾难中的GNSS数据的分析可帮助人们更好地总结灾难发生的原因和预测未来可能的灾难。值得注意的是,结合使用GNSS与来自天基地球观测系统(如欧洲的"哥白尼"系统)的数据可帮助人们提高灾难管理的效率。

针对这些类型的应用,现有GNSS提供的开放服务作用巨大。GPS一直以来都在帮助非防御性官方机构(如警局及急救机构)解决此类需求。例如,GPS在2004年印度洋海啸、2005年墨西哥湾飓风"卡特里娜"和"丽塔"、2005年巴基斯坦—印度地震以及2012年海地地震等全球灾难的救援工作中起到了关键作用。搜救队经常使用GNSS、GIS以及遥感技术编制受灾地区的地图,指导救援工作并评估毁伤情况。救灾的另一重要领域是对山火的管理。为了控制和管理森林火灾,飞机使用GNSS与红外扫描仪寻找火场边缘以及"森林火灾多发区"。几分钟后,飞机会将火灾地图传输到消防员营地的便携式野外计算机上。一旦知晓地图中的信息,消防员可以更好地进行灭火工作。此外,负责进行风暴追踪以及水灾预测的气象学家也须利用GNSS。他们可以通过分析大气中GNSS数据的传输评估水蒸气含量。

GNSS数据可以帮助管理者极大地提升应急响应团队的行动效率。GNSS的使用,作为一种全新的公共安全管理方法,可以帮助人们高效地发现警察、火灾、救援以及个人车辆或船舶所在的位置,并了解这些位置与一个地理区域中整个交通系统网络的关系。GPS与GLONASS的现代化以及新的GNSS的开发将进一步提升卫星导航数据的精度,为救灾与公安服务提供便利。简而言之,GNSS可拯救更多生命,推动受灾者的重建工作。

GNSS用于非防御性安全的另一范例是联合利用专业移动无线通信(PMR)以及GNSS接收机。警方经常使用PMR设备保障通信的安全性。此外,PMR与GNSS服务的结合可为我们提供电子通信与卫星导航定位和授时服务。可以想象,在未来可以联合使用 PMR 与安全强大的民用 GNSS 定位与授时服务(如类似伽利略 PRS 的授权服务)。

35.4 结   论

如同因特网一样,GNSS 也正在改变人们的生活。这对民众来说已成为现实。对于安全与防御领域的用户而言,准确可信赖的位置、速度及授时信息与安全的电子通信交流同等重要,因此 GNSS 是极其重要的。

然而变革即将到来。到 2020 年,地球轨道上将有 100 颗卫星,这些卫星将有可能提供新的民用以及安全与防御服务,造成社会和经济影响。

在安全与防御领域,当开放信号被阻塞或欺骗干扰时,特许用户使用加密 GNSS 所取得的作战优势将是巨大的,在危机时尤为如此。这就是即使在其他信号被阻止时,只有特许用户可以在全世界范围内使用伽利略 PRS 的原因。在全世界范围内使用 GPS PPS 的美国军队及其盟军也是如此。使用这类系统的少数国家将拥有显著的作战能力。

参考文献

Apple Iphone 4S and 5 specifications with assisted GPS and GLONASS. www. apple. com/iphone/specs. html

EU-US Cooperation on Satellite Navigation, Working Group C. Combined performances for open GPS/Galileo receivers, July 19, 2010. www. gps. gov/policy/cooperation/europe/2010/working-group-c/combined-open-GPS-Galileo. pdf

Geo Tactical Solutions, Inc. and Ricoh Americas Corporation have announced a new GPS module for the rugged G700SE digital camera. www. geotacticalsolutions. com/resources/g700sem-brochure. pdf

Hein GW (Germany), Je're'mie G (GISS), Jean-Luc I (France), Jean-Christophe M (European Commission, Signal Task Force chairman), Lucas-Rodriguez R (European Space Agency), Pratt T (United Kingdom) (2001) The Galileo frequency structure and signal design, Proceedings of ION GPS 2001, Salt Lake City, September 2001, pp 1273-1282

Jean-Marc Pieplu (GSA) (2006) GPS et Galileo, système de navigation par satellites

John A. Volpe National Transportation Systems Center, US DoT (2001) Vulnerability assessment of the transportation infrastructure relying on the global positioning system —final report

Kaplan ED, Hegarty C (2006) Understanding GPS: principles and applications, 2nd edn. Artech House, Boston

Parkinson BW, Spilker JJ (1996) Global positioning system: theory and applications, vol I. American Institute of Aeronautics and Astronautics, Washington, DC

Scott L, Stansell T (2012) GNSS jamming & interference: causes, consequences, and solutions inside GNSS

Selective Availability Anti-spoofing Module (SAASM) is used by military GPS receivers to allow decryption of PPS data

Status of Galileo Frequency and Signal Design (2002) Gunter W. Hein (Germany), Je're'mie Godet (GISS), Jean-Luc Issler (France), Jean-Christophe Martin (European Commission, Signal Task Force chairman), Philippe Erhard (European Space Agency), Rafael Lucas-Rodriguez (European Space Agency) and Tony Pratt (United Kingdom) Members of the Galileo Signal Task Force of the European Commission, Brussels

United States Government Accountability Office, Report to the Subcommittee on National Security and Foreign Affairs, Committee on Oversight and Government Reform, House of Representatives, GLOBAL POSITIONING SYSTEM, Challenges in Sustaining and Upgrading Capabilities Persist, September 2010

Vulnerability assessment of the transportation infrastructure relying on the GPS, 29 August 2001, Volpe National Transportation Systems Center and Global Navigation Space Systems: reliance and vulnerabilities, The Royal Academy of Engineering, March 2011

http://www. glonass-center. ru/en/GLONASS/

ftp://tycho. usno. navy. mil/pub/gps/gpstd. txt

www. oosa. unvienna. org/pdf/publications/icg_ebook. pdf

www. gps. gov/systems/gps/modernization/sa/

http://ec. europa. eu/enterprise/policies/satnav/galileo/

www. gpsworld. com/gnss-system/glonass/news/russia-expected-spend-12b-glonass-development-12619

www. apple. com/iphone/specs. html

www. gps. gov/technical/ps/2008-SPS-performance-standard. pdf

http://hraunfoss. fcc. gov/edocs_public/attachmatch/DOC-310226A1. pdf

http://www. insidegnss. com/node/2978

http://homeland. house. gov/sites/homeland. house. gov/files/Testimony-Humphreys. pdf

http://cospas-sarsat. org/

www. geotacticalsolutions. com/resources/g700sem-brochure. pdf

第36章 卫星信号侦察

帕特·诺里斯

英国 CGI 信息技术有限公司,英国利兹海德

本章介绍拦截卫星收发的无线电信号以及使用卫星监控地面无线电信号的基本原理;区分语音信息、数据信息与雷达信息以及军用信息与民用信息;简要讨论隐私问题;并概述了冷战期间相关系统的重大安全漏洞,指出这些系统的一些弱点以及安全故障的后果。

36.1 引　　言

本章介绍无线电信号被卫星拦截以及对卫星本身收发的无线电信号进行监控的应用前景(Norris,2010)。此活动一般称为信号情报(SIGINT),分成两大类(有时可能有重叠):通信情报(COMINT),拦截语音通信;电子情报(ELINT),拦截其他如雷达、导航设备以及设备之间通信的无线电信号。

下面对语音通信、数据通信、雷达、远洋船舶监控、研究、侵犯隐私、冷战期间的安全漏洞进行介绍。

36.2　语音通信侦听

许多国家的国防安全服务部门通过拦截使用无线电链路的通话来获取信息。这些令人关注的通话包括:

(1) 参与军事行动的其他国家的军事部门之间的通话;

(2) 导弹发射场及其总部等军事基地人员之间的通话;

(3) 国内和/或国外罪犯与恐怖分子之间的通话;

(4) 正在讨论恐怖主义或重大犯罪活动的未知方之间的通话。

卫星以两种不同的方式进行拦截:

第一种是从地面侦听通过商业卫星进行信号传输的通话。20世纪70年代,很大一部分的国际电话都是通过卫星传输,因此,这种侦听方式效果显著。然而,20世纪80年代,大部分国际通话改为通过海底电缆进行信号传输。从卫星到电缆的转变并非为了避免侦听,而仅出于经济考虑。某些类型的通话仍通过卫星传输,如当通话一方在船上或在飞机上时,因而此类通话仍可被侦听。

通过军用卫星进行的通话也可被拦截,但此类通话一般会加密。所以,侦听机构必须知道如何解密此类信号。

侦听机构需在距离电话公司无线电接收器不远的地方安装能监听卫星收发的无线电信号的适当无线电接收器。对于实施拦截的机构来说,拦截通过卫星进行信号传输的通话的一个好处是,因为不需进行直接接触,所以通话者无法得知他们的对话正在被拦截。

第二种是利用特殊卫星来侦听地基无线电通信。20世纪六七十年代激增的微波发射塔之间的商业通信就是此类侦听目标之一。侦听卫星可截获"微波泄漏"——这些信号是通过微波发射塔进行传输,但事实上任何人都可通过一个适当布置的天线来接收此类信号。

20世纪80年代以及之后发展更快速的90年代,随着电子邮件、互联网以及其他数字通信的流行,远程通信得到了快速发展。电话公司不再增建微波发射塔,而是选择更加经济的方式,即在主要城市之间铺设光纤电缆,这也导致了侦听卫星的监听对象越来越少。

在此期间,模拟信号也逐渐转变为数字信号。数字信号可在计算机中进行处理,例如对其进行加密。西方国家的侦听机构对行业进行了管制,将电话公司或互联网公司使用最复杂的加密技术列为违法行为。允许的加密级别可被侦听机构所"破解",虽然侦听机构声称破解费用昂贵(因为需要超高速(非常昂贵)计算机)。近年来,一些技术出版物指出,可能有更快、更经济的方法读取这些加密信息,如果数学家们现在找到了这样的方法,或许侦听机构一直就知道它们的存在。

20世纪90年代末,手机使用的爆炸式增长意味着越来越多的通话再次通过无线电传输。全球手机使用量近60亿部,并且还在持续增长中。聊天信息、短信、电子邮件、下行链路等通过无线电从手机传输到全球呈百万增长的中继天线杆。大体上讲,美国或许还有俄罗斯的卫星能侦听通过手机收发的数十亿通话和短信,但因为手机使用量太过巨大,侦听规模令人望而生畏。通话都是通过数字传输,也都是经过加密的。侦听者在决定通话是否值得侦听前必须对其进行解密。为避免每天对数十亿通话逐个进行解密,侦听机构尽量将侦听范围从数额庞大的通话缩小到那些他们认为值得投入时间和精力去侦听的通话。

因为呼叫与接听号码不予加密,所以侦听者采用的一种策略就是等到所关注的电话号码进行通话时才着手解密。另一个策略可能是专注侦听某一特定地区内拨出或接听的通话。

军事部门与军事基地之间的通信以不同于公众所用频率的特殊无线电频率传输。侦听者可通过使用多个接收器,知晓在相应频率波段中任何无线电传输的位置信息,这就暗示着该位置正在进行某种军事行动。许多军队采用"扩展频谱"技术来消除这种侦听危险,通过跨无线电频谱传输使得传输的信号在任何给定频率下都非常微弱,从而无法探测到。要想探测到此类信号,必须知道用于传输信号的算法——毋庸置疑,军方对这些信息是绝对保密的。另一种技术是不时更改无线电频率——"跳频"——使侦听者很难拦截到完整的通话。仅通话者知晓跳频所采用的频率顺序,但肯定会对其严格保密。

具有扩展频谱或者跳频功能的无线电系统是非常昂贵和复杂的,因而即使最发达国家有时可能也会使用普通的无线电信号。20 世纪 90 年代,NATO 对巴尔干的干涉过程中,由于 NATO 军队没有足够的最新军用无线装置提供给所有部队人员,因此很多人就开始通过个人手机来使用该区域内可用的公共网络。同北约交战的军事机构也可进入这些公共网络,并从这些擅自使用手机的北约部队手中获取了许多重要的军事情报。有报道指出,21 世纪前 10 年,北约部队在阿富汗战场上使用智能手机与 3G 手机——因为标准军用手机缺乏智能手机功能——也造成过同样的问题。

据报道,已经有一些反恐机构在利用被拦截的通话了。2002 年 11 月,美国国家安全局(NSA)侦察到了在其观察名单上的一个电话号码的通话。嫌疑人名叫 Qaed Salim Sinan al-Harethi,被认为是基地组织的活动分子,曾于 2000 年策划袭击了停靠在也门一个港口的美国"科尔"号驱逐舰,并杀死了 17 名美国水兵。这个电话很可能是通过海事卫星电话拨打的,而 NSA 很可能当时正在一个适当位置的地面设施内接收该区域的所有国际海事卫星信号。al-Harethi 手机上的 GPS 芯片帮助 NSA 操作员准确判断出了手机的具体位置。在吉布提附近的中央情报局(CIA)收到指示,迅速派出一架"捕食者"无人机前往该地区,计划向 al-Harethi 发射"地狱火"导弹。CIA 作战命令要求,在采取可能导致伤亡的行动前,必须由至少两名探员对目标进行语音识别。分析员听 al-Harethi 的录音磁带已有数年之久,可以断定其不是电话中的那个人。接着,电话中的人又与车内其他人进行了交谈——很显然是向后座的一个人询问方向。分析员识别出了第二个人就是 al-Harethi,他回放了这段简短的对话,并让另一位同事进行再次确认。确认身份后,分析员发出无线电信号,指示"捕食者"无人机发射导弹,摧毁了这辆汽车以及车内所有乘客。

不仅美国在通过监听卫星电话来定位敌人。1996 年,俄罗斯追杀车臣反政府武装领导人贾哈尔·杜达耶夫时也是利用了此类电话来对其进行精确定位的。

36.3　数据通信侦听

侦听者关注的信息很可能是数据而非语音形式。事实上,语音与数据越来越多地混合在一起,两者的区分总体上来说是一个学术的定义。网络电话即是这种混合的一种形式(Skype 最流行)——基于互联网协议的语音传输(VoIP)。VoIP 电话隐藏在互联网数据洪流中,很难被发现。互联网将数据分解成许多"数据包",并通过成千上万个交换机将这些数据包传输到目的地。一个电话的数据包与电子邮件或 You Tube 数据包没有区别。最糟糕的是,某个通话的一些数据包可能通过一个交换机,而其他数据包可能又会通过其他交换机传输——只有当到达电话接听者时,这些数据包才会重新组合到一起。2003 年至 2008 年担任英国政府通信总部(GCHQ)侦听机构主任的 David Pepper 曾将 VoIP 应用描述为"他最大的难题,认为 VoIP 是一场彻底的革命,是自电话发明以来电信技术的最大变革"。

在太空时代之初以及数据时代之前,侦听者所关注的数据通常是军事或外交数据。例如,美国及其盟友最初对苏联导弹试飞人员与地面操控员之间无线电传输的监测,是通过土耳其和伊朗等与苏联接壤的友好国家的基站以及完成许多远程导弹试验的太平洋船只和岛屿进行的。随着太空时代的发展,电子侦察卫星已成为这种侦听网络的一部分。

正如英国情报专家查普曼·品彻所解释的那样:"安装在导弹各处的装置发出的信号将速度、高度、空气动力学详情以及发动机性能等数据传递给地面工程师,这些数据对工程师们改善导弹射程与精度是不可或缺的。"(Pincher,1984)这些遥测数据也测量温度、电流、油耗以及每件设备的开/关状态。当导弹某些方面失效时,此类遥测数据尤为重要。如果没有这些遥测数据,工程师们只能对故障原因进行猜测。这就像飞机黑匣子内的信息,是飞机失事后空难调查员的重要信息来源。侦听者所面临的挑战是了解这些遥测数据的含义。美国情报历史学家杰弗瑞·理查尔森将其比喻为所有文字与编号都被删除的汽车仪表板上的开关与刻度盘。通过推测,会逐渐弄清楚哪些数据涉及速度,哪些数据涉及发动机状态等。卫星可确保拦截到当时在苏联境内以及太平洋上进行的导弹试验的遥测数据(Richelson,2002)。

对手方面,苏联/俄罗斯可通过使用船只来收集此类信息,因为美国远程导弹试验是朝着海洋上空发射的,并且会提前向民用船只发出警告。因此,苏联从来没有制造专用于此任务的卫星。

监视对方导弹遥测数据的能力相当重要,被正式纳入《美苏限制战略核武器条约》(SALT)中,该条约推动了冷战核武升级态势的结束。SALT-II 第 15 条(1979 年)中指出:"任何一方不得故意限制遥测信息,如使用遥测加密,无论何时,这种限制都会阻碍条约履约核查工作的进行。"通过监视对方的导弹试验,美苏两国都可核查出对方是否正在违反有关新导弹开发或旧导弹升级的协议。

在如今这样的数字时代,数据成为军事、商业以及个人生活通信的主要手段。我们经常会看到报纸头条有关电子邮件被拦截的新闻,这也说明现代生活大多通过这种方式进行沟通。短信、网购或汇款也会产生可被拦截的数据。任何组织的日常业务也可能涉及数据传输,以下几例说明数据几乎渗透到现代生活的方方面面:

(1)买彩票——交易被传输至彩票总部;

(2)从自动提款机取钱或者使用信用卡——通知银行从账户扣款;

(3)就医——医疗计算机系统会对你的病历信息进行更新;

(4)途经收费站——车牌会被拍摄,并存入计算机中;

(5)买卖股票——交易以数据形式通知经纪人、银行等。

更普遍的是,全球各地的计算机通过交换数据进行交互,所有这些数据都是侦听界的目标。侦听者可能希望破坏、修改或只是监视这些数据。"网络战"这一术语被越来越频繁地用于描述全球各地区组织为了拦截和破坏计算机与通信系统数据所做的工作。

这种数据普遍性对军事和民事同样适用。ELINT 卫星的目标就是为了监视军事对手、恐怖分子、犯罪组织、政府或商业组织的数据通信。根据目标的复杂性以及价值,侦听者需克服的加密及其他安全措施层级将有所不同,但原则都是一致的。对于美国和俄罗斯(逐渐包括中国),ELINT 卫星仅仅只是用于这项任务的工具之一罢了。

对于军队而言,遥控飞机或无人机系统这一新型数据拦截形式越来越重要。美国及其盟友已在伊拉克和阿富汗部署了几千架无人机。其中一部分无人机系统就像模型飞机一样采用投掷的方式进行发射,这些无人机从数公里外的地方将其视线范围内的图像传输回地面。而另一方面,无人机尺寸如小客机大小,可从地球另一端对其进行远程控制,使其在战场上空停留长达 48h。无人机通过卫星将图像传回控制中心,然后由训练有素的飞行员与图像分析师来控制无人机的"飞行"——指示无人机改变航向或旋转摄像机,或在某些情况下发射导弹。

拦截这些无人机的图像及指令链路是对手最优先考虑的。鉴于图像通过卫星无线电链路传回美国,也许可以对这些通道进行严格加密。但《华尔街日报》2009 年的一篇报道指出,伊拉克武装分子一直拦截美国无人机未加密的图像。该报道引述负责美国空军无人航空计划的大卫·德普杜拉中将的话说:"那些东西都是侦听和利用的目标,军队正试图通过更好地对无人机反馈的信息进行加密来解决这些问题。"如果在中亚的非正规军都能拦截这些数据,那么俄罗斯与中国的 ELINT 系统很可能也能拦截到。

36.4 雷达侦听

人类发射的首颗对地观察卫星是 ELINT 卫星——这颗微小的格雷勃银河辐射试验背景卫星(GRAB)于 1960 年由美国发射(图 36.1)。GRAB 提供深入苏联内部的雷达系统信息,这是很难获取的。GRAB 的工作原理是接收覆盖极宽频率范围的无线电信号,并将这些信号转输到地面站。卫星不对信号做任何处理,仅仅充当镜子的作用,在 1000km 高空上接收无线电信号,然后将信号向下发送至友好站点。通过一个适当位置的地面基站,就能对深入苏联内部的无线电信号进行监测。GRAB 曾帮助识别和分析出两个苏联雷达系统,其中一个与防空导弹有关,另一个与导弹早期预警有关。知道了对手的雷达特性,未来探测到它时就可以予以识别,更重要的是能据此设计出对其进行干扰或混淆的电子对抗措施。

Credit: National Security Agency

图 36.1 世界上首颗 ELINT 监视卫星:美国 GRAB

有了 GRAB 的成功,美国开始广泛利用卫星来分析对手雷达和其他军用信号。这种微小的 GRAB 演变成了大规模卫星群,许多卫星部署在地球上空 36000km 的静止轨道上,该位置距离地球太远,需要巨大的天线来接收地球信号。

同美国一样,最初苏联的侦听活动是为了探测来自雷达等防御系统的电磁辐射以及侦听军队之间的通信。苏联/俄罗斯所使用的卫星大约在 1000km 高空轨道,避免了像美国对地静止轨道 ELINT 卫星那样对巨大天线的需求。

生产苏联第一代"处女地"(Tselina)卫星的乌克兰工厂负责人将监测美国及其盟友雷达的两个主要目标描述为:一是"确定它们在战斗中的能力及获取数据以便采取(电子欺骗或阻碍)对策";二是"侦察外军行动变化以及战斗准备的迹象"。当前 Tselina-2 系列卫星收集到的数据通过"喷泉"(Geizer)数据中继卫星传回地球,这种中继卫星提供信息的速度要远快于一天仅一次或两次通过无线电向地球传回数据的上一代磁带记录仪。

虽然中国在对地静止轨道上没有像美国那样部署巨型侦听卫星,但是使用了用来监视东亚地区雷达和数据流量的低轨卫星,这类卫星大多属于小型卫星(<1/2t)。

36.5　远洋轮船侦听监视

探测来自海上船只的无线电信号是 SIGINT 卫星的一个特殊类别。从原理上讲,在远离陆地丰富无线电环境的海洋上,船只很容易被发现——它们可能会是海面数英里范围内唯一的无线电信号源。船只彼此间以及与基地间都是通过无线电信号进行通信。雷达(雷达是从"无线电探测与测距"衍生出的非严格性首字母缩写词)也传输非常强的无线电信号,并对无线电信号碰到船只、飞机、导弹或其他岸上物体时反射回来的微弱回波进行探测。其优点是,即使无法破译这些无线电信号,也能知道船的位置。

美国海军自第二次世界大战后就一直控制着世界各大洋,而苏联则主要被大陆与冰川包围,因此,海军力量从来不在苏联优先考虑之列。与其选择在海上与美国一较高下,苏联认为倒不如将精力都集中在反舰导弹上,将美国舰队遏制在海湾内。这些反舰导弹由潜艇、驱逐舰以及巡逻舰搭载,可向地平线上以及超出苏联船只雷达探测范围的敌人开火。作为这一政策的一部分,苏联在某种程度上需要对美国船只进行定位。最初由搭载雷达的航天器来实现,但探测范围十分有限,而且航天器还很容易被击落。

20 世纪 60 年代,随着太空时代步伐的加快,苏联很快发展了一系列用来监视美国海军动向的卫星。从 1967 年起,苏联发射了许多携带雷达的卫星来侦察美国船只,即使当美国船只的无线电和雷达处于关闭状态时,这些侦察卫星也未停止过侦察。

美国很快便认识到了这一计划的潜力(图 36.2)。美苏不断将一组组(每组包括 2 颗、3 颗或 4 颗)卫星送入轨道,通过利用各卫星探测到的船只不同时刻和方向的无线电信号来进行三角测量。除了探测船只以及三角测量定位,这些卫星还可收集这些船只的雷达信号与无线电通信,以供日后分析之用。

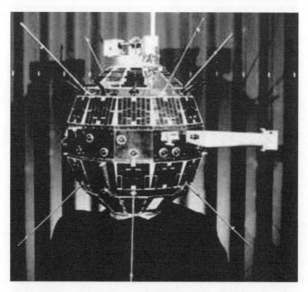

图 36.2　POPPY:美国海上 ELINT 卫星 NOSS(美国海军海洋监视卫星)系列的首颗卫星

美国当局还建立了一个船只动向数据库,包括 ELINT 卫星信息以及从海军与海岸警卫队海空监视来的各种资源数据。民用与军用船只都被监视,这反映出恐怖分子的威胁以及美国对中国和伊朗等国海军的兴趣。

当 ELINT 卫星正好飞过敌方船只上空而敌方正在观测无线电与雷达静默信号时,假如该卫星携带能探测下方船只的雷达将会大有裨益。为此,苏联/俄罗斯的一系列 ELINT 卫星都携带了雷达。1978 年,在加拿大北部坠毁了一颗苏联卫星,用于该卫星发电的放射性物质散布整个区域——苏联不得不向加拿大支付数百万美元清理费,但这并未能阻止其继续在后续卫星上使用同样的放射性技术。偶有媒体和网络报道美国卫星也携带雷达。另据报道,美国卫星可探测到船上发动机发出的微弱无线电以及船体的磁效应。

对中国而言,不难理解其监测美国太平洋舰队以及其他区域海军的重要性。除了中国台湾这一长期存在的军事热点之外,在中国南海的某些区域,珍贵的石油与矿产资源正遭人觊觎,菲律宾和越南等国家对该区域也存在着主权争议。

同美国和俄罗斯一样,中国也有许多主要用于监测海洋环境的军民两用海洋卫星。这种卫星利用雷达高度计与散射计来测量浪高、风、海流等,同时还利用多光谱红外传感器来监测浮游生物的大量繁殖以及其他一些被称为"海洋水色"的现象。更好地了解海洋知识对于商业航运、渔业、海底钻探是非常重要的,同时对海军也很重要,例如,优化其潜艇舰队的部署以及更可靠地探测其他国家潜艇舰队。

所有这些海洋监视卫星都部署在低于 2000km 的轨道上——某些俄罗斯雷达有时甚至会低飞至 250km 高度,军用海洋监视卫星通常可通过其双重或三重运载器配置来予以识别。

36.6   研   究

从太空识别与捕获特殊通信面临着巨大的技术挑战。宽广的无线电频率范围以及充满无线电波的数十亿发射器使找到关注的通信变得异常困难。因此,许多航天国家开始研究 SIGINT 卫星能够获取的通信范围。

从 1995 起,法国一直致力于将试验 ELINT 有效载荷与卫星送入轨道,其目的是让法国最终拥有可以定位,并且在可能的情况下识别出单独发射器与雷达的卫星。这些信息可帮助法国军队在任何军事冲突中避免被发现,但其最初目的是为了获取信息,以证明未来作战系统资金投入的合理性。这些卫星都被送入了 700km 高空轨道上——这样就不需要像美国距离地面 36000km 高度的侦听卫星那样配备巨大的接收盘。目前还不清楚其最终目的是否也用于拦截个人通信还是仅用于识别和表征不同类型的发射器。由于卫星造价较高,法国正在从其他欧盟国家寻找投资合作伙伴,但目前成效有限。

36.7   侵犯隐私权

美国国家安全局与其亲密盟友英国、加拿大、澳大利亚、新西兰的对应机构通过合作来拦截和分析全球各地的通信流量。位于这些国家的地面站截获数十颗卫星通信并将其传输到位于美国马里兰州的国家安全局总部(图 36.3)。这种侦听后来被公之于众,称为 ECHELON(梯队),尽管 ECHELON 实际上只是用于信息排序的一个软件程序的名称,但在 2001 年受到欧洲议会的严厉批评,不仅是因为涉及侵犯隐私,还因为怀疑利用这些信息帮助美国企业。不过由于

"只有一小部分通信通过卫星传输",欧洲议会的批评才有所缓和。欧洲议会指出:"大多数通信只能通过侦听电缆以及拦截无线电信号来进行拦截。"海底电缆的持续扩展意味着越来越少的国家依靠卫星来进行国际通信。那些因缺少电缆连接而需要利用卫星通信的国家大多位于非洲或一些孤立小岛上,如太平洋上的小岛。

Credit: National Security Agency

图 36.3　距离华盛顿特区东北部 20mile 的美国联邦安全局总部

　　一个微妙但却长期存在的问题是,在未经授权情况下,美国国家安全局是严禁对本国公民进行侦听的。但问题是,想要确定说话者是否为美国公民,就必须对其对话进行侦听——詹姆斯·班福德描述了这一规定多年来是如何令美国国家安全局进退两难的。他们从几乎什么也不拦截,到"911"之后几乎对一切都进行拦截(可以说是非法的)(Bamford,2008)。根据斯诺登 2013 年揭秘的文件,美国"棱镜"(Prism)与英国"颞颥"(Tempora)计划很显然是通过让英国进行拦截来规避这"第二十二条军规"。

36.8　冷战期间的安全漏洞

　　自 1989 年冷战结束起,苏联成功渗透进美国侦听活动的大量案例被公之于众。这些案例大致揭示了参与者的一些目的以及相关系统的弱点,因此也为今天提供了许多借鉴经验。

1948 年,苏联更改了其所有加密设备和代码,使美国很难再对它们进行破译。苏联至少在美国情报部门之一中安插了间谍,并且找到了美国的通信漏洞。这些间谍从未被抓住。因无法获取苏联通信而使美国一直被蒙在鼓里的一个例子就是,1950 年 6 月朝鲜得到苏联默许不宣而战进攻韩国时,美国对此一无所知。对于美国情报界来说,这个侵略来得太突然了,如果美国提前解读了过去一年苏联外交与军事通信,考虑到了苏联对朝鲜的大量援助,情况大概就不会如此。

另一事件发生在 1960 年。这一年,两名美国国家安全局员工威廉·马丁和弗农·米切尔叛逃到了苏联,他们的叛逃增强了苏联挫败美国侦听的能力。美国无法解读苏联密码的情况持续了 30 年,直到 1979 年才有所好转。在此期间,爆发了令美国损失最为惨重的地区冲突——越南战争,此战美国没有能力拦截大量苏联通信并以失败告终。

实际情况比这更糟。对于美国实施的拦截,苏联要相对安全许多,至少在其最重要的通信流量方面是如此。另一方面,苏联却非常清楚美国系统的运作模式。从 1967 年到 1984 年的 17 年间,美国海军通信官约翰·沃克一直为苏联提供详细的加密代码信息。就在约翰·沃克开始向苏联提供信息的几个月后,一艘美国"普韦布洛"号间谍船基本被朝鲜完整俘获,船上的加密机都落入苏联手中——船员在被抓捕前未能及时破坏掉这些加密机。当美国海军知道"普韦布洛"号被俘后,他们更换了所有海军加密钥匙。他们却不知道,收到更改列表的其中一人就是约翰·沃克。因此,在接下来的 17 年里,苏联拥有"普韦布洛"号上的三种类型密码机、定期更新的代码以及正在使用的密码钥匙。

沃克的克格勃专职负责人奥列格·卡卢金说过,"普韦布洛"号和沃克使苏联能够跟踪美国的核潜艇以及舰艇,是"冷战时期苏联情报的最伟大成就"。

美国及其盟友还遭遇到了更尴尬的事情。如英国间谍杰弗瑞·普莱姆以及加利福尼亚州间谍克里斯托弗·博伊斯向苏联提供了美国侦听卫星的详情资料。随后苏联很可能采取了一些措施,故意传递错误信息来误导美国听众,或者简单地更改程序以及设备来阻止信号与通信被拦截。

美国最终在 1979 年破解了苏联的代码。这一突破据说是通过从细微入手、稳扎稳打、循序渐进地增进对苏联加密机工作模式的理解而取得的。一旦实现了全面突破,美国国家安全局就能"侦听到安全加密的语言信息,而且比通话者彼此间听到的还清晰"。

36.9 结　　论

随着计算机以及互联网使用的普及,人机之间的信息沟通日益增多。此外,移动电话、平板电脑以及其他移动设备使用的爆炸式增长,意味着越来越多的通信会通过无线电传输——"无线"这一术语重新被用来描述这项技术。我们很熟悉民用领域的这种现象,但它同样也适用于军事界。使用无线的一个后果就是,通信可以被未经授权的侦听者拦截——美国、俄罗斯或许还有中国都有卫星来协助该任务。冷战证明,一个国家维护安全的最薄弱环节之一就是其国民——苏联能破译美国的加密并且阻止美国侦听苏联通信,应部分归功于变节的美英官员提供的情报。布拉德利·曼宁(向"维基解密"网站泄密)和爱德华·约瑟夫·斯诺登最近的活动证明了这一薄弱环节对通信安全仍然存在着威胁。

参考文献

Bamford J (2008) The shadow factory: the ultra-secret NSA from 9/11 to the eavesdropping on America. Anchor Books, New York

Norris P (2010) Military radio surveillance from space and unmanned aircraft. In: Watching earth from space. Springer Praxis, London/New York, pp 233-260, pp 230-232

Pincher C (1984) Too secret too long: the great betrayal of Britain's crucial secrets and the coverup. Sidgwick & Jackson, London, p 559

Richelson JT (2002) The wizards of Langley: inside the CIA's directorate of science & technology. Westview Press, Boulder, p 86

第37章　面向安全与国防的空间综合应用

亚历山德拉·费乌马拉

意大利太空总署,欧洲航天局,意大利罗马

本章概述与太空安全和防御相关的综合应用。在全球化的背景下,太空安全与防御问题两者密不可分。全球威胁随之出现。危险这一概念已经从用武器对付实体敌人转变到影响公民日常生活的一种长期不安全感,表现为以下新的挑战:不断增加的风险数量,本质的多样性(科技意外事件、自然灾害、复杂人为危机),不可预见性,以及遍及世界各地。此外,安全问题也涉及新领域,如能源、交通以及流动性。

为应对这些变化,需要一个涉及军民背景下不同行为体的综合方法。能力的发展也需要考虑集成与互操作性。空间系统在安全与防御领域一直发挥着重要的作用,不论在战略战术层面还是战役层面。当不同技术结合在一起时,能够产生更广泛的应用。空间技术可提供其他技术无法提供的一些服务,如为可靠信息增值、自动监控偏远地区、为新用户创建高性价比的创新方案以及提高危机应对效率。由于卫星能够跨越国土与国家提供服务,因此它们是实验与推进互操作性、共享以及两用理念的基础。

本章将概述不同的应用领域以及当前的发展趋势。在具体示例方面,本章将重点关注欧洲背景下的项目与计划。

37.1 引　　言

贸易与投资的流动、技术的发展、民主的广泛传播为许多人带来了财富与自由,但是其他人则认为全球化是造成失败与不公的因素。在许多发展中国家,贫穷与疾病是首要安全问题,并且在大多数情况下,经济衰败总是与政治问题和暴力冲突相关联。

如果欧洲本土地区比20世纪90年代更加稳定,那么安全威胁可能来自于不稳定的邻国、跨国组织以及安全问题的新领域,如能源、网络空间、水、隐私以及自然灾害。非常规威胁可在其他遥远的地区出现,继而影响国内安全,包括攻击、恐怖袭击、毒品走私、网络攻击,或者对重要运输线的不法破坏。对环境、自然资源以及可再生能源的开发不管是从单个国家层面还是世界范围来说都是新的问题。此外,国内危机(环境自然灾害、科技意外事件以及复杂的人为突发事件)的数量也在不断增加。

当今,欧洲与"西方"安全行为体面临重要挑战——稳定国际局势,包括挽回严重评分降级的局面、管理发生在远离领土的危机,以及保护公民与关键基础设施。

这些挑战意味着需要多个不同行为体的参与。现在的情况不再是"狭义的"军事方面,而是变得多维度、更加复杂、具有不可预见性,并且各个威胁之间相互关联。通常情况下,危机发生在脆弱国家,而西方国家的干预是在一个多国框架内,涉及军事与民事行为体、国际组织、非政府组织以及私营公司。这些行为体之间的关系并未经过组织或正式建立,但是不得不寻求一个一致与综合的方法,从而将外交、商业、发展以及人道主义行为与警察、司法以及防御结合起来。在国家层面上,政府正重新确定它们的国家与国际安全策略,并且跨部门建立危机与安全机构。

上述现象的国际影响远远超出了国界,为此,建立了双边、多边以及区域合作模式。欧洲国家也是如此。在 2003 年 12 月欧洲理事会签署了"欧洲安全战略",欧盟成员国承诺向欧盟提供帮助,确保其安全与稳定。欧洲理事会及其秘书处以及欧洲防务局在欧洲安全政策制定上都发挥了重要作用,并且欧盟委员会通过其各项政策也发挥了同等作用。欧盟流程已经合理化,从而充分考虑民用和军用装备与行动之间的共同点,这反映了寻求更综合的方法与增强欧洲危机响应的政治意愿。

37.2 应对新威胁的太空能力

在各种各样的新威胁形势下,催生了新的作战需求,必须具备足够的能力才能满足这些作战需求。危机的不可预见性导致了需要优先关注持久监视、防范以及预期;提高世界各地的响应能力导致了需要远程大范围地区绘图与远程作战支持;行为体之间不断融合以及国家财政预算限制导致了需要互操作性以及需要合作伙伴之间共享信息;新兴风险导致了需要更经济的创新解决方法,以应用到新领域,如能源与交通,并且通常需要应用于公民的生命与健康安全领域以及关键基础设施上。

在这些领域中,太空资产发挥着重要作用。太空应用与技术最适合于应对日益扩展的安全理念以及为上述挑战提供智能解决方案。面对以上问题,新兴国家出于安全与防御需要,开始发展太空能力武装自己。

在太空领域,传统客户为军方用户,他们的需求仍然与严格国防领域相关,如用于导弹探测与跟踪的早期预警卫星。但是更广泛的安全与民用领域开始从太空服务中获益。并不是说其他平台不能执行的任务交给卫星,而是卫星以其特点能用不同的方式完成类似的任务,并具备独特的优势,如对地观测、通信、定位、导航、配备以及授时应用方面。它们能够用于抵御自然灾害以及典型威胁,有利于快速重建公用设施,并且是非侵入性的。太空是信息获取与传递的特殊场所,有利于自主以及持续更新对敏感情况的评估。

当不同的工艺与技术综合时,将获得更高的产品与服务性能。在过去10年中,人们见证了日益多样化的卫星应用的发展,这些发展是由一贯复杂的用户需求以及卫星、地面段与终端之间的强大技术创新所驱动。多个因素导致了这些"综合应用"的增加。多个不同太空资产的结合以及太空与非太空资产的结合可以:

(1) 为监视与准备阶段的可靠信息提供增值信息;

(2) 提供非侵入性能力,在全球范围内全天时全天候从稳定与安全的环境中获得及更新信息,从而能够长期监控广大偏远或危险地区(敏感战区、战略基础设施、舰队以及个人);

(3) 提供两用能力与内在技术特点,为实验互操作理念提供不受国界限制的理想条件;

(4) 提供全球覆盖的服务响应,缩短信息传递给战区人员或决策制定者的时间。

集成可在不同层次进行,但目前就地面段而言,仍然是一句后话,因为每个任务都是各自为政。然而,当今危机的复杂性要求行为体之间不断增强合作。行为体的行动效率可从综合性更强的方案中受益,该综合方案出现在系统定义的最初阶段,它考虑到不同类型用户的操作需要,包括各种太空与非太空系统之间的互操作性。这种集成贯穿于价值链的早期阶段对不同来源的数据在地面进行处理。这种集成不但推动了卫星、地面段以及终端的强大技术创新,而且反映了需要深入考虑的问题,如数据政策、财务因素以及管理。

37.2.1 用于监视与准备的增值信息

天基系统与地基设备的结合能提供地理信息增值产品,更有利于开展预防与干预工作。在这种背景下,不同来源的信息在空间采样、时间插入以及主题内容方面进行补充和综合。在不同频率(可见、红外线、微波)下,通过测量不同内容获得历史数据、地面传感器数据以及空间观测数据用于评估敏感情况。

太空与非太空数据的初级集成是为了校准与验证处理算法,该算法用于生成卫星数据产品(校准与验证活动)。

全球环境与安全监测系统(GMES)服务就包含许多增值产品,这些产品就是安全服务的组成部分。自然资源与冲突服务对危机指标进行评估,旨在改进当前的报警系统。这些指标详细地说明了地区危机中安全问题与可能的冲突因素之间的关系。核心产品为可能或正在发生武装冲突的国家提供相关的地理空间信息。其研究土地退化与土地使用变化之间的关系,土地使用或土地覆盖变化来源于对地观测数据的多时相分析。然后,该信息与其他非卫星数据结合,分析潜在的空间关系。这种数据集成也用于通过合成孔径雷达在不同日期获取的信息生成多时相相干图(图37.1)。

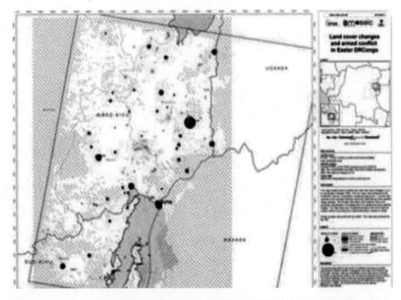

图37.1 2003—2008年土地使用变化以及刚果东部冲突(Raleigh 等,2010)

每个对地观测任务参数不同,如不同的频道、地面分辨率以及轨道周期,从而提供不同且互补的信息来源。回归周期特征有可能形成相干图。专题地图的不同卫星数据(雷达与光学数据)的结合就是一个显著示例。众所周知,合成孔径雷达(SAR)图像很难进行分类,因为辐射测量分辨率低,而分辨率低是由于图像中有斑点噪声。然而,微波数据可提供补充性信息,例如,对植被几何特性敏感的信息,这与光学数据完全相反(可见与近红外),光学数据的主要信息为光合活性。通过合适的算法,利用光学数据的高辐射测量分辨率,可将从雷达中获得的有价值信息融入植被分类任务中。回顾意大利太空总署资助的 SI-GRIS 项目及其主要目的,该项目旨在为意大利民防部门开发一个复杂的灾害模型、预测与早期预警系统,支持地震风险管理。表37.1 给出了由以下不同对地观测卫星与非太空数据结合所形成的产品：

（1）商业卫星（EROS-B、QuickBird、GeoEye、WorldView）的高分辨率（<1m）光学图像；

（2）ERS、ENVISAT、ALOS 以及 COSMO-SkyMed 卫星的 SAR 图像数据；

（3）多个不同来源的连续 GPS 数据。

表 37.1　SIGRIS 产品

风险管理阶段	SIGRIS 产品
知识与预防（地震危险性评估）	震间断层形变图
	区域大地形变图
	显示应变累积的断层模型
	地中海中部地球动力学图
	地震区地面速度变化图
危机管理	同震地面位移图
	震源模型
	地震表面效果图
	震后松弛模型
	强地震破坏力图

37.2.2　远程与危险区域监视

当危险发生在偏远、广阔或危险区域时，就不可避免要涉及太空装备。区域外作战为欧盟军民力量树立了新的行动范例：时间延长；任务扩大；干预多个、分散并且偏远的区域；作战类型多样化。由于空间传感器是非侵入性的，能够覆盖全球表面，因此它们在支持战略作战计划方面拥有无可比拟的能力。它们能以完全合法的手段在大面积范围内对潜在打击目标进行定位与识别，并且能够提供作战所需的技术数据。由于对地观测卫星可提供稳定情况下的长期、自主、全天候全天时的数据，因此一直被人们所使用，但无人机的作用日益增加。虽然对地观测卫星主要用于军事领域，但是它们也越来越多地应用于民用领域。无人机的远程导引以及机载传感器与/或武器的使用使卫星通信在指挥控制这些无人驾驶飞行器作战中变得至关重要，且有利于数据传输。当载人飞行任务非常危险时，可使用无人机（图 37.2）。

集成空间技术的使用有利于对危险、广袤及偏远地区，如深海地区进行监视。自动识别系统（AIS）是一个近距离沿海跟踪系统，目前主要用于船舶上。它为船舶与海岸站提供识别与定位信息。当离海岸 40nmile 以外时，目前部署

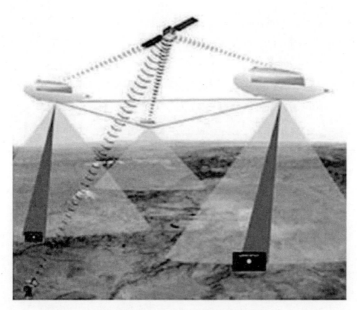

图 37.2　无人机与卫星联网及合作,提供视频监控服务

的陆地 AIS 网络能够从天基 AIS 中获益,因为集成的天基 AIS 可以跟踪船舶整个海上线路。虽然目前天基 AIS 并未完全投入作战使用,但是一些配备 AIS 接收器的卫星可以提供数据。位于欧洲的 SAT-AIS 是欧洲海事安全局(EMSA)与 ESA 合作研发的项目。ESA 对提供 AIS 数据的可持续天基系统的设计进行确定。目前,欧洲海事安全局运作的海运监视系统根据海岸站收集的数据可对船舶以及危险货物进行有效跟踪,AIS 信息通过国家站从海岸站转到三个区域性的 AIS 服务器,该服务器为 EMSA 海运监视系统服务器提供数据。该 SAT-AIS 计划将为此海运监视系统增加另一个服务器,从而将通过卫星接收的 AIS 数据传送至海运监视系统服务器。

海上安全服务(MARISS)是 GMES 服务的一部分,它将实时卫星对地观测数据与传统船舶跟踪数据结合,以便给欧洲海岸警卫队、海军以及边境警察部队提供海上情况。MARISS 通过多空间系统(通信卫星、导航卫星以及对地观测系统)、地面资产(雷达)以及 AIS 的相互集成,为海上安全领域提供服务。政府可以更加容易地区分船舶,提升领海感知能力与控制能力。COSMO-SkyMed 星座(目前有 4 颗在轨运行的卫星)每天可以对同一地区进行多次重访观测,并且每 8 天可以覆盖整个地中海。

37.2.3　共享与互操作性

在海洋这个环境中,可获得几乎所有的集成与共享的监视信息,对所有相关行为体都有利。因为海洋是一个"无特权"环境,使合作更加容易。在太空领域,太空能力的内在技术特点决定了其可以跨越国界提供服务,既可由各国各自发展,也可由各国跨国合作发展。

在海洋领域,军事与民事部门通过交换信息,实现重要的相互协同。为了整合海上监视信息,提高作战效率,降低作战成本,欧盟采取了各种举措,如2008 年 12 月启动了地中海海上监视系统(BMM)试点项目。BMM 试点项目重点关注地中海及大西洋方向。与此类似的是北海的 MARSUNO 项目。BMM 将提供大量信息输入,建立公用信息共享环境。它推动了来自 6 个国家 37 个机构之间的合作,为跨部门以及跨国界数据交换扫清了法律障碍。BMM 采用光学与雷达对地观测卫星数据,同时采用海岸雷达与 AIS 数据。通过公共图片,可在系统的所有节点中建立"共享态势感知"。卫星图像用于大范围的快速绘图服务以及船舶跟踪服务。通信系统的部署有利于在 100 个互联节点中高效、安全、快速以及全面地共享图片(图 37.3)。

图 37.3　2012 年 6 月 BlueMassMed 最终会议演示阶段:"合作伙伴之间共享地中海照片"

同样重要的是"网络能力"的概念。在此方面,通信卫星在战略层面上为网络能力构成必要的通信基础设施,同时在战术层面发挥重要的作用。网络能力的基本理念是开发信息技术的潜力,升级当前以及将来的军事设备,在各个层面(从步兵单位到总部)提高"共享态势感知"。这一理念将加快军事决策程序,使武装部队在执行整个军事行动时效率更高,并且不受距离、国界或环境影响。

另一个示例是跨国天基成像系统(MUSIS),它取代了一般框架内现有的国家对地观测系统。法国、意大利、比利时、德国、希腊以及西班牙的政府间合作(目前又有瑞典与波兰加入)旨在使所有太空任务的相关地面段具备互操作性,可以直接相互使用资产,同时,合作伙伴在国家基础上继续开发它们自身的太空组件(国防与两用资产)。

以上示例表明,各行为体愿意加强合作,这种合作可能在运行或技术层面展开,涉及数据交换或能力,或开发成果与系统共享。过去 10 年来,欧洲国防预算逐渐减少。当前的金融危机使得情况进一步恶化,导致预算进一步减少。在当前的经济危机中,没有一个国家可以独自采购满足所有需求的所有天基设施。维持目前能力或采办新装备当然是首要目标,但是,在合作过程中,必须注意考虑与主权、国家安全、数据保护相关的问题,以及机密信息保护的管理原则。这种考虑存在于不同国家之间,同一个国家的不同部门之间,甚至是同一个部门的不同机构之间(如国家民防体系下的众多机构)。加强合作的出发点有许多,其中最重要的一点是确认共同合作要求、领域以及形式,这些形式有大幅改进空间。"汇集与共享"或"两用"概念目前正得到提倡。汇集与共享方法通过在合作伙伴间增加信任建立程序实现信息共享的需求。多国之间共享信息与情报是一个敏感问题,但是实现共享的技术问题,如标准化图像格式、网络体系结构、存储能力、分析能力以及一致性可以单独解决。汇集涉及技术互操作性、技术以及资金,而共享则涉及信任与政治决心。就一国内部以及国与国之间来说,这是一个持续的过程,将"需要了解"这一概念转向"分担责任"的方式。

37.2.4　紧急风险的创新解决方案

新兴威胁可能危及公民生命及关键资产。关键资产内容广泛,包括人造结构(如能源管道与工业场地)或自然资产(如淡水源),如果对它们进行破坏、损毁或改变可能影响国家与公民的安全。太空资产与非太空资产的集成有利于保护公民与资产的安全。针对新的及更大范围的用户与客户,可不断开发新的服务。到目前为止,许多用户群并没有得到重视。最终用户及服务商的参与非常重要。由于缺乏可靠实例、缺乏改变的决心、缺乏对最终用户的信息发布和说服工作,因此,太空集成商业解决方案得不到普及。

针对这些涉及新用户与客户的新领域,通常采取两步法:第一步是可行性分析阶段,研究新方案或装备的全部作战能力;第二步是研究与演示阶段,通过成本效益分析,确定新方案的经济影响。在 2008 年 11 月的海牙部长级会议上,ESA 启动了一个新项目,其目的是"通过不同系统之间的联合为广大用户开发运行服务"。该项目希望利用至少两个现有且不同的太空服务领域(如卫星通信、对地观测、卫星导航、载人航天技术),这推动了不同领域之间的交叉与渗透,有利于开发出一致、综合的应用项目解决方案,有利于效率与成本效益的最大化。一些主题领域已经得到了确定,涉及安全、健康、发展、能源以及运输。值得注意的是,上述每一项都与安全问题有关。

37.2.4.1　部分示例

在运输安全领域,天基解决方案可进一步帮助应对交通流动带来的挑战,如船舶或卡车车队管理、道路与轨道交通监控、紧急服务调动或危险货物跟踪等。太空资产此前都是以单独服务的形式出现,当需要持续的安全关键服务时,太空资产的整合变得至关重要。例如:用于室外定位服务的 GNSS/卫星导航与室内技术结合,可以将定位服务扩展至隧道,使定位具备连续性与可用性;卫星通信与地面网络以及填隙技术结合,可以为运输提供窄频通信链接,并且在中央信息与管理中心与救援服务/部门的局部控制中心之间建立高速数据链(地面与 SATCOM);以及对地观测数据用于提供一般天气信息与基础设施状况,以降低风险,减少影响。

能源安全对欧洲经济的发展与繁荣非常重要。太空服务在能源行业的商业部分发挥重要作用,但还有巨大的潜在增长空间(图 37.4)。比如目前受到极大关注的太空资产对未来复杂能源网(包含多个大型可再生能源电厂)的管理。目前趋势是增加可再生能源(太阳能、风能等)的比例,这就意味着电力输出不再集中受控,而是逐步开始依靠对自然资源和电力负荷的准确预测;依靠分散控制、同步(针对电网的可靠性与稳定性)以及信息与数据的快速交换。一是可以通过卫星雷达提高塔架稳定性监控的效率;二是可以通过集成卫星服务

图 37.4　风力开发公司(可再生能源公司签署了一项协议,以使用 Globalstar 卫星调制解调器来传送就潜在站点进行评估的远程风能监测站的数据)

支持通信网络集成,实现对新节点的支持与快速部署;三是可以将卫星气象数据并入增强的风力预测算法,有利于协调电力供应与需求。

关键基础设施即为必需品,如水、食物、机密信息、金融交易或恢复服务,代表各类经济部门的关键动力。当基础设施本体分散时,如线性基础设施(管道)尤其容易遭受危险。

石油与天然气管道被视为关键基础设施资产,如果这些资产发生意外,就会对经济、安全以及政治秩序造成严重影响。因此,必须对管道进行检查,确保完整性,必须随时确保管道能够安全有效地运行,出现安全事故,将会对经济、安全甚至是政治秩序造成重大影响。到目前为止,管道运营商主要通过人工驾驶车辆与直升机对其基础设施进行检查。由于预算有限,并未执行最合理的检查频率(每两周1次至每5年1次,主要取决于检查类型)。但如果通过利用太空资产(对地观测、卫星通信以及卫星导航),可对目前的检查进行改进与优化。通过分析对地观测卫星 SAR 数据是否发生变化,可以对第三方的干扰(如挖掘)进行探测。侵蚀以及滑坡引起的高程变化可以通过 SAR 永久散射体干涉测量进行监控。沿管道基础设施安装的现场传感器发送的数据可以通过实时传输进行收集,然后经卫星通信链路发送到处理中心。现场工作人员可采用 GNSS 信号确定威胁发生的精确位置。

过去数十年中,人类的流动性显著增加。如果居民在旅途中发生医疗事故,往往不能立即和直接地获得充足及专业的医疗支持。尽管如今远程医疗援助服务水平在不断提高,但是,由于其运输工具(飞机、船舶、汽车等)上所提供的医疗服务水平在很大程度上都受到限制,病人与医生之间仅能以电话作为通信工具。定位与通信空间系统的结合通过确保实时和面对面通信以及生理数据传输为服务增值。

排雷服务基于对地观测数据、GNSS 导航,卫星通信技术与现有排雷行动的工具与方法、数据库,以及程序的集成。对地观测数据、卫星通信以及卫星导航有利于为决策者制定社会经济影响图,确定排雷行动优先顺序;通过指示器确定是否存在地雷或战争遗留爆炸物(ERW),识别与解除低风险区域,避免进行耗资巨大以及极具风险的排除步骤;了解危险区域的环境特征(湿度、坡度、表面粗糙度);提供数据定位以及导航,用于非技术调查、防区外探测、危险区域划分、近战探测以及排除;以及提供全球通信能力,安全地将收集的数据传送至如排雷行动信息管理系统(IMSMA),以便于获取最新的整合信息,并提升排雷行动的可追溯性以及质量管理。

37.2.5　提高响应能力

卫星通信的重要性尤其表现在作战以及发生重大突发事件时,因为这些情况下通常在通信能力不足时会不断暴露出来(如卡特里娜飓风、海地地震、巴基斯坦洪灾)。卫星通信尤其对灾难发生后的几小时到几天中的首批救援至关重要,这对于挽救生命来说是非常关键的。

卫星通信得到民防部门的广泛认可,因为它可以提供弹性互补的解决方案,不仅有利于提高指挥控制效率,而且有利于提高地理信息系统与资产跟踪系统信息的传送效率;反过来,这些系统依赖于卫星对地观测与导航服务应用。民事安全与防御机构在不同场合都表示过对可操作性与可持续的天基服务的需求,如由 EC、EDA 以及 ESA 于 2009 年 9 月 16 日在布鲁塞尔共同举办的"太空与安全"研讨会的总结部分,这些服务响应更积极、更综合,并且受控。首要要求就是在正确的地点、恰当的时间及时获得正确信息,如运输网络、物流设施(如医院)、关键资产与基础设施(如机场)、直升机着陆区以及人口聚集区等层面的信息(图 37.5)。

图 37.5 天网卫星(Skynet)通信:军事行动卫星通信示例
①—英国部队的 Skynet 5 卫星通信;②—基本自主卫星与两个英国地面站对话;
③—Skynet 5 支持高带宽应用,如无人机视频;④—天线与终端升级,以便充分利用 Skynet;
⑤—新战场网络(如 Cormorant)并入系统;⑥—系统使指挥官更快速地获得更多信息。

尽管目前有各种不同的通信装备,但是仍然存在一些局限性,一些对时间要求很严格的数据不能及时传送给用户。为减少延误时间,人们将中继卫星送入对地静止轨道,与其他轨道的卫星、航天器、其他飞行器以及固定地球站等相互传送信息;否则,这些航天器就无法长期互连。为提升欧洲现有通信基础设施的服务质量,欧洲航天局正在开发欧洲数据中继系统(EDRS)。以后,数据将从地球低轨卫星或无人机传送到 EDRS 有效载荷上,然后给地面提供数据中继,地面又将数据传送给用户。

在通信领域,将太空资产与地面网络集成可用于多种用途。例如,救援行动需要快速网络部署,确保救援小组之间(这些救援小组通常属于不同组织)以及与作战指挥部之间的数据与语音通信。在这种情况下,部署大型通信基础设施可能极其耗费时间,并且不能确保使用不同技术与服务的团队间的互操作性。因此,通过集成服务,可以在区域内实现其他情况下无法实现的无线覆盖,并且与其他无线电话网实现互操作性。

ESA 从用户出发,以现有和计划的国家与国际项目为基础,考虑了相关的非太空资产,全面分析了使用综合基础设施(系统集成)进行危机管理的可能性。该研究考虑了防御相关需求的可能的协同作用与共性,分析了旨在满足民事安全界需求的架构。

37.3　结论与未来趋势

太空资产在安全与防御应用方面发挥着重要作用。虽然单一太空应用(对地观测、卫星导航以及卫星通信)可以发挥重大作用,但正是由于将不同的太空与非太空技术相结合,才能够在信息内容、监控自主权、危机响应、信息共享以及高性价比的创新解决方案方面发挥独特的优势。

到目前为止,需要在地面段上投入巨大的精力及努力才能获得综合产品与应用。开发可接收由不同卫星提供的不同格式图像数据的装备,并将它集成为一个可用可行的情报产品,这涉及数据处理链新技术的开发、归档设备、信息挖掘以及众包等。由于太空任务设计及其实施在要求、时间范围以及资金方面仍然遵循国家优先原则,因此后期需要持续的努力与投入。

对于综合服务来说,与最终用户的联系是太空价值链的基本环节。如果要将用户需求反馈到系统与太空组件需求中,必须从一开始就对用户的需求进行整合,包括整合多个太空与非太空要素。这有利于更好地理解太空系统与服务如何发展才可满足用户需求,以及确定新的需求。典型代表有各不同卫星系统以及地面平台的持续创新。因而,使用户群了解新方案的能力将是一个持续的过程。为了将太空引入用户目前操作中,不仅需要了解,而且需要对用户采用的现有系统进行修改,这是推广太空综合解决方案的必经环节。

由于危机情况日趋复杂,未来面临的挑战将是优化不同用户之间对太空衍

生产品的共享。必须要使不同机构使用的不同技术系统之间的互操作性成为
战略目标,避免使设备成为信息共享合作国家或实施联合作战的盟国之间的合
作障碍。

　　基础设施的设计应有利于各部门以及行为体进行灵活的数据共享、集成以
及开发。事实上,由于用户群数量庞大,存在巨大差异,以及受到相关法规及目
前法律框架不一致的影响,根据他们的责任、权利与能力,以及这些功能的复杂
性采取的后项行动非常重要。法律、资金与管理问题既是使综合方法获得成功
的基础,也是目前存在的主要障碍。

　　一个真正的综合集成方案应使服务与基础设施的开发更具有成本效益并
且更加高效(图 37.6)。在确定基础设施与服务方面,欧洲伙伴已经开始谋求
合作,希望在早期阶段集成各种太空与非太空系统之间的接口和互操作性,同
时协调不同用户的作战需求。需要指出的是,这些需求有可能并不一致,时间
上也可能与国家利益冲突。

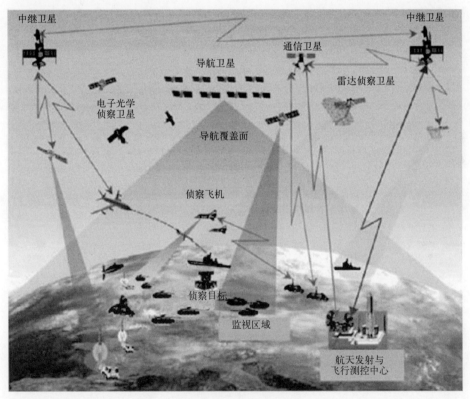

图 37.6　太空、空中以及地面侦察与目标指示综合军用系统

　　这是一个长期曲折的过程,需要逐步实现,并且对具体的政治意愿有很强的依赖性。GMES 与"伽利略计划"就是可实现的结果以及所遭遇困难的具体示例。正如通常所说"有志者,事竟成"。

　　这些考虑是显而易见的,但很难预见目前的真正趋势。欧洲经济危机产生的后果也涉及政治,它们目前都不明朗。这将导致更多的国家加入欧盟(意味着合作与一体化将是未来的方向)还是趋向于重新回到国家远景与战略的规划中?

📖 参考文献

269 (22. 05. 07) Resolution on the European Space Policy. In: Meeting the challenge: the European Security Research Agenda. http://ec. europa. eu/enterprise/policies/security/files/esrab_report_en. pdf

A report from the European Security Research Advisory Board,Sept 2006. http://www-securint. u- strasbg. fr/pdf/F_Gregory_web_version. doc. pdf

COM (2011) 934 — Proposal for a decision of the European Parliament and of the Council on Union Civil Protection System. http://ec. europa. eu/echo/files/about/COM_2011_proposal- decision-CPMechanism_en. pdf

Council resolution of 23 Nov 2010 on civilian military cooperation and the development of civilian military capabilities. http://www. europarl. europa. eu/oeil/popups/ficheprocedure. do? lang = en&reference = 2010/2071 (INI)

Council resolution of 11 May 2011 on the development of the common security and defence policy following the entry into force of the Lisbon Treaty. http://ddata. over-blog. com/xxxyyy/2/48/ 17/48/Fichiers-pdf/PESC/EP-Resolution-Annual-Report-on-CSDP. pdf

EC COM (2010) Europe 2020 A strategy for smart, sustainable and inclusive growth. http://ec. europa. eu/eu2020/pdf/COMPLET%20EN%20BARROSO%20%20%20007%20-%20Europe %202020%20-%20EN%20version. pdf

EC COM (2011) Towards a space strategy for the European Union that benefits its citizens. http://ec. europa. eu/enterprise/policies/space/files/policy/comm_native_com_2011_0152_6_communication_en. pdf

ESRIF Final Report: European Security Research & Innovation Forum,Dec 2009. http://www. eurosfaire. prd. fr/7pc/doc/1259854119_esrif_final_report_12_2009. pdf

GMES Security Service. Product and service portfolio. http://copernicus. eu/

Now or never: the way to a credible European defence,Maya Kandel and General Jean Paul Perruche,IRSEM, 2011. www. defense. gouv. fr/irsem/publications/paris-papers/paris-papers

Pasco X (with the support of Istituto Affari Internazionali-Rome). Space capabilities for crisis management: reducing gaps,improving action

Report on the impact of the financial crisis on the defence sector in the EU Member States,European Parliament, 30 Nov 2011. http://www. europarl. europa. eu/sides/getDoc. do? pubRef=_//EP//NONSGML+REPORT+A7-2011-0428+0+D ○ C+PDF+V0//EN

Space and security: the use of space in the context of CSDP. Directorate-General for External Policies - Policy Department,2011. http://www. europarl. europa. eu/committees/en/SEDE/ studiesdownload. html? language-

Document=EN&file=66551

Space applications for Civil Protection, Report 37- Sept 2011, European Space Policy Institute.

http://iap. esa. int/sites/default/files/ESPI-Report-37_Space-Applications-for-Civil-Protection. pdf

Space for operations. Les cahiers de la 《Revue Defense Nationale》Commandement intermarmees de l'espace et Centre d'etudes strategiques aerospatiales. http://www. defense. gouv. fr/actualites/dossiers/espace-militaire/kiosque/l-espace-au-service-des-operations

The earth observation handbook, CEOS - 2011 update. Key Tables. http://www. eohandbook. com/ eohb2011/earth — current. html

http://www. esa. int/Our_ Activities/Telecommunications_Integrated_Applications/Integrated_App lications_Promotion

http://www. asi. it/it/flash/osservare/

http://www. sigris. it/

http://www. cnes. fr/web/CNES-fr/7094-securite-et-defense. php

http://copernicus. eu/pages-principales/services/emergency-management/

http://copernicus. eu/pages-principales/services/security/

http://www. telespazio. com/Cosmo. asp

http://www. telespazio. com/NC. asp

http://www. astrium. eads. net/fr/programme/7securite

http://www. thalesgroup. com/security/

http://www. thalesgroup. com/Markets/Defence/Related_ Activities/Communication_command_and_control_systems/

http://www. emsa. europa. eu/operations/maritime-surveillance/safeseanet. html

http://bluemassmed. net/

http://www. defense. gouv. fr/actualites/dossiers/espace-militaire/cooperation-internationale-et-avenir-recherche-et-developpement/l-espace-4e-champ-de-bataille2/l-espace-4e-champ-de-bataille/(language)/fre-FR#SearchText=espace#xtcr=2 *

http://www. defense. gouv. fr/actualites/dossiers/espace-militaire/l-espace-au-service-de-la-defense-et-de-la-securite-de-la-france/l-espace-pour-la-defense-un-atout-sur-la-scene-internationale/(language)/fre-FR#SearchText=espace#xtcr= 1

http://www. eda. europa. eu/info-hub/news/2008/12/16/EDA_Signs_a_Contract_on_Network_Enabled_Capabilities

第38章　太空系统面临威胁

西维尔·帕斯科

法国战略研究基金会,法国巴黎

近 20 年来,在轨系统不仅具有传统的战略价值,而且在现代常见的安全与防务活动上占有关键的一席之地。因此在轨系统被视为军事冲突中新的潜在目标,而近年来在反卫星研究与试验领域中确实出现了新的活动。本章描述这方面的动向并详述其不同形式。除传统的卫星动能杀伤导致长期存在的不受控碎片外,其他威胁似乎也可能具有同样的破坏性后果,带来更受限的副作用。在轨定向能武器甚至是网络攻击都可能在新太空局势下成为武器。国际社会必须对太空系统相关威胁的现状进行反思。

38.1　引　言

太空系统在现代社会的日常生活中越来越重要:卫星通信、电视节目、对地观测、海洋观测、天气预报、大气观测、导航以及世界范围内的国际标准时间播报,应用范围非常广,正是它们塑造了当代世界的形态。

此外,国防及国民安全的需求普遍依靠卫星数据,如对地观测、电子情报或预警卫星等。在过去 50 年里,这些从本质上而言有助于生成战略信息,防止两极危机。观测、电子情报或预警卫星称为"国家技术手段",是 20 世纪 70—80 年代战略对话的试金石之一。在这一背景下,保护太空安全,防止任何演变导致太空系统置于危险中成为关键任务。特别是冷战时期,美国政府有效顺应了这一既定事实。根据最近发布的美国官方文件,数 10 年来,人们清楚地意识到,根据"如果我们越来越依赖源于太空的情报,就可能会失去更多,所以要促进卫星拦截"这一危险观点进行的任何反卫星拦截尝试都是有悖于 SALT 保护"国家技术手段"的精神的。苏联在 20 世纪 70 年代的两次反卫星尝试使美国当局重新审视这一形势,并于 1985 年成功进行首次反卫星试验,但这一太空军事化形式几乎没有任何进展,因为人们认为相对于招致的战略风险而言,反卫可能带来的收益少之又少。这些国家技术手段的"维稳"作用在冷战时期得以很好地实现,且自此之后被人熟知。

考虑到这一中心内容,航天国家以明确或含蓄的方式迅速认同维护太空无武器化的重要性,主要体现在《关于各国探索和利用包括月球与其他天体外层空间活动所应遵守原则的条约》于 1967 年的签署生效。根据其观点,对太空的探索与利用是全人类的权利。它致力于太空中研究与活动的自由,明确表示国家主权的概念不能在外层空间或天体中延伸应用。该条约制定了"和平利用"外层空间这一基本原则,宣布在外层空间部署大规模杀伤性武器及在月球与其他天体上进行任何军事活动均不合法。

20 年来,对太空活动安全这一主题的国际争论(更准确地说,是对太空军事化的国际争论)变得更加激烈,从而又得以重提。在 20 世纪 90 年代期间的转型过程中,最初防止近地轨道军事化过分扩张的力度已经很明显地弱化了,有以下两个主要原因:

(1)核秩序作为国际管理原则,已经慢慢"降级",此外,国家太空设施可能存在的弱点越来越多,针对这一点进行的讨论如"开闸放水"般持续不断:特别是当前卫星在大部分发达国家(美国首当其冲)的政治、军事及经济生活中的作用越来越重要,美国已经指出卫星弱点越来越多这一事实。

(2)随着新兴太空行为体的出现,可能从根本上改变以往少数航天精英俱乐部的规则,促使这些国家思考当前形势,躬身于精心制定新的国际太空利用规则。

38.2　战略形势变化:令人不安的事件层出不穷

近十年,一系列蓄意或无意的在轨摧毁事件极大地凸显了太空安全问题,引起了许多外交界与军事界人士的担忧。这也使在日内瓦举行的会议上对防止太空军备竞赛的讨论变得越来越困难。

美国于 2008 年 2 月 21 日摧毁了本国的一颗军用卫星,美国当局表示,重点是要摧毁其再入被认为很危险的卫星。然而这一成功尝试证明(至少是偶然地证明)了某一用于反导防御的部件效力,同时也显示了美国想要明确"标记"其战略领域的意图。美国当局向公众宣布,美国实施拦截的轨道较低,表明美国方面以"正确的方式"实现控制,产生的都是短期碎片。

2009 年 2 月 10 日,一颗俄罗斯卫星("宇宙"2251 号)与另一颗在美国登记的卫星("铱星"星座中的一颗卫星)相撞并双双摧毁,在拥挤轨道上产生了约 1800 块碎片。这是太空活动开展以来首次卫星碰撞事件,促使广义上的太空安全问题成为未来太空合作的重点之一。

除这些著名事件外,最近在太空中发生的其他破坏事件使太空局势进一步戏剧化,这些事件或因所推测的网络攻击(1998 年有人怀疑美英德联合研制的"伦琴"卫星最近一次再入大气层时受到网络攻击),或因激光致盲或激光跟踪(如 2006 年 10 月中国怀疑美国 NRO 卫星),或因干扰(无论是最近 Eutelsat 的卫星被中东干扰的蓄意事件,还是 Intelsat 的"僵尸"卫星在 2010 年 4 月至 2011 年 1 月期间因不受控制而以满功率发射电波从而干扰了众多通信卫星的意外事件)。如下案例也须被视为潜在的主要干扰源。

38.3 太空领域的早期武装威胁

近年来,外界猜测少数国家可能计划在外层空间部署武器,引发争议,成为重大新闻。这一话题并不算新鲜,事实上自太空活动开始以来,人们就一直在思考这个问题。尽管冷战期间并未触发真正的"太空军备竞赛",但我们有必要认真审视 20 世纪 60 年代的初期成就(主要是苏联取得的成就)。

必须注意的是,在太空领域美苏两极关系历史早期,人们就已经开始讨论太空"武器化"问题。早在 1957 年 2 月,有远见的美国军官毫不犹豫地将太空视为新的"军事行动战场""从长远看,我们的国家安全可能取决于我们能否夺取'太空优势。'几十年后,重要的战争可能不是海战或空战,而是太空战,所以我们应该利用一定的国家资源,确保我们在获取太空优势上不会落后。"同年,Sputnik 卫星发射后数周,美国空军参谋长托马斯·怀特将军反复强调这一总体评价,认为"有能力控制太空的人同样有能力控制地表"。

如果美国上马的项目希望实现严格意义上的太空军事化,那么继任政府是不会支持任何这样的项目的。政治领导人更倾向于利用初期的核弹道导弹力量,确保同苏联的战略平衡。然而,取得的初期发展可以说是为陆基太空武器铺路。首个"导弹防御"武器装备,即"奈基-阿基克斯"两级带核弹头反弹道导弹(ABM)于 1958 年提出,随后是更强大的"奈基-大力神"与"奈基-宙斯"。首批 ABM 拦截活动出现于 1962 年,为更新的 ABM 导弹开辟了道路,即"短跑"导弹与"斯巴达人"导弹,这两枚导弹于 1969 年促成了意在保卫特定数量的战略导弹发射井的"哨兵"计划与"卫兵"计划。必须注意的是,早在 1962 年 5 月,当时的国防部部长麦克纳马拉同意将"奈基-宙斯"导弹转为反卫星计划("505 号"计划),该计划实现了仿真拦截,在 1963 年 5 月成功击中一个合作目标。另一枚基于雷神导弹的既有反卫武器装备也被投入使用,并导致"奈基-宙斯"装备停止使用。"雷神"这一武器装备也在 20 世纪 70 年代中期停止使用。

苏联是第一个制造来自于太空在轨系统的威胁的国家。首批"共轨"试验

事实上始于 1968 年,同年 11 月首次宣布成功,并于 1971 年终止,很显然,当时
正值美苏签署 Salt-1 后需巩固新的"缓和"局面之际。在第一批的 7 次试验中
共有 5 次拦截宣告成功,苏联使用的技术是"共轨"爆炸,由一个专门设计的位
于目标千米半径范围内的在轨系统执行。根据苏联提出的应对未来反卫武器
装备(源于当时正在建造的美国太空航天飞机)的需求,第二批同类试验于
1976—1982 年实施。

当时人们认为苏联在太空领域的活动非常频繁,福特总统指导开始了一个
对应的反卫计划,最终采用了由 F-15"鹰式"战斗机发射机载导弹的形式。
1982—1985 年进行的数次试验发射后,第三次发射以微型寻的飞行器(MHV)
(ASM-135"沃特"导弹的第三阶段)直接命中美国卫星目标实现拦截而告终。
1988 年,在这些项目的战略及预算合理性受到质疑的背景下,该计划被正式
撤除。

总之,早期历史充分证明人们从军事角度(若非政治角度)将初期的反卫计
划视为全球武器库可能的一部分。仅间谍卫星在相互核威慑中所起的关键作
用就阻止了太空武器在冷战期间投入使用。但这并未阻止国家研发项目的发
展,为未来可能出现的太空威胁创造了条件。

38.4　潜在的蓄意在轨威胁:当前的太空攻击态势评估

在当前完全不同的战略背景下,这些早期的反卫星活动又有了发展势头。
很明显,早期的这些项目为以后更复杂项目奠定了基础,随着技术的进步,新研
究领域也应运而生。经过对 20 多年的研发活动进行分析,发现可能会导致真
正太空武器出现的现有研发方向有如下几类:

(1) 动能武器(KEW)对目标实体造成影响,或通过直接撞击("直接碰撞
杀伤"技术)或近距离爆炸以产生杀伤性碎片(如苏联共轨系统)。

(2) 高空核爆对影响范围内的物体产生电离作用及/或电磁效应。

(3) 定向能武器(DEW)主要利用激光或微波技术对目标发射能量。

此外,太空系统还遭受其他类型的威胁,如利用干扰技术导致通信失败的
电子战武器(EW)或网络攻击等。正如陆基拦截器一样,这些威胁并不需要利
用太空平台。因此在本节描述的背景下,人们并不认为这些威胁是关键问题,
因为它们并未从本质上对"太空系统"构成威胁。然而如今它们在很大程度上
是切实存在的,因此也不容忽视,这一点会在下面进一步进行说明。

(4) 动能武器,尽管其原理很简单(物理碰撞),但使用的技术不简单。动
能武器利用的是机动卫星,并掌握精确的交会技术,这是"直接碰撞杀伤"武器

至少应具备的技术。目前的一些系统中,从用于拍摄其他在轨系统(如美国 XSS 11 及 12 或中国 SJ-12 或 SJ-06F 系统)的试验性监视卫星(或"监测者"卫星),到用于与国际空间站进行服务性精确对接的欧洲自动运载飞行器,其共同特点是高度机动能力与精确末端制导系统(可实现有效的轨道交会)。掌握这些技术,理论上就可以发展动能反卫武器。保护卫星不受动能武器的影响几乎是不可能的,因为其子弹尺寸仅为几厘米,且以轨道速度运动。事实上,保护卫星不受动能武器威胁这一点本身就是矛盾的。卫星结构使用的轻质材料具有一定的脆弱性,卫星主体或机载太阳能电池阵也是如此。因此对太空系统进行"武装"几乎是不切实际的,会对从研发至发射中的每一阶段增加各种成本。目前只有针对小型碎片(毫米级)的某种程度的物理保护才是合理可应用的。

然而,动能技术作为致命威胁的代表,从能量方面考虑仍是需要付出高代价的(尤其是需要改变轨道以实行拦截时),更糟糕的是,会产生更多的碎片,使原本就已经非常拥堵的轨道交通更加拥挤。可以肯定的是,对于大多数航天国家而言,其太空系统依赖于无干扰、无障碍的轨道空间,因此不会将制造碎片视为最佳攻击战略。而不太频繁利用太空的国家可能不会受到此类制约。

(5) 高空核爆利用从数百千米的高空处投放的核炸弹,对近地轨道物体及地球静止轨道物体造成高度集中的电磁干扰。冷战后,人们对越来越严重的核扩散产生了恐惧,高空核爆也因此变得可能性极大。这种袭击实际上会对整个太空活动造成巨大影响,袭击者可能摧毁精确设计用于预警核袭击的众多军用系统,如预警系统、地球观测、信号拦截或战略通信卫星。在这种情况下,大部分未进行保护的太空系统也会被摧毁。

主要研究(HALEOS,2001)表明,与陆地爆炸相比,太空中核电荷的电磁效应可能会更强,除对目标轨道在无线电及雷达波传送方面造成短期影响,以及对范艾伦辐射带的永久活动性造成长期影响(甚至可能会因突然释放的带电粒子而产生新的磁力带)外,还可能会带来毁灭性影响。

电离效应仅针对于此类爆炸,其他效应(如电磁效应)与利用高功率微波的 DEW 所造成的效应并没有本质上的区别。因此,保护系统不遭受威胁就意味着要保护其不遭受高空核爆引发的严重后果。换言之,这种核威胁的主要特点是对所有在轨物体的影响都是"一视同仁"。任何情况下,这种袭击意味着战争已经打响。这就使得核袭击明显不同于可能更模棱两可甚至隐蔽的其他蓄意行动。

(6) DEW 有时被认为是对太空系统造成威胁的未来趋势。从理论上而言,这种威胁的特点是具有可能会改变目标本体的某种能力。可以说 DEW 的影响可能分为如下三种基本类型:

1 级:干扰效应,即对卫星运行进行限时干扰,将持续到卫星离开武器作用范围为止。

2 级:破坏效应,即需要外部干预或重置的永久性干扰(无决定性毁坏)。

3 级:摧毁效应,即需要外部更换或维修的确定性毁坏。

DEW 根据其作用领域不同而有不同效应,例如一道高强度激光射线对任何物质产生热机械效应,可使传感器或一些结构体失效或对其进行摧毁。相比之下,微波武器不产生任何热效应,但会直接或间接产生高功率电场效应并作用于电气部件。接收器或特定类型的传感器等低级别部件特别容易受到这类威胁的影响。早期大多数公开项目(如美国天基激光器项目)曾设想,为反卫活动配置具有强大激光器的太空平台以使目标传感器发生"溢出"现象或摧毁目标传感器,这从理论上而言可能是可行的。但是,以后很有可能会为敏感卫星研发自我保护装置,因此要瞄准传感器并不容易。

文献中经常提及强大的在轨激光器,这些激光器主要源于罗纳德·里根时期在美国支持下进行的早期研发实验,即常称为"星球大战"的战略防御计划。依据这些概念研发的基于激光器的反卫武器会强大得多,它们旨在机械式摧毁太空系统结构,尤其是摧毁部署的太阳能电池板时效果最明显。很显然,这种武器需要的能源巨大,考虑到目前太空系统在大小、重量及可靠性方面的局限性,研发工作具有很大难度。这些技术限制很可能已经使这些系统的研发陷入难题,但这一领域的秘密研发活动可能并未停止。据此逻辑,从操作角度来看,强大的微波系统可能是比天基激光器更具威胁性的技术。

38.5 弱点与背景决定截然不同的"防御"态势

当然,任何一种攻击性武器都会针对航天器的主要弱点,通常这些弱点用于实现姿态控制、跟踪与遥测、热管理、动力管理等功能。其中任一功能的紊乱一般就意味着整个系统短期或更长期的关闭。因此,攻击模式可能多种多样,或是摧毁太阳能电池阵,提高卫星结构的温度,或网络侵入自动管理程序。

此外,航天器因其性质、应用管理程序及任务要求不同而有不同弱点。例如,通信卫星由多个私人或公共运营商控制,这些运营商为多个客户提供服务。在此情况下,攻击太空系统的动机可能有很多种,从针对特定客户的敌对行动,到"大范围"恐怖式袭击。这意味着不同的行动有不同的袭击"卫星通信"功能的方法,这表明对于一个复杂的系统,需要在多个方面提供保护。

导航卫星的系统冗余使其成为更难对付的目标,因此攻击导航卫星时可能会使用干扰技术,造成局部影响。对于对地观测卫星,除了最关键的定位与控制系统外,其遥感有效载荷与下行链路通信系统也似乎是重要的潜在攻击突破口。其数量相对较少，所使用的近地轨道容易接近，因此上述弱点也就更加突出。气象卫星，尽管其主要位于对地静止轨道，但它依赖于传感器的良好运作及其通信对地传输能力，因此也可能会容易受到攻击。这一点对近地轨道卫星来说更是如此。

38.6 "太空威胁"的概念及其与太空活动安全的关联

如上所述，太空威胁从严格意义上来说，是指太空系统造成的在轨威胁，不过目前来说可能并不是亟待处理的最迫切问题。事实上，可能被视为潜在攻击武器的大部分太空系统似乎仍在设想阶段。首先从技术角度来看，将太空系统用作攻击武器并不容易，需要依靠非常复杂的系统（就遥感、机动性、能量管理、成本等方面而言），这些系统可能不太容易生产及使用。再从操作角度看，这种复杂性可能并非军事用户所求，更何况利用攻击性动能武器的任何袭击所产生的后果最终都是伤及作战双方。因此，从政策角度看，"太空威胁"这一核心概念与创建太空安全之间的关联似乎理应受到质疑。当然，这并不表示国际社会不应关注这些发展。相反，这些技术可能终有一天会得以利用，大众应意识到在这一领域，越早采取行动应对这些武器的研发，就会越有效。同时，虽然这类威胁可能发生，但太空技术领先的国家不能因此低估了从更近期来看可能更值得考虑的其他威胁。这类威胁包括但不限于以下内容：

（1）陆基反卫试验。美国在2008年进行的反卫试验是试验陆基反卫导弹实用性及有效性的实例。美国利用针对ABM研发的SM-3海基拦截导弹击中一颗军用卫星（246km），宣称其目的是防止不受控的危险再入。这充分证明了弹道导弹强国及航天强国对从地面进行太空拦截技术的掌握程度。

（2）"网络攻击"风险。

"网络攻击"正日益成为人们对太空系统担忧的一大主因。网络攻击事实上可能会有多种形式，影响整个太空与控制系统的众多组成部分。跟踪、遥测与控制网络可能会遭受这样的网络威胁，无法为卫星平台的控制传输可靠的数据。因此任何卫星几乎都可能被未授权用户接管，未授权用户可以强行停止系统或实行错误操作导致系统自动进入安全模式或其他任何不受控模式。理论上，可以通过网络入侵指挥中心或通过关键的地面卫星接收站实现这种接管。近年来，人们越来越认识到这种攻击的可能性。2001年，NASA审计报告指出："有六台计算机服务器由于与控制航天器并包含重要数据的IT设备相连，远程攻击者可利用其弱点控制这些服务器或使其失效。"这些结论引起了人们的热烈讨论，促使NASA对其太空系统采取了前所未有的保护措施。

最近几个实例似乎证实了这一评价：

有报告称德国 X 射线卫星 ROSAT(最近因于 2011 年 10 月 22 日至 23 日的晚间出现失控再入而出名)是 1998 年 9 月一次网络攻击的目标,那次网络攻击使其错误地偏向太阳,最终造成其失效。据报道,有专家于 1999 年在报告中指出这一"错误机动"(造成卫星传感器失效)与一次针对 NASA 戈达德太空飞行中心计算机的网络攻击有关。当时,针对该中心 X 射线部门的攻击被认为来自俄罗斯。但这些并未得到证实,只是官方经过调查后公布了卫星运行与计算机系统入侵事件之间的"麻烦"的巧合。

另一颗卫星 INSAT-4B-S 是印度的通信卫星,其受到 Stuxnet 蠕虫病毒的影响而遭受严重的动力损失,最终导致卫星通信能力降低 50%以上。

当然,还有另一种更普遍的风险,即网络入侵信息链(数据搜集、处理及传播)但不影响卫星。这种攻击即使是间接的,所造成的后果同直接攻击空间段一样严重,如造成错误数据、不可靠影像或虚假警报。尽管这类入侵的目标只是信息,但"针对空间段"的严密防御战略及原则都几乎无法威慑这类入侵。

当攻击目标是破坏整个"太空系统",特别是无法抵御最新软件攻击的老式太空系统时,网络攻击可能会是最优攻击战略。这里再次强调,对攻击的溯源能力和进行责任划分的能力有助于实现有效威慑。从这一层面而言,太空系统没有魔力,也是有弱点的。

(3) 地面段的基本弱点。

一般来说,地面段是确保太空系统运作的关键节点。失去了地面段就必然意味着失去了空间段。理论上,从长远来看,其后果可能没有航天器被摧毁的后果那么严重,因为一旦地面段的功能恢复,就有可能重新控制太空系统的运行。因此,人们可能认为失去对地面段的控制是可以补救的,似乎相比起来并不如失去对空间段的控制那样不利。

然而,有时候两种情形之间的区别可能并不大,2001 年 5 月发生的俄罗斯卫星事件就能说明这一点。当时报道称,一场大火几乎烧毁了整个主控制站,导致与 4 颗军用预警卫星(位于大椭圆轨道)之间的通信完全失效(Podvig, 2002)。不久只有 1 颗卫星得以恢复,其他 3 颗完全偏离其指定位置,其专用的地面段仍无法获知其情况。于是,这次"地面"损失造成空间段无法补救,甚至还可能对其他航天器造成危险,这一事件表明卫星的安全管理也可能对整体的太空安全非常关键。

在这里要再次提出,保护地面段免遭攻击或敌对行动并不仅意味着保护空间段,还可能包含某种程度的"系统性"思考、一些冗余度(地面及太空)以及一些加固技术(如对抗高功率微波装置或防止可能出现 EMP 效应的技术)。此外,任何地面关键节点也须考虑降级模式的利用。值得指出的是,这些措施必须同时有效地适用于军用及民用卫星所有者。

(4) 轨道危险事件实例:"僵尸卫星"。 2010 年 4 月至 2011 年 1 月,最大的通信卫星运营商国际通信卫星组织 Intelsat 失去了对"银河"-15 通信卫星(组成对地静止轨道卫星群的约 60 颗卫星中的 1 颗)的控制。该航天器大大偏离对地静止轨道,在长达 8 个月的时间内都未能恢复。这次事件产生了双重影响,一是增加了撞击风险,影响所有民用及军用卫星用户;二是严重干扰卫星通信,因为"银河"-15 号卫星在整个时间段内仍然一直全力发射电波。最能充分证明的后果之一就是阿拉斯加的 GPS 广域增强系统失效。

2011 年 1 月,Intelsat 终于重新控制了该卫星(随后大量文献中称其为"僵尸卫星"),但这次事件充分说明了此类事件会产生何种干扰,运营商有必要避免可能的撞击及干扰。这说明无意行为可能也会对太空安全造成严重威胁。这种位于对地静止轨道的"僵尸卫星",如果位于一些重要的轨道位置附近,可能会造成一些隐患。不管是有意无意,这都会对民用及军用系统迅速造成干扰,因此须作为太空安全的复杂因素来考虑。应注意的是,运营商已经对此重要性有了充分了解,并通过建立公用数据库来分享自己已掌握的信息,这使运营商能在必要时实现提前且精确的协调。

(5) 地面对太空通信的干扰。 当然,最后这一点同样重要,使用陆基设备时产生的对太空通信的干扰也须列入"间接"太空威胁。这里可引用 2009 年春伊朗的一个实例。当时伊朗政府决定干扰欧洲通信卫星组织的两颗卫星("热鸟"6/8W6 及"欧鸟"9A/2),其目的在于防止传播违背伊朗政权利益的信息。这些技术的利用成本对政府而言相对较低,而且这些干扰出现时很难预防,并很难检测到。这一实例表明运营商传播争议性信息时曾一度受到阻碍(尤其是 BBC 与 VoA)。

这些实例都清楚地表明,对太空系统的直接威胁并非是潜在安全漏洞的唯一来源,它们也可能并非是最有可能造成太空不安全的原因,至少从短期和中期来看是如此。责任归咎仍是个难题,确定灾难性事件的蓄意性更是难上加难。无论是建立国际规则(无论形式如何),还是形成某种"太空威慑",都须考虑这一复杂性。

38.7　太空威慑:抵抗何种威胁及/或保护哪些弱点

考虑对太空系统的未来威胁意味着要考虑这些威胁可能的性质及哪些敌人可能利用它们。乍看之下,最发达的航天国家使用其太空资产的环境是极其不对称的,只有少数几个国家能使用相似的在轨系统(很可能是以敌对方式)。但必须考虑即将成为航天强国的国家可能在政治或军事紧要关头利用的其他威胁类型。

一般而言,慑止任何威胁危及太空资产意味着要全面了解这些潜在威胁(蓄意或无意)的多样性。这一方法可能需要采取防御性的准备措施:

(1) 培养溯源归因能力:针对蓄意或无意威胁,溯源归因能力主要依赖监控 LEO 或 GEO 轨道的专业技术能力。但同时,根据在轨威胁的性质(KEW、DEW 及干扰等)或来自地面威胁的性质(以不同的方式利用同一种技术),须采取截然不同的手段保护卫星。有的策略可能计划采用可探测激光攻击的机载设备,这可能会对秘密行动的敌人产生一定威慑作用;有的可能会采用专用于探测及检查的卫星。这些"防御"系统最终可能反而不利于永久性归因能力这一追求的实现。其实,这些保护装置利用的技术很可能会导致更具攻击性的行动。

(2) 创建袭击的"红色警戒线":即使明确了事件起因,要确立一种"红色警戒线"(若过线,则军事保护行动为合法行为)还是很困难。首先,某种行动是蓄意还是无意,这对确定"受害者"的反应来说非常关键。要想全面保护太空系统免受威胁,确定对手的蓄意还是无意动机可能是最大的难题。应注意的是,即使已经认为是蓄意行动,由于敌对行动的性质可能会"升级",因此决定采取何种对抗措施可能会有难度。这一点可能是目前致力于建立"太空交通规则"努力的中心问题。毫无疑问,这也会提高对下一代太空资产抵御能力的期待。比如,对电力部件等的加固采用了两个(可能互相矛盾)原则,既让公众知晓这一系统已经加固,又让任何潜在对手无法确定所用方法及技术以及加固程度。

38.8 结 论

无论如何,限制针对太空系统的威胁这一道路在一段时间内可能仍是崎岖坎坷的。

目前,卫星仍是极具象征价值的资产,仍处于目前战略关系的中心。2008年美国制造的卫星毁灭事件表明,承认和展示航天能力也是"威慑"姿态或"国家交流政策"的一部分。卫星将会越来越小,越来越强大,但其成本会越来越低,这都已经得到了充分证明。更小的高性能军用或民用航天器(可能是应急发射)的普遍化标志着我们已经迈入新纪元,必须寻求一种新的平衡。这些技术进步(有些可能需要举全国之力才能实现)也体现了在防御性措施和更大胆的技术驱动型方案之间寻求平衡的态势(采取激进的技术方案通常会使航天大国更具技术优势)。如何寻求这两者之间的有效平衡,将决定我们未来能否抵抗对太空系统的威胁以维护集体安全,也会确定未来"太空威慑"的性质。

参考文献

Baker D (1985) The history of manned spaceflight. New Cavendish Books, London

Caldicott H, Eisendrath C (2007) War in heaven: the arms race in outer space. The New Press, New York/London

Department of State (2009) Foreign relations of the United States, 1969–1976, vol E-3, Documents on Global Issues, 1973–1976. United States Government Printing Office, Washington, DC

DTRA (2001) High-altitude nuclear detonation against low earth orbit satellites, defense threat reduction agency briefing. http://www. fas. org/spp/military/program/asat/haleos. pdf. Accessed Aug 2012

Gantz K (1958) The United States air force report on the ballistic missiles. Doubleday & Comp, New York

HALEOS, High-Altitude Nuclear Detonation against Low Earth Orbit Satellites (2001) Defense threat reduction agency briefing. http://www. fas. org/spp/military/program/asat/haleos. pdf. Accessed Aug 2012

McAllister WB (2009) Foreign relations of the United States, 1969–1976, volume E-3, documents on global issues, 1973–1976. United States Government Printing Office, Washington, DC

NASA (2011) Inadequate security practices expose key NASA network to cyber attack, office of audits, Washington, DC. For the complete audit document, see http://oig. nasa. gov/audits/reports/FY11/IG-11-17. pdf. Accessed 20 July 2012

Podvig P (2002) History and current status of the Russian early warning system. Sci Glob Secur 10:10–60

Schriever B (1957) http://www. af. mil/news/story. asp? id¼123040817. Accessed Aug 2012

Stares P (1985) The militarization of space, U. S. policy, 1945–1984. Cornell University Press, New York

Stares P (1987) Space and national security. The Brookings Institution, Washington, DC

USAF (2004) Counterspace Operations. Air Force Doctrine Document 2–2. 1. http://www. dtic. mil/doctrine/jel/service_ pubs/afdd2_2_1. pdf. Accessed Jan 2010

第 39 章　太空碎片问题刍议

费尔南德·奥尔比
法国国家太空研究中心,法国图卢兹

摘要

　　自 1957 年人类太空活动开始以来,在轨道上放置了大量的物体。碎片问题对卫星造成了巨大威胁,此外当碎片再入大气层时,也会对地面造成威胁。面对这一形势,需要在准确了解形势、保护卫星及人员安全、尽量减少新碎片的产生以及清理太空中的最大物体四方面采取措施。这些预防措施主要是卫星及发射器入轨之后的管理。这样的措施已经出台,且已得到广泛认可。但为确保更系统地加以应用,正在建立法律机制,使造成相关事件的国家承担相应责任。此外,还需要采取保护性措施,但这些措施只能解决部分问题,包括开展预防碰撞危险及预测再入大气层的服务。但是,由于碎片物体之间会发生碰撞,因此单凭这些措施还不足以确保碎片不增加,最终还是需要清除措施。

39.1　引　　言

　　自 1957 年以来,人类在轨道上的太空活动产生了大量废弃物,即太空碎片,这已经成为一个现实问题,急需进行管理,并研发终有一天能开始进行清除的手段。

　　本章旨在描述太空形势及与碎片相关的风险,然后介绍短中期内要采取的各类措施。

39.2　轨 道 态 势

39.2.1　太空碎片的来源

　　自"斯普特尼克"卫星发射以来,人类已发射了 5000 多个航天器,导致大量废弃物进入轨道。太空碎片的类型包括(Rathgeber 等,2010):

（1）在轨道上运行的卫星以及留在轨道上的废弃卫星。

（2）将这些卫星送入轨道的发射装置上面级。

（3）运行碎片。即太空任务期间有意释放的物体,在发射阶段保护仪器的掩护物,在展开前用于拴系太阳能电池板或天线的系统,分离装置及固夹带等。

（4）分裂碎片。在轨物体与太空碎片或陨石相撞时产生的碎片以及因航天器意外或有意爆炸而产生的碎片。

（5）剩余推进剂。进行轨道转移(特别是转移轨道与地球静止轨道之间)时所用的固体推进剂发动机在推进期间释放的小型氧化铝颗粒。如果燃烧不稳定,在推进结束时,尺寸为几厘米的熔渣会被射入太空,上述问题就尤为严重了。

（6）因太空内物质老化而产生的碎片。太空环境非常严酷,阴暗区与向阳区的温差很大,还有原子氧与紫外线等。老化作用导致大量碎片产生(光电池分离、热保护物风化及漆料脱落等)。

此外,还有其他碎片来源,也对在轨物体总数有重大影响:

（1）1961年及1963年,美国空军计划在实验中向高约3000km的轨道释放数百万枚铜针(西福特针),希望形成绕地偶极环作为无源反射器以实现军事通信。仅第二次实验取得部分成功。后来铜针聚集形成针群,其中有65群在1998年还能从地面上看到。

（2）20世纪80年代,苏联的雷达海洋侦察卫星配备了核反应堆。任务结束时,这些反应堆的堆芯再次在高度900~1000km的轨道上运行,放射性降低后再落回大气层。这些卫星中有16颗出现冷却回路泄漏,导致钠钾液滴(尺寸为1mm至数厘米)释放至轨道。

39.2.2　碎片目录

通过雷达或光学观测手段(地面或在轨)及研究碎片对太空物体表面所造成的影响来获取碎片总数的信息。

碎片一般有如下几类:

（1）"大型"物体,近地轨道上"大型"物体的尺寸大于10cm,地球静止轨道上"大型"物体的尺寸大于1m,这些物体由空间监视系统进行登记或编目。由美国监视网络进行常规编目的约为15000个,但其总数估计为20000个,所以并非全部进行了编目。

（2）尺寸为1~10cm的物体,根据统计观测,总数估计有数十万。

（3）尺寸为1mm~1cm的物体,计为数亿个。

图39.1为已编目物体的分类。应注意的是,有源卫星仅占已编目太空物

体总数的 6%。

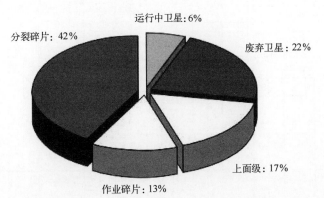

图 39.1　已编目物体的分类(来源:美国空间监视网络的公共查询目录)

　　图 39.2 示出了美国空间监视网络编目的物体数量随时间而增长的情况。物体总数是图中所示分裂碎片、航天器、任务相关碎片以及火箭体四部分的总和。

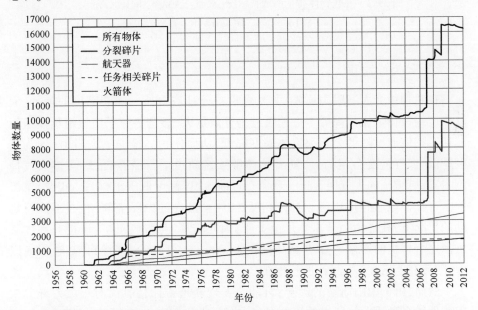

图 39.2　已编目物体数量随时间的增长情况(来源:NASA《空间碎片季刊》,
第 16 卷,第 1 期,2012 年 1 月)

　　图 39.3 示出了在轨人造物体总质量的增长情况以及上述四类中每一类的增长情况。增长趋势几乎是直线性的,自 20 世纪 80 年代起稳步上升。

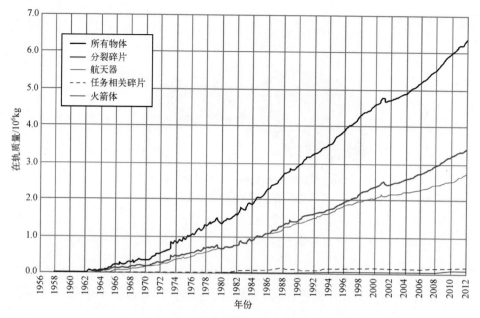

图 39.3 在轨物体质量的增长情况(来源:NASA《空间碎片季刊》,
第 16 卷,第 2 期,2012 年 4 月)

39.2.3 寿命

在轨物体受大气阻力影响,其寿命取决于所在高度。随着高度的增加,大气密度约按指数规律降低。近地轨道仍有微量大气,这些分子使轨道物体运行减速。物体速度降低会导致物体高度降低,从而使物体遭遇更大阻力(因为高度越低,大气密度会越高)。随着物体继续绕轨道运行,物体最终会被大气控制,掉入更稠密的大气层。这一现象在近地轨道(高度低于 1000km)很常见,但并不存在于地球静止轨道。对在高度 350~400km 的国际空间站,在不执行机动的情况下,其寿命会是 6 个月至 1 年,因此需要定期进行机动以提升高度来抵消这一干扰的影响。在更高高度(约 800km),卫星的寿命约为 200 年或以上;随着高度增大,寿命会迅速增加。

然而,由于太阳活动的影响,可能会发现轨道寿命估算值有很大差异。太阳紫外线会激活大气层中的不同分子,导致温度上升,大气层整体膨胀。在 11 年的太阳循环周期内可观察到太阳活动的重要变化。例如,在高度 400km,根据 NASA 的高层大气 MSISE-90 模型,高度活跃期间的密度值可达到低活跃期间的 100 倍。这就解释了在太阳最活跃时期前后会出现很多卫星能量衰退的现象。此外,还存在一些短期变化,导致预测再入时出现很大差异。

39.3　地面及在轨相关风险

39.3.1　地面风险

航天器再入大气层时,在高速情况下遭遇大气稠密层,遭受强大的气热动力。天线与太阳能电池板等附件在约 90km 的高空脱离机体,而航天器在约 75km 处解体。碎片遭遇高热流:大部分物质被蒸发,但有的部件可在此条件下存留下来,如钛、钢铁与陶瓷制品等物质或受到防护(掩蔽效应)的部件。20%~40%的在轨质量以碎片形式到达地面。这些碎片主要根据其表面质量比(S/m)沿轨道分布。碎片一般落在地面长 1000~1500km(沿轨道方向)、宽 50~80km 的区域内。如果这些碎片落在居住区,则其随机下落会对地面造成威胁。尽管碎片通常会落在地面上,但碎片的随机再入至今并未造成任何人员伤亡或物质损坏。

如果即将降落的物体因质量或组成物质可能造成重大风险,那么应进行受控再入。这就要求进行一次或数次减速操作,以引导物体降落在所选地面降落区域,如 2001 年 3 月对俄罗斯"和平"号空间站及对欧洲自动运送载具的做法。

39.3.2　在轨风险

在轨物体以高速运行(低圆形轨道物体为 8km/s)。在这样的速度下,即使是小碎片也会产生大动能:速度为 10km/s 时,1mm 铝球产生的动能等同于一颗步枪子弹的动能。卫星运营商会担心其珍贵的卫星与经常遇到的碎片发生碰撞风险是有道理的。碰撞并非是人们凭空臆造的:它们所产生的后果可从航天器及其他太空物体上看出。例如,已在航天飞机、哈勃望远镜太阳能电池板及长期暴露装置上发现了很多碰撞的痕迹,幸运的是,这些碰撞痕迹都很小。在舱外活动期间也在国际空间站上发现了这样的碰撞痕迹。而且,大型物体(已编目物体)之间也会发生碰撞,造成大量新碎片的产生。最近一个实例发生在 2009 年 2 月 10 日,"铱星"-33 卫星与俄罗斯废弃在太空的老旧卫星("宇宙"-2251)相撞,其后果自然是两个物体双双摧毁,产生大量碎片,已经编目了尺寸超过 10cm 的 1400 个新产生物体,还有更多的小一些的碎片。

碰撞事件发生时,一般考虑如下内容:

(1) 大于 1mm 的碎片可造成穿孔,对卫星的影响取决于碰撞位置,可导致设备失效。

(2) 大于 2cm 的碎片因碰撞作用力可导致卫星失效(致命碰撞)、卫星结构损耗及卫星内部微粒高速发射。

（3）大于 10cm 的碎片不仅导致卫星失效,还会产生大量碎片（灾难性碰撞）。

39.4 应对措施

我们已对整个形势及相关风险有了清晰的认识,所以下面讨论可能出现的后果,并确定应对措施。有如下四种解决方案：

（1）尽可能了解碎片总数、其分布情况及特点。这需要对最大物体进行空间监视以及对小一点的物体进行建模（表示粒子通量的统计学模型）。

（2）一旦了解了形势,下一步就是采取保护措施,主要包括用适当的防护性结构抵抗小型碎片、在轨或发射期间避免与大型物体相撞,以及通过监控大气层再入采取地面保护措施。

（3）还须阻止新碎片的产生,因为从中期来看,新碎片的产生会加剧碎片问题。所以须对卫星及发射装置各级采取这些预防措施,最重要的是,在上述物体停止服务时要妥善处理。

（4）从更长期来看,必须清理太空,回收与清理废弃在轨道的最大物体。

下面将对这四种措施进行更详细的叙述。

39.4.1 了解形势

空间监视的目的是编目超过一定尺寸的绕地运行的在轨物体。这种编目提供了物体来源（名字、发射国）及其轨道（轨道参数）等信息,便于以后查找这些物体。为获取这些信息,须用不同的传感器：一是宽视野的检测工具,以观测过顶的一定尺寸以上的物体,并能粗略计算其轨道,便于以后还能找到;二是窄视野的跟踪工具,能跟踪特定物体,进行轨道地理测量,更精确地确定其轨道。这些检测与跟踪工具基本上依靠针对近地轨道物体的雷达及针对更高轨道物体的望远镜,它们可位于地面或轨道上。

主要信息源为美国建立的空间监视网络（SSN）,该网络提供了最完整的信息。俄罗斯也有类似系统,但有效信息极少。还有国际科学光学监测网（ISON）望远镜网络提供了地球静止轨道物体的详细目录。法国有 Graves 系统,但该网络资源有限。

SSN 的核心是位于范登堡空军基地的联合太空作战中心（JSpOC）。JSpOC 负责为传感器编程,收集并分析数据,进行物体目录的编撰与管理。SSN 可跟踪约 10cm 的近地轨道物体（对于低轨道和倾斜轨道,可跟踪约 5cm 的物体）以及约 1cm 的地球静止轨道物体。

为创建并管理物体目录,SNN 利用两个不同的轨道地理模型:常规扰动(GP),这是基于作用力简化的分析模型;特别扰动(SP),这是基于数值积分的模型,其作用力表示更为准确。太空跟踪网站上的信息仅是利用 GP 模型生成的不太精确的信息,以两行轨道根数(TLE)形式表示:物体的 SSN 与国际空间研究委员会(COSPAR)编号,以及两行轨道上的平均轨道参数(详见太空跟踪网站)。TLE 仅提供粗略的轨道数据,其不准确度可高达数千米,而且时间越长,不准确度越高。这种信息不够准确,不足以可靠预测碰撞风险。

小碎片(尺寸在阈值以下)的总数并非是绝对确定的,而是用统计学方法定义:可通过 ORDEM(NASA)或 Master(ESA)等通量模型获取这些信息。

若给定日期与轨道,这些模型可根据相关碎片的尺寸或质量,提供航天器不同表面上的通量。通量为每单位表面(m^2)及每单位时间(年)的碰撞数。这些模型也表明碰撞的方向及速度。

由于这些细小颗粒无法从地面观测到,其信息只能源于碎片探测器(很少)或(主要)通过对太空返回地面的翼面结构进行检查来获取,如长期暴露装置、欧洲可回收载具、航天飞机、哈勃望远镜太阳能电池板等。这些观测仅能在极低的轨道实现,而其他高度的模型是"推断"出来的,没有任何手段确认其准确度。由于没有经过测量,其不准确度自然很高。

39.4.2 保护措施

39.4.2.1 在轨保护措施

太空物体的数量稳步增加,意味着在轨碰撞风险已成为监控与管理卫星的控制中心的主要任务之一。每年在碰撞事件中有卫星失效这一风险不容忽视,参见表 39.1 中两颗近地轨道卫星的每年碰撞风险(Klinkrad,2006):

表 39.1 与大于 10cm 的物体及已编目物体相撞的年概率

	大于 10cm 的物体	已编目物体
"欧洲环境"卫星(ENVISAT)	0.015	0.0073
"欧洲资源遥感"卫星 2(ERS2)	0.0039	0.0021

碰撞不仅会导致两颗卫星摧毁,还会产生无数碎片。例如,"铱星"-33 与"宇宙"-2251 卫星之间的碰撞产生了两朵碎片云。2012 年 SSN 目录列出了来自"铱星"-33 卫星的 492 块碎片及来自"宇宙"-2251 卫星的 1361 块碎片。

针对这种风险,运营商利用可用的空间监视数据,能提前几天预见两个物体近距离擦身而过的危险、计算风险、避让机动,稍微改变卫星轨道以确保与危险物体之间保持安全距离。

由于可用数据的不准确性,监视程序耗时很长,通常是第一级别的自动监视,探测潜在风险,再由轨道地理学专家进行更严密的分析。如果风险严重,那么还需要利用有效的雷达手段(通常是军事手段)进行轨道地理学测量,以便更精确地确定危险物体的轨道,协助运营商决定是否须实施避让机动。整个预测程序耗时数天(一般为 3 天)。应指出的是,避让机动改变了所监控卫星的轨道,这通常意味着须中断卫星任务,如果是观测卫星,这就是一大弊端。随后要使卫星返回正常轨道后才能继续卫星任务。这都需要付出大量的人力和物力,包括专家、控制器、雷达、计算手段及遥测遥控站点等,还需利用推进剂,大大减少了卫星的寿命。为减少这些机动的影响,有时可采用计划机动(如位置保持机动),即如果机动无法避免,则可提前进行,以减少推进剂的使用。

为了更可靠地预测碰撞风险,自 2011 年以来,JSpOC 以紧急接近情报(CSM)的形式向运营商发送碰撞警报。这些情报是在精确信息的基础上编写而成,包含两物体近距离擦身而过的特点及相关离差(协方差)。有了这些信息,运营商就能计算碰撞概率。

2010 年,法国航天局对 18 颗卫星进行了碰撞风险监视,自动程序识别出 353 次碰撞概率高于 10^{-4} 的风险。此外,92 次警报是从 JSpOC 接收的。通过对这些警报的分析,向 JSpOC 发布了 21 次雷达测量或支持请求(碰撞概率高于 10^{-3}),最终进行了 13 次避让机动。

碰撞风险监视并不限于轨道已知的"大型"编目物体。小型物体数量繁多,对卫星的威胁更大。此外,小型物体并未进行编目,这就意味着卫星无法避开它们。虽然已研发了保护卫星的防护装置,但这样就增加了卫星质量,所以只用于少数特殊航天器,如国际空间站。卫星一般不进行防护,但它们自身的壳体可提供一定程度的防护。

39. 4. 2. 2　发射期间的保护措施

发射期间及进入前几条轨道期间,发射装置的最后一级及发射入轨的卫星会与其他运营商所用轨道相交,这对于地球同步转移轨道(近地点位于低轨道,远地点位于约 36000km 高度)来说尤其如此。这些新发射的物体一段时间内(一般为 48h)不会列入被编目,这就意味着其他太空使用者无法监控这些新物体及其卫星之间的碰撞风险。这对载人航天器(如国际空间站)尤为关键,因为其控制中心无法监测源于这些物体的风险。

只有执行发射的运营商掌握了预定轨道的信息,才能预测碰撞风险。这种预测在 48h 内须考虑所有在轨物体(发射装置各级、卫星及结构部件)。若可能发生危险,则可将发射时间延迟数秒,保证这些物体之间保持安全距离。48h

后,新物体应已进行编目,各运营商可进行监视。

预测发射期间碰撞风险的主要难题是需要考虑影响各种发射物体轨道参数的离差:这些离差经过 48h 的发展后会导致各物体产生很多误差,而且在分析时考虑所有编目物体,恐怕完全无法进行任何发射。因此,预测发射阶段的碰撞风险一般仅限于载人航天器及特定相关卫星。

39.4.2.3 地面保护措施

航天器在再入阶段进行解体时,所产生的碎片会对地面造成威胁。若为受控再入,则其回落区域会很明确,可避免人员伤亡。但大部分再入是不受控的,回落区域也无法控制。例如,2011 年的 499 次登记在案的再入事件中,25 次为受控,474 次为不受控,其中包括 63 次卫星及发射装置各级的再入,即每星期约有 1 次大型物体的不受控再入。

碎片回落区域沿轨道路径跨越数百千米,宽为数十千米(一般为长 1000~1500km,宽 50~80km)。

若为自然(随机)再入,则无法预测回落区域的准确位置,主要是缺乏如下几个因素的准确信息:

(1)大气密度 ρ 及其在 200km 高度以下的变化性。

(2)决定阻力面 S 的物体姿态(其相对于速度矢量的方向),物体或旋转或稳定或方向多变,可能出现升力效应。

(3)气动力系数 C_D。

(4)质量 m。

所以无法准确估算主要扰动(大气阻力),这是与 $\rho C_D S/m$ 成比例的。

就预测回落时间的精确度而言,一般允许的误差范围为回落前剩余时间的 10%。例如,回落 10 天前,误差范围为 ±1 天(该趋势范围内的任意值),10h 前的误差范围为 ±1h。这 10% 的误差范围已由 IADC 每年组织的大气层再入演习得以证实,在演习中,由各机构传回的轨道集合起来与回落预测进行比较。

总而言之,如果回落时间的误差计为回落前剩余时间的 10%,则准确降落区域位置的离差:48h 前为 ±4.8h 或约 ±3 条轨道;24h 前为 ±2.4h 或约 ±1.6 条轨道;12h 前为 ±1.2h 或约 ±32000km。

如果能得到更准确的轨道数据,则 10% 的误差范围可降为 5% 左右。在理想情况下,再入前数小时,误差度为 30~40min,相当于略小于 1 圈的降落点处的不准确度。应注意的是,碎片不会落在轨道路径下 50~80km 宽的带状区域外。

再入后数小时至数天内,太空跟踪网站开始显示 80km 处所观测通行点的位置,准确度为 ±1min(±500km)。因此,可以定义出易受碎片影响的约 2000×100km 的区域。

39.4.3 停止碎片产生

太空碎片问题主要是近地轨道及地球静止轨道上的问题:

(1) 区域 A:近地轨道是太空物体最集中的地方(密度曲线),特别是在 700~900km 高度处。导致无数碎片产生的两大事件就发生在这一区域:2007 年 1 月有意摧毁"风云"1C 卫星,以及 2009 年 2 月"铱星"-33 卫星与"宇宙"-2251 卫星相撞。

(2) 区域 B:地球静止轨道是一个非常特殊的区域(圆形赤道轨道,周期与地球自转周期相等)。运营商之间要想共享这一独特资源,就需要对经度与频率进行管理。此外,由于此区域距离地球很远,大气阻力的影响为零,所以这一区域产生的碎片会一直在这里漂移,很可能经过卫星的运行路径。

39.4.3.1 预防措施的原则

IADC 内的主要航天机构已经识别出两处需要保护的太空区域(图 39.4):

(1) 近地轨道保护区从地球表面向上延伸至赤道上空 2000km 高度处。

(2) 地球静止轨道保护区高度范围限制在地球静止轨道高度±200km(赤道上空(35786±200)km),纬度范围限制在±15°(以赤道为中心)。

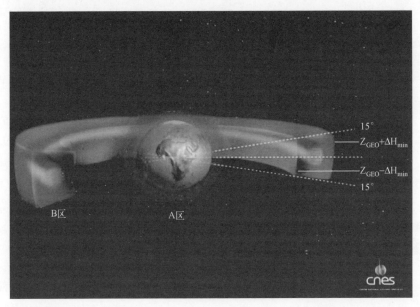

图 39.4 太空保护区(A 区——近地轨道,B 区——地球静止轨道)

卫星运营商或发射运营商实施的预防措施有如下三类:

(1) 不再有意向太空发射物体(任务相关物体),如发射期间保护光学系统的掩护物、进入轨道后释放的其他各类掩护物、弹簧及固夹带等,还包括用于转移至地球静止轨道的固体推进剂发动机喷射的氧化铝颗粒。特别是这些发动机在燃烧结束时可释放尺寸为数厘米的熔渣,这类碎片以低速喷射,与所用轨道的位置很近。烟火切割系统一旦被激活也是碎片的一大来源,利用能捕捉所产生碎片的"清理"系统,应能减少这类碎片的产生。

(2) 降低在轨爆炸的风险,这意味着要避免航天器在其在轨寿命期间出现意外或有意爆炸。这一时间段不仅包括运行任务阶段,还包括结束任务后的在轨寿命。至今已有 220 多块太空分裂碎片登记在案,这是太空碎片的主要来源。这些分裂碎片很多与推进系统或电池有关。任务完成后,物体钝化,随后被废弃在太空。钝化意味着要使物体失效,以消除随后因内部原因(如推进剂意外混合或电池过度充电)或外部原因(如碎片或陨石撞在增压贮箱上)而造成的爆炸风险。钝化程序在于清空飞行器上的所有剩余推进剂,降低所有储箱中的压力(如加压燃气),并在释放完电池中的电后将电池隔离,以预防电池意外进行再充电。

(3) 管理寿命终止的在轨物体,目的是避免将物体在太空留存"过长时间"(因为这会导致碰撞风险,产生太空碎片)。对近地轨道卫星而言,最好的方法是进行受控再入,这会立刻缓解轨道压力,使碎片落入海洋,从而最大限度减少对地面的威胁。事实上,这一操作需要大量推进剂,高度越高,推进剂需求量越大。表 39.2 显示在卫星为 2t、比冲量为 290s 情况下,从特定高度的圆形轨道至近地点为 0 的再入轨道所需的机动幅度与推进剂需求量。

表 39.2 不同高度下的离轨机动及所需推进剂质量

高度/km	300	400	500	600	700	800	900	1000
ΔV/(m/s)	89	117	145	172	198	223	248	272
推进剂质量/kg	62	81	99	117	134	151	167	182

若无法实现受控再入,则可以尽量限制物体的在轨时间。目前最大建议时间为 25 年。任务结束时,须维持机动能力,以将物体移至更低轨道,如此一来大气阻力的损耗作用会使物体在 25 年内从轨道落下。另一种方法是将物体转移至保护区上空,即转移至 2000km 以上的高度。因为需要很多推进剂,所以对于地球静止轨道卫星,再入大气层不再是一个选择。因此,这一方法关键是将物体转移至保护区上空 200km 处的"坟墓"轨道,以释放有用轨道。物体一旦被转移,就必须钝化。

39.4.3.2 国际合作
终止卫星寿命的操作非常复杂,需要运营商做大量工作,主要困难如下:

（1）难以准确估算飞行器上储箱内剩余推进剂的数量，不同估算方法会产生不同的结果，所以须多留出余地，以确保可实施终止卫星寿命的操作，这相应地减少了任务时长。

（2）需要维持卫星控制，特别是在钝化期间，储箱清空后，有轨道降级或无法保持姿态的风险。

（3）对于仍在正确运行的卫星，难以决定是否使其停止任务，运营商可能不顾无法实施操作终止卫星寿命的风险，而稍微延长任务时间。

（4）需要从卫星或发射器设计阶段就开始考虑这些操作(必要系统)，因此无法解决已在轨航天器的问题。

实施这些措施意味着运营商要付出额外的成本：缩短运行寿命产生的成本、航天器设计中须加入额外任务和系统的成本以及反优化发射轨迹所产生的成本等。

运营商当然愿意采取预防措施，前提是他们的竞争对手也按同样要求去做。因此，问题是要达成普遍共识，使所有行为体都采用同样的规则。对于这一话题，进行了各种层面的商议：

（1）联合国为各国间的商议提供了合理框架。联合国和平利用外层空间委员会(COPUOS)科技小组委员会(STSC)已着手处理太空碎片问题。这方面的工作完成于2007年6月，并发布了COPUOS《空间碎片减缓指南》(参考A/AC.105/C.1/L.284)，该文件阐明了7个应用于太空的高水平准则。随后联合国大会于2008年6月10日批准了该文件(A/RES/62/217)。2010年，STSC提出确保未来外层空间安全与可持续利用的重要性，决定成立专门工作小组。该工作小组会编制外层空间活动长期可持续性的报告，其中包含一套固定的与外层空间活动长期可持续性相关的当前操作规范与操作程序、技术标准与政策。工作小组会根据收集的所有信息制定出准则，各国(单独或集体)、国际组织、国家非政府组织以及私人实体可在自愿的基础上执行这些准则，以减少所有参与者进行外层空间活动时的风险，并确保所有国家能有平等的权利进入外层空间(United Nations,2011)。

（2）IADC框架内的航天机构进行了更多技术层面的商议。IADC由意大利航天局(ASI)、法国国家空间研究中心(CNES)、中国国家航天局(CNSA)、加拿大航天局(CSA)、德国宇航中心(DLR)、欧洲航天局(ESA)、印度空间研究组织(ISRO)、日本宇宙航空研究开发机构(JAXA)、美国国家航空航天局(NASA)、乌克兰国家航天局(NSAU)、俄罗斯联邦航天局(ROSCOSMOS)以及英国航天局(UKSpace)12家机构组成。2003年，IADC发布了《IADC空间碎片减缓指南》，详细说明了预防措施，明确了太空保护区等，并阐明25年是物体运行寿命结束后仍留在近地轨道的最大建议年限。

（3）为使制造商与运营商能够实际应用这些建议,须制定规范与标准以便用于拟定合同。ISO 完成了一项重要任务,即起草了 24113 标准(《空间系统——空间碎片减缓》),该标准于 2010 年出版,涵盖了太空碎片相关的所有规则。该文件以一系列实施标准为基础,阐明了应用这些标准的方法,提出了检验方案与方法,并附有更详细的技术说明三级文件。

（4）欧盟提出的《外层空间活动国际行为准则》。该计划于 2008 年启动,通过制定及实施透明度与信任建立措施,实现外层空间安全。这一准则将适用于各国或非政府实体进行的所有外层空间活动,确立航天国家在进行民用及军事太空活动时均须遵守的基本规则。

39.4.3.3　应用机制

NASA 与 JAXA 等航天机构的规范性文件、CNES 标准及《欧洲空间碎片减缓行为准则》(ASI、BNSC、CNES、DLR 及 ESA)中首次采纳了 IADC 的建议。这些文件应用于这些机构的计划,但不应用于私人制造商及运营商的活动,因此私人领域不受任何责任的制约。然而"负责任的"运营商一般会采取这些措施。

2008 年 2 月 1 日,联合国大会 62/217 决议提出了这一管理漏洞(A/RES/62/217 文件),该决议批准了 COPUOS 的《空间碎片减缓准则》,提出了对其国民活动负有责任的国家须建立法律框架的需要:"……请成员国利用相关国家机制实施这些准则。"

早在 1967 年,《外层空间条约》就已提出了这一需要。第六条规定:"非政府实体在外层空间(包括月球与其他天体)的活动应经本条约有关缔约国批准并受其持续监督。"

因此,若国家活动对地面或太空造成损害,该国应承担责任。为应对这一情况,各国逐渐形成了各种法律手段,监控和管理太空活动。例如,美国已建立了由三个机构管理的许可体系:美国联邦航空局(FAA)管理发射操作方面;美国国家海洋与大气管理局(NOAA)管理地球观测卫星方面;美国联邦通信委员会(FCC)管理无线电通信卫星方面。英国也建立了类似的许可体系。法国议会于 2008 年 6 月通过了《法国空间活动法》,并于 2010 年 12 月 10 日生效。其他国家也在采取类似措施,建立等效体系。

这些法律手段的目的是,针对国家管辖下的太空活动或依据《联合国条约》应由某国承担国际责任的太空活动,建立国家认可与监控体系。这些手段适用于卫星及发射装置运营商,其目的是确保个人安全与公共健康,保护地球、大气层及轨道上的资产与环境。在这一方面,与太空碎片的安全(对地面造成的威胁)及预防相关的要求具有关键作用。

这些文件尽管在形式上截然不同,但在内容上基本相同,特别是在碎片预防方面,这些文件都遵循了《IADC 减缓准则》及 ISO 24113 标准。

然而,情况仍不容乐观。目前运行的卫星与发射装置是在这些规范性文件出台之前设计的,因此无法保证其设计符合其中的相关规则。这些文件一般会有一个过渡期,在此期间,运营商须证明自己已尽最大努力考虑了既有设计。如果所有国家未全部实施等效系统,可能还会出现其他问题。运营商为逃避这些要求,可能依靠没有规章制度或规章制度宽松得多的国家,这就会造成不公平竞争。

39.4.4　清理旧碎片

预防措施将有效地大量减少或根除新碎片的产生,但这解决不了在轨"旧"碎片的问题。人们正在进行各类研究,估算长期碎片总数的增长。各机构研发的模型根据未来发射次数、任务类型、卫星尺寸及寿命、预防措施贯彻实施的方法、意外爆炸次数等做出假设,均表明情况仍在继续恶化。

的确,物体之间的碰撞会造成新碎片的产生,新碎片又会造成新的碰撞事件。这种连锁反应或级联效应(也称为凯斯勒症候群,以 NASA 顾问唐纳德·凯斯勒名字命名,凯斯勒于 1978 年提出这一现象)主要会发生在碎片密集的 700~1000km 高度范围内。

图 39.5 示出了已编目物体数量随时间的增长情况,有三种假设:

(1) 不进行主动式太空碎片移除。

(2) 2020 年开始进行主动式太空碎片移除,每年移除 2 个物体(ADR 2020/02)。

(3) 2020 年开始进行主动式太空碎片移除,每年移除 5 个物体(ADR 2020/05)。

这三种模拟以假设发射次数增长与过去 8 年增长速度持平,以及任务后处理(PMD)措施以 90% 的成功率进行有效应用为基础。

如果长期增长的假设证明是正确的(即使充分应用预防措施,也无法阻止碎片总数增长),则有必要进行太空废弃物体清理。首先必须清理最大物体,这是碰撞发生时多数碎片的可能来源。目前有效研究表明,每年须清理 5~10 个大型物体,以稳定碎片总数。

很多学者提出了各种方案,有的方案很有新意,但仍需攻克一些技术难关:

(1) 接近并捕获可能进行复杂旋转运动的非合作航天器,捕获方案需要用到网、鱼叉、钳爪或机械臂等系统。

(2) 添加离轨系统,固体推进剂箱、电动式电缆、可充气翼面及帆篷等。

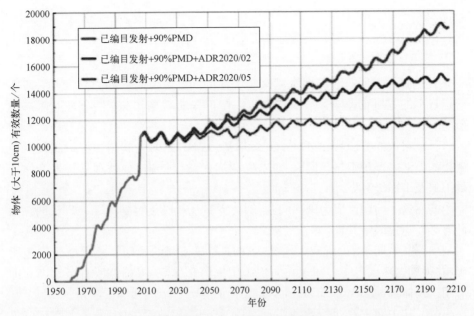

图 39.5　以时间为函数的 LEO 物体总数增长模拟（Liou，2001）

　　还提出了非接触式方案，如用激光（地面或机载）减缓物体速度、追踪星与目标星之间的静电吸引、利用安装在追踪星上的电子推进系统"吹走"目标等。

　　这些方案的技术可行性尚未明朗。一旦进行更深入的研究，就须选择一个或多个设计，且在真正运行任务之前须开展能展示和验证关键技术的任务。

　　任何情况下，进行清理工作的航天器必须能在轨道间移动，到达不同轨道，这会相当复杂。

　　除这些技术问题外，也须考虑其他政治、法律及经济问题：

　　（1）政治问题：主动式太空碎片清理可能会用作军事活动的掩护，这就需要各行为体间达成国际协议并实现透明度。另外，有的国家在清理其废弃在太空的物体时可能觉得自己被孤立或受到指责。

　　（2）法律问题：目前对"碎片"这一术语的定义尚未达成国际共识，根据《联合国条约》，太空中的物体永远是其发射国的资产，所以接触他国物体前需事先得到批准。

　　（3）经济问题：这些清理任务成本可能很高。谁为这些任务买单？以何种形式买单？各国可能还会问为什么是自己应清理其太空中的物体，而其他国家并未如此，或者更糟的是，其他国家甚至都没有采取预防措施。

39.5 结　论

　　太空碎片是所有航天国家越来越关注的问题:绕地物体的总数增加,意味着运行中的卫星面临碰撞风险,若碎片在再入时残留下来,还会对地面造成威胁。

　　目前采取的措施旨在更好地了解形势(观测、建模),利用防护措施及避免碰撞的方法来保护卫星。同时,也有必要通过减缓措施(如处理运行寿命终止的卫星及上面级)减少新碎片产生。

　　既然这一问题已成为国际问题,解决方案也就必须得到国际一致认同。因此有必要达成国际共识:

　　(1)从短期来看,所有太空行为体应遵守相同的规则。减缓措施已经明确,并得到国际认可。各国现在应实施国家管理体系,以确保所有运营商立即应用这些体系。

　　(2)从中期来看,航天界须证实即使充分应用减缓措施,未来太空环境仍具有不稳定性,还须证实有必要每年清理数个太空碎片。

　　(3)从更长期来看,由于复杂的技术、经济、法律及政治难关,主动式太空碎片清理任务将需要更多的国际合作。

参考文献

Klinkrad H (2006) Space Debris: models and risk analysis. Springer, Berlin

Liou JC (2001) An active debris removal parametric study for LEO environment remediation. Adv Space Res 47:1865-1876

Rathgeber W, Schrogl KU, Williamson RA (2010) The fair and responsible use of space, an international perspective, vol 4, Studies in space policy. Springer (European Space Policy Institute), New York

United Nations (2011) General Assembly, terms of reference and methods of work of the working group on the long-term sustainability of outer space activities of the scientific and technical subcommittee, A/AC. 105/L. 281/ Add. 4 Annex II

第40章 太空态势感知与目标识别

路易斯·李维克

空中客车防务与航天公司防务事业部,法国莱米罗

太空监视是自"冷战"时期和1954年Sputnik卫星发射后一直存在的话题。20年来,主要是美国和苏联参与此项活动,欧洲少有涉及。苏联解体后,军商两界又重新燃起对太空监视能力的兴趣。军方的利益主要与具有航天能力的国家越来越多有关,因为这意味着新的太空军事化的风险。商界的利益主要与太空环境的退化相关,包括太空碎片、无线电干扰和对太空天气的影响。军商两界试图寻求一种建立太空监视共同参考标准的合作方法。

40.1 引　　言

"空间目标识别图像"(RSP)可用来泛指关于人造太空物体的不同功能。

来自军事国防领域的参与者,如太空部队或太空战略部队,提到 RSP 时,常指的是对监视功能的要求,这是执行诸如太空攻防或导弹防御等太空行动时所必需的。

空间目标识别图像(图 40.1)等同于太空领域的"空中目标识别图像"(RAP),后者常用于北大西洋公约组织空中指挥中心。

民事领域的太空运营者和太空机构用"太空态势感知"(SSA)来指运行和控制卫星编队从发射到完成使命所需的监视信息。正如空中态势感知向空中交通控制中心提供信息一样,SSA(图 40.2)提供的则是太空领域的信息。

本章将对这些不同定义进行解释,当然,不仅会从历史角度考虑,还会从技术和运营演变角度考虑——因为它们可能会影响未来军方或商界的太空监视态势。

图 40.1　空间目标识别图像

图 40.2　太空态势感知

40.2　历史回顾:太空监视与核威慑

　　自"斯普特尼克"一号卫星(图 40.3)发射以来,军事领域一直对太空监视很感兴趣。

　　"冷战"期间经历了核弹和热核弹的多次试验,美苏双方都开发了德国 V-2 技术来将这些新式武器在毫无预警的情况下直接送到敌方区域。还需记得的是,"斯普特尼克"一号卫星的发射器 R-7(图 40.4),还被开发用于在亚轨道或弹道发射当时俄国仅有的一枚核弹,它比现有热核弹再入飞行器(RV)(图 40.5)要重得多,因此还能将像"斯普特尼克"一号那样较小的载荷送入轨道。

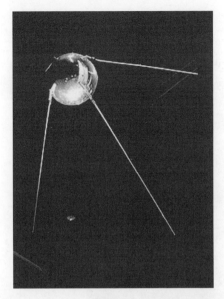

图 40.3 "斯普特尼克"一号卫星(1954)

图 40.4 R-7

图 40.5 核弹再入飞行器

　　为了侦察苏联可能发射的弹道导弹,美国有必要拥有辨别轨道物体和弹道物体的能力。所以,美国决定在一个名为太空跟踪的机构中设计并保有一份"太空目标编目"(Charles,1969)。这份目录通过美国和加拿大武装部队所管理的不同光学地面站综合联网生成。加拿大位于北部,具有独特的地理优势,加拿大从开始就是与该网络相连的。实际上,它的位置确实足以勘测到北极上空发射的卫星和弹道导弹。

太空跟踪网络由 15 个分布在世界各地的地面站组成,它们使用的是"贝克–努恩"人造卫星跟踪照相机(图 40.6)。各地面站之间的连接还是 20 世纪 50 年代建立的,而且用于定轨的电脑也比不上如今的个人电脑。

图 40.6 "贝克–努恩"人造卫星跟踪照相机

40.3 从太空优势到太空威慑:空间目标识别图像

首个光学监测网可适用于太空监视,但不足以侦察弹道导弹发射。于是,美国在北极的东西两侧部署了一个称为弹道导弹预警系统(BMEWS)的雷达网(图 40.7)。

图 40.7 弹道导弹预警系统

"斯普特尼克"卫星之后,美苏很快又发射了其他的卫星。所以,需要利用"太空篱笆"(图 40.8)来加强原来的光学监测网,才能侦察新的太空物体,用精准的光学监测站来进行跟踪。

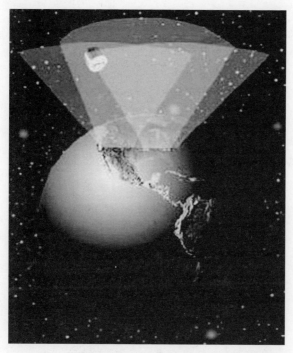

图 40.8 "太空篱笆"

既然卫星数量在增加,就有必要将两网联合以减少 BMEWS 造成的错误警报。另外,太空监测网可使用 BMEWS 所提供的信息来提高"太空目标编目"的准确性,这种互操作性对太空监测也是有益的(Sheehan,2009)。这一状况持续了 20 年,直到美苏相继部署了不利于稳定态势的导弹防御系统,以及制定了一些限制美苏发展防御和进攻性弹道武器的条约。就在同一时期(Laird,1984),美国和苏联之间的稳定遭到法国核力量发展的破坏,法国拥有了首枚舱内发射的弹道导弹(S-2"海神之子"导弹,图 40.9)和核电潜水艇(Le Redoutable"可畏"号潜水艇)(图 40.10)。

理所当然,法国以其有限进攻手段成为第三方参与者。此外,法国还引进了该国首台太空监视设备,即位于法国布列塔尼军事电子中心的"斯特拉迪瓦里"(图 40.11)。

然而,这并不为北约中"太空主导"国家——美国所乐见,毕竟美国希望能在太空保证绝对优势,其太空活动不受其他国家干预。但我们必须认识到,太

图 40.9　S-2"海神之子"导弹

图 40.10　Le Redoutable"可畏"号潜水艇

空监视能力对核查苏联履约情况是必要的,进而也对确保美国在"保证相互摧毁"(MAD)理念中继续存在至关重要。因此,法国和美国在核力量方面达成了合作协定,但法国不得不拆除其太空监视设备,承认美国在北约组织中的"太空主导"地位。

作为交换,在"阿丽亚娜"项目(图40.12)时期欧洲被允许开发其进入太空能力,而"阿丽亚娜"项目上马,要多亏负责弹道导弹部署的法国工业在技术方面的发展。

图 40.11　法国军事电子中心

图 40.12　"阿丽亚娜"一号卫星

在接下来的 30 年,以"阿丽亚娜"系列为核心的欧洲进入太空能力得到了长足发展并取得商业成功(Sinit,2009)。同一时期,欧洲售往世界各地的通信和观测卫星可与美国的同类卫星相媲美,向世界展示了它的太空能力。这一商业演变是欧洲对美国"太空主导地位"的首次回应。就太空监视能力来说,直到后来冷战结束和卫星应用的普遍化,不仅是出于战略目的,还有在作战层面,欧洲都尊重美国的主导地位。

因此,直到 20 世纪末,随着法国"格拉维斯"(Graves)太空监视雷达系统(图 40.13)和德国跟踪与成像雷达(TIRA)系统的发展,欧洲太空监视能力才得以发展。法国这项技术可以侦察到所有从近地轨道过顶法国的卫星,因此被用作除美国"太空目标编目"之外的另一个太空目录。德国的技术则重在侦察太空物体的属性。

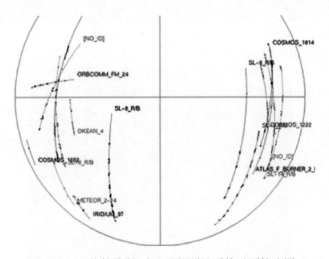

图 40.13 "格拉维斯"太空监视雷达系统过顶轨迹图

由于"太空主导"国家将一些特殊的国防资产如军用地球观测宇宙飞船"太阳神"号(图 40.14)从共享编目中删掉了,法国和德国的探测能力可被视为一种补充。

这种状况加上太空资产对各种干扰的脆弱性,引发了美国学说上的改变,把"太空主导地位"改成了"太空威慑"(Morgan)。这种新学说是基于同盟国家或商业实体对于太空防御资产的风险分担,从一些新解决方案上可以一窥"太空威慑"学说的影响。例如在商业卫星上部署军用载荷,将一些盟国纳入联合太空作战中心,进行联合作战等。

图 40.14 "太阳神"号探测器

40.4 从卫星提供到运营:太空态势感知

2009 年 2 月发生的美国"铱星"-33 号卫星和俄罗斯"宇宙"-2251 卫星的撞击事故证实,随着轨道上卫星和碎片数量的不断增加,美国联合太空作战中心公开发布的警报并不准确,而且防撞击效果有限。此外,据国际通信卫星通用公司法律和政府事务副主席理查德·达贝罗称,由于无线电干扰,美国联合太空作战中心基于雷达航迹投影发布的紧急接近情报(CSM)并不能提供位置数据。"我们发现大部分的紧急接近或近距离接近信息都被美国联合太空作战中心所遗漏,而且发布的紧急接近情报中大部分都是错的。"达贝罗在 2012 年 2 月 23 日于华盛顿召开的由美国技术太空企业委员会和乔治·C·马歇尔学院共同组织的关于太空态势感知的会议上说道:"最重要的是目前所使用的产品都不足以保证飞行安全,而且确实近期美国联合太空作战中心告诫我们这些收到的警报并不具有可执行性,实际上只是建议性的。"

这就说明了军方所定义的"空间目标识别图像"和卫星运营商所要求的"太空态势感知"是有真正区别的。

因此,卫星运营商决定在太空数据协会(SDA)中进行重组。SDA 是一个非营利机构,成员都是重视受控、可靠和有效数据分享的卫星运营商,而这样的数据分享对于太空环境以及无线电频谱的安全性和完整性至关重要。

SDA 成立于 2009 年,由全球三大卫星通信公司——国际海事卫星组织、国际通信卫星组织和欧洲卫星公司共同成立。通过收集和分析 SDA 具有权威性的无线电频率、近距离靠近、星历和切点数据,SDA 的数据分析中心所做的"太空态势感知"和威胁减轻分析具有前所未有的准确性和便利性。到 2011 年年中,SDA 已扩展到地球静止轨道(图 40.15)和近地轨道区域,而且对目前 GEO 轨道超过 60% 的运行卫星提供紧急接近分析处理。

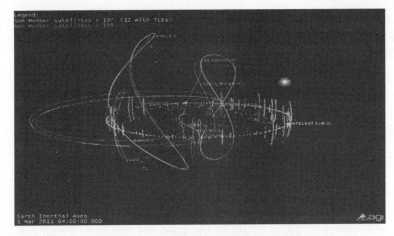

图 40.15   地球静止轨道太空态势示意图

太空数据协会收集的是 15 个运营商提供的 237 颗地球静止轨道卫星和 7 个运营商提供的其他 110 颗近地轨道卫星的位置信息。2011 年,协会将紧急接近情报与自己的数据做了对比测试,前者数据由美国战略司令部的美国联合太空作战中心提供。

这里回顾地球静止轨道航天器从发射入轨到在轨运行的所有阶段,就可以看出为什么需要"太空交通"管理了。

1998 年以前,通信卫星的发射入轨和验证工作是由太空机构(法国国家空间研究中心、德国航空航天中心等)来进行的,现在则由诸如阿斯特里姆服务公司(图 40.16)等供应商来执行。

转运段是从卫星与运载火箭分离的时候开始,这时由发射与入轨段(LEOP)团队来对飞船进行控制。10 天中有 30~40 名专家轮班工作,保证卫星准确发送到地球静止轨道。然后这些专家会对卫星进行为期 1 个月的监管和控制,直到最后向客户"交付使用",即验收试运行。

在发射的特别时刻,所有团队成员都紧盯屏幕,等待着来自卫星的第一次"发声"。建立连接是这个过程的开始。为了建立连接,控制中心必须连接到全球地面站网络中,这样才能获得卫星任务初始阶段的全球位置信息。

当接收到首个信息后,控制中心就能监控卫星子系统的初始化操作(姿态控制、电力和推进等)。

一旦卫星进入巡航模式,控制中心就可对变轨进行控制,从入轨时的地球同步转移轨道直到进入最后的预定阶段。这个过程需要对地球静止轨道(赤道上方约 3.6 万 km)的卫星进行定位,在飞行动力学轨道专家计算和优化下进行 3~4 次远地点发动机点火。

图 40.16　控制室

6~8 天进入地球静止轨道后,就可以开始展开太阳能电池板和天线反射器。这个阶段需要 1~2 天时间。最后一步是获取地球数据,这时卫星指向地球来接收和发射运行信号。这一阶段持续 10 天左右。

剩下的是让卫星获取其运行经度,并让 LEOP 团队来验证运行是否满意。

接下来是在轨试验(IOT)阶段,分两部分进行:一是由 LEOP 队伍来验证 IOT 平台运行是否满意,这些验证试验在卫星向地球静止轨道上的运行位置经度推移时进行;二是 IOT 载荷测试,通常从用户角度出发,并由工业工程师提供现场支持。LEOP 队伍会保持待命,一旦发生异常情况,就准备随时接管卫星控制。通常需要约 20 天完成所有在轨试验,并最终把卫星向客户正式交付使用(Bonaventure、Gicquel,2011)。

为了执行上述操作,卫星运营商需要,考虑所控制卫星的准确位置和状态,即详细的“太空态势感知”信息。如果卫星是独自在太空中,则这是充分可行的。但是,现实远非如此,太空非常拥挤,不仅有运行卫星,还有多年累积的大量碎片。

40.5　运营与技术趋势:公私合作模式

从国防角度来看,美军条令有一些较为敏感的作战层面的变化。例如,以色列航空航天工业公司的帕特里克·福莱克斯曾任国防部长办公室的太空政策主管,他在 2012 年 2 月 23 日于华盛顿召开的由美国技术太空企业委员会和乔治·C·马歇尔学院共同组织的关于太空态势感知的会议上说道:“对于政府运营商来说,美太空政策所释放的信号是矛盾的,尤其是之前在乔治·布什政府时期,国防部长既要负责向军方、情报机构和民用及商用航天器运营商提供太空态势感知信息,又要负责保护'敏感'信息。"而这在奥巴马总统就职后有所改变,国家安全委员会进行了一系列太空政策研究。从此,SSA开始重新关注保护太空环境和负责任的太空利用。"政策声明要讲方式方法,而不是墨守成规。"

另外,安全数据协会章程中民用界在以下方面渐显成熟:

(1)在卫星运营商之间通过广泛加深合作来寻求方法,推动改善卫星运行的安全性和完整性。

(2)对太空环境中的共享资源和无线电频谱寻求和推动更好的管理。

这是军民两界挖掘新的合作潜力的基础。如果现在考虑技术趋势,可以看到自20世纪50年代的"贝克-努恩"人造卫星跟踪照相机到21世纪光学传感能力的变革。我们用俄罗斯私营公司披露的技术数据来说明这一变革:

(1)第一次革命是因特网的普及,这使得世界各地无人值守的传感器可以进行全球连接,开启了无人值守光学和无线电基站联网的先河,不论是专用基站还是其他散布世界各地的基站都可以连接,为安全数据协会等机构进行的紧急接近分析提供支持。

这种能力已经得到不同国家的认可,太空监视已经不再局限于国防领域,而是有着全世界商界和业界能力的支持。

(2)现在高性能圆顶、光学望远镜、机械支持和电荷耦合器件(CCD)相机已经相当普及,可用于探测所有轨道上符合RSP要求的太空资产(图40.17)。

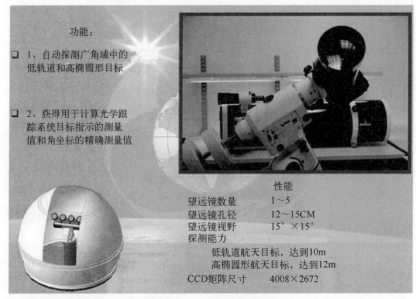

图40.17 太空物体探测

　　这种能力与准确的卫星目录和通过全球导航卫星系统发送的准确时间息息相关,为准确跟踪符合太空态势感知要求(图 40.18)的装置提供了支持。

功能

❏ 1.根据目标指示探测航天目标

❏ 2.跟踪目标,并准确测量其角
　　坐标和光度特性

性能

望远镜孔径 40cm
望远镜视野 3°×3°
低轨道航天目标的最大星间距 12m
高椭圆形目标的最大星间距 14m
最大偏转角速度 达到3

图 40.18　太空物体跟踪

　　(3) 要将符合 SDA 要求(图 40.19)的无线电频率干扰系统联网也是有可能的。

功能

探测航天器辐射及
测量其无线电坐标

性能

工作模式:
观测模式和跟踪模式
作用区域范围:达到2.5GHz
仰角0°～90°
方位角0°～360°

图 40.19　无线电干扰监测

　　当然,如果考虑商业现状,这种系统可能不仅仅由军方来部署,还应该考虑涉及太空工业、卫星运营商和行业机构的公私合作模式。

只有在兼顾军方数据政策和商界数据要求的基础上进行太空监视数据交换,以上才有可能成为现实。

40.6 结 论

本章主要从用户群体和技术能力两方面分析了太空监视的演变过程。

军方由于任务需要,对太空监视有着特定的要求。这种要求并不随时间持续。例如,最开始的要求是区分轨道运行物体("斯普特尼克"卫星)和弹道火箭。随着北约引入导弹防御任务后,新的要求就成了区分太空碎片和再入飞行器。可以想象未来还会出现与太空攻防任务控制相关的要求。

商界则不同,其需求主要关注人造太空碎片的扩散、无线电频谱中的干扰和太空天气事件结果。

为了说明这一区别,可以"太空潜艇"为例,也就是军方想在太空碎片中隐藏的太空物体。商界对"太空潜艇"编目并不感兴趣,它们不需要像在海洋中一样避免与不存在的物体碰撞。避免潜在碰撞的发生是军方的责任。

如果某一发射阶段的旧碎片可能与正在运行的商业卫星发生碰撞,商界对这一物体就很感兴趣了。这一碎片对军方来说可能无伤大雅,但对商界来说就至关重要了,需要据此分配和安排太空监视器。

因此,对军方和商界来说,即使同样的感应器,其任务规划和分配也是不同的(因为军商两界的任务重点是不同的)。此外,通过太空监视器获得的数据密级对两界来说也不一样。"太空潜艇"对军方来说是高级机密,而对商界来说却毫无用处。

参考文献

Bonaventure F,Gicquel AH (2011) Collision and risk management in Astrium Satellites. European space surveillance conference

Charles CI (1969) Space track,watchdog of the skies. William Morrow,New York

Laird RF (1984) The French strategic dilemma

Morgan,FE Deterrence and the first strike stability in space. Rand

Sheehan N (2009) A fiery peace in a cold war. Bernard Schiever and the ultimate weapon

Sinit J (2009) Ariane launch vehicle overview. The past,the present and the future

Space Data Association. Space-data. org

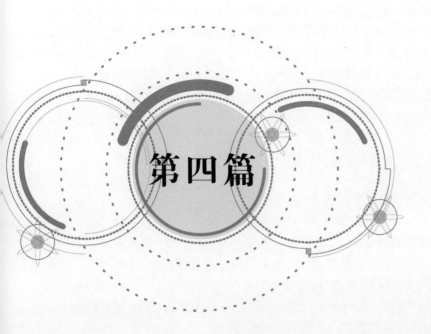

第四篇

全球太空安全项目

第41章　概述

克里斯蒂娜·吉安诺帕帕
欧洲航天局,法国巴黎

摘要

　　本章作为第四篇概述,在引言之后,介绍全球范围内太空安全专家对航天大国及新兴航天国家的航天发射与卫星计划的评述,内容还涉及空间态势感知和空间武器概念。

41.1 引　　言

　　在过去,太空活动只是少数大国的特权。近年来,太空活动逐渐增多,对太空产生兴趣的国家也在增多。各国太空计划主要围绕两个政治目的设计的,即获取符合国家利益的信息自主权及获取关键技术及武器装备。

　　以前,各国政府的太空计划目标明确,主要关注运载火箭及卫星,现在也包含应用。不论是民用还是军用的运载火箭及卫星计划基本都是依据安全需要而开发的。太空技术与应用的军民两用性使我们难以严格定义独立的太空安全计划。

　　20世纪,运载火箭计划与洲际弹道导弹(ICBM)军事项目紧密联系。但过去数年,区别于军事活动的商业发射逐渐增多。很多国家仍将航天发射视为首要任务,将其视为独立自主利用太空的起点。现在,除美国及俄罗斯之外,具备将卫星送入轨道能力的国家或机构还有欧洲航天局、日本、中国、印度、伊朗及以色列。巴西也将具备这种能力。这些国家或机构中的大多数正在向世界其他国家提供商业服务使用它们的运载火箭将他国的卫星送入太空。

　　1957年10月4日,苏联将世界上第一颗人造卫星"人造地球卫星"1号(Sputnik-1)送入了太空。最初的卫星计划都是服务于科学与军事目的的。现在,全世界有超过50个国家拥有至少1颗在轨卫星。大约有1000颗卫星在轨运行,这些卫星提供的服务包括对地观测、通信、导航定位等。尽管卫星地面应用重要性提升,科学与太空探索仍是太空机构的主要任务,推动了广泛的国际科学合作。美国在轨卫星数量最多(拥有超过 350 颗在轨卫星),其次是俄罗斯。共有两种趋势造就了航天大国的新格局:一是世界上很多国家希望发展独立的国家太空计划;二是航空航天与防务产业的全球化。

本章介绍航天大国和机构如美国、俄罗斯、欧洲航天局、日本、中国、印度以及新兴航天国家如巴西的发射与卫星计划,还包括太空武器的国际影响及空间态势感知概念。

41.2　各国的太空安全计划

美国的航天发射计划包含一系列火箭型号,近年来其商业发射比例上升。美国的运载火箭可将轻型(数百千克)到重型的载荷送入轨道。除了发射空间飞行器,美国还有一系列亚轨道航天发射系统,正在研发中的几款飞行器可载人进入太空开展旅游或研究。虽然美国的航天发射计划取得了成功,但美国目前没有在役的载人航天器。

俄罗斯是当今世界拥有最完备发射计划的国家。俄罗斯正在服役的四款运载火箭有"呼啸"号、"联盟"号、"天顶"号及"质子"号,共有拜科努尔航天发射场和普列谢茨克航天发射场两个主要的发射场,以及一个正在建设中的东方发射场。俄罗斯与中国是当前仅有的两个可进行低地轨道载人航天飞行的国家,且俄罗斯是唯一一个可向国际空间站运输人员的国家。20 年来,俄罗斯开始为其他国家提供商业发射服务。俄罗斯的运载火箭是国际发射市场上最受欢迎的运载火箭之一,因为其质量高、成本低以及符合客户要求。

欧洲航天发射计划是由欧洲航天局制定和实施的。此发射计划基于欧盟20 个成员国、各国太空机构、企业以及负责欧洲航天发射的阿丽亚娜航天公司的合作。30 年来,"阿丽亚娜"航天公司已成为全球开展商业发射服务的典范。欧洲的运载火箭包括"阿丽亚娜"5 号运载火箭、"织女星"运载火箭以及"联盟"号运载火箭,这些火箭都是在法属圭亚那太空中心发射,确保了欧洲自主进入太空的能力。对于世界上使用最多且最值得信赖的"联盟"号运载火箭的欧洲版本,欧洲可以对其进行进一步改进,以便探究载人航天飞行的可能性。运载火箭计划的改进将会成为 2014 年欧洲航天局部长级会议的讨论议题之一。

日本发射计划的进展主要体现在太空科学与利用方面。其特点是仅出于和平目的。运载火箭的主要技术是由政府、日本宇宙航空研究开发机构与学术机构及产业合作进行维护和提升的。日本有两种类型的运载火箭:一种是从种子岛航天中心发射的 H-IIA 与 H-IIB 液体运载火箭;另一种是从内之浦航天中心发射的"艾普斯龙"固体运载火箭。

中国在其发射计划中一直坚持独立自主的创新道路。在进行了 40 年的实践后,中国已开发了一系列运载火箭。"长征"系列是中国开发的第一批一次性运载火箭。中国共有酒泉卫星发射中心、太原卫星发射中心以及西昌卫星发射中心三个发射场,文昌卫星发射中心正在建造。中国不断加强太空运输系统建设,进一步完善长征系列运载火箭,提高进入太空的能力,以及开发新一代运载火箭及上面级。中国将太空产业的开发视为国家总体发展战略的一个重要部分。

印度发射计划开始于 20 世纪 60 年代,其初始目的为利用空间技术的潜能,以及将空间技术用于促进本国发展。印度在运载火箭技术方面已取得了显著的成就。现在,印度的运载火箭工作是由印度空间研究组织(ISRO)承担的。过去数年,印度已开发了"卫星运载火箭"(于 1984 年退役)、"增强型卫星运载火箭"、"极轨卫星运载火箭"以及"地球同步卫星运载火箭",并在着手开发可复用运载火箭。ISRO 已在萨迪什·达万航天中心配置了齐全的发射设备。

巴西在 20 世纪 60 年代迈出了太空领域探索的第一步。自那时以来,其在太空领域发展迅速,现已接近获取发射能力。其发射计划已从探空火箭的开发到"卫星运载火箭"(VLS)及"微型卫星运载火箭"(VLM)的开发。"卫星运载火箭"预计将于 2015 年进行首飞。巴西的航天港是阿尔坎塔拉发射中心。巴西航天发射计划的另一重要部分是巴西与乌克兰合作建造并从阿尔坎塔拉发射中心发射"旋风"4 号火箭。

美国军队及情报机构的卫星计划提供通信、监视、导弹预警、气象、定位/授时、无线电侦收、核爆炸以及数据中继服务。美国是唯一有能力部署各类军事卫星提供全球服务的国家。其太空军事计划规模超越了其他所有国家军、民太空计划的总和。在未来数年内这种状况仍将持续。

欧洲的卫星计划可分为多边机构的、国家的及多国合作的卫星计划。多边机构的卫星计划的开发者是欧洲的跨国家机构,比如开展一系列卫星任务的欧洲航天局、开展气象任务的欧洲气象卫星开发组织(EUMETSAT)、拥有"伽利略"定位系统提供导航及定位服务的欧盟以及提供环境与安全服务的"哥白尼"系统(此前的全球环境与安全监测系统(GMES))。这三个欧洲主要的机构参与者广泛参与到出于安全目的的卫星计划中,包括参与军民两用计划,扩展安全内涵并应用到交通和环境政策等领域。从国家层面上看,一些欧洲国家一直在发展自主卫星计划,装载满足各国自己需求的不同类型的遥感器。欧洲共有超过 30 颗遥感卫星在轨运行或者即将由某个国家或多国联合发射。这些卫星中有军用卫星,有军民两用卫星,还有能够根据安全需要提供数据的民用或商业卫星。通过加强多边合作,各国可以汇集需求与资源,从而能以低成本的方式建造高质量的卫星。这对民事以及国防与安全领域是同等适用的。"多国天基成像系统"(MUSIS)就是这样一个例子。法国、德国、希腊、意大利、波兰、西班牙及瑞典计划在 2015 年至 2030 年研制一批侦察监视卫星。

中国的卫星计划包括对地观测、通信广播、导航定位以及科学和技术试验卫星。截至 2011 年底,中国已成功研制和发射了 144 颗卫星。

太空活动及在轨卫星的日益增多引发了人们对太空资产保护的关注。空间态势感知(SSA)是监测太空资产面临威胁以及保护太空资产的关键因素。SSA 是一个复杂的话题。然而,可以将其大体定义为关于太空环境与太空活动的信息,这些信息用于保障运行安全,提高运行效率,避免物理和电磁干扰,探测、描述和防御威胁,以及了解太空环境的变化。现在 SSA 是太空安全的最重要话题之一。美国运作着世界上规模最大的 SSA 系统,俄罗斯运作着第二大系统。欧洲个别国家也有部分能力。自从 2009 年以来,ESA 已开始实施一个可选的 SSA 项目,得到了 14 个成员国的财政支持。

总体而言,由于美国国防部采办政策的不断变化,太空安全领域的投资也不断波动。这一状况在很大程度上将会延续。政府的一个优先议程是保护太空资产。俄罗斯及新兴太空国家,如日本和乌克兰也会加大对太空安全领域的投资。到 2017 年,全球太空安全开支预计将降至 23 亿美元(17 亿欧元),而由于各国将购买下一代系统,这一数字将于 2020 年回升至 30 亿美元(22 亿欧元)(Euroconsult,2013)。

41.3 结　　论

旨在开发和利用太空技术与应用的太空计划是民用与国防安全领域能力的一个基本组成部分。太空技术与应用的两用性质使人们难以严格地单独定义太空安全计划。随着参与太空活动的国家日益增多,保护太空的安全以及利用太空保护国家安全的需求也在不断增加。

参考文献

Euroconsult (2013) Government space markets- world prospects to 2022. Euroconsult.

第42章 美国的航天发射项目

杰夫·福斯特

美国马里兰州罗克维尔市

美国有配套齐全的航天发射选项。本章从两个视角阐述美国航天发射计划：一是政策视角，美国政府从行政部门政策到立法等多个方面为国家与商业发射服务制定目标、确定方向；二是技术视角，审视目前在役的或正由政府机构与私营公司研发的主要轨道及亚轨道运载火箭，以及这些火箭如何符合国家政策目标。

42.1 引 言

航天发射是整体太空安全的一个重要部分，美国作为世界最主要的航天国家之一，有配套齐全的航天发射选项。美国目前在役的运载火箭可将几百千克甚至超过22000kg的有效载荷送入轨道，目前正处于研发阶段的运载火箭甚至可以运载更重的有效载荷。除入轨的运载火箭之外，也有许多亚轨道航天发射系统，包括正在研发的用于太空旅游或研究目的的飞行器。

然而，美国航天发射计划也存在诸多问题。比如，2011年航天飞机退役后，美国虽然正在研发新的飞行器，但目前还没有在役的载人航天飞行器。昂贵的发射费用使美国在全球商业发射市场占有率几乎为零，并且也给政府计划带来了巨大的预算压力。然而，新型火箭与新的市场可通过降低发射费用，增加发射服务需求来解决这些问题。

本章从两个视角介绍美国航天发射计划：首先从政策视角，美国政府从行政部门政策到立法等多个方面为国家和商业航天发射服务制定目标、确定方向；其次从技术视角，审视目前在役的或正由政府机构与私营公司研发的主要轨道和亚轨道运载火箭，以及这些火箭如何符合国家政策目标。

42. 2　空间运输政策

美国空间运输政策由多个机制决定。每任新总统上台都要制定自己的"国家太空政策",许多还针对空间运输制定了具体政策。虽然每届政府都有自己的太空政策,但这些政策通常保持一定的一致性。也有一些政策由国会通过立法程序制定,然后由总统签署成为法律。立法包括拨款法案,它通过资助或不资助具体计划来影响政策实施,甚至形成新的政策。政策也可由政府机构,如美国联邦航空管理局商业空间运输办公室(FAAAST)制定的法规确定,政府机构可以执行并且进一步细化总统与国会制定的宽泛政策。

一般而言,这些政策在空间运输方面的首要目标是保证国家具备"确保进入太空"能力,即美国政府不需要依靠外国力量发射卫星与其他有效载荷进入太空。该政策最明显的表现是改进型一次性运载火箭(EELV)计划,该计划于20世纪90年代启动,用于开发新一代运载火箭系统以满足政府与商业需求。1998年,美国国防部决定资助两大运载火箭系列的研发——洛克希德·马丁公司的"宇宙神"5号(Atlas V)以及波音公司的"德尔塔"4号(Delta IV),从而满足自主进入太空这一政策目标。此决定自此对美国的空间运输政策产生了深远影响。

国家空间运输政策的第二个目标是推动国家商业空间运输产业发展。行政部门政策以及立法试图刺激商业系统的开发,以满足政府的空间运输需求。例如,FAA/AST的目的不仅在于监管商业空间运输业,而且"鼓励、帮助以及推动"该产业发展壮大,在20世纪90年代之前,FAA对航空业也是这么做的。NASA领导的一系列计划也与此类似,如资助商业货物运输系统和商业载人运输系统开发,以支持国际空间站(ISS)运行。这些政策至少到目前为止成效有限。2011年,美国未进行商业航天发射,高昂的发射费用使得客户选择欧洲、俄罗斯以及中国的航天发射系统。

NASA特殊的空间运输要求,尤其是在载人航天方面,对空间运输政策产生较大影响。"哥伦比亚"号航天飞机在2003年2月1日失事坠毁,导致NASA于2004年1月修改了载人航天计划,要求在2010年前航天飞机退役,同时开发替代的发射系统,即后来的"阿瑞斯"1号(Ares I)与"阿瑞斯"5号(Ares V)。奥巴马政府重新修改了这一政策并且取消了这些系统,经与国会讨论,最终决定开发新型重型运载火箭——"航天发射系统"(SLS)。

42. 2. 1　行政部门的空间运输政策

美国空间运输政策体系的最高端为国家太空政策。奥巴马政府于2010年

6 月发布了最新版国家太空政策。该政策涵盖政府与商业太空活动的所有方面。新版政策中,其中一项"基本活动与能力"为"提高确保进入太空的能力"。该政策重申除非获得白宫特殊批准,否则美国政府的航天器必须由美国运载火箭发射。该条政策也要求对航天发射的基础设施进行现代化改造,提高发射服务的效费比,以及开发"确保与维持未来可靠和有效地进入太空所需"的技术。

除了国家太空政策外,美国还有独立的且更加详细的空间运输政策。该政策的现行版本是 2004 年 12 月小布什总统颁布的,2012 年末奥巴马政府开始制定该政策的最新版本,预计将在不久之后发布。与国家太空政策一致,美国空间运输政策强调确保进入太空的重要性,称为"国家安全、国土安全以及民用任务的关键需要"。

美国空间运输政策确立 EELV 计划为中型与大型政府有效载荷的主要发射系统,但是要求国防部、NASA 以及中央情报局制定如何将 EELV 费用分摊到这些机构中的长期计划。对于小型有效载荷,该政策也支持"太空作战响应"(ORS)概念,与传统火箭相比,ORS 利用准备与发射时间更短的小型运载火箭与载荷来满足国家安全,特别是危机时刻的太空需求。

在商业空间运输领域,该政策指出,美国政府鼓励商业发射产业的发展,并且将努力购买商业发射服务,并为其提供良好的法规保障环境。该政策特别指出,政府不会与商业发射供应商进行竞争,除非为支持国家安全而必须为之。为实现该目标,对使用退役弹道导弹部件的运载火箭,该政策指出,仅用于发射政府资助的任务载荷,以便为政府节省费用。这延续了以前的政策,解决了产业界对退役洲际弹道导弹涌入发射市场(尤其是发射小型有效载荷)的担忧。

42.2.2　立法部门的空间运输政策

美国国会未将空间运输视为由单独立法解决的单独议题,而是通常视为其他立法的一部分。国家安全空间运输应视为整体国防立法的一部分,包含在年度授权法案和拨款法案的政策与资金计划中。近年来,这些法案对 EELV 计划日益增长的费用表示担忧,意欲为该计划引入竞争机制。2013 财年国防授权法案的最终版于 2012 年 12 月由国会参众两院通过,内容包括 2013 年扣留 EELV 计划 10% 的资金,直至国防部提供一份报告,说明未来 EELV 计划的采办策略,包括为新竞争者获得发射合同提供机会。

民用空间运输政策,特别是 NASA 对载人航天与深空探测的特殊要求由国会通过拨款法案(参众两院的《商业、司法、科学与相关机构拨款法案》)或者有时通过独立授权法案来确定。目前最新的 NASA 授权法案是国会于 2010 年通过的,涵盖 2011—2013 年财年。

《2010 授权法案》明确将开发 SLS 重载火箭列为国家政策,从而"进入地月空间与低地球轨道以远的空间区域,使美国有能力参与进入和开发这一日益重要战略区域的全球活动"。该法案要求 SLS 初始运载能力将达到低地球轨道(LEO)70000~100000kg,并且后续运载能力进一步提高至 130000kg。该法案同时要求 SLS 运载火箭在 2016 年年底形成初始服务能力。

该法案同时授权由 NASA 开发一个商业载人运输系统。这一计划首先由奥巴马政府在 2010 年初宣布,它是继商业货物运输系统之后又一项新的运输模式,用来支持航天飞机退役之后的 ISS 的运行。轨道科学公司与太空探索技术公司(SpaceX)获得了 NASA 的"商业轨道运输服务"(COTS)计划合同,开发运载火箭与航天器以服务 ISS,同时为政府或商业客户执行发射任务。SpaceX公司为"商业轨道运输服务"计划开发的"猎鹰"9 号火箭于 2010 年 6 月进行了首次发射,并在 2010 年 12 月与 2012 年 5 月进行了"商业轨道运输服务"试飞。轨道科学公司的"安塔瑞斯"火箭(以前称为"金牛座"2 号)于 2013 年 4 月与 9月进行了首次飞行。

商业载人运输计划与商业货物运输计划不同,其重点在于航天器的开发,而不是运载火箭的开发。然而,商业载人运输计划的支持者认为该计划能够开辟新的市场,包括太空旅游以及私人开发的空间站的支持服务,如毕格罗宇航(Bigelow Aerospace)公司开发的设施。此类市场将带来额外的发射需求,从而降低单次发射费用。

商业空间运输政策并未如国家安全或民用空间运输政策一样受到重视,其通常为独立法案形式。对商业空间运输政策的最近一次重大修改为 2004 年的《商业空间发射法修正案》,该修正案于 2004 年末经国会通过后签署成为法律。几乎同时,"太空船"1 号(Space Ship One)获得商业载人亚轨道飞行 1000 万美元的"安萨里"-X 大奖,从而确认了此类飞行属于发射,而不是高空飞行,因此应由 FAA/AST 许可,而不是由 FAA 其他部门来监管。该法案允许 FAA 对正处于试飞阶段、还未做好商业运行准备的运载器授予试验性许可(然后是正式发射许可),并且在该法案颁布后的数年中就其制定的商业航天载人飞船乘员安全规定做出限制,以便给该行业提供一个学习期,探索最佳实践。

国会商业空间运输政策定期强调的另一个问题是第三方赔偿。美国作为《外层空间条约》的缔约国,必须对因其太空活动而造成的任何损害负责,包括私营公司或非政府机构在美国进行的发射。作为条约责任的一部分,FAA/AST要求商业发射许可申请者通常以保险单形式证明其在发生发射事故时对第三方造成的最大可能损失(MPL)的偿付能力。为减轻灾难性损失彻底摧毁商业发射供应商的风险,美国政府承诺为商业发射供应商就 MPL 水平的任何损失进行高达 27 亿美元的额外赔偿。超过这一水平的任何损失由发射供应商负责。至今为止,还未出现美国商业发射事故所造成第三方损失超过 MPL 水平。

早在 1988 年,美国就已启动了发射赔偿系统,尽管该系统需要国会定期对其进行更新。过去,出于对灾难性发射事故赔偿给政府带来重大责任风险的担忧,国会曾开展过几次专题研究,以确定赔偿系统是否有继续存在的必要。但目前国会已经将赔偿系统的运行年限从当前的 2014 年初延续到 2016 年末。

42.3 政府发射系统

美国大多数发射系统属公司所有,并且虽然美国政府是大部分火箭的唯一客户,但是至少在原则上,政府或商业客户都可以利用这些发射系统。然而,美国政府机构有其专用的发射系统。航天飞机就是一个例子,其轨道器、助推火箭、外部燃料箱以及其他组件由公司制造,但是所有权属 NASA(起初航天飞机的运行也由 NASA 负责,但是在 20 世纪 90 年代中期承包给了美国联合太空联盟(United Space Alliance)——波音公司与洛克希德·马丁公司的合资公司)。通常要求这些运输系统仅执行政府类任务,如运送宇航员。同样,目前正在开发的航天发射系统(SLS)也将归 NASA 所有,用于执行空间探索以及其他需要重型运载能力的任务。

此外,也有一些运载火箭属公司所有,但是由于国家空间运输政策的性质,仅供美国政府客户使用。此类运载火箭包括使用剩余 ICBM 组件的运载火箭(主要是固体燃料发动机),因此只能用于美国政府机构资助的有效载荷,不能用于其他商业目的。

42.3.1 "航天发射系统"运载火箭

正如前面所述,国会在《2010 NASA 授权法案》中明确授权开发 SLS。奥巴马政府 2010 年年初宣布取消了 NASA 开发载人太空探索系统的星座计划,SLS 是奥巴马政府与国会主要议员妥协的结果。星座计划包括"战神"一号(Ares I)运载火箭,设计用于发射"猎户座"(Orion)载人飞船以及"战神"五号重型运载火箭,用于支持人类探月及月球以远区域的计划。奥巴马政府出于成本与时间考量,试图取消"战神"一号和"战神"五号运载火箭,并且将重型运载火箭开发决策推迟到 2015 年,但是部分国会主要议员对这一决定持反对态度,他们对缺乏支持探索任务的大型运载火箭表示担忧,并且担心取消"战神"系列运载火箭将会影响国家太空工业基础。

虽然 SLS 的开发在 2010 年秋季就获得授权,但是直到 2011 年 9 月才公布火箭的设计,并且是在国会议员对 NASA 施压下才加快这一进程。最初版的 SLS 将大量使用现有的航天飞机组件。核心级将以航天飞机的外部燃料箱为基础,在此基础上安装 4 台航天飞机主发动机(SSME)。将为星座计划开发,并且以航天飞机计划中使用的四段助推器为基础的 2 台五段固体火箭助推器连接到核心级上。上面级最初将由"宇宙神"5 号(Atlas V)与"德尔塔"4 号(Delta IV)使用的 RL10 发动机驱动。随后升级版将采用专为一次性火箭设计的发动机来取代 SSME,并采用在"阿波罗"计划中"土星"5 号(Saturn V)运载火箭使用的 J-2 发动机基础上改造的 J-2X 发动机来取代 RL10 发动机。NASA 也正在征求固体或液体"高级助推器"设计以替代固体火箭助推器。

截至 2012 年,NASA 的计划中要求在 2017 年对 SLS 火箭进行首飞试验,发射一艘(不载人的)"猎户座"载人飞船,使其在返回地球前绕月球飞行。第二次飞行计划在 2021 年进行,届时,SLS 火箭将发射"猎户座"载人飞船至类似的绕月轨道。2021 之后的任务有待确定,但是可能包括发射载人飞船至近地小行星或地月拉格朗日点,以及发射机器人科学任务。

42.3.2 "米诺陶"运载火箭

除了 SLS 运载火箭,美国政府发射系统还有轨道科学公司研发的"米诺陶"(Minotaur)运载火箭系列。由于该系列运载火箭利用剩余的 ICBM 发动机,因美国空间运输政策的限制,只能发射由政府机构资助的有效载荷。"米诺陶"1 号火箭下面两级采用"民兵"(Minuteman)洲际弹道导弹发动机,而上面两级采用"飞马座"(Pegasus)火箭发动机。"米诺陶"4 号运载火箭下面三级采用"和平卫士"(Peacekeeper)洲际弹道导弹发动机,其上面级则采用商业火箭发动机。"米诺陶"5 号与"米诺陶"4 号类似,但是带有采用商业发动机的第五级。("米诺陶"2 号和"米诺陶"3 号火箭用于亚轨道发射,包括导弹防御试验火箭。)

"米诺陶"1 号运载火箭自 2000 年推出以来共执行了 10 次任务,主要是发射小型军事卫星以及高校开发的二次有效载荷。"米诺陶"1 号可运送 580kg 的有效载荷至 LEO 轨道。该火箭曾用于 ORS 任务,包括 ORS-1——2011 年发射的该计划的第一颗业务卫星。"米诺陶"4 号自 2010 年以来共实施了 3 次轨道飞行,用于发射超出"米诺陶"1 号运载能力的更大型的军事卫星,LEO 轨道运载能力为 1750kg。"米诺陶"5 号面向地球静止轨道(GEO)或深空任务,于 2013 年 9 月进行了首次发射,为 NASA 发射了 1 颗月球探测器。

42.4 商业/两用发射系统

美国目前使用的大多数发射系统至少在理论上可供商业和政府双方使用,

并且由商业公司运营。事实上,美国运载火箭在全球商业发射市场竞争力有限,这些系统大多数主要用于或专用于发射美国政府有效载荷。因此,引发了是否能长期维持部分运载火箭生产线(尤其是在政府支出有限的情况下)的疑问。

42.4.1 "宇宙神"5 号(Atlas V)运载火箭

"宇宙神"5 号是半个多世纪以来以"宇宙神"命名的火箭系列的最新型号,虽然目前"宇宙神"型号与早期型号除了名字相同外,几乎没有其他任何共同之处。"宇宙神"5 号于 2002 年开始服役,在"宇宙神"2 号和"宇宙神"3 号运载火箭分别于 2004 年和 2005 年退役后,它是目前唯一现役的"宇宙神"运载火箭型号。到 2012 年为止,"宇宙神"5 号总共发射 34 次,全部发射成功。

"宇宙神"5 号与除"宇宙神"3 号以外的其他所有"宇宙神"火箭型号不同之处在于:使用俄罗斯生产的 RD-180 发动机作为火箭第一级发动机。该发动机由动力机械科研生产联合体(NPO Energomash)生产,是 20 世纪 80 年代苏联"能源"(Energia)号重型运载火箭使用的 RD-170 发动机的改良版。"宇宙神"5 号第一级使用液氧与 RP-1 推进剂,上面级为 NASA 于 20 世纪 60 年代首次开发的"半人马"(Centaur)改进型,由普莱特与惠特尼·洛克达因公司(Pratt&Whitney Rocketdyne)生产的液氧/液氢 RL10 发动机驱动。在"宇宙神"5 号第一级上也配备了 5 个由航空喷气(Aerojet)公司生产的固体火箭捆绑式助推器。"宇宙神"5 号可将重达 20500kg 的有效载荷运送至近 LEO,并将重达 8900kg 的有效载荷送至地球同步转移轨道(GTO)。

20 世纪 90 年代中期,洛克希德·马丁公司参与 EELV 的竞争,由此而推出"宇宙神"5 号。美国空军在 1998 年同时选择了"宇宙神"5 号与波音公司生产的"德尔塔"4 号,其设想会有足够的商业、民用与军事任务的需要以维持上述两种运载火箭的运营。这一假定没有使 2000 年后的商业发射市场的崩溃幸免于难,2000 年后,许多卫星公司受到电信市场紧缩的影响,纷纷申请破产保护或停业。2005 年,波音公司与洛克希德·马丁公司试图将它们的运载火箭业务合并,组建联合发射联盟(ULA)公司,从而在市场疲软时减少成本。ULA 公司在获得政府监管部门批准之后,于 2006 年末开始运营。

虽然商业市场上仍然有"宇宙神"5 号,但是近年来它几乎没有商业业务,主要原因是费用昂贵,并且目前主要针对政府任务。"宇宙神"5 号最近一次商业发射是在 2009 年,原定于 2013 年发射 GeoEye-2 商业遥感卫星,但是该计划已推迟。

42.4.2 "德尔塔"4号(Delta Ⅳ)运载火箭

"德尔塔"4号与"宇宙神"5号同属EELV计划。"德尔塔"4号最开始由波音公司生产,但是现在与"宇宙神"5号一样由ULA制造,仅服务于美国政府任务。"德尔塔"系列火箭的历史可追溯到太空时代早期的"雷神"运载火箭,它跟"宇宙神"一样,在这期间也经历了巨大的变化。截至2012年,"德尔塔"4号共执行了21次发射任务。

根据所使用的通用芯级以及捆绑式固体助推器的不同,"德尔塔"4号有数个衍生型号。"德尔塔"4号中型采用单个通用芯级,由普莱特与惠特尼·洛克达因公司生产的液氧/液氢RS-68发动机驱动,不带捆绑式助推器并具有4m有效载荷整流罩。"德尔塔"4号中型+运载火箭根据不同任务要求,采用由阿联特技术(ATK)公司生产的2个或4个GEM-60固态推进剂助推器,或者4m或5m有效载荷整流罩。"德尔塔"4号重型采用三个通用芯级作为芯一级以达到最大性能。所有衍生型号都采用与"宇宙神"5号类似的改良版RL10发动机驱动的上面级。"德尔塔"4号系列运载火箭可将9150~22560kg的有效载荷运送至LEO轨道,并将4300~12980kg的有效载荷送至地球同步转移轨道(GTO)。

"德尔塔"4号与"宇宙神"5号的开发类似,由于商业需求有限,波音公司与洛克希德·马丁公司在2005年决定将其运载火箭并入ULA公司。甚至在这一决定之前,波音公司在2003年就宣布"德尔塔"4号将退出商业市场,据称是由于商业发射市场"持续疲软"。

42.4.3 "德尔塔"2号(Delta Ⅱ)运载火箭

"德尔塔"2号是"德尔塔"4号的前身,目前仍然在役,但是面临退役。尽管名称与"德尔塔"4号相似,但是它与"德尔塔"4号差别巨大,其设计不同,并且使用的技术也较为陈旧。"德尔塔"2号运载能力没有"德尔塔"4号强,但是它是NASA的EELV级运载火箭任务的热门选择,特别针对那些运载能力要求不高且费用有限的任务。

"德尔塔"2号第一级采用普莱特与惠特尼·洛克达因公司生产的RS-27A发动机,该发动机采用液氧与RP-1推进剂(RP-1推进剂的变体自20世纪70年代就已服役)。"德尔塔"2号也采用ATK生产的3台、4台或9台GEM-40固体推进剂捆绑式助推器("德尔塔"2号重型运载火箭于2003年开始发射服务,采用更强大的GEM-46助推器取代GEM-40助推器)。"德尔塔"2号的第二级配有Aeroject公司的AJ10-118K发动机,采用四氧化氮/混肼50(偏二甲肼与联氨混合体)推进剂。"德尔塔"2 号火箭第三级使用 Star-48B 和 Star-37FM 两种固体发动机。

"德尔塔"2 号的运载能力比新型的"德尔塔"4 号的运载能力要低很多,LEO 轨道发射质量为 4590kg("德尔塔"2 号重载运载火箭为 5520kg),GTO 轨道发射质量为 1710kg("德尔塔"2 号重载运载火箭为 2040kg)。由于"德尔塔"2 号 GTO 轨道运载能力不足,因此,它被排除在商业通信卫星发射市场之外,这些通信卫星的质量远远超过"德尔塔"2 号重型运载火箭的运载能力。20 世纪 90 年代晚期,该火箭成功发射了一些商业遥感卫星以及部分"全球星"(Globalstar)与"铱星"(Iridium)LEO 轨道通信卫星。近年来,"德尔塔"2 号的首要客户为 NASA,发射任务为空间科学和地球科学任务。

虽然"德尔塔"2 号有着良好的成功发射记录(上次发射失败发生在 1997 年 1 月),但是,由于客户群减少,发射成本日益增加,因此该火箭面临退役。"德尔塔"2 号最近一次发射是在 2011 年,是该火箭最后一次任务。但是,NASA 在 2012 年 7 月授予"德尔塔"2 号三次发射任务合同,要求不重新生产,而是采用成品。这三次发射任务分别为"轨道碳观测卫星"2 号(OCO-2)、"土壤湿度主/被动探测"卫星(SMAP)以及"联合极轨卫星系统"1 号(JPSS-1)地球科学卫星,计划于 2014—2016 年发射。除非重新生产"德尔塔"2 号(这似乎并不可能),否则上述发射任务可能是该火箭的最后几次发射。

42.4.4 "猎鹰"(Falcon)运载火箭

SpaceX 公司是发射市场的新进者之一。企业家伊隆·马斯克(Elon Musk)不满意美国与其他国家可用的发射选项,于是在 2002 年创办 SpaceX 公司,以降低进入太空的成本。SpaceX 公司最初的火箭为"猎鹰"1 号,是一个由液氧/煤油发动机驱动的两级火箭:第一级为较大的"隼"(Merlin)发动机,第二级为较小的"鹰"(Kestrel)发动机。该火箭可运载 430kg 的有效载荷至 LEO 轨道。"猎鹰"1 号前三次发射(2006 年、2007 年以及 2008 年 8 月)都未能将有效载荷送入轨道,在 2008 年 9 月以及 2009 年 7 月都发射成功。

SpaceX 公司目前已搁置"猎鹰"1 号,转而关注更强大的"猎鹰"9 号。"猎鹰"9 号第一级上有 9 台"隼"发动机,第二级有 1 台"鹰"发动机。它于 2010 年 6 月进行首次发射,截至 2013 年,总共发射 7 次,全部发射成功,包括 3 次发射"龙"号运货飞船至国际空间站的任务("猎鹰"9 号的开发经费部分由 NASA 针对空间站补给的"商业轨道运输服务"计划支持)。"猎鹰"9 号火箭的特点之一就是其"发动机熄火"能力:在飞行的任何阶段,火箭第一级发动机熄火(至少一个发动机熄火)后仍然能够到达预定轨道。这种能力在 2012 年 10 月的一次飞行中得到证实，当时火箭发射升空 79s 后，有一台发动机关闭；其有效载荷——
"龙"号货运飞船仍然抵达预定轨道，尽管其次级有效载荷——ORBCOMM 公司
新一代通信卫星系统的演示验证卫星入轨轨道低于预定轨道，两天后再入
大气。

"猎鹰" 9 号的关键卖点之一是价格低廉。SpaceX 公司对"猎鹰" 9 号火箭
每次发射的市场定价为 3500 万美元，之后价格升至 5400 万美元，该价格与同
级别其他火箭相比便宜很多。SpaceX 公司于 2013 年推出"猎鹰" 9 号 1.1 型，
该型号第一级配有升级版"隼"发动机以及扩充的推进剂箱，因此，其 LEO 轨道
运载能力从 9000kg 增至 13150kg，GTO 运载能力从 3400kg 增至 4850kg。近年
来，SpaceX 公司获得许多商业及政府客户的发射合同，这些客户包括 NASA、商
业卫星运营商以及美国空军（2012 年末）。

SpaceX 公司也正在开发较大型"猎鹰"火箭，即"猎鹰"重型运载火箭。它
与"德尔塔" 4 号重型运载火箭类似，采用三个"猎鹰" 9 号的第一级再加上第二
级。"猎鹰"重型运载火箭能够将 53000kg 的有效载荷送至 LEO 轨道，或
12000kg 的有效载荷送至 GTO 轨道。SpaceX 公司计划在 2014 年末前对"猎鹰"
重型运载火箭进行首次试飞。每次运行任务的成本在 8300 万~1.28 亿美元
之间。

42.4.5 "安塔瑞斯"（Antares）运载火箭

在小型运载火箭方面有丰富经验的轨道科学公司获得 NASA 的"商业轨道
运输服务"合同，于 2008 年开始开发中型"安塔瑞斯"火箭（早期称为"金牛座"
2 号运载火箭），该合同也包括"天鹅座"（Cygnus）货运飞船开发。"安塔瑞斯"
第一级由 Aerojet 公司生产的采用液氢和 RP-1 推进剂的 AJ 26 发动机驱动（俄
罗斯 NK-33 发动机的美国版型号，该发动机于 20 世纪 60 年代开发，最初用于
苏联 N-1 重型运载火箭）；第二级采用 ATK 公司制造的 Castor 30B 固体推进剂
发动机；第三级即可选择固体推进剂发动机，也可选择液体推进剂发动机。

在开发"安塔瑞斯"火箭过程中，轨道科学公司决定在弗吉尼亚州瓦勒普斯
岛的中大西洋区太空港（MARS）而不是在卡纳维拉尔角建立新的发射场。从
MARS 发射场，"安塔瑞斯"火箭可将 4700kg 有效载荷送入空间站轨道。新发
射场建造的延期使得"安塔瑞斯"火箭的首次发射时间从最开始的 2010 年末推
迟到 2013 年初。

轨道科学公司希望借助"安塔瑞斯"来填补由于"德尔塔" 2 号即将退役而
造成美国发射能力的空缺。截至 2012 年，轨道科学公司除了"商业轨道运输服
务"合同中的两个验证发射外，仅有 8 次将货物运送至"国际空间站"的合同。

轨道科学公司未公布除"国际空间站"货运任务以外的"安塔瑞斯"火箭发射成本。

42.4.6　"自由号"(Liberty)运载火箭

2011 年,ATK 公司与欧洲宇航防务集团阿斯特里姆(EADS Astrium)公司共同宣布开发"自由"号大型运载火箭。该两级火箭(与"战神"1 号运载火箭都是应 NASA 星座计划而开发)的第一级为五段固体推进剂发动机。ATK 公司在"阿丽亚娜"5 号火箭芯级基础上开发"战神"1 号和一个上面级,其发动机为采用液氢和液氧的"火神"(Vulcain)发动机的改进型。"自由"号火箭可将 22000kg 的有效载荷运送至 LEO 轨道。

ATK 与 EADS Astrium 公司之所以宣布"自由"号火箭概念,目的是为了赢得发射 NASA"商业载人航天开发"(CCDev)计划下研制的载人飞船的发射订单。然而,在 CCDev 计划的第二轮中,"自由"号火箭没有获得 NASA《太空法案协议》的资金支持(ATK 与 EADS Astrium 公司签署了不带有资金支持的《太空法案协议》,以支持对该火箭的继续研制),并且载人飞船开发商选择了其他火箭——ULA 公司制造的"宇宙神"5 号以及 SpaceX 公司制造的"猎鹰"9 号。

2012 年 5 月,ATK 与 EADS Astrium 公司宣布将研制载人飞船,并由"自由"号发射,并将整个运输系统也称为"自由"号。公司在 NASA 新一轮商业载人计划——"商业乘员集成能力"(CCiCap)计划中提交了建议书,但是没有获得 NASA 在 2012 年 8 月签订的三个合同中的任何一个。由此,ATK 与 EADS Astrium 公司决定搁置"自由"号飞船的研制,但仍考虑继续开发"自由"号运载火箭用于卫星和"国际空间站"货运任务的发射。

42.4.7　"平流层发射系统"

微软公司共同创始人保罗·艾伦(Paul Allen)在 2011 年 12 月宣布在一家初创公司——平流层发射系统公司的支持下建造"平流层发射系统"(Stratolauncher)。Stratolauncher 概念提出研制世界上最大的航空飞行器——由 6 台曾在 747 喷气式客机上使用的喷气发动机驱动的双机身飞机。两个机身之间安放火箭,携带至高空再发射。该系统可在长度至少为 3600m 的跑道上起飞,能够运输 6100kg 的有效载荷至轨道,计划在 2016 年进行飞行试验。

平流层发射系统公司与数个合作伙伴开发该系统,包括与比例复合(Scaled Composites)公司合作研制航空飞行器,与 SpaceX 公司合作开发运载火箭。运载火箭以"猎鹰"9 号为基础,第一级配有 4~5 台发动机。但是,2012 年 11 月,平流层发射系统公司宣布与 Space X 公司分道扬镳,因为助推器的设计与原始的基于"猎鹰"运载火箭的理念相距甚远。平流层发射系统公司此后与轨道科学公司签订合同,开发新的助推器。

42.4.8 · 小型发射系统

除了上述大型运载火箭外,目前还有几种正在服役或正在研制的小型运载火箭。这些火箭旨在专门为小卫星提供发射,技术进步使得质量只有数千克的航天器能够执行有效任务,小卫星发射市场需求也在不断增加。虽然小卫星可作为大型火箭上的次级有效载荷进行发射,但选择小型运载火箭在发射时间和轨道方面灵活性更高,能更好地满足卫星任务要求。

美国最著名的、飞行经历最丰富的小型运载火箭为轨道科学公司研制的"飞马座"-XL(Pegasus XL)火箭。"飞马座"火箭从定制的 L-1011 喷气式客机"观星者"上从空中发射,并且三级都采用固体推进剂发动机,分别为"猎户座"-50S XL、"猎户座"-50 XL 以及"猎户座"-38,第四级为可选的液体推进剂发动机。"飞马座"火箭可运载约 450kg 至 LEO 轨道。"飞马座"6 号及早期型号自 1990 年以来共发射 41 次,至 2012 年连续 27 次发射成功。然而,"飞马座"火箭的未来充满变数,因其自 2013 年 6 月发射 NASA 卫星后就没有承担过任何发射任务。

Orbital 公司也提供大型"金牛座"XL(Taurus XL)火箭,它是利用与"飞马座"类似的固体推进剂火箭发动机的地射火箭,但是其第一级配备更加强劲的 Castor 120 火箭发动机。它可运载 1450kg 的有效载荷至 LEO 轨道,1050kg 的有效载荷至太阳同步轨道。金牛座火箭自 1994 年推出以来仅发射 9 次,最后 2 次发射分别是在 2009 年与 2011 年搭载 NASA 的"轨道碳观测"卫星以及"荣耀"号地球探测卫星,由于有效载荷整流罩未能分离,2 次发射都以失败告终。

洛克希德·马丁公司在 20 世纪 90 年代采用 Castor 120 与其他固体推进剂火箭发动机研制了"雅典娜"(Athena)火箭。"雅典娜"1 号为两级火箭,可运载 820kg 的有效载荷至 LEO 轨道,而三级"雅典娜"2 号可运载 2065kg。1995—2001 年,"雅典娜"1 号与"雅典娜"2 号共发射 7 次,其中失败 2 次。洛克希德·马丁公司与 ATK 公司共同合作,推出它们的升级版——"雅典娜"Ⅰc 号与"雅典娜"Ⅱc 号,它们的运载能力相似。截至 2013 年,两枚升级版都没有正式发射记录。

尽管飞"马座""金牛座"以及"雅典娜"火箭都历经困难才获得业务,但是,近年来人们重燃了对研发更小以及相对便宜的轨道运载火箭的兴趣。2012 年 7 月,一家开发亚轨道载人飞行器的公司——维珍银河(Virgin Galactic)公司,宣布计划研发小卫星运载火箭"发射者"一号(Launcher One)。此运载火箭由液态氧与煤油发动机驱动,可将 225kg 的卫星运送至 LEO 轨道,预计发射费用少于 1000 万美元。该火箭为空射火箭,采用维珍银河公司最开始为"太空船"2号亚轨道火箭研发的"白骑士"2 号(White Knight Two)航天器,计划于 2016 年首次发射。

维珍银河公司也是几个参与美国国防部高级研究计划局的"空中发射辅助太空进入"(ALASA)计划的公司之一。该计划旨在开发空射系统,该系统可运载 45kg 的有效载荷至轨道,且每次发射费用为 100 万美元。2012 年 6 月,DAR-PA 授予波音、洛克希德·马丁以及维珍银河公司这三家公司合同,以研发这些公司所建议的系统概念,而其他公司获得开发具体技术的合同。

42.4.9 亚轨道发射系统

与上述发射航天器的运载火箭不同,还有一类是发射亚轨道飞行器的运载火箭。这些火箭不是用于将卫星发送至轨道,而是简单地将有效载荷发送至大气层以上,使其处于太空环境和微重力状态下数分钟。这一发射领域多年来一直停滞不前,然而,许多可复用亚轨道飞行器的研发(包括用于载人的飞行器),重新燃起了人们对该领域的商业兴趣。

NASA 设立了探空火箭计划项目办公室,以支持科学研究与技术验证的一次性亚轨道运载火箭(也称为探空火箭)。这些火箭包括"黑雁"(Black Brant)与"小猎犬"(Terrier)系列火箭,它们都采用固体推进剂火箭发动机。这些火箭可运载几百千克的有效载荷至数百千米的高度;例如,"黑雁"7 号可将 110kg 的有效载荷送至 1500km 高度,或 450kg 有效载荷送至 550km 高度。这些任务旨在用于大气科学和空间科学研究,以及试验新技术。NASA 通常每年发射 20~25 枚探空火箭,2012 财年发射了 22 次。

美国有数家公司积极参与研发可复用亚轨道飞行器。大多数的研发活动起源于一项名为"安萨里 X 大奖"的竞赛,这项竞赛由 X 大奖基金会于 1996 年设立。竞赛给第一个私人研发的亚轨道飞行器提供 1000 万美元的奖励,此飞行器必须能够在 2 周期限内将至少 3 名乘客两次送至 100km 高度。2004 年 10月,比例复合公司在保罗·艾伦(Paul Allen)的资助下研制的"太空船"1 号(Space Ship One)赢得了此项大奖。

这些公司中的佼佼者是维珍银河公司,是英国企业家理查德·布兰森(Richard Branson)爵士的维珍集团的下属公司,但是公司总部设在美国。维珍银河公司正与比例合成公司合作开发"太空船"一号的升级版,即"太空船"二号。它能够搭载 6 名乘客与 2 名飞行员,由特别建造"白骑士"二号飞机携带升空,从空中发射。"太空船"二号使用内华达山脉公司(Sierra Nevada

Corporation)开发的混合式火箭发动机,升至约110km的高度,然后滑翔到跑道上降落。"太空船"二号已实施了多次非动力和动力试飞,计划到2014年底开始执行商业飞行。

XCOR宇航公司——一家位于加利福尼亚州莫哈韦的初创公司,也正在开发亚轨道载人运载火箭。由该公司开发的4台液氧/煤油发动机驱动的"山猫"(Lynx)运载火箭将从跑道起飞。搭载1名飞行员与1名乘客的"山猫"火箭升至100kn高空,然后返回跑道降落。Lynx的原型"马克"1号(Mark I)计划在2014年进行飞行试验。

蓝色起源(Blue Origin)公司是一家由亚马逊公司创始人杰弗里·贝索斯(Jeff Bezos)创立和资助的私人公司,目前也正在开发亚轨道火箭。该公司的"新谢泼德"(New Shepard)飞船将在火箭驱动下垂直发射,搭载一个能容纳数名乘员的乘员舱到至少100km的高度。乘员舱及单独推进模块将分别降落,前者在降落伞的帮助下降落。该公司还未公布发射"新谢泼德"飞船的时间。

其他公司正致力于开发不具备载人能力的、主要作为研究平台的可复用亚轨道火箭。犰狳宇航(Armadillo Aerospace)公司正在开发"亚轨道运输惯性制导"(STIG)系列可复用探空火箭,能够垂直起飞,依靠降落伞着陆。该公司STIG-B火箭的最近两次试射分别于2012年10月与11月在新墨西哥州的美国太空港进行。马斯腾太空系统(Masten Space Systems)公司目前也在研发可重复使用运载器,能够在火箭驱动下垂直起飞与降落。但该公司于2012年9月在加利福尼亚州莫哈韦的一次试飞过程中损失了一枚名为"飞行试验器"(Xaero)的试验火箭。

42.5　政策和技术影响

回顾现有及计划的运载火箭系列后,一个关键问题是它们的实施情况如何,或国家空间运输政策对其支持程度如何。国家政策核心原则之一,即确保进入太空,在很大程度上由这些运载火箭来实现。"宇宙神"5号与"德尔塔"4号可发射所有列入计划的政府卫星,并且"猎鹰"9号与"猎鹰"重型火箭的出现为未来提供新的选择。确保进入太空理念的一个例外是载人航天领域:由于航天飞机在2011年退役,美国没有办法将宇航员运送至轨道,并且这一局面直到2017年商业系统开始服役,以及2021年SLS火箭首次执行载人发射才会得到改变。然而,虽然载人航天具有很高的知名度,并且能显示国威,但是其对国家安全的影响不如发射军事与情报卫星的影响大。

国家空间运输政策的第二个目标——推动商业空间运输业,产生了不同结果。在过去 10 年中,美国已基本退出了全球商业发射市场:2011 年美国运载火箭没有进行商业轨道发射,2012 年仅发射两次,这两次发射都是由 SpaceX 公司的"猎鹰"9 号运载"龙"货运飞船至国际空间站。大部分商业发射市场(主要是 GEO 通信卫星)由欧洲阿丽亚娜太空(Arianespace)公司与位于美国但属俄罗斯所有的国际发射服务(ILS)公司掌控,ILS 公司采用俄罗斯的"质子"(Proton)号火箭。

然而,美国政府通过 NASA 的"商业轨道运输服务"计划为商业发射业重新提供支持,该计划支持了"猎鹰"9 号以及轨道科学公司"安塔瑞斯"火箭的研发,并且作为这两种火箭的主力用户。"猎鹰"9 号已获得许多商业发射合同,计划在 2013 年开始实施发射,如果发射成功,将提高美国在全球发射市场的竞争力。NASA 商业载人计划通过刺激新市场的新发射需求从而为发射业提供其他机会。

一个对发射系统非常重要却被政策所忽略的评价指标是发射成本(对商业发射计划而言,更加准确地说是给不同客户提供发射服务的价格)。目前的政策并未对发射成本进行讨论,这一点值得关注,因为一直以来政府都推行降低发射成本的计划,比如从航天飞机、EELV 计划到许多未获得成功的商业和政府火箭开发计划,甚至是已飞行的火箭,像航天飞机、"宇宙神"5 号以及"德尔塔"4 号都没有实现当初设想的降低成本的目标。这难道是技术、政策抑或是两者的失败?

值得一提的是,尽管存在这些计划,对大部分发射服务的主要客户而言,成本并不是最重要的因素。比如,美国军方强调的是确保进入与可靠性这两个方面而不是成本,商业 GEO 客户相比于政府用户而言,对发射服务的价格从某种程度上来说更加敏感,但仍然强调发射进度与可靠性而不是成本。从大的方面来说这不并不奇怪,因为国家安全和商业通信的卫星成本是发射成本的数倍,如果发射失败或者延期,则由此造成的费用损失会更大。

尽管如此,有几个因素会导致未来更加关注发射成本,即使发射成本不会成为明确的政策指令。EELV 计划相关的费用不断增加使得新竞争者如 SpaceX 公司和轨道科学公司加入该计划。SpaceX 公司于 2012 年 12 月首次获得了两次 EELV 级发射任务。由于联邦预算有限,未来几年 NASA 和美国国防部可能会对低成本发射更感兴趣。发射费用降低也将刺激对费用更加敏感的商业市场的发展,包括太空旅游、研究以及小卫星发射。现有美国小型运载火箭,如"飞马座""金牛座"以及"雅典娜"缺乏市场的一个关键原因就是对许多感兴趣的小卫星制造商而言其价格仍然太高。低成本火箭发射小卫星,如维珍银河公司的"发射者"一号以及美国国防高级研究计划局的"空中发射辅助进入空间"(ALASA)计划已经接近商业应用。

42.6 结 论

美国拥有极高可靠性和性能的发射系统,虽然在成本和能力方面还存在一些问题,但是空间发射能力仍然非常强大。发射成本是一个重要问题,虽然目前的政策没有明确强调,但是由于政府预算有限,在未来几年这一问题更加突出。然而,新运载火箭与新市场的出现为解决成本问题提供了可能。

参考文献

ATK (2012) ATK announces complete liberty system to provide commercial crew access. http:// atk. mediaroom. com/index. php? s¼25280&item¼128260. Accessed 28 Dec 2012

DARPA Airborne Launch Assist Space Access (ALASA). http://www. darpa. mil/Our_Work/TTO/Programs/ Airborne_Launch_Assist_Space_Access_%28ALASA%29. aspx. Accessed 28 Dec 2012

FAA/AST (2004) Commercial Space Launch Amendments Act of 2004 (PL 108−492). http://www. faa. gov/ about/office_org/headquarters_offices/ast/media/PL108−492. pdf. Accessed 28 Dec 2012

FAA/AST (2012) Commercial space transportation:2011 year in review. http://www. faa. gov/about/office_ org/headquarters_offices/ast/media/2012_YearinReview. pdf. Accessed 28 Dec 2012

Foust J (2010) Space launch capabilities and national strategy considerations. Astropolitics,8(2−3):175−193

Isakowitz SJ,Hopkins JB,Hopkins JP Jr (2004) International reference guide to space launch systems,4th edn. AIAA,Reston

Leone D (2012) Orbital sciences replaces SpaceX on Stratolaunch project. Space News. http:// www. spacenews. com/article/orbital−sciences−replaces−spacex−on−stratolaunch−project. Accessed 27 Dec 2012

Lockheed Martin Corporation Athena Ic and IIc space launch vehicles. http://www. lockheedmartin. com/con- tent/dam/lockheed/data/space/documents/tradeshows/smallsat2012/Athena% 20Fact% 20Sheet% 20Review% 20vers%204. pdf. Accessed 28 Dec 2012

NASA (2012) NASA's commercial crew program progressing for future of U. S. human spaceflight. http:// www. nasa. gov/exploration/commercial/crew/ccicap−announcement. html. Accessed 28 Dec 2012

NASA (2012) NASA selects launch services contract for three missions. http://www. nasa. gov/home/hqnews/ 2012/jul/HQ_C12−028_RSLP−19_Launch_Services. html. Accessed 27 Dec 2012

NASA (2012) NASA sounding rockets annual report 2012. http://sites. wff. nasa. gov/code810/files/Sounding _Rockets_Annual_Report_2012. pdf. Accessed 28 Dec 2012

Orbital Sciences Corporation Antares medium−class launch vehicle. http://www. orbital. com/NewsInfo/Publi- cations/Antares_Brochure. pdf. Accessed 28 Dec 2012

42 United States Space Launch Programs 741

Orbital Sciences Corporation Minotaur I space launch vehicle. http://www. orbital. com/NewsInfo/Publications/ Minotaur_I_Fact. pdf. Accessed 28 Dec 2012

Orbital Sciences Corporation Minotaur IV & V. http://www. orbital. com/SpaceLaunch/Minotaur/IV/.

Accessed 28 Dec 2012

Orbital Sciences Corporation Pegasus. http://www. orbital. com/NewsInfo/Publications/Pegasus_fact. pdf. Accessed 28 Dec 2012

Orbital Sciences Corporation Taurus. http://www. orbital. com/NewsInfo/Publications/Taurus _ fact. pdf. Accessed 28 Dec 2012

SpaceX (2012) SpaceX awarded two EELV – class missions from the United States Air Force. http://www. spacex. com/press. php? page¼20121205. Accessed 28 Dec 2012

The Boeing Company (2003) Boeing updates assessment of launch and satellite businesses inweak commercial space markets;to record $1. 1 billion second quarter charge. http://www. boeing. com/news/releases/2003/q3/nr_030715a. html. Accessed 27 Dec 2012The White House (2010) National space policy of the United States of America. http://www. whitehouse. gov/sites/default/files/national_space_policy_6–28–10. pdf. Accessed 28 Dec 2012

U. S. Government Printing Office (2010) National Aeronautics and Space Administration Authorization Act of 2010 (PL 111–267). http://www. gpo. gov/fdsys/pkg/PLAW–111publ267/html/PLAW–111publ267. htm. Accessed 28 Dec 2012

U. S. House of Representatives (2012) National Defense Authorization Act for Fiscal Year 2013(H. R. 4310) (Conference Report 112–705). http://thomas. loc. gov/cgi–bin/query/z? c112:H. R. 4310. Accessed 28 Dec 2012

United Launch Alliance Atlas V. http://www. ulalaunch. com/site/pages/Products_AtlasV. shtml. Accessed 28 Dec 2012

United Launch Alliance Delta II. http://www. ulalaunch. com/site/pages/Products_DeltaII. shtml. Accessed 28 Dec 2012

United Launch Alliance Delta IV. http://www. ulalaunch. com/site/pages/Products _ DeltaIV. shtml. Accessed 28 Dec 2012

Virgin Galactic (2012) Virgin Galactic Reveals Privately Funded Satellite Launcher and ConfirmsSpaceShip Two Poised for Powered Flight. http://www. virgingalactic. com/news/item/xxx/. Accessed 28 Dec 2012

第43章　美国的卫星项目

帕特·诺里斯
英国 CGI 信息技术有限公司,英国利兹海德市

摘要

　　本章介绍美国军事与情报机构的太空计划,这些计划提供的服务包括通信、侦察、导弹预警、气象、定位/授时、无线侦收、核爆炸探测和数据中继。本章既介绍非保密计划,也介绍秘密计划,对于后者而言,更多的是推测信息,且具体详情有限。同时也讨论揭示未来计划重点的近期趋势。

43.1　引　　言

　　本章所述为有史以来世界上最宏大的太空计划。据媒体报道,21 世纪美国国防部(DoD)每年的太空预算为 200 亿~220 亿美元。美国国会批准的非保密预算约为 90 亿美元,而秘密预算部分,考虑到爱德华·斯诺登披露的资料中,美国国家侦察局(NRO)与国家地理空间情报局(NGA)的预算就已达 150 亿~160 亿美元,而且应加上美国导弹防御局多达 80 亿美元的预算,因此这个数字对于美国的军事太空预算而言可能过于保守。

　　本章将美国军事与情报界的太空计划视为一个整体。美国国家侦察局是美国国防部与中央情报局的联合机构,主要为这两个机构提供空间系统和服务。

　　本章中介绍了众多计划,可分为通信卫星(43.3 节)、侦察卫星(43.4 节)、导航卫星(43.5 节)和其他卫星(43.6 节)。每部分包含了控制相关任务的地面系统,但不包括用户设备。一般情况下仅介绍业务系统,只在 43.6 节简单提及了一些研发、原型、演示验证与未进入业务应用的空间系统。

43.2　背　　景

　　本章所述空间系统为美国军事与情报机构提供了战术与战略性服务,同

时,在某些情况下也为其盟国提供了相关服务。战略性功能包括监视国际安全条约的履行情况、分析当前与潜在对手的安全力量,并为总统与美国国务院提供相关信息。战术性功能包括支持全球范围内的美国军队与情报机构的行动。

与商业系统相比,美国军用空间系统费用更高,部分原因是需针对太空中的核爆炸进行系统加固,且系统具有抵御无线电干扰或其他形式干扰的能力,以及在无地面控制系统支持的情况下自主运行的能力。

鉴于美国国防部使用的运载火箭既执行民用任务也执行军用任务,因此不在本章进行论述。自 2007 年以来,波音公司与洛克希德·马丁公司的合资公司——联合发射联盟公司一直是国防部和国家侦察局中型和重型运载火箭发射服务的唯一供应商。基于其两个运载火箭型号(“宇宙神”5 号与“德尔塔”4号)的良好性能、声望以及缺少可匹敌的竞争对手,尽管其发射费用持续增加,该公司仍得以维持其地位。国防部与国家侦察局所使用的小型运载火箭包括轨道科学公司的“米诺陶”和“飞马座”火箭。具备极低成本优势的市场新进入者,例如太空探索技术公司的“猎鹰”9 号,还未被允许参与国防部/国家侦察局发射项目的投标。

本章的主要参考文献:非保密计划信息主要来自国防部项目简介和国防部AU-18《太空入门知识》;保密计划信息主要来自本章作者所著《从太空看地球》以及其中引用的文献,尤其是 J.T·里彻尔森所著《美国情报界》。在上述文献资料的基础上,还基于行业刊物进行了信息更新,包括《航空周刊与航天技术》《航空与航天》(法语)、太空新闻网站,以及 2013 年 8 月 29 日《华盛顿邮报》基于爱德华·斯诺登泄露的资料报道的预算信息。

43.3 通信卫星

43.3.1 简介

美国部署部队 80% 的通信需要利用卫星。其中 80% 的通信量由商业通信卫星传输,2010 年美国国防部花费了 6 亿多美元从商业卫星运营商购买卫星服务。剩余 20% 的通信量由专用军用通信卫星传输。美国是尽可能优先使用商业卫星,这样可以为出现紧急需求的情况留出足够的军用通信卫星容量。

商业卫星的使用导致美国军队曾经历了一些尴尬的时刻。无人机传输的数据曾多次被媒体拦截并公之于众。对于这些传输未加密的原因,除了解释这些无人机因早已过时而未安装加密设备外,美国军队一直未能给出令人信服的答案。由于手机与付费电视所使用的大众市场加密/解密技术易于获得且价格低廉,因此许多评论家质疑为何没有在每个造价超过100万美元的无人机上采用加密技术。无人机自2003年开始普及以来,对卫星通信容量需求持续增加,尤其是由美国基地控制、在中亚地区飞行的大型长航时无人机。

美国专用军用通信卫星为地面、海上以及空中部队提供战略与战术通信服务。无线电频谱有三个频段用于上述卫星传输,分别为超高频(UHF,低于1GHz)、X频段(6~8GHz)、极高频(EHF,20~30GHz)。

目前,在轨卫星包括新一代系统与上一代系统。预计到2020年,国防部卫星通信服务将由14颗新一代卫星承担,分别为4颗AEHF卫星、10颗WGS卫星和4颗MUOS卫星。这14颗卫星将由卫星系统进一步补充增强,包括:覆盖北极的大椭圆轨道卫星上的EHF军用有效载荷(43.3.6节);军民数据中继卫星(43.3.5节);商业通信卫星。

过去每个军种都有自己的军事通信卫星,但是目前用户已不需要了解他所使用的是哪个卫星系统。由全球(或区域)卫星通信支持中心(GSSC)根据责任区内相关带宽分配和可用情况为部队提供通信连接。GSSC由美国国防信息系统局(DISA)管理,向所有军种和用户提供服务。

本节其余部分由以下内容构成:

(1) AEHF和Milstar卫星(43.3.2节);

(2) MUOS和UFO卫星(43.3.3节);

(3) WGS卫星(43.3.4节);

(4) 数据中继卫星(43.3.5节);

(5) 过渡和增强极区系统(43.3.6节)。

43.3.2 "先进极高频"卫星和"军事星"卫星

由美国总统主持的白宫国家安全委员会使用"先进极高频"(AEHF)卫星(图43.1)控制在世界各地各种级别冲突中执行任务的战略和战术力量。2010年、2012年和2013年发射的3颗AEHF卫星都位于地球同步轨道。它们执行:战略通信任务,如总统与核力量之间的安全抗干扰连接;防护战术通信任务。这两项截然不同的任务共用一些卫星设备,如数字核心处理器。战略任务要求卫星能够抗辐射,从而在太空核爆炸以及其他威胁中幸存,这使得一些评论人士认为AEHF比使用2颗独立卫星(一颗用于战略任务,另一颗用于战术任务)费用更加昂贵。

AEHF卫星由"宇宙神"5号从卡纳维拉尔角的肯尼迪航天中心发射,每颗卫星发射质量约6.5t,采用洛克希德·马丁公司的A2100卫星公用平台(也用于商业卫星),配有日本石川岛播磨公司的BT-4远地点发动机和电推进系统。

图 43.1　AEFH 卫星

电推进系统主要用于卫星在工作轨道上的轨道控制,但是在 AEHF-1 卫星远地点发动机失效后,电推进系统用于了卫星挽救。2010 年 8 月 14 日,"宇宙神"5号发射 AEHF-1 卫星后远地点发动机失效,低推力的电推力器经过 16 个月的时间将卫星从椭圆转移轨道缓慢提升高度,最终进入地球静止轨道。AEHF-1卫星又经过 5 个月的在轨测试后,于 2012 年 3 月交付使用。2012 年年初,波音公司宣布向两家商业卫星运营商售出 4 颗不使用化学推进系统的"全电推"卫星。这些卫星入轨后需要 4~6 个月的时间抵达工作轨道,与常规卫星相比,虽然轨道转移周期从数日提高到数月,但是质量大幅降低(成本也大幅降低)。

空间段为一个通过星间链路互联的 4 星星座。卫星可提供 75b/s~8Mb/s数据率的通信服务,通信量是 20 世纪 90 年代时期"军事星"(Milstar)卫星通信量的 10 倍,服务用户数量大幅提高。系统上行与星间链路工作在极高频(EHF)频段,下行链路工作在超高频(SHF)频段。星上天线包括:2 副 SHF 下行相控阵天线;2 副星间链路天线;2 副上行/下行调零天线;1 副上行 EHF 相控阵天线;6 副上行/下行万向架碟形天线;1 副上行/下行地球覆盖喇叭天线。

根据一项价值 66 亿美元的初始合同,洛克希德·马丁公司将研制 4 颗AEHF 卫星,目前又订购了 2 颗卫星,使合同总额达 90 亿美元。诺斯罗普·格鲁曼(Northrop Grumman)公司负责卫星有效载荷的研制。

AEHF 卫星星座用于取代目前在轨的 5 颗"军事星"卫星星座(图 43.2),它们分别在 1994—2003 年间发射。每颗"军事星"卫星作为太空智能交换台,可在天上为全球范围的地面终端之间提供直接通信连接。卫星能够在星上进行通信信号处理,并能够通过星间链路与其他军事星卫星交联。"军事星"卫星是美国第一种具备星上智能交换功能的军用通信卫星,可为用户提供灵活的通信服务,减少对地面控制站需求。该卫星可根据用户指令建立、保持、重新配置和撤销通信线路。"军事星"卫星终端提供加密语音、数据、电报和传真通信。"军事星"卫星的一个重要目标是为陆、海、空"军事星"终端用户提供互操作通信。

图43.2 "军事星"卫星

每颗"军事星"卫星质量达 4.5t，功率 8kW。它们都部署在带有一定倾角的地球同步轨道上。每颗卫星成本约 8 亿美元。主承包商为洛克希德·马丁公司的导弹与太空事业部。

太空与导弹系统中心的军用卫星通信部防护卫星通信处是 AEHF 卫星系统的项目办公室，负责空间段和地面段以及空军终端段的采办。陆军和海军负责各自终端的采办。

AEHF 卫星由位于科罗拉多州施里弗空军基地（Schriever AFB）的第 4 空间作战中队负责运管。任务控制段控制着轨道上的卫星，监控卫星运行状态，提供通信系统规划与监控。

43.3.3 "移动用户目标系统"卫星和"特高频后继星"卫星

4 颗"移动用户目标系统"（MUOS）卫星（及 1 颗在轨备份星）用于替代以前提供窄带通信（64kb/s 或更低）的 UFO 卫星星座。MUOS 卫星（图43.3）用于支持需要高数据速率（"移动"时最高达到 384kb/s）和更高操作可用性的移动用户。2012 年，美国海军新闻报将 UHF 频谱描述为"军用通信主力，因为它是最有效的军用无线电频率，可用于热带丛林、恶劣天气以及城市地形等复杂条件的通信"。目前的 UFO 星座有 8 颗 UFO 工作星，并由 2 颗超期服役的"舰队卫星通信系统"（FLTSAT）卫星和商业通信租赁服务提供辅助。UFO 卫星于 1993 年 11 月实现出事运行能力，于 2000 年 2 月实现全面运行能力。该系列的最后 1 颗卫星——UFO-F11 于 2003 年 12 月发射。

每颗 MUOS 卫星都带有"遗产"有效载荷，它可与 UFO 卫星系统的终端兼容，从而为这些老终端持续提供服务。此外，MUOS 的主有效载荷采用宽带码分多址（WCDMA）技术，能够提供军用型的 3G 宽带移动通信服务。MUOS 卫星

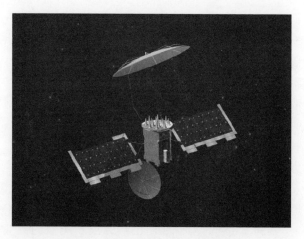

图 43.3 MUOS 卫星(来源:美国海军)

全部部署后,将为军事用户提供 40Gb/s 的总带宽,与目前的 UFO 卫星系统 2.7Gb/s 的总带宽相比,增加 15 倍。这意味着同样在 2.4kb/s 单用户数据速率 (语音、视频、数据)情况下,目前 UFO 卫星系统可提供 1111 个同步接入,而 MUOS 卫星系统同步接入数量能够超过 16332 个。

用户信息通过 UHF 频段 WCDMA 链路连接至卫星,卫星通过 Ka 频段馈线 链路将用户信息转发至意大利(遭到当地反对,正在解决之中)、澳大利亚、夏威 夷以及弗吉尼亚的四个地球站之一,这四个地球站由地面光纤网互连。这些设 施将识别通信目的地,将信息路由至相应地面站,再通过 Ka 频段上传至卫星, 然后通过 UHF 频段 WCDMA 下行传输至正确的用户。MUOS 采用互联网协议 第 4 版与第 6 版(IPv4/IPv6)将用户接入军事互联网。

4 颗 MUOS 卫星将分别发射至西经 15.5°、西经 100°、西经 177° 以及东经 72° 的地球静止轨道上,在轨备份星则位于东经 75° 的地球静止轨道上。

MUOS-1 卫星于 2012 年 2 月 24 日发射,发射质量 6.8t(15000lb),是当时 "宇宙神"5 号火箭发射的质量最大的静止轨道卫星。MUOS-2 卫星于 2013 年 7 月 19 日发射。与 AEHF 卫星一样,MUOS 卫星也采用主承包商洛克希德·马 丁公司 A2100 卫星公用平台。寿命末期太阳能电池阵发电功率为 15.4kW。

MUOS 卫星(以及给移动用户提供类似服务的商业卫星,如"国际海事"卫 星 4 号(Inmarsat-4)、"瑟拉亚"(Thuraya)卫星以及"亚洲蜂窝卫星系统" (ACES)卫星等)的一个重要特征是天线巨大,轨道上展开时的直径达 28.6m[1] (相当于一个篮球场的长度)每颗卫星有 16 个 WCDMA 波束,4 个 5MHz 载波上

---

[1] 译注:直径应为 14m,原文为 28.6m(有误)。

分别有 4 个 WCDMA 波束,UHF 信道带宽 17.5kHz 和 21.5kHz。

WCDMA 旨在与"联合战术无线电系统"(JTRS)系列终端兼容。JTRS 有过一段不光彩的历史,进度不断延期意味着 MUOS-1 卫星上的 WCDMA 是无线电波形的工程版本,需要软件升级,预计在 2013 年 7 月发射 MUOS-2 后才能投入使用。如果依照上述计划,系统预计到 2015 年才能达到初步作战能力。

MUOS 卫星一旦完成在轨测试,就将交付给加利福尼亚州穆古岬的海军卫星作战司令部管理。

向美国军方出售 UHF 卫星服务的潜在商业机会使商业卫星运营商——国际通信卫星公司决定在其 IS-27 卫星上携带 UHF 频段通信有效载荷,但该卫星在 2013 年 1 月发射升空 40s 后因运载火箭故障而损毁。许多国家(包括巴西、法国、西班牙和澳大利亚等)的军事部门已经开展了类似的商业"搭载有效载荷"的商业交易。

43.3.4 "宽带全球卫星通信系统"卫星

"宽带全球卫星通信系统"(WGS)卫星(图 43.4),以前称为"宽带填缝卫星",主要提供宽带通信和广播服务。

图 43.4 WGS 卫星(来源:USAF)

WGS 卫星系统可为战术用户以及某些固定基础设施用户提供 X 频段和 Ka 频段的全天 24h 不间断宽带卫星服务,并且该系统具有在卫星的两种频率之间交链的能力。WGS 卫星用于取代国防卫星通信系统-III(DSCS-III)卫星提供的 X 频段通信服务,其新型双向 Ka 频段服务用于取代以前单向的"全球广播服务"(GBS)系统。

WGS 卫星的吞吐量为 2.4Gb/s,比其所替代的在轨所有 9 颗 DSCS-Ⅲ 卫星之和还要大。

WGS 卫星具有 19 个独立覆盖区域,可在卫星整个视场范围内进行调整。具体包括:

(1) 由收发分置的相控阵天线形成的 8 个可控和可赋形的 X 频段波束;

(2) 由单独可控全双工天线(包括 3 个可选择极化)提供的 10 个 Ka 频段波束;

(3) X 频段接收/发射全球覆盖波束。

WGS 支持在政府分配的 500MHz 的 X 频段和 1GHz 的 Ka 频段频谱范围内的通信链路。每颗 WGS 卫星可滤波和路由瞬时带宽为 4.875GHz。根据使用的地面终端、数据速率以及调制方案的不同,每颗卫星支持 2.1~3.6Gb/s 的总容量,相比之下 DSCS-Ⅲ 仅为 0.25Gb/s。

WGS 卫星由主承包商波音公司使用 BSS-702 商用卫星平台制造,该平台带有"氙离子推进系统"(XIPS),用于轨道保持。砷化镓太阳能电池可提供约 13kW 电力,发射总质量约为 6t。

6 颗 WGS 卫星分别在 2007 年、2009 年(两次发射)、2012 年和 2013 年(两次发射)发射至地球静止轨道,最后 3 颗为 WGS 的 Block-2 版。2013 年 8 月 7 日发射的 WGS-6 卫星由澳大利亚国防部出资。目前共生产 10 颗 WGS 卫星,其中 WGS-7 至 WGS-10 为 Block-3 版,WGS-9 卫星由加拿大、丹麦、新西兰、卢森堡以及荷兰组成的国际财团出资研制。WGS-5 至 WGS-7 卫星每颗造价为 3.5 亿美元,而由于 WGS-8 与 WGS-9 卫星进行了改进,带宽增加了 30%,因此,造价增加了 5500 万美元。

卫星由科罗拉多州斯普林斯市施里弗空军基地的第 3 空间作战中队负责运管。有效载荷管理和网络控制由总部位于科罗拉多州彼德森空军基地(Peterson AFB)附近的陆军第 53 通信营负责,通信营 A 连位于马里兰州德特里克堡;B 连位于马里兰州米德堡;E 连位于日本冲绳巴克纳堡;C 连位于德国兰施图尔;D 连位于夏威夷瓦夏娃市。

一些业内人士对国防部将 WGS 卫星与服务出售给澳大利亚和加拿大等国家提出了批评,认为这种做法存在军队入侵商业领域之嫌。因为有些商业公司,如 Paradigm 公司(欧洲)与 Xtar 公司(美国与西班牙合资)的主要业务是为美国以外的国家和地区提供军用卫星通信服务。

43.3.5 数据中继卫星

美国有大量高轨专用中继卫星,因此,美国侦察卫星无论位于世界何处都可向美国地面站回传数据。中继卫星位于通常距赤道 36000km 上空的地球静止轨道,或位于同样高度带有一定倾角能够覆盖北极地区的轨道上。为了能够有效地执行数据中继,除部署中继卫星外,还必须在侦察卫星上配备特殊终端设备,使其能与中继卫星通信。

美国军事与情报界有两套中继卫星可供使用,第一套是 NASA 的"跟踪与数据中继卫星系统"(TDRSS),该系统在 NASA 各类出版物中都有介绍。一些评论人士认为国家侦察局的雷达成像卫星(参见 43.5.3 节)使用 TDRSS 卫星系统中继图像数据,而美国其他军用卫星,如光学成像侦察卫星(参见 43.5.2 节)则使用第二套系统,即 TDRSS 的军用版本——民间评论人士通常所称的"空间数据系统"(SDS)卫星系统,但根据爱德华·斯诺登披露的资料显示,该系统的内部名称为"类星体"(QUASAR)卫星。

按照一些评论人士的说法,近期已发射 7 颗 QUASAR 卫星至地球静止轨道和倾斜椭圆轨道。2000 年、2001 年、2011 年和 2012 年分别发射了 4 颗 QUASAR 卫星至地球静止轨道,理论上来说,其可为处于南北纬 70°,即南北两级边缘地区的侦察卫星提供数据中继服务。然而,如果超过南北纬 50°,低轨道侦察卫星难以锁定 QUASAR 卫星,因为瞄准线与地平线越来越近,当侦察卫星位于北纬(或南纬)70°时,QUASAR 卫星与地球非常接近,难以跟踪。为此,一些 QUASAR 卫星被送至通常所说的"闪电轨道",该轨道根据 40 年前使用此轨道的苏联通信卫星而得名。闪电轨道远地点位于北半球,近地点位于南半球。苏联选择该轨道是为了整个苏联提供通信和广播服务,因为许多苏联居民居住在北极的地区。美国军方也出于对整个苏联,尤其是对摩尔曼斯克附近的军事战略区(北纬 69°)以及与阿拉斯加州相连的白令海峡(北纬 67°)覆盖这一相同的原因选择了该轨道。在 12h 的轨道周期中,其中 8h 处于北部高纬地区,因此,只要 3 颗此类卫星就可在上述地区提供 24h 不间断覆盖。据称,1998 年、2004 年和 2007 年发射的 3 颗 QUASAR 卫星位于闪电轨道上。

43.3.6　过渡和增强极区系统

"过渡极区系统"(IPS)为北极地区战术用户提供防护通信(抗干扰、抗闪烁以及低截获概率)。IPS 部署旨在满足北极地区的防护卫星通信需求,支持潜艇、飞机以及其他平台与部队在北半球高纬度地区作战,该地区 20 多年来对卫星通信的需求一直在稳步增长。现有 IPS 有效载荷搭载在大椭圆轨道卫星上,为北纬 65°以北的用户提供 EHF 低数据速率(75b/s~256kb/s)通信。第一个 IPS 有效载荷在 1997 年或 1998 年发射升空,在 1998 年实现初始作战能力,据报道,该有效载荷目前仍在轨提供不间断服务。IPS 第二个有效载荷于 2007 年宣布在轨运行,但它发射入轨的时间可能更早一些。为维持系统的全面作战能力,将再发射第三个有效载荷取代第一个有效载荷,但时间还未定。搭载这些 IPS 有效载荷的卫星未公开。IPS 有效载荷由波音卫星系统公司研制。

"增强极区系统"(EPS)也是为中纬度军事卫星通信系统提供扩展和补充,为北极地区提供连续覆盖,确保安全、抗干扰的战略和战术通信,支持和平时期、应急行动、国土防御、人道主义援助和战时作战。EPS 的特征如下:

(1) 防护通信服务和不需要连续指挥控制的通信服务。

(2) 允许不同级别规划者管理其资源的综合能力。

(3) EPS 卫星与中纬度用户之间通过全球信息栅格接入点的 EPS 关口站实现互联性。

(4) 数据速率在 75b/s~1.28Mb/s 之间(临界值)。

(5) 具有与 AEHF 卫星"扩展数据率"(XDR)兼容互操作的波形。

计划 2016 年 EPS 达到初始作战能力。大系统建设工作将包括两个搭载于大椭圆轨道卫星上的 EHF 频段通信有效载荷、改进型 AEHF 卫星通信终端、一个连接其他通信系统和全球信息栅格(GIG)的关口站以及 AEHF 卫星任务控制站为运管 EPS 载荷而进行的软/硬件扩充改造。有效载荷的天线产生 1 个指向关口站的点波束、1 个用户点波束和 1 个用户地球覆盖波束。EPS 有效载荷主承包商为诺斯罗普·格鲁曼公司。

43.4　全球定位系统

全球定位系统(GPS)为全球范围的军事与民用用户提供准确可靠的定位与授时服务。为确保用户可随时观测到至少 4 颗卫星,GPS 星座至少需要在 6 个轨道平面上部署 24 颗卫星(图 43.5),轨道高度约 20000km。

GPS 卫星位于半同步轨道,周期为 11h58min,与 12h 差 2min。相差 2min 可以补偿地球在 GPS 一个轨道周期内环绕太阳的运动,GPS 轨道周期是基于恒星日而不是太阳日的。

由于卫星实际在轨可靠性超过了设计指标,因此目前星座中的卫星数量超过 30 颗。冗余卫星可提高用户服务的精度和可用性。截至 2012 年夏,GPS 星座包括 10 颗 Block IIA、12 颗 Block IIR、7 颗 Block IIR-M 和 2 颗 Block IIF 卫星。不同的 Block 系列将在下面进行介绍,并且将归纳在附图"GPS 现代化计划"(图 43.6)与"GPS 计划演进"(图 43.7)中。

GPS 可为用户提供标准定位服务(SPS)和精确定位服务(PPS)。任何用户(不管是军事还是民用)都可使用标准定位服务。标准定位服务精度为 3~5m。

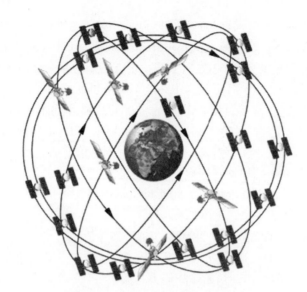

图 43.5　GPS 星座(来源:USAF)

提高系统性能　　　　◆　增加用户效益

Block ⅡA/ⅡR	Block ⅡR-M、ⅢF	Block Ⅲ
基本GPS 　标准服务:单频 (L1);粗捕获 (C/A) 码导航。 　精确服务:Y码 (L1Y&L2Y);Y码导航	IIR-M—基本GPS能力基础上提升:第二个民用信号 (L2C);M码 (L1M&L2M)。 　IIF—IIR-M能力基础上提升:第三个民用信号 (L5);2铷钟+1铯钟;设计寿命12年	• 后向兼容 • 第4个民用信号 (LIC) • 用户测距误差优于IIF卫星4倍 • 提升可用性 • 提升完好性 • 设计寿命15年
国家空间定位、导航和授时协调办公室		

图 43.6　GPS 现代化计划

　　而精确定位服务仅适用于经授权用户,即拥有校正密钥的用户,如美国军方或其同盟。精确定位服务精度为 2~4m。GPS 类服务包括多种信号和编码。

　　目前,GPS 卫星在 L1(1575.42MHz)与 L2(1227.6MHz)两种频率上播发信

1978—1985	1989—1997	1997—2004	2005—2009	2010至今	2014—2024
Block Ⅰ	Block Ⅱ/ⅡA	Block ⅡR	Block ⅡR-M	Block-ⅢF	Block-Ⅲ
11(10) 颗卫星	28颗卫星	13(12) 颗卫星	8颗卫星	12颗卫星	32颗卫星
演示系统	基础GPS 提供初始导航能力		ⅡA/ⅡR能力"+"	ⅡR-M能力"+"	ⅢF "+"
•L1（CA）导航信号 •L1&L2（P码）导航信号 •设计寿命为5年	标准服务： •单频（L1） •C/A码导航 •精确服务 •两个频率（L1、L2） •P（Y）码导航 •设计寿命为7.5年	•第2个民用信号L2（L2C） •L1/L2上的地球覆盖M码 •L5演示验证 •抗干扰柔性功率调节器 •设计寿命为7.5年	•第3个民用信号L5 •可重复编程的导航处理机 •增加精确 •设计寿命为12年	1～8颗卫星 •增加精度 •增加地球覆盖力 •设计寿命为15年 •第4个民用信号（L1C）（待定） •近实时指挥 •遇险报警卫星系统（DASS） •导航完好性 •抗干扰点波束
提高空间系统能力——增加军事/民用用户效益					

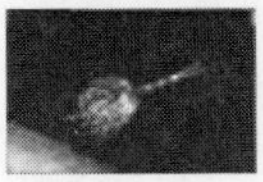

图 43.7 GPS 计划演进

号。这两个频率的编码为粗捕获（C/A）码与伪随机 P（Y）码。C/A 码在 L1 上播发，P（Y）在 L1 和 L2 上都播发。C/A 码所有用户都可接收，即标准定位服务的编码。而 P（Y）为加密的编码，只有拥有密钥的用户才能接收。该编码仅为精确定位服务用户才能获得。

Block ⅡA 与 ⅡR 卫星仅广播两种信号和编码——L1 上的 C/A 码和 L1 与 L2 上的 P（Y）码。Block ⅡR 系列为洛克希德·马丁公司研发的"替换"卫星。每颗 ⅡR 卫星发射质量为 4480lb（2030kg），在轨质量为 2370lb（1080kg）。Block ⅡR 卫星于 1997 年 1 月 17 日尝试首次发射，当时的"德尔塔"2 号运载火箭发射升空 12s 后爆炸，第一次成功发射是在 1997 年 7 月 23 日，目前已成功发射 12 颗。

Block ⅡR-M 系列增加了 M 码、第二个民用信号（L2C）以及柔性功率调节器。L2C 能够使民用接收器也能对电离层进行校正。柔性功率调节器可将一个信号的功率转移给另一个信号，从而提高抗干扰能力。第一颗 Block ⅡR-M 卫星于 2005 年 9 月 26 日发射，ⅡR-M 卫星的第八次即最后一次发射是在 2009 年 8 月 17 日。其主承包商为洛克希德·马丁公司。

Block IIF 系列是"后继"卫星,由波音公司研制,具备 IIR-M 所有性能,但是在 L5 上增加了第 3 个民用信号(用于"生命安全"应用)。根据合同,波音公司总共研制了 12 颗 Block IIF 卫星。其中第一颗于 2010 年 5 月发射,运载火箭为"德尔塔" 4 号,第二颗于 2011 年 7 月 16 日发射。该卫星质量为 1630kg (3600lb),设计寿命 12 年。与前几代产品相比,GPS-IIF 卫星使用寿命增加,精度更高。每颗卫星采用铷钟和铯钟,时钟稳定度每天不超过八十亿分之一秒。Block IIF 系列改进了军用信号和功率调节,在对抗条件下能够提供更好的抗干扰能力。

据报道,波音公司研制的前 3 颗 GPS-IIF 卫星每颗的花费为 3.06 亿美元,但根据卫星合同计算的每颗平均成本为 1.21 亿美元。后 9 颗 GPS-IIF 卫星的价格于 2000 年确定。

在所有正开发的 GPS 卫星系列中,最先进的为 GPS-III,它具备与 IIF 卫星相同功能,同时还将增加许多新功能。GPS-III 将以点波束形式提高功率,并且利用星间链路大幅降低了数据龄期,使系统精度有小幅提高。第一颗 GPS-III 卫星定于 2015 年发射(落后进度 1 年)。

GPS-III 卫星的造价预计是 GPS-IIF 卫星的 3 倍,即比后者多 3.5 亿美元。洛克希德·马丁公司签订了 15 亿美元的合同来研发前 2 颗 GPS-III A 卫星,潜在订购意向 10 颗卫星(最少 6 颗)。随后还将采购 8 颗 GPS-III B 卫星以及 16 颗 GPS-III C 卫星。GPS-III B 卫星将包括星间链路数据率进一步提高,支持所有在轨星钟同步更新。Block-III C 卫星将配备高功率点波束天线,抗干扰能力显著提升。GPS-III 卫星全部采用洛克希德·马丁公司的 A2100 商业卫星平台研制,但针对中地球轨道(MEO)进行了一定的适应性改进,如增加辐射屏蔽以确保 15 年的设计寿命。

控制段的主控站(MCS)位于科罗拉多州科泉市施里佛空军基地,由美国空军第 50 空间联队第 2 空间作战中队(2SOPS)负责运行。除了主控站外,还有 6 个 GPS 监测站与地面天线,分别位于科罗拉多州科泉市、夸贾林环礁、太平洋的夏威夷、大西洋的阿森松岛、印度洋的迪戈加西亚岛以及佛罗里达州卡纳维拉尔角。

通过监测站、主控站以及地面天线可指挥与控制 GPS 卫星。从本质上来说,监测站是位于全球各精确位置的高质量 GPS 接收器。这些接收器如普通接收器一样跟踪卫星,它们可获得卫星星历以及所有下行数据;然后将信息传递给主控站,主控站负责计算每颗卫星轨道与时钟偏差情况;主控站通过地面天线将数据重新返回给卫星,以便根据确切位置与时间修正卫星。上述修正至少每天进行一次,特殊情况下系统可延长修正时间,但系统精度会有所降低。

2010 年,美国雷声公司获得 15 亿美元的"运营控制段"(OCX)合同,旨在为开发与部署新的控制段。初始 OCX 能力预计 2015 年实现,但是,根据美国空军航天司令部负责人威廉·谢尔顿上将所述,该 OCX 能力将推迟 1~2 年时间。OCX 软件早期版本(Block 0)将能支持第一颗 GPS-Ⅲ卫星发射和入轨测试。OCX 合同目前包括首批两个 OCX 模块以及 10 年维护。

43.5　侦察卫星

43.5.1　简介

大部分美国军用侦察卫星能力高度保密,本章信息全部来自于公开渠道,因此,信息不可避免会存在不完整或错误。侦察计划规模庞大,包括国家侦察办公室所述的"世界上最大卫星"。本节各部分主题包括:光学成像卫星(43.5.2 节);雷达成像卫星(43.5.3 节);导弹预警卫星(43.5.4 节);核爆炸探测系统(43.5.5 节);非海上信号情报卫星(43.5.6 节);海上信号情报卫星(43.5.7 节);气象卫星(43.5.8 节)。

43.5.2　光学成像卫星

自 20 世纪 80 年代以来,美国军方就依赖于"锁眼"(Keyhole)侦察卫星系列,最新的型号称为"增强成像系统"(EIS)。这些卫星体积庞大,价格昂贵,每颗质量达 10~15t,造价约 15 亿美元(其中 1/3 为运载火箭发射费用)。据国家侦察局披露,最近一次发射的卫星成本比最初预计的减少 20 亿美元,暗示该卫星的价格为数十亿美元。它们位于 300~900km 高度的轨道上,提供分辨率为 8~10cm 的全色图像,以及分辨率略低一些的红外图像。据称,2014 年初,共有 6 颗此类在轨卫星,它们分别于 1995 年、1996 年、2001 年、2005 年、2011 年以及 2013 年发射,而对于更早的 2 颗卫星是否能完全正常工作存在一定的疑问。最近 4 颗为升级版本,覆盖范围更广,图像质量更高。这些卫星在飞越目标上空时,相机可持续指向目标成像。其红外功能意味着它们可夜间成像。

布鲁斯·卡尔森上将(图 43.8)任美国国家侦察局局长时采办和运行了这些卫星,使得成本节约概念——"下一代光电侦察卫星"(NGEO)得到推广。布鲁斯·卡尔森上将认为"仅需要少量启动资金"就可以推动卫星模块化和柔性研制工作,这有利于国家侦察局更加快速地引入新技术,降低成本。他决定停止对他认为是"未来希望"的国家侦察局科学与技术基础的削弱行为,同时也决定利用低成本立方星对昂贵的业务卫星的新技术进行试验。根据国家侦察局官员 Karyn Hayes-Ryan 透露,2009 年,国家侦察局有 12 颗立方星处于研制中。她同时指出这些卫星制造时间不超过 6 个月,因此能够使国家侦察局"保持与摩尔定律同步"。她列举了一些需要在立方体卫星上进行测试的技术,如蓄电池、太阳能电池、计算机处理器、陀螺仪以及数传设备等。Hayes-Ryan 认为,除了快速和廉价地太空试验外,该方法还有助于培养人才,并且"更具风险承受力"。

图 43.8　布鲁斯·卡尔森上将(已退休)

卡尔森上将指出,目前许多卫星使用寿命比预期要长,并且能够提供有用情报,主要原因是"年轻人编写的软件"来处理图像。他戏称:"星座中有一批卫星,它们都达到有投票权的年龄了,这些卫星仍能在轨运行,虽然都达到了允许饮酒的年龄,但我们绝不会让它们显露醉态。"在另一场合,他打趣地说:"星座中一半都是老家伙。"然而,他也指出由于软件得到更新,"在诸多情况下,如果你将我们现在的图像产品与 10 年前的对比,如今不论是在精度、清晰度还是时效性方面都高出一个数量级。"

第 7 颗卫星与上述介绍的前 6 颗卫星类似,可能运行在约 800km 的轨道高度上,但有报道说它是一颗隐身卫星。美国实施过"迷雾"(MISTY)隐身卫星计划,曾于 1999 年发射过 1 颗卫星,后于 2006 年因预算超支而取消。最先披露 MISTY 卫星的情报专家杰弗里·里彻尔森现在开始怀疑其具备隐身能力的推断。他指出,连民间观测者都能够跟踪到 1990 年发射的首颗 MISTY 卫星,并观测到卫星进行了多次机动。

EIS 卫星被认为在形状与尺寸上与哈勃太空望远镜（图 43.9）类似，它们由同一家主承包商洛克希德·马丁公司制造。2012 年，这一推断得到了进一步印证，当时国家侦察局将两个未使用的与哈勃太空望远镜尺寸相似的光学系统（基本上就是一个完整的望远镜）捐赠给了 NASA。据称，该望远镜是已取消计划中遗留下来的，旨在用于开发 EIS 卫星的替代卫星，即未来成像系统。每个望远镜质量为 1.7t，主镜尺寸与哈勃望远镜同为 2.4m，但是它没有成像部分（探测器、滤光器、棱镜等）、稳定系统、电源系统等。与哈勃望远镜相比，其视场更宽，镜面光学精度为 60nm，与哈勃望远镜的 30nm 相差不大。爱德华·斯诺登披露的预算数字表明新一代卫星系统——"改进增强型水晶系统"（EECS）于 2012 年开始研发。资金数据也表明 EIS 卫星的生产接近尾声。

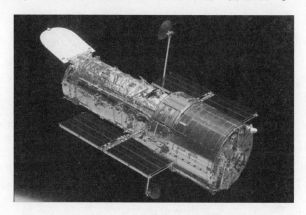

图 43.9　哈勃太空望远镜

多年来，美国军方一直是商业卫星图像（如法国 SPOT 系列图像）的主要购买者。2003 年，美国国家地理空间情报局签订了两份合同，合同保证每年从两个供应商处采购 1.5 亿美元的图像，并为两家公司每颗研制和发射费用达 5 亿美元的高分辨率光学卫星提供 50% 的资金。以前，国家地理空间情报局曾于 1999 年将 1 亿美元的高分辨率图像合同授予第三家公司。2004 年，国家地理空间情报局与该公司签订了一项金额较小的合同，2005 年该公司与 2003 年获得国家地理空间情报局合同之一的公司合并，使得数字全球（Digital Globe）公司与地球眼（Geo Eye）公司成为国家地理空间情报局两大高分辨率商业供应商。2010 年，国家地理空间情报局决定继续加大对商业图像的投入，它将为期 10 年、总金额达 73 亿美元的合同授予了上述两家公司，后来预计到美国联邦财政赤字导致的预算缩减可能会减少每年的合同金额，在一定程度上促使了数字全球公司与地球眼公司在 2013 年合并为一家公司（新公司名称仍为数字全球公司）。

国家侦察局由国防部与中央情报局联合管理，因此，来自成像卫星的数据由两个不同群体——军方与情报机构使用。这两个群体需求之间的摩擦不时浮出表面，例如，军方需要的是现今作战地域紧急和战术图像数据，而情报机构需要的是对未来敌人背景信息的秘密收集。据称，预算压力加剧了这一紧张局面，甚至也是国家侦察局局长卡尔森上将早早退休的原因之一。

国家地理空间情报局每年预算约为 50 亿美元，它是军事部门与情报机构的分支机构，负责"出于美国国防、国土安全以及导航安全目的，开发基于图像与地图的情报解决方案"。换言之，其负责处理间谍卫星获取的图像。

43.5.3 雷达成像卫星

2008 年夏，美国政府才公开承认美国拥有雷达成像卫星的事实。这并非一个震惊全球的消息，因为该"秘密"已经广为人知，并且为人们谈论了近 10 年。众所周知，由于造价高，美国于 2008 年取消了研发新一代雷达成像卫星计划。或许，这一节约成本的举措解释了为什么国家侦察局的 2 号人物贝蒂·萨普在 2010 年 4 月跟一个国会小组委员会说："国家侦察局 2009 财年的财政决算没通过审计。"更令人惊讶的是，她补充说道："这是自 2003 年以来对国防情报机构的首次全面审计。"

截至 2014 年初，据称有 7 颗雷达成像卫星在轨运行，它们分别于 1997 年、1999 年、2000 年、2005 年、2010 年、2012 年以及 2013 年发射，这也意味着对于服役时间最长的卫星来说，其使用寿命接近尾声，并且/或者已不能完全正常工作。最近 3 次发射的卫星被认为是新一代性能增强型卫星，它们由洛克希德·马丁公司生产。这些"黄玉"（TOPAZ）卫星（通常称为"长曲棍球"（Lacrosse）卫星，也称为"缟玛瑙"（ONYX）卫星）质量约 4t，并且极其庞大（太阳电池阵展开跨度为 50m），可产生驱动雷达所需的 10～20kW 功率，相应地，其造价相对昂贵，每颗达 15 亿美元。这些卫星可穿透云层或在夜间成像，分辨率约为 1m。其位于 1000～1100km 高度的轨道上运行，轨道倾角约 60°或 120°，而早期型号轨道运行高度要低约 400km，并且要重得多（14t）。业余观察者从地面上拍摄的图像似乎显示该卫星有一个直径约 50m 的金黄色圆形或椭圆形雷达天线，且可能是网面天线而不是固面天线。根据披露的预算数据显示，2013 年开始采办新的 TOPAZ Block 2 系列卫星。

美国已选择国际商业市场以补充 TOPAZ 雷达图像。2008 年，国家地理空间情报局开始从加拿大 MDA 公司购买少量雷达图像，该公司拥有和运行着"雷达卫星"（Radarsat）系列。2010 年，国家地理空间情报局签订合同，在 5 年期限内，从三家国外雷达成像卫星系列：德国 TerraSAR-X 与 TanDEM-X 卫星、意大利 4 颗 COSMO/SkyMed 卫星以及加拿大"雷达卫星"1 号与"雷达卫星"2 号购买总额达 8500 万美元的数据。美国南方司令部也采购了一些以色列 TecSAR 卫星图像,可能用于中美洲与南美洲的缉毒战。

43.5.4 导弹预警卫星

40 年来,用于探测导弹发射的美国卫星(也称为预警卫星)称为"国防支援计划"(DSP)卫星。

尽管为试验导弹发射探测概念,以及出于对各项技术,如各种轨道、传感器、数据处理算法等进行试验的目的,美国于 1960—1966 年发射过一系列名为"米达斯"(MIDAS)和"研究试验系列"(RTS)的导弹预警试验卫星,但是,首颗 DSP 卫星于 1970 年发射。总体思路是探测火箭发动机发出的光和热。在探测苏联与中国导弹发射时,该思路被证明非常成功。根据不同条件,如发射点与 DSP 卫星相对位置,DSP 卫星的发射点定位精度在 3~15km 范围内,射向预测精度控制在 5°~25°范围内。该卫星曾出现过一些错误报警,但是这种情况仅发生在小型导弹,如北半球夏季潜射导弹上(由于阳光在海面上闪烁造成)。

任何明亮闪光都可触发 DSP 传感器,但软件算法可将导弹发射与弹药库爆炸、森林火灾、天然气管道火灾、卫星再入地球大气层燃烧、军用喷气式飞机加力尾焰,甚至环球航空公司(TWA)800 航班于 1996 年的爆炸区分开来。

随着 DSP 卫星能力的提升,其质量和功率也相应增加。与之前轻型、低功率卫星不同的是,最后一代 DSP 卫星发射质量提高到 5000lb(1lb = 0.45kg)以上,太阳电池阵可产生 1285W 功率。目前的 DSP 卫星长约 33ft(1ft = 0.305m),直径约 22ft。卫星由卫星本体(也即卫星平台)和传感器组成。这些卫星都位于地球同步轨道。3 颗卫星就可有效覆盖全球,再增加卫星可获得双重或三重覆盖,提供更加准确和及时的预警信息。

DSP 卫星绕其地球指向轴旋转,可令红外探测器扫描到地球上每一个点。

DSP 传感器可探测红外辐射源,由望远镜/光学系统和光电探测器阵列(主要包括硫化铅探测器以及中波红外的碲镉汞探测器)组成。

替代 DSP 导弹预警卫星的"天基红外系统"(SBIRS)卫星已开始发射部署。SBIRS 星座首批 2 个大椭圆轨道(HEO)有效载荷已于 2006 年与 2008 年搭载在美国秘密军用卫星上发射升空,但搭载卫星的身份不明(出于保密原因)。第 3 个大椭圆有效载荷不久也将发射升空(为防止卫星被识别,因此没有公布发射时间)。首颗地球静止轨道 SBIRS 卫星于 2011 年发射,第二颗于 2013 年发射。加利福尼亚州森尼韦尔市的洛克希德·马丁公司太空系统部是 SBIRS 主承包商;加利福尼亚州阿祖瑟市的诺斯罗普·格鲁曼公司电子系统部为有效载荷的分包商;科罗拉多州博尔德市的洛克希德·马丁公司信息系统与全球服务部是地面系统分包商。

　　与 DSP 卫星相比,SBIRS 卫星使用的技术要先进。其传感器扫描整个地球的时间低于 1s,如果发现可疑事件,另一个凝视传感器能够锁定该事件,然后获得尽可能多的细节信息。与 DSP 卫星不同的是,SBIRS 传感器输出图像,而不仅仅是位置数据,因此可对图像进行进一步处理和分析。

　　SBIRS 计划下,地面设施也得到了进一步增强,具备更强大的计算机处理和分析能力,并且可更快地将结果传递给部队、战舰或战机。即使首颗 SBIRS 卫星还没有发射之前,新的地面设就已经大幅提高了 DSP 卫星信息的时效性和质量。一位业内人士认为,SBIRS 卫星将比 DSP 好 10 倍,它能够探测微弱目标和临近多目标,而且地面设施升级后性能还将进一步提高。

　　搭载在一颗未知名称的军用卫星上的第二个 SBIRS 大椭圆轨道有效载荷也正在不断发回高质量的信息。图 43.10 为第一个 SBIRS 大椭圆轨道有效载荷探测到的位于云层上的导弹轨迹,这说明 SBIRS 可探测轨迹并进行详细分析。

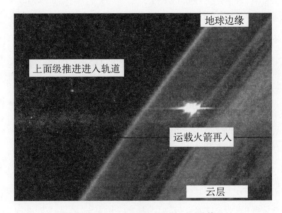

图 43.10　SBIRS HEO-I 图像

　　由于比预定计划落后 7 年,第一颗地球静止轨道 SBIRS 卫星在 2009 年遭遇一个非常现代的问题——软件故障,这一故障导致了 7.5 亿美元代价的进度延期和技术改造。该故障非常严重,美国空军上校罗伯特·蒂格曾指出:"(软件)设计与结构有重大缺陷,根本的解决方法就是从头开始。"美国空军航天司令部司令罗伯特·凯勒由于项目延期和费用超支而宣布辞职,2009 年秋,他曾说:"我不知道是否还会出现其他因素影响进度与费用。我不知该乐观还是悲观。这就是 SBIRS 目前所处的局面。"造价约 150 亿美元的 2 颗地球静止轨道卫星和 2 个大椭圆轨道有效载荷组成的星座原定于 2014 年开始运行,但预计到 2018 年左右地面系统进一步升级后,GEO 卫星凝视传感器才能全功能运行。

SBIRS 是一个综合的"系统中的系统",由地面段和上述卫星组成。地面段由多个控制站组成,如位于科罗拉多州巴克利空军基地的任务控制站,它负责从分散分布的 DSP 卫星地面系统获取并统一处理事件数据。远程地面站(包括移动站和机动站)从卫星中接收导弹预警数据,然后通过安全通信链路将数据回传给处理站。地面站负责评估系统可靠性,设法识别发射类型,然后生成发射报告。工作人员将这些报告发送给位于科罗拉多州夏延山航空站的北美防空防天司令部(NORAD)作战指挥中心、内布拉斯加州奥弗特空军基地的备份导弹预警中心以及其他指挥中心。

由于 SBIRS 卫星部署拖延时间太长,费用严重超支,因此,开展了替代方案的探索,并于 2011 年 9 月发射了一个试验有效载荷。美国空军将"商业搭载红外有效载荷"(CHIRP)搭载在轨道科学公司研制的"欧洲卫星公司"-2(SES-2)地球静止轨道商业通信卫星上进行了飞行试验。CHIRP 试验有效载荷由弗吉尼亚州麦克莱恩的科学应用国际公司(SAIC)研制,是一个宽视场凝视传感器,旨在探测与跟踪导弹发射的热信号。其 2.16 亿美元的预算要远远低于 SBIRS 卫星超过 10 亿美元的预算,但是由于最终部署了 SBIRS,因此 CHIRP 概念很可能被终止。

43.5.5 核爆炸探测系统

GPS 卫星上携带有支持"核爆炸探测系统"(NDS)的有效载荷。DSP 预警卫星上也有 NDS 有效载荷。核爆炸探测最初是"维拉"(VELA)号卫星的主要任务。NDS 传感器阵列包括光学、X 射线、放射剂量仪和电磁脉冲传感器,可探测和测量光、X 射线、次原子粒子和电磁脉冲现象,从而测定地面或空中核爆炸的位置与当量。核爆炸首先出现短暂而强烈的闪光,然后是短暂的变暗,同时不断膨胀的气体覆盖并遮挡火球直至气体变薄、冷却,火球再次可见。两次闪光使 NDS 能够将核爆炸与其他事件区分开来。GPS 上的 NDS 有效载荷获取的信息通过专用信道 L3(1381.05MHz)传送至地面"综合关联与显示系统"(ICADS)。NDS 支持各种任务,如条约核查和核力量管理。

GPS-Ⅲ卫星将搭载最新设计的核爆炸探测有效载荷,该有效载荷的具体性能保密。

43.5.6 非海上信号情报卫星

美国首颗通信情报(COMINT)卫星"峡谷"(CANYON)于 1968 年发射。该系列卫星一直持续发展和改进,中间数易其名,从"农舍"(CHALET)到"漩涡"

(VORTEX),然后是"水星"(MERCURY),目前为"复仇女神"(NEMESIS)和"猎户座"(ORION)。尽管如此,仍被看成是首颗CANYON卫星的后续系列。数度更改名字的一部分原因是英国间谍杰弗里·普莱姆、美国间谍克里斯托弗·鲍伊斯等泄密导致的。

这些侦听卫星使用的技术非常先进,它们位于距地36000km的地球静止轨道上。由于距离地面遥远,这些卫星需要巨大的天线以接收无线电信号。"移动用户目标系统"(MUOS)卫星的天线(参见43.3.3节)在轨展开直径为28.6m① 但是,据称这些秘密的侦听卫星在1994年时直径就已达到50m,到2006年时达到90m。至少有一家媒体报告认为这种卫星碟形天线的直径达到了150m(约500ft)。国家侦察局局长布鲁斯·卡尔森上将声称,2010年11月21日从卡纳维尔角发射的卫星是"世界上最大的卫星",这颗卫星被认为是下面提到的ORION系列卫星中的一颗。

第一颗对地"观测"卫星实际上是一颗电子情报卫星,即"银河辐射背景"(GRAB)卫星。GRAB卫星于1960年发射入轨,获取了其他手段难以获取的苏联雷达系统的信息。GRAB飞行在1000km高度轨道上,在很宽的频带范围上接收无线电信号,然后将信号传回地面站。该卫星并不处理信号,而是将探测到的无线电信号像弯管一样直接转发给己方地面站。在苏联边界附近设置接收站即可侦察到深入苏联境内约5500km处的雷达。侦收到苏联的信号主要来自两个雷达系统:一个是SAM-1防空导弹的雷达;另一个导弹预警系统的雷达。获取敌方雷达特性的好处不仅在知道它是干什么的,而且有助于设计电子对抗手段对其进行干扰和欺骗。GRAB是世界上第一个电子情报卫星系列。

GRAB卫星的成功促使美国更广泛地利用卫星来分析敌人的雷达和其他军用信号。美国逐渐从小型的GRAB卫星发展成如上所述的带有巨型天线的超大卫星。这些卫星大部分部署在高约36000km的地球静止轨道,这也是需要巨大天线的原因。美国的通信信号侦收卫星系列在前面已经介绍过,1968年发射了第一颗CANYON卫星,10年后由CHALET卫星取代。另一个系列用于侦收导弹试验数据,始于1970年发射的第1颗"流纹岩"(RHYOLITE)卫星(后来改名为AQUACADE)。后来该系列卫星的任务发展为侦收苏联境内微波中继塔的通信信号。AQUACADE卫星的接续型号为"大酒瓶"(MAGNUM)卫星(总共2颗),首颗卫星于1985年发射。1994年更新一代的卫星开始部署。时间越往后,有关美国侦听卫星的详细情况越少。

除了位于地球静止轨道的侦听卫星外,还有一种侦收无线电信号的侦听卫

---

① 译注:应为14m,原文有误,原文为28.6m。

星部署在闪电轨道上。闪电轨道是一种大椭圆轨道,远地点位于北半球上空,近地点位于南半球上空。与地球静止轨道卫星相似,这种卫星在远地点附近对地侦察范围也非常大。与地球静止轨道卫星相比,这种卫星的一大优势是对高纬度地区覆盖更好。不足之处是卫星沿轨道南北运行,每轨仅能在北半球上空停留约 8h,需要 3 颗闪电轨道卫星才能对特定地区实现连续覆盖。这种卫星第一个型号为"弹射座椅"(JUMPSEAT)卫星,后来由"军号"(TRUMPET)卫星取代,分别于 1994 年、1995 年以及 1997 年发射。替代 TRUMPET 卫星的新一代卫星据推测于 2006 年首次发射。

据推测,美国目前大约有 12 颗电子情报卫星在轨运行。泄露的 2011—2013 年预算文件表明,目前有三个系列卫星处于运行中,分别为"乌鸦"(RAVEN)卫星(从 2011 年开始停止投入)、NEMESIS 卫星(2012 年和 2013 年未获投入)和 ORION 卫星。据推测,近期发射的通信情报类卫星有 2009 年 1 月发射的 NRO-26 卫星、2010 年 11 月发射的 NRO-32 卫星和 2012 年 6 月发射 NRO-15 卫星。

这些卫星造价极其高。2009 年 1 月发射的 NRO-26 卫星质量高达 6t,新闻报道称之为"大幅升级版 ORION 电子侦听卫星",并且认为"卫星和发射总成本约为 20 亿美元"。泄露的预算文件显示"信号情报高高度补给计划"(SHARP)正处于研制之中,每年花费约 8 亿美元,表明该计划最终推出的卫星每颗成本将超过 10 亿美元。近期美国几种间谍卫星成本超支已是无人不知,电子情报卫星也不例外。行业刊物连续几年对试图采取更加有成本效益的方法进行过讨论,如发展数量更多、成本更低的卫星,但是这似乎并未获得成功,因为现在仍然每 2~3 年发射一颗造价高的卫星。

这些大型卫星因为费用太高,无法经常进行更换,所以设计寿命基本都达到 15 年或更长。但是通信却是一个每隔几年就会发生翻天覆地变化的领域,因此,造价高、使用期长的卫星有可能在使用期间就已过时。

43.5.7　海上信号情报卫星

美国部署探测舰船的星座系统已经有许多年的历史,卫星由 2 颗、3 颗或 4 颗卫星组成一组,利用舰船发射的无线电信号到达时差和方向通过三角定位法侦测舰船的位置。该领域早期卫星的名称都比较友好(至少公开名称如此),20 世纪 60 年代初为"罂粟"(Poppy),然后 70 年代至 80 年代为"白云"(White Cloud)。后来,这些卫星群又被统一称为"海军海洋监视卫星"(NOSS),各代卫星用 NOSS-1、NOSS-2 和 NOSS-3 表示。但现在官方的正式卫星听起来非常不友好——"入侵者"(INTRUDER)。

据称,2011年4月发射的一组2颗NRO-34卫星(美国空军为隐瞒其任务,将其中一颗认定为"碎片")是NOSS-3系列的第五对。

一组2颗NOSS-3卫星研制和发射成本约6亿美元,每颗卫星质量约3t,据推测目前总共有10组20颗在轨工作,它们保持一定间距分布,以便对目标海域提供近连续的覆盖。美国利用NOSS卫星信息以及海军和海岸警卫队空中与海上监视数据,建立并维护着一个涵盖所有舰船运动的数据库。美国对民用和军用船只都进行跟踪,既用于识别恐怖主义威胁,也用来监视中国、伊朗等国海军的活动。

这些卫星除了发现舰船并利用三角测量法计算其准确位置外,也能获取舰船的雷达和无线电通信信号,传回后进一步分析。近年来,美国军方开始公布这类卫星的发射事件,但并未承认它们是一组NOSS卫星。民间观测者曾探测到某些这类卫星附近存在额外物体,但是军方把这些物体称为"碎片"。许多地面观测者通过双筒望远镜观察记录到目前INTRUDER或NOSS-3卫星成对出现。该卫星位于高1000km、倾角约63°的轨道上,2颗卫星编队飞行,之间保持250km的距离。该高度既不太高也不过低,既能保证探测到地球上的微弱无线电信号,也能保证较大的侦收范围。该成对卫星保持相对较小的距离以确保它们能同时探测到同一目标,因此有利于对信号进行对比,进而对目标位置与方位进行三角测量。

媒体与网络不时猜测认为,INTRUDER卫星带有雷达,能够探测到保持无线电静默的船只。还有一些报道认为,INTRUDER卫星能探测到舰船发动机辐射的微弱无线电信号以及舰船壳体的磁效应。

43.5.8　气象卫星

"国防气象卫星计划"(DMSP)半个世纪以来一直为美国国防部提供气象信息(起初名为"第35号项目")。

DMSP卫星星座由2颗工作星构成,它们通常位于高835km的近圆太阳同步轨道上,周期为101.6min,倾角为98.75°。DMSP卫星上的主要气象遥感器为"业务型线性扫描系统",可连续获取宽1600n mile的云层可见光和红外图像(图43.11)。每14h可实现全球覆盖,能够为数据缺乏或难以获取的区域提供必要气象数据保障。星上还带有其他测量大气温度和湿度垂直廓线的遥感器。军事气象预报可探测天气发展形式,跟踪远方地区的当前天气系统,包括强雷暴、飓风和台风等。

DMSP卫星也测量局部带电粒子与电磁场之类的空间环境参数,从而评估电离层对弹道导弹预警雷达系统和远程通信的影响。此外,这些数据可用于监

图 43.11 东亚 DMSP 图像(来源:USAF)
注:DMSP 卫星"业务型线性扫描系统"提供全天候的可见光和红外图像,
如东亚地区日本(右)、韩国(中)以及中国(左)夜景显示,其中朝鲜上空几乎一片黑暗。

控全球极光活动,预测空间环境对卫星操作的影响。

第 18 颗 DMSP-5D3 卫星由"宇宙神"5 号 401 火箭于 2009 年发射升空,第 19 颗卫星于 2014 年发射升空。与早期版本相比,目前的 DMSP-5D3 卫星有效载荷进行了升级,卫星功率进一步增加,改善了在轨自主运行能力(达 60 天),设计寿命增加到 5 年,并且具有固态数据记录器和一个直接向战术用户播发数据的 UHF 下行链路。

新一代 DMSP 军事气象卫星与民用的"诺阿"(NOAA)卫星合并成"国家极轨环境业务卫星系统"(NPOESS)卫星。2010 年,由于 NPOESS 卫星已投入 60 亿美元的资金,但总预算仍然在增加,美国不得不取消该计划。国防部又启动了"国防气象卫星系统"(DWSS)卫星计划以替代 NPOESS,但是由于预算有限,该计划于 2012 年取消。美军还有一颗 DMSP-5D3 卫星已经制造完成,目前正封存在主承包商洛克希德·马丁公司的工厂中,该卫星计划于 2020 年发射。美国空军发现最后两颗 DMSP 卫星的微波和紫外遥感器套件存在问题,但是已对其进行了必要的修复。尽管美国空军部长麦克尔·唐利在 2012 年承认其技术已过时,但是有这些卫星做储备,应该能够保证连续服务至 2020 年后(取决于在轨卫星的可靠性)。

DMSP-5D3 卫星质量为 1.25t,其中有效载荷质量为 350kg,太阳电池阵可产生 2.2kW 功率,太阳电池翼展开跨度超过 7m。

作为 NPOESS 计划的一部分,1998 年国防部将 DMSP 卫星的运行管理移交给了商务部,但经费仍保留在美国空军。卫星运管中心也搬迁至马里兰州苏特兰市,由美国国家海洋与大气管理局的卫星运行办公室负责 DMSP 和 NOAA 卫星系统提供指挥、控制和通信管理。虽然 NPOESS 卫星计划已取消,但国家海洋与大气管理局仍然使用军民通用地面系统对 DMSP 卫星实施运管。

位于新罕布什尔州新波士顿空军基地、格陵兰图勒空军基地、阿拉斯加费尔班克斯以及夏威夷卡伊娜点的跟踪站可接收 DMSP 卫星数据,然后将数据传送给内布拉斯加州奥弗特空军基地的空军气象局。配备专用设备的战术单位也可直接从卫星接收数据。

加利福尼亚州洛杉矶空军基地的空间和导弹系统中心负责 DMSP 系统的研发和采办。

43.6 其他卫星

43.6.1 "天基太空监视"卫星

首颗"天基太空监视"(SBSS)卫星于 2010 年发射,该卫星可探测碎片、航天器或其他远距离空间物体,并且不会受气象、大气和天时的影响。SBSS 卫星对于监视地球静止轨道上的小型物体特别有用,而地基光学望远镜也具备监测小型物体的功能,与其相互备份和补充。根据一份 1.89 亿美元的合同,波音公司全面负责 SBSS 系统的整体建设,包括地面系统与初始任务运行,"鲍尔"宇航(Ball Aerospace)公司负责研制卫星和遥感器。该卫星质量为 1t,带有一个大口径宽视场可见光遥感器。该遥感器安装在两轴万向架上,因此可快速转动瞄准不同的目标。相比 2008 年 12 月停止运行的"中段空间试验"(MSX)技术试验卫星的"天基可见光遥感器"(SBV),SBSS 卫星的灵敏度提高 1 倍,威胁探测概率提高 2 倍。SBSS 卫星运行于 630mile(1mile = 1.609km)高的太阳同步圆轨道上(倾角为 97.8°)。它由科罗拉多州斯普林斯市施里弗空军基地的卫星操作中心运管。2012 年 4 月,卫星在穿越南大西洋异常区(辐射带凹陷区域)时星上电子设备出现异常,导致卫星达到初始作战能力的时间延期,需要进行软件更新。

目前,美国正在根据 SBSS 卫星的应用情况以及地基监视技术的改进情况,如新墨西哥州白沙导弹靶场造价 1.1 亿美元的空间监视望远镜,审查 SBSS 后续卫星星座的需求。2014 年初,美国空间航天司令部司令威廉·谢尔顿上将宣布"地球同步轨道空间态势感知计划"(GSSAP)卫星系统也将承担地球静止轨

道物体的监视任务。第一对 GSSAP 卫星将由"德尔塔"-4M+运载火箭于 2014
年末发射至地球同步轨道,而第二对将于 2016 年发射。它们将携带电光传感
器,主承包商为轨道科学公司。每对 GSSAP 卫星计划在地球静止轨道弧段对
目标进行巡视探测,该技术曾由 2006 年发射的一对"微卫星技术试验"(Mitex)
卫星进行过试验(参见 43.6.2 节)。

43.6.2 "微卫星技术试验"卫星

2006 年发射的 2 颗 Mitex 卫星提供了另一种监视地球静止轨道上物体的方
法,即近距离巡视。每颗卫星质量为 225kg,体型非常小,因此从地面难以探测。
它们对地球静止轨道目标的巡视探测能力在 2008 年 12 月和 2009 年 1 月得到
证实,当时这 2 颗卫星受命靠近发生故障的 DSP-23 预警卫星,该卫星质量为
2.5t,正从东经 8.5°开始以每周 1°的速度向东飘移,这给其他卫星造成了威胁。
目前,Mitex 卫星正在为国防部高级研究计划局、美国空军以及美国海军进行一
系列在轨技术试验(图 43.12)。这些技术包括电子技术、先进通信技术、接触
即自燃的燃料技术、太阳电池技术以及新型软件技术。2 颗 Mitex 卫星分别由
轨道科学公司和洛克希德·马丁公司研制。普遍认为 GSSAP 卫星(参见
43.6.1 节)是 Mitex 卫星的接替卫星。

图 43.12 Mitex 卫星任务徽章

43.6.3 技术试验卫星

美国一般每年发射 2~3 次军事技术试验和任务演示验证卫星。这些卫星
通常是"战术"卫星(TacSat)、"太空快速响应作战"(ORS)、"空间试验计划"
(STPSat)、"猎鹰"卫星(Falconsat)等系列卫星的一部分。越来越多的立方星以

及其他形式的微纳卫星成为众多卫星的一员。由于它们一般都是临时性的,也没有持续业务运行,因此本节不介绍,但是以下除外。

近年来报道最多的美国空军航天研究任务为 X-37B 系列任务,因此现对该系列进行简单介绍。

两架 X-37B 空天飞机(小型无人版的航天飞机)已顺利入轨并成功再入。"轨道试验飞行器"-1(OTV-1)和 OTV-2 飞行计划如表 43.1 所列。每个飞行器质量约 5t(仅为航天飞机的 1/20),由"宇宙神"5 号 501 型运载火箭从佛罗里达州卡纳维拉尔角发射升空,在加利福尼亚州范登堡空军基地着陆。其轨道并未公开,但是业余天文爱好者对每次变轨情况都进行了记录。记录显示该轨道通常位于高度 300~400km 区域,倾角约 40°。OTV-2 初始轨道为 330km×340km,倾角 42.8°,直至再入前三周才经过一系列发动机点火使高度降低到 280km。

表 43.1　OTV 飞行时间

	OTV-1 飞行	OTV-2 飞行
发射	2010 年 4 月 22 日	2011 年 3 月 5 日
着陆	2010 年 12 月 3 日	2012 年 6 月 16 日
任务时长	224 天	469 天

OTV-1 返回地面后又于 2012 年 12 月 11 日第二次发射升空,到 2014 年 4 月时仍然在轨,在轨时间达 16 个月(于 2014 年 3 月 26 日超过 OTV-2 保持在轨 469 天的纪录)。

X-37B 项目经理汤姆麦金泰尔中校指出:"随着航天飞机退役,X-37B OTV 计划为太空技术开发带来非凡能力。其回收能力有利于空军试验新技术,并且不必承担其他计划所面临的风险。"

美国空军下属的快速能力办公室负责管理 X-37B 项目,但任务与有效载荷的详细情况保密。美国空军主管航天项目的副部长理查德·麦金尼 2010 年将 X-37B 描述为"一个验证材料与能力的试验飞行器,它可以把试验搬到太空中,然后把它们带回地球以查看结果。它是一个纯粹而简单的试验飞行器,因此,我们利用它验证技术与能力"。

X-37B 项目由 USAF 位于华盛顿的快速能力办公室管理;飞行器由新墨西哥州柯特兰空军基地空军研究实验室的空间飞行器研究部(AFRL/RV)联合俄亥俄州赖特-帕特森空军基地空军研究实验室的空中飞行器研究部(AFRL/RB)与波音公司幻影工作室共同研制。这使其有别于其他由洛杉矶空军基地管理的空军航天项目,并且体现与空军"航空"更紧密的联系。

43.7 未来前景

在本章中,各种卫星近期的升级和替换融入当前系统的介绍之中。所有计划的一般趋势如下:

(1)美国军事与情报界使用商业卫星服务的意愿不断增加(但并不是普遍)。

① 在通信领域,军方是临时性商业服务的主要采购方,但是在极力避免像英国、西班牙等国家那样与商业供应商保持长期的关系。

② 侦察领域,美国军方在光学图像方面占据全球市场主导地位。美国军方认识到自己对商业市场的影响能力,通过签订长期数据和服务采购协议,加强对数字全球公司/地球眼公司的资助力度。同时,自己仍继续研制和运行复杂的系统。

③ 在导航领域,尽管 GPS 服务支撑起巨大的全球商业市场,但 GPS 项目仍由国防部管理。由于俄罗斯、中国以及欧洲也发展了与 GPS 性能相近的系统,并且这些系统都提供免费导航信号,因此几乎可以肯定的是国防部不得不对该系统持续投入。

(2)几乎所有的国防部空间系统都出现过进度拖延和预算超支。近年来,多个新型通信卫星和侦察卫星系统由于进度延期和预算超支都已取消,其中部分系统在上述章节中已进行介绍。

① 国家侦察局在时任局长布鲁斯·卡尔森上将(任期 2009 年至 2012 年,已退役)领导下,于 2010—2012 年使多个进度延期且需求紧迫的侦察卫星系统成功部署。国家侦察局在其离任后能否延续这一成功记录还需拭目以待。

② 虽然 MUOS 卫星(43.3.3 节)和 SBIRS 卫星(43.5.3 节)都已发射入轨,但地面支持系统还没有部署到位,使其未来几年内都不能达到完全设计能力。GPS-Ⅲ卫星(43.4 节)也如此。

(3)美国军方认识到大型复杂卫星易成为反卫星武器攻击目标,并且更多简易卫星可提供更加强大的服务。然而,这一合理分析很大程度上都未能影响美国最新军用空间系统,这些系统通常都比上一代型号要大。该局面在很大程度上与商业航天市场的趋势相矛盾,因为在商业航天市场上,小卫星已经开辟出了自己的天地,对价格、性能和研制周期之间进行综合权衡的客户具有很大的吸引力。

(4)对美国来说,"互操作"通常意味着合作伙伴必须与美国系统兼容,并且通常要求合作伙伴购买美国的设备。美国军队在北约中的主导地位意味着这一趋势可能仍将继续。

43.8 结 论

美国军事太空计划规模仍将超过其他所有国家军事太空计划的总和,仍将超过美国民事机构(如 NASA)的太空计划。美国是世界上唯一一个在全球范围部署了所有类型军用卫星的国家,并且没有迹象表明今后 10 年这一局面会改变。

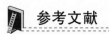 **参考文献**

Anon (2009) AU-18 space primer. Air University Press, Maxwell Air Force Base, Alabama

Norris P (2010) Watching earth from space. Springer Praxis, London/New York

Richelson JT (2008) The US intelligence community, 5th edn. Westview Press, Boulder

第44章 俄罗斯的航天发射项目

伊戈尔·伊万诺维奇·库兹涅佐夫

俄罗斯联邦国家单一制企业机械制造中央科研所,俄罗斯科罗列夫市

俄罗斯发射计划可视为当今世界上最完备的发射计划。本章首先回顾俄罗斯发射计划的发展历程,随后概述俄罗斯当前的运载火箭发展计划。本章将介绍各种运载火箭与发射场,并对2030年以后俄罗斯运载火箭发展计划进行展望。

44.1 引言:历史回顾

俄罗斯的运载火箭技术历史悠久,自20世纪50年代起,俄罗斯/苏联就已具备运载火箭发射能力,并取得了多项突出成就。1957年,最初用于洲际弹道导弹(ICBM)发射的"联盟"(Soyuz)号运载火箭将第一颗人造卫星送入地球轨道,并于1961年首次将人类送入太空。60年代,苏联与美国展开的以月球探测为主的航天竞赛激发了运载火箭开发的技术突破。发射更重的货物以及进入更远轨道(也许是月球及以远)的需求推动了N-1重型运载火箭系列的研发,随后又开发了最强力的火箭发动机NK-33。

20世纪60年代以后,月球竞赛结束,载人深空探索似乎很难获得政治认同,于是苏联航天计划的兴趣转向对低地球轨道的利用(如人类在太空的长期驻留)、太空监视与安全、军民两用技术、科学与独立通信以及其他方面。70年代以来,苏联航天计划对国际合作的态度越来越开放。苏联全球卫星通信系统与国际宇宙计划组织分别成为通信与科学领域的国际合作组织。80年代,新型"天顶"(Zenit)号运载火箭开发计划启动,其中包括液体助推器火箭技术,当时预期使用该火箭取代"联盟"号运载火箭,用于载人航天飞行。目前,该火箭目前的改进版用于商业性海上发射活动或"陆地发射"航天计划。

20世纪70年代,随着美国开始研发新型航天飞机技术,苏联建造了"暴风雪"(Buran)号航天飞机原型,并研发史上最强的"能源"(Energia)号重型运载

火箭。由于 80 年代后期的政治与经济动乱以及 90 年代早期的苏联解体,耗资巨大的"能源"号与"暴风雪"号项目均终止。因此,"暴风雪"号航天飞机仅于 1988 年执行了一次全自动轨道飞行任务。

除"联盟"(Soyuz)号与"质子"(Proton)号运载火箭代表的传统运载火箭技术外,俄罗斯的另一大兴趣点在于开发军用小型运载火箭。20 世纪 90 年代早期,"呼啸"(Rockot)号运载火箭在拜科努尔发射场试飞成功,现在该运载火箭采用的商业发射技术在普列谢茨克发射场的可靠性仍然是最高的。90 年代以前,俄罗斯运载火箭与太空计划受到严格的军事管制,技术开发基本在俄罗斯与乌克兰进行。今天看来,这应是两个国家分别进行的活动,但过去两国联系密切,经常合作。俄罗斯多年的经济与政治转型对空间活动产生了巨大影响,并对运载火箭的开发产生了关键性影响。经过多年发展,俄罗斯已成为全球重要的商业卫星发射服务提供商,且对技术开发方面持有更加开放的国际合作态度。俄罗斯具有载人航天飞行与为"国际空间站"提供货物补给的能力,这成为其航天计划投资的一个重要驱动力。因此,俄罗斯仍然是全球航天大国之一,且能够提供优质发射服务。深空探测、月球及更远的载人航天计划和新发射场建设仍是俄罗斯未来规划与运载火箭开发的组成部分。

44.2 现　　状

俄罗斯投入了大量精力与资源来维持和发展其运载火箭。可持续进入太空一直是俄罗斯航天战略的一个关键要素。俄罗斯为提高其发射能力与新技术开发投入了关键资源。目前,俄罗斯掌握了独有的、可持续的低地球轨道载人航天发射能力,是唯一可将人类送上"国际空间站"的服务提供商。自 20 世纪 90 年代以来,俄罗斯开放国际商业航天活动与发射服务后,因其运载火箭的高性能、低费用及符合客户要求,俄罗斯运载火箭占据全球发射市场的领先地位。1995—2011 年,俄罗斯的商业发射活动约占全球发射市场总发射服务的 40%。航天发射市场开始成为俄罗斯一项重要的国家预算收入。

由于对商业卫星运载火箭的需求不断增加,俄罗斯得以维持并巩固其运载火箭。目前俄罗斯共运行 4 种运载火箭(LV)以及 3 种上面级(US)(表 44.1)。

表 44.1　俄罗斯曾发射的运载火箭

运载火箭	"呼啸"号	"联盟"-FG/ "联盟"-2 1a/1b	"天顶"-2SLB	"质子"-M
上面级	—	"弗雷盖特"	"弗雷盖特"-SB	DM-03,"微风"-M
发射质量/t	107.0	309.0	463.0	702.0

（续）

运 载 火 箭		"呼啸"号	"联盟"-FG/"联盟"-2 1a/1b	"天顶"-2SLB	"质子"-M
LEO 有效载荷质量/t		1.95	6.9/7.1/8.25	13.9	22.4
有效载荷质量/t	800km SSO	1.15	4.4/4.7	—	—
	GTO	—	1.7/1.95	3.95	6.15
	GSO	—	0.65/0.9	1.8	3.3
发射场		普列谢茨克	普列谢茨克、贝康诺	贝康诺	贝康诺
投入运行年份		1994	2001/2004/2006	2008	2001
注：LEO—近地轨道；SSO—太阳同步轨道；GSO—地球静止轨道；GTO—地球同步转移轨道					

当前投入运行的运载火箭为"呼啸"号（发射质量为 107t）、"联盟"号-FG、"联盟"-2 1a 及"联盟"2 1b（发射质量为 309t）、乌克兰制造的"天顶"号-2SLB（发射质量为 463t）以及"质子"-M（发射质量为 702t）。"联盟"号、"天顶"号与"质子"号运载火箭也配备了"弗雷盖特"（Fregat）上面级，使其能够将航天器（SC）送至准确的轨道位置。

俄罗斯的运载火箭一直用于将航天器发送至不同高度与倾角的轨道以及脱离轨道：质量约 22.0t 的航天器送入 LEO；质量不超过 6.15t 的航天器送入 GSO 或 GTO；而质量不超过 3.3t 的航天器送入 GSO。

目前，俄罗斯正研发一种新型航天发射系统，该系统未来可能会成为俄罗斯运载火箭的支柱，并可能会取代现有的几种运载火箭。"安加拉"（Angara）运载火箭的低地球轨道运载能力将达 2~40.5t，其主要用途是确保未来俄罗斯的独立空间探索能力。"安加拉"将使用基于煤油与液态氧的环保型燃料，轻型"安加拉"-1.1 和"安加拉"-1.2 将替代"呼啸"号等小型运载火箭，中型"安加拉"-3 将替代乌克兰的"天顶"号运载火箭，而重型"安加拉"-5 将替代"质子"号运载火箭。此外，超重型"安加拉"-7 正在研发中，预期可将 45~75t 的有效载荷送入 LEO，并可能用于深空探索与载人航天任务。

俄罗斯的运载火箭从两大发射场发射，即拜科努尔发射场和普列谢茨克发射场，位于东方港的第三个发射场正在建设。

拜科努尔发射场是世界上最大的航天发射设施。自苏联解体后，根据哈萨克斯坦与俄罗斯签订的相关协议，俄罗斯可租赁使用该场地至 2050 年。目前拜科努尔发射场包括 6 个地面发射综合体，其中 6 个发射台用于"联盟"号、"质子"号、"天顶"号等运载火箭，而其他发射台用于乌克兰制造的"第聂伯"（Dnepr）号等运载火箭。拜科努尔地区还有 30 多个技术综合体，用于运载火箭的装配、测试与发射前准备，其中包括生产能力达每天 300t 冷冻产品的氧氮化加工厂。自从该航天发射场建成后,共发射 2500 多枚运载火箭和洲际弹道导弹。目前,拜科努尔发射场是俄罗斯管控的唯一具备向地球静止轨道发射载人飞船和卫星能力的发射场。

太空快速响应是一个新的努力方向,旨在提高太空能力以运用灵活的方式支持各种任务领域降低成本、加速发展与应用。妮娜－路易莎·瑞摩斯探讨了太空快速响应的安全维度,研究了美国国防部制定的公认方法是如何影响欧洲走上提高太空快速响应能力的道路。达里奥·斯戈比和合著者研究了太空与网络空间安全的紧密联系。尽管太空的诸多领域,尤其是网络空间安全必须得到更全面的发展,但笔者也提出要同时克服这两大领域内的挑战并实现以空间安全为实际对象的空间系统,其关键是利用系统工程理念和方法。

普列谢茨克航天发射场最初为洲际弹道导弹发射场,但也已用于发射大量卫星。特别要指出的是,由于其地理位置极偏北,普列谢茨克发射场用于发射军用卫星至高倾角极地轨道。由于从该发射场发射的火箭的残骸掉落范围主要是无人居住的北极圈和极区,因此从该处进行发射活动具有独特优势。"联盟"号与"呼啸"号运载火箭均从普列谢茨克航天发射场发射。

2011 年 1 月,俄罗斯开始在东方港建造新航天发射场,预计于 2020 年左右竣工。新发射场将使俄罗斯能从本国领域发射大多数卫星,从而减轻对位于哈萨克斯坦的拜科努尔发射场的依赖。该发射场将主要用于民用有效载荷的发射,计划建造 7 个发射台,包括 2 个用于载人飞船任务和 2 个用于货运飞船任务的发射台。

俄罗斯也就运载火箭领域与其他国际空间组织开合作。典型的例子是与欧洲航天局就从圭亚那航天中心发射升空的"联盟"号项目进行的合作。近年来,该计划对"联盟"号运载火箭技术研发起到了重要作用。有必要对"联盟"号进行现代化改造以适应特定环境并建设一个全新的发射场。圭亚那航天中心的"联盟"号是俄罗斯/苏联第一枚境外建造的运载火箭。

44.3 活 动 范 围

关于运载火箭研发与航天活动的可持续性领域,目前俄罗斯考虑以下几点需求与趋势:俄罗斯航天活动目标范围不断扩大;现有某些运载火箭(LV)与上面级(US)使用有毒推进剂;空间碎片不断产生;运载火箭操作越来越复杂(包括落区分布);工程与生产技术水平升级。为了应对上述问题,俄罗斯的规划规定:

(1) 完成现有 LV 与 US 的升级工作。

（2）在普列谢茨克发射场建造升级版"安加拉"号发射设施。

（3）建造及开发东方发射场，以支持到太阳系恒星天体载人飞行相关任务的所有空间活动。

（4）开发科学、工程与技术资源，以支持下一代具备实用配置与高性能的运载火箭的研发。

根据俄罗斯的需求以及为载人航天任务奠定基础的国际合作计划（包括月球与火星计划），上述运载火箭将在国际市场上具备一定竞争力，并将用于实现航天相关目标。

44.4　未来发展

俄罗斯发射设施与运载火箭的研发分为 4 个主要时期，其中包括数个技术研发阶段，即截至 2015 年、截至 2020 年、截至 2030 年以及 2030 年以后。

44.4.1　截至 2015 年

预计将完成现有"质子"号与"联盟"号运载火箭的现代化改造工作，以及用于执行载人航天任务的升级版"联盟"－2 1a 运载火箭的认证工作。在中小型运载火箭的研发领域，主要方向是拥有更多环保型技术的航天发射系统，着重关注目前在普列谢茨克发射场投入使用的运载火箭。

到 2015 年，俄罗斯的运载火箭舰队将包括 5 种运载火箭（LV）、4 种（增加 1 种）上面级（US）与 1 种远地点模块。根据截至 2015 年的预测，几枚现有以及新型运载火箭应该会继续使用或投入使用。预计俄罗斯不久将从普列谢茨克发射场发射新型"安加拉"－1.2 与"安加拉"－A5 以及"联盟"－2 1V（配备"伏尔加"上面级）、"联盟"－2 1a 和"联盟"－2 1b 运载火箭，并继续提供小型"呼啸"号运载火箭服务。俄罗斯将继续利用拜科努尔航天发射场发射"天顶"号与"质子"号以及"联盟"－2 1a 和"联盟"－2 1b 运载火箭（表 44.2）。

表 44.2　俄罗斯于 2015 年前发射的运载火箭

运载火箭	"呼啸"号	"安加拉"－1.2	"联盟"－2 1V	"联盟"－2 1a/1b	"天顶"－2SLB	"质子"－M	"安加拉"－A5
上面级	—		"伏尔加"	"弗雷盖特"	"弗雷盖特"－SB	DM－03、"微风"－M	DM－03/"微风"－M/KVTK
发射质量/t	107.0	171.0	160.0	309.0	463.0	702.0	775.0
LEO 有效载荷质量/t	1.95	3.8	2.8	7.1/8.25	13.9	22.4	24.5

（续）

运载火箭		"呼啸"号	"安加拉" -1.2	"联盟" -2 1V	"联盟" -2 1a/1b	"天顶" -2SLB	"质子"-M	"安加拉" -A5
有效载荷 质量/t	800km SSO	1.15	2.5	1.4	4.4/4.7	—	—	—
	GTO	—	—	—	1.7/1.95	3.95	6.15	6.0/5.4/7.5
	GSO	—	—	—	0.65/0.9	1.8	3.3	3.2/2.9/4.5
发射场		普列 谢茨克	普列 谢茨克	普列谢茨 克、东方	普列谢茨 克、拜科努 尔、东方	拜科努尔	拜科努尔	普列谢茨克
投入运行年份		1994	2013	2013	2001	2008	2001	2013

　　同一时期,东方发射场的建设工作也在进行中。预计到 2015 年前该发射场将可利用"联盟"-2 运载火箭发射自动航天器(CS)。同样,俄罗斯将继续进行研发与试验活动,以支持基于氧/氢上面级(US)重型运载火箭(LV)的东方发射场航天发射系统的建设。

44.4.2　截至 2020 年

　　通过利用"安加拉"号的技术开发经验,预计该阶段将建立一个多用途重型发射系统。作为先进载人运载系统(PPTS),类似"阿波罗"太空舱,该系统将取代目前正长期运行的"联盟"号载人飞船。该重型发射系统将基于环保型推进剂,利用自动航天器,完全从新建的东方发射场发射。在上面级开发领域,将研发一种新型氧/氢系统。为了提高该先进运载系统的性能与成本效益,2020 年前,将进行火箭结构高端技术、巡航发动机与电子系统的开发与应用。

44.4.3　截至 2030 年

　　跟随未来全球趋势,俄罗斯正计划投资 2030 年前的新研发活动。尤其需要指出,与先进航天发射系统相关的新实验活动将涵盖科学与技术资源的积累,以用于返回式火箭助推器的开发。俄罗斯也将继续开展深空探索,并有意开发一种运载能力大于 50t 的超重型运载火箭。

44.4.4　2030 年以后

　　根据其长期载人空间探索活动与技术开发计划,2030 年以后,俄罗斯将关注可重复使用的一级运载火箭的制造并投运,同时也将投入大量精力积累科学和技术资源,以启动和实施航天发射设施的开发及载人火星发射任务。这将需要运载能力达 130~180t 的运载火箭、以高推力系统开发为特征的太空拖船以及能在外层空间恶劣环境中安全执行载人任务的新工具。

44.5　结　　论

　　俄罗斯的航天活动成功发展了近 60 年,目前所面临的挑战是如何在接下来的几十年中维持、稳固并提高其地位。上述活动与战略规划将为确保俄罗斯全面参与商业市场、研究与科学活动或载人航天飞行奠定科学、工程与技术基础。此外,俄罗斯还准备全面参与火星深空探索计划以及其他国际外层空间探索与利用计划的后续行动。

第45章

欧洲航天发射能力与前景

安娜·克莱门蒂娜·韦克拉尼,让·皮埃尔·达尼斯

意大利国际事务研究院安全与国防部,意大利罗马

 摘要

　　本章综述欧洲的太空探索能力——"阿丽亚娜"5号(Ariane 5)运载火箭、"织女星"(Vega)运载火箭及"联盟"号(Soyuz)运载火箭。首先,本章回顾促使欧洲航天国家合作研发通用发射系统的安全原因及事件;其次,从发射计划的组织与研发以及运载火箭的技术与开发等方面描述欧洲太空探索情况;最后,通过回顾现有装备与新一代运载火箭的发展历程展望欧洲空间运输的前景,同时给出总结性评论。

45.1 引　　言

　　航天系统的所有权及可用性可以在众多关键领域(主要为国家安全、经济及技术威望领域)响应国家主权需求,并行使及保护国家主权。尽管如此,航天技术的研发一直以来受安全与防务目的驱动,特别是受全球战略态势的驱动:从20世纪50年代起,美国、俄罗斯及法国已经开始认为运载火箭与太空资产是核威慑的关键因素。目前,最发达的国家依赖航天系统,利用通信、导航、情报、监视及侦察应用系统策划及实施国内外安全与军事行动。在欧盟层面也是如此,欧盟成员国逐步制定了《共同安全与防务政策》(CSDP),为此正发展包括太空资产在内的应对共同任务的能力。

　　同时,由于技术转移,越来越多的民用系统也相继出现,这些系统最初服务于通信、气象、农业及能源政策,目前为日常生活及其他众多政策领域提供了最多样化的服务。这些政策领域包括安全领域,天基应用系统为安全领域提供了大力支持,如支持灾难预防与支持反非法移民及反非法毒品和武器交易行动等。随着时间的推移及大部分通用应用系统在技术与商业上的成熟,航天技术的本质特征(两用性)使得单一的航天系统逐渐被构想为军民两用系统,最大限度地发挥其作用,实现对资源的合理化利用。因此,目前民用、军用及两用航天系统对安全和繁荣贡献巨大,并促进了社会及各国的稳定。在这一背景下,进

入太空的能力是任何其他航天活动、计划、资产与服务的首要条件。

此外,鉴于国家安全与防务在很大程度上依靠航天系统,所以确保关键太空基础设施的安全与可靠具有重要意义。维护并确保这种完整性不仅需要可以进行空间态势感知的设施,还需要具有灵活的发射能力部署与替换这些设施,从而保证后援及符合要求的冗余能力。同时,在与空间运输相关的所有技术上需要保持技术独立性,如果欧洲依赖外部技术及能力,那么可能无法保证安全,同时限制了响应安全需求的能力发展。

因此,综合来看,进入空间能力被视为"利用太空维护安全"及"维护太空中的安全"的一项基本能力,可以支持任何航天系统,其本身就代表了一种军民两用能力,在开发利用前沿及关键技术的同时促进欧洲技术独立性发展。

欧洲航天国家对自主发射系统重要性的认识要追溯到欧盟甚至是欧洲航天局的建立。鉴于上述考量,如今欧盟、欧洲航天局及其成员国仍持这种观点。事实上,欧盟理事会、欧洲航天局部长级理事会以及航天理事会多年来曾在不同场合强调,将保证与改善欧洲自主、可靠、符合成本效益地进入太空的能力,这是欧洲独立开发空间基础设施的起点。因此,欧盟对运载火箭具有极大兴趣,《里斯本条约》中规定的共享航天事务中的能力更是如此。

欧洲防务共同体也是如此。30 年来,欧洲防务共同体考虑到其可能会更大程度地依赖于欧洲进入空间能力,同时意识到欧洲可能永远无法负担得起专用于防务的空间运输系统,所以投资了其他重要的航天装备及应用系统,以提升其防务系统。尽管如此,在美国及欧洲防务环境中,目前正在研究创新、迅速、经济的按需小型发射系统(甚至机载型),以运送符合军事用户紧急军事行动要求及/或加强关键 SSA 能力的灵敏型太空资产(小卫星星座及微卫星星座)。

2011—2012 年,欧洲在航天政策方面取得了重大成就,包括航天发射能力领域,而这些成就也归功于航天发射能力的发展。"联盟"号运载火箭在法属圭亚那航天中心(CSG)首次成功将两颗"伽利略"业务应用卫星送入轨道,"织女星"运载火箭也成功完成了搭载不同科学卫星的飞行验证。另外,ESA 签署了利用"联盟"号及"阿丽亚娜"5 号运载火箭发射后续"伽利略"卫星及利用"织女星"运载火箭发射两颗"哥白尼"计划(原名为全球环境与安全监测计划(GMES))"哨兵"(Sentinel)卫星的合同。这些成就清楚地表明了解决独立进入空间能力以及依据发射要求提供灵活性的各类载具(重型、中型及小型)的意义。目前欧洲的运载火箭体系很完整,至少能在短期内保证欧洲的战略独立性,国家级和欧盟级任务的成功发射以及发射服务公司——阿丽亚娜航天(Ariane Space)公司在国际市场更高的竞争力。

本章试图为欧洲独立进入空间能力及战略提供综合性的最新视角。为此,首先需回顾推动欧洲航天国家合作研发通用发射系统(参见45.2节)的动机与事件;其次,从发射计划的组织与研发(参见45.3节及45.4节)以及运载火箭的技术与开发(参见45.5节及45.6节)等方面描述欧洲进入空间能力的情况;最后,通过回顾现有能力与新一代运载火箭的发展情况展望欧洲空间运输的前景(参见45.7节),并给出总结性评论(参见45.8节)。

45.2 欧洲航天发射能力的起源

20世纪60—70年代,大部分新兴航天国家意识到依靠美苏联盟将其卫星送至轨道需要很高的成本。事实上,当时美国向第三世界国家提供发射服务的政策非常严格。美国国家航空航天局(NASA)的发射计划一直很少,且不提供发射及轨道转移业务协助,仅提供不干扰其自身发射计划及/或不涉及高级技术的科学卫星发射服务。事实上,由美国保持垄断地位的通信卫星领域被认为对国际通信卫星组织(INTELSAT)不利,因此,所有欧洲航天国家须应对这样的政策,需要与NASA进行合同谈判,意大利在"天狼星"(Sirio)以及法国和德国在"交响乐"(Symphonie)实验卫星发射方面也是如此。但法德"交响乐"卫星相关的发射谈判不顺利,这被认为是法国与意大利及德国在政治、资金及技术上支持欧洲运载火箭计划的主要原因。

在有影响力的另一半球上,连中国也遭遇了苏联(USSR)施加的类似限制。换言之,所有航天国家因面临第三方施加的限制而选择发展自主发射能力。

因此,自20世纪60年代起,法国、德国、意大利及英国等欧洲太空探索先驱国家开始与欧洲运载火箭研发组织(ELDO,1962)及欧洲航天研究组织(ESRO,1964)进行政府间合作。在这两个机构交织的时期处于冷战中期,这个时期的特点便是协调困难、资金不足,最主要的是政治分歧。

ELDO专注于"欧罗巴"(Europa)火箭的研发(先为"欧罗巴"1号,后因"欧罗巴"2号而废除),而ESRO专注于实验卫星研发。ELDO在1971年的唯一发射任务因"欧罗巴"2号在飞行期间爆炸而宣告失败,而ESRO成功研发了众多用美国火箭发射的卫星。这使欧洲合作伙伴对原本构想的进入航天计划越来越不感兴趣。1972年,在空间运输领域中拥有更可靠经验的法国提议将其L3S运载火箭转为欧洲计划。该计划一经通过,ELDO与ESRO于1975年合并后新成立的欧洲航天局(ESA)就引入并确立了这一计划。随后研发的"阿丽亚娜"火箭于1979年12月在法属圭亚那的库鲁进行了首次飞行。继首次飞行成功之后,阿丽亚娜航天公司于1980年成立,旨在管理运载火箭并实现其商业化。阿丽亚娜航天公司是首个提供此类商业性发射服务的公司。

自此之后,"阿丽亚娜"火箭 1 号、"阿丽亚娜"2 号、"阿丽亚娜"3 号、"阿丽亚娜"4 号及"阿丽亚娜"5 号运载火箭研制成功,并发射近 300 次,多年来在国际商业市场上占据一席之地。后来,欧洲运载火箭体系又增加了"联盟"号及"织女星"运载火箭,从而得以完善。

45.3　运载火箭计划描述

与其起源类似,目前欧洲运载火箭计划仍在 ESA 框架内进行。公共与私人行为体依据 ESA 框架共同承担任务与职责。除 ESA 外,欧盟成员国及其国家航天机构、产业界以及阿丽亚娜航天公司在欧洲空间运输领域也发挥重要作用。

发射计划作为选择性计划与"子选择性"计划一起在欧洲航天局发射中心的指导下进行。ESA 负责管理整个计划,包括:

(1) 审批预算、筹集资金、监督进度以及监控成本。

(2) 确定欧洲进入空间的策略及相关发射系统研发,同时确保这些系统的耐久性,并设计其技术发展路线。

(3) 制定招标制度,委托具体公司或产业界定义、设计及研发运载火箭。

(4) 与服务供应商阿丽亚娜航天公司就发射服务采购、营销及运载工具研发达成协议(协定)。

(5) 与法国航天局(CNES)就 CSG 的管理和使用达成协议。

ESA 已能利用其多年经验在进入空间能力计划下研发运载火箭("阿丽亚娜"5 号运载火箭与"织女星"运载火箭)及 CSG 的基础设施。

至于 CSG 选择性计划的"联盟"号火箭,依据 ESA 与俄罗斯航天局之间的协议,前者作为负责提供发射基础设施的管理方,而后者作为主要供应商,负责提供该计划中俄罗斯部分(运载工具)及协调所有相关企业的工作。该计划有 7 个 ESA 成员国参与,并得到法国航天局(CNES)大力支持。阿丽亚娜航天公司是该计划商业运营商。

CNES、意大利航天局(ASI)及德国航空航天中心(DLR)等主要的欧洲运载火箭计划主要贡献方也为主要计划(包括"阿丽亚娜"5 号运载火箭、"织女星"运载火箭及未来运载火箭预备计划(FLPP))直接提供技术支持。

2009 年,运载火箭计划获得 6.59 亿欧元资金,这是 ESA 在 2004—2009 年的首批预算项目(第三方贡献除外),同期增长 7%(欧洲咨询公司,2010)。2010 年及 2011 年该趋势出现倒退,运载火箭计划在这两年分别获资 5.56 亿欧元及 6.12 亿欧元(ESD 合作伙伴公司,2010、2011)。2009 年,贡献最大的两个成员国为法国(36.1%)与意大利(31.2%),其后为比利时(16.2%)、瑞典(14.6%)以及德国(14.2%)(欧洲咨询公司,2010)。

在 ESA 运载火箭计划中,进行了/正在进行"阿丽亚娜"5 号与"织女星"运载火箭的研发计划及其配套计划(参见 45.5.2 节及 45.5.4 节)、新运载火箭计划以及专门的技术研究与演示验证活动(参见 45.5 节及 45.7 节)、CSG 计划中的"联盟"号运载火箭以及航天港活动(对发射基础设施进行投资、维护及升级)。

如表 45.1 所列,"阿丽亚娜"5 号及"织女星"运载火箭计划共涉及 13 个 ESA 成员国,其主要贡献者分别为法国和意大利。法国为"阿丽亚娜"运载火箭计划注资占比 52.7%,意大利为"织女星"运载火箭计划注资占比 58.4%。

表 45.1 "阿丽亚娜"5 号及"织女星"运载火箭计划——
欧洲航天局成员国的贡献

成员国	"阿丽亚娜"5 号运载火箭的生产/%	"织女星"火箭的研发/%
奥地利	0.4	—
比利时	6.3	6.9
丹麦	0.7	—
法国	52.7	25.3
德国	19.1	—
爱尔兰	0.2	—
意大利	9.2	58.4
荷兰	2.8	3.2
挪威	0.6	—
西班牙	3.2	4.6
瑞典	1	0.6
瑞士	2.8	1
英国	0.3	—

运载火箭计划受 ESA 工业原则("地域性回报")的制约。依据此原则,各 ESA 成员国所获得的工业合同约与其政府原始贡献成比例。"阿丽亚娜"5 号及"织女星"运载火箭的招标制度表明,各运载火箭需要指定一个负责其研发与生产的主要承包商(参见 45.4 节)。

运载火箭随后被移交给阿丽亚娜航天公司,该公司负责运营运载火箭,并将其市场化和商业化,该公司将运载火箭匹配携带不同级别的有效载荷、在各种轨道上执行不同任务(公共或商业任务)的需求。主要承包商也与阿丽亚娜

航天公司的技术人员一起参与欧洲航天发射中心的部件整合。运载火箭开发
组织体系如图 45.1 所示。

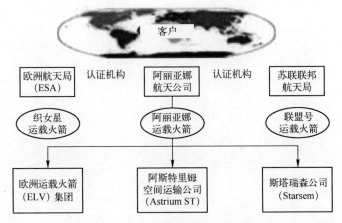

图 45.1　运载火箭开发组织体系

　　阿丽亚娜航天公司是一个公私合营的国际公司,其资本由来自 10 个不同
欧洲国家的 21 位股东掌握。其中 7 位法国股东控制了 64.1% 的股份,使法国
成为最大持股人,其次是控制 19.84% 的德国。其他 8 个国家控制了余下的
16.05% 股份,每位股东的股份不超过 4%。较大部分(34.68%)由 CNES 持有,
而另外重要的一股(约为 1/3)由"阿丽亚娜"5 号运载火箭供应商航空航天巨头
"欧洲宇航防务集团"(EADS)持有。

　　所有发射任务由位于法属圭亚那(属法国主权范围)的 CSG 运营。依据
ESA 与法国政府的长期协议,ESA 负担该航天港 2/3 的成本,法国负担另外的
1/3,而 CNES 维持其运营。ESA 还参与工业政策的制定,确保维护并提升该中
心的欧洲形象,而 CNES 确保人员与场地安全、审批发射任务以及协调所有相
关操作。另外,法国国防安全部队负责确保航天港及其所有周围区域(海陆空)
的安全。

　　欧洲发射计划的管理结构很复杂,自有其优势与不足,本章不予讨论。但
值得一提的是其管理结构体现了系统平衡与连贯性,所有私人或公共行为体与
欧洲运载火箭战略各方面(技术、经济与商业)相关联。

45.4　发射计划的研发

　　ESA 是运载火箭计划的管理方,为各运载火箭计划选择主要承包商,而主
要承包商又与分包商合作。"阿丽亚娜"5 号运载火箭的主要承包商是 EADS 阿

斯特里姆空间运输公司,"织女星"运载火箭的主要承包商是意大利航天局(ASI,30%)与阿维奥(Avio)集团(70%)合资的意大利企业——欧洲运载火箭(ELV)集团。这两个集团各包含40多家欧洲企业与研究中心。因此,其研发与生产设施遍及欧洲,而装配场地位于欧洲及CSG。ESA及其成员国、工业企业、发射服务公司(阿丽亚娜航天公司)及用户之间的关系如图45.2所示。

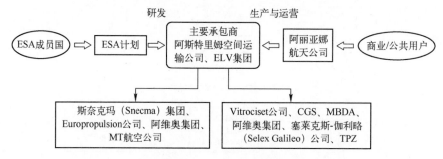

图 45.2　工业组织体系

相关企业与中心在空间运输领域各有不同的技术专长,如推进技术,材料、工艺及结构,航空电子设备及制导、导航与控制,推进剂管理设备,以及热控制。尽管如此,鉴于运载火箭由各级组成且每级均为一个完整的推进系统,研发中涉及的主要技术无疑是推进技术。推进技术是任何火箭与航天器(轨道运送载具、再入系统、载人或无人系统)的基础,也可能是在轨燃料加注、维修、保养、再定位及恢复等新兴任务的基础。例如ESA的"自动转移飞行器"(ATV)以及过渡试验飞行器(IXV,参见45.7.1节)。推进段还包含所有推进手段(包括化学、电气以及高级推进系统)。根据美国国防部的定义,推进技术是航天领域中最重要的关键使能技术之一。关键使能技术是"跨领域技术,不仅支持多项任务,而且保证在较短时间内实现能力上的重大进步,甚至有可能实现能力或系统效能新突破"(国防部,2001)。除推进技术外,运载火箭涉及的其他关键使能技术与材料有关,特别是用于减震、隔音及热防护结构和护罩的轻质高温材料。

推进技术也是一种军民两用技术,其不仅是运载火箭的基础,也是导弹(包括弹道导弹及洲际弹道导弹(ICBM),但弹头除外)的基础。"阿丽亚娜"1号运载火箭的制造经验其实是直接源于法国的"钻石"(Diamant)运载火箭。目前,用于"织女星"运载火箭前三级以及"阿丽亚娜"5号运载火箭助推器的固体燃料推进技术也是大部分先进弹道导弹及弹道防御系统的基础,如法国M51新一代战略性潜射弹道导弹。从制导、导航及控制(GCM)系统中可发现运载火箭与导弹之间还有其他相似技术。这种相似性甚至在"织女星"运载火箭计划期间体现出其安全意义,当时法国国家安全部门就禁止法国企业将飞行控制软件转让给意大利合作伙伴。

无需深入探讨详细的技术趋同性即可断定空间运输技术具有战略价值,掌握这样的技术也对欧洲技术独立(如上所述,欧洲技术独立具有重要的安全意义)具有重大意义。

未来运载火箭预备计划(FLPP,参见 45.7.1 节)仍在继续研究与改善用于"阿丽亚娜"5 号及"织女星"运载火箭的推进技术、其他所有上述技术和系统设计。该计划以主要承包商 EADS 集团—阿斯特里姆空间运输公司与 ELV 集团所获经验为基础,进一步提高并达到技术成熟度(技术成熟度等级(TRL)),同时在实际研发生产未来载具时预估成本并节省时间。除产业界外,FLPP 还得到欧洲航天局技术与质量管理局(TEC)、ASI、CNES 以及 DLR 的技术支持。

另外,ESA 与俄罗斯确定合作研发新一代运载火箭技术,并不排除走向合资研发与生产的可能。

在国家层面上,ASI、CNES 及 DLR 等航天机构也在进行特定运载火箭研发计划,这在正常情况下会完善并支持 ESA 的进一步发展。例如,法国已确立了一项确定继"阿丽亚娜"5 号运载火箭之后的"阿丽亚娜"6 号运载火箭方案的预备计划,该计划由"法国未来投资计划"资助,由 CNES(内部)实施,是 FLPP 的增补计划。

另外,就各国国内而言,学术与研究机构在研发创新技术方面也发挥着重要作用。如意大利航空研究中心(CIRA)对"织女星"运载火箭计划做出了重大贡献,采取了"天琴座"(Lyra)计划(参见 45.7.3 节)等几项国家举措,这些举措有助于运载火箭的发展,甚至可能有助于未来 ESA 运载火箭的发展,特别是在 GCM(算法)及材料方面。

45.5　运载火箭介绍

45.5.1　发展历程回顾:从"阿丽亚娜"1 号到"阿丽亚娜"4 号运载火箭

"阿丽亚娜"系列运载火箭从 1979 年至 2003 年按"阿丽亚娜"1 号至"阿丽亚娜"4 号的顺序发射,时间跨度并不长。这些载具技术发展路径类似,所以结构差异很小。它们以三级为基础,助推器与各类推进剂进行不同组合,运载能力逐步增强。的确,"阿丽亚娜"1 号运载火箭所发射卫星质量达 1.5t,而"阿丽亚娜"4 号运载火箭因其有 6 种不同配置能将 2~4.9t 的有效载荷送入地球同步转移轨道(GTO)。

"阿丽亚娜"4 号运载火箭是"阿丽亚娜"系列的"主力",其可靠性与性能均已证明是同类运载火箭中的佼佼者:在其 116 次发射中,有 113 次取得成功,将 155 颗卫星送入轨道。1988 年至 2003 年,"阿丽亚娜"4 号运载火箭占据国际商业市场的 50%,标志着阿丽亚娜航天公司成为代表全球发射服务标准的公司。

尽管取得了这样的成就,但在 20 世纪 90 年代初,卫星技术与特点的演进及 ESA 空间实验室与载人飞行的研发计划使其重新思考适用于重型有效载荷的发射要求,以满足通信卫星及"国际空间站"(ISS)舱室的发射需求。

45.5.2 "阿丽亚娜"5 号运载火箭

面对上述挑战,ESA 决定设计新的运载火箭,因此废弃了三级结构,选择固定的两级结构,同时增强推进能力。用低温固体推进剂代替化学推进剂;同时,根据任务需求,可能选择不同的上面级(可储存推进剂或低温推进剂)。

经过 6 年的研发,"阿丽亚娜"5 号运载火箭于 1996 年进行了首次发射;然而首次飞行及早期的其他三次飞行(1997 年、2001 年及 2002 年)均以失败告终,以至于有几次任务需依靠存下的"阿丽亚娜"4 号运载火箭发射,这种情况直至 2003 年任务中止。

目前,重型"阿丽亚娜"5 号运载火箭以两种配置执行最为复杂的公共与商业任务:一种配置为 ECA 型,其地球同步转移轨道(GTO)运载能力为 10t,用于发射重型通信卫星;另一种配置为 ES 型,其近地轨道(LEO)运载能力为 20t,用于发射提供 ISS 所需的自动转移飞行器。"阿丽亚娜"5 号 ES 型运载火箭成功发射了 4 个自动转移飞行器,最后一个此类飞行器定于 2014 年发射。相同变体还可用于将对地观测卫星(如 ESA 的欧洲环境卫星(Envisat))发射至太阳同步轨道(SSO),可进行科学有效载荷脱轨操作。未来经过适当改装后,ES 配置也会用于"伽利略"卫星星座的 3 次发射,同时将 4 颗卫星送入中地球轨道(MEO)。毋庸置疑,通过使用可进行多次点火的可储存推进剂上面级,这一最终变体可将有效载荷部署在选定轨道。

"阿丽亚娜"5 号运载火箭一般能实现重型有效载荷单发以及双星同发(双卫星发射),后者是"阿丽亚娜"3 号运载火箭在 20 世纪 80 年代就已证明有利的双用战略。

"阿丽亚娜"5 号运载火箭的开发得到了"阿丽亚娜运载火箭研究与技术补充计划"(ARTA)后续计划的支持(该计划旨在确保载具在整个使用寿命期内的合格性),且注重飞行段及地面段。其活动包括飞行结果的分析、异常现象修正、废弃部件与所需修正措施的确定以及地面测试设施的维护。ESA 原负责提供 1996 年至 2010 年期间所需的资金,后来延长至 2013 年。

"阿丽亚娜"5 号运载火箭每年平均发射 5~6 次,主要依赖商业通信卫星市场,仅部分依赖公共机构用户。在公共机构用户中,不仅有 ESA 与国家级民用卫星,还有一些用于通信、对地观测以及预警的欧洲军用卫星,如法国"锡拉库斯"(Syracuse)军事通信卫星、联邦德国国防军通信卫星(ComSatBw)、英国"天网"5 号(Skynet 5)军事通信卫星、西班牙军用通信卫星(Spainsat)、法国"太阳神"(Helios)侦察卫星及法国"螺旋"(Spirale)导弹预警卫星等有效载荷。

45.5.3 "联盟"号运载火箭

俄罗斯的"联盟"号运载火箭自 1957 年以来持续进行生产,在 ESA 与俄罗斯于 2005 年签订协议后加入欧洲运载火箭体系,并于 2011 年 10 月首次从欧洲航天港发射。这一世界上使用最广泛、最可靠的欧洲火箭已能用于从赤道纬度将质量达 3.2t 卫星送入 GTO、MEO 以及 LEO。该火箭是可用于中量级通信卫星以及导航、对地观测与科学研究卫星(包括"伽利略"卫星星座)的四级运载火箭。通过其可最多重启 7 次的"弗雷盖特"(Fregat)上面级可用于各种轨道。此外,在"联盟"号运载火箭长期应用中,已成功实行了载人飞行。因此,若 ESA 进行载人飞行任务,CSG 发射基础设施的设计可进行改装实现载人飞行任务。

"联盟"号运载火箭有望提升阿丽亚娜航天公司在小型 GTO 任务及中型非GTO 任务(针对商业与公共用户)中的竞争力。如上所述,在针对公共用户的任务方面,该火箭已被选定用于执行欧洲导航系统另外 6 次双星同步发射。此外,值得注意的是,可从欧洲航天港进行操控的欧洲版"联盟"号运载火箭的实用性使法国启动了两个具有重要战略意义的政府任务,即"昴宿星"(Pleiades)对地观测卫星星座及 ELISA 电子情报演示验证卫星。最后要指出的是,从 CSG发射"联盟"号运载火箭更容易遵守美国的《国际武器贸易条例》(ITAR)。

45.5.4 "织女星"运载火箭

"织女星"运载火箭继完成 2012 年 2 月的首次多功能公共任务后加入欧洲运载火箭体系。在该任务中,其搭载了一个主要有效载荷、一颗激光相对论科学实验卫星(LARES)以及 7 颗 ESA 皮卫星("立方体"卫星(CubeSat))。这一小型运载火箭包含 3 个固体推进剂级——P80、"契法罗"(Zefiro)23 及"契法罗"9 与一个液体推进剂上面级(AVUM)。第四级可最多重启 5 次,以将卫星送入不同轨道。"织女星"运载火箭针对小型卫星公共用户市场设计,但在微卫星(10~15kg)中的应用机会也越来越多,因为它能同时将数个有效载荷送入 LEO

及 SSO。这将能完美实现质量达 1.5t 的环境科学卫星或对地观测卫星的发射，或将卫星轻松送入卫星星座中，且避免出现"阿丽亚娜"5 号运载火箭双星发射遭遇的延迟及液体推进剂加注相关的复杂程序。最后一点对于安全与防务领域来说具有重要意义，因为在该领域最重要的是短期内实现灵敏有效的操作。

为使"织女星"运载火箭的开发工作顺利进行，设立"'织女星'运载火箭研究与技术补充计划"(VERTA)。该计划包括实现 5 次演示验证飞行，这些飞行旨在从任务性质（科学、技术、对地观测等）及卫星配置方面（单个卫星或卫星群）验证运载火箭灵活性。就后者而言，该计划应进一步巩固其运载多个有效载荷的能力。最后要指出的是，该计划生产工作与技术研发同步进行，如研发了供 VERTA 首次飞行所用的新意大利软件(GNC)。VERTA 运载火箭会搭载 4 个不同的 ESA 航天器(Proba-V 卫星、"风神"(Aeolus)卫星、LISA"探路者"探测器以及过渡试验飞行器(IXV))与一颗"哥白尼"(原为 GMES)计划"哨兵"卫星。

就其未来发展而言，考虑公共民事及军事任务的 LEO/MEO 卫星的数量增加及相关有效载荷质量增加的市场趋势，"织女星"运载火箭需进一步提升其性能。实际上，即使"织女星"运载火箭已投入应用，也不会适用于发射过重的意大利两用地"中海盆地对地观测小卫星星座"(COSMO-SkyMed)。

45.5.5　圭亚那航天中心

如上所述，所有发射任务在欧洲航天港进行。CSG 有几处可用于所有运载火箭的设施：由当地主管部门管理的抵达区；对卫星进行处理的公用有效载荷发射准备综合设施(EPCU)；对卫星和运载火箭元件进行集成的上面级复合结构集成设施(UCIF)；各运载火箭专用发射场以及丘比特任务控制中心(MCC)。对于"阿丽亚娜"5 号运载火箭，鉴于部分运载火箭元件在 CSG 生产，因此建立了部分专用设施，以减轻 Regulus 公司与 Europropulsion 公司的相关工作。

关于"阿丽亚娜"运载火箭，航天器与运载火箭的相关准备活动以及发射前的最终操作均在阿丽亚娜发射场 ELAS 进行。用于这些目的的设施包括最终装配大楼(BAF)、发射平台及发射控制中心(CDL3)。在 BAF 中完成运载火箭元件的集成，而在发射平台装配运载火箭的上面级与下面级部件，随后将火箭移至发射台 ZL3 进行最后的准备与倒计时。在此过程中，CDL3 在整个活动期间直至发射时对运载火箭状态进行检查。发送活动以卫星到达 CSG 为起点，以发射后地面支持设备装运走为终点。

就"联盟"号运载火箭而言，卫星与运载火箭的最终准备活动及发射在"联盟"号运载火箭发射场 ELS 进行，该发射场包括运载火箭装配与集成大楼

（MIK）、发射台（ZL）、发射控制大楼（CDLS）以及辅助楼。

最后，"织女星"运载火箭发射场 SLV 建于曾用于"阿丽亚娜"1 号与"阿丽亚娜"3 号运载火箭发射的 ELS1 基础之上。"织女星"运载火箭与"阿丽亚娜"5 号运载火箭共用部分设施，如 CDL3 与 UCIF。

CSG 位于海滨，非常靠近赤道，北纬 2°～6°，西经 50°，就安全与性能而言为将航天器送入 GTO 提供了理想的操作条件。实际上，海洋上空的发射轨道减少了对第三方造成危害的可能性，靠近赤道减少了轨道面转变（增加有效载荷质量）所需的能量。

在 CNES 与 ESA 的帮助下，CSG 还建立了遥测站网络，并于 20 世纪 80 年代启用。阿丽亚娜航天公司凭借该网络可为客户提供对运载火箭遥测与跟踪的地面站支持以及发射后的活动。跟踪站网络建于阿丽亚娜传统轨道东部附近，从库鲁延伸至西非：在法国加里奥特、巴西纳塔尔、南大西洋阿森松岛、加蓬利伯维尔以及肯尼亚马林迪建有本地系统。对于不同方向（如东北或北方）的发射，需与政府部门达成协议，为选定轨道安排合适地面站。现有网络与特定协议也用于主要向北和向东飞行的"织女星"运载火箭与"联盟"号运载火箭。但仍需一些修正，因此，已经开始对整个系统进行更新。

45.6 运载火箭开发

如上所述，阿丽亚娜航天公司是主管三种欧洲运载火箭商业化的公司。30 多年来，该公司一直为私人及公共用户服务，但要特别说明的是，它已成为从事商业航天任务的全球标杆公司。该公司从用于发射政府 INTELSAT 卫星的"阿丽亚娜"1 号运载火箭开始，已在卫星通信领域获得了重大成就，特别是"阿丽亚娜"4 号运载火箭在这一点上的作用尤为重大。如今又有了"联盟"号与"织女星"运载火箭，阿丽亚娜航天公司拥有全套发射装备，因此扩大了其在商业与政府发射任务上的市场。

就市场需求预测而言，2012—2018 年，每年计划发射 25～26 个有效载荷（其中 6 个为欧洲公共有效载荷（25%）），这对阿丽亚娜航天公司来说是可以实现的（欧洲航天局发射中心，2011）。其中 18 个会进入 GTO（71%），包括 1 个欧洲公共有效载荷，而 7～8 个（29%）进入 GTO 以外的轨道，包括 5 个欧洲公共有效载荷。从整个运载火箭体系来看，每年约有 19 个有效载荷搭载"阿丽亚娜"5 号运载火箭，4～5 个搭载"织女星"运载火箭，1～2 个搭载"联盟"号运载火箭（欧洲航天局发射中心，2011）。

事实上，如果商业发射的 GTO 任务仍为主体，数量较少的非 GTO 任务则由公共需求来驱动。在后者中,会有一些从安全角度出发的重要的欧盟计划与国家层面计划。事实上,欧洲运载火箭将用于部署"伽利略"卫星与"哥白尼"星座卫星,而它们应更偏重用于通信、对地观测及预警的国家军用及军民两用卫星,如"西克拉尔"-2卫星(Sicral2,意法)、"雅典娜-忠实"卫星(Athena-Fidus,意法)、"天网"-5卫星(英国)、"昴宿星"卫星(法国)、"英吉尼欧"/"西班牙对地观测卫星"(Ingenio/SeoSAT)与"帕斯/西班牙合成孔径雷达观测卫星"(Paz/SeoSAR)(西班牙)以及CERES(F)等有效载荷。尽管如此,欧洲的公共需求仍很低,仅凭这一需求无法保证空间运输业的可持续性及发射服务的有效性与可靠性。因此,对阿丽亚娜航天公司来说,商业市场仍是重中之重。

普遍观点认为,为保持在国际市场上的竞争力,应降低"阿丽亚娜"5号运载火箭的生产成本,并改善其工业流程。但这些都深受"地域性回报"原则的影响。阿丽亚娜航天公司与欧洲航天局从这一点出发,正在重新考虑经济与工业策略以及效率越来越低但成本越来越高的双卫星发射设计。事实上,尽管双卫星发射降低了用户成本,但需要在卫星配对及发射流程安排上花费更多精力。如果搭载的是军用卫星,可能出现非常严重的连接延迟问题,进而可能对国家安全甚至太空安全造成影响。

阿丽亚娜航天公司在2009年及2010年出现经济损失,迫使股东与ESA成员国采取高成本的特殊措施,以对公司进行资产重组并支撑"阿丽亚娜"5号运载火箭的成本,因此更迫切需要进行这样的全局反思。

45.7 未来发展前景

"阿丽亚娜"5号运载火箭的进化型(又称为"阿丽亚娜"5号中期进化型火箭)及其后续火箭(下一代运载火箭,特别是"阿丽亚娜"6号运载火箭)是ESA及其成员国在2012年部长级理事会上的讨论主题,也将是计划于2014年末举办的下届ESA部长级理事会上的决议主题。"阿丽亚娜"6号运载火箭的主要支持者是法国,而德国支持"阿丽亚娜"5号中期进化型火箭。尽管各运载火箭在技术与运营上均是一脉相承,但ESA及其成员国要解决的真正问题是如何不再向"阿丽亚娜"5号运载火箭提供公共支持,政府部门已经不再愿意对其提供支持。后者已经在欧洲进入太空保障(EGAS)计划上失败过一次,该计划旨在6年内(2004—2012年)负责承担"阿丽亚娜"5号运载火箭的部分生产成本,使阿丽亚娜航天公司实现自给自足。最后要指出的是,部长级理事会还需决定另外一个欧洲运载火箭的未来,即"织女星"运载火箭的发展与相关注资问题,预计届时德国也会参与该计划。

45.7.1 "未来运载火箭预备计划"

"下一代运载火箭"(NGL)的研发活动已于 2003 年在"未来运载火箭预备计划"FLPP 内启动,旨在进行设计研究、技术孵化活动以及演示验证活动。该计划分四个阶段执行,包括"过渡试验飞行器"(IXV)的研发与飞行试验,这为可能支持下一代运载火箭的大气层再入技术、行星探索、采样返回任务、空天飞机(高超声速飞行器)、载人与货物运输奠定了基础。此类技术与任务着眼于未来安全与防务形势,具有科学与战略价值。

对于 NGL 来说,在探讨各种系统设计并研发各种演示验证模型后,发现中量级模块化运载火箭似乎最适合各类轨道无人任务的单独发射,避免了双星发射问题,并能保证用户成本与有效载荷重量成比例。但火箭级数量与推进剂种类尚未确定。设计运载能力为 3~6.5t,附加助推器以根据任务要求实现灵活操作。从长期来看,此类运载火箭可能会替代"联盟"号运载火箭,该型号火箭因无进化型设计将于 2018—2020 年中断任务。如果研发计划得以确定,NGL 可在 2020 年左右实现飞行。

45.7.2 "阿丽亚娜"5 号运载火箭后续 ECA 型计划

"阿丽亚娜"5 号中期进化型(Ariane 5ME)火箭于 2009 年在"阿丽亚娜"5 号运载火箭后 ECA 型计划预备阶段启动,这是增强"阿丽亚娜"5 号运载火箭性能的中期方案。该方案的实现要归功于能使运载能力提高约 20%(提高 2t)的新"芬奇"(VINCI)发动机与低温上面级发动机。此外,可多次点火的发动机能实现更多轨道上的发射任务。"阿丽亚娜"5 号中期进化型火箭大体上是将目前两种"阿丽亚娜"5 号运载火箭的配置整合到一个运载火箭中,维持生产成本不变;同时,其支持者认为,因其对市场需求的响应能力得以改善,可逐渐取消对其资金支持。如果 ESA 成员国在上述部长级理事会上批准其全面研发工作,则首次飞行预计在 2017 年左右实现。总之其支持者确信"阿丽亚娜"5 号中期进化型火箭设计适用于 NGL,因此可减少未来运载火箭研发相关成本与风险。

45.7.3 "织女星"运载火箭进化型

在 VERTA 与国家计划框架内,正在继续研究"织女星"运载火箭可能的进化型配置。具体而言,其构想是将运载火箭前几级(P80(VERTA)与"契法罗"23(阿维奥计划))的推进剂载荷分别增加至 P100(或 P120)与"契法罗"40,从而提高推进能力与运载能力。整体而言,这两次升级会使 LEO 运载能力提升至 2t。

在 ASI 及 DLR 的赞助下还将从国家层面上采取了其他措施,特别是关于"织女星"运载火箭第三、四级开发的措施。ASI 通过"天琴座"计划正在研发以单个液体推进剂级(氧气−甲烷推进剂)代替两个上面级的演示验证模型。依据此三级火箭方案,DLR 在其两次"维纳斯"(Venus)研究中考虑在"织女星"运载火箭上使用一个可储存推进剂上面级,该上面级会使用目前用于"阿丽亚娜"5号 ES 型运载火箭的德国"艾斯塔斯"II(Aestus II)发动机。还有一种备选方案,即"织女星"运载火箭维持四级结构,仅用新的可储存液体推进剂上面级取代AVUM。鉴于第四级 AVUM 现在由俄罗斯与乌克兰进行设计与生产,所以德国对"织女星"运载火箭的这一贡献如果能在 ESA 内正式实现,则会使该运载火箭"欧洲化"。

45.7.4 欧洲新发射服务

在这一背景下,ESA 最近已就新欧洲发射服务(NELS)可行性研究进行招标,现已根据择优原则选定了两个联盟,一个由阿斯特里姆空间运输公司与ELV 集团联合主导,另一个由 OHB 公司主导。可行性研究应调查备选进入空间模型,新模型应在经济上自给自足,无需向运载火箭提供公共资金支持。NELS 有一条创新原则,即参与未来备选研发计划的 ESA 成员国基于"公平分摊"而非"地域性回报"原则。因此,分摊工作份额将基于最佳技术能力与成本效益。自这一举措确立之初,商业与公共用户就参与了该举措的实施,并成立了欧洲用户要求组织,该组织由来自法国、德国、意大利、英国、欧洲委员会、欧洲气象卫星应用组织(EUMETSAT)、ESA、Avanti 公司、欧洲通信卫星组织(Eutelsat)、Hispasat 集团、国际海事卫星组织(Inmarsat)、欧洲卫星公司(SES)以及Telenor 公司的代表组成。其目的不仅是确定发射服务需求,而且是创立一个致力于欧洲发射服务应用的正规欧洲用户基地。

在长达 12 个月的评估阶段,计划在 3 个月后(2012 年 9 月)实现一个重要里程碑,届时承包商须将在任务、性能、运载火箭服务成本等方面的首要 NELS要求告知 ESA。

45.8 结 论

目前,"阿丽亚娜"5 号、"联盟"号、"织女星"三类欧洲运载火箭确保欧洲政府与公共机构以及全球公共与商业用户能独立进入太空,针对所有发射要求提供服务及解决方案。与"维护太空中的安全"及"利用太空维护安全"相关的欧洲安全任务正在并继续依赖该能力。在 ESA 框架内,ARTA 与 VERTA 等补充计划确保这两个发射系统在其整个开发过程中保持可靠性,而"阿丽亚娜"5 号运载火箭后 ECA 型计划与 FLPP 计划等更深入的研发计划与技术活动为未来奠定了基础。这些计划也使欧洲掌握并保持了专业知识与使能技术,实现了自身独立性。然而,从更长远来看(2020—2030 年),尽管目前欧洲的发射模型成功利用了 30 年,但人们认为其经济可持续性无法实现,所以期望 ESA 及其成员国以及产业界能制定经济与工业战略以更新及维护此能力。ESA 应用于 NELS 的方法就明确表现了这一点。NELS 强调要意识到,成员国目前的预算限制影响了以最优价格为政府与商业用户提供最优产品的新研发与运营设计。欧洲政府在欧盟的支持下,仍致力于空间运输业的研发,其目标并非是通过承担生产成本来支撑运载火箭行业,而是要确保欧洲能独立进入太空。因此,ESA 成员国应在 2014 年部长级理事会上着眼于研发与应用管理的完善,在"阿丽亚娜"5 号中期进化型火箭与"阿丽亚娜"6 号运载火箭中选择最适合这些目标的火箭型号。

参考文献

Ariane 5 User's Manual (2011) Arianespace. http://www.arianespace.com/launch-servicesariane5/Ariane5_users_manual_Issue5_July2011.pdf. Accessed April 2012

Biagini A,Bizzarri M (eds) (2011) Spazio. Scenari di competizione. Passigli Editori,Bagno a Ripoli

Bigot B,D'Escatha Y,Collet-Billon L (2009) L'enjeu d'une politique europe'enne de lanceurs:assurer durablement a`l'Europe un acce`s autonome a`l'espace (Rapport). La Documentation Franc,aise,Paris. http://www.ladocumentationfrancaise.fr/rapports-publics/094000223/index.shtml. Accessed April 2012

De Maria M,Orlando L,Pigliacelli F (2003) Italy in space 1946-1988. ESA Publication Division,Paris

Department of Defense (2000) Space technology guide. National Space Studies Center,Montgomery. http://space.au.af.mil/. Accessed April 2012

Euroconsult (2010) Profiles of Government space programs. Euroconsult,Paris

ESA Launcher Programme Board (2011) Assessment of the launch service market demand. ESA,Paris

ESA Launcher Program (2012) http://www.esa.int/esaMI/Launchers_Home/index.html. Accessed April/May 2012

ESD Partners (2010) European Space Directory 2010. ESD Partners Publication,Paris

ESD Partners (2011) European Space Directory 2011. ESD Partners Publication,Paris

Gue'dron S,Palatin V (2011) ARIANE 6 Maturation activities for a future launcher. Abstract published for the 62nd International Aeronautical Congress. International Aeronautical Federation, Cape Town. http://www.iafastro.net/iac/archive/tree/IAC-11/D2/4/IAC-11,D2,4,1,x11113.brief.pdf. Accessed May 2012

Marta L (2012) L'Avenir de Vega:quel marche'et quels de'fis pour le nouveau lanceur europe'en? Note n° 03/12. Fondation pour la Recherche Strate'gique,Paris. http://www.frstrategie.org/ barreFRS/publications/notes/2012/201203.pdf. Accessed May 2012

Sebesta L (1997) U.S.-European relations and the decision to build Ariane,the European launch vehicle. In:

Buttrica A (ed) Beyond the ionosphere:fifty years of satellite communication, NASA SP-4217. National Aeronautics and Space Administration, Washington, DC, pp 138-156

Sippel M, Dumont E, Dietlein I (2011) Investigations of future expendable launcher options. Published for the 62nd International Aeronautical Congress. International Aeronautical Federation, Cape Town. http://elib. dlr. de/71134/1/IAC11-D2. 4. 8. pdf. Accessed May 2012

Soyuz User's Manual (2012). Arianespace. http://www. arianespace. com/launch-services-soyuz/ Soyuz-Users-Manual-March-2012. pdf. Accessed May 2012

SpaceMag (2012) Vega VV01 Successo italiano. 1:6-47

Veclani A, Sartori N, Rosanelli R (2011) La politica europea di accesso allo spazio. Sviluppi futuri e ruolo dell'Italia. Approfondimenti/Osservatorio di politica internazionale 36. Senato della Repubblica, Roma. http://www. iai. it/pdf/Oss_Polinternazionale/pi_a_0036. pdf. Accessed 30 April 2012

Vega User's Manual (2012) Arianespace. http://www. arianespace. com/launch-services-vega/ VEGAUsers-Manual. pdf. Accessed April 2012

Workgroup of the Strategy and International Affairs Committee of the French Aeronautics and Astronautics Association (2009) Europe's major challenge for the 21st century:access to space. Space Policy 25:99-108

第46章　欧盟的卫星项目

露西亚·玛尔塔

法国战略研究基金会,法国巴黎

　　欧洲超国家行为体越来越有兴趣参与以安全为目的的航天计划:欧洲航天局(ESA)从事军民两用航天能力的开发活动;欧洲气象卫星组织(EUMETSAT)管理三项主要气象任务;欧盟近期正在进行"哥白尼"(原"全球环境与安全监测"(GMES)计划)与"伽利略"计划。这些均为民用计划。而到目前为止,纯军用计划仍由欧洲各国控制,尚未在欧盟层面进行过研发。航天技术用途具有多样性,安全定义扩大,军民两用方式得以采用,使得民用计划可以进行一些有关安全的应用。因此,欧洲超国家行为体是有利于欧洲机构、国家及公民的"安全保障者"。本章旨在对这些计划及其应用进行概述,并对通过太空资产与应用来确保超国家层面安全的"欧洲方式"进行了一些重点思考。

46.1　引言:欧洲利用太空维护安全的方法

　　欧洲专家与机构均普遍认可航天计划在安全领域中的附加值。最好的例子就是欧盟(EU)与欧洲航天局共同通过的《欧洲太空政策》(DG ENTR website. http://ec.europa.eu/enterprise/policies/space/esp/security/index_en.htm. Accessed 23 Aug 2012)。该文件最大程度地表达了欧洲太空活动的全球战略,其中一章还涉及利用太空维护安全的有关问题。

　　法国、德国、意大利、西班牙以及英国等欧洲航天国家有用于防务与安全的国家航天计划(详见第47章"欧盟成员国的卫星项目")。欧洲航天国家还建立了双边与多边专门协议,交换与共享主要在对地观测(EO)领域的卫星信息,以满足安全与军事需求,或多或少地取得了一些成就(参见第48章"欧洲多国合作卫星项目")。

　　与此同时,欧洲国家主要在共同体和欧盟框架内逐步制定了一些政策(包括经济、社会以及科学领域的政策),旨在最终实现一个共同超国家实体与机构组织。而国防政策一直都在国家控制之下,或者最多也就是局部由政府间机构与程序控制,相关航天计划也是如此。

然而,不断发展的军民两用方式与广义的安全概念,有利于超国家行为体参与安全应用的航天活动,尽管它们性质或能力并不相同。

因此,本章将从超国家层面描述安全领域的卫星计划。与独立国家或联邦制国家不同的是,欧洲卫星计划的所有权与开发权由 ESA、EUMETSAT 以及 EU 三个主要航天机构参与者共享。这三者有着不同的性质、宗旨与目标,甚至成员也不相同,但都在朝着一个目标而努力,即以航天技术开发为手段,以协同努力为基础,为欧洲国家与公民利益提供安全保障。

发射服务是实施安全与防务计划的一个主要部分。没有可靠、有效及安全的发射能力,欧洲航天任务就存在无法入轨的风险,因而也就存在无法安全和有效运行的风险。欧洲运载火箭计划是 ESA 的选择性计划(各国在自愿的基础上进行财政参与)。但由于其本身不属于卫星计划,本章将不予讨论(参见第 32 章"军民两用对地观测")。

对有安全应用的欧洲机构的航天计划进行概述后,本章将对欧洲机构与组织在旧大陆与全球范围内共同应对安全需求的方式进行一些重点思考。

46.2　为安全领域做出贡献的三个现有欧洲机构行为体

欧洲航天局是欧洲主要的航天活动参与者,也是资源与计划上航天研发活动的领头羊。在近 40 年成功的航天活动中,欧洲航天局始终专注于开发用于和平目的的计划。尽管已从 ESA 高度发布了一些有关开发安全与防务计划可能性的声明,但并非所有 ESA 成员国都会同意该机构的这种发展,这还需要国家之间以及各成员国内部(特别是科学界与军事界之间)取得共识并明确政治意愿。

目前,ESA 的资金来源为民用资金,成员国(MS)通过国家航天机构向强制性计划与选择性计划提供资金。然而,ESA 是唯一具备开发大型复杂的、以安全为目的的共同航天计划所需资源、设施与技术的超国家机构。因此,欧盟与 EUMETSAT 将其计划中太空组件的研发与采购委托给 ESA,有理由相信,未来安全与防务相关共同计划也取决于 ESA。

在 2007 年与 2008 年航天理事会会议中所实现的结构化合作框架下,欧洲防务局(EDA)与 ESA 签署了一份用于发起联合倡议的行政协议(2011)。可以看到,ESA 在安全与防务方面的航天应用中具有越来越重要的意义,但目前还没有开展军用航天计划的具体决定。

至于 EUMETSAT,欧洲气象卫星组织 30 多年来一直都在为其成员国提供作为安全与防务任务基本信息的气象数据。一些欧洲国家与美国、苏联及日本一起在早期参与了国际全球大气研究计划之后,欧洲卫星研究组织(ESRO) 与 ESA 相继负责气象卫星计划的开发(Meteosat-1 于 1977 年进入轨道)。欧洲主管部门很快便意识到开发一个为国家主管部门与运营商提供免费气象数据的欧洲公共独立气象系统的重要性。1986 年制定了 EUMETSAT 公约,旨在代表其(最初)16 个成员国开发与运营在轨气象卫星。自 1988 年起,EUMETSAT 持续开发与运营创新的卫星计划。

同样重要的是,欧盟层面正在进行以安全为目的的航天计划开发。20 世纪 90 年代末,欧盟委员会(EC)主要通过促成"哥白尼"(原 GMES)与"伽利略"旗舰计划开始积极参与航天与安全活动。空间监视与跟踪(SST) 或《外层空间行动行为守则草案》等举措证实欧洲对这一领域越来越有兴趣。

尽管人们已经承认"哥白尼"与"伽利略"计划为安全领域(特别是欧盟共同安全与防务政策(CSDP))提供了支持,但它们仍是民用计划。

"哥白尼"计划于 1998 年通过《巴维诺宣言》得以确立。巴尔干半岛的冲突证明,欧洲需要独立的星基资源,以确保欧洲国家与公民安全。"哥白尼"计划的安全概念最初只针对环境保护,后来才扩展到其他安全相关问题,至少包括初期 CSDP 里表述的内容。1998 年发表了《圣马洛宣言》,一年后,"环境安全全球监测"计划更名为"全球环境与安全监测系统"计划(European Commission,1999),"哥白尼"计划在防务领域的潜在用途也因此提出。"哥白尼"计划的技术特点、全球影响范围、合作性质以及所述的广义安全概念,立即引起了 ESA 与 EC 对军民两用领域的关注。

基于对冲突预防与危机管理相关活动的欧洲政策分析,《GMES 安全特征》(GMES Working Group on Security,2003)明确了"哥白尼"计划及其潜在终端用户的 5 个核心安全任务。安全任务清单并不详尽,将来可能还会涵盖"司法与内政"领域。"哥白尼"计划的广泛安全任务已进行详述,并已组织实施。

"伽利略"计划是第二个欧洲旗舰计划,于 1999 年形成,EC 在欧盟理事会的要求下提议研发能独立支持安全交通以及《欧盟共同外交与安全政策》(CFSP)的无线电导航与定位系统。由于其潜在的安全与军事应用价值,"伽利略"计划很快转变为一个军民两用系统。2006 年,EU 交通事务专员表示有这种可能性,这意味着"伽利略"计划可能也会用于军事目的,包括向 ESDP 提供支持。事实上,"伽利略"计划旨在提供四种服务,其中一种将包括保护功能(生命安全服务),而另一服务将提供两种加密信号(公共特许服务)主要服务于安全与国防公共机构。

以上简单地介绍了相关主要行为体的背景、起源以及活动目的，下面将详细介绍卫星计划，特别是相关的管理与注资情况、部分技术元件、主要工业问题、其应用范围及与安全的相关性、其国际层面尺度以及未来发展前景。

46.3 卫星计划描述

46.3.1 ESA 的演变及其军民两用计划

2000 年，ESA 与 CNES 共同出资支持《空间与重大灾害国际宪章》，ESA 同安全与防务领域的关系由此开始。随后的文件与会议以及与其他 EU 机构（EU、EDA 等）的协议，使得 ESA 的独特技术在与安全与防务的共同航天计划与应用中得到进一步利用。然而，这样的发展需要具备处理程序与设施，确保授权人员的访问权限、分类数据与信息的正确管理与存储以及敏感硬件的开发与测试等。ESA 成员国需就 ESA 活动与机构的扩大达成共识，这需要更多的资金，尽管正在进行磋商，但暂时未正式决议研发具体军用航天计划。

然而，基于上述《框架协议》，ESA 与 EDA 正在就以下活动进行合作：

（1）ESA 与 EDA 对军民两用 EO 领域系统中的一个共同地面段系统进行两项不同的平行研究；

（2）ESA 与 EDA 共同注资并管理一个无人机系统（UAS）天基服务的演示任务；

（3）ESA、EDA 及 EC 正在进行确定关键航天技术以实现欧洲独立性的三方演习；

（4）ESA 与 EDA 还在进行一项有关 SSA 计划的合作（军事用户需求定义，参见本章有关 SSA 的内容）；

（5）同样重要的是，ESA 按照第七次航天理事会会议的明确要求（EDA 与 EU 的要求），正在研究支持危机响应的欧洲一体化架构（将航天创新应用于安全的全球综合体系结构（GIANUS）理念）（第七次航天理事会会议决议，2010）。

ESA 尚未开发这样的军用卫星计划，但开发了军民两用计划（欧盟与 EU-MESAT 计划除外），如 EDRS 计划（欧洲数据中继系统）或 AIS 服务（欧洲海事安全局（EMSA）、海事与渔业总局（DG MARE）以及 ESA 计划主要用于避免船只碰撞的自动识别系统）。

46.3.2 SSA 计划

空间态势感知计划目前由 ESA 与 EU 注资，从解决地面与空间安全问题的欧洲合作方式来考虑,上述事实证明该计划备受关注。

这项计划被认为具有战略意义(欧洲航天政策),其中一个特别的原因是空间碎片急剧增多,增加了对空间基础设施与在航天活动的人类造成伤害和碰撞的风险。碰撞不仅会对基础设施造成损坏或破坏,从而耗费大量资金与研发精力,甚至可能造成人员伤亡,同时还会造成天基服务中断,给运营方造成不利的战略与商业后果,以及给用户带来不利的后果。为应对这些挑战,需获取与传输及时准确的信息、数据以及包括识别与跟踪空间物体在内的有关空间环境的服务。

目前已形成这样一个共识,欧洲 SSA 计划应基于各种现有技术设备(特别是地面雷达)网络。这些设备大部分为国有, 部分由 ESA 运营。另外,还有其他非欧洲系统(美国或俄罗斯空间监视网络与资产),理想情况下,这些系统可能会成为未来全球网络的一部分。国际合作确实是一个关键问题,因为欧洲对该计划一定程度的自主性非常感兴趣,同时也意识到很难实现完全自主。SSA计划可能会促成与其他国家(如美国)、国际合作伙伴与组织(如 11 国组成的机构间空间碎片协调委员会(IADC))合作利用这一领域的现有资产与经验。

ESA 在 2008 年部长级理事会上批准了空间态势感知预备计划(SSAPP),这是一个 13 个国家参与的选择性计划(SSA programme overview,2012)。SSA计划主要由空间监视与跟踪(SST)(具有最高安全与军事意义)、太空天气(SWE)以及近地目标(NEO)三个部分组成。SST 部分主要包括编目空间物体及其轨道,以便于对可能的碰撞进行预测与警报。然而,这样的编目也可能会被"误用",因为它允许识别不应该被追踪的空间物体(侦察卫星),从而导致这些空间物体失去战略价值或容易受到反卫星武器的威胁。因此,制定适用的管理与数据政策是创建服务于欧洲且不与欧洲利益冲突的共同欧洲 SST 服务的基础。

在上次 ESA 部长级理事会(2012)上,该计划得到重新制定,但将其活动限制在(不太受影响的)NEO 与 SW 部分,以便继续开发、测试以及验证基本能力。最近位于 ESRIN(欧洲空间研究学院)设施(罗马附近)内的一个 NEO 协调中心开放,因此 NEO 部分进入到一个重要阶段,该协调中心在 ESA 的 SSA 计划下建立,将作为 NEO 数据源与数据提供者网络的中央检索点。此外,ESA 的欧洲航天天文中心(ESAC,马德里附近)还开发了空间监视数据分析能力,作为用于未来操作中心开发的 ITC 技术试验平台。

目前,SSA 计划是一个具有明确军民两用用途、处于民事控制的民用计划。对该计划最感兴趣的欧洲国家可能会决定在纯粹的双边基础上(并不纳入更大的 ESA 或 EU 框架中),继续开发 SSA 计划(特别是 SST 部分)的"军事应用"。

在有关 EU 的段落中,会对这一问题(特别是对 EU 可能扮演的角色)进行思考。

46.3.3　EUMETSAT:提供用于安全与防务目的的气象信息

46.3.3.1　概述

EUMETSAT 是一个提供广泛气象服务的政府间组织。其决策机构是由成员国(26 个)与各国国家气象服务机构(NMS)所代表的理事会。EUMETSAT 主任遵循理事会指示,确保正确管理该组织及其计划。"EUMETSAT 响应其成员国与合作国的 NMS 不断变化的需求。这可确保 EUMETSAT 的义务计划与服务持续对用于生命、财产及经济保护的 NMS 信息与预测服务提供支持。"(EU-METSAT website, http://www. eumetsat. int/Home/Main/AboutEUMETSAT/International Relations/SP_1225964706459?l=en)

46.3.3.2　管理与注资

EUMETSAT 负责有关计划制定、任务执行、数据采集、预处理及数据分发。EUMETSAT 总部或 NMS 直接接收三个天基任务的数据,并在国家层面处理数据、创建并分发服务。

事实上,NMS 是 EUMETSAT 的独家授权代理机构,可为民事或军事管理机构。例如,在意大利,国家空军(尤其是国家气象学与气候学航空中心)是收集与再分发包括 EUMETSAT 数据在内的卫星与其他传感器数据的国家级中心机构。在其他国家,NMS 可能是国家民事管理机构(如法国 NMS 为法国气象局,隶属于生态、可持续发展与能源部)。总之,EUMETSAT 数据肯定用于各国的安全与防务领域。但除用于防务与安全的数据外,EUMETSAT 还提供可以通过不同渠道获取(通过该组织网站获取,或用户直接获取)的其他数据类型。

EUMETSAT 预算包括基于国民总收入(GNI)的各国资金贡献。2010 年,德国投资占比位居第一(19.2%),其次是英国(15.6%)、法国(14.7%)及意大利(12.8%)。ESA 负责 EUMETSAT 计划空间段的开发,同时提供资金,尤其是承担系列计划中首颗卫星的大部分开发成本。因此,ESA 正在成立 EUMETSAT 卫星机构,并以其名义采购 EUMETSAT 卫星。

46.3.3.3　技术内容

第一代气象卫星(MFG)任务是一系列静止轨道卫星(首颗(Meteosat-1),卫星于 1977 年发射,最后一颗(Meteosat-7)于 1997 年发射),全面且连续覆盖地球,以便于进行天气预报。气象卫星的主要仪器是气象卫星可见光与红外线成像仪(MVIRI),这是一个具有三条光谱带的高分辨率辐射计。Meteosat-7 卫星提供印度洋数据覆盖(IODC)服务。

"第二代气象卫星"(MSG)接替"第一代气象卫星"(MFG),由 4 颗静止轨道气象卫星(其中 3 颗于 2002 年至 2012 年间发射)以及一个地面段组成。该计划将运行至 2020 年,其信道容量得到了改善,可在较短时间内传输更多数据,扩大了应用与相关用户的范围。12 条光谱通道(MFG 上只有 3 条)可实现更精确的数据收集与不同测量。MSG 可每 15min 对同一区域进行拍摄,其覆盖范围包括欧洲、非洲以及大西洋部分区域。MSG 设计用于支持欧洲与非洲的短期预测、数字天气预报以及气候应用(EUMETSAT website:http://www.eumetsat.int/Home/Main/Satellites/MeteosatSecondGeneration/Services/index. htm?1 = en)。成像服务是 MSG 的首要任务,而由于该卫星携带小型通信有效载荷,因此其二级任务包括接收与再传输求救信号。

MetOp 是由 3 颗极地轨道气象卫星组成的卫星系列,这 3 颗卫星构成了整个 EUMETSAT 极地系统(欧洲气象卫星极轨系统(EPS))的空间段。这项计划的目的是提供长期天气预测与气候监测的数据集。

MetOp-A 卫星于 2006 年发射,MetOp-B 于 2012 年 9 月发射,MetOp-C 将于 2016 年发射;这 3 颗卫星计划预计在 14 年内提供更完善的全球温度与气候数据。MetOp 卫星携带美国(4/11)与欧洲仪器(EUMETSAT website:http://www. eumetsat. int/Home/Main/Satellites/Metop/MissionOverview/index. htm?1=en)。

EPS 是在欧美合作框架下,由 EUMETSAT 与美国国家海洋与大气管理局(NOAA)合作开发的一个计划。根据 EUMETSAT 与 NOAA 的协议,双方交换数据、提供星载仪器以及提供备份信息。

MetOp 服务不仅包括影响经济、工业、旅游等不同行业的天气预报与气候监测,还包括危机响应服务。MetOp 的直接读取服务可以为本地用户站提供实时数据传输服务(限于卫星当时的观测数据)。

第三个 EUMETSAT 任务是"贾森"-2(Jason-2)卫星,"贾森"-2 卫星属于一个卫星系列,该系列卫星构成海洋表面地形任务,用于支持天气预报、气候监测以及运行海洋学。特别指出的是,"贾森"-2 卫星计划源于两个运营管理机构与两个研究管理机构(EUMETSAT 与 NOAA,以及 CNES 与 NASA)的国际合作。

这项任务专注于海洋研究,目前其部分应用包括海洋资源的可持续管理、渔船与商船船队的监控、海上人员与财产保护以及港口管理。安全功能也涉及此类应用。此外,"贾森"-2 卫星自 2008 年入轨以来,对预测极端海洋大气活动(如厄尔尼诺现象)提供了支持。

46.3.3.4 工业问题

正如 EUMETSAT 官方文件(EUMETSAT,2011)所述,该组织"追求最大成本效益及最佳资金效益,并将始终坚持以全面公开竞争为基础的采购方式,但会明显倾向于能体现欧洲能力和竞争力的工业解决方案"(斜体为作者所加)。EUMETSAT 采购条例旨在尽可能遵循欧洲共同体在公共采购方面的规则,这意味着要以公开投标为基础。具体而言,这意味着 EUMETSAT 注资的研发阶段(通常占总费用的 1/3)与循环轨道卫星资金,应由基于公开竞争的 EUMETSAT 采购政策来管理(产品与服务均如此)。EUMETSAT 网站上可能会公布面向欧洲企业的招标信息。由 ESA 管理的 EUMETSAT 资金应不受地域性回报原则限制,但仍存在一定的地域性分配,因为 ESA 有以最低成本实现最大效益的使命(公开竞争适用于分包与供应层面)(Hobe,2010)。对于由 ESA 出资的部分研发活动(通常达 2/3),采用 ESA 采购政策(包括 ESA 地域性回报原则)。

泰雷兹·阿莱尼亚宇航公司是整个 Meteosat 系列(包括自 1977 年以来发射的 11 颗第一代与第二代卫星)的主要承包商。第三代卫星正在筹备当中。泰雷兹集团还是 EUMETSAT 极地系统框架下 MetOp 卫星地面段的主要承包商。"贾森"-2 卫星由泰雷兹与 CNES 负责,而星载仪器及发射服务则由美国合作伙伴负责。

欧洲宇航防务集团(EADS)的阿斯特里姆公司是 MetOp 空间段的主要承包商,负责"海军陆战队卫兵"(MSG)计划主要子系统的开发(供电系统、姿态与轨道控制系统、推进系统、以及自旋增强可见光红外成像仪(SEVIRI)的开发)。

与欧洲其他航天计划类似,上述主要承包商依赖于几个欧洲国家的众多供应商。

46.3.3.5 应用范围、用户及与安全的相关性

EUMETSAT 在欧洲安全与防务领域的主要应用包括向公共用户(军队、安全部队等)提供精确的最新气象服务。当用户要求这些服务执行"公务"时,用户有权自由使用这些服务。"公务"是指 NMS 在其领域内外的所有活动,这些活动源于与国防、民航以及生命财产安全有关的法律、政府及政府间要求(EUMETSAT,2010)。

在安全问题方面,值得一提的是,MetOp 计划中存在数据拒绝访问机制。NOAA 与 EUMETSAT 间的这份协议规定了使用美国仪器(MetOp 卫星上载有 4 台美国仪器)所提供数据的条件。数据拒绝访问机制适用于本地与全球传输机制,主要是拒绝访问经过美国权威部门批准、应 NOAA 要求传输到特定用户的 MetOp 数据。例如,如果发生战争或危机,NOAA 可向 EUMETSAT 提供拒绝访问的数据集内容,以及拒绝访问的用户或地区名单。优先级用户包括永远不会被拒绝访问数据的用户,即公共职能用户与国防部队。

46.3.3.6 国际层面

这一领域在国际层面上已经发展成熟,主要是因为气象学是关乎全球利益

的全球性工作,它不仅用于天气预报,还用于气候监测。如上所述,EUMETSAT
本身源于与 NOAA 的跨大西洋合作,目前仍在与美国进行"贾森"与 EPS 等任
务合作。

EUMETSAT 与许多国际机构(从事气象活动的联合国机构与区域机构)以
及中国、印度、日本、韩国、美国、加拿大及俄罗斯联邦的航天或气象管理机构都
达成了正式合作协议。

EUMETSAT 还在开发非洲项目,以便通过数据、培训与研讨会提供支持
(EUMETSAT website:http://www. eumetsat. int/Home/Main/AboutEUMETSAT/
InternationalRelations/Africa/index. htm?1=en)。还值得一提的是,自 2012 年 7
月以来,EUMETSAT 参与了 1999 年发起的《空间与重大灾害国际宪章》,为向其
提出自然灾害管理与灾后重建请求的国际合作伙伴提供 EO 数据(Charter web
site:http://www. frstrategie. org/barreFRS/publications/dossiers/japon_ spatial/.)。

如上所述,EUMETSAT 参与"哥白尼"计划时,专注于海洋学、大气成分以及
气候与土地监测。EUMETSAT 向"哥白尼"计划提供来自其 Meteosat、MetOp 以
及"贾森"卫星的数据,并计划未来也会利用第三代气象卫星(MTG)与第二代
EPS 卫星提供此类服务,使 EUMETSAT 有助于全球环境与安全监测。

46. 3. 3. 7   未来展望

未来计划包括由 ESA 与 EUMETSAT 正在开发的第三代气象卫星(MTG):目
前正在 ESA MTG 计划框架下进行前两颗卫星研发阶段的初期工作。EUMETSAT
负责采购 4 颗卫星(前 2 颗由 ESA 出资)以及发射服务(计划于 2020 年实现首次
发射),同时还将负责开发地面段与运营。该星座将由 6 颗具有 16 条信道的卫星
组成,这些卫星比前两代更重。机载仪器将包括一个干涉仪、拥有热光谱域中具
有超光谱分辨率的红外线探测仪(IRS)以及"哨兵"-4(Sentinel-4)卫星仪器(高
分辨率紫外可见近红外(UVN)光谱仪)(EUMETSAT website:http://www.
eumetsat.int/Home/Main/Satellites/MeteosatThirdGeneration/MissionOverview/index.
htm?1=en)。该星座将由成像卫星(4 颗)与探测卫星(2 颗)组成,对大气进行逐
层分析,数据收集与分析也将更精确。

定义 MetOp 第二代卫星(EPS-SG)的活动正在进行,该卫星会成为与
NOAA 一起定义的未来联合极地系统的一部分。EPS-SG 计划应于 2012 年进
入设计与开发阶段。提议一些第二代卫星将携带的仪器,包括由 EUMETSAT、
ESA、DLR 与 CNES 以及 NOAA 提供的仪器(EUMETSAT website:http://
www. eumetsat. int/Home/Main/Satellites/EPS-SG/Instruments/index. htm?1=en)。

同样重要的是,EUMETSAT 于 2010 年批准了"贾森"-3 任务。"贾森"-3
计划是 EUMETSAT(26 个成员国中有 20 个国家同意参与并注资该计划)、

NOAA、CNES 以及 NASA 合作的成果,目前正在开发之中,计划于 2014 年发射。欧盟委员会正在考虑注资"贾森"-3 计划的部分运营工作,因为该计划将向"哥白尼"计划海洋监测服务提供重要数据 (EUMETSAT website:http://www. eumetsat. int/Home/Main/Satellites/Jason-2/MissionOverview/index. htm)。

46.3.4　EU:以安全为目的的航天领域新行为体,从军民两用旗舰计划到 SST 计划

46.3.4.1　"哥白尼"计划:概述

"哥白尼"计划(原为"全球环境与安全监测"(GMES)计划)是一个非常复杂的计划,主要由太空组件(由欧盟成员国与第三方贡献的组件、开发用于弥补数据缺口的"哨兵"卫星以及地面段组成)、原位组件(主要由欧洲环境局管理的海陆空传感器)以及服务组件(由 EC 管理,私营部门与欧洲机构共同参与)三个部分组成。20 世纪 90 年代末,利用 EC 与 ESA 研发预算的"哥白尼"计划即将进入运营阶段。2012 年,EC 决定将该计划由 GMES 计划更名为"哥白尼"计划。

1. 管理与注资

"哥白尼"计划是一个共有计划,尽管该系统中包含各国设施,而事实上,各国设施的确用于提供服务数据。"哥白尼"计划开发的整体管理方式仍在讨论中。尽管"哥白尼"计划的服务将分散管理,但该系统的整体经营与管理将很可能继续由 EC 掌控,前提是"哥白尼"计划用于自 2014 年开始运营的预算能够得到批准,而目前对此尚未做出正式决定。事实上,EC 在 2011 年 6 月就提议将该计划排除在 2014 年至 2020 年欧洲总预算之外(多年度财政框架(MFF))(COM,2011a)。EC 建议建立一个具体的"哥白尼"计划基金,由 EC 管理,各成员国根据本国国民总收入(GNI)提供资金(COM,2011b)。预计 2014 年至 2020 年所需资金共约为 58 亿欧元。大部分利益相关者(包括欧洲议会、ESA、大多数成员国、欧洲理事会或其他欧盟顾问机构)不同意这样的提议。经过激烈磋商后,"哥白尼"计划重新纳入到多年度财政框架(MFF)内,但 MFF 具体事宜尚未确定,预算部门仍在协商。EU 通过其 MFF 向"哥白尼"计划提供资金不仅关系到资金来源,还关系到该计划的"起源"问题,因此会影响其整体管理与决策的方式。2014 年至 2020 年,欧盟将向该计划最多提供 37 亿欧元资金。

欧盟承诺的不确定性使过去几年对"哥白尼"计划的投资陷入险境:

根据 EC 的解释,自 1998 年原 GMES 计划发起以来,EU 与 ESA 到 2013 年为止向"哥白尼"计划总共提供了 32 亿欧元资金,用于服务开发与初期运行以及空间与原位基础设施等。对于服务组件,EU 提供的资金达 5.2 亿欧元,ESA

提供的达 2.4 亿欧元。对于太空组件,ESA 提供了约 16.5 亿欧元,而 EU 提供了 7.8 亿欧元(用于注资欧盟第 7 个研究与技术发展框架计划(FP7)以及"哥白尼"计划初期运行),用于获取来自各国卫星的太空数据等(COM,2011b)。

各国相关设施由其各国所有者或运营商负责运营,但"哨兵"卫星入轨后的运营负责人还有待确定。部分"哨兵"卫星(与气候、海洋、大气监测有关)将可能会由在这些应用领域具有丰富经验的 EUMETSAT 负责运营,而其他"哨兵"卫星则将暂时由 ESA 运营,但正在就"哥白尼"计划管理进行更广泛的磋商,期望获得长期解决方案。

就服务而言,尽管部分服务已进入预运营或运营阶段(如应急管理服务),且现有 EC 机构、ESA、各国国家主管部门以及私营服务供应商已参与进来,但其运营管理仍正在商议中。需提出的是,在"哥白尼"计划下开发的所有有形与无形资产的所有权还存在争议,在"哥白尼"计划最后的管理提案中,EC 表明对于现有所有权而言,所有者可能是"欧盟或专门指定的机构或基金会"(EU,2013)。

2. 技术内容

正如预期那样,"哥白尼"计划的太空组件包括各国贡献的空间设施与"哨兵"卫星。各国贡献空间设施主要包括:

(1)合成孔径雷达(SAR)传感器,适用于对陆地、海洋与冰面进行全天候昼/夜观测;

(2)中、低分辨率光学传感器,用于获取地表信息,如农业显示、海洋监测、沿海动态与生态系统监测;

(3)高、中分辨率全色与多光谱光学传感器,用于区域与国家陆地监测活动;

(4)超高分辨率(VHR)光学传感器,用于定位特定区域,特别是安全应用需求较大的城市地区;

(5)高精度雷达高度计系统,用于海平面测量与气候应用;

(6)辐射计,用于监测陆地与海洋温度;

(7)光谱仪,用于监测空气质量与大气成分(ESA,2012)。

一旦确定各国贡献的设施可以提供"哥白尼"计划中的服务,"哨兵"卫星则可作为"数据缺口弥补卫星"(基本用于环境领域)。正在开发以下 6 项任务(每个星座至少有 2 颗卫星):

(1)"哨兵"-1 卫星 C 波段 SAR:"哨兵"-1 卫星是一颗用于陆地与海洋服务的极地轨道全天候昼夜雷达成像卫星。

(2)超光谱"哨兵"-2 卫星:"哨兵"-2 卫星是一颗极地轨道高分辨率多光谱成像卫星,用于陆地监测,提供植被、水土覆盖、内河航道与沿海区域的图像等。"哨兵"-2卫星还将向应急服务提供信息。

(3)海洋"哨兵"-3卫星:"哨兵"-3卫星是一颗多仪器极地轨道卫星,用于高精度可靠测量海面地形、海陆面温度、海洋水色以及陆地颜色等参数。

前3颗"哨兵"卫星计划利用轻型或中型运载火箭(库鲁的"联盟"号运载火箭、"织女星"运载火箭或"呼啸"号运载火箭)于2013年完成发射,将进入太阳同步近地轨道(高度在690~800km之间)。这些卫星预计执行7年的任务(ESOC,2012)。

另外3颗"哨兵"卫星计划用于大气监测:

(1)"哨兵"-4卫星将作为搭载在一颗第三代静止轨道气象探测卫星(MTG-S)上的有效载荷。

(2)"哨兵"-5卫星是将搭载在一颗第二代MetOp卫星(又名Post-EPS)的有效载荷。

(3)"哨兵"-5先导卫星任务。

位于德国达姆施塔特市的ESA欧洲空间操作中心(ESOC)将开发与测试"哨兵"卫星的在轨控制系统。地面段将包括连接地面与卫星的硬、软件。ESA开发了一个集中数据访问系统,该系统目前暂时由ESA运营,提供众多资源与组件(包括各国贡献设施与"哨兵"卫星)的数据检索。

3. 工业问题

欧洲根据资金来源在这一领域采用了不同的采购政策与原则。如果资金来源于ESA,则采用ESA地域性回报原则。如果所用资金来源于EU,则采购时需采用欧盟的公开竞争与最佳资金效益原则。

在这两种情况下,只有几个欧洲企业能有效确保卫星及相关系统的开发与装配。

EADS的阿斯特里姆公司与泰雷兹·阿莱尼亚宇航公司是已签约开发"哥白尼"计划太空组件及其服务的两家主要跨国公司,它们都得益于一个庞大的欧洲供应商与分包商网络。

EU、ESA与"哥白尼"计划开发企业之间的关系始于研发阶段:在第6个和第7个研究与技术发展框架计划下(2002年至2014年),通过ESA项目实现。由于"哥白尼"计划已接近运营阶段,私营部门将主要以服务供应商的形式参与该计划,所提供的自然是未来几代"哥白尼"计划的组件。目前尚未明确将对(部分)终端用户所采取的定价政策(如果有),以及私营企业因提供"哥白尼"计划服务而盈利的程度。到目前为止,EC与ESA表示,将会以开放与自由的数据和服务利用政策作为基本规则(在安全重点问题上有适当的例外)。同样,尽管一些研究主张"哥白尼"计划将促成高技能工作的出现,并将带动欧洲下游行业的发展;但只有当所有服务都处于运营状态时,才能最终看到这种社会经济效益。就"哥白尼"计划中各国贡献的设施而言,它们是以 PPP 方式从国家层面进行公共投资、私营投资或两者兼而有之的成果。在此,值得一提的是私营企业在这一领域内的角色不断变换。一些私营部门开始越来越多倾向于(联合)注资航天活动,而在卫星通信行业内就已出现这种情况。私营企业不仅参与注资(如 SPOT-6 与 SPOT-7 卫星就完全由阿斯特里姆公司注资),还为欧洲公共部门与商业用户提供基于 EO 的服务。因此,在一定条件下,"哥白尼"计划未来可能会遇到私营企业参与的联合注资新形式。

4. 应用范围、终端用户及与安全的相关性

目前,"哥白尼"计划的服务组件有望在如下专题领域内提供一系列服务:

(1) 陆地监测(应用范围包括地表变化、水质与可用性、森林监测、全球食品安全等)。

(2) 海洋环境监测。应用范围包括海上安全、海洋资源、海洋与沿海环境、气候与季节预报。

(3) 大气监测。应用范围包括监测温室气体、活性气体、臭氧层、太阳紫外线辐射以及气溶胶。

(4) 应急管理。这些组件可提供几乎实时的地理空间信息,因此其应用范围包括支持对自然灾害、人为紧急情况以及人道主义危机的管理。

(5) 气候变化,更好地监测与掌握气候变化(沙漠化情况、海平面、食品安全等)。

(6) 安全方面,目前的相关服务包括边境控制、海上监视和支持 EU 对外行动。

通过以上众多服务,"哥白尼"计划可使三个基本用户群体受益:由各国、欧盟机构甚至国际公共终端用户(包括获利较少的军事用户)组织形成的群体;私营终端用户群体,包括保险公司、非政府组织(NGO)以及石油或自然资源开采领域的企业;以及对"哥白尼"计划数据与服务感兴趣的科学界用户群。

就安全服务而言,值得一提的是,安全服务将主要依赖于各国贡献的设施(而非"哨兵"卫星),因为这些设施在分辨率、任务周期、数据获取与加密等方面具有卓越性。虽然大多数空间基础设施目前都可以利用,但仍有一些问题使安全服务的发展没有其他服务成熟。有待解决的安全相关问题包括安全的定义、安全服务的范围、任务精确度的鉴定以及相关终端用户。关于最后一点,与安全方面的其他服务(如海上安全)相比,在某些情况下(如向欧盟的欧洲对外事务部(EEAS)提供支持)更加容易确定和组织终端用户群体。与安全相关的其他问题包括:国家 EO 数据以安全为目的进行利用时具有敏感性;主要利益相

关者之间缺乏明确的数据政策;确保未经授权的用户不能将"哥白尼"计划的产品用于造成伤害的活动。

部分预运营的安全服务在 FP7 研发项目 G-MOSAIC(用于区域性危机的作战管理、态势感知及情报工作的全球环境与安全监测系统服务)的框架内运营(http://www. gmes-gmosaic. eu/)。在该项目中,安全服务用于危机管理与评估相关情形中(2010 年尼加拉瓜与哥斯达黎加边境纠纷;科特迪瓦、也门与刚果民主共和国危机),支持欧盟对外事务部(EEAS)。G-MOSAIC 也在利比亚冲突中发挥了作用。终端用户包括法国与意大利国防部、DG RELEX/EEAS、联合国维和部门以及非洲区域资源发展制图中心。

这些首批部署行动证明终端用户具有多样性(包括欧洲与国际用户以及军事与民事用户),对安全这一特定服务而言,多为公共用户,而非私营用户。

5. 国际层面

"哥白尼"计划在国际合作协议框架下的潜力是公认的,在某些情况下,已确立了明确的程序与规则,用于确保公平、安全与可控地利用"哥白尼"计划的服务。事实上,第三方(国际组织、国家行政部门等)可能会是"哥白尼"计划的潜在用户。在应急管理服务方面的第一年经验清楚地表明联合国等第三方给该服务带来的利益。值得注意的是,欧盟与非洲大陆及其区域组织达成了更全面的协定。《非欧联合战略》的内容之一包括利用以安全与发展为目的的信息与通信技术(包括航天)。

此外,国际合作伙伴可能会积极为"哥白尼"计划出力,例如,加拿大通过实行国家计划与批准关于"哥白尼"计划服务元件与太空组件的 ESA 合同,以支持"哥白尼"计划。

就非欧洲用户或第三方合作伙伴而言,需考虑与解决某些方面的问题:与其他服务相比,安全服务更有必要采取一些政治与安全的相关限制与控制,以确保"哥白尼"计划的资源(数据与服务)不被滥用,确保"哥白尼"计划始终用作欧洲安全服务的独立工具。

6. 未来展望

就"哨兵"卫星与服务而言,EC 与终端用户已建立了持续的对话与合作关系,明确服务定义,包括服务的发展与完善。ESA 可能会积极地参与这些活动,以便根据用户需求与要求对空间与地面基础设施进行技术更新。"哥白尼"计划的第一代设施尚处在预运营阶段,但从长远来看(2020—2025 年),"哨兵"卫星将需替换为同系列中(1-C、2-C 等)更完善的第三个航天器,主要目的是确保"哥白尼"计划始终以用户为导向。

就各国贡献的设施而言,各国国家航天机构正在筹划第二代航天器(如意大利航天局(ASI)正在筹备第二代地中海盆地对地观测小卫星星座(COSMO-SkyMed),德国国家航天中心(DLR)也正在筹备第二代 TerraSar-X 卫星)。事实上,确保服务供应的长期连续性也是确保"哥白尼"计划成功的主要因素,这不仅关乎用户群体利益,也有利于真正巩固下游产业。

46.3.4.2 "伽利略"计划:概述

"伽利略"计划是欧盟导航与定位计划,包含一个由 30 颗静止轨道卫星构成的星座。2011 年 10 月,首批 2 颗"伽利略"卫星得到成功部署。这 2 颗卫星搭载在联盟号运载火箭上从库鲁的航天中心发射,其信号证明成功实现了与 GPS 系统之间的互操作性,且两者间没有发生信号干扰。接下来的两颗"伽利略"卫星于 2012 年 10 月从库鲁发射。4 颗卫星已成功进入轨道,使在轨验证(IOV)阶段的实施与 2015 年后初始运行能力(IOC)阶段的启动成为可能。

在地球上空约 23220km 圆形中地球轨道部署完整个星座(26 颗工作卫星),并完成庞大的地面站网络后,将开始运营阶段。地面操作中心将设在意大利的富齐诺与德国的慕尼黑附近。

1. 管理与注资

"伽利略"计划不同于"哥白尼"计划,它是一个完全意义上的欧洲计划。ESA 负责研发阶段与 IOV 阶段,向"伽利略"计划提供约 50% 的资金。

欧盟一直是基础设施与服务的唯一所有者。最初的"伽利略"计划管理结构以欧盟与欧洲企业间的 PPP 模式为基础确立,但并不明确,成效也不太大。公共与私营参与者的角色时有冲突,权限与责任划分也并不明确(Veclani,2011)。因此,2007 年重组了公共管理,决定仅利用公共资源注资该计划。明确了"伽利略"计划管理负责人(EC)与其政治责任人(由 EU 负责,欧洲议会(EP)与欧盟理事会负责政治监督与预算分配)。还明确了 ESA 作为采购与设计代理机构的支持作用,以及特定欧盟机构(欧洲全球导航卫星系统局(GSA))的作用,该机构负责商业与安全问题,确保欧洲公共利益得到充分重视。新管理结构以 2008 年条例为基础,使该计划从此步入正轨。最新文件进一步明确了该系统的管理,特别是明确了负责其安全鉴定的机构。

关于 2007 年至 2013 年间的资金问题,EU 与 ESA 成员国大约花费 34 亿欧元。对于未来几年(部署与全面作业能力阶段)的发展,欧盟委员会提议在 2014 年至 2020 年的多年度财政框架(2014—2020 MFF)内"伽利略"计划与 EGNOS 应筹集 70 亿欧元资金(COM,2011c)。欧洲理事会与 EP 已协议在未来 7 年内向"伽利略"计划提供 63 亿欧元资金(欧盟理事会与欧洲议会)。

2. 技术内容

"伽利略"计划全部基础设施将包括:

(1) 1 个由 30 颗中地球轨道(MEO)卫星组成的星座。每颗卫星将包含 1 个导航有效载荷(带两个欧洲尖端原子钟)以及 1 个 SAR 应答器。每颗卫星将重达 700kg,轨道高度 23222km(http://www.gsa.europa.eu/galileo/programme)。

(2) 30~40 个传感器站。

(3) 2 个控制中心。

(4) 9 个任务上行链路站。

(5) 5 个遥测、跟踪与指挥(TT&C)站(DG ENTR website:http:// ec.europa.eu/enterprise/policies/satnav/galileo/programme/index_en.htm)。

欧洲首批开发的"伽利略"计划所需新技术中,值得一提的是与非常精准的时间与位置测量有关的技术。欧洲工业界开发了两个尖端原子钟:一个铷原子频率标准与一个被动型氢原子钟。星座中的每颗卫星都将携带这两种原子钟,以便实现精确定位(45cm 内)(Galileo Technologies development, ESA, 2012)。ESA 通过荷兰欧洲空间研究与技术中心(ESTEC)的无线电导航实验室,对卫星导航系统的空间信号状况与性能进行常规监控。该试验与仿真设备同时也向"伽利略"计划提供支持。

3. 工业问题

最初,EC 希望通过公私合营(PPP)模式注资"伽利略"计划,即获得私营部门的财政支持,而私营部门最终也将从该计划的商业收入中获益。对商业模式的错误估计、后续成本超支、延期、公私部门间以及私营部门内部间的误解,导致参与者无法达成协议,从而最终导致该模式的失败。于是 EC 决定完全利用公共资金注资"伽利略"计划,并按照一定的要求,在坚实的新基础上重启该计划,其新的行政与管理结构将集中在 EC 层面,并对 ESA 与各企业的角色进行明确定义。

目前,私营部门仍是通过由 EC 或 ESA 以 EC 的名义签订的采购合同参与该计划。"全面运行能力"阶段的前 22 颗卫星正由 OHB 公司(德国)与生产有效载荷的萨里卫星技术有限公司(英国)制造。而前 4 颗"伽利略"IOV 卫星已由德国 EADS 阿斯特里姆公司领导的财团(包括阿斯特里姆法国公司与阿斯特里姆英国公司)建造完成。

系统支持服务合同是进行"伽利略"系统集成与验证的必备条件,授予泰雷兹·阿莱尼亚宇航公司。

卫星发射合同授予阿丽亚娜航天公司,合同内容包括将两颗卫星分别搭载在 5 枚"联盟"号运载火箭中的 1 枚上从库鲁进行发射。而运营合同由 SpaceOpal 公司(一家意德合资企业)与代表欧盟委员会的欧洲航天局签署。

4. 应用范围、用户及与安全的相关性

就服务而言,"伽利略"计划将在全球范围内独立提供以下服务:

（1）公开服务（OS）：提供"典型"的定位与导航服务，并向所有人免费开放。

（2）生命安全服务（SoL）：信号完整性得不到保障时，将及时向用户发出警告。这一完善服务对安全至关重要的交通界（如航空）具有重要意义。这项服务将配备服务保障系统。

（3）商业服务（CS）：一种经过改善的服务，因提供两种附加信号而具备更高的准确度（这项服务也会配备服务保障系统）。用户可能多为私人用户。

（4）公共特许服务（PRS）：针对对服务与受控访问具有高连续性的特定用户（公共部门）。PRS 导航信号将使用加密代码与数据。这项服务将是向安全与防务部门提供的核心服务，这些部门最终成为主要终端用户。

（5）"伽利略"计划还支持搜救服务，这是欧洲向全球卫星搜救系统（COSPAS-SARSAT）的国际合作工作（进行人道主义搜救活动）所做出的贡献。

用户是指"伽利略"系统信号接收器的实际所有者。"伽利略"计划所提供的服务将为遇险的人带来极大帮助，而搜救部队、安全部队、民防人员、陆海空运输代理人与农业相关从业人员等也将因此获益。

5. 国际层面

导航与定位是一个覆盖全球范围的功能。因为"伽利略"计划不会是这一领域的唯一系统，所以有必要与其他国家进行公开对话。如上所述，"伽利略"计划从开始就进行跨大西洋对话，因此与 GPS 系统之间已实现了互操作。另外，EC 在 2003 年还与中国达成有关市场开发与工业合作等问题的一项合作协议，换取中国向运行成本巨大的"伽利略"计划提供财政支持。但又因担心"伽利略"计划的先进技术可能落入中方手中，于 2006 年废除了该协议。这次 EC 又与中国进行磋商，希望解决与中国的"北斗"导航卫星系统存在频率重叠的问题。

以与非洲在航天领域中更广泛的合作为基础，区域组织非盟（AU）与 EU 正致力于将欧洲对地静止轨道卫星导航增强服务系统（EGNOS）扩展到非洲大陆，以提高空中与海上运输安全。俄罗斯方面，部分航天合作涉及实现"伽利略"计划与 GLONASS 导航计划之间的互操作性，以及阿丽亚娜航天公司实现"联盟"号运载火箭的商业化。"联盟"号运载火箭于 2011 年携带"伽利略"计划首批 2 颗卫星从圭亚那航天中心发射入轨（Marta，法国战略研究基金会卷宗）。

另外，拉丁美洲伽利略信息中心为拉美国家提供了一个平台，便于通过与终端用户、利益相关者、主管部门之间的合同，确定其应用范围与商机，从而在拉丁美洲实现"伽利略"计划信号的整合与利用。

46.3.4.3 SST 计划：EU 提案

考虑到民事与军事用户的需求（依据定义）以及 ESA 预备计划，第七次航天理事会会议(2010)确认了太空在安全领域的重要性(EU 也很重视这一点),请求欧盟委员会与欧盟理事会提出 SSA 计划的管理方案与数据政策。EC 方面,在 FP7 研发计划框架内,进行众多与太空天气与太空资产安全(避免在轨碰撞)相关的研发项目,以支持"伽利略"计划(DG ENTR website: http://ec. europa. eu/enterprise/policies/space/esp/security/assets/index_en. htm)。

EC 上一次在 SSA 领域的举措是提出了建立欧洲空间监视与跟踪(SST)计划的欧洲决议(COM,2013a)。依据其在太空领域的新权限(《里斯本条约》,第 4 条与 189 条),EC 提议拨款 7 亿欧元用于支持 2014—2020 年 SST 计划的开发。该计划具有敏感性。事实上,有人建议成员国应该保留资产与数据的所有权与控制权。欧盟可能将通过欧盟卫星中心(EUSC)帮助协调逐条解密信息的访问并提供服务。

这一提案还有待欧盟理事会与欧洲议会的商议,但它标志着欧盟开始将航天计划用于军事用途以解决成员国安全问题。

46.4 结　论

表 46.1 总结了目前欧洲机构用于支持安全与防务政策的航天任务与计划。

表 46.1　现有欧洲机构安全计划

	计划	资金来源	整体管理	研发责任	主要安全任务	性质	状态
EU	"哥白尼"计划	EC+ESA 以及 EUMETSAT 融资+GCM	EC	ESA	用于安全与应急响应的对地观测	民用(具有两用性能)	预运营
	"伽利略"计划	EC+ESA	EC(GSA)	ESA	导航与定位	民用(具有两用性能)	预运营
	SST(提案)	EU 支持——成员国注资现有资产	EU	—	用于避免碰撞与损坏的太空监测与跟踪	民用(具有潜在两用性能)	初步研究/EC 提案
EUMETSAT	Meteosat 卫星、MetOp 卫星与"贾森"卫星	EUMETSAT+ESA	EUMETSAT	ESA	气象、大气、海洋及气候监测	民用(具有两用性能)	运营
ESA	SSA	ESA	—	ESA	空间态势感知(主要是 NEO 与 SW 部分)	民用(具有潜在两用性能)	筹备活动

　　欧洲机构与组织的航天计划正逐步对安全与防务政策提供支持。目前,几乎没有欧洲航天国家从国家层面同意进行具有高端军事特征与性能的航天计划。

　　然而,三个主要欧洲机构行为体却越来越有兴趣参与出于安全目的的卫星计划,这些计划采取军民两用方法,并利用了广义的安全概念。而广义的安全概念也适用于交通政策或环保政策等。

　　军民两用计划的应用具有多样性,涉及广泛的不同用户群体,如地方政府、国家、欧洲及国际层面的公共与私营用户以及民事与军事用户。总体而言,其应用确保为安全维护人员提供气象、对地观测(情报、监视等)、导航及定位方面的定性与独立服务。欧洲与国际运营商可能很快也会从 EU 提供的空间监视跟踪服务(支持太空安全的重要工具)中获益。

　　欧洲机构是在近期才参与安全与防务航天计划的,而且较为分散。其中一个原因是,与美国等国相比,欧洲的初期航天计划缺乏一个共同与统一的欧洲军事战略,目前欧洲军事战略仍然由各国控制。另外,尽管欧洲在进行一体化进程,但当涉及安全与防务领域时,欧洲内部也很难成功实现合作。

　　现有欧洲机构的军民两用计划是迄今为止超国家组织开发与管理以安全为导向的航天能力的唯一可行方式。从欧洲国家过去 60 年的历史来看,这已算是一种成功。

　　有趣的是,开发军民两用计划的三个主要机构行为体(ESA、EU 及 EUMET-SAT)在性质与目的上均截然不同。它们的互动越来越多,不断协调彼此,确保各司其职,避免出现不必要的重复工作。EU 负责确保政治方向、终端用户参与度、部分资金以及对其两大旗舰计划的整体管理。ESA 参与上述所有计划的研发阶段,而 EUMETSAT 则运营其自身的基础设施,同时也可能参与其他类似任务("哨兵"-4 与"哨兵"-5 卫星)的运营。根据在一个卫星计划中不同阶段的能力(而非根据民事与军事等专题区分的能力)进行合作似乎是确保超国家能力发展的首选方式。

　　未来面临的挑战仍是如何有能力将所有计划纳入欧洲特有的"利用太空维护安全"战略中,以确保这些计划能共同作用,实现以安全与防务为目的的统一的欧洲航天能力。就以安全为目的的欧洲航天计划而言,其资金、运营、管理及数据政策是最复杂的几个问题,但在某些情况下这些问题又必须得到解决。涉及国防领域时,这些问题尤为棘手。这个过程可能会很漫长,且与成员国的政治意志及共同欧洲防务战略的成熟度紧密关联。然而,卫星计划概述表明在 40 年来取得的进展仍在继续,还表明欧洲最终似乎还是找到了应对"太空与安全"这些问题的方法,尽管其方法存在一定的局限性。

 参考文献

7th Space Council Resolution, paragraph 20, 25 Nov 2010. http://www. eda. europa. eu/libraries/documents/space_policy_resolution. sflb. ashx. Accessed 23 Aug 2012

Charter web site and example of space applications to manage natural disasters as the Tsunami in Japan in March 2011. http://www. frstrategie. org/barreFRS/publications/dossiers/japon_ spatial/. Accessed 17 Aug 2012

COM (2011a) A budget for Europe (2020) 500 final of 29 June 2011

COM (2011b) 832 final of 30 Nov 2011

COM (2011c) A budget for Europe 2020, Brussels, 500 final, 29 June 2011, p 25. http://ec. europa. eu/health/programme/docs/maff-2020_en. pdf. Accessed 27 Aug 2012

COM (2011d) Proposal for a regulation of the European Parliament and of the Council "on the implementation and exploitation of European satellite navigation systems", 814 final

COM (2013a) Proposal for a decision of the European Parliament and of the Council "Establishing a space surveillance and tracking support programme", Brussels, 107 final, 28 Feb 2013

COM (2013b) Proposal for a regulation of the European Parliament and of the Council, amending Regulation (EU) No 912/2010 "setting up the European GNSS Agency", 40 final

Communication from the Commission (1999) galileo – involving Europe in a new generation of satellite navigation services

Council and European Parliament reach agreement on financing and governance of the European satellite navigation system, Press release, Brussels, 17/4/13, 8529/13

Council Joint Action 2004/552/CFSP (2004) On aspects of the operation of the Eu radio-navigation system affecting the security of the EU

Council of the EU, EU Military Committee (2006) Generic space system needs for military operations

EUMETSAT Data Policy (2010)

European Parliament Resolution on Space and Security (2008)

DG ENTR website. http://ec. europa. eu/enterprise/policies/satnav/galileo/programme/index _ en. htm. Accessed 21 Aug 2012

DG ENTR website. http://ec. europa. eu/enterprise/policies/space/esp/security/assets/index _ en. htm. Accessed 23 Aug 2012

DG ENTR website. http://ec. europa. eu/enterprise/policies/space/esp/security/index _ en. htm. Accessed 23 Aug 2012

Dordain JJ (2012) ESA must increasingly demonstrate its capacity to handle security and defense programs, in European Defence Matters, a magazine from EDA, Issue 01, May–July 2012, p18 ESA paragraph in this chapter

ESA website. http://www. esa. int/Our_Activities/Operations/Space_Situational_Awareness/Watching_for_hazards_ESA_opens_asteroid_centre. Accessed 15 July 2013

ESA website. Contributing missions' overview. http://www. esa. int/esaLP/SEMWX6EH1TF_LPgmes_0. html. Accessed 13 Aug 2012

ESDP and Space, Council of the EU (2004)

ESOC website. http://www. esa. int/SPECIALS/Operations/SEM98Z8L6VE_0. html. Accessed 13 Aug 2012

EU Committee for Civilian Crisis Management (2006) Generic space system needs for civilian crisis management operations

EUMETSAT contributing to global monitoring for environment and security. http://www. eumetsat. int/groups/cps/documents/document/pdf_br_cop02_en. pdf. Accessed 20 Aug 2012

EUMETSAT strategy (2011) A global operational satellite agency at the heart of Europe, October 2011 and EUMETSAT strategy 2030

EUMETSAT strategy 2030 (2010)

EUMETSAT website, italics added by the author. http://www. eumetsat. int/Home/Main/AboutEUMETSAT/InternationalRelations/SP_1225964706459? l¼en. Accessed 21 Aug 2012

EUMETSAT website. http://www. eumetsat. int/Home/Main/AboutEUMETSAT/International – Relations/Africa/index. htm? l¼en. Accessed 16 Aug 2012

EUMETSAT website. http://www. eumetsat. int/Home/Main/Satellites/EPS – SG/Instruments/index. htm? l¼en;ESA website. http://www. esa. int/esaLP/SEM95PXTVKG_LPmetop_0. html. Accessed 17 Aug 2012

EUMETSAT website. http://www. eumetsat. int/Home/Main/Satellites/Jason – 2/MissionOverview/index. htm. Accessed 27 Aug 2012

EUMETSAT website. http://www. eumetsat. int/Home/Main/Satellites/MeteosatSecond – Generation/Services/index. htm? l¼en. Accessed 17 Aug 2012

EUMETSAT website. http://www. eumetsat. int/Home/Main/Satellites/MeteosatThird–Generation/MissionOverview/index. htm? l¼en, http://www. eumetsat. int/Home/Main/Satellites/Meteosat–Third Generation/Instruments/index. htm? l¼en. Accessed 17 Aug 2012

EUMETSAT website. http://www. eumetsat. int/Home/Main/Satellites/Metop/MissionOverview/index. htm? l¼en. Accessed 17 Aug 2012

European Commission (1999) Global monitoring for environment and security,SAG/99/3

European Maritime Safety Agency,an EU Agency

European Space Policy (2007)

European Space Policy (2007) p 7. http://eur–lex. europa. eu/LexUriServ/LexUriServ. do? uri¼COM:2007:0212:FIN:en:PDF. Accessed 16 Aug 2012

European Space Policy but also the Space Council resolutions in 2008 and 2007

Galileo Technologies development,ESA website. http://www. esa. int/esaNA/SEMTK50DU8E_galileo_0. html. Accessed 21 Aug 2012

Giannopapa C (2011) The socioeconomic benefits of GMES. European Space Policy Institute, Report 39. http://www. espi. or. at/images/stories/dokumente/studies/ESP_Report_39. pdf

GMES Working Group on Security (2003) The security dimension of GMES

GMES Working Group on security in September 2003

http://www. asc–csa. gc. ca/eng/newsletters/eo_express/2011/0913. asp,and the Canadian Space Agency,estimates 2011–2012,report on plans and priorities,http://www. asc–csa. gc. ca/pdf/rpp–2011–details–eng. pdf. Accessed 27 Aug 2012

http://www. gmes–gmosaic. eu/. Accessed 28 Aug 2012

http://www. gsa. europa. eu/galileo/programme. Accessed 21 Aug 2012

Lisbon Treaty,art. 4 and 189

Proposal for a regulation of the Parliament and the Council "establishing Copernicus Programme and repealing

Regulation (EU) No 911/2010", 29 May 2013

Regulation 912/2010 "setting up the European GNSS Agency, repealing Council Regulation (EC) No 1321/
2004 on the establishment of structures for the management of the European satellite radio navigation programs
and amending Regulation (EC) No 683/2008 of the European Parliament and of the Council"

SSA programme overview. http://www. esa. int/SPECIALS/SSA/SEMQOBCKP6G_0. html. Accessed 13 Aug 2012

C-SPACE project results, FRS coordinator, funded by EC 7th FP

Darnis JP, Veclani A (2011) Space and security: the use of space in the context of CSDP. Study for the EP

ESA presentation, An evolving commitment, ESA in the domain of security and defense (2011)

European Defense Matters, a magazine from EDA, Issue 01, May-July 2012: p. 18

Hobe S, Hofmannova' M, Wouters J (eds) (2010) A coherent European procurement law and policy for the
space sector, towards a third way

Marta L. Un moment historique pour la coope'raiton spatiale internationale", dossier Fondation pourla Recherche
Strate'gique, http://www. frstrategie. org/barreFRS/publications/dossiers/cooperation_spatiale/

Pasco X (2011) Space capabilities for crisis management: reducing gaps, improving action

Pavlov N (2012) EU crisis management and the security dimension of GMES. ESPI perspectives, vol 63

Smith LJ, Baumann I (ed) (2011) Contracting for space, contract practices in the European space sector

The cost of non Europe in the field of space based systems, FRS and other authors, study for the European Parlia-
ment, subcommittee for defense and security (2007)

Veclani AC, Darnis JP, Miranda V (2011) The galileo programme: management and financial lessons learned for
future space systems paid out of the EU budget. European Parliament Policy Department External Policies
Study, Brussels

马丁·赫尔曼[1],沃尔夫冈·瑞诗吉博[2]
1. 德国航空航天中心,德国科隆
2. 欧洲航天局,意大利弗拉斯卡蒂

摘要

　　本章综述欧盟成员国卫星计划,包括可用于卫星的各种传感器,并介绍对地观测卫星任务,论及国家包括德国、法国、意大利、英国及西班牙。

47.1 前　　言

　　自 20 世纪 70 年代美苏航天竞赛开始冷却以来,部分欧洲国家已成为航天参与者。欧洲国家的航天活动一般专注于民事与商业用途。在过去的数年里,这一焦点有了改变。欧洲国家已意识到独立对地观测基础设施的价值,这种设施能够为各类机构提供最新信息,以更好地保护环境、及早识别并监测有潜在危机的区域、改善人道主义危机的管理以及保护国家安全。此外,欧洲国家明白避免侦察技术上的单边依赖以及实现欧洲遥感技术独立的重要性(EUSC,2012)。

　　目前正在运行或各国、联盟及/或欧洲国家集体计划发射的欧洲遥感卫星有 30 多颗。这些卫星中有的为军事专用设施,如德国军用侦察卫星群 SAR-Lupe 或法国"太阳神"(Helios)卫星。除军事专用设施外,还有的是军民两用设施,包括意大利雷达卫星群 COSMO-SkyMed 及能根据要求为安全或军事应用提供数据的民用/商用卫星,如德国 TerraSAR 与 TanDEM-X 卫星。

47.1.1　传感器类型

　　卫星携带不同种类的传感器(Richards、Jia,2006),可以携带雷达传感器(如 SAR-Lupe 及 COSMO-SkyMed 等合成孔径雷达(SAR))、光电传感器("太阳神")或高光谱传感器(EnMAP)。遥感系统依据能量来源,可分为无源及有源系统两类(Campbell,2002)。无源传感器检测由物体或从周围区域发射或反射的自然辐射(通常为反射阳光)。这些传感器主要为光学、红外及高光谱传感器或辐射计。无源遥感系统检测电磁波谱的可见、红外及热红外区域。有源传感器发射能量以扫描或照亮物体和区域，以便传感器检测及测量从目标反射或反向散射的辐射。雷达与激光雷达(Lidar)是典型的有源传感器。不同的传感器以不同的波长运作，波长易受不同散射机制的影响。微波传感器所用波长为厘米或分米级。传感器与检测技术的这些不同点既有有利的一面也有不利的一面。

雷达系统与光学系统不同，即使在夜晚和多云天气也可提供高对比度地形测量数据。它能穿透树叶，因此能检测到树林覆盖下的物体。但雷达系统的数据分析更为复杂，而光学系统的数据更易于未经训练的用户理解。高光谱数据使获取所观测物体化学成分方面的信息成为可能，但数据分析对水平较低的用户而言很复杂。红外传感器能检测热度，因此一般用于从太空监测森林火灾。通常将不同传感器与卫星组合使用(如可能的话)，以结合各种信息，并减少响应时间。

换言之，传感器类型将决定"看到的是什么"(可检测并测量的信息类型)及用于何种情况(如能穿透云层且昼夜均适用的 SAR、仅用于晴朗无云天气时阳光照射区域的光电传感器以及用于火灾监测的红外传感器)。但遥感数据的质量或"能看得多清晰或看到多少"在极大程度上取决于分辨率。主要有空间分辨率、光谱分辨率、时间分辨率以及辐射分辨率。

空间分辨率是传感器能分辨的最小物体的测量标准或图像上各像素或网格单元表示的地面线性尺寸。

光谱分辨率描述的是传感器在电磁波谱范围内能记录的具体波长。例如，"照相红外线"的波长范围 $0.7\sim1.0\mu m$。

时间分辨率描述的是传感器能获得相关特定区域图像的频率。例如，美国陆地卫星(Landsat)绕地飞行时每 16 天经过同一区域，而对地观测试验系统(SPOT 卫星)每 1~4 天就能获得一个区域的图像。

辐射分辨率是指各数据段中可能亮度值大小，由传感器以及能量记录的位数决定。如果数据为 8 位数，各像素的亮度值为 0~255(可能值共为 256)。如果数据为 7 位数，则亮度值为 0~127 或可能值的 1/2。

总而言之，传感器及传感器性能的选择是各任务的关键考虑因素。卫星数量对系统响应时间也很重要，因此对这个信息时代而言也很重要。对于多颗卫星的情况，编队或星座飞行行间的选择、卫星的数量以及轨道的选择将决定该系统的能力。同样重要的是，最大的制约因素是预算。以上参数决定了各国所有防务与安全相关卫星任务的框架。欧洲国家的这些情况将在下面进行概述。

47.2　各国的卫星任务

本节简要介绍欧洲各国的安全相关卫星任务。如前面所述,遥感在安全领域尤为重要,所以在此仅考虑对地观测任务。

47.2.1　德国

德国运营"合成孔径雷达-放大镜"(SAR-Lupe)卫星,这是欧洲的两个军事专用对地观测卫星计划之一。由于使用 SAR 传感器,SAR-Lupe 卫星可以全天时全天候地获取遥感数据。SAR-Lupe 计划包含 5 颗相同的卫星(质量为770kg,尺寸约为 4m×3m×2m)。这 5 颗卫星运行在三条高 500km 的轨道上,各轨道平面约相距 60°(OHB,2012a)。X 波段雷达卫星有两种模式:一种模式("条带"模式卫星相对地球呈固定方向)在天线方向固定的情况下提供更广泛的实时成像;另一种模式("聚束"模式,卫星或传感器做旋转运动,始终指向特定目标区域,以增加整合时间)用于高分辨率成像。SAR-Lupe 的实际分辨率值为机密数据。唯一的官方说法是空间分辨率远优于 1m(OHB,2012b)。给定区域的成像响应时间为 10h 或以下。这些卫星以不来梅轨道高科技(OHB)系统股份公司(OHB,2014)为主承包商进行开发,而 SAR-Lupe 系统为德国联邦国防部(BMVg)所有,并由其运营。第一颗卫星于 2006 年 12 月19 日在俄罗斯普列谢茨克航天发射场发射(DLR,2006),而后来的其他 4 颗卫星以约隔 6 个月的频率发射。2008 年 7 月 22 日,整个系统达到了全面运行阶段的成熟度。该系统的设计使用寿命为 10 年。下一代系统 SARah 的工作已经启动(Bischoff,2014)。

SAR-Lupe 卫星与与法国光学侦察系统("太阳神"-2 卫星)的地面段将共同构成泛欧战略性侦查活动的核心元素(OHB,2012b;ReportInvestor,2010)。法德已签订共享"太阳神"-2 卫星与 SAR-Lupe 卫星数据的协议,依据该协议,其中一个系统的接收器可获取另一系统的数据。此外,比利时与西班牙将通过成本分担协议接收"太阳神"-2 卫星的数据(法国 MOD,2009)。

继欧洲雷达卫星("欧洲遥感卫星"1 号(ERS-1)、"欧洲遥感"卫星 2 号(ERS-2)与"欧洲环境"卫星(Envisat))以及实施美国航天飞机雷达地形测绘任务的美、德、意航天飞机成像雷达 C/X 波段合成孔径雷达(SIR-C/X-SAR)之后,德国民用 SAR 卫星任务(陆地合成孔径雷达-X)(TerraSAR-X)卫星与陆地合成孔径雷达-数字高程模型-X(TanDEM-X)卫星)力图支持基于雷达的对地观测的科学与商业应用。该卫星任务是长期聚焦于德国国家航天计划发展的结果,展现了德国卓越的星基雷达技术。与 SAR-Lupe 卫星不同,虽然 TerraSAR-X 及 TanDEM-X 是民用/商用卫星,但展现了可用于安全领域(如天基减灾)的巨大潜力,而且具有高分辨率 3D 建模能力,因此也体现了应用于军事领域的潜质。

陆地合成孔径雷达-X(TSX)卫星是德国首颗遥感卫星,在德国联邦教育与研究部(BMBF)、德国航空航天中心(DLR)以及阿斯特里姆公司的公私合营(PPP)模式下得以应用(Astrium,2009)。这是一个用于科学与商业领域的对地观测 SAR 卫星任务。TSX 卫星长 4.88m、宽 2.4m,横截面为六边形,发射质量为 1230kg(DLR,2011),于 2007 年 6 月 15 日从哈萨克斯坦的拜科努尔航天发射场发射至高 514km 的近极太阳同步轨道(Flugrevue,2007)。有源天线运行于 X 波段,允许使用不同成像模式。在聚束模式下,可记录 5km×10km～10km×10km 区域内的雷达图像,分辨率达 1m。在条带模式下,可记录宽 30km、长 1500km 带状区域内的图像,分辨率为 3m。在扫描模式下,可扫描宽为 100km、长达 1500km 带状区域,分辨率为 18m。这些数据可通过干涉量度分析法及立体测量法用于很多领域,如水文学、地质学、气候学、海洋学、环境与灾难监控以及地图绘制(数字高程模型(DEM)生成)。该卫星的设计寿命至少为 5 年。

几近相同的陆地合成孔径雷达-数字高程模型-X(TDX)卫星于 2010 年 7 月发射(Bergin,2010)。TDX 与 TSX 卫星共同构成了太空中首个可配置的 SAR 干涉仪——TanDEM-X 卫星(陆地合成孔径雷达-数字高程模型)(Astrium,2010)。两颗卫星仅相距百米多,以不同的角度同时获取其下方地面的图像。这些图像被处理成分辨率为 12m、高程精度大于 2m 的精确高程图。3 年内,两颗卫星所生产的数据在数量上将增至 1.5Gbit 元组。与 TerraSAR-X 卫星一样,TanDEM-X 卫星也是德国航空航天中心与德国腓特烈港的阿斯特里姆公司之间的公私合作项目。TanDEM-X 卫星的设计寿命为 5 年。

环境测绘与分析计划(EnMAP)是德国的一个高光谱卫星任务,可及时、频繁地提供高质量的高光谱图像数据(ENMAP,2013)。其主要目标为研究生态系统参数,包括农业、林业、土壤与地质环境、海岸带、内陆水域。

EnMAP 任务的项目管理由德国航空航天中心的空间局负责。波茨坦德国地学研究中心(GFZ)(GFZ,2014)作为该项目的科学带头人。凯塞-特雷德公司负责开发、生产以及发射该卫星。卫星的高光谱成像仪由凯塞-特雷德公司提供,而卫星总线由 OHB 系统股份公司提供。地面段的建设及其为期 5 年的运行(数据接收、包括质量控制在内的数据处理、数据归档、校准以及向 EnMAP 用户提供网络界面)由 DLR(对地观测中心(EOC)与德国航天运行中心

(GSOC))实施。该卫星将配备一个主要基于改良的现有或预研发技术的专用成像推扫式高光谱传感器。其将覆盖从 420~1000nm(可见光近红外(VNIR))以及 900~2450nm(短波红外(SWIR))的光谱范围,且在两个光谱范围都具备高辐射分辨率与稳定性,每轨获取宽 30km、长 1000km 条状区域的图像,空间分辨率为 30m×30m。EnMAP 卫星预计将于 2015 年发射。

"快眼"(RapidEye)卫星任务是德国 RapidEye 股份公司运营的商用遥感卫星(RapidEye/Blackbridge,2014),得到了德国航空航天中心(DLR)的支持以及德国经济部与勃兰登堡州政府的资金支持。这一项目的总投资约为 1.6 亿欧元,其中 10% 由 DLR 提供。RapidEye 的这一商业理念于 1996 年由慕尼黑的凯塞-特雷德公司发起,并获得了德国航空航天中心的支持。8 年后,在欧盟、勃兰登堡州(德国)及由德国商业银行、加拿大出口发展公司(EDC)和德国复兴信贷银行集团组成的银行财团的帮助下,RapidEye 卫星星座及地面段建设所需的资金落实到位。麦克唐纳·迪特维利公司(MDA)以主承包商的身份获得合同,承担 RapidEye 卫星系统的建设工作。卫星总线的建设工作由英国的萨里卫星技术有限公司(SSTL)负责。每颗卫星以经飞行验证的 MicroSat-100 总线的进化型为基础,体积均小于 1m³,质量为 150kg(总线+有效载荷)。各卫星上携带的推扫式传感器为 Jena 航天飞机扫描仪 JSS 56。这 5 个传感器中每一个均可在 5 个不同的电磁波谱段(蓝、绿、红、红边以及近红外)收集图像数据。RapidEye 公司的卫星是首批涵盖红边波段(对叶绿素含量的变化敏感)的商用卫星。

由 5 颗卫星组成的完整 RapidEye 星座已于 2008 年 8 月 29 日在哈萨克斯坦的拜科努尔航天发射场搭载在"第聂伯"-1 号(DNEPR)运载火箭(一枚翻新的洲际弹道导弹(ICBM))成功发射,并于 2009 年 2 月投入商业运营。该任务包含一个由 5 颗相同小卫星(分别命名为"快速"(TACHYS);"眼睛"(MATI);"地球"(CHOMA);"太空"(CHOROS)以及"轨道"(TROCHIA)组成的星座以及基于已验证系统的地面基础设施。这 5 颗卫星等距分布在约 620km 高的太阳同步轨道上。每颗卫星携带一个 5 波段多光谱光学成像仪,地面采样间隔至少为 6.5m,幅宽为 80km。星座每天均可对地球上任一点获取一次图像,还可在 5 天内获取一个大区域的图像。

RapidEye 星座尽管主要面向商业市场,进行农业成像与测绘,但也可为德国军方所用。尽管相对于其他军用系统,这些卫星的空间分辨率较低,但 5 颗卫星所组星座的时间分辨率较高。2011 年 5 月,RapidEye 公司申请了破产保护。2012 年 8 月,加拿大阿尔伯塔省莱斯布里奇市的 RapidEye 加拿大有限公司收购了 RapidEye 股份公司。2013 年 11 月,RapidEye 正式更名为

BlackBridge。这次更名是两年来 BlackBridge 旗下所有公司整合以一个整体面向市场的结果(RapidEye/Blackbridge,2014)。

"双光谱红外探测器"任务(BIRD)是由 DLR 注资的小型卫星任务。BIRD 卫星于 2001 年 10 月 22 日搭载在印度的 PSLV-C3 运载火箭上进入高 572km 的圆形太阳同步近地轨道。

微卫星任务 BIRD 在 6 年运行期内(2001—2007 年)成功证明了在"按成本设计"的限制下将高新科学与创新组件(不一定为已验证的太空组件)结合起来时在技术与程序上的可行性。BIRD 的设计意图是使用微卫星上的推扫式传感器远程监测及感应森林火灾、活火山、油井燃烧以及煤层等热点事件。BIRD 为三轴稳定卫星,总质量为 94kg。其箱形主体的尺寸为 620mm×620 mm×550mm。该卫星工作周期的峰值能耗达 200W。有效载荷的停延时间为每轨 10min。每个工作周期的数据可储存在 1Gbit 的大容量存储器中,在下一运行周期期间被传输至一个德国地面站。

BIRD 的主要目标之一是论证各种新技术试验的优势与局限。2002—2008 年的 6 年间,BIRD 卫星提供了极其珍贵的红外传感器数据,实现了亚像素范围内的热点检测,空间分辨率低至 $2m^2$。2008 年,航天器常规运行阶段正式结束。尽管三个反作用轮与陀螺仪受损,但 BIRD 卫星的全部有效载荷与其他所有子系统仍都功能完善。现在其定位精度取决于仍在工作的姿态传感器(磁力计、太阳敏感器)以及致动器(磁力矩器),但定位精度比以前低。

继 BIRD 任务之后的两个卫星项目拥有相似的星载仪器。TET-1 卫星于 2012 年发射(SpaceDaily,2012),而 BIROS 卫星预计将于 2014 年发射(EOPortal,2012)。两个项目均具有火灾监测技术。卫星的串联使用将显著完善森林火灾的天基监测以及火灾蔓延的监测。此外,DLR 现正与国际合作伙伴探讨多卫星系统的未来组件问题。如果这种星座部署到位,天基火灾监测能力就将会进一步提升。此外,仪器将有助于气候研究(如城市微气候的绘图)。

"技术试验床"-1(TET-1)卫星质量为 120kg,额定有效载荷为 50kg。其质量达 70kg 的卫星总线由阿斯特罗-德勒斯霍夫精密仪器技术有限公司建设(Astro,2014a)。DLR 指定航天系统工程公司凯塞-特雷德公司为开发该卫星的主承包商(Astro,2014b)。

依据德国航天机构的合同,TET-1 卫星将作为在轨验证(OOV)计划的一部分运行 14 个月后会被移交给 DLR 研发部,与 BIROS 卫星一起用作"火鸟"(FIREBIRD)星座的一部分。

DLR 为该任务选定的 11 个实验涉及太阳能电池、导航设备、一个可用于监测森林火灾的照相机、通信技术、航天器推进系统以及计算机硬件。TET-1 卫星将在高 520km 的近地轨道上运行 1 年,随后会慢慢再入地球大气层,并在该处燃烧。

47.2.2　法国

"对地观测试验系统"(SPOT)是从 1986 年开始发射的光学卫星系列。SPOT-4 卫星于 1998 年 3 月 24 日在库鲁发射,配有两个成像仪器,可进行全色及多光谱图像采集模式切换,也可实现数字地面模型的立体生成。SPOT-5 卫星于 2002 年 5 月 4 日在库鲁发射,其质量为 3t,搭载两个先进的成像仪器,全色模式下的分辨率为 2.5~5m,多光谱模式下的为 10m。继 SPOT-4 与 SPOT-5 卫星之后为 SPOT-6 卫星(发射于 2012 年 12 月)与 SPOT-7 卫星(将于 2014 年发射)。这两个卫星都是分辨率为 2m 的敏捷卫星,并与"昴宿星"(Pleiades)卫星共享轨道(SPOT,2012)。

"太阳神"(Helios)卫星是用于军事侦察的法国光学卫星成像星座,由法国、意大利和西班牙注资。第一代"太阳神"卫星("太阳神"-1A 与"太阳神"-1B)发射于 1995 年与 1996 年。这两颗卫星均具有每日重访能力,分辨率约为 1m。然而,由于缺乏红外成像能力,它们无法在夜间或多云天气时获取影像。

该计划的第二代始于 2004 年 12 月 18 日"太阳神"-2A 卫星发射。"太阳神"-2B 卫星于 2012 年 12 月 18 日发射,整整相隔 5 年。这两颗卫星由欧洲宇航防务集团(EADS)阿斯特里姆公司制造,配有光电传感器,质量均为 4t,位于太阳同步极轨上。两者的分辨率为机密数据,估计约为 0.5m。"太阳神"-2B 计划由法国采购机构法国采办局(DGA)负责管理,而 DGA 将空间段交由法国国家航天研究中心(CNES)负责(Bergin,2009)。

"昴宿星"(Pleiades)是继法国 SPOT 光学对地观测卫星星座之后的军民两用卫星。军事用户将可优先获取两颗"昴宿星"卫星的数据。每颗"昴宿星"卫星质量约为 1t,设计寿命为 5 年(Pleiades,2013),位于高 694km 的近圆形太阳同步轨道上。"昴宿星"卫星的立体采集能力有助于航空摄影,可支持城市环境的绘图。第一颗"昴宿星"卫星于 2011 年 12 月 17 日搭载欧化的"联盟"号运载火箭从库鲁发射,第二颗于 2012 年 12 月 2 日发射。两颗卫星可采集分辨率为 0.7m 的全色数据以及分辨率为 2.8m 的多光谱数据(蓝、绿、红及红外)。奥地利、比利时、西班牙及瑞典也承担该系统的成本,以换取数据获取权。"昴宿星"卫星也将是法国为光学与雷达联合对地观测系统(ORFEO)提供的光学卫星。

"蜂群"(Essaim)由 4 颗用于收集电子情报的小卫星组成,由 DGA 委托,并于 2004 年 12 月 18 日从库鲁发射升空(与"太阳神"-2A 等卫星一起)。这些卫星利用了 EADS 阿斯特里姆公司(也是主承包商)Myriade 平台,卫星质量均为

120kg,设计寿命为 3 年(CNES,2012)。

2011 年 12 月 17 日在库鲁进行的发射活动也将电子情报卫星(ELISA)的 4 颗小卫星送入了太空。电子情报卫星是定位雷达与其他发射机的演示项目。该项目的使用寿命为 3 年,由 DGA 与 CNES 负责运营,EADS 阿斯特里姆公司为主承包商,负责开发空间段。作为 ESSAIM 项目的后续卫星,ELISA 可促成一个天基电子情报的作战计划(信号情报(ROEM)卫星)。ELISA 卫星和 Essaim 一样,使用 Myriade 平台,每颗卫星的质量约为 130kg,分布在高约 700km 的太空同步轨道上(ELISA,2012)。

47.2.3　意大利

COSMO-SkyMed 是专门设计的军民两用对地观测卫星星座,由意大利航天局(ASI),意大利国防部及意大利教育、大学与科研部负责运营。该系统由 4 颗质量为 1900kg 的卫星组成,这些卫星于 2007 年 6 月 7 日至 2010 年 11 月 6 日从加利福尼亚范登堡空军基地发射,进入高约 620km 的太阳同步轨道,由芬梅卡尼卡(Finmeccanica)集团的子公司阿莱尼亚航天(Alenia Spazio)公司作为主承包商开发。这些卫星基于 Prima 总线,并配备 X 波段 SAR 仪器。

该系统可每天拍摄大量图像,具有全天候全天时图像采集能力,可传输空间分辨率与辐射分辨率均很高的优质图像。其服务范围伸至全世界,但重点关注地中海地区(ASI,2010)。COSMO-SkyMed 星座也是意大利给 ORFEO 系统提供的雷达卫星(参见 18.2.2 节)。

47.2.4　英国

英国并未过多注重开发自己的对地观测卫星,因为一直以来都享有使用相关美国设施的特权。TopSat 卫星是由英国国家航天中心(BNSC)和英国国防部启动的技术演示项目,是英国微卫星协作应用计划(MOSAIC)的一部分。同一时间,BNSC 的工作由新成立的英国航天局接管。TopSat 卫星旨在演示如何使用较小型的低成本卫星获取惊人结果。

TopSat 卫星于 2005 年 10 月 27 日从普列谢茨克航天发射场发射,进入高686km 的轨道。它的质量仅为 190kg,黑白分辨率为 2.8m,彩色分辨率为 5m。为实现卫星的紧凑型结构,并未使用可扩展太阳电池阵或其他活动部件。奎奈蒂克(QinetiQ)公司是主承包商,拥有该卫星的所有权与运营权。平台由英国萨里卫星技术有限公司(SSTL)制造,可实现受控的航天器机动飞行,从而可增加采集数据的整合时间,确保在低照度情况下也能采集到高分辨率图像(UK-SPACE,2010)。

47.2.5 西班牙

西班牙国家对地观测计划（PNOTS）是一个基于西班牙对地观测系统卫星（SEOSat，又称"智慧"（INGENIO）卫星与西班牙合成孔径雷达观测卫星（SEO-SAR，又称"帕斯"（PAZ）卫星）的完整系统（PAZ，2012）。通过该计划，西班牙试图获取完全独立的作战卫星遥感能力。

PNOTS 计划由西班牙政府注资，其所有权也归西班牙政府。西班牙国家航宇技术研究所（INTA），即西班牙航天局管理两个卫星任务的地面段。Hisdesat 公司将与 INTA 共同负责两颗卫星的在轨运行及商业运营。EADS 旗下的西班牙航空制造公司（CASA Espacio）是主承包商，负责领导两个卫星任务的产业联盟。

PNOTS 的一个主要目标是将共同开发与服务最大化，共享两个卫星任务的基础设施（如果可能）。两颗卫星也将成为欧洲"哥白尼"计划的一部分。根据合同，欧洲航天局的 SEOSat/Ingenio 项目组须确保欧洲地面段能使 SEOSat/Ingenio 系统成为"哥白尼"计划的国家级候选卫星，并参与对地观测多任务环境内的 ESA 第三方任务机制，从而支持异构任务访问（HMA）服务（SEOSAT，2012）。

SEOSat-INGENIO 是西班牙第一颗对地观测卫星，由西班牙工业部注资，西班牙太空产业联盟（阿斯特里姆西班牙公司为主承包商）负责建造。该卫星系统的设计寿命为 7 年，配备有一个光学成像仪器，黑白分辨率为 2.5m，彩色分辨率为 10m。该卫星将每天平均生成 230 幅图像（60km×60km），在 1 年内对西班牙领土实现 4 次以上覆盖。

该卫星任务将提供高分辨率的全色及多光谱地面成像服务，用于各种领域，如绘图、边境土地变化监测、城市规划、农业、水资源管理、环境监测以及风险与安全管理。INGENIO 卫星预计将于 2015 年发射，将运行于太阳同步极轨上。

该计划中的第二颗卫星是"帕斯"（西班牙语意为"和平"）卫星。"帕斯"卫星是西班牙国防部与工业、贸易与旅游部在国家对地观测计划的框架下开发与运营的首颗西班牙雷达卫星，将于 2014 年发射，进入与 TerraSAR-X 及 TanDEM-X 卫星（参见 18.2.1 节）相同的轨道上（CEOS，2014）。"帕斯"卫星是一个军民两用卫星，其中心任务是提供来自太空的战术信息，以满足西班牙政府的防务与安全需求，并实现高分辨率的民事应用。

该卫星的结构基于 TerraSAR-X 卫星，由阿斯特里姆公司的德国腓特烈港发射场进行集成。雷达仪器在该公司的巴拉哈斯工厂内开发和集成。Hisdesat

公司将是帕斯卫星的所有人与运营商。西班牙国家航宇技术研究所(INTA)负责该卫星地面段的开发与运营。

47.3 结 论

欧洲国家开展了广泛的安全相关天基对地观测项目。一般而言,这些系统都仅为一国所有与运营,且仅服务于一国利益。然而,欧洲正在探索新的道路(如两个或以上国家进行合作)并采用新的合作方式(如公私合营(PPP)模式)。欧洲下一步是否真正采取欧洲(超国家)方式仍有待观察。

参考文献

ASI (2010) ASI COSMO-SkyMed website http://www.asi.it/en/activity/earth_observation/cosmoskymed. Accessed 20Feb 2014

Astrium (2009) Astriums website on TerraSAR http://www.astrium.eads.net/en/press_centre/terrasar-x-marks-two-successful-years-in-orbit.html. Accessed 20 Feb 2014

Astrium (2010) Astrium website on the TanDEM-X programme,http://www.astrium.eads.net/de/programme/tandem-x-0eo.html. Accessed 20 Feb 2014

Astro (2014a) Astro-und Feinwerktechnik Adlershof GmbH website http://www.astrofein.com/. Accessed 20 Feb 2014

Astro (2014b) Astro-und Feinwerktechnik Adlershof GmbH online brochure on TET-1http://www.astrofein.com/2728/dwnld/admin/Brochure_Satellite_TET-1.pdf. Accessed 20 Feb 2014

Bergin (2009) Chris Bergin, Ariane 5 launches with Helios 2B spy satellite, December 18,2009 Nasaspaceflight.com online article http://www.nasaspaceflight.com/2009/12/live-ariane-5-to-close-out-year-with-helios-2b-spy-satellite-launch/. Accessed 20 Feb 2014

Bergin (2010) Chris Bergin,Germany's TanDEM-X launched via Dnepr from Baikonur 20 June 2010 http://www.nasaspaceflight.com/2010/06/live-germanys-tandem-x-launch-via-dnepr/. Accessed 20 Feb 2014

Bischoff (2014) Manfred Bischoff's website on Electronic Warfare http://www.manfred-bischoff.de/KSA.htm. Accessed 20 Feb 2014

Campbell JB (2002) Introduction to remote sensing,3rd edn. The Guilford Press, New York, USA. ISBN 1-57230-640-8

CEOS (2014) CEOS Database Mission Handbook PAZ http://database.eohandbook.com/database/mission-summary.aspx? missionID¼627. Accessed 20 Feb 2014

CNES (2012) CNES website on SPOT http://www.cnes.fr/web/CNES-fr/258-spot.php. Accessed 20 Feb 2014

DLR (2006) DLR News-Archive 19th Dec. 2006 http://www.dlr.de/desktopdefault.aspx/tabid-6214/10201_read-6647/10201_page-2/. Accessed 20 Feb 2014

DLR (2011) DLR website on TerraSAR mission http://www.dlr.de/dlr/en/desktopdefault.aspx/tabid-

10377/565_read-436/. Accessed 20 Feb 2014

ELISA (2012) Astrium website on ELISA http://www. astrium. eads. net/de/programme/elisa-tnr. html. Accessed 20 Feb 2014

ENMAP (2013) EnMAP-Environmental Monitoring and Analysis Programme website http:// www. enmap. de/. Accessed 20 Feb 2014

EOPortal (2012) EOPortal mission website on TET-1 https://directory. eoportal. org/web/eoportal/satellite-missions/t/tet-1. Accessed 20 Feb 2014

EUSC(2012)EUSatelliteCentrewebsitehttp://www. satcen. europa. eu/index. php? option¼com_content&task¼view&id¼8&Itemid¼16. Accessed 20 Feb 2014

Flugrevue (2007) online article Flugrevue June 2007 on TerraSAR Launch http://www. flugrevue. de/de/terra-sar-x-launched. 2825. htm. Accessed 20 Feb 2014

GFZ (2014) German Research Centre (DLR) for Geosciences (Deutsches GeoForschungsZentrum (GFZ) website www. gfz-potsdam. de. Accessed 20 Feb 2014

MOD France (2009) Press Kit of the French MOD www. defense. gouv. fr/content/download/17280/150054/file/dp_helios_2b_english. pdf. Accessed 20 Feb 2014

OHB (2012a) OHB website for SAR Lupe https://www. ohb-system. de/sar-lupe-english. html. Accessed 20 Feb 2014

OHB (2012b) OHB handout for SAR Lupe https://www. ohb-system. de/tl_files/system/images/mediathek/downloads/pdf/120830_OHB_10604_Messe_SAR-Lupe_2012. pdf. Accessed 20Feb 2014

OHB (2014) OHB Website http://www. ohb-system. de. Accessed 20 Feb 2014

PAZ (2012) http://eijournal. com/2011/spain%E2%80%99s-paz-satellite-on-pace-for-2012-debut. Accessed 20 Feb 2014

Pleiades (2013) CNES website on Pleiades http://smsc. cnes. fr/PLEIADES/Fr/. Accessed 20 Feb 2014

RapidEYE (2014) Blackbridge website http://blackbridge. com/rapideye/ttp://www. rapideye. com/. Accessed 20 Feb 2014

ReportInvestor (2010) Report Investor ePaper http://www. reportinvestor. com/epaper/ohb-tech-nology-ag-geschaeftsbericht-2010-4d8090413fc94/page61. html#/28. Accessed 20 Feb 2014

Richards JA,Jia X (2006) Remote sensing digital image analysis:an introduction,4th edn. Springer,Berlin, Germany. ISBN 3-540-25128-6

SEOSAT (2012) EOPortal webite on SEOSAT https://directory. eoportal. org/web/eoportal/satel-lite-missions/s/seosat. Accessed 20 Feb 2014

SpaceDaily (2012) Online Article Space Daily Jul 24,2012 http://www. spacedaily. com/reports/German_TET_1_small_satellite_launched_999. html. Accessed 20 Feb 2014

SPOT (2012) Spot Website http://smsc. cnes. fr/SPOT/Fr/; http://www. cnes. fr/web/CNES-fr/258-spot. php. Accessed 20 Feb 2014

UKSPACE (2010) UK Space Agency Website on TOPSAT programme http://www. bis. gov. uk/ukspaceagency/missions/topsat-proving-uk-technology. Accessed 20 Feb 2014

第48章 欧洲多国合作卫星项目

亚历山大·克罗沃斯[1],科斯塔斯·皮拉福提西斯[2]
1. 希腊空军学院,希腊雅典
2. 希腊空军,希腊雅典

摘要

多边合作是欧洲国家基于集体需要、资源共享与成本分担,为研发与获取高质量空间系统而制定的方法。这种方法同样也适用于防务安全领域,因为该领域在作战上要求有全面的对地观测能力。就这一点而言,"多国天基成像系统"(MUSIS)框架下的合作可作为典型范例。MUSIS体现了7+1欧盟成员国(比利时、法国、德国、希腊、意大利、波兰、西班牙以及加盟的瑞典)国防部长的计划,旨在研发出2015年至2030年所需的监视、侦察和观测能力。MUSIS的启动初衷雄心勃勃,即成为用于防务与安全的欧洲对地观测系统,其空间组件由多国生产,用户段及地面段共同定义与研发。然而,事实证明,截至目前,MUSIS从设计到部署都耗力耗时,尚未能发展成切实的空间计划,其在可操作成果、参与要求与资源分配等方面的框架尚未确认,因此饱受质疑。未能取得该发展的原因是MUSIS要求参与国之间进行多国协调,各国独立决策与多国集体决策的程序繁多,各国须履行其在政治、军事与工业上的责任。MUSIS仍是一个开放的政府间项目,有一定的政治导向,但目前缺乏具有法律约束力的政策条例,且正面临金融危机,所以参与国对MUSIS的计划及进一步的工作模棱两可。本章论述MUSIS的背景、卫星计划及其发展、空间组件架构和可预见的MUSIS操作,并对该计划及其未来前景做出总结。

48.1 引言:多国天基成像系统与太空安全

48.1.1 系统描述

MUSIS的主要目的是接替并扩展特定欧洲国家现有的军事对地观测能力。这些国家已经在法国"太阳神"2号卫星、"昴宿星"卫星、"地中海盆地对地观测小卫星星座"及德国"合成孔径雷达-放大镜"遥感卫星上进行了有效合作,各合作伙伴为保证已有的合作成果,因此建立合作与共享能力。在以上经验和需求下,法国、德国、意大利、西班牙、比利时以及希腊从 2001 年至 2003 年依次签署了共同作战需求的文件后,于 2006 年开始对下一代对地观测系统 MUSIS 的定义进行初步技术研究。2010 年以来,波兰已加入 MUSIS,而瑞典也表示打算加入该合作。

MUSIS 的最初目标是一个具有包容性与专业性的欧洲多国空间计划,共同设计并研发出通用用户段与地面段(UGS)。尽管这一理念具有可操作性,但参与国对此进行了 10 多年的磋商后,还是未能制定出一个共同且明确的计划。MUSIS 就其现在的形式而言,绝对不能算是卫星系统计划,至少不是传统的卫星系统计划,尤其是要各国独立开发各国空间组件计划,并由各国管理或控制。尽管这些国家层面的设施是 MUSIS 的空间组件,但迄今为止尚未对加入 MUSIS 的国家提出具有法律约束力的条例。

然而,MUSIS 的特殊状况反映出欧洲防务与安全及空间领域当前所能达到的最大合作程度,因而有进一步进行细化的价值。而且 MUSIS 的基本理念尚未消失,基于部分合作国的计划,合作正以一种更为宽松的新方式进行。当前的计划重心是各国制造卫星及其相关地面基础设施,同时研究合适的互操作性解决方案,以达到 MUSIS 所要求的互相利用成像模式。

作为一个系统,MUSIS 应向相关国家的防务与安全方面的公共用户提供完善、适用且具有优先级的对地观测能力。该系统是军民两用系统,即准许民用用户出于其他公共、科学或商业目的利用特定的成像与数据服务。MUSIS 空间组件以军事用户为重点,在世界范围内进行全天候军用成像任务,以向其范围内的地面设施可靠安全地发送及时可用的图像数据。MUSIS 旨在对如监视、侦察、监控,特别是地理空间情报(包括活动的计划、准备与实施以及对其影响的后续评估)等防务与安全活动提供直接支持。

48.1.2 系统与太空安全的相关性

空间设施是防务与安全领域所需能力的基础组成部分。信息能最大程度地降低不确定性,并能增加谨慎的政治与战略决策的可能性,因此收集数据并截获情报的天基能力对各国的作战原则与能力来说都是必不可少的。

事实证明,就态势感知、感知计划、明确意图与命令以及进行动态作战的能力等方面而言,可靠且全球适用的能力(如及时适当的侦察、安全可靠的通信以及精确的导航)在该领域具有重要优势。为应对不确定性并在行动环境变化中保证行动的同步,可同时应用协调灵活且精确的"工具箱"。将空间能力完全融入各种行动中后,决策者更有能力修改其计划,部署更有效的武装力量,以风险与成本最低的方式实现目标。

对地观测是军事活动的关键领域,为"情报、监视、目标截获与侦察"(ISTAR)应用及"指挥、控制、通信与信息系统"(C³IS)提供必要信息。其中,数据经过记录、处理并转换成信息,众多授权用户可以及时持续使用。天基传感器是特殊的成像设备,位于绕地轨道中,就其本身而论,有着可以无限制进入任何战略或作战区域的优势。此外,在大多数情况下,它们不仅是得到指定区域信息的成本最低、风险最小的方法,而且是进入这些区域的唯一方法,这些区域由于政治或军事问题无法实际进入。

48.2 背　景

欧盟及几个成员国已经意识到并表达出在空间能力上获得自主性的需求,特别是对地观测能力(Kolovos,2009)。出于防务与安全目的的特殊作战要求需要攻克技术难关,付出高成本以研发一个适用系统。因此,欧盟早在2003年就意识到在此领域要密切合作,并利用协同增效作用分散人力财力负担、减轻个体风险并以互补方式实现能力共享。

目前,7个欧盟成员国(比利时、德国、希腊、西班牙、法国、意大利及波兰)通过《欧洲地球卫星观测系统的全球共同作战需求协议》(BOC)的共同作战需求文件,同意以防务与安全为目的建立一个造福欧洲、覆盖全球的天基对地观测系统。

第一代系统由各国和多国开发的空间组件构成,这些组件目前由签署国运营。正是在这一框架下,以各国或多国生产的现有"太阳神"2号卫星、SAR-Lupe卫星、COSMO-SkyMed星座及"昴宿星"卫星等项目为基础,真正的欧洲防御性空间观测能力得以建立。

然而,除各空间组件及其相关地面基础设施外,并没有建立实际的系统。这些空间组件研发出来后,其关键功能与基本运行管理实际上一直处于各所属国的控制之下。BOC是签署国之间的多国合作方案,确定了各国如何在运行层面安排成像任务和接收获取的图像。

从本质上而言,BOC合作国采用合作与共享的方式,其中法国、德国与意大利是整个团体空间组件供应商,参与国可酌情与提供观测组件的一国或多国直接进行合作。从历史上来看,BOC理念适用于已经形成并正在运行的国家级计划,因此第一代欧洲对地观测系统在本阶段更多的是一个虚拟系统,但取得的仍是里程碑式的成就。

因认识到当今的"太阳神"2号卫星、COSMO-SkyMed星座以及SAR-Lupe卫星的设计寿命终期是在2014年至2017年,且考虑到设计与开发空间系统所需的时间(特别是在协同努力下),早在 2005 年,用于防务和安全领域的下一代欧洲对地观测系统就已开始筹备。

MUSIS 本身为应对这些挑战,以维持目前在光谱、红外(IR)光谱及微波(雷达)方面的独立能力,成为可靠且合格的后续系统,并在对地观测任务的集体能力及防务与安全为目的的图像数据方面推动欧洲的技术与操作进程。

空间开发一般成本高,而各国正面临严峻的预算限制,因此欧洲探索了各种合作与利用系统方式部署 MUSIS,其基础是军民两用方法与空间设施补充法,以及利用各参与国在政治、军事及工业层面的协同增效效应解决这一问题。

48.2.1 安全考量与作战需求

空间是欧盟安全考量的关键因素,特别是要遵循欧洲的发展议程(Pasco,2009)。实际上,空间资产的特性已通过其一般与特殊应用得以确认,可适用于安全考量、国防战略及外事政策等不同层面的要求。本质上,作为态势感知与决策支持的工具,对地观测能力已经成为欧盟成员国的关键能力,不仅是对于欧盟整体,对于单个国家来说也是必不可少的。

法、德两国从其各自的国家能力中获得了经验,率先在 BOC 中提出了欧洲对地观测系统建立的基本作战需求(Pasco,2009)。

这是欧盟成员国正式提出各自的共同作战需求,并以防务与安全为目的进一步提出开发并使用欧洲对地观测系统的首次具体行动。目前已有 7 个欧盟成员国(德国、西班牙、法国、意大利(2001 年),比利时(2002 年),希腊(2003 年),波兰(2010 年)签署了 BOC 协议,该协议仍对其他成员国开放(希腊正在考虑加入)。

须注意的是,认同 BOC 原则是进入与利用第一代空间组件的先决条件,第一代空间组件包括带有光谱和红外光谱遥感装置的法国"太阳神"2 号卫星与"昴宿星"卫星,以及带有雷达成像有效载荷的意大利 COSMO-SkyMed 星座与德国 SAR-Lupe 卫星。

更重要的是,BOC 是 MUSIS 的主要作战需求。就其本身而论,BOC 是想要获取应用于防务与安全的对地观测能力的欧盟成员国所实际跨出的第一步。

从作战方面来说,一切都浓缩成单一却通用的成像需求,简单地说就是"在正确时间发送正确图像"。这个看上去简单的需求对观测系统的设计提出了更高的要求,因为能否实时获取真实图像取决于可用整体能力的量与质。对地观测用户想要同时获得不同成像能力,以对作战需求做出更明确、全面且一致的响应时,光学红外及雷达图像的互补性即体现于此。

在单独协议中也能找到上述情况的证明,三个主要的空间组件供应方(德国、法国、意大利)首先开始合作,三者间可以共享各自的光学和雷达成像系统所获的数据("太阳神"2号卫星、"昴宿星"卫星)与雷达成像系统(COSMO-SkyMed 星座、SAR-Lupe 卫星)(法意《都灵协议》,2001、德法什未林峰会,2002)。

在这个框架中,BOC作为过渡将其一般需求升级并诠释成一套具有全面与综合的作战条件,这些条件是未来的对地观测系统特征所必须满足的。这促成了作战需求文件(ORD)与功能要求文件(FRD)得以正式批准,两份文件均旨在实现 MUSIS(BE,2006)。这一合作程序的结果明显超出了该系统(包括用户段及地面段功能)以及该系统实际主要用户群体对 MUSIS 内容的定义。

MUSIS 项目的第二代系统的概念切实可行,2006年各合作国同意进行初步研究,以定义并实现这个用于监视、侦察与观测的天基系统。这些研究包括推荐 MUSIS 的候选架构以及在可见光谱、红外光谱与雷达波谱内实现对地观测能力的相关用户段地面段。ORD 与 FRD 参数为这些专题研究提供了特定的参考环境。

对这些专题研究进行评估后得出结论,即 MUSIS 的架构应包括:法国提供的一个光学空间组件;德国和意大利提供的两个雷达空间组件;以及可一直获取所有能力的通用用户段及地面段。此外,西班牙提供了一个即将并入该系统的宽幅模式光学卫星。本来 MUSIS 还包括超高谱成像能力需求,但该需求最终被删除。

经过验证的 MUSIS 结构有望提供一套反映各国及集体安全考量的成像仪器。欧洲安全议程首先规定了当前对地观测能力的任务持续性,呼吁改善这些重要能力的作战与功能性能。此外,MUSIS 应充分发展以应对相应的军事应用及范围扩大的"软安全"威胁。在环境感知与地形方面特别关注互补能力有利于实现综合利益。

MUSIS 的作战需求记录在机密文件(ORD 与 FRD)中,所以其规定的能力与性能详情尚未可知。一般而言,从披露的少量信息来看,MUSIS 理论上会向所有参与国提供所有组件,这些组件携带多传感器、具有反应灵敏的高效成像能力以及能从共同文件中共享数据的优势。

同样地,MUSIS 架构的主要特征表明要实现一个适用于全天候及各种光照条件的全球系统,该系统应涵盖所有相关方面,具有敏捷的成像能力(图像输出(特别是危险区域的图像输出)与便利的多用户传输),能获得高分辨率和超高分辨率图像(可以辨识和定位较小目标)(DGA,2010a)。

MUSIS 各空间组件将沿袭目前欧洲对地观测任务中的成像特性,而通过这些特性可以推断系统预期性能的数量级。说到电光能力,就不得不提到所公布的"太阳神"2号卫星空间分辨率(35cm)(Wikipedia.org,2012),还有"昴宿星"

卫星的输出(约为每天 900 幅图)(Svitak,2011)。在雷达像素方面,目前 SAR-Lupe 卫星的地面取样距离不到 80cm(Lange,2007),而 COSMO-SkyMed 星座卫星可达到每天约 1800 幅图(eoPortal. org,2012)。这样就有理由推测 MUSIS 中未来法国光学空间器件(CSO)卫星(DGA,2010a)、"第二代地中海盆地对地观测小卫星星座"(CSG)及 SARah 雷达侦察系统成像质量的重大改善与技术成熟程度。

48.2.2 大事记与重要里程碑

从用于防务与安全的对地观测领域来说,欧洲多国卫星计划的历史可以追溯到"太阳神"1 号光学系统的首批研究,这些研究始于 1978 年,并于 1986 年首次发射。法国、意大利和西班牙在该计划中开始合作,为空间应用与图像情报获取带来具体的有效成果。事实上,这种合作可有效证明欧洲是如何开创以防务与安全为目的部署空间资产的。

在 2000 年的美因茨峰会上,德国与法国宣布计划共同加强欧洲独立的星基侦察能力。欧洲多国系统的这一新理念立即引起了意大利的兴趣,不久,这一合作关系延伸至 BOC 框架中的西班牙、比利时和希腊(2001—2003 年),然后是波兰(2010 年),而瑞典也在考虑加入。

上述框架还促成了三大相关空间设施(实现图像数据互通有无的空间设施)所有国(德国、法国、意大利)的首次合作。法、意两国政府的观点一致(法国—意大利,2014 年),于是在 2000 年 3 月开始研究两国对地观测计划之间的合作。随后两国在 2001 年 1 月签署了《都灵协议》。

法意双边协议界定了合作范围,即发展各自军民两用系统("昴宿星"卫星与 COSMO-SkyMed 星座)以及地面段光学与雷达联合对地观测系统(ORFEO),并共享 COSMO-SkyMed 星座与"太阳神"2 号卫星能力。

法、德两国在 2002 年 7 月的什未林峰会上也签署了一份双边协议。这份协议有助于从作战层面共享 COSMO-SkyMed 星座和"太阳神"2 号卫星能力。值得注意的是,在 UGS 基础设施到位后,于 2010 年开始实现《都灵协议》与《什未林协议》中所协定的作战图像数据共享(DGA,2010b)。

2007 年法国购买了空间观测信息登录门户平台(PHAROS)应用软件,互补性成像能力的作战价值得到认可。通过一个图像情报的访问门户实现军用卫星"太阳神"2 号、SAR-Lupe 以及 COSMO-SkyMed 与"昴宿星"军民两用系统的虚拟联盟,其布局既可固定也可调动。各单元会实现对光学、红外与雷达图像的直接访问,具有多卫星系统编程能力及在线图像请求与目录检索功能(DIC,2011)。

　　然而早在 2006 年六国(比利时、德国、希腊、西班牙、法国及意大利)国防部长签署《关于欧洲研究分组第 1 号协定的技术协定》(TA1)时,就首次证明了欧洲成像能力已实现多国合作,该协定"与对监视、侦察与观测所用 MUSIS 的定义与实现进行的初步研究有关"(BE,2006)。

　　2008 年 11 月,对初步专题研究的结果进行合理评估后,上述国家的国防部长共同签署了一份具有政治约束力的《意向书》(LoI)(意大利于之后的 2009 年 3 月签署),该文件明确了 MUSIS 的范围、边界与所含元件。另外,LoI 指导方针还呼吁欧洲防务局(EDA)与欧洲联合军备合作组织(OCCAR)参与 MUSIS 合作。

　　因此,在 2009 年各合作国将 MUSIS 委任给 EDA,将 MUSIS 归为 EDA 专设 B 类计划。在欧盟共同安全与防务政策(CSDP)的背景下,EDA 将 MUSIS 与欧盟联系起来,并通过以下途径来增加其价值:有效利用其在多国计划方面的专业知识;关注其他欧盟成员对 MUSIS 可能进一步发展的兴趣;促成可能引人关注的研究与技术项目,如欧盟第七框架计划、"哥白尼"计划(原名"为全球环境与安全监测"计划)及"欧洲数据中继卫星"(EDRS)计划;最后探究欧盟民用和军用空间能力之间的协同方式(EDA,2009)。

　　2009 年夏,理事会在伦敦通过了 OCCAR 的 MUSIS 整合决议。OCCAR 将从通用 UGS 的定义开始,管理与 MUSIS 计划共用部分相关的行政流程及技术活动。

　　2010 年夏,EDA 表示波兰与瑞典有意加入 MUSIS 计划。波兰加入 MUSIS 后,于 2010 年末签署了 BOC 与 LoI。

　　2011 年 5 月,法国与意大利签署了 MUSIS 联合活动的 OCCAR 项目决议:

　　本项目决议的范围包括初步定义"通用互操作性概念"(CIL),CIL 的开发目的是联合 MUSIS 空间组件 CSO(法国光学空间器件)卫星与 CSG(第二代地中海盆地对地观测小卫星星座)。它包括 MUSIS B1 阶段与 MUSIS B2 阶段这两组连续活动(OCCAR,2011)。

　　2012 年 8 月,OCCAR 宣布 MUSIS 联合活动、B1 阶段与后续的 B2 阶段活动发射圆满结束,在这些活动中,有关 CIL 的描述如下:

　　……是将置于地面上的两个空间系统之间的先进桥梁。CIL 会使一个国家的运营商能购买合作伙伴系统中的图像产品,利用其他国家的卫星执行任务,接收图像产品并以安全方式储存(OCCAR,2012)。

48.2.3　作战与技术起源

　　MUSIS 相关计划的作战与技术起源交织在相应的各国独立计划及其各自对其国家内部的验证之中。目前的 MUSIS 体系体现了表 48.1 中所列卫星(各国计划)的能力贡献。

表 48.1 为 MUSIS 做出贡献的欧洲空间组件计划

空间组件	供应商	同系列卫星	用途	成像能力	合作状态	开发状态	联合活动	备注
法国"光学空间器件"(CSO)卫星	法国	"太阳神"2号卫星"昴宿星"卫星	防务与安全	电光成像	向其他 MUSIS 参与国开放合作	由国家批准工业合同	TA1（系统架构研究）	—
					暂无其他参与国结盟	正在进行卫星开发	通用互操作性层(CIL)	
						用户段与地面段(UGS)有待明确		
第二代 COSMO (CSG)	意大利	COSMO – SkyMed 星座	两用	微波（雷达）成像	向其他 MUSIS 参与国开放合作	由国家批准工业合同	TA1（系统架构研究）	—
					暂无其他参与国结盟	正在进行卫星开发	TA1（系统架构研究）	
						用户段与地面段(UGS)有待明确		
SARah 雷达侦察系统	德国	SAR–Lupe 卫星	防务与安全	微波（雷达）成像	各国研发	由国家批准工业合同	TA1	—
"英吉尼欧"(Ingenio) 光学卫星（原名为"对地观测"卫星 SEOSat）	西班牙	"英吉尼欧 – 帕斯"(Ingenio – Paz) 卫星会成为新装备	两用	电光成像	向其他 MUSIS 参与国开放合作	正在进行卫星开发	—	"英吉尼欧"卫星与"帕斯"卫星（雷达卫星，并不参与 MUSIS）结合成双能力两用系统
					暂无其他参与国结盟	由国家批准工业合同		

MUSIS 空间组件供应商通常依靠自身作战与技术基础,根据国家需求来设计与开发成像卫星系统。因此各磋商过程都是相互独立的,但在实践上是三方共同努力:有意向的用户会参与作战建议与评估;国家空间机构会提供技术专业知识与科学验证方面的支持;有资格的各国及欧洲空间工业会签订研发与应用方面的合同。

应注意的是,这些国家计划的大部分内容都是保密的,各自的细节内容都不可大范围公布。但它们的设计意图均是承袭以防务与安全为目的的现有空间成像能力,因此与其同系列计划有很强的作战与技术联系。

尽管如此,就成像装备(带可互操作的用户地面基础设施)联合活动的概念而言,《第 1 号技术协定》认可 BOC 文件及《欧洲安全与防务政策与空间》(2004)文件的作战指导,并就之前已达成的技术框架协议进行相关的专题研究活动,这些协议包括《欧洲研究组织计划与活动谅解备忘录》(EUROPA MoU,2001)与《有关合作防务研究与技术项目的欧洲研究分组第 1 号协定》(ERG-1,2002)。

48.3 卫星计划的描述

迄今达成工业合同的真正合作活动仅有 MUSIS 框架与促成《第 1 号技术协定》的 UGS 初步研究。该协定的目的是"明确 MUSIS 系统的最优化架构"及"定义与各空间段兼容的用户段与地面段的开放性一般架构"(BE,2006)。

TA1 根据 MUSIS 目标制定了行政与缔约流程,并确定了专用管理结构。然而,在各相应专题研究完成并交付很久后,各成员国仍将该管理框架用作MUSIS 合作与磋商的通用平台。事实上 TA1 咨询机制在官方协定期限(截至2010 年)到期后仍被保留下来,直到不久前才中断使用。

TA1 的中断(《第 2 号技术协定》虽已起草,但并未成功定案并签订)与MUSIS 整体框架协议的缺乏(其确立是各国防部部长签署的《意向书》中的重要原则之一,但迄今为止仍未通过)使 MUSIS 参与国面临新的形势。

MUSIS 仍是一个开放的政府间项目,具有一定的政治导向(LoI),但是目前仍完全缺乏具有法律约束力的条例,导致参与国对于 MUSIS 的计划与进一步的工作模糊不定。目前这一形势与参与国的国家计划中的空间组件发展速度不同步,仅能维持 MUSIS 合作国之间的基本磋商架构。

明确的 MUSIS 计划能否实现仍是未知数,所以法国与意大利在 OCCAR 中制定了双边通用互操作性概念(CIL)计划。从用户段及地面段而言,CIL 计划是 CSO 与 CSG 这两个相关空间组件的桥梁,旨在提供共享光学与合成孔径雷

达能力、遵守保密要求、与各国计划保持基本一致并与之兼容。OCCAR 作为有
资格的缔约与行政主管,其任命表明 CIL 仍贯彻在广义 MUSIS 中,且一直向合
作关系中的其他成员国与空间组件开放。

48.3.1　行政结构

MUSIS 是一个 7+1 国欧盟成员国在国防部(MoD)级别上进行的政府间合
作。它并没有统一的权威管理机构,而是由各参与国的 MoD 执行管理职能,这
些 MoD 或是各国国防部,或是可商议 MUSIS 议题的国防会议(也商议其他议
题)上的主持单位。

就政治层面而言,由国防部部长负责决策与预算,国防部部长代表其各自
的国家军备机构指导所有与 MUSIS 合作相关的活动,并提出建议。军备机构利
用其采购经验、研究与技术专业知识及国防工业基础合作向 MUSIS 做出回应。

就战略层面而言,由北约成员国军备负责人(NAD)执行与 MUSIS 有关的
行政与协调工作。相应的国防办公室会给予他们政策建议,此外武装部队向
MUSIS 提供有效的作战注意事项及技术条件。

在各国及多国合作范围内,各成员国均在努力实现 MUSIS 目标、满足
MUSIS 要求时均承担相同的政治与法律责任。MUSIS 是政府间合作的这一特
征意味着各国家实体所签署的多国合作协议具有政治、军事与金融意义。因此
议会制度审批有时也是国家批准 MUSIS 协议生效的适用方式。

48.3.2　管理结构

MUSIS 的管理与组织方案沿用了目前第一代计划所用的方案,在开始共享
成像空间设施的 6 个欧洲国家中几乎完全一致。由于所有国家的主要终端用
户通常都是国防部,所以其相关管理结构与项目的执行命令与控制一起制定。

从国家层面来看,积极参与天基成像能力管理的通常有四个主要单位:国
防总部,执行地面基础设施的计划与作战命令;国家军备机构,负责资源管理与
投资;工业承包商,进行技术监督与维护;一般国家航天机构,负责空间段的科
学专业知识与功能控制。

就财政参数、项目融资、预算规划及资源分配而言,确保由国防总部监管,
具体职责由负责相关费用批准的计划实施部门履行。支付与财政协议通常由
MoD 的会计职能部门跟进。

从多国合作层面来看,成立的首个执行管理机构为参与国工作小组,即
MUSIS 主要工作组(MG)。TA1 文件签署后,MG 正式获得授权,TA1 文件中,该
小组更名为技术协定管理小组(TAMG),承担"合作的全面责任"(BE,2006)。

MUSIS 合作国在 TAMG 内享有同等地位,任何决议需要得到一致同意。TAMG 的任务是"代表成员国"指导并管理 MUSIS 合作,并实施《第 1 号技术协定》以进行初步专题研究。这包括对空间系统与 UGS 的分析与技术选择、后续协议的编制、安全事宜、合同审批、资源共享与分配以及其下属工作组的建立(BE,2006)。

因此,TAMG 委托执行、监控并授权作战工作组(OWG)的工作,并负责研究操作问题,包括用户输入与结果评估;同时还主管技术工作组(TWG),该工作组的任务是监控 TA1 所授予合同的技术特点。事实上,TWG 明确了各项技术研究的范围和合同细则。

至于合约管理局(CAA)的任务则是利用法意两国的专业知识及资源分别管理系统架构以及用户段与地面段的研究。所有合作方通过各国的接触点(PoC)参与(必要时 MoD 法律顾问会提供协助),以使合适的法律框架落实到位,并在合同条款中明确谅解备忘录(MoU)的内容。

目前,由于《第 1 号技术协定》已经到期,上述管理组织结构已弃用,除法、意计划将各自 CSO 与 CSG 系统间的通用互操作性概念定义为确保共享光学、红外及雷达图像的唯一方法外,尚未有其他明确的 MUSIS 相关合同对其做出定义。根据 MUSIS《意向书》的指导方针,为使欧洲联合军备合作组织履行 CAA 的职能,法国与意大利在 2011 年与欧洲联合军备合作组织行政管理部门(OCCAR-EA)签订了一项合约,该部门负责 CIL 研究有关行政管理工作的授权。

尽管 TA1 已经到期,也没有联合共同行动,但直到 2011 年,TAMG 仍是作为有效的 MUSIS 主要会议论坛,而各参与国代表作为国家 PoC。自 2012 年起,TAMG 更名为 MUSIS 意向书督导小组(SG),以更好地反映出当前的合作状态。意向书督导小组沿用了 TAMG 的代表、协议及功能,但其委任工作将在新一轮磋商后进行更新。

48.3.3　作战及任务目标

MUSIS 最初的设想是成为独立空间组件计划的下一系统,并极力增强用于防务与安全的欧洲对地观测能力。下一代系统计划在 2015 年至 2030 年实现,并计划汇集各国及跨国空间组件(部分为两用组件)的能力。

7+1 欧洲各合作国倾力合作的主要目的是设计并实现作为监视、侦察和观测的跨国天基成像系统的 MUSIS,该系统旨在满足相应的共同作战需求,保证各国现有"太阳神"2 号卫星、"昴宿星"卫星、SAR-Lupe 卫星和 COSMO-SkyMed 系统之间的连续性。

正如 ORD 与 FRD 所规定,且 LoI 在其原则中所重申的,MUSIS 的主要作战
参数需要在系统层面上实现质与量的改善,保证所有合作国可以使用所有成像
装备,且保证成像装备具有多传感器、高成像能力、高反应能力及数据共享等特
点。就这一点而言,这样的系统必须满足众多行为体对所有可用装备进行互操
作性与协调性利用的需求,因此用户段及地面段对该系统的整体附加价值与作
战效力具有重要作用。

然而,在行动过程中,决定第二代对地观测系统将采用松散的联合方式,各
成像能力将通过各国空间计划独立实现,极大地背离了共同定义并设计相关用
户地面基础设施的这一理念。

在现阶段,这一主要目标仍被认为是有效的,至少从各空间组件层面而言
是如此,但影响主要作战系数实现的因素在很大程度上取决于通用互操作性概
念同类功能的可行性与整合范围,但前提是通过 CIL 联合所有的空间组件,并
使所有 MUSIS 合作国在平等的基础上参与此类联合活动。

48.3.4 技术规范

由于上述原因,各空间组件计划与 UGS 研究的技术规范详情(包括 TA1 结
果)均仅向 MUSIS 合作国及其 CAA 以及相关产业公开。作战及功能特征与相
关技术方案及应用也只能获得一般的技术特点。

广义上来说,技术规范要求包括改善成像传感器性能(空间、光谱及时间分
辨率、辐射测量质量、定位准确性)、优化系统特征(平台灵活性、数据管理效率、
图像产品传输的连续性)以及有能力研发可输出图像数据产品,这些产品应能
实现先进地理空间应用(全面的地形、精准的高度与海拔信息,城市作战环境)
(DGA,2011)。

48.3.5 产业政策

根据 TA1 研究,MUSIS 的各 CAA(准确地说是法国武器装备总局(DGA)与
意大利高级通信信息技术部(TELEDIFE))负责 MUSIS 架构及其相关 UGS 的研
究流程(BE,2006)。

CAA 采用的产业政策是公司要满足一定的标准(例如技术证明、之前参与
过对地观测空间计划的证明以及人员与设施安全许可)才算具备 MUSIS 相关工
作的有效候选资格。这项政策使具有空间技术能力的公司依照两大产业联盟
组织其提案,这两大联盟分别由具有竞争力的主要承包商欧洲宇航防务集团
(EADS)阿斯特里姆公司与泰雷兹-阿莱尼亚宇航公司领导。为开展 TA1 研
究,各主要承包商组建了包含航天应用公司的产业联盟,联盟中的公司从所有

MUSIS 参与国中选取，由各国推荐。

目前等效合约执行权力授予给已被任命为 MUSIS CAA 的 OCCAR-EA，以进行合作项目的联合活动。OCCAR-EA 负责 CIL 的合约管理，法意两国相同产业的主要承包商作为联盟参与其中。

48.3.6　管理与发展结构的基本阐述

MUSIS 的启动初衷雄心勃勃，即成为用于防务与安全目的的欧洲对地观测系统，具备由多国生产的空间组件以及共同确认并开发的用户段及地面段。这一基本理念在 TA1 的文件及部长《意向书》中得以充分概念化：从一般通用 UGS 层面而言，能在多用户、互补成像环境中利用，且由各国独立或多国合作研发的空间组件（部分为两用组件）组成。

除承认此类协议的作战价值外，各合作国似乎在国家政策、资源共享、产业关注重点及行政流程等问题上产生了分歧。为消除各方合作的不信任和不愉快，各合作国需要预先确定协商一致的方法和具体的方案，甚至研究可能满足下一代成像系统作战需求的其他方法。

重要的系统特征取决于特定用户地面基础设施，但关于准确利用用户地面基础设施的方法尚未达成一致意见，因此重要的系统功能无法最后敲定，从而导致 MUSIS 磋商延迟，影响部分空间组件计划准时实现。尽管参与国付出了很大努力，合作项目取得了重大成就，但法、意两国仍冒着使各自 CSO 与 CSG 计划不同步的风险，决定将其卫星系统（包括相关 UGS 的专有方案）实体化。对于 MUSIS 空间组件及其用户段与地面段来说，为避免各代系统在各国独立成像能力与多国集体成像能力上的差距，有必要采取各国独立发展的做法。

48.4　卫星计划的发展

48.4.1　研发协调机构

MUSIS 通常视为合作项目，所有合作国均参与 MUSIS 相关活动的研发（R&D）管理。MUSIS 参与国跟进研发工作，其中行政层面的工作由有资格的国家军备机构负责，技术层面的工作由国家航天机构与国防科技机构参与。这种模式在 TA1 的研发活动中得到了有效应用。

意料之中的是，空间组件供应商是更切实参与空间段与地面段国家计划的一方。在国家框架外，MUSIS 中只有法国与意大利继续 CIL 有关的独立研发协调活动。因此,法国 DGA 与法国国家空间研究中心(CNES)合作,意大利国防部秘书处/意大利装备部(SEGREDIFESA/DNA)与意大利航天局(ASI)合作,共同负责协调与 CIL 相关的研发工作。

48.4.2　技术内容

一般而言,MUSIS 会涵盖天基电光与微波成像(雷达)能力领域的对地观测技术。所涉及的主要科学领域与如下方面的应用发展相关:近地轨道(LEO)卫星平台;成像卫星仪器;传感器有效载荷配置;任务控制基础设施;机载与地面容量数据管理;图像传输;以及 UGS 层面上的规划、接收、记录、存档、处理与输出功能。

然而,MUSIS 主要是为防务与安全用户所用,为便于空间侦察,未来 MUSIS 需要有一整套要求严格的作战条件与先进功能性设备。此外,防务与安全基础设施还要求其系统具有严格访问、利用、机密性、可靠性以及可用性协议。

因此,要显著提高成像能力并彻底改善系统性能。不论将采用哪些新技术发展未来的 CSO、CSG 以及 SARah 雷达侦察卫星,这些新技术都会分别以"太阳神"2 号卫星与"昴宿星"卫星、COSMO-SkyMed 星座及 SAR-Lupe 卫星的有效实例为基础。

根据操作命令并与相关多功能 UGS 联合的互补成像卫星系统星座是欧洲集合、共担或共享投资、风险、设备与资源的合理实践。MUSIS 已囊括了军民两用元件,这些元件的技术与应用也适用于民事应用(包括商业产品)。

评估与"哥白尼"计划飞行服务与基础设施相关的大量研发项目时,这一点体现得尤为明显,其中一个实例是 G-MOSAIC(用于区域性危机的作战管理、态势感知及情报工作的"全球环境与安全监测系统"服务)。就性质与定义而言,其应用(核与条约监控、自然资源与冲突、移民与边境监控、关键资产、危机管理与评估)也同样关乎防务用户的态势感知利益(gmes.info,2012)。

另外,可以想象,通过法国与意大利为联合并共享现有"太阳神"2 号卫星,COSMO-SkyMed 星座与"昴宿星"卫星的能力所得到的经验,CIL 将会找到合适的基础,在这一背景下,ORFEO 与 PHAROS 计划可为 MUSIS 用户地面功能通用技术的成熟提供空间。

48.4.3　协同效应与技术合作

MUSIS 的欧洲合作特征反映在 EDA 和 OCCAR 的分别参与中。EDA 加入 MUSIS 明确确定了在其他欧洲空间计划中可能的协同作用。这种协同作用有望在"哥白尼"计划中得到合理实现,在这一计划中,意大利的 CSG 会是"哥白尼"计划的组成卫星,在名为欧洲数据中继系统(EDRS)的空间通信项目中也是如此。EDRS 的目的之一是通过缩短大容量数据的传输延迟来减少图像传输时间,这是"哥白尼"计划等对地观测系统的专有服务(MUSIS 可能如此)(ESA,2012)。

可能实现的协同作用范围遍及广泛的空间应用,因为几乎以上所有合作国都或多或少参与了防务与安全、军民两用及纯民用对地观测系统的开发。激励参与这些计划中各国及多国合作部分的主要研发机构进行大力互动,这从各方面而言都是合理且有意义的。

显而易见的是,MUSIS 的参与国似乎也同意掌握电光或 SAR 对地观测能力的合作国之间不存在任何成像技术转移。MUSIS 是一个由国家开发及运营的空间计划虚拟联盟,允许组件提供商保持自身特有的成像技术优势,避免关键技术转移给其他国家的潜在行业竞争者。

然而 CIL 有关的共同研究仍可作为现有研发合作的实例,虽然有时只有法、意两国合作,但这些合作所涉及的技术领域仍对所有 MUSIS 合作国有益。

48.5　空间组件的架构

根据 TA1 的研究结果与其工作小组的一致推荐,国防部部长批准了表48.2中的 MUSIS 体系。

表 48.2　MUSIS 架构

空间组件	卫星数量	首次发射	轨道	成像有效载荷类型	分辨率级别	用户段及地面段	备注
法国"光学空间器件"(CSO)卫星	2+1(第三颗卫星是否能实现取决于其他合作国是否充分参与)	2016	近地轨道(LEO)	电光成像(全色、多光谱与红外成像)	超高分辨率(VHR)与高分辨率(HR)	CSO 特有,但可通过 CIL 与 CSG 共同操作	尽管 CSO 与 CSG 会开发各自相关的用户段及地面段,但法国与意大利仍想通过地面的通用互操作性层连接两个空间组件
"第二代地中海盆地对地观测小卫星星座"(CSG)	2	2014	(LEO)	雷达(X 波段 SAR)	VHR 和 HR	CSG 特有,但是可通过 CIL 与 CSO 共同操作	尽管 CSO 与 CSG 会开发各自相关的用户段及地面段,但法国与意大利仍想通过地面的通用互操作性层连接两个空间组件

（续）

空间组件	卫星数量	首次发射	轨道	成像有效载荷类型	分辨率级别	用户段及地面段	备注
SARah雷达侦察系统	德国尚未明确取代五个SAR-Lupe卫星的卫星数量与配置	2017		雷达（SAR）	VHR和HR	特有	通过加入CIL的开放式合作连接SARah雷达侦察系统的UGS在理论上是可行的
"英吉尼欧"光学卫星（原名"对地观测卫星"（SEOSat））	1	2014	（LEO）	宽幅模式（WS）光电	中等分辨率	英吉尼欧USG最初并没有包含在该概念中	"英吉尼欧"卫星与"帕斯"卫星（雷达卫星，并不参与MUSIS）结合成双能力两用系统

有关空间组件及其相关地面基础设施以及相关技术与作战信息的更多分析性描述，可参考本手册中的其他相关部分。

48.6　MUSIS 的操作

48.6.1　系统用户

配备防务与安全及两用空间段的 MUSIS 体系适用于满足各类用户对各成像目标的需求。尽管 MUSIS 是为政府用户设计的，但就各参与国的国家层面而言，预计 MUSIS 能力足够胜任以有竞争力的方式向欧盟机构、区域与国际组织以及商业用户提供相应服务。

主要的 MUSIS 用户区别如下：

（1）防务与安全用户。从优先级、先进成像配置的可用性及成像服务的使用频率与数量这三方面而言，为主要用户。这一群体中大部分为情报、地理空间及作战领域的军事用户。其他国家安全行为体(如国家情报服务机构与危机管理机构)也可享受相同服务。

（2）国家用户。从更广义的国家利益与公共服务而言，MUSIS 可为需要图像数据的其他政府机构与国家机构服务。此类图像数据将由军事设备，其性质、机密性及应用条件保持不变，或降级为适用于民事应用（公共用户）的数据。MUSIS 的欧洲多国合作特征有助于实现欧盟机构(如欧盟卫星中心)与其他区域或国际组织(如联合国与北大西洋公约组织)的能力发展。在特定应用协议下,MUSIS 军用图像可用作一项固定服务,或根据相关任务与形势而作为临时特设服务。

(3)民事用户。军民两用 MUSIS 的剩余能力会向个人、商业及高校用户提供商业许可的图像服务与产品。

防务与安全用户同其他国家与公共运营商及民事用户在 MUSIS 多国环境中平等共存,这一环境对确保全面功能实现及军民事领域隔离的技术方案与操作规则的应用提出了尤为严苛的要求。

48.6.2　作战指挥与控制

MUSIS 中包括各国空间组件且具有多国家、多用户及多任务的特点,因此卫星可能在任务控制与作战指挥方面一直处于严格的国家管控之下。一般而言,UGS 层面的运营商一直注重图像获取规划以及图像生成过程。与现有系统中一样,多国卫星开发与图像配额会在明确的作战协议上有所规定,具体到每个空间组件。

目前,MUSIS 的作战指挥与控制结构尚未可知。但显然,各参与国会从他们现有系统的开发中整合经验,合理尝试吸收之前基础设施的任务控制与 UGS 功能。若利用目前的指挥与控制责任划分方式,则任务控制由国家航天机构(ASI、CNES、DLR 与 INTA)负责,而卫星作战指挥权归于各自的 UGS 国家主地面站。

同样,也可在空间组件供应商之间现有的分频成像能力相关条款协议中吸收指挥与控制结构及和作战协定。特别提出的是,ORFEO 与 PHAROS 协议与共同考虑事项之间的继承关系有助于 CIL 的发展。

48.6.3　优势与劣势

MUSIS 的基础是人们已经意识到此类合作在政治、军事与工业价值上具有优势。在欧盟背景下,MUSIS 合作国对欧盟共同外交与安全政策(CFSP),特别是对其 CSDP 部分有着共同重要政治期望。在防务与安全应用领域,欧洲工业合作的各方面(能力整合、资源共享、风险共担与技术转让)从机构层面(委员会、EEAS、EDA、ESA、OCCAR)得到了改善与发展。

从操作与功能方面而言,MUSIS 旨在解决现有欧洲政府对地观测系统的一些能力利用与互操作性问题,因为这些系统大部分作为独立装备运行,没有兼容的用户段与地面段,也没有内置分频交互功能。因此用户需要利用不同成像装备时,会导致额外的操作成本与严重的延迟现象。MUSIS 的构想是利用以下即将实现的具体操作优势改善独立空间成像装备的不足:

(1) 利用互补成像能力;

(2) 减少系统响应时间;

(3) 增强整体成像能力;

(4) 注重相关区域的图像输出;

(5) 提高图像质量;

(6) 升级图像产品;

(7) 利用图像数据存档与编目优势;

(8) 利用经调整与优化的系统;

(9) 保护机密性与可靠性参数。

然而,事实证明,MUSIS 从设计到部署仍是一个耗力耗时的过程。其原因是:MUSIS 要求 7+1 个参与国之间进行多国协调,各国独立决策与多国集体决策的程序繁多,各国须履行其在政治、军事与工业上的责任。

从 TA1 的工作中可得出经验教训:各国活动之间存在协调上的不足,主要承包商所提出的不同架构之间缺乏一致性,且缺乏整个产业与参与国 MoD 均认可的既定标准或设计准则。

48.7 结　　论

目前空间,特别是其防务与安全应用在欧盟范围及其航天成员国的政策、活动与资源范围内,在制度上得到了认可、在军事上具有必要性且在技术上具有可行性。空间设施具有先天的全景式观察特性,这些特性可用于所有作战领域(陆、海、空)以及几乎所有类型的任务与目标,成为防务与安全应用的重要推动力。

各成员国,特别是法国、德国、意大利与西班牙,在天基成像系统中拥有广泛的经验、系统的专业知识以及成熟的应用水平,对地观测手段的稳定效果和独特优势证明了这一点,并持续促进上述发展。实现用于防务与安全的综合性可靠对地观测的系统架构、成像能力以及 UGS 功能已至少在一代系统的作战条件下得到了充分研究、应用及测试。

然而,经鉴定,与各国空间计划中观测设备的独立研发相关的固有限制明显会影响作战的范围、响应与完整性,也同样会影响相关国家合作的水平、质量与有效性。从设计到开发与部署,再到合作应用,整个过程均经过构思的系统有望更成功地满足各国及多国合作的作战需求,并实现共享的政治目标与产业激励措施。

这一点是 7 个欧盟成员国在 BOC 文件中的共识,对 MUSIS 形式的未来欧洲对地观测架构而言,是一种重要的驱动力。联合发展下一代空间组件是未来发展趋势,从系统层面而言,这会确保性能得到提升,数量增长迅速。

另外,MUSIS 尚未能发展成切实的空间计划,其在可操作成果、参与要求与资源分配等方面的框架尚未敲定与确认,因此饱受质疑。BOC 生效已有 10 年时间,但还是不能完全保证会实现综合性的下一代对地观测系统。

目前,欧洲在用于防务与安全的对地观测中的协同作用实例有"太阳神"2号、"昴宿星"、COSMO-SkyMed、SAR-Lupe 等卫星,以及 ORFEO 与 PHAROS 用户段及地面段修正案,MUSIS 会继续利用实现这些成就的可靠合作基础。合作国都确信其共同协议具有作战价值,因此支持维护 MUSIS 磋商,但为了应对能力差距的风险,他们同时又决定,各国研发后续空间组件(即 CSO、CSG 与 SAR-ah),继续各自的成像任务。但通常对 CSO 与 CSG 而言,空间组件合作的要求仍是有效的,但目前追求的是基于一对一的双边合作,且大部分合作仅限于系统及其装备的作战用途。

在 MUSIS 联合行动框架下,委任给 OCCAR 的 CIL 研究仍是法意两国间的合作计划,向其他参与国(特别是有贡献装备的参与国)开放邀请。理想情况是,CIL 还将使德国 SARah 雷达侦察系统空间组件与西班牙"英吉尼欧"光学卫星实现互操作。

目前,CIL 初步定义研究工作的初期成果(包括其可行性论证与架构推荐)提供了一个实用的解决方案。这成功确保了 2013 年 MUSIS 联合活动(B2 阶段合同)的延续性,并使有可能实现 CIL 后续研发及成果(C、D 阶段)与相关空间组件的卫星利用计划之间的同步发展(OCCAR,2012)。

此外,MUSIS 在保护欧洲的合作本质与满足成员国在空间设施开发、采购与利用上采取共享与联合原则的现实需求方面扮演着举足轻重的角色。EDA 与 OCCAR 是确保 MUSIS 欧洲合作实现,引导进一步的参与兴趣(如波兰与瑞典的实例)并主管共同活动(如 CIL 工业合同中所述共同活动)的行政管理层。

尽管如此,MUSIS 或多或少的与其他所有欧洲空间活动一样,目前处在欧盟经济与金融危机的压力和考验之下。部分合作国受到的影响较大,因此其在 MUSIS 上的志向可能受挫,以至于大量缩减预算,从而降低了最初对于天基作战装备的期待,鉴于两颗 CSO 卫星的合同就高达 7.95 亿欧元,可见此类系统的成本之高(DGA,2010a)。粗略估计 MUSIS 的整体成本可突破 20 亿欧元大关。

　　MUSIS 未来的路不可能没有阻碍,但至少 CIL 双边举措打破了之前的磋商僵局,使空间组件与用户段及地面段发展计划之间实现合理调和。在这一点上,OCCAR 切实联合活动重启,集团扩大,在 EDA 支持下,欧盟范围内的协同作用未来具有优势,这些均可确保 MUSIS 克服不足,最终成功确立用于监视、侦察和观测的第二代天基系统。

参考文献

BE,DE,EL,ES,FR & IT MoD (2006). Technical arrangement 1 To the ERG-arrangement No1,to the Europa MoU,related to the preparatory studies for the definition and the realisation of a multinational space-based imaging system (MUSIS) for surveillance,reconnaissance and observation. http://nomoi. info/%CE%A6%CE%95%CE%9A-%CE%91-271-2007-%CF%83%CE%B5%CE%BB-37. html. Accessed 16 Aug 2012

DGA FR MoD (2010a) Lancement de la re′alisation des satellites CSO du programme Musis. http://www. defense. gouv. fr/dga/actualite/lancement - de - la - realisation - des - satellitescso - du - programme-musis/%28language%29/fre-FR#SearchText¼MUSIS#xtcr¼2. Accessed 20 Aug 2012

DGA FR MoD (2010b) La France rec,oit ses 1res images de satellites radar allemands et italiens. http://www. defense. gouv. fr/dga/actualite/ la-france-recoit-ses-1res-images-de-satellites-radarallemands-et-italiens/%28language%29/fre-FR#SearchText¼MUSIS#xtcr¼3. Accessed 20 Aug 2012

DGA FR MoD (2011) Le programme Musis. http://www. defense. gouv. fr/dga/equipement/information-communication-espace/musis/%28language%29/fre-FR#SearchText¼MUSIS#xtcr¼1. Accessed 20 Aug 2012

DIC FR MoD (2011) Press release. DGA delivers the spatial information portal. http://www. google. gr/url? sa ¼ t&rct ¼ j&q ¼ &esrc ¼ s&source ¼ web&cd ¼ 2&ved ¼ 0CFAQFjAB&url ¼ http% 3A% 2F% 2Fmms. businesswire. com%2Fbwapps% 2Fmediaserver% 2FViewMedia% 3Fmgid% 3D280482% 26vid% 3D1&ei ¼aqQyUPyUE8mn4gTCqYDQCQ&usg¼AFQjCNHr4fX8QDriV2Jc8sMGT1go390Zog&sig2¼19p9i4klh-GvyRd-bzoE-mA. Accessed 20 Aug 2012

EDA (2009) Capabilities priorities. Core drivers & environments. Space. Earth Observation. MUSIS. http://eda. europa. eu/Capabilitiespriorities/coredrivers/Space/Earthobservation/MUSIS Accessed 16 Aug 2012

Eoportal. org (2012) COSMO-SkyMed. https://directory. eoportal. org/web/eoportal/ satellite-missions/c-missions/cosmo-skymed. Accessed 20 Aug 2012

ESA (2012) Telecommunications and integrated applications directorate. http://www. esa. int/esaTE/SEM5GGKTYRF_index_0. html. Accessed 22 Aug 2012

France-Italy. (2014,March 16). Turin Accord 2001. Retrieved from Ambassade de France a`Rome:http://www. ambafrance-it. org/IMG/pdf/accord_observation_de_la_Terre-2. pdf

Gmes. info (2012). GMES projects. http://www. gmes. info/pages-principales/projects. Accessed 22 Aug 2012

Kolovos A (2009) The European space policy-its impact and challenges for the European security and defence policy. ESPI Perspectives 27:6-8

Lange S（2007）SAR-Lupe satellites launched. Strategie & Technik-International ed. http://www. swp-berlin. org/fileadmin/contents/products/fachpublikationen/SAR_Lupe_ks. pdf. Accessed20 Aug 2012

OCCAR（2011）MUSIS-Federating activities. http://www. occar-ea. org/174. Accessed 16 Aug2012

OCCAR（2012）MUSIS FA Phase B1 completed. http://www. occar-ea. org/242. Accessed 29 Aug2012

Pasco X（2009）A European approach to space security. American Academy of Arts and Sciences. http://carnegie. org/fileadmin/Media/Publications/PDF/

spaceEurope. pdf. Accessed 8 July 2012

Svitak A（2011）Pleiades launch may boost French competitiveness. http://www. aviationweek. com/Article. aspx? id¼/article-xml/AW_12_19_2011_p28-406519. xml&p ¼1#. Accessed 20Aug 2012

Wikipedia. Org（2012）. Helios（satellite）. https://fr. wikipedia. org/wiki/Helios_%28satellite%29#cite_ref-4. Accessed 16 Aug 2012

第49章　中国的航天发射项目

龙乐豪[1]，李丹[2]

1. 中国工程院，中国北京
2. 中国运载火箭技术研究院，中国北京

摘要

中国的运载火箭研制始终坚持走"自力更生、自主创新"道路。40 多年来，中国成功研制出 10 余种型号的运载火箭并经历了从研究实验到飞行应用，再到工业化的转变。本章概述中国航天发射计划，主要介绍中国运载火箭、目前使用的运载火箭以及正在研制的新一代运载火箭的发展历程，并介绍中国在太空安全领域做出的努力。

49.1　引　　言

随着太空利用核心能力的提高，在发射任务的驱使下，中国的运载火箭研制始终坚持走"自力更生、自主创新"的道路。40 多年来，中国成功研制出 10 余种型号的运载火箭并经历了从研究实验到飞行应用，再到工业化的转变。其促进了卫星、卫星应用技术及载人航天技术的发展，并为以"载人航天项目"与"月球探测项目"为代表的中国重点项目的成功实施提供了大力支持。

为保证安全、可靠、快速、经济、友好地利用太空，促进太空探索技术发展和加速人类文明进程成为中国运载火箭过去、现在、未来的发展目标。

本章主要介绍中国运载火箭、目前使用的运载火箭以及正在研制的新一代运载火箭的发展历程，并介绍中国在太空安全领域做出的努力。

49.2　中国运载火箭的研发背景

中国是火箭的发源地。早在宋朝时期（11 世纪），中国就发明了符合火箭推进原理的黑火药火箭，在 13 世纪传入阿拉伯与西方国家。

中国现代运载火箭研发始于 20 世纪 60 年代中期。经过艰苦探索和艰辛努力,中国已成功研制出了"长征"1号(LM-1)系列、"长征"2号(LM-2)系列、"长征"3号(LM-3)系列与"长征"4号(LM-4)系列运载火箭,正致力于研制新一代运载火箭。其形成了拥有10余种型号的"长征"运载火箭系列。经过40年的努力,中国的航天发射技术取得了显著成就。"长征"运载火箭经历了从使用常规推进剂到使用低温推进剂、从末级一次启动到多次启动、从结构串联到结构并联、从一箭一星到一箭多星、从载货到载人等多次技术飞跃。目前,"长征"运载火箭能将各种卫星与载人飞船送入不同类型的低、中、高地球轨道,其中近地轨道(LEO)、太阳同步轨道(SSO)与地球同步转移轨道(GTO)的运载能力分别为12t、6t与5.5t,且入轨精度达到国际领先水平,可满足不同用户的多种需求。现有"长征"运载火箭具备将航天器发射到月球及太阳系内的外层空间的能力。

1970年4月24日,中国LM-1运载火箭将"东方红"1号卫星成功送入近地轨道,使得中国成为世界上第五个成功用自制火箭发射本国卫星的国家。

1999年,LM-2F运载火箭成功发射了"神舟"实验飞船,为实现中国载人航天的战略目标奠定了坚实基础,使中国成为世界上第三个独立研发载人航天技术的国家,并进一步提高了中国航空航天产业在国际舞台上的地位。2003年10月,中国首次载人航天任务取得成功。2012年6月,中国成功实现了首次载人交会对接。

2007年10月,LM-3A运载火箭成功将中国首个环月航天器"嫦娥"1号送入预定轨道,这标志着中国的航天产业成功进入了深空探测的新领域,中华民族几千年来的"奔月梦"开始成为现实。

发射人造地球卫星、载人飞船与月球探测器是中国航天产业发展的三大里程碑。

49.3　发射计划与中国运载火箭发展

截至2012年6月30日,"长征"运载火箭已实现了165次发射,将190个航天器送入轨道,且发射成功率高达95%。中国运载火箭用28年完成了前50次发射。近年来,在国内外发射需求的驱使下,后来的115次发射仅耗时12年。仅LM-3A系列这一种型号就成功实现了50余次发射,这充分证明了该运载火箭的可靠性,并促进了中国运载火箭的工业化进程。

中国运载火箭发射计划将继续高速进行。中国计划"十二五"期间以平均每年约20次的速度完成100次发射。

49.4 "长征"运载火箭的国际商业发射

自 1985 年中国政府正式宣布"长征"运载火箭进入国际商业发射市场以来,中国已成功将各种国外制造的卫星送入轨道,并在商业卫星发射服务的国际市场中占有一席之地。

截至 2012 年 6 月 30 日,"长征"运载火箭实现了 34 次商业发射,包括 40 颗国际商业卫星发射、6 次搭载发射服务及 4 次国内卫星在轨交付。中国不断崛起的航空航天产业以其良好的市场声誉和一流的品牌形象吸引了国际同行的关注。未来,中国的航空航天产业将极力扩大国际交流,与众多国外客户在产品研发、系统构建、卫星应用、资源共享、人才交流与载人航天领域开展广泛、多层次的合作,并积极实现利用空间技术造福人类的目标。

"长征"运载火箭的国际商业发射记录见表 49.1 所列。

表 49.1 "长征"运载火箭国际商业发射记录

编号	有效载荷/SC	运载火箭	客户	发射日期	说明
1[a]	微重力试验仪	LM-2C F09	法国马特拉·马可尼空间公司	1987-08-05	搭载服务
2[a]	微重力试验仪	LM-2C F11	德国进入太空公司	1988-08-05	搭载服务
3	"亚洲"1 号通信卫星	LM-3F07	香港亚洲卫星通信有限公司	1990-04-07	单星发射
4[a]	BADR-A 卫星-澳星模拟星	LM-2E F01	巴基斯坦空间及外大气层研究委员会	1990-07-16	搭载服务
5	"澳星"B1	LM-2E F02	澳大利亚卫星公司	1992-08-14	单星发射
6[a]	"弗利亚"卫星	LM-2C F13	瑞典空间公司	1992-10-06	搭载服务
7	"澳普图斯"B2 通信卫星	LM-2E F03	澳大利亚卫星公司	1992-12-21	单星发射
8	"亚太"1 号通信卫星	LM-3F09	香港亚太卫星控股有限公司	1994-07-21	单星发射
9	"澳普图斯"B3 通信卫星	LM-2E F04	澳大利亚澳普图斯卫星公司	1994-08-28	单星发射
10	"亚太"2 号通信卫星	LM-2E F05	香港亚太卫星控股有限公司	1995-01-26	单星发射
11	"亚洲"2 号通信卫星	LM-2E F06（EPKM）	香港亚洲卫星通信有限公司	1995-11-28	单星发射
12	"回声"1 号通信卫星	LM-2E F07（EPKM）	美国回声星通信公司	1995-12-28	单星发射
13	国际通信卫星 7A	LM-3B F01	国际星公司	1996-02-15	单星发射

（续）

编号	有效载荷/SC	运载火箭	客户	发射日期	说明
14	"亚太"1A 通信卫星	LM-3F10	香港亚太卫星控股有限公司	1996-07-03	单星发射
15	"中星"7 号通信卫星	LM-3F11	中国卫星通信集团公司	1996-08-18	单星发射
16[a]	微重力试验仪	LM-2D F03	日本丸红公司	1996-10-20	搭载服务
17	"马部海"通信卫星	LM-3B F02	菲律宾马部海公司	1997-08-20	单星发射
18	"亚太"2R 通信卫星	LM-3B F03	香港亚太卫星控股有限公司	1997-10-17	单星发射
19	"铱"星	LM-2C/SD F02	美国摩托罗拉公司	1997-12-08	双星发射
20	"铱"星	LM-2C/SD F03	美国摩托罗拉公司	1998-03-26	双星发射
21	"铱"星	LM-2C/SD F04	美国摩托罗拉公司	1998-05-02	双星发射
22	"中卫"1 号通信卫星	LM-3B F04	中国东方卫星通信有限公司	1998-05-30	单星发射
23	"鑫诺"1 号通信卫星	LM-3B F05	中国鑫诺卫星通信有限公司	1998-07-18	单星发射
24	"铱"星	LM-2C/SD F05	美国摩托罗拉公司	1998-08-20	双星发射
25	"铱"星	LM-2C/SD F06	美国摩托罗拉公司	1998-12-19	双星发射
26	"铱"星	LM-2C/SD F07	美国摩托罗拉公司	1999-06-12	双星发射
27	中巴地球资源卫星 1 号	LM-4F04	巴西宇航院	1999-10-14	单星发射
28[a]	巴西科学应用卫星(SACI)	LM-4F04	巴西宇航院	1999-10-14	搭载服务
29	中巴地球资源卫星 2 号	LM-4F08	巴西宇航院	2003-10-21	双星发射
30	"亚太"6 号卫星	LM-3B F06	香港亚太卫星控股有限公司	2005-04-12	单星发射
31	尼日利亚 1 号通信卫星	LM-3B F07	尼日利亚国家空间研究与发展局	2007-05-14	单星发射
32	"中星"6B 卫星	LM-3B F08	中国卫星通信集团公司	2007-07-05	单星发射
33	中巴地球资源 2B 卫星	LM-3B F09	巴西宇航院	2007-09-19	单星发射
34	"中星"9 号卫星	LM-3B F10	中国卫星通信集团公司	2008-06-09	单星发射
35	"委星"1 号卫星	LM-3B F11	委内瑞拉科技部	2008-10-30	单星发射
36	"帕拉帕"D 卫星	LM-3B F12	印尼航空	2009-08-31	单星发射
37	巴基斯坦 1R 通信卫星	LM-3B F15	巴基斯坦空间及外大气层研究委员会	2011-08-12	单星发射

（续）

编号	有效载荷/SC	运载火箭	客户	发射日期	说明
38	W3C 卫星	LM-3B F17	欧洲通信卫星公司	2011-10-07	单星发射
39	尼日利亚 1R 通信卫星	LM-3B F18	尼日利亚国家空间研究与发展局	2011-12-20	单星发射
40	"亚太"7 号卫星	LM-3B F19	香港亚太卫星控股有限公司	2012-03-31	单星发射

注："运载火箭"一栏中,火箭型号后标注的 FXX 意为该型号火箭第 XX 次飞行。带 a 号者为搭载服务

49.5　目前使用的运载火箭

49.5.1　"长征"2 号运载火箭

1970 年研发的 LM-2 系列主要用于 LEO 发射任务。目前,LM-2 系列包括 LM-2、LM-2C 系列、LM-2D、LM-2E、LM-2F 等 7 类运载火箭(图 49.1),其中 LM-2 与 LM-2E 已停止使用。

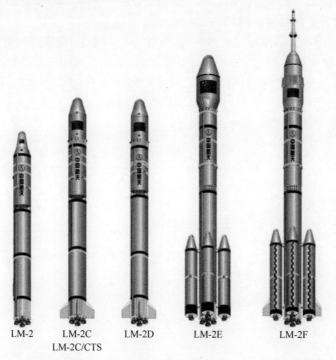

LM-2　　LM-2C　　LM-2D　　LM-2E　　LM-2F
　　　　LM-2C/CTS

图 49.1　LM-2 系列

49.5.1.1 "长征"2号丙运载火箭/通信技术卫星1号/通信技术卫星2号 (LM-2C/CTS-1/CTS-2)

LM-2C系列有两级与三级之分,主要用于将卫星送入 LEO、SSO、极椭圆轨道(EEO)与 GTO,并拥有使用一枚运载火箭发射多颗卫星的能力。

1. 两级 LM-2C

全长 43m、直径 3.35m 的 LM-2C 运载火箭主要用于发射近地轨道与太阳同步轨道卫星,其 200km 近地轨道与 600km 太阳同步轨道运载能力分别为 4.1t 与 1.5t。

1987 年 8 月,LM-2C 成功为法国马特拉·马可尼空间公司提供了微重力试验仪器搭载发射服务,这标志着中国航空航天产业国际合作的开端。自 1975 年 11 月 26 日的首次飞行以来,LM-2C 共进行了 26 次发射,其中 25 次取得了成功。

2. 三级 LM-2C

三级 LM-2C,即 LM-2C/CTS,通过在 LM-2C 上增设一个固体上面级而制成,全长 43m、直径 3.35m,包括 LM-2C/CTS-1 与 LM-2C/CTS-2。其中 LM-2C/CTS-1 主要用于发射多颗卫星与 SSO 卫星,其 600km 太阳同步轨道运载能力为 1.9t。LM-2C/CTS-2 主要用于发射 EEO 卫星与 GTO 卫星,其地球同步转移轨道(倾角 28°)运载能力为 1.25t。自 1997 年以来,LM-2C/CTS 共完成了 10 次发射,并全部取得了成功。

1997—1999 年,LM-2C/CTS-1 成功完成了 7 次"一箭双星"发射,将 14 颗"铱"星(2 颗模拟卫星与 12 颗通信卫星)送入轨道。至 2012 年 4 月,LM-2C/CTS 分别成功发射了"探测"1 号(TC-1)、"探测"2 号(TC-2)与"环境"1A/1B(HJ-1 A/B)卫星。

LM-2C 系列火箭技术参数见表 49.2。

表 49.2　LM-2C 系列火箭技术参数

	第一级	第二级	第三级 CTS-1/CTS-2
芯级最大直径/m	3.35	3.35	—
推进剂质量/t	172	54.6	2.62/0.125
推进剂	$UDMH/N_2O_4$	$UDMH/N_2O_4$	固体
发动机	YF-21C	YF-24E	固体
发动机推力/kN	2961.6	741.4(主机) 11.8×4(微调机)	107
发动机比冲/(N·s/kg)	2556.6	2922.37(主机) 2834.11(微调机) (真空)	10.78

（续）

助推器数量	—	
助推器直径/m	—	
起飞质量/t	242	
全长/m	43.027	
整流罩直径/m	3.35	
运载能力/kg	LEO	4100（两级）
	SSO	1500（两级）、1900（600km SSO）
	GTO	1250
当前主要任务（轨道）	SSO 卫星	
主要发射场	酒泉、太原、西昌卫星发射中心	
研发机构	中国航天科技集团公司	

49.5.1.2 "长征"2号丁运载火箭

LM-2D 为两级常规液体推进剂运载火箭，主要用于 LEO 与 SSO 任务，可实现"双星同步发射"与"一箭双星"。

全长 41.056m、直径 3.35m 的 LM-2D 运载火箭主要用于将卫星送入 LEO 与 SSO。其 260km 近地轨道与 600km 太阳同步轨道运载能力分别为 3.6t 与 1.5t。LM-2D 系列火箭技术参数见表 49.3。

表 49.3　LM-2D 系列火箭技术参数

	第一级	第二级
芯级最大直径/m	3.35	3.35
推进剂质量/t	124	59
推进剂	UDMH/N_2O_4	UDMH/N_2O_4
发动机	YF-21C	YF-24C
发动机推力/kN	2961.6	742.04（主机） 47.1（微调机）
发动机比冲/（N·s/kg）	2556.6	2942（主机） 2834（微调机） （真空）
助推器数量	—	
助推器直径/m	—	
起飞质量/t	250	
全长/m	41.056	

(续)

整流罩直径/m		3.35
运载能力/kg	LEO	3600(260km LEO)
	SSO	1500(600km SSO)
当前主要任务(轨道)		SSO 卫星
主要发射场		酒泉卫星发射中心
研发机构		中国航天科技集团公司

自 1992 年 8 月 9 日的首次飞行以来,LM-2D 进行了 16 次发射,并全部取得了成功,共将 21 颗卫星送入轨道。

49.5.1.3 "长征"2 号 F 运载火箭

LM-2F 为高度安全可靠的运载火箭,其研发目的在于满足中国载人航天专项需求。LM-2F 有两个变体,分别用于发射"神舟"飞船与目标飞行器。发射"神舟"飞船时,其直径为 3.35m,全长 58.3m,包含四个液体助推器、第一级、第二级、整流罩与逃逸塔,其近地轨道运载能力为 8.1t。LM-2F 火箭技术参数见表 49.4。

表 49.4   LM-2F 火箭技术参数

	第一级	第二级	助推器
芯级最大直径/m	3.35	3.35	2.25
推进剂质量/t	184	83.727	45.277
推进剂	$UDMH/N_2O_4$	$UDMH/N_2O_4$	$UDMH/N_2O_4$
发动机	YF-20K	YF-24K	YF-25K
发动机推力/kN	2961.6	741.4(主机) 11.8×4(微调机)	740.4
发动机比冲/($N \cdot s/kg$)	2556.6	2922.37(主机) 2834.11(微调机) (真空)	2550
助推器数量	4		
助推器直径/m	2.25		
起飞质量/t	493		
全长/m	58.3		
整流罩直径/m	3.35		
运载能力/kg LEO	8100		
当前主要任务(轨道)	LEO		
主要发射场	酒泉卫星发射中心		
研发机构	中国航天科技集团公司		

2003 年 10 月 15 日,LM-2F 成功将中国宇航员杨利伟送入太空,使中国成为世界上第三个具备载人航天能力的国家,也标志着中国的载人航天工程进入了实质应用阶段。到 2012 年 6 月 16 日,LM-2F 已成功完成了 10 次发射,包括 5 艘无人飞船、4 艘载人飞船("神舟"4 号、"神舟"5 号、"神舟"6 号、"神舟"7 号)以及 1 个目标飞行器。

49.5.2　长征 3 号运载火箭

LM-3 系列由 LM-3、LM-3A、LM-3B 与 LM-3C 四类运载火箭(图 49.2)组成。由于 LM-3 已退役,余下三类火箭统称为 LM-3A 系列运载火箭。

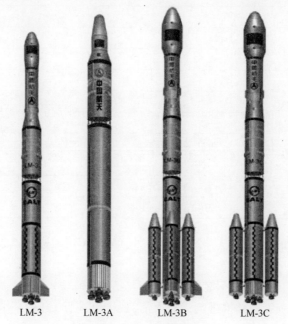

图 49.2　LM-3 系列运载火箭

49.5.2.1　长征 3 号甲运载火箭

LM-3A 为三级液体推进剂运载火箭,包括第一级、第二级、第三级与整流罩,全长 52.52m,第一级与第二级直径为 3.35m,第三级直径为 3m,其地球同步转移轨道标准运载能力为 2.6t。LM-3A 火箭技术参数见表 49.5。

表 49.5　LM-3A 火箭技术参数

	第一级	第二级	第三级
芯级最大直径/m	3.35	3.35	3
推进剂质量/t	171.843	33.207	18.518

（续）

	第一级	第二级	第三级
推进剂	$UDMH/N_2O_4$	$UDMH/N_2O_4$	LH_2/LOX
发动机	YF-21C	YF-24E	YF-75
发动机推力/kN	2961.6	741.4（主机） 11.8×4（微调机）	82.76
发动机比冲/（N·s/kg）	2556.6	2922.37（主机） 2834.11（微调机） （真空）	4300
助推器数量	0		
助推器直径/m	—		
起飞质量/t	243		
全长/m	52.52		
整流罩直径/m	3.35		
运载能力/kg	LEO	—	
	SSO	—	
	GTO	2600	
当前主要任务（轨道）	GTO		
主要发射场	西昌卫星发射中心		
研发机构	中国航天科技集团公司		

从 1994 年的首次飞行至 2012 年 6 月，LM-3A 连续进行了 23 次发射，并全部取得了成功。

49.5.2.2 "长征"3 号乙运载火箭

LM-3B 为三级液体推进剂运载火箭，其将改进版 LM-3A 作为芯级并捆绑四个液体助推器，全长 54.84m，助推器直径为 2.25m，第一级与第二级直径为 3.35m，第三级直径为 3.0m。LM-3B 火箭技术参数见表 49.6。

表 49.6　LM-3B 火箭技术参数

	第一级	第二级	第三级	助推器
芯级最大直径/m	3.35	3.35	3	2.25
推进剂质量/t	171.935	49.876	18.324	37.756
推进剂	$UDMH/N_2O_4$	$UDMH/N_2O_4$	LH_2/LOX	$UDMH/N_2O_4$
发动机	YF-21C	YF-24E	YF-75	YF-25
发动机推力/kN	2961.6	741.4（主机） 11.8×4（微调机）	82.76	740.4

（续）

	第一级	第二级	第三级	助推器
发动机比冲（N·s/kg）	2556.6	2922.37（主机） 2834.11（微调机） （真空）	4300	2556.6
助推器数量	4			
助推器直径/m	2.25			
起飞质量/t	427			
全长/m	54.84			
整流罩直径/m	4			
运载能力/kg　LEO	—			
运载能力/kg　SSO	—			
运载能力/kg　GTO	5100~5500			
当前主要任务（轨道）	GTO			
主要发射场	西昌卫星发射中心			
研发机构	中国航天科技集团公司			

目前，LM-3B有3个变体，其地球同步转移轨道标准运载能力为5.1~5.5t，是中国运载火箭之最。从1996年首次飞行至2012年6月，LM-3B共进行了21次发射，其中20次取得了成功。

LM-3B主要用于高轨道国际商业卫星发射服务。未来几年，LM-3B运载火箭将开展探月工程第二阶段工作并将发射"嫦娥"3号[①]与"嫦娥"4号卫星。

49.5.2.3 "长征"3号丙运载火箭

LM-3C将LM-3A作为其芯级，第一级捆绑两个液体助推器。其全长为54.84m，助推器直径为2.25m，第一级与第二级直径为3.35m，第三级直径为3.0m，其地球同步转移轨道运载能力可达3.8t。LM-3C火箭技术参数见表49.7。

表49.7　LM-3C火箭技术参数

	第一级	第二级	第三级	助推器
芯级最大直径/m	3.35	3.35	3	2.25
推进剂质量/t	171.946	49.815	18.448	37.69
推进剂	UDMH/N₂O₄	UDMH/N₂O₄	LH₂/LOX	UDMH/N₂O₄

---

① 译者注："嫦娥"3号已于2013年12月成功发射。

（续）

	第一级	第二级	第三级	助推器
发动机	YF-21C	YF-24E	YF-75	YF-25
发动机推力/kN	2961.6	741.4(主机) 11.8×4(微调机)	82.76	740.4
发动机比冲/(N·s/kg)	2556.6	2922.37(主机) 2834.11(微调机) (真空)	4300	2556.6
助推器数量	2			
助推器直径/m	2.25			
起飞质量/t	343			
全长/m	54.84			
整流罩直径/m	4			
运载能力/kg LEO	—			
运载能力/kg SSO	—			
运载能力/kg GTO	3800			
当前主要任务(轨道)	GTO			
主要发射场	西昌卫星发射中心			
研发机构	中国航天科技集团公司			

2008 年 4 月 25 日,LM-3C 成功实现了其首次飞行。2012 年,LM-3C 将发射"嫦娥"2 号卫星[①]。截至 2012 年 6 月,LM-3C 已陆续进行了 8 次发射,成功率高达 100%。

49.5.3 "长征"4 号运载火箭

LM-4 系列由 LM-4A、LM-4B 与 LM-4C 三类运载火箭(图 49.3)组成。LM-4A 已退役,余下两类火箭统称为 LM-4 系列运载火箭。

49.5.3.1 "长征"4 号乙运载火箭

LM-4B 为三级运载火箭,采用室温液体推进剂,由第一级、第二级、第三级与整流罩组成,包含飞行器结构、发动机、增压供给系统、控制、遥测与外部测量安全子系统。其全长 45.776m,第一级与第二级直径为 3.35m,第三级直径为 2.9m。LM-4B 火箭技术参数见表 49.8。

---

① 译者注:"嫦娥"2 号卫星已于 2010 年 10 月发射。

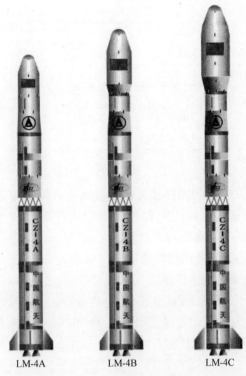

图 49.3　LM-4 系列运载火箭

表 49.8　LM-4B 火箭技术参数

	第一级	第二级	第三级
芯级最大直径/m	3.35	3.35	2.9
推进剂质量/t	181.89	35.408	14.34
推进剂	UDMH/N_2O_4	UDMH/N_2O_4	UDMH/N_2O_4
发动机	YF-21C	YF-24H	YF-40B
发动机推力/kN	2961.6	742.04(主机) 46.09(微调机)	100.848
发动机比冲/(N·s/kg)	2556.6	2942.4(主机) 2761.6(微调机) (真空)	2971
起飞质量/t	250		
全长/m	45.776		
整流罩直径/m	3.35		

（续）

运载能力/kg	LEO	4600
	SSO/400km	3200
	GTO	—
当前主要任务（轨道）		SSO
主要发射场		太原卫星发射中心
研发机构		中国航天科技集团公司

　　LM-4B 可完成各种轨道任务（SSO、LEO、GTO）与卫星发射，其 200km 圆形轨道（倾角 60°）与 400km 太阳同步轨道运载能力分别约为 4.6t 与 3.2t。LM-4B 主要用于将卫星送入 SSO。从 1999 年首次飞行至 2012 年 6 月，LM-4B 连续进行了 18 次发射，并全部取得了成功。

49.5.3.2 "长征"4 号丙运载火箭

　　LM-4C 为改进版三级液体推进剂运载火箭，通过在 LM-4B 基础上加入三级发动机重启等新技术而制成。其全长 47.977m，第一级与第二级直径为 3.35m，第三级直径为 2.9m。其倾斜于赤道 60° 的 600km 轨道、800km 太阳同步轨道与地球同步转移轨道运载能力分别约为 3.7t、2.7t 与 1.3t。LM-4C 火箭技术参数见表 49.9。

表 49.9　LM-4C 火箭技术参数

	第一级	第二级	第三级
芯级最大直径/m	3.35	3.35	2.9
推进剂质量/t	189.841	34.449	13.971
推进剂	$UDMH/N_2O_4$	$UDMH/N_2O_4$	$UDMH/N_2O_4$
发动机	YF-21C	YF-24H	YF-40A
发动机推力/kN	2961.6	742.04（主机） 46.09（微调机）	100.848
发动机比冲/(N·s/kg)	2556.6	2942.4（主机） 2761.6（微调机） （真空）	2971
起飞质量/t	250		
全长/m	47.977		
整流罩直径/m	3.8		
运载能力/kg	LEO	—	
	SSO/400km	2700	
	GTO	1300	

（续）

当前主要任务（轨道）	SSO
主要发射场	太原卫星发射中心
研发机构	中国航天科技集团公司

LM-4C 主要用于将卫星送入 SSO。从 2006 年至 2012 年 6 月，其进行了 8 次发射，并全部取得了成功。

49.6　未来运载火箭

中国正不断加强其航天运输系统建设，进一步完善"长征"运载火箭的完整性，增强太空利用能力，并研发以 LM-5、LM-6 与 LM-7 为代表的新一代运载火箭与上面级。其中 LM-5 使用无毒环保推进剂，其近地轨道与地球同步转移轨道运载能力分别为 25t 与 4t。LM-6 为新型快速反应火箭，其 700km 太阳同步轨道运载能力不低于 1t。LM-7 的近地轨道与 700km 太阳同步轨道运载能力分别为 13.5t 与 5.5t。

49.6.1　"长征"5 号运载火箭

LM-5 是在"一个系列、两种发动机、三个模块"方针指导下研制的新型大型火箭。"三个模块"指采用液态氢氧推进剂的 5m 直径模块、采用液氧煤油推进剂的 3.35m 直径模块和 2.25m 直径模块。"两种发动机"指新研制的 50t 级推力液态氢氧发动机和 120t 级推力液氧煤油发动机。根据"通用化、系列化、组合化"这一设计理念，将在三个新研发模块基础上形成拥有 5m 直径芯级的 6 种结构。其地球同步转移轨道与近地轨道运载能力分别为 6~14t 与 10~25t。首次飞行的 LM-5 结构捆绑 4 个直径为 3.35m 的助推器。

LM-5 采用全新动力系统、大型运载火箭结构设计与制造技术以及先进的控制与数字技术，显著提高了中国运载火箭的整体水平与空间资源利用能力。其全长 57m，第一级与第二级直径为 5m，4 个捆绑式助推器的直径为 3.35m，其地球同步转移轨道最大运载能力为 14t。

49.6.2　"长征"6 号运载火箭

LM-6 为轻型快速反应液体推进剂运载火箭。为满足简单快速发射需要，LM-6 组装完毕后将由立式车运往简易发射台（无塔）进行架设、装料及发射。LM-6 长 29.9m，直径为 3.35m，起飞质量约为 102t，起飞推力可达 1200kN，采用三级结构和液氧、煤油等无毒推进剂。由于监测与控制限制,其700km太阳同步轨道运载能力约为500kg。在没有监测与控制限制的条件下,通过三级滑行与重启,其700km太阳同步轨道运载能力可达1000kg。

49.6.3 "长征"7号运载火箭

LM-7为新型中型运载火箭,主要用于将货运飞船送入空间站。其全长53.1m,起飞质量约595t,起飞推力735t,芯级直径3.35m,4个捆绑式助推器直径为2.25m,200km×400km、42°近地轨道最大运载能力为13.5t。

49.7　安全政策前景

49.7.1　中国太空安全政策

外层空间是人类共同的财富,外层空间探索是人们不懈的追求。目前,全世界都在积极开展航天活动。航天大国相继制定或调整其航天发展战略、发展计划与发展目标,航空航天产业在国家整体发展战略中的地位与作用正变得日益重要。航天活动对人类文明与社会进步的影响也与日俱增。

中国将航天产业发展作为国家整体发展战略的重要部分,并始终坚持和平探索与利用外层空间的方针。近年来,中国航天产业发展迅速,某些领域关键技术已达到世界领先水平。航天活动在中国经济建设与社会发展方面发挥着日益重要的作用。

未来,中国将围绕国家战略目标,加强自主创新,扩大开放与合作,促进航天产业健康快速发展。与此同时,中国愿意与国际社会一起共同维护外层空间的和平与清洁,为促进人类和平与发展做出贡献。

中国发展航天事业的宗旨:探索外层空间,扩展对地球和宇宙的认识;和平利用外层空间,促进人类文明和社会进步,造福全人类;满足经济建设、科技发展、国家安全和社会进步等方面的需求,提高全民科学文化素质,维护国家权益,增强综合国力。

中国太空安全政策服从和服务于国家整体发展战略,应坚持以下原则:

(1) 科学规划。尊重科学、尊重规律,从航天事业的发展实际出发,统筹兼顾和科学部署空间技术、空间应用和空间科学等各项航天活动,保持航天事业全面、协调、可持续发展。

(2) 自主发展。始终坚持走独立自主、自力更生的发展道路,主要依靠自身力量,根据国情和国力,自主发展航天事业,满足国家现代化建设的基本需求。

（3）和平利用。始终坚持和平利用外层空间,反对外空武器化和外空军备竞赛,合理开发和利用空间资源,切实保护空间环境,使航天活动造福全人类。

（4）开放合作。坚持独立自主与开放合作相结合,在平等互利、和平利用、共同发展基础上,积极开展空间领域的国际交流与合作,致力于推进人类航天事业的共同进步。航天领域的国际合作应遵循《关于开展探索和利用外层空间的国际合作、促进所有国家的福利和利益,并特别要考虑到发展中国家需要的联合国宣言》中提出的基本原则。

未来 5 年,中国将加强航天工业基础能力建设,超前部署前沿技术研究,继续实施载人航天、月球探测、高分辨率对地观测系统、卫星导航定位系统等航天重大科技工程以及一批重点领域的优先项目,统筹建设空间基础设施,促进卫星及应用产业发展,深入开展空间科学研究,推动航天事业的全面、协调、可持续发展。

49.7.2　"长征"运载火箭的空间碎片减缓

1993 年成立的机构间空间碎片协调委员会(IADC)旨在加强成员国在空间碎片领域的研究与协调。作为成员国之一的航天大国,中国积极参与相关空间碎片减缓活动并自觉履行其对 IADC 承诺的责任与义务,以维护中国航空航天产业在国际舞台上的形象与地位。

中国组织航空航天与航天政策领域的专家学者就空间碎片减缓设计与管理的可行性进行研究,并于 2006 年制定了《轨道碎片减缓准则》。就技术而言,此标准提出了每一步航天活动中轨道碎片设计的基本要求。这些基本要求与 IADC 的《空间碎片减缓准则》相一致。在《轨道碎片减缓准则》基础上,中国逐步制定了空间碎片减缓的设计与管理标准。

根据国际公约,中国将努力推进"长征"运载火箭的空间碎片减缓设计。火箭末级在近地轨道中的寿命不超过 25 年且通常会对其采取钝化措施;而对太阳同步轨道中的火箭将采取有效离轨或钝化措施。

未来,中国将继续加强空间碎片监测、减缓与空间碎片领域的航天器防护,发展空间碎片监测与碰撞预警技术,开展空间碎片与小型近地天体监测与碰撞预警,建立空间碎片减缓设计评估系统,积极对结束任务的航天器与运载火箭采取空间碎片减缓措施,开发可测试空间碎片影响的数字仿真技术并加速空间碎片防护系统建设。

49.8 结　　论

　　世界各国平等拥有自由探索、开发与利用外层空间和天体的权利。各国外层空间活动应有助于本国的国民经济发展和社会进步,并有益于人类安全、生存与发展。中国的运载火箭技术发展将促进世界空间探索技术的进步。中国主张在平等互利、和平利用、共同发展的基础上,加强国际空间交流与合作,促进航天产业包容性发展。

第50章 中国的卫星项目

中国空间技术研究院,中国北京

摘要

半个多世纪以来,中国航天工业制定了与中国国情相适应的独特计划,成功实现了载人航天与探月工程,建立了研究、设计、生产与测试所需的完整系统,大幅提升了其航天技术的总体水平,提高了空间应用的经济与社会效益,并在航天科学上取得了大量创新成果。本章简要介绍中国卫星计划的开端与发展,概述包括对地观测、通信广播、导航定位、科技实验卫星在内的各卫星计划,并论述了中国卫星计划的未来及中国的国际航天交流与合作。

50.1 引言:中国卫星计划的起源

中国是一个幅员辽阔、人口众多、自然灾害频发的发展中国家。中国卫星计划旨在加强对地球及宇宙的了解;促进人类文明与社会进步;满足经济建设、技术发展与国家安全的需求;提高科学与文化标准;保障国家利益;以及提高综合国力。中国始终力图和平探索与利用外层空间。

中国的卫星工程是在基础设施产业薄弱、科技能力相对落后、政府拨款有限的基础上发展起来的。中国的卫星发展可分为三个阶段:

(1)技术准备阶段(1958—1970)。中国的卫星发展始于20世纪50年代末期。1968年2月,中国空间技术研究院(CAST)成立。1970年4月,中国发射了首颗人造卫星"东方红"1号,并成为世界上第五个自主研制与发射人造卫星的国家。

(2)技术测试阶段(1971—1984)。1975年,中国首次成功发射并回收了遥感卫星。1984年,中国发射了首颗地球同步轨道(GEO)通信卫星"东方红"2号。

(3)卫星应用阶段(1985年至今)。在数个成功试验的基础上,返回式卫星与通信卫星开始投入实际应用。随后,中国成功研制并发射了气象卫星、通信广播卫星、导航定位卫星、资源卫星、海洋观测卫星及科学与技术试验卫星。

到2011年年底,中国已成功研制并发射了144颗人造卫星(出口卫星除外)。经过不懈努力,中国逐渐形成了包括对地观测卫星、通信广播卫星、导航定位卫星、科学与技术试验卫星在内的一整套卫星系列,且其卫星计划已从技术试验转变为运营服务。各种卫星已广泛应用于社会建设、商业、科技、文化、教育等多个领域。

50.2 卫星计划发展

50.2.1 对地观测卫星

迄今为止,中国已研制出"风云""海洋""资源""遥感""天绘"卫星系列,以及"环境与灾害监测预报小卫星星座"。

"风云"气象卫星具备全球、三维、多光谱的定量观测能力。"风云"2号地球同步轨道气象卫星实现双星观测、在轨备份;"风云"3号极轨气象卫星实现上午星和下午星的双星组网观测。"风云"系列卫星已被列入世界气象组织(WMO)业务应用卫星行列(图50.1)。

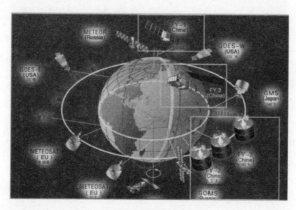

图50.1 世界气象组织卫星中所列的"风云"系列卫星

中国国家海洋局表示,中国的目标是研制海洋水色卫星、海洋动力环境卫星与海洋监测卫星,即"海洋"1号、"海洋"2号与"海洋"3号卫星系列。中国分别于2002年和2007年成功发射了两颗海洋水色卫星("海洋"1A、1B),建立了完整的海洋遥感地面应用系统。首颗海洋动力环境卫星于2011年8月发射,可实现全天候、全天时微波观测。

1999年,中国与巴西共同研制并成功发射了首颗中巴地球资源卫星(也称

"资源"1 号）。此前,中国已研制并发射了 8 颗拥有更佳空间分辨率与图片质量的"资源"卫星(图 50.2）。2012 年 1 月 9 日,"资源"3 号立体测绘卫星成功发射。

图 50.2　3 颗"资源"2 号卫星形成的网络

中国还研制出了可返回数据传输型测绘卫星。1975 年—2006 年,中国发射并回收了 23 颗返回式卫星。目前所使用的测绘卫星全部为数据传输型卫星。此外,中国还发射了 10 余颗遥感与天绘系列卫星。

目前,环境与灾害监测预报小卫星星座具备中分辨率、宽覆盖、高重访率的灾害监测能力,其由 2 颗光学卫星与 1 颗合成孔径雷达(SAR)卫星组成,能为灾害、生态破坏与环境污染提供动力监测。2008 年,"环境"-1A/B 卫星发射(图 50.3）。

图 50.3　测试中的"环境"-1A/B 卫星

中国正致力于在卫星、平流层飞艇与航空器的基础上建立高分辨率对地观测系统,并不断完善相应的地面系统,以建立数据与应用中心。通过与其他观测手段相结合,此系统将具备全天候、全天时全球对地观测能力。到 2020 年,中国将建立高级海、陆、空对地观测系统,以便为现代农业、减灾、资源与环境、公共安全等领域提供服务与决策支持。

对地观测卫星的应用领域与范围已不断扩大,其业务服务能力也不断增强。对地观测卫星应用系统已初步成形。中国新建了 4 座卫星地面站,以增强对气象、海洋及陆地观测卫星数据的接收能力;在全面规划的基础上,建立了对地观测卫星地面数据处理系统,以增强在集中数据处理、数据归档、数据分布与服务提供方面的能力;建立了环境卫星应用中心、卫星减灾应用中心、卫星测绘应用中心及其他对地观测卫星应用研究所,以促进对地观测卫星数据的传播与利用;完善了遥感卫星辐射校正领域的校正服务,以提高对地观测卫星的定量应用水平。

目前,对地观测卫星数据已广泛应用于经济与社会发展的各个领域。"风云"卫星可有效监测台风、洪水、森林与草原火灾、干旱、沙尘暴及其他自然灾害,其天气预报与气候变化监测能力也显著提升。"海洋"卫星系列可监控中国领海及世界主要海域,其对海冰、海温及风场的预测精度大大增加,且在监测危险海况方面的时间效率也明显提高。"资源"卫星系列在调查、监测与管理土地、矿产、农业、林业、水资源以及地质灾害与城市规划方面起着举足轻重的作用。遥感与天绘卫星在科学实验、土地普查、测绘及其他领域必不可少。环境与灾害监测预报小卫星星座为地表水质、大气环境监测、重大污染事件处理、重大自然灾害监测、评估与救助提供了关键技术支持。

50.2.2 通信广播卫星

中国已研制出三代"东方红"系列通信卫星平台,即"东方红"2 号、"东方红"3 号与"东方红"4 号。首颗"东方红"3 号三轴稳定中等容量通信卫星于 1997 年发射,首颗"东方红"4 号大容量通信卫星"鑫诺"2 号于 2006 年发射。

到 2011 年年底,中国已成功发射了 30 余颗地球同步轨道通信卫星,包括:9 颗"东方红"2/2A 号卫星。20 颗"东方红"3 号卫星,其中 5 颗已超出其设计寿命 8 年,目前仍在运行;以及 8 颗"东方红"4 号卫星。未来几年,中国将再发射 20 颗地球同步轨道通信卫星(图 50.4)。

中国已在大容量地球同步轨道卫星公用平台、天基数据中继与测控等关键技术领域取得重大突破,卫星技术性能明显提高,话音、数据和广播电视通信水平进一步提升。"中星"10 号卫星的成功发射和稳定运行,大幅提高了中国通信广播卫星的功率和容量。"天链"1 号数据中继卫星的成功发射,使中国初步具备天基数据传输能力和对航天器的天基测控服务能力。

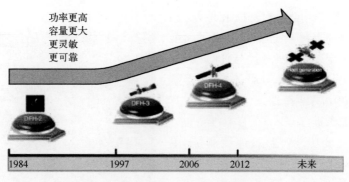

功率更高
容量更大
更灵敏
更可靠

DFH-2   DFH-3   DFH-4

1984   1997   2006   2012   未来

图 50.4 "东方红"卫星平台发展历程

中国稳步推进了通信广播卫星的应用并培育形成了一定规模的市场;改进了卫星广播电视网络并于 2008 年建立了卫星服务平台,使得全国各地都能收看到现场直播节目;实现了中央人民广播电台与中央电视台节目以及省广播电视台第一频道节目的卫星广播传输,从而明显扩大了广播电视节目的覆盖范围;加强了卫星远程教育宽带网络与远程医疗网络开发,缓解了偏远与边境区域的教育医疗资源短缺;增强了卫星紧急通信能力,为抢险救灾工作及重大灾害管理提供了重要支撑。

中国研制的商业通信卫星已成功进入国际市场,其相关卫星产品的竞争力也日益提高。中国向尼日利亚、委内瑞拉与巴基斯坦出口整套卫星并提供通信卫星在轨交付,还与玻利维亚、老挝、白俄罗斯等国家签署了商业卫星与地面系统出口合同。

50.2.3 导航定位卫星

20 世纪 80 年代早期,中国开始积极研究与中国国情相符的导航卫星系统。2000 年,北斗导航演示系统建立,中国成为继美国与俄罗斯之后第三个拥有独立导航卫星系统的国家。中国致力于稳步加速北斗导航卫星系统建设,截止到2012 年 4 月已成功发射了 13 颗卫星。

北斗系统主要由太空星群、地面控制段与用户终端三部分组成。其中太空星群包含 5 颗地球同步轨道卫星与 30 颗非地球同步轨道卫星。地球同步轨道卫星分别位于 58.75°E、80°E、110.5°E、140°E 与 160°E 处;非地球同步轨道卫星则包含 27 颗中地球轨道卫星与 3 颗倾斜地球同步轨道卫星。其中中地球轨道卫星在高 21500km、倾角为 55°的轨道中运行,均匀分布在三个轨道平面内;倾斜地球同步轨道卫星则在高 36000km、倾角为 55°的轨道中运行,均匀分布在三个倾斜的地球同步轨道平面内。3 颗倾斜地球同步轨道卫星的子卫星轨道相互交汇,交点的经度为 118°E,相位差为 120°。

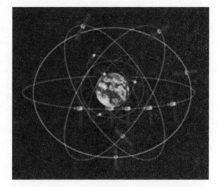

图 50.5 中国北斗导航卫星系统

北斗导航卫星系统(图 50.5)可向全球用户提供定位、速度测量与计时服务,精度高于 1m 的广域差分服务,以及容量为每次 120 中文字符的短消息服务。其功能与性能参数如下:

(1) 主要功能:定位、速度测量、单向与双向计时、短消息。

(2) 服务范围:全球。

(3) 定位精度:优于 10m。

(4) 速度精度:优于 0.2m/s。

(5) 计时精度:20ns。

随着北斗导航卫星系统的建立与无线电导航卫星服务(RNSS)的发展,北斗系统广泛应用于运输、海洋渔业、水文监测、天气预报、森林防火、通信系统计时、配电、减灾、国家安全及许多其他领域,产生了显著的社会效益与经济效益。尤其是该系统还在华南冰冻灾害、四川汶川与青海玉树抗震救灾、北京奥林匹克运动会以及上海世博会中发挥了至关重要的作用。

中国在卫星导航领域的国际交流与合作始于 20 世纪 90 年代。20 年来,其开展了各种活动并取得了巨大成就。中国坚持开放友好的国际关系,并与拥有导航卫星系统的国家进行了广泛交流与磋商,从而促进全球导航卫星系统(GNSS)间的兼容性与互通性。中国也与没有导航卫星系统的国家进行了广泛交流与合作,并与其共享导航卫星带来的效益。

50.2.4 科学与技术试验卫星

中国研制并发射了一系列科学与技术试验卫星,开展了大量新技术验证测试与太空环境探测任务并获得了有关太空环境、太阳活动与地球磁场的宝贵数据。中国正稳步推进空间碎片减缓工作,加强空间碎片监测与预警,并致力于对空间碎片减缓技术的研究。

50.2.4.1 "实践"系列卫星

中国研制并发射了用于探测太空环境主要参数与影响的"实践"系列卫星,并在微重力与强辐射条件下开展了生命科学、材料科学、流体力学等领域的空间实验以及新空间技术演示。2010 年 6 月 15 日,"实践"12 号卫星成功发射。

50.2.4.2 双星计划

中国实施了用于探测地球磁层的双星计划并与欧洲航天局(ESA)的星簇

计划相互配合,旨在获得大量新的科学数据并在空间物理方面取得重要进展(图 50.6)。

图 50.6　双星计划之"探测"1 号卫星

50.3　前 景 展 望

　　未来几年,中国将加强航天工业基础能力建设,超前部署前沿技术研究,继续实施载人航天、月球探测、高分辨率对地观测系统、卫星导航定位系统等航天重大科技工程以及一批重点领域的优先项目,统筹建设空间基础设施,促进卫星及应用产业发展,深入开展空间科学研究,推动航天事业的全面、协调、可持续发展。

　　中国将重点构建由对地观测、通信广播、导航定位等卫星组成的空间基础设施框架,初步形成长期、连续、稳定的业务服务能力,发展新型科学与技术试验卫星。

50.3.1　对地观测卫星

　　中国将完善已有"风云""海洋""资源"等卫星系列和"环境与灾害监测预报小卫星星座",研制发射新一代地球同步轨道气象卫星、立体测绘卫星、环境与灾害监测雷达卫星、电磁监测试验卫星等新型对地观测卫星,开展干涉合成孔径雷达、重力场测量等卫星的关键技术攻关。全面实施高分辨率对地观测系统重大科技专项。基本形成全天候、全天时、多谱段、不同分辨率、稳定运行的对地观测体系。

　　继续扩大与其他国家就资源勘测卫星方面的合作,以保持中等分辨率遥感数据的连续性,也将研制新型 GEO 光学与微波遥感卫星以及拥有更高空间分辨率的地球资源遥感卫星。

研制高性能立体测绘卫星,提高全球地理信息获取能力并逐步建立独立完整的测绘卫星系统。

在高地球轨道卫星"风云"4号及近地轨道卫星"风云"3号的基础上构建气象卫星舰队,提高观测精度、频率与灵活性并进一步完善短时与短期天气预报的准确性以及全球环境变化的动态监测能力。

研制"海洋"1号上午星和下午星、"海洋"3号监测卫星及跟进卫星,以提高监测能力、缩短重访周期、形成完整的海洋遥感卫星舰队并实现稳定运行。

发射S波段SAR卫星"环境"1A号、"环境"1B号、"环境"1C号,以建立首个全天候、多元化环境与灾害监测系统;进一步增加卫星数量,扩大星座规模,为中国及其邻国的环境与灾害提供动态监测。

改进接收、处理、分配与应用卫星数据的地面设施并加速校验场及其他设施的建设;完善观测数据共享与综合应用,获得更多中国自给太空数据并引导社会资源,以积极发展以市场为导向的数据应用服务;实施应用演示项目并促进对地观测卫星的广泛使用和工业化。

50.3.2 通信广播卫星

中国将进一步研制通信卫星、电视广播卫星、数据中继卫星、移动通信卫星以及更大容量、更大功率的新一代地球同步轨道通信广播卫星平台。"东方红"4E号("东方红"4号加强版,图50.7)及更强大的"东方红"5号将在未来几年投入市场。

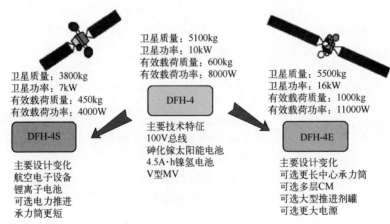

图 50.7 "东方红"4号系列卫星

在拓展卫星通信领域增值服务的同时,中国将进一步加强通信广播卫星在公共服务与国民经济重点产业中的应用,以加速卫星通信的商业化进程并扩大通信广播卫星应用的产业规模。

50.3.3　导航定位卫星

按照从试验系统到区域系统再到全球系统的"三步走"发展思路,中国将继续构建其"北斗"卫星导航系统。2012 年前,建成"北斗"卫星导航区域系统,具备提供覆盖亚太地区的导航定位、授时和短报文通信服务的能力;2020 年左右,建成由 5 颗地球同步轨道卫星和 30 颗非地球同步轨道卫星组成的覆盖全球的"北斗"卫星导航系统。

中国将构建并改进地面跟踪、遥测与控制段;建立全球卫星导航系统性能监测与评估系统;加速技术研究、产品开发及导航定位卫星系统的标准化;提高应用水平;促进定位服务;拓展产业范围;并致力于促进北斗卫星导航系统在中国国民经济各个领域的广泛使用。

50.3.4　科学与技术试验卫星

未来几年,中国将进一步研制科学与技术试验卫星,加速空间科学研究体系的开发,提升空间科学研究质量并提高空间科学知识在全国的普及度。

中国将研制发射"硬 X 射线调制望远镜"卫星、"实践"九号新技术试验卫星和返回式卫星,启动实施量子科学试验卫星和暗物质探测卫星等项目。

中国将利用科学卫星与深空探测器研究极端条件下的黑洞性能与物理定律,探索暗物质粒子性能并检验量子力学的基本理论,开展微重力和空间生命科学相关科学实验,探索和预测太空环境并对其影响进行研究。

50.4　国际合作与交流

中国将遵循《关于开展探索和利用外层空间的国际合作、促进所有国家的福利和利益,并特别要考虑到发展中国家需要的联合国宣言》中提出的基本原则;主张在平等互利、和平利用、共同发展的基础上,加强国际空间交流与合作,促进包容性发展。

近年来,中国开展了多种形式的国际空间交流与合作,与多个国家、空间机构、国际组织就和平利用外层空间签署了大量合作协议与备忘录,参与了由联合国及其他国际组织赞助的相关活动并对国际空间商业合作给予支持,目前都取得了积极成果。中国也参与了联合国和平利用外层空间委员会(UN COPUOS)及其科技小组委员会和法律小组委员会组织的相关活动并通过《空间与重大灾害国际宪章》机制与各国太空研究机构开展合作;参与了全球导航卫星系统国际委员会、国际太空探索合作小组、机构间空间碎片协调委员会、地球观测组织、世界气象组织及其他政府间国际组织组织的相关活动;在卫星导航、对地观测、地球科学与研究、防灾减灾、深空探测、空间碎片及其他领域开展多边交流与合作。中国自主开发的空间碎片防护设计系统被纳入机构间空间碎片协调委员会的卫星防护手册。

50.5　结　　论

中国正满怀信心地步入太空,并通过在应用卫星与卫星应用自主开发方面的不断努力,对太空探索做出了积极的贡献。

中国也正逐步增强其航天科技创新能力;致力于开展重大航天项目,通过在核心技术与资源整合方面取得新突破实现航天科技跨越式发展;积极构建以航天产业、学术与研究界、航天科技公司与研究院为主要参与者的创新空间技术体系;加强空间领域与多种先进前沿技术基础研究,提高航天科技的可持续创新能力。

中国主张全世界和平利用外层空间及国家间相互合作,在相互尊重、互利互惠、平等的基础上发展卫星计划。

参考文献

China Academy of Space Technology (2011) Brochure

China Aerospace Science and Technology Corporation website www. spacechina. com

China National Space Administration website www. cnsa. gov. cn

China Satellite Navigation Office (2012) Report on the development of BeiDou navigation satellite system (2012) (Version 2. 0),China Satellite Navigation Office,China

FU Zhiheng (2012) (CGWIC). Chinese launchers & comsats;development & commercial activities

The State Council Information Office (2011) China's Space Activities in 2011-White Paper,The State Council Information Office,Peoples' Republic of China,29 Dec

Wang Liheng (2011) Present status and future development of China space (Presentation)

Yu Dengyun (2011) The development of China's Space technology (Presentation)

Yuan Jiajun (2003) The status and future prospect of China's satellite development

第51章　日本的航天发射项目

远腾守

日本宇宙航空研究开发机构,日本筑波

　　本章为日本航天发射计划基本信息。日本已逐步开发了固体与液体发射系统,并且在技术与可靠性方面达到世界先进水平。近年来,随着《宇宙基本法》的制定以及《宇宙基本计划》在政策层面上的制定,航天在提升国家安全与产业方面的作用得到高度重视,这彻底改变了日本空间运输系统开发与应用状况,包括到21世纪20年代,开发新一代旗舰运载火箭以确保未来能自主进入太空。本章将首先回顾固体与液体运载火箭的发展史;其次,引用某些政治文件与技术管理流程,介绍发射计划行政与管理结构;再次,介绍由政府、JAXA以及学术界与产业界推动的发射计划进展情况;然后,详细介绍目前运载火箭的外形、性能以及构型;此外,介绍通过技术转让进行的私有化以及运载火箭开发支持子计划;最后,对未来前景进行探讨。

51.1　引言:日本运载火箭历史概述

　　50年来,日本航天发射计划的发展主要是出于空间科学与空间利用目的,仅出于和平目的而发展该计划,这一点在世界范围内是独一无二的。

　　日本国家航天计划主要由两个组织牵头管理:空间科学领域为文部省的航天和航空科学研究所(ISAS),它最初于1964年在日本东京大学创立;空间应用领域为日本宇宙开发事业团(NASDA),它于1964年由日本科学技术振兴机构建立。

　　以上两个组织与日本国家航空航天实验室(NAL)于2003年10月1日合并为一个核心空间机构——日本宇宙航空研究开发机构(JAXA)。JAXA全面推进航天相关活动的基本研究以及开发与利用。

　　根据上述背景,日本运载火箭的开发是以固体与液体推进剂两种形式逐步推进的。①

51.1.1 固体运载火箭

在 ISAS 中,日本固体推进剂火箭的研究始于 50 多年前一个铅笔大小火箭②的水平发射实验,由系川(Itokawa)教授研究团进行。最初,日本自主研发固体推进剂发射器,目的仅仅针对空间科学任务。这一努力最终在 1970 年获得回报,当时日本用四级"兰达"(Lamda)-4S 火箭发射了第一颗人造卫星"大隅"(Ohsumi)。1985 年,日本第三代固体火箭发射器 M-3SII 将日本首个行星探测器"先驱"(Sakigake)发射升空。

20 世纪 90 年代中期,M-V 火箭问世,它满足了 90 年代末以及 21 世纪初规划的对 2 吨级全尺寸科学发射任务的强烈需求,并且 M-V 火箭为日本空间科学几乎所有领域,不管是空间科学还是深空探测都做出了贡献。当 M-V 火箭在 1997 年将其首个有效载荷——世界上首颗射电天文学卫星 HALCA 发射至太空后,又于 2003 年将世界首颗小行星采样返回探测器"隼鸟"(Hayabusa)直接发送至其星际轨道。该探测器采集小行星"系川"(Itokawa)样本并将采集到的样本送回地球。该小行星以日本火箭发展先驱者的名字命名。这一划时代的成就是高性能 M-V 火箭与"隼鸟"探测器结合的结果。2006 年 2 月,M-V 火箭将太阳同步卫星 AKARI 送入轨道,它展现了其世界最佳性能,成为当时唯一能够将卫星发射至星际与太阳同步的固体火箭发射器。M-V 火箭将日本第二颗太阳观测卫星"日出"(HINODE)发射至太阳同步转移轨道后,由于其运行费用较高,于 2006 年 9 月退役(Morita 等,2009)。固体运载火箭历史如图 51.1 所示。

51.1.2 液体运载火箭历史

自 1969 年起,NASDA 开始开发与应用运载火箭,以支持国内包括通信、广播以及观测在内的卫星发射任务。N 系列火箭(包括 N-I 与 N-II)、日本首个液体火箭助推器以及 H-I 火箭都是通过政府间协议引进美国"德尔塔"(Delta)运载火箭技术而进行开发的。具体说来,N 系列火箭以及 H-I 火箭第一级的主要组件由美国"德尔塔"运载火箭技术提供。

1975—1987 年,N 系列火箭发射了 15 个中型国内应用型卫星。由 N-I 与

---

① 译者注:NAL 负责固体火箭用于空间科学任务,JAXA 负责液体火箭用于空间应用任务。

② 译者注:23cm。

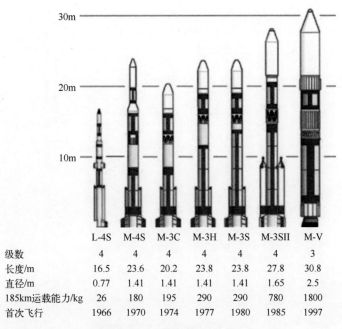

	L-4S	M-4S	M-3C	M-3H	M-3S	M-3SII	M-V
级数	4	4	4	4	4	4	3
长度/m	16.5	23.6	20.2	23.8	23.8	27.8	30.8
直径/m	0.77	1.41	1.41	1.41	1.41	1.65	2.5
185km运载能力/kg	26	180	195	290	290	780	1800
首次飞行	1966	1970	1974	1977	1980	1985	1997

图 51.1　固体运载火箭历史

N-II 发射的卫星大部分都获得成功。值得注意的是,该火箭发射技术已达到一定水平,可通过 N 系列火箭计划将卫星发送至对地静止轨道(GEO)。

H-I 运载火箭为三级火箭,其以美国与日本技术为基础进行开发,能将 550kg 的有效载荷发射至 GEO 轨道。开发工作集中于高性能上面级,而第一级(包括捆绑式助推器在内)采用与 N-II 运载火箭相同的"许可生产"①组件。

国内自主开发的上面级技术有助于新型 H-II 火箭的研发。20 世纪 90 年代,为满足日本卫星用户将大容量应用卫星发送至轨道的需求,NASDA 采用国内自主技术开发了 H-II 运载火箭。该运载火箭为两级,增加了一对大型固体火箭助推器,能够将 2t 有效载荷发射至 GEO。H-II 运载火箭于 1994 年成功开发与发射(Shibato、Kuroda,2005)。液体运载火箭的发展如图 51.2 所示。通过开发与运行 H-II 运载火箭获得的技术得以在其继任型号——H-IIA 上延续。

---

① 译者注:因为使用美国"德尔塔"火箭技术,所以是"许可生产"。

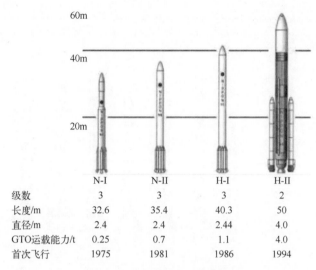

级数	N-I	N-II	H-I	H-II
级数	3	3	3	2
长度/m	32.6	35.4	40.3	50
直径/m	2.4	2.4	2.44	4.0
GTO运载能力/t	0.25	0.7	1.1	4.0
首次飞行	1975	1981	1986	1994

图 51.2 液体运载火箭的发展

51.2 发射计划介绍

日本 2008 年 5 月颁布的《宇宙基本法》第 15 条规定日本的航天能力如下：考虑到国家必须具备独立自主研发、发射、跟踪以及运行人造卫星等的能力,国家应采取措施促进必要设备(及其零件)与技术的研发,建立设备与设施,确保可获得关于宇宙开发与应用的无线电频率,以及采取其他必要的措施。

根据《宇宙基本法》,宇宙开发战略本部制定了《宇宙基本计划》作为国家综合战略。作为一个五年计划,是对未来十年的预测,它介绍了政府应采取的基本政策与措施,指出"空间运输系统是一项关键技术,能够使日本根据需要独立将卫星发射至太空"(Strategic Headquarters for Space Policy,2009)。

此外,产业政策也描述为"考虑到国际市场竞争力,为维持独立自主的航天活动,增强航天设备产业(如卫星与火箭)国际竞争力以促进销售增长,必须维持与加强竞争力基础,如产业使用的基本技术与设施"以及"为维持将必要卫星自主发送至太空的能力,当发射政府所属卫星时,应如其他国家一样主要使用国内自主研发的火箭。同时,当日本私营公司发射其卫星时,政府将鼓励使用国内自主研发的火箭用于发射"(Strategic Headquarters for Space Policy,2009)。

具体措施如下:

(1) 建立卫星开发与利用计划相关的运输系统;

(2) 维持与开发基础技术;

（3）研发未来运输系统；

（4）促进发射站的维护与开发。

根据以上政策，政府、相关机构以及产业应各司其职。日本太空开发行政机构如图 51.3 所示。

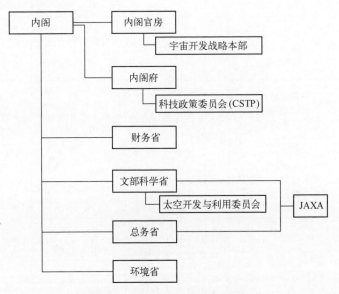

图 51.3　日本太空开发行政机构

日本内阁府成立了由首相任总部长的宇宙开发战略本部，全面系统地推进与太空开发及利用有关的措施。

JAXA 为独立行政机构，由日本文部科学省（MEXT）以及其他两个部门管理。JAXA 是为政府性的太空开发与利用提供技术支持的核心机构。

JAXA 有多个目的：促进学术研究；提高空间科学与技术水平；促进太空开发与利用。上述目标的实现需要高等院校、相关机构与产业之间的协作。

在发射计划方面，JAXA 负责卫星发射、跟踪以及运行，并为此开发所需的方法、设施以及设备。这在 JAXA 相关法律中提及。

JAXA 的预算经日本国会审议后由 MEXT 划拨。MEXT 与总务省（MIC）负责监督与审查 JAXA 的活动（包括技术问题在内）。

51.3　发射计划发展

政府以及 JAXA 与学术界和产业界合作以维持与发展发射器关键技术。表 51.1 为日本太空开发价值链分析（Okada，2010）。

表 51.1　日本太空开发价值链分析

		政府	航天机构	企业	学术界
基础设施维护	中、长期计划	政策确定	从航天机构角度给政府提供建议	从企业角度给政府以及航天机构提供建议	• 学术研究； • 为政府提供咨询服务
	高级研究	• 研究经费； • 给航天机构划拨预算	根据预算进行研究	根据内部资金进行研究	• 与航天机构开展合作研究； • 根据外部资金进行研究
	实践研究	• 研究经费； • 给航天机构划拨预算	• 战略研究(内部、合作或者签订合同)； • 分析与确定任务需求	• 依照与航天机构的合同进行研发； • 利用内部资金进行研究	• 与航天机构开展合作研究； • 根据外部资金进行研究
	开发	• 前期评估； • 给航天机构划拨预算	• 系统需求定义的结构设计； • 以运行为目的的项目管理； • 专家技术决策	• 以生产为目的的设计； • 详细设计,细化到部件	专家合作
	生产	—	• 以运行为目的的项目管理； • 需方技术监督与反应	生产与质量保证	
	验证	—	• 以运行为目的的项目管理； • 需方技术监督与反应	• 地面上进行验证； • 对验证结果的反应	
	发射	—	• 发射服务采购； • 需方技术监督与反应； • 发射安全； • 轨道初检	提供发射服务	
	运行	—	在轨性能验证		
	利用	• 政府用户利用； • 事后评估； • 产生公众效益	• 航天机构利用； • 推广利用； • 产生公众效益		• 社会团体利用； • 形成学术研究结果； • 产生公众效益

51.3.1　技术路线图与研发管理

　　为继续保持发射成功,开发尖端技术,在战略与研发管理下,需要一个程序来确保技术路线图的制定与执行。JAXA 负责维持综合技术路线图,该路线图预测未来 20 年的技术趋势,并争取获得未来 10 年用于提供基本信息的具体技术。该技术路线图的目的如下:

（1）通过发射任务显示一致的研发（R&D）策略；

（2）与世界先进水平及趋势相比较,确定 JAXA 核心技术；

（3）提供 JAXA 内部任何相关人员可共享的信息,以提高研发活动的效率以及促进多样化；

（4）通过向相关的政府机构、团体、组织以及公司展示日本航天技术方向,从而共享对这一方向的理解。

图 51.4 对路线图进行了介绍,该路线图包括任务所需的技术、事件表以及一些外部与内部分析(如趋势预测与组合)。

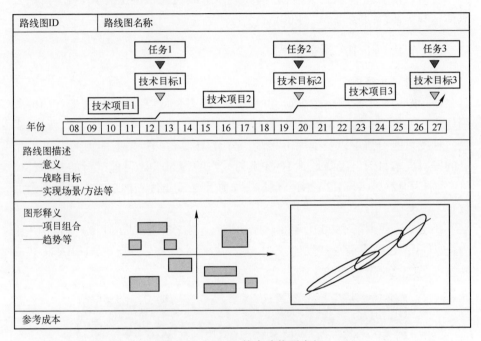

图 51.4　JAXA 技术路线图大纲

根据技术路线图,研发管理由机构实施,以更宽广的视野监督整个领域,同时保持透明、公正以及公平,从而"提高未来任务的研究质量"。

研究可分为尖端研究与战略研究两类。未来运输系统,如可重复使用系统以及在轨系统通常属于尖端研究。战略研究与当前或近期空间运输系统直接相关,旨在改进与提高空间运输系统。

51.3.2　高校间研究推广系统

为有利于日本空间科学的发展,JAXA 在高校间研究推广系统中发挥着重要作用。该系统将网络型合作研究视为学术研究的中心,向研究人员提供大型实验设备、知识基础以及核心功能/机会。作为高校间研究推广系统委员会的运营机构,空间工程研究委员会建立了数个工作组,就未来任务开展研究。

51.4　运载火箭介绍

51.4.1　目前的运载火箭

日本目前有两种运载火箭,分别为液体运载火箭(H-IIA 与 H-IIB),以及固体运载火箭("艾普斯龙"(Epsilon))。

51.4.2　H-IIA 运载火箭

51.4.2.1　概述

H-IIA 是日本旗舰运载火箭,由液态氧/液态氢低温芯级组成,带有捆绑式固体火箭助推器。H-IIA 的开发基于早期的 H-II 技术,旨在降低发射费用、满足多种发射能力需求以及确保可靠性。与 H-II 具备同等发射能力的 H-IIA 型号的发射成本目前已经降低到 H-II 发射成本的约 50%。目前运行的有两种构型,分别为 H2A202 与 H2A204。最后一个数字 2 或 4 代表捆绑式固体助推器的数量。

H-IIA 运载火箭于 2001 年 8 月成功进行了首次发射(图 51.5),到 2013 年为止,H-IIA 运载火箭总共发射了 22 次。除了第 6 次发射失败,H-IIA 总共成功发射了 21 次,发射成功率约为 95%。

图 51.5　H-IIA 运载火箭 1 号

当时的 NASDA 做出技术转让后,日本三菱重工(MHI)自 2007 年开始提供发射服务,JAXA 负责飞行安全、靶场安全以及设施。

H-IIA 处于稳定运行阶段。作为新一代国家旗舰发射系统的第一步,已经开始对 H-IIA 进行升级,升级目的在于提升该火箭的地球同步转移轨道(GTO)酬载能力以及有效载荷环境状况,促进日本在航天领域的研发与利用,同时也提高 H-IIA 运载火箭的国际竞争力。

51.4.2.2　性能

目前,型号为 H2A202 与 H2A204 的 H-IIA 运载火箭标准 GTO 酬载能力分别为 4t 与 6t。对于地球同步轨道(GSO)而言,H-IIA 有 1800m/s 的标准 ΔV。升级的 H-IIA 将 ΔV 降低到国际标准(1500m/s),滑行时间更长,上面级发动机燃烧次数增加到 3 次。H2A202 与 H2A204 发射能力预期分别约为 3t 与 4.5t(Nakamura,2010)。

51.4.2.3　构型

H-IIA 是日本主要运载火箭,由液态氢/液态氧直径 4m 低温内核级组成,带有捆绑式固态火箭助推器(SRB-A)。

发动机为高性能推进系统,采用液态氢与液态氧推进剂。H2A202 高为 53m、质量为 289t,带有 4.0m 直径单一有效载荷整流罩。图 51.6 为 H-IIB 与 H-IIA 的构型对比,H-IIB 是 H-IIA 的增强型。

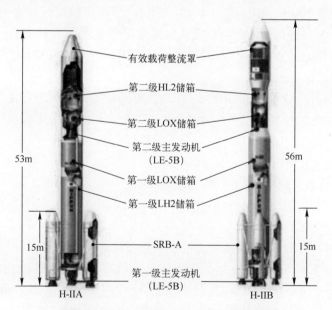

图 51.6　H-IIA 与 H-IIB 运载火箭构型

1. 第一级

第一级由 LOX 储箱、LH2 储箱、中心体部分、级间段、单个 LE-7A 发动机以及航空电子系统组成。所有储箱都采用铝合金等格栅壁板结构,且采用单片椭圆形顶盖与 PIF 隔热。LE-7A 发动机可提供 1100kN 推力,与航天飞机主发动机(SSME)相同,它属于分级燃烧循环。Encompassed 是世界上性能最高的发动机之一,其真空比冲为 440s。燃料涡轮泵运行转速约为 40000r/min,超过第三临界速度。氧化剂涡轮泵转速约为 18000r/min。LE-7A 改良自 H-II 运载火箭的 LE-7 发动机,可靠性与可操作性都得到改进,同时保留了 LE-7 发动机的大部分特点与性能。为增大 LE-7A 发动机在上升阶段的推力,因此在第一级上安装了 2 个或 4 个固体火箭推进器(SRB-A)。

2. 第二级

第二级由 LOX 储箱、LH2 储箱、高度可靠的低温 LE-5B 发动机以及装在设备仪表盘上的航空电子系统组成。LE-5B 发动机改良自 H-II 的 LE-5A 发动机,变化主要在可靠性与可操作性的提升,并且推力从 121kN 增加到 137kN。该发动机能够在 60% 的额定推力下运行,具备世界上最好的多次再启动能力,以满足各种任务要求。LE-5B 发动机采用燃烧室膨胀排放循环,仅通过加热燃烧室内的氢气来使涡轮运行。LE-5B 发动机是一个内在安全(未出现非包容失效)、可靠以及低造价系统。

LH2 推进剂储箱采用与第一级相同的铝合金等格栅壁板结构、隔热以及深冷技术。LOX 推进剂储箱由两个椭圆形铸模成型圆顶盖焊接而成。

通过采用 LE-5B 发动机与联氨喷气反作用控制系统(RCS)的可靠电子机械传动器以确保姿态控制。

RCS 也用于飞行器分离前后的第二级推进剂沉淀。RCS 安装于仪表舱组件设备面板下,采用偏二甲肼作为其推进剂。航空电子系统大多数组件安装在组件设备面板上。

3. 固体火箭助推器

H-IIA 运载火箭有 2~4 个捆绑式 SRB-A 用于燃烧 HTPB 固体推进剂,当火箭发射升空加速穿过大气层时,它为 H2A202 与 H2A204 分别提供约 100s 与 120s 的额外推力。

SRB-A 根据 H-II SRB 固体火箭技术重新设计,从而提高其可靠性与可操作性。SRB-A 的电动机壳为一整片,由纤维缠绕复合材料(CFRP)经 ATK Thiokol 公司 Castor 技术制成,由日本制造。SRB-A 燃烧室压力是早期 H-II SRB 的 2 倍高,以便提高其发射能力。燃烧室压力高导致喷嘴扩张比较大,意味着比冲较高,喷嘴组较小。SRB-A 也可采用机电推力矢量控制(TVC)系统来使喷嘴万向转动。

4. 有效载荷整流罩

有效载荷整流罩用于保护飞行器,防止飞行器从封装至大气上升阶段受到环境的影响。其主要结构为极薄铝皮以及轻质蜂窝芯材制成的胶接夹芯板,这种结构可以大大地减轻质量。

目前有三种类型的有效载荷整流罩(4m 直径单/双与 5m 单整流罩),每种类型都与 H2A202 以及 H2A204 兼容。

5. 惯性制导与航空电子系统

H-IIA 运载火箭采用与 H-II 相同的捷联惯性制导系统,该系统由一个惯性传感器装置(环形激光陀螺)与一个制导控制计算机组成。惯性制导系统计算火箭飞行方向与速度,并且,在必要时自动纠正偏差。因此,在飞行中,它用于控制整个火箭以到达预定轨道(JAXA,2012a)。

每个液态级都有一个制导与控制计算机(GCC)。装载于第二级上的计算机(GCC2)除对火箭进行制导与导航外,还需要对第二级进行检查与控制。GCC1 安装在第一级上,它对第一级以及 SRB-A 进行检查与控制。GCC 与数据总线连接,满足 MIL-STD-1553B 要求。

大多数数据处理设备安装在第二级上,控制信号对设备的输出由 GCC2 完成。安装于 GCC1 上的程序由安装于 GCC2 上的程序控制。

第二级航天电子系统的主要功能在于在任务时间内提供维持高可靠性的冗余。为对火箭进行有效检查,主要封装具备内置测试功能,GCC 可监控这些功能。

6. 发射区与发射操作

H-IIA 在位于种子岛东南端的种子岛宇宙中心(TNSC)发射。TNSC 是日本最大的火箭靶场,可容纳众多飞行器发射所需设施。TNSC 吉信发射区有两个发射台,如图 51.7 所示。第一个经改造仅支持 H-IIA 发射,第二个为新建发射台,可用于 H-IIA 与 H-IIB 的发射。飞行器在航天器装配大楼(VAB)进行组装、检验、有效载荷/有效载荷整流罩配对。发射当天,飞行器转移到发射台,然后发射,发射前需进行终端操作(包括最终检查以及装入低温推进剂)。VAB 能够同时检查两个飞行器。发射前需要一个月时间来进行装配以及检查(NASDA,1997)。

7. 沿靶场控制测量站

运载火箭的跟踪与遥测数据由 JAXA 地面站接收。这些地面站分别位于种子岛、冲绳岛、小笠原诸岛,以及基里巴斯共和国的圣诞岛。如有需要,通过与智利大学合作,也可采用智利的圣地亚哥沿靶场控制测量站(NASDA,1997)。

图 51.7　TNSC 吉信发射区

51.4.3　H-ⅡB 运载火箭

51.4.3.1　概述

H-ⅡB 是日本最大的运载火箭,由液态氧/液态氢低温芯级组成,带有四个捆绑式固体火箭助推器。H-ⅡB 运载火箭有两个主要用途:一是发射 H-Ⅱ 运载飞船"KOUNOTORI"(HTV)至国际空间站,HTV 是日本的"货船",它不仅为航天员携带必要的日常生活用品,而且携带实验装置、样品、零部件以及其他必需品;二是通过综合利用 H-ⅡA 与 H-ⅡB 运载火箭,以应对更广泛的发射需求。此外,H-ⅡB 具备较大的发射能力,能够同时发射两颗或两颗以上卫星,从而降低费用,有利于确保日本航天产业的活力(JAXA,2012b)。

H-ⅡB 的开发基于 H-ⅡA 技术。H-ⅡB/HTV 于 2009 年 9 月在种子岛宇宙中心成功进行了首次飞行。H-ⅡB 运载火箭由 JAXA 与三菱重工联合开发。MHI 根据公私联合开发原则与 JAXA 签订了基本协议。

H-ⅡB 将为未来任务的新可能性打开大门(图 51.8、图 51.9)。

51.4.3.2　性能

H-ⅡB 运载火箭能够运载 16.5t 有效载荷至 HTV 注入轨道(远地点高度 300km;近地点高度 200km;倾角 51.65°),并将约 8t 有效载荷发送至 GTO。对于 GTO 任务来说,发射双卫星的成本效益较高。

51.4.3.3　构型

H-ⅡB 运载火箭为两级运载火箭,推进剂为液态氧与液态氢。火箭全长约 56m(HTV 带整流罩),发射时总质量约为 531t(Ishikawa,2009)。

图 51.8　H-IIB 运载火箭 2 号

图 51.9　KOUNOTORI(HTV)2 号

H-IIB 部件用于维持与改进运载火箭可靠性,通过采用或改进与 H-IIA 运载火箭共有的零部件,提高发射操作效率。

1. 第一级

H-IIB 第一级有两个液态火箭发动机(LE-7A),而 H-IIA 只有一个。火箭主体上有四个 SRB-A,而 H-IIA 标准版只有两个 SRB-A。

另外,H-IIB 第一级主体直径为 5.2m,而 H-IIA 只有 4m,H-IIB 第一级总长比 H-IIA 增加 1m,因此,H-IIB 相比 H-IIA 而言,能够多运载 1.7 倍的推进剂。

H-IIB 有数个性能稳定的发动机,其优点在于研发时间缩短,并且费用降低(JAXA,2012b)。

2. 第二级

H-IIB 第二级几乎与 H-IIA 第二级相同。此外,对于由 H-IIB 发射的 H-II 运载飞船 KOUNOTORI(HTV),自第二次飞行后引入了 H-IIB 第二级再入控制,以便在发射完成后,使第二级脱离轨道。

3. 有效载荷整流罩

H-IIB 装有 H-IIA 加长版 5m 直径整流罩,用于 KONOTORI 以及其他较大的有效载荷。

51.4.4　Epsilon 运载火箭

51.4.4.1　概述

Epsilon 运载火箭是适应新时代的固体推进剂火箭,用于发射小型卫星。这意味着它主要关注低成本、用户友好型以及最终有效的发射系统,以顺应对使用紧凑型发射系统的小型卫星日益增长的需求。它以早期的 M-V 运载火箭为基础,M-V 运载火箭为多级固体助推剂火箭,具备世界上最佳性能(2006 年退役)。Epsilon 运载火箭性能得到进一步提高,通过提高操作(如组装与检查)效率,可提高其发射频率,运行费用也大幅降低。不断增加的发射机会将加速太空开发活动。Epsilon 运载火箭的最大目标在于通过使火箭发射更加容易从而使进入太空更加容易。

同时需要关注 Epsilon 的创新设计理念。该理念旨在开发下一代技术,如自主检验系统以及机动发射控制。该理念不仅使 Epsilon 运载火箭处于最前沿地位,而且将使运输技术步入更高水平。这些理念也将应用到 H-IIA 运载火箭,并且在 Epsilon 开发之后,最终被视为国际标准的一部分。此外,经过简化的发射控制可视为未来可重用火箭系统不可或缺的技术。因此,Epsilon 理念并不仅仅局限于固体推进剂火箭。Epsilon 运载火箭旨在实现创新运输技术,该技术同样适用于液体燃料火箭以及未来空间运输系统(Morita,2011)。

51.4.4.2　性能与构型

Epsilon 运载火箭有两种发射构型:第一种有三级,与 M-V 运载火箭一样,每级包括一个固体推进剂发动机;第二种也有三级,且第三级可选配微型后推进级(PBS)。通过使用 PBS,可轻易到达各种轨道,包括小型卫星需要的太阳同步轨道。此外,发射弹道与入轨的准确性提高到可与液体推进剂火箭比肩,优于 M-V 运载火箭的发射弹道与入轨准确性。需要注意的是,固体推进剂火箭的轨道嵌入精度通常低于液体推进剂火箭的轨道嵌入精度,原因在于固体推进剂火箭的最后一级总冲量不受控制。Epsilon 运载火箭典型规格参数如图 51.10 所示。

51.4.4.3　未来空间运输系统的研发活动

日本对再入技术的攻关已进行了 10 年多。核心活动一直为 HOPE-X 项目,由航空宇宙技术研究所(NAL)/宇宙开发事业团(NASDA)联合小组领导,直到 2003 年 10 月 1 日 JAXA 成立。HOPE-X 项目采用循序渐进策略,通过一

	标准构型	可选构型
推进剂	三级固体	三级固体+紧凑型液体推进
长度/m	24	24
质量/吨	91	91
发射能力 (LEO)	1200kg(250km×500km)	700kg (500km/圆轨道)
发射能力 (SSO)	—	450kg (500km/圆轨道)

图 51.10　Epsilon 运载火箭典型规格参数

系列小型飞行实验实现。HOPE-X 飞行器(最终构型如图 51.11 所示)为无人驾驶实验微型航天飞机,装载于单级 H-IIA 助推器上部。不幸的是,HOPE-X 飞行器飞行模型的研发于 2001 年终止。因此,没有机会通过使飞行器完成整个飞行包络线来展示整体再入技术。但是,尽管多个技术问题,如真实气体效应问题仍然悬而未决,其在再入技术方面的技术成熟度还是达到了令人满意的水平(Ishimoto,2004)。

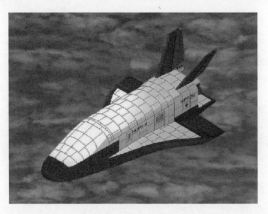

图 51.11　HOPE-X

51.5　运载火箭开发

51.5.1　H-IIA 与 H-IIB 私有化以及技术转让

2002 年,科学技术政策委员会(CSTP)与日本文部科学省(MEXT)的航天活动委员会(SAC)决定将日本主要运载火箭 H-IIA 私有化。为此成立了一个特别小组,讨论 H-IIA 的私有化问题,并且发表了最终报告。

报告发表后,NASDA 决定将技术转让给私营企业,并且通过制定合同(内容包括 JAXA 与 MHI 之间私有化的条件),指定三菱重工作为 H-IIA 发射服务的总承包商。技术转让于 2007 年 3 月完成,之后于 2007 年 9 月实施了私有化之后的首次发射,发射的卫星为 JAXA 的"月女神"(SELENE)(Kaguya)(Morikawa,2011)。

H-IIA 主要用户为日本政府以及 JAXA。日本政府的典型发射任务为国土交通省的气象卫星以及内阁官房的情报收集卫星。另外,MHI 在 2012 年成功进行了首次商业发射,发射的卫星是韩国航空宇宙研究院(KARI)的"阿里郎"3号卫星(KOMPSAT-3)。

对于 H-IIB 而言,在 H-IIB 第三次发射后于 2012 年才完全私有化。

51.5.2　支持子计划

虽然出于维持日本自主进入太空的目的而对旗舰运载火箭的发射服务进行了私有化,但是,必须建立完整的空间运输计划,并且利用合适的政府政策来支持该私有化。日本跟其他国家一样,在发射系统和技术更替和维持生产和运行的产业基础方面,以及灵活、快速地满足不断变化的任务需求方面面临诸多问题。

因此,应在一个综合及系统支持的计划下实施以下措施:

(1)提高可靠性:通过获取具体飞行数据进行技术数据累积;关键组件质量评估;零部件更换计划。

(2)维护基础设施与设备:维护用于生产与发射的基础设施及设备;更新老化设施。

(3)核心技术研发与未来任务系统研究。

51.6　未来前景

考虑到严重受限的财政状态,宇宙开发战略本部倡议修改《宇宙基本计划》。在讨论修改的过程中,提出要保持一定数量的发射机会以维持产业基础,并且建议政府研究可能的支持措施以获得除政府发射任务之外的商业发射任务;同时也建议从维持运载火箭技术研发能力以及具备国际竞争力的系统方面来研究发展策略(包括国际合作)。

根据上述提及的政策,2013 年 6 月确定了新一代旗舰运载火箭的研发(Ohkubo 等,2011),该研发将使日本运载火箭系统基础设施在 2030 年前得到更新。以下为新一代旗舰运载火箭研发的主要目的(Ohkubo,2011):

(1) 节约空间运输计划的总成本;

(2) 获得全球最强竞争力;

(3) 具备升级到载人系统的潜力;

(4) 加强国际合作开发方面的国际合作。

高可靠性是新一代旗舰运载火箭的设计理念之一,它也是上述提及的目的之一。高可靠性设计过程方法与基础也是未来运输系统,如可重新利用系统(如飞行器)的关键组成要素。换句话说,新一代旗舰运载火箭是迈向未来运输系统的第一步。

另外,未来空间运输系统需要前沿技术,如先进的热防护系统。在目前日本财政预算受限的情况下,为实现最大效应,必须有效地管理新一代旗舰运载火箭以及未来运输系统的研发。图 51.12 为新一代旗舰运载火箭的理念之一。2013 年从政策层面上进行了上述探讨。

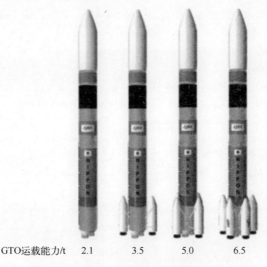

GTO运载能力/t   2.1   3.5   5.0   6.5

图 51.12　新一代旗舰运载火箭的理念

51.7 结 论

本章对日本航天发射计划历史与现实的主要信息进行了介绍,并且也介绍了日本航天发射计划的未来趋势。

政府部门(JAXA)与各产业相互合作,以确保出于国家安全、产业升级以及技术/科学目的访问太空。它们也各自也扮演着根据日本具体情况而明确定义的角色。

参考文献

Ishikawa K et al (2009) Development status and future plan of the H-IIB launch vehicle,IAC-09-D2.1.2, 2009 International Astronautical Congress,Daejeon

Ishimoto S et al (2004) Flight demonstrator concept for key technologies enabling future reusable launch vehicles,IAC-04-V.8.03,2004 International Astronautical Congress,Vancouver

Public Affairs Department,JAXA (2012a) Leaflet of H-IIA

Public Affairs Department,JAXA (2012b) Leaflet of H-IIB

Morikawa S (2011) Comparative analysis on the legal framework of the privatization of space transportation. In: The 28th International Symposium on Space Technology and Science,Okinawa

Morita Y et al (2009) Japan's next generation solid rocket launcher,IAC-09.D2.1.9,2009 International Astronautical Congress,Daejeon

Morita Y et al (2011) Development status of Japan's epsilon solid rocket launcher and its evolution,IAC-11-D2.1.6,2011 International Astronautical Congress,Cape Town

Nakamura T et al (2010) Evolving plan of Japanese primary launch system,IAC-10-D2.4.3,2010 International Astronautical Congress,Prague

NASDA (1997) H-IIA User's Manual Second Edition

Ohkubo S et al (2011) H-IIA Upgrade status and the next flagship launch system of Japan,IAC-11-D2.1.7, 2011 International Astronautical Congress,Cape Town

Okada M (2010) A study of technological management of national projects focusing on value transmission,Doctoral thesis,Keio University

Shibato Y,Kuroda S (2005) History of liquid propellant rockets in Japan,IAC-05-2275,2005 International Astronautical Congress,Fukuoka

Strategic Headquarters for Space Policy (2009) Basic plan for space policy-wisdom of Japan moves space

第52章

印度的航天发射项目

比拉纳·那伽帕·苏雷斯

印度空间研究组织,印度班加罗尔

为了利用航天技术潜力并将其用于国家发展,维克拉姆·A·萨拉巴依博士于20世纪60年代启动印度航天计划。1963年11月21日,随着一枚探空火箭从特里凡得琅顿巴海岸发射升空,印度进入了航天竞技的舞台。从那时起,45年来,印度在航天运载火箭开发上取得了长足发展。"卫星运载火箭"-3(SLV-3)的研发于20世纪70年代初启动,经过10年时间,于1980年7月成功将一颗40kg卫星送入轨道。这次成功使印度对运载火箭技术的复杂性有所认识。而后续具有150kg有效载荷运载能力的"增大推力卫星运载火箭"(ASLV)的开发利用了捆绑式助推器、球形有效载荷整流罩、斜向喷管、闭环制导以及总体任务管理等领域技术。印度还同步启动了将业务型遥感卫星送入太阳同步极地轨道(SSPO)的"极轨卫星运载火箭"(PSLV)的开发。PSLV的开发使得大型固体燃料发动机、地面可储存液体发动机、发动机复合材料壳体、捷联式导航系统等关键技术的开发取得了突破。PSLV具有LEO、SSPO、GTO等多轨道发射能力,同时还可搭载多颗卫星。同一时期,印度空间研究组织(ISRO)启动了"地球同步卫星运载火箭"(GSLV)的开发,GSLV是三级运载火箭,采用固体、液体以及低温燃料推进模块,可将2吨级业务型通信卫星送入GTO,火箭最初采用从俄罗斯采购的低温上面级。与此同时,印度启动了低温发动机与低温火箭级所需的技术开发,发动机成功通过了一系列不同级别的短期与长期地面测试,低温火箭级于2014年1月成功进行了飞行测试。为了发射4吨级通信卫星,印度启动了"地球同步卫星运载火箭"-Mk3(GSLV-Mk3)的开发,GSLV-Mk3为三级火箭,由两个大型固体燃料助推器[1]、一个具有多台液体发动机的芯级、一个燃气发生器循环高推力低温燃料发动机,以及轻型复合材料结构组成。近年来,印度成功完成了"太空舱返回实验"(SRE)航天器的发射与回收等重要任务,掌握了未来设计可重复使用运载工具所需的再入技术以及返回程序。

---

[1] 译者注:GSLV-Mk3具有两个大型固体燃料助推器,原文有误。根据印度官方说法,GSLV-Mk3火箭为三级火箭,把助推器算作一级,与国内定义方式不同。

52.1 引　言

　　维克拉姆·A·萨拉巴依博士于20世纪60年代启动了航天计划,期望利用航天技术潜力并将其用于国家发展。1963年11月21日,随着一枚探空火箭从特里凡得琅顿巴海岸发射升空,印度开始了其探索太空的努力,但起初进行得相当低调。从那时起,45年来,印度在航天运载火箭开发上取得了长足发展。"卫星运载火箭"3(SLV-3)的开发始于70年代初,经过10年时间,于1980年7月成功将一颗40kg卫星送入轨道。SLV-3火箭的开发成功使印度对运载火箭技术的复杂性有所认识。而后续具有150kg有效载荷运载能力的ASLV火箭开发则利用了捆绑式助推器、球形有效载荷整流罩、斜向喷管、闭环制导以及总体任务管理等领域技术的发展。ISRO还同步启动了将业务型遥感卫星送入SSPO的PSLV火箭这一具有挑战性的任务。PSLV使得大型固体燃料发动机、地面可储存液体发动机、发动机复合材料壳体、捷联式导航系统等关键技术的开发取得了突破。PSLV火箭成为发射LEO、SSPO、GTO等任务的一个多功能运载火箭平台。PSLV火箭具备将1.3t卫星送入GTO的能力,已将"月船"1号(Chandrayaan-1)探测器发射升空,火箭还具备搭载多颗卫星的多任务能力。同一时期,ISRO启动了GSLV三级火箭开发。GSLV火箭采用了固体、液体以及低温推进模块,可将2吨级业务型通信卫星送入GTO,最初采用了从俄罗斯采购的低温上面级。与此同时,还启动了低温发动机与低温火箭级所需的技术开发,发动机成功通过了一系列不同级别的短期与长期地面测试,低温火箭级则于2014年成功进行了飞行测试。为了发射4吨级通信卫星,印度启动了"地球同步卫星运载火箭"-Mk3(GSLV-Mk3)的开发,GSLV-Mk3为三级火箭,由两个大型固体燃料助推器[①]、一个具有多台液体发动机的芯级、一个燃气发生器循环高推力低温燃料发动机,以及轻型复合材料结构组成,计划用于提供高性价比的发射服务。近年来,印度成功完成了SRE航天器的发射与回收等重要任务,掌握了未来设计可重复使用运载工具所需的再入技术以及返回程序。

　　为满足长期需求,印度对半低温推进器、吸气式推进系统以及可重复使用运载工具(RLV)等先进技术进行开发。ISRO启动了对可重复使用运载工具-技术验证机(RLV-TD)的开发,并将在未来1年内对RLV-TD进行飞行测试[②]。印度将载人航天任务的各种方案与技术作为一个长期目标进行详细研究。但

---

①　译者注:原文有误,GSLV-Mk3火箭具有两个大型固体燃料助推器。
②　译者注:2016年5月,印度成功进行了RLV-TD的飞行试验。

与无人航天器相比,要实现这项复杂计划,还需要掌握许多新技术。

印度航天发射系统已具备了发射遥感(IRS)以及通信(INSAT)系列卫星的能力,IRS 与 INSAT 是印度运行的两大主要航天系统。自主设计与开发的业务型运载火箭 PSLV 与 GSLV 已经发射业务卫星,为通信、电视广播、远程教育、电视医疗、气象监测、灾难预警、自然资源管理、农业等关键领域提供各种航天服务。目前为止,PSLV 火箭已发射了数颗遥感卫星,并将最大质量约 1.8t 的有效载荷送入 SSPO,PSLV 火箭还通过将卫星送入 GTO 证明了其多功能性。另外,GSLV 已将 4 颗 GSAT 卫星送入 GTO,其中有效载荷最大质量为 2.24t。运载火箭每次发射入轨精度都达到了各项任务严格的要求。印度航天发射计划具备了运营能力,并在改进正在服役的火箭性能,以及满足对先进运载火箭的长期需求领域制定了清晰的技术发展路线图。许多印度地球静止轨道卫星质量超过 2.5t,且预计不久还可能会增加到 4~4.5t,这超出了 GSLV 火箭的现有能力,考虑到这一需求,ISRO 一直致力于 GSLV-Mk3 火箭的开发。GSLV-Mk3 火箭将具备把 4t 有效载荷送入 GTO,或把 10t 有效载荷送入 LEO 的能力,其计划在未来两年内进行首次发射。当前,全球运载火箭技术开发都瞄准将发射成本降低 1 个数量级。为此,ISRO 启动了 RLV 以及可能使用到的吸气式发动机的开发。另外,为了探索新科技前沿,印度还对载人航天发射任务的可行性进行详细研究,这要求运载火箭达到载人级别的品质,具备更高的安全性与可靠性。印度运载火箭系统发展历程如图 52.1 所示。本章介绍印度航天发射计划到目前为止所取得的进展,并强调未来的发展方向。

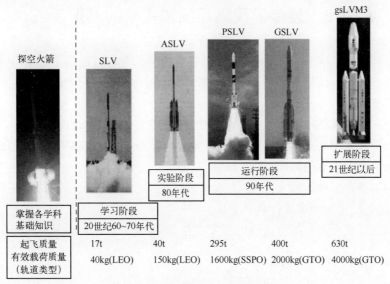

图 52.1　印度运载火箭发展历程

52.2 不同应用航天器及其对发射系统的需求

首先需要定义航天器的功能,满足预期应用需求,然后定义其尺寸、质量、有效载荷及轨道。这些都是用于定义运载火箭性能指标的基本输入。对于GTO轨道,运载火箭需要将卫星送入近地点180~200km、远地点36000km的轨道。卫星携带的燃料用于将轨道提升至预定高度。典型的应用卫星、质量范围、适用轨道以及入轨速度要求见表52.1。

表 52.1　典型卫星、应用和运行轨道

应用	典型质量/kg	典型轨道范围/km	轨道高度/km	入轨速度/(km/s)
科学	200~500	300~500 (25°~50°倾角)	300~500	7.67
遥感	800~1800	500~1000 圆轨道 (约90°倾角)	500~1000	7.45
通信	2000~4500	200~36000(GTO＊) (0°倾角)	180~200(近地点)	10.24

印度航天发射系统在开发时考虑到了这些基本要求,并重点关注四点:①发射系统设计满足严格的性能指标;②建立各种测试设施;③运载火箭任务管理;④建立发射场及发射后配套设施。

52.3 逐步发展满足国家需求的发射系统

为满足国家需求,印度运载火箭开发应遵循的具体方法如下:

(1)为发射质量更大的卫星,提供更高的入轨精度,开发所需的更灵活、更复杂的技术;

(2)根据面临的问题以及发生的失败,吸取经验教训,改进系统;

(3)最大程度地利用已开发的运载火箭级与技术,获得更高的可靠性,并降低总体开发成本与时间;

(4)整合多种运载火箭能力,发展改进型号,发射更大范围的自主有效载荷,强化运载火箭的多样性和效费比。

印度运载火箭和探空火箭的开发工作、具体技术指标将在下面论述。

52.3.1 探空火箭

1963年11月21日,随着"尼克-阿帕契"(Nike Apache)小型火箭从特里凡得琅顿巴赤道火箭发射站(TERLS)发射升空,印度开启了航天发射的新篇章。此后,印度在此发射场发射了多枚不同型号的探空火箭。图 52.2 概述了业务发射的 Rohini 探空火箭。这些探空火箭对气象学、季风开始、赤道电喷流、电离层 D 区、电离层 F 区上部、标准大气层以上气体的化学与质量组成,以及只有在350km 高度之上才能检测到的太空 X 射线辐射等开展了一系列科学研究。

特征	RH-200	RH-300	RH-300 MK II	RH-560 MK II
火箭级数	2	1	1	2
长度/m	3.6	4.8	4.9	7.7
起飞质量/kg	108	370	510	1350
有效载荷质量/kg	10	60	70	100
高度/km	85	100	150	550
应用	气象学	中层大气	中层大气	电离层

图 52.2　ISRO 探空火箭

52.3.2　印度首枚卫星运载火箭 SLV-3

基于对探空火箭的技术开发,印度于 20 世纪 70 年代初决定开发可将 40kg 有效载荷送入 LEO 的多级火箭,促成了印度首枚卫星运载火箭 SLV-3 的研制。SLV-3 为四级火箭,每级都采用固体推进剂,通过尾翼实现空气动力稳定,利用一个有效载荷整流罩来避免卫星受气动加热的影响。SLV-3 火箭配备模拟式驾驶仪、箭载事件处理程序、惯性姿态测量系统和遥测、跟踪以及遥控电子设备。SLV-3 火箭计划对运载火箭不同学科的技术开发起到了很大作用,也为印度开展更复杂的项目增添了信心。该项目促使科学家对从起飞到将卫星送入轨道的火箭飞行轨迹进行综合建模与仿真,并对非标称条件下的各种火箭参数进行了大量仿真,建立了灵敏度函数映射,修正了大量火箭变量的容限,后续进行了蒙特卡洛(Monte Carlo)仿真。这些程序都成为 ISRO 设计火箭、发射前验收,以及解决大量设计与验收问题的标准程序。

虽然 1979 年进行的首次飞行试验并没有取得成功,但为运载火箭系统多学科发展,运载火箭对卫星、发射场等各种接口,跟踪、遥测和遥控网络等的设计与开发提供了深刻启示,并为接下来的 3 次成功飞行试验的顺利实施铺平了道路。通过 1980—1983 年 SLV-3 火箭的 3 次成功发射,印度掌握了有关固体推进、固体推进剂发动机分段结构、空气动力学稳定性相关的飞行动力学、火箭分级、自动驾驶仪、开环制导、受控动力装置、卫星入轨以及总体任务管理等一系列卫星运载火箭关键技术。

52.3.3　增大推力卫星运载火箭

鉴于各种科学实验以及太空应用对更高有效载荷运载能力的需求,提出了 ASLV 这一设想。ASLV 基本上是加装了捆绑式发动机的 SLV-3 火箭加强版,LEO 运载能力增加到 125kg。此阶段新开发了捆绑式助推器、球形有效载荷整流罩、斜向喷嘴、闭环制导、平台式惯性导航系统、基于 M6800 处理器的数字电子设备,以及垂直集成所需的发射场设施。ASLV 连续遭遇了两次发射失败,但通过对失败的仔细分析,更好地掌握了多项关键技术。重要的技术包括:相对更困难的大气飞行阶段中峰值气动压力分析、自动驾驶仪设计、连续可控性、控制-结构相互作用、盛行风结构的影响、对级间彻底分离的需求,以及基于箭载观测数据进行飞行决策的实时事件管理等。尽管 ASLV 火箭的所有级均是固体火箭,但每一级都增加了闭环制导,减小卫星发射偏差。随后,ASLV 火箭连续两次成功发射,印度掌握了多项关键的任务管理技术。

52.3.4　极轨卫星运载火箭

开发 ASLV 的同时,印度还同步启动了 PSLV 的开发,PSLV 能够将 1 吨级的业务遥感卫星送入 SSPO,就尺寸与复杂性而言,这是技术开发上的一个飞跃。图 52.3 给出了 PSLV 的基本结构,包含四级:①装载 139t 推进剂的大型固体发动机;②装载 37t 推进剂的地面可储存液体推进剂主发动机;③使用复合材料发动机壳体的高性能固体推进剂发动机的第三级;④装载 2.5t 液体推进剂的双发动机末级。PSLV 上引入的部分新技术包括液体推进剂发动机框架控制、固体推进剂火箭发动机柔性喷管控制、数字自动驾驶仪、卫星入轨三轴闭环控制、冗余捷联式惯性导航系统(RESINS),以及所有数字电子设备。大型移动服务塔提供与发射台的连接,并提供检验设施。

在 1993 年进行的第一次飞行中,PSLV 的所有系统都运行良好,但由于软件执行错误,最终未成功将卫星送入轨道。这促使在火箭发射前进一步加强地面模拟,以及对火箭硬件与软件系统就其最大可变范围进行附加测试。

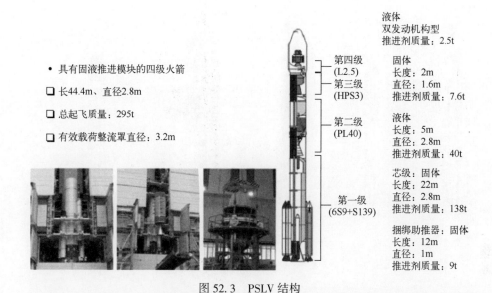

● 具有固液推进模块的四级火箭

□ 长44.4m、直径2.8m

□ 总起飞质量：295t

□ 有效载荷整流罩直径：3.2m

第四级（L2.5）
液体
双发动机构型
推进剂质量：2.5t

第三级（HPS3）
固体
长度：2m
直径：1.6m
推进剂质量：7.6t

第二级（PL40）
液体
长度：5m
直径：2.8m
推进剂质量：40t

第一级（6S9+S139）
芯级：固体
长度：22m
直径：2.8m
推进剂质量：138t

捆绑助推器：固体
长度：12m
直径：1m
推进剂质量：9t

图 52.3　PSLV 结构

截至 2013 年第 1 季度，PSLV 共进行了 23 次发射，其中连续 22 次发射取得了成功，证明了其可靠性。PSLV 还向不同类型轨道发射了各类有效载荷。PSLV 是一种多功能运载火箭，已向各种类型的轨道发射了尺寸与质量各异的卫星，轨道类型包括 SSPO、GTO 等，最多一箭 10 星发射[①]，单次任务将卫星送入多个轨道，以及专用商业卫星发射。为了优化 PSLV 发射成本，印度设计改进型号，以向不同轨道发射卫星，如图 52.4 所示。不同构型改进型号的有效载荷运载能力存在着巨大差异，从 LEO 运载能力 600kg 到 SSPO 运载能力 1900kg。印度设计了不使用捆绑式助推器，只有芯级的构型，向 LEO 发射了两颗 400kg 的卫星。通过以下方式提升火箭性能，火箭的有效载荷运载能力得到持续增强：①增加捆绑式助推器与液体级的推进剂质量；②改进上面级性能；③利用复合结构减小整体无效质量；④优化捆绑式助推器的点火序列；⑤电子设备小型化等。

随着"卡帕娜"-1（Kalpana-1）气象卫星的发射成功，PSLV 具备了将1000kg 卫星送入 GTO 的能力。现有捆绑式发动机的性能增强，火箭有效载荷运载能力得到提升。这个增强构型的火箭用于发射印度首次探月任务——"月船"1 号（Chandrayaan-1）。PSLV 具有携带多颗微卫星的适配装置，通过合理地组织微卫星和小卫星任务发射多颗卫星，目前已经成功发射了多个国家的小卫星。一箭双星发射适配器可携带两颗 500~600kg 的主星。

---

① 译者注：2017 年 2 月，印度 PSLV 一箭 104 星刷新了新的世界纪录。

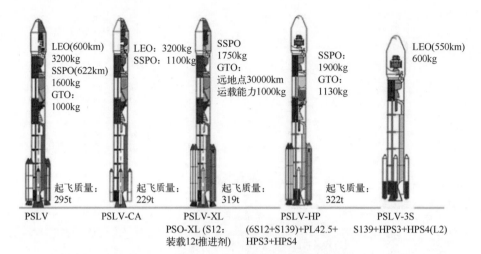

图 52.4　PSLV 改进型号及有效载荷运载能力

52.3.5　地球同步卫星运载火箭

开发 PSLV 的同时,ISRO 启动了 GSLV 的开发,GSLV 能够将 2.5 吨级通信卫星送入 GTO。为提高可靠性,并使有效载荷运载能力最大化,GSLV 采用三级构型,采用了固体、液体以及低温燃料推进模块,如图 52.5 所示。

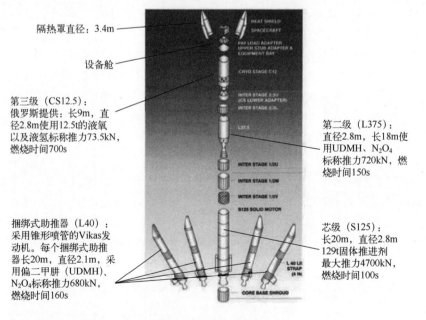

图 52.5　GSLV 结构

GSLV 保留了 PSLV 上使用的许多子系统,以提高可靠性,减小开发成本与时间。火箭第三级采用低温燃料以提供更大的比冲。最初发射采用了从俄罗斯采购的低温级。印度为俄罗斯的低温级开发了总电子系统,用于对火箭和推进的控制,例如调节混合比和推力等,电子系统在所有三次飞行中得到了成功验证。GSLV 成功进行了两次开发飞行以及两次业务飞行,并发射了通信卫星。然而,还有一次使用自主低温级的开发飞行与两次业务飞行以失败告终。分析失败原因是在业务飞行中存在质量失误。关于 2010 年 12 月使用自主低温级的火箭发射失败,详细的失败原因分析指出了在飞行中低温子系统面临的具体问题。印度采取了必要的改进措施,改进后的火箭级和发动机已于 2014 年 1 月成功进行了飞行测试。

首次开发飞行的有效载荷质量 1540kg,经过系统性改进后,有效载荷质量提高到 2250kg。由于采用了增加推进剂质量、应用高压液体发动机、提升低温燃料发动机推力、减小无效质量、发射轨迹成型,以及优化设备质量等措施,火箭运载能力得以提升。火箭引入了新的操纵系统,能够利用在发射当天临近发射时测得的风结构信息,显著减小火箭受到的空气动力载荷。这一程序的引入,以及采取的防雨措施,使 GSLV 火箭成为全天候、全天时的运载火箭。

52.3.6 太空舱返回实验

20 世纪 90 年代初,在成功开发了一次性运载火箭与卫星所需技术后,印度决定开发太空舱返回实验(SRE)项目,成为回收与再入技术的领跑者,这些技术是未来可重复使用运载火箭等先进发射任务所必需的。因此,印度于 2001 年提出了 SRE 设想,目标是开发可回收太空舱,同时决定利用太空舱开展在轨微重力实验,并将其安全回收至精确的地面位置。该任务以及可回收太空舱的开发面临诸多挑战,要求对运载火箭与卫星技术、跟踪与回收管理进行整合。SRE 任务于 2007 年 1 月 22 日成功完成。SRE 任务概览如图 52.6 所示。

SRE 项目开发的重要技术包括:①轻质、可重复使用的热防护系统;②气动热结构设计/分析;③高超声速气动热力学;④再入飞行器导航、制导以及控制;⑤减速系统;⑥浮动系统与回收系统/操作;⑦通信屏蔽管理。这些技术都在 2007 年 SRE 的成功回收操作中得到了验证,SRE 精确落在了斯里哈里科塔岛以东的孟加拉湾预定位置。

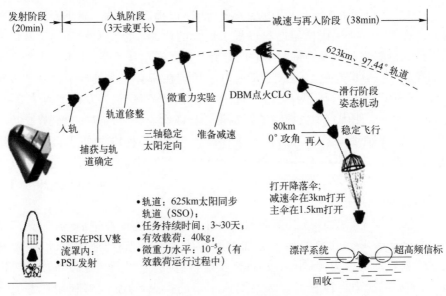

发射阶段
(20min)
入轨阶段
(3天或更长)
减速与再入阶段 (38min)

623km、97.44°轨道

微重力实验
DBM点火CLG
滑行阶段姿态机动

轨道修整

入轨

捕获与轨道确定

三轴稳定太阳定向

准备减速

80km
0°攻角 再入

稳定飞行

打开降落伞;
减速伞在3km打开
主伞在1.5km打开

• SRE在PSLV整流罩内;
• PSL发射

• 轨道:625km太阳同步轨道(SSO);
• 任务持续时间:3~30天;
• 有效载荷:40kg;
• 微重力水平:$10^{-5}g$(有效载荷运行过程中)

漂浮系统
超高频信标

回收

图 52.6 SRE 任务概览

52.3.7 地球同步卫星运载火箭-Mk3

为满足 4 吨级航天器发射需求,以及提供高性价比发射服务,印度开发了地球同步卫星运载火箭-Mk3(gsLVM3)火箭。gsLVM3 构型如图 52.7 所示。

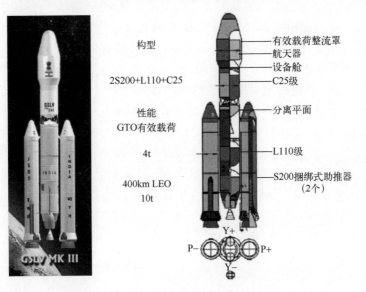

构型

2S200+L110+C25

性能
GTO有效载荷

4t

400km LEO
10t

有效载荷整流罩
航天器
设备舱
C25级

分离平面

L110级

S200捆绑式助推器
(2个)

Y+
P− P+
Y−

图 52.7 gsLV-MK3 构型

gsLVM3 为三级火箭,由装载 200t 推进剂的 2 个固体捆绑式助推器,一个装载 110t 液体推进剂、使用 2 台发动机的芯级,以及装载 25t 推进剂的低温上面级组成。这些级的总体特性见表 52.2。开发的重要技术包括:①大型固体推进剂助推器;②大型固体推进剂助推器使用的柔性喷管控制系统;③使用多台发动机的液体级;④燃气发生器循环高推力低温燃料发动机;⑤复合材料结构;⑥改进电子与控制系统的故障检测隔离(FDI)方案;⑦小型化电子设备与提升带宽的测试传输控制协议(TTCP)。印度虽然已经完成了所有火箭子系统的开发,但由于低温技术复杂性高,低温级可能还需至少 1 年时间完成。因此,为了获得整体任务相关经验,并对包括第一、二级在内的所有其他重要子系统进行性能验证,印度决定使用仿真的低温级开展实验性飞行任务。

表 52.2　gsLVM3:推进模块

S-200	L-110	C-25
● 200t HTPB 推进剂系统 ● 柔性喷管控制 ● 特型喷管 ● M 250 发动机壳体 ● 高质量比	● 2 台并联高压发动机 ● UH25、N_2O_4 推进剂 ● 燃烧持续时间 196s	● 18t 推力的燃气发生器循环发动机 ● 25 t LOX/LH2 低温燃料 ● 3 次燃烧能力 ● 4° 框架转角范围 ● 球冠头锥形液氧罐

52.4　印度航天发射系统开发过程中建设的重要设施

运载火箭的开发需要在不同地点设置一些设施。本节并不对这些设施进行一一说明,只重点介绍一些对火箭总体性能表征以及验证起关键作用的重要设施。

52.4.1　表征火箭空气动力学特性的风洞设施

印度现有风洞设施广泛用于生成包括超声速及高超声速在内的所有马赫数范围内的数据,以便最终确定火箭构型及空气动力学特性。这些数据广泛用于所有印度运载火箭的结构与热设计、性能评估以及控制系统设计。除了传统的力和压力测量试验外,印度还进行了级间分离试验以及气动弹性试验等特殊试验,确保完全地级间分离,支持运载火箭结构动力学设计。为了满足 ISRO 未来可重复使用运载工具的气动热力学设计数据生成要求,印度将有限的试验设施用于获得马赫数 6~12 高超声速数据。

52.4.2　整体火箭模拟试验设施

ISRO 高度重视详细模拟试验设施的开发,用于验证和鉴定火箭性能,特别是箭载导航、制导与控制(NGC)系统的性能。综合模拟设施具有多个模拟试验台,模拟试验台具有多台计算机以及实时操作软件。一些试验台如下:箭载计算机在回路仿真;集成硬件在回路仿真;执行机构在回路仿真。为此,建立了一个具有所有执行机构的典型设施,如图52.8所示。

图52.8　执行机构在回路仿真设施

箭载惯性导航传感器与系统角运动模拟器(AMS)是一个重要的试验装置,对火箭飞行期间三轴角运动进行仿真。在自主仿真过程中,数字计算机运行数千次,验证算法设计以及总体系统设计。系统设计通过验证后,将对使用实际处理单元以及相关软件的箭载硬件与软件进行详细测试。印度对各种环境下的标称与故障情况进行大量仿真,以评估系统性能。

52.4.3　发射场设施

ISRO已在萨迪什·达万航天中心(SDSC)建立了发射场,以满足频率越来越高的各种运载火箭发射需求。

一号发射台(FLP)移动服务塔(MST)与脐带塔(UT)允许在发射台对火箭进行垂直装配。图52.9中的FLP能够发射PSLV与GSLV火箭。FLP设施包括发射平台、MST以及UT。UT装有用于推进级服务的所有液体管路。MST为一个高85m、质量2500t的钢结构建筑,提供环境保护以及运载火箭集成、检查以及维修通道。低温脐带摆杆用于GSLV低温级服务。在完成火箭组装、检查、推进剂加注以及倒计时启动后,MST在发射前会向后移动。

为了满足不断增加的发射频率以及容纳gsLVM3等大型运载火箭,ISRO建立了一个更大的二号发射台(SLP)。SLP包括一个用于在移动式发射平台

(MLP)上进行火箭组装的运载火箭装配设施(VAB)以及一个用于服务和检查的固定脐带塔。在 VAB 完成组装后,火箭将被送到 1km 外的 UT 进行各级点火保险解除以及检查等维护操作。VAB 可以承受飓风以及地震的影响。

图 52.9 第一发射台上的 PSLV

52.4.4 发射场以及发射配套设施

发射场设施促进火箭与卫星的顺利集成,并对集成的火箭与卫星参数进行持续检查,确保火箭发射前这些参数始终在允许范围内。进行火箭子系统无缝集成时需要非常仔细,在完成每一阶段的集成后都需仔细检查。为避免集成的运载火箭及子系统受到环境影响,通过远程控制完成了气体与液体加注以及检测。计算机检测系统对各子系统的所有重要参数进行检测。发射前的惯性系统调整、校准和初始化,以及在最后 1min 装载飞行关键输入数据都是完全自动化实现的。飞行过程中会对火箭进行密切跟踪,直到卫星进入轨道。同时,遥测系统传输具有足够带宽与分辨率的数据,验证火箭子系统的性能及健康状态。另外,还配备了遥控链路,可在火箭发生故障并可能造成生命财产损害时销毁火箭。

52.5 印度航天计划的未来方向

为满足长期需求,印度运载火箭计划确定了需要研发的先进技术,当前已确定的技术包括:大型低温、半低温燃料推进器;吸气式推进系统;RLV 模块。

另外,还开始了探索科技前沿的载人航天任务研究。

52.5.1　吸气式推进

降低对推进剂的需求对低成本进入太空至关重要,推进剂约占运载火箭质量的 85%,大部分推进剂是氧化剂。使用吸气式推进可消除对火箭携带氧化剂的整体需求。基于对可行方案的详细研究,ISRO 启动了双模冲压发动机(DMRJ)的开发。燃料喷射、混合、点火以及气流速度大于 1km/s 时的火焰保持都是严峻挑战。ISRO 通过一系列地面试验成功演示了稳定的超声速燃烧性能,地面试验的等效飞行马赫数为 2~10。包括广泛使用计算流体力学(CFD)工具在内的理论研究为吸气式推进系统的设计与分析提供了支持。印度设计了一个简单的飞行验证机,利用现有探空火箭作为载体,计划测试超燃冲压发动机在马赫数 6~7 范围的飞行,火箭与发动机的生产也已取得突飞猛进的进展。[①] 同时,还建造了流量是当前超燃冲压发动机 4 倍的主要测试站,该测试站可对最高马赫数 8 的超燃冲压发动机燃烧室进行测试与评估。

52.5.2　可重复使用运载工具

可重复使用运载工具(RLV)旨在通过重复使用运载系统,将每千克有效载荷发射入轨成本降低 1 个数量级。对单极入轨(SSTO)与两极入轨(TSTO)构型方案的广泛研究得出结论,在当前推进与材料技术水平下,只有 TSTO 是可行的。为了实现 TSTO 并研发相关新技术,ISRO 启动了可重复使用运载工具技术验证机的开发。该验证机采用翼身融合构型,能在与 TSTO-RLV 第一级相似的飞行通道中飞行。RLV 返回飞行时,在高层大气中具有大仰角,从而在下降到低海拔高度前减小动能,在大气层飞行时,它将利用空气动力学控制,整个飞行都是自动化的。RLV-TD 的设计方案采用现有技术,并计划逐步采用新技术。高超声速气动热力学,可重复使用热防护系统,包括控制面在内的可重复使用结构,自主飞行管理,用于再入与受控降落的导航、制导与控制,飞行健康状况监视系统,以及发射中止系统等相关技术将通过实验进行完善。[②]

52.5.3　印度载人航天计划

由于载人航天探索将成为下一个前沿领域,印度制定了一份详细的载人航天计划可行性研究报告。与无人运载火箭相比,要完成这项复杂计划,还需要许多新技术。目前已确定了载人航天任务所需各项关键技术,并已启动了乘员

---

① 译者注:2016 年 8 月,印度成功进行了超燃冲压发动机的飞行试验。

② 译者注:2016 年 5 月,印度成功进行了 RLV-TD 的飞行试验。

舱、服务舱、发射逃逸系统、环境控制与生命保障系统以及电子系统等一系列新技术的开发计划。

52.6　结　论

自 20 世纪 70 年代初低调进入航天领域以来,印度在运载火箭技术方面取得了长足发展,能够对整个系统端到端可视化。这些技术包括多学科技术发展、成立适当的研发实验室、建立航天工业关键设施、制定详细的质量保证协议与测试评估程序,以及发射操作等。当前,PSLV 成为印度的业务型运载火箭,能够按需将遥感与通信卫星精准送入预定轨道。印度虽已成功发射了数枚GSLV,但还需继续努力才能使 GSLV 达到与 PSLV 相同的成熟度。这些火箭为印度提供了多样化的航天服务。本章描述了印度运载火箭系统、所需技术、子系统设计以及发射程序,同时还介绍了增强有效载荷运载能力的技术开发,以及先进航天运输系统的技术演示研究等内容。

参考文献

Gupta SC(1995)Growth of capabilities of India's launch vehicles. Curr Sci 68(7):687-691

Gupta SC(2006)Growing rocket systems and the team. Prism Books,Bangalore

Gupta SC,Suresh BN(1988)Development of navigation guidance and control technology for Indian launch vehicles in developments in fluid mechanics and space technology. In:Narasimha R,Abdul Kalam APJ(ed)Dedicated to Satish Dhawan. Indian Academy of Sciences,Bangalore

Gupta SC,Suresh BN,Sivan K(2007)Evolution of Indian launch vehicle technologies. Curr Sci 93(12):1697-1714

Madhavan Nair G(2004)Four decades of Indian launch vehicle technology. J Aerosp Sci Technol 56(2):85-92

Narayana Moorthi D(2005)Indian launch vehicle programme. Space Forum 5:3

Rao UR,Gupta SC,Madhavan Nair G,Narayana Moorthi D(1993)PSLV-D1 mission. Curr Sci 65(7):522-528

第53章　巴西航天发射项目

弗朗西斯科·卡洛斯·梅洛·潘托哈[1],乔安娜·里贝罗[2]

1. 巴西航空航天工程研究所/巴西航空航天科学与技术部
2. 巴西圣保罗州圣若泽杜斯坎普斯

摘要

自20世纪60年代巴西开始空间探索以来,迄今已取得了显著进步。本章从探空火箭到目前发展,再到未来前景几方面概述巴西航天发射计划。

53.1　引言:巴西航天计划的开端

1957年发生了两件大事:第一件事情发生在7月1日,那一天是国际地球物理年(IGY)的开端;第二件事情发生在10月4日,当时苏联发射了世界上第一颗人造地球卫星"斯普特尼克"号,很大程度上导致了太空竞赛的开始。自此,全世界包括巴西开始关注航天活动。

同年,巴西航空技术学院(ITA)的两名研究生(Fernando Mendonca 与 Julio Alberto de Morais Coutinho)建设了巴西第一个地面站,作为其毕业设计。这个站点可以监测"斯普特尼克"号,1958年,该站点开始接收来自美国第一颗卫星,即"探险者"1号的信号。

1961年,巴西雅尼奥·奎德罗斯政府向航天计划迈出了实质性的一步。受美洲航天研究会议的启发,雅尼奥·奎德罗斯总统创建了一个委员会,负责研究巴西航天研究计划的政策以及提供建议。该委员会提议建立巴西国家航天活动委员会组织团体(GOCNAE),GOCNAE 是巴西国家科学技术发展委员会(CNPQ)下属的一个民间组织,其关注天文学、射电天文学、通信卫星以及光学卫星等领域。所有这些行动使得巴西成为第一批将航天活动正式纳入政府计划的国家。

自GOCNAE建立以来,巴西的航天活动面临众多挑战。第一个挑战是用有限的资金(当时他们的预算不到美国航天预算的2%)发展航天项目。第二个挑战是寻找参与航天计划的专业人员,当时,巴西没有在航天行业工作的专家。所以 GOCNAE 挑选了数百名工程与物理学领域的优秀学生,并将他们送至 NASA 以及美国其他航天中心接受专业培训。

为了开展试验,GOCNAE 与巴西空军以及 NASA 计划在北里奥格兰德建立第一个探空火箭发射场。空军建立了巴西航天项目研究工作执行小组(GETEPE),主管该计划,并推动项目实施。1965 年 12 月,巴西巴雷拉费洛发射中心(CLBI)正式成立,并发射了美国的"奈克–阿帕奇"探空火箭。自 1965 年以来,CLBI 已发射了超过 2000 枚火箭①,进行了数千次科学实验。1966—1978 年,巴西实施了名为泛美实验气象探测火箭研究网(EXAMETNET)的重要合作计划。该计划是由阿根廷、巴西及美国三个国家的航天机构共同组织的。其目的是构建和展示南北两个半球气象探测火箭发射站网络的能力。迄今为止,CLBI 已发射了大约 200 枚探空火箭。EXAMETNET 计划使用了两类火箭,即"阿尔卡斯"与"洛基"。巴西与美国的航天计划合作一直持续到了 1985 年,期间共发射了数百枚美国探空火箭(图 53.1)。

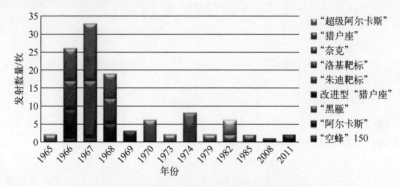

图 53.1   于 CLBI 发射的美国探空火箭

20 世纪 80 年代后,全世界的探空火箭活动急剧减少(图 53.2),这可能是气象卫星使用增多的原因。专用于气象目的的火箭变得罕有,因为科学家们开始更加关注卫星产生的信息,而非使用火箭(Gouveia,2003)。

随着美苏之间的航天竞赛日益激烈,巴西政府决定围绕 GOCNAE 及 GETEPE 构建航天计划(目前可能仍在持续)。巴西两个最重要的航天机构为巴西国家航天研究院(INPE)及巴西航空航天工程研究所(IAE)。INPE 成立于 1961 年②,负责开发和建造卫星而 IAE 成立于 1969 年,负责开发和建造运载火箭。

---

① 译者注:应为发射超过 200 枚火箭,原文有误(2000 枚),但未查到被引用的参考文献。
② 译者注:1961 年成立的是 INPE 的前身 GOCNAE。

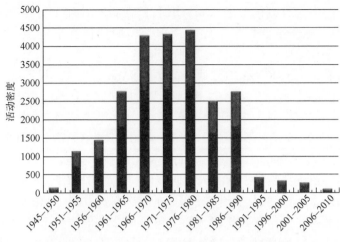

图 53.2　1945—2010 年全球探空火箭活动密度

53.2　巴西航天发射计划

53.2.1　IAE 的历史

GETEPE 时期,巴西开发了第一批探空火箭,标志着 IAE 的开端。1966 年,GETEPE 与巴西第一家航天公司阿韦布拉斯公司合作设计、开发及生产了巴西第一枚探空火箭——"探测"1 号(SONDA I)。1967 年,CLBI 发射了第一枚二级"探测"1 号原型火箭。阿韦布拉斯公司发射了超过 200 枚的气象火箭。"探测"1 号的技术革新已经完成,需要进行另一次技术革新,攻克航天技术的新领域。

1967 年,GETEPE 开始在巴西航空航天技术中心(CTA)内开发和建造探空火箭。第一个项目是受"黑雁"3 号启发的"探测"2 号单级火箭。航天工业界在特定部件方面对该项目做出了贡献,但航天材料的研发主要由 CTA 实施。1970 年 4 月,探测 2 号进行了第一次成功飞行。

随着 CTA 内增设研发中心,巴西开始设计探空火箭的改进型号。1969 年,在"黑雁"4 号的启发下,开始"探测"3 号的概念设计(表 53.1)。

表 53.1　"探测"系列——巴西探空火箭

	"探测"1 号	"探测"2 号	"探测"3 号	"探测"4 号
总长度/m	3.1	4.534	6.985	9.185
最大直径/m	0.127	0.3	0.557	1

（续）

	"探测"1 号	"探测"2 号	"探测"3 号	"探测"4 号
级数	2	1	2	2
总质量/kg	59	368	1548	6917
有效载荷质量/kg	4.5	70	150	500
远地点/km	70	100	500	700
飞行次数	>200	61	31	3
首次飞行的年份	1967	1970	1976	1984

巴西航天活动在 1971 年迈出了重要一步,当时 GETEPE 被撤销,取而代之的是从属于 CTA,即现在的巴西航空航天科学与技术部(DCTA)的 IAE。同年,成立了 INPE 与巴西空间活动委员会(COBAE)。随着航天政策及相关职责的确立,巴西的航天计划得到了巩固及整合。IAE 负责开发卫星运载火箭及探空火箭;巴西空军(FAB)负责发射场地;INPE 负责开发卫星及地面段;COBAE 负责航天计划的协调。它们的主要成就是在 1978 年制定了巴西航天任务(MECB),该计划开发了两类卫星,并从巴西境内使用本国的运载火箭发射了这两类卫星。

巴西航天技术的发展是由巴西探空火箭计划及卫星计划推动的。例如,"探测"3 号是第一枚采用本国技术(如级间分离系统、自毁系统、姿态控制系统及海上有效载荷回收系统)的火箭。1974 年,在研制"探测"3 号时,IAE 进一步研制卫星运载火箭,设计了"探测"4 号。该火箭有两级:第一级火箭发动机是全新开发的;第二级的发动机使用的是"探测"3 号的第一级。该火箭除了增强巴西有效载荷发射能力外,还帮助巴西工程师掌握如何开发三轴控制系统,控制未来卫星运载火箭的飞行。其首次飞行时间为 1984 年,共进行了 3 次飞行。

53.2.2　探空火箭

IAE 开发了 VSB-30 系列探空火箭。这是二级火箭,能够携带 400kg 的有效载荷,用于在 270km 高度内进行科学试验。对于微重力环境中开展的实验,VSB-30 可以将有效载荷在 110km 高度维持 6min。VSB-30 共进行了 11 次发射,无一失败。这枚火箭是第一个打入国际市场的巴西航天产品,也是第一个通过国际认证的产品。图 53.3 示出了自首次飞行以来巴西的探空火箭活动。表 53.2 概述了迄今为止巴西制造的所有探空火箭。

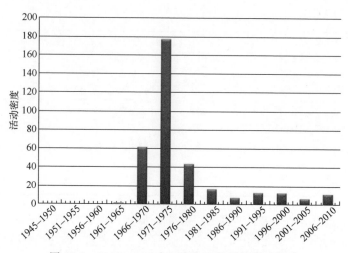

图 53.3　1945—2010 年巴西探空火箭的活动密度

表 53.2　巴西探空火箭的概述

火箭	飞行次数	状态	任务
"探测"1 号	223	停用	远地点 70km 的运载能力 4.5kg
"探测"2 号	61	停用	远地点 120km 运载能力 20kg
"探测"3 号	31	停用	远地点 600km 运载能力 60kg
"探测"4 号	4	停用	远地点 700km 的运载能力 500kg
VS-30	7	运行中	远地点 160km 的运载能力 260kg
VS-30/"猎户座"	3	运行中	远地点 300km 运载能力 160kg
VSB-30	9	运行中	远地点 250km 的运载能力 400kg
VS-40	2	运行中	远地点 650km 的运载能力 500kg
"猎户座"(2)	2	运行中	远地点 100km 运载能力 80kg

53.2.3　巴西航天产业的崛起

　　巴西的第一家航天公司是成立于 1961 年的阿韦布拉斯公司,该公司承担了建造"探测"1 号的工作。由于 IAE 与 INPE 得到了资金,且开发了新的火箭及卫星项目,它们对航天部件有了新需求。由于巴西只有少数航天公司可以生产航天部件,IAE 与 INPE 只能自己开发大多数设备,或者从美国购买。随着更复杂的探空火箭——"探测"4 号火箭的开发,巴西的航天产业在 1972 年后真正崛起。曾经在 IAE 工作的专家成立了多家小企业。

　　巴西的航天产业主要由供应零件、部件及子系统的中小企业构成。在国家空间活动体系(SINDAE)中,INPE 与 IAE/DCTA 分别负责设计、装配、系统集成、测试卫星及运载火箭,而私人公司的工作仅限于向这两个机构供应零件、部件及子系统(Schmidt,2011)。

在巴西航天活动发展期间,政府没有创造恰当的商业与金融条件支持和维系航天产业,这一现象持续到他们发现其他替代产品,如副产品可提高利润时才得到了改善。产业竞争力是一国科技政策的关键元素,巴西航天开发的重要目标应为提高其产业竞争力。富创(Futron)的研究(2009)显示巴西的航天计划的竞争力指数低,因为国内航天产业缺乏相关政策的支持。此外,与韩国与印度等其他更晚进行航天活动的国家相比,巴西的航天竞争力在变弱。

如果考虑到航天产品的高附加值且需要大量投资,则可以认定其产业基础与其唯一的实际客户——巴西政府是紧密相依的,至少在其巩固阶段如此(PNAE,2005)。对于巴西的航天活动而言,公司的参与是必需的,因为与政府相比,公司可以更灵活地购买产品与服务、提供工作机会以及降低成本。然而,对于巴西航天局(AEB)来说,巴西航天产业的低竞争力以及其在航天计划中的重要作用都是众所周知的问题。解决这一状况并不简单,需要很多因素的同时作用。

上述状况造成的结果是巴西航天产业发展不成熟,且大多数航天开发都是由政府的研究机构进行的。多年来,航天产业没有获得迅速发展的良机。航天产业在逐渐进步,但是航天产业的总规模以及劳动力规模都非常小。2009 年,只有 289 人在航天产业内工作(Ipea,2011),然而有超过 18000 人在航空产业工作(Embraer,2012)。巴西航天产业增长缓慢的原因是缺乏一个反映政府需求的稳定航天计划,而该计划对于提高和维系巴西的产业能力来说是必需的。

此外,从研究机构到产业的技术转让也是滞后的。以 VSB-30(进行了多次发射的成功项目)为例,IAE 负责其制造。由于政府对私人企业航天技术开发的支持甚少,导致了巴西的技术缺乏,巴西一直需要进口相关技术,且项目进度总是延误。

巴西私人航天公司的状况正在转变。新公司比如 Odebrecht、巴西航空工业公司及 Camargo Correa 开始在防务与安全领域运作。Odebrecht 与 Camargo Correa 是土木工程领域的两大著名跨国公司。巴西航空工业公司是航空业的一大巨头,其下属的防务与安全分公司与巴西电信公司一起创建了远景航天科技公司,该公司将是 BR1SAT 项目的主要合作伙伴。BR1SAT 项目旨在建造巴西第一个用于国防与战略通信的卫星。该项目的预计成本为 4.12 亿美元。大多数专家认为巴航防务与安全公司具有成为巴西主承包商的能力。然而,在这一过程中,该公司还有一段困难的路要走。这些新公司在航天行业内的崛起取决于政府在未来数年在通信及安全领域的投资。

此机构目前采取的重要政策是开发一个新的运载火箭,从项目概念设计阶段起,航天公司就参与开发,近期已经看到了显著效果。尽管开端不错,巴西仍需改进其航天产业政策,以使航天产业获得持续发展。巴西航天产业政策不仅应关注现有技术的供应和改进,也应关注新型运载火箭技术的开发(AAB,2010)。换言之,巴西的航天计划应为巴西航天产业的航天技术创新提供便利。第一步,巴西政府应通过频繁提供订单,促进产业内资源的合理配置(预算与人员),创造可持续的市场。

53.2.4 国际合作

由于巴西航天计划(PEB)中的国际合作日益紧密,国际合作在巴西发射计划的发展中起着重要作用。

由于巴西是美国在冷战时期的同盟国,两国间进行了一系列的科技合作。巴美就美国航天计划的第一次合作发生在 20 世纪 60 年代。在这次合作下,巴西建立了自己的第一个太空站,即 CLBI。这次合作使巴西获得了发射站运行以及火箭开发所需的知识,从而为巴西的探空火箭计划的开启奠定了基础。遗憾的是,在国际武器贸易条例(ITAR)实施后,这项合作被弱化。70年代,IAE 与法国及德国签订了合作协议,巴西将派遣大批员工前往法、德的优秀大学学习。然而,导弹技术控制制度(MTCR)规则规定了禁运要求及对材料与服务出口的限制,大大影响了巴西的火箭开发。表 53.3 概述了巴西探空火箭。

表 53.3 巴西探空火箭的概述

时 间	国家	合 作 重 点	未来的合作机会与限制
20 世纪 60 年代	美国	发射场所运行	合作机会:出口控制可能发生变更
		探空火箭的基本科技知识	限制:对所有航天技术的严格出口控制
70 年代至今	德国	探空火箭技术开发	合作机会:VLM 技术开发
80—90 年代	法国	在航天领域的工程大学培训 IAE 员工	合作机会:开展小型运载火箭的合作
		合作开发液体推进剂以及卫星运载器运载火箭(VLS)项目,但 MTCR 限制此合作	限制:IAE 液体推进技术开发
90 年代至今	俄罗斯	提供评审 VLS Alfa 及 VLS 项目的服务	合作机会:合作开发中型运载火箭
		供应子系统、设备及原材料	

（续）

时　　间	国家	合　作　重　点	未来的合作机会与限制
2000 年至今	乌克兰	建立阿尔坎塔拉旋风航天公司（ACS），这是一个由巴西和乌克兰在 2003 年建立的跨国商业公司	合作机会：IAE 与下一代"旋风"系列的合作
		运作"旋风"4[①]，从阿尔坎塔拉发射中心发射中型卫星	限制：见 24.2.5.4 节[②]
译者注：①"旋风"4 运载火箭项目最终取消；②原文有误，原文为 24.3.5.4 节			

　　DCTA 与德国航天局（DLR）于 1971 年签订了一个技术合作协议。2011年，根据 DCTA 1971 年时任部长 B. Pohlmann 所述，航空航天研究活动是巴德战略技术合作的首批 5 个领域之一。这两个机构都是公共机构，并在过去 40 年间在探空火箭计划中建立了深厚的伙伴关系。两个机构合作的具体成果包括对 VSB-30、VS-30 及 VS-30/Orion 等探空火箭技术的研究与试验，还包括对微重力平台的研究与试验。CLBI 已进行了超过 25 次发射活动，未来发射还将继续。2011 年，DLR 与瑞典空间公司（SSC）购买了 21 台 VSB-30 探空火箭的发动机。现今，DCTA 正在研究拓展与德国合作的可能性，并开始探讨未来与瑞典的合作。合作的下一个挑战性任务是实施 VLM-1 项目。

　　巴西的另一个重要合作项目是与乌克兰合作制造及从阿尔坎塔拉航天基地发射"旋风"4 火箭。1996 年巴西机场基础设施公司（Infraero）与 AEB 以及巴西空军之间签订了一份协议，促进阿尔坎塔拉发射基地的商业运作。Infraero 内创建了一个事业部，负责寻找 CLA 的潜在客户，并将重点放在意大利（菲亚特艾维欧公司）与乌克兰（"旋风"）上。2001 年，Infraero 执行的所有航天活动都转移给了 AEB。菲亚特艾维欧公司与 Infraero 之间的第一轮协商在双方面临众多困难的情况下结束。另外，巴西与乌克兰之间的协商取得进展，两国于 2003 年 10 月 21 日于巴西签订了一个国际条约。合作成功的原因如下：

　　（1）乌克兰正在开发一种新型的能力更强的卫星运载火箭"旋风"4，而自从苏联解体后，乌克兰没有可用的航天中心执行发射任务。

　　（2）巴西西北地区是一个绝佳的发射场地，其安全性较高，且能够覆盖所有轨道方向的发射。

　　在这一协议下，两国成立了一家名为阿尔坎塔拉旋风航天公司（ACS）的合资公司。根据协议，该公司的性质为"一家出于经济与技术目的的国际公司"（Monserrat，2005）。这份国际协议规定了乌克兰、巴西与 ACS 公司三方的职责：

　　（1）"旋风"4 开发与制造的职责归属于乌克兰政府，由乌克兰国家航天局（NSAU）进行协调。

（2）CLA 通用基础设施开发的职责归属于巴西政府，由 AEB 领导。

（3）ACS 负责发射场的设计、建设与运营。ACS 的预算资金由乌克兰与巴西政府平摊。

（4）ACS 负责使商业化发射，以维持乌克兰境内的制造设施以及发射场所的运营。

一个有争议的问题是国际协议没有说明火箭技术的转让。这意味着巴西没有参与"旋风"开发活动。"旋风"4 主要由 Yuzhnoye 与 Yuzhmash 两家公司在乌克兰境内开发。

发射场的建设始于 2010 年 9 月，CLA 的"旋风"4 的第一次发射预计将在 2013 年进行[①]。然而，ACS 面临一系列问题：商业市场竞争激烈；缺乏巴西与乌克兰的经济支持。

53.2.5　运载火箭计划

巴西的运载火箭计划主要有 VLS、微型卫星运载火箭（VLM）、所有南十字星计划的运载火箭以及"旋风"4，每一型号的运载火箭都有其独特的技术特征。

53.2.5.1　VLS

VLS 计划是在 1980 年由 IAE/DCTA 发起的。其宗旨为达成 MECB 设立的三个目标之一——开发本国的运载火箭。从探空火箭的开发中获得的技术有助于小型运载火箭的开发。第一枚 VLS，即 VLS-1 是一枚四级火箭，使用固体推进器，能够将 100～350kg 的卫星发送到 200～1000km 的轨道上（图 53.4）。

图 53.4　发射平台上的 VLS-1 V01

在 2003 年的一次事故后，IAE 对 VLS 计划进行了一些更改，改变了一些系统配置，也进行了两次技术飞行试验。目前，对 VLS 计划而言，计划中的试验正在推进中，大多数更改已经完成，新的发射塔也已就位（图 53.5）。

---

① 译者注："旋风"4 火箭项目最终取消。

图 53.5　CLA 新发射平台上的 VLS 原型

53.2.5.2　VLM

VLM 是 IAE 在技术开发方面的另一重要项目。此项目的一个重要参与方是 DLR。2009 年,IAE 及 DLR 同意合作开展新运载火箭的可行性研究,该运载火箭应能满足锐边飞行试验 III 任务的要求,并能将微卫星发射至近地轨道上。有两个小组研究 VLM 构型。第一组称为 GENSIS(IAE 系统工程时间),由巴西专家组成;第二组在 DLR,称为 Maromba。所选择的构型为三级固体火箭,前两级将由 IAE 与 DLR 共同开发的 S50 发动机组成。最后一级由已经试飞合格的 S44 发动机组成。首次飞行时间原计划为 2015 年。该 VLM 构型可将 200kg 的卫星发射到高度 300km 的赤道轨道上。而对于第二个 VLM 构型版本,专家会在其最后一级上安装一个更强大的发动机。本项目正试图简化 VLM 的构型以实现"目标成本"。VLM 首先用于满足巴西和 DLR 对微卫星、小卫星以及纳卫星的发射需求。

53.2.5.3　南十字星

就在 2003 年的 Alcantara VLS 事故发生后,AEB 与 IAE 开始合作设计可接替 VLS-1 的下一代运载火箭。2005 年,巴西发布了名为南十字星的新国家发射计划,该计划的预计持续时间为 17 年。南十字星计划以系列运载火箭的定义为基础,可满足巴西国家空间活动计划(PNAE)的任务要求。本项目由 VLS Alfa、VLS Beta、VLS Delta、VLS Gama 及 VLS Epsilon 五型运载火箭组成。项目的主要目标为在 2022 年之前,通过开发一枚可将卫星(巴西地球同步卫星(SGB))送至地球同步轨道的运载火箭,使得巴西具备自主进入空间的能力。巴西将逐渐推进南十字星计划,以确保每一阶段的成功完成(图 53.6)。

53.2.5.4　"旋风"

自从苏联解体后,乌克兰只能自己寻找方法进行运载火箭发射。然而,由于数年来,俄罗斯与乌克兰政府关系紧张,这成为一个难题。1997年,乌克兰表达了对巴西的阿尔坎塔拉发射场的兴趣。当时,巴西的 Infraero 正处于与 Fiat Avio 的协商中,并试图建立伙伴关系,但该次合作并未实现。由于发射通信卫星的前景广阔,巴西政府立即表示了与乌克兰进行协商的意愿。美国就卫星发射和市场不安全提出的条件等多个问题使得 Fiat Avio 放弃了与 Infraero 签订协议。此后,巴西与乌克兰开始进行协商。6 年后,即 2003 年,两国同意就"旋风"4 的制造与发射签订合作协议。在此协议下,两国建立 ACS 合资公司,负责设计、建造以及运营发射场地。巴西政府方面则由

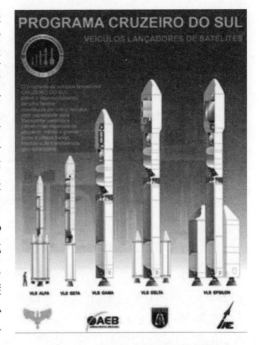

图 53.6　南十字星系列运载火箭

AEB 牵头,负责 CLA 通用基础设施的建设,而乌克兰政府负责开发"旋风"4。

　　"旋风"4 有三级,其与"旋风"3 的相似之处在于前两级。第三级是全新开发的,其推进剂性能更强,且其火箭发动机能进行多次点火。第三级也使用了新的控制系统,该控制系统可以进行更精确的轨道注入。第三级还具有更大的容积,可以容纳更大的有效载荷。"旋风"4 的发射将于 3 年后的 2015 年进行。(译注:2015 年乌克兰与巴西合作破裂,"旋风"-4 火箭项目取消,转而研制海射型"旋风"-4M 火箭。)

　　为了确保此计划的成功,巴西需要克服以下困难:

　　(1) 乌克兰政府在支付 ACS 资金方面遇到的财政问题;

　　(2) 发射场的人力资源问题;

　　(3) 在开发后,项目如何实现持续发展;

　　(4) "旋风"4 发射对于进入地球同步轨道的有效载荷质量限制(1600kg);

　　(5) 将肼及四氧化物用作推进剂所带来的环境问题;

　　(6) 由于没有知识转让计划,巴西社会对 ACS 不满意。

　　ACS 正在采取措施减少这些问题带来的影响,如实施可持续发展的城市项目、由部长施压督促乌克兰方面拨款,以及开展巴乌合作,例如巴西大学正在向

乌克兰派遣学生。

表 53.4 列出了巴西太空运载火箭总述。

表 53.4 巴西太空运载火箭总述

	VLS-1	VLM-1	VLS Alfa	VLS Beta	VLS Gama	VLS Delta	VLS Epsilon	"旋风"4
级数	4	3	3+4 助推器	3	3	3+2 助推器	3+2 助推器	3
总高度/m	19.4	20	—	—	—	—	—	39.95
总起飞质量/t	49.7	15.9	—	—	—	—	—	198
发动机	S43(4)-28.4t S43(1) S40(1)-4.45t S44(1)-0.8t	S50(2)-19.6t S44(1)	S43(4) S43(1) L75(1)-7.5t	P40(1)-40t L300(1)-30t L75(1)-7.5t	L1500(1)-150t L300(1) L75(1)	L1500(1) P36(2) L300(1) L75(1)	L1500(3) L300(1) L75(1)	RD-251+RD855 RD252+RD855 RD861K
有效载荷发射能力/kg	115	120	600	800	918	2130	4000	1600
轨道	750km (圆轨道)	200km×700km (赤道轨道)	400km (赤道轨道)	800km (赤道轨道)	800km (极轨道)	GTO	GTO	GTO
飞行次数(失败/成功)	2/2	0/0	0/0	0/0	0/0	0/0	0/0	0/0
下次飞行的预计时间	2014	2015	2016	—	—	—	—	2013
推进剂	固体	固体	固体/液体	固体/液体	液体	液体/固体	液体	液体

53.3 结 论

巴西航天计划的政策出现了新变化。政府希望提升巴西发展航天技术的能力,从而确保一定程度的自主能力,并使巴西在航天行业占有一席之地。已经明确的是,巴西的一些航天发展仍需要巴西科技创新部(MCTI)、巴西国防部(MD)与政府真正落实一些政策。巴西经济正在增长,这使得巴西成为全球活动的一个重要参与者。巴西对于航天应用的需求是明确的。需要分析的问题是如何响应需求以及由谁来响应需求。由于巴西还不是航天领域的重要参与国,巴西航天计划对太空安全的影响与贡献还相当低。然而,考虑到其会影响巴西未来的航天政策或者受到未来航天政策的影响,我们应该考虑此计划的潜力所在。

参考文献

Brazilian Space Agency(2005) National program of space activities: PNAE. Brazilian Space Agency. Ministry of Science and Technology, Brasilia

Cho Hyun-Suk(2002) A study of science and technology policy in Korea: searching for new policy ideas. Sci Technol Stud 2(1):85e105

Embraer. Embraer em nu'meros. http://www. embraer. com/Documents/embraer – em – numeros/embraer – em – numeros-pt_br. pdf. Visited 15 Mar 2012

Espac,o Brasileiro, ano 4 nu'mero 12,2011,pp 5-7

Espac,o Brasileiro, ano 4 nu'mero 13,2012,pp 20-21

Forc, a Ae'rea Brasileira A histo'ria do CLBI (2006) http://freepages. military. rootsweb. ancestry. com/? otranto/fab/clbi. htm. Visited 12 Feb 2012

Friedman L The case for international cooperation in space exploration. Space Review. http://www. thespacereview. com/article/1782/1

Gouveia A(2003) Esboc,o histo'rico da pesquisa espacial no brasil

Instituo Aeronautica e Espac,o www. iae. cta. br. Visited 30 June 2012

Monserrat Fo J(2005). a better model of cooperation? The Brazilian-Ukrainian agreement on launching Cyclone-4 from Alcantara. Space Policy 21(1):65-73. doi:10. 1016/j. spacepol. 2004. 11. 007

Schmidt FH(2011) Desafios e Oportunidades para uma Indu'stria Espacial Emergente: o caso do Brasil. Texto para Discussa~o do Instituto de Pesquisa Econo^mica Aplicada, 1667, Bras'lia

第54章 太空武器概念及对全球安全的影响

拉尔斯·霍斯特贝克

瑞典国防研究局,瑞典斯德哥尔摩市

摘要

"太空武器"一词经常使用却又缺乏严格的定义,导致相关讨论非常困难,甚至造成误解。本章将"太空武器"分为地对天、天对天和天对地三类进行定义,给出了这些太空武器的一些作战特性和发展简史,简述了太空武器支持的三项军事航天任务,并介绍了七个太空武器概念及其作战的优势与局限,以及发展太空武器一些先决条件。

54.1 引言:战争之路

自人类文明开始以来,战争与技术就存在着共生关系。在历史上有记载的第一次战争中,即公元前一千四百六十年左右古埃及法老图特摩斯三世与黎凡特联盟(Levantine coalition)之间发生的美吉多之战,战车技术就是一项决定性因素。而在此后 3500 年的发展历史中,技术成为战争的一个驱动因素,战争也推动了技术的发展。太空作为新生的作战域,这种战争与技术的共生关系同样适用,对公共安全既有威胁又有贡献。

战争的主要目的不是摧毁敌国的军事能力,而是强迫敌国接受本国的意愿与价值观,也就是实现政治目的(Kagan,2006)。因此,将战场延伸至太空并不意味着战争目的是获得太空优势。同海洋和天空一样,太空也是一个可资利用的媒介,通过夺取太空优势来赢得地面上的对手。不论是规划进攻作战还是国家防御作战,都会考虑利用太空来获得非对称优势。

基于军事目的利用太空并不一定意味着使用太空武器,而太空武器也并不一定单指在太空中的武器。太空的军事利用已存在 50 多年,反卫星(ASAT)武器与之同步发展,但太空武器化并未形成。在太空、过太空的作战都发起并止于地面。因此,只要地面存在战争风险,战争推动军事技术发展,且太空仍用于军事目的,就存在战争扩展至太空的风险,以及研发、部署和使用太空武器的风险。

本章将对武器与太空进行简要介绍,其中 54.2 节将探讨在太空、过太空的军事活动相关背景、定义和特性;54.3节将介绍太空武器简史及各国发展情况;54.4节将介绍一些已出现和新提出的武器概念,就其向实用型系统发展的相关问题进行一般性讨论,在讨论中直接给出武器系统的性能特性,没有赘述相关推导,也没有详细讨论系统的局限性;54.5节为系统应用,将对上述武器概念的军事应用效果进行简要讨论;54.6节为未来展望,将简单讨论太空武器与军备控制谈判相关问题;54.7节将给出一些分析总结。

54.2 背　　景

54.2.1　太空武器的定义

讨论"太空武器"首先面临的挑战是定义什么是"太空武器"。我们一般不会说"陆地武器""海洋武器"或者"空中武器",而是直接称枪、炸弹和导弹,这些武器装载在坦克、军舰和飞机等武器平台上,去攻击其他陆、海、空武器平台。类比到太空域,仍可以使用枪、炸弹和导弹等词,只是在武器平台类型中增加卫星、飞船,未来可能还会有空天飞机。

武器是靠从射手向目标传递能量来影响目标,从而达成扰乱、损坏或摧毁目标之目的。利用能量有两种基本方式:一种是投射质量体,如将弹头射向目标;另一种是发射定向能,如用激光照射目标。第一种武器称为质量投射武器,第二种武器称为定向能武器。

质量投射武器按弹头是否有爆炸性可分为两类,爆炸性弹头又分为常规弹头或核弹头,而弹头没有装药、仅依靠自身速度摧毁目标的武器称为动能武器。定向能武器也有多种类型,从压制目标天线系统正常信号的干扰机,到远距离灼烧毁坏目标的粒子束或高能激光束等。

在描述现代武器系统时,通常会以描述武器平台位置与目标位置之间的关系,即武器从哪个域射向哪个域。例如,美国攻击水面舰艇的"鱼叉"(Harpoon)导弹称为反舰导弹,若由水面舰艇发射则称为舰舰导弹,若由飞机发射则称为空舰导弹。攻击空中或地面目标的武器也采用相同的命名规则。这一规则也可推广到太空,且为了简化,可将陆、海、空统称为地(球)。若导弹攻击的目标是卫星,则称其为反卫星导弹。若武器从地球向太空发起攻击,则称其为地对天武器。

当考虑太空武器时,太空武器平台和攻击目标有三种不同的关系:一是前面提到过的地对天武器;二是平台和目标均位于太空中的天对天武器;三是武器平台位于太空,向陆、海、空目标发动攻击的天对地武器。

典型的地对天武器有导弹和定向能武器。这类武器平台位于地球,即陆地、舰船或飞机上,攻击太空中的目标,其典型的攻击目标是太空中的卫星。当反弹道导弹系统攻击的目标是经过太空的、处于飞行中段的洲际弹道导弹时,反弹道导弹武器也属于太空武器。

天对天武器需预先部署在太空中才能攻击太空目标。根据其定义,天对天武器的平台是一颗卫星,攻击的目标可以是其他卫星,或是已进入太空的、处于助推段或飞行中段的洲际弹道导弹。在太空中,通常武器和目标之间的距离非常远,所以典型的天对天武器一般为某种类型的导弹或定向能武器。天对天武器还有一种特殊的攻击方式,即把自身作为一种武器,机动到目标处通过自杀式碰撞攻击目标。

天对地武器(STEW)的平台位于太空,用于攻击地球上的目标。天对地武器平台是一颗卫星,可从太空攻击陆、海、空目标。这类武器可以是炸弹、导弹或定向能武器。

54.2.2　军事航天任务

区分四种不同的太空用户或"太空活动领域"非常容易(Hays,2000):

"情报领域"关注战略情报的收集、分析和分发,尽管相关系统在许多国家中实际由军队负责管理,但此类任务主要不是出于军事目的,而是为了维护国家利益。

"军事领域"是将太空融入军事力量之中来增强军事效果,例如从太空中获得战术情报,使用卫星进行战场通信,使用 GPS 进行武器制导等。情报类与军事类任务的时间周期有较大差异。航天情报侦察可能会持续数月甚至数年的时间弄清敌方潜在能力的发展,例如侦察核武器计划;而太空战术利用却需要争分夺秒,如 GPS 支持灵巧炸弹。

"民事领域"将太空用于国家非军事用途,如环境监测或研究。"商业领域"以商业交易为基础提供空间服务,用户包含情报部门或军事部门。

军事领域中,美国国防部太空任务分类(Hayes,2000)描述了军事太空任务的航天支持、军事力量增强、力量运用和空间控制四个领域。航天支持提供进入空间相关的所有必备能力,如运载火箭等。军事力量增强利用天基服务增强陆、海、空军事能力,如为地面部队提供卫星导航等。力量运用可笼统定义为向空间、从空间和在空间使用军事力量。空间控制可定义为确保进入空间,同时剥夺敌方空间利用的能力。

只有出现新的需求或存在性能提升或成本降低的可能时,才会发展和部署新的军事能力以取代老系统。在力量运用任务领域有全球打击和弹道导弹防御两项使用太空武器的任务。经过 50 多年的发展,已有一些国家通过部署洲际弹道导弹和潜射弹道导弹具备了全球打击能力。天对地武器要想增强和取代洲际弹道导弹或潜射弹道导弹,必须要能够攻击上述导弹无法攻击的目标,或是用时更短,费用更低,在某些方面优于现有武器系统。如果一个条件都没达到,发展用于全球打击的天对地武器是没有实际意义的。

弹道导弹防御是一项复杂任务,需要开发应用于导弹弹道助推段、中段及末段的不同防御系统。空间系统对上述三个阶段导弹防御的指挥控制非常关键,尤其是导弹的助推段和中段防御。导弹或再入飞行器在这两个阶段会经过太空,此时太空武器能够发挥作用。但需要注意的是,如今反弹道导弹任务所处的时代背景与30年前美国提出战略防御倡议(SDI)时完全不同。对战略防御倡议的批评主要基于需要防御的苏联洲际弹道导弹和弹头数量之多和系统成本之巨,当时仅从苏联境内已知地点就可以在首次打击中同时发射1500枚导弹,令美国无法抵御。但今天的环境已发生了转变,美国面临的威胁主要是散布在全球的少数几个“流氓”国家可能发动的少量导弹攻击。即使当时对战略防御倡议的批评是正确的,在冷战背景下无法实施有效战略防御,但并不意味战略防御倡议概念中个别部分不适用于目前的环境。

在空间控制任务领域有一项任务可以使用空间武器:反卫星任务。但需指出的是,空间控制不只包括反卫星,还包括空间态势感知,反卫星任务也不一定使用反卫星武器,因为剥夺敌方利用空间系统有许多方式,不一定要破坏或摧毁敌方卫星,也可以干扰通信链路或攻击卫星的地面系统。

54.2.3 太空武器作战特性

对于地球轨道,首先应想到的是没有物体是静止的。地球轨道上的物体以7000m/s速度环绕地球飞行,同时地球还围绕其自转轴自转,这意味着在发动地对天或天对地攻击作战时,太空武器不一定要等到目标进入射程。直接上升式或定向能地对天武器只能在目标位于武器平台射程之内时发动攻击。这就意味着,此类武器必须部署在小于目标卫星轨道倾角的区域之内,或者目标弹道导弹的飞行弹道之下。然而,如果攻击的目标是一颗卫星,反卫星武器部署地点可以不必临近目标打击点,纬度只要低于目标卫星轨道倾角均可实施有效攻击。这一点对于国家层面来说非常重要,如果某国领土的纬度高于目标卫星的轨道倾角,则该国无法从境内利用反卫星武器发动攻击。如果一个国家领土的纬度范围是北纬55°至北纬69°,则部署在该国境内的反卫星武器无法攻击轨道倾角小于55°的卫星。一种解决反卫星武器部署纬度限制的途径是发展空中发射的反卫星导弹,能够飞往任意地点发射。

另一种解决部署纬度限制的途径是发展共轨反卫星系统。这类反卫星武器不是直接飞向目标,而是进入目标运行的轨道。按照定义,弹道导弹不会进入地球轨道飞行,显然共轨方式只适用于反卫星任务,而不适于反弹道导弹。

一颗低地球轨道(LEO)上携带天对地武器的平台,对地球上某固定目标攻击的时间间隔由武器平台运行的轨道和目标所在的纬度决定。若目标位于赤道,武器平台轨道倾角为 0°,则武器平台对目标的攻击时间间隔约为 90min,但武器平台攻击目标的范围也限制在赤道附近。若同一武器平台在极轨道上运行,则随着时间的推移,该武器平台会经过地球上任意一点。尽管此类武器平台对地球两极目标的攻击时间间隔仍为 90min,但是对赤道目标的攻击周期将延长至 1 周。从军事角度来说,太空武器的发射参数决定其运行的轨道特性,而太空武器运行的轨道特性能反映其攻击意图。当未确定攻击目标的地理位置前,发射此类太空武器并没有现实意义。如果一个国家希望在战争发生前部署太空武器,不针对特定区域进行攻击,则需要部署武器平台星座才能实现在特定时间攻击指定目标。

低地球轨道上的天对天武器的作战特性更加复杂。此类武器有卫星和弹道导弹两类可攻击的目标。若攻击目标是卫星,且目标卫星与武器平台轨道完全不同,则目标拦截几何会非常复杂,一般难以推断太空武器对特定目标攻击的平均时间间隔。若攻击目标是弹道导弹,则导弹的弹道必须一直处于武器平台的射程之内。而解决上述问题的唯一方法是部署卫星星座,能够保证至少一颗卫星持续覆盖关注区域。部署武器平台星座的另一优势是能够保证武器平台持续覆盖轨道倾角之内的地面和太空,在某种程度上实现全球覆盖。

设计轨道武器平台星座,需保证至少一个平台能够在指定时段内攻击到地面指定目标,以此确定星座布署武器平台的数量。如果一个低地球轨道天对地攻击武器系统运行在极轨道,并且可攻击星下点两侧 500km 范围内的目标,为达到 90min 内能够攻击赤道上任意目标的要求,至少需要在 20 个轨道面上部署武器平台。由于太空武器离轨至少需要 10~15min 的时间,所以该武器系统的攻击时间间隔实际应为 105min。如果将太空武器的攻击时间要求缩短至 30min,与洲际弹道导弹的飞行时间相同,那么太空武器发射时间需从 90min 缩短至 15min,为达到这一要求,需要在 20 个轨道面上各部署 6 颗武器平台,总计 120 颗。

54.3　太空武器发展简史

1957 年 10 月,苏联成功发射了人类首颗人造地球卫星——"人造地球卫星"1 号(Sputnik-1)。而早在 1952 年 3 月,沃纳·冯·布劳恩就在《科里尔杂志》上提出了在轨运行空间站可以装备核武器,使太空武器概念进入了公众视野。自第一颗卫星入轨后,对航天发射核武器的担忧推动了反卫星武器的发展。从那之后,美国、苏联等国先后开发并试验了太空武器。

54.3.1　美国

早在 20 世纪 50 年代后期,美国为防御苏联核武器平台的威胁,就开始发展反卫星系统。这类反卫星系统属于地对天武器,能从地面或空中发射,带有核弹头。60 年代早期至 70 年代中期,美国部署了两个型号的地基武器系统——美国陆军的"奈基-宙斯"(Nike-Zeus)系统和美国空军的"雷神"(Thor)系统。两个武器系统均装备百万吨当量的氢弹头(Peebles,1983)。

20 世纪 60 年代早期,美国进行了一系列研究太空核爆炸效应的试验,其中以"海星"(STARFISH)系列试验最为著名(Ness,1964)。太空核武器的效应与地面核武器有显著不同。太空核爆炸毁伤卫星的主要机理是光谱中 X 射线的辐射,能够损伤或摧毁视距范围内的所有卫星,毁伤程度取决于核爆炸的当量和距离。一系列试验表明,核爆炸二次效应产生的破坏力等于甚至超过一次效应。太空核爆炸产生的人造辐射带能损伤穿过其中的所有卫星,不论敌友,均会造成严重影响。因此,配备核弹头的反卫星武器并非最佳选择。

清楚高空核爆炸效应之后,美国开始寻求更具操作性的太空武器。1977 年美国总统做出了一个双管齐下的决策,指示相关机构一方面研究与苏联达成反卫星条约的可能性,另一方面开发空中发射的反卫星导弹(NSC,1977)。决策明确表明此类反卫导弹为非核导弹,最终研制出的系统称为"空中发射微型拦截器"(ALMV),可由 F-15"鹰式"战斗机发射。ALMV 导弹以直接碰撞的方式依靠自身动能摧毁目标。

1985 年 9 月 13 日,美国进行至今为止最后一次反卫星试验,使用 ALMV 导弹摧毁了处于 525km 轨道高度上的美国 P-78"太阳风"(P-78 Solwind)科学卫星。这次试验产生的空间碎片在轨驻留时间长达 17 年,给其他卫星带来了碰撞风险。这些碎片云也表明应该避免在太空中开展能够产生大量碎片的破坏型反卫星武器试验。

2008 年,美国击毁已失效的美国-193(USA-193)卫星是其最近一次使用太空武器攻击空间目标。当时这颗失效卫星失去了控制,将携带大量有毒肼推进剂坠落到地球。美国"伊利湖"号导弹巡洋舰使用经过修改的反导武器击毁了这颗卫星,这也表明反弹道导弹系统一定程度上可以作为反卫星武器系统使用。卫星在高度 247km 被击中,这一高度产生的碎片不会对其他卫星造成威胁,且碎片在轨驻留时间只有数个星期,而不像美国最后一次反卫星试验那样,产生的碎片在轨驻留长达数年。

美国广为人知的一些太空武器概念主要来自于战略防御倡议中空间段部分,该计划也称为"星球大战"计划。在战略防御倡议之下,美国研究了多种天基反导武器,有些被认为多少有点异想天开。其中有一种武器是核泵浦 X 射线激光器,还有一种是自主拦截器导弹系统,又称为"智能卵石"。如果这两种武器能够研制成功并部署,虽然它们具有一定的反卫星能力,但仍应该算是反导武器,而非反卫星武器。

54.3.2 苏联

20 世纪 60 年代初,苏联差不多与美国同时开始发展反卫星武器技术。装备有核弹头的"橡皮套鞋"(Galosch)反弹道导弹系统具有部分反卫星能力,但与美国"奈基-宙斯"和"雷神"导弹具有相似的缺点,即核爆炸会产生的人造辐射带不分敌友地毁坏穿越其中的所有卫星。

苏联主要研发的反卫星武器是共轨反卫星武器,也称为"天雷",俄文称为"卫星拦截器"(IS)(Peebles,1983)。1963 年 11 月,苏联首次发射了具有变轨能力的空间飞行器,进行在轨技术验证。因为共轨太空武器发射后需要进入与目标近乎相同的轨道,所以变轨能力对于此类太空武器来说非常重要。一旦共轨太空武器入轨并接近目标,地面控制人员可以选择是立即引爆还是与目标伴飞待命。

1967—1982 年,苏联共进行了约 20 次"卫星拦截器"系统试验,于 1978 年公开宣布具备作战能力,并将系统更名为"卫星拦截器"-M。"卫星拦截器"-M 携带一个常规弹头,据称能够攻击高度 250~1000km 的卫星。苏联在 1978—1979 年美苏进行反卫星武器谈判期间暂停了"卫星拦截器"-M 系统的在轨试验,但 1980 年试验又重新恢复。1980 年,系统更名为"卫星拦截器"-MU,又进行了一系列系统试验,直至 1982 年苏联宣布单方面暂停反卫星武器试验。1993 年,"卫星拦截器"-MU 系统退役(Dvorkin,2010)。

相比于直接上升式武器系统,共轨系统存在攻击时间长的缺点。此外,从特定发射场发射的共轨系统可达倾角受燃料携带量限制,无法攻击可达倾角范围之外的目标卫星。美国的"空中发射微型拦截器"等空中发射的直接上升式反卫星导弹既能解决攻击时间长的问题和也能解决攻击轨道倾角受限的问题。因此,苏联开始发展名为"接触"(KONTAKT)的机载反卫星武器,由米格-31 战斗机发射。但是,俄罗斯在 20 世纪 90 年代中期取消了"接触"机载反卫星导弹研发计划(Dvorkin,2010)。

苏联还开发过一种称为"部分轨道轰炸系统"(FOBS)的远程核武器,主要用于攻击美国。与弹道导弹不同,这种武器将核弹射入地球轨道,从而具有三个优势:一是可以从任意方向攻击,不局限于苏联导弹发射场方向;二是由于可入轨和离轨,能够真正实现全球打击,而弹道导弹射程要受地球曲率限制;三是发射后可以"召回",既可以受控离轨攻击目标,也可以受控离轨落到其他区域。由于《外层空间条约》禁止将核武器放置在环绕地球的轨道上,因此为不违反条约,"部分轨道轰炸系统"仅利用一圈轨道的一部分而没有环绕地球飞行。苏联的"部分轨道轰炸系统"可能于1962年开始发展,从1968—1982年装备使用,在美苏第二轮限制战略武器谈判(SALT II)后退役(Peebles,1983)。

54.3.3 印度

印度还未进行过反卫星试验,但是正在积极发展反卫星能力。2010年1月,印度国防研究与开发局(DRDO)局长称印度已经开始开发能够摧毁敌方在轨卫星的武器。有关印度反卫星计划的信息非常少,但据信正在发展一种动能反卫星导弹,还可能包括定向能武器(Gopalaswamy、Wang,2010)。

54.4 现用及新兴武器的概念

"太空武器"还没有完善的定义,部分太空武器概念在一定程度上仅限于现有的太空武器技术。例如,装备导引器的直接上升式动能反卫星弹道导弹,能够在冷空背景下"发现"目标卫星。有些其他的武器概念专属于太空,或利用物理现象产生武器效应,或利用太空环境的独特优势。例如,粒子束武器属于前一类,动能棒属于后一类。某些武器概念的技术可行性有待讨论,且多数情况下其开发成本过高。

地对天武器或天对天武器都不可能独立存在。太空武器一般属于复杂系统的一部分,该系统由传感器、任务决策者、武器平台和指挥控制系统等组成。太空作战域中太空武器的指挥控制问题比大多数地面武器更加复杂。但太空武器系统指挥控制的挑战,不会作为武器概念章节的一部分,仅会在随后的武器系统章节进行简要讨论。

太空武器能在三种不同的军事航天任务发挥作用。表54.1列举了几类普遍讨论的太空武器,与相关的多种任务。但表格内容并不全面,可增加其他概念或相应的概念变化,后文将详细讨论每个概念。

表 54.1 完成三种军事任务的太空武器分类

任务	地对天	天对天	天对地
全球地面打击	不适用	不适用	超高速动能棒武器 天基激光器 精确制导武器

（续）

任务	地对天	天对天	天对地
弹道导弹防御	反弹道导弹 地基激光器	天基激光器 天基拦截器	不适用
反卫星	反卫星导弹 地基激光器	天基激光器 天基拦截器 天雷	不适用

为保证能够拦截导弹或再入武器,必须将反导武器部署在目标的飞行轨迹之下,但目标拦截轨迹的形状与高度限制在 1000km 以下的弹道轨迹。如果已知敌方导弹的目标,或可根据情报获知,而且导弹的发射位置已知,那么反导系统的地理位置即为最关键的因素。无论地对天或天对天反导系统的精确攻击目标是什么,反导系统的性能需求不变。

反卫星系统需要面临其他的挑战。目标卫星可能运行在高几百千米至120000km 的任意轨道上。大部分卫星位于低地球轨道、中地球轨道(MEO)或地球静止轨道(GEO),也有卫星位于更独特轨道上,例如"闪电"(Molniya)大椭圆轨道。由于大部分卫星都在低地球轨道运行,反卫武器最易到达,如果将反卫系统的作战性能设计成可攻击任意轨道的任意卫星,则此类系统不仅造价极其昂贵,而且杀伤力过度。因此反卫系统的设计会在一定程度上反映其攻击目标,或至少能反映其预期运行轨道。本节将描述适于攻击 LEO 卫星的反卫系统,讨论在某些情况下,反卫系统攻击其他轨道卫星的适用性。

54.4.1 反弹道导弹

反弹道导弹(ABM)任务可分为三个不同的阶段:敌方弹道导弹发动机点火时的助推防御阶段;导弹或弹头穿越太空时的中段防御阶段;以及导弹或弹头再入大气接近目标时的末端防御阶段。助推防御武器必须部署在临近导弹发射位置。因为助推防御反导武器必须部署在导弹发射位置附近,因此助推防御阶段天基武器能够发挥功能,地基导弹却不能充分发挥反导功能。

地基反弹道导弹适用于导弹中段与末端防御任务。导弹末端防御任务需要在大气层内执行,因此在这一任务阶段,地基反弹道导弹不属于太空武器。为使地基反导系统发挥功效,应该将其部署在目标导弹的预计飞行弹道之下。因为反弹道导弹本质上也属于弹道导弹,所以反导发射器技术已经成熟,而导弹的导引器和杀伤机制使其成为反导系统。

目前美国的地基拦截导弹(GBI)使用大气层外杀伤飞行器撞击来袭弹道导弹,并利用动能将其摧毁。防御阻击迎面来袭导弹的技术占优势,从能量利用角度来看更有效。杀伤飞行器与目标相对飞行要比杀伤飞行器在同一方向缓慢追赶目标的相对速度大,能够产生更多动能。

20世纪80年代,战略防御倡议中提出了一种更奇特的弹头——核泵浦X射线激光器。这一想法是使用核爆炸能量产生强烈的X射线激光辐射。引爆激光器,瞬间产生核爆炸摧毁武器。可在地面、海洋船舰或潜艇上部署此类系统。当发现敌方导弹攻击时,就可向太空发射X射线激光器并引爆。X射线能被大气层吸收,这就意味着激光武器必须在大气层上方引爆,同时目标也需要在大气层上方。X射线激光器核爆炸会有太空核爆的所有缺点,会在太空中产生人造辐射带,也会对地面产生电磁脉冲(EMP)。

地基弹道系统的一个特征是,其具有反卫系统的部分功能。2008年一枚修改的反弹道导弹摧毁了美国USA-193卫星就证明了这一点。据称该导弹只进行了软件修改,这样根本无法区分反卫任务和反导任务。

54.4.2　反卫星导弹

目前反卫武器导弹已经部署并投入使用。反卫技术成熟,成本可接受。哪国拥有中程弹道导弹就有潜在的反卫武器,但为使导弹能威胁在轨卫星,则必须开发合适的弹头和自动寻的装置。在这种情况下,存在如下权衡关系:越简单的弹头越就需要越精确的自动寻的装置;反之亦然。

反卫星导弹系统有直接上升式反卫星导弹和共轨反卫星导弹(亦称天雷)两种基本设计。从概念上来看,直接上升式反卫星导弹是能够瞄准目标并攻击的武器,类似空中防御导弹瞄准飞机,反舰导弹攻击水面舰艇。“直接上升”表示导弹向目标直接爬升,也就是说此类武器不会进入地球轨道。

与反弹道导弹情况类似,直接上升式反卫武器就是弹道导弹。很多国家都掌握了弹道导弹的成熟技术,但导弹的导航与控制仍是挑战。因为导弹从地面发射至低地球轨道需要几分钟的时间,所以导弹不能直接瞄准在轨目标,必须瞄准目标在临近未来的预计抵达位置。正因如此,反卫导弹不会突然发射攻击“临时目标”,而会进行有准备的计划攻击。

反卫导弹一旦接近目标,其导引器或自动寻的装置就会自动跟踪目标并导引反卫导弹,直至目标处于导弹弹头的有效攻击范围内。反卫导弹的最优选择或许是配备红外传感器,能在冷空环境中探测卫星的热信号。

当反卫导弹足够接近目标时,导弹弹头激活。反卫弹头能使用的一系列潜在杀伤机制:

（1）动能。反卫导弹需要撞击目标,利用碰撞动能摧毁目标。反卫导弹与目标的碰撞会产生大量轨道碎片,危及空间利用。

（2）常规非核爆炸。反卫星导弹接近目标后引爆。由于太空中没有大气,爆炸不会产生冲击波。因此,爆炸物需要用霰弹或预制破片包裹,以撞击目标。这种方式也会产生空间碎片。弹头执行非核爆炸需要自动寻的装置将弹头置于目标 1km 之内(Peebles,1983)。

(3)高能微波(HPM)源。损坏或摧毁目标的电子器件。或微波经调整后利用目标天线入侵目标卫星电路,或大功率源通过卫星外壳缺口或裂缝以某一频率强力入侵目标(Wright,2005)。高能微波反卫导弹的自动寻的装置需求与非核弹头导弹相同,但这类武器使用电磁作用破坏卫星,因此产生的空间碎片远少于弹头爆炸产生的碎片数量。

(4)核爆炸。通过强辐射摧毁目标。百万吨核弹头需要在距离目标 10km 范围内引爆,但核爆炸最终产生人工辐射带,会破坏或摧毁穿越辐射带的任意卫星。这一人工辐射带在形成 12 个月后,以 10%电子布居数速率随时间衰减(Hoerlin,1976)。

"击落"的卫星不像"击落"的飞机一样直接坠落。卫星初始在围绕地球的轨道上运动,受到攻击后的卫星或产生的碎片将继续留在轨道上围绕地球运动。美国在 1985 年进行的反卫星试验显示,反卫武器会产生大量空间碎片,且碎片能在轨驻留相当长的时间。碎片离轨的时长取决于卫星受到攻击时的轨道高度,轨道高度越高意味着碎片的离轨时间越长。

当卫星解体时,产生的每个碎片会进入各自的轨道。随着时间推移,最终形成围绕地球的碎片云。如果卫星解体是由于反卫武器攻击,则碎片云中也至少会包含武器的部分碎片。

54.4.3 地基激光器

"激光"的全称是"受激辐射式光频放大(LASER)",可知激光辐射是电磁辐射的一种形式。激光有许多特质能够区别激光器和普通电灯,一是激光器发射的光线具有唯一特定波长,二是光线定向传播。例如,激光的所有能量能够集中在细激光束中。

如果在较小区域内集中足够的光,被照亮的表面会发热,物体会在适当的时候被摧毁。它可以用作武器,而且激光集中在极细的光束中,可以在非常遥远的距离(成千上万千米)外使用激光武器。然而,大气层会吸收激光,吸收程度取决于光的波长。大气层对 X 射线和某些红外线不透明,但对紫外线、可见光及某些红外波段透明。

激光器释放的波长取决于激光介质。经典的氦氖(HeNe)激光器释放红光,二氧化碳(CO_2)激光器释放红外光。用作激光指示器的红光激光器输出功率极低,约几毫瓦,用于工业切割和焊接的 CO_2 激光器输出约几百瓦。

激光武器损伤或摧毁目标可能需要 $20kJ/cm^2$ 的能量(Bulkeley、Spinardi、1986)。即使是具备较小分布范围的细激光束,在几千千米外也能够发散至约(m^2)大小的范围,因此,需定向传输至目标的能量大小约为 200MJ。为了达到这个目标,使用激光器"瞄准"1s 长时,该激光器需释放约 200MW 的光,比工业切割激光器多 6 个数量级。

由于激光武器需要大量能量,因此较天基激光武器而言,地基激光武器(GBL)是一个更现实的选择。地基激光武器技术已基本成熟,而且美国和苏联均已对地基激光武器进行了以太空应用为目的试验。由于要求大型固定基础设施,所以地基激光武器在战时非常昂贵,而且易受攻击。鉴于地基激光武器需要大量能量,它们或许只能为已经具备发达能量基础设施的工业化国家所用。另外,地基激光武器需建在本国领土上或获得长期部署许可的、能提供必要能源的他国领土上。

如 54.2 节所述,地基激光武器攻击范围受到所处纬度。它只能攻击从上方飞过的在激光武器射程内目标。所以,地基激光武器最适合作为反卫星武器去攻击飞越其上空的侦察卫星。激光武器可对目标造成不同的攻击效果。激光武器可用于短暂致盲光学传感器,但如果是功率足够大,则可永久损伤或摧毁目标。

把反弹道导弹任务使用的地基激光器作为"战略防御倡议"的一部分来讨论(Grabbe,1991)。在这种背景下,反卫星武器可部署在美国本土,用于攻击苏联发射的导弹。达到这个目的需要两组瞄准镜,一组部署在 36000km 高的 GEO 轨道上,另一组部署在 LEO 轨道上,覆盖苏联的导弹发射区。攻击苏联导弹时,激光武器向 GEO 轨道上的瞄准镜发射光束,将能量反射至位于 LEO 轨道的瞄准镜,然后这组瞄准镜将能量定向传输至目标上。

无论反卫星武器用于反卫星任务还是反弹道导弹任务,它都有一个基本弱点,就是云层会吸收能量。激光波长需在大气层的"透射窗口"中选取,但无论在哪种情况下云层都会对激光产生阻挡作用。显然,解决这一问题的方法是建立多个地基激光器站,并将其置于云层出现概率低的区域。

54.4.4　超高速动能棒

在大众文学中被称为"上帝之杖"的极高速动能棒可能是未来的一类天对地武器。它可以作为自由坠落的无弹头重型导弹,从极高的处透射至地面,利用高速下落的动能摧毁目标。这一概念可追溯到 19 世纪 50 年代的科幻小说,但直到超高速动能棒武器作为未来关键系统概念之一列入《美国空军飞行转型计划 2003》(Defense Science Board,2001),才在"现实世界"获得一些可信度。

美国空军文件中并未提到这一概念,只说明超高速动能棒武器可从太空攻击世界任何角落的地面目标。

动能棒通常描述为拥有指挥与目标瞄准能力的卫星系统,可携带多个钨棒,能够从轨道投射命中全球任何地点上的目标。通常,动能棒本身长 6m,直径为 0.3m(Adams,2004)。单个动能棒估计质量为 8t,一捆 5 根即为 40t。

动能棒更实际一些的尺寸应为长 1m,重 100kg。动能棒尺寸很重要,因为其穿过大气层时必须能承受发热的影响。动能棒质量最低应达 100kg,若太小,将会被烧蚀掉(Preston,2002)。

当物体从 LEO 自由坠落至地球时,将以 3km/s 或马赫数 10 的速度撞击地面。该落体运动所产生的动能破坏力大约相当于与物体同等重量的烈性炸药的破坏力。因此 100kg 动能棒以马赫数 10 的速度撞击地球与 100kg 烈性炸药产生的破坏力相同。

轨道上运行的卫星需要投射动能棒而不是简单的释放。轨道只是朝向地球的自由落体,仅仅释放动能棒会使其与武器平台一起留在轨道。投射动能棒至少需要进行以下两个操作:首先,如果卫星发射动能棒,会使卫星产生反冲运动,因此需要卫星上的发动机产生抵消反冲的作用力,保持卫星正常在轨运行。卫星需携带足够燃料,以抵消每次发射动能棒时产生的反冲作用。其次,动能棒需要减速。即使动能棒发射后,仍将以 7km/s 的速度平行于地面运动,基本上仍在轨运行。此时需一定冲量使动能棒向地面坠落。如果目标位于卫星正下方,则需要约 7km/s 的单位冲量。由于多种原因,动能棒尽可能垂直穿越大气层比较合适,因此无论动能棒距目标多远,都必须减速。

动能棒穿越大气层时,不能平飞,必须下落,且最好尽可能地垂直降落,而动能棒有无任何空气动力特性,这是设计中的一大挑战。如果动能棒穿过大气层后停止降落且开始飞行,落点将变得难以预测,武器也很可能错失目标。另一挑战在于导弹进入大气层时的发热问题。动能棒在大气层中必须通过某种方式消除过剩热量。由于不能保证均匀烧蚀,所以不能使用烧蚀涂层。如果动能棒因不均匀烧蚀而残缺并翻滚,其落点也将无法预测,可能错失目标。

最终,动能棒撞击目标必须有足够的速度,但同时又要确保气动热不足以使其熔化。有研究表明,动能棒速度达到 1km/s 时将会熔化(Garwin,2003),大大低于等效常规炸弹所需的 3km/s。

54.4.5 精确制导武器

再入大气后再发射"智能炸弹"的再入飞行器是一种极少有人提及的天对地武器。这一概念需要结合目前的可用航天技术,例如联合直接攻击弹药

（JDAM）GPS导航炸弹技术和航天再入技术，建立可释放再入飞行器系统，需承受再入大气过程产生的热量。再入飞行器一旦减速并到达数千米高度时，将释放携带的精确制导武器追踪指定目标。

在轨释放携带精确制导武器的再入飞行器（RV）与释放极高速动能棒面临相同的挑战，但对垂直穿越大气层和无空气动力学特性的要求相对宽松。精确制导武器可采用成熟技术。

精确制导武器系统的缺勤率需要在再入飞行器响应时间与扩展侧向射程的燃料携带量之间进行权衡作用。

54.4.6　天基拦截器

战略防御倡议最初的计划需要部署天基拦截器（SBI）作为助推段导弹防御部分。该系统本质上是LEO卫星上的反弹道导弹发射器。每个卫星会携带多枚导弹，或设计为自主运行扮演反导角色（参见"智能卵石"），或由地面控制运行。

天基反卫星/反弹道导弹的射程取决于其燃料携带量。有理由认为其远远短于定向能武器的射程。天基拦截器的射程可能达不到数千千米，而只有数百千米，最可能采用的杀伤机制是动能。

射程限制是考虑天基拦截器系统时要权衡的因素。如果系统射程为300km，能够攻击高度为100km的弹道导弹，很显然此系统不能在400km以上轨道运行。然而，采用这种部署构型的系统侧向射程将为零。另一种可能的权衡方式是，天基拦截器系统在300km高度轨道上运行，使对抗弹道导弹的侧向射程可达200km左右。

如上例所述，仅在300km轨道中运行的系统需要经常调整轨道，且需要大量燃料做轨道维持，否则卫星在几个月内就会陨落。这一问题可通过选择更高的轨道或增加导弹射程予以解决，但代价是增加燃料携带量。

为实现全球覆盖，侧向射程200km、在300km轨道中运行的导弹缺勤率需要达到五位数。由于只能瞄准低于600km的目标卫星，所以作为反卫武器并不是非常有效。

导弹需装备自动寻的装置，最可能的是采用红外导引头，追踪弹道导弹尾焰或卫星的红外信号。这就限制了天基拦截器在助推段反弹道导弹任务中的可用性。由于摩擦产生的热量会掩盖所有目标特征，红外导引头在大气层内将失去作用。这就要求天基拦截器只能在大气层外100km以上高度工作。因此，这一配置下的天基拦截器只有在导弹上升到100km以上且发动机仍在工作的一段较短的时间内（通常30~60s）瞄准弹道导弹。

一旦导弹释放了再入飞行器(RV),瞄准的目标将转向这些再入飞行器,但由于其红外特征信号非常微弱,因此瞄准起来要困难得多。

将天基拦截器用作反卫星及将天基拦截器用于中段反弹道导弹任务似乎更为可行。正如上述假设,射程为 300km、在 700km 轨道中运行的天基拦截器可覆盖 400~1000km 近地轨道。可设定导引头的敏感波长来探测温度较低的卫星或再入飞行器,而不再靠探测火箭发动机的高温尾焰来寻的目标。如果要实现全球覆盖的反导任务,则系统在 300km 范围的缺勤率仍很大。然而,反卫星任务像反弹道导弹任务那样要求严密的覆盖,甚至仅一颗天基拦截器卫星就使拥有国具备反卫星能力。

对于与天基拦截器处于完全不同轨道的卫星,其拦截活动的几何运算相当复杂,不能保证低地球轨道上的所有卫星都会随时间的推移而进入某个天基拦截器的射程之内。此外,更高的燃料成本消耗与更大的缺勤率才能实现系统更大的覆盖率。

54.4.7　天基激光器

长久以来,人们最推崇的天对天武器是天基激光武器(SBL)。尽管激光技术业已成熟,天基高能激光技术却并非如此。将激光武器置于大气层外的太空拥有显著优势,相比地基激光武器,其波长选择与大气吸收关联较少。其中仍有一个限制参数是损伤目标所需的能量,另一限制因素为将激光束聚焦于目标所需的反射镜尺寸。

由于光的本质特征,激光束总会有一定的发散角。要想使激光成为一种有效武器,必须尽可能减少激光在传播过程中的发散,也就是将尽可能多的能量汇聚到目标上尽可能小的区域。激光发散随光束射程和波长的增加而增大,随反射镜尺寸的增加而减少(Bulkeley、Spinardi,1986)。

天基激光武器的设计将在尺寸与射程之间进行权衡并由激光介质发出的波长决定。美国以前计划的天基激光器可行性测试是在 2.7μm 氟化氢(HF)化学激光器基础上进行的(国防科学委员会,2001)。2.7μm 波长结合直径 10m 的反射镜,在 3000km 处的光斑尺寸约为 $1m^2$(Bulkeley、Spinardi,1986)。拥有较短波长的激光器可使用较小瞄准镜达到相同效果,或者使用同一尺寸瞄准镜,更短的波长会带来更远的射程。

长射程的一大优势在于可在更高轨道上(1000km 以上)部署星座,并可实现缺勤率为 20~30 的全球覆盖(Preston,2002)。但即使在 1000km 轨道上仅部署一个天基激光器都是一项巨大的挑战。据推算这样的天基激光器质量约 40000kg,其最大直径为 8~10m 的高敏感度、高精度的反射镜(Defense Science

Board,2001)。目前尚不存在能够将这种规模的有效载荷送入轨道的运载火箭。

如果要求天基激光器有效执行弹道导弹防御的任务,其设计也面临许多挑战。光学系统必须能够使激光光斑在远 3000km 的目标上保持足够长的时间,以达到摧毁目标所需的能量。激光武器的振动会影响光学系统,进而影响光束的质量。通过增加激光功率,激光束在目标驻留的时间要求将会减少。在前面的天基激光器实例中,假定的驻留时间为 1s。20 世纪 80 年代关于"战略防御倡议"的讨论中,假定激光功率为 25MW(Bulkeley、Spinardi,1986),要求光束在目标上驻留约 8s。使光束稳定驻留 8s 或是将激光功率提高至 8 倍,哪种更难实现,还有待于进一步权衡。

如果将天基激光器用于弹道导弹防御,则需要具备从一个目标快速转向瞄准下一个的能力。为实现瞄准转换,需移动反射镜,并在下次"发射"激光前将其稳定。但风险在于移动会引起系统振动,从而降低其有效性。

由于大多数卫星的结构比弹道导弹脆弱,天基激光器可能更适合充当反卫星武器,而非反弹道导弹武器。以反卫星任务为重点的天基激光器设计可使用较低功率的激光和较小的瞄准镜。对从一个目标切换至另一目标的时间要求可能没有反弹道导弹任务那样苛刻。

理论上,天基激光器可用作天对地武器。最关键的因素是激光束波长。氟化氢激光器产生的激光不能穿越大气层到达地面,无法胜任这项任务。应该使用更短波长的激光,可见光或紫外线波段更为适宜。其他种类的化学激光武器和自由电子激光器等能产生可用的短波长高能激光。

处于天对地模式的天基激光器与处于地对天模式的地基激光器同样都面临云层问题。天对地任务模式天基激光器的目标选择也是一个挑战。如果天基激光器能够识别并瞄准地面发射的弹道导弹,也就可以识别并瞄准飞行的飞机,至少是使用加力燃烧室的飞机;否则,天基激光器仅能攻击激光易损的地面固定目标。

54.4.8 天雷

与直接上升式反卫武器不同,共轨反卫武器要进入地球轨道。从概念上来说,共轨反卫武器的投射是卫星发射,武器是卫星而非运载火箭。一旦武器平台入轨,就成为天雷。

天雷不能像水雷或地雷布设雷区那样运用,有三个原因:①太空中的任何事物都不是静止不动的,且天雷本身必须处于轨道之中,天雷的布雷区也是不断移动的;②太空与地球都如此广阔,地球上方 100~1000km 的轨道所占据的

空间体积约为 $6 \times 10^{11} km^3$,天雷能够偶然碰到任何目标的概率几乎为零,更何况是预定目标;③所有卫星运营商定期进行卫星跟踪与轨道机动以避免与空间碎片发生碰撞,用规避碎片的方式同样也能够规避天雷。

天雷是持续瞄准目标卫星的一种制导武器。要做到这一点,最简单的方法就是进入与目标相同的轨道,因此属于共轨式反卫星武器。

从节省能源的角度来看,最有效的方式是将共轨式反卫星武器直接射入目标所处的轨道。但这会使共轨系统攻击目标的倾角受到发射场纬度的限制,需要共轨系统先进入一条轨道,然后进行变轨机动,接近目标轨道,这样能够克服发射场纬度的限制。但此类共轨反卫武器要比直接上升式武器耗费更多能量,其中武器入轨需要能量,变轨也需要能量。更多的能量消耗意味着需要更多燃料,也就意味着需要更大的质量,系统也更加昂贵。

共轨式反卫星武器不像直接上升式式反卫星武器一样能够突然发动攻击。为了使共轨反卫武器能够利用合理的燃料消耗抵达目标,武器发射的时间要依据目标卫星的轨道。一旦共轨式反卫星武器进入轨道,还必须像其他卫星一样接受地面的控制。

共轨式反卫星也可用于攻击更高轨道的卫星。为攻击处于 GEO 轨道的卫星,可先将共轨式反卫星武器射入地球同步转移轨道(GTO),然后进入 GEO 轨道并漂移到预定目标附近。

共轨式反卫星武器的杀伤机制几乎与直接上升式反卫星武器相同,都会带来空间碎片和人造辐射带的问题。

54.5　系　统　开　发

54.5.1　太空力量的成熟

当今世界多极化发展(相对于美苏两个超级大国对立的两极世界),许多行为体均欲在太空争得一席之地。技术发展以及政治野心使得世界上的某些行为体期望获得太空力量。这一行为并无争议,因为管理太空活动领域的基本条约,即 1967 年《外层空间条约》,明确规定"外层空间,包括月球与其他天体在内,应由各国在平等基础上并按国际法自由探索和利用,不得有任何歧视……"

有多少相关分析家和作者,就有多少关于太空力量的定义。太空力量应当是一种拥有的实力或运用的能力,抑或是一支有影响的势力。"太空力量"可定义为"利用太空达成国家目标的能力",例如,一个国家可以通过太空开发谋求大国地位。与 19 世纪拥有强大海军的国家被称为"海上强国"不同,航天强国并不一定要"在太空中拥有强力"。如果该定义正确,那么一个国家即使在太空中没有任何军事进攻能力,也能够拥有航天力量或是成为航天强国。

对于许多国家来说,太空只是推动发展的政治工具。太空项目对树立国家威望的作用以及太空融入军事能力的趋势,使得越来越多的国家积极开展太空活动,意欲成为航天强国。

54.5.2 太空的军事应用对反卫星武器的推动作用

将天基系统用于军事与情报目的自太空时代之初便已存在。50年来,太空系统一直提供着对地观测、通信和导航三项基本服务。每一项服务都发展出用途广泛的能力,并与世界上与日俱增的武装部队内各武器系统和指挥控制系统渐渐融为一体。

将太空服务融入地面系统的价值是不可限量的。太空提高了射程、精度、带宽以及认知程度,为利用太空的国家建立起了军事优势,即"太空力量增强"(Hays,2000)。利用太空来提高军事能力显然也需要将太空作为一种环境并将太空系统作为潜在目标融入未来军事作战的计划之中。任何国家在针对未来具备综合太空实力的敌国进行防御准备的同时,也都开始考虑敌国太空资产的攻击。

对太空的依赖牵引出太空控制(Hays,2000)这一概念的产生,简而言之是指一个国家通过制定学说条令、发展能力和开发技术来确保本国及盟国可利用太空,同时阻止敌国对太空的利用。太空控制并不仅仅局限于太空武器;也包括知晓太空中发生的事件,并规定被允许或不被允许的太空行为。空间态势感知是太空控制的重要部分,就像地面上作战前要了解敌方地面设施、作战时要阻止敌人利用这些设施一样。认同太空控制概念的国家可能会认为,作为最后的手段,发展反卫星能力是必不可少。

如人们所见,地基反卫星武器早已存在并经过了试验。就像已经放出来的魔鬼无法再塞回神灯一样,地基反卫星已经出现并将会与之前的核武器和导弹技术一样不断扩散。地基反卫星武器已证实有效的现实,意味着天基反卫星武器,如天基拦截器和天基激光器的发展可能会放缓。

对敌使用反卫星武器实际是一种战争行为。这可能是一场战争的开端,2001年拉姆斯菲尔德委员会报告描述为"太空珍珠港"(Commission to Assess United States National Security Space Management and Organisation,2001),或者是持续冲突中的一场战斗。反卫星武器的首次作战使用极有可能源于一次政治决策而非军事决策,原因是反卫星武器的使用会产生空间碎片,对太空环境造成长期影响和附带损伤的风险。

由于太空系统军民两用日益广泛以及商用太空系统支持军事系统程度不

断提升,在战争中各个领域的太空系统在某种程度上都会成为潜在的目标。任何企图运用反卫星武器的国家都要考虑到,如果中立国和非交战国的太空系统遭受损害或摧毁,那么这些国家都有可能卷入战争。

54.5.3　助推段与中段导弹防御的探索

弹道导弹和运载火箭技术正不断扩展。在许多地区,掌握"火箭科学"是一种民族荣誉,导弹项目与太空项目一样,都被看作是一种推动发展的政治工具。

弹道导弹外形尺寸多样。数百千米射程的短程导弹的弹道轨迹不会进入太空,飞行时间仅为几分钟,所以必须在大气层内拦截。虽然可以开发天基激光器等系统拦截短程弹道导弹,但地基反导系统也可以有效拦截,或者利用成本低于天基激光器但性能与之相近的地基反导系统也可以。

防御拦截射程超过 10000km 的洲际弹道导弹更具挑战性。一枚洲际弹道导弹具有多个独立的再入弹头和大量诱饵。在约 3min 的导弹助推段结束后,再入弹头和诱饵与导弹分离,一枚导弹可释放 10 个弹头和百余个诱饵。这样,助推段时的一个目标在中段时就变成了百余个目标。这也是助推段是反导最佳阶段的原因之一。另一个原因是,导弹助推段的尾焰更容易探测和跟踪。

天基系统能够增强助推段反导能力,例如天基拦截器和天基激光器。然而,天基系统必须能够覆盖全球,否则执意使用弹道导弹的国家仅需等待至离开天基系统作用范围发射即可。天基系统自身也易受地基反卫星攻击。

如果洲际弹道导弹成功突破助推段防御,成功释放再入弹头和诱饵,那么它们在太空中的飞行时间约为 20min,具体由其射程决定。在这一阶段,天基系统仍能增强地基拦截器能力,但同样存在需全球覆盖和易受地基反卫攻击的缺点。

54.5.4　避免太空中使用核武器

在可预见的未来,只有美国、俄罗斯、欧盟、中国与印度五个航天大国(或组织)具有研制与部署天对地武器的能力。这些国家,或就欧盟的几个成员国来说,已经具备了弹道导弹技术,只要完成导弹部署就有能力攻击世界范围内几乎任意地点的目标。

不过天对地打击系统仍然受到关注。主要因为:第一,弹道导弹攻击可看作第一次核打击,将引发核反击。天对地武器可避免上述事态的发生。第二,武器系统的部署。当作战区域远离本土时,部署武器系统通常需要大量的后勤工作。无论作战区域距离多远,空间系统的部署都相同,可在本土实施。一旦天对地打击系统入轨,其响应时间就比地基系统短,具体取决于系统的运行轨道以及目标的地理纬度。

在和平时期,似乎任何国家都不会为了全球打击能力而部署天对地武器星座。然而即使和平时期,相匹敌的国家间也总是存在各种各样的军备竞赛,在天对地武器方面很有可能会开展各项技术的演示验证。如果一个国家在该领域的有所动作,就会带动竞赛的另一方也发展类似能力。另一种情况是如果一个综合实力较弱的国家想要面对强国寻求非对称优势,也可能发展天对地武器。

54.5.5 支持太空武器的大型系统

为开发太空武器系统的潜在优势,各系统不能孤立发展。前面描述的反导、反卫和天对地打击任务都需要 C^4ISR 提供不同形式的支持。

为使反导系统有效启动,需要在弹道导弹发动机点火后立即发出导弹发射的警报。因为助推段洲际反导任务时间大约只有 180s,所以必须在导弹发射几秒后立即发出警报。通常,预警监视卫星负责完成这一警报过程,搭载红外探测器的卫星扫描监视地面,寻找导弹发射的热信号。3 颗 GEO 红外预警卫星能够覆盖除北极外的几乎全部地面区域。

预警卫星发出的警告经由通信卫星发送给相应的导弹防御系统,由实际情况决定是否需要人来参与决策。为使人们能及时转移至避难所,警报还需要向预打击区域传送。警报也是决策者实施报复性攻击的决策依据。以上所有的时敏信息都需要有良好设计及试验的通信系统的保障。

如果敌方导弹突破助推段反导,并释放再入弹头,则需要专用的反导监视和跟踪系统跟踪穿越太空的再入弹头。跟踪系统获取的信息必须传送至中段反导系统,因此也需要安全快速的通信系统。

反卫任务需配备能够编目跟踪地球轨道目标的空间监视系统。系统由地面望远镜、雷达与卫星传感器组成。所有传感器数据处理后形成综合空间态势图,能够识别轨道目标并确定轨道参数。利用这些轨道参数可以预测空间目标的未来位置。

一般来说,如果空间监视系统能在全球范围内分布,包括高纬度地区,则得到的空间监视图会更完美。这意味着好的空间传感器网不可能是国家网络,而是国际网络。

尽管空间态势图通信的时敏要求不像为反弹道导弹系统那么高,但传感器间的通信以及空间态势图数据的处理必须安全、及时。

如果掌握潜在目标的轨道数据越多,反卫武器的成功率就越高。目前,几乎可通过互联网得到能够从地面上追踪到的所有地球轨道物体的轨道参数。尽管对于大多数太空环境建模而言这些数据已足够,却不足以满足武器应用。

卫星受地面控制,轨道也会不断调整。互联网上的卫星数据无法做到及时更新,不能保证完全掌握目标轨道调整情况。关注反卫武器开发的国家也应该开发空间监视系统,或至少应开发专用于获取反卫系统轨道数据的传感器。

发展天对地武器的一大原因是其能够攻击地面系统射程以外的目标。但前提是有能力收集到目标数据。首要信息当然是目标位置,但还需要对目标进行更全面深入的了解,如目标的预期用途、是否存在核材料等也至关重要。

大多数目标信息必须由卫星收集,尤其是当潜在目标处于限制进入区域时。发展天对地武器的国家首先必须具备高分辨率卫星成像和其他太空侦察能力。

如果没有 C^4ISR 的保障,发展太空武器毫无意义。因此,只有那些拥有先进军事力量结构的国家,更准确地说是进一步将能力向网络化转型的国家,才能发展和运用好太空武器。

54.6 前景展望

对太空武器与太空武器化的探讨大概经历三个阶段:

第一阶段始于太空时代初期,一直持续到美苏 1979 年中止反卫星双边会谈。这一时期以太空武器与核武器之间自然紧密的联系为特征。

人们发展反卫星武器的初衷是认为卫星能够装载核武器,因此必须在其发射核武器前在太空中将其摧毁。早期反卫星武器本身就是核武器。因此,美苏签署的各项条约都与两大阵营对抗以及核武器问题相关。在太空领域,两个最典型例子是《部分禁止核试验条约(1963)》与《外层空间条约(1967)》。许多国家均在这两个条约上签了字,但在谈判时,只有美国、苏联及其少数盟国拥有违反条约的相关技术能力和经济实力。一旦装备核武器平台的威胁解除,人们对多边太空安全措施的兴趣似乎也随之减弱。

20 世纪 70 年代,太空安全问题仍然呈两极化,美苏之间的辩论和条约谈判仍具有双边性质,1978—1979 年双方放弃反卫星双边谈判时达到顶峰。在此之前,太空武器与太空安全在第一轮与第二轮限制战略武器谈判和反弹道导弹条约中占据重要内容。在这些双边谈判中,很重要的一点是双方都意识到太空武器的作用不仅限于核武器,还涉及监视侦察。第一轮限制战略武器谈判中明确指出,禁止使用反卫星武器瞄准国家技术核查手段(NTMV),即特定监视侦察卫星,其他卫星也不例外,这就是为什么美国与苏联在这一时期虽已致力于开发反卫星非核武器技术,但仍试图就禁止一切反卫星武器达成协议。

1979 年反卫星会谈的失败标志着从太空武器与太空武器化讨论进入第二阶段。双边会谈失败后,苏联坚持其会谈中的观点并将其递交给联合国裁军大会(CD),使得会谈再次多边化。不久之后,美国总统罗纳德·里根发表了著名演讲"星球大战"计划,将太空武器与反弹道导弹武器联系在了一起。这一时期一直持续到冷战结束,其特点是不很积极开展太空活动或弹道导弹研制的行为体在联合国框架下开展多边讨论。这为建立东西方之间的和平与安全贡献了力量,第二阶段讨论随着20世纪90年代初冷战的结束而告终。

这一时期人们开始担心太空武器后患无穷,不论空间武器具备何种能力和执行何种任务,都应明令禁止。这与太空武器是否装备核弹头或是否用以侦察卫星为目标都无关。或许,更多的与这一事实有关:这一时期的太空武器等同于反弹道导弹武器,而反弹道导弹防御系统被看成是破坏全球稳定的因素。因为拥有反弹道导弹防御系统的国家如果具备保卫国家免受弹道导弹攻击的能力,就有可能率先发动攻击,并且能够依靠反弹道导弹系统防御对方的报复性还击,这将使拥有反弹道导弹的国家成为核战争的"胜者"(Grabbe,1991)。

从20世纪90年代末或21世纪初,太空武器和太空武器化讨论才开始慢慢进入第三阶段。核武器或反弹道导弹不再是驱动力,太空已成为所有工业化国家日常生活的重要组成部分,并迅速成为发展中国家福利与安全的工具。沿袭至冷战多边讨论中的观点——"太空武器破坏全球稳定,应当被禁止"——不再具有现实意义,也不再是争论的重点。

在第三阶段,受到太空武器威胁的不只是少数国家的军事能力,而是多数国家的军事和民用能力。如今,任何人都能通过利用太空而受益,但如果太空被武器化,或者更糟的是太空变成真实的战场且太空武器产生了大量的空间碎片,对所有人都会造成严重损失。这是现如今阻止太空武器化的最重要原因。

54.7 结　　论

太空武器没有明确的定义,它可以指用于弹道导弹防御的地基武器或反卫星武器,也可以指太空中部署的用于多种目的的武器。如果将地基反卫星武器定义为太空武器,则太空武器已存在近50年。

世界各国的军队将天基系统用于增强军力,这势必会造成的情况是参与冲突的一方能够意识到瞄准对方卫星所产生的军事价值。由于地基反卫星导弹已证实有效、经济上可行且在当今许多工业化国家的技术能力范围内,地基反卫星很可能将会继续扩散。

在1980年的两极化世界格局下,人们认为弹道导弹防御会破坏稳定,不应当发展。反导系统不起作用的观点,主要原因是苏联首次打击的导弹和再入弹头数量众多,少部分原因是反导系统已提出的技术难题。在当今的时代背景下,这些反对理由已不再成立,当前主要的弹道导弹威胁是一些"流氓"国家的少量导弹。为防御这一威胁,反导系统正在开发,而且很可能会持续开发。

由于地基反卫星与地基反弹道导弹系统在概念上几乎没有差别,在国际军备控制谈判中,应将两者结合起来,不能分开讨论。然而,由于地基反卫星与反弹道导弹武器的扩散与研制已如火如荼,可能无法达成禁止使用地基反卫星与反弹道导弹系统的国际条约。或许有可能达成的条约是禁止这些武器在太空中进行破坏性试验。

在太空基地方面,情况发生很大的变化。目前地球轨道上尚未部署任何武器系统。以反卫星与反弹道导弹为例,许多利用天基系统完成的任务同样也能够通过地基系统完成。因此,目前还没有为武器系统建立太空基地的驱动力。

最可能的情况是一国或多国在太空中对武器平台进行演示验证和在轨试验,最有可能的演示验证系统是天基激光器。如果作战系统研制成功,上述技术的最低缺勤率约为 25,且天基激光器将能够对地攻击、反卫星和反弹道导弹全部三项任务。

如果某一国家发展专用天对地武器,最可能的方式是研制精确制导武器而非超高速动能棒系统。发展精确制导武器在拥有先进国防工业的航天国家的能力范围之内,而超高速动能棒的可行性仍备受质疑。目前超高速动能棒仍需大量研发工作,然而即使研发成功,它也仅作为一种起补充作用的武器系统。

只要太空武器的发展仅限于有限寿命的演示验证,而不部署完整的星座,那么这些系统就不会产生直接威胁,但间接影响却不能忽略。一国对某个系统的发展将会刺激竞争国家采取相应的行动,从而引发军备竞赛。

由于反卫星技术已经存在并不断扩散,演示验证的武器系统很可能在战争中成为反卫星攻击的目标。因此,开展武器演示验证根本不能促进国际安全,仅能造成空间碎片增长的隐患。

一旦太空武器星座部署,空间碎片问题就将更加严重。未来,某国向另一国家发动先发制人的攻击必然包括对轨道武器站的攻击,这将产生大量碎片,可能造成 LEO 在很长时间内不能使用。

通过上述分析,得出的结论是人类要不惜一切代价避免出现太空武器基地。如果由于某些原因未能达成禁止太空放置武器的国际条约,则应促成主要航天国家发表太空非武器化的自愿声明,建立互信措施。

太空武器不是所有国家都能够发展的。一个国家发展太空武器前,需要具备一定的太空实力、军事实力和制造能力。在可预见的未来,发展太空武器,走上战争道路的国家数量有限。在一切为时过晚之前,这些国家应该冷静下来,寻找解决之道。

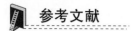
参考文献

Adams E (2004) Rods from god. http://www. popsci. com/scitech/article/2004 – 06/rods – god. Accessed 13 June 2012

Bulkeley R,Spinardi G(1986) Space weapons-deterrence or delusion? Barnes & Noble Books,Totowa

Commission to Assess United States National Security Space Management and Organisation(2001) Report of the commission to assess United States national security space management and organisation. Washington,DC

De Selding P(2010) India developing means to destroy satellites. Space News. http://www. spacenews. com/military/india-developing-anti-satellite-technology. html. Accessed 16 May 2012

Defense Science Board(2001) High energy laser weapon systems applications. US Department of Defense,Washington,DC

Dvorkin V(2010) Space weapons programs. In:Arbatov A,Dvorkin V(eds) Outer space-weapons diplomacy,and security. Carnegie Endowment,Washington,DC,pp 30–45

Garwin RL(2003) Space weapons:not yet. Pugwash workshop on preserving the non-weaponization of Space,22–24 May 2003. Castellon dela Plana

Gat A(2006) War in human civilization. Oxford University Press,Oxford

Gopalaswamy B,Wang T(2010) The science and politics of an Indian ASAT capability. Space Policy 26:229–235

Grabbe CL(1991) Space weapons and the strategic defense initiative. Iowa State University Press,Ames

Hays P,Smith JM, Van Tassel AR, Walsh GM (2000) Spacepower for a new millennium:examining current U. S. Capabilities and policies. In:Spacepower for a new millennium-space and U. S. National security. McGraw-Hill,New York,pp 1–35

Hoerlin H(1976) United States high-altitude test experiences-a review emphasizing the impact on the environment. Los Alamos Scientific Laboratory of the University of California, Los Alamos. http://www. fas. org/sgp/othergov/doe/lanl/docs1/00322994. pdf Accessed 16 Aug 2012

Kagan FW(2006) Finding the target-the transformation of American military policy. Encounter Books,New York

Ness W (1964) The effects of high altitude explosions. NASA, Washington, DC. http://ntrs. nasa. gov/archive/nasa/casi. ntrs. nasa. gov/19640018807_1964018807. pdf. Accessed 12 May 2012

NSC(1977) National security decision memorandum 345. US Anti-Satellite Capabilities, 18 January 1977. In:Feyock S (ed) National security space project – presidential decisions:NSC documents. George C. Marshall Institute,Washington,DC

Peebles C(1983) Battle for space. Book Club Associates,London

Peter N(2009) Space power and Europe in the 21st century. ESPI,Vienna

Preston B,Johnson DJ, Edwards S, Gross J, Miller M, Shipbaugh C (2002) Space weapons earth wars. RAND, Santa Monica

Siddiqi A(2000) Sputnik and the soviet space race. University Press of Florida,Gainesville

Wright D(2007 October) Space debris. Physics Today,October 2007,pp 35–40

Wright D,Grego L,Gronlund L(2005) The physics of space security-a reference manual. American Academy of Arts and Sciences,Cambridge

第55章

空间态势感知概念与发展

布莱恩·维顿
美国安全世界基金会,美国华盛顿特区

在绕地球轨道上运行的卫星面临诸多威胁。探测和防护这些威胁的关键使能就是空间态势感知(SSA)。本章简要概述 SSA 发展历史,并介绍全球主要 SSA 项目及其发展情况;最后讨论未来如何改进 SSA 能力和提升太空安全所面临的重大问题及挑战。

55.1 引　　言

在绕地球轨道上运行的卫星面临诸多威胁,包括恶劣太空天气等自然威胁,以及空间碎片、无线电频率干扰和敌对行为等人为威胁。判定和衡量这些威胁对卫星日常运行的影响是保证地球轨道最常用区域长期可持续使用的重要因素,而且对太空安全至关重要。

探测和防护这些威胁的一个关键使能就是空间态势感知。SSA 虽然是一个复杂的议题,但一般可定义为与空间环境和空间活动有关的信息,其用途包括:使太空活动安全有效开展;避免物理干扰和电磁干扰;探测、表征和防护威胁;以及了解空间环境的演变态势。

本章简要概述 SSA 的历史,并对全球主要 SSA 项目及其发展进程进行描述;最后讨论未来改进 SSA 能力和提升太空安全所面临的重大问题及挑战。

55.2　背景和历史

尽管人类观测恒星与行星的历史已有数千年,但直到 1957 年 10 月 4 日苏联发射首颗人造卫星——"斯普特尼克"卫星后,人类才开始对跟踪绕地球轨道物体表现出极大关注。接下来的几十年中,空间监视成为美国与苏联冷战对峙的重要内容。这一时期,两国军方都建造了大型地基跟踪设施网收集地球轨道人造物体数据。这些设施主要由大型跟踪雷达和光学望远镜组成,它们常常需要兼顾其他军事任务,例如弹道导弹预警与跟踪。当时空间监视主要关注精确测定人造轨道物体的运行轨道。

在冷战过程中,空间监视设备变得越来越复杂。为了确定空间物体的功能以及它们是否会对其他空间物体或地面的人员和设施造成威胁,开发出来新技术,以对这些空间物体进行表征。军方开始与民用航天机构共享空间监视数据,民用航天机构科学家使用这些数据和其他资源对空间物体群(主要是空间碎片)进行建模。

空间碎片是人类在轨道上活动造成的残留物,包括废弃卫星、燃料耗尽的火箭级、碎片以及其他各种碎屑。20 世纪 70 年代和 80 年代,两位颇具影响力的美国国家航空航天局科学家研究预测,到 21 世纪初,人造空间碎片的数量将非常多,并且碎片间的相互碰撞会导致其数量继续增加(Kessler,2009)。空间碎片数量的不断增加还会对卫星造成巨大危险,这比现有自然流星体造成的危险更大。长期在轨人造航天器数量的增加,特别是"国际空间站"的发展,促使航天机构研究各种用于测定空间碎片与载人航天飞船之间碰撞可能性的方法。

进入 21 世纪,人们越发关注空间物体数量不断增加的问题,同时,越来越重视空间监视,将其作为衡量空间碎片数量增长及空间碎片对卫星造成的潜在威胁的工具。用 SSA 取代空间监视一词,表明了新的关注点不仅在于跟踪空间物体,还在于生成有关整体太空环境的信息,包括太空天气和无线电频率干扰等(Weeden,2010)。

目前,SSA 是太空安全领域最重要的议题之一。50 多个国家运营着近 1100 颗在轨卫星,提供广泛的服务和效益(Union of Concerned Scientists,2014)。目前已跟踪到的尺寸超过 10cm 的空间碎片数量已超过 22000 个,据估计还有约 50 万个 1~10cm 之间的空间物体体积太小而无法持续跟踪(Shelton,2014)。除一直是国家安全的要素之外,SSA 还越来越多地被卫星运营商用来保护卫星和确定造成在轨事故及故障的原因。

55.3 科技与技术

55.3.1 空间目标跟踪

SSA 的核心是收集地球轨道上目标的位置信息,这些信息主要通过地面跟踪站获得。雷达构成 SSA 系统的中枢,第二次大战时期开发的雷达包含至少一个发射器和一个接收器。发射器以特定频率发射无线电波;一些无线电波被目标反射回来并由接收器进行测量,可据此计算出目标相对雷达的位置。

用于 SSA 的雷达主要有双基地雷达、单基地雷达和相控阵雷达三种(Weeden,2010)。双基地雷达有一个或多个发射器和接收器,发射器与接收器之间有一定的距离。双基地雷达的发射器和接收器的传输距离可达数英里,而且能通过连续发射的射电能量形成"篱笆",可探测穿越"篱笆"的物体。单基地雷达只有一个接收器和一个发射器。接收器与发射器通常共同安装在一个可旋转抬升的抛物柱面反射器上。单基地雷达又称为机械跟踪雷达,这种雷达特别适用于精确跟踪一个或几个物体。相控阵雷达由一组小的相同天线组成,通常安装在一个可改变各天线相应信号相位的固定"面"上。如此,有效辐射能量就可"转向"或聚集在一个特定的方向,而且在很多情况下众多独立的能量"束"可在同一时刻分别指向多个目标。

雷达的主要优势是其能主动测量距离和距离变化率,精确测量与目标的距离。其他重要的优势包括某些雷达可准确迅速地跟踪多个目标或使用雷达网预警经过特定领域的物体并告知其他传感器。雷达的主要缺点是成本高、尺寸大、结构复杂且需要用电才能形成雷达射束等。

光学望远镜是用于跟踪空间物体的第二大类传感器,它与天文望远镜的操作方式一样,即用透镜、反光镜或两者组合收集物体所发射的电磁(EM)辐射并聚焦,形成图像。折光式望远镜采用透镜,反光式望远镜采用反光镜。折反射式望远镜采用反光镜与透镜组合。虽然望远镜可根据不同波段的电磁频谱来设计,但 SSA 用得最多的还是可见光,特别是太阳光。

光学望远镜用于 SSA 的主要优势是应用范围和快速覆盖较大面积的能力。在海拔 5000km(3100nmile)处,用雷达来搜寻目标是非常耗时且困难的。使用光学望远镜更省时且更简单。光学望远镜的主要缺点是需要特定的光照条件和晴朗天空。为了克服其中一些限制,可在卫星上安装光学跟踪望远镜构成天基空间监视传感器,以跟踪轨道上的其他物体。

当轨道中的物体经过雷达或望远镜时,物体在各个时刻的准确位置和数据会被及时收集。这种位置或度量数据称为观察值。现通常会传到中央分析中心,中心将融合其他所有观测站收集到的该物体数据观察值,尽管某些情况下各传感器是独立运行的。

对每个物体的众多观察值,通过航迹关联过程相融合(Weeden,2012);然后用测定轨的数学方法将这些跟踪数据变成一组轨道根数,用于预测给定时刻物体的轨道位置。这些根数与下一时段的任务指令一起发回观测站来收集更多信息。为持续跟踪和更新地球轨道上所有物体的轨道根数,建立这一迭代过程。之后将这些轨道根数储存在卫星编目中,通过编目维护予以持续更新和修正。

卫星运营商也可自行选择使用其他技术方式来测定各自有源卫星的轨道。与地面保持通信的卫星的位置可通过精确测量所发射的无线电频率信号来计算,也可使用全球部署的商业卫星激光测距(SLR)设施计算。另外,一些卫星还带有 GPS 接收器等星载定位系统,这类卫星可通过遥测信号将其位置信息传送给地面控制人员。

55.3.2　物体表征

度量数据分析还可通过"空间目标识别"(SOI)的过程来帮助表征空间物体和测定空间物体的功能。SOI 是指所收集的物体相关信息以及该物体相对于传感器的位置信息。例如,当一个雷达在跟踪目标时,如果目标在翻滚,则目标所反射的雷达能量值会随时间而变化。采用望远镜跟踪目标时,目标亮度也如此变化,从而造成光闪烁。

此类信息可用于确定物体的大致尺寸和形状,以及确定物体处于旋转还是稳定状态,这样就可初步区分空间物体的种类。例如,当一个雷达反射截面(RCS)为恒定 $10m^2$ 的空间物体经过雷达传感器时,表明该目标很可能是正在运行的三轴稳定的中等大小有效载荷。但一个 RCS 在 $5\sim20m^2$ 之间波动的空间物体经过雷达传感器时,表明目标很可能是一个圆柱形旋转火箭体。

某些更强大的雷达和望远镜也可用于生成物体的实际图像,以揭示其形状。就望远镜而言,其强大的光学器件可生成可见光谱段的物体照片,也可使用紫外或红外谱段来捕捉附加信息。某些高频雷达还能通过综合一段时期内的雷达回波来生成某一类图像,制成一个可显示物体形状的伪三维图像。

通过分析物体随时间变化的度量数据还可揭示重要信息。空间物体的轨道类型或机动可提供某些线索,例如机动或轨道保持的特定模式以及异常活动等。然而,大多数情况下,仅根据度量数据很难确定空间物体的功能和能力。

因此,近年来开始将度量数据与其他类型的数据相融合来形成更全面的情况。例如,用无线电探测装置探测和捕捉航天器发射的信号,以提供额外线索来表征空间物体和确定其可能功能。再加上太空天气、预期航天器机动和卫星成像等附加信息,就有可能对空间物体进行表征,在某些情况下还能确定太空行为体的意图。

55.3.3　太空天气

SSA 的一个重要功能是监视太阳活动对太空天气的影响。太阳活动变化导致太阳所释放的粒子和能量水平随之变化,这对卫星和地球都有显著影响。太空天气可造成由于硬件与软件相互作用导致的卫星电气系统问题或故障,还会造成无线电频率干扰,使得难以或无法与特定频率以上的卫星通信或接收卫星广播。对地面来说,太空天气会对陆地通信网络造成同样干扰。恶劣的太空天气事件还会导致电网中断。

太空天气也是维护卫星编目所需要重点考虑的问题。对于在中地球轨道(MEO)和地球同步轨道(GEO)上的卫星而言,太阳所释放的光子造成的辐射压力对卫星轨道的影响巨大。太阳活动对地球大气也具有显著影响。对低于1000km 的近地轨道(LEO)上的卫星而言,大气阻力对其轨道有显著影响。大气阻力导致 LEO 卫星的运行轨道越来越低,最终再入地球大气层,此过程称为自然衰落。探测物体何时衰落及其落点是 SSA 的一个重要部分。

太空天气监测用到各种工具。搭载专用传感器的卫星在拉格朗日点 L1 位置绕轨道运行,星上的传感器监测太阳,观察重大事件并在事件影响地球之前发出早期预警。其他绕地球轨道运行的卫星也带有监测太阳以及地球周围辐射和磁场环境的传感器。同时,也可采用地面观测站监测太阳和地球大气。通过对这些不同来源的数据进行分析可开发太阳活动模型并提供太空天气事件预测和实时预警。

55.4　当前的空间态势感知能力与系统

55.4.1　美国

美国当前运行着世界上最大的卫星跟踪网络,拥有最完整的地球轨道物体编目。1958—1960 年,空间物体跟踪分别由美国空军航空研究与发展司令部、高级研究计划局和美国海军空间监视网络三个部门开展实施(Weeden、Cefola,2010)。1960 年,美国国防部部长建立了一个单一综合网络——"空间探测与跟踪系统"(SPADATS),该网络结合了北美空防司令部(NORAD)作战控制下的美国空军和海军太空监视成果。最终,在美国科罗拉多州夏延山空军站分别建立了独立的太空防御中心与太空监视中心。1994 年,这些中心被结合组成了太空控制中心(SCC)。

2006 年,美国战略司令部在范登堡空军基地建立了太空联合职能司令部(JFCC Space)(Weeden,2012)。太空联合职能司令部的指挥官担任所有美国军方太空事务的单点联系人,负责太空作战的计划、任务分配、指导和执行。为此,成立了美国联合太空作战中心(JSpOC),作为美国军方主要 SSA 与太空指挥控制实体,其合并了之前由夏延山 SCC 履行的职能。2007 年 9 月,JSpOC 从 SCC 接管了太空监视任务的操控权,而美国空军继续向 JSpOC 提供人力及武器装备。

尽管当前美国政府很多部门在执行不同的 SSA 活动,但大部分 SSA 任务都是由军方完成的,而 JSpOC 就是核心枢纽。JSpOC 人员由来自各军种和盟国的官兵、公务员以及私营部门承包商组成。作为任务的一部分,JSpOC 负责向美国军方提供 SSA 及维护美国军方绕地球轨道运行人造卫星编目,并向其他美国政府部门和全世界提供部分数据和分析结果(Chow,2011)。

美国军方拥有由分布于全球大部分区域的 20 多个跟踪站组成的全球分布网络,称为"空间监视网络"(SSN)。该网络主要由相控阵雷达组成,这些雷达分布在美国周围和北极附近,主要用于导弹预警。SSN 还包括位于美国南部沿线的一些机械跟踪雷达和一个大型"太空篱笆"。除了这些雷达之外,美国还在世界各地设置有大量光学跟踪设施,并在天基空间监视(SBSS)卫星上搭载了天基跟踪望远镜。这些跟踪站向负责维护主要卫星编目的加利福尼亚范登堡空军基地传送数据。

美国军方 SSA 装备的主要缺陷是其跟踪站的位置和分布。许多跟踪雷达的位置基于原有的导弹预警功能被优化,分布于美国北部边界。这就意味着该系统在北半球覆盖率极佳。然而,在南美洲、非洲、亚洲、大洋洲或南极洲并没有美国军方的有源跟踪站。除地球静止轨道以外,其他轨道上的卫星都相对地球表面不断移动,这说明跟踪覆盖范围存在很大缺口且有时两次轨迹跟踪的时差很大。

第二大缺陷是跟踪传感器和数据分析系统老化(Weeden,2012)。许多跟踪传感器都要追溯到 20 世纪 50 年代,而且使用的是电子管等过时的技术,缺乏现代计算机控制。这就限制了可收集到的数据量与可被跟踪物体的尺寸。同样,JSpOC 中用于维护卫星编目的许多计算机硬件与软件都已过时,这包括编目总规模和大气重力建模等的硬编码限制。为了克服这些限制,近期尝试了在正规军方获取渠道以外设计和建立新系统。这些系统不仅有效,而且是目前最好的权宜之计。

美国军方 SSA 系统的第三大缺陷是缺乏来自其他行为体的数据(Weeden,2012)。卫星所有者或运营商的卫星定位精度比一般通过第三方跟踪掌握的更高。卫星所有者或运营商还拥有其卫星即将进行的机动和变轨数据。这些卫星所有者或运营商很少与 JSpOC 分享其数据,主要原因是美国军方与这些潜在的国际合作伙伴之间缺乏良好的信任关系。由于缺乏机动前数据,美国军方被迫对机动卫星和任务传感器做出反应才能找到并重新获取卫星信息,这就导致覆盖缺口,甚至可能跟丢目标。

美国军方正通过多重努力来改进其 SSA 装备(Shelton,2014)。对 SSN 中的一些遗留传感器进行延寿和升级。正在开发的 S 波段"太空篱笆"将使得美国可跟踪成千上万个小至数厘米的空间物体。正在部署的新型大视场光学望远镜可快速观测大部分地球静止轨道带并能探测到目标机动或解体等变化。美国政府还与法国、加拿大、德国、日本和澳大利亚等国达成了一系列双边协议,约定共享 SSA 数据甚至设置新传感器以扩大地理覆盖范围(Haney,2014)。

55.4.2　俄罗斯

俄罗斯运营着第二大空间监视传感器网络,也拥有空间物体编目(Weeden,2010)。1960 年左右,苏联明确了建立空间物体监视系统的必要性,主要客户是国防部。1962 年起着手建立,在莫斯科附近建立了中央指挥控制站,在哈斯克斯坦撒雷沙甘和西伯利亚伊尔库茨克附近分别建立了遥测站。

太空监视曾是苏联防空部队下属分队的责任。这些分队成立于 20 世纪 60 年代,用于支持导弹防御项目,他们的任务扩大到了早期预警和太空监视。与美国当时情况一样,苏联雷达网络的首要关注点是早期导弹预警,其次才是太空监视。

直到 1976 年,早期预警与太空监视才分别独立操作。1976 年,这两项任务移交至苏联防空部队(当时是苏联武装部队的独立军种)新成立的第三早期预警集团军(Podvig、Zhang,2008)。1992 年,俄罗斯成立了俄罗斯军事航天部队(UNKS),运行军用卫星和支持空间与导弹防御部队,包括早期预警和太空监视分队。1997 年,所有任务移交至战略火箭军,但到了 2001 年,卫星运行、早期预警与太空监视组成了一个新的独立军队分支,在 2011 年被重命名为俄罗斯空天防御军。

俄罗斯军用跟踪网络目前称为"空间监视系统"(SSS),也由大部分主要用于导弹预警的相控阵雷达、一些导弹防御雷达和光学望远镜组成(Weeden、Cefola,2010)。SSS 的部分传感器位于苏联国境内,俄罗斯按照与所属国签署一系列双边协议运行这些传感器。

苏联的主光学跟踪站位于塔吉克斯坦北部,该跟踪站称为"窗口"(Okno)监视系统,包括多台光学望远镜,可跟踪穿越俄罗斯上空的所有轨道区域(包括近地轨道)的空间物体。Okno-S 光学跟踪站位于俄罗斯远东滨海边疆区附近。

俄罗斯军方还运行着位于高加索北部的"克朗(Krona)"系统,该系统结合了雷达、激光跟踪器和光学望远镜,用于识别和表征卫星。俄罗斯在远东纳霍德卡港附近部署了一套称为 Krona-N 的新系统,仅利用雷达作为探测手段。来自不同太空监视传感器的数据输送至位于莫斯科附近的主航天情报中心,该中心与美国 JSpOC 类似,用作 SSA 的中央枢纽。

俄罗斯 SSS 与美国一样存在诸多限制,最为显著是数传感器的地域分布问题。俄罗斯所有跟踪点都位于亚洲或欧洲,就其本身而论,如果卫星不是位于俄罗斯领土上方,俄罗斯就没有真正跟踪卫星的能力。这就导致近地轨道物体定位精确性降低且对地静止轨道上的物体编目非常有限,因为俄罗斯窗口监视系统跟踪不到在西半球静止的物体。为了应对这些限制,俄罗斯军方与学术研究机构保持着良好关系,后者运行着天文学或其他科研用光学望远镜。

55.4.3　其他重大空间态势感知设备

欧洲的几个独立国家运行着一些重要的独立传感器,但欧洲尚无一体化的 SSA 网络(Weeden、Cefola,2010)。英国、法国、德国和挪威运行有跟踪雷达,其他几个国家则运行有不同功能的光学望远镜。欧洲航天局(ESA)还运行着一些科学传感器,可在一定限制条件下跟踪空间物体。

2008 年,ESA 启动了空间态势感知预备项目,开始建立未来欧洲 SSN 系统(Bobrinsky,2010)。空间态势感知预备项目用于制定地球轨道空间监视、太空天气预测预警以及小行星等危险近地天体(NEO)的跟踪识别计划、架构和政策。然而,政治因素阻碍了 ESA 的工作,2013 年太空监视与跟踪计划被移交至欧洲委员会。2014 年初,委员会通过了一项 7000 万欧元的提案,该提案建议将欧洲众多太空监视传感器的数据整合。欧洲的一些国家也正在与美国协商双边数据共享协议。

许多观察者认为中国拥有用于 SSA 的雷达,尽管这一说法并未得到中国的官方承认,而且很少有消息公开(Weeden、Cefola,2010)。决定美国、俄罗斯和欧洲 SSA 传感器分布的各项物理、战略、政治及地理因素同样决定中国 SSA 传感器的分布及所用技术。中国被认为拥有相控阵雷达网,各雷达可能拥有 3000km 探测距离和 120°方位角覆盖范围。中国在其领土以外没有雷达,因而在东亚以外缺乏雷达覆盖。不过,中国还运行着 6 艘"远望"系列测量船,可通过部署这些测量船来拓宽覆盖范围。这些测量船主要用于支持中国的载人航天活动,也可用来为其他活动提供 SSA。

有关中国 SSA 光学望远镜设备的信息比雷达信息要多,部分原因是中国加入了机构间空间碎片协调委员会(IADC)。中国主要的 SSA 光学设备由紫金山天文台运行,该天文台运行着分别位于四处的多个望远镜,可跟踪所有在轨卫星。然而,与俄罗斯一样,中国在其领土外缺乏观测站,因而无法覆盖整个地球静止轨道带。

2013 年 2 月,加拿大发射了两颗 SSA 专用卫星。其中加拿大航天局的"近地天体监视卫星"(NEOSSat)具有探测和跟踪日心轨道小行星和地球高轨物体的能力。加拿大首颗军用卫星"蓝宝石"(Sapphire)专用于跟踪地球高轨的空间碎片和卫星,该卫星于 2014 年初开始向美国太空监视网络提供数据。

55.4.4 非政府空间态势感知设备

国际科学光学监测网(ISON)是世界各地科学学术机构的合作组织,由位于莫斯科的俄罗斯科学院组织成立(Weeden、Cefola,2010)。ISON 由分布于 11个国家的近 20 余个天文台组成,这些国家运行着 30 多个用于太空监视的望远镜。ISON 是由尺寸和性能各异的望远镜组成的复杂混合体,但作为网络,其能跟踪深空中的大量尺寸各异的物体,并提供大量观测值。ISON 目前与 ESA 分享一些有关空间碎片的科研数据,同时与其他团体分享近地轨道数据。

2009 年 10 月,三大商业卫星运营商组成了空间数据协会(SDA),这是一个总部位于马恩岛的非营利机构(Space Data Association,2012)。SDA 的任务是对卫星运营商提供的有关其卫星位置的数据与外部数据进行核对整理,以此提供潜在碰撞预警或无线电频率干扰(RFI)预警。2010 年 4 月,SDA 选择了美国分析图形有限公司(AGI)为其总承包商。AGI 从 2010 年 8 月开始建立运行能力,2011 年 9 月具备完全运行能力。SDA 计划分别在北美洲、欧洲和亚洲建立三个数据中心来提供备份和冗余。SDA 也在与美国和其他 SSA 提供者就未来数据分享协议进行协商。

全球还有很多业余的卫星观察者,他们使用望远镜、双筒镜和其他设备来跟踪卫星。有些设备具备对卫星成像或探测射频传输的能力。虽然业余观测组织仅通过因特网进行松散联系,但他们表现出了非凡的 SSA 能力。特别是,他们已展示出对若干国家的国家安全机密有效载荷进行常规跟踪的能力。

55.4.5 空间态势感知的未来

自首次开发太空监视设备以来,世界已经发生了巨大的变化。太空活动不再仅有美苏两个超级大国实施和操控,越来越多的国家开始利用太空获得民事、商业和军事利益。12 个国家开发了将物体送入地球轨道的能力。目前,70个国家和国际组织运行着 1100 多颗有源卫星,而太空中有近 50 万个尺寸超过1cm 的空间碎片,对这些卫星造成潜在碰撞威胁。

SSA 能力并没有随这些变化得到同步改进。美国与俄罗斯的国家 SSA 能力目前仍是最强的,但也难以满足当前需求。计算机硬件性能的巨大飞跃、成本下降、现代软件技术都未被充分利用。更重要的是,美国与俄罗斯的系统都仍由各自军方所控制,并且都依赖于国家安全是唯一服务目的这一前提。

绝大多数卫星所有者或运营商在并不了解其卫星周围的空间物体或太空环境的条件下开展太空活动。虽然太空就其定义而言所涉甚广,但地球轨道的某些区域的用途是独特的,而这些区域正变得越来越拥挤。拥堵加上信息缺乏会导致太空事故,正如2009年2月美国"铱星"33号卫星与俄罗斯"宇宙"2251号卫星的碰撞事故。这次事件所产生的成千上万片空间碎片增加了同一区域中其他卫星相互碰撞的风险。地球静止轨道(GEO)上的类似灾难性碰撞会产生大量碎片,这会严重威胁地球轨道的长期可持续性。

全球并不缺乏可帮助改善空间态势感知的传感器或数据源。然而,缺乏以可靠、高效方式利用既有传感器和数据以及实现传感器与网络之间数据共享或融合的能力。其中一些障碍本质上是技术性的,源于既有SSA传感器与网络所使用的老旧硬件和软件。另外,还有一些技术挑战需要予以克服,如数据格式、任务分配、校准、验证和数据有效性。

SSA能力提升还面临巨大的政策挑战。许多老旧SSA设备都是由军方运行,涉及很强的安全因素。卫星运营商可用的SSA数据可被竞争者用来获取优势。这些因素使得制定同时满足安全和隐私要求的数据共享政策困难重重。

然而,这些障碍都不是不可逾越的,而且对所有太空行为体而言,改进全球SSA所带来的价值很可能远大于克服这些问题所需的政治与经济成本。通过合作与分享来提升全球SSA能力可为所有太空行为体提供为安全、高效、负责任地开展空间活动所需的信息,从而改善太空环境的长期可持续性。SSA还可作为太空透明与建立信任措施(TCBM),降低太空不信任与误解,从而降低太空冲突与降级风险。SSA还能用作核查或执行未来太空协议的重要手段。

一个重要的问题是未来的SSA能力以什么样的形式构成。一个可能的框架是在现有模式上进行扩展,在此框架下各国或组织具有独立的SSA能力且相互之间进行一定程度的数据共享与合作。从政治和安全立场而言,此框架的优势是允许加强对数据的控制力,同时允许一些行为体拥有独立SSA能力。缺点是可能造成能力冗余以及所有太空行为体可用信息量不平均。

第二个可能框架是建立一个国际组织,可以是非政府间组织,将其作为SSA数据集中交换中心和资源库。各国或组织可向该国际组织提供数据,该国际组织维护卫星编目并向所有太空行为体提供分析产品。该框架可能产生为所有太空行为体所用的全套完整SSA服务,但必须克服建立新国际组织以及使该组织免受任一国家控制所面临的政治阻力。

其他框架,包括以上两种框架的混合也都是可能的。不论哪种情况,SSA的未来都取决于从各种数据资源中选取至少三组数据进行融合的能力,分别是空间碎片的位置数据、有源卫星的位置数据以及太空天气。其次还需明确 SSA 能力界线,确定哪些是支持民事与商业活动的太空安全所必需的,哪些是支持国家安全和军事安全所必需的。

55.5　结　论

在 50 来年的人类太空活动中,SSA 曾作为导弹预警的次要附属任务在冷战期间由超级大国开展,现在其已转变为一个重要的独立任务领域,由越来越多的行为体开展,任务目的也不再仅限于保障国家安全。由于人类对太空的利用和依赖不断增加,作为太空安全与可持续性的基础,SSA 的重要性也相应增加。从监控地球轨道上空间碎片的数量和太空活动,到提供碰撞预警,SSA 成为增强太空安全的重要工具。

美国军方运行着世界上最大的 SSA 网络且拥有最全的地球轨道物体编目。俄罗斯军方也拥有一个大型的空间监视网络和空间物体编目。许多其他国家运行着一个或多个独立 SSA 传感器,贡献绵薄之力。非政府组织和普通公民等非传统实体也正成为 SSA 数据的潜在来源。然而,既有 SSA 设备不足以满足当前需要。

增强 SSA 能力需克服许多重大挑战,包括升级老旧的硬件和软件,以及制定在保护国家安全和机密商业信息的同时实现行为体间数据共享的数据政策。可考虑建立各种框架来应对各种技术和政策挑战,如增强既有 SSA 来源之间数据共享和建立作为数据集中交换中心与资源库的新组织。

参考文献

Bobrinsky N(2010)Paper presented at the 38th COSPAR Scientific Assembly,15-18 Jul 2010,Bremen

Chow T(2011)Space situational awareness sharing program:an SWF issue brief. Secure World Foundation,22 Sep 2011. Available from http://swfound. org/media/3584/ssa_sharing_progra-m_issue_brief_nov2011. pdf. Accessed 15 Mar 2014

Haney C(2014)Testimony before the Senate Committee on Armed Services,27 Feb 2014. Available from http://www. armed-services. senate. gov/imo/media/doc/Haney_02-27-14. pdf. Accessed 10 Mar 2014

Kessler D(2009)The Kessler syndrome. Available from http://webpages. charter. net/dkessler/files/KesSym. html. Accessed 4 Jan 2014

Podvig P,Zhang H(2008)Russian and Chinese responses to U. S. Military Plans in space. American Academy of Arts and Sciences. Available from https://www. amacad. org/publica-tions/militarySpace. pdf. Accessed 10 Feb 2014

Shelton W(2014)Testimony before the Senate Armed Services Subcommittee on strategic forces,12 Mar

2014. Available from:http://www. armed-services. senate. gov/imo/media/doc/Shel-ton_03-12-14. pdf. Accessed 15 Mar 2014

Space Data Association (2012) Available from Space Data Association (2012) Retrieved from http://www. space -data. org/sda/. Retrieved 10 Feb 2014

Union of Concerned Scientists (2014) UCS satellite database. Available from http://www. ucsusa. org/nuclear_ weapons_and_global_security/solutions/space-weapons/ucs-satellite-database. html. Accessed 10 Jan 2014

Weeden B, Cefola P (2010) Paper presented at the 12th international space conference of Pacific-basin Societies, Montreal,28-30 July 2010. Available from http://swfound. org/media/15742/computer%20systems%20and% 20algorithms%20for%20space%20situational%20awareness %20-%20history%20and%20future%20development. pdf. Accessed 10 Jan 2014

Weeden B, Cefola P, Sankaran J(2010) Global space situational awareness sensors. Paper presented at the 2010 advanced Maui optical and space surveillance conference, 15 - 17 Sept 2010, Maui. Available from: http:// swfound. org/media/15274/global%20ssa%20sensors¬amos-2010. pdf. Accessed 18 Jan 2014

Weeden B(2012) Going blind:why American is on the verge of losing its situational awareness in space and what can be done about it. Secure World Foundation. Available from:http://swfound. org/media/90775/going_blind_ final. pdf. Accessed 14 Feb 2014

第56章　全球太空经济与空间技术发展

克里斯蒂娜·吉亚诺帕帕
欧洲航天局,法国巴黎

摘要

本章介绍太空相关预算,并对过去两年太空活动的整体市场价值与财务业绩进行定量分析。由于政府太空预算不透明,特别是国防相关的太空项目,并且缺乏一套标准方法来衡量预算,因此,对全球太空活动进行准确估计非常复杂。本章也将预测政府太空预算与计划。

56.1　引　　言

空间技术及其应用是人们日常生活的一部分,涉及移动电话的使用、电视现场直播、银行交易、天气预报、利用空中交通管制系统进行飞机降落等。虽然太空活动已开展了半个多世纪,但是对太空业仍然没有统一的定义,更不用说太空安全。

太空业始于服务于极少数国家的机密军事项目,经过多年演变,如今也包括商业活动,并且涉及更多国家。然而,尽管太空业的特点是需要紧密的国际合作,但它主要依赖于机构垄断市场,而非全球竞争。这是公共融资投资回报率分析的一个要素。值得注意的是,对全球太空活动进行准确评估是一项非常复杂的任务,原因在于缺乏标准的评估方法,并且某些国家的航天计划尤其是国防相关的计划缺乏透明度。此外,商业公司发布的财务数据在行业内并不统一,在时间上也各不相同。

金砖国家作为设施完备的太空强国的崛起是国际新格局的第二个特征。他们在过去10年内发射的卫星几乎翻倍。太空仍然主要面向科技、社会与战略回报,而不是商业回报的直接来源,但是,后者是主要的具体特征。因此,太空研发以及随后的运营资产的价值首先是政治上的价值,并且被视为一项长期经济战略,而机构资金为这一特定领域的开发以及成熟提供支持。这就是自太空时代以来不断进行公共投资的原因。机构预算通常会支持那些如航天的资本密集型和高科技部门的初创和发展(OECD,2011)。

正如经济合作与发展组织(OECD)所确认的那样,自经济危机开始以来,太空业发展相对良好,部分原因在于太空业是战略性产业,是国家的当务之急,通常获得机构资金支持;同时也因为太空仍然有助于国家目标的实现;并且,电信在日益增长的大众市场中保持良好的态势也是原因之一(OECD,2011)。太空业在卫星补充方面的周期性性质以及持续不断的诸多太空服务的商业成功案例为整个价值链提供了活力。这是对未来欧洲太空业进行预测的基本要素,从某种程度上来说,不能将太空业视为"应变"经济,这也就意味着任何公共投资的中断将造成工业能力(人力或其他)的直接损失,且在短时间内不能轻易恢复这种能力,且因为已经丧失了这些能力,需要投入大量资金来重新获得这些能力。

本章根据 OECD 来对太空业进行定义,概述太空相关预算。本章将涉及机构以及商业太空活动,对过去两年整体市场价值与财务活动进行定量分析,同时对政府太空预算与计划进行预测。

56.2 太空业经济与活动

关于太空业有许多定义,但是并没有统一的定义。根据 OECD(2011),太空业有航空航天、计算机与办公设备、电子及电信、药剂学、科学仪器、电力机械、化学、非电力机械以及军备 9 个主要的高科技产品组(Hatzichronoglou,1997)。目前没有具体的"太空活动分类"。在联合国《所有经济活动产业分类国际标准》(ISIC)中,大部分太空业被归入不同类别之下。因此,将太空业与航空航天以及国防业分离开来仍然是大多数国家面临的挑战。

多年来,太空业变得更加商业化,出现了除传统研发(R&D)以外的各种太空应用,因此,需要对航天经济进行更广泛的定义,该定义可从不同角度来进行。可以通过太空产品(如卫星、发射器)、太空服务(如广播、图像/数据传输)、太空纲领性目标(如军事、机器人太空探索、载人航天、对地观测、电信)、太空行为体/价值链(从研发行为体到用户)以及太空影响力(如直接与间接效益)来进行定义。狭义定义存在一个弊端,那就是它可能忽略重要的方面,如研发行为体(如实验室与高校)以及军队的角色(如作为研发预算的投资者以及太空服务客户),或者同时忽略科学与太空探索计划(OECD,2011)。因此,OECD提供了以下定义(OECD,2011):

航天经济指在开发、理解、管理以及利用太空的过程中,利用资源为人类创造、提供价值和利益的全部活动。因此它包括所有公共与私人行为体,这些行为体涉及开发、提供以及使用太空相关产品与服务,范围从研发、制造与使用太空基础设施(地面站、运载火箭以及卫星)到太空应用(导航设备、卫星电话、气象服务等)以及由以上活动产生的科学知识。因此,航天经济远不仅涉及太空产业本身,还包括太空衍生产品、服务和知识对经济和社会产生的日益广泛与不断变化的(定量和定性的)影响。

　　航天经济范围要广于传统的航天业(如火箭与卫星),也包括新的服务与产品供应商(如地理信息系统开发商、导航设备销售商),他们正使用空间系统的各种功能来创造新产品。然而,卫星提供的独特功能(如无所不在的数据、通信链接、影像)通常仅为新产品与服务中较小但必要的一部分(图 56.1、图 56.2)。在对地观测、导航以及通信卫星制造方面的投资使下游产业投资增长数十倍。各种空间技术以及地面与机载基础设施的综合应用通过增值服务业极大地扩展了航天经济范围。

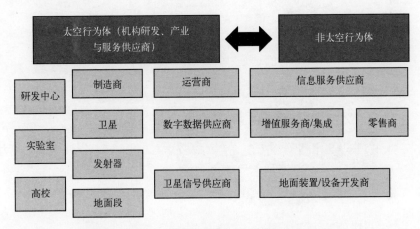

图 56.1　航天经济价值链简化图(来源:OECD,2011)

　　世界各国太空预算在 2011 年与 2012 年继续增长。2012 全球航天经济政府预算与商业收入总额为 3043.1 亿美元(2254.1 亿欧元),与 2011 年的 2853.3 亿美元(2113.5 亿欧元)相比增长了 6.7%,自 2007 年以来增长 37%。2012 年的大部分增长归因于商业增长:商业基础设施与支持产业增长 11%,商业太空产品与服务增长 6.5%。GPS 装置与芯片组以及直播到户(DTH)卫星电视是促成增长的最重要因素。全球政府太空支出总额增长 1.3%,但各国情况大不相同,印度、俄罗斯和巴西连续两年涨幅都在 20% 以上。其他许多太空机构(包括美国与欧洲太空机构在内)与上年相比,相对来说变化很小(Space Foundation,2013),如图 56.3 所示。

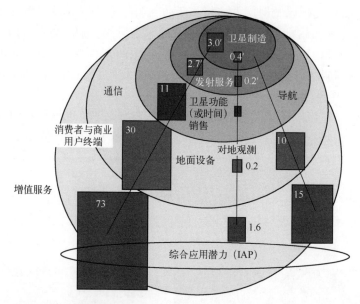

图 56.2　航天经济价值链演变图(改编自欧洲咨询公司与 ESA LTP)

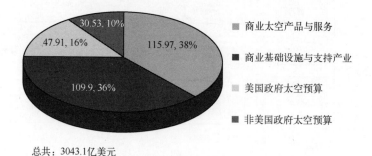

总共：3043.1亿美元

图 56.3　全球航天活动(航天基金会,2013)

56.3　机构太空业

　　根据《2012 太空报告》,全球政府 2011 年在航天计划上的支出(包括政府间组织的支出)达到 727.7 亿美元(539 亿欧元),与 2010 年相比减少了 6%。其中包括 449.2 亿美元(332.7 亿欧元)的民用支出(总量的 61.7%)以及 278.5 亿美元(206.2 亿欧元)的国防支出(Space Foundation,2012)。另外,欧洲咨询公司发布报告列出 2011 年民用太空支出达到 403 亿美元(298.5 亿欧元),而该报告估计国防航天计划政府支出约为 300 亿美元(222.2 亿欧元)。因此,国防

支出与民用支出的占比相比 2010 年有所下降,2010 年民用支出为 370 亿美元
(274 亿欧元)(或者总量的 52%),国防支出为 340 亿美元(251.8 亿欧元)(或
48%)。根据《2012 太空报告》,在估计的 278.5 亿美元(206.2 亿欧元)全球国
防相关太空支出中,美国的支出达 264.6 亿美元(196 亿欧元),所占比例达
95%,意味着与上年相比,比例大幅增加。这些资金主要来源于美国国防部
(DoD)、美国国家侦察局(NRO)以及美国国家地理空间情报局(NGA)。需要注
意的一点是,国防太空活动支出存在一定程度的不确定性(如美国国防部高级
研究计划局),因为并不是所有相关资金都对外公开。然而,毫无疑问,美国太
空活动对全球太空活动来说是一股强大的推动力,尤其是在国防领域。图 56.4
为美国、欧洲、俄罗斯、日本、中国、印度和韩国的公共太空预算。图 56.5 为
2008—2011 年公共太空预算在名义 GDP 中所占比例(不包括军事)。

图 56.4　公共太空预算(2011)

(欧盟统计局:http://appsso.eurostat.ec.europa.eu/nui/show.do?
dataset=gba_nabsfin07&lang=en;IMF:http://www.imf.org/external/ns/cs.aspx7id=28)

　　除中国排名提升外,2011 年上述国家太空预算排名与 2010 年基本一致。
美国太空预算仍然处于领跑地位,在所有国家中预算最多,其中民用支出达
207.9 亿美元(154 亿欧元),国防支出达 264.6 亿美元(196 亿欧元)。要正确
看待俄罗斯太空预算估算偏低的情况,因为俄罗斯未将其大规模军事活动,包
括常规机密发射或科研项目纳入太空预算当中。中国 2011 年国家太空预算达
到 30.8 亿美元(22.8 亿欧元),超过了法国的 22.7 亿美元(16.8 亿欧元)。早
在 2010 年,中国太空预算就已达到 24 亿美元(17.7 亿欧元),大有赶超法国 25
亿美元(18.5 亿欧元)预算的趋势。印度一直都保持在第七大太空预算国家位
置,远超意大利的预算。欧洲航天局是一个国际组织,有 20 个成员国,2011 年
的预算为 39.94 亿欧元(58 亿美元),与 2010 年的 37.45 亿欧元(46 亿美元)相

比,增幅为 6.7%。在 20 个成员国的联合投资中,前五个主要贡献国家及其所占比例分别为法国 18.8%、德国 17.9%、意大利 9.5%、英国 6.6%以及西班牙 5.1%。《2012 太空报告》指出,日本 2011 年太空预算为 3094 亿日元(38.4 亿美元),与 2010 年的 3390 亿日元相比,出现小幅下降,下降幅度为 8.7%。日本预算影响了全球太空支出在美国、欧洲国家、ESA、俄罗斯的集中程度,这些国家的太空支出相对于全球太空支出的占比从 2010 年的 82%降至 2011 年的 80.4%。如果要衡量各个国家在太空业中的具体投入,必须要正确看待有关国内生产总值(GDP)的数据(图 56.6)。然而,仅仅考量单纯的数据并不全面,因为对不同经济状况(如价格或薪资水平)的国家之间进行比较可能会造成误解。

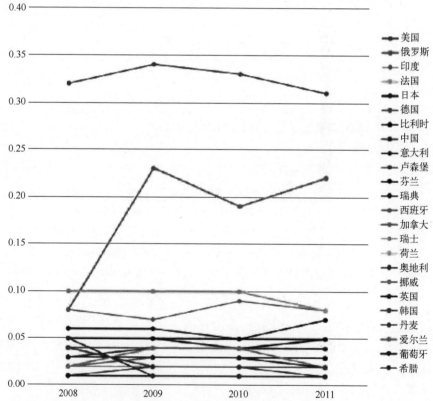

图 56.5　2008—2011 年公共太空预算在名义 GDP 中所占比例(不包括军事)
(http://appsso. eurostat. ec. europa. eu/nui/show. do? dataset=gba_nabsfin07&lang=en)
(最明显的趋势是俄罗斯公共太空预算从 2008 年在 GDP 中所占
比例为 0.08%增至 2011 年的 0.22%。希腊预算减少非常显著,
从 2008 年占 GDP 的 0.05%降至 2011 年的 0.01%)

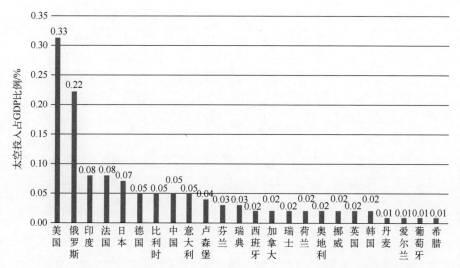

图 56.6　2011 年公共太空预算在名义 GDP 中所占比例(来源:欧洲咨询公司/IMF)

(欧盟统计局:http://appsso. eurostat. ec. europa. eu/nui/show. do? dataset=gba_

nabsfin07&lang=en;IMF:http://www. imf. org/external/ns/cs. aspx? id=28)

　　美国太空预算数据表明美国积极参与太空活动。然而,其投资水平在逐渐减少。正如前面所提到的那样,必须谨慎解读俄罗斯的数据,然而俄罗斯 2011 年太空投入增加了 0.03%,达到 GDP 的 0.22%。法国太空投入在 GDP 中所占比例下降到 0.08%,印度位于法国前面,日本位于法国后面,其投入占 GDP 比例分别为 0.09%以及 0.07%。欧洲其他主要太空国家在太空活动中的投资继续保持在其 GDP 的 0.05%或更少。美国在太空预算上继续领跑其他国家,其人均太空预算为 151.59 美元(112.28 欧元)(与 2010 年相比,下降 2.64%)。而法国人均太空预算降至 35.86 美元(26.56 美元)(降幅为 11.24%)。根据欧洲咨询公司报告所列值来看,卢森堡的人均预算为 44 美元(32.6 欧元)(增幅为 10.6%),比利时的人均预算为 23.55 美元(17.44 美元)(增幅为 10.05%);这些增加的资金大多数投入到 ESA 中(根据 ESA 2012 太空预算,比利时为 4.1%,卢森堡为 0.3%)。最后,挪威太空投入占 GDP 比例变化不大,人均太空预算保持平稳,为 21 美元(15.55 欧元),而日本人均太空预算降幅为 9.9%。部分国家的人均太空预算降低(如美国、法国、英国、加拿大、日本、西班牙和韩国),但是这并非代表总体趋势。自 2010 年以来大多数国家人均太空支出都经历了一个上升阶段(包括俄罗斯、德国、中国、印度、意大利、卢森堡、比利时等)。权威信息来源可能在印度和中国的情况方面存在冲突,部分原因在于它们的社会经济特征(表 56.1~表 56.3)。

表 56.1　航天计划政府支出（欧洲咨询公司，2013）单位：百万美元

		2007	2008	2009	2010	2011	2012
北美	加拿大	251	276	354	515	598	618
	美国	41420	43552	48091	47223	43769	42689
	小计	41671	43828	48445	47738	44367	43307
拉丁美洲	巴西	118	108	145	216	228	254
	阿根廷	87	69	96	106	130	146
	墨西哥	0	5	21	75	122	241
	智利	0	6	17	25	23	5
	委内瑞拉	84	71	3	2	12	14
	玻利维亚	0	1	0	1	1	83
	小计	289	260	282	425	516	743
欧洲	欧洲航天局	4063	4474	4851	4077	4665	4195
	欧盟	395	560	464	1276	1603	1679
	比利时	16	22	22	22	23	47
	芬兰	80	94	78	76	84	39
	法国	1886	1904	1780	1811	2100	1742
	德国	774	908	1021	921	823	623
	希腊	11	12	11	11	11	10
	意大利	491	587	546	450	711	609
	挪威	4	19	20	31	33	30
	西班牙	67	134	134	109	111	166
	瑞典	50	42	34	34	31	27
	荷兰	39	38	40	42	86	45
	英国	410	342	287	292	302	341
	罗马尼亚	25	24	22	22	23	21
	小计	8311	9160	9310	9174	10606	9574
俄罗斯与中亚	俄罗斯	2560	3506	5439	5608	6417	8597
	哈萨克斯坦	125	92	55	109	261	242
	乌克兰	63	63	52	214	96	108
	白俄罗斯	0	4	13	17	30	58
	土库曼斯坦	0	0	0	0	17	17
	阿塞拜疆	0	0	0	13	56	92
	小计	2748	3665	5559	5961	6877	9114

（续）

		2007	2008	2009	2010	2011	2012
中东与非洲	安哥拉	0	0	21	26	28	19
	阿尔及利亚	37	51	61	55	39	55
	伊朗	0	0	0	100	120	120
	以色列	101	91	81	81	129	157
	尼日利亚	75	47	55	46	84	55
	南非	7	99	53	109	99	85
	土耳其	87	87	81	122	182	197
	阿联酋	133	203	274	288	235	259
	巴基斯坦	33	30	63	75	106	29
	小计	473	608	689	902	1022	976
亚洲	中国	1395	1924	2252	2546	2828	3432
	日本	2172	2790	3075	2947	3546	3699
	印度	793	806	844	978	974	1259
	澳大利亚	155	162	187	280	325	356
	马来西亚	26	27	25	28	13	18
	韩国	119	102	208	200	206	229
	中国台湾	45	24	42	41	42	62
	印度尼西亚	0	19	16	36	35	38
	老挝	0	0	0	19	68	87
	泰国	63	53	30	30	30	20
	越南	48	18	19	19	68	93
	小计	4816	5925	6698	7124	8135	9293
总计		58308	63446	70983	71324	71523	73007

注：仅为超过 1000 万美元的支出。欧洲国家不包括向 ESA 的投入

表 56.2　航天计划政府民用支出（欧洲咨询公司,2013）

单位：百万美元

		2007	2008	2009	2010	2011	2012
北美	加拿大	251	268	274	364	423	388
	美国	17999	18566	20013	20327	20064	19820
	小计	18250	18834	20286	20691	20487	20208

（续）

		2007	2008	2009	2010	2011	2012
拉丁美洲	巴西	118	108	145	216	228	254
	阿根廷	87	69	96	106	130	146
	墨西哥	0	5	21	75	122	241
	智利	0	3	9	13	11	3
	秘鲁	0	0	0	0	0	0
	委内瑞拉	84	71	3	2	12	14
	玻利维亚	0	1	0	1	1	83
	小计	289	256	274	413	505	741
欧洲	欧洲航天局	4063	4474	4851	4077	4665	4195
	欧盟委员会	395	560	464	1276	1603	1679
	奥地利	18	23	17	19	8	9
	比利时	16	15	16	16	17	41
	丹麦	0	0	0	0	0	0
	捷克共和国	0	0	6	3	4	4
	芬兰	40	47	39	38	42	39
	法国	1131	1212	1167	1110	1358	1184
	德国	544	658	793	697	754	560
	希腊	0	0	0	0	0	0
	爱尔兰	0	0	0	0	0	0
	意大利	362	415	499	352	566	421
	卢森堡	0	0	0	0	0	0
	挪威	4	5	7	18	19	17
	葡萄牙	0	0	0	0	0	0
	西班牙	26	49	57	51	55	57
	瑞典	50	42	34	34	31	27
	瑞士	4	6	5	6	6	6
	荷兰	39	38	40	42	86	39
	英国	119	72	66	68	67	102
	波兰	6	8	7	7	7	7
	罗马尼亚	25	24	22	22	23	21
	匈牙利	1	1	1	1	1	1
	小计	6846	7649	8090	7835	9312	8407

（续）

		2007	2008	2009	2010	2011	2012
俄罗斯与中亚	俄罗斯	1280	1753	2719	2804	3282	4607
	哈萨克斯坦	125	92	55	109	261	242
	乌克兰	63	63	52	214	96	108
	白俄罗斯	0	4	13	17	30	58
	土库曼斯坦	0	0	0	0	17	17
	阿塞拜疆	0	0	0	13	56	92
	小计	1468	1912	2839	3156	3742	5124
中东与非洲	安哥拉	0	0	21	26	28	19
	阿尔及利亚	37	51	61	55	39	55
	埃及	3	3	3	3	3	3
	伊朗	0	0	0	100	120	120
	以色列	11	11	11	6	6	12
	尼日利亚	75	47	55	46	84	55
	南非	7	99	53	109	99	85
	土耳其	87	87	71	95	97	86
	阿联酋	58	78	148	161	155	179
	巴基斯坦	33	30	63	75	106	29
	小计	311	405	486	676	738	642
亚洲	中国	809	1080	1275	1438	1504	2022
	日本	1611	2111	2340	2230	2455	2539
	印度	793	806	844	975	965	1250
	澳大利亚	29	35	36	45	52	85
	马来西亚	26	27	25	28	13	18
	韩国	119	102	208	200	206	229
	中国台湾	45	24	42	41	42	62
	印度尼西亚	0	19	16	36	35	38
	老挝	0	0	0	19	68	87
	泰国	63	53	30	30	30	20
	越南	48	18	19	19	68	93
	小计	3543	4276	4836	5061	5437	6444
国防总计		2082	1490	1644	1709	1865	1544

表 56.3　航天计划航天计划政府国防支出(欧洲咨询公司 2013)

单位:百万美元

		2007	2008	2009	2010	2011	2012
北美	加拿大	0	8	81	151	175	231
	美国	23421	24986	28079	26897	23706	22868
	小计	23421	24994	28160	27047	23881	23099
拉丁美洲	巴西	0	0	0	0	0	0
	阿根廷	0	0	0	0	0	0
	墨西哥	0	0	0	0	0	0
	智利	0	3	9	12	11	3
	秘鲁	0	1	1	1	1	1
	委内瑞拉	0	0	0	0	0	0
	玻利维亚	0	0	0	0	0	0
	小计	0	4	9	13	12	3
欧洲	欧洲航天局	0	0	0	0	0	0
	欧盟委员会	0	0	0	0	0	0
	奥地利	0	0	0	0	0	0
	比利时	0	7	6	6	7	6
	丹麦	0	0	0	0	0	3
	捷克共和国	0	0	0	0	0	0
	芬兰	0	0	0	0	0	0
	法国	755	692	614	701	743	558
	德国	230	250	229	224	69	63
	希腊	11	12	11	11	11	10
	爱尔兰	0	0	0	0	0	0
	意大利	128	172	48	99	146	187
	卢森堡	0	0	0	0	0	2
	挪威	0	15	13	13	14	13
	葡萄牙	0	0	0	0	0	0
	西班牙	41	85	77	58	56	109
	瑞典	0	0	0	0	0	0
	瑞士	0	0	0	0	0	0
	荷兰	0	0	0	0	0	7
	英国	290	270	220	223	235	239
	波兰	0	0	0	0	0	0
	罗马尼亚	0	0	0	0	0	0
	匈牙利	0	0	0	0	0	0
	小计	1454	1502	1218	1335	1280	1198

（续）

		2007	2008	2009	2010	2011	2012
俄罗斯与中亚	俄罗斯	1280	1753	2719	2804	3135	3990
	哈萨克斯坦	0	0	0	0	0	0
	乌克兰	0	0	0	0	0	0
	白俄罗斯	0	0	0	0	0	0
	土库曼斯坦	0	0	0	0	0	0
	阿塞拜疆	0	0	0	0	0	0
	小计	1280	1753	2719	2804	3135	3990
中东与非洲	安哥拉	0	0	0	0	0	0
	阿尔及利亚	0	0	0	0	0	0
	埃及	0	0	0	0	0	0
	伊朗	0	0	0	0	0	0
	以色列	90	80	70	75	123	145
	尼日利亚	0	0	0	0	0	0
	南非	0	0	0	0	0	0
	土耳其	0	0	10	27	85	112
	阿联酋	75	125	126	127	80	80
	巴基斯坦	0	0	0	0	0	0
	小计	165	205	206	229	288	337
亚洲	中国	585	844	977	1108	1323	1410
	日本	561	679	735	717	1091	1159
	印度	0	0	0	2	8	9
	澳大利亚	126	128	150	236	273	271
	马来西亚	0	0	0	0	0	0
	韩国	0	0	0	0	0	0
	中国台湾	0	0	0	0	0	0
	印度尼西亚	0	0	0	0	0	0
	老挝	0	0	0	0	0	0
	泰国	0	0	0	0	0	0
	越南	0	0	0	0	0	0
	小计	1272	1650	1863	2062	2696	2849
国防总计		2082	1490	1644	1709	1865	1544

太空业离不开研发政策。图56.7为民用太空预算在政府用于研究开发的总预算拨款(GBAORD)中的比例。仅有4个太空强国民用太空预算在GBAORD中的比例超过经济合作与发展组织平均值(9.103%),它们分别为美国(13.462%)、俄罗斯(22.14%)、法国(12.175%)以及比利时(12%),其中俄罗斯不属于OECD成员。这表明美国、比利时以及法国太空预算对统计报表的绝对影响力。紧随这些主导国家后面的是阿根廷,其民用太空预算在GBAORD中所占比例最高,达到7.764%,甚至超过欧洲太空强国意大利(7.409%)与德国(5.95%)的投入。2009年,OECD民用太空相关预算总额为185亿美元(137亿欧元),各国所占比例相当。GBAORD数据由国家机构负责收集,在NABS 2007(《科学计划与预算分析及比较术语》)的基础上根据"社会经济"目标分类。该数据的优点在于它们能反映政府优先考虑的重点。

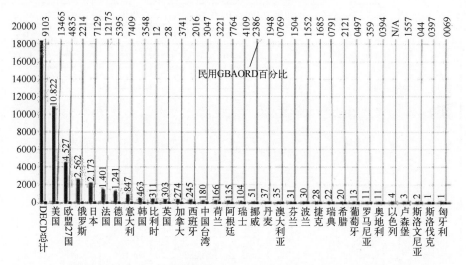

图56.7 政府用于研究开发的总预算拨款(GBAORD)中的民用太空预算(OECD,2011)
(2010年或可获取数据的最近一年的最新百万美元购买力平价以及占民用GBAORD百分比)

图56.8为根据欧盟统计局发布的太空与其他领域研发支出比较。图56.8表明太空业对一个国家的重要性。2011年,EU主要社会经济目标为"知识的全面发展"(包括由一般高等院校资金资助的研发),然后是"工业生产与技术"以及"健康"。从国家来看,与"知识的全面发展"相关联的社会经济目标在25个欧盟成员国中所占GBOARD的比例最大。相对于日本(从2010年的6.8%降至6.6%)与美国(从2010年的6.5%降至6.0%)的下降趋势,欧洲"太空探索与开发"目标所占比例从2010年的4.9%增至5.5%,显示了其越来越重要的优先性,从显示的国家来看,俄罗斯将太空目标视为最高优先级。而欧盟将太空目标排在第五,位于知识、工业产业与技术、健康以及国防之后。美国将太空

目标排在第四,与欧洲相比,排名靠前一位。美国的最高优先级是国防,然后是健康与知识,而工业生产与技术并不视为高优先级。

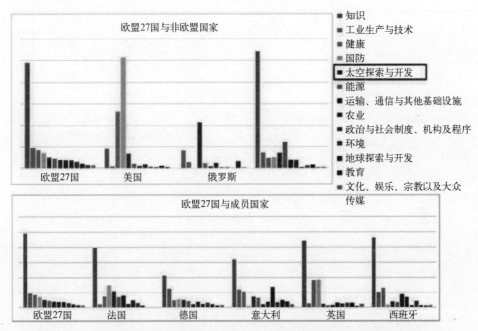

图 56.8　太空目标与其他目标在研发支出方面的比较(来源:欧盟统计局 2013)

　　如图 56.9 为部分国家民用太空预算在民用 GBOARD 所占百分比变化。公共研发中民用太空部分的变化显示,民用太空相关的研发预算在 20 世纪 90 年代早中期呈上升趋势,然后开始下降。自 2007 年起,除俄罗斯、巴西、印度外,其他国家都停滞不前或者下降。

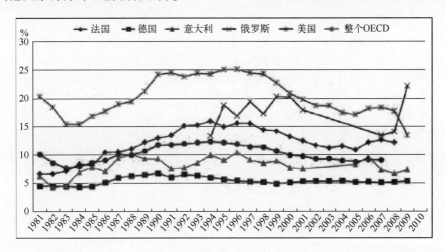

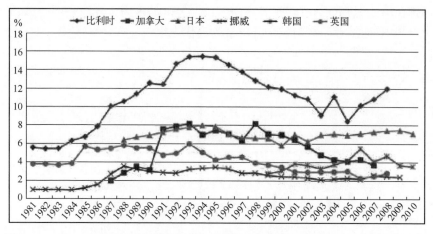

图56.9　1981—2010 年(或可获取数据的最近一年)所选国家民用航天计划航天计划
在民用 GBAORD 中所占百分比(来源:OECD(OECD 2010))

56.4　商业航天产业

《2012 太空报告》为太空活动商业收入提供指导,报告列举了 2011 年商业卫星服务总收入约为 1105.3 亿美元(818.7 亿欧元),这些活动包括通信、对地观测和定位服务(该金额与 2010 年的 1017.3 亿美元(753.3 亿欧元)相比,增幅为 9%)。太空相关商业基础设施收入(包括航天器与太空平台制造、发射服务以及地面设备)估计达到约 1064.6 亿美元(788.5 亿欧元)(导致与 2010 年的赤字相比,发射能力相应增加 14%)。2011 年商业太空总收入为 2169.9 亿美元(1607.3 亿欧元),如图 56.10 所示。

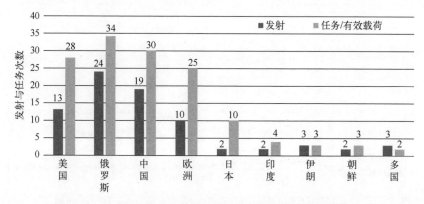

图 56.10　2012 主要太空强国活动(美国联邦航空管理局,2013)

俄罗斯发射次数最多,为 24 次,随后是中国(19 次)与美国(13 次)。欧洲为发射次数最多的团体之一(10 次)。日本和印度作为设施完备的航天大国,各发射 2 次,伊朗与韩国分别为 3 次和 2 次,它们正试图缩小差距(图 56.11)。

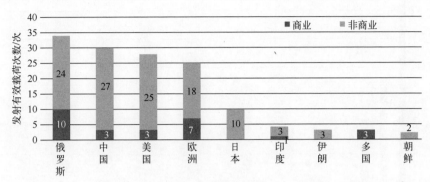

图 56.11 2012 年国家与商业体发射的有效载荷(美国联邦航空管理局,2013)

在所有国家中,超过 50 个国家有在轨卫星,这一数据直至今天都是最高的。俄罗斯重新崛起(过去 10 年内重新投入资金),中国和印度也已跃升为设施完备的航天大国。2010 年太空总预算约为 653 亿美元(483.7 亿欧元),7 国集团(G7)与金砖四国(BRIC)占了大部分预算。2010 年,美国、中国、日本、法国以及俄罗斯 5 个国家的投资都超过 20 亿美元(14.8 亿欧元),其中美国最多,超过 430 亿美元(318.5 亿欧元)。目前,大概有 1000 颗卫星在轨道上运行,它们执行不同的任务——对地观测、通信、导航以及定位。虽然上述实际应用越来越重要,但是,科学与太空探索仍然是航天机构的主要目标,它推动着国际科学合作。美国在轨卫星数量最多,超过 350 颗,其次是俄罗斯 97 颗。以下两个趋势导致航天国家出现新格局:全球众多国家开发自主国家航天计划航天计划的雄心,以及航空航天与国防产业的全球化(图 56.12 与图 56.13)。

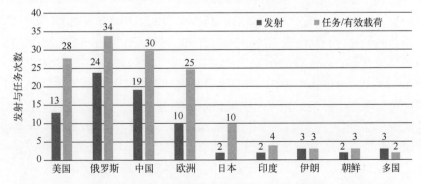

图 56.12 2012 年主要航天国家发射的有效载荷(美国联邦航空管理局,2013)

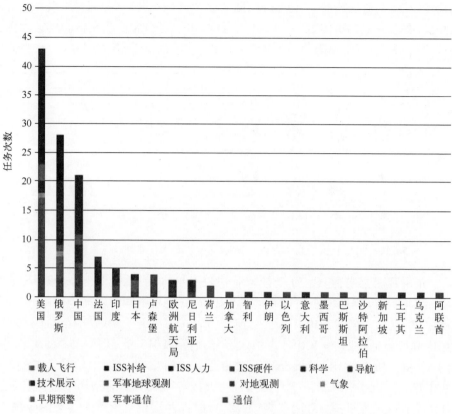

图 56.13　2011 年发射入轨的任务类型(美国联邦航空管理局,2013)

56.5　政府太空预算与计划预测

随着过去 10 年全球太空预算的不断增加(图 56.14)。自 2009 年开始,航天计划趋向平稳,预算保持在 700 亿美元(518 亿欧元)左右,到 2020 年结束时有望达到顶点(Euroconsult,2013)。

2000—2009 年,全球范围内太空预算增加了 1 倍,主要原因是国防采购的增加以及全球越来越多的国家对空间技术不断增长的兴趣。即使在 2008 年经济危机时,政府也追加了太空预算,以推动太空产业研发活动。然而,经济低迷时大量公共资金投入到经济中使得政府不得不削减并优化公共支出,以达到可接受的债务与赤字水平,从而导致多个国家减少其航天计划预算。

政府预算的周期性对太空预算也产生影响。尤其是在美国,预算减少正影响着太空业。国防预算 10 年来一直是预算增加的推动力。然而,美国军事计划在主要计划完成后正处于低周期阶段。美国国家航空航天局已将其部分载人航天计划外包给私营公司。欧洲的欧元区债务危机使许多国家不得不削减其太空预算,特别是西班牙、意大利以及希腊,这些国家大幅减少或结束了 ESA 可选计划。

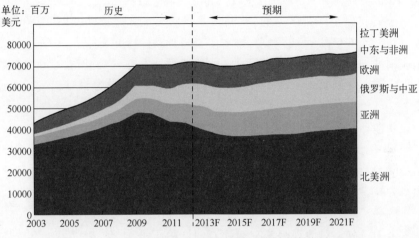

图 56.14　不同地区政府太空支出预测(欧洲咨询公司,2013)

预计各国政府从 2016 年起将恢复太空活动的正增长,主要原因是融资环境变好。预期将开启新一轮研发投资,政府将投资更雄心勃勃的项目计划,并且愿意承担更多风险。根据欧洲咨询公司报告(Euroconsult,2013),到 2022 年,全球投资支出预计将超过 770 亿美元(570 亿欧元)。

在民用与国防预算预测细目中,政府对民用预算的支出预计将维持在稳健水平,到 2017 年为止,与过去 5 年的 5% 的 CAGR 相比,复合年均增长率(CAGR)将保持在 1.2% 的水平。俄罗斯与亚洲增多的投入弥补了欧洲及北美下降/冻结的投入。2018—2022 年,预算将保持稳定状态,因为大多数动态规划将实现大规模拓展,并且成熟的航天计划航天计划将逐渐恢复投资。财政状况的改善预计将开启新一轮的扩展。

在国防航天计划领域,2016 年前,资金投入预计将持续下降。特别是由于美国国防部削减航天计划,因此 2010—2015 年,资金投入预计将减少 70 亿美元(51.8 亿欧元)。这与美国军事采购周期相关。在欧洲,中期将有新一轮投资,以支持下一代系统的研发。预测表明,2016 年资金达到 260 亿美元(192.59 亿欧元)后,太空国防计划全球拨款预计平均每年增幅为 1.2%,到预测期结束时将达到 285 亿美元(211.1 亿欧元),与 2007 年预算水平大致相同。

关于区域政府支出,今后 10 年北美预算拨款仍然占第一位,但是全球预算支出所占比例降至约 50%。亚洲预计在太空预算支出方面超过欧洲,排名第二,2013 年底,已达到 108 亿美元(80 亿欧元)。与过去 10 年的快速增长(CAGR 为 11%)相比,亚洲在今后 10 年预计以 2%的速度缓慢增长。原因是其航天计划航天计划将步入成熟阶段。下个 10 年结束时,该地区政府支出预计达到 130 亿美元(96.2 亿欧元)左右(Euroconsult,2013)。

在公共支出全球排名方面,欧洲预期将从第二降至第四,其预算将保持在90 亿美元(66.6 亿欧元)的水平,排在中亚与独联体(CIS)之后。中东与非洲在卫星应用计划与新一代系统方面的支出预期维持在 9 亿美元(6.6666 亿欧元)的水平。拉丁美洲预计仍是支出最少的地区,其中巴西又是该地区支出最多的国家。

在众多计划领域,运载火箭世界支出预计增幅达到 CAGR 4.4%,到 2017 年达到约 93 亿美元(68.8 亿欧元)。这一支出由美国国防部(DoD)以及俄罗斯、中国与欧洲新研发的大型采购推动。到 2022 年,由于新发射器处于运行阶段,美国军方减少对飞行器的采购,因此,支出将降至 75 亿美元(55.5 亿欧元)以下。2017—2022 年,与其他国家相比,巴西与韩国预期将增加投资。

未来 10 年内,对地观测领域的计划预计趋于平稳,到 2017 年,支出为 108亿美元(80 亿欧元),与过去 5 年 10%的年增长率相比,其年增长率将低于 1%。更多国家将涌入对地观测市场,而美国与欧洲国家在短期内的投资将趋于平稳或逐渐减少。民用投资主要由对地观测计划推动。国防投资预计保持平稳,其中美国预算与过去持平,欧洲、俄罗斯与中国保持适度增长,以支持新一代系统。双用途计划预计成为成本分担与商业数据采购的机制。2017 年后,由于支持新系统的研发投资以及运行系统的采购周期,全球投资将趋于平稳。

卫星通信计划在未来 5 年内预计平均每年降幅为 5%,政府支出在这个 10年结束时预计在 60 亿美元(44.4 亿欧元)左右波动,到 2022 年,预计在 50 亿美元(37 亿欧元)左右。美国在军事支出方面的下降不会完全由欧洲、俄罗斯及其他国家抵消。公私合作采购可能减少年波动。民用支出与过去相比预计周期性更强,因为它们更加关注运行与演示验证系统开发,而不是长期研发。由于预算有限,卫星通信计划预计将进入一个投资低潮期。这个十年的后半段,由于新研发预算的投入以及第二代系统的采购,新兴国家将出现增长。

由于 4 个全球卫星导航系统(伽利略卫星导航系统、GPS、格洛纳斯卫星导航系统以及北斗卫星导航系统)以及两个区域导航系统(日本准天顶卫星系统(QZSS)与印度区域导航卫星系统(IRNSS))仍然处于开发阶段,因此,短期内卫星导航领域的投资预计将进一步增加。本 10 年后半段,卫星导航的投资将达到峰值 55 亿美元(40.7 亿欧元)。

在科学与探索领域,到 2017 年的 5 年间,将以 4.2% 的 CAGR 增长(与过去 5 年 0% 的 CAGR 相比),达到历史最高点 69 亿美元(51.1 亿欧元)。科学计划继续成为太空机构任务的核心要素,并且将继续保持这一趋势。

预测载人空间飞行预算将恢复,并在 2013—2017 年这 5 年间以 3.3% 的 CAGR 适度增长,原因是美国对探测系统开发、商业载人飞船开发计划和太空运行维持的稳定支出,以及俄罗斯与中国对新一代运输系统以及空间站的不断投资。由于主要航天计划航天计划以及新兴太空国家的出现,投资预计将达到超过 150 亿美元(111.1 亿欧元)的历史性最高水平。2018—2022 年,印度对其第一项载人航天任务的研发支出将超过 5 亿美元(3.7037 亿欧元)。需要注意的是,从全球支出来看,2000 年美国支出占总支出的 90%,到这个 10 年结束时,其支出将跌至 60%。因为有更多国家有意参与开发与维持载人航天能力。

太空安全方面的投资根据美国国防部采购战略波动,并且太空安全投资将继续成为投资的最大部分。政府最主要的工作是保护太空资产。太空安全投资将由俄罗斯与该领域的新进入者——日本与乌克兰推动。到 2017 年,全球太空安全支出将跌至 23 亿美元(17 亿欧元),由于新一代系统采购的推动,到这个 10 年结束时,全球支出将恢复到 30 亿美元。

56.6 结 论

由于缺乏标准方法,并且某些国家的航天计划(如国防相关计划)缺乏透明度,因此对全球太空活动进行评估是非常复杂的航天计划。此外,商业公司发布的财务数据在行业内并不统一,在时间上也各有差异。然而,过去 10 年全球太空预算持续增长之后,自 2009 年开始,航天计划终于趋向疲软。但由于融资环境改善,预计从 2016 年开始,各国政府将恢复对太空活动的投资,并且新一轮的研发投资将启动更多的宏伟项目。在太空安全领域,周期性投资预计主要与美国国防部采购战略保持一致。俄罗斯以及该领域的新进入者,如日本和乌克兰预计也将在太空安全投资方面发挥重要作用。太空安全投资将越来越关注太空资产的保护。

参考文献

ASD-Eurospace(2011)The European space industry in 2010, facts & figures CaSE(2010)Securing our economic future with science & engineering, Campaign for science and engineering in the UK

Doldrina C(2007)Case for space: space applications meeting societal needs. European Space Policy Institute

Euroconsult(2013)Government space markets: world prospect to 2022. Euroconsult, Paris

European Commission(2011) Impact assessment accompanying the communication from the commission Horizon 2020-the framework programme for research and innovation. European Union, Brussels

European Space Agency(2013) Industrial Policy Committee: geographical distribution of contracts, situation as per 31 December 2012. European Space Agency, Paris

Eurostat(2013) Government budgets appropriations and outlays on research and development. Retrieved from http://epp. eurostat. ec. europa. eu/portal/page/portal/eurostat/home/

Federal Aviation Administration(2013) Commercial space transportation: 2012 year in review

Giannopapa C(2011a) Views on public perception and international aspects of the European Space Flagship Programmes Galileo/EGNOS and GMES. European Space Policy Institute, Vienna

Giannopapa C(2011b) Less known, but crucial elements of the European Space Flagship Programmes: Public Perception and International Aspects of Galileo/EGNOS and GMES. European Space Policy Institute, Vienna

Giannopapa C(2011c) The socio-economic benefits of GMES. European Space Policy Institute, Vienna

Giannopapa C(2012) Securing Galileo's and GMES's place in European policy. Space Policy 28(4): 270-282

Guellec D, van Pottelsberghe dela Potterie B(2001) R&D and productivity growth: panel data analysis of 16 OECD countries, OECD science, Technology and industry working papers. OECD Publishing

Guellec D, van Pottelsberghe dela Potterie B(2004) From R&D to productivity growth: do the institutional settings and the source of funds of R&D Matter? Universite'Libre de Bruxelles(ULB)

Hatzichronoglou T(1997) Revision of the high technology sector and product classification. OECD, Paris

OECD(2010) Main science and technology indicators database

OECD(2011) The space economy at a glance 2011. OECD, Paris

Oxford Economics(2009) The case for space: the impact of space derived services and data. South East England Development Agency

Space Foundation(2012) The space report 2012. The Space Foundation, Colorado Springs

Space Foundation(2013) The space report 2013. Space Foundation, Colorado Springs

Tajani A(2011) A European space policy for citizens and society. Brussels